转基因抗虫棉

遗传与育种

◎ 吴国荣　承泓良　王宣山　编著

中国农业科学技术出版社

图书在版编目（CIP）数据

转基因抗虫棉遗传与育种 / 吴国荣，承泓良，王宣山编著 . —北京：
中国农业科学技术出版社，2016.7
ISBN 978 – 7 – 5116 – 2680 – 6

Ⅰ . ①转… Ⅱ . ①吴… ②承…③王… Ⅲ . ①棉花 – 抗虫性 – 遗传育种
Ⅳ . ①S562.034

中国版本图书馆 CIP 数据核字（2016）第 167250 号

责任编辑　　贺可香
责任校对　　贾海霞

出 版 者　中国农业科学技术出版社
　　　　　北京市中关村南大街 12 号　邮编：100081
电 　 话　（010）82109704（发行部）　（010）82106638（编辑室）
　　　　　（010）82109709（读者服务部）
传 　 真　（010）82106650
网 　 址　http://www.castp.cn
经 销 者　各地新华书店
印 刷 者　北京富泰印刷有限责任公司
开 　 本　880 mm×1 230 mm　1/16
印 　 张　30.5
字 　 数　950 千字
版 　 次　2016 年 7 月第 1 版　2016 年 7 月第 1 次印刷
定 　 价　120.00 元

前　言

　　当今世界，科学技术发展突飞猛进，新兴学科、交叉学科不断涌现，科技进步对经济社会的影响日益广泛和深刻。伴随着信息科技革命方兴未艾的浪潮，生命科学和生物技术的发展也正在展现出无可限量的前景。越来越多的人们已经预见到，一个生命科学新纪元即将来临，21 世纪将是生命科学迅猛发展的时代。如今现代生物技术广泛应用于农业、医药与健康、能源、环境保护等领域，对科技发展、社会进步和经济增长产生极其重要而深远的影响。

　　转基因抗虫棉是现代生物技术主要组成部分的转基因技术与传统棉花育种技术有机结合的产品，也是传统棉花育种技术的重大创新。自 1996 年全球首个转基因抗虫棉在美国进入商业化推广以来，其种植面积呈现出逐年迅猛增长的势头。据 Narajo（2010）报道，全球转基因抗虫棉面积由 1996 年的 25 万 hm^2 增加到 2009 年的 1 550 万 hm^2，增加了 61 倍，占全球棉花种植总面积的 49.52%。由于转基因抗虫棉的推广应用有效地控制了棉花重要害虫的发生，大大降低了化学农药的使用。据 Barfoot 等（2010）统计，1996—2008 年，转基因抗虫棉的种植减少了 31.4 亿 kg 化学农药活性成分的施用。在我国，2014 年转基因抗虫棉种植面积占全国棉田面积的 93%。据统计，种植转基因抗虫棉增收节支约 2 100元/ hm^2，至 2006 年累计减少农药用量 25.5 万 t，为棉农增收节支超过 238 亿元。

　　棉花品种在棉花生产系统中处于技术核心地位。因为任何外在因素（包括栽培技术措施和气候、土壤、水系等自然条件）只有通过品种这个内在因素才能发挥作用。随着现代科学与技术的发展，不同学科间相互渗透、相互交叉已成为常态，因而转基因抗虫棉遗传与育种必然涉及生物技术、植物保护、土壤、昆虫、微生物、植物生理、遗传育种和农业技术经济等多学科领域的内容，已成为一个综合性问题。棉花科学技术专家从不同学科角度出发，对转基因抗虫棉遗传育种进行了系统、深入的研究，并已取得具有科学意义和应用价值的研究成果。本书意在梳理、综合这些科研成果，试图为今后这方面的深入研究和研究成果的推广应用提供有益的参考。本书内容包括转基因作物研究与应用概况；与转基因抗虫棉遗传育种相关的外源抗虫基因来源、遗传转化方法、抗虫性与经济性状遗传方式、常规棉与杂交棉育种技术、田间试验技术、良种繁育等；与转基因抗虫棉应用研究相关的转基因抗虫棉对靶标害虫、非靶标昆虫和土壤生态系统的影响；以及转基因抗虫棉应用概况与发展展望，共 11 章。吴国荣执笔第一章、第二章、第三章、第五章、第六章，承泓良执笔第八章、第九章、第十章，王宣山执笔第四章、第七章、第十一章，最后由承泓良和王宣山统稿、定稿。本书突出科学性、系统性和实用性，适合棉花科学技术人员阅读和参考，也可作为农业院校师生的参考书。

　　衷心感谢江苏金色农业科技发展有限公司对本书的编撰与出版所给予的大力支持。

　　本书编写过程中，参阅了大量公开发表的文献资料，并有选择地吸取了相关的科研成果。在此谨向各位原著作者致以衷心的感谢。由于编著者的知识与经验有限，书中难免会有这样或那样的缺点和错误，敬请读者批评指正。

编著者

2016 年 3 月

目 录

第一章　转基因作物研究与应用概况

人口、资源、环境一直是人类生存与发展所面临的主要问题。近年来，由于人口增长、气候变化、金融危机等因素，出现了全球性的粮食短缺，主要农产品价格快速上涨，在世界范围内造成了粮食危机与恐慌。联合国粮食及农业组织、世界粮食计划署联合公布的 2010 年度报告显示，全球共有 37 个国家面临粮荒，2009 年全球饥饿人口突破 10 亿，是过去 40 年来的最高值。而可利用的耕地和淡水资源却逐年减少，大量使用农药、化肥导致环境严重污染并增加了农业生产成本和农民负担，粮食产量增长潜力已几乎发掘殆尽，培育的新品种在产量潜力上难有重大突破。近年来，一些科学家、政治家、经济学家提出第二次绿色革命，即以可持续发展的、不影响环境的方式提高农作物产量和品质。而通过转基因技术培育出的转基因作物将为世界农业发展注入新的动力。

第一节　研究概况

一、转基因作物的诞生

基因（遗传因子）是遗传的物质基础。奥地利人孟德尔进行了长达 12 年的植物（豌豆）杂交试验，于 1865 年发表了遗传因子（现代遗传学称为基因）的观点。19 世纪 20 年代，美国遗传学家摩尔根通过对果蝇的研究，提出基因存在于染色体上，是组成染色体的遗传单位，它能控制遗传性状的发育，也是突变、重组、交换的基本单位。1953 年，沃森和克里克提出著名的脱氧核糖核酸（DNA）双螺旋结构模型。现在我们认识到，基因是具有遗传效应的 DNA 片断，脱氧核苷酸的排列顺序（碱基序列）决定基因的信息。某种生物的基因组包含了这种生物的所有基因。

转基因技术是将一种生物的基因转移到另一种生物（或同种生物的不同品种）内的工程化生物技术，导入基因通过表达能引起生物体性状发生可以遗传的改变，这种外源导入基因称为目的基因。科学家将细菌的 DNA 分子切开，接入另一段外源 DNA，将改造后的 DNA 重新导入细菌，使其产生新的外源蛋白，这是经典的基因工程。而现在广义的基因工程则指按人们意愿，改造或设计动物、植物以及微生物的基因或基因组，从而改变生物的遗传特性，构建具有新性状的转基因生物。

转基因作物的研究始于 20 世纪 70 年代末 80 年代初。1977 年，Ackermann 用野生型 Ri 质粒转化烟草细胞获得再生植株。1979 年，Marton 等将 Ti 质粒转入烟草原生质体中，获得愈伤组织并再生出芽。1983 年 1 月 8 日，Bevan 等、Fraley 等和 Herrera-Estrella 等分别在 Miami Winter Symposium 会议上宣布利用农杆菌将外源基因转入植物体内获得成功，转基因植物从此诞生。随后有研究分别报道了用去除癌基因的根癌农杆菌及发根农杆菌进行基因转移，获得形态正常的转基因植物。1984 年，胡萝卜、牵牛花、白花烟草等植物相继获得转基因植株（Horsch 等）；1985 年，培育出转基因油菜（Ooms 等）；1985 年，Horsch 等首创叶盘法进行植物遗传转化，他们利用根癌农杆菌感染烟草、番茄和矮牵牛叶片外植体，成功获得了转基因植物。这种方法简单且高效，开创了植物外植体遗传转化的新途径。1987 年，Sanford 等建立了基因枪转化法，并成功转化了多种植物。早期农杆菌介导法只适用于双子叶植物的遗传转化，随后不久许多单子叶植物的遗传转化也获得成功（Catlin 等，1988；Bytebier，1988）。据不完全统计，目前至少有 35 科 120 多种植物已成功培育出转基因植物，包括水稻、玉米、棉花、大豆、番茄、马铃薯、烟草、油菜、番木瓜等重要农作物；涉及的性状包括抗除草剂、抗虫、抗病害、抗逆以及品质改良等，另外还有一些转基因植物用作生物反应器的报道（Farre，2008）；部分转基因植物已商业化生产，并应用于食品和饲料（James，2009）。

据统计，我国正在研究的转基因植物种类达 52 种，列前 10 位的分别是：棉花、水稻、玉米、马铃薯、番茄、小麦、油菜、烟草、杨树、大豆。通过国家商品化生产许可的有转基因耐储藏番茄、转查尔酮合成酶基因矮牵牛、抗病毒甜椒、抗病毒番茄、抗虫棉花、抗病毒木瓜和抗虫欧洲黑杨等 7 种。还有转基因水稻、玉米、油菜、马铃薯、大豆、小麦及林木等 30 种植物获准进入中间实验、环境释放或生产性实验（国家发展和改革委员会等，2010；Chen 等，2011；邱丽娟等，2011；Huang 等，2009；Hu 等，2006；Song 等，2007；Tian 等，2009；Wu 等，2008；Xue 等，2010；黎裕等，2010）。

（一）转基因植物种类

1. 棉花

目前，我国已培育转基因抗虫棉品种 160 多个，其中国审品种 60 多个。针对抗虫棉面临的后期抗虫性弱、（$Bt + CpT$ I）双价抗虫基因不同步表达、转基因抗虫棉抗棉铃虫而不抗蚜虫等问题，成功研制并构建了新的拥有自主知识产权的融合抗虫基因 $Cry C$ I，抗棉铃虫效果由通常的 80% 提高到 90% 以上，转基因植株在保持高抗棉铃虫的同时，蚜虫虫口减退率由原来的 30% 提高到 60%。此外，选育出了农艺性状优良、兼抗除草剂和病虫的转基因棉花新品系，已进入环境释放阶段。

2. 水稻

转基因（$CrylAb/CrylAc$）抗虫水稻获得了安全证书，已具备产业化条件。创制了一批新型抗虫转基因新材料，其中转 $cry2A$ 和 $crylC$ 基因水稻对二化螟等螟蛾科的鳞翅目昆虫有高度抗性。高抗、广谱和无选择标记新型抗虫、抗草甘膦转基因水稻品系进入生产性试验。抗除草剂、白叶枯病、稻瘟病、纹枯病、淀粉品质转基因新材料进入中间试验。此外，还创制了一大批抗逆、品质改良、功能型、高产等转基因水稻新材料。

3. 玉米

转植酸酶基因玉米新品系通过了安全评价，获得了安全证书。抗虫转基因玉米已进入环境释放，抗除草剂材料进入中间试验阶段。此外，还创制了一批抗旱、耐盐、耐冷、抗粗缩病、高赖氨酸以及磷或钾高效利用的转基因玉米新材料。

4. 小麦

抗黄花叶病转基因小麦新品系进入生产性试验阶段，抗旱转基因小麦新品系和耐盐转基因小麦新品系进入环境释放阶段，抗赤霉病、纹枯病以及磷、钾高效利用转基因小麦进入中间试验阶段。此外，还创制了一批抗除草剂、抗穗发芽、抗白粉病、抗大麦黄矮病毒、抗蚜虫、优质转基因新材料。

5. 大豆

抗大豆食心虫和苜蓿夜蛾、抗蚜虫大豆进入环境释放阶段。抗草甘膦除草剂、新型转双价基因抗除草剂、抗旱、高含硫氨基酸、钾高效大豆等进入中间试验。

6. 园艺和林木

培育出耐储藏番茄"华番一号"、抗芜菁花叶病毒转基因白菜，以及转 Bt 基因抗虫甘蓝。获得了抗虫转基因欧洲黑杨、毛白杨、美洲黑杨、欧美杨、落叶松，并获得对天牛有抗性的转基因杨树植株及北京杨和新疆杨双抗虫转基因植株。转基因抗虫杨 12 号已通过品种审定，抗虫 741 已获得品种保护。我国对香石竹和矮牵牛的转基因改良成绩突出，其中转基因改变花色的矮牵牛是我国第一例转基因释放材料。此外，转基因菊花业已获得成功，先后培育出抗虫、花期调节的菊花转基因株系，目前正进行产业化的前期试验。

（二）转基因作物按性状分

1. 转基因抗除草剂作物

目前世界上种植面积最大的一类转基因植物是抗除草剂作物。通过喷洒除草剂，可以抑制田间杂草生长而不影响转基因作物的生长，因此节约了劳动力，减少水土流失。根据所抗除草剂类型不同，转基因抗除草剂作物可以分成五大类：①抗草甘膦转基因作物，包括番茄、玉米、水稻、小麦、向日葵和甜菜等；②抗草铵膦转基因作物，包括玉米、小麦、水稻、大豆、油菜、马铃薯、番茄和苜蓿等；③抗磺酰脲类除草剂转基因作物，包括油菜、水稻、大豆、亚麻、棉花、番茄、甘蔗、甜瓜等；④抗溴苯腈转基因作物，包括油菜、棉花、马铃薯、烟草等；⑤其他，如抗阿特拉津的转基因作物。1994 年，抗溴苯腈的转基因棉花开始种植，1996—1998 年，转基因抗草甘膦大豆、棉花、玉米以及转基因抗草铵膦油菜、玉米和棉花开始大面积种植。抗除草剂作物培育时，首先需要考虑选择除草剂的种类。例如，溴苯腈类除草剂因具有致畸危害，已被许多国家禁用。目前以广谱、无土壤残留且廉价的草甘膦为目标而创制出的抗除草剂作物占绝对优势，其中尤以抗草甘膦大豆在世界范围内种植面积最广；其次是抗草胺膦作物以及抗咪唑啉酮作物。2009 年，全球耐除草剂大豆的种植面积达 6 920万 hm^2，占转基因作物种植面积的 52%，耐除草剂玉米、棉花、油菜、苜蓿也都在世界范围广泛种植，节约了大量劳动力，极大地提高了农业生产效率。

2. 转基因抗虫作物

虫害每年给农业生产带来巨大损失，世界每年因此造成的损失占农作物总产量的 30% 以上，在一些国家和地区，其损失甚至可达 80%（Farre 等，2010）。植物抗虫基因工程为害虫防治提供了新的途径。目前常用的抗虫基因可以分为三大类：①从细菌中分离出来的抗虫基因，如苏云金杆菌杀虫蛋白基因（Bt）；②从植物组织中分离出来的抗虫基因，如蛋白酶抑制剂基因、外源凝集素基因、淀粉酶抑制剂基因等；③从动物体内分离到的毒素基因，如蝎浮素基因、蜘蛛毒素基因等（Christou 等，2006）。最近又发展出一些新的抗虫方法，例如，在转基因植物中表达靶向昆虫基因的双链 RNA，昆虫取食植物后体内靶基因表达受到抑制，导致生长受到影响（Mao 等，2007；Baum 等，2007）；在玉米中表达石竹烯合成酶，使玉米根系持续释放石竹烯，吸引一些线虫从而减轻甲虫对玉米根系的危害（Degenhardt 等，2009）。2009 年，全球转基因抗虫作物种植面积达 2 170万 hm^2，占世界转基因作物种植总面积的 15%。其中大部分是转 Bt 基因的作物，包括玉米、棉花、茄子等。抗除草剂和抗虫是转基因作物最重要的改良性状，因此开始出现一些将抗虫与抗除草剂性状叠加在一起的转基因作物（James，2009）。

3. 转基因抗病作物

细菌、真菌以及病毒都能导致作物感染，造成严重产量损失，但世界范围内转基因抗病作物种植面积远小于抗除草剂、抗虫转基因作物（James，2009）。目前主要通过转入抗微生物蛋白，如抗菌肽（Barrell 等，2009）、几丁质酶（Mercedes 等，2006；Karasuda，2003）、防御素（Jha 等，2009），以提高作物的抗细菌和抗真菌能力；转入病毒的壳蛋白（coat protein，CP）基因提高抗病毒能力（Furtani 等，2006；Collinge 等，2001）。最近也出现了一些新的抗病菌方法，例如，在水稻中表达 NAC 转录因子 OsNAC6 提高植株抵抗生物胁迫和非生物胁迫能力（Nakashima 等，2007）。通过提高次生代谢物含量提高作物抗病能力（Lorenc Kukula 等，2009；Barder 等，2006）。通过RNA 干扰技术提高作物对病毒的免疫力（Wang 等，2000）等。20 世纪 90 年代，番木瓜环斑病斑毒（PRSV）对全世界番木瓜生产造成了毁灭性的影响。美国科学家将病毒的外壳蛋白转入番木瓜后，获得了可以抵抗 PRSV 的转基因番木瓜，不但提高了产量和品质，还显著降低了生产成本。

4. 营养品质改良作物

作物品质改良最重要的方面是提高作物的产量和营养价值。转基因技术在植物代谢工程和品质改良方面也具有重大潜力。Zha 等（2009）在水稻中表达了一个细胞膜蛋白 LRKI，使植物花序、小穗数量以及粒重增加，最终产量增加了 27%。还有很多关于增加作物营养价值的报道，提高胡萝卜素（Zha 等，2008；Fujisawa 等，2009；Lopez 等，2008）和维生素，如叶酸（Diaz 等，2007；Storozkenko 等，2007）、维生素 E（Tavva 等，2007）的含量水平。2009 年，Naqvi 等报道了同时提高叶酸、类胡萝卜素和抗坏血酸含量的转基因玉米，其种子中类胡萝卜素含量增加了 407 倍，抗坏血酸增加了 6.1 倍，叶酸增加了 2 倍。另外，提高人体必需氨基酸含量（Wu 等，2007；Frizzi 等，2008）、长链不饱和脂肪酸（Burgal 等，2008；Hoffmann 等，2008；Kajikawa 等，2009）以及矿质元素（Edwards 等，2009；Park 等，2009）含量的转基因作物也取得了很大进展。瑞士科学家 Potrykus 领导的小组将类胡箩卜素合成的基因转入水稻，在胚乳中表达，培育出富含类胡萝卜素的金色大米，显著提高了大米的营养价值。

5. 生物反应器

转基因作物也可以作为生物反应器用于生产蛋白、化合物和疫苗（Twyman 等，2005）。例如，在水稻种子中表达柳杉花粉表面抗原用于口服疫苗（Yang 等，2007），在烟草中表达口蹄疫病毒的两个蛋白，叶片提取物可以成功诱导猪的免疫反应（Pan 等，2008）。转基因作物作为廉价、高效的生物反应器在医药领域具有很大的应用潜力。

6. 复合性状转基因作物

具有复合性状的转基因作物是未来的发展趋势。第一代的转基因作物仅带有筛选标记基因，主要用于转化系统的建立；第二代的转基因作物同时包含 1~2 个农艺性状基因，主要为害虫或除草剂抗性基因；第三代的转基因作物将带有多个外源基因，可同时带有抗虫、抗病、抗除草剂、高产、抗旱、优质等性状，另外还能实现受控基因的时空表达特征等，使转基因技术的应用逐渐走向复合性基因的研究、开发及使用。2009 年，种植转基因作物的 25 个国家中已有 11 个国家种植复合性状的转基因作物。2009 年，美国 3 520 万 hm^2 玉米作物中 85% 为转基因品种，其中 75% 为双性状或三性状杂交作物，转基因棉花占美国、澳大利亚和南非棉花种植面积的 90% 以上，其中双性状杂交种占美国所有转基因棉花的 75%，澳大利亚为 88%，南非为 75%。未来的复合性状产品将包括抗虫、耐除草剂和耐干旱，以及优良营养性状等，如高 ω3 油用大豆或增强维生素 A 的稻米。2009 年 4 月，西班牙和德国的一个研究小组成功开发出一种富含 3 种维生素的转基因玉米，这标志着人们首次实现了在单一作物中引入多种维生素的突破。2009 年，获得批准的新型玉米 SmartStax™，它包含了 8 种不同的抗虫与耐除草剂基因，具有 3 种性状，包括两种抗虫性（一种抗地上害虫，一种抗地下害虫）和除草剂抗性（James 等，2009）。

二、转基因技术的发展

国际上转基因技术主要采用农杆菌介导法和基因枪介导法。目前，全球已经批准商业化应用的转基因植物有 107 种，其中利用农杆菌介导法转化的占 64%，基因枪介导法占 31%，其他 DNA 直接转移法和电激法等占 5%（James，2009）。

（一）含标记基因的转基因技术

1. 农杆菌介导转化法

农杆菌细胞内的 Ti 质粒或 Ri 质粒具有一段 T-DNA，可通过农杆菌侵染植物伤口进入细胞，并插入到植物基因组中。将目的基因插入到经过改造的 T-DNA 区，借助农杆菌的感染可实现外源基因向植物细胞的转移与整合，然后通过细胞和组织培养技术，再生出转基因植株。1983 年该技术开始用于植物的遗传转化研究。

2. 基因枪轰击转化法

利用火药爆炸或高压气体加速，将包裹了带有目的基因的 DNA 溶液高速微弹直接送入完整的植物组织和细胞中，然后通过细胞和组织培养技术，再生出植株。该技术始于 1987 年，克服了当时农杆菌介导的转基因方法受受体种类和基因型的限制。目前，已开发出超声波辅助农杆菌介导法、农杆枪法等技术，将有助于拓宽受体的基因型范围，提高转化频率。

科学技术是一把无情的"双刃剑"。尽管转基因技术经过多年的发展，已相对比较成熟，但一些缺点开始逐渐暴露，例如，插入位点随机，基因表达水平个体差异大，筛选过程中的抗性基因可能会造成生物安全问题等。因此，转基因作物的应用引起了公众对生物安全性的普遍担忧，其生物安全性问题已成为严重制约转基因技术成果推广应用的"瓶颈"（卢宝荣等，2003）。世界上很多国家都十分关注生物安全问题，并把生物安全与经济安全、金融安全、国防安全、政治安全等放在同等重要的战略地位，并相应制定了各种管理制度保障其生物安全。但这些措施只是严格限制了转基因作物的应用范围，并不能从根本上缓解转基因作物应用的生物安全"瓶颈"问题。为解决上述问题。近年来已发展出一些新的转基因技术，提高了转基因作物培育效率并使其更加适合生产应用。

（二）无标记基因的转基因技术

由于植物细胞遗传转化效率较低，因此在遗传转化过程中需要通过一些标记基因进行筛选，以获得转基因的细胞/植物，去除未转化的细胞。除草剂、抗生素可以杀死未转化的植物细胞，而转基因细胞由于携带了抗性基因，可以在含除草剂或抗生素的培养基上生长，因此是良好的转基因筛选系统。但是当转基因植物再生成功以后，标记基因便毫无用处。相反，由于这些基因已经整合到植物基因组中，存在基因漂移的可能性，标记基因成为转基因安全性争论的一个焦点（Darbani 等，2007），直接限制了一些转基因植物的推广和应用。近年来发展出一些不含标记基因的转基因技术。

通过共转化技术、位点专一重组酶介导的基因剔除技术、基于转座子的基因剔除技术以及基于染色体内重组的基因剔除技术等方法可以获得无标记转基因植物。

1. 共转化技术

共转化技术是将选择标记基因和目的基因分别构建在不同的 T-DNA 区段上，可以是两个质粒也可以是一个质粒（Komari 等，1996；Xing 等，2000；Afolabi 等，2005），转化受体细胞后通过筛选获得共整合的植株作为育种对象。在 F_1 分离世代，一些植株的选择标记基因与目的基因分离，即可获得仅含目的基因而不含标记基因的转基因植株。这种方法比较简单，但周期较长且经常紧密连接，难以分离得到无标记转基因植株（Ebinuma 等，2001），这些缺点使共转化和遗传分离技术的应用受到了限制。另外，共转化技术无法应用于无性繁殖的植物品种或繁殖周期较长的林木。

2. 基于位点专一性重组的基因剔除技术

位点专一性重组是通过重组酶的作用在 DNA 特定位点间实现同源重组，既可以将外源基因整合到染色体上，也可以从染色体上将外源基因切除。该系统由重组酶及其识别位点组成，当两个识别位点正向排列时，重组酶催化两位点之间序列的切除。目前应用于植物遗传转化的重组酶系统有三种：①来源于大肠杆菌噬菌体 PI 的 Cre/LoxP 系统，利用 Cre 酶识别 LoxP 位点（Sternberg 等，1981；De Buck 等，2007；Zuo 等，2001）②来源于酿酒酵母的 FLP/FRT 系统，其中 FLP 重组酶作用于 FRT 位点（Li 等，1997；Lyznik 等，1996；Woo 等，2009）；③来源于鲁氏酵母（*Zygosaccharomyces rouxii*）的 R/RS 系统，其中 R 重组酶识别 RS 位点（Zuo 等，2001；Sugita 等，2000；Zuo 等，2000）。

3. 基于转座子的基因剔除系统

利用植物的转座元件也可以进行标记基因的剔除。早期该系统将标记基因插入在转座元件中与目标基因共同转化植物。在转基因植物体内，约10%的转座子在转座时会丢失，而目标基因仍然存在于原来的位点，因此在后代中可以分离得到不含标记基因的转基因植株个体（Belzile 等，1989；Sugita 等，1999）。但该体系效率较低，需要检测大量的植株才能得到无标记的转基因植物。Sugita 等（2000）、Ebinuma 等（2005、1997）和 Lopez-Noguera 等（2009）对该系统进行了改进，建立了 MAT 载体系统，提高了效率。他们在转座元件中插入了农杆菌中编码异戊烯基转移酶的 *ipt* 基因。该基因的表达可导致组织中细胞分裂素含量增加，使在不含外源激素的培养基上生长的组织大量分化出不定芽，而转座元件丢失的组织不会出现这种表型，因此可以快速高效地筛选出不含标记基因的转基因植物。

4. 基于染色体内重组的基因剔除技术

两个源序列之间发生染色体内重组（intrachromosomal Homologous recombination，ICR）可诱导 DNA 片段缺失，这一现象为标记基因的剔除提供了另一种技术基础。但自然条件下植物细胞内的 ICR 频率很低，例如，一株6周龄烟草植株的全部细胞中 ICR 的平均出现频率低于10次（Puchta 等，1995），使之无法应用于植物中标记基因的剔除。Zubko 等（2000）建立了基于染色体内重组的基因剔除系统，使烟草再生植株的 ICR 频率显著提高，成功诱导了标记基因的缺失。该系统在卡那霉素抗性基因 *NPTII* 两端各插入一段 352bp 的噬菌体 attachmentl pattachmentl P（attP）序列，通过在胚性组织中发生的染色体内重组，两个 attP 序列间的 *NPTII* 基因被切除。由于 attP 系统不需要表达其他辅助蛋白（如重组酶）或通过后代的遗传分离来筛选无标记转基因植株，因此这种系统可以应用于无性繁殖的植物上，具有很好的应用前景（Zubko 等，2000）。

（三）安全标记基因技术

安全标记基因是指用一些没有抗生素或抗除草剂的基因代替传统抗性标记基因作为标记基因，减少转基因生物的抗药性，降低由此产生的安全问题。目前已报道的安全标记基因主要包括化合物解毒酶基因、糖类代谢酶基因、氨基酸代谢基因以及与光合作用相关的基因等。

1. 化合物解毒相关基因

这类标记基因的作用机制与常规抗性标记基因相似，标记基因编码产物可将对细胞生长有毒的化合物转变成无毒的化合物，从而使转化细胞能在含有毒化合物的培养基上生长，而非转化细胞被杀死。

Daniell 等（2001）使用甜菜碱醛提供筛选压，利用甜菜碱醛脱氢酶作为标记基因进行烟草叶绿体转化。与利用壮观霉素筛选相比，这种筛选方法出芽快且出芽率高，转化效率提高了25倍。另外，Kumar 等（2004）发现表达甜菜碱醛脱氢酶的转基因胡萝卜具有更强的耐盐性，因此这种转基因植物也具有抗逆的潜力。

2. 糖代谢相关基因

由于离体培养的外植体不能进行光合作用，因此必须在培养基中添加一定浓度的碳源，如蔗糖、麦芽糖、葡萄糖等，外植体才能正常生长分化。近几年利用植物细胞对不同糖类碳源的代谢能力，发展出一些利用糖类作为筛选剂的筛选系统，在安全标记基因方面显示出巨大的应用潜力。这类标记基因的编码产物是某种糖类的分解代谢酶，使转化细胞能够利用筛选剂糖类作为主要碳源在筛选培养基上生长；而非转化细胞则处于饥饿状态，生长被抑制。目前已用于植物转化的此类标记基因有木糖异构酶基因 *xylA* 和磷酸甘露糖异构酶基因 *pmi*。

3. 木糖异构酶基因

木糖是许多植物细胞不能代谢利用的糖类。木糖异构酶催化 D-木糖到 D-木酮糖的可逆转变，然后再经过磷酸戊糖途径分解代谢，为细胞生长所利用。Haldrup 等（1998）利用链霉菌的木糖异构酶基因作为标记基因获得了转基因马铃薯，与常规卡那霉素抗性基因筛选相比，该系统的转化效率提高了 10 倍。在番茄中，该系统也具有较高的转化效率，但在烟草中，使用木糖异构酶筛选的转化效率反而低于使用卡那霉素筛选的转化效率（Haldrup 等，1998）。近年来该系统已开始应用于玉米等农作物中（Guo 等，2007）。

4. 磷酸甘露糖异构酶基因

植物细胞在以甘露糖为碳源的培养基上不能正常生长分化，这是由于甘露糖在果糖激酶的催化下转化成 6-磷酸甘露糖，不仅不能被细胞进一步代谢利用，而且积累到一定浓度时会对细胞的正常生长代谢产生抑制作用。从大肠杆菌中分离出的磷酸甘露糖异构酶可以催化 6-磷酸甘露糖转变成细胞能够利用的 6-磷酸果糖，使重组细胞能够在以甘露糖为碳源的培养基上正常生长，从而成为一种新的选择标记基因（Weisser 等，2007）。Joersbo 等（1998）在甜菜的遗传转化中用较低浓度的甘露糖曾得到 20% ~ 30% 的转化率，比卡那霉素筛选效率高 10 倍。目前该系统已应用于玉米（Negrotto 等，1998）和水稻（He 等，2004）中。

5. 氨基酸代谢相关基因

邻氨基苯甲酸合成酶（anthranilate synthase，AS）是色氨酸（Trp）及其合成途径的中间产物，可被植物用于合成多种化合物。邻氨基苯甲酸合成酶（AS）是 Trp 合成途径中的关键酶，催化该合成途径的第一步反应，使分支酸转化为邻氨基苯甲酸。在大多数植物中 AS 活性被 Trp 反馈抑制。1998 年，Song 等从烟草中分离出了反馈抑制不敏感的 *ASA2* 基因。Cho 等将 *ASA2* 基因作为标记基因，利用 5-MT（5-Methoxytryptamine）进行转基因紫云英和大豆发根筛选，并发现在转基因紫云英发根中 Trp 含量增加了 8 ~ 26 倍，转基因大豆中增加了 3 ~ 6 倍。目前反馈抑制不敏感 AS 基因已用作拟南芥（Mkiko 等，2005）、水稻和马铃薯（Yamaba 等，2005）等植物的遗传转化以及烟草质体转化的筛选标记基因（Barone 等，2009）。

6. 苏氨酸脱氨酶（threonine deaminase，TD）

苏氨酸脱氨酶催化苏氨酸脱氨转化成 α-酮丁酸，是异亮氨酸合成途径的关键酶，受异亮氨酸的反馈调控。抑制 TD 活性可以杀死植物细胞（Szamosi 等，1994）。O-methylthreonine（OMT）是异亮氨酸鲭构类似物，可竞争异亮氨酸掺入蛋白质，从而造成细胞死亡。2004 年，Ebmeier 等利用大肠杆菌的 TD 基因作为标记基因进行烟草遗传转化，但转化效率略低于卡那霉素筛选。

7. D-氨基酸氧化酶（D-amino acid oxidase，DAAO）

D-氨基酸广泛存在于单子叶植物和双子叶植物中。不同的 D-氨基酸对于植物有不同的作用。D-氨基酸氧化酶催化多种 D-氨基酸的氧化脱氨反应（Aloson 等，1998）。利用拟南芥进行的转基因分析表明，DAAO 基因无论是作为正向筛选基因还是负筛选基因都具有很大潜力（Eriuson 等，2004）。例如，D-丙氨基酸和 D-丝氨酸对植物有毒，DAAO 可将这些化合物代谢成无毒的产物用于代谢；而 D-异亮氨酸和 D-缬氨酸毒性较低，但可以被 DAAO 氧化成高度性的酮酸类化合物，如 3-methyl－2-oxopentanoate 和 3-methyl－2oxobutanoate。Erikson 等（2004）发现这些化合物在烟草、大麦、玉米、番茄等植物中也具有类似的作用，因此 DAAO 基因可用于多种植物的筛选标记。

8. 光合作用相关基因

谷氨酸－1-半醛转氨酶（glutamate－1-semialdehyde aminotransferase，GSA-AT）：叶绿素是植物光合作用的物质基础，缺少叶绿素植物将不能正常进行光合作用，从而影响植株正常生长发育乃至导致植物死亡。谷氨酸－1-半转氨酶催化叶绿素合成途径的第一个步骤，即谷氨酸－1-半醛转化成 δ-氨基-γ-酮戊酸（aminolaevulinic acid，ALA）。Gabaculine 能抑制 CSA-AT 的活性，使 ALA 不能正常合成，从而导致叶绿素生物合成途径受阻。目前已分离出一些抗 Gabaculine 的 GSA-AT 突变基因（Rosellini 等，2007；Kannangara 等，1998；Grimm 等，1991）。Gough 等（2001）报道了利用 GSA-

AT 突变基因 GR6 进行转基因植物筛选。在含有 Gabaculine 的培养基上，转基因植物表现为绿苗，而非转基因植物为白化苗。其中，白化苗转移到不含 Gabaculine 的土壤中后还可以继续生长，因此 GSA-AT 基因既可以用作正筛选标记又可用作负筛选标记（Gouqh 等，2001）。

9. Phytoene desaturase（PDS）

类胡萝卜素参与了光合作用中的光捕获过程，并在减少光氧化对叶绿体的损伤方面也具有重要作用。PDS 是类胡萝卜素合成途径中的一个关键酶，催化 phytoene 转化成 ξ-carotene 的反应，是多种除草剂的靶标。抑制 PDS 活性可以抑制类胡萝卜素合成，从而导致叶绿素降解，叶绿体结构破坏，出现光漂白的表型。Wagner 等（2002）将聚球藻中分离出的具有除草剂抗性的 PDS 突变基因转化烟草，获得具有除草剂抗性的转基因植物。Michel 等（2004）从水草 *Hyerilla verticillata* 中发现了抗除草剂的 PDS，将这个 PDS 进一步改造后，已成功用作抗除草剂 fluridone 和 norflurazon 的筛选标记基因（Arias 等，2006）。由于 PDS 基因来源于植物，因此作为筛选标记基因更易于被消费者接受。另外，由于 PDS 能抗的除草剂种类较少，因此可有效降低转基因植物成为超级杂草的风险。

10. 其他基因

ABC 转运蛋白：WBC 基因家族（White-Brown Complex homologs）是植物 ABC 转运蛋白中最大的一类，在模式植物拟南芥中包含 29 个成员。其中转 *AtWBC*19 的植物具有抗卡那霉素的能力。这种抗性机制还需要更进一步的研究。在 35S 启动子驱动下，*AtWBC*19 基因与细菌来源的卡那霉素抗性基因具有相近的抗性能力（Mentewab 等，2005）。Kang 等（2005）将 *ArWBCl*9 转入杨树（*Populus canescens × P. grandidentata*）后，发现转基因植物还对新霉素（neomycin）、geneticin 以及巴龙霉素（paromomycin）等氨基糖苷类抗生素具有抗性。由于这种 ABC 转运蛋白来源于植物，因此是潜在的新型抗性基因，可用于构建更加安全的转基因植物。微管蛋白 Tubulin：一些除草剂通过作用于植物微管蛋白杀灭杂草，如，二硝基苯胺类除草剂 Trifluralin（TFL）和 amiprophos-methyl（APM）等。Nyporko 等（2002）从牛筋草（*Eleusine indica*）中分离出抗 TFL 和 APM 的微管蛋白突变体。Yemets 等（2008）将这种微管蛋白用作标记基因用于小米、大豆和烟草转化，获得与卡那霉素筛选系统相似的转化效率。

（四）质体转化技术

质体是植物细胞中具有独立基因组和转录翻译功能的细胞器。质体包括前质体（proplastids）、叶绿体（chloroplasts）、色质体（chromoplasts）以及各种白质体如淀粉体（amyloplasts）等，在植物细胞内的功能包括光合作用以及合成淀粉、色素、氨基酸等（Leister 等，2003）。

1988 年，Boynton 等首次在单细胞衣藻（*Chlamydonas reindharrii*）中实现了叶绿体转化；1990 年，Svab 等实现了在高等植物（烟草）中的质体转化，随后拟南芥、番茄、马铃薯、大豆、棉花等植物也成功进行质体转化（Ruf 等，2001；Sidorov 等，1999；Sikdar 等，1998；Dufourmantel 等，2005；Kumars 等，2004）。目前植物质体转化主要通过基因枪法进行，也有通过显微注射法（Van Bel 等，2001）和 PEG 法（Graig 等，2008）进行转化的报道。目的片段进入质体后发生同源重组，整合进入质体基因组并与之共同遗传。早期质体转基因植物利用质体 16*srRNA*（*rr n*16）基因作为标记基因，利用壮观霉素进行筛选（Svab 等，1990），效率较低。Goldschmidt-Clermong（1991）建立了以 *aadA*（aminoglycoside 3'-adenylyltransferase）基因作为标记基因的质体转化筛选系统，极大地提高了筛选效率。

质体转基因植物具有很高的商业应用前景。1998 年，Daniell 等将矮牵牛 5-莽草酸 -3-磷酸合成酶（5-enolpyruvylshikimate-3-phosphate synthase，EPSPS）基因转入烟草质体，获得抗除草剂植物。Lutz 等（1999）将 *Bar* 基因转入烟草质体，获得了抗草甘膦的烟草。Kota 等（1999）将 Bt 基因转入烟草质体，使毒蛋白表达水平比目前商业化种植的转基因植物高 20 ~ 30 倍。基因剔除系统如 Cre-Lox 系统也已应用于质体转化，用来产生无标记的质体转基因植物（Von Wiren 等，2000；Corneille 等，2001）。作为生物反应器质体转基因植物在医药领域具有很大潜力。Staub 等（2000）利用烟草的叶绿体表达生产人的生长激素，产量是细胞核转基因植物的 300 倍。Richter 等（2000）在马铃薯质体中表达肝炎病毒表面抗原 HBsAg，使转基因马铃薯块茎成为可以口服的疫苗。

与细胞核转化技术相比，质体转化技术具有很多优点，但也有一些缺陷。质体转化技术复杂，耗时长，对实验室的软硬件以及操作人员的要求较高；虽然已有一些植物可以进行质体转化，但受体材料还是有很大限制，目前仅局限于少数植物中实现高效转化；另外基因表达的组织特异性较差，主要在叶肉细胞中表达。这些因素使质体转化技术的应用受到一定程度的限制。

总之，世界各国在遗作转化技术创新和集成创新方面纷纷加大力度，遗传转化技术正向高效、安全、规模化方向发展。具体表现如下：①致力于实现标准化、工厂化和流水线式的规模化操作。如孟山都公司有 200 多人在室内专门从事基因的转化研究，每年可获得 30 万株以上的转基因植株，以准确评估基因在目标作物中的育种利用价值和创制符合不同育种目标的转基因材料。②重点开展高效转化技术研究，以突破基因型限制，提高转化效率；实现多个基因按照育种目标进行组装后同时导入一个受体中，使多个性状同时得到改良；实现转基因的定点整合和时空控制表达。③大力发展无选择标记和外源基因删除等安全转化技术。专业化和集约化的转基因操作已成为提高转基因育种效率的重要途径（Yin 等，2010）。

第二节　应用概况

自 1996 年全球开始种植转基因作物以来，转基因生物产业已逐渐成为继网络经济、信息产业之后又一个新的经济增长点。

一、全球转基因作物种植情况

2009 年，全球转基因作物种植面积比上年增长 900 万 hm^2，即 7%，达到 1.34 亿 hm^2，占全球作物种植总面积 15 亿 hm^2 的 9%。1994—2009 年，转基因作物商业化种植 14 年间，种植面积增长了近 80 倍，累计种植面积超过 9.5 亿 hm^2。全球四大转基因作物大豆、玉米、棉花和油菜在种植面积上均有了不同程度的增长。其中，转基因大豆种植面积达 6 920 万 hm^2，比上一年增长 340 万 hm^2，占全球转基因作物种植总面积的 52%，仍居第一位。同时，转基因大豆的种植面积在大豆总种植面积中占 3/4（77%）；转基因玉米种植面积达 4 170 万 hm^2，比上一年增长 440 万 hm^2，占全球转基因作物种植总面积的 31%。这一种植面积在玉米总种植面积 1.58 亿 hm^2 中也占到 26%；3 300 万 hm^2 棉花总种植面积的近一半面积（49%）为转基因品种，达到 1 610 万 hm^2，比上一年增长 60 万 hm^2，占全球转基因作物种植总面积的 12%；转基因油菜种植面积为 640 万 hm^2，比上一年增长 50 万 hm^2，在全球油菜种植面积中超过了 20%，占全球转基因作物种植总面积的 5%。除了种植面积的增长外，全球选择种植转基因作物的农民也有所增加，相较于 2008 年的 1 330 万，2009 年在 25 个国家范围内种植总人数达到 1 400 万。其中 90%（约 1 300 万）为发展中国家的小型和资源匮乏的农民。发展中国家占全球转基因作物种植总面积的比例也逐年增长。2009 年，发达国家和发展中国家的转基因作物种植面积分别为 7 250 万 hm^2 和 6 150 万 hm^2，分别比 2008 年增长 3% 和 13%（Clive，2009）。国际农业生物技术应用服务组织（ISAAA）公布的转基因作物商业种植的年度报告显示，2012 年，全球转基因作物种植面积合计为 1.703 亿 hm^2，19 个发展中国家的种植面积占总数的 52%，首次超过 8 个发达国家。发展中国家的转基因作物种植面积比 2011 年增加了 11%，即 870 万 hm^2；而发达国家同比增长 3%，增加了 160 万 hm^2。种植转基因作物的农民有 1 730 万户，比 2011 年增加了 60 万户。2014 年全球转基因作物种植面积为 1.815 hm^2。随着孟加拉国种植转基因作物，这一年共有 28 个国家种植转基因作物。28 个种植转基因作物的国家人口有 40 亿人，约占世界人口的 60%。从 1996 年开始种植转基因作物到 2014 年，全球种植面积增加了 100 倍以上，累计种植面积大约比中国国土总面积还多 80%。

从转基因作物种植分布国家来看，2009 年，全球转基因作物种植面积排在前 8 位（或种植面积在 200 万 hm² 以上）的国家分别是：美国、巴西、阿根廷、印度、加拿大、中国、巴拉圭和南非。美国从全球转基因作物商业化伊始的 1996 年起，种植面积稳步增长，转基因作物种植面积持续排名世界第一，占到全球总量的近一半。种植的主要转基因农作物有大豆、玉米、棉花、油菜、南瓜、番木瓜、紫苜蓿和甜菜；在生物乙醇等市场迅猛增长的刺激下，美国玉米种植中大部分为转基因玉米，种植面积较上一年继续上升。排在第二的是巴西，主要转基因农作物是大豆、玉米和棉花；其中，转基因大豆为最主要的转基因农作物，占总量的 2/3 以上。转 Bt 基因抗虫棉的增长则表现得最为显著，在 2008—2009 年，增长率翻了两番，全球第一，占棉花总种植面积的近 1/5。南美洲的另一转基因作物种植大国是阿根廷，在 2008 年赶超加拿大后，仅以少于巴西 10 万 hm² 的种植面积排在第 3 位。主要的转基因农作物为大豆、棉花和玉米，其中转基因大豆所占比例最大。2009 年，欧盟 7 个成员国的转基因玉米种植面积比上年减少了 12%。引起下滑的主要原因有：德国退出了转基因作物种植；经济衰退导致农民种植积极性下降；杂交玉米总种植面积下滑等。尽管此前非洲被认为是推广转基因种植难度最大的大洲，2009 年新增的 3 个转基因种植国家中仍有两个为非洲国家（Clive，2009）。

北美洲和南美洲的转基因商业化种植国家在全球一直处于领先地位。全球共有 25 个国家种植转基因作物，其中 12 个国家属于这两个洲，种植面积占总面积的近 9 成，而这两大洲耕地面积不到全球的 1/4。中国、印度、阿根廷、巴西和南非是 5 个种植转基因作物面积较大的发展中国家，这些国家人口占全球总人口的 2/5，其中农业人口达 13 亿，而全球绝大多数贫困人口分布在这几个国家。在转基因作物步入商业化种植的第 10～14 年，亚洲国家起到了积极的作用。其中，印度的转基因作物商业化种植发展最为显著，总种植面积已经跃居世界第四。

ISAAA 报告显示，2012 年，苏丹和古巴开始了转基因作物的首次种植。苏丹种植的是棉花，成为继南非、布基纳法索、埃及之后，第 4 个种植转基因作物的非洲国家。古巴作为生态可持续发展和无农药战略推进的一环，种植了 3 000 hm² 的杂交玉米。转基因作物种植面积上，美国持续保持第一，有 6 950 万 hm²，转基因作物占了 90%。2012 年因为干旱，玉米减产 21%、大豆歉收 12%。加拿大油菜种植面积创造了历史新纪录，达到 840 万 hm²，其中转基因作物占 97.5%。巴西、阿根廷、南非、印度和中国 5 个国家转基因作物的种植面积合计为 7 820 万 hm²，占总数的 46%。巴西仅次于美国居全球第二，转基因作物的种植面积为 3 660 万 hm²，与 2011 年的 3 030 万 hm² 相比，增加 630 万 hm²，增长 21%，为转基因作物种植面积连续 4 年持续增长做出了贡献。巴西建立了基于科学的快速审批制度，可以迅速采用转基因作物。巴西还首先批准既抗虫又耐除草剂的大豆，于 2013 年开始商业种植。印度转基因棉花的种植面积增加到 1 080 万 hm²，占棉花种植面积的 93%。中国共有 720 万农户种植了 400 万 hm² 的转基因棉花，占棉花种植面积的 80%。

二、我国转基因作物种植情况

我国转基因作物培育和推广工作也发展迅速。自 "963" 计划实施以来，我国已成功培育了抗虫棉等一批转基因作物。2009 年，我国转基因作物种植面积 370 万 hm²，居世界第六位，主要包括棉花、杨树、番茄、番木瓜和甜椒等。目前我国已批准商业化种植的转基因作物主要是转 Bt 基因抗虫棉，其中 2009 年我国 540 万 hm² 棉花中大约 70% 是转基因抗虫棉。2009 年 11 月，农业部批准发放了转基因抗虫水稻 "华恢 1 号" 及杂交种 "Bt 汕优 63" 和转植酸酶基因玉米 BVLA430101 的生产应用安全证书。预计转基因水稻可使产量提高 8%，杀虫剂减少 80%；转植酸酶玉米将帮助猪等家畜消化更多的磷，从而使家畜的生长速度更快，同时减少动物废料进入土壤、水体和蓄水层带来的磷污染。这是我国首度为转基因粮食作物颁发安全证书，将有力推动转基因作物新品种的培育和推广应用。

一些转基因作物已在我国的农业生产中发挥了巨大作用。以转基因抗虫棉为例。1911 年，德国人 Ernst Berliner 发现了苏云金芽孢杆菌（*Bacillusthurigiensis*）。它在芽孢形成时产生的晶体蛋白（Bt 蛋白）对一些特定类群的昆虫（如鳞翅目、双翅目和鞘翅目昆虫）具有杀虫活性，但对其他动物是安全的。20 世纪 50 年代，苏云金芽孢杆菌作为生物农药广泛应用于一些害虫的防治。1979 年，Zakharyan 等发现苏云金芽孢杆菌内编码 Bt 蛋白的基因。1987 年，比利时的 Plant Genetic Systems 公司将编码晶体蛋白的 Bt 基因转入烟草，表现出较强的抗虫性。1995 年，转 Bt 基因的马铃薯在美国获得安全证书，1996 年，转 Bt 基因玉米、马铃薯和棉花开始在美国大量种植。20 世纪 90 年代初，棉铃虫在我国黄河流域和长江流域棉区连续暴发，造成了巨大的经济损失。棉农高频次、高浓度施用杀虫剂造成严重环境污染，并造成人员中毒事件。随着 1997 年我国批准转基因抗虫棉生产并开始推广种植，棉铃虫的为害逐年减轻，同时相邻作物的虫害也有所缓解。2008 年，我国转基因抗虫棉种植面积占棉花种植面积的 70% 以上，种植省份包括黄河流域的河南、河北、山东、山西等省和长江流域的江苏、安徽、湖南、湖北等省，其中国产品种比例由 1997 年的 7% 上升到 2008 年的 93%。目前我国国产转基因抗虫棉累计推广面积 2 100 万 hm²，新增产值超过 440 亿元，棉农增收 250 多亿元，同时每年化学农药的使用量减少 1 万到 1.5 万 t，棉田生态环境得到明显改善。

截至 2009 年，我国有 7 种转基因植物获得商品化生产许可，包括抗虫棉，抗病毒番茄、甜椒、辣椒，抗虫欧洲黑杨，耐储藏番茄和变色矮牵牛。

抗棉铃虫的转基因棉花品种是我国进入商品化生产的主要转基因作物。1992 年，我国成功研制出具有自主知识产权的 GFMCry1A 融合 Bt 杀虫基因，培育出转 Bt 基因抗虫棉品种。1996 年，成功研制出 GFMCry1A Bt 基因与豇豆胰蛋白酶抑制剂基因（CPTI）的双价转基因抗虫棉。1998 年，我国转基因抗虫棉实现产业化，当时仅占市场份额的 5%，美国孟山都公司的抗虫棉占据了市场份额 95%，处于绝对优势地位。从 2003 年开始，国产抗虫棉逐渐在市场竞争中取得优势，2009 年国产抗虫棉已占 93% 以上份额，全国转基因抗虫棉面积已达 380 多万 hm²，占棉田面积的 70%。ISAAA 报告指出，2014 年中国转基因抗虫棉种植面积占全国棉田面积的 93%。

三、转基因作物的经济、社会和环境效益

自转基因作物商业化以来，转基因作物在经济、环境、社会等方面带来了显著效益（Clive，2008），转基因作物所具有的多重优势在世界农业发展中发挥了重要作用。

（一）降低生产成本，提高产品市场竞争力

转基因作物应用于农业生产以来，其在农业劳动力、生产效率、生产成本等方面起到了积极作用。目前大面积种植的转基因大豆、玉米、棉花和油菜主要具有除草剂、病虫害耐受性，在提高农民种植效率的同时还减少了农药、机械等生产成本的投入，这些都节约了生产成本。同时，转基因作物具有高产优质、高附加值、营养物质高效利用等优异的品质特性，这些都大大提高其产品在市场上的竞争力（Castle 等，2006）。

（二）保护生物多样性

转基因作物在保护农田环境，减少农药污染方面有较大的贡献，这为天敌和益虫提供了良好的环境条件，使得农田的生物多样性丰富。以现在已广泛种植的转基因棉花为例，有研究表明种植转

基因抗虫棉，可以提高棉田节肢动物群落的稳定性，强化天敌对害虫的控制作用（郭建英等，2007），该研究结果与 Fitt 等（1994）的理论分析一致。Fitt 等理论分析认为，比较转基因棉花影响的合适参照物应是目前大量应用农药的常规棉，与常规棉种植系统相比，转基因棉田内由于农药使用量大量减少，有益生物种群数量增大。

（三）增加农民收入、降低农民种植风险

世界主要的贫困群体主要来源于发展中国家以农业为生的小型和资源匮乏的农民。在全球转基因作物商业化的前 13 年里，转基因作物带来的 519 亿美元中超过一半（261 亿美元）的收益为发展中国家所得。1996—2008 年，全球转基因作物经济获利累计约 519 亿美元，其中 49.5% 是由于单产提高，50.4% 是由于成本下降导致的，这些转基因作物经济的获利农民中 90% 来自发展中国家（Clive，2009）。至 2008 年，25 个国家的转基因种植农户在获得对转基因作物的第一手经验和理解后，相继选择了再次种植，接近 100% 的再种植比例，反映了转基因作物带来了更加便利和灵活的作物管理、低消耗、高产出的优势（Clive，2008）。同时，由于第一代的转基因作物多数从抗除草剂、抗病虫害角度出发，提高了农民种植的生产效率，减少农药的使用量，降低农民中毒、身体受损的风险。

（四）促进农业与环境的可持续性发展

常规农业生产主要依靠化肥和农药解决农田营养和病虫及杂草控制问题，这对环境具有很大的影响。目前商业化的转基因作物主要针对除草剂耐受性、抗病虫害等方面投入生产，这样的生产特性即能够通过减少杀虫剂的喷洒帮助缓解常规农业对环境造成的损害。同时由于杀虫剂的使用减少，降低了石油使用量，减少二氧化碳的排放。据统计，1996—2008 年，对农药活性成分的节约累计达到 3.52 亿 kg，农药使用节约 8.4%；仅 2008 年一年，节约 9.6%，呈下降趋势（Graham 等，2010）。在转基因研发步入第二阶段后，各研究机构针对非生物胁迫的抗性进行研发，具有抗旱能力的转基因作物也相继研发成功（Harrigan 等，2009）。先正达公司于 2011 年在北美市场推出抗旱转基因玉米品种，每年的销售额在 5 亿美元左右。孟山都公司针对非洲的水资源现状，计划于 2017 年在非洲撒哈拉沙漠以南地区推广抗旱性转基因玉米的商业化种植。有效地提高淡水利用率对于建立全球可持续性耕作系统具有重大意义。

转基因作物种植可通过减少农药使用而降低石油燃料使用量，2008 年减少二氧化碳排放量约 122 万 t，相当于 53 万辆汽车的排放量。转基因作物种植还能够通过保护性耕作而吸存土壤碳，2008 年土壤碳吸存量相当于 1 320 万 t 二氧化碳，相当于 641 万辆汽车的排放量。因此，2008 年，转基因作物种植总共减少二氧化碳排放量 1 440 万 t，相当于 694 万辆汽车的排放量。

（五）产业形态拓宽、产品附加值提高

目前转基因作物的研发已经进入第二代抗逆（输入特性）、改良营养品质（输出特性）、改变代谢途径（产品附加值）等第二、第三代发展（Willmitzer，1999）。转基因作物产业化已经或正在从单一的抗病、虫和抗除草剂领域向抗旱、抗盐碱、提高作物特殊营养品质、工业化应用等领域扩展，产业形态不断拓宽。一些复合性状的转基因作物具备抗逆、营养积累等多方面优势，产品附加值也得到很大的提高（Bruce，1999；Oraby 等，2007）。

（六）获得可持续性经济效益

据 1996—2008 年转基因作物在全球的影响调查（Graham 等，2010），全球转基因作物给农民带来的净经济效益总计为 519 亿美元（发展中国家 261 亿美元，发达国家 258 亿美元）。Cropnosis

咨询公司估计，2009 年转基因作物的全球市场价值为 105 亿美元，高于 2008 年的 90 亿美元。自转基因作物首次商业化至今，全球累计总价值估计已达 623 亿美元，预计 2010 年全球转基因作物的市场价值将超过 110 亿美元（Clive，2009）。

据 ISAAA 估算，1996—2013 年，采用转基因作物增加作物产值 1 330 亿美元，从 1996 年到 2012 年杀虫剂用量显著减少，节约了大约 5 亿 kg 活性成分。仅 2013 年，因种植转基因作物面减少的二氧化碳排放量相当于一年在公路上减少 1 240 万辆汽车。帮助 1 650 万农户及其家庭（即 6 500 万人口）缓解贫困。采用转基因作物仍将持续为粮食生产、环境改善及农民脱贫做出贡献。

综上所述，世界主要国家均把转基因技术及其产业作为提高未来国家竞争力的重要战略选择，竞相投入大量的人力、物力和财力对转基因技术进行研发，极大地促进了转基因生物产业的发展。尽管对转基因产品的安全性质疑不断，但接受转基因产品的国家越来越多，产业化速度明显加快，转基因生物产业已成为近年来持续保持高速增长的重要新兴产业。

第二章　外源抗虫基因的来源与遗传转化方法

棉花是重要的经济作物，由于气候条件和生态环境的变化、害虫抗药性的增强，害虫对棉花的为害，尤其是棉铃虫（*Heliothis armigera* Flubner）的为害日益猖獗，从而造成了棉铃虫防治的更加困难。据国际粮农组织估计，全世界棉花产量因害虫造成的损失达 16%，农业害虫防治多年来主要依靠化学农药，全世界用于棉花治虫的费用约 20 亿美元，占世界农田农药费用的 1/4，仅我国每年生产的化学农药以有效成分计就达 20 万 t 以上（牛德水，1997）。大量使用化学农药不仅增加劳动力投入和生产成本，而且不可避免地会造成严重的环境问题，导致农业生产的环境条件和资源基础的破坏，对全球农业可持续发展战略构成威胁。对此人们一直在积极探讨有效防治棉铃虫的措施，广泛使用化学防治、生物防治、农业防治等措施。虽取得了一定的成效，但仍没有达到有效防治的目的。因而世界各国都十分重视探讨新的害虫管理措施，其中利用转基因技术培育抗虫棉品种是当今棉花害虫管理最经济有效的方法。它不仅能使棉花自身产生抗（或杀死）害虫的物质，提高自身防御机制，而且还能减少化学农药的使用，减少环境污染和农药残留，减少劳动操作和降低植棉成本，从而可提高棉农的植棉积极性，有利于棉花生产及有关行业如纺织业等的发展。因此，世界各国都十分重视将外源抗虫基因导入棉花的研究、开发与利用，并取得了显著的进展。美国 Agracetus 公司于 1987 年在世界上首次报道将 Bt 基因转入商品棉。我国对转基因棉花的研究起步较晚，但进展较快。谢道昕等（1991 年）在国内首次报道将 Bt 基因导入了棉花品种；中国农业科学院生物技术研究所与山西省农业科学院棉花研究所和江苏省农业科学院等单位合作，将人工合成的 Bt 基因转入生产品种获得高抗棉株，培育出了 GK 系列抗虫棉品种（系）；中国农业科学院棉花研究所利用高新技术和常规育种相结合的技术途径，成功地将 Bt 基因转入中棉所系列品种中，培育出了中棉所系列抗虫棉品种（系）。1998 年，中国农业科学院棉花研究所的 2 个转基因抗虫棉品种中棉所 29 和中棉所 30 通过国家审定，标志着我国转基因抗虫棉花进入了大面积推广阶段。

第一节　外源抗虫基因的来源

目前，已经克隆得到的外源抗虫基因有许多种，根据它们的来源可分为 3 类：一类是从微生物中分离出来的抗虫基因，主要是来自苏云金杆菌（*Bacillus thuringiensis*，Bt）毒蛋白基因，营养杀虫蛋白（*Vegetative insecticida protein*，Vip）基因等；二类是从植物中分离出的抗虫基因，主要为蛋白酶抑制剂基因、外源凝集素基因等；三类是从动物体内分离的毒素基因，主要有蝎毒素基因和蜘蛛毒素基因等。

一、来源于微生物的抗虫基因

1909 年，Berliner 首先从德国苏云金省的地中海粉螟上分离到 Bt，并正式定名为苏云金芽孢杆菌。从 1920 年开始，Bt 就得到大规模生产并被用来防治欧洲玉米螟。1950 年，人们发现 Bt 的杀虫活性是由它在芽孢形成时产生的晶体蛋白所决定。由于这些蛋白具有高度特异的杀虫活性，故被称为杀虫晶体蛋白（Insecticidal crystal protenis ICPs）或 δ-内毒素（δ-endotoxin）（Wkitely 等，

1986）。1981 年，Schnepf 等首次成功地克隆了第一个编码 Bt 杀虫晶体蛋白的基因，揭开了利用基因工程培育抗虫作物的序幕。

目前公认的 Bt 毒蛋白基因分类方法是 Hofte 等（1989）所提出的根据 Bt 毒蛋白的氨基酸序列的同源性、抗原性及杀虫范围把编码它们的基因划分为 14 个基因型，在其中的 13 个基因型中，根据杀虫范围又分为四大类：Cry I，高抗鳞翅目昆虫；Cry II，抗鳞翅目和双翅目昆虫；Cry III，高抗鞘翅目昆虫；Cry IV，抗双翅目昆虫。Feitelson 等（1992）发现了兼抗鳞翅目和鞘翅目的 Cry V、抗线虫的 Cry VI。在每种主要类型中根据序列的同源性，又可划分为若干小组，如 Cry I 划分为 I A（a）、IA（b）、IA（c）、IB、IC 等 10 余种，其中应用在抗虫基因工程上的主要是 Cry I 和 Cry III。

1987 年，世界上有 4 个实验室首次报道获得了转 Bt 基因的烟草或番茄（Vaeck 等，1987；Adang 等，1985；Barton，1987），但抗虫性都很弱，难以检测出 mRNA 的转录，杀虫晶体蛋白的表达量很低。主要原因是使用的 Bt 基因来源于原核细菌。为提高其表达水平，在改造及人工合成目的基因时，去掉 Bt 基因的不稳定序列，换上作物偏爱的密码子。Perlak 等（1991）在不改变氨基酸序列的前提下，通过对 CryIA（b），CryIA（c）基因进行修饰（主要是去除富含 A，T 碱基序列，提高 G，C 碱基含量），使这 2 个基因在转基因棉花中的表达水平提高了近 100 倍，毒蛋白的含量提高到占可溶性蛋白的 $0.05\% \sim 0.1\%$，并获得了良好的抗虫效果。通过使用组织特异性启动子或强启动子也达到了高抗鳞翅目害虫的目的（Koziel 等，1993）。此外，利用完全改造的 Bt ［CryIA（b）和 Cry IIIA］基因首次培育出在大田中具有明显抗虫性的棉花和抗鞘翅目害虫的马铃薯（Perlak 等，1990、1993）。后来，开始尝试用复合的具有非竞争性结合关系的 Bt 基因来转化作物，以获得对之产生抗性的转基因作物。Salm 等（1994）用分别属于 CryIA（b）和 CryIC 的活性片断构建了一个融合基因，导入烟草和番茄，得到对甜菜夜蛾、烟芽夜蛾、烟草夜蛾都有抗性的转基因植株。

我国有关转 Bt 作物的研究虽然起步较晚，但进展很快。1992 年，中国农业科学院首先合成了 CryIA 基因（郭三堆等，1995），并与江苏省农业科学院合作用花粉管通道法将 Bt 基因导入棉花，获得高抗棉铃虫的转 Bt 抗虫棉花（倪万潮，1993），使我国成为继美国之后获得拥有自主知识产权转基因抗虫棉的第 2 个国家。此外，中国科学院微生物研究所、中国科学院上海植物生理研究所等单位也合成及部分改造了 CryIA 基因并导入烟草、甘蓝和大豆，获得了抗虫转基因植株（田颖川等，1991；卫志明等，1991）。丁群星等（1993）用子房注射法，将经修饰后 CryIA（c）基因导入玉米，使玉米螟的平均死亡率达 86.66%。目前我国只有转 Bt 基因的抗虫棉花得到了商品化生产，转 Bt 基因抗虫玉米、水稻已进行环境释放试验（王进忠等，2001）。

来源于微生物的抗虫基因还有：①异戊烯基转移酶（ipt）是细胞分裂素合成中的关键酶，来源于 Agrobacterium tumefaciens 的 ipt 基因在烟草、番茄中表达后，可减少烟草夜蛾对叶片的损伤，并降低桃蚜的生存力。然而，ipt 基因的表达对植物发育有负面影响，如使根系发育不完全，降低叶绿素含量等。②胆固醇氧化酶来源于链霉菌类，它对棉铃象甲幼虫有极高的毒性，并能延缓美洲烟草夜蛾的生长。研究表明，胆固醇氧化酶的作用机理在于破坏昆虫中肠膜的完整性，最终导致细胞裂解死亡。

二、来源于植物的抗虫基因

植物自身为抵抗昆虫等的危害，在长期进化过程中形成了复杂的化学防御体系，其中起主导作用的是一些植物化学物质，它们在植物的一生中或始终存在或为虫害所诱导产生的各种抗虫蛋白、多肽及各种小分子物质便是这一防御机制中的重要组成部分。与其他两种来源的抗虫基因相比，植物来源的抗虫基因来自植物本身，因此所转化的转基因植物更容易被人们所接受。另外，这类基因多具有更广的抗虫谱，尤其是目前被广泛应用的豇豆蛋白酶抑制剂（cowpea trypsin inhibitor，CpTI）。

（一）蛋白酶抑制剂基因

该类基因的产物为植物蛋白酶抑制剂（Proteinase inhibitor, PI）。PI 是一类能够抑制蛋白水解酶活性的小分子蛋白或多肽，可与昆虫消化道内的蛋白消化酶相结合，形成酶抑制剂复合物（EI），从而阻断或减弱蛋白酶对外源蛋白质的水解作用，导致蛋白质不能被正常消化；同时 EI 复合物能刺激昆虫过量分泌消化酶，这一作用可使昆虫产生厌食反应。这样，由于昆虫缺乏生活代谢中所必需的一些氨基酸，必然会导致昆虫发育不正常或死亡。根据作用于酶的活性基团不同及其氨基酸序列的同源性，可将植物中的 PI 分为四类：丝氨酸类（Ser），半胱氨酸类（Cys，巯基类），天冬氨酸类（Asp）和金属类，共 10 个族（Hilder 等，1987）。其中，丝氨酸类蛋白酶抑制剂与抗虫关系最为密切，因为大多数昆虫（如鳞翅目、直翅目、双翅目、膜翅目、鞘翅目）肠道内的蛋白酶主要是丝氨酸蛋白酶，而为害作物的昆虫大多也集中在这些类群中。

其中，丝氨酸蛋白酶抑制剂又可以分为 Bowman-Birk 家族、Kunitz 家族、PI-Ⅰ和 PI-Ⅱ家族等不同的类型（Richardson 等，1977）。目前应用最多的是 Bowman-Birk 家族的豇豆蛋白酶抑制剂基因和大豆 Kunitz 型胰蛋白酶抑制剂（SKTI），而后者的抗虫性明显好于前者（高越峰等，1998）。PI-Ⅰ和 PI-Ⅱ这两个家族蛋白酶抑制剂主要对鳞翅目昆虫起作用，其中，PI-Ⅱ蛋白酶抑制剂的抗虫性要优于 PI-Ⅰ。

Hilder 等（1987）首次获得 CpTI 转基因烟草。到目前为止，至少已有 CpTI、OCI、PI-Ⅰ 等十余种不同来源的蛋白酶抑制剂的 cDNA 或基因被克隆，并转入水稻、甘蓝、马铃薯、苜蓿、油菜、番茄等不同作物，其中大部分均获得对昆虫具有明显抗性的转基因植株，但其中比较成功的例子仅限于转化烟草、棉花等作物（Sckuler 等，1998）。

目前，应用于棉花的 PI 基因主要是豇豆胰蛋白酶抑制剂（CpTI 基因）和慈菇蛋白质酶抑制剂（API 基因）。李燕娥等（1998）和陈宛新等（2002）分别将 CpTI 基因和修饰过的 CpTI 基因导入棉花，获得的转基因植株后代对棉铃虫具有明显的抗性。API 对多种蛋白酶具有抑制活性，其抗虫能力优于 CpTI 基因。Thomas 等（1995）将 API 基因导入棉花，获得了表达 API 基因的抗虫棉，用转基因棉花叶片饲喂白粉虱能降低成虫的羽化率。转蛋白酶抑制剂基因棉花的获得，使棉花的抗虫范围和抗虫能力有了新的扩展。但由于 PI 基因往往需要大量表达才能产生明显的抗虫效果，因而转 PI 基因棉还没有在生产中得到推广和应用。

Bt 毒蛋白和 PI 具有协同增强作用，将二者同时转入棉花中，可成倍提高抗虫效果。1999 年，郭三堆等（1999）将人工合成的 GFM Cry Ⅰ A 和经过修饰的 CpTI 高效双价杀虫基因导入陆地棉品种，首次获得了双价转基因抗虫棉株系。抗虫鉴定表明，抗性好的株系棉铃虫幼虫校正死亡率大于 96%。而郭洪年等（2003）将 Cry Ⅰ Ac + API-B 基因导入棉花，获得了抗棉铃虫 90.0% ~ 99.7%，且农艺性状优良的 9 个双价抗虫棉纯合品系。活性 Cry Ⅰ Ac 和 API-B 蛋白在转基因抗虫棉株系中的表达量分别约占总可溶性蛋白的 0.17% 和 0.09%，且双抗纯合系植株的抗虫性明显高于仅转 Bt 基因的。我国转双价抗虫棉棉花的研究已开展多年，并获得转双价棉花。试验表明，转双价棉抗虫效果显著，现已开始大面积试种示范与应用。转双价抗虫棉的研制成功，对减少农药施用，保护人类赖以生存的环境，实现农业可持续发展，将生巨大而深远的影响。

（二）植物凝集素基因

该类基因的产物为植物凝集素（Phytohem agglutinin, PHA），PHA 是一类具有高度特异性糖结合活性的蛋白，存在于许多植物的种子和营养器官中，昆虫进食后可发生以下五种类型的作用：一是结合到昆虫肠道围食膜（Periropie membrane）几丁质上；二是结合到消化道上皮细胞的糖络合物上；三是结合到中肠上皮细胞暴露在表面的糖辍合物上；四是结合到糖基化的消化酶上；五是结合到受体植物的糖基化蛋白上，而使此蛋白不能被消化（Ckrispeels 等，1991；Peumans 等，1995）。这些结合影响了营养物质的正常吸收，促进昆虫消化道中细菌的繁殖和诱发病灶，抑制害虫生长发育和繁殖，最终达到杀虫目的。根据植物凝集素亚基的结构特征，植物凝集素被分成 4 种类型：部分凝集素（merolectins）、全凝集素（hololectins）、嵌合凝集素（chimerolectins）和超凝集素（superlectins）（高莹等，2000）。另外，根据氨基酸序列的同源性及其在进化上的相互关系，植物凝集素可以分为 7 个家族：豆科凝集素、单子叶植物甘露糖结合凝集素、几丁质结合凝集素、Ⅱ型核糖体失活蛋白、木菠萝素（jacalin）家族、葫芦科韧皮部凝集素和苋科凝集素（Peumans 等，1998）。前四大家族中代表性凝集素分别为：菜豆植物凝集素（PHA）、雪花莲外源凝集素（Galanthus nivals agglutinin，GNA）、小麦胚乳凝集素（WGC）和蓖麻毒蛋白（Ricin）。目前熟知的大多数凝集素都分别属于这 4 个家族。

目前在转抗虫基因作物中得到广泛应用的植物凝集素基因主要有雪花莲凝集素（GNA）基因，另有伴刀豆凝集素（Canavaiia ensiformis，ConA）基因、苋菜凝集素（Amsaranthus typohondriacus agglutinin，AHA）基因及半夏凝集素（Pinellia ternate agglutinin，PTA）基因。

棉蚜是棉花的另一个主要害虫，随着抗棉铃虫转基因棉花的普遍种植，棉蚜的为害逐渐加重。因此，利用转基因技术获得抗蚜棉花品种已成为棉花抗虫育种的新课题。植物凝集素是一类具有特异糖结合的活性蛋白，有些具有抗虫性，特别是对蚜虫等同翅目害虫有极强的抗杀作用。将来源于小麦胚芽凝集素基因导入陆地棉后，转基因 T_2 代能显著抑制棉铃幼虫和棉蚜的生长发育（Rajguru 等，1998）；而将（Bt + GNA）双价基因导入棉花后，获得的转基因株系对棉铃虫和棉蚜有较好的抑制效果（刘志等，2003）。菊芋凝集素基因对棉蚜也具有一定的抗性，用菊芋凝集素 HTA 基因和尾穗苋凝集素 ACA 基因转化棉花，获得的转化植株对蚜虫有明显抗性（李燕娥等，2004）。目前，国内外的研究者已开始这方面的工作，并获得了转基因植株（肖松华等，2005），可望培育出抗蚜棉花新品种。

（三）来源于植物的其他抗虫基因

几丁质酶是广泛存在于微生物和植物体内的一类蛋白质，催化真菌细胞壁的主要成分——几丁质的水解，从而抑制真菌的生殖增殖，提高植物抗菌能力。实验表明，某些几丁质酶还能催化糖基反应。1989 年，Ary 等从 Job 草中分离得到一种几丁质酶，发现它能抑制淀粉酶的活性，从而有效抑制蝗虫等昆虫类。于海波等（1994）发现蚕豆几丁质酶可抑制早期若蚜的存活和生殖发育。现在几丁质酶基因虽已转入几种作物中，但并未显示对番茄夜蛾幼虫具有抗性，只对桃蚜有微弱的作用（Gatebouse 等，1997）。烟草阴离子过氧化物酶基因在烟草、番茄中表达时，可产生对鳞翅类、鞘翅类以及桃蚜的抗性（Tanja 等，1998）。该酶的作用方式是很复杂的，各种说法莫衷一是，但大部分认为酶的作用不是直接的，而是取决于酶的产物的影响。

色氨酸脱羧酶（TDC）来源于长春花，该酶基因在烟草中表达后，可使烟草白粉虱的繁殖力降低达 97%（Thoms 等，1995）。由于 TDC 可将色氨酸转化为吲哚生物碱色胺，Thromas 等（1995）推断作物体内色胺和来源于色胺的生物碱类可起到抗产卵和抗进食作用，或者作为幼虫和种群发育抑制剂使用。

三、来源于动物的抗虫基因

昆虫神经激素是已知三大昆虫激素的一种，它控制着昆虫许多关键的生理过程，影响昆虫的生长、变态、生殖、代谢和行为等。因此，人们已开始在基因工程中利用昆虫神经激素防治害虫。目前，蝎毒素和蜘蛛毒素两种昆虫特异性神经毒素已被用于植物抗虫基因工程。

蝎毒素是一种富含生物活性的多肽物质，其中有一类神经毒素专一作用于昆虫而对哺乳动物无害或毒性很小。将东亚钳蝎昆虫特异性神经毒素基因 *BmKITS* 与几丁质酶基因构建成双价抗虫基因导入棉花后，获得的转基因棉花具有抗虫特性（张志云等，2004）。

蜘蛛毒素是人们从一种蜘蛛毒液中分离纯化的一种只有 37 个氨基酸的小肽，经体外试验发现它能杀死多种对农业生产有害的昆虫，但对哺乳动物没有毒杀作用。北京大学生命科学学院已人工合成并克隆了此肽的基因，导入烟草，表现出明显的抗虫作用。

由于每一种抗虫基因都有其局限性，正在研究或已应用于抗虫基因工程的基因还有胆固醇氧化酶基因、营养杀虫蛋白基因、几丁质酶基因、核糖体失活蛋白基因和异戊烯转移酶基因等。

第二节　遗传转化方法

尽管将外源基因导入作物基因组产生转基因抗虫植株有许多途径可供利用，但在转基因抗虫棉培育中已成功应用的遗传转化方法主要有 3 种：农杆菌介导法，基因枪法和花粉管通道法。

一、农杆菌介导法

农杆菌介导法是目前转化双子叶作物最为成功的方法，转化机制清楚，方法简单、效率高，同时因转入基因的拷贝数少而大大降低因同源抑制产生基因沉默的概率，因此越来越受到青睐。图 2-1 归纳了根癌农杆菌转化棉花获得转基因植株的基本程序和步骤。

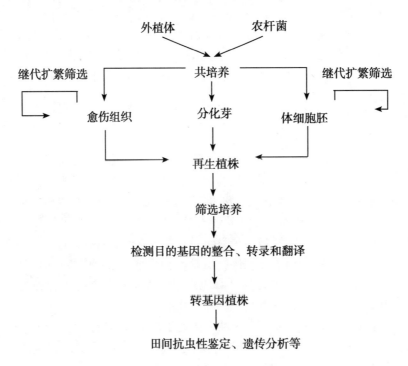

图 2-1　农杆菌转化棉花程序（刘方等，2002）

用于棉花遗传转化的根癌农杆菌（*Agrobacterium tumefaciens*）是一种土壤习居菌，在自然状态下能感染棉花等大多数双子叶作物营养器官的伤口，导致冠瘿瘤（Crown gall）的发生。根癌农杆菌含有一种 Ti（Tumor-inducing plasmid，Ti plasmid）质粒，侵染时通过棉花器官的伤口进入寄主组织，但其本身不进入寄主作物细胞，只把 Ti 质粒的 T-DNA 片断导入棉花的基因组中并得以表达，且外源 DNA 表达通常表现出典型的孟德尔遗传规律。由于 Ti 质粒本身能插入大到 50kb 的外源 DNA，因此利用此转化载体，将 Ti 质粒上致瘤基因切除，代之以有益的外源 DNA 序列，并插入由真核型启动子和细菌抗生素抗性选择标记基因或报告基因组成的嵌合基因，将改造后的农杆菌侵染棉花器官或细胞，在加有相应选择因子的培养基上选择转化再生植株，进而可得到转基因植株。农杆菌的转化效率与棉花品种的基因型、外植体类型、共培养时间、再生体系的建立等一系列因素有关。研究用于感染的外植体有下胚轴、愈伤组织、子叶、胚根等，获得转化植株的报道多数为下胚轴和愈伤组织。

目前，利用农杆菌进行棉花遗传转化的研究主要集中在基因的高效启动和表达，农杆菌遗传转化体系的改进和优化，即优化遗传转化的体细胞再生体系，缩短转基因植株的再生周期。通过调整培养基成分、固化剂浓度及激素水平等，改善体胚成熟、分化、生长的条件，减少畸形苗、变异系的发生。此外，还有采用嫁接或过渡培养等措施提高转基因植株移栽成活率，发展转基因棉花快速测定法，改进转化条件，提高转化效率等。

1984 年，首次报道了通过农杆菌介导，用"叶盘法"将抗卡那霉素基因导入棉花；1987 年，Umbeck 等人将 *NPT*Ⅱ 和 *CAT* 基因导入珂字 312，获得转基因再生棉株。在我国，1994 年陈志贤等将 *tfdA* 抗除草剂基因导入晋棉 7 号。目前，国内外利用农杆菌介导法已将 *Bt*，*CpTI*，*API* 等抗虫基因，*tfdA*，*Bxn*，*aroA* 等抗除草剂及抗黄萎病、立枯病等许多有价值的目的基因导入棉花，并获得了转基因植株，且获得的部分转基因棉花已进入大田，进行商业化生产。

二、基因枪法

基因枪法（Particle gun），又称微弹轰击法（Microprojectile bombardment；Particle bombardment；Biolistics），是依赖高速的金属微粒将外源基因引入活细胞的一种转化技术。其基本原理是将外源 DNA 包被在微小的金粒或钨粒表面，然后在高压作用下将微粒高速射入受体组织或细胞，微粒上的外源 DNA 进入细胞后，整合到作物基因组上，并得到表达，从而实现基因的转化。因为微粒的体积非常小，且射击速度很快，所以外源基因进入细胞后仍能保持正常生物活性，被轰击过的细胞或组织，虽含有颗粒，但仍能存活，发育不受太大的影响。Sanford 等于 1987 年研制出火药引爆（Gunpower）的基因枪。基因枪法在棉花中的应用始于 1990 年（Finer，1990）。

基因枪转化效率随受体不同而有较大差异，一般来说，良好的受体具有易于转化、再生容易和取材方便等特点。虽然基因枪转化法在许多受体种类中都有成功的报道，但某一具体品种可供选择的受体材料是有限的。基因枪轰击法进行棉花遗传转化时常用的受体有茎尖分生组织（Lui 等，2003）、胚性愈伤组织和悬浮培养细胞（郭余龙等，2005）。选用茎尖为受体在轰击前进行培养时，在培养基中加入适量的活性炭，可模拟土壤的黑暗环境，有利于根的生长。同时，刺激茎尖的迅速萌动，吸收切口部位渗出的酚类物质，从而减少褐化的外植体比例，提高其存活率（于娅等，2003）。黄全生等（2004）用海岛棉茎尖作为基因枪转化的靶材料，建立了可重复的海岛棉转化体系。李秋伶等（2005）利用基因枪法将植酸酶基因（Phya）导入农大 KBl8 的茎尖分生组织，经筛选、再生和分子检测等过程获得了转基因植株。研究表明，轰击距离及卡那霉素的起始筛选时间、筛选浓度梯度对转化周期和转化率有直接影响。另外，利用再生能力强的棉花胚性悬浮培养物作转化受体，通过基因枪轰击法可望导入大片段的外源基因，也可用于多质粒的共转化；在提高转化效率的同时，转化周期也大大缩短（Finer 等，1990）。用微弹轰击悬浮培养的胚性细胞，Rajasekaran 等（2000）得到了转化频率较高的转基因植株。

受体细胞的内在因素和基因枪轰击参数会影响外源基因的转化效率。受体自身的因素包括外植体种类、细胞的生理状态、细胞潜在的再生能力、轰击前后对细胞的处理以及细胞内环境对外源 DNA 的接受能力等。基因枪轰击参数一般要考虑到轰击压力、轰击距离、微弹的分散范围、程度和轰击次数。在轰击前和轰击后对细胞进行适当的渗透处理会增加外源 DNA 进入细胞的机会，同时这种处理造成的轻度质壁分离可减少胞质渗漏，以提高转化细胞存活率。通过多次轰击及抗生素梯度筛选等措施，可大大提高转化频率（Rajasakaran 等，2000）。耿立召等（2004）探讨了基因枪法转化棉花胚性愈伤过程的影响因素时认为，在轰击前 4h，轰击后 16h 采用 0.3mol/L 的甘露醇做渗透处理，轰击距离 9cm，轰击 2 次的效果最好。

三、花粉管通道法

花粉管通道法是 20 世纪 80 年代初周光宇最早提出的。她在深入分析植物远源杂交成功经验的基础上，提出了小片段 DNA 杂交假设，认为注入的外源基因在大部分被降解的同时，会有一部分短小基因以冈崎片段的形式整合到基因组中，使作物发生性状改变，并与作物自身基因组一起在后代中稳定遗传。外源 DNA 能否沿着棉花受精后的花粉管通道进入胚囊转化胚细胞，曾引起众多学者争论。1991 年，范云六首次成功地将 Bt 基因通过花粉管通道法导入到棉花植株中。随后江苏省农业科学院经济作物研究所先后利用该方法将 Bt、CpTI、API 等多种抗虫基因导入了棉花植株。这一转化方法主要包括微注射法、柱头滴加法和花粉粒携带法。后代材料的鉴定可通过形态观察、抗性检测、荧光检测及利用 RAPD、PCR、ELISA 以及 Southern blot 等分子生物学手段检测（王永峰等，2004）。该方法适宜范围广，受体类型广泛，不受基因型限制。利用花粉管通道可以直接对任何棉花基因型进行基因操作，易于常规育种者掌握，不依赖于组织培养体系，纯合速度快；利用活体植株进行转化，直接获得转基因植株，不依赖抗生素筛选，安全性较好。不足之处是外源 DNA 随机整合到棉花染色体基因组，转化植株后代遗传复杂，成功率较低；转化的时间受自然花期限制；在田间进行操作，受环境条件的影响很大，因此，操作的经验性很强，需要一定的技术摸索和技巧。

第三节　Bt 毒蛋白的杀虫机理

苏云金芽孢杆菌（*Bacillus thuringiensis*，Bt 基因），从 1909 年首次被分离起对它的利用从大规模虫害防治，到发现具有高度特异杀虫活性的晶体蛋白，再到基因的被克隆并转入农作物中在许多国家大面积种植，是近 100 年来生物技术的发展和人类改造自然的成就。目前转 Bt 基因作物仍在抗虫基因工程中占首要地位，在转基因作物中也占有比较大的比例。

Bt 能杀死害虫的主要原因是它含有一种或数种杀虫晶体蛋白（Insecticidal crystal protein，ICP），称为 δ-内毒素。昆虫食入该毒蛋白晶体后，在中肠的高 pH（＞9.5）环境和蛋白水解酶的作用下，毒蛋白晶体溶解并被激活，活化的蛋白引起中肠膜上皮细胞裂解、中肠麻痹、几天内死亡（喻子牛，1990）。一些研究者曾对 Bt 引起的中肠病理变化进行过研究，认为昆虫取食 Bt 后中肠的主要变化包括：顶端微绒毛肿胀、内质网囊泡化、核糖体缺失、线粒体肿胀、细胞核肿胀，随后核、细胞器和质膜破裂，最终细胞内含物随着细胞一起脱落释放入肠腔（Ebersold 等，1997；Endo 等，1980；Percy 等，1983）。

随着 Bt 棉种植面积的日益增加，关于其蛋白表达、杀虫效果、杀虫机理、抗性发展、生态影响等研究也引起了人们的关注。了解 Bt 棉对棉铃虫的致病机理和产生抗性后的主要病理变化对于研究 Bt 棉的合理使用、延长其使用寿命、制定延缓抗性发展的策略有重要意义。项秀芬等（1996）首先在我国研究并报道了棉铃虫感染苏云杆金菌戈尔斯德亚种 HD－1 株后中肠不同区域、不同细胞类型的病理变化情况。研究报告指出，正常幼虫中肠肠壁较薄，主要为分柱状细胞和杯状细胞两种，细胞排列整齐、规则。当幼虫取食 0.003% HD－1 饲料后，随时间的延续病变由轻度向重度发展，经 6h，中肠前段柱状细胞顶部膨大，杯状细胞少；在 12h，细胞伸长，可见脱落囊，细胞层显著加厚并有许多再生细胞生成，而此时中肠后段肠壁细胞尚无显著反应；在 48h，中肠前段肠壁细胞继续伸长，肠壁更厚。幼虫分别取食含 0.000%、0.003%、0.01% 的 HD－1 人工饲料 48h 后，其中，肠病变程度随 HD－1 浓度的增高而显著加剧，表现为中肠肠壁肿厚、柱状细胞伸长、杯状细胞减少、直至细胞层解体；在 0.01% 浓度下、中肠前段肠壁细胞已解体而后段柱状细胞仍可见，但也极度伸长，肠壁甚厚。由此可见，HD-1 引起的幼虫中肠病变过程，开始肠壁柱状细胞伸长，顶部起泡，随后层层脱落，与此同时再生细胞增多，病变过程由中肠前部逐渐向后部扩展。根据上述结果可知，HD-1 对棉铃虫幼虫的毒性，除决定于 Bt 菌株晶体蛋白的杀虫活性外，还与棉铃虫取食 Bt 的浓度和时间显著相关。

为了明确 Bt 棉花毒杀棉铃虫的作用机理，束春娥等（1996）对棉铃虫食取 Bt 棉后的消化、排泄和生长发育作了观察，并测定棉铃虫中肠、血清的 pH 值，还观察了中肠的超微结构。结果表明，棉铃虫是取食 Bt 棉的组织器官后才会中毒死亡的。不同龄期的棉铃虫，中毒所需剂量和时间不同，1 龄棉铃虫幼虫只需取食针尖大小 Bt 棉叶量，半小时即可中毒；而 1 头 3 龄幼虫大约需要取食 0.229g Bt 棉叶量经过 4d 左右的时间才会中毒死亡。但取食 Bt 棉的幼虫，开始 2d 食量、排泄量平均比对照减少 57.10%、57.19%，其体长、体重的增长率比对照减少 71.69%、81.51%。4h 后食量、排泄量减少 72.02%、77.33%，体长、体重增长率比对照减少 93.02%、107.78%。幼虫刚中毒死亡身体柔软，但触及不出水。取食 Bt 棉中毒死亡的 4 龄、5 龄幼虫中肠 pH 值为 8.22、8.19，血清 pH 值为 6.40，与相应的对照幼虫的 8.36、8.40、6.50 基本一致。说明棉铃虫取食抗虫棉 Bt 毒蛋白后，导致中肠麻痹中毒，但中肠壁未被破坏，碱性胃液未渗入体腔，因此血清 pH 值仍保持与对照一致，在 6.40 左右。此外，从中肠超微结构观察到，常规棉（系指非转基因抗虫棉，下同。）幼虫中肠横纹肌舒畅，食 Bt 棉棉铃虫幼虫横纹肌呈收缩状，说明幼虫取食 Bt 棉后中肠出现痉挛性中毒。常规棉幼虫中肠内吸收营养物质的中柱细胞微绒毛发育正常，能够从胃腔内吸取大量供虫体生长发育的营养物质，而食 Bt 棉幼虫中肠中柱细胞微绒毛呈萎缩状并有局部绒毛被破坏，致使幼虫不能从胃腔内吸收营养供虫体需要，幼虫处在饥饿状态，生长发育趋于停止。食常规棉幼虫由于从胃腔内吸取大量物质储存在细胞质内，因此细胞质内细胞器多，而食 Bt 棉幼虫则相反，因不能从胃腔内吸取营养，只能消耗已储存的养料，导致中肠壁细胞质内细胞器减少，而空胞增多的现象，最终幼虫死亡。梁革梅等（2001）研究了棉铃虫取食 Bt 棉后的中肠组织病理变化、棉铃虫对 Bt 棉产生抗性是否会降低其对中肠细胞的破坏作用，并与 Bt 杀虫剂、Bt 毒蛋白的杀虫机理进行了比较。研究结果指出，通过电镜观察发现，敏感种群的幼虫正常中肠细胞微绒毛排列整齐，质膜清楚，线粒体、内质网发达，线粒体内嵴明显，核膜界限清晰，［图 2-2 (a)、图 2-2 (b)］，取食 Bt 棉的棉铃虫表现的病理变化较慢，12d 后微绒毛基本完整，只在中间有小空泡出现，3d 后微绒毛肿胀，7d 后明显表现症状：微绒毛脱落、质膜界限不清晰、线粒体的内嵴不清晰、内质网减少［图 2-2 (c) 至图 2-2 (f)］。而取食 Bt 杀虫剂和 Bt 棉的棉铃虫中肠细胞组织很快发生病理变化，取食 Bt 杀虫剂的棉铃虫 12h 后，微绒毛就出现肿胀、变形、有部分脱落；3d 后核膜被破坏、不完整，内质网减少、部分线粒体被破坏［图 2-2 (g)］；7d 后微绒毛全部脱落，质膜界限不清晰［图 2-2 (h)］；取食 Bt 棉的棉铃虫 12h 后，微绒毛基本完好，但质膜界限不很清晰；3d 后，核膜不完整、部分线粒体被破坏、细胞中有空泡、出现自溶现象［图 2-2 (i)］，7d 后微绒毛自溶［图 2-2 (j)］。与敏感种群相比，抗性种群棉铃虫对 Bt 棉产生抗性后，中肠细胞仍会发生变化，但病变程度减弱。抗 Bt 棉的种群 3 龄棉铃虫幼虫中肠细胞的微绒毛肿胀，质膜界限不清晰［图 2-2 (k)］，核膜不完整，线粒体和内质网减少，线粒体的内嵴不清晰［图 2-2 (l)］；而抗 Bt 杀虫剂的种群的棉铃虫中肠细胞核膜界限清晰，线粒体和内质网变化不大，但微绒毛变化较大，有许多变形、脱落［图 2-2 (m)］，且细胞内有同心圆结构［图 2-2 (n)］；抗 Bt 棉的种群的棉铃虫的核膜不完整，微绒毛变化较小，仅表现为略有肿胀，质膜界限不清晰［图 2-2 (o)］，线粒体变化最大，出现中空，同时内质网排列不整齐［图 2-2 (p)］。各种群的 3 龄、5 龄幼虫的中肠组织结构基本相同，抗性种群幼虫被破坏的组织到 5 龄的不能恢复正常。总之，从棉铃虫取食 Bt 棉、Bt 杀虫剂的 Bt 毒蛋白后中肠组织病理变化的情况发现，Bt 棉对棉铃虫中肠的破坏较慢，而 Bt 杀虫剂的作用表现最快，其次是 Bt 毒蛋白。这可能是由于 Bt 杀虫剂、Bt 毒蛋白作为杀虫毒素直接影响棉铃虫中肠细胞，而 Bt 棉中的杀虫毒素是由导入棉花品种中的 Bt 基因转录形成，转录量的大小、形成毒素的杀虫作用力都可能影响棉铃虫中肠细胞的变化。

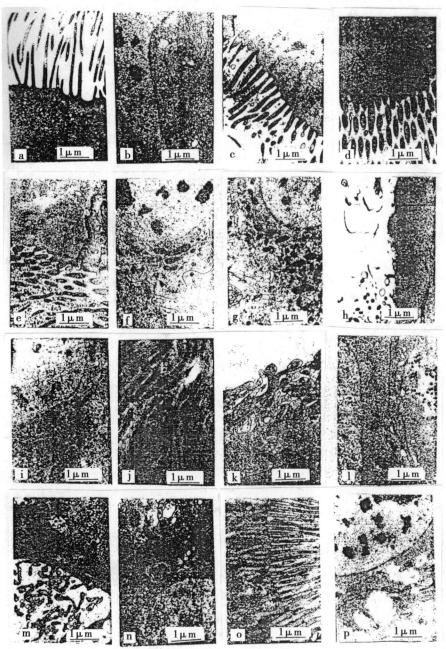

图 2-2 棉铃虫取食 Bt 棉后在电镜下观察到的中肠组织的病理变化

图版说明：a-b，敏感种群棉铃虫幼虫正常的中肠细胞微绒毛、内部结构；c-e，取食 Bt 棉 12h、3~7d 后的棉铃虫中肠细胞微绒毛；f，取食 Bt 棉 7d 后的棉铃虫中肠细胞内部结构；g，取食 Bt 杀虫剂 3d 后的棉铃虫中肠细胞内部结构；h，取食 Bt 杀虫剂 7d 后的棉铃虫中肠细胞微绒毛；i，取食 Bt 毒蛋白 3d 后的棉铃虫中肠细胞内部结构；j，取食 Bt 毒蛋白 7d 后的棉铃虫中肠细胞微绒毛；k-l，抗 Bt 棉的种群 3 龄棉铃虫幼虫的中肠细胞微绒毛、内部结构；m-n，抗 Bt 杀虫剂的种群 3 龄棉铃虫幼虫的中肠细胞微绒毛、内部结构；o-p，抗 Bt 毒蛋白的种群 3 龄棉铃虫幼虫的中肠细胞微绒毛、内部结构由于中肠是棉铃虫幼虫合成和分泌消化酶的重要场所，中肠肠壁细胞的局部破坏或空腔化必然引起中肠蛋白酶、淀粉酶、脂肪酶的正常合成和分泌。周等生等（2001）对3、4、5龄幼虫中肠消化酶比活力的测定结果表明（表2-1），取食Bt棉后各龄期幼虫中肠消化酶比活力较对照有所减退，且随幼虫龄期的增加减退率明显降低，其中5龄幼虫的减退率很低。由此可见，由于Bt棉中杀虫蛋白对幼虫中肠的局部破而最终导致中肠消化酶合成和分泌的减退。Bt棉对3、4、5龄幼虫拒食作用随幼虫龄期的增加而明显降低，是由于Bt棉中杀虫蛋白对幼虫中肠消化酶比活力的影响随幼虫龄期的增加而明显降低造成的。

表2-1　Bt棉对棉铃虫幼虫中肠消化酶比活力的影响

龄期	品种	蛋白酶		淀粉酶		脂肪酶	
		比活力	减退率（%）	比活力	减退率（%）	比活力	减退率（%）
3	32B	6.253	16.25	30.891	52.39	0.037	42.19
	5415	7.466	—	66.131	—	0.064	—
4	32B	2.633	9.80	64.658	37.83	0.147	35.24
	5415	2.926	—	104.007	—	0.227	—
5	32B	1.358	2.94	87.485	0.00	0.135	4.26
	5415	1.362	—	86.021	—	0.141	—

注：酶比活力单位为 μg/mun·mgP；32B 为 Bt 棉，5415 为常规棉

第四节　转 Bt 棉基因抗虫棉中 Bt 毒蛋白鉴定方法

现有研究表明，苏云金杆菌杀虫效果的决定性因素是 δ-内毒素即伴孢晶体。在已确定其他因素的条件下，晶体蛋白含量与生物效价成正相关，由此，奠定了转 Bt 基因抗虫棉鉴定方法的基本思路。

对于转 Bt 基因抗虫棉中毒蛋白的检测，目前主要有生物测定法（汤慕瑾等，2000；倪玉萍等，2002）、酶联免疫法（ELISA 法）（严吉明等，2005；陈松等，2003）及 SDS-PAGE 电泳法（刘丰茂等，1998；李萍等，1996；Liu 等，1999）等3种方法。

生物测定法。生物测定法是目前最为广泛采用的鉴定方法，其原理是根据不同昆虫对 Bt 毒蛋白不同敏感性或者同一昆虫的不同死亡率来进行的。其以棉铃虫初孵幼虫为测试生物，采用人工饲料混药法，72h 检查试虫死亡率，测定 Bt 的相对毒力，比较毒力效价。生物测定对于综合、全面评价 Bt 棉的抗虫效果，甚至于在其他实验方法无法检出浓度的情况下具有重要意义。根据幼虫死亡率的生物测定方法虽然能够比较真实、直观反映 Bt 棉的抗虫性，但需要饲养棉铃虫且操作复杂；大田鉴定易受环境和气候条件的影响，同时也影响棉花的产量，而且测定一批样品要花费较多的时间。生物测定法在实践运用时需统一虫源、虫龄，统一饲养条件，统一取样部位，试验占用空间大，测定所需时间长，对大量样品进行测定工作量大，且在饲养过程中易被病毒感染。在实际操作中，棉铃虫的喂养也比较烦琐。

酶联免疫测定法（ELISA 法）。因为转 Bt 基因抗虫棉的抗虫性是由 Bt 毒蛋白的表达量决定的，所以可以利用免疫化学的方法来检测 Bt 毒蛋白，以测定抗虫棉的抗虫效果。该方法主要是利用抗原抗体特异性结合以及酶的高效催化原理来进行的，它采用抗原与抗体的特异反应将待测物与酶连接，然后通过酶与底物产生颜色反应，用于定量测定。1983 年，Smith 和 Ulrich 应用酶联免疫测定法（ELISA）检定了 Bt 发酵液或产品中伴孢晶体毒素含量来指示毒力大小，结果比用火箭免疫电

泳法测定伴孢晶体的方法更加接近生物测定的结果。酶联免疫测定法测定时间短，操作程序标准，检测极限高，灵敏度可达 10ng/ml 以下水平，对大量样品的定性、定量快速测定具有实践意义。该法的缺点是需制备特异性很高的抗体，否则易出现假阳性；而且该法尚存在较多的制约性因素，如抗原的质量和免疫剂量等均会影响抗体的产生和特异性。因此，仍需加强对 Bt 毒蛋白抗原的免疫原性的研究，了解免疫剂量和免疫次数对抗体效价等的影响，为制备出特异性强，效价高的 Bt 蛋白抗体提供依据。同时，为真正方便使用，还需加强酶联免疫试剂盒的研制。虽然国外已成功研制出检测试剂盒，但并无商品化试剂盒出售。西方发达国家如美国已研究和制备出检测试剂盒，检测灵敏度达到了 4～10ng/（g·FW），但价格昂贵，国内难以承受，其相关工艺技术属专利。国内也有几个单位在开展此项研究但没有商品化，且检测灵敏度相对较低。因此，研究相关技术以提高检测灵敏度是关键。

SDS-PAGE 电泳法。即十二烷基硫酸钠—聚丙烯酰胺凝胶电脉，该方法主要通过运用实验室 SDS-PAGE 电泳，依据不同蛋白质相对分子质量的差异，使转 Bt 基因抗虫棉中的有效毒蛋白与其他杂蛋白分离，之后用电泳图像扫描仪或薄层扫描仪对毒蛋白区带进行扫描，由于凝胶上每条蛋白带的量与其吸收蜂的面积成正比，据此计算出样品中有效蛋白的含量，实现对 Bt 毒蛋白的定量测定。实验表明，该法简单，耗时较短，重复性好，与生物测定法具有较好的相关性。该法主要是利用十二烷基硫酸钠—聚丙烯酰胺凝胶电脉（SDS-PAGE）方法，测定有效毒蛋白的相对分子质量是否为 130 000，以此对 Bt 毒蛋白进行定量测定，根据晶体蛋白含量与生物效价的正相关来鉴定 Bt 棉花。但该种方法的适用性及测定结果在很大程度上取决于样品本身的因素及参考标准物的选定。

为了切实加快转 Bt 基因抗虫棉的推广，方便转 Bt 基因抗虫棉的鉴定，人们仍在不断摸索新的方法，主要有 Dot-ELISA（沈法富等，1999）、协同凝集反应（戴经元等，1998）和抗生素抗性鉴定（叶鹏盛等，2003；李俊兰等，2004；朱加保等，2003）。

Dot-ELISA（Dot Enzyme Linked immunsorbsent Assay）。作为 20 世纪 80 年代初发展起来的一项免疫学新技术，Dot-ELISA 具有快速、简单，重复性好，不需特殊仪器，测定结果可以长期保存等优点，而且其测定结果简单易懂，凭肉眼观察就可以判断被测样品抗虫性的差异。不仅如此，Dot-ELISA 还具有高度的特异性，只有制备抗体的晶体杀虫蛋白与转基因抗虫棉表达产生的杀虫蛋白一致时，抗虫棉才能被检测出来。因此，如果能够制备杀虫蛋白的特异抗体，以试剂盒的形式向基层育种单位推广，则可以有效提高选育适宜不同地区抗虫棉的育种效率，加速转 Bt 基因抗虫棉的推广运用。

协同凝集反应。协同凝集反应是一种类似于间接凝集反应的血清学检测方法，其是在一定电解质存在的情况下，抗原吸附其相应抗体而产生凝集块的反应。该法用金黄色葡萄球菌 SPA 作为 IgG 抗体的载体，以检测相应抗原。协同凝集反应的特异性强，灵敏度高。而且现有研究表明，其与生物学测定方法结果具有一定的相关性。

抗生素抗性鉴定法。研究表明，转 Bt 基因抗虫棉中含有 NPT-Ⅱ基因（新霉素磷酸转移酶Ⅱ基因）这样的抗生素抗性基因，而且这类基因通常与 Bt 基因融合在一起，共转化棉花，据此可便于对转 Bt 基因棉株的早期筛选。抗生素抗性鉴定法的原理就是基于转 Bt 基因抗虫棉含有如 NPT-Ⅱ基因类的抗生素抗性基因，它们的存在使得棉花对卡那霉素产生一定的抗性，使得转 Bt 基因抗虫棉花能在含卡那霉素的培养基中正常生长，而非转 Bt 基因棉花在含卡那霉素的培养基中则黄化，最后死亡。该法是转 Bt 基因抗虫棉快速鉴定和纯度鉴定的有效方法。随着转 Bt 基因抗虫棉花种植面积的不断扩大，如何快速、高效地鉴定转 Bt 基因抗虫棉以及转基因棉花中 Bt 蛋白的含量是需要进一步深入研究的课题。

第三章　转基因抗虫棉的遗传

遗传学通常把生物性状分为质量性状和数量性状两大类。质量性状受单个或少数主基因控制，这些主基因的不同等位基因具有明显不同的表型效应，分离世代形成间断性或类型变异，不易受环境条件影响。通常采用孟德尔的分类计数统计方法对质量性状进行研究。数量性状是受多个基因控制，表现为数量上或程度上连续性变异且易受环境条件影响。目前的研究结果表示，抗虫性属于质量性状，产量和纤维品质等主要经济性状属于数量性状。

第一节　抗虫性的遗传方式

外源基因在转基因棉株中能否稳定遗传是转基因棉花能否应用的关键之一，只有外源基因能够稳定地遗传给后代才能发挥出其在生产上的应用潜力。

一、转 Bt 基因抗虫棉

Paul（1989）报道了陆地棉转基因植株中抗卡那霉素（NPT-Ⅱ）基因和抗氯霉素（CAT）基因的遗传。自交、回交后代抗卡那霉素和不抗的分离比例分别为 3 : 1、1 : 1。表明抗卡那霉素性状在转基因棉株是以单基因遗传的。唐灿明等（1997、1999、2002）、张宝红等（2000）、李汝忠等（2001）和肖松华等（2001、2002）就转 Bt 基因棉的抗虫性遗传方式、遗传稳定性和 Bt 基因转入棉花基因组后对棉花产量、纤维品质等经济性是否有影响等问题进行了研究。

（一）Bt 棉与常规棉杂交的 F_1 代抗虫性表现

研究 Bt 棉与常规棉杂交 F_1 代抗虫性的表现，可以判断抗虫性是显性遗传，还是隐性遗传。唐灿明等（1997、1999）研究了三个 Bt 棉品系 R19、山西 94 - 24 和中心 94 与常规棉杂交的 F_1 对棉铃虫的抗虫性表现（表 3 - 1、表 3 - 2）。结果表明，R19 与常规棉杂交 F_1 叶片对初孵幼虫的死亡率平均为 61.8%，与 R19 的测定结果相近，而对照常规棉太 193、泗棉 3 号对初孵幼虫的死亡率为 21.3% 和 17.5%，分别较 F_1 低 40.5% 和 44.3%。因此，从幼虫死亡率这一指标看，F_1 的抗虫性与 R19 基本处于同一水平。各 F_1 叶片处理 5d 后，存活的幼虫中以 2 龄虫为主，占 79.7%，有少量的 3 龄虫和 1 龄虫，它们分别占 7.3% 和 12.9%，而同批次对照泗棉 3 号和太 193 以 3 龄虫为主，分别占 77.3% 和 64.8%，并有个别 4 龄虫出现，说明 F_1 处理中棉铃虫的发育进度较对照品种慢一个龄期，但与 R19 相比，幼虫发育速度有所加快，因在个别处理中有 3 龄虫出现。但这些处理的叶片的被害级别较轻（1~2 级），说明所发现的 3 龄虫虽然进入 3 龄期，但尚未开始大量取食。由此可以看出，R19 对棉铃虫的抗虫性表现为显性遗传。Bt 棉中心 94 与常规棉品种杂交的 6 个 F_1 群体主茎叶片处理棉铃虫 5d 后，幼虫的死亡率平均为 72.3%，1 龄和 2 龄虫分别占 13.8% 和 86.2%，与对照常规棉苏棉 12 号相比仍表现出明显的抗虫性（表 3 - 2）。该结果说明中心 94 的抗虫性表现为显性遗传。Bt 棉山西 94 - 24 与常规棉无系 272、盐 8054、川 109、中棉所 23 等杂交的 F_1 群体植株幼苗（2~3 片真叶时）的抗虫性测定表明（表 3 - 2），处理 5d 后，棉铃虫初孵幼虫的死亡率为91.7%～100%，存活幼虫中基本为1龄虫和2龄虫，植株受害程度为1级，而喂养对照苏棉12叶片的棉铃虫幼虫死亡率仅6.2%。因此，各F₁植株表现高度的抗虫性。F₁杂种的抗性水平与山西94-24处于同一水平。此结果说明该品系的抗虫性由显性基因所控制。

表3-1　Bt棉与常规棉杂交F₁代叶片的幼虫死亡率及虫龄分布（5d）

组合	死亡率（%）	1龄（%）	2龄（%）	3龄（%）	4龄（%）	叶片被害
（通5698×R19）F₁	62.3±13.0	—	—	—	—	—
（太193×R19）F₁	60.0±11.7	4.4±6.7	92.0±9.0	3.5±8.30	1.1	
（盐8045×R19）F₁	66.7±13.7	4.2±10.2	95.8±10.5	0	0	1.1
（新洋396×R19）F₁	57.2±23.9	13.4±14.4	74.4±23.9	11.9±26.9	0	1.5
（泗棉3号×R19）F₁	56.3±22.3	30.6±34.1	48.2±32.6	21.2±26.9	0	1.2
平均	61.8±5.0	12.9±10.8	79.7±20.9	7.3±9.1	0	1.2
太193	21.3±7.3	0	13.9±6.6	77.3±13.3	4.3±10.4	3.1
泗棉3号	17.5±6.8	0	20.9±17.8	67.8±22.4	10.3±10.7	3.4

注：R19为Bt棉，其余均为常规棉

表3-2　Bt棉与常规棉品种（系）杂交的F₁植株抗虫性

名称	株数	幼虫死亡率（%）	1龄	2龄	3龄	植株受害级别
（无系272×山西94-24）F₁	4	91.7±4.5	3	66.7	0	1±0
（盐8054×山西94-24）F₁	4	98.3±4.5	100	0	0	1±0
（川109-2×山西94-24）F₁	6	99.0±2.5	100	0	0	1±0
（中棉所23×山西94-24）F₁	4	100	0	0	0	1±0
山西94-24	4	100	0	0	0	1±0
苏棉12	4	6.2±5.5	0	96.8	3.2	1±0
（中心94×T582）F₁	14	67.1±20.2	0	100	0	—
（中心94×中1098）F₁	13	69.2±17.5	15.8	84.2	0	—
（中心94×冀无2913）F₁	16	61.3±27.8	3.2	96.8	0	—
（中心94×苏棉12）F₁	14	60.0±23.5	13.0	87.0	0	—
（中棉所23×中心94）F₁	15	84.0±13.5	33.3	66.7	0	—
（中心94×太仓520）F₁	18	81.1±26.0	17.6	82.3	0	—
平均		72.3±10.0	13.8±11.8	86.2±11.8	0	—
苏棉12	19	30.5	1.5	7.7	90.8	4±0

注：山西94-24和中心94为Bt棉，其余均为常规棉

张宝红等（2000）报道，将常规棉中棉所19号与Bt棉中棉所30号和新棉33B杂交，其F₁代均不受棉铃虫的危害，均表现为抗虫（表3-3），这说明由Bt基因提供给棉花的抗虫性是显性性状；而且这一性状不受细胞质的影响。因为当用常规棉与Bt棉杂交时，无论转基因抗虫棉是作母本，还是作父本均不影响后代的抗虫性，均表现为抗虫（表3-3）。由此可见，转基因抗虫棉的抗

虫性是不受细胞质影响的显性性状，这也说明当外源 Bt 基因导入棉株体后，由其控制的棉花抗虫性是显性性状。

表 3 - 3　Bt 棉与常规棉杂交 F_1 代的抗性表现

组合（F_1）	抗虫植株	总虫植株	总植株
新棉 33B × 中棉所 19	89	0	89
中棉所 19 × 新棉 33B	107	0	107
中棉所 30 × 新棉 19	63	0	63
中棉所 19 × 新棉 30	97	0	97

肖松华等（2001）分别以 Bt 棉新棉 33B 和 GK - 12 为亲本，与常规棉陆地棉遗传标准系、显性多基因标记系、隐性多基因标记系、遗传突变型等杂交获得 F_1，盛蕾期采取叶片进行室内喂虫鉴定。结果表明，新棉 33B 各组合 F_1 对初孵幼虫的死亡率平均为 84.1%，与亲本新棉 33B 的测定结果相似；GK - 12 各组合 F_1 对初孵幼虫的死亡率平均为 76.2%，与亲本 GK - 12 的测定结果相近。就幼虫死亡率这一指标而言，F_1 代的抗虫性与抗虫亲本处在同一水平上。新棉 33B 杂交组合 F_1 叶片处理 72h，存活的幼虫中以 1 龄虫为主，占 92.4%，同时存在着少量的 2 龄虫，占 7.6%。GK - 12 杂交组合 F_1 叶片处理 72h 后，存活的幼虫中以 1 龄虫为主，占 85.1%，同时存在着少量的 2 龄虫，占 14.9%。而同批次对照常规棉苏棉 12 号、泗棉 3 号以 2 龄虫为主，分别占 89.6%、86.8%，并有少量的 3 龄虫出现。表明各抗虫棉杂交组合 F_1 处理中，棉铃虫的发育进度较对照品种延缓 1 个龄期。从 Bt 棉与常规棉杂种一代的抗虫性表现可知，转 Bt 基因抗虫棉的抗虫状表现为显性遗传。

Bt 能杀死害虫的主要原因是它含有一种或数种杀虫晶体蛋白。这类蛋白表达量的多少也是衡量 Bt 棉抗虫能力强弱的重要指标，同样也可以判断 Bt 棉抗虫性遗传方式。肖松华等（2002）就这方面的研究结果（表 3 - 4）指出，Bt 棉现蕾期活体叶片抗卡那霉素的抗性特征稳定，顶端展平叶点涂 1 000mg/hm² 卡那霉素溶液后，一直保持正常绿色；Bt 棉与常规棉杂种一代也表现出相同的抗性（表 3 - 5）。就卡那霉素的抗性而言，NPT Ⅱ 基因在纯合状态和杂合状态的表现型是相同的，表现为完全显性。棉铃虫初孵幼虫接虫鉴定结果，Bt 棉 GK - 12 的棉铃虫死亡率为 75.1%，Bt 棉新棉 33B 的棉铃虫死亡率为 86.8%。GK - 12 与 5 个常规棉品种杂种一代的平均棉铃虫死亡率为 77.5%，与亲本 GK - 12 的相近；33B 与 5 个常规棉品种杂种一代的平均棉铃虫死亡率为 84.1%，也与其亲本 33B 的接近。无论是遗传背景异同（与非受体品种杂交），还是遗传背景相同（与受体品种杂交），纯合基因型（BtBt）与杂合基因型（Btbt）在抗虫性的表现上是相同的。转基因抗虫棉抗虫性表现的物质基础是 Bt 毒蛋白，盛蕾期功能叶片 Bt 毒蛋白酶免疫（ELISA）测定结果，GK - 12 棉株倒四叶的 Bt 毒蛋白含量为每克鲜重 682.56ng，GK - 12 与 5 个常规棉品种一代的 Bt 毒蛋白含量为每克鲜重 664.48 ~ 707.93ng，平均值为每克鲜重 683.77ng。33B 棉株倒四叶的 Bt 毒蛋白含量为每克鲜重 836.68ng，33B 与 5 个常规棉品种杂种一代的 Bt 毒蛋白含量为每克鲜重 793.29 ~ 864.76ng，平均值为每克鲜重 820.58ng。由此可知，Bt 棉与常规棉杂种一代功能叶片的 Bt 毒蛋白含量与其转 Bt 基因抗虫棉亲本非常接近，Bt 基因的遗传方式属典型的单基因显性遗传，且不存在剂量效应。此外，就 GK - 12、GK - 12 与其受体品种泗棉 3 号杂种一代而言，无论在抗虫性指标上如棉铃虫死亡率，还是在抗虫性的物质基础 Bt 毒蛋白含量上，两者的数值非常接近。由于 GK - 12 是借基因工程技术将 Bt 基因导入泗棉 3 号，GK - 12 与泗棉 3 号杂交产生的杂交一代，其遗传组成与 GK - 12 仅在 Bt 基因位点上存在差异，前者为 Btbt，后者为 BtBt，但两者抗虫性表现的物质基础 Bt 毒蛋白含量是相等的，从基因表达水平上，说明转 Bt 基因抗虫性状的遗传是受一对完全显性基因控制的。

表 3 – 4　Bt 棉与常规棉杂交 F_1 代 Bt 毒蛋白含量测定

品系或组合	卡那霉素抗性	棉铃虫死亡率（%）	Bt 毒蛋白含量（ng/g）
GK – 12	+	75.1 ± 13.1	682.56
（TM – 1 × GK – 12）F_1	+	76.4 ± 18.8	664.48
（泗棉 3 号 × GK – 12）F_1	+	76.8 ± 12.5	675.03
（v_{16} v_{17} × GK – 12）F_1	+	78.2 ± 14.6	692.50
（方双无 × GK – 12）F_1	+	79.8 ± 16.4	707.93
（pg × GK – 12）F_1	+	74.6 ± 15.0	678.92
平均		77.2 ± 15.5	683.77
33B	+	86.8 ± 12.1	836.68
（TM – 1 × 33B）F_1	+	83.5 ± 12.6	793.29
（苏棉 12 号 × 33B）F_1	+	87.0 ± 26.1	864.76
（泗棉 3 号 × 33B）F_1	+	86.3 ± 21.8	825.33
（T586 × 33B）F_1	+	81.2 ± 18.4	803.45
（T582 × 33B）F_1	+	82.6 ± 19.5	816.06
平均		84.1 ± 19.7	820.58

注：抗卡那霉素以"＋"表示，不抗以"-"表示；每克样品毒蛋白含量 < 50ng（每个酶标板孔 Bt 毒蛋白含量 < 1ng）均按 0 计

（二）Bt 棉与常规棉杂交的分离世代 F_2 和回交世代 BC_1 的抗虫性表现

研究分离世代 F_2 和回交世代 BC_1 群体抗虫性的表现，同样可以判断抗虫性的遗传方式是受一对主基因所控制，或是受微效多对基因控制的。唐灿明等（1997、1999）研究了 13 个 F_2 群体和 13 个 BC_1 回交群体的抗虫株与感虫株比例，13 个 F_2 群体符合 3（抗）：1（感）的分离比例，13 个 BC_1 回交群体符合 1（抗）：1（感）的比例（表 3 – 5、表 3 – 6）。这说明细胞质对抗虫性无影响，进一步说明 Bt 棉的抗虫性是受一对显性主基控制。张宝红等（2000）（表 3 – 7）和肖松华等（2001）（表 3 – 8、表 3 – 9）的研究结果也支持这一论点。

表 3 – 5　Bt 棉 R19 与常规棉杂交后代抗虫性分离比例

组合	抗虫植株数	感虫植株数	χ_c^2	概率（P）
（太 193 × R19）× 太 193	34	21	2.62（1:1）	0.25 ~ 0.10
（通 88 – 40 × R19）× 通 88 – 40	28	23	0.31（1:1）	0.75 ~ 0.50
（苏棉 8 号 × R19）× 苏棉 8 号	27	25	0.02（1:1）	0.90
（苏棉 9 号 × R19）× 苏棉 9 号	18	24	0.60（1:1）	0.50 ~ 0.25
（R19 × 中 164）× 中 164	44	40	0.11（1:1）	0.75 ~ 0.50
（通 5698 × R19）× 通 5698	32	27	0.27（1:1）	0.75 ~ 0.50

（续表）

组合	抗虫植株数	感虫植株数	χ_c^2	概率（P）
总数	183	160	1.41（1∶1）	0.25~0.10
异质性测验			2.52	0.90~0.75
（苏棉9号×R19）F$_2$	52	18	0（3∶1）	0.90~1.00
（通5680×R19）F$_2$	15	5	0.07（3∶1）	0.90~0.75
（R19×苏棉8号）F$_2$	117	54	3.60（3∶1）	0.10~0.05
总数	184	77	2.58（3∶1）	0.25~0.10
异质性测验			1.09	0.75~0.50

注：R19为Bt棉，其余均为常规棉

表3-6　Bt棉山西94-24和中心94与常规品种杂交后代抗虫性分离比例

组合	抗虫株数	感虫株数	比例	χ_c^2	测定年份	测定期
（中棉所23×山西94-24）F$_2$	103	35	3∶1	0	1998	盛花期
（湘棉16×山西94-24）F$_2$	51	17	3∶1	0	1998	盛花期
（通6580×山西94-24）F$_2$	67	17	3∶1	0.778	1998	盛花期
（苏棉12×山西94-24）F$_2$	75	24	3∶1	0.003	1997	幼苗
（山西94-24×通6580）F$_2$	65	17	3∶1	0.585	1997	幼苗
（苏棉9号×山西94-24）F$_2$	25	4	3∶1	1.390	1997	幼苗
合计	386	114	3∶1	1.176		—
异质性测验	—	—	—	1.58		盛花期
（中棉所23×山西94-24）F$_1$×中棉所23	79	79	1∶1	0.006	1998	盛花期
（中1098×山西94-24）F$_1$×中1098	34	28	1∶1	0.403	1998	盛花期
（冀无2031×山西94-24）F$_1$×冀无2031	13	15	1∶1	0.036	1998	盛花期
（鄂抗棉1号×山西94-24）F$_1$×鄂抗棉1号	36	24	1∶1	2.016	1998	幼苗
（苏棉12号×山西94-24）F$_1$×苏棉12号	44	38	1∶1	0.305	1998	—
合计	206	184	1∶1	1.131	—	—
异质性测验	—	—	—	1.635	—	幼苗
（中心94×冀无2913）F$_2$	68	24	3∶1	0.014	1998	幼苗
（中心94×苏棉12号）F$_2$	86	19	3∶1	2.314	1998	幼苗
（中心94×中1098）F$_2$	85	20	3∶1	1.679	1998	幼苗
（中心94×太仓520）F$_2$	77	27	3∶1	0.013	1998	幼苗
合计	316	90	3∶1	1.589	—	—
异质性测验	—	—	—	2.431	—	—
（泗棉3号×中心94）×泗棉3号	24	17	1∶1	0.878	1999	幼苗
（中心94×苏棉12号）×中心94	22	0	—	—	1999	幼苗

注：山西94-24和中心94为Bt棉；其余均为常规棉

表 3 – 7　Bt 棉与常规棉杂交 F_2 代和回交 BC_1 代的抗虫性分离情况（张宝红等，2000）

	总株数	抗性株数	非抗性株数	实际比值	理论比值	χ_c^2	概率（P）
新棉 33B×中 19 F_2	243	183	60	3.05∶1	3∶1	0.012	0.50~0.95
中 19×新棉 33B F_2	357	266	91	2.92∶1	3∶1	0.031	0.50~0.95
中 30×中 19 F_2	277	208	69	3.01∶1	3∶1	0.001	0.50~0.95
中 19×中 30 F_2	43	326	107	3.05∶1	3∶1	0.019	0.50~0.95
（新棉 33B×中 19）×新棉 33B BC_1	58	58	0				
（中 19×新棉 33B）×新棉 33B BC_1	67	67	0				
（中 30×中 19）×中 30 BC_1	63	63	0				
（中 19×中 30）×中 30 BC_1	63	63	0				
（新棉 33B×中 19）×中 19 BC_1	140	69	71	0.97∶1	1∶1	0.029	0.50~0.95
（中 19×新棉 33B）×中 19 BC_1	204	102	102	1∶1	1∶1	0.000	>0.95
（中 30×中 19）×中 19 BC_1	265	135	130	1.04∶1	1∶1	0.094	0.50~0.95
（中 19×中 30）×中 19 BC_1	237	118	117	0.99∶1	1∶1	0.004	0.95

注：新棉 33B 和中 30 为 Bt 棉；其余为常规棉

表 3 – 8　Bt 棉与常规棉杂交 F_2 代分离情况（肖松华等，2001）

组合	抗虫植株数	感虫植株数	χ_c^2	概率（P）
（TM – 1×33B）F_2	44	20	10.2（3∶1）	0.50~0.25
（苏棉 12 号×33B）F_2	43	20	1.19（3∶1）	0.50~0.25
（泗棉 3 号×33B）F_2	50	22	0.91（3∶1）	0.50~0.25
（T586×33B）F_2	53	17	0（3∶1）	>0.90~1.00
（T582×33B）F_2	55	17	0.02（3∶1）	0.90
（徐州 142 无絮×33B）F_2	51	20	0.23（3∶1）	0.75~0.50
（vf×33B）F_2	46	16	0（3∶1）	>0.90~1.00
（cl_2×33B）F_2	54	19	0.01（3∶1）	>0.90~1.00
（方双无×33B）F_2	53	12	1.15（3∶1）	0.50~0.25
（n_2×33B）F_2	62	19	0.04（3∶1）	0.90~0.75
（v_2v_6×33B）F_2	44	16	0.02（3∶1）	0.90
（$v_{16}v_{17}$×33B）F_2	47	15	0.09（3∶1）	0.90~0.75
（泗棉 3 号×GK – 12）F_2	50	16	0（3∶1）	>0.90~1.00
（TM – 1×GK – 12）F_2	49	16	0（3∶1）	>0.90~1.00
（T586×GK – 12）F_2	51	18	0.01（3∶1）	>0.90~1.00
（T582×GK – 12）F_2	50	17	0.01（3∶1）	>0.90~1.00
（n_2×GK – 12）F_2	51	17	0（3∶1）	>0.90~1.00
（pg×GK – 12）F_2	52	16	0.02（3∶1）	0.90
（yg_1yg_2×GK – 12）F_2	50	17	0.01（3∶1）	>0.90~1.00

注：33B 和 GK12 为 Bt 棉；其余品种（系）均为常规棉

表 3 – 9　Bt 棉与常规棉回交 BC_1 分离情况（肖松华等，2001）

组合	抗虫植株数	感虫植株数	χ_c^2	概率（P）
（苏棉 12 号 ×33B）BC_1	42	38	0.08（1:1）	0.90 ~ 0.75
（泗棉 3 号 ×33B）BC_1	52	50	0.02（1:1）	0.90
（T582 ×33B）BC_1	47	45	0.02（1:1）	0.90
（徐州 142 无絮）BC_1	69	63	0.08（1:1）	0.90 ~ 0.75
（vf ×33B）BC_1	63	58	0.07（1:1）	0.90 ~ 0.75
（cl_2 ×33B）BC_1	43	35	0.18（1:1）	0.90 ~ 0.50
（方双无 ×33B）BC_1	38	38	0（1:1）	>0.90 ~ 1.00
（n_2 ×33B）BC_1	30	29	0（1:1）	>0.90 ~ 1.00
（gl_1 ×33B）BC_1	46	45	0（1:1）	>0.90 ~ 1.00
（$v_5 v_6$ ×33B）BC_1	49	49	0（1:1）	>0.90 ~ 1.00
（$v_{17} v_{17}$ ×33B）BC_1	37	37	0（1:1）	>0.90 ~ 1.00
（TM – 1 ×GK – 12）BC_1	45	39	0.12（1:1）	0.75 ~ 0.50
（T582 ×GK – 12）BC_1	39	41	0.03（1:1）	0.90 ~ 0.75
（n_2 ×GK – 12）BC_1	49	44	0.09（1:1）	0.90 ~ 0.75
（gl_1 ×GK – 12）BC_1	65	58	0.10（1:1）	0.75
（pg ×GK – 12）BC_1	43	47	0.07（1:1）	0.90 ~ 0.75
（$v_5 v_6$ ×GK – 12）BC_1	63	59	0.05	0.90 ~ 0.75

注：33B 和 GK12 为 Bt 棉；其余品种（系）均为常规棉

　　衡量抗虫性指标较多，如叶片为害度、幼虫死亡率、蕾铃被害率、卡那霉素抗性以及田间综合评判。由于同一单株不同重复间幼虫死亡率存在着较大的变异幅度，因而不宜以死亡率的绝对值作为划分抗虫植株和感虫植株的标准。但叶片受害级别和存活幼虫的虫龄是稳定的，同时卡那霉素抗性也是稳定的。肖松华等，（2002）把这两方面的指标结合起来，作为区分抗虫植株和感虫植株的标准。应用这一标准，盛蕾期对 10 个常规棉与 Bt 棉杂交组合的 F_2 群体进行了抗虫性鉴定（表 3 – 10）。结果表明，除个别组合外，常规棉与 Bt 棉杂交组合的 F_2 群体抗、感虫植株的分离比例符合 3:1。同时采用 ELISA 法测定了上述 10 个杂交组合 F_2 群体各单株功能叶片的 Bt 毒蛋白含量（表 3 – 10），定性检测结果表明：10 个杂交组合 F_2 群体中含有 Bt 毒蛋白的植株数与不含的植株数的比例符合 3:1，并且与抗虫性鉴定结果完全符合，即含有 Bt 毒蛋白的植株就是抗虫植株、不含有 Bt 毒蛋白的植株就是感虫植株（表 3 – 10、表 3 – 11）。此外，对常规棉与 Bt 棉杂种一代进行人工自交的同时，以常规棉为轮回亲本进行回交形成 BC_1，验证抗虫性的遗传方式。现蕾期卡那霉素抗性鉴定结果，在所检测的 10 个杂交组合 BC_1 群体中，抗卡那霉素的植株数与不抗的植株数之比为 1:1。盛蕾期对这 10 个群体进行了抗虫性鉴定，结果表明：抗卡那霉素的植株即为抗虫植株，不抗卡那霉素的植株即为感虫植株。在转基因抗虫棉研究中，NPT Ⅱ基因是作为抗生素选择标记基因，与 Bt 基因融合在一起而导入棉花基因组。卡那霉素抗性鉴定结果与抗虫性鉴定结果的高度一致，表明 Bt 基因与 NPT Ⅱ基因是紧密连接或完全连接的。卡那霉素抗性鉴定是保持转基因抗虫棉品种纯度的一种简便易行的方法。同时采取 ELISA 法对这 10 个群体进行了 Bt 毒蛋白含量的定性检测，结果表明，功能叶片含有 Bt 毒蛋白的植株数与不含的植株数之比符合 1:1（表 3 – 12），并且与抗虫性鉴定结果相符。说明苗期的卡那霉素抗性鉴定、盛蕾期的抗虫性鉴定与植株 Bt 毒蛋白含量测定三者之间具有高度的一致性。应用其中的任何一种方法都可以对 Bt 基因进行追踪检测,从而提高棉花抗虫育种工作的预见性。

表 3-10　Bt 棉与常规棉杂交 F_2 代抗虫性分离情况

组合	抗虫植株数	感虫植株数	χ_c^2	概率(P)
(TM-1×33B) F_2	44	20	1.02(3:1)	0.50~0.25
(cl₂×33B) F_2	54	19	0.01(3:1)	>0.90~1.00
(T586×33B) F_2	53	17	0.00(3:1)	>0.90~1.00
(T582×33B) F_2	55	17	0.02(3:1)	0.90
(vf×33B) F_2	46	16	0.00(3:1)	>0.90~1.00
(泗棉3号×GK-12) F_2	50	16	0.00(3:1)	>0.90~1.00
(T586×GK-12) F_2	51	18	0.01(3:1)	>0.90~1.00
(yg₁yg₂×GK-12) F_2	50	17	0.01(3:1)	>0.90~1.00
(TM-1×GK-12) F_2	49	16	0.00(3:1)	>0.90~1.00
(n₂×GK-12) F_2	51	17	0.00(3:1)	>0.90~1.00

注:33B 和 GK12 为 Bt 棉;其余品种(系)均为常规棉

表 3-11　Bt 棉与常规棉杂交 F_2 代 Bt 毒蛋白含量定性检测结果

组合	阳性反应株数	阴性反应株数	χ_c^2	概率(P)
(TM-1×33B) F_2	44	20	1.02(3:1)	0.50~0.25
(cl₂×33B) F_2	54	19	0.01(3:1)	>0.90~1.00
(T586×33B) F_2	53	17	0.00(3:1)	>0.90~1.00
(T582×33B) F_2	55	17	0.02(3:1)	0.90
(vf×33B) F_2	46	16	0.00(3:1)	>0.90~1.00
(泗棉3号×GK-12) F_2	50	16	0.00(3:1)	>0.90~1.00
(T586×GK-12) F_2	51	18	0.01(3:1)	>0.90~1.00
(yg₁yg₂×GK-12) F_2	50	17	0.01(3:1)	>0.90~1.00
(TM-1×GK-12) F_2	49	16	0.00(3:1)	>0.90~1.00
(n₂×GK-12) F_2	51	17	0.00(3:1)	>0.90~1.00

注:产生阳性反应的植株是含有 Bt 毒蛋白的植株,产生阴性反应的植株是不含 Bt 毒蛋白的植株。33B 和 GK12 为 Bt 棉;其余品种(系)均为常规棉

表 3-12　Bt 棉与常规棉回交世代 Bt 毒蛋白含量定性检测

组合	阳性反应植株	阴性反应植株	χ_c^2	概率(P)
(苏棉12号×33B) BC₁	42	38	0.08(1:1)	0.90~0.75
(徐州442无絮×33B) BC₁	69	63	0.08(1:1)	0.90~0.75
(T582×33B) BC₁	47	45	0.02(1:1)	0.90
(vf×33B) BC₁	63	58	0.07(1:1)	0.90~0.75

（续表）

组合	阳性反应植株	阴性反应植株	χ_c^2	概率（P）
（n_2×33B）BC_1	30	29	0.00（1：1）	0.90～1.00
（TM－1×GK－12）BC_1	45	39	0.12（1：1）	0.75～0.50
（T582×GK－12）BC_1	39	41	0.03（1：1）	0.90～0.75
（n_2×GK－12）BC_1	49	44	0.09（1：1）	0.90～0.75
（pg×GK－12）BC_1	43	47	0.07（1：1）	0.90～0.75
（v_5v_6×GK－12）BC_1	63	59	0.05（1：1）	0.90～0.75

注：产生阳性反应的即为 Bt 毒蛋白的抗虫植株，产生阴性反应的即为不含 Bt 毒蛋白的感虫植株。33B 和 GK12 为 Bt 棉；其余品种（系）均为常规棉

转基因抗虫棉育种实践表明，目的基因的整合最好是单基因，否则会引起目的基因的沉默（Flavell，1997）。唐灿明等（1999）研究的结果证明，不同转基因抗虫棉品系间杂种的 Bt 基因间无共抑制现象。山西 94－24、中心 94、R19 三个 Bt 棉品系相互杂交的 3 个 F_1 组合（中心 94×R19）F_1、（山西 94－24×中心 94）F_1、（山西 94－24×R19）F_1 对棉铃虫初孵幼虫均表现有抗虫性，单个叶片抗性水平（表 3－13）与抗虫棉亲本品系一致，说明三个 Bt 棉品系抗虫基因间杂合状态下，并未产生共抑制现象而导致抗虫性的下降。这和前人报道结果不太一样（Flavell，1994；Malzke 等，1999），但与 Hobbs 等（1993）报道结果相一致。在他们的研究中，GUS 基因表达量高的烟草转基因品系间互交，GUS 基因的表达有累加效应，如果转基因抗虫棉品系间杂种后代也有累加效应，这将为多个不同的 Bt 基因转入同一遗传背景，研究多个 Bt 基因的累加效应，增加抗虫性以及利用抗虫棉品种间杂交 F_2 代杂种优势提供可能。此外三个 Bt 棉品系杂交的 F_2 群体均出现了感虫植株，说明三个显性抗虫基因在陆地棉染色体上整合位置不同。（中心 94×R19）F_2、（山西 94－24×中心 94）F_2 两个组合的抗虫植株与感虫植株之比分别为 341：26 和 251：22，基本符合 15：1 的分离，说明山西 94－24 和 R19 两个抗虫基因与中心 94 的抗虫基因可能是位于不同的染色体上的独立遗传基因，而（山西 94－24×R19）F_2 群体共测定 631 株，其中抗虫植株为 608 株，而感虫植株仅 23 株，该结果不符合两对独立基因分离规律，说明山西 94－24 和 R19 两个抗虫基因可能是整合在相同的染色体上，表现为连接遗传。

表 3-13　不同 Bt 棉品系间杂交的 F_2 群体分离

名称	抗虫株数	感虫株数	χ_c^2（15：1）	概率	测定器官	年份
（中心 94×R19）F_1	12	0	—	—	主茎叶	1997
（山西 94－24×中心 94）F_1	14	0	—	—	主茎叶	1997
（山西 94－24×R19）F_1	19	0	—	—	主茎叶	1997
（中心 94×R19）F_2	16	1	0.192	0.75～0.50	幼苗	1997
（中心 94×R19）F_2	125	8	0.005	＞0.90	幼苗	1998
（中心 94×R19）F_2	200	17	0.679	0.50～0.25	主茎叶	1998
合计	341	26	0.336	0.75～0.50	—	—
（山西 94－24×中心 94）F_2	40	4	0.218	0.75～0.50	幼苗	1997
（山西 94－24×中心 94）F_2	51	1	1.005	0.50～0.25	幼苗	1998
（山西 94－24×中心 94）F_2	160	17	2.850	0.10～0.05	主茎叶	1998

（续表）

名称	抗虫株数	感虫株数	χ_c^2（15∶1）	概率	测定器官	年分
合计	251	22	1.230	0.05～0.25	—	—
（山西94-24×R19）F_2	3	0	—	—	幼苗	1997
（山西94-24×R19）F_2	105	3	1.669	0.25～0.10	幼苗	1998
（山西94-24×R19）F_2	500	20	4.726	<0.05	主茎叶	1998
合计	608	23	6.870	<0.01	—	—

（三）Bt 棉抗虫性遗传的稳定性

作为外源目的基因，整合到棉株体内的 Bt 基因能否像棉花自身所拥有的其他基因一样，杂交后能稳定遗传给后代，通过连续多代自交选择，在其他农艺和经济性状得到改进的同时，Bt 基因的表达量会不会降低，抗虫性会不会减弱，这涉及转基因技术在棉花育种中应用的成败。对此，张天真等（2000）进行了研究。他们对 3 个 Bt 棉 R19、山西 94-24 和中心 94 不同繁殖世代冰柜保存的种子同时播种，于 7 月底采摘主茎顶部的幼嫩叶片进行抗虫性鉴定，3 个世代植株上叶片饲喂棉铃虫初孵幼虫 5d 后，幼虫的死亡率、存活幼虫的龄期一致，世代数的增加并未使 R19 等 3 个 Bt 棉抗虫性下降。1998 年对 94-24、中心 94 和 R19 共 3 个 Bt 棉品系 3～4 个繁殖世代的种子同时播种，9 月初同时测定不同世代主茎幼嫩叶片的抗虫性。结果表明，从幼虫死亡率、存活幼虫的虫龄及受害程度看，3 个 Bt 棉不同世代植株对初孵幼虫表现出显著抗性，且 3 个 Bt 棉不同世代的植株抗性水平无显著差异，存活幼虫中 1 龄虫分别占 9.5%±8.9%、7.7%±6.0%、13.2%±16.7%，2 龄虫分别占 90.5%±8.9%、92.2%±6.0%、86.8%±16.7%。这一结果表明 Bt 棉的抗虫性遗传是稳定的。李汝忠等（2001）也作过这方面的研究。研究结果指出，通过有性杂交，Bt 基因可以在世代间稳定遗传，未发现 Bt 基因的表达随世代的递增以及农艺和经济性状的改进而降低的趋势，而且多数当选的高代抗虫品系均来自 F_1 代 Bt 基因表达量高和 F_2 代抗虫株分离比例较高的组合。通过连续多代选择，可使 Bt 基因迅速趋于纯合，在农艺和经济性状得到改进的同时，Bt 基因的表达量没有降低。所测抗虫品系 Bt 毒蛋白平均含量虽均未超过其抗虫亲本 R55 的平均含量，但 2 个 F_1 代品系 Bt 毒蛋白含量的变化范围都大于其抗虫亲本和 3 个 F_1 组合，而且来自同一组合的不同抗虫品系间，Bt 毒蛋白的含量亦有较大差异。这说明，对杂交后代加大抗虫性选择压力是必要的，在杂交后代群体中抗虫性选择还有一定潜力。

（四）Bt 基因转入棉花基因组后对棉花经济性状的影响

Bt 基因转入棉花基因组后对棉花的产量性状、品质性状以及其他性状有何影响，这是关系到转基因技术在棉花育种中能否成功地应用的一项重要研究课题之一。唐灿明等（2002）利用 7 个不同的 Bt 棉与常规陆地棉品种（系）的近等基因系，研究 Bt 基因对棉花主要经济性状（纤维品质和产量）的影响。结果指出（表3-14），各组合的抗虫植株、感虫植株及轮回亲本之间的绒长和马克隆值的差异没有达到显著水平。各组合的整齐度和伸长率，除（R19×苏棉1号）×苏棉12号 BC_4F_2 的抗虫植株、感虫植株和轮回亲本相比差异达到显著水平外，其他各组合差异都没有过到显著水平。在 7 个组合中，只有（R19×中棉所23）×中棉所23BC_3F_2 的抗虫植株与感虫植株的比强度差异显著，而与轮回亲本相比差异都没有达到显著水平。从表3-14还可以看出，同一组合的不同回交世代间的纤维品质，只有（R19×苏棉12号）×苏棉12号 BC_4F_2 的抗、感植株与轮回亲本相比，整齐度和伸长率差异达显著水平，说明不同的回交世代对纤维品质的影响不显著。从以上结论可以初步看出，抗虫基因转入陆地棉后，对棉花的纤维品质没有明显的影响。在产量及其构成因素的性状方面（表3-15），与轮回亲本相比，7个近等基因组合的抗虫植株和感虫植株的单株平均结铃数、霜前花率都没有显著性差异。只有（R19×中棉所23）×中棉所23BC$_4$F$_2$的抗虫植株和感虫植株的衣分与轮回亲本相比差异达到显著水平。各近等基因系的比较结果表明，（R19×中棉所23）×中棉所23BC$_3$F$_2$和（山西94-24×中棉所23）×中棉所23BC$_3$F$_2$的抗虫植株与轮回亲本相比差异达到显著水平，而（R19×苏棉12）×苏棉12BC$_3$F$_2$和（R19×中棉所23）×中棉所23BC$_4$F$_2$的抗虫植株和感虫植株的籽指与轮回亲本相比差异都达到显著水平。（R19×苏棉12）×苏棉12BC$_4$F$_2$的感虫植株的铃重差异与轮回亲本相比达到显著水平。皮棉产量，有5个组合的抗虫植株的产量高于感虫植株，除（R19×中棉所23）×中棉所23BC$_3$F$_2$和（山西94-24×中棉所23）×中棉所23BC$_3$F$_2$的抗虫植株相对感虫植株和轮回亲本的皮棉产量差异达到显著水平外，其他组合的抗、感植株及轮回亲本间皮棉产量均无显著差异。在不同世代的组合之间，（山西94-24×中棉所23）×中棉所23BC$_4$和（山西94-24×中棉所23）×中棉所23BC$_3$的表现差异较大，后者的抗虫植株和轮回亲本相比，籽指、铃重和产量的差异都达到显著水平；（R19×中棉所23）×中棉所23BC$_3$的产量在抗虫植株和轮回亲本间有显著差异，而（R19×中棉所23）×中棉所23BC$_4$的衣分在抗虫植株和轮回亲本间有显著差异，其他组合不同世代间的差异不明显。以上结果说明，外源抗虫基因的导入可能对常规陆地棉的经济性状，如衣分、单株结铃数、铃重、霜前花率及皮棉产量等无明显影响。

表3-14　近等基因系抗、感植株与轮回亲本纤维品质性状的平均表现

组合名称	绒长（mm）	整齐度（%）	比强度（cN/tex）	伸长率（%）	马克隆值
（山西94-24×中棉所23）BC$_4$F$_2$-抗	28.15	51.05	20.48	5.65	5.80
（山西94-24×中棉所23）BC$_4$F$_2$-感	28.60	49.90	20.43	5.70	5.80
中棉所23	27.67	51.10	18.97	5.80	6.00
（山西94-24×中棉所23）BC$_3$F$_2$-抗	28.23	50.10	19.53	6.00	5.40
（山西94-24×中棉所23）BC$_3$F$_2$-感	28.45	50.65	20.20	6.00	5.80
中棉所23	28.03	51.43	19.80	6.03	5.70
（R19×中棉所23）BC$_3$F$_2$-抗	27.43	50.63	19.73b	6.00	5.77
（R19×中棉所23）BC$_3$F$_2$-感	28.73	50.00	22.17a	5.40	5.70
中棉所23	27.63	51.10	20.60b	5.80	5.93
（R19×中棉所23）BC$_4$F$_2$-抗	28.43	50.07	20.80	5.73	5.40
（R19×中棉所23）BC$_4$F$_2$-感	27.83	50.07	19.23	5.70	5.70
中棉所23	27.27	51.20	19.00	6.00	5.73
（山西94-24×泗棉3号）BC$_3$F$_2$-抗	29.63	50.07	20.63	5.97	5.47
（山西94-24×泗棉3号）BC$_3$F$_2$-感	29.54	49.90	21.07	5.37	5.87
泗棉3号	30.43	49.27	22.93	5.47	5.80
（苏棉12号×R19）BC$_3$F$_2$-抗	27.70	50.90	19.53	6.30	5.43
（苏棉12号×R19）BC$_3$F$_2$-感	28.17	51.03	18.70	6.53	5.27
苏棉12号	28.20	49.73	19.37	6.07	5.37
（苏棉12号×R19）BC$_4$F$_2$-抗	27.70	50.13a	18.93	6.43a	5.23
（苏棉12号×R19）BC$_4$F$_2$-感	27.93	50.04a	19.60	6.50a	5.07
苏棉12号	27.87	48.87b	20.27	5.77b	5.67

注：山西94-24和R19为Bt棉，其余品种（系）的近等基因系均为常规棉；数字后面小写英文字母表示差异达5%显著水平

表 3 –15　近等基因系抗虫、感虫植株与轮回亲本的产量及产量构成因素的平均表现

组合名称	衣分 （%）	籽指 （g）	铃重 （g）	单株结铃数 （个）	霜前花率 （%）	产量 （kg/hm）
（山西94 – 24 × 中棉所23）BC$_4$F$_2$-抗	40.91	10.63	5.06	18.12	78.8	2 080.05
（山西94 – 24 × 中棉所23）BC$_4$F$_2$-感	41.75	10.39	5.33	17.73	83.8	1 960.8
中棉所23	39.89	10.97	5.38	21.35	81.8	2 049.75
（山西94 – 24 × 中棉所23）BC$_3$F$_2$-抗	40.60	10.46b	5.50a	20.43	83.6	2 244.3a
（山西94 – 24 × 中棉所23）BC$_3$F$_2$-感	40.58	10.72ab	5.15b	17.45	77.9	1 941.15b
中棉所23	41.40	11.09a	5.30ab	18.67	84.1	1 899.0b
（R19 × 中棉所23）BC$_3$F$_2$-抗	41.47	10.29b	5.40	17.00	82.2	1 741.95a
（R19 × 中棉所23）BC$_3$F$_2$-感	40.07	10.43b	5.38	12.90	82.3	1 482.0b
中棉所23	40.00	10.81b	5.28	18.00	82.7	1 605.0b
（R19 × 中棉所23）BC$_4$F$_2$-抗	41.36a	10.13b	5.41	18.00	90.9	1 753.65
（R19 × 中棉所23）BC$_4$F$_2$-感	42.15a	10.39b	5.37	16.58	85.3	1 848.75
中棉所23	39.06b	10.94a	5.12	17.39	84.7	1 869.0
（山西94 – 24 × 泗棉3号）BC$_3$F$_2$-抗	43.50	9.81	5.13	16.10	79.2	1 893.0
（山西94 – 24 × 泗棉3号）BC$_3$F$_2$-感	45.24	10.15	4.99	16.60	86.8	1 618.8
泗棉3号	44.73	9.95	4.64	16.00	82.8	1 483.0
（苏棉12号 × R19）BC$_3$F$_2$-抗	44.88	9.77b	5.00	18.00	80.7	1 714.5
（苏棉12号 × R19）BC$_3$F$_2$-感	44.36	9.45b	5.11	17.23	81.5	1 632.5
苏棉12号	43.73	10.53a	5.13	19.85	80.0	1 899.0
（苏棉12号 × R19）BC$_4$F$_2$-抗	43.06	10.01a	5.01	19.55	80.1	1 723.5
（苏棉12号 × R19）BC$_4$F$_2$-感	43.46	9.91b	4.91	17.63	77.3	1 855.6
苏棉12号	44.45	10.50a	5.16	20.20	77.5	1 790.4

二、转（Bt + CpTI）双价基因抗虫棉

虽然转 Bt 基因抗虫棉的大面积推广种植带来了巨大的经济效益和社会效益，但害虫对转 Bt 单基因抗虫棉的抗性将构成对这一类抗虫棉进一步应用的潜在威胁。将作用机理不同的两种抗虫基因转入棉花体内是延缓害虫对 Bt 基因产生抗性的重要途径之一（Mcgaughey，1992；Liu，1997；郭三堆等，1999）。郭三堆等（1999）通过花粉管通道法首次获得了转（Bt + CpTI）双价基因抗虫棉，经 PCR-Southern 杂交分子检测技术证实了双价杀虫基因在棉花基因组中的整合。袁小玲等（2001）从郭三堆处引进转（Bt + CpTI）双价基因抗虫棉材料后，运用已建立的抗虫性、卡那霉素、Bt 基因的 PCR 扩增相结合的分子育种体系（孙敬等，2000），进行系统选择，选出抗虫性和农艺性状一致的株系（双 –1）用于遗传研究。结果表明：双 –1 的抗棉铃虫性表现为显性遗传，双 –1 正、反杂交种 F$_1$ 的抗虫性基本相近，表明双 –1 的抗虫性无细胞质效应（表 3 –16）。在研究中，双 –1 与 TM –1、T582、T586、中棉所23、苏棉16号、苏棉12号和泗棉3号等常规棉花品种（系）的 F$_2$ 群体抗、感植株的分离比例都符合 3∶1；各组合 BC$_1$ 群体也符合 1∶1 的抗、感植株分离比，卡方值（χ^2）均小于 3.84（χ$^2_{0.05}$ =3.84）（表 3 –17）。这说明双 –1 对棉铃虫的抗性遗

传符合孟德尔一对显性基因的遗传规律。此外，抗虫性检测结果还显示双－1与 Bt 棉山西 94－24、中心 94 和 R19 的 F_1 植株铃虫的死亡率大于 90%，叶片为害级别小于 1.0，存活幼虫中无 3 龄幼虫。与苏棉 12 号相比表现明显抗虫性，说明双－1与 3 个 Bt 棉品种在杂合状态与抗虫性无抑制效应。

表 3－16　双－1 与常规棉杂交 F_1 的抗虫性检测结果

材料	株数	棉铃虫死亡率（%）	3 龄虫占存活幼虫百分率（%）	为害级别
（双－1×TM－1）F_1	10	93.6 ± 7.4	0	0.7 ± 0.9
（双－1×中棉所 23）F_1	15	87.5 ± 20.0	0	1.2 ± 1.1
（双－1×苏棉 16 号）F_1	16	94.0 ± 9.7	0	0.8 ± 0.9
（双－1×苏棉 12 号）F_1	18	98.0 ± 6.4	0	0.8 ± 1.0
（双－1×泗棉 3 号）F_1	13	98.0 ± 6.3	0	0.9 ± 0.9
（中棉所 23×双－1）F_1	14	96.0 ± 8.4	0	0.5 ± 0.9
（苏棉 16 号×双－1）F_1	17	97.3 ± 11.0	0	0.8 ± 0.7
（苏棉 12×双－1）F_1	15	95.6 ± 8.7	0	0.9 ± 1.3
（泗棉×双－1）F_1	10	96.0 ± 8.4	0	0.8 ± 0.9
双－1	15	91.71 ± 4.9	0	1.0 ± 1.1
Bt 棉中心 94	12	92.0 ± 6.3	0	0.8 ± 0.8
苏棉 12 号	10	9.40 ± 12.2	69.0 ± 29.2	3.7 ± 0.6

表 3－17　双－1 与常规棉杂交 F_2 和 BC_1 的抗性分离

组合	抗虫株	感虫株	比例	χ^2	概率
（双－1×TM－1）F_2	258	100	3 : 1	1.490	0.100 ~ 0.250
（双－1×中棉所 23）F_2	227	72	3 : 1	0.090	0.750 ~ 0.900
（双－1×苏棉 16 号）F_2	186	70	3 : 1	0.173	0.500 ~ 0.750
（双－1×苏棉 12 号）F_2	178	65	3 : 1	0.310	0.500 ~ 0.750
（双－1×泗棉 3 号）F_2	165	61	3 : 1	0.380	0.500 ~ 0.750
（双－1×T582）F_2	449	158	3 : 1	0.290	0.500 ~ 0.750
（双－1×T586）F_2	285	99	3 : 1	0.087	0.075 ~ 0.900
合计	1748	625	3 : 1	2.195	0.100 ~ 0.250
异质性测验	—	—	—	0.625	> 0.995
（双－1×TM－1）BC_1	102	118	1 : 1	1.023	0.250 ~ 0.500
（双－1×中棉所 23）BC_1	57	43	1 : 1	1.670	0.100 ~ 0.250
（双－1×苏棉 16 号）BC_1	34	43	1 : 1	0.830	0.250 ~ 0.500
（双－1×苏棉 12 号）BC_1	102	98	1 : 1	0.045	0.750 ~ 0.900
（双－1×泗棉 3 号）BC_1	69	88	1 : 1	2.060	0.100 ~ 0.250
合计	364	390	1 : 1	0.829	0.250 ~ 0.500
异质性测验	—	—	—	4.799	0.250 ~ 0.500

转（Bt + GNA）双价基因抗虫棉高抗棉铃虫并对棉蚜有较好的抑制效果。刘志等（2003）以转（Bt + GNA）双价基因抗虫棉植株 TL1 的纯合株系 TBG 为材料，通过棉铃虫生物测试方法对它的抗虫性进行了较详细的遗传分析。结果显示，TBG 对棉铃虫的抗性表现为显性遗传，而且没有表现出细胞质效应（表3 – 18）。F_2 群体中抗虫和感虫棉株的分离比例都符合 3 : 1，这些正、反交组合与相应的感虫亲本回交所得 BC_1 群体中都符合 1 : 1 的抗虫、感虫的分离比例，所有这些组合群体中抗虫、感虫分离比例的卡方测验值（χ_c^2）均小于 3.84（$\chi_{c, 0.05}^2 = 3.84$）（表3 – 19）。表明转（Bt + GNA）双价抗虫棉 TBG 对棉铃虫的抗性遗传符合一对显性基因的经典 Mendel 遗传规律。此外，对（Bt + GNA）双价抗虫棉 TGB 与中心 94、R19、山西 94 – 24、33B 等 4 个 Bt 棉品系杂交 F_1 近 200 株群体分别在苗期进行的棉铃虫抗性检测表明，各组合均表现出显著的抗虫性，抗性水平与两个转基因抗虫棉亲本一致（$P > 0.05$）。所有组合的棉铃虫死亡率平均在 80% 以上，没有出现 3 龄幼虫，叶片为害级别都没有超过 2 级；而对照苏棉 16 号棉铃虫死亡率仅为 10% 左右，89.5% 的存活幼虫为 3 龄幼虫，叶片为害级别为 3 或 4 级。从转基因抗虫棉之间的杂交种 F_1 高抗棉铃虫特性表明，这些抗虫基因间在杂合状态下，并没有产生共抑制现象而导致对棉铃虫抗生的下降。

表3 – 18　转（Bt + GNA）双价基因抗虫棉 TBG 和常规棉品种杂交 F_1 对棉铃虫的抗性表现

材料	株数	棉铃死亡率（%）	3 龄虫存活幼虫百分率（%）	为害级别
TBG	11	90.91 ± 10.44	0	1.09 ± 0.70
苏棉 16 号	10	10.00 ± 14.14	89.50 ± 11.17	3.40 ± 0.52
（TBG × 泗棉 4 号）F_1	16	93.75 ± 12.04	0	1.06 ± 0.68
（TBG × 苏棉 12 号）F_1	13	90.77 ± 13.20	0	1.54 ± 0.52
（TBG × 中棉所 35 号）F_1	11	92.73 ± 10.09	0	1.18 ± 0.60
（TBG × 泗棉 3 号）F_1	10	92.00 ± 13.98	0	1.10 ± 0.74
（TBG × 苏棉 18 号）F_1	12	91.67 ± 13.37	0	1.33 ± 0.65
（TBG × 苏棉 16 号）F_1	13	90.77 ± 13.20	0	1.31 ± 0.48
（泗棉 4 号 × TBG）F_1	10	92.00 ± 11.32	0	1.30 ± 0.48
（苏棉 12 号 × TBG）F_1	10	92.00 ± 10.33	0	1.10 ± 0.74
（中棉所 35 号 × TBG）F_1	10	92.00 ± 13.98	0	1.10 ± 0.57
（泗棉 3 号 × TBG）F_1	12	91.67 ± 10.30	0	1.17 ± 0.58
（苏棉 18 号 × TBG）F_1	14	92.86 ± 12.67	0	1.00 ± 0.55
（苏棉 16 号 × TBG）F_1	15	93.33 ± 12.34	0	1.07 ± 0.59

注：TBG 为转（Bt + GNA）双价基因抗虫棉，其余品种（系）均为常规棉

表3 – 19　转（Bt + GNA）双价基因抗虫棉 TBG 与常规棉杂交 F_2 和 BC_1 对棉铃虫抗性的分离

组合	抗虫株数	感虫株数	理论比例	χ_c^2	概率
（TBG × 泗棉 4 号）F_2	155	54	3 : 1	0.078 2	0.75 ~ 0.90
（TBG × 苏棉 12 号）F_2	187	73	3 : 1	1.539	0.25 ~ 0.50
（TBG × 中棉所 35 号）F_2	212	80	3 : 1	0.771 7	0.25 ~ 0.50
（TBG × 泗棉 3 号）F_2	316	108	3 : 1	0.028 3	0.75 ~ 0.90

（续表）

组合	抗虫株数	感虫株数	理论比例	χ_c^2	概率
（TBG×苏棉18号）F$_2$	124	46	3∶1	0.282 4	0.50~0.75
（TBG×苏棉16号）F$_2$	256	90	3∶1	0.138 7	0.50~0.75
合计	1 250	451	3∶1	2.078 9	0.10~0.25
异质性测验	—	—		0.374 3	>0.99
（泗棉4号×TBG）F$_2$	246	90	3∶1	0.480 1	0.25~0.50
（苏棉12号×TBG）F$_2$	274	100	3∶1	0.513 3	0.25~0.50
（中棉所35号×TBG）F$_2$	186	58	3∶1	0.136 7	0.50~0.75
（泗棉3号×TBG）F$_2$	145	60	3∶1	1.770 7	0.10~0.25
（苏棉18号×TBG）F$_2$	225	81	3∶1	0.278 9	0.50~0.75
（苏棉16号×TBG）F$_2$	195	70	3∶1	0.212 5	0.50~0.75
合计	1 271	459	3∶1	2.084 0	0.10~0.25
异质性测验	—	—	—	1.308 2	0.90~0.95
（TBG×泗棉4号）BC$_1$	124	134	1∶1	0.314 0	0.50~0.75
（TBG×苏棉12号）BC$_1$	102	98	1∶1	0.045 0	0.75~0.90
（TBG×中棉所35号）BC$_1$	156	178	1∶1	1.320 4	0.10~0.25
（TBG×泗棉3号）BC$_1$	75	85	1∶1	0.506 3	0.25~0.50
（TBG×苏棉18号）BC$_1$	146	160	1∶1	0.552 3	0.25~0.50
（TBG×苏棉16号）BC$_1$	106	98	1∶1	0.240 2	0.50~0.75
合计	709	753	1∶1	1.264 7	0.25~0.50
异质性测验	—	—	—	1.713 5	0.75~0.90
（泗棉4号×TBG）BC$_1$	175	163	1∶1	0.358 0	0.50~0.75
（苏棉12号×TBG）BC$_1$	130	122	1∶1	0.194 4	0.50~0.75
（中棉所35号×TBG）BC$_1$	114	120	1∶1	0.106 8	0.50~0.75
（泗棉3号×TBG）BC$_1$	162	178	1∶1	0.661 8	0.25~0.50
（苏棉18号×TBG）BC$_1$	184	166	1∶1	0.825 7	0.25~0.50
（苏棉16号×TBG）BC$_1$	138	132	1∶1	0.092 6	0.75~0.90
合计	903	881	1∶1	0.247 2	0.50~0.75
异质性测验	—	—	—	1.330 3	0.90~0.95

SCK 是中国科学院遗传和发育生物研究所朱祯实验室通过对 CpTI 基因进行修饰得到的基因，即在 CpTI 基因的 5'端添加信号肽 SKTI 编码序列和 3'端添加内质网滞留信号 KEDL 编号序列，提高了 CpTI 蛋白在内质网的积累量，并且使其免于被胞浆内的蛋白酶分解，从而提高外源蛋白在细胞内的积累。将 Sck 基因和 Bt 基因这两种抗虫机理不同的抗虫基因联合，既赋予转基因植株更好的抗虫性，又能延缓害虫产生耐受性。郭金英等（2007）通过花粉管通道法将 Bt + Sck 双价基因导入常规棉苏棉16号中，并对获得的转化植株进行了卡那霉素抗性筛选、分子杂交验证及抗虫测定。通过两代自交，在 T$_2$ 代获得了转基因纯系，并对 312－5T$_2$ 和 332－2T$_2$ 纯系进行了室内抗虫性测定，而后进行了遗传分析。结果表明，312－5T$_2$ 与 332－2T$_2$ 两个 Bt + Sck 基因纯系与常规棉苏棉16号杂交 F$_1$ 群体中均是抗性植株；在 F$_2$ 杂交群体中抗性植株与敏感植株比例均符合 3∶1，因而可以推断 312－5T$_2$ 与 332－2T$_2$ 两个转基因纯系的抗性基因符合一对显性基因的孟德尔遗传规

律（表 3 - 20）。

表 3 - 20　转（$Bt + Sck$）双价基因抗虫棉与原始受体常规棉苏棉 16 杂交 F_1 与 F_2 代的抗性分离

组合	抗虫株数	感虫株数	理论比例	χ_c^2	概率
（312 - 5T_2 × 苏棉 16 号）F_1	28	0	—	—	—
（312 - 5T_2 × 苏棉 16 号）F_2	103	30	3 : 1	0.30	0.50 ~ 0.75
（322 - 2T_2 × 苏棉 16 号）F_1	35	0	—	—	—
（322 - 2T_2 × 苏棉 16 号）F_2	132	50	3 : 1	0.47	0.25 ~ 0.50

综上所述，目前绝大多数的转基因抗虫棉是由核基因组转化而获得的，整合在核基因组中的外源基因通过雌雄配子均能传递，遗传给子代，并遵循孟德尔遗传分离规律。

第二节　数量性状的遗传

数量遗传学是根据遗传学原理，运用适宜的遗传模型和数理统计的理论和方法，探讨生物群体内个体间数量性状变异的遗传基础，研究数量性状遗传传递规律及其在生物改良中应用的一门理论与应用学科。它是遗传学原理和数理统计学相结合的产物，属于遗传学的一个分支学科，与育种学有着密切的关系。

数量遗传学以微效多基因假说为前提，单个基因效应不能区分，故采用数理统计方法，建立了一系列的数量遗传分析理论与方法，对某一性状的整体进行研究，已在指导动植物育种上取得了一系列成就。

在数量遗传学分析中，最基本的统计参数是平均数（X）、方差（σ^2）和标准差（σ）。在此基本统计数据基础上，根据试验设计，采用方差分析、双列杂交分析、回归分析、相关分析、通径分析和聚类分析等方法，分别估算各项遗传参数，主要的遗传参数有遗传率 [h^2（%）]、基因效应和性状间的相关性等。

一、遗传率

遗传率是指某一数量性状的遗传方差（σ_g^2）在其表现型方差（σ_p^2）中所占的百分率，一般以 h^2（%）表示。遗传方差是由基因的加性方差（σ_a^2）、显性方差（σ_d^2）和上位性方差（σ_i^2）三部分所组成。总方差是群体表现型的方差，其中包括遗传方差（σ_g^2）和环境方差（σ_e^2）。把遗传方差除以总方差所得百分率，称广义遗传率，h_B^2（%）=（σ_g^2/σ_p^2）×100%。如仅以遗传方差中的加性方差除以总方差所得的百分率，称狭义遗传率，h_N^2（%）=（σ_a2/σ_p^2）×100%。

研究结果表明，转基因抗虫棉产量及其构成因素的遗传率值，总的趋势是广义遗传率大于狭义遗传率，说明这些性状受非遗传因素的影响较大；不同性状间广义遗传率、或狭义遗传率大小的非序，研究结果不尽一致（表 3 - 21 至表 3 - 26）。如范万发等（2003）的结果表明，不同性状间狭义遗传率大小依次为衣分 > 铃重 > 单株皮棉产量 > 单株棉籽产量 > 株铃数（表 3 - 21）。而唐文武等（2009）的试验结果是：铃重 > 衣分 > 单株铃数 > 皮棉产量 > 籽棉产量（表 3 - 24）。此外，刘芦苇等（2007）和李俊义等（2010）研究结果发现，转基因抗虫棉的产量性状虽存在不同程度的基因型与环境的互作，但转基因抗虫棉只有部分产量性状的基因型与环境的互作达到显著水平，而且其效应值比较小（表 3 - 22 和表 3 - 25）。由此可见，研究转基因抗虫棉产量性状遗传具有一定的特殊性。转基因抗虫棉纤维品质的遗传率变化趋势，与产量性状基本一致（表 3 - 23、表 3 - 24）。

表 3-21　转基因抗虫棉产量性状的遗传率（范万发等，2003）　　（%）

遗传率	年份	单株籽棉产量	单株皮棉产量	衣分	铃重	株铃数
广义遗传率 h_B^2（%）	1998	88.74	90.67	93.86	86.85	87.76
	1999	85.20	85.96	96.95	87.65	90.18
狭义遗传率 h_N^2（%）	1998	42.93	51.00	92.10	63.66	17.44
	1999	53.05	57.69	75.95	73.76	45.00

注：h_N^2、h_B^2、h_{NE}^2、h_{BE}^2 分别表示狭义遗传率、广义遗传率、狭义互作遗传率和广义互作遗传率。**、* 分别表示 1% 和 5% 差异显著水平

表 3-22　转基因抗虫棉产量及产量性状的遗传率（刘芦苇等，2007）

遗传参数	皮棉产量	单株铃数	铃重	衣分
普通广义遗传率 h_B^2	0.536**	0.088**	0.490**	0.659**
互作广义遗传率 h_B^2	0.007	0.290**	0	0.051**
普通狭义遗传率 h_N^2	0.091**	0.059**	0.181**	0.230**
互作狭义遗传率 h_N^2	0.007	0.075**	0	0.051**

注：*、** 分别表示 1% 和 5% 差异显著水平。表 3-23 同

表 3-23　转基因抗虫棉产量性状的遗传率（汤飞宇等，2008）

遗传参数	籽棉产量	株铃数	铃重	衣分	纤维长度	马克隆值	比强度
狭义遗传率	0.17±0.05**	0.24±0.04**	0.42±0.05**	0.38±0.04**	0.27±0.04**	0.60±0.05**	0.57±0.04*
广义遗传率	0.68±0.05**	0.60±0.06**	0.70±0.05**	0.42±0.06**	0.60±0.05**	0.83±0.04**	0.57±0.05**

注：h_N^2、h_B^2、h_{NE}^2、h_{BE}^2 分别表示狭义遗传率、广义遗传率、狭义互作遗传率和广义互作遗传率。**、* 分别表示 1% 和 5% 差异显著水平

表 3-24　转基因抗虫棉主要性状的遗传率（唐文武等，2009）　　（%）

遗传率	株铃数	铃重	衣分	籽棉产量	皮棉产量	2.5%跨距长度	比强度	马克隆值	伸长率
广义遗传率	27.44	46.36	25.53	27.61	25.62	47.25	36.16	37.67	22.69
狭义遗传率	17.38	33.34	25.24	11.69	12.06	45.96	32.91	25.22	18.67

表 3-25　铃重和衣分的遗传率估计值（李俊义等，2010）

性状	h_N^2	h_B^2	h_{NE}^2	h_{BE}^2
铃重	0.000±0.000	0.611±0.015**	0.101±0.009**	0.160±0.014**
衣分	0.579±0.015**	0.696±0.015**	0.018±0.006**	0.018±0.011**

注：h_N^2、h_B^2、h_{NE}^2、h_{BE}^2 分别表示狭义遗传率、广义遗传率、狭义互作遗传率和广义互作遗传率。**、* 分别表示 1% 和 5% 差异显著水平

表 3-26　转基因抗虫棉产量性状的遗传率（史加亮等，2014）

	单株皮棉产量	株铃数	铃重	衣分	籽指	霜前花率
V_g（%）	14.21	10.60	46.10	14.36	23.79	4.94
V_s（%）	85.79	89.40	53.90	85.64	76.21	95.06
h_B^2（%）	83.96	88.84	75.81	89.59	83.22	98.49
h_N^2（%）	11.93	21.58	34.95	12.86	19.80	4.87

纤维是棉花生产的主产品，而棉花种子仅作为一种副产品被利用。棉籽具有极高的营养价值，陆地棉棉仁中含有30%~45%蛋白质和25%~40%油分，是一种宝贵的优质食用油和蛋白质资源。棉花种子品质包括棉籽的物理性状和营养性状，其中棉籽的物理性状包括籽指、种仁率和仁壳比等，与棉籽播种品质有关；棉籽的营养品质则与棉籽的营养价值有关，主要包括蛋白质含量、脂肪含量和棉酚含量等。研究棉籽品质性状的遗传效应对于棉籽品质的遗传改良和利用具有重要的意义。据研究（表3-27），转基因抗虫棉的籽指、蛋白质含量和棉酚含量的胚遗传率（h_B^2）均达到了极显著水平，分别为21.50%、27.50%和27.70%；仁壳比、蛋白质含量、含油量和棉酚含量的母体遗传率（h_M^2）也达到了极显著水平，分别为46.20%、71.30%、64.60%和78.3%。

表3-27 转基因抗虫棉种子品质性状遗传率估计值（秦利等，2009）

遗传参数	籽指	种仁率	仁壳比	蛋白质含量	油分含量	棉酚含量
h_B^2	0.011	0.000	0.000	0.134 +	0.137	0.111
h_N^2	0.215 **	0.069	0.269 *	0.275 **	0.277 **	0.179
h_C^2	0.000	0.090	0.000	0.000	0.000	0.000
h_m^2	0.000	0.076	0.101	0.349 **	0.315 *	0.320
h_M^2	0.607	0.172	0.462 **	0.713 **	0.646 **	0.783 **

注：+、* 和 ** 分别代表0.1、0.05和0.01显著水平；h_N^2 = 种子狭义遗传率，h_B^2 = 种子广义遗传率，h_C^2 = 细胞质狭义遗传率，h_m^2 = 母体狭义遗传率，h_M^2 = 母体广义遗传率

棉花育种家总是从原始材料、杂交材料或人工引变的材料中不断地进行选择，选出优良的品种。为提高选择效率，了解育种材料有关性状的遗传变异潜力是非常必要的。棉花育种的目的是选择符合生产实践要求的，并能稳定遗传给后代的遗传型。遗传率在一定程度上表示了某种优良的遗传型稳定遗传给后代的可能性。不同的杂交方式，不同的杂交组合，不同的环境，特别对一些不大熟悉的材料，估测其有关性状的遗传率，对制订育种方案和决定育种技术，有一定帮助。根据遗传率研究的启示，为了增进对某种性状选择的效果，一般可以通过加强试验设计和田间技术，以降低环境变异来控制。如有些性状容易受环境因素的影响，遗传率低，选择的把握不大，应该加强试验设计和田间技术的控制，减少环境变异，提高该性状的遗传率，从而提高选择效率。或者，有的性状受较多基因所控制，早期杂种世代显性遗传方差较大，加性遗传方差较小，狭义遗传率低，选择效果不大，应该通过自交。到了杂种群体的后期世代，从 F_5 代以后，群体遗传组成的纯合化程度较高，狭义遗传率较高时再进行选择，可以提高选择的效果。

二、基因效应

分析和了解控制某一性状遗传的基因效应，对决定改良该性状所应采取的方法和途径，可提供有益的帮助。控制某一性状遗传的基因效应一般分为加性效应（d）和非加性效应以及它们与环境的互作。而非加性效应中又包括了显性效应（h）和上位性效应，上位性效应又可分解为加性×加性（i）、加性×显性（j）和显性×显性（1）三种。加性效应是指若干基因的平均效应，它是数量性状的主要遗传方式。显性效应是同一位点内等位基因间的互作，而上位性效应则是那些影响某一特定性状的非等位基因间的互作。凡由加性效应和加性×加性上位效应控制的性状，能比较稳定地遗传给后代，因而可通过杂交育种加以改良和提高；而由显性效应、显性×加性和显性×显性上位效应控制的性状，会产生较大的杂种优势，但优势会随世代的演进而减退，不能稳定地遗传给后代，所以只能利用杂种优势。

利用六世代（P_1、P_2、F_1、F_2、B_1、B_2）群体均值的6参数模型，对转基因抗虫棉产量和纤维

品质等主要经济性状进行基因效应研究。结果表明（表3-28），各个性状的加性效应是普遍存在的，而非加性效应则因供试组合、性状的不同而存在特异性。籽棉产量在2个供试组合中均存在极显著的加性效应，在组合A中还存在显性效应和加性×显性效应，在组合B中还存在加性×加性效应和加性×显性效应；皮棉产量在2个供试组合中均存在加性效应、显性效应以及加性×显性效应，在组合B中还存在着加性×加性效应。籽棉和皮棉产量在2个供试组合中均不存在显性×显性效应。铃数在2个供试组合中均存在加性效应和上位性效应，不存在显性效应；铃重在2个供试组合中均存在显性效应和上位性效应，在组合B中还存在明显的加性效应；衣分在组合A仅存在加性×加性效应，在组合B中仅存在加性效应。衣指在2个供试组合中均不存在加性效应和显性效应，仅有上位性效应存；籽指在2个供试组合中均有加性效应存在，在组合B还存在显性效应，在组合A中还存在加性×加性效应。在棉纤维品方面，除马克隆值不适合于模型外，纤维长度和比强度在2个供试组合中均存在加性效应，纤维长度和比强度在组合B中还存在加性×显性效应。显性效应和加性×加性效应在2个供试组合中均不存在。

根据数量遗传学理论，对于以加性效应为主的纤维品质性状、单株结铃数和衣分可在早代进行选择；而对于以显性效应为主的铃重和皮棉产量等性状进行早代选择效果较差，但可利用这些性状的超显性，选育产量优势明显的转基因抗虫杂交棉。

表3-28 转基因抗虫棉产量及纤维品质性状的基因效应（刘海涛等，2000）

性状	组合	m	[d]	[h]	[i]	[j]	[l]	df	χ^2
籽棉产量	A	2 645** ± 49.15	380.70** ± 54.16	240.93* ± 91.01	0	-1 177.07** ±242.22	0	1	0.485
	B	2 791** ± 70.46	271.78** ± 87.13	0	-361.48** ± 118.39	-1 091.37** ±389.67	0	1	8.591
皮棉产量	A	1 113.53** ± 27.01	165.63** ± 29.76	215.56** ± 50.01	0	-444.07** ± 133.09	0	1	0.177
	B	627.30* ± 244.28	167.10** ± 34.90	1 333.24* ± 587.06	386.33 ± 241.78	-482.14** ± 156.07	0	1	0.927
纤维长度	A	27.52** ± 0.25	1.07* ± 0.39	0	0	0	0	1	0.006
	B	26.98** ± 0.15	0.47 ± 0.27	0	0	-2.87* ± 1.20	0	1	0.062
比强度	A	20.16** ± 0.21	0.59 ± 0.32	0	0	0	0	1	0.111
	B	20.36** ± 0.16	0.98** ± 0.28	0	0	-3.03* ± 1.23	0	1	0.020
马克隆值	A	5.12** ± 0.08	-0.52** ± 0.13	0	0	1.50* ± 0.59	0	1	0.002
	B	5.32** ± 0.004	0	0	0	0.40 ± 0.30	0	1	0.000
铃数	A	17.43** ± 0.56	1.43 ± 0.70	0	-1.28 ± 0.95	-4.64 ± 3.12	0	1	0.132
	B	13.89** ± 0.46	2.20* ± 0.79	0	0	-6.27 ± 3.55	0	1	0.221
铃重	A	6.23** ± 0.07	0	0.77** ± 0.13	0	0.70* ± 0.31	0	1	0.004
	B	24.28** ± 0.64	-0.35** ± 0.08	6.43** ± 1.54	1.93** ± 0.63	0	-3.47** ± 0.95	1	0.01

（续表）

性状	组合	m	$[d]$	$[h]$	$[i]$	$[j]$	$[l]$	df	χ^2
衣分	A	45.29** ± 0.41	0	0	-3.66** ± 0.69	0		1	0
	B	42.26** ± 0.26	2.12** ± 0.41	0	0	0	0	1	0.041
衣指	A	8.22** ± 0.15	0	0	-0.57* ± 0.25	-1.00 ± 0.74	0	1	0.075
	B	8.18** ± 0.14	0	0	0	0	-0.47 ± 0.31	1	0.20
籽指	A	9.93** ± 0.13	-0.21 ± 0.15	0	0.76 ± 0.22	0	0	1	0.018
	B	1.35** ± 0.11	-0.73** ± 0.11	-0.85** ± 0.20	0	0	0	1	0

注：* 表示 0.05 水平差异显著，** 表示 0.01 水平差异显著

根据遗传模型，$F_1 = m + h + 1$，AP（高亲）$= m + d + i$，故 F_1 出现超亲优势可能有如下 10 种来源：① $h > d$，② $h > i$，③ $h > d + i$，④ $l > d$，⑤ $l > i$，⑥ $l > d + i$，⑦ $h + l > d$，⑧ $h + l > i$，⑨ $h + l > d$，⑩ $|i| > d$ 且 i 为负值，与 d 反向。在所有情况下，加性×显性效应（j）对超亲优势没有贡献。由表 3-29 可见，籽棉产量、皮棉产量、铃重、衣分和衣指超亲优势的来源有 6 种，其中 $|i| > d$ 的性状有 4 个，包括组合 A 的衣分和衣指，组合 B 的籽棉产量。$h > d + i$ 的性状有 3 个，包括组合 A 的铃重和组合 B 的皮棉产量。$l > d + i$、$h + l > i$、$h > d$ 和 $h + l > d + i$ 的性状各 1 个，分别是组合 A 的皮棉产量和组合 B 的铃重。由此可见，在上述 2 个供试组合中，超亲优势主要来源于 $|i| > d$ 和 $h > d + i$，其中有 3 个性状（其中铃重和皮棉产量的超亲优势为 h 的单独作用）的超亲优势存在 h 的贡献。说明显著效应（h）以及加性×加性效应（i）对杂种优势的贡献较大。

表 3-29 转基因抗虫杂交棉 F_1 超亲优势的表现及优势来源（刘海涛等，2000）

组合	铃数	铃重	衣分	籽指	衣指	籽棉产量	皮棉产量	纤维长度	比强度	马克隆值
					——超亲优势——					
A	-	+	+	-	+	-	+	-	-	-
B	-	+	-	-	-	+	+	-	-	-
					——优势来源——					
A	-	$h>d+i$	$i>d$	-	$i>d$	-	$h>d$	-	-	-
B	-	$h>d+i$	-	-	-	$i>d$	$h>d+i$	-	-	-

注：+ 表示超亲优势存在、- 表示超亲优势不存在

转基因抗虫棉产量性状的各项遗传方差分量分析结果表明（表 3-30），籽棉产量、皮棉产量、棉铃数和铃重的加性效应和显性效应都达到极显著水平，其中籽棉产量和衣分皮棉产量都以基因的显性效应为主。由此可见，这 3 个性状存在一定的杂种优势，其中，皮棉产量的显性遗传方差分量是加性的遗传方差分量的 6 倍左右，籽棉产量的显性遗传方差分量是加性遗传方差分量的 3 倍。这说明皮棉产量的基因效应中显性效应是主要的，存在着明显的杂种优势。基因加性和显性效应对铃重均很重要，存在着一定的杂种优势。而株铃数的加性基因作方式，两个试验结果恰恰相反。纤维长度和马克隆值的显性效应和加性效应都达到了极显著水平。马克隆值的加性方差比率明显大于显性方差比率，表明它们的遗传以加性效应为主；纤维长度的加性方差和显性方差比率较为接近，说

明加性效应和显性效应对该性状均重要。比强度的加性方差极显著，比率为 57.2% ，说明比强度的基因效应中加性效应是主要的。各考察性状的机误方差比率也都达到极显著水平，说明除了加显效应外，可能存在上位性效应或较大的基因效应与环境的互作。

表 3 – 30　转基因抗虫棉产量和纤维品质性状的遗传方差分量比率

遗传参数	皮棉产量	籽棉产量	株铃数	铃重	衣分	纤维长度	比强度	马克隆值	资料来源
加性方差比率	0.091**		0.059**	0.181**	0.230**				
显性方差比率	0.445**		0.029**	0.309**	0.429**				刘芦苇等，2007
机误方差比率	0.457**		0.622**	0.510**	0.290**				
加性方差比率		0.17**	0.24**	0.42**	0.05**	0.27**	0.57**	0.60**	
显性方差比率		0.51**	0.37**	0.28**	0.58**	0.33**	0.00	0.23**	汤飞宇等，2008
机误方差比率		0.31**	0.39**	0.70**	0.42**	0.40**	0.43**	0.17**	

注：** 表示差异达 1% 显著水平

为探讨在高强纤维品质遗传背景下转基因抗虫杂交棉的产量与纤维品质的基因效应，张正圣等（2002）以 5 个高强纤维品系为母本，12 个 Bt 棉品系为父本，按不完全双列杂交（NC Ⅱ）设计，配制 60 个杂交组合，研究转基因抗虫杂交棉 F_1 产量和纤维品质的基因作用方式。研究结果显示（表 3 – 31），在产量及其构成因素方面，籽皮棉产量、单株铃数和铃重以显性方差为主，分别占表型方差的 87.38% 、84.40% 、80.04% 和 64.46% ，均达极显著水平；衣分的加性方差和显性方差均达极显著水平，分别占表型方差的 54.50% 和 40.37% 。各性状的剩余方差均达显著或极显著水平，说明产量及构成因素除具加显效应外，还存在上位效应。在纤维品质方面，2.5% 跨距长度存在显著的加性方差和极显著的显性方差，分别占表型方差的 45.76% 和 42.49% ，其比强度和马克隆值存在极显著的加性方差，分别占表型方差的 78.85% 和 43.80% ，纤维品质性状的剩余方差与产量及构成因素一样均达显著或极显著水平，说明纤维品质性状除加显效应外，也存在上位效应。

表 3 – 31　转基因抗虫棉产量和纤维品质的遗传方差分量

遗传参数	籽棉产量	皮棉产量	株铃数	铃重	衣分	2.5% 跨距长度	比强度	马克隆值
V_g	0.020 6 +	0.008 0	1.364 6 +	0.078 0**	4.638 2**	1.471 0*	3.449 8**	0.077 6**
V_s	0.580 5**	0.099 2**	16.171 6**	0.291 7*	3.386 4**	1.365 8**	0.346 6	0.050 4
V_E	0.063 3**	0.010 3**	2.668 4*	0.082 9**	0.417 5**	0.377 6**	0.578 5**	0.049 2**
V_P	0.664 4**	0.117 5**	20.204 6**	0.452 6**	8.442 2**	3.214 3**	4.374 9**	0.177 1**
V_g	0.031 0	0.068 0	0.067 5 +	0.172 4**	0.549 4**	0.457 6**	0.788 5**	0.438 0*
V_s	0.873 8**	0.844 0**	0.800 4**	0.644 6**	0.401 1**	0.424 9**	0.079 23	0.284 6 +
V_P	0.095 2**	0.087 9**	0.132 1*	0.183 1**	0.049 5**	0.117 5*	0.132 2**	0.277 5*

注：+ 、* 、** 分别表示 10% 、5% 、1% 显著水平。V_g 、V_s 、V_E 、V_P 分别表示加性、显性、剩余和表型方差

孙君灵等（2003）以转（Bt + CpTI）双价基因抗虫棉 SGK9708 为母本，7 个常规棉品系、7 个优质棉品系、8 个转 Bt 基因抗虫棉品种（系）和 6 个彩色棉品系分别为父本，配制 28 个杂交组合为试材，研究不同遗传背景转基因抗虫棉的产量和纤维品质等性状的基因效应。研究结果指出（表 3 - 32），在类型 I、II 和 III 中，遗传变异主要受基因的显性效应控制，显性方差占表现型方差的 60% 以上，达极显著水平；同时也受加性效应控制，加性方差所占表现型方差的比值均达显著或极显著水平。类型 IV 与其他 3 种类型比较，其加性方差所占比率较大，达 70% 以上，显性方差所占比率较小。因而，转基因抗虫棉 SGK9708 与彩色棉类型杂交对籽棉产量性状在早代进行选择比其他类型杂种后代更为有利。类型 III 与其他类型的衣分和铃重性状的遗传效应存在差异。类型 III 的两个性状均以显性效应为主，显性方差比率达极显著水平；其他 3 种类型与其不同，其性状主要受加性效应控制，加性方差比率达极显著水平，同时类型 II 和 IV 的衣分和铃重性状的显性效应也起较大作用，显性方差所占表现型方差比率达显著水平。说明类型 I 的衣分和铃重性状遗传变异以加性效应为主导，类型 II 和 IV 则由加性和显性效应共同决定，类型 III 的两个性状主要受基因的显性效应控制。4 种类型的纤维品质性状的遗传效应基本一致，2.5% 跨距长度、比强度和马克隆值等纤维性状的加性方差比率较大，表明其遗传变异主要来自于基因的加性效应。但 4 种类型也有差别：在类型 IV 中，纤维品质性状的显性效应也起较大作用，同时类型 I、II 和 III 的机误方差比率也较大，说明环境变异对这 3 种类型的遗传变异影响较大。

表 3 - 32　4 种类型转基因抗虫棉主要性状的遗传方差分量比值估测

遗传参数	类型	小区籽棉产量（kg）	衣分（%）	铃重（g）	2.5% 跨距长度（mm）	比强度（cN/tex）	马克隆值
加性方差比率 V_A/V_P	I	0.306 1**	0.716 4**	0.658 0**	0.725 4*	0.512 4*	0.564 6*
	II	0.311 8**	0.673 9**	0.679 1**	0.585 1*	0.829 7**	0.489 7**
	III	0.242 1*	0.078 7	0.207 4+	0.382 8	0.674 3*	0.304 8
	IV	0.773 3**	0.910 6**	0.501 0**	0.766 0**	0.517 4+	0.684 0*
显性方差比率 V_D/V_P	I	0.609 1**	0.106 2	0.098 6	0.000 1	0.113 2	0.147 6
	II	0.657 1**	0.278 8*	0.238 5*	0.000 1	0.000 1	0.044 1
	III	0.697 2**	0.840 8**	0.719 3**	0.000 2	0.000 1	0.000 1
	IV	0.028 2	0.081 7*	0.367 9*	0.155 8*	0.406 8+	0.148 3*
机误方差比率 V_E/V_P	I	0.084 8*	0.177 4+	0.243 3+	0.274 5+	0.374 4+	0.287 8
	II	0.031 1*	0.047 2+	0.082 3	0.414 8*	0.170 2+	0.466 2*
	III	0.060 7	0.080 5*	0.073 3*	0.617 0+	0.325 6+	0.695 1+
	IV	0.198 4+	0.007 7**	0.131 1	0.078 3	0.075 7+	0.167 6

注：类型 I 为常规棉，II 为常规优质棉，III 为 Bt 棉，IV 为彩色棉。+、*、** 分别表示达 10%、1% 和 5% 差异显著水平

为阐明双亲及其互作效应对转基因抗虫杂交棉 F_1 性状的影响，唐文武等（2009）估算了产量和纤维品质性状中各亲本基因型的加性方差（V_g）和显性方差（V_s）及其在 F_1 基因型总方差中的比重（表 3 - 32）。从表 3 - 33 可知，在铃重、衣分、2.5% 跨距长度、比强度、伸长率 5 个性状的 F_1 基因型总方差中，V_g 方差所占的比重均在 70% 以上，表明在这些性状中，双亲的基因加性效应对 F_1 的性状形成起主导作用；在籽棉产量、皮棉产量性状的 F_1 基因型总方差中 V_s 方差所占的比重较大，说明该性状中双亲的互作效应对 F_1 起重要作用。在 V_g 方差中父母本所占的比重因性状而

异，铃重、衣分、比强度、马克隆值 4 个性状中母本（P_1）所占的比重较大，说明母本基因型方差对 F_1 性状形成的贡献更大；成铃数、籽棉产量、皮棉产量、25% 跨距长度 4 个性状中父本（P_2）所占比重较大，说明父本对 F_1 性状形成的效应较大。范万发等（2003）认为转基因抗虫杂交棉 F_1 单株皮棉产量、衣分，铃重的 V_g 比其 V_s 的作用重要。单株籽棉产量的 V_g 和 V_s 几乎同等重要：而单株铃数的 V_s 比 V_g 重要。两年试验结果趋势基本一致。表明在铃重、单株皮棉产量和衣分 3 性状的遗传方面，基因的加性方差均占主导位置，非加性方差占次要位置。在单株籽棉产量这一性状的遗传方面，基因的 V_g 和 V_s 同样重要，V_s 甚至更为重要。对单株铃数这一性状来说，V_s 占主导位置，V_g 占次要位置（表 3 - 34）。

表 3 - 33　主要性状的基因型方差及父母本及其互作对转基因抗虫杂交棉 F_1 各性状方差的贡献率

性状	基因型方差			贡献率（%）			
	VP_1	VP_2	VP_{12}	$(VP_1 + VP_2)/V_T$	VP_1/V_T	VP_2/V_T	VP_{12}/V_T
株铃数	0.199	4.786	2.884	63.35	2.53	60.82	36.65
铃重	0.118	- 0.004	0.044	71.93	74.55	- 2.62	28.07
衣分	3.379	- 0.039	0.038	98.87	100.00	- 1.13	1.13
籽棉产量	- 13 787.204	131 204.820	159 897.207	42.34	- 4.97	47.31	57.66
皮棉产量	896.443	19 234.849	22 655.820	47.05	2.10	44.95	52.95
2.5% 跨距长度	0.073	0.470	0.015	97.26	13.14	84.12	2.74
比强度	1.844	0.328	0.214	91.02	77.29	13.73	8.98
马克隆值	0.025	0.006	0.015	66.95	54.70	12.24	33.05
伸长率	0.012	0.019	0.007	82.50	32.42	50.07	17.50

注：VP_1、VP_2、VP_{12} 和 V_T（$V_T = VP_1 + VP_2 + VP_{12}$）分别表示母本、父本、父母本互作及 F_1 的总方差。$Vg = VP_1 + VP_2$，$Vs = VP_{12}$

表 3 - 34　转基因抗虫杂交棉 F_1 产量性状的 V_g 和 V_s 的贡献率

性状	年份	贡献率（%）	
		V_g	V_s
单株籽棉产量	1998	48.38	51.62
	1999	40.76	59.24
单株皮棉产量	1998	56.24	43.76
	1999	67.12	32.88
衣分	1998	98.12	1.88
	1999	78.34	21.65
铃重	1998	73.29	26.70
	1999	84.15	15.85
株铃数	1998	19.87	80.13
	1999	8.90	91.10

利用朱军（1997）提出的加性－显性及环境互作的遗传模型及统计分析方法估算出的转基因抗虫棉产量和纤维品质性状基因效应的结果（表3－35、表3－36）显示，在籽棉产量、皮棉产量、衣分、铃重和株铃数等5个性状中，遗传主效应（V_G）在遗传总效应（$V_G + V_{GE}$）中所占比例大小顺序依次是：籽棉产量＞铃重＞铃数＞皮棉产量＞衣分，这5个性状遗传主效应值均超过50%，说明这5个性状遗传变异主要受到遗传主效应控制。在遗传主效应中，衣分加性效应所占比例大于显性效应所占化例，说明衣分主要受加性效应控制，但显性效应影响也十分明显；而铃重的基因作用方式，研究结果不一致，王志伟等（2009）认为主要受加性效应控制，而李俊文等（2010）则认为是显性效应为主，籽棉产量、皮棉产量和株铃数3个性状显性效应所占比例均大于加性效应所占比例；在主效应与环境互作中，籽棉产量、铃重、铃数的遗传主效应与环境互作值相对较小，说明这3个性状的遗传表现受环境影响并不大；而皮棉产量和衣分的遗传主效应与环境互作的效应在遗传总效应（$V_G + V_{GE}$）中所占比例相对较大，说明这两个性状受到环境的影响非常大。基因型与环境互作均达到极显著水平，说明基因型与环境互作对产量及产量性状均有不同程度的影响，但都表现为基因型与环境互作为主，说明杂种性状优势的表现具有相对的稳定性。以上产量性状的机误方差（V_E）均已达到极显著水平，说明产量性状的表现还会受到环境机误或抽样误差等其他因素的影响，但所占比例较小，故产量性状主要受制于不同遗传体系中基因的遗传主效应。在棉纤维品质方面，从表3－37可以看出，在纤维长度、比强度、马克隆值、伸长率和整齐度等5个性状中，遗传主效应（V_G）在遗传总效应（$V_G + V_{GE}$）中所占比例大小顺序依次是：马克隆值＞整齐度＞纤维长度＞比强度＞伸长率，且其比率都大于50%。该结果说明，纤维品质性状主要受制于亲本的遗传主效应；在遗传主效应中，纤维长度、整齐度、比强度和伸长率的加性效应所占比值均大于显性效应所占比值，说明纤维品质不表现出一定的杂种优势。以上各品质性状的机误方差均达到极显著水平，说明品质性状的表现还会受到环境机误或抽样误差等其他因素的影响。故品质性状主要受制于不同遗传体系中基因的遗传主效应。而表3－38结果与表3－37结果不尽一致。表3－38结果表明，转基因抗虫棉的纤维品质5个性状的遗传方式并不完全一致。其中，马克隆值、纤维长度和纤维比强度以显性效应为主，伸长率和纤维整齐度以上位性效应为主，达到极显著水平。除纤维比强度的环境互作作用较小外，其余4个性状的互作作用为20%～69%。说明转基因抗虫棉的纤维品质受环境因素的影响较大，早世代选择对纤维品质的遗传改良较困难。同时，转基因抗虫棉纤维品质的互作分量在互作中所占的比重差异较大，马克隆值以上位性互作为主，伸长率和整齐度以显性互作为主，纤维长度以加性互作为主。纤维长度和比强度还存在着加性上位性与环境的互作效应。因此，在转基因抗虫棉育种时应考虑纤维品质性状及其与环境的互作效应，协调各性状之间的相互关系，才能提高转基因抗虫棉的纤维品质。

表3－35 转基因杂交棉产量性状的遗传效应分析（王志伟等，2009）

	籽棉产量	皮棉产量	衣分	铃重	株铃数
V_A/V_G	0.342 2 **	0.220 1 **	0.858 **	0.807 4 **	0.349 8 **
V_D/V_G	0.578 1 **	0.779 9 **	0.142 **	0.192 6 **	0.650 2 **
V_{AE}/V_{GE}	0.556 **	0.717 2 **	0.711 5 **	0.681 8 **	0.186 2 **
V_{DE}/V_{GE}	0.444 **	0.282 8 **	0.288 5 **	0.318 2 **	0.813 8 **
$V_G/(V_G + V_{GE})$	0.996 **	0.866 8 **	0.736 2 **	0.973 7 **	0.966 8 **
$V_{GE}/(V_G + V_{GE})$	0.004 **	0.133 2 **	0.433 8 **	0.026 3 **	0.033 2 **
V_E/V_P	0.345 9 **	0.403 **	0.336 **	0.419 6 **	0.464 9 **

注：* 和 ** 分别表示0.05和0.01差异显著水平。表3－35、表3－36、表3－37、表3－38同

表 3 - 36　方差分量比率估计值（李俊文等，2010）

性状	V_A/V_P	V_D/V_P	V_{AE}/V_P	V_{DE}/V_P	Residual
铃重	0.000 ± 0.000	0.611 ± 0.016 [**]	0.101 ± 0.009 [**]	0.059 ± 0.013 [**]	0.230 ± 0.011 [**]
衣分	0.579 ± 0.015 [**]	0.116 ± 0.01 [**]	0.018 ± 0.006 [**]	0 ± 0	0.286 ± 0.013 [**]

注：V_A/V_P、V_D/V_P、V_{AE}/V_P、V_{DE}/V_P、Residual 分别表示加性方差 V_A、显性方差 V_D、加性互作方差 V_{AE}、显性互作方差 V_{DE} 和机误方差占表型方差 V_P 的比率

表 3 - 37　转基因杂交棉品质性状的遗传效应分析（王志伟等，2009）

	纤维长度	整齐度	比强度	伸长率	马克隆值
V_A/V_G	0.657 [**]	$0.595\,7$ [**]	$0.547\,5$ [**]	$0.926\,8$ [**]	$0.345\,5$ [**]
V_D/V_G	0.343 [**]	$0.404\,3$ [**]	$0.452\,5$ [**]	$0.073\,2$ [**]	$0.654\,5$ [**]
V_{AE}/V_{GE}	$0.431\,8$ [**]	$0.171\,6$	0.466 [**]	0.629 [**]	$0.833\,3$ [**]
V_{DE}/V_{GE}	$0.568\,2$ [**]	$0.828\,4$ [**]	0.534 [**]	0.371 [**]	$0.166\,7$ [**]
$V_G/(V_G+V_{GE})$	$0.921\,6$ [**]	$0.968\,2$ [**]	$0.882\,5$ [**]	$0.678\,2$ [**]	$0.984\,5$ [**]
$V_{GE}/(V_G+V_{GE})$	$0.078\,4$ [**]	$0.031\,8$ [**]	$0.117\,5$ [*]	$0.327\,2$ [**]	$0.015\,5$ [**]
V_E/V_P	$0.677\,9$ [**]	$0.885\,3$ [**]	$0.787\,2$ [**]	0.572 [**]	$0.422\,3$ [**]

表 3 - 38　转基因抗虫棉纤维品质性状的遗传方差分量比值的估计值（沈晓佳等，2009）

参数	马克隆值	伸长率	纤维长度	纤维整齐度	比强度
V_A/V_P	0.079 ± 0.010 [**]	0	0	0	0.148 ± 0.016 [**]
V_D/V_P	0.100 ± 0.011 [**]	0	0.229 ± 0.013 [**]	0	0.260 ± 0.016 [**]
V_{AA}/V_P	0	0.166 ± 0.009 [**]	0.003 ± 0.012	0.065 ± 0.009 [**]	0.167 ± 0.023 [**]
V_{AE}/V_P	0	0.146 ± 0.011 [**]	0.196 ± 0.011 [**]	0.269 ± 0.013 [**]	0
V_{DE}/V_P	0	0.315 ± 0.022	0.063 ± 0.020 [**]	0.422 ± 0.021 [**]	0
$V_{AA}E/V_P$	0.242 ± 0.017 [**]	0	0	0	0
V_C/V_P	0.570 ± 0.012 [**]	0.373 ± 0.008 [**]	0.508 ± 0.008 [**]	0.243 ± 0.007 [**]	0.424 ± 0.016 [**]

　　作物多数性状是由遗传主效应所控制，但基因型与环境互作效应在有些数量性状中不可忽视。棉花的产量性状和品质性状是由数量基因所控制，存在着基因型与环境互作效应，所以需要在不同环境下进行遗传试验，并采用包括遗传主效应和基因型与环境互作效应的遗传模型，才能无偏地分析控制棉花性状表现的各种基因效应及其基因型与环境互作效应。基因型与环境互作效应小，该性状的遗传表现就越不容易受到环境的影响；基因型与环境互作效应越强，该性状的遗传表现就越容易因环境的不同而发生性状的变化，通过筛选可以得到适应当地的杂交棉。邢朝柱等（2007）研究了转基因抗虫杂交棉在河南安阳、安徽望江和海南三亚三种生态环境下产量和纤维品质的遗传效应，结果指出（表 3 - 39、表 3 - 40），籽棉产量、皮棉产量、铃数、衣分和铃重的遗传主效应（V_G）在遗传总效应（V_G+V_{GE}）中所占比例分别为 49.4%，57.2%，40.9%，73.6% 和 77.4%，遗传主效应与环境互作效应所占比例分别为 50.6%、42.8%、59.1%、26.4% 和 22.6%，上述数据表明，产量性状遗传变异既受到遗传主效应控制，同时又受到基因型和环境互作效应的影响，其中皮棉产量、衣分和铃重主要受到遗传主效应控制，而籽棉产量和铃数受基因型和环境互作效应影

响较大。在遗传主效应中，各产量性状的加性方差和显性方差均达到显著或极显著水平，籽棉产量、皮棉产量和铃数的显性方差分别为86.2%、86.6%和61%，所占比重明显高于它们的加性方差所占比重，说明这些性状主要受显性效应影响，表现出较强的杂种优势；而衣分显性方差为56.6%，加性方差为43.4%，说明衣分主要受显性效应影响，加性效应影响也非常明显；铃重显性方差（34.6%）所占比重明显低于加性方差（65.4%），说明铃重主要受加性效应影响。各产量性状的显性与环境互作和加性与环境互作均达到显著或极显著水平，表明产量性状的发挥与环境有着密切的关系。产量各性状的机误方差（V_E）为10%~20%，均已达到显著和极显著水平，表明转基因抗虫棉产量性状的表现还会受到环境机误或抽样误差等其他因素影响，但所占比例较小，故产量性状主要受制于不同遗传体系中基因的遗传主效应和环境互作效应。在棉纤维品质方面，2.5%跨距长度、比强度、马克隆值、整齐度和伸长率5个主要指标的遗传主效应（V_G）在遗传总效应（$V_G + V_{GE}$）中所占比例分别达到83.6%、49.8%、74.6%、84.8%和63.3%，遗传主效应与环境互作效应所占比例分别为16.4%、50.2%、25.4%、15.2%和36.7，说明纤维品质性状除整齐度外，遗传变异主要受遗传主效应控制，而遗传主效应与环境互作效应对整齐度影响较大。在遗传主效应中，各纤维品质性状的加性方差分别是83.9%、74.1%、100%、100%和100%，显性方差分别是16.1%、25.9%、0、0和0，说明这些性状主要受加性效应控制，显性效应不明显或无，不表现明显的杂种优势；或无杂种优势：2.5%跨距长度、整齐度、比强度、伸长率和马克隆值的基因型和环境互作效应分别为16.4%、50.2%、2.5%、25.4%、15.2%和36.7%，均达到显著或极显著水平，说明基因与环境互作影响纤维品质性状的表达，但主要影响还受制于亲本的遗传主效应。纤维品质各性状的机误方差（V_E）为15%~25%，均已达到极显著水平，表明转基因抗虫棉品质性状的表现还会受到环境机误或抽样误差等其他因素影响，但所占比例较小，故品质性状主要受制于不同遗传体系中基因的遗传主效应和环境互作效应。总之，在转基因抗虫棉产量和纤维品质性状中，均存在与环境互作效应，但产量性状和纤维品质性状与环境互作的程度有较大的差异，产量性状与环境互作效应较大，较易受环境影响，而纤维品质性状与环境互作效应相对较小，这些结果表明棉纤维品质性状可以在一个环境中筛选，较容易选育到广适的优质杂交棉，而产量性状选择必须结合生态环境，才能筛选到适合当地种植的杂交棉。这些结论对丁棉花生态育种具有指导意义，棉花纤维品质育种注重品质本身性状的遗传改良，适当考虑生态环境因素，而产量性状育种必需和生态环境结合起来才能进行有效育种。

表 3－39　转基因抗虫杂交棉产量性状的遗传效应分析

株铃数				衣分				铃重			
遗传	估计值	参数比率	估计值	遗传	估计值	参数比率	估计值	遗传	估计值	参数比率	估计值
V_G	0.995 **	$V_G/(V_G+V_{GE})$	0.409 **	V_G	2.223 **	$V_G/(V_G+V_{GE})$	0.736 **	V_G	0.130 **	$V_G/(V_G+V_{GE})$	0.774 **
V_A	0.388 **	V_A/V_G	0.390 **	V_A	0.964 **	V_A/V_G	0.434 **	V_A	0.085 **	V_A/V_G	0.654 **
V_D	0.607 *	V_D/V_G	0.610 **	V_D	1.259 **	V_D/V_G	0.566 **	V_D	0.045 **	V_D/V_G	0.346 **
V_{GE}	1.434	$V_{GE}/(V_G+V_{GE})$	0.591 **	V_{GE}	0.798	$V_{GE}/(V_G+V_{GE})$	0.264 **	V_{GE}	0.038 *	$V_{GE}/(V_G+V_{GE})$	0.226 *
V_{AE}	0.797 *	V_{AB}/V_{GE}	0.556 **	V_{AE}	0.572 **	V_{AB}/V_{GE}	0.717 **	V_{AE}	0.027 **	V_{AB}/V_{GE}	0.711 **
V_{DE}	0.637 *	V_{DE}/V_{GE}	0.444 **	V_{DE}	0.226 **	V_{DE}/V_{GE}	0.283 **	V_{DE}	0.011 *	V_{DE}/V_{GE}	0.289 **
V_E	0.571 **	V_E/V_P	0.190 **	V_E	0.353 **	V_E/V_P	0.105 **	V_E	0.022 *	$V_E V_P$	0.113 *
V_P	2.999 **			V_P	3.373 **			V_P	0.190 **		

（续表）

籽棉产量			皮棉产量			
遗传	估计值	参数比率	估计值	遗传	估计值	参数比率	估计值
V_G	432.5**	$V_G/(V_G+V_{GE})$	0.494**	V_G	133.3**	$V_G/(V_G+V_{GE})$	0.572**
V_A	59.50**	V_A/V_G	0.138**	V_A	17.80*	V_A/V_G	0.134*
V_D	373.0**	V_D/V_G	0.862**	V_D	115.5**	V_D/V_G	0.866**
V_{GE}	443.2	$V_{GE}/(V_G+V_{GE})$	0.506**	V_{GE}	99.90**	$V_{GE}/(V_G+V_{GE})$	0.428*
V_{AE}	257.7**	V_{AB}/V_{GE}	0.581**	V_{AE}	62.90**	V_{AB}/V_{GE}	0.630**
V_{DE}	185.5**	V_{DE}/V_{GE}	0.419**	V_{DE}	37.00**	V_{DE}/V_{GE}	0.370*
V_E	162.8*	V_E/V_P	0.143*	V_E	33.00*	V_E/V_P	0.124*
V_P	1138**			V_P	266.2**		

注：**、* 分别表示达 1%、5% 差异显著水平。表 3-40 同

表 3-40　转基因抗虫杂交棉品质性状的遗传效应分析

2.5% 跨长			整齐度			比强度		
遗传	估计值	参数比率	估计值	遗传	估计值	参数比率	估计值	遗传	估计值	参数比率	估计值
V_G	0.659**	$V_G/(V_G+V_{GE})$	0.836**	V_G	0.464**	$V_G/(V_G+V_{GE})$	0.498**	V_G	2.185	$V_G/(V_G+V_{GE})$	0.746**
V_A	0.553**	V_A/V_G	0.839**	V_A	0.344**	V_A/V_G	0.741**	V_A	2.185	V_A/V_G	1.000**
V_D	0.106**	V_D/V_G	0.161**	V_D	0.120*	V_D/V_G	0.259*	V_D	0.000	V_D/V_G	0.000
V_{GE}	0.129	$V_{GE}/(V_G+V_{GE})$	0.164*	V_{GE}	0.468	$V_{GE}/(V_G+V_{GE})$	0.502*	V_{GE}	0.742	$V_{GE}/(V_G+V_{GE})$	0.254**
V_{AE}	0.094**	V_{AB}/V_{GE}	0.729**	V_{AE}	0.080	V_{AB}/V_{GE}	0.171	V_{AE}	0.346	V_{AB}/V_{GE}	0.466**
V_{DE}	0.035*	V_{DE}/V_{GE}	0.271	V_{DE}	0.358**	V_{DE}/V_{GE}	0.829**	V_{DE}	0.396	V_{DE}/V_{GE}	0.534**
V_E	0.187**	V_E/V_P	0.192**	V_E	0.230	V_E/V_P	0.218**	V_E	0.547	V_E/V_P	0.157**
V_P	0.976**			V_P	1.057**			V_P	0.473		

伸长率			马克隆值			
遗传	估计值	参数比率	估计值	遗传	估计值	参数比率	估计值
V_G	0.196	$V_G/(V_G+V_{GE})$	0.848**	V_G	0.069**	$V_G/(V_G+V_{GE})$	0.633**
V_A	0.196	V_A/V_G	1.000**	V_A	0.068**	V_A/V_G	1.000**
V_D	0.000	V_D/V_G	0.000	V_D	0.000	V_D/V_G	0.000
V_{GE}	0.035	$V_{GE}/(V_G+V_{GE})$	0.152*	V_{GE}	0.040	$V_{GE}/(V_G+V_{GE})$	0.367**
V_{AE}	0.022	V_{AB}/V_{GE}	0.629**	V_{AE}	0.025**	V_{AB}/V_{GE}	0.625**
V_{DE}	0.013	V_{DE}/V_{GE}	0.371*	V_{DE}	0.015	V_{DE}/V_{GE}	0.375**
V_E	0.070	V_E/V_P	0.234**	V_E	0.022**	V_E/V_P	0.168**
V_P	0.301			V_P	0.129**		

棉籽品质性状的各项遗传方差分量的估计值列于表 3-41。由表 3-41 可知，所有转基因抗虫棉种子品质性状均受到种子直接遗传效应和母体遗传效应的共同控制，除种仁率受到了细胞质效应影响外，其他性状均无细胞质效应。方差分量分析表明，转基因抗虫棉种子品质性状均以母体效应（V_m）为主，籽指、种仁率、仁壳比、蛋白质含量、油分含量和棉酚含量的母体效应方差（V_m）分别占表现型方差的 60.61%、18.51%、50%、82.30%、74.87% 和 88.24%。方差分量进一步分析表明，籽指的种子直接效应（$V_A + V_D$）和母体显性效应（V_{Dm}）均达到了极显著水平，其中母体显性效应占总方差的 60.61%；种仁率的细胞质效应（V_C）也达到极显著水平，该性状通过母体影响其表现；壳比种子直接显性效应（V_D）占总方差的 25%，母体加性效应（V_{Am}）对其表现也有一定的影响。3 个棉籽营养品质性状中，蛋白质含量主要受到显性效应和加性效应共同控制，其中母体显性方差（V_{Dm}）占总方差的 42.01%；分含量的种子直接效应和母体效应均达到了显著水平，其中直接加性方差（V_A）占总方差的 52.44%，母体加性方差（V_{Am}）占表现型方差的 36.50%；酚含量的直接加性方差（V_A）也达到了极显著水平，其中种子直接加性方差占总方差的 47.06%，母体加性方差（V_{Am}）占表现型方差的 35.29%。由于种子物理性状和营养品质性状的机误方差（V_e）几乎都达到了显著水平，说明转基因抗虫棉种子品质性状易受环境的影响。然而，种仁率、油分含量和棉酚含量性状主要受加性效应控制、且其值较大，早代选择可取得较好的效果。

表 3-41　转基因抗虫棉种子品质性状的遗传方差分量估计值（秦利等，2009）

遗传参数	籽指	种仁率	仁壳比	蛋白质含量	油分含量	棉酚含量
V_A	0.004 **	0.000	0.000	3.041 **	2.883 **	0.004 **
V_D	0.073 **	0.254 **	0.002 **	3.192	2.921 *	0.003
V_C	0.000	0.330 **	0.000	0.000	0.000	0.000
V_{Am}	0.000	0.277 *	0.001 **	7.915 **	6.602 **	0.012 **
V_{Dm}	0.217 **	0.354 *	0.003 *	8.253 **	6.940 +	0.018 *
V_e	0.064	2.448 +	0.002 *	0.284 **	1.623 **	0.001

注：+、*、** 分别表示达 10%、5%、1% 差异显著水平。V_A 为加性方差，V_D 为显性方差，V_C 为细胞质方差，V_{Am} 为母体加性方差，V_{Dm} 为母体显性方差，V_e 为机误方差

三、性状间相关性

棉花纤维品质和产量是转基因抗虫棉育种主攻目标，由于影响选育转基因抗虫棉新品种的因素十分复杂，有遗传因素、生理因素、生态因素、环境因素以及这些因素的相互作用等。尤其是在转基因抗虫育种实践中，对某一性状的选择常会直接或间接地影响到另一相关性状的变化，但这种变化可能是有利的，也可能是有害的，这主要取决于遗传相关的性质或方向。为了提高育种成效，并使重要的经济性状得到同步改良，必须研究各性状间的相关关系。

棉花育种家就转基因抗虫棉棉纤维品质性状与产量性状之间、产量与产量构成因素之间和棉纤维品质不同指标之间的相关性，曾采用简单相关及遗传相关的方法作过研究。简单相关是两个数量性状间的表型相关，而遗传相关则是将表型相关系数（r_p）分解为遗传相关（r_g）与环境相关（r_e）两部分。遗传相关由于排除了表型相关中的环境相关因素，因而能比表型相关更好地反映两性状间的相关关系。

（一）棉纤维品质与产量之间的相关性

转基因抗虫棉棉纤维品质与产量之间的简单相关分析结果列于表3-42。

从表3-42中可以看出，籽、皮棉产量与纤维品质性状之间的相关系数与相关程度，除与伸长率和整齐度为负相关外，与其余的纤维长、比强度和马克隆值均为正相关，但相关程度不高且不显著。铃重与纤维长度、整齐度、比强度和马克隆值为正相关，相关程度较高且显著或极显著，与伸长率为负相关，但不显著。衣分与纤维长度、整齐度、比强度和马克隆值为负相关，且相关程度较高，显著或极显著，但与伸长率为正相关，相关程度较高。株铃数与整齐度和比强度为负相关，但相关程度不高且不显著，而与纤维长度、马克隆值和伸长率之间的相关关系，有正、有负，但相关程度不高。

表3-42 转基因抗虫棉棉纤维品质与产量之间简单相关系数（r）

性状		纤维长度	整齐度	马克隆值	比强度	伸长率	资料来源
籽棉产量		0.187	-0.153	0.237	0.039	-0.428**	王志伟等，2010
皮棉产量		0.118	-0.182	0.147	-0.055	-0.452**	
铃重		-0.018	0.132	0.391**	0.128	0.407**	王志伟等，2010
	A：0.75		0.91**	0.71	0.85*	-0.57	王朝晖等，2009
	B：0.69		0.64	0.79	0.92	-0.59	
	C：0.95**		0.97**	0.93**	0.97**	-0.72	
	D：0.84*		0.57	0.94**	0.90*	-0.62	
	-0.055		0.039	0.347*	-0.144	-0.051	李红等，2008
衣分		-0.275	-0.030	-0.341*	-0.321*	0.010	王志伟等，2010
	A：-0.48		-0.64	-0.65	-0.77*	0.58	王朝晖等，2009
	B：-0.64		-0.75*	-0.80*	-0.82*	0.64	
	C：-0.74		-0.80	-0.84	-0.81	0.74	
	D：-0.97**		-0.90*	-0.74	-0.83*	0.89*	
	-0.159		-0.102	0.079	-0.258	0.153	李红等，2008
株铃数		0.212	-0.033	-0.048	-0.019	-0.463**	王志伟等，2010
		-0.305	-0.213	0.190	-0.012	0.243	李红等，2008

注：*、** 分别表示达5%、1%差异显著水平；A、B分别表示2007年、2008年转Bt基因抗虫杂交棉中棉所29，C、D分别表示2007年、2008年转Bt基因抗虫杂交棉湘杂棉3号

转基因抗虫棉产量与纤维品质之间遗传相关研究结果表明（表3-43），籽、皮棉产量与绒长、比强度和马克隆值也呈极显著的正相关，表明产量的提高可以同步提高绒长和比强度，但同时马克隆值也得到极显著的提高，而产量与马克隆值之间的相关系数大于产量与绒长和比强度之间的相关系数，说明选配高产组合时，绒长和比强度可以同步提高，但马克隆值提高更快，马克隆值提高，表明纤维变粗，品质下降；籽、皮棉产量与伸长率呈负相关，与整齐度相关不显著。

表 3 – 43　转基因抗虫棉产量与纤维品质之间遗传相关系数（r_g）（邢朝柱等，2007）

	绒长	整齐度	比强度	伸长率	马克隆值
籽棉产量	0.209 [**]	0.199	0.212 [**]	− 0.085	0.294 [**]
皮棉产量	0.164 [**]	0.180	0.139 [**]	− 0.042	0.272 [**]
株铃数	0.078	0.159	0.023	0.058	0.262 [**]
铃重	0.021	0.324 [*]	0.433 [**]	− 0.494 [**]	0.414 [**]
衣分	− 0.022 6 [**]	0.051	− 0.274 [**]	0.139 [**]	0.078 [**]

注：*、** 分别表示达 5%、1% 差异显著水平

　　高产、优质、早熟和多抗是转基因抗虫棉育种的四项基本目标性状。每一目标性状中又包括若干子性状，如纤维品质由纤维长度、比强度和马克隆值等子性状所组成。转基因抗虫棉品种的遗传改良，就是通过各目标性状中子性状的改进而实现的。育种实践证明，育种目标性状愈多，育种难度就愈大。面对这一复杂局面，从育种策略上讲，必须抓主要矛盾。只有抓住主要矛盾，其他矛盾才能迎刃而解。简单相关和多元回归方法难以达到这一目的，而典型相关分析可作为实现这一目的的手段。为了培育高产、优质转基因抗虫棉新品种，运用包括典型相关分析在内的多种手段，进一步揭示转基因抗虫棉产量与纤维品质间相关实质，是必要的。典型相关是研究两组性状间相关关系，从而了解导致这种相关关系主要原因的多元统计方法。转基因抗虫棉产量、纤维品质和生育期等主要经济性状间的典型相关分析结果表明（表 3 – 44），产量性状与纤维品质性状间的典型相关系数中，只有第 1 个典型相关系数达显著水平，表明产量性状与纤维品质性状间存在一定的相关。在第 1 个典型变量组合中，衣分（y_3，0.9563）、纤维长度（y_5，− 0.8061）、马克隆值（y_7，− 0.4224）的载荷量较大，说明转基因抗虫棉的产量性状与纤维品质性状间的相关主要是由衣分和纤维长度、马克隆值所引起的。在提高转基因抗虫棉的衣分和同时降低马克隆值时，应注意协调纤维长度，以防绒长相应变短。生育性状与纤维品质性状的 4 个典型相关系数均未达显著水平（$P_1 =$ 0.8157），说明通过对生育性状和纤维品质性状一定程度的选择，可使生育性状和品质性状得到同步改良。生育性状与产量性状的 4 个典型相关系数中，前 2 个典型相关系数较大且极显著，第 3 个也达显著水平。说明转基因抗虫棉的生育性状与产量性状之间存在极显著的相关关系。两组变量间的相关主要由载荷量较高的变量所决定。分析前 3 个典型变量组成可知，第 1 个典型变量组合中霜前花率（x_3，0.8502）、单株结铃数（y_1，− 0.9912）的载荷量较大，说明第 1 对典型变量的相关主要是由于霜前花率、单株结铃数所引起的。第 2 个典型变量组合中，衣分（y_3，− 0.8924）、籽指（x_5，0.7506）、第一果枝节位（x_2，− 0.5441）、皮棉产量（y_4，0.4130）的载荷量较高；第 3 个典型变量组合中，株高（x_5，0.7516）、单铃重（y_2，0.6176）、单株结铃数（y_1，0.5818）、籽指（x_5，0.4722）、皮棉产量（y_4，0.4226）的载荷量较高。这些结果表明，在生育性状与产量性状的相关中，可以通过提高霜前花率、籽指、铃重来改良转基因抗虫棉的产量，但一定程度上会影响单株结铃数及衣分。因此，在注重提高转基因抗虫棉产量目标的选育时，应注意各性状间的协调。

表 3 - 44　转基因抗虫棉主要经济性状组间的典型相关分析（刘水东等，2007）

性状比较	典型相关系数	典型变量组合
生育性状/ 产量性状	0.9798**	$U_1 = -0.434\,1x_1 + 0.016\,1\,x_2 + 0.850\,2\,x_3 + 0.139\,1\,x_4 + 0.262\,9\,x_5$ $V_1 = -0.991\,2\,y_1 + 0.073\,0\,y_2 + 0.017\,9\,y_3 - 0.108\,6\,y_4$
	0.811 9**	$U_2 = 0.357\,6x_1 - 0.544\,1\,x_2 + 0.081\,0\,x_3 - 0.078\,4\,x_4 + 0.750\,6\,x_5$ $V_2 = 0.326\,1\,y_1 + 0.290\,8\,y_2 - 0.892\,4\,y_3 + 0.413\,0\,y_4$
	0.752 9*	$U_3 = -0.132\,9x_1 + 0.394\,5\,x_2 + 0.197\,2\,x_3 + 0.751\,6\,x_4 + 0.472\,2\,x_5$ $V_3 = 0.581\,8\,y_1 + 0.617\,6\,y_2 + 0.318\,4\,y_3 + 0.422\,6\,y_4$
	0.633 5	
产量性状/ 品质性状	0.807 3*	$U_1 = 0.036\,3\,y_1 - 0.269\,6\,y_2 + 0.956\,3\,y_3 - 0.107\,3\,y_4$ $V_1 = -0.806\,1\,y_5 + 0.222\,3\,y_6 - 0.422\,4\,y_7 + 0.349\,8\,y_8$
	0.744 1	
	0.472 8	
	0.016 6	

注：① ** 表示卡方测验 $\alpha = 0.01$ 显著水平，* 表示 $\alpha = 0.05$ 显著水平；②生育性状与品质性状组间典型相关未达显著水平，未列出。生育期（x_1）、第一果枝节位（x_2）、霜前花率（x_3）、株高（x_4）、籽指（x_5）、单株结铃（y_1）、铃重（y_2）、衣分（y_3）、皮棉产量（y_4）、纤维长度（y_5）、比强度（y_6）、马克隆值（y_7）、伸长率（y_8）。$x_1 \sim x_5$ 为生育性状，$y_1 \sim y_4$ 为产量性状，$y_5 \sim y_8$ 为品质性状

（二）产量与产量构成因素之间的相关性

转基因抗虫棉产量与产量构成因素之间的简单相关分析结果表明（表 3 - 45）：籽棉产量和皮棉产量、株铃数呈极显著正相关，与衣分呈显著负相关；皮棉产量与株铃数呈极显著正相关，籽棉和皮棉的产量与株铃数的相关系数大于与衣分、铃重的相关系数。以上结果说明，在产量构成因素中株铃数对产量的贡献最大。衣分与铃重、株铃数呈负相关，铃重与株铃数和果枝数呈负向显著相关或相关，说明很难选育出衣分高、铃大、结铃性强的转基因抗虫棉。因此，转基因抗虫棉的选育过程中应注意选择衣分高的亲本，以保证转基因抗虫棉的衣分。李红等（2008）报道的转基因抗虫棉产量与产量构成因素之间简单相关系数是：株铃数与铃重、衣分分别为 -0.029 和 -0.214；铃重与衣分为 -0.655（$P < 0.01$）。

表 3 - 45　转基因抗虫棉产量与产量构成因素之间的简单相关系数（r）（王朝晖等，2007）

籽棉产量	皮棉产量	衣分	铃重	株铃数
籽棉产量	0.962**	-0.360*	-0.01	0.714**
皮棉产量		-0.092	-0.054	0.760**
衣分			-0.154	-0.015
铃重				-0.316*
株铃数				

注：* 、** 分别表示达 5%、1% 差异显著水平。表 3 - 46 同

由于简单相关系数没有把其他性状对考察的 2 个变量相关发生的影响排除在外，而偏相关系数描述了在控制其他变量的影响时 2 个变量的相关关系，因而较为客观准确地判断了变量之间的相关关系和相关程度。转基因抗虫棉产量与产量构成因素之间偏相关分析结果表明（表 3 - 46）：铃重与衣分、衣指呈负相关，与籽指呈正相关；衣分与铃重、籽指呈负相关，与衣指呈正相关。株铃数

与产量呈极显著正相关，铃重、籽指与产量呈显著正相关。5 个产量构成因素对产量决定系数占总决定系数的比率，依次为株铃数 62.4% >铃重 20.9% >衣分 7.3% >籽指 5.8% >衣指 3.6%。

表 3 - 46　转基因抗虫棉产量与产量构成因素之间的偏相关分析（王朝晖等，2009）

性状	株铃数	铃重	衣分	籽指	衣指	籽棉产量	决定系数	占总决定系数（%）
株铃数	1	0.83*	-0.89**	0.81*	-0.83*	0.99**	0.459 1	62.394 67
铃重	0.83*	1	-0.87*	0.94**	-0.98**	0.80*	0.153 6	20.875 24
衣分	-0.89**	-0.87*	1	-0.73	0.94**	-0.72	0.053 6	7.284 588
籽指	0.81*	0.94**	-0.73	1	-0.87*	0.77*	0.042 8	5.816 798
衣指	-0.83*	-0.98**	0.94**	-0.87*	1	-0.83*	0.026 7	3.628 703
籽棉产量	0.99**	0.80*	-0.72	0.77*	-0.83*	1		

　　为探明转基因抗虫棉产量构成因素中对产量所起作用的直接作用与间接作用，邢朝柱等（2000）对转基因抗虫棉产量与产量构成因素之间的关系作了通径分析。分析结果指出（表 3 - 47、表 3 - 48），决定籽棉产量的主要因素是株铃数和籽指，它们与籽棉产量相关系数分别为 0.629 和 0.458，株铃数对籽棉的贡献主要是直接作用和通过籽指间接作用所引起；籽指对籽棉产量贡献主要是直接作用引起的。对皮棉产量起主要作用是株铃数和衣指，它们与皮棉产量相关系分别为 0.637 和 0.499，株铃数直接作用较大；衣指直接作用为负值，主要是通过衣分和籽指间接作用引起的。转基因抗虫棉产量构成因素对皮棉产量的直接贡献大小依次为：株铃数（$p = 1.110\ 0$）、铃重（$p = 0.769\ 0$）、衣分（$p = 0.670\ 7$）。它们对皮棉产量的直接贡献均为正值，株铃数的贡献率最大（$p = 1.110\ 0$，$d = 1.232\ 0$），但通过铃重（x_1）的间接作用为负，二者的作用方向不同，将株铃数和铃重同步提高的可能性很小。通过衣分（x_2）的间接作用为正，但作用值较小，主要是二者相关程度较小造成的。铃重（x_1）对皮棉产量也有较高直接作用，且为正效应（$p = 0.769\ 0$，$d = 0.591\ 4$），但通过株铃数（x_3）、衣分（x_2）的间接作用均为负，且负作用较大，二者合并负效应达到 -1.220 1，因而综合作用仍为负值（-0.451 0），由此也可以看出，铃重对皮棉产量的作用仍较大，关键在协调铃重与株铃数、衣分之间的关系，使其在一定范围内达到最佳状态，不可单纯追求单一性状。衣分（x_2）对皮棉产量的直接作用为正值（$p = 0.670\ 7$，$d = 0.449\ 8$），但通过铃重的间接作用有较大的负向效应，与株铃数有较小的正向效应，表现趋势与前 2 个性状的结果相同，说明衣分可以直接提高皮棉产量，并可与株铃数同步提高，但与铃重同步提高的困难较大（表 3 - 49）。王朝晖等（2009）通过转基因抗虫棉产量与产量构成因素之间的通径分析得知（表 3 - 50），株铃数、铃重、衣分对产量直接通径系数为正值，说明促使株铃数、铃重、衣分达到最优值时，能大幅度提高产量。直接作用依次为：株铃数（1.286 4）、铃重（0.894 6）、衣分（0.652 3）。这与表 3 - 46 偏相关分析结果相同，进一步表明株铃数、单铃重、衣分为转基因抗虫棉主攻育种目标。衣指尽管直接作用为负值（-1.836 2），但通过铃重、衣分间接作用为正值，说明衣指配合铃重、衣分达到最优值时能对产量提高起一定作用。

表 3 - 47　转基因抗虫棉籽棉产量与产量构成因素之间的通径分析

主要性状	与籽棉产量相关值	直接效应	间接作用				
			株铃数	铃重	衣分	衣指	籽指
株铃数	0.629	0.610	—	-0.271	0.180	-1.085	1.004

（续表）

主要性状	与籽棉产量相关值	直接效应	间接作用				
			株铃数	铃重	衣分	衣指	籽指
铃重	0.054	0.740	− 0.233	—	− 0.172	− 1.530	1.737
衣分	− 0.133	3.019	0.036	− 0.042	—	− 1.726	− 0.964
衣指	0.292	− 3.275	0.202	0.346	1.591	—	1.973
籽指	0.458	3.076	0.199	0.418	− 0.946	− 2.101	—

表 3 – 48　转基因抗虫棉皮棉产量与产量构成因素之间的通径分析

主要性状	与皮棉产量相关值	直接效应	间接作用				
			株铃数	铃重	衣分	衣指	籽指
株铃数	0.637	0.577	—	− 0.264	0.195	− 1.041	0.965
铃重	0.031	0.722	− 0.211	—	0.186	− 1.468	1.669
衣分	0.207	3.257	0.035	− 0.041	—	− 1.656	− 0.926
衣指	0.461	− 3.142	0.191	0.337	1.716	—	1.896
籽指	0.340	2.956	0.188	0.408	− 1.020	− 2.015	—

表 3 – 49　转基因抗虫棉产量与产量构成因素之间的通径素数

性状	$x_1 \rightarrow y$	$x_2 \rightarrow y$	$x_3 \rightarrow y$	相关系数 r
铃重（x_1）	0.769 0	− 0.419 8	− 0.800 3	− 0.451 0
衣分（x_2）	− 0.481 3	0.670 7	0.342 9	0.532 0
株铃数（x_3）	− 0.554 0	0.207 0	1.110 0	0.763 0

注：对角线上为各个性状对产量的直接通径，其他的为各个性状间的间接通径

表 3 – 50　转基因抗虫棉产量与产量构成因素之间的通径分析

因子	直接作用	→株铃数	→铃重	→衣分	→衣指
株铃数	1.286 4		− 1.238 6	− 0.583 4	1.521 6
单铃重	0.894 6	− 1.066		− 0.567 3	1.795 8
衣分	0.652 3	− 1.150 5	1.299 7		− 1.718 2
衣指	− 1.836 2	− 1.066	1.461 7	0.610 4	

　　由于影响转基因抗虫棉产量的性状较多，而且在这些性状间又存在相关关系时，运用多元线性回归分析方法，将有助于客观地评价这些性状与产量之间的关系。金黎明等（2010）用株铃数（X_1）、铃重（X_2）、衣分（X_3）、衣指（X_4）、籽指（X_5）、纤维长度（X_6）、株高（X_7）、主茎节距（X_8）、总果节数（X_9）、果枝夹角（X_{10}）、中部果枝长（X_{11}）、上部（顶部）、果枝长（X_{12}）、总成铃率（X_{13}）、第 1 果节成铃数占单株总成铃数的百分率（X_{14}）、第 3 果节成铃数占单株总成铃数的百分率（X_{15}）、≥5 果节成铃数占单株总成铃数的百分率（X_{16}）、顶部果枝成铃数占单株总成铃数的百分率（X_{17}）、中部果枝成铃数占单株总成铃数的百分率（X_{18}）、下部果枝成铃分布率

（X_{19}）、第Ⅳ圆锥体成铃数占单株总成铃数的百分率（X_{20}）等20个性状进行多元线性回归分析。通过逐步回归法，最终得回归方程：Y_3 = 20.139 55 + 1.990 587 X_1 - 3.056 062 X_6 + 1.864 624 X_{19}。

该方程表示当纤维长度和下部果枝成铃分布率分别保持其平均水平时，株铃数每增加1个，皮棉产量增加1.990 587g；当株铃数和下部果枝成铃分布率分别保持其平均水平时，纤维长度每增加1mm，皮棉产量下降3.056 062 9g；当株铃数和纤维长度分别保持其平均水平时，下部果枝成铃分布率每增加1%，皮棉产量增加1.864 624g。对方程进行多元回归的方差分析，其 F 值为46.547 6，达0.01极显著水平。对各偏回归系数进行 t 测验（表3-51）可知，株铃数、纤维长度、下部果枝成铃分布率对皮棉产量的偏回归均达0.01极显著水平。因此，它们与皮棉产量的回归关系是真实的。在利用该方程预测转基因抗虫杂交棉的产量时，纤维长度是第1重要性状，其次为株铃数和下部果枝成铃分布率。因此，高产的转基因抗虫杂交棉应使单株及其下部果枝成铃数多，而纤维长度适当。转基因抗虫杂交棉的下部果枝成铃分布率与皮棉产量的偏回归系数达0.01极显著水平，而它们的遗传相关系数却不显著。造成这种情况的原因可能是因为下部果枝成铃率与其他性状间存在一定相关关系，从而受着其他性状直接或间接的影响。

表3-51　方程中变量偏回归系数的 t 测验

变量	回归系数	t 值	DF	$t_{0.05}$	$t_{0.01}$
X_1	1.990 587	10.985 46 **	16	2.120	2.921
X_6	- 3.056 062	- 4.171 893 **	16		
X_{19}	1.864 624	4.703 983 **	16		

注：** 表示达1%差异显著水平

棉铃是构成转基因抗虫棉产量的基本单位，提高铃重有利于增产。铃重是在棉铃的发育过程中逐步形成的，棉铃性状对其形成具有重要的影响。陈旭升等（2000）研究认为转基因抗虫杂交棉的籽指、衣指和每囊种子数对铃重的贡献率依次减小（表3-52）。汤飞宇等（2011）通过聚类分析将36个转基因抗虫杂交棉依铃重大小分为大桃、中桃和小桃三大类，比较分析不同铃重类型棉铃性状的特点与差异，进而分析棉铃性状与铃重的相关性。分析结果显示（表3-53），从简单相关系数来看，除单粒种子纤维重、单铃不孕子数、不孕子率、铃壳率与铃重相关性不显著或为负相关外，其他棉铃性状均与铃重呈极显著正相关。根据相关程度强弱依次为：单铃种子重＞单铃皮棉重＞单铃种子数＞铃横径＞铃壳重＞铃纵径＞单粒种子重。从偏相关系数来看，单铃皮棉重、单铃种子重、单粒种子重和单粒不孕子数与铃重呈极显著正相关，根据相关程度强弱依次为：单铃种子重＞单铃皮棉重＞单粒种子重＞单铃不孕子数。铃壳率和不孕子率与铃重呈显著负相关。单粒种子纤维重、铃壳重与铃重的偏相关系数分别为 -0.316，0.235，未达到显著水平。3种铃重类型的转基因抗虫杂交棉在单铃皮棉重、单铃种子重、单铃种子数、单粒种子重、铃横径和铃纵径上表现出显著或极显著差异，在单粒种子纤维重、单铃不孕子数、不孕子率和铃壳率上差异不显著。简单相关和偏相关分析均表明杂交棉单铃皮棉重、单铃种子重、单粒种子重和单铃种子数与铃重呈极显著正相关，因此改良这4个棉铃性状对提高铃重有利。单粒种子纤维重与铃重的简单相关系数和偏相关系数分别为0.117，-0.316，均未达到显著水平，表明选择单粒种子纤维重对铃重影响不大，这可能是由于单粒种子纤维重与单铃种子数呈负相关所致（两者的简单相关系数和偏相关系数分别为 -0.308，-0.680 **）。铃纵径和铃横径与铃重呈较强的极显著简单正相关（简单相关系数分别为0.722 **，0.619 **）。但偏相关系数为较小的负值，表明其他棉铃性状通过铃纵径和横径对铃重产生了较大的影响，而并非两者的直接效应。铃壳率与铃重的简单相关系数和偏相关系数均为负值，其中偏相关系数达到显著水平。尽管单铃壳重与铃重呈极显著的简单正相关，但偏相关系数较小且未达到显著。总之，厚铃壳性状不利于提高铃重，这可能是由于厚铃壳中贮存的营养物质在棉铃发育后期没有及时向籽棉转运，从而影响了铃重。单铃不孕子数与铃重呈正相关，其中偏相关系数（0.404＊）达到显著水平。但不孕子率与铃重的偏相关系数（－0.392＊）呈显著负相关，表明选择低的不孕子率对提高铃重有利。这可能是不孕子率影响了单铃种子数的提高所致，因为两者的简单相关系数和偏相关系数分别为－0.101，－0.224。

表3－52 转基因抗虫棉铃重与其构与成分的相关性

与铃重有关性状	简单相关系数	偏相关系数	直接通径系数
每囊种子数（粒）	0.058	0.138	0.120
籽指（g）	0.771	0.722	0.608
衣指（g）	0.610	0.620	0.181

表3－53 转基因抗虫杂交棉棉铃性状与铃重的相关系数

性状	简单相关系数	偏相关系数
铃壳重（g）	0.667＊＊	0.235
铃壳率（%）	－0.202	－0.389＊
单铃皮棉重（g）	0.945＊＊	0.869＊＊
单铃种子重（g）	0.985＊＊	0.925＊＊
单铃种子数（粒）	0.864＊＊	0.080
单粒种子重（g）	0.469＊＊	0.467＊＊
单粒种子纤维重（mg）	0.117	－0.316
单铃不孕子数（个）	0.239	0.404＊
不孕子率（%）	0.025	－0.392＊
铃纵径（cm）	0.722＊＊	－0.062
铃横径（cm）	0.619＊＊	－0.171

注：＊＊、＊分别示0.01和0.05差异显著水平

转基因抗虫棉产量与产量构成因之间表型相关与遗传相关分析结果表明（表3－54），表型相关系数和遗传相关系数是一致的，皮棉产量与产量构成因素（铃数、铃重和衣分）呈极显著的正相关，籽、皮棉产量与铃数的相关系数要大于籽、皮棉产量与铃重和衣分的相关系数，说明在产量构成因素中，铃数对产量所起贡献最大。铃数、铃重和衣分三者之间均呈显著或极显著正相关，说明通过亲本选配，可以同步选育成结铃性强、铃大和衣分高的转基因抗虫棉。李哲等（2007）研究结果指出（表3－55），转基因抗虫棉产量与产量构成因素之间的表型相关系数与遗传相关系数的表现是一致的。株铃数与皮棉产量表型相关最大，衣分次之，铃重在一定范围内与皮棉产量呈负相关，是它与株铃数、衣分呈显著负相关所导致的。霜前皮棉率与铃重呈极显著正相关，与衣分、株铃数呈负相关。皮棉产量与株铃数之间的遗传相关呈极显著的正相关，遗传相关系数为0.763，在构成皮棉产量的诸多因素中最大；其次是衣分，也呈现出显著的正相关，但铃重与皮棉产量呈现出一定的负相关，达不到显著水平，说明铃重与皮棉产量关系不甚密切，但作用的方向不一致，也应引起注意。霜前皮棉产量与皮棉产量表现为显著的负相关，说明早熟类型往往增产潜力较差，因

而在育种中对早熟性的要求，应该是以充分利用有效时间，在有效时间内有较高的产量和经济效益为目标，不可片面追求早熟。霜前皮棉产量与铃重具有极显著的正相关，这与前面的表现是一致的，说明早熟类型虽然可以有较高的铃重，但单株结铃数较少，导致产量降低。张晓佳等（2009）将遗传相关系数进一步分解为加性遗传相关（r_A）、显性遗传相关（r_D）、加性与环境互作相关（r_{AE}）和显性与环境互作相关（r_{DE}）、机误相关（r_e）、表型相关（r_P）和遗传相关（r_G）等遗传参数。遗传相关分析结果表明（表3-56），转基因抗虫棉皮棉产量与株铃数的基因型和表现型相关系数较大，均达到极显著水平，皮棉产量和衣分的基因型和表现型相关系数也达到了极显著水平。基因型相关分解结果表明，皮棉产量与株铃数、铃重和衣分的加性相关系数都达到极显著水平，其中皮棉产量与株铃数和衣分的加性相关系数较大。皮棉产量与株铃数和铃重的显性相关系数也达到极显著水平。此外，尽管株铃数和铃重存在着基因型和表现型的负相关，但加性和显性负相关均未达到显著水平；铃重和衣分之间的显性负相关达到显著水平，但加性正相关不显著；株铃数和衣分之间的加性正相关达到显著水平，显性负相关则不显著。这些结果表明，转基因抗虫棉的皮棉产量与其产量构成因素之间的遗传相关具有一定的特殊性，在转基因抗虫棉新品种选育和杂种优势选配方面应根据其性状之间的遗传相关，特别是其显性和加性相关的特点进行后代选择和亲本选配。

表3-54 转基因抗虫棉产量与产量构成因之间的遗传相关分析（邢朝柱等，2000）

		皮棉产量	铃数	铃重	衣分
籽棉产量	r_p	0.974**	0.716**	0.451**	0.314**
	r_g	0.971**	0.757**	0.540**	0.406**
皮棉产量	r_p		0.707**	0.459**	0.513**
	r_g		0.756**	0.532**	0.605**
铃数	r_p			0.102*	0.261**
	r_g			0.154*	0.384**
铃重	r_p				0.223**
	r_g				0.237**

注：*、**表示达5%、1%差异显著水平，r_p为表型相关系数，r_g为遗传相关系数。表3-55同

表3-55 转基因抗虫棉产量与产量构成因素之间的遗传相关分析

性状		铃重	衣分	株铃数	霜前皮棉率
衣分	r_p	-0.626*			
	r_g	-0.596**			
株铃数	r_p	-0.721**	0.309		
	r_g	-0.710**	0.284		
霜前皮棉率	r_p	0.966**	-0.735**	-0.621*	
	r_g	0.797**	-0.530**	-0.459**	
皮棉产量	r_p	-0.451	0.532	0.763**	-0.623*
	r_g	-0.450**	0.516**	0.757**	-0.457**

表 3 - 56　转基因抗虫棉产量与产量构成因素之间的遗传相关分析

性状	参数	株铃数	铃重	衣分
皮棉产量	r_A	0.952 **	0.198 **	0.781 **
	r_D	1.000 **	0.157 **	0.065
	r_{AE}	1.000 **	0	- 0.586
	r_{DE}	0	0	0
	r_e	0.519 **	0.293 **	- 0.049
	r_p	0.548 **	0.151 **	0.139 **
	r_G	0.598 *	0.019	0.252 **
株铃数	r_A		- 0.408	0.713 *
	r_D		- 0.440	- 0.236
	r_{AE}		0	- 0.634 **
	r_{DE}		0	0
	r_e		0.015	- 0.087
	r_p		- 0.094	0.073
	r_G		- 0.239 *	0.212 **
铃重	r_A			0.086
	r_D			- 0.225 *
	r_{AE}			0
	r_{DE}			0
	r_e			0.043
	r_p			- 0.066
	r_G			- 0.141

注：*、** 分别表示达 5%、1% 差异显著水平。r_A、r_D、r_{AE}、r_{DE}、r_e、r_p、r_G 分别表示为加性、显性、加性与环境互作、显性与环境互作、机误、表型和遗传相关系数

（三）棉纤维品质指标之间的相关性

棉纤维品质各指标之间也存在一定相关性。转基因抗虫棉棉纤维品指标之间的简单相关系数列于表 3 - 57。

表 3 - 57　转基因抗虫棉棉纤维品质指标之间的简单相关系数（r）

性状		整齐度	马克隆值	比强度	伸长率	资料来源
纤维长度		0.690 **	- 0.641 **	0.830 **	- 0.796 **	李红等，2008
		0.214	0.056	0.371 **	0.218	王志伟等，2010
	A：0.76 *	0.76 *	0.77 *	- 0.79 *		
	B：0.83 *	0.77 *	0.80 *	- 0.260		王朝晖等，2009
	C：0.98 **	0.88 *	0.96 **	- 0.740		
	D：0.91	0.84 *	0.89 *	- 0.83 *		

（续表）

性状	整齐度	马克隆值	比强度	伸长率	资料来源
整齐度		−0.321	0.531**	−0.557**	李红等，2008
	A:	0.470	0.90**	−0.360	
	B:	0.600	0.730	−0.150	王朝晖等，2009
	C:	0.850*	0.990**	−0.770	
	D:	0.600	0.690	−0.700	
马克隆值			−0.664**	0.394*	李红等，2008
			0.188	0.355*	王志伟等，2010
	A:		0.540	−0.870*	
	B:		0.670	−0.800*	王朝晖等，2009
	C:		0.850*	−0.530	
	D:		0.770	−0.590	
比强度				−0.786**	李红等，2008
				0.192	王志伟等，2010
	A:			−0.520	
	B:			−0.360	王朝晖等，2009
	C:			−0.730	
	D:			−0.840*	

注：*、**分别表示达5%、1%差异显著水平；A、B分别表示2007年和2008年转Bt基因抗虫杂交棉中棉所29，C、D分别表示2007年和2008年转Bt基因抗虫杂交棉湘杂棉3号

从表3－57可以看出，纤维长度与整齐度、马克隆值、比强度之间呈正相关关系，相关程度较高，且达到显著或极显著水平；但与伸长率呈负相关关系，相关程度有高有低，有显著、极显著和不显著，结果不太一致。整齐度与马克隆值呈正相关关系，相关程度较高，但多数不显著；与比强度呈正相关关系，且相关程度较高，极显著；与伸长率呈负相关关系。马克隆值与比强度呈正相关关系，与伸长率呈负相关关系，相关程度较高。比强度与伸长率呈负相关关系，相关程度较高。上述同一对指标间相关系数的不一致性，可能与供试材料、试验地点生态环境的差异有关。纤维长与整齐度、马克隆值与比强度、整齐度与马克隆值和比强度、马克隆值与比强度在转基因抗虫棉育种过程中，对纤维品质的遗传改良可望同步获得提高。

转基因抗虫棉棉纤维品质指标之间的遗传相关分析表明（表3－58），2.5%跨距长度与整齐度、比强度和伸长率之间呈正相关关系、且显著，而与马克隆值呈负相关关系、且显著。整齐度与比强度和马克隆值之间呈正相关关系、且极显著，但与伸长率呈极显著的负相关关系。伸长率与马克隆值之间呈极显著的负相关关系。这些结果表明，在转基因抗虫棉纤维品质育种中具有一定复杂性，如何协调各指标之间的关系，并得到同步改良，值得进一步研究。沈晓佳等（2009）将遗传相关系数分解为加性遗传相关（r_A）、显性遗传相关（r_D）、加性×加性遗传相关（r_{AA}）、加性×环境相关（r_{AE}）、显性×环境相关（r_{DE}）、加性×加性×环境相关（r_{AAE}）、机误相关（r_e）、表型相关（r_p）和遗传相关（r_G）等遗传参数。遗传相关性分析结果（表3－59）表明，只有纤维长度和纤维比强度的基因型和表现型相关系数达到极显著水平，而且相关程度较高。对基因型相关进一步分析发现，纤维长度和纤维比强度的显性相关系数达到极显著水平，且相关程度较高。说明纤维长

度和纤维比强度间的关系密切，但应注意的是早期世代中的间接选择效果会受到显性关系的影响。不过在转基因抗虫杂交棉选育中可以获得纤维长度和纤维比强度同步提高的优势组合。马克隆值与其他纤维品质性状的基因型相关系数都不显著，仅与纤维长整齐度的表现型相关系数达显著水平。由此可见，马克隆值与其他纤维品质性状的关系不是十分密切。对基因型相关进一步分析发现，马克隆值与纤维长整齐度存在较大正向机误相关，可以推测环境条件对进行间接选择具有较大的影响作用。马克隆值与纤维比强度的相关系数不显著，但是其加性相关达到显著水平，且其值较大。因此，这两性状之间在早期世代进行间接选择仍具有一定的效果。

表 3 - 58　转基因抗虫棉棉纤维品质指标之间的遗传相关系数（r_g）（邢朝柱等, 2007）

	整齐度	比强度	伸长率	马克隆值
2.5% 跨距长度	-0.025	0.276**	0.254**	-0.274**
整齐度		0.465**	-0.042	0.383**
比强度			-0.551**	0.334**
伸长率				-0.524**

注：*、** 分别表示达 5%、1% 差异显著水平

表 3 - 59　转基因抗虫棉棉纤维品质指标之间的遗传相关性分析

性状	遗传参数	伸长率	2.5% 跨距长度	整齐度	比强度
马克隆值	r_A	0	0	0	1.000*
	r_D	0	0.045 7	0	-0.017
	r_{AA}	0	0	0	0
	r_{AE}	0	0	0	0
	r_{DE}	0	0	0	0
	r_{AAE}	0	0	0	-0.288
	r_e	0.170	-0.297**	0.471**	-0.010 6
	r_p	0.046	-0.076	0.207*	-0.007
	r_G	-0.062	0.182	0.056	-0.002
伸长率	r_A		0	0	0
	r_D		0	0	0
	r_{AA}		-1.000	-0.220	-0.477
	r_{AE}		-0.123	0.068	0
	r_{DE}		-0.943**	0.184**	0
	r_{AAE}		0	0	0
	r_e		-0.054	0.376**	-0.064
	r_p		-0.011	0.140*	0.101
	r_G		0.022	0.039	0.210*

（续表）

性状	遗传参数	伸长率	2.5%跨距长度	整齐度	比强度
	r_A			0	0
	r_D			0	0.950 **
	r_{AA}			− 1.000	− 1.000
	r_{AE}			− 0.960 **	0
2.5%跨距长度	r_{DE}			− 1.000 **	0
	r_{AAE}			0	0
	r_e			− 0.327 **	0.049
	r_p			− 0.206 *	0.333 **
	r_G			− 0.149	0.583 **
	r_A				0
	r_D				0
	r_{AA}				− 0.126
	r_{AE}				0
整齐度	r_{DE}				0
	r_{AAE}				0
	r_e				0.116
	r_p				0.065
	r_G				0.042

注：* 、** 分别表示 0.05 和 0.01 显著水平

（四）棉纤维品质与抗虫性之间相关性

转基因抗虫棉对棉纤维品质的影响如何，已有报道不多且不尽一致。崔峰等（2002）认为转基因抗虫棉可以提高棉花的纤维品质；张桂寅等（2001）则认为转基因抗虫棉的纤维品质一般具有负优势，其纤维长度和比强度多低于抗虫亲本，马克隆值偏高。

为研究转基因抗虫棉抗虫性对纤维品质的影响，吴征彬等（2004）以国内转育的不同类转基因抗虫棉为抗虫供体亲本，与一组丰产优质抗病的常规优良品种（系）杂交（采用 NC Ⅱ 设计）获得一套杂交组合（F_1），以杂交组合（F_1）和它们的亲本为材料，研究抗虫性对棉纤维品质的影响。结果表明（表 3 - 60），田间试验的种子虫害率与马克隆值呈显著负相关；田间和网室的种子虫害率与衣指呈显著或极显著正相关。试验中 2 个 Bt 棉亲本 1091（5.00）和 BKl9（5.30）的马克隆值都较高，用它们配制的抗虫杂交棉的马克隆值也都偏高。但吴征彬等（2002）曾采用马克隆值在 B 级范围的 Bt 棉亲本配制的抗虫杂交棉后代，其马克隆值则多在 B 级范围。由此可见，转基因抗虫杂交棉马克隆值偏高是受亲本遗传的影响，而并非抗虫性的影响。从棉花的抗虫性与纤维品质性状的相关关系分析结果，可以进一步看出棉花的种子虫害率与纤维长度、整齐度、比强度、伸长率和籽指等指标相关性较低，说明提高棉花的抗虫性不会对纤维品质性状产生不利影响，在育种中可以协调好抗虫性与纤维品质性状的关系，培育出综合性状优良的转基因抗虫棉花新品种。

表 3-60　种子虫害率与棉花纤维品质性状的相关分析

指标	田间种子虫害率（%）	罩网种子虫害率（%）
纤维长度	-0.221	-0.095
整齐度	-0.361	-0.138
比强度	-0.108	0.050
伸长率	0.237	-0.090
马克隆值	-0.505*	-0.317
籽指	-0.416	-0.241
衣指	0.476*	0.737**

注：*、**分别表示达5%和1%显著水平

（五）种子品质性状之间的遗传相关性

种子物理性状之间的遗传相关性分析结果（表 3-61）表明，籽指与种仁率呈极显著的正相关，以母体显性相关为主；籽指与仁壳比显性遗传相关系数达到显著水平，以直接显性相关为主。种仁率与仁壳比也以显性相关为主。棉籽营养品质性状之间，棉籽的蛋白质含量与油分含量和棉酚含量之间存在着极显著的负相关，而油分含量与棉酚含量之间却存在着极显著的正相关，且显性、加性、母体、母体加性等遗传相关均达到极显著水平。种子物理性状和营养品质性状间的遗传相关表明，籽指与蛋白质含量呈直接显性负相关，而母体显性的正相关对其表现有一定的影响；籽指与油分含量、棉酚含量的直接显性正相关达到极显著水平。种仁率与蛋白质含量呈极显著母体遗传正相关，以母体加性相关为主；种仁率与油分含量以及种仁率与棉酚含量之间主要以母体负相关为主，母体加性负相关表现明显，直接显性正相关对其表现起一定的相斥作用。仁壳比与蛋白质含量呈母体正相关，负向胚显性相关对其有一定影响；仁壳比与油分含量表现出负向母体遗传相关和正向胚显性相关，并以胚显性正相关为主；仁壳比与棉酚含量表现出负向母体遗传相关和正向胚显性相关，以胚显性正相关为主。转基因抗虫棉种子品质性状的相关性分析结果表明，由于种仁率或仁壳比与棉籽蛋白质含量、油分含量和棉酚含量之间的基因型相关达到了极显著水平。在棉籽品质改良过程中，通过种仁率或仁壳比的间接选择可以有效地改良棉籽营养品质。然而，由于蛋白质含量与油分含量间呈极显著负相关，并受到胚和母体负相关共同影响，在棉籽品质改良过程中，同步提高油分和蛋白质的难度较大。

表 3-61　转基因抗虫棉种子性状间的遗传相关系数估计值（秦利等，2009）

性状	r_A	r_D	r_c	r_{Am}	r_{Dm}	r_p	r_g	r_e
籽指/种仁率	0.000	0.874**	0.000	0.000	1.000**	-0.112	0.043	0.156
籽指/仁壳比	0.000	0.519**	0.000	0.000	0.587+	0.058	-0.045	-0.075
种仁率/仁壳比	0.000	1.000**	0.000	1.000**	0.972	0.529+	0.541**	0.643**
蛋白质含量/油分含量	-0.985**	-1.000**	0.000	-1.000**	-1.000*	-0.937	-0.812**	-0.820**
蛋白质含量/棉酚含量	-0.954**	-0.993**	0.000	-0.983**	-0.990	-0.564	-0.765**	-0.772**
油分含量/棉酚含量	0.903**	1.000**	0.000	1.000**	1.000	0.352+	0.753**	0.780**
籽指/蛋白质含量	1.000	-0.190**	0.000	0.000	0.620*	0.223+	0.271	-0.443
籽指/油分含量	-0.744	0.210**	0.000	0.000	-0.565+	-0.156	-0.205	0.197

（续表）

性状	r_A	r_D	r_c	r_{Am}	r_{Dm}	r_p	r_g	r_e
籽指/棉酚含量	−1.000	0.315**	0.000	0.000	−0.628	−0.260**	−0.333*	0.438
种仁率/蛋白质含量	0.000	−0.136**	0.000	1.000**	0.695**	0.357**	0.604**	0.116*
种仁率/油分含量	0.000	0.229**	0.000	−1.000**	−0.466**	−0.309**	−0.559**	0.002
种仁率/棉酚含量	0.000	0.236**	0.000	−1.000**	−0.640**	−0.344**	−0.573**	−0.129**
仁壳比/蛋白质含量	0.000	−0.197**	0.000	0.594**	0.437**	0.170**	0.208**	−0.116*
仁壳比/油分含量	0.000	0.272**	0.000	−0.711**	−0.320**	−0.113**	−0.180**	0.234
仁壳比/棉酚含量	0.000	0.215**	0.000	−0.248**	−0.433**	−0.146**	−0.170**	−0.029**

注：+、* 和 ** 分别代表 0.1、0.05 和 0.01 差异显著水平；r_A = 胚直接加性相关，r_D = 胚显性相关，r_c = 细胞质相关，r_{Am} = 母体加性相关，r_{Dm} = 母体显性相关，r_p = 表现型相关，r_g = 基因型相关，r_e = 机误相关

（六）光合特性与产量和纤维品质的相关性

转基因抗虫棉的产量和纤维品质主要取决于光合面积、光合时间、光合速率、光合产物的消耗和光合产物的运输与分配等。研究转基因抗虫棉光合特性与产量、纤维品质之间的相关性，可为转基因抗虫棉育种与栽培提供作物生物学方面的依据。聂以春等（2005）对转基因抗虫棉不同时期的光合速率、蒸腾速率与产量性状和品质性状之间进行相关分析（表 3 − 62）。分析结果表明，3 个不同时期测定的光合速率与产量的主要构成因素（株铃数、铃重和衣分）、籽棉和皮棉产量（除 9 月 15 日光合速率与衣分呈较小负相关外）均呈不同程度的正相关，其中 7 月 15 日的光合速率与衣分和皮棉产量，8 月 15 日与株铃数达 5% 显著水平。3 个不同时期光合速率与产量因素相关性大小顺序依次是：7 月 15 日 > 8 月 15 日 > 9 月 15 日。7 月 15 日测定的蒸腾速率与株铃数、衣分、籽棉和皮棉产量有较好的正相关，分别达到显著或极显著水平；其他 2 个时期则呈负相关趋势或具有微弱的正相关。9 月 15 日的光合速率与 5 个纤维品质性状都有一定的正相关，其中与比强度和伸长率的相关显著，而 9 月 15 日的蒸腾速率与纤维品质性状中的 4 个具有一定的负相关，其他时期的光合速率和蒸腾速率与纤维品质性状的相关性无一定规律。7 月 15 日和 8 月 15 日测定的胞间 CO_2 浓度与单株成铃数、籽棉和皮棉产量呈正相关，并达到显著或极显著水平，与纤维品质的相关不明显。相关结果表明，在转基因抗虫棉开花盛期或初始结铃阶段，光合速率和蒸腾速率的大小对产量的形成有较直接的影响，如在此阶段之前加强田间管理，使植株生长旺盛、健壮，对产量形成有利。而转基因抗虫在棉生长后期，保持棉花植株健壮不早衰，仍具有较大的光合速率和较低的蒸腾速率，对棉铃纤维的发育和成熟有利。

表 3 − 62　3 个光合性状与产量、纤维品质之间的相关性比较

性状	日期（日/月）	株铃数	铃重（g）	衣分（%）	籽棉产量（kg/hm²）	皮棉产量（kg/hm²）	纤维长度（mm）	整齐度（%）	比强度（cN/tex）	伸长率（%）	马克隆值
光合整率	15/07	0.276	0.245	0.599*	0.350	0.534*	0.083	0.261	0.053	−0.104	0.396
	18/08	0.472*	0.222	0.220	0.406*	0.371	0.478*	−0.005	0.376	0.275	−0.019
	18/09	0.272	0.022	−0.132	0.198	0.254	0.438+	0.305	0.468*	0.436*	0.339

（续表）

性状	日期 （日/月）	株铃数	铃重 （g）	衣分 （%）	籽棉产量 （kg/hm²）	皮棉产量 （kg/hm²）	纤维长度 （mm）	整齐度 （%）	比强度 （cN/tex）	伸长率 （%）	马克隆值
蒸腾速率	15/07	0.682**	−0.036	0.460*	0.584**	0.707**	−0.006	0.178	−0.083	0.112	0.100
	18/08	−0.270	0.069	−0.541	−0.259	−0.363	0.307	−0.134	0.127	0.199	−0.030
	18/09	0.094	−0.178	0.136	0.019	0.058	−0.362	−0.201	−0.372	−0.010	0.026
胞间CO₂浓度	15/07	0.587**	−0.122	0.178	0.485*	0.457*	0.005	0.104	−0.061	0.060	−0.091
	18/08	0.645**	−0.164	0.315	0.510*	0.528*	0.101	0.318	0.058	−0.045	0.061
	18/09	−0.024	−0.211	0.408+	−0.056	−0.040	−0.491*	−0.324	−0.416*	−0.248	−0.326

注：*、**表示分别达到5%、1%差异显著水平

第四章 转基因抗虫常规棉育种

转基因抗虫常规棉不仅在通过审定后就能应用于棉花生产，而且是选育转基因抗虫杂交棉不可或缺的亲本。由此可见，转基因抗虫常规棉在转基因抗虫棉育种中具有十分重要的作用。杂交育种是包括转基因抗虫常规棉在内的常规棉育种的主要技术方法。据报道，1950 年后，在我国棉花生产上年推广面积 6 700hm² 以上的自育陆地棉品种中，杂交育成的。20 世纪 50 年代占 13%，60 年代占 21.2%，70 年代占 38.3%，80 年代占 54.9%，90 年代占 73.2%；80～90 年代，年推广面积在 34 万 hm² 以上的 12 个自育陆地棉品种中，杂交育成的便有 11 个，占 91.6%（周有耀，2003）。杂交育种仍是当前国内外作物育种中应用最广、成效最大的育种方法，是现代作物育种最基本的方法与途径。

第一节 杂交育种的基本程序

棉花杂交育种的基本程序包括 4 个环节：①发现和创造变异；②稳定和选择变异；③鉴定和比较变异；④保持变异。所有环节都是围绕着变异进行的。

用基因型不同的品种作亲本，通过有性杂交获得杂种，继而在杂种后代中进行选择，培育成符合生产发展需要的新品种的方法，称为杂交育种，或品种间有性杂交育种。在杂交育种中，通过人工有性杂交，可将不同亲本的优良基因组合在 F_1 的杂种个体中，由于这时的基因组合（基因型）是杂合体，F_1 个体自交所形成的 F_2 及其后代因基因分离重组而产生各种变异类型，即出现具有不同性状组合的变异个体，再经选择、自交纯化，就有可能获得综合性状优良一致的新品种（系）或超越双亲的新类型。经此法培育的品种属纯系品种类型。

一、发现和创造变异

棉花的性状变异可分为两种：一种是可遗传变异，即这种变异性状可以传递给以后的世代；另一种是不可遗传变异，即这种变异性状只在当代表现，不能传递给以后的世代。可遗传变异又可区分成两种类型：一类是有益性状变异，即符合育种目标的遗传性状变异，也叫符合人类栽培利用目标，能够提高经济利用价值的变异；另一类是有害性状变异，即不符合育种目标的遗传性状变异，是同人类经济利用的目标方向相反的变异。杂交良种所需要的仅仅是可遗传的有益的性状变异。

棉花杂交育种的任务是将现有推广品种还不具有的、而生产上又迫切需要的、一些新的经济或农艺性状引入新品种中，或将尽可能多的有益的经济或农艺性状集中到一个新品种中。杂交育种的创新意义即在此。这些有益的经济或农艺性状，必须是可遗传的有益的性状变异，这是杂交育种的前提。如果没有这些变异，就不会有杂交育种。这些有益的变异可能存在于现有品种或过时品种群体中，但更多地存在于极为丰富的种质资源中，拥有大量丰富的种质资源材料是棉花杂交育种的基础。因此，卓有成效的杂交育种一般需要形成一个丰富的种质资源库，育种家们深入细致地研究这些种质资源，从中寻找、发现和发掘与育种目标相符的新的性状变异。如局限在已有材料中，则很难发现符合育种目标的性状变异。

棉花杂交育种可利用的变异主要来自两种途径：一是自然变异，二是人为变异。自然变异的引发，大多数是由于天然杂交，但也有少数来自偶然的某种外力或个别棉株自身某些不明原因诱发的自然突变。人为变异主要是通过有目的的人工杂交，但也可利用物理化学等手段，或自然界其他条件进行人工诱变。从广义上讲，将非棉花及其近缘植物或其他生物的某些性状，运用特殊技术手段引入棉花中，也属于人为变异的范畴。

自然变异。棉花是异花授粉作物，存在一定的异交率。异交率的高低取决于传粉媒介——昆虫的种类和种群的大小。田间的传粉媒介多，棉花的天然异交率就高，容易引发较多具有变异性状的变异株，就提供了育成具有优良性状新品种的机会。这是棉花系统选择取得成功的原因。但随着棉花生产的发展，棉花害虫种类日趋繁多，为害程度日益严重，种植棉花不得不频繁地采用杀虫药剂。在防治害虫的同时，也杀死了棉田传粉媒介，大大减少了棉花异交的机会，从而降低了性状变异概率，包括优异性状变异和优异株出现的频率。这也许是单纯依靠系统选择难以育成有突破性新品种的主要原因。棉花群体中也常会出现个别的自然突变体。这主要是由于染色体畸变或某些基因位点突变而产生的变异性状。其中有有利的，也伴有不利的经济性状变异。但发生这类突变的概率一般很低，且以质量性状为多。

人为变异。人为变异主要是通过人工杂交，引起基因交换、重组而发生新的性状变异。从本质上讲，这是天然异交的延伸和扩大，弥补了自然杂交概率日益低下的现状。与自然杂交相比，其优点是：一能有目的地选择性状变异的方向；二能主动掌握性状变异的频率。但它的不足之处：一是不能确保有较高的成功率；二是仅限于在现有种质基因库范围内引发变异。因此，必须加强种质资源的搜集、扩大和研究等基础工作，并进行较大量的杂交。人为变异的另一途径是通过物理或化学等手段诱发新的性状变异。其优点可超越现有的棉花种质基因库，创造出新的性状变异，但缺点是：①难于诱发有利经济性状的变异，而更多的属于不良经济性状；②诱变的频率低。因此，棉花育种利用这类性状变异的难度较大。运用生物技术，导入外源 DMA，是定向诱发棉花产生新的性状变异的现代高新技术。优点是使常规人工杂交所不能跨越的亲缘障碍成为可能，在棉花染色体上不仅可导入与棉花非一个属、科、目的植物 DNA，甚至可导入节肢动物等其他动物的基因。外源 DNA 导入，是创造变异的一种技术手段，是育种过程中的一个环节，在创造变异后的大量工作，仍需按常规育种环节进行。

二、稳定和选择变异

不管是自然变异还是人为变异，其中有符合杂交育种目标需要的变异，也有不符合杂交育种目标的变异。一般是在发现有利变异的同时，也可能相伴产生一些不利变异。这种变异，有的只是表现型的，其遗传性尚未稳定，还不能作为杂交育种目标性状固定下来。因此，在发现或创造变异之后，杂交育种的第二个环节就是稳定和选择变异。

稳定变异是为了保证变异的有效选择，是选择变异的前提。稳定变异的主要手段是加代。随着世代的增加，杂合体变异性状得到分离和表现型变异性状得到纯合，使所有的变异，不管是有利的还是不利的，其遗传性相对稳定下来。棉花经济性状的遗传率高低不一。一般来说，遗传率高的性状，如单基因控制的质量性状，低世代时就能达到相对稳定；遗传率低的性状，如多基因控制的数量性状，只有在较高世代时才能达到相对稳定。变异性状只有达到相对稳定，不再出现明显分离时，选择才有效。不同变异性状选择的最适宜世代并不一样。为了增进加代速度，缩短育种年限，在我国，利用北纬 18°上下的海南岛南端冬季气温较高，又是旱季的有利条件，进行秋播、冬长、春收。这样，棉花就能在一年内完成两个世代周期。但海南岛与大陆棉区的气候、生态等条件差别很大，一般在海南加代期间不进行选择，但也有加代选择成功的例证。有条件的也可在当地，冬季利用大型可控温室进行少量材料的加代。随着生物技术的发展，可利用单倍体培养技术，将变异性状的染色体加倍，或克隆复制变异株的体细胞，经组织培养，形成再生植株，获得较为稳定的变异材料。

选择变异是贯穿新品种选育始终的重要环节。棉花杂交育种的创造性，主要是通过选择来实现。对已相对稳定的性状变异材料，紧接着就是一系列的选择过程。选择变异，既是技术，也是艺术。要紧紧瞄准育种目标，运用科学的试验方法和测试手段，层层筛选，尤其要依赖于育种家的丰富经验和高超的业务素质。要重视田间选择、室内选择和生长前期选择，更要重视生长后期和多方位的反复选择。要自始至终贯彻精益求精、优中选优的原则，在众多的个体中，不遗漏一株优异的变异株，也不滥竽充数多留一株劣变株，以保证育成高质量的转基因抗虫常规棉新品种。

三、鉴定和比较变异

根据确定的杂交育种目标，选择已经相对稳定的变异后，需根据留优汰劣的原则，通过科学的鉴定和比较，才能确认某些优异变异性状成为育成新品种的属性，这是选择的继续。

鉴定是在特定条件下，对某一变异性状进行有效性的直接鉴别和确认。例如，抗枯萎病性、抗黄萎病性、抗棉铃虫性、抗棉蚜性、抗旱性等。抗枯、黄萎病性鉴定，原则上是在人工接种、发病均匀的病圃中进行，也可在重发病区选择发病均匀的自然病圃中进行。抗虫性鉴定需在人工隔离环境中接种一定量的害虫数。抗旱性鉴定需设置遮雨和防止地下水浸入等设施。有些性状也可利用生物、理化反应法进行间接鉴定，但最后仍需进行直接鉴定。鉴定时要求设置抗性和感性两个对照，还需要多点、多年或多次重复，尽量减少误差，以避免年份和环境引发的影响干扰。

纤维品质测定，是确保棉花新品种纤维品质必不可少的鉴定内容。利用 HVI 系列测试手段，由于每份测试样本量小，要求用随机法抽取皮棉样本，以增加样本的代表性。

杂交育种材料的比较这一程序既重要，也繁复。随着育种进程，按照杂交育种目标，全面考虑丰产性和有关经济、农艺性状的要求，从初级到高级，进行比较试验和鉴定，并根据结果进行逐级淘汰。对保留的材料要求要高，必须重视性状的综合表现，淘汰材料要慎重。过去的杂交育种实践中，从原来因疏忽被淘汰的材料中，后来又选育出较突出的新品种的杂交育种事例也有。

棉花杂交育种材料的比较，一般从株行试验、到株系试验、品系试验、区域试验和生产试验，逐级进行。从株系试验开始进行有重复的比较试验，从区域试验开始进行多点、多年有重复的比较试验。

四、保持变异

优良变异性状的稳定是相对的，而得到的稳定性状发生再变异则是绝对的。再变异的方向不能确定，往往是优变的几率较少，而劣变的几率更多。这就是品种的退化。

包括转基因抗虫棉花内的常规棉品种退化是困扰棉花生产的一大难题。常常是一个优良品种推广不久就发生退化，削弱了优良品种的作用。所以，重视和切实采取有效技术，保持杂交育种目标所要求的变异性状，就显得十分重要。这就是良种繁育。

良种繁育的任务是保持住转基因抗虫常规棉优良品种的种性、纯度，即保证优良品种的品种品质。纯度是指品种纯度，并非遗传纯度。从农业生产的实际需要出发，并不要求品种在遗传上的纯化。品种本来就是一个遗传复合体，诸多性状不需要，也不可能达到遗传上 100% 的纯。但必须保证主要经济性状表现型的相对一致性和稳定性。要达到这一目的，在技术上必须最大限度地避免育成的新品种，发生生物学混杂和机械混杂。因为混杂的发生，必然会导致主要经济性状的退化。转基因抗虫常规棉品种的退化，往往会出现绒长变短、衣分下降、纤维变粗、铃重变轻、营养生长过旺等非人们植棉所企求的性状。

在棉花进化过程中，存在着两种选择的激烈竞争。一是自然选择，另一是人为选择。自然选择的方向是按照有利于棉花物种自身的生存和繁衍更多的后代进行的。人为选择的方向是按照人们植棉所企求的经济性状进行的。两者虽有共同点，而在经济性状方面多数是反方向的。若竞争结果是前者超过后者，即出现"退化"现象。所以"退化"是人们从植棉目的的角度给予的评价。但从棉花物种发展的角度评价，这种"退化"恰恰正是棉种自身需要的"进化"。生物学混杂和机械混杂给人们认为的"退化"创造了条件。因此，只有一方面尽量限制生物学混杂和机械混杂的机会，另一方面当人为的选择压超过自然选择压时，才能保持种性，即保持住育种目标所企求的变异性状相对稳定，不发生劣变，不发生"退化"。这就是良种繁育的功能。

第二节　亲本选配

国内外作物育种实践业已证明，亲本选配是决定杂交育种工作成败的先决条件。为此，育种家在长期实践中已总结出不少亲本选配经验。《作物育种学》（西北农学院主编，1981）和《中国棉花遗传育种学》（中国农业科学院棉化研究所主编，2003）将棉花杂交育种亲本选配的经验，概括为如下 4 项原则：①双亲应分别具有育种目标所需要的优良性状，而且双亲优缺点应尽可能达到互补；②选用的亲本中应包括当地推广的品种；③杂交亲本之间应在生态型和亲缘关系上有所不同；④杂交亲本应具有较高的一般配合力。这些原则对指导棉花杂交育种中的亲本选配已产生重要作用。毋庸置疑，这些原则同样对转基因抗虫常规棉杂交育种具有指导意义。

初育成的 Bt 棉种质系种子瘦小，籽指 7g 左右，出苗后长势弱，子叶、真叶小而色深，茎秆、果枝纤细，现蕾前株高只有常规棉的 2/3 左右；中期蕾、花、幼铃偏小，棉铃发育迟缓，一般年份需 55d 左右；后期吐絮不畅，难收摘，铃重仅 3～3.5g，且烂铃多，其突出优点是结铃性和抗棉铃虫性强（Deraton 等，1996）。郭香墨等（1997）针对这一特点，选择高产、优质、抗病的推广品种中棉所 12、中棉所 16 和中棉所 17 等作为首批受体亲本；而后选择综合性状优良 Bt 中低代常规棉新品系作为亲本，进行转基因抗虫常规棉选育研究。根据育种研究结果提出了以下转基因抗虫常规棉育种的亲本选配原则。

一、选择综合性状优良的亲本

针对 Bt 棉生长缓慢，苗期瘦弱和铃小的特点，应首先选择综合农艺性状优良的材料作亲本，使 Bt 基因与优良综合农艺性状较好地结合，提高杂种后代群体优良基因型频率。以生产上大面积推广的品种中棉所 12、中棉所 17 和中棉所 16 为亲本，首批育成了 R93 - 3、93 - 4、93 - 5 和 R93 - 6 等品系，部分品系在 1995—1996 年全国抗虫棉区域试验和生产试验中表现突出，在及时治虫条件下霜前皮棉产量与对照品种相当，而减少治虫条件下增产 10% 以上（表 4 - 1），植株顶尖和蕾铃受害率显著减少（图 4 - 1）。

二、选择前期生长势强的大铃品种

根据组配组合的统计结果，常规棉亲本前期生长势强，根系发达，叶面积系数较大，植株稍高大松散，铃重 5.5g 以上，育成 Bt 棉品系的成功率达 37% 以上；而不具备或不完全具备上述特性的材料作亲本，难以克服初育 Bt 棉品系的遗传缺陷，育成 Bt 棉品系的成功率仅占 9%。这表明通过性状互补选择亲本，加之定向强化选择，对制约皮棉产量和生长发育不利的性状可获明显改进。Bt 棉品系现蕾前植株高度比同类常规棉矮 25～35cm，通过选择前期生长势强的材料作亲本进行遗传改良，Bt 棉品系与之株高差距已降至 10～15cm，其中部分 Bt 棉品系株高和生长势已接近常规棉。

三、选择生育期相对较短的品种

Bt 棉种质系生育期一般为 145～150d，苗期和铃期发育迟缓。因此，受体亲本的生育期相对较短，育成的 Bt 棉品系才能具有适宜的生育期。在保持较高选择压力的条件下对转育成的 Bt 棉品系与其常规棉亲本的生育期变化结果表明（表 4-2），同类型 Bt 棉的生育期比常规棉受体亲本长 4～6d，这是因为生育期为多基因控制的数量性状，后代表现中亲特点，并有部分趋向早熟亲本的显性遗传。在黄河流域棉区，培育适合麦棉两熟的转基因抗虫棉，要求常规棉亲本应具有更短的生育期。

表 4-1　转 Bt 基因抗虫棉在全国区域试验中的表现

年份	品系	霜前皮棉				顶尖被害减少（%）	蕾铃被害减少（%）
		治虫		少治虫			
		kg/hm²	为 CK（%）	kg/hm²	为 CK（%）		
1995	R93-3 北方组	612	114.5	381.6	165.2	23.1	10.4
1995	R93-3 南方组	842.1	95.6	707.4	111.7	—	—
1995	R93-6	629.8	129.9	586.1	149.4	31.5	22.6
1996	R93-3 北方组	797.3	89.2	786.5	120.3	8.3	15.5
1996	KC-2 北方组	590.8	95.4	563.8	122.3	22.0	8.9

表 4-2　转 Bt 基因抗虫棉与常规棉亲本的生育期比较　（d）

类型	Bt 棉品系	常规棉亲本
中熟	138～140	132～125
中早熟	126～128	120～128
短季	114～116	110～112

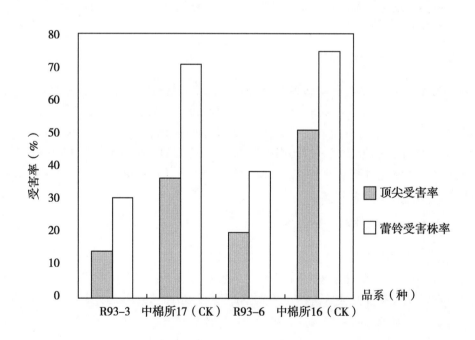

图 4-1　不治虫条件下 Bt 棉品系的抗棉铃虫性

注：R93-3 和 R93-6 为 Bt 棉，中棉所 16 和中棉所 17 为常规棉

　　种质资源或称遗传资源，是指决定各种遗传性状的基因资源。棉花种质资源包括推广品种、过时品种、引进品种、突变体材料、野生种和陆地棉种系，以及棉属近缘植物。这些种质资源是进行包括转基因抗虫常规棉品种在内的棉花品种遗传改良的物质基础。由我国河北省石家庄市农林科学研究院与中国农业科学院生物技术研究所合作育成的 Bt 棉 GK12，自审定后被育种单位广泛利用，已分别培育出 70 个转基因抗虫棉品种并通过审定，成为具有重要影响的抗虫棉种质资源（表 4 - 3、表 4 - 4）。

表 4 - 3　利用 GK12 育成的转基因抗虫棉品种（眭书祥等，2010）

编号	品种	审定组别	选育单位	组合
1	国抗杂 1 号	河南	中国农业科学院生物技术研究所	962（GK12 选系）×9610
2	国抗杂 2 号	河南	中国农业科学院生物技术研究所	962（GK12 选系）×966
3	鲁棉研 15 号	国家	山东棉花研究中心	鲁 613 系×鲁 55 系（GK12 选系）
4	鲁棉研 16 号	国家	山东棉花研究中心	中棉所 12×A 系（GK12 初始系）
5	鲁棉研 17 号	国家	山东棉花研究中心	中棉所 12 号×GK12 初始系
6	鲁棉研 18 号	山东	山东棉花研究中心	C12 系统选育而成
7	鲁棉研 19 号	国家	山东棉花研究中心	458 系×GK12 选系
8	鲁棉研 20 号	国家	山东棉花研究中心	石远 321 选系×R55 系（GK12 初始系）
9	鲁棉研 21 号	山东	山东棉花研究中心	中棉所 19×A 系（GK12 初始系）
10	鲁棉研 22 号	国家	山东棉花研究中心	抗虫品系 823×AR3（GK12 初始系）
11	鲁棉研 23 号	河南	山东棉花研究中心	石远 321×［（中棉所 19 号×鲁棉 11 号）F_1×鲁 55 系（GK12 初始系）］F_2
12	鲁棉研 24 号	国家	山东棉花研究中心	鲁 613 系×GK12
13	鲁棉研 25 号	国家	山东棉花研究中心	鲁 735 系×168 系（GK12 选系）
14	鲁棉研 26 号	国家	山东棉花研究中心	鲁 8626 系×鲁 35 系（GK12 选系）
15	鲁棉研 27 号	国家	山东棉花研究中心	XJI（中棉所 12×GK12 选系鲁棉研 16）×R26
16	鲁 RH - 2	山东	山东济阳县鲁优棉花研究所	K321×（S45×GK12）F_1
17	W8225	山东	山东省棉花工程部、山东中棉棉业公司	W - 6130×GK - 12
18	鑫秋 1 号	国家	山东省金秋种业有限公司	中棉 9418×GK12
19	冀棉 958	国家	河北省农林科学院棉花研究所	［冀棉 10 号×538（海陆野×GK12）］F_1×冀棉 22
20	冀 122	河北	河北省农林科学院棉花研究所	省早 441×GK12
21	冀 2000	国家	河北省农林科学院棉花研究所	中棉所 16×140（GK12 选系）
22	冀 H156	河北	河北省农林科学院棉花研究所	W1126×长 98（冀 668×GK12）
23	冀棉 3536	河北	河北省农林科学院棉花研究所	南 36×南 21（新陆中 8 号×GK12）
24	冀 FRH3018	河北	河北省农林科学院棉花研究所	［（506×新陆中 8 号）×GK12］×（266×中棉 12）
25	冀 1316	河北	河北省农林科学院棉花研究所	冀棉 18F_1×322（冀棉 25×GK12）

编号	品种	审定组别	选育单位	组合
26	冀棉 616	河北	河北省农林科学院棉花研究所	冀棉 20×596（新陆中 8 号×GK12）
27	冀 3827	河北	河北省农林科学院棉花研究所	279 系（冀棉 20×GK12）×039 系
28	冀优杂 69	河北	河北省农林科学院棉花研究所	冀优 326（新陆中 8 号×GK12）×冀 947
29	冀优 768	河北	河北省农林科学院棉花研究所	3226 系（冀棉 13×GK12）×226 系
30	冀杂 2 号	国家	河北省农林科学院棉花研究所	258－1［（Z1×GK12）选系］×120［（冀棉 20×9119）选系］
31	快育 2 号	河北	河北省农林科学院遗传生理研究所	966（GK12 系）×638
32	冀丰 106	河北	河北省农林科学院遗传生理研究所	97－668×97G1（GK12 选系）
33	冀丰 554	河北	河北省农林科学院遗传生理研究所	99－68×97G1（GK12 选系）
34	创杂棉 20 号	国家	河北省农林科学院遗传生理研究所	02N109×02N95（GK12 选系）
35	冀 589	河北	河北省吴桥县安陵镇谢庄谢奎功	BD18×GK12
36	冀棉 3 号	河北	河北省农林科学研究院旱作农业研究所	衡 9273×GK12
37	冀棉 4 号	河北	河北省农林科学研究院旱作农业研究所	衡 9273×GK12
38	衡科棉 369	河北	河北省农林科学研究院旱作农业研究所	9273×GK12
39	石抗 126	国家	石家庄市农林科学院	GK12×石抗 389
40	邯杂 98－1	国家	邯郸市农业科学院	邯抗 1A（GK12A）×邯 R174
41	邯 7860	国家	邯郸市农业科学院	93－2×GK12
42	邯 6208	河北	邯郸市农业科学院	邯抗 388（邯 4104×GK12）×邯 4608
43	邯 5158	国家	邯郸市农业科学院	93－2×GK12
44	邯郸 109	国家	邯郸市农业科学院	邯 4104×GK12 选系
45	邯 685	河北	邯郸市农业科学院	邯郸 284×邯 97HS－62（GK12 选系）
46	邯棉 103	河北	邯郸市农业科学院	邯 333×GK12
47	国欣 4 号	河北	河间市国欣农村技术服务总会	0106（GK12 选系）×82 系
48	欣抗 4 号	河北	河间市国欣农村技术服务总会	自选 82 系×GK12－01（GK12 选系）
49	GK99－1	河北	河间市国欣农村技术服务总会	GK12－01（GK12 选系）×82 系
50	国欣棉 6 号	国家	河间市国欣农村技术服务总会	0106（GK12 选系）×82 系
51	万丰 201	河北	石家庄市万丰种业有限公司	冀棉 20×GK12
52	合丰 202	国家	石家庄市万丰种业有限公司	145 系（农大 326×GK12）×206 系
53	希普 3	河北	石家庄市万丰种业有限公司	｛［（冀棉 20×GK12）×冀棉 20］×冀棉 20｝×｛［（冀 668×GK12）×冀 668］×冀 668｝

（续表）

编号	品种	审定组别	选育单位	组合
54	希普 6	河北	石家庄市万丰种业有限公司	（冀棉 20 × GK12）×（冀棉 20 × 冀 668）
55	新陆棉 1 号	国家	新疆农业科学院经济作物研究所	1772 × GK12
56	GK164	河北	中国农业大学	冀 1041 ×（GK12 × SGK321）
57	金杂棉 3 号	浙江	浙江省金华市婺城区三才农业技术研究所	H - 2 × K97 - 1（GK12 选系）
58	大丰 30	江苏	江苏大丰市棉花原种场	303 × GK12 选系
59	邓杂一号	河南	河南先天下种业有限公司	W98 × F97（GK12 选系）
60	郑杂棉 3 号	河南	郑州市农林科学研究所	郑杂 4104 × GK12 选系
61	郑杂棉 4 号	河南	郑州市农林科学研究所	英华棉 1 号 × D4（豫 668 × GK12）
62	开棉 27	河南	开封市农林科学院	开 0422 × 开抗 028（GK12 选系）
63	秋乐 8 号	河南	河南农科院种业有限公司	QL16 × GK12
64	秋乐 9 号	河南	河南农科院种业有限公司	923 × 9608（GK12 选系）
65	富棉 289	河南	开封市福瑞种业有限公司	石远 321 × GK12
66	SGK958	河南	河南新乡市锦科棉花研究所	锦科 970012 × 锦科 19（GK12 选系）
67	川杂棉 15 号	四川	四川省农业科学院经济作物研究所	A3（A2 × GK12）× ZR5
68	川杂棉 50 号	四川	四川省农业科学院经济作物研究所	S2 - 28A × CH255（GK12 × 川 73 - 27）
69	川杂棉 23 号	四川	四川省农业科学院经济作物研究所	A3（A2 × GK12）× ZR6
70	川杂棉 29 号	四川	四川省农业科学院经济作物研究所	A4 ［（A2 × GK12）× ZR5］× ZR16

表 4 - 4　GK12 与我国重要棉花种质的利用情况比较（眭书祥等，2010）

种质材料名称	育成品种数量（个）		利用年限（年）
	总数量	年均数量	
邢台 6871	14	0.82	1971—1986
鲁棉 1 号	2	0.25	1984—1991
52 - 128 和 57 - 681	128	5.57	1984—2006
中棉所 12	36	2.12	1986—2002
SGK321	23	3.29	2000—2006
GK12	70	7.78	2001—2009

第三节　育种方法与策略

从棉花生产实际出发，高产、优质始终是包括转基因抗虫棉在内的棉花育种的主体目标，早熟、抗（耐）枯、抗黄萎病、抗（耐）棉蚜、棉铃虫（红蛉虫）和在不少棉区突出的抗（耐）旱（盐碱）以及其他抗逆性状是保障目标，为更好地实现主体目标提供保障。

棉花遗传理论和育种实践证明，育种目标愈多，要求越高，育种难度也越大。这是因为在育种主体目标之间，育种保障目标之间，主体目标与保障目标之间，存在着一系列错综复杂的遗传上负的联系。因此，只有打破这种联系，为理想的基因重组提供机会，才有可能选得新的优异变异。但迄今为止，对一些育种目标性状之间遗传上负关联性的原因，研究得还不透彻。它们既可能是由于连接，也可能是由于基因多效性，还可能是由于两者的共同作用。一般认为，连接可能是主要的。这为打破某些育种目标性状间遗传上负的关联性指出了希望，但难度依然很大。基因多效性的本质，可能是某些基因控制的一个共同的基本生理效应为两个以上的表现型性状所共享。

通过何种育种方法才能有效地打破这种遗传上负的关联性，获得理想的重组体，育成符合育种目标要求的综合性状优良的新品种，这是国内、外棉花遗传育种家一直在努力的研究课题。

常规棉品种育种大多采用杂交育种法，显然已取得了显著的成效，但这种方法仍存在显而易见的缺陷。首先是杂交次数少，不利于有利基因通过交换达到重组，不利于基因加性效应的积累，极大地限制了理想个体出现的几率；其次是难以打破皮棉产量和纤维品质性状遗传上的负相关性，难以选择出综合性状优良的个体。针对这些突出问题，国内、外棉花育种家试验过多种育种方法，主要有：杂种品系间互交育种法（Hanson，1959）、分裂交配（Mather 等，1953、1955）、棉花混选—混交育种体系（马家璋等，1987）、修饰回交法（潘家驹等，1990）和保持基因流动性育种杂种种质体系建设（张凤鑫等，1987）。这些育种方法对转基因抗虫常规棉育种具有重要的参考价值。

一、杂种品系间互交育种法

Hanson 最早于 1959 年提出，利用杂种品系间互交是打破连接区段、增加有利基因重组的有效方法。美国 Pee Dee 试验站 Culp，Harrell 和 kerr 等棉花育种家，从 1946 年开始就收集高产的陆地棉品种以及美国 Beasley 所育成的纤维品质优良的亚洲棉、瑟伯氏棉、陆地棉三种杂种（ATH）作为亲本进行不同组合的杂交，在同一杂交组合的群体内选择理想的单株，后代中选择优良的株系，进行杂种株系间互交，系间互交和选择周而复始地进行若干次。必要时，可以根据杂种性状的表现，加入优良品种或种质系作为新的亲本，与杂种品系互交，再继续进行选择和优良品系互交的程序。通过这种方法，增加了杂种染色体交叉和基因交换、重组的机会，加上种质资源丰富，不断地进行人工选择，育成了既保持一定产量水平又表现优良纤维品质的 Pee Dee 种质系和品种。它们的纤维单强都在 4g 以上，细度为 5 800～6 500m/g。

二、分裂交配

原称分裂选择，由 Mather 等（1953，1955）提出。这一方法是指在性状有分离的原始育种群体中，从某一性状频率分布的正负两端选择个体或后代样本，只进行（负×正）的交配。由此得到一个新的分离群体，在该群体中再进行分裂交配。通过轮番的分裂交配，并不是指望该群体某一性状的平均值发生改变，而是希望增加某一性状的变异和频率分布的幅度。从理论上讲，分裂交配包括不相似个体间的互交，以扩大基因交换的机会，通过打破明显的互斥连接，从而释放出潜在的变异性。Narayanan 等（1987）按开花迟早对 3 个棉花群体进行分裂选择，认为这种方法对改良早熟性效果好，同时也导致铃重、纤维长度、衣分的广泛变异。鲁黄均（1998）以 4 个杂交组合为试验材料，运用分裂交配方法对棉花产量和纤维品质遗传改良效应进行了研究。结果表明：①以4个组合的平均数而言，小区皮棉产量没有显著差异，而不同组合的纤维品质显著不同。1轮长×短、2轮长×短和2轮强×弱的交配方式的产量明显高于基础群体和1轮早×晚群体。不同交配方式纤维品质不存在显著差异。②4个组合单株皮棉产量与纤维长度、整齐度和马克隆值之间的相关性，经一轮、二轮分裂交配后，改良效果不明显，但单株皮棉产量与比强度之间相关性，改良效果明显。单株皮棉产量与纤维强度的相关系数在组合4的基础群体为 −0.41（较高负相关）；在组合2和组合3的基础群体中为轻微正相关，相关系数分别为0.05和0.12；而在组合1的基础群体中则为0.58（较高正相关）。而4个组合24个群体经一轮、二轮分裂交配后，79.1%的群体的单株皮棉产量与比强度之间相关系数为正值。

三、棉花混选——混交育种体系

马家璋（1987）从1982年开始，在研究和综合Culp等提出的修饰性相互交配及选择、修饰性回交、随机相互交配、Mather等提出的分裂交配、Frey提出的轮回选择的基础上，建立棉花混选——混交育种体系，以混交打破连接、通过混选增加理想重组体的出现几率，育成并通过审定了高产、抗枯萎病、耐黄萎病、耐旱、耐盐碱、早中熟、纤维中上品质的中棉所23，在河南和南疆等棉区推广。山西省农业科学院棉花研究所运用这一体系也育成并通过审定晋棉11品种。棉花育种混选——混交体系的基本点是：①建立遗传基础比较丰富的育种材料。具体做法是尽可能多地采取多亲本复合杂交，或选取原来就是复交育成的材料做亲本。②在已育成的中间材料群体间多次进行补充杂交，目的是对中间材料群体某些表现还不够理想的性状进行改进。③根据遗传率大小在不同世代对不同性状进行选择。先根据综合表现淘汰组合，再在入选组合内根据单株表现选择单株。遗传率高的性状着重在低世代淘汰；遗传率低的性状偏重在高世代汰留。④保持群体的基因频率。入选单株或混交单株每株等量摘收1个或2个棉铃，混合留种。⑤大陆混选——海南混交组成一个轮次。利用在大陆性状表现的真实性，选择工作全部在大陆进行。利用在海南冬季成铃率高、异交率高的优势，混交工作主要在海南进行，并结合加代。⑥进行多轮次（1～3轮）混选——混交。在最后一轮混选——混交的后代群体中，严格按育种目标选择单株并按单株留种，进行以后的株行、株系等产量和其他性能比较试验。

四、修饰回交法

这一方法由潘家驹等（1990）提出。他们在借鉴国外经验的同时，采用了修饰回交法。把杂种品系间互交和回交相结合，取回交纯合进度快，而后代在聚合后与轮回亲本只差一个基因区段容易选择的优点，以期弥补互交法亲本多、后代分离广、不易选择和纯合进度慢的不足，用不同的回交品系进行再杂交，以便创造更多的交换重组的机会，并可克服回交法导致的后代遗传基础贫乏的缺陷。设A为丰产品种，用作轮回亲本，B为优质品种，C为抗病品种，B、C作为授予亲本。修饰回交法如图4-2所示。

该方法相当于拟等位基因系间的互交，能将各授予亲本的目的基因聚合到轮回亲本上。此外，也可将形态特征和生态类型相似的优良种质继续加入，以丰富修饰回交系的遗传基础。

五、保持基因流动性育种杂种种质库建设体系

张风鑫等（1987）从1981年开始着手棉花育种保持基因流动性育种杂种种质库的建设，并提出了棉花综合育种体系。该体系是循环的，每一循环包括以下4个环节：

（一）建立基础育种群体

选择在丰产性、适应性、抗性和纤维品质等方面有突出特点的4个或4个以上亲本进行单交、

双交、双交间互交（两次），如此，使不相似个体（含极端型个体）进行 4 轮以上的相互交配，达到打破基因连接的目的。

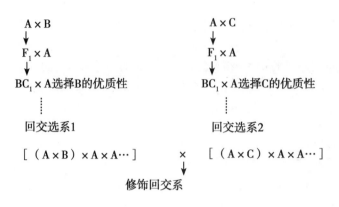

图 4-2　修饰回交法示意图

（二）基础育种群体的多抗轮回筛选

其步骤是：杂种种子硫酸脱绒；配制 1.5% 清水琼脂培养基；平板上摆播脱绒种子，在空气中感染霉菌和细菌 8h；在 13.5℃ 条件下保湿培养；1 周后剔除感染霉菌和细菌的种子及发芽过快、发芽不正常、下胚轴弯曲的种子；在过筛土壤中接种 0.5%（W/W）棉籽枯萎病培养物及 0.1%（W/W）苗病（立枯病、炭疽病等）培养物，装钵；播入抗霉菌生长和细菌的萌动种子，保温育苗；出苗后 35d 内淘汰感染苗病、枯萎病幼苗，健苗移入黄萎病圃，或针刺接种黄萎病（3.6×10^6/fu）；3 周后淘汰发病重及恢复力差的个体；开花期进行健株间混合交配；混收混交种子，翌年重复上述筛选过程。如此，产生多抗性初级杂种库。该筛选法是 Bird 间接选择法和 Sapenfield 直接选择法的综合。

（三）科学选择，发掘优良重组基因型

多目标性状的选择是综合育种的一大难题。已有单项依次选择法、独立水平法、选择指数法都不适合综合育种的多目标性状选择。为此，将综合育种涉及的所有性状先划分为产量、纤维品质、多抗性、株冠结构、种子性状五大性状群，以研究两组变量关系的方法，以产量性状群为核心，依次分析两群间关系。在保证有最大相关前提下，找出两群中起主导作用的性状，然后分别检查其遗传相关，在不发生重大冲突前提下，最终确定全部性状的选择重点。各性状的选择标准，以推广品种（对照）或杂交种群体该性状均值为起点。如此，将综合育种的数十个性状选择简化为籽棉、皮棉产量，10 月 10 日前收花率，株铃数，衣分率，每铃籽数，每铃皮棉重，纺棉率，纤维比强度，枯、黄萎病抗性，株高，种仁蛋白含量共 14 个性状。经两轮选择试验比较结果，证明有良好的同步改良功效。

（四）轮回选择，建立次级杂种库

完成第一轮选择后，选拔优良基因型，进行 1~2 轮的轮回选择，当认定有必要输入新种质时，可结合轮回选择输入新种质。轮回改良后的群体，再进行 1~2 轮的多抗性筛选，即产生次级杂种库，并开始新的一轮选择。以后照此循环，产生多级杂种库。

回交方法已被广泛的采用作为改良现有优良品种个别缺点或改造某些不符合生产要求性状的有效育种手段，这些性状不论是属于形态特征方面还是生理、生育特性方面的，只要有较高的遗传率，都可以获得良好的效果。由于转基因抗虫棉的抗虫性遗传方式业已被研究证实属单基因显性遗传，遗传方式较简单。采用回交方法，可将抗虫性较有效地转育到优良品种中去。邢朝柱等（2004）研究了回交次数对 Bt 抗虫性及经济性状的影响，结果表明：Bt 毒蛋白含量随 Bt 棉回交次数的增加，呈现下降趋势，两套供试回交材料表现较一致。以 GK3 为亲本的回交世代材料中，回交 2 次时，Bt 毒蛋白含量下降到 GK3 的 $1/5 \sim 1/4$，降低达显著水平（表4-5）。各世代室内生测抗虫效果，与 Bt 毒蛋白含量呈高度一致（表4-5）。回交次数与 Bt 毒蛋白含量，籽、皮棉产量、单株铃数呈负相关，并达显著或极显著水平，与铃重、衣分呈正相关（表4-6）。选用的亲本材料纤维品质较一致，在回交各世代中，差异不明显（表4-7）。综上所述，Bt 棉在回交过程中容易出现抗虫性下降问题，所以回交次数不宜多。在确定回交世代时，首先保证该世代抗虫性达到育种要求，然后兼顾其他性状；选用的轮回亲本和非轮回亲本优良性状互补性要强，这样，回交后代的经济性状多数优于双亲。由于回交次数与主要经济性状呈一定的负相关，所以回交一次，各性状基本能达到选育目标；增加回交次数，某些性状如铃重、衣分有所提高，但产量呈下降趋势，特别是抗虫性状明显下降，难以达到选育要求。

表4-5 各回交世代中 Bt 毒蛋白含量及室内棉铃虫校正死亡率

回交世代及亲本	Bt 毒蛋白鲜样含量/（10^{-6}mg/g）		室内生测校正死亡率（%）	
	回交材料Ⅰ	回交材料Ⅱ	回交材料Ⅰ	回交材料Ⅱ
Bt 棉	19.20a	12.45a	98.00	90.66
F_1	18.90a	10.36a	90.67	85.78
BC_1	15.40ab	7.42ab	86.3	80.45
BC_2	4.77c	5.65b	60.10	70.43
BC_3	2.42cd		57.40	
BC_4	1.88d		53.61	

注：a、b、c、d 表示 0.05 的显著差异。回交材料Ⅰ：GK3 为非轮回亲本，中棉所 17 为亲本。回交材料Ⅱ：新棉 33B 为非轮回亲本，中棉所 19 为轮回亲本

表4-6 回交次数与 Bt 毒蛋白含量和经济性状相关系数

性状	Bt 毒蛋白含量	籽棉产量	皮棉产量	株铃数	铃重	衣分	绒长	比强度	马克隆值
相关系数	-0.951**	-0.919**	-0.862**	-0.705*	0.121	0.484*	-0.441	-0.176	0.345

注：差异性测验为 t 测验，** 和 * 分别表示 0.01 和 0.05 差异显著水平

表4-7 回交材料Ⅱ中亲本和回交各世代的产量及品质平均表现

材料	小区籽棉产量（kg）	小区皮棉产量（kg）	铃重（g）	衣分（%）	株铃数（个）	绒长（mm）	比强度（cN/tex）	马克隆值	整齐度（%）	伸长率（%）
Bt 棉 33B	3.71c	1.33c	4.7c	37.23b	25.2a	29.5	21.9a	4.4	51.4	6.2a
F_1	5.34a	2.10a	5.5a	39.36a	24.5a	29.8	21.5a	4.5	50.4	6.1a
BC_1	4.81ab	1.82ab	5.3ab	37.84ab	19.8bc	29.3	20.8b	4.3	49.9	5.9ab
BC_2	4.30b	1.67b	5.3ab	38.73a	20.1b	28.9	21.1ab	4.3	51.3	5.2c
常规棉中棉所 19	4.02bc	1.57bc	5.0c	39.03a	19.6b	29.1	20.8b	4.6	50.49	5.8b

注：a、b、c 表示 0.05 的差异显著水平

由于遗传转化技术的局限性，国内外目前所获得的转基因抗虫棉，其遗传基础还较为单一，远不能满足现代棉花生产发展对品种的高要求。现代棉花生产发展是在要求新品种具有高产、优质、抗病、早熟等综合优良性状的前提下，增加抗虫性，而且不同的种植方式还要求有与之配套的品种类型，这些都是单纯地通过生物技术手段所难以达到的，必须与常规育种技术相结合，才能选育出生产需要的各种类型的抗虫棉新品种。转基因抗虫育种有其不同于常规育种的独特的规律性，李汝忠等（2000）在前期利用 ELISA 检测方法研究了 Bt 棉 Bt 基因的表达与遗传规律的基础上，结合棉花抗虫育种实践，研究了在大田自然感虫条件下，转 Bt 基因抗虫棉杂交后代的抗性表现，结合前期研究结果，提出了以下转 Bt 基因抗虫常规棉育种策略：

（1）杂交亲本的选择

转基因抗虫育种有其自身的规律和特点，在亲本的选择上除根据杂交育种一般亲本选配原则选配亲本外，应特别注意针对现有转基因抗虫棉种质资源相对较少，且铃小、衣分低、前期发育迟缓等缺点，选择前期发育快，开花结铃集中，铃大、衣分高、生产潜力大的品种或中间材料作亲本和适当选择性状优良的短季棉品种作亲本。同时，根据杂交后代的表现，注意筛选利于 Bt 基因表达的基因型作为骨干亲本，用其大量选配组合。

（2）杂交方式

单交由于亲本自身性状的局限，后代综合性状优良个体出现的频率一般较低，而复交和连续回交，又会导致后代抗性个体比例减少，因而在杂交方式的选择上，应采用多个非抗虫亲本与抗虫亲本杂交 F_1 间复交、修饰性回交等杂交方式，并结合轮回选择，以具有较强抗虫性的中间材料为抗虫亲本，有针对性地与另一亲本继续进行复合杂交或进行具有抗虫性的中间材料间的相互交配，以扩大有利基因间重组和交换的机会，聚合优良性状。在确定父、母本时，以综合性状优良的常规品种或中间材料作母本较好。

（3）杂交后代的处理

对与抗虫亲本直接杂交的 F_1 代进行田间抗性鉴定、产量比较和室内 Bt 毒蛋白测定，淘汰田间表现抗虫性差、产量低、Bt 毒蛋白含量低的组合，筛选 Bt 基因表达量高的组合，对重点组合加大 F_2 群体。分离世代在鉴定苗时，注意选留具有抗性单株苗期形态特征的棉苗，去大、去小、去弱留中间，以增大抗性个体的比例，增加选择机会。按系谱法进行单株选择，重点从抗性株分离比例高的组合中选抗株，并在自然感虫条件下连续选抗选优，直至稳定，测产决选，升入高一级比较试验。

（4）比较鉴定

经过连续多代选择鉴定，选育出抗性稳定、综合性状较好的株系，升入品系比较试验，对抗虫性、适应性、抗病性等进行全面鉴定。由于品系间在 Bt 基因的表达量上仍存在差异，这种差异，仅靠田间自然感虫鉴定难以分辩，因而应进一步加大抗虫鉴定的力度。一是在种子量允许的情况下，尽量安排多点鉴定试验，以检验在不同自然感虫条件下的抗性表现；二是进行室内饲喂鉴定和网室鉴定；三是对重点品系测定 Bt 毒蛋白的含量，以最终选出抗虫性强、综合性状优良的新品系，直至育成新种。

第四节　杂种分离世代抗虫性的鉴定与筛选

杂种分离世代抗虫性的鉴定与筛选是转基因抗虫棉育种过程中不可或缺的一项技术。常用的鉴定方法有分子鉴定、田间罩笼鉴定、生物测定和卡那霉素鉴定。由于分子鉴定费用昂贵，所以生物测定和卡那霉素鉴定两种方法应用较多。间罩笼鉴定法要在二代棉铃虫发生期，以棉花蕾铃被害减退率指标进行抗性评判，可以人工控制选择压力，鉴定条件接近自然，能够准确反映参试材料的抗性。后期的鉴定因棉花植株增大、蕾铃自然脱落增加等客观条件限制，再进行罩笼鉴定就变得非常困难甚至不可能。

一、生物鉴定

在参照常规棉花品种（系）的鉴定试验方法的基础上，杨雪梅等（1997）根据转基因抗虫棉的抗虫特性和试验结果（表 4 - 8），制定出转基因棉花抗棉虫性的鉴定技术和抗性评定标准。这一方法包括室内鉴定和网室鉴定两部分。

表 4 - 8 转基因抗虫棉抗棉铃虫鉴定结果（%）

转基因棉虫棉株系代号	室内饲虫校正死亡率	网室鉴定比对照减退率	抗性评价
16	40.00	81.20	高抗
26	23.00	84.59	抗
36	56.67	91.65	高抗
10	20.00	76.63	抗
B5	30.00	74.62	中抗
95 - 1	50.00	46.53	高抗
95 - 7	21.43	82.45	抗
95 - 14	22.22	34.02	抗
95 - 5	21.43	44.10	抗
95 - 11	16.67	65.26	中抗

注：幼虫死亡率为用转基因抗虫棉饲喂棉铃虫幼虫 72h 后的死亡率

（一）室内鉴定

取棉株顶部展开的第 3、第 4 片叶置于培养皿中（$d > 8cm$），叶柄基部用湿棉球包裹，以保证在试验期间叶片不干枯，如出现叶片干枯，可隔日更换叶片。每皿中接入 1 龄（人工饲料上饲养 2d）棉铃虫幼虫 8~12 头，重复 2 次。接虫后将培养皿用胶布封严，防止幼虫逃逸，然后置于 26~28℃ 的养虫室或培养箱中培养。分别于接后第 3d 和第 6d 调查幼虫死亡数，取食和幼虫生长发育情况，计算死亡率，与对照常规棉株比较，若对照幼虫死亡率 5% 以上，要对转基因抗虫棉植株的死亡率进行校正；若对照死亡率超过 20%，则要分析原因，重新设计试验。

幼虫死亡率及校正死亡率计算公式如下：

$$幼虫死亡率（\%）=（死虫数/接虫总头数）×100$$
$$幼虫校正死亡率（\%）=［（转基因抗虫棉植株饲虫死亡率 -$$
$$对照植株饲虫死亡率）/（100 - 对照饲虫死亡率）］×100$$

取食情况按照表 4 - 9 作出评价，利用叶面积测定仪进行取食量的测定。

表4-9　棉铃虫为害棉株取食量分级

级别	取食情况	表示符号
1	叶片未被取食或取食极少（只有少量取食痕迹）	+
2	叶片上有一些为害小孔但不多	+ +
3	叶片上有许多为害小孔但未出现大面积被取食缺口	+ + +
4	叶片上大部分被食或所剩无几	+ + + +

幼虫生长发育可用目测法观测幼虫生长情况，幼虫停止生长发育记为"-"；有生长但发育较正常延缓记为"+-"；正常生长记为"+"。用电子天平称量幼虫体重，并计算平均单头体重。

（二）网室鉴定

网室长30m，宽10m、高1.8m，网室内种植待鉴定的品种（株系）随机排列，每材料不少于25株，设2~3次重复，用HG-BR-8作为抗虫性鉴定对照品种，设置保护行。苗蚜期化学防治，选用具有一定选择性的农药，以不影响以后接棉铃虫为宜。在棉花现蕾期前7~10d开始罩笼，网室管理同大田。

供试虫源来自田间、经过室内饲养，待棉铃虫羽化后，放入养虫笼内任其自由交配，喂以5%~10%的蜜糖水。3d后选择活动力强的成虫释放于网室内，接虫量为4对/10m^2（雌雄比为1：1）。棉花为现蕾期。

在接虫后7~10d和15~20d分2次调查各品种（株系）的被害蕾铃数、健蕾铃数和顶尖被害株数（以生长点被害为准），分别计算蕾铃和顶尖受害百分率，并计算2次调查的均值。

抗性评定和分级标准。鉴定材料的蕾铃受害百分率与对照品种比较，计算减退串（X），并依据减退率大小按分级标准（表4-10）进行抗感评定。

表4-10　转基因抗虫棉抗棉铃虫性评定标准（暂定）

抗性级别	网室内蕾铃受害率比对照减退率（%）	室内叶片饲养幼虫校正死亡率（%）	
		3d	6d
特高抗	>80	>60	>80
高抗	80 > X > 50	40 ~ 60	50 ~ 80
抗	50 > X > 20	20 ~ 40	30 ~ 50
中抗	20 > X - 60	< 20	< 30
感	-60 > X > -120	同对照品种	同对照品种

鉴定材料蕾铃受害率比对照减退率计算公式为（精确到小数点后两位）：

X（%）＝［（对照品种蕾铃受害率 - 鉴定材料蕾铃受害率）/对照品种蕾铃受害率］×100

对Bt棉生物测定的抗性评价多以幼虫死亡率为指标，由于Bt棉的抗虫性因棉花不同生长发育期呈动态变化，棉花生长后期，棉铃虫幼虫存活率明显增高，死亡率下降，单纯以幼虫死亡率为指标很难满足育种材料各个时期抗虫性鉴定的需要。马丽华等（2003）在多年Bt棉抗虫性研究基础上，提出以幼虫校正死亡率和3龄以上幼虫比率为指标，并认为这一评判指标比单纯以幼虫死亡率为指标更能客观地反映育种材料的抗虫特性。这一评价指标的具体内容为：

棉花生长前期（苗期）。以育种材料的幼虫校正死亡率（M）及3龄以上幼虫率（L）为评判

指标,计算公式为:

$$M（\%）=（1-参试材料幼虫存活率/对照品种幼虫存活率）\times100$$

$$L（\%）=（3 龄以上幼虫数/接虫总数）\times100$$

棉花生长后期（花铃期及以后），以育种材料的 3 龄以上幼虫率（L）为评判指标。计算公式同上。

转基因抗虫棉生物测定抗性评价标准列于表 4-11。

表 4-11 转基因抗虫棉生物测定抗性评价标准

抗性级别	苗期至蕾期		花铃期及以后
	幼虫校正死亡率（%）	3 龄以上幼虫率（%）	3 龄以上幼虫率（%）
高抗（1 级）	$M \geqslant 95$	0	$L < 10$
抗（2 级）	$80 \leqslant M < 95$	$L < 10$	$10 \leqslant L < 30$
中（3 级）	$50 \leqslant M < 80$	$10 \leqslant L < 30$	$30 \leqslant L < 50$
感（4 级）	$M < 50$	$L \geqslant 30$	$L \geqslant 50$

马丽华等（2003）提出上述评价标准的实验依据如下:

（1）棉花不同生长时期对棉铃虫的抗性不同。由表 4-12、表 4-13 结果可以看出,转基因棉花品种（系）在不同生长时期对棉铃虫的抗性不同,棉铃虫幼虫死亡率在棉花不同生长时期有很大差异。即在棉花生长前期（蕾期）,幼虫死亡率很高达 97.36% ~99.48%,但到后期（铃期）,幼虫死亡率降低至 43.62% ~66.22%。在转基因抗虫棉育种过程中,需要在棉花不同生育期对转 Bt 基因抗虫棉杂种分离世代育种材料进行抗性鉴定和筛选,根据以上结果,如果单纯用棉铃虫幼虫死亡率或存活率进行育种材料的抗性评价,则很难建立一个统一的评判标准。

表 4-12 棉花不同生长时期棉铃虫幼虫死亡率 （%）

Bt 棉品种（系）	幼虫校正死亡率				
	6 月 20 号	7 月 4 号	7 月 18 号	8 月 1 号	8 月 15 号
110-12	100.00	100.00	97.68	97.15	100.00
97027	91.66	68.29	86.92	83.93	78.13
RH-1	100.00	86.83	86.05	82.86	77.05
265-268	97.50	71.46	93.72	92.29	67.50
97013	100.00	53.66	56.05	46.00	27.78
97012	95.00	89.02	76.45	71.07	46.88
平均	97.36	78.21	82.81	78.88	66.22

表 4-13 棉花不同生长时期棉铃虫幼虫死亡率 （%）

品种（系）	幼虫校正死亡率			
	蕾期	盛花期	花铃期	铃期
Bt 棉 GK12	100	29.12	81.25	57.45

（续表）

品种（系）	幼虫校正死亡率			
	蕾期	盛花期	花铃期	铃期
Bt 杂交棉（GK12×5121）F$_1$	97.92	29.12	53.23	36.17
双价棉 SGK9708	100	58.33	60.42	46.81
双价杂交棉（SGK9708×5121）F$_1$	100	37.5	41.67	34.04
平均	99.48	38.52	59.17	43 062
常规棉中棉所 19（CK）	0	0	2.08	0

（2）转 Bt 基因抗虫棉对棉铃虫幼虫生长发育有一定的影响。1999 年用卡那霉素检测法进行田间抗性棉株鉴定，有黄色反应者，为常规棉株；反之，为 Bt 棉株（表 4-14）。结果表明，在不同生长时期，虽然棉铃虫幼虫存活率不同，但 3 龄以上幼虫株数高度一致，并与田间卡那霉素检测结果一致。即，常规棉株上均有 3 龄以上棉铃虫幼虫，而 Bt 棉株上则无 3 龄以上幼虫，说明棉铃虫幼虫在常规棉株上能够正常生长发育，顺利完成其发育历期，反之，在 Bt 棉株上，即使后期幼虫存活率较高，但棉铃虫幼虫生长明显受阻，发育迟缓。二者之间有明确的界限。

表 4-14 棉花不同时期棉铃虫幼虫生长发育的影响

材料名称	幼虫存活率（%）		3 龄以上幼虫株数		卡那霉素反应株数
	蕾期	花铃期	蕾期	花铃期	
Bt 棉 9708	0	40	0	0	0
Bt 棉中棉所 30	0	54	0	0	0
Bt 棉 RT4-4	29	68	6	6	6
Bt 棉 33B	0	64	0	0	0
Bt 棉苏抗 103	38	78	5	5	5
常规棉中棉所 19（CK）	96	85	25	25	25
常规棉 HG-BR-8（CK）	92	83	25	25	25

三代棉铃虫发生期，棉铃虫幼虫在 Bt 棉上的存活率均较高，与常规棉对照差异较小，而 3 龄以上幼虫率则与对照有明显的差异（表 4-15）。如以棉铃虫 3 龄以上幼虫率小于 10、大于等于 10 而小于 30、大于等于 30 而小于 50、大于 50 将其划分为 4 组，与田间罩笼鉴定的蕾铃被害减退率进行相关分析，相关系数（r）= -0.786 5，二者间达极显著负相关（$r_{0.01}$ = 0.665 2）。说明，棉铃虫 3 龄以上幼虫率高时，蕾铃被害减退率较低，蕾铃被害率较高，反之，棉铃虫 3 龄以上幼虫率低时，蕾铃被害减退率较高，蕾铃被害率较低。

表 4-15 三代棉铃虫发生期室内测定结果 （%）

材料名称	幼虫存活率	3 龄以上幼虫率	蕾铃被害减退率
鲁 9154	62	4	84.73
SGK321	44	4	77.53
GKZ1	42	4	79.70

（续表）

材料名称	幼虫存活率	3龄以上幼虫率	蕾铃被害减退率
中杂7号	62	6	8.29
97杂1	60	6	83.35
GKZ2	64	8	87.89
鲁1138	64	10	86.49
鲁S6154	50	10	84.86
冀南98	72	10	71.05
SGK9708-41	48	10	74.58
鲁7H1	70	12	84.73
GKZ3	52	12	82.23
邯154	54	18	71.02
中221	62	20	78.66
中BZ12	72	20	90.61
中抗杂5号	78	28	84.26
南抗3号	76	32	61.93
HG-BR-8	76	62	0.00
9409	92	86	-11.05

注：HG-BR-8和9409（中棉所35）为常规棉。其余均为转基因抗虫棉，其中SGK321和SGK9708-41为双价棉，其余为Bt棉

综上所述，用3龄以上幼虫作为转基因抗虫棉抗虫性评价指标，比幼虫存活率（或相对死亡率）更能客观地反映参试材料的特性。

二、卡那霉素鉴定

利用标记基因与目的基因连接的关系，通过检测标记基因的存在，间接检测出目的基因的存在。目前生产上推广的转基因抗虫棉绝大多数采用卡那霉素作为标记基因，因此只要检测出标记基因，就可以推断该棉花品种为转基因抗虫棉或是常规棉。

自21世纪初以来，在转基因抗虫棉的筛选鉴定及利用转基因抗虫棉为亲本材料进行杂交选育转基因抗虫棉研究中，对卡那霉素抗性标记进行了多方面的研究。祝建波等（2000）报道利用5 000~7 500mg/L卡那霉素在棉花花铃期前对倒1、2叶进行涂抹检测，能有效筛选转基因抗虫棉。孙敬等（2000）用蘸取0.05%卡那霉素溶液的脱脂棉粘附于植株倒2叶上，感虫棉株叶片均出现黄色斑块。周玉等（2000）报道，转基因抗虫棉叶片对低于2g/L的卡那霉素水溶液处理无反应或反应不明显。因此，在大田利用卡那霉素水溶液点涂棉花叶片鉴别转基因抗虫棉的较适宜浓度为4~5g/L。浓度过高会使涂抹点叶片变枯。马丽华等（2000）通过Bt棉对卡那霉素不同时期、不同部位、不同浓度的反应，及与室内抗性生物测定比较，表明第4片真叶以上嫩叶对卡那霉素反应敏感，棉花顶部第2片为卡那霉素涂抹的最适宜叶。王坤波等（2001）用2 000~4 000mg/kg的卡那霉素水溶液涂抹子叶或真叶，处理后的非转化植株叶片出现黄白色斑，最终叶片脱落。杨可胜等（2003）在田间条件下，运用卡那霉素液对不同品种的苗期和蕾期倒一叶进行点涂，结果反应敏感。根据试验，用卡那霉素进行田间苗期和蕾期抗虫性鉴定的最佳浓度分别为2~4g/L和4~6g/

L，在棉花整个生育期内都可用卡那霉素鉴定其抗虫性。叶鹏保等（2003）试验表明在棉花苗期使用 8 000mg/kg 卡那霉素溶液处理子叶，或者在蕾期使用 6 000mg/kg 卡那霉素溶液处理棉株顶部第 2 片展开叶，7～9d 后感虫棉株的叶片点液处出现黄色斑块，而转基因抗虫棉的叶片仍为正常绿色，从而简便有效地鉴别出转基因抗虫棉。朱加保等（2003）报道，选取卡那霉素浓度为 2 500～4 000 mg/L 的沙培试验时，棉苗子叶反应敏感；选取 4 000mg/L 的卡那霉素溶液进行沙培试验，常规棉籽叶反应最为敏感，反应率达 100%。通过卡那霉素沙培试验可作为室内早期鉴定转基因抗虫棉的依据，选择最佳鉴定浓度为 4 000mg/L。朱加保等（2005）试验结果表明，选取 4 000mg/L 的卡那霉素液在棉花苗期、蕾期涂抹棉株倒二片平展叶最适宜。王延琴等（2006）对涂抹子叶和真叶的结果对比发现，1 000mg/L 和 2 000mg/L 浓度子叶和真叶期反应均不明显，6 000mg/L 以上浓度使子叶变焦枯死，真叶受抑制生长缓慢；3 000mg/L 至 5 000mg/L 差异不明显，3 000mg/L 的显色反应略淡一些。因此认为 4 000mg/L 卡那霉素溶液为最佳浓度。最佳涂抹时间为真叶期，涂抹倒 1 叶，即使倒 1 叶未完全展开也不影响鉴定结果。

研究结果表明，转基因抗虫棉抗卡那霉素与抗虫具有较高的一致性（表 4－16、表 4－17、表 4－18）。

从表 4－16 可以看现，6 月 28 日的抗卡那霉素棉株的活棉铃虫幼虫平均仅为 0.5 头（0～1 头），单株受害蕾平均 0.8 个（0～2 个），顶心无一受害，为携带转 Bt 基因的抗虫株。而卡那霉素敏感株的平均活棉铃虫幼虫为 1.9 头（1～3 头），单株受害蕾平均 3.9 个（2～6 个），顶心全部被害，为不携带转 Bt 基因的感虫株。

表 4－16　抗卡那霉素型与卡那霉素敏感型棉株的田间棉铃虫抗性比较（周玉等，2000）

调查株号	抗卡那霉素株				卡那霉素敏感株			
	活虫（头/株）	受害蕾（个/株）	顶心受害	抗虫性	活虫（头/株）	受害蕾（个/株）	顶心受害	抗虫性
1	0	0	无	R	1	3	被害	S
2	1	2	无	R	2	5	被害	S
3	1	2	无	R	2	4	被害	S
4	1	0	无	R	2	4	被害	S
5	1	1	无	R	2	5	被害	S
6	0	2	无	R	2	3	被害	S
7	0	0	无	R	3	6	被害	S
8	0	0	无	R	2	2	被害	S
9	0	0	无	R	1	3	被害	S
10	1	1	无	R	2	4	被害	S
总数	5	8	无	R	19	39	被害	S
平均数	0.5	0.8			1.9	3.9		

注：R 表示抗虫，S 表示感虫。活虫 $t = |5.71| > t_{0.01} = 2.878$，受害蕾 $t = |6.49| > t_{0.01} = 2.878$

卡那霉素鉴定与测虫结果相比较，亲本及 F_1 4 个群体两种鉴定结果完全符合，一致率达 100%；其余 4 个分离群体有少量不符合株，一致率均在 96% 以上（表 4－17）。其中抗卡那霉素群体中抗虫株的比例为 98.81%，抗虫群体中抗卡那霉素株的比例为 98.55%。对不同回交世代鉴定的结果可以看出，随回交次数的增多，抗卡那霉素与抗虫性符合程度并没有明显变化（表 4－17），所以对不同回交世代卡那霉素鉴定是同样有效的。根据曹美莲等（2000）的方法计算测虫结果，转基因抗虫亲本抗虫指数为100，常规亲本抗虫指数为0，各个杂交及回交组合抗株群体抗虫指数从78.95～100，平均为91.65，可见杂种后代抗虫性有不同程度的降低，抗虫指数最多可降低10%，这些群体抗性株对卡那霉素表现为抗性，但抗虫程度却有差别，育种中希望选出抗虫性好的单株，单纯用卡那霉素作为鉴定手段并不能反映单株的真实抗性。因此，卡那霉素作为转基因抗虫棉筛选手段是有效的，但不宜作为最终的抗虫性结果，对转基因抗虫棉杂交育种中高世代材料或品系进行生物测鉴定仍是十分必要的。

表4-17 各群体抗卡那霉素与抗虫鉴定比较（李朋波等，2003）

群体	组合数	总株数	+（S）株数	-（R）株数	一致率（%）	抗株抗虫指数平均
中19	—	62	0	0	100	0
C5	—	61	0	0	100	100
C6	—	57	0	0	100	100
F$_1$	2	111	0	0	100	91.46
F$_2$	2	330	1	3	98.79	89.60
BC$_1$F$_1$	7	274	3	1	98.54	93.04
BC$_2$F$_1$	11	250	5	5	96.00	91.43
BC$_3$F$_1$	5	127	1	1	98.43	92.74

注：+（S），-（R）分别表示抗卡那霉素同时感虫，感卡那霉素同时抗虫的单株

棉田一代棉铃虫为害调查结果表明（表4-18），抗卡那霉素植株几乎没有受到为害，17个育种材料中共1 121个抗卡那霉素植株，只有2株棉蕾受虫害张开，其他均正常，虫害率只有0.2%；而不抗卡那霉素植株大部分有为害状，17个育种材料中共100株不抗卡那霉素株，其中86株棉蕾因棉铃虫取食而张开，继而萎蔫脱落，虫害率达86%。

表4-18 棉株卡那霉素抗性与棉铃虫抗性的关系（李俊兰等，2004）

材料区号	总株数（株）	不抗卡那霉素株			抗卡那霉素株		
		株数（株）	虫害株数（株）	为害株率（%）	株数（株）	虫害株数（株）	为害株率（%）
57	13	1	0	0.0	12	0	0
58	22	2	1	50.0	20	0	0
59	31	1	0	0.0	30	0	0
73	25	8	7	87.5	17	0	0
74	26	9	9	100.0	17	0	0
75	20	5	4	80.0	15	0	0
111	120	7	7	100.0	113	0	0
112	125	2	2	100.0	123	0	0
113	122	11	8	72.7	111	1	0.9
117	90	13	12	92.3	77	0	0

（续表）

材料区号	总株数（株）	不抗卡那霉素株			抗卡那霉素株		
		株数（株）	虫害株数（株）	为害株率（%）	株数（株）	虫害株数（株）	为害株率（%）
119	95	8	6	75.0	87	0	0
123	56	4	4	100.0	52	0	0
124	87	2	1	50.0	85	0	0
125	98	6	4	66.7	92	0	0
126	90	5	5	100.0	85	0	0
127	94	4	4	100.0	90	1	1.0
144	107	12	12	100.0	95	0	0
合计	1 186	100	86		1121	2	0.2
平均				86.0			0.2

在转基因抗虫棉育种中，对于分离群体如 F_2、回交后代等，育种家希望鉴苗时拔去不抗株，留下抗性株，但此时田间苗多，用卡那霉素涂抹叶片的工作量非常大。虽然用喷雾法叶片变色反应不如涂抹快，但对田间大面积，尤其是鉴苗前应用是更为省时方便的措施。胡育昌等（2002）在子叶平展、真叶刚显露的幼苗期采用 2 500～10 000mg/kg 溶液喷雾，不仅使非抗虫棉叶片明显出现黄化反应，而且使棉苗生长严重受抑制或死亡。孙勤辛等（2003）在棉苗子叶平展后的一叶一心期作卡那霉素叶面喷雾试验。结果表明（表4-19），喷药4d后，常规棉的真叶及子叶依次开始显黄，并由黄变白，逐渐开始枯死；15～20d，7 500～10 000mg/kg 的死苗率则在94%～97%，25d后只有极少部分植株在叶柄脱落处滋生出小芽缓慢地生长。而转基因抗虫棉，在喷药10d前则生长正常，叶片嫩绿；到喷药10～15d真叶生长发育正常，子叶却显示出不同程度的黄斑，显黄率和用药浓度呈正相关，但却未发现脱落现象；20～25d 转基因抗虫棉籽叶的显黄现象以用药浓度的由低到高依次基本消失，恢复绿色。只有极少数转基因抗虫棉植株子叶局部呈点状干枯（大田抗虫棉也有类似现象），但对生长发育没有影响。李虎申等（2007）试验结果认为，卡那霉素田间喷雾法鉴定转基因抗虫棉抗虫性，以卡那霉素浓度在 10 000m/L 以下为宜。

表4-19 喷施卡那霉素抗虫棉与非抗虫棉的影响

卡那霉素浓度（mg/kg）	喷药后4d叶片显黄和干枯株率（%）				药后15～20d死株率（%）		药后15d株高（cm）		药后15d真叶数（片/株）
	抗虫棉		非抗虫棉		抗虫棉	非抗虫棉	抗虫棉	非抗虫棉	
	显黄	干枯	显黄	干枯					
2 500	17.7	—	100	94	0	97.5	23.6	14	5.8
5 000	78.1	—	100	97	0	97.5	24.8	12	5.3
7 500	90.6	—	100	100	0	100	23.0	0	6.0
10 000	83.8	—	100	100	0	100	23.2	0	5.5

田间卡那霉素抗虫性鉴定简便易行，结果较可靠，在待测植株样本非常大或者群体为较低世代时，可以将其作为转基因抗虫棉筛选的标记性状加以利用。然而，由于卡那霉素鉴定中会出现假阳

性植株，影响育种材料的准确选择。王娟等（2012）对卡娜霉素呈阳性反应的 180 株作 Bt 基因检测后，有 170 株可以扩增出 Bt 基因特异性条带，符合率为 94.4%；180 株非阳性植株，Bt 基因检测后有 174 株不能扩增出 Bt 基因特异性条带，符合率为 96.7%。共出现了 10 株卡那霉素检测呈阳性而 Bt 基因检测呈非阳性的植株，6 株卡那霉素检测呈非阳性而 Bt 基因检测呈阳性的植株。因此，在转基因抗虫棉育种中，对高世代育种材料需作生物鉴定或基因鉴定。

第五章　转基因抗虫杂交棉育种

转基因抗虫杂交棉是棉花生产上对转基因抗虫棉杂种优势利用的称呼。杂种优势是指两个不同遗传型的亲本杂交产生的杂种一代（F_1），其性状表现优于双亲的现象。农作物杂种优势的利用始于欧洲，1761—1766 年，法国学者首次育成了早熟优良的烟草杂种。在以后的 100 多年时间里，各国学者陆续发现了许多作物的杂种优势现象，并逐渐将研究的重点集中于异花授粉的玉米上。由于玉米的杂种优势强，杂交制种方便，因而成为第一个大面积应用杂种优势的大田作物。与此同时，利用雄性不育系的杂交高粱又获成功，开创了常异花授粉作物的杂种优势的利用范例。值得一提的是杂交水稻，在研究和应用上，我国一直处领先水平。1964 年开始研究，1973 年获得成功，并迅速在我国南方各省大面积推广。1990 年，杂交水稻种植面积达到 1 600 万 hm^2，占全国水稻面积的 50% 左右，首次在世界上突破了自花授粉作物利用杂种优势的难题。我国油菜杂种优势利用研究也在 20 世纪 80 年代取得成功，1990 年种植面积超过 40 万 hm^2，处于国际领先地位。

棉花杂种优势早在 1894 年，Mell 首次描述了陆地棉与海岛棉种间杂交的杂种优势表现。1907 年，Balls 也报道了陆地棉与埃及棉种间杂种一代，在株高、早熟性、绒长和籽指等性状的优势现象。此后，世界各产棉国利用棉花杂种优势进行了大量的试验研究。

我国棉花杂种优势研究始于 20 世纪 20 年代，冯泽芳等（1923）研究并发现了亚洲棉品种间的杂种优势。奚元龄（1936）研究证明，亚洲棉不同生态型的品种间杂种一代的植株高度、衣指、单铃籽棉重、单铃种子重及纤维长度等性状都表现有显著或微弱的杂种优势。1947 年，杜春培等以鸿系 265-5 与斯字棉 2B 杂交，开创我国陆地棉品种间杂种优势利用研究之先河。研究结果认为，杂种一代的多数性状有明显的优势，绒长、衣分和单铃重介于双亲之间，生育期偏向早熟亲本。20 世纪 50—60 年代的研究工作以陆地棉与海岛棉种间杂种优势利用为主。70 年代以后转入陆地利用棉品种间的杂种优势研究，直到 90 年代，棉花杂种优势利用才得到迅速发展。随着转基因技术在棉花上的成功应用，从 90 年代中期起，转基因抗虫杂交棉逐步替代常规杂交棉，并成为我国棉花生产上，尤其是长江流域棉区生产上的主体品种。

第一节　杂种优势的度量

杂种优势一般都是指数量性状的表现，为研究方便，需对杂种优势进行度量，常用的方法有以下 3 种。

一、中亲优势

就某一性状而言，杂种一代（F_1）的表现和双亲（P_1 与 P_2）平均表现的差数的比率。计算公式为：

$$中亲优势（MH\%）= \frac{F_1 - (P_1 + P_2)/2}{(P_1 + P_2)/2} \times 100$$

二、超亲优势

指杂种一代（F_1）的性状表现与高值亲本（HP）同一性状差值的比率。计算公式为：

$$超亲优势（AH\%）= \frac{F_1 - HP}{HP} \times 100$$

三、竞争优势

指杂种一代（F_1）的性状表现与推广品种（CK）同一性状差值的比率，也常称为竞争优势。计算公式为：

$$竞争优势（CH\%）= \frac{F_1 - CK}{CK} \times 100$$

从以上几种度量方法可知，通常所说的杂种优势，指的是超亲优势，但超亲优势有两种可能的方向，例如早熟品种和迟熟品种杂交，其杂种一代比迟熟品种更迟，或者比早熟品种更早，都可以成为超亲优势。至于利用哪个方向的超亲优势，则完全由育种目标来确定。超亲优势能否在生产上利用，还要看是否比推广品种（CK）更为优良，这样竞争优势才有真正的实用价值。

从杂种优势的度量还可以看出，两个亲本杂交后代（F_1）的表现是多种多样的，并不是任何两个亲本杂交，都会产生可利用的超亲优势，尤其是随着对照品种水平的提高，获得超对照品种优势的困难也会增大。因此，对杂种优势的认识不能绝对化，更不能认为杂种优势利用可代替其他育种方法。

第二节　杂种优势的遗传假说

杂种优势在植物界广泛存在，有关它产生的原因和实质，早期的科学家认为，植物的自交导致遗传因子的纯合，而杂交促进遗传因子的杂合，由于杂合子生理活动受到刺激作用而产生杂种优势，结合的性配子杂合程度越高，产生的优势程度就越大，把杂种优势看作是一个改变了的细胞核与一个（相对的）未改变的细胞质彼此相互作用的结果。虽然从 20 世纪初，人们对杂种优势产生的机理提出了种种假说，并进行了反复的研究探讨，但对于杂种优势形成机理的认识至今尚未定论。

一、基因的加性作用和非加性作用

数量性状表现的特点是呈连续性变异，例如株高从高到矮，生育期从早到迟。控制数量性状的基因数目较多，而每个基因的效应较小，故称为微效多基因。一般认为，微效多基因的作用是累加性的，有利基因的数目愈多，性状表现愈佳，反之亦然。具有累加性质的基因作用称为基因的加性作用，也可以称为加性效应。基因的加性作用可以稳定地遗传给后代，即使基因分离重组，也不改变基因作用的大小和方向。

除了基因的加性作用以外，还有一类称为基因的非加性作用。它来源于不同基因之间的相互作用。其中一类是等位基因之间的显性关系；另一类是非等位基因之间的相互作用。

假设一对等位基因中，基因效应 A = 5，a = 2，Aa = 7，即为基因加性作用的表现。如果 Aa = 8，表明 A 对 a 有部分显性。如果 Aa = 10，表明 A 对 a 为完全显性，即 Aa 的效应值和 AA 完全相同。

再假设有两对等位基因 A = 5，a = 2，b = 1，如果只存在加性作用，则 AAbb = 12，aabb = 6。但如果 bb 的效应，因另外位点上 AA 和 aa 的不同而发生变化。例如，AAbb = 12，而 aabb = 10，则

后者增加的效应 $10-6=4$，可以看作为 aabb 相互作用所引起的，也可以写成 $aa \times bb = 4$。以上举例说明，基因的非加性作用的意义，实际情况当然不会如此简单。基因的非加性作用会随着基因的分离重组而发生变化，遗传上不稳定，但却为杂种优势的利用提供了条件。

孙济中等（1994）汇总了国内外 200 多篇棉花杂种优势数量遗传的研究报道，按其主要经济性状的基因效应分析的文献数列于表 5-1。

表 5-1 棉花杂种优势的基因效应分析的文献数

性状	A	B	C	性状	A	B	C
产量	20	15	33	籽指	15	9	8
铃数	19	12	13	衣指	12	13	11
铃重	18	11	15	单铃种子数	8	2	3
衣分	25	11	10	早熟性	6	4	2
绒长	29	12	15	株高	3	3	1
纤维强度	7	5	5	种子蛋白质	0	0	3
纤维细度	11	3	5	种子含油量	2	2	7

注：A—以加性效应为主；B—加性和非加性效应同等重要；C—以非加性效应为主

上表数据说明，在棉花杂种优势中产量和纤维品质等性状的遗传试验结果并未取得一致的结论，以加性效应或非加性效应为主，以及两种效应同等重要的报道都有。种子蛋白质含量和含油量的遗传以非加性效应为主的试验结果居多，衣分、绒长、籽指、单铃种子数和纤维细度等性状以加性效应为主的试验结果较多。这说明基因的加性效应和非加性效应在棉花杂种优势中都是存在的，而其优势的大小则主要依赖于显性效应的高低，其上位性效应在一些情况下也不能忽视。在棉花杂种优势中也常有一些超显性现象，陆地棉与海岛棉种间的纤维品质、籽指、甚至产量均出现有超亲优势的报道。

二、显性假说和超显性假说

长期以来，人们一直探求杂种优势的遗传解释，以了解杂种优势遗传上的原因。但由于杂种优势性状表现的复杂性和研究手段的局限性，研究进展较为缓慢，至今基本上仍停留在 20 世纪初的假说水平。

（一）显性假说

这一假说把杂种优势的产生归结为有利基因的累加和等位基因之间的显性关系。假设基因效应 $A=5$，$a=3$，$B=6$，$b=2$，$C=7$，$c=4$，$D=2$，$d=1$。两个不同遗传型的亲本为 AABBccdd（P_1）和 aabbCCDD（P_2），其杂交一代的基因型为 AaBbCcDd（F_1），如果等位基因之间没有显性关系，则：

$P_1 = 5+5+6+6+4+4+1+1 = 32$
$P_1 = 3+3+2+2+7+7+2+2 = 28$
$F_1 = 5+3+6+2+7+4+2+1 = 30$

这表明 F_1 为介于双亲的中间型。但如果 A 和 B 分别对 a 和 b 为完全显性，则 $F_1 = 5+5+6+6+7+4+2+1 = 36$，也就是说超过了双亲，则表现正向的超亲优势。

显然，具有显性关系的基因对的数目，以及各对显性关系不同的表现程度，都会影响到杂种优势的方向和大小。杂种优势的显性假说，又称作显性基因互补，其意义是较多位点具有显性基因的个体对性状表现有利。如 AaBbCcDd 有 4 个位点上存在显性基因，而 AABBccdd 和 aabbCCDD 各自有 2 个位点存在显性基因，所以，AaSbCcDd 具有杂种优势。

（二）超显性假说

假如 P_1 = AA = 10，P_1 = aa = 4，当 A 对 a 为完全显性时，F_1 = Aa = AA = 5 + 5 = 10。但当 Aa = 12 时，显性假说就无法作出解释。于是，又提出了超显性假说。当 P_1 = AA = 10，P_2 = aa = 6，F_1 = Aa = 12 时，可将 F_1 = 12 分解为三个部分，即 F_1 = 5 + 3 + 4，其中 5 为 A 的基因效应，3 为 a 的基因效应，而 4 则为 A 和 a 呈杂合状态而产生的基因效应，一旦 A 和 a 处于纯合状态，这种杂结合的基因效应即告消失。

除了等位基因间的杂合状态产生的基因效应称为等位基因的交互作用外，后来的研究表明，基因的交互作用并不仅存在于等位基因之间，有时还更多地存在于非等位基因之间。因此，当不同位点的基因关系发生变化时，杂种优势表现也会随之改变。

以上显性假说和超显性假说，实际上包含了基因的加性作用和非加性作用，但需要指出的是显性假说中"显性"一词和基因非加性作用中的"显性"作用的概念是不一致的。前者是指不同基因位点上显性有利基因的累加和等位基因间的显性关系；而后者是等位基因之间的交互作用，与显性和超显性都有关系。

（三）显性假说和超显性假说的局限性

显性假说和超显性假说都是从大量的研究结果中作出的推论，虽然可解释很多杂种优势的现象，但并没有揭示杂种优势的本质。许多假定无法与真正的遗传基础联系起来，因此这种理论一直被称为"假说"，或者被看作是科学理论的初级阶段。

三、基因网络系统

由鲍文奎（1990）提出。基因网络系统认为，各生物基因组都有一套保证个体正常生长与发育的遗传信息，包括全部的编码基因、控制基因表达的控制序列以及协调不同基因之间相互作用的部分。基因组将这些看不见的信息编码在 DNA 上组成了一个使基因有序表达的网络，通过遗传程序将各种基因的活动联系在一起。F_1 是两个不同基因组成一起形成的一个新的网络系统，在这个新组建的网络系统内，等位基因成员处在最好的工作状态，从而实现杂种优势。

第三节　转基因抗虫棉杂种优势的表现

Loden 和 Richmond（1951）回顾总结了 20 世纪前 50 年棉花杂种优势利用研究后认为，陆地棉与海岛棉杂种 F_1，在产量和纤维品质上均有明显优势；而陆地棉品种间的杂种优势，则表现无规律。Meyer（1969）总结了 20 世纪 50—70 年代棉花品种间杂交 F_1，都表现出明显的优势。周有耀（1988）综合了国内外陆地棉品种间杂交 F_1 主要经济性状的中亲优势（表 5 - 2）。从该表中可知，陆地棉品种间杂交 F_1，以产量的平均优势最大；其次是铃数、早熟性；衣分、纤维长度、细度的优势最小；纤维强度为负优势。

表 5 - 2　陆地棉品种间杂交 F_1 主要经济性状的中亲优势（%）

性状	变幅	平均	统计资料数
产量	3.5 ~ 69.7	21.99	35

（续表）

性状	变幅	平均	统计资料数
铃重	2.4 ~ 13.4	7.9	26
铃数	-0.05 ~ 55.84	14.38	16
衣分	0 ~ 5.34	1.62	27
衣指	1.5 ~ 11.35	5.8	12
籽指	0.9 ~ 50.1	3.4	15
纤维长度	0 ~ 3.0	1.91	22
纤维细度	-3.39 ~ 10.69	0.6	15
纤维强度	-5.87 ~ 5.6	-0.42	18
早熟性	-1.27 ~ 26.3	10.2	6

诸多研究结果指出，转基因抗虫杂交棉具有明显的杂种优势，F_1 代不仅继承了抗虫亲本的抗虫性，同时兼顾了常规棉优良品种的产量和纤维品质等经济性状。

一、抗虫性

据抗虫性的室内生测结果（图 5-1）表明，转基因抗虫杂交棉在棉花同一生育阶段，F_1 的抗虫性低于或相当于其抗虫亲本。但在不同棉花发育阶段均能有效地杀死棉铃虫和阻止其取食，表现出较高的抗虫性。杂抗 1（常规棉 9404 × Bt 棉 33B）F_1、杂抗 2（常规棉 9404 × Bt 棉 GK12）F_1、

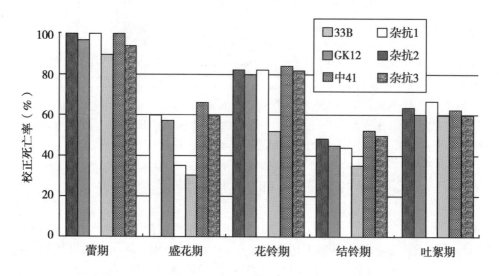

图 5-1　棉花不同发育阶段抗虫性室内生测结果（张永山等，2004）

杂抗 3（常规棉 9404 × Bt 棉 41）F_1 的校正死亡率分别为 67.3%、53.9% 和 697%。转基因抗虫杂交棉 F_1 和其抗虫亲本的抗虫性在表达上有相似的动态变化，表现为：蕾期 > 花铃期 > 吐絮初期 > 盛花期、铃期。不同的转基因抗虫杂交棉 F_1 在盛花期和铃期的抗虫性不同，杂抗 1 和杂抗 3 的盛花期抗性好于铃期，杂抗 2 则相反，但分别和其抗虫亲本表现一致。具不同外源基因的抗虫亲本和其杂交 F_1 代相比，杂抗 1（杂抗 1 为 69.4%，33B 为 71%）、杂抗 3（杂抗 3 为 66，2%，中棉所 41 为 65.5%）各个生育期的平均校正死亡率和各自的抗虫亲本相当。杂抗 2 的抗虫性在各个生育期均不如其抗虫亲本 GKl2，其平均校正死亡率为 56.7%，而 GKl2 为 64.8%。在花铃期对杂抗 1、杂抗 2、杂

抗3及其抗虫亲本棉株不同器官的室内生测结果（图5-2）表明，不同转基因抗虫杂交棉 F_1 代和其抗虫亲本在空间表达上有相似的特点，各材料倒6叶的抗虫性效果最好，花蕊的抗虫效果最差。和抗虫亲本不同的是，转基因抗虫杂交棉 F_1 叶片的抗虫性比亲本差，幼铃、幼蕾及花蕊的抗性好于其抗虫亲本。杂抗1、杂抗2、杂抗3的花蕊的校正死亡率分别比其抗虫亲本增加17.8%、12.9%、120%，幼蕾分别增加11、2%、2.2%和5.4%，幼铃分别增加6.0%、19.0%和2.1%。

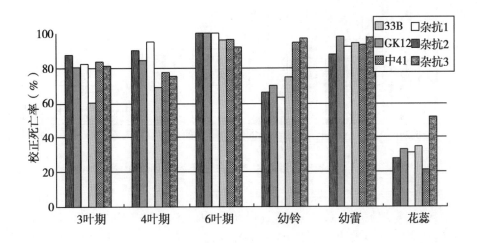

图5-2　花铃期棉株各器官抗虫性室内生测结果（张永山等，2004）

棉花不同发育阶段的转基因抗虫杂交棉 F_1 的 Bt 毒蛋白含量测定结果（图5-3）和抗虫性室内生测结果有较一致的变化规律。转基因抗虫杂交棉 F_1 的 Bt 毒蛋白含量在不同的发育阶段变化很大，在蕾期表达量最高，苗期和吐絮初期最低。以杂抗3（常规棉9404×Bt棉GK12）为例，在蕾期含量最高，盛花期和花铃期含量略有下降，铃期后显著下降，和其抗虫亲本 Bt 棉 GK12 的 Bt 毒蛋白表达有相似的时间动态，表现为：蕾期＞花铃期＞吐絮初期＞盛花期、铃期。对不同转基因抗虫杂交棉 F_1 及其相应抗虫亲本倒3叶、倒4叶、倒6叶在幼蕾、幼铃和花蕊中的 Bt 毒蛋白含量测定结果（图5-4）也表明，转基因抗虫杂交棉 F_1 不同器有的 Bt 毒蛋白含量有明显差异，空间表达上叶片的含量低于其抗虫亲本，而幼蕾、花蕊等生殖器官中的含量高于其抗虫亲本。杂抗1的幼蕾、花蕊含量比其抗虫亲本分别增加了6.7%和10.2%；杂抗2的生育期幼蕾、花蕊含量比其抗虫

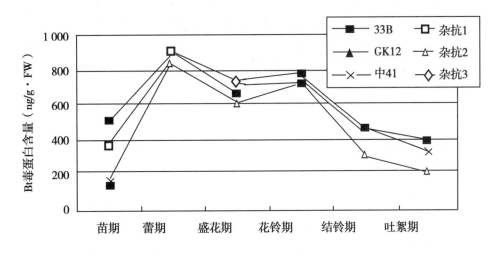

图5-3　棉花不同生育阶段倒3叶 Bt 毒蛋白含量变化（张永山等，2004）

亲本增加了 15.1% 和 2.1%；杂抗 3 则比其抗虫亲本分别增加了 83.5% 和 40.1%。

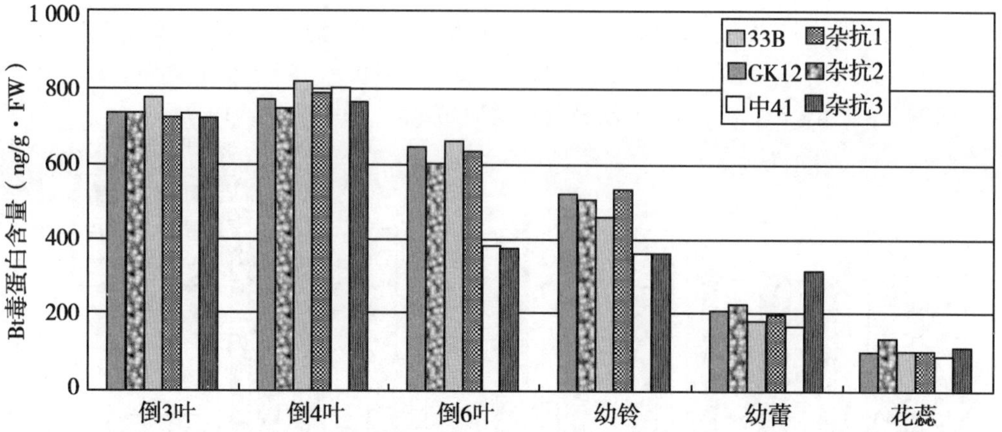

图 5-4　花铃期棉株各器官 Bt 毒蛋白含量变化（张永山等，2004）

以核不育系配制的转基因抗虫杂交棉 F_1，抗虫性测定结果表明，GA（常规核不育系）×HB（Bt 棉品系）、GA5（常规核不育系）×R27（Bt 棉品系）和 GA18（转 Bt 基因核不育系）×HB 三个转基因抗虫棉 F_1 均高抗红铃虫（表 5-3），GA5×R27、GA18×HB 和 GA×HB 分别抗、中抗棉铃虫（表 5-4）。

表 5-3　抗红铃虫鉴定结果（张超等，2006）

年份	品种	种子虫害率（%）	种子虫害率比对照增减（%）	抗虫级别
2001	GA×HB	1.3	−92.1	高抗（HR）
	常规棉鄂棉 18	16.4	—	感（S）
2002	GA5×R27	2.1	−87.2	高抗（HR）
	常规棉鄂棉 18	16.4	—	感（S）
2003	GA18×HB	0.89	−92.5	高抗（HR）
	常规棉鄂棉 18	16.5	—	感（S）

表 5-4　抗棉铃虫鉴定结果（张超等，2004）

年份	品种	幼虫数（头）		蕾铃被害率（%）	蕾铃被害减退率（%）	抗级
		接虫后 10d	接虫后 20d			
2001	GA×HB	2.0	5.0	5.10	34.5	中抗（MR）
	常规棉川棉 56	54.2	54.6	10.60	−37.6	高感（HS）
	常规棉 HG-BR-8	18.2	36.2	7.00	0.0	—
2002	GA×R27	2.7	7.7	5.13	81.7	抗（R）
	常规棉川棉 56	121.7	99.0	53.30	−90.2	高感（HS）
	常规棉 HG-BR-8	40.5	32.5	28.02	0.0	—
2003	GA×HB	1.0	5.3	4.10	82.7	抗（R）
	常规棉川棉 56	78.7	25.4	35.00	−47.1	高感（HS）
	常规棉 HG-BR-8	16.0	15.4	23.80	—	

左开井等（2003）试验结果指出，所有感虫×抗虫的转基因抗虫杂交棉 F_1 的抗虫性都十分显著，并且与抗虫性的亲本相比不存在显著差异，说明抗虫性在转基因抗虫杂交棉 F_1 得到了表现。此外，抗虫×抗虫的转基因抗虫杂交棉 F_1 与感虫×抗虫的转基因抗虫杂交棉 F_1 的抗虫性差异不显著，说明抗虫性没有明显的累加效应。Bt 基因拷贝数在杂交组合中的增加对抗虫性的提高没有产生显著影响，造成这个结果可能有两个方面的原因：①用于试验中的几个转基因抗虫棉的抗性水平很高，致死率可增加的幅度在统计学上不存在显著性的差异；②用于累加的基因基本或者完全相同，均为 CryIA（b）／（c）基因。

二、产量及其构成因素

转基因抗虫杂交棉能否在棉花生产上推广应用，关键是其生育期、抗病性和棉纤维品质与生产上主推品种相当的前提下，产量水平要超过主推品种，即竞争优势要高于主推品种。研究结果业已表明，总的趋势是转基因抗虫杂交棉的产量具有明显的中亲优势、高亲优势和竞争优势。但由于研究者所用试验材料、试验地点和分析方法的不同，研究结果会有所不同。从表 5-5 可知，F_1 代籽棉产量和皮棉产量中亲优势和竞争优势均达显著或极显著水平，中亲优势组合率为 100%，皮棉增产幅度为 2.5%~29.1%；竞争优势组合率为 86.7%，皮棉增产幅度为 -4.1%~26.2%。产量构成因素中，铃重具有明显的提高，无论是中亲优势还是高亲优势，优势组合率均为 93.4%；单株铃数表现一定的劣势，衣分中亲优势为正，竞争优势为负，这可能与选用对照有关。张桂寅等（2001）试验结果指了（表 5-6），3 组试验 I 组：以 33B 为抗虫亲本，共 10 个组合；II 组：以抗虫 3 区为抗虫亲本，共 6 个组合；III 组：以抗虫 3 号为抗虫亲本，共 7 个组合。F_1 平均籽棉产量显著高于其抗虫亲本，超亲优势分别达 16.4%、36.7% 和 16.3%。3 组试验分别有 90%、100%、100% 的组合具有正向超亲优势。皮棉产量也具有较强的竞争优势，3 组试验的竞争优势分别为 24.5%、15.8% 和 16.4%。超亲优势分别为 24.5%、37.5% 和 22.6%。90%、100% 和 100% 的组合具有正向超亲优势。在产量构成因素的优势方面，3 组试验单株结铃数的超亲优势及竞争优势均较小，平均仅为 4.5% 和 2.6%；3 组试验 F_1 的平均单株结铃数与抗虫亲本的单株结铃数接近。以 33B 为抗虫亲本的组合超亲和竞争优势较大，优势组合率达 80%，优势最高达 24.4%，而以抗虫 3 号为亲本的组合竞争优势较小，平均为 -1.5%，最高仅为 3.1%。但以抗虫 3 区和抗虫 3 号为亲本的组合超亲优势可达 15.4% 和 8.3%。单铃重，F_1 平均值均高于抗虫亲本。超亲优势和竞争优势平均值达 10.1% 和 7.9%。除以抗虫 3 号为亲本正向超亲优势组合率为 71.4% 外，其正向竞争优势及以抗虫 3 区、33B 为抗虫亲本的组合均表现正向优势。以抗虫 3 区为亲本的组合最高超亲优势达 20.1%。以 33B 为亲本的组合具有较大的超亲和竞争优势，其次是抗虫 3 号。抗虫 3 区单铃重较小，所配制的组合虽然超亲优势最大，但单铃重仍较其他 2 组小。因此，竞争优势也较小，这和产量优势的趋势相一致。F_1 代衣分平均值均高于抗虫亲本，超亲优势和竞争优势也均为正值。除以 33B 为亲本的一个组合的衣分优势为负值外，其余均为正向优势。以抗虫 3 号为亲本的组合超亲优势和竞争优势高于其他 2 组，超亲优势最高达 32.6%，竞争优势最高达 18.8%。总之，转基因抗虫杂交棉的杂种优势以单铃重增加最大，其次是衣分，单株结铃数增加较小。换言之，转基因抗虫杂交棉比生产上主推品种产量高的主要原因在于铃重的增加和衣分的提高。崔瑞敏等（2002）、朱竹青等（2004）和唐文武等（2006）的研究结果也支持这一论点。崔瑞敏等（2002）研究结果（表 5-7）指出，转基因抗虫杂交棉 F_1 霜前皮棉产量、籽棉产量、铃重、衣分、籽指、霜前花率呈明显的正向优势。竞争优势组合率均达 70% 以上，其中铃重高达 93.15%，衣分 87.67%；单株铃数为负优势，竞争优势组合率 45.21%。朱竹青等（2004）报道（表 5-8），转基因抗虫棉杂交棉 F_1 霜前皮棉产量、籽棉产量、铃重和衣分均具有明显的正向优势，平均竞争优势分别为 27.65%、14.26%、15.15% 及 11.91%，其中霜前皮棉产量和铃重的竞争优势组合率高达 90% 以上，分别为95.8%和95.45%，籽棉产量和衣分的竞争优势组合率达80%以上，分别为83.33%和87.50%。唐文武等（2006）试验结果显示（表5-9），籽棉产量中亲优势、超亲优势、竞争优势分别为23.34%、10.19%和-1.77%，正向优势率分别为82.54%、68.25%、41.27%，同时具有正向优势的组合数为21个，占33.87%。皮棉产量中亲优势、超亲优势、竞争优势分别为-1.74%、17.89%和2.51%，正向优势率为85.71%、73.02%、47.62%，同时具有正向优势的组合为25个，占40.32%。在产量构成因素中，以单铃重、衣分的杂种优势强度最大。单铃重的中亲优势、超亲优势、竞争优势分别为10.43%、3.57%和4.78%，衣分的中亲优势、超亲优势、竞争优势均值分别为6.55%、2.68%和3.29%。籽指表现出明显的负优势，其中亲优势、超亲优势、竞争优势均值分别为-10.29%、-14.90%和-1.86%。成铃数具有较强的竞争优势，竞争优势均值为8.45%，正向优势率为61.91%；但中亲优势、超亲优势均值分别为-1.21%、-14.20%，表现出 F_1 比亲本的成铃数减少。

表5-5　F_1 产量性状平均优势表现（邢朝柱等，2000）　　　　　　　　（%）

性状	中亲优势			竞争优势		
	优势	优势组合率	增产幅度	优势	优势组合率	增产幅度
籽棉产量（kg/hm²）	15.8**	100.0	2.5~29.1	11.0**	86.7	-4.1~26.2
皮棉产量（kg/hm²）	16.4**	100.0	4.1~32.6	4.8*	66.7	-9.1~23.0
株铃数（个/株）	-2.8	33.3	-14.2~9.7	-2.3	40.0	-15.6~15.2
单铃重（g）	5.0*	93.4	-2.9~9.5	8.4**	93.4	-4.4~14.4
衣分（%）	0.5	80.0	-0.7~3.9	-5.6*	0.0	-11.5~1.8

注：*、** 分别表示差异达5%、1%显著水平

表5-6　转基因抗虫杂交棉 F_1 产量及其构成因素的优势表现　　　　　　　（%）

性状	F_1	P_R	优势平均值		优势组合率		优势幅度	
			SRH	CH	SRH	CH	SRH	CH
籽棉产量（kg）	Ⅰ	5.8	5.0	16.4	16.4	90	90	-2~34.0	-2~34
	Ⅱ	5.5	4.0	36.7	5.1	100	83.3	12.5~57.5	-13.5~21.2
	Ⅲ	5.7	4.9	16.3	3.6	100	57.1	8.2~26.5	-3.6~7.2
	X̄	5.7	4.6	23.1	8.4	96.7	76.8		
皮棉产量（kg）	Ⅰ	2.2	1.8	24.5	24.5	90	90	5.6~44.5	5.6~44.5
	Ⅱ	2.2	1.6	37.5	15.8	100	83.3	12.5~56.3	-5.3~31.6
	Ⅲ	2.3	1.9	22.6	16.4	100	100	10.5~36.8	5~30.0
	X̄	2.2	1.77	28.2	18.3	99.7	91.1		
株结铃（个）	Ⅰ	12.5	11.9	5.1	5.1	80	80	-6.7~24.4	-6.7~24.4
	Ⅱ	10.9	10.4	5.1	4.2	50	50	-2.9~15.4	-11.4~1.8
	Ⅲ	12.5	12.1	3.3	-1.5	85.7	57.1	-2.4~8.3	-8.5~3.1
	X̄	12.0	11.5	4.5	2.6	71.9	62.4		

（续表）

性状		F₁	P_R	优势平均值		优势组合率		优势幅度	
				SRH	CH	SRH	CH	SRH	CH
铃重（g）	Ⅰ	5.8	5.2	12.3	12.3	100	100	1.9～17.3	1.9～17.3
	Ⅱ	5.7	4.9	15.6	2.7	100	100	12.2～20.1	0～5.5
	Ⅲ	5.9	5.7	2.3	8.7	71.4	100	-5.3～10.5	0～16.7
	X̄	5.8	5.3	10.1	7.9	90.5	100		
衣分（%）	Ⅰ	38.2	36.1	5.7	5.7	90.0	90.0	-0.6～10.2	0.6～10.2
	Ⅱ	40.1	39.0	2.9	8.8	100	100	0～5.1	5.7～11.1
	Ⅲ	40.7	38.1	6.9	12.8	100	100	1.8～12.6	6.1～18.8
	X̄	39.7	37.7	5.2	9.1	96.7	96.7		

注：SRH：超抗虫亲本优势，CH：竞争优势；P_R：抗虫亲本

表 5-7　转基因抗虫杂交棉 F₁ 产量性状的杂种优势

性状	性状平均值			优势平均值		优势幅度		优势组合率
	F₁	CK	P_g	CH（%）	SRH（%）	CH（%）	SRH（%）	（%）
籽棉产量（kg/hm²）	961.80	844.65	762.01	13.87	26.22	-39.17～59.71	-23.21～56.60	78.08
皮棉产量（kg/hm²）	2 665.05	2 481.60	2 335.05	7.39	14.13	-32.45～49.50	-19.72～49.35	80.82
株铃数（个/株）	12.83	13.13	12.74	-2.28	0.71	-42.15～24.25	-35.15～26.27	45.31
铃重（g）	5.41	5.01	4.78	7.98	13.18	-4.28～32.57	3.97～35.92	93.15
衣分（%）	39.53	36.78	37.669	7.48	4.97	-3.73～15.38	3.95～14.80	87.67
霜前花率（%）	92.71	87.57	86.19	5.87	7.56	-19.94～16.28	-6.51～14.98	78.08

注：同表 5-6

表 5-8　转基因抗虫杂交棉 F₁ 产量性状的杂种优势

性状	性状平均值			优势平均值		优势幅度		优势组合率
	F₁	CK	P_R	CH（%）	SRH（%）	CH（%）	SRH（%）	（%）
籽棉产量（kg/hm²）	1 058.76	829.44	793.92	27.65	29.24	-0.82～54.98	3.08～51.77	95.80
皮棉产量（kg/hm²）	2 654.80	2 335.84	2 141.85	14.26	22.77	-12.82～34.96	5.05～42.5	83.33
株铃数（个/株）	19.28	20.80	17.29	-7.33	7.21	-26.92～9.62	-11.63～25.97	45.80
铃重（g）	5.72	5.06	5.05	13.13	15.81	-1.38～26.48	-1.38～28.09	95.45
衣分（%）	41.53	37.10	38.79	11.95	5.53	4.04～17.79	-2.8～15.55	87.50

注：同表 5-6

表5-9 转基因抗虫杂交棉 F_1 产量性状的中亲优势、超亲优势和竞争优势

性状	中亲优势			超亲优势			竞争优势		
	优势平均均值	正向优势率	优质幅度范围	优势平均均值	正向优势率	优质幅度范围	优势平均均值	正向优势率	优质幅度范围
成铃数	-1.21	47.62	-60.71~126.26	-14.20	28.57	-70.93~122.78	8.45	61.91	-60.01~83.33
铃重	10.43	80.95	-12.02~44.82	3.57	58.73	-26.23~32.46	4.78	71.43	-15.47~27.75
籽指	-10.29	14.29	-32.57~7.35	-14.90	4.76	-36.67~3.37	-1.86	36.51	-17.53~20.75
衣分	6.55	90.48	-7.70~22.37	2.68	73.02	-12.29~21.59	3.29	69.84	-10.38~13.12
籽棉产量	23.34	82.54	-58.68~104.93	10.19	68.25	-63.49~93.36	-1.77	41.27	-57.45~56.22
皮棉产量	31.74	85.71	-596.12~113.32	17.89	73.02	-60.49~110.61	2.51	47.62	-58.67~64.19

　　或许是因为供试材料、试验地点和试验设计的不同，导致单株结铃数、铃重和衣分3个产量构成因素对转基因抗虫杂交棉产量形成所起作用大小的研究结果不尽一致。王武等（2002）通过两年一点7×7半双列杂交试验，对转基因抗虫棉杂增产原因进行了研究。结果表明，参试6个转基因抗虫杂交棉组合（共有21个杂交棉组合）中有5个在籽、皮棉产量杂种优势居前5名，这主要是由于外源抗虫基因的存在，增加了单铃种子数、单株成铃数和平均单铃重等的缘故（表5-10）。表5-10列出了6个转基因抗虫杂交棉组合的籽棉单产、皮棉单产、小区棉和小区皮棉等产量性状及平均单铃重、铃均种子数等与产量紧密相关性状的中亲、超亲、群体中亲和群体超亲优势。6个组合中居前5名的都是利用转Bt基因抗棉铃虫和棉红蛉虫的抗性稳定的高代材料作为杂交亲本之一的抗虫杂交组合，说明转基因抗虫材料在转基因抗虫棉杂种优势利用中的潜力是很大的。从表（5-10）可得出如下结果：①转基因抗虫杂交棉之所以具有如此明显的杂种优势，是因为外源抗虫基因的存在增加了铃均种子数、单株成铃数和平均单铃重等与产量相关性状的杂种优势。②不同的转基因抗虫杂交棉组合的增产原因也是不一样的。如第1、2名优势组合Cross4、Cross34是由于铃均种子数、平均单铃重和单株成铃数等3个与产量相关的性状有明显的杂种优势而表现出大幅度增产，第3、4名优势组合Cross45、Cross24则是因为铃均种子数、平均单铃重和小样衣分等性状具一定的正向杂种优势，而单株成铃数在此2个组合中为负的杂种优势；第5名优势组合Cross47则是因为铃均种子数、平均单铃重、单株成铃数和大样衣分等性状具一定的正向杂种优势，即是这4个性状综合作用的结果。③非转基因抗虫杂交棉组合Cross15（居第6位）之所以表现也近30%的竞争优势，主要是由于铃均种子数、平均单铃重、单株成铃和大、小样衣分及衣指等性状具一定的正向杂种优势，也是多个控制与产量相关性状基因共同作用的结果。张正圣等（2002）、李红等（2008）和陈于和等（2009）研究结果认为，单株铃数和铃重对转基因抗虫杂交棉产量的提高起主要作用，而衣分所起作用不大。张正圣等（2002）研究结果（表5-11）指出，产量构成因素中，转基因抗虫杂交棉 F_1 单株铃数和铃重具有显著的中亲优势、超亲优势和竞争优势，中亲优势和超亲优势单株铃数大于铃重，竞争优势铃重大于单株铃数，衣分具有显著的中亲优势。李红等（2008）研究结果显示（表5-12），转基因抗虫杂交棉 F_1 单株铃数、单铃重、衣分和籽指的平均中亲优势呈正向优势；各性状中亲优势的平均值存在着较大差异，其中以单株铃数、单铃重和衣分的优势最大，其平均中亲优势分别为45.56%、34.44%和13.60%，增产幅度分别为-12.12%~165.1%、-1.94%~368.99%和-28.42%~58.14%，其正向优势组合率分别为96.67%、93.33%和83.33%。单株铃数和单铃重的平均超亲优势呈正向优势。单株铃数和单铃重的平均超亲优势分别为26.75%和26.77%，增产幅度为-24.68%~106.48%和-3.10%~343.22%，正向优势率分别为86.67%和83.33%。单株铃数、单铃重和籽指的平均竞争优势呈正向优势。单株铃

数和单铃重的平均竞争优势分别为 15.97% 和 29.67%，增产幅度分别为 −19.9% ~76.96% 和 −0.19% ~349.02%，正向优势组合率分别为 70% 和 96.67%。陈于和（2009）研究结果（表 5 − 13）指出，籽棉产量、皮棉产量和单株铃数的中亲优势较大，分别达到 33.76%、38.68% 和 27.27%。籽棉产量、皮棉产量、单株铃数、铃重的正向优势组合率均在 90% 以上；衣分的正向优势组合率仅为 41.67%。籽棉产量、皮棉产量、单株铃数、铃重和衣分的平均竞争优势分别为 15.65%、16.85%、5.84%、9.40% 和 0.74%。

表 5 − 10　优势组合产量及其构成因素的杂种优势

性状	H_{CK}	H_m	H_{pm}	H_b	H_{pb}	H_{CK}	H_m	H_{pm}	H_b	H_{pb}
	第 1 名优势组合 Cross14					第 2 名优势组合 Cross34				
籽棉产量（kg/hm²）	74.56	57.25	56.08	43.06	46.36	65.31	50.10	48.69	35.49	38.21
皮棉产量（kg/hm²）	70.28	59.79	55.87	50.51	50.11	64.73	51.24	48.94	45.60	45.24
单株籽棉重（g）	75.87	60.03	56.61	46.80	48.12	67.39	59.74	53.72	39.73	40.85
单株皮棉重（g）	71.28	62.47	56.30	54.53	51.66	66.55	61.30	54.11	50.26	47.62
铃重（g）	17.68	18.83	17.21	17.68	16.32	24.49	21.23	20.12	16.00	15.85
单株铃数（%）	2.20	4.94	5.21	2.20	2.38	2.20	16.43	15.63	7.83	8.04
小株衣分（%）	−1.38	0.06	0.06	−1.38	−1.36	2.51	−0.67	−0.68	−6.19	−6.68
大株衣分（%）	−3.11	0.91	0.87	−2.99	−2.97	−0.75	−0.37	−0.37	−7.32	−7.80
单铃种子数	19.72	17.33	15.37	14.81	13.43	29.88	19.22	18.20	14.31	14.13
衣指（g）	−1.92	3.23	3.21	−1.85	−1.94	−1.28	2.25	2.27	−4.15	−4.48
籽指（g）	−0.08	0.67	0.70	−0.08	−0.09	−6.15	−0.98	−4.73	−0.99	−4.97
	第 3 名优势组合 Cross45					第 4 名优势组合 Cross24				
籽棉产量（kg/hm²）	53.24	44.14	41.41	25.60	27.56	16.91	40.97	37.68	20.41	21.97
皮棉产量（kg/hm²）	53.48	48.72	44.09	35.66	35.38	43.45	37.21	34.11	26.97	26.58
单株籽棉重（g）	53.70	40.64	38.11	28.30	29.10	59.96	52.62	47.33	33.53	34.47
单株皮棉重（g）	53.15	44.41	40.26	38.17	36.17	55.62	47.92	43.10	40.40	38.28
铃重（g）	10.06	11.13	10.18	10.06	9.29	18.90	15.67	14.87	10.59	10.51
单株铃数（%）	−15.93	−8.25	−8.18	−11.30	−11.61	−6.32	2.25	2.23	−1.16	−1.19
小株衣分（%）	2.88	2.88	2.85	0.00	0.00	1.63	−0.49	−0.50	−5.15	−5.45
大株衣分（%）	−0.50	1.98	1.92	−3.38	−3.47	−2.61	−3.93	−3.96	−11.92	−13.12
单铃种子数	19.31	11.70	10.87	9.11	8.66	18.29	10.96	10.16	8.58	8.13
衣指（g）	−5.81	2.61	2.51	0.75	0.74	3.51	5.53	5.68	−2.41	−2.67
籽指（g）	−9.65	−4.18	−4.20	−8.29	−8.71	−1.11	2.57	2.64	0.38	0.40
	第 5 名优势组合 Cross47					第 6 名优势组合 Cross15				
籽棉产量（kg/hm²）	38.90	39.47	34.69	13.84	14.90	28.96	35.31	29.69	28.96	25.55
皮棉产量（kg/hm²）	33.81	45.98	36.96	18.28	18.13	31.86	36.45	30.89	31.86	27.93
单株籽棉重（g）	50.50	53.92	45.24	25.63	26.34	33.10	33.91	28.93	33.10	28.41

（续表）

性状	H_{CK}	H_m	H_{pm}	H_b	H_{pb}	H_{CK}	H_m	H_{pm}	H_b	H_{pb}
	第5名优势组合 Cross47					第6名优势组合 Cross15				
单株皮棉重（g）	14.50	60.87	46.74	30.37	28.78	36.16	35.31	30.37	34.46	29.83
铃重（g）	8.13	10.66	9.62	10.26	9.29	11.79	11.79	10.88	11.79	10.88
单株铃数（%）	-3.85	6.38	6.25	1.45	1.49	6.32	12.83	13.10	6.32	6.85
小株衣分（%）	-4.61	-0.39	-0.37	-1.81	-1.73	2.88	1.42	1.12	0.00	0.00
大株衣分（%）	-4.10	4.97	4.52	4.05	3.71	2.11	0.67	0.68	-0.85	-0.87
单铃种子数	11.23	8.18	7.51	6.84	6.36	16.26	11.18	10.16	6.32	6.01
衣指（g）	-10.09	2.51	2.31	-0.21	-0.20	0.00	3.40	3.44	0.06	0.07
籽指（g）	0.21	3.89	4.01	1.72	1.80	-7.01	-2.15	-2.18	-7.01	-7.48

注：H_{CK} 为竞争优势，H_m 为中亲优势，H_b 为超亲优势，H_{pm} 为群体中亲优势，H_{pb} 为群体超亲优势

表5-11 转基因抗虫杂交棉 F_1 性状优势表现（张正圣等，2002）

性状		籽棉产量（kg/小区）	皮棉产量（kg/小区）	单株铃数（个/株）	铃重（g）	衣分（%）
中亲优势	增加量（%）	44.85**	46.72**	23.68**	8.16**	1.96
	优势组合率（%）	100.00	100.00	100.00	90.00	70.00
	幅度（%）	19.72~73.85	22.64~78.53	2.12~46.07	-10.10~23.17	-7.61~9.07
超亲优势	增加量（%）	32.39**	36.85**	36.85**	3.03	-3.27**
	优势组合率（%）	100.00	100.00	90.00	71.67	11.67
	幅度（%）	6.81~71.81	16.73~73.84	-7.73~43.45	-23.54~18.53	-8.35~4.19
竞争优势	增加量（%）	20.71**	17.06**	3.09**	5.43**	-4.97**
	优势组合率（%）	96.67	91.67	66.67	91.67	0.23
	幅度（%）	-6.50~52.89	-14.51~50.80	-18.43~23.87	-5.23~19.26	-9.72~2.34

注：** 表达1%差异显著水平

表5-12 转基因抗虫杂交棉产量构成因素杂种优势

性状	中亲优势（%）			超亲优势（%）			竞争优势（%）		
	增产幅度	平均值	正向优势组合率	增产幅度	平均值	正向优势组合率	增产幅度	平均值	正向优势组合率
单株铃数	-12.12~165.10	45.560	96.67	-24.68~106.48	26.75	86.67	-19.90~76.96	15.97	70.00
铃重	-1.94~368.99	34.440	93.33	-3.10~343.22	26.77	83.33	-0.19~349	29.67	96.67
衣分	-28.42~58.14	13.600	83.33	-18.98~11.05	-1.31	26.67	-35.98~3.50	-8.80	20.00
籽指	-11.44~10.86	0.697	60.00	-18.98~11.05	-5.37	36.67	-6.10~17.14	6.88	90.00

表 5 - 13 转基因抗虫杂交棉产量性状杂种优势的表现

性状	平均中亲优势（%）	变幅（%）	平均超亲优势（%）	变幅（%）	平均竞争优势（%）	变幅（%）
籽棉产量	33.76	6.59 ~ 81.56	18.65	-4.79 ~ 67.76	15.65	-8.82 ~ 36.33
皮棉产量	38.68	5.35 ~ 80.76	19.11	-6.60 ~ 71.21	16.85	-13.97 ~ 37.35
单株铃数	16.52	2.74 ~ 58.57	11.50	-16.90 ~ 42.06	5.84	-16.27 ~ 43.21
铃重	27.27	-1.51 ~ 18.18	6.45	-3.44 ~ 16.91	9.40	2.30 ~ 18.61
衣分	2.94	-2.67 ~ 12.82	0.86	-9.14 ~ 10.40	0.74	-7.50 ~ 11.96

经典数量遗传学认为，农作物性状的表现型（P），如转基因抗虫杂交棉产量和单株结铃数等，是遗传型（品种 G）与环境（E 包括自然生态环境和人为的栽培技术措施）相互作用的结果，即 P = G + E + (GE)。研究转基因抗虫杂交棉在不同生态环境中杂种优势的表现，有助于转基因抗虫杂交棉育种目标和策略的制订。邢朝柱等（2007）以不同生态区（长江流域和黄河流域）具有一定代表性的 6 个常规棉品种（中棉所 12、石远 345、泗棉 3 号、鄂棉 9 号、豫棉 968、惠抗 1 号）为母本，4 个转基因抗虫棉品种（中棉所 41、SGK321、33B、GKP4）为父本，按 NC II 遗传交配设计（6×4），配制 24 个杂交组合。在河南安阳、安徽望江和海南三亚同时种植，研究不同生态环境条件下转基因抗虫杂交棉产量性状杂种优势表现。研究结果表明（表 5 - 14），转基因抗虫杂交棉在不同生态环境下产量性状超亲优势普遍存在，尤以皮棉产量和籽棉产量为强，铃数次之。高产水平环境中，杂交棉和亲本产量水平均较高，群体超亲优势不明显；产量水平相对较低的环境下，杂交棉产量水平相对较低，但群体超亲优势显著，表明杂交种产量相对稳定，而亲本产量水平发挥受环境影响较大。

表 5 - 14 不同生态环境下转基因抗虫杂交棉 F_1 及其亲本产量性状的杂种优势表现

环境	世代	籽棉产量 均值（kg/hm²）	籽棉产量 超亲优势（%）	皮棉产量 均值（kg/hm²）	皮棉产量 超亲优势（%）	铃数（m²） 均值（个）	铃数（m²） 超亲优势（%）	铃重 均值（g）	铃重 超亲优势（%）	衣分 均值（%）	衣分 超亲优势（%）
河南安阳	母本	2 266.5	39.4**	996.0	39.2**	47.6	19.7*	6.0	0.0	43.7	0.0
	父本	2 536.5	25.5**	1 020.0	35.9**	54.3	4.8	5.5	9.1*	40.4	8.4
	F_1	3 159.0		1 386.0		57.0		6.0		43.8	
安徽望江	母本	3 751.5	4.4	1 668.1	4.9	64.8	0.0	5.1	5.9	44.4	0.7
	父本	3 844.5	1.9	1 696.5	3.2	63.9	1.4	5.4	0.0	44.0	1.6
	F_1	3 916.6		1 750.5		64.8		5.4		44.7	
海南三亚	母本	1 299.0	53.8**	577.5	57.1**	31.5	30.0**	6.0	8.3	44.4	2.0
	父本	1 516.4	31.8**	652.5	39.1*	36.7	11.4*	5.9	10.2*	44.0	3.0
	F_1	1 998.0		907.5		40.9		6.5		45.3	

注：* 和 ** 表示 0.05 和 0.01 显著水平

三、棉纤维品质

棉纤维品质性状杂种优势的表现是比较复杂的，很难用一种方式概括，这是因为不同的组合，其亲本的遗传组成不同，遗传传递力不同，杂交亲本间的遗传差异也不同；同时棉纤维品质性状属于数量性状，其表现易受环境条件的影响。邢朝柱等（2000）以 5 个常规品种为母本，3 个转基因抗虫棉品种（系）为父本，按 NCⅡ交配设计，配制 15 个组合（F_1），研究转基因抗虫杂交棉棉纤维品质性状杂种优势。结果表明：①在中亲优势方面，纤维长度、比强度和伸长率的平均优势均为正向，其值分别为 3.8%、4.1% 和 0.4%，变化范围分别为 0.0% ~ 7.6%、− 3.5% ~ 10.8%、− 3.1% ~ 6.6%；马克隆值与整齐度平均优势为负向，其值分别为 − 7.0% 和 − 2.2%，变化范围分别为 − 6.4% ~ 1.7%、− 4.3% ~ 1.4；②在竞争优势方面，纤维长度、比强度、马克隆值、整齐度和伸长率均表现为正向优势，其值分别为 5.8%、7.6%、0.5%、1.4% 和 6.7%，变化范围分别为 1.9% ~ 10.9%、− 2.8% ~ 15.3%、− 13.1% ~ 10.8%、− 2.4% ~ 5.5% 和 5.0% ~ 9.4%。

转基因抗虫杂交棉的棉纤维品质性状，其杂种优势表现的复杂性还在于因亲本不同，不同 F_1 组合棉纤维品质性状杂种优势表现不尽一致。张桂寅等（2001）对 3 组试验的纤维品质分析表明（表 5 – 15），F_1 纤维长度平均短于抗虫亲本，3 组试验均表现如此。纤维长度受抗虫亲本的影响，表现抗虫亲本纤维长度越长，F_1 代纤维长度的平均值越长。无论是超亲优势还是竞争优势，其平均表现为负值。3 组均有部分组合超过亲本。以 33B 为亲本的组合（试验Ⅰ组）正向优势的比例较大，30% 的组合为正向优势；以抗虫 3 区为亲本（试验Ⅱ组），16.7% 的组合具有正向优势，以抗虫 3 号为亲本（试验Ⅲ组），仅有 14.3% 的组合具有正向优势，两者均无出现正向竞争优势的组合。F_1 的比强度平均值均未高于抗虫亲本，超亲优势及竞争优势的平均值表现为负值。以抗虫 3 区和抗虫 3 号为亲本的组合竞争优势为 − 9.6% 和 − 9.8%。由于抗虫 3 号的比强度较低，以其为亲本的组合有 57.3% 超过其抗虫亲本，具有正向超亲优势。3 组试验所有组合的比强变均未超过对照品种 33B。比强度受亲本影响表现抗虫亲本比强度越高，其 F_1 的比强度越高。不同抗虫亲本的组合 F_1 的马克隆值表现不同。以 33B 为抗虫亲本的组合其马克隆值平均低于 33B，表现负的超亲和竞争优势，仅有 30% 的组合马克隆值大于 33B。抗虫 3 区及其 F_1 的马克隆值均较大，具有较强的竞争优势。100% 的组合马克隆值超过对照 33B，50% 的组合具有超亲优势。抗虫 3 号的马麦克隆值虽然不高，但其 F_1 组合的马克隆值却较高；超亲优势平均为 6.0%，100% 的组合超过抗虫亲本，71.4% 的组合超过对照。F_1 代的整齐度平均值高于抗虫亲本，且 3 组试验 80% 以上的组合具有正向超亲优势，抗虫 3 区和抗虫 3 号为亲本的 100% 的组合具有正向对照优势。整齐度也受抗虫亲本的影响，表现抗虫亲本整齐度越高，F_1 代整齐度越高。F_1 代伸长率不同的抗虫亲本表现不同。以 33B 为抗虫亲本的组合，伸长率大大低于其抗虫亲本超亲优势表现为负值，仅有 10.2% 的组合具有正向优势，负优势最大为 − 15.0%。以抗虫 3 区为亲本的组合，F_1 代伸长率平均值大于其抗虫亲本，66.7% 的组合具有正向超亲优势，但无任何组合的伸长率超过对照新棉 33B。以抗虫 3 号为亲本的组合有 71.4% 的组合超过对照，正向竞争优势最高达 11.5%。以上对 5 项纤维品质指标的分析表明，转基因抗虫杂交棉的纤维品质表现较差，纤维长度及比强度多低于抗虫亲本，更低于对照 33B。F_1 的马克隆值较大，表现较粗的纤维；整齐度好于抗虫亲本和对照，伸长率随抗虫亲本的不同而不同。

表 5 – 15　转基因抗虫杂交棉 F_1 纤维品质的优势表现

性状	F_1	P_R	优势平均值（%）		优势组合率（%）		优势幅度（%）	
			SRH	CH	SRH	CH	SRH	CH
纤维长度（mm）	Ⅰ	30.5	30.7	− 0.76	− 0.76	30	30	− 5.2 ~ 2.6	− 5.2 ~ 2.6
	Ⅱ	28.8	29.3	− 1.6	− 7.4	16.7	0	− 3.4 ~ 3.1	− 10.1 ~ 2.9
	Ⅲ	27.9	28.5	− 1.9	− 6.7	14.3	0	− 6.3 ~ 2.8	− 11.6 ~ 3.0
	Ⅳ	29.1	29.5	1.23	− 4.9	20.3	10		

（续表）

性状	F_1	P_R	优势平均值（%）		优势组合率（%）		优势幅度（%）	
			SRH	CH	SRH	CH	SRH	CH
比强度 （cN/tex）	I	21.4	21.6	-5.5	-5.5	10	10	-10.2~0.0	-10.2~0.0
	II	19.8	20.5	-3.5	-9.6	0	0	-6.8~0.5	-12.8~6.8
	III	19.4	19.4	-0.07	-9.8	57.1	0	-3.6~4.6	-13.0~5.6
	IV	20.2	20.5	-8.0	-8.8	22.4	3.3		
马克隆值	I	4.6	4.7	-1.9	-1.9	30	50	-9.6~3.8	-9.6~3.8
	II	5.0	5.0	-1.5	6.1	50	100	-7.1~3.6	0~11.5
	III	5.0	4.7	6.0	0.24	100	71.4	0~9.6	-5.5~3.6
	IV	4.9	4.8	0.87	1.47	60	67.1		
整齐度 （%）	I	46.8	45.9	0.17	0.17	80	80	-3.5~4.8	
	II	48.8	47.7	2.0	5.5	88.8	100	-0.6~4.2	
	III	49.2	48.4	1.6	5.3	85.7	100	-0.8~5.2	
	IV	47.9	47.3	8.8	3.7	83.0	98.3		
伸长率 （%）	I	5.5	6.0	-7.8	-7.8	10	10	-15.0~1.7	
	II	5.2	5.0	8.8	-6.1	66.7	88.3	-6.0~10.0	-15.0~1.7
	III	5.2	5.6	-4.6	2.8	28.6	71.4	-17.9~3.6	-14.5~0.0
	IV	5.8	5.5	-3.0	-8.7	35.1	28.2		-11.5~11.5

注：同表5-6

王武等（2002）研究结果认为，棉纤维品质的5个指标的平均竞争优势中仅2.5%跨距长度、比强度和伸长率具有不到5%的优势，平均中亲优势和平均群体中亲优势不明显。2.5%跨距长度和比强度平均超亲优势和平均群体超亲优势也不明显，伸长率、麦克隆值和整齐度的则为负向的5%左右优势（表5-16）。而张正圣等（2002）则认为转基因抗虫杂交棉F_1代2.5%跨距长度具有显著的竞争优势和群体平均优势；比强度具有显著的竞争优势；马克隆值具有显著的负向竞争优势和超亲优势。F_1代纤维比强度较生产上推广品种提高17.0%以上，长度提高6.0%以上，细度提高4.0%以上（表5-17）。

表5-16　转基因抗虫杂交棉棉纤维品质杂种优势表现

性状		均值	H_{CK}	H_m	H_{pm}	H_b	H_{pb}
2.5%跨距长度 （mm）	I	28.4	1.71	2.75	2.69	0.66	0.65
	II	28.7	2.57	2.28	2.25	0.55	0.56
	III	28.5	2.23	2.94	2.87	0.71	0.68
比强度 （cN/tex）	I	21.3	4.36	2.99	2.90	0.33	0.29
	II	21.6	5.88	3.36	3.29	1.39	1.37
	III	21.4	4.58	2.84	2.74	-0.09	-0.14

（续表）

性状	均值		H_{CK}	H_m	H_{pm}	H_b	H_{pb}
伸长率 （%）	I	5.4	5.02	−0.60	−0.63	−5.39	−5.83
	II	5.1	−7.27	−2.68	−2.62	−7.69	−8.03
	III	5.5	−0.85	−1.46	−1.48	−4.31	−4.57
马克隆值	I	4.9	−2.32	−1.81	−1.81	−5.27	−5.56
	II	5.1	8.69	1.87	1.87	−1.92	−2.04
	III	4.9	3.26	−1.59	−1.63	−6.78	−7.35
整齐度 （%）	I	49.9	−1.30	−1.33	−1.35	−2.49	−2.56
	II	49.5	−2.03	−0.82	−0.82	−2.14	−2.19
	III	49.8	−1.41	−1.54	−1.56	−2.63	−2.71

注：H_{ck} 为竞争优势，H_m 为中亲优势，H_{pm} 为群体中亲优势，H_b 为超亲优势，H_{pb} 为群体超亲优势；I 为 21 个供试组合的平均值，II 和 III 分别为 21 个组合中 6 个转基因抗虫组合和 15 个非抗虫组合

表 5 − 17 　转基因抗虫杂交棉棉纤维品质杂种优势表现

杂种优势度量		2.5% 跨距长度（mm）	比强度（cN/tex）	马克隆值
中亲优势	增加量（%）	2.15**	0.06	1.58
	优势组合率（%）	7.33	60.00	65.00
	幅度（%）	−2.71 ~ 9.35	−4.38 ~ 4.49	−7.82 ~ 10.02
		−0.91 +	−8.03**	−2.81
超亲优势	增加量（%）	38.33	0.00	35.00
	幅度（%）	−8.95 ~ 7.63	−13.86 ~ −1.84	−17.51 ~ 7.64
竞争优势	增加量（%）	7.33**	17.71**	−3.91**
	优势组合率（%）	100.00	100.00	18.33
	幅度（%）	0.49 ~ 12.51	12.28 ~ 25.13	−12.62 ~ 9.90

注：*、** 分别表达 5% 和 1% 差异显著水平

　　崔瑞敏等（2003）分析了 1997—2002 年累计配制的 126 个转基因抗虫棉杂交棉组合（F_1）的棉纤维品质性状杂种优势表现后指出，转基因抗虫杂交棉（F_1）主要纤维品质性状均表现出一定的优势，纤维长度、比强度和马克隆值的中亲优势平均值分别为 0.21%、−3.02% 和 5.92%，变化范围分别为 −6.51% ~ 7.54%、−11.68% ~ 12.63%、−14.53% ~ 10.11%。全部转基因抗虫杂交棉杂交组合（F_1）纤维长度平均值为 29.02mm，比对照品种长 0.06mm，65.1% 组合纤维长度有所增加；比强度表现为负优势，仅 12.7% 组合的比强度增高；70% 组合的马克隆值偏高。左开井等（2003）报道了常规棉×常规棉、常规棉×转基因抗虫棉和转基因抗虫棉×转基因抗虫棉杂种（F_1）棉纤维品质性状的杂种优势表现（表 5 − 18）。从该表中可知，棉纤维长度的中亲优势除一个组合外，均表现为正向，而超亲优势则相反；比强度，超亲优势与中亲优势均为一半组合表现为正向，另一半表现为负向；整齐度，中亲优势基本上表现正向，而超亲优势全部为负向；马克隆值的中亲优势与超亲优势表现方向基本相似；伸长率的中亲优势基本表现为正向，而超亲优势的表现则相反。

表5-18　棉纤维品质性状的杂种优势表现　　　　　　　　　　（%）

杂交组合	纤维长度		比强度		整齐度		马克隆值		伸长率	
	MH	AH	MH	AH	MH	AH	MH	AH	MH	AH
EJ-1×S-3Bt	0.78	-1.23	0.14	2.87	0.27	-4.94	6.12	-8.54	10.14	-15.42
EJ-1×S3Bt	-4.71	-7.00	-7.49	15.12	0.65	-5.81	-1.89	-7.16	1.95	-9.00
EJ-1×MBt	5.06	-4.70	8.49	5.84	-6.19	-10.03	-5.73	-8.00	-9.62	-15.42
S-3×S3Bt	4.95	-5.13	-11.86	-17.22	3.35	-1.46	6.12	0.00	0.78	-0.62
S-3×MBt	2.71	0.33	0.38	-0.81	-3.48	-3.66	1.80	1.39	-5.13	-5.72
S3Bt×MBt	0.24	-2.50	-6.38	-11.76	2.41	-0.86	3.38	0.60	2.31	1.56

注：EJ-1、S-3为常规品种（系），S3Bt、MBt为转基因抗虫棉品系

吴征彬等（2004）以一组不同转基因抗虫棉品种和一组常规棉品种作为亲本，按照不完全双列杂交（NCⅡ）遗传交配设计配制杂交组合，将亲本材料和F₁种子按照随机完全区组设计方法，鉴定棉花纤维品质。结果表明：在纤维长度方面，全部F₁均具有中亲优势（0.90%~5.61%），83%的组合具有超亲优势（0.44%~5.55%）；但与对照相比，参试组合的纤维略短，其竞争优势均为负值，为-2.10%~7.03%。杂交组合纤维略短的原因与杂交亲本的绒长偏短有关。纤维整齐度的中亲优势为-1.59%~1.21%，超亲优势为-2.04%~0.85%，竞争优势为-2.41%~0.91%。由于F₁不出现分离，其纤维整齐度接近亲本或与亲本相当。绝大多数组合的纤维比强度略优于亲本，平均中亲优势为3.21%，平均超亲优势为1.45%。这说明利用F₁对棉花纤维的比强度有一定的改良作用。与亲本相比，F₁的纤维伸长率略差，中亲优势和超亲优势的平均值分别为-1.25%和-3.26%，但各组合均具有很高的竞争优势（21.39%）。各组合的马克隆值与双亲的平均值相当，从该试验分析结果看，各F₁的马克隆值普遍优于超亲和对照，具有一定的超亲优势和竞争优势。朱竹青等（2004）报道，转基因抗虫杂交棉F₁棉纤维2.5%跨距长度、整齐度及比强度表现为负优势，其竞争优势和超抗虫亲本优势分别为-2.01%、-0.17%、-11.94%和1.97%、0.22%、-4.87%，竞争优势率均在46%以下，而伸长率和马克隆值具有正向优势，其竞争优势和超抗虫亲本优势分别为4.29%、13.37%及3.22%、2.84%，竞争优势幅度分别为-2.82%~9.23%和-11.32%~19.51%。

特异种质是指一般陆地棉品种不存在的一些质量性状种质，目前所涉及的主要是无腺体（即低酚棉）、无蜜腺、鸡脚叶、超鸡脚叶、红叶、芽黄、黄花粉、彩色棉和柱头外露等性状的种质。以往，人们总认为棉花的特异种质携带了被自然选择或人工选择所淘汰的不良性状。然而，某些特异种质做亲本配制的杂交种却表现出良好结果。印度是世界上杂交棉应用最有成效的国家，该国有1个种植面积大而应用时间又长的著名杂交棉"杂种4号"，其亲本之一具有无蜜腺的隐性性状。芽黄是棉花不常见的突变型，为隐性性状，而无腺体的隐性性状又是一般棉花所不具备。据南京农业大学多年试验，陆地棉品种间的中亲优势有如下趋向：芽黄杂交棉＞无腺体杂交棉＞一般品种间杂交棉。从生产实践上看到，具有芽黄性状的杂交棉——黄杂棉在湖北省监利县表现优良，具有无腺体性状的杂交棉——皖杂40最大种植面积曾达16.67万hm²。陆地棉正常叶形是阔叶型，而鸡脚叶和超鸡脚叶是显性突变性状，标记杂交棉和淮杂2号具有此类性状，杂种优势明显，增产显著。此外，黄花粉也是显性突变性状，曾被利用在推广面积很大的湘杂棉2号中。纪家华等（2005）以转基因抗虫常规棉为母本，与彩色棉、鸡脚叶、柱头外露、红叶和低酚棉杂交，研究转基因抗虫杂交棉棉纤维品质性状杂种优势。结果表明，棉纤维品质主要性状均表现出较高的中亲优势和竞争优势。纤维长度的超亲优势、中亲优势、竞争优势的平均值分别为-3.49%、2.94%和

－1.56%，分别有 3 个、26 个、11 个组合具有正向的杂种优势、超亲优势、中亲优势、竞争优势；同时具有正向优势的组合 1 个。整齐度超亲优势、中亲优势、竞争优势的平均值分别为 －1.70%、－0.44% 和 －0.93%，分别有 5 个、14 个、8 个组合具正向的杂种优势，超亲优势、中亲优势、竞争优势；同时具正向优势的组合 4 个。比强度超亲优势、中亲优势、竞争优势的平均值分别为 －9.676%、－2.48% 和 －1.97%，分别有 1 个、10 个、14 个组合具正向的超亲杂种优势、超亲优势、中亲优势、竞争优势均具正向杂种优势的组合未出现。伸长率超亲优势、中亲优势、竞争优势的平均值分别为 －5.890%、－1.35% 和 0.58%，分别有 7 个、13 个、17 个组合具有正向的杂种优势，超亲优势、中亲优势、竞争优势均具正向杂种优势的组合 7 个。马克隆值超亲优势、中亲优势、竞争优势的平均值分别为 －5.98%、1.31%、8.23%，分别有 9 个、16 个、25 个组合具正向的杂种优势，超亲优势、中亲优势、竞争优势均具负向杂种优势的组合 5 个（表 5-19）。

表 5-19　F₁ 纤维品质性状的杂种优势表现　　　　　　　　　　　（%）

性状	中亲优势			超亲优势			竞争优势		
	优势平均值	正向优势率	优质幅度范围	优势平均值	正向优势率	优质幅度范围	优势平均值	正向优势率	优质幅度范围
纤维长度	1.99	73.02	－7.28～10.08	－0.99	36.51	－10.59～6.10	2.84	74.60	－2.44～10.56
比强度	2.73	65.08	－7.41～14.90	－1.33	38.10	－15.29～12.08	4.96	74.60	－8.21～20.91
马克隆值	2.42	63.49	－12.34～20.55	－3.86	26.98	－21.09～7.64	－5.10	15.87	－15.74～4.86
整齐度	0.41	61.91	－2.49～3.86	－0.33	39.68	－3.81～2.96	0.64	68.25	－1.34～3.58
伸长率	4.32	65.08	－10.76～24.33	－2.74	33.33	－16.13～20.56	0.35	55.56	－11.59～11.59

　　唐文武等（2006）以 3 个国内外育成的优质棉花品种（系）为母本，与国内外育成的 8 个转基因抗虫棉品种（系）进行杂交，配制 24 个组合（F₁），棉纤维品质性状的杂种优势表现的平均值、正向优势率及优势幅度范围等列于表 5-19。研究结果表明，F₁ 的纤维长度一般高于中亲值，低于高值亲本，具有一定的竞争优势，其中亲优势、超亲优势、竞争优势的均值分别为 1.99%、－0.99% 和 2.84%，正向优势率分别为 73.02%、36.51% 和 74.60%。比强度的中亲优势、超亲优势、竞争优势均值分别为 2.73%、－1.33% 和 4.96%，正向优势率分别为 65.08%、38.10%、74.61%，表现出较好的竞争优势和中亲优势。马克隆值中亲优势、超亲优势、竞争优势的均值分别为 2.42%、－3.86% 和 －5.10%，正向优势率分别为 63.49%、26.98%、15.87%，同时具有负向优势的组合为 20 个，占 32.26%，由于马克隆值越高，纤维细度越差，所以 F₁ 的纤维细度具有较好的竞争优势。结果表明，利用优质纤维品质的品种与转基因抗虫棉配制的 F₁，其纤维品质具有一定的中亲优势，部分组合表现出一定的超亲优势，抗虫杂交棉的纤维品质明显优于对照中棉所 29。

　　不同生态环境可以影响常规棉纤维品质性状的表现，但对转基因抗虫杂交棉纤维品质杂种优势无明显影响（表 5-20）。从表 5-20 可知，在河南安阳、安徽望江和海南三亚 3 种生态环境下，2.5% 跨距长度差异不明显，仅在望江点表现比其他两试验点稍短，整体表现均为正向超亲优势，但均未达显著水平；三个点中望江点比强度表现稍强，比三亚点和安阳点分别增加 0.7cN/tex 和 2.2cN/tex，但其亲本同样表现出较高的比强度，所以超亲优势为负向优势，但差异不显著；望江点马克隆值要高于三亚点和安阳点 1.1～1.2，表明在该试验点棉花纤维有变粗趋势，三个试验点的超亲优势均不显著；三试验点整齐度表现无明显差异，超亲优势不显著；安阳点和三亚点伸长率相接近，但高于望江点，超亲优势均不显著。总体表现这组杂交组合安阳点和三亚点纤维品质表现相接近，但由于亲本与杂交组合表现的趋势较为一致，除安阳点比强度和三亚点伸长率超母本优势达显著水平外，其他性状超亲优势均不显著；与安阳点和三亚点相比，望江点表现为绒短、比强度稍高、纤维变粗、伸长率降低等特点，但亲本在该点也有同样的表现，所以超亲优势值均不显著。造成这种趋势的变化并不是杂种优势所产生，而是由当地的生态环境所造成。

表 5-20　不同生态环境下转基因抗虫杂交棉纤维品质性状杂种优势表现（邢朝柱等，2007）

环境	世代	2.5% 跨距长度		比强度		马克隆值		整齐度		伸长率	
		均值（mm）	超亲优势（%）	均值（mm）	超亲优势（%）	均值（mm）	超亲优势（%）	均值（mm）	超亲优势（%）	均值（mm）	超亲优势（%）
河南安阳	母本	28.4	2.8	25.4	4.3*	4.9	-2.0	84.7	0.2	7.3	1.4
	父本	29.1	0.3	26.4	0.4	4.7	2.1	84.5	0.5	7.8	-5.1
	转基因抗虫杂交棉 F_1	29.2		26.5		4.8		84.9		7.4	
安徽望江	母本	27.6	2.5	29.0	-1.0	6.1	-1.6	84.6	-0.9	5.4	0.0
	父本	28.3	0.0	29.2	-1.7	6.0	0.0	84.2	-0.5	5.4	0.0
	转基因抗虫杂交棉 F_1	28.3		28.7		6.0		83.8		5.4	
河南三亚	母本	28.4	2.1	27.2	2.9	4.8	2.1	85.1	0.7	7.1	4.2
	父本	29.2	-0.7	28.5	-1.8	5.1	-3.9	85.3	0.5	7.3	1.4
	转基因抗虫杂交棉 F_1	29.0		28.0		4.9		85.7		7.4	

注：* 表示 5% 差异显著水平

四、杂种优势表达的机理

为探索棉花杂种优势表达和产生的原因，人们从棉花杂种优势表现、配合力分析、生理生化研究以及遗传距离与杂种优势关系等方面进行了探索，但杂种优势表达是复杂的，多数研究结果因取材、研究方法及环境等因素的影响，结果不尽一致。基因差异显示（DDRT-PCR）是 20 世纪 90 年代发展起来的研究基因表达的一项技术，从其建立到现在，已被广泛应用在水稻、玉米、小麦和番茄等作物上。利用此项技术，无需通过蛋白质信息，可以直接获得与生理生化、次生代谢、膜蛋白等相关基因，为基因表达研究提供了便利，此项技术也可以从基因层面上提供研究杂种优势表达的新途径。

基因表达类型比例根据稳定扩增的条带计算得出，基因表达类型划分为 5 类。M1，双亲表达沉默，即双亲都有带而杂种没有带；M2，单亲表达沉默，即带仅出现在亲本之一；M3，杂种特异表达，即带仅出现在杂交种，双亲无带；M4，单亲表达一致，即带在双亲之一和杂种中出现，而在另一亲本中不出现；M5，基因表达一致，即带在双亲和杂种中均出现。前 4 种模式为基因表达有差异类型，后一种模式为基因表达无差异类型。

邢朝柱等（2007）选用不同生态区（长江流域和黄河流域）具有一定代表性的 6 个陆地棉常规品种（P_1：中棉所 12；P_2：石远 345；P_3：泗棉 3 号；P_4：鄂棉 9 号；P_5：豫棉 668；P_6：惠抗 1 号）为母本，4 个转基因抗虫棉品种（P_7：中棉所 41、P_8：SGK321、P_9：33B、P_{10}：GKP$_4$）为父本，按 NC II 遗传交配设计，配制 24 个杂交组合。2004 年，将这套 24 个组合及 10 亲本共 34 个材料，分别在安徽省望江及河南省安阳试验地。另在安阳试验点，将这套 24 个组合及 10 亲本分别播种，在蕾期（6 月 14 日）、初花期（6 月 30 日）、盛花期（7 月 16 日）和花铃期（8 月 1 日）分别取其顶尖嫩叶（刚刚平展的叶片），放入 -80℃ 冰柜备用。根据两地皮棉产量试验结果，选取 3 个皮棉产量优势差异较大的杂交组合的顶尖嫩叶，提取 RNA，作基因差显分析。为减少杂交种遗传背景的差异，选取的组合为同一父本，不同母本。为保证 3 个杂交组合杂种优势差异显著，选择的 3 个杂交组合皮棉产量超中亲优势在两点表现一致，并达显著水平。研究结果表明（表 5 - 21）：

表 5 - 21　3 种不同优势组合及表达类型在 4 个时期所占比例数

日期（月/日）	组合	双亲共沉默 M1（%）	单亲表达沉默 M2（%）	杂种特异表达 M3（%）	单亲表达一致 M4（%）	杂种和亲本表达一致 M5（%）	差异表达（%）
6/14	$P_4 \times P_8$	3.3	8.9	10.2	13.1	64.5	35.5
	$P_6 \times P_8$	2.1	11.5	8.4	12.3	65.7	34.3
	$P_3 \times P_8$	4.4	12.0	6.1	11.2	66.3	33.7
6/30	$P_4 \times P_8$	5.0	7.2	18.6	9.9	59.3	40.8
	$P_6 \times P_8$	5.5	2.8	17.3	9.9	64.5	35.5
	$P_3 \times P_8$	4.6	5.7	15.9	9.5	64.4	37.5
7/16	$P_4 \times P_8$	1.6	3.6	11.2	10.7	72.9	27.1
	$P_6 \times P_8$	2.3	7.6	5.3	9.6	75.2	24.8
	$P_3 \times P_8$	4.2	4.1	7.1	9.6	77.7	22.3
8/1	$P_4 \times P_8$	3.3	6.6	5.5	9.8	74.8	25.2
	$P_6 \times P_8$	4.2	3.7	5.8	9.7	76.6	23.4
	$P_3 \times P_8$	4.5	2.4	6.1	9.1	80.5	19.5

（1）基因差异表达变化趋势。在 4 个生育期基因差异比例分布于 19.5% ～ 40.8%，平均为 30.1%。杂交种基因差异表达在初花期最为丰富，现蕾期次之，随生育进程呈递减趋势，说明现蕾期和初花期是棉花体内基因差异表达最为丰富阶段，影响杂种优势形成的一些基因可能在这阶段开始表达，所以这两个时期也是棉花产量形成的关键阶段。强优势组合基因差异表达的比例在 4 个时期均高于中优势和低优势组合，进一步说明基因差异表达与杂种优势形成有着密切的关系。

（2）双亲沉默表达变化趋势。在基因差异表达中，双亲基因沉默表达（M1）所占比重最低，变化幅度为 1.6% ～ 5.5%，平均 3.7%，总体上在初花期和花铃期表现较高，现蕾期和盛花期比例相对较低。3 种优势组合中，低优势组合在这 4 个时期表现相对稳定，变化较小，而高优势组合呈现起伏变化，说明双亲基因沉默表达在不同时期的变化可能对棉花杂种优势形成具有重要的影响。

（3）单亲沉默表达变化趋势。单亲基因表达沉默型（M2）在基因差异表达中所占比例较低，但变化幅度较宽，为 2.4% ～ 12.0%，平均 6.3%，该基因表达类型在现蕾期总体表现较高，在初花期、盛花期和花铃期总体表现相当。从 3 种优势组合比例分布中可以发现，低优势组合这种类型呈现递减趋势，高优势组合在前 3 个时期呈现递减趋势，但到花铃期又出现上升趋势，表明基因表达呈现动态变化。

（4）杂种特异表达变化趋势。杂种基因特异表达（M3）在基因差异表达中所占比重较高，变化幅度较宽，为 5.3% ～ 18.6%，平均 9.9%。这种较高的比例可能对杂种优势产生有较大影响。总体表现初花期最高，现蕾期次之，盛花期比例相对较低，呈抛物线状，表明初花期杂种基因特异表达对棉花杂种优势形成至关重要。高优势组合杂种基因特异表达比例在前3个时期大于中优势和低优势杂交组合，花铃期表现稍低但相差不明显，高优势组合比例在这4个时期分布变化趋势相对平缓，而低优势组合的比例呈现急速下降的变化，说明杂种特异表达的基因在棉花蕾铃期存在较高比例，对杂种优势形成起着重要作用。

（5）单亲表达一致变化趋势。在基因差异表达中，单亲基因表达一致型（M4）所占比例最高，幅度为9.1%~13.1%，平均10.4%，分布相对平缓。这种较高比例可能对杂交棉产量形成有一定的影响，该基因表达类型在现蕾期表现稍高，4个时期变化不大。高、中、低优势组合在每个时期差异均不明显，说明单亲基因表达一致类型可能对杂交棉基础产量形成起一定的作用，但对杂种优势发挥无明显作用。

总之，基因差异表达可能与杂种优势的发挥存在一定的相关；在差异表达中，特异表达可能对杂种优势产生起一定的作用；单亲表达一致是基因差异表达中最主要模式，但此模式可能与杂种优势发挥无明显关系。

转基因抗虫杂交棉在产量性状方面有明显的杂种优势，但其产量杂种优势形成的解剖学机理研究还没有取得明显进展。"源-库"理论认为"源"强、"流"畅、"库"大是作物高产的必要条件。棉铃、棉叶是棉株光合产物"库"和"源"的主体，维管束则在"源、流、库"系统中行使"流"的重要功能，是水分、矿物质及代谢产物的运输通道。大量研究结果显示，杂交棉在叶片的光合强度方面具有明显的杂种优势，并认为杂交棉产量杂种优势来源于强的光合生产力、同化物质的高效运转和同化物的合理分配（邢朝柱等，2004；钱大顺等，2000；李大跃等，1991；陈德华等，1998；郭海军等，1994；邬飞波等，2002）。植物的形态、结构与生理功能是统一的，光合作用速率的差异也必然与叶片的解剖学特征紧密相关（王勋陵，1989）。为探明转基因抗虫杂交棉叶片和维管束的优势表现及其与产量间的关系，曾斌等（2008）以湘杂棉3号、南抗3号和鲁棉研15等3个转Bt基因抗虫杂交棉及其亲本为材料，剖析盛花期主茎功能叶（倒4叶）的叶片结构、叶表皮气孔特征以及主茎功能叶的叶脉、叶柄、铃柄和对应的果枝叶叶柄等器官的维管束组织结构。结果表明，主茎功能叶主叶脉中维管束分布形态与转基因抗虫杂交棉产量优势的形成有一定关系。该项研究将主茎功能叶（倒4叶）的主叶脉横切面上维管束的分布划分为3种不同类型：①三分支型。整个横切面有4组维管束，远轴面有一个较大的维管束，弧形排列，在该维管束的上方还有3个较小的分支维管束。大维管束的木质部在近轴面，韧皮部在远轴面，中间有明显的维管形成层。3个较小的维管束组织的排列恰好与大维管束组织的排列相反，木质部在远轴面，韧皮部在近轴面（图5-5-A1，箭头所指为小维管束）。南抗3号母本、湘杂棉3号母本、鲁棉研15父本和3个转基因抗虫杂交棉的F₁均属于三分支型。②二分支型。横切面中有3组维管束，大维管束在下方，大维管束弧形尖端上方各有一组小分支维管束排列（图5-5-B1）。鲁棉研15母本和湘杂棉3号父本均为二分支型。③无分支型。横切面中只有一组大维管束，呈弧形排列，没有小分支维管束，或小分支维管束很不发达（图5-5-A2）。只有南抗3号父本属于无分支型。3个转基因抗虫杂交棉表现共同规律，2个亲本中有一个为三分支型，即南抗3号的母本、湘杂棉3号的母本和鲁棉研15的父本，另一亲本为无分支型（南抗3号父本）或二分支型（鲁棉研15母本和湘杂棉3号父本），杂种F₁的维管束排列均为三分支型（图5-5-A3、图5-5-B3、图5-5-C3）。说明棉花不同品种间叶片主叶脉维管束存在多态性。3个供试转基因抗虫杂交棉在主叶脉维管束分布形态上有明显优势，且三分支型呈显性遗传。三种类型的维管束组织中，三分支型的维管束组织最发达，更有利于同化产物、水分和营养物质的运输。3个转基因抗虫杂交棉F₁及其中一个亲本的主茎功能叶维管束均为三分支型，推测这种三分支型维管束结构是棉花高产常规棉品种和杂交棉产量优势形成的重要基础之一。这种三分支型维管束的叶片可能与适应高温条件下的光合作用有关，小分支维管束均靠近叶片的上表皮，有利于叶片上表皮的水分供应，降低叶温，保证叶片光合作用高速持续进行。同时维管束的分散分布有利于同化物和矿质营养的快速运输。这说明维管束分布形态可能比导管数目和导管面积对叶片光合作用的意义更大。

主茎功能叶片主脉维管束的导管总数、单个总数、单个导管面积和维管束总面积的发育状况反映叶片物质的运输能力，而维管束组织比反映的是输导组织的相发达程度。由表 5 - 22 可知，南抗 3 号、湘杂棉 3 号和鲁棉研 15 三个转基因抗虫杂交棉 F_1 的维管束优势程度是鲁棉研 15 > 南抗 3 号 > 湘杂棉 3 号。主叶脉的导管总数目、单个导管面积、维管束总面积和维管束组织比的优势程度不同，F_1 的优势没有共同规律。3 个杂种 F_1 的维管束总面积比较接近，为 0.72 ~ 0.77。说明这些性状优势可能与产量优势没有关系或相关性较小。

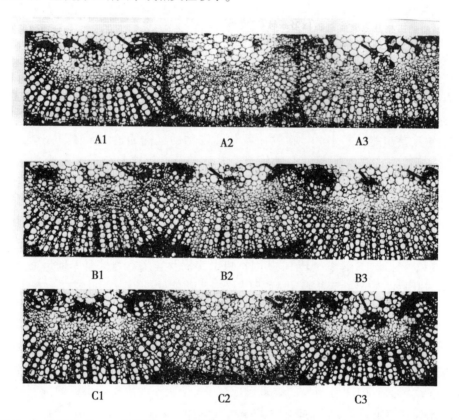

图 5 - 5　南抗 3 号 F_1、鲁棉研 15 F_1 和湘杂棉 3 号 F_1 及其亲本主叶脉维管束组织特征比较

注：A1：南抗 3 号母本功能叶主叶脉横切片（10×10）；A2：南抗 3 号父本功能叶主叶脉横切片（10×10）；A3：南抗 3 号 F_1 功能叶主叶脉横切片（10×10）。B1：鲁棉研 15 母本功能叶主叶脉横切片（10×10）；B2：鲁棉研 15 父本功能叶主叶脉横切片（10×10）；B3：鲁棉研 15 杂交种功能叶主叶脉横切片（10×10）。C1：湘杂棉 3 号母本功能叶主叶脉横切片（10×10）；C2：湘杂棉 3 号父本功能叶主叶脉横切片（10×10）；C3：湘杂棉 3 号杂交种功能叶主叶脉横切片（10×10）

功能叶均依次由上表皮、单层栅栏细胞、海绵组织和下表皮组成，这种叶片结构与叶片光合作用紧密相关，尤其是光合速率高低取决于叶肉组织和栅栏组织的厚度。由表 5 - 23 可见，鲁棉研 15、南抗 3 号的叶片厚度和栅栏细胞大小有中亲优势或超亲优势，这种叶片结构优势可能是提高杂交种光合速率的一个因素。湘杂棉 3 号在叶片厚度和栅栏细胞厚度的中亲优势不明显，可能与亲本叶片厚度差异较大有关。从不同组织的影响来看，栅栏组织对叶片光合速率起着主要的作用，栅栏组织与海绵组织厚度的比例在一定程度上反映叶片在光合作用中的光能吸收与碳同化的关系。南抗3号、湘杂棉3号和鲁棉研15的栅栏组织海绵组织比例均有中亲优势或超亲优势，但组织比例为1.12～1.15，这是否是叶片光合作用最适的组织比例尚需进一步的研究。

表5－22 主茎功能叶的主叶脉维管束性状杂种优势（曾斌等，2008）

转基因抗虫杂交棉		导管总数	单个导管面积（×100μm²）	维管束总面积（mm²）	维管束组织比
南抗3号	P₁	185±4a	11.44±0.39a	0.76±0.03a	0.31±0.01a
	P₂	129±3c	10.97±0.42a	0.65±0.04b	0.30±0.01a
	F₁	155±5b	10.93±0.42a	0.72±0.03a	0.31±0.01a
	MP	157.00	11.21	0.71	0.31
	MH（%）	-1.27	-2.50	2.13	4.92
	CH（%）	-16.22	-4.46	-5.26	3.23
鲁棉研15	P₁	162±1c	10.78±0.48a	0.70±0.03b	0.28±0.01a
	P₂	190±2b	10.93±0.05a	0.78±0.02a	0.30±0.01a
	F₁	231±3a	11.66±0.54a	0.77±0.02a	0.32±0.01a
	MP	176.00	10.86	0.74	0.29
	MH（%）	31.25	7.37	4.05	10.34
	CH（%）	21.58	6.68	-1.28	6.67
湘杂棉3号	P₁	232±2a	11.58±0.51a	0.99±0.05a	0.32±0.01a
	P₂	186±2c	10.32±0.29b	0.69±0.02b	0.26±0.004b
	F₁	192±1b	11.29±0.09ab	0.72±0.02b	0.28±0.01b
	MP	209.00	10.95	0.84	0.29
	MH（%）	-8.13	3.11	-14.29	-3.45
	CH（%）	-17.24	-2.50	-27.27	-12.50

注：标以相同字母的值差异显著（Fisher's LSD $P=0.05$）。P₁：母本；P₂：父本；MP：中亲值；MH：中亲优势；CH：超亲优势。表5－23、表5－24、表5－25同

表5－23 功能叶片结构性状的优势（曾斌等，2008）

转基因抗虫杂交棉		叶片厚度（μm）	栅栏细胞长度（μm）	栅栏细胞宽度（μm）	栅栏组织/海绵组织（μm）
南抗3号	P₁	216.62±2.38b	88.15±1.48a	12.50±0.07a	1.10±0.02a
	P₂	226.77±2.06a	84.53±0.97a	11.27±0.09c	0.93±0.01b
	F₁	224.64±2.28a	87.85±2.30a	11.64±0.08b	1.12±0.02a
	MP	221.70	86.34	11.89	1.02
	MH（%）	1.33	1.75	-2.06	10.34
	CH（%）	-0.94	-0.34	-6.88	1.82

（续表）

转基因抗虫杂交棉		叶片厚度（μm）	栅栏细胞长度（μm）	栅栏细胞宽度（μm）	栅栏组织/海绵组织（μm）
鲁棉研15	P₁	239.18 ± 1.89b	92.54 ± 0.89c	11.50 ± 0.04c	0.89 ± 0.01b
	P₂	265.68 ± 2.41a	100.41 ± 1.12b	11.87 ± 0.07b	0.89 ± 0.01b
	F₁	271.07 ± 3.91a	113.95 ± 1.80a	12.45 ± 0.10a	1.12 ± 0.02a
	MP	252.43	96.48	11.69	0.89
	MH（%）	7.38	18.11	6.55	25.84
	CH（%）	2.03	13.48	4.89	25.84
湘杂棉3号	P₁	269.56 ± 5.58a	120.53 ± 2.16a	13.8 ± 0.17a	1.21 ± 0.02a
	P₂	223.85 ± 2.48b	83.63 ± 1.96c	11.24 ± 0.04c	0.86 ± 0.01c
	F₁	233.99 ± 1.64b	98.65 ± 1.06c	11.68 ± 0.03b	1.15 ± 0.02b
	MP	246.71	102.08	12.52	1.04
	MH（%）	-5.15	-3.36	-6.71	11.11
	CH（%）	-13.20	-18.15	-15.36	-4.96

　　气孔是植物叶片吸收 CO_2、进行光合作用和蒸腾作用的主要通道，气孔频度和气孔导度与净光合速率和水分利用效率密切相关。气孔面积能影响气体交换速度，单个气孔面积是气孔特征的重要指标之一。由表5-24可知，南抗3号和鲁棉研15的下表皮气孔频度有超亲优势，湘杂棉3号也接近中亲值，同时上、下表皮的单个气孔面积也有不同程度的超亲优势和中亲优势。气孔导度与叶片生理状态有关，气孔密度则是叶片表皮形态结构特征。下表皮气孔频度优势大于上表皮，特别是单位叶面积的气孔总面积。南抗3号、鲁棉研15和湘杂棉3号的下表皮均有超亲优势，上表皮除了南抗3号有中亲优势外湘杂棉3号和鲁棉研15均低于中亲值。这可能更适于转基因抗虫杂交棉花叶片的抗旱和高光合速率的保持，在高温环境中，上表皮气孔面积的增大势必加大水分的散失而引起气孔的关闭，而下表皮气孔比上表皮气孔的水分利用效率高，下表皮气孔面积的增大有利于二氧化碳的交换，从而提高光合速率。此外，南抗3号、湘杂棉3号和鲁棉研15下表皮单位叶面积气孔总面积一致表现超亲优势，说明单位叶面积上的气孔总面积是反映叶片气孔特征的有用指标，也可能是光合作用优势形成的基础之一。

表5-24　杂交棉功能叶片气孔特征（曾斌等，2008）

转基因抗虫杂交棉		气孔面积（μm²/stoma）		气孔频度（stoma/mm²）		单位叶面积气孔面积（mm²/cm²）	
		上表皮	下表皮	上表皮	下表皮	上表皮	下表皮
南抗3号	P₁	351 ± 10b	371 ± 7b	102 ± 4b	298 ± 4c	3.6 ± 1b	11.1 ± 0.3b
	P₂	402 ± 10a	419 ± 8a	133 ± 3a	330 ± 3b	5.3 ± 0.2a	13.8 ± 0.2a
	F₁	419 ± 10a	383 ± 14b	122 ± 4a	373 ± 2a	5.1 ± 0.2a	14.3 ± 0.5a
	MP	376.50	395.50	117.50	314.00	4.45	12.45
	MH（%）	11.29	-3.16	4.68	18.79	14.61	14.86
	CH（%）	4.23	-8.60	-7.52	13.03	-3.77	3.62

（续表）

转基因抗虫杂交棉		气孔面积（μm²/stoma）		气孔频度（stoma/mm²）		单位叶面积气孔面积（mm²/cm²）	
		上表皮	下表皮	上表皮	下表皮	上表皮	下表皮
鲁棉研15	P₁	310±8b	340±8a	146±3b	365±5b	4.5±0.2b	12.4±0.2b
	P₂	320±5a	314±12b	165±4a	403±7a	5.3±0.07a	12.6±0.3ab
	F₁	347±14a	335±12b	136±5b	408±6a	4.7±0.09b	13.6±0.4a
	MP	315.00	327.00	156.00	384.00	4.90	12.50
	MH（%）	10.16	2.45	-12.82	6.25	-4.08	9.60
	CH（%）	8.44	-1.47	-18.07	1.24	-11.32	8.73
湘杂棉3号	P₁	351±7a	379±14a	106±2b	287±5c	3.7±0.1b	10.8±0.3b
	P₂	297±7b	326±8b	169±7a	353±7a	5.0±0.1a	11.5±0.3a
	F₁	338±7a	376±13a	106±7b	314±5b	3.6±0.2b	11.8±0.3a
	MP	324.00	352.50	137.50	320.00	4.37	11.20
	MH（%）	4.32	6.67	-22.91	-1.88	-18.44	5.31
	CH（%）	-3.70	-0.79	-37.28	-11.05	-29.22	2.34

铃柄、功能叶叶柄、果枝叶叶柄物质输导功能的差异在结构上有所反映。由表5-25可知，功能叶的导管总数最多，单个导管面积最大，其次是果枝叶柄和铃柄。在导管数目上，南抗3号的功能叶叶柄有微弱的中亲优势，果枝叶柄和铃柄均有超亲优势；鲁棉研15的功能叶叶柄有超亲优势，果枝叶柄和铃柄均小于中亲值，没有优势表现；湘杂棉3号的功能叶叶柄小于中亲值，果枝叶叶柄有中亲优势，铃柄有较大的超亲优势。在单个导管面积方面，南抗3号的功能叶叶柄和铃柄有超亲优势，但南抗3号与亲本间的差异不显著；果枝叶叶柄小于中亲值，没有优势表现；鲁棉研15 F₁的功能叶叶柄存在超亲优势，果枝叶柄和铃柄均小于中亲值；湘杂棉3号的功能叶叶柄、果枝叶叶柄和铃柄均表现超亲优势，但只有湘杂棉3号与亲本间铃柄的导管面积差异达到显著水平。总之，同一转基因抗虫杂交棉的功能叶柄、果枝叶叶柄和铃柄3号不同部位的导管数目和单个导管面积的优势表现不同，3个转基因抗虫杂交棉同一部位这些性状的优势也没有明显规律。说明其优势表现与杂种优势的形成不完全一致，可能与转基因抗虫杂交棉F₁产量优势的形成没有必然联系。

表5-25　功能叶叶柄、果枝叶叶柄和铃柄维管束的杂种优势（曾斌等，2008）

转基因抗虫杂交棉		导管总数			单个导管面积（×100μm²）		
		功能叶柄	果枝叶柄	铃柄	功能叶柄	果枝叶柄	铃柄
南抗3号	P₁	270.0±0.97c	186.6±1.29b	158.0±1.14c	12.75±0.64a	10.26±0.59a	2.17±0.12a
	P₂	287.8±1.24a	179.6±1.12c	164.4±0.81b	11.69±0.34	8.66±0.22b	2.12±0.12a
	F₁	279.4±0.40b	196.8±1.59a	168.4±0.93a	13.21±0.50a	9.31±0.24ab	2.32±0.08a
	MP	278.90	183.10	161.20	12.22	9.46	2.15
	MH（%）	0.18	7.48	4.47	8.10	-1.60	7.91
	CH（%）	-2.92	5.47	2.43	3.61	-9.26	6.91

（续表）

转基因抗虫杂交棉		导管总数			单个导管面积（×100μm²）		
		功能叶柄	果枝叶柄	铃柄	功能叶柄	果枝叶柄	铃柄
鲁棉研 15	P₁	313.8±0.66b	186.2±0.97b	206.0±0.89a	13.00±0.54ab	10.96±0.38a	2.12±0.11a
	P₂	309.8±0.92b	217.4±0.90a	175.0±0.71b	12.20±0.18b	11.34±0.31a	2.02±0.04a
	F₁	340.4±0.81a	185.4±1.08b	157.8±0.68c	14.01±0.54a	10.47±0.31a	2.06±0.07a
	MP	311.80	201.80	190.50	12.60	11.15	2.07
	MH（%）	9.17	-8.13	-17.20	11.19	-6.10	-0.05
	CH（%）	8.48	-14.70	-23.40	7.77	-7.67	-2.83
湘杂棉 3 号	P₁	280.6±0.51c	205.2±0.66b	234.4±1.50b	13.15±0.28a	12.70±0.97a	1.93±0.11b
	P₂	319.6±0.51a	231.0±1.00a	214.4±0.68c	13.14±0.51a	11.52±0.28a	1.94±0.06b
	F₁	298.2±0.66b	230.2±1.16a	258.8±0.86a	13.51±0.27a	13.00±0.56a	2.32±0.09a
	MP	300.10	218.10	224.40	13.15	12.11	1.94
	MH（%）	-0.63	5.55	15.33	2.74	7.35	19.59
	CH（%）	-6.70	-0.35	10.41	2.74	2.36	19.59

第四节　亲本选配

大量研究结果已表明，不同亲本之间杂交，其 F₁ 所表现的优势有很大差异，就竞争优势的变幅而言，从强优势、无显著优势到负向优势。因此，有了优良的亲本，并不等于就有了优良的 F₁。双亲性状的搭配、互补以及性状的显隐性和遗传传递力等都影响 F₁ 的表现，因而有必要研究亲本选配规律，以便有效地利用杂种优势。

一、亲子关系

对于利用 F₁ 杂种优势的育种工作，由于双亲杂交直接决定了 F₁ 表现的好坏，没有后代的分离选择过程。所以，亲子相关研究至关重要。亲子关系的分析方法，一般是利用亲子数据进行相关分析，通过相关系数的大小及其显著性程度来判断亲子关系的密切程度，进而指导亲本选配。

表 5-26 为不同抗源基因的转基因抗虫杂交棉 F₁ 主要性状杂种优势比较。从表 5-26 中可以看出，以（Bt+CpTI）双价棉 SGK321 为抗虫亲本的 F₁ 产量竞争优势最高，分别为 43.31%（霜前皮棉产量）及 25.76%（籽棉产量），其次是 Bt 棉 33B、GKl2，Bt 棉晋棉 26 的竞争优势率最低，霜前皮棉产量的竞争优势仅为 5.30%，而 SRH（%）最高，为 33.84%。在产量构成因素中，铃重和衣分的竞争优势与产量相似，均以 SGK321 双价抗虫棉为亲本的竞争优势最高，竞争优势分别为 16.40% 和 14.38%，晋棉 26 的铃重竞争优势竞争优势最低，为 10.74%，而超抗虫亲本竞争优势最高为 25.92%；以 33B 为抗虫亲本的衣分超抗虫亲本竞争优势最低，为 8.98%。以上结果说明亲本产量及产量因素（主要是铃重和衣分）的高低直接影响着杂种优势的高低。对纤维品质而言，四个不同转基因抗虫杂交棉相比，除了以 GKl2 为抗虫亲本的组合伸长率竞争优势最高、以晋棉 26 为抗虫亲本的组合比强度竞争优势最高外，其余三个指标 2.5% 跨距长度、整齐度和马克隆值的竞争优势均以 33B 为抗虫亲本的组合最高，其 CH（%）分别为 1.24%、0.80% 和 17.1%。这表明

SGK321 为抗虫亲本的 F_1 产量竞争优势最高，是一个好的高产抗虫亲本。而以 33B 为抗虫亲本的 F_1 纤维品质优势最高。

表 5 - 26　不同抗源基因转基因抗虫杂交棉 F_1 主要性状杂种优势比较（朱静竹等，2004）

	SGK321 F_1 优势平均值		33B F_1 优势平均值		GK12 F_1 优势平均值		普棉 26 F_1 优势平均值	
	CH（%）	SRH（%）	CH（%）	SRH（%）	CH（%）	SRH（%）	CH（%）	SRH（%）
铃数	- 2.40	10.93	- 4.17	9.52	- 1.12	13.63	- 21.63	- 5.23
铃重	16.40	13.49	12.45	12.45	12.91	11.37	10.74	25.92
衣分	14.38	- 0.86	8.98	7.25	11.59	3.50	12.85	12.24
籽棉产量	25.76	25.16	20.91	23.05	17.00	23.54	- 6.62	19.33
皮棉产量	43.31	23.62	31.54	31.73	30.45	27.76	5.30	33.84
纤维长度	- 3.84	1.31	1.24	1.93	- 3.50	1.30	- 1.92	3.33
整齐度	- 0.68	- 0.32	0.80	- 0.16	- 0.24	0.24	- 0.56	1.13
比强度	- 13.89	- 9.67	- 10.44	- 7.36	- 15.00	2.82	- 8.44	- 5.29
伸长率	3.43	1.93	4.41	0.00	7.35	4.29	1.96	6.67
马克隆值	13.95	- 7.55	17.05	7.09	13.95	- 2.00	8.53	13.82

注：CH 为竞争优势，SRH 为超抗虫亲本竞争优势

　　转基因抗虫杂交棉 F_1 分别与父、母本 12 个性状进行相关分析，其结果表明（表 5 - 27），F_1 与母本的单铃重、纤维长度、比强度、整齐度、伸长率 5 个性状的相关系数达到极显著水平，马克隆值的相关系数达到显著水平。F_1 与父本的纤维长度、比强度、马克隆值、整齐度 4 个性状的上关系数达极显著水平，单铃重、衣分、伸长率 4 个性状的相关系数达到显著水平。F_1 的 5 个纤维品质性状与母本、父本的相关系数均达到显著以上水平，尤其纤维长度、比强度、整齐度 3 个性状的相关系数均为高度相关，均达到极显著水平，表明要选配出优异纤维品质的转基因抗虫杂交棉，双亲的纤维品质一定要好。F_1 的生育期性状只与父本的相关性状达显著水平，表明在亲本选配中，选择生育期短的转基因抗虫棉作父本可以提高 F_1 的早熟性。李红等（2008）对转基因抗虫杂交棉 F_1 与父、母本相关分析结果指出（表 5 - 28），在纤维品质方面，F_1 与母本、父本和双亲均值之间呈正相关，且在 2.5% 跨距长度、马克隆值（与母本除外）、比强度和伸长率上都达到了显著和极显著水平；与双亲差值除了整齐度和伸长率外都呈负相关。以上结果说明 F_1 的品质性状表现受到双亲的正面影响，在组配杂交组合时应重视对亲本的选择。产量性状单铃数、单铃重（与父本除外）、衣分和籽指 F_1 与母本、父本、双亲均值之间均呈正相关，且在籽指方面与双亲和双亲均值之间都达到显著和极显著水平，这说明在产量性状方面 F_1 表现与双亲值呈正相关。

表 5 - 27　杂种 F_1 与母本、父本的相关与回归（唐文武等，2006）

性状	F_1 与母本的相关系数	F_1 与父本的相关系数
生育期	0.127	0.251[*]
成铃数	- 0.077	0.075
单铃重	0.456[**]	0.286[*]
籽指	0.205	0.178

（续表）

性状	F_1 与母本的相关系数	F_1 与父本的相关系数
衣分	0.212	0.308 *
籽棉产量	0.163	0.072
皮棉产量	0.164	0.116
纤维长度	0.438 **	0.702 **
比强度	0.600 **	0.691 **
马克隆值	0.280 *	0.357 **
整齐度	0.696 **	0.715 **
伸长率	0.571 **	0.254 *

注：*、** 分别表达 0.05 和 0.01 差异显著水平

表 5 – 28　转基因抗虫杂交棉 F_1 性状与亲本相关分析

性状	母本	父本	双亲均值
2.5% 跨距长度	0.508 **	0.502 **	0.713 **
整齐度	0.332	0.015	0.200
马克隆值	0.324	0.634 **	0.698 **
比强度	0.426 *	0.449 *	0.428 *
伸长率	0.456 *	0.367 *	0.573 **
株铃数	0.216	0.012	0.164
单铃重	0.235	−0.301	0.034
衣分	0.391 *	0.106	0.333
籽指	0.415 *	0.475 **	0.62 **

注：* 表示显著水平，** 表示极显著水平，$r_{0.05} = 0.361$，$r_{0.01} = 0.463$

二、亲本间遗传关系

亲本选配是否合理与杂交亲本间的遗传差异有着密切的关系。如何衡量亲本间的遗传差异？通常认为，地理来源差异大的品种反映在形态、生态、生理和发育性状上的差异也大，也许可以用亲本地理上距离的远近代表它们的遗传差异的大小。但进一步研究表明，亲本的地理分布与其遗传差异并无直接联系。由于一个符合育种目标要求的组合（F_1）往往是许多优良性状的综合结果。因此，在亲本选配时必须考虑多个性状，不能只局限于单一性状。而采用多元统计方法获得的遗传距离就可衡量亲本多个数量性状的综合遗传差异。

郝德荣等（2008）研究结果表明，亲本间遗传距离（D^2）与 18 个杂交组合 F_1 杂种优势指数相关分析结果表明二者相关系数（0.466 7）不显著，说明二者之间并不是简单的线性关系。为了明确二者之间的关系，以 D^2 为横坐标，杂种优势指数为纵坐标作散点图（图 5 – 6）。从图中可以看出，在 18 个组合中，当 $D^2 < 4.501\ 3$ 的范围内，杂种优势指数上升，杂种优势增大，二者呈直线关系，二者的相关系数为 0.872 62 **，但决定系数较小。而当 $D^2 > 4.501\ 3$ 时，随着亲本间遗传距离的增大，杂种优势指数有下降的趋势。因此，在进行转基因抗虫杂交棉选育时，为了获得较大的产量杂种优势，亲本间应当具有一定的遗传距离，中等偏大时，杂种优势明显，但并非越大越好，一

般为 4 ~ 5.5，大多数杂交组合 F_1 代大于中亲值而表现正向杂种优势（表 5 - 29）。唐文武等（2010）研究结果认为，亲本间的遗传距离与产量优势并无显著相关性，而与纤维品质优势有一定相关性（表 5 - 30）。由表 5 - 30 可知，转基因抗虫杂交棉的产量性状杂种优势表现最为明显，30个杂交组合 F_1 代籽棉产量的中亲优势平均值为 9.51%，变异为 - 6.43% ~ 59.58%，皮棉产量的中亲优势平均值为 9.42%，变异为 - 8.62% ~ 66.79%；30 个杂交组合的籽棉产量、皮棉产量中亲优势值与亲本间遗传距离的相关系数分别为 - 0.30、 - 0.33，均未达到显著水平，表明亲本间的遗传距离与产量优势并无显著相关性。在产量构成因素中，单株铃数、单铃重的杂种优势表现较好，其中亲优势平均值分别为 3.98%、2.87%；籽指、衣分的杂种优势均表现一般，其中亲优势平均值仅为 - 0.28%、0.03%；这 4 个性状的中亲优势值与遗传距离的相关系数均未达到显著水平。全生育期的杂种优势表现一般，其中亲优势平均值分别为 0.94%、 - 0.63%，表明转基因抗虫杂交棉能缩短生育期并具有一定的营养生长优势。棉纤维品质性状中，纤维长度、比强度具有一定的正向优势，其中亲优势平均值均为 0.24%，变异幅度分别为 - 0.76% ~ 2.05%、 - 2.11% ~ 4.57%；马克隆值的中亲优势平均值均为 1.31%，变异幅度分别为 - 2.08% ~ 5.3%。由于马克隆值越高，纤维细度越差，所以 F_1 的纤维细度具有负向优势。30 个杂交组合的纤维长度、比强度、马克隆值的中亲优势值与亲本间遗传距离的相关系数分别为 0.25、0.36、0.20，均表现为正相关，其中比强度的相关系数达到显著水平，表明双亲间遗传距离越大，比强度的杂种优势强度越高。因此，在转基因抗虫杂交棉选育中，双亲的纤维品质性状优良，同时具有较大的遗传距离就可能选育出高产、优质同步改良的转基因抗虫杂交棉。

表 5 - 29　18 个转基因抗虫杂交棉 F_1 组合产量性状的杂种优势及其亲本间的遗传距离表现

杂交组合	亲本间遗传距离（D^2）	中亲优势（%）	超亲优势（%）	皮棉产量（t/hm^2）	杂种优势指数（%）
A25 × A1	4.779 9	144.10	12.33	1.94	114.10
A28 × A1	4.895 7	14.15	11.95	1.92	114.15
A31 × A1	5.113 7	9.34	8.53	1.79	109.34
A25 × A11	4.771 9	18.88	16.16	1.91	118.88
A28 × A11	2.801 8	1.05	- 3.40	1.66	101.05
A31 × A11	3.629 7	2.62	- 0.67	1.56	102.62
A25 × A12	4.702 8	11.12	10.32	1.84	111.12
A28 × A12	3.388 0	5.81	2.53	1.76	105.81
A31 × A12	4.941 5	15.35	14.67	1.91	115.35
A25 × A14	3.821 9	3.51	1.01	1.66	103.51
A28 × A14	2.620 9	- 7.31	- 11.52	1.52	92.69
A31 × A14	3.473 5	11.79	- 2.3	1.53	111.79
A25 × A15	6.231 9	6.96	3.84	1.71	106.96
A28 × A15	4.617 2	17.04	11.17	1.91	117.04
A31 × A15	5.860 3	3.69	2.07	1.56	103.69
A25 × A22	4.306 9	16.29	11.14	1.83	116.29
A28 × A22	4.501 3	18.28	10.65	1.90	118.28
A31 × A22	5.030 7	10.22	9.12	1.63	110.22

表 5-30   30 个转基因抗虫杂交棉 F_1 主要性状中亲优势及与遗传距离的相关系数

性状	中亲优势范围（%）	中亲优势均值（%）	相关系数
全生育期	-1.53～0.29	-0.63	-0.02
果枝数	-1.32～15.15	1.52	0.17
单株铃数	-7.5～19.87	3.98	-0.18
单铃重	-2.4～8.00	2.87	-0.04
籽指	-3.6～4.80	-0.28	0.11
衣分	-8.54～2.52	0.03	-0.16
籽棉产量	-6.43～59.58	9.51	-0.30
皮棉产量	-8.62～66.79	9.42	-0.33
纤维长度	-0.76～2.05	0.24	0.25
比强度	-2.11～4.57	0.24	0.36*
马克隆值	-2.08～5.3	1.31	0.20

注：*代表 α = 0.05 显著水平

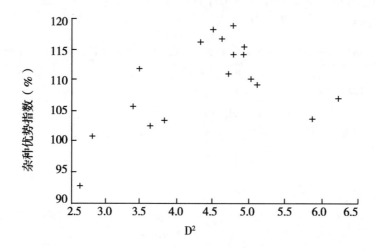

图 5-6   亲本间遗传距离与转基因抗虫杂交棉 F_1 杂种优势的关系

　　遗传距离与杂种优势的关系是一个很复杂的问题。20 世纪 80 年代以来，学者们利用分子标记技术对作物杂种优势预测进行了许多研究，但结果不尽相同。有研究者认为分子标记遗传差异与杂种优势及性状表现相关性较高，如 Stuber 等（1992）对玉米的研究、Scrghai 等（1997）对水稻的研究结果均认为 F_1 产量与杂合性呈显著正相关；但武耀延等（2002）对常规棉、吴卫等（2002）对小麦以及 Godshalk 等（2002）和 Xiao 等（2004）对水稻的研究表明分子标记尚不能用于杂种优势的预测。已有的亲本间遗传距离与转基因抗虫杂交棉 F_1 杂种优势之间相关性的结果表明，遗传距离与杂种优势之间并不存在简单的线性关系；在选配亲本时，亲本间应具有一定的遗传距离，中等偏大时，杂种优势明显，但并非越大越好。这说明数量性状遗传距离反映了双亲遗传差异的一部分，用以指导抗虫杂交棉亲本选配，避免配组的盲目性是有益的。但一个杂交组合能否表现杂种优势不仅与双亲的遗传差异有关，还与双亲遗传背景、所携带的等位基因的类型、基因效应种类及互作、基因型与环境互作等已知和未知的诸多因素有关，这些均有待于进一步研究探讨。

　　配合力是在选育玉米自交系的工作中引出的概念，是指一个自交系与另外的自交系或品种杂交后，杂种一代的产量表现。表现高产的为高配合力，表现低产的为低配合力。目前，配合力的概念已引伸到其他作物的杂种优势利用和杂交育种中。

配合力和杂种优势有密切联系，但两者含义并不完全相同。配合力专指杂种一代的经济性状，主要是指产量高低和品质优劣；杂种优势系指杂种在经济性状、生物学性状等方面超越其亲本的现象。因此，利用杂种优势时，既要注意亲本配合力的高低，又要注意它们的杂种在有利性状方面优势的强弱。

配合力有一般配合力（GCA）和特殊配合力（SCA）两种。一般配合力是指一个被测系（自交系、不育系、恢复系等）与一个遗传基础复杂的群体品种（系）杂交后，产量与品质等经济性状表现的能力，或这个被测系与许多其他系杂交后，F_1 的产量与品质等经济性状的平均值；特殊配合力是指一个被测系与另一个特定的系杂交后，产量与品质等经济性状的表现的能力。因此，可以说，被测系的许多特殊配合力的平均值，就是一般配合力。在杂种优势利用的实践中，选配一般配合力高的品种（系）作杂交亲本，有可能获得高产与优质杂种，减少选配杂交组合的盲目性。因此，一般配合力高的品种（系）是选育高产优质杂种的基础。测定配合力用得最多的方法是双列杂交法，这一方法不仅有理论基础，而且可同时测定一般配合力和特殊配合力。

配合力分析对选育转基因抗虫杂交棉的指导意义在于，GCA 和 SCA 与转基因抗虫杂交棉 F_1 表现型值之间具有相关性（表 5 - 31）。从表 5 - 31 可看出，转基因抗虫杂交棉 F_1 13 个性状的表型值与父母本 GCA 之间相关性均达显著和极显著水平，而与组合 SCA 之间的相关性除籽棉产量、皮棉产量和果枝数外，均未达显著水平；且 F_1 表型值与父、母本的 GCA 相关系数在各个性状上都明显地大于 F_1 表型值与组合的 SCA 相关系数，表明根据双亲的 GCA 选配组合较为可靠。杨六六等（2012）报道，GCA 和 SCA 与转基因抗虫杂交棉 F_1 皮棉产量之间相关系数分别为 0.904** 和 0.952**、与单株结铃数之间的相关系数分别为 0.440* 和 0.992**、与铃重之间的相关系数分别为 0.981** 和 0.984、与衣分之间的相关系数分别为 0.916** 和 0.944**。这意味着在转基因抗虫杂交棉选育过程中，围绕一般配合力好的核心亲本大量配制杂交组合，筛选特殊配合力好的组合当选是一种比较科学的育种方法。

表 5 - 31　配合力效应与转基因抗虫杂交棉 F_1 表型相关系数（邢朝柱等，2000）

性状	F_1 表型值与父母本 GCA	F_1 表型值与父母本 SCA
籽棉产量	0.988**	0.688**
皮棉产量	0.725**	0.689**
单株铃数	0.877**	0.481
单铃重	0.988**	0.156
衣分	0.899**	0.437
籽指	0.927**	0.234
衣指	0.961**	0.277
2.5%跨距长度	0.874**	0.486
比强度	0.905**	0.425
马克隆值	0.958**	0.286
整齐度	0.922**	0.388
伸长率	0.952**	0.306

注：差异性测验为 t 测验，** 表示差异达到 0.01 显著水平，* 表示差异达到 0.05 显著水平

由张凤鑫等（1987）育成的高强纤维系列品系已成为棉纤维品质遗传改良的主要种质资源，同样在选育高产、优势纤维转基因抗虫杂交棉中起着重要作用。张正圣等（2002）以5个高强纤维品系：59705（P_1）、79549702（P_2）、1695215（P_3）、229702（P_4）和9559704（P_5）为母本，12个Bt棉品系：C04（P_6）、CR1（P_7）、AR3（P_8）、JR（P_9）、ER（P_{10}）、JR2（P_{11}）、CR（P_{12}）、CH4（P_{13}）、CH9（P_{14}）、R18（P_{15}）、R32（P_{16}）和MR9（P_{17}）为父本，按NC Ⅱ遗传交配设计配制60个F_1组合，用以研究配合力与转基因抗虫杂交棉F_1杂种优势之间的关系。结果显示，5个高强纤维品系除79549702（P_2）铃重的一般配合力偏低，其他性状的一般配合力均较好，各性状的般配合力表现最好的是9559704（P_5），其次是1695215（P_3）和229702（P_4）。Bt棉品系JR2（P_{11}）除衣分和纤维比强度外，其他性状均表现较好的一般配合力，MR9（P_{17}）皮棉产量和产量构成因素的一般配合力较好。CRl（P_7）籽、皮棉产量和铃重的一般配合力较好。CH4（P_{13}）的产量构成因素和纤维比强度一般配合力较好。AR3（P_8）铃重、2.5%跨距长度和比强度的一般配合力较好（表5-32）。在SCA方面，组合P1×P6、P1×P7、P1×P12、P2×P7、P2×P15、P3×P6、P3×P7、P3×P9、P3×P15、P4×P6、P4×P8、P4×P11、P4×P17、P5×P6和P5×P8的籽、皮棉产量均有较好的特殊配合力，纤维品质2.5%跨距长度和比强度的特殊配合力也较好（表5-33）。对这些组合进一步比较，从中筛选出P3×P17、P4×P11、P5×P6、P5×P8和P5×P11转基因抗虫杂交棉F_1皮棉产量较推广对照品种提高30.0%以上，纤维品质也优于推广对照品种（表5-34）。

表5-32　亲本性状的一般配合力效应

	亲本（P）	籽棉产量（kg/小区）	皮棉产量（kg/小区）	单株铃数（个/株）	铃重（g）	衣分（%）	2.5%跨距长度（mm）	比强度（cN/tex）	马克隆值
1	59 705	0.021 4	0.020 1	0.108 8	0.039 7	0.789 3**	0.747 5*	1.291 9**	-0.048 9
2	79 549 702	0.021 2	0.028 9	0.131 6	-0.066 0	1.295 3*	0.626 6+	1.322 6**	-0.016 9
3	1 695 215	0.071 2	0.062 0	0.339 6	0.102 4+	1.708 7**	0.282 0	1.110 1*	0.059 1
4	229 702	0.072 8	0.049 1	0.134 4	0.245 4*	0.902 3*	0.953 9*	1.160 4**	-0.145 3*
5	9 559 704	0.145 5	0.094 1	0.584 0+	0.126 9*	1.349 3**	0.598 1**	1.438 4**	-0.114 3+
6	C04	-0.210	-0.032 2	-0.851 7*	-0.109 4+	-1.326 4**	0.198 7	-0.022 9	-0.060 0
7	CR1	0.021 5	0.004 6	-0.669 84	0.132 5	-0.816 1**	-0.030 3	-0.302 4	-0.024 0
8	AR3	-0.013 4	-0.014 5+	-0.698 7	0.032 8	-0.971 3*	0.015 1+	0.018 8	0.016 9
9	JR	0.016 9	-0.011 4+	-0.287 9	0.102 6	-1.425 2*	*0.037 2*	-1.109 2**	0.032 0
10	ER	-0.062 3	-0.045 3	-0.387 6**	-0.199 6**	-1.158 5*	0.245 3+	-0.695 6*	-0.202 3**
11	JR2	0.092 1	0.035 4	0.633 5*	0.159 3+	-0.790 3*	0.588 4	-0.295 3	-0.042 8*
12	CR	-0.043 9	-0.022 1	-0.111 3	-0.123 5*	0.273 7	-0.437 9*	-0.622*	0.109 9*
13	CH4	-0.078 5	-0.038 1	0.492 6	0.087 8	0.687 4**	-0.382 3*	0.455 9+	-0.057 1
14	CH9	-0.074 6	-0.031 1*	0.655 1	-0.273 0**	0.365 6*	-0.746 6*	-1.079 7*	0.479 3**
15	R18	0.005 3	-0.007 5	0.512 2+	-0.204 3*	-0.540 7*	-0.558 8**	-1.135 0**	0.043 0
16	R32	-0.165 4	-0.105 6	-1.137 6+	-0.059 2	-1.302 0**	-1.189 5**	-0.860 0*	-0.039 3
17	MR9	-0.009 0	0.013 2	0.791 3	0.005 7	0.955 8*	-0.873 4*	-0.676 2+	0.010 7

注：+、*、**分别表示1%、5%、1%差异显著水平。表5-33同

表 5 − 33　部分杂交组合性状的特殊配合力效应

组合	籽棉产量（kg/小区）	皮棉产量（kg/小区）	单株铃数（个/株）	铃重（g）	衣分（%）	2.5%跨距长度（mm）	比强度（cN/tex）	马克隆值
1×6	0.291 3 +	0.099 0 *	2.933 8 +	0.362 0 *	−0.568 7	1.153 5 *	0.282 7	0.110 8
1×7	0.311 7	0.126 9	2.557 6 *	−0.197 5	0.529 8	0.849 1 +	0.213 8	0.201 9 **
1×12	0.168 2 +	0.052 3	1.945 8	0.082 6	−0.775 8	0.974 3 *	0.893 4 *	−0.200 0
2×7	0.265 0	0.133 7 +	3.564 5 *	−0.505 2 *	1.546 5 *	1.438 0 +	0.375 0	−0.241 9
2×11	0.167 3	0.111 3	0.218 0	0.257 5 +	1.918 5 *	−0.073 8	0.288 7 *	0.270 7
2×14	0.188 2	0.073 7	1.291 2	0.252 9 +	−0.133 3	−0.339 3	0.536 7	0.067 2
2×15	0.466 9 **	0.167 0 **	2.148 5 +	0.356 5 +	−0.662 9	0.220 7	0.238 8	−0.130 4
3×6	0.264 4	0.084 2	1.784 1 *	−0.080 3	1.694 1 +	0.091 1	0.040 2	0.097 2 +
3×7	0.192 5 +	0.147 3 **	2.502 7 *	−0.185 4	1.890 7 **	0.392 8 +	0.444 7 *	−0.025 0
3×9	0.343 9	0.153 9 +	0.031 2	−0.017 1	0.758 **	0.609 3 +	0.174 6 *	−0.163 2
3×15	0.322 6	0.139 0	1.982 7 +	0.262 1	0.398 3 +	0.215 7	0.436 7	−0.051 8
3×16	0.283 0 *	0.103 8 *	1.436 8 +	0.152 3	−0.144 8	−0.647 0 *	0.055 6	−0.023 7
4×6	0.055 7	0.025 6	0.078 7	0.150 8	0.149 9	0.557 1	0.315 5 **	−0.218 1
4×8	0.079 8	0.018 0	0.294 6	0.021 8	−0.377 4	0.562 7 +	0.517 8 +	−0.042 9
4×10	0.151 1	0.065 2	0.838 6	−0.188 5	0.337 3	−0.055 9	0.029 5	0.226 4
4×11	0.453 1	0.184 0	2.489 5	0.157 3	0.254 9	0.015 3	0.446 6	0.157 3 +
4×14	0.487 5 **	0.210 5 *	2.405 9 *	0.190 4	0.440 1	−0.695 0 +	0.113 1	0.088 6
4×16	0.357 9	0.119 0	2.001 2	0.721 8 **	−0.718 **	−0.432 9	0.129 3	−0.016 6
4×17	0.176 5	0.100 1	−1.084 6	0.236 5	1.220 6 **	0.275 2	0.009 9	−0.124 0
5×6	0.600 8 +	0.262 6 +	3.188 0 +	0.321 1	1.056 3	0.983 6 *	0.208 7	0.078 7
5×8	0.528 8 +	0.253 6	1.754 4	−0.007 3	1.878 2 +	0.235 4	1.003 8	0.093 7
5×13	0.261 7	0.104 6	0.997 3	0.491 4	−0.213 7	−0.560 7	0.142 1	−0.120 6
5×15	0.279 1	0.096 4	0.543 3	0.108 7	−0.478 3 *	−0.067 2	0.110 9 *	0.062 4

表 5 − 34　优质高产转基因抗虫杂交棉的主要经济性状

组合	籽棉产量		皮棉产量		2.5%跨距长度		比强度		马克隆值
	kg/hm²	CK（%）	kg/hm²	CK（%）	mm	CK（%）	cN/tex	CK（%）	CK（%）
1×7	3 610.05	127.88	1 443.00	123.12	33.67	110.75	27.15	119.59	4.88	98.99
2×7	3 539.55	125.38	1 466.55	125.12	34.14	112.29	27.34	120.44	4.47	90.63
2×11	3 499.05	123.95	1 479.15	126.19	33.24	109.35	27.26	120.09	4.96	100.65
2×12	3 526.20	124.91	1 417.20	120.91	31.58	103.88	26.83	118.19	4.70	95.32
3×7	3 505.95	124.19	1 536.60	131.10	32.75	107.72	27.20	119.81	4.76	96.58
3×9	3 726.15	131.99	1 522.65	129.90	32.96	108.41	26.12	115.06	4.68	94.91

（续表）

组合	籽棉产量		皮棉产量		2.5%跨距长度		比强度		马克隆值	
	kg/hm²	CK（%）	kg/hm²	CK（%）	mm	CK（%）	cN/tex	CK（%）		CK（%）
3×15	3 676.80	130.24	1 506.00	128.49	31.96	105.13	26.36	116.10	4.80	97.39
3×17	3 818.25	135.25	1 614.30	137.73	30.91	101.68	26.09	114.92	5.02	101.74
4×9	3 631.35	128.64	1 424.70	121.55	33.53	110.29	25.75	113.43	4.65	94.26
4×11	4 005.15	141.88	1 618.50	138.09	33.66	110.72	27.26	120.07	4.72	95.75
4×17	3 438.60	121.81	1 459.50	124.51	32.46	106.77	26.44	116.47	4.49	91.12
5×6	4 166.10	147.57	1 702.50	145.25	33.88	111.45	27.57	121.44	4.66	94.43
5×7	3 473.55	123.04	1 414.65	120.69	33.28	109.46	26.90	118.51	4.65	94.42
5×8	4 069.50	144.15	1 715.55	146.36	32.95	108.39	28.40	125.13	4.75	96.30
5×11	4 315.95	152.89	1 767.45	150.80	33.28	109.48	26.68	117.54	4.79	97.16
5×13	3 571.20	126.50	1 456.65	124.28	31.76	104.47	27.98	123.26	4.46	90.45
5×15	3 727.20	132.03	1 491.75	127.27	32.07	105.51	26.36	116.12	4.74	96.19

研究结果表明，一般配合力基因型效应在同一亲本各性状间以及同一性状各亲本间存在明显差异，表明不同亲本在各性状上的加性效应大小是不同的。由表5-35可知，在母本中以 A_8（常规棉）的产量性状一般配合力为最好，除衣分性状为负值外，其他4个性状的一般配合力相对效应值（EGCA）分别为11.313%、1.637%、13.453%、9.544 2%；纤维品质性状中，以 A_4（常规棉）的一般配合力为最好，其纤维长度、比强度、马克隆值、伸长率的 EGCA 均为正值，分别为1.573%、4.167%、1.296%、0.825%。父本中，除 B_4 的产量性状一般配合力表现较好外，其他父本一般配合力偏低。表5-36表明，以单株籽、皮棉产量、衣分、单株铃数为例，1998年试验，一般配合力效应值均以 Bt 棉 ST96-1 最高，Bt 棉 ST96-2 次之，Bt 棉 ST96-3 最差。1999年试验结果具类似趋势。这表明，不同的 Bt 棉在各产量性状的遗传上是各不相同的，但基本趋势是相对稳定的。不同的 Bt 棉作为亲本与常规棉亲本杂交，其后代在各产量性状的遗传方面有明显不同。因此，在以 Bt 棉作为抗虫亲本，通过有性杂交选育好的转基因抗虫杂交棉或转基因抗虫常规棉新品种时，对 Bt 棉也应进行必要的筛选。如果育种目标在于改良新品种籽、皮棉产量、衣分、单株铃数4个产量性状，选用 ST96-1 较为理想。如果要提高新品种的铃重，则以 ST96-2 为优。ST96-3 各产量性状一般配合力都偏低，选用时需慎重。用 Bt 棉作亲本与常规棉杂交，配制转基因抗虫杂交棉 F_1，其测试后代的特殊配合力在各产量性状上的表现非常复杂（表5-37）。就1998年试验结果而言，在12个测试组合中，各产量性状的特殊配合力效应值均各不相同。如 ST96-1 在和常规棉中棉所19的测试杂交组合中，单株籽棉产量和单株皮棉产量两个性状的特殊配合力相对效应值，分别为-9.6和-7.7；而在和常规棉陕棉920346的测试组合中，单株籽棉产量和单株皮棉产量两个性状的特殊配合力相对效应值，又分别为25.5和24.3。ST96-2 在与常规棉陕920346的测试组合中，单株籽、皮棉两个产量性状特殊配合力相对效应值，分别是-13.9和-14.3；而在和常规棉陕6192的测试组合中，单株籽、皮棉两个产量性状上的特殊配合力相对效应值，又分别为11.9和12.2。其他各产量性状在不同的测试组合中，特殊配合力相对效应值的表现也有类似结果。1999年试验结果与1998年略有不同，这可能与年际间试验条件如气候等因素改变有关，但两年试验获得结果的基本趋势是一致的。这说明，Bt 抗虫基因在通过生物工程方法导人陆地棉种质资源以后，被导入的材料再与常规棉亲本杂交，其后代的变异是极其多样的，能为不同

性状的选择提供丰富的物质基础。此外，同一亲本的不同组合间，各性状的特殊配合力效应值差别很大。以 ST96 – 3 为例，虽然各产量性状一般配合力都较低，但在与常规棉陕 2234 的杂交组合中，籽、皮棉产量、铃重、单株铃数 4 性状的特殊配合力效应值都较高。因此，对于一个具体的种质材料来说，能否产生较理想的育种效果或杂种优势，还取决于其与常规棉亲本组配后产生的非加性效应。因此，以有性杂交为育种手段，以抗棉铃虫、丰产为育种目标选育新品种或利用杂种优势时，在确定 Bt 棉的情况下，常规棉的筛选更为重要。常规棉作为育种亲本须具备更多的优点。

表 5 – 35　亲本性状的一般配合力相对效应值（唐文武等，2009）

亲本	单株铃数	铃重	衣分	籽棉产量	皮棉产量	2.5%跨距长度	比强度	马克隆值	伸长率
母本：常规棉 A_1	7.601	– 5.665	5.894 1	1.307 6	7.235 5	– 0.006 0	– 1.557	– 1.62	2.558
母本：常规棉 A_2	– 4.759	– 1.013	– 2.047	– 5.796	– 7.348 0	0.622 0	– 3.762 0	0.216	1.815
母本：常规棉 A_3	– 1.478	– 7.166	– 6.601 0	– 8.594	– 14.020 0	– 0.063 0	0.120	– 4.104	– 1.733
母本：常规棉 A_4	– 4.753	3.521	1.137 1	– 0.090	– 0.824 0	1.573 0	4.167 0	1.296	0.825
母本：常规棉 A_5	– 8.760	15.564	– 3.442 0	5.143 0	1.945 1	– 1.433 0	4.167 0	– 3.24	– 1.815
母本：常规棉 A_6	– 2.646	2.668	– 4.753 0	– 0.122 0	– 4.491 0	1.269 0	10.200	– 5.292	0.825
母本：常规棉 A_7	3.644	– 3.486	4.241 7	– 0.051 0	4.463 1	– 0.615 0	– 4.327 0	4.212	1.485
母本：常规棉 A_8	11.313	1.637	– 3.612 0	13.453	9.544 2	1.060 0	– 3.616 0	1.944	– 3.053
母本：常规棉 A_9	1.706	– 2.544	1.138 4	– 0.637	0.331 4	– 0.595 0	– 1.447 0	1.512	1.980
母本：常规棉 A_{10}	– 1.868	– 3.515	8.043 8	– 4.614 0	3.168 0	– 1.813 0	– 3.944 0	5.076	– 2.888
父本：Bt 棉 B_1	– 19.468	– 0.029	0.398 6	– 19.080 0	– 18.890 0	– 3.385 0	– 1.750	3.413	– 4.010
父本：Bt 棉 B_2	1.783	– 2.591	0.993 7	– 0.772 0	0.227 3	– 1.912 0	– 2.876 0	0.497	0.644
Bt + CpTI 棉 B_3	5.398	– 0.188	0.211 1	5.324 3	5.730 1	0.405 0	– 0.153 0	– 0.086	2.772
Bt 棉 B_4	8.846	1.295	– 0.459	9.984 4	9.855 0	2.608 0	3.47 80	– 0.540	– 0.842
Bt 棉 B_5	– 5.076	0.395	1.279 0	– 4.881 0	– 3.989 0	– 0.302 0	1.662 0	– 0.994	0.099
Bt 棉 B_6	8.518	1.119	– 2.424 0	9.421 5	7.062 2	2.585 0	– 0.361 0	– 2.289	1.337

表 5 – 36　产量性状一般配合力相对效应值（范万发等，2003）

亲本	年份	单株籽棉产量	单棉皮棉产量	衣分	铃重	单株铃数
父本：Bt 棉 ST96 – 1	1998	3.7	4.7	2.02	0.00	3.1
	1999	4.5	5.4	2.10	0.82	4.0
父本：Bt 棉 ST96 – 2	1998	1.5	2.7	0.66	0.83	1.7
	1999	2.0	3.1	0.80	1.08	2.5
父本：Bt 棉 ST96 – 3	1998	– 5.2	– 7.3	– 2.70	– 0.84	– 4.7
	1999	– 4.4	– 6.3	– 1.95	– 0.08	– 3.9
母本：常规棉中棉所 19	1998	23.6	26.3	2.07	6.04	15.7
	1999	25.0	23.0	2.57	6.11	16.9

(续表)

亲本	年份	单株籽棉产量	单棉皮棉产量	衣分	铃重	单株铃数
母本：常规棉陕 920346	1998	-9.2	-14.5	-6.67	-2.07	-6.4
	1999	-8.1	-10.8	-8.02	-1.32	-5.5
母本：常规棉陕 2234	1998	0.5	2.4	2.51	2.48	-1.5
	1999	1.3	3.8	2.89	3.01	0.7
母本：常规棉陕 6192	1998	-14.9	-14.2	2.07	-7.66	-7.7
	1999	-10.6	-13.1	1.97	-8.01	-5.6

表 5-37　产量性状特殊配合力相对效应值（范万发等，2003）

亲本	年份	中棉所19			陕920346			陕2234			陕6192		
ST96-1	1998	-9.6	-7.7	6.8	25.5	24.3	0.21	-12.9	-12.9	0.45	-3.0	-3.8	-1.34
		4.97	-14.6		0.83	25.3		-2.07	-11.4		-3.31	0.7	
	1998	-8.6	-9.0	6.8	20.8	21.7	0.53	-6.0	-7.1	0.31	-5.7	-4.9	-1.01
		5.1	-5.6		0.50	22.1		-1.91	-6.9		-4.05	1.1	
ST96-2	1998	0.1	-1.0	-0.75	-13.9	-14.3	-0.35	-0.9	3.0	0.75	11.9	12.2	0.40
		-1.24	0.80		1.86	-16.4		-2.28	3.9		1.45	11.6	
	1998	-0.9	-0.1	-0.51	-6.2	-7.6	-0.21	0.1	2.1	0.51	16.0	17.1	0.41
		-1.02	1.50		2.01	-13.0		-3.00	2.1		2.00	14.0	
ST96-3	1998	9.5	8.7	0.07	-11.6	-10.2	0.14	10.9	9.8	-1.15	-9.0	-8.6	0.99
		-3.73	13.8		-2.69	-9.2		4.35	7.3		1.86	-12.2	
	1998	6.0	6.1	-0.02	-7.2	-6.3	0.08	13.5	14.0	-1.00	-11.0	-10.5	1.01
		-2.99	15.0		-3.00	-5.2		5.12	8.5		1.90	-13.1	

注：表中每栏中的 5 组数值（自左向右，自上向下）分别为单株籽棉产量、单株皮棉产量、衣分、铃重和单株结铃数的相对效应值

一般认为，一般配合力是由基因的加性作用决定的，也可以看作基因的累加，由于基因的加性作用不受基因重组的影响，所以一般配合力比较稳定、且容易纯合固定和遗传给后代。而一般配合力高的亲本杂交，可以增强有利基因进一步聚合的可能性，也就容易配出好的组合。杂交组合的特殊配合力是由基因的非加性作用决定的，即杂合状态的等位基因之间及非等位基因之间的交互作用。它取决于基因间特异的结合或排列状态，因而容易受基因重组影响而发生变化，在遗传上处于比较不稳定的状态。虽然如此，特殊配合力毕竟还是杂种优势的重要组成部分，它与一般配合力相互独立又相辅相成，更不能相互取代。因此，在多数情况下，选育杂交组合应该先注重一般配合力高的双亲，再选择特殊配合力强的组合。有些组合双亲的一般配合力不算高，但可能两者在遗传、生态等方面存在很大差异，具有很高的特殊配合力，这样的组合当然也有应用价值，但其亲本的通用性较差，组合的表现较容易受环境的影响，较难获得广泛的适应性。

三、配组方式

棉花纤维品质、产量以及抗虫性等性状是否受胞质影响，正反交之间是否存在显著差异，这些

对于转基因抗虫杂交育种有着非常重要而且现实的意义。

据研究，正反交之间转基因抗虫杂交棉 F_1 纤维品质无显著差异（表 5 - 38、表 5 - 39），但籽、皮棉产量的结果不一致。王仁祥等（2006）认为，正反交之间产量差异显著（表 5 - 40）。从表 5 - 40 中可以看出，正、反交的籽棉产量分别为 4 094.0kg/hm²，和 4 020.90kg/hm²，正交较反交高 73.12kg/hm²，双尾检测差异达极显著水平；正、反交皮棉产量分别为 1 630.90kg/hm² 和 1 602.44 kg/hm²，正交较反交高 28.46kg/hm²，经双尾检验差异也达极显著水平。说明正、反交间的产量性状存在明显差异。而且，通过对正反交间的每株铃数、总铃数、铃重、衣分等产量构成因素的比较分析发现，正交的铃重为 5.22g，反交的为 5.17g，正交的比反交的要重 0.05g，经双尾检验差异也达到显著水平。而每株铃数、总铃数、衣分等产量构成因子在正反交间的差异均未达到显著水平，但是正交组合的总铃数、株铃数较反交的要高，而果枝数与衣分较反交的低。而王志伟等（2010）的研究结果显示，正反交之间产量差异不显著（表 5 - 41）。

表 5 - 38 纤维品质性状正反交间的 t 检验（王仁祥等，2006）

项目	正交均值	反交均值	正反交差值	标准差	均值标准误	显著性 P 值
马克隆值	5.22	5.19	0.03	0.47	0.02	0.26
2.5%跨距长度（mm）	30.46	30.42	0.00	0.05	0.00	0.52
整齐度	85.83	85.76	0.07	1.43	0.08	0.37
比强度（cN/tex）	31.70	31.65	0.05	3.10	0.16	0.75
伸长率（%）	10.08	10.07	0.01	1.42	0.07	0.86

注：父本为常规棉，母本为 Bt 棉

表 5 - 39 不同杂交组合正反交纤维品质性状比较（王志伟等，2010）

杂交组合	2.5%跨距长度	整齐度（%）	马克隆值	比强度（cN/tex）	伸长率（%）
Bt 棉 GK12 × 常规棉 99668	31.20aA	85.58 aA	4.41 aA	29.60bA	6.88 bA
常规棉 99668 × GK12	31.80 aA	85.85 aA	4.40 aA	31.41 aA	6.98 aA
Bt 棉 99668 × Bt 棉泗棉 3 号	30.55 aA	85.76 aA	4.27 aA	28.83 bA	6.86 bA
常规棉泗棉 3 号 × Bt 棉 99668	30.33 aA	85.10 aA	4.30 aA	30.10 aA	6.95baA

注：大、小写英文字母分别表示达 1%、5%差异显著水平

表 5 - 40 产量性状正反交间的 t 检验

性状	正交均值	反交均值	正反交差值	标准差	均值标准误	显著性 P 值
籽棉产量（kg/hm²）	4 094.01	4 020.90	73.12	422.91	22.29	0.00
皮棉产量（kg/hm²）	1 630.90	1 602.44	28.46	169.83	8.95	0.00
总铃数（个/hm²）	8 614.85	8 578.94	35.90	1 133.87	59.76	0.55
株铃数（个）	33.06	33.00	0.06	4.71	0.28	0.83
铃重（g）	5.22	5.17	0.05	0.41	0.02	0.02
衣分（%）	39.77	39.81	-0.04	1.30	0.07	0.58

表 5 –41　不同杂交组合正反交产量及其性状比较

杂交组合	籽棉产量 （kg/hm²）	皮棉产量 （kg/hm²）	衣分 （%）	铃重 （g）	铃数 （个/m²）
Bt 棉 GK12 × 常规棉 99668	3 738. 60aA	1 434. 87 aA	38. 38 aA	5. 49 bB	68. 19 aA
常规棉 99668 × Bt 棉 GK12	3 683. 10 aA	1 416. 52 aA	38. 46 aA	5. 79 bB	63. 67 aA
Bt 棉 99668 × 泗棉 3 号	2 720. 40 aA	1 107. 20 aA	40. 70 aA	5. 54 aA	49. 17 aA
常规棉泗棉 3 号 × Bt 棉 99668	2 787. 15 aA	1 119. 32 aA	40. 16 aA	5. 58 aA	47. 35 aA

注：同表 5 –39

正反交的蕾铃被害率（含三代、四代棉铃虫）数据表明，从三代棉铃虫蕾铃被害率来看，正、反交值分别为 8.09 和 6.43，正交值比反交值稍微高一些，概率值为 0.39，差异不显著；四代棉铃虫蕾铃被害率，正、反交值分别为 2.94 和 1.93，被害率正交较反交高 1.01，概率值为 0.00，差异达极显著水平；三、四代棉铃虫蕾铃被害率合计后，正、反交值分别为 11.03 和 8.37，正交值比反交值高 2.66，概率值为 0.38，差异不显著（表 5 – 42）。由于抗虫性是来源于转 Bt 基因，是完全的显性遗传，抗虫差异估计与 F_1 代的纯度有关。

表 5 –42　正反交间抗虫性的比较（邢朝柱等，2008）

反交亲本	蕾铃被害率（%）			正交亲本	蕾铃被害率（%）		
	三代棉铃虫	四代棉铃虫	合计		三代棉铃虫	四代棉铃虫	合计
A1 × B7	6. 33	1. 03	7. 37	B7 × A1	0. 67	2. 03	2. 70
A2 × B7	1. 00	1. 53	2. 53	B7 × A2	23. 40	3. 25	26. 65
A3 × B7	20. 00	3. 67	23. 67	B7 × A3	11. 10	3. 00	14. 10
A4 × B7	22. 67	3. 12	25. 78	B7 × A4	14. 33	6. 70	21. 03
A5 × B7	6. 00	2. 00	8. 00	B7 × A5	21. 77	3. 90	25. 67
A6 × B7	5. 33	0. 67	6. 00	B7 × A6	1. 10	2. 67	3. 77
A1 × B8	1. 33	1. 33	2. 67	B8 × A1	0. 00	4. 00	4. 00
A2 × B8	6. 43	2. 39	8. 83	B8 × A2	5. 00	3. 00	8. 00
A3 × B8	0. 67	3. 33	4. 00	B8 × A3	7. 33	2. 33	9. 67
A4 × B8	9. 33	1. 00	10. 33	B8 × A4	4. 67	2. 00	6. 67
A5 × B8	0. 00	2. 67	2. 67	B8 × A5	0. 67	2. 33	3. 00
A6 × B8	0. 33	0. 88	1. 22	B8 × A6	9. 67	3. 60	13. 26
A1 × B9	9. 33	0. 50	9. 83	B9 × A1	1. 07	3. 13	4. 20
A2 × B9	11. 00	1. 00	12. 00	B9 × A2	21. 67	3. 30	24. 96
A3 × B9	13. 33	1. 93	15. 27	B9 × A3	5. 33	3. 70	9. 04
A4 × B9	0. 33	2. 00	2. 33	B9 × A4	0. 00	2. 11	2. 11
A5 × B9	0. 00	2. 33	2. 33	B9 × A5	0. 00	5. 33	5. 33
A6 × B9	17. 33	1. 41	18. 74	B9 × A6	4. 67	2. 33	7. 00
A1 × B10	5. 67	3. 33	9. 00	B10 × A1	11. 00	2. 33	13. 33
A2 × B10	4. 67	1. 33	6. 00	B10 × A2	9. 67	5. 67	15. 33

（续表）

反交亲本	蕾铃被害率（%）			正交亲本	蕾铃被害率（%）		
	三代棉铃虫	四代棉铃虫	合计		三代棉铃虫	四代棉铃虫	合计
A3 × B10	2.67	0.00	2.67	B10 × A3	11.67	2.00	13.67
A4 × B10	29.33	4.13	33.47	B10 × A4	1.67	2.08	3.75
A5 × B10	0.67	2.28	2.95	B10 × A5	12.67	1.67	14.33
A6 × B10	16.67	2.50	19.17	B10 × A6	1.33	4.00	5.33
A1 × B11	1.33	1.33	2.67	B11 × A1	4.00	3.00	7.00
A2 × B11	7.00	2.73	9.73	B11 × A2	5.67	3.00	8.67
A3 × B11	1.07	0.67	1.73	B11 × A3	16.67	3.99	20.66
A4 × B11	2.67	2.33	5.00	B11 × A4	1.43	1.03	2.47
A5 × B11	0.33	5.15	5.48	B11 × A5	0.77	2.00	2.77
A6 × B11	0.77	1.33	2.10	B11 × A6	8.00	1.71	9.71
A1 × B12	0.43	1.00	1.43	B12 × A1	11.67	2.86	14.53
A2 × B12	1.33	1.33	2.67	B12 × A2	34.67	4.19	38.85
A3 × B12	1.33	3.00	4.33	B12 × A3	11.33	2.03	13.36
A4 × B12	0.43	0.80	1.23	B12 × A4	0.33	1.33	1.67
A5 × B12	14.67	2.33	17.00	B12 × A5	2.00	1.67	3.67
A6 × B12	9.77	1.23	11.00	B12 × A6	14.10	2.67	16.77
平均	6.43	1.93	8.37	平均	8.09	2.94	11.03

注：A1～A6 为常规棉父本，B1～B12 为 Bt 棉母本

崔瑞敏等（2003）研究了 Bt 棉亲本（Pr）、常规棉亲本（P）三种组配模式（Pr×Pr、Pr×P、P×Pr）F_1 产量性状、纤维品质、抗病虫性的差异。结果表明，三种组配模式 F_1 铃重、衣分、籽指均具有正向优势，而单株铃数低于对照，Pr×P 组配模式 F_1 平均产量最高，铃重增加明显（表5-43）；Pr×Pr 平均产量较高，单株铃数最多，纤维比强度稍好而马克隆值偏高；P×Pr 抗病性好，棉纤维略长，但比强度较差（表5-43）；三种组配模式抗虫性没有明显差异（表5-44）；组配模式相同亲本不同或有一个或两个（正反交）相同亲本但组配模式不同其杂种一代差异均较大（表5-44）。由表5-44可知，组配模式相同亲本不同，其杂交组合 F_1 主要性状差异较大；有一个或两个相同亲本（正反交）组配模式不同，其后代差异亦较大；尽管各杂交组合百株幼虫数不同，但杂交组合的抗虫性却与抗虫亲本的个数、作父本或作母本没有明显关系；含有常规棉亲本的组合，杂种后代的抗虫性并没有明显降低，但常规棉亲本对杂种后代的抗病性却有一定影响。有常规棉亲本的组合，抗枯、耐黄性明显优于两个抗虫亲本组配的组合；两个相同的亲本组成正反交，其杂种后代多数表现并不一致，个别正反交组合主要性状相近。从表中还可看出 Pr×P 模式产量较高，Pr×Pr 单株结铃性强，P×Pr 抗病性较好的趋势，这与上述结果相一致。

表 5 – 43　不同组配模式杂交组合 F_1 主要性状差异

性状	性状平均值				优势平均值			优势幅度			优势组合率（%）		
	ck	Pr×Pr	Pr×P	P×Pr	Pr×Pr	Pr×P	P×Pr	Pr×Pr	Pr×P	P×pr	Pr×Pr	Pr×P	P×Pr
霜前皮棉（kg/hm²）	945.3	1 017.9	1 061	985.2	7.62	12.2	4.22	-11.1~32.3	-20.2~47.6	-35.5~56.3	94.4	91.72	76.2
籽棉总产（kg/hm²）	2 667.0	2 827.5	2 890.0	2 793.1	6.02	8.36	4.72	-2.3~35.5	-6.8~39.3	-31.5~36.9	96.0	87.3	78.6
单株铃数（个）	14.1	13.3	13.0	12.4	-5.7	-7.8	-12.1	-20.3~15.2	-22.4~20.2	-32.2~15.6	46.0	44.4	28.6
铃重（g）	5.0	5.2	5.6	5.9	4.0	12.0	18.0	-12~11.7	-6.1~21.9	-5.1~24.6	92.1	95.2	90.5
衣分（%）	37.9	38.9	39.4	39.7	2.6	3.9	4.7	-6.7~11.9	-3.6~13.7	-1.8~13.8	76.9	96.0	95.2
籽指（g）	9.0	9.3	9.7	9.5	3.3	7.8	5.6	-16.0~20.5	-13.5~28.8	-12.2~26.9	80.9	75.4	90.5
生育期（d）	129	128	128	127	-0.8	-0.8	-1.6	-3.6~4.3	-3.9~3.8	-5.9~2.9	45.2	46.8	36.5
霜前花率（%）	87.9	93.6	94.2	96.2	6.5	7.2	9.4	-15.6~21.4	-5.6~13.4	-7.9~15.9	71.5	76.2	81.0
枯萎病指	3.81	4.39	3.29	298	15.2	-13.6	-21.8	-62.6~90.3	-75.4~36.6	-82.8~35.3	93.7	40.5	34.1
黄萎病指	30.40	31.71	31.33	26.3	4.3	2.9	-13.5	-31.6~38.9	-33.9~36.2	-36.1~25.4	53.8	45.2	34.1
百株幼虫（头）	29.3	30.8	26.9	30.4	5.1	-8.2	3.8	-29.2~40.6	-48.7~28.5	-23.1~37.3	57.1	48.4	53.2
顶尖受害率（%）	4.0	3.9	4.2	3.6	-2.5	5.0	-10.0	-50.1~76.4	-44.5~82.3	-67.9~58.4	46.1	55.5	42.8
2.5%跨距长度（mm）	28.96	28.74	29.13	29.71	-0.76	0.59	2.59	-6.5~5.3	-5.8~6.1	-4.2~7.5	45.2	53.9	59.5
比强度（cN/tex）	21.22	21.42	20.61	19.93	0.94	-2.87	-6.08	-9.9~12.6	-11.7~8.8	-10.2~8.2	14.3	15.9	20.6
马克隆值	4.56	4.74	4.63	4.52	3.95	1.54	-0.88	-15.7~10.1	-16.5~6.2	-14.5~8.8	72.3	68.2	74.9

表 5 – 44　亲本与组配模式对杂种后代的影响

组配模式	籽棉总产（kg/hm²）	株高（cm）	单株铃数（个）	铃重（g）	衣分（%）	生育期（d）	2.5%跨距长度（mm）	枯萎病指	黄萎病指	百株幼虫（头）
$P_{r2} \times P_r$	2 424.0	76.1	14.1	5.0	39.1	128	28.3	4.1	32.5	25
$P_{r2} \times P$	2 581.5	83.0	11.2	5.3	37.5	131	28.4	2.3	31.2	14
$P \times P_{r2}$	2 362.9	77.3	10.9	5.3	42.2	127	29.2	3.6	26.4	58
$P_{r6} \times P_r$	3 016.5	75.5	13.4	5.1	37.1	127	28.5	5.6	35.1	36
$P_{r6} \times P$	3 266.1	83.1	13.2	5.3	38.3	130	28.6	2.8	28.9	24
$P \times P_{r6}$	2 983.2	82.0	15.2	5.1	39.5	129	29.4	3.0	27.2	16
$P_{r11} \times P_r$	3 075.6	76.3	14.4	4.8	38.2	133	29.1	9.8	37.4	49
$P_{r11} \times P$	3 090.4	78.2	12.8	5.7	39.1	129	28.8	4.1	32.1	31
$P \times P_{r11}$	2 580.2	82.4	13.4	6.1	38.5	128	28.7	3.6	31.4	28

（续表）

组配模式	籽棉总产（kg/hm²）	株高（cm）	单株铃数（个）	铃重（g）	衣分（%）	生育期（d）	2.5%跨距长度（mm）	枯萎病指	黄萎病指	百株幼虫（头）
$P_{r19} \times P_r$	3 165.4	74.3	16.7	5.2	37.7	127	27.9	3.8	41.8	33
$P_{r19} \times P$	3 020.1	83.9	12.5	6.0	38.6	130	29.7	2.6	30.8	46
$P \times P_{r19}$	3 067.3	85.2	14.7	5.5	40.8	132	28.9	3.2	26.7	15
$P_{r23} \times P_r$	2 520.7	75.3	15.8	5.3	38.5	132	27.4	6.8	39.6	39
$P_{r23} \times P$	2 602.3	76.4	16.5	5.3	39.0	128	28.7	2.2	33.3	52
$P \times P_{r23}$	2 461.5	84.4	13.9	4.9	40.2	131	30.1	1.5	23.4	47

　　研究父母本均为转基因抗虫棉的 F_1 代生物抗虫性及有关经济性状的表现，可为选育新一类转基因抗虫杂交棉提供参考依据。郭立平等（1999）报道，抗×抗 F_1 代抗虫株率在96%以上（表5－45）。与常规棉×抗虫 F_1 相比，抗×抗 F_1 产量水平和铃重与其相当，而衣分略低；与常规 Bt 棉品系 RP_{4-4} 相比，抗×抗的 F_1 由于具有杂种优势而极显著增产，幅度为21.3%~24.2%；衣分高于 RP_{4-4}，铃重与之相当（表5－46）。在纤维品质方面，抗×抗 F_1 代除了2.5%跨距长度略高于后者以外，其他各项指标的差异不明显（表5－47）。陈旭升等（2003）研究结果显示，具有来自父母本2个 Bt 基因的转基因抗虫杂交棉，其正反交 F_1 均表现高抗棉铃虫特性，它们的抗虫性甚至超过了具有1对 Bt 基因的双亲；两个 Bt 棉亲本的 F_1 抗虫性表达不存在母本效应（表5－48）。产量与纤维品质 Bt 棉 RP_1 × Bt 棉 RP_2（F_1）与 $RP_2 \times RP_2$（F_1）的籽、皮棉产量与纤维品质均优于对照常规棉泗棉3号（表5－49、表5－50）。

表5－45　抗×抗组合 F_1 代的抗虫性分离调查

类型	组合或品系	抗虫株数（株）	非抗虫株数（株）	调查株数（株）	抗虫株率（%）
抗×抗	抗A×抗B	265	10	275	96.4
	抗C×抗B	28	13	299	95.6
	抗D×抗B	272	8	280	97.1
常规棉×抗	中棉所29	264	15	279	92.5
	RH-4	280	16	296	94.5
常规 Bt 棉品系	RP_{4-4}	277	21	298	93.0

表5－46　抗×抗 F_1 代的产量性状

类型	组合或品系	代别	衣分（%）	铃重（g）	皮棉产量（kg/hm⁻²）	较 CK 增产（%）
抗×抗	抗A×抗B	F_1	40.36	6.5	119.43	21.3
	抗C×抗B	F_1	59 356	6.2	122.29	24.2
	抗D×抗B	F_1	40.35	6.2	120.50	22.4
常规棉×抗	中棉所29	F_1	43.41	6.5	125.61	27.5
	RH-4	F_1	41.36	6.5	117.10	19.0
常规 Bt 棉品系	RP_{4-4}	F_1	39.56	6.9	98.41	0.0

表 5 – 47　抗 × 抗 F_1 代的纤维品质

类型	组合或品系	代别	2.5% 跨距长度（mm）	整齐度（%）	强度（cN/tex）	伸长率	马克隆值
抗 × 抗	抗 A × 抗 B	F_1	31.2	47.6	22.1	6.4	4.9
	抗 C × 抗 B	F_1	30.4	48.1	24.0	7.2	5.1
	抗 D × 抗 B	F_1	30.4	50.2	22.5	7.0	4.8
常规棉 × 抗	中棉所 29	F_1	29.9	49.7	21.9	7.1	5.3
	RH – 4	F_1	29.4	47.6	22.0	6.6	4.9
常规 Bt 棉品系	RP_{4-4}	F_1	29.0	49.8	21.6	7.2	5.3

表 5 – 48　抗 × 抗正反交 F_1 代抗虫性鉴定结果

| 供试品系 | 苗期室内叶片接虫鉴定 | | | | | | 蕾铃期田间罩笼接蛾鉴定 | | | | 综合评价 | |
| | 幼虫死亡 | | | 叶片受害 | | | 活虫减少（%） | | 蕾铃害减少率（%） | | 平均 | 级别 |
	1	2	3	1	2	3	1	2	1	2		
（Bt 棉 RP_1 × Bt 棉 RP_2）F_1	4	4	4	3	3	4	4	4	3	4	3.7	高抗
（RP_2 × RF_1）F_1	4	4	4	3	3	4	4	4	4	4	3.8	高抗
常规棉泗棉 3 号（CK）	1	1	1	1	1	1	1	1	1	1	1.0	不抗

注：表中数据均为抗性值

表 5 – 49　抗 × 抗正反交 F_1 产量性状表现

品种名称	霜前花率（%）	单铃重（g）	大样衣分（%）	籽棉产量（kg/hm²）	皮棉产量（kg/hm²）	皮棉产量比 CK ± （%）
（Bt 棉 RP_1 × Bt 棉 RP_2）F_1	88.07	5.02	41.44	2 922.2	1 211.0	+ 13.38
（RP_2 × RF_1）F_1	91.10	5.32	41.50	3 029.3	1 257.2	+ 17.71
常规棉泗棉 3 号（CK）	82.43	5.26	45.62	2 340.9	1 068.0	—

表 5 – 50　抗 × 抗正反交 F_1 及其亲本的纤维品质

品种名称	长度（mm）	整齐度（mm）	比强度（cN/tex）	伸长率（%）	马克隆值
Bt 棉 RP_1	29.0	84.1	29.7	6.4	5.8
Bt 棉 RP_2	30.4	84.6	29.3	6.9	5.4
（Bt 棉 RP_1 × Bt 棉 RP_2）F_1	29.7	83.6	27.2	7.0	5.9
（RP_2 × RF_1）F_1	29.7	82.8	28.6	6.6	5.4
常规棉泗棉 3 号（CK）	29.4	84.1	25.7	7.0	5.3

第五节　杂种优势利用途径

棉花杂种优势利用途径，实际上就是指杂交制种的方法。尽管杂交制种的方法各不相同，但去雄和授粉是任何杂交制种方法所共有的环节。根据去雄方式的不同，目前杂种优势利用的途径主要分为人工去雄授粉法、雄性不育系、标志性状利用和花器官变异体利用。目前，生产上应用的杂交棉以人工去雄授粉法为主，占95%以上的杂交棉面积，其次是雄性不育系的利用。

一、人工去雄授粉法

人工去雄授粉法制种的最大优点就是父母本选配不受限制，配制组合自由。它的缺点是制种全部需要人工操作，工作强度大，种子生产成本高。为克服这一缺点，棉花育种家从不同技术角度开展了研究，并取得了成效。

采粉与授粉是人工去雄授粉法必须经过的两个技术环节。为了提高采集花粉的工效，张香桂等（2011）研制出一种小型机械，称为杂交棉锥型涡轮式负压采粉器（图5-7），可在田间直接采粉。该采粉器采用小型强磁高速电动机作为动力，配以符合空气动力学原理的长形锥状涡轮，能在

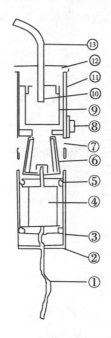

图5-7　锥型涡轮式负压采粉器
①电线；②透明亚克力外壳；③防震架；④电机；⑤橡胶圈；
⑥锥型扇叶；⑦出气孔；⑧电源开关；⑨集粉网；⑩止回管；
⑪网罩架；⑫采粉头；⑬吸粉管

较小的体积内产生较强的负压，将棉花花粉的大部分吸入集粉网内。采粉器总体积较小，方便在掌中长时间操作。采粉器外壳采用全透明的亚克力材料制成，集粉网内花粉的多少及品质可随时观察到，使用者可根据实际情况及时选择采集操作。部分亚克力材料经过特殊处理，花粉和采集器不易附着，观察起来更加清晰。采集网采用150目以上不锈钢纱网制成，方便更换，用以采集不同品种的花粉。设计了止回管，花粉吸入后，当电机停止工作时，止回管会挡住花粉，避免花粉再落出。采粉头可快速更换，以方便快速更换网罩。该采粉器每小时可收取花粉25～30ml，可供4～6人同时授粉使用，取粉速度比手工提高数倍。棉花制种期间正值高温季节，为了保持所收花粉的高活

力，集粉网设计为150目以上不锈钢纱网，通风透气，牢固且可方便地快速更换，取粉速度快，减少了花粉与空气的接触时间。该项技术已获国家实用新型发明专利授权，专利号为ZL2009 20231156.6。用该采粉器收集花粉，吸粉速度快，劳动强度低，一般1小时的取粉量约可授1 000朵花（表5-51）。应注意的是，蓄电池要及时充电，收集备用的花粉要及时装入贮粉器；同时放入预先放有冰袋的保温桶，以保持花粉的活力。对当天未用完的花粉可连同保温桶一起放入冰箱（4℃），第2d上午仍可正常使用。

表5-51 田间采粉速度试验结果

采粉日期（月-日）	收粉起止时间	时间（分钟）	收粉量（g）	可能授粉花数（朵）
08-05	9：55~10：09	14	0.87	300~400
08-19	9：42~11：10	88	3.48	1 000~1 500

棉花大面积制种时多采用小瓶（玻璃或塑料）授粉或集花授粉等方法。这些用简易材料制作的授粉工具，在夏季高温高湿的环境中不易保持花粉活力，会降低杂交成铃率，杂交铃内种子粒数少，铃重低。为了提高授粉的质量与工效，同时与研制的采粉器配套使用，张香桂等（2011）借鉴生产上的小瓶授粉，先设计了一种授粉器，简称隔热式授粉器。田间收取的花粉先放入隔热式授粉器，然后放入预先备好的装有冰袋的保温桶，授粉时取用。对于存放28h的处理，是采用取花粉后连同保温桶一起放入冰箱（4℃），次日下午使用。对取粉后不同时间花粉活力的变化进行了测定，室内花粉活力测定用2种方法：液体培养法和联苯胺-甲耐酚化学染色法。由表5-52可以看出，离体花粉随着存放时间的延长，活力逐渐下降，但存放28h，有活力的花粉仍在70%左右，可正常使用。

表5-52 隔热式授粉器储藏花粉活力测定结果

花粉储藏时间（h）	液体培养（%）	化染染色（%）
0.00	71.00	87.11
0.25	—	88.20
4.00	86.67	77.01
5.50	65.33	76.12
28.00	63.00	70.20

在室内测定花粉活力的同时，在田间进行授粉试验。表5-53表明，花粉经过30~65min隔热式授粉器内储藏后授粉，与取粉后0~20min直接授粉相比，单铃健籽数无差异，均在每铃22粒左右；成铃率平均为71.31%，略低于采后0~20min内授粉。65min后授粉成铃率反而提高，可能与杂交花数少、重复授粉有关。说明用此采粉器不影响授粉效果。

表5-53 采粉器取粉后不同时间田间授粉效果

花粉储藏（min）	杂交花数	结铃数	成铃率（%）	单铃健子数
0	50	41	82.0	22.2
20	50	40	80.0	23.9
37	50	34	68.0	22.5
51	50	34	68.0	21.3
65	22	19	86.4	23.8

在隔热式授粉器的基础上，为了更长时间地保持花粉的活力，将隔热式授粉器改为贮能式授粉器（图5-8）。其具体设计为由一个亚克力材料制成的双层结构，外面为保温层，内置亚克力材料

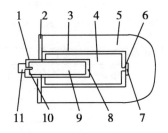

图5-8　贮能式授粉器

1. 授粉器盖；2. 保温层板；3. 贮能液容器；4. 贮能液；
5. 保温层；6. 加液孔；7. 密封片；8. 花粉盒；9. 花粉；10. 授粉
孔；11. 防湿盖

制成的贮能器。贮能器内注入贮能液，花粉盒包在中间，通过前挡板加以固定。授粉盖上有一授粉孔，将雌蕊柱头通过授粉孔伸进花粉盒内进行授粉。授粉盖为透明亚克力材料制成，操作者通过它可直接观察到授粉的情况，方便操作。授粉盖为活动式，便于加灌花粉和用后清洗。装入花粉后，防潮盖阻断与外界的交流，防止花粉吸湿。使用前放入冰箱（4℃）贮存冷能，当授粉器在田间高温下工作时，贮能液中贮存的冷能就会慢慢地释放出来，保持贮粉器内的低温状态，使花粉始终保持高活力。用后取下授粉盖，清洁后下次继续使用。该授粉器2010年12月获国家实用新型发明专利授权，专利号为ZL201020503919.1。为验证贮能式授粉器的花粉贮藏效果，采用化学染色法测定4个品种田间取粉后贮藏0h、8h、24h、72h、80h的花粉活力。由表5-54可以看出，花粉储藏在低温贮能式授粉器中8~24h，活力下降不明显，贮藏80h花粉仍有50%左右的活性，品种间差异不显著。与隔热式授粉器相比，贮能式授粉器花粉贮藏效果更好。在田间授粉时，由于贮存了较多的冷能，可较长时间保持贮粉盒内的低温状态，可使花粉始终保持高活力水平。

表5-54　低温贮能式授粉器储藏花粉活力测定结果（%）

品种	0h	8h	24h	72h	80h
抗虫1	90.01	72.25	76.03	54.03	52.40
抗虫2	88.65	63.68	62.43	58.19	46.65
常规1	79.19	65.52	75.99	56.34	47.89
常规2	76.94	63.41	72.53	55.10	42.80
抗虫平均	89.33	67.96	69.23	56.11	49.52
常规平均	78.06	64.46	74.26	55.72	45.39

综上所述，设计的采粉器采用锥型涡轮扇叶增加出气量，提高负压值，田间采粉速度快，花粉随采随用，花粉活力高，不仅不影响父本田棉花产量，且采粉时段的成铃率还将有所提高（等于增加人工辅助授粉），最终增加父本田的棉花产量。所设计的隔热式和贮能式棉花授粉器可较长时间保持花粉的高活力，与采粉器配合使用，应用于棉花大面积制种，可增加父本田产量，降低棉花制种的劳动强度，减少采粉用工，延长授粉时间，提高授粉质量，增加制种产量，降低转基因抗虫杂交棉种子生产成本。

为了提高棉花杂交制种效率，吕淑萍等（2008）在改良1/2MS无机盐基液中，研制出了适合

花粉萌发的棉花授粉液：改良 1/2MS 无机盐基液＋40% 蔗糖＋100μg/ml 硼酸＋2μg/mlGA。通过田间验证，用此授粉液授粉结铃率同新鲜花粉（表 5 – 55），但结实率较新鲜花粉偏低（表 5 – 56）。棉花花粉在授粉液中只能保持 2～2.5h 最好活力状态，在 10：30 后活力急剧下降，与自然状态下差别不大。花粉怎样在授粉液中保持较长时间活力，需要进一步研究。

表 5 – 55　杂交授粉方式和不同时间对杂交成铃率的影响（%）

处理	8：30	9：30	10：30	12：30	14：30	16：30
杂交授粉液	80.3	75.2	65.8	25.6	0	0
新鲜花粉	78.9	75.3	62.4	38.6	17.9	11.2

表 5 – 56　不同杂交授粉方式对不同品种成铃率、结实率的影响（%）

处理	成铃率				结实率			
	P1	P2	B1	B2	P1	P2	B1	B2
新鲜花粉	76.3	75.4	77.8	79.8	31.2	32.0	30.3	31.8
杂交授粉液①	80.5	79	81.5	79.6	28.3	25.8	29.3	26.1
杂交授粉液②	74.2	71.2	75.3	76.3	27.6	26.5	28.7	27.9

注：P1、P2 分别为豫棉 19 和 21 品种，B1 和 B2 分别为核不育系同 A 和 ms_5ms_6

棉花喷水杀雄的发现源于降雨常常影响棉花授粉结籽这一事实。Pearson（1949）发现，授粉期间遇有降雨，胚珠多不能发育为正常种子，这是因为雨水减少了落到柱头上的花粉量并影响了花粉管的正常萌发。随后的研究发现，受膨压的影响，花粉粒遇水便破裂，细胞质流出，从而失去授粉能力（Burke，2002）。大田棉花在上午实施喷灌导致结实率降低也是由于喷水影响了正常的授粉和受精。由此可见，喷水在理论上有望作为棉花杀雄的一个有效手段应用于转基因抗虫杂交棉种子生产中。Burke（2003）在温室条件下于 9：00～13：00 向棉花花器内喷水，待水淹没柱头后维持 0.5～30min，然后将花内的水倒出，柱头风干后授粉，发现所产的能发芽的种子皆是杂交棉，证实喷水杀雄是彻底的。李增书和赵丽芬（2003）在海南岛对小群体棉花的喷水试验发现，喷粗雾倒水后授粉所产杂交棉种子的纯度达到 100%，进一步证实了喷水杀雄的彻底效果，并证实喷水杀雄不影响随后的人工授粉和受精。但是在大田条件下喷水杀雄的实际效果仍不清楚，为此，研究了喷水杀雄结合标记去杂用于棉花杂种优势利用的可行性。以转基因抗虫棉或抗草甘膦棉花为父本，与非抗虫棉或非抗草甘膦棉花为母本配置组合；在盆栽和大田条件下对母本棉花喷水杀雄，以人工剥花去雄为对照，分别人工授粉杂交，杂交种子收获后鉴定纯度，并在来年田间种植；苗期通过转基因标记去杂，收获后统计皮棉产量。结果表明，盆栽和大田条件下喷水杀雄的杂种纯度分别为 94.8% 和 92.2%，较人工去雄分别低 4.4% 和 6.6%，喷水没有达到完全彻底的杀雄效果，但大田条件下喷水杀雄比人工剥花去雄快了约 1 倍（表 5 – 57）。人工剥花去雄的最佳时间为开花头天下午，而喷水杀雄以开花当日 8：00～10：00 的效果最好（图 5 – 9）。喷水杀雄生产的种子种植田间，利用转基因标记于苗期去杂，F_1 的皮棉产量与人工去雄处理的无显著差异（表 5 – 58）。

表 5 – 57　2003 年盆栽和大田条件下喷水杀雄制种的效果

种植方式	处理	处理花量（朵）	去雄速度（个/min）	结铃数（个）	成铃率（%）	F_1 纯度（%）	F_1 相对纯度（%）
盆栽	人工去雄	204	10.2	162.2	79.5	99.2*	100
	喷水杀雄	198	14.2*	166.3	84.0*	94.8	95.6

（续表）

种植方式	处理	处理花量 （朵）	去雄速度 （个/分钟）	结铃数 （个）	成铃率 （％）	F$_1$ 纯度 （％）	F$_1$ 相对纯度 （％）
大田	人工去雄	2 626	6.0	1 598	60.9	98.8*	100
	喷水杀雄	2 692	12.3*	1 608	62.7	92.2	93.4

注：采用 LSD 法进行多重比较，*表示差异达 1% 极显著水平

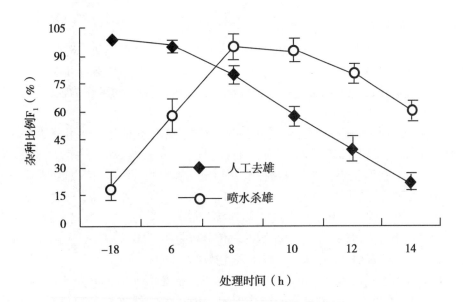

图 5-9　2004 年大田条件下不同去雄时间对种子纯度（％）的影响

表 5-58　2004—2005 年杂交棉的田间种植表现

年份	处理	实际密度 （株/m^2）	铃数 （个/m^2）	铃重 （g）	衣分 （％）	皮棉产量 （kg/hm^2）
2004	人工去雄	2.859	99.73	4.42	40.22	1 773
	喷水杀雄	2.708	97.35	4.46	40.35	1 752
2005	人工去雄	2.883	95.41	4.28	39.82	1 626
	喷水杀雄	2.679	96.11	4.31	39.76	1 647

注：2004 年所用材料为抗虫基因标记；2005 年所用材料为抗草甘膦基因标记

总之，通过盆栽和大田条件下对棉花花器喷水杀雄效果的研究，建立了一套可进一步简化转基因抗虫杂交棉种子生产程序的新方法。该方法的基本流程是，以转基因抗虫棉或抗草甘膦棉花与非抗虫棉或非抗草甘膦的棉花配置杂交组合，于开花散粉后 3h 内对花器内的柱头（含花药）喷水，直至淹没花药，柱头风干后人工授粉，可生产出纯度在 92% 以上的杂交种；该种子播种出苗后以卡那霉素或草甘膦鉴定，去除自交种子苗，可获得与采用人工去雄种子相当的棉花产量。由于在大田条件下喷水杀雄的速度比人工剥花去雄快 1 倍左右，且对柱头的损伤小，结铃率不降低甚至比人工剥花还略有提高。由此来看，喷水杀雄结合标记去杂具有较高的生产应用前景。由于该项试验的结果仍是通过小区试验获得的，要确定该技术在转基因抗虫杂交棉制种中的实用价值，仍需开展更大规模的试验和示范。

二、棉花雄性不育系的利用

棉花雄性不育性的主要特征是雄蕊发育不正常，不能产生有功能的花粉，但它的雌蕊发育正常，能接受正常花粉而受精结实。棉花雄性不育株与正常株相比，其株型、叶型等无任何差异，只是一般雄性不育株的花冠偏小，花丝短而少，柱头略长，花药减少，空瘪干缩，或虽饱满但不开裂或很少开裂，且花药中花粉很少，花粉常呈畸形，无生活力。根据雄性不育发生的遗传机制不同，棉花雄性不育性与其他作物一样，分为质核互作不育和核不育两类。

（一）单隐性核不育系

这是一种由核内染色体上基因所决定的雄性不育类型，简称核不育型。现有的核不育型多属自然发生的变异，这种类型以不育株作不育系，可育株作保持系，用不育株与可育株的姐妹杂交，F_1 群体中不育株与可育株各占一半，无需再选育保持系，品种（系）均可作为恢复系，故这种方法称为"两系法"或"一系两用法"。

在国外，自从 Justus 等（1960）首次报道了一个可遗传不完全的核雄性不育基因 sml 以来，迄今为止，已鉴定出 ms_1、ms_2、ms_3、Ms_4、ms_5、ms_6、Ms_7、ms_8ms_9、Ms_{10}、Ms_{11}、Ms_{12} 10 个棉花核雄性不育材料共 12 个基因位点上的不育基因，其中，ms_1、ms_2、ms_3 表现为单基因隐性遗传，ms_5ms_6 和 ms_8ms_9 表现两对基因隐性遗传，Ms_4、Ms_7、Ms_{10}、Ms_{11} 和 Ms_{12} 表现为单基因显性遗传。除 Ms_{11}、Ms_{12} 发现于海岛棉外，其余均发现于陆地棉。ms_1、ms_3 表现为不完全的雄性不育，其余均表现为完全的雄性不育。对核雄性不育基因的遗传分析表明，Ms_{11} 位于 V 连接群，ms_3 位于 III 连接，ms_5 和 ms_8 位于 V 连接群，ms_6 和 ms_9 位于 IX 连接群。

在我国，核雄性不育系的研究首先是由四川省仪陇县棉花原种场于 1975 年，从洞庭 3 号中发现一株天然不育株而开始的。经多单位的协作鉴定，确认为天然雄性不育材料，并定名为"洞 A"。遗传试验结果表明，洞 A 不育性是由一对隐性核雄性不育基因控制，并用基因符号 msc_1 表示。1991 年，冯义军和潘家驹对洞 A（msc_1）与从美国引进的 ms_1、ms_2、ms_3 三个核雄性不育材料作等位性测验，结果表明 msc_1 与这三个基因均是非等位的。为与国标上棉花基因命名体系相一致，他们建议把洞 A 核雄性不育系的不育基因定名为雄性不育 –13，基因符号定为 ms_{13}。

继洞 A 之后，通过辐射诱变、天然突变株的选择等，已发现了十几个棉花核雄性不育系。遗传学鉴定表明，这些不育系的不育基因分属 7 个基因位点，它们暂时分别用基因符号 msc_1、msc_2、msc_3、Msc_4、Msc_5、Msc_6 和 msc_7 来表示。其中，msc_1、msc_2、msc_3、msc_4 为单基因隐性遗传，Msc_4、Msc_5、Msc_6 为单基因显性遗传。在 msc_1 位点上共发现有洞 A、川 A、社 A、Rs30—10A 等；在 msc_2 位点上发现的是 KK1188—117A、KK1188—3/20A、KK1188—120A、石 A 等；在 msc_1、msc_7 两个位点上仅发现阆 A 和 81A 各 1 个不育系。在众多核不育基因中，已进入棉花生产使用的只有洞 A 核雄性不育系。

我国是首先利用核雄性不育"一系两用法"生产棉花杂交种子并大面积应用于生产的国家。而四川又是最先利用洞 A 核雄性不育系来配制杂交棉的省份。早在 1978 年，该省就大面积试验、示范杂交棉，尤其是 1984 年以后，发展速度较快，平均每年种植杂交棉 3.5 万 hm^2 以上，占全省棉田面积的 25% 以上。四川省农业科学院棉花研究所育成的川杂 4 号，是我国第一个棉花核雄性不育配制的抗枯萎病杂交棉，比当地推广品种川 73－27 增产 18%。经湖北、江苏、浙江、陕西和山东等省引种试验，皮棉产量较对照品种 86－1 增产 15.6%～26.0%。1984—1990 年，累计推广 20 余万 hm^2。之后，四川省农业科学院棉花研究所利用该不育基因先后培育出 473A、抗 A1、抗 A2、抗 A3、GA5、GA18 等核不育两用系，以及在核不育两用系基因上，通过转基因技术导入 Bt 基因，培育出具有抗棉铃虫的棉花完全核不育系 MAr。以这些核不育系为亲本，已育成并通过四川省审定的转基因抗杂交棉有：川杂棉 14（2005 年审定）、川杂棉 15（2005 年审定）、川杂棉 16（2006 年审定）、川杂棉 17（2008 年审定，以 MAr 为母本）、川杂棉 21（2009 年审定）、川杂棉 29（2010 年审定）、川杂棉 32（2013 年审定）和川杂棉 36（2011 年审定）。

据研究，培育棉花核不育系的方法主要有以下四种：①自然突变体的选择。棉花的绝大多数核雄性不育系都是在品种群体中发现并培育出来的，如国内广泛利用的洞 A 原始不育系就是 1972 年从四川省仪陇县棉花原种场种植的洞庭一号品种内发现的一株天然雄性不育株（卢云清等，1994）。②人工诱变。利用各种物理的、化学的因素诱发作物产生遗传变异，可以提高突变率。新海不育系就是新疆农业科学院利用海岛棉 8763 - 依 ×（8981 - 依十 C6022）的杂种第 5 代种子，经 $^{60}CO\gamma$ 射线诱变而产生的一个人工突变体。南京农业大学通过化学诱变获得雄性不育、无花药等一批突变体（周宝良等，2005）。③人工转育和改良。当发现一个核雄性不育系后，为了使之更好地在生产上利用，必须通过品种间杂交、种间杂交、回交等进行性状的遗传改良，以培育出综合性状较好、配合力较高的新型不育系。张相琼等（1998、2003）用洞 A 型核雄性不育系 473A 与抗枯萎病及抗黄萎病品种杂交，成功培育出抗枯萎、耐黄萎病和抗枯萎病、抗黄萎病的核不育两用系抗 A1 和抗 A2；再以抗 A2 为母本，引进抗虫品系，通过杂交转育，结合病圃、网室和大田的选择，获得具有抗病、抗虫及综合性状优良的洞 A 型抗虫不育系抗 A3。黄观武等（1989）从洞 A 系中培育成功一种核不合完全保持系 MB，用 MB 与洞 A 不育株杂交，其后代 MA 的不育株率 100%，不育度 95%～100%。④生物技术创造。随着生物技术研究的不断深入，利用植物基因工程和细胞工程培育雄性不育系为杂种优势的利用提供了崭新的手段。Aarts 等（1993）从拟南芥植物克隆了雄性不育基因，并且通过遗传工程法改造花药绒毡层的遗传组成，创造了棉花等重要农作物的核雄性不育系。杨业华等（1998）在利用发根农杆菌的 Rol 基因转化棉花、培育转基因生根棉的过程中，从 Rol B 转基因系的群体中分离到两种高度雄性不育的株系。张家明等（1998）通过组织培养获得棉花不育株。利用隐性核不育基因控制的雄性不育系生产杂交棉种子，这一方法的不足之处是在制种田开花时鉴定花粉育性后，要拔除约占 50% 的可育株。黄双领等（2003）研究中棉所 38 制种田种植模式表明，棉花核雄性不育系杂交制种田采取双行种植模式比单行种植法有显著效果。为克服这一技术缺陷，棉花育种开始了探索性研究。黄观武等（1989）1978 年从"洞 A"与陆地棉品种资源 No5014 杂交的 F_5 代群体中，发现有些植株部分可育，即对这些材料持续选育改进，于 1988 年育成了对"洞 A"不育基因具有完全保持效果的 MB。这样，可以以 MB 为桥梁，以不育系二级繁殖为核心，通过两用系和 MB 各自单独繁殖，然后以两用系中的不育株与 MB 杂交获得 MA（不育株率达 100%、不育度达 90%～100%），然后再用 MA 与父本杂交，配制杂交棉种子。但据毛正轩（1994）、张天真（1995）、冯义军等（1995）研究，MB 系可能是一个具有 ms_{14} 隐性不育基因的部分不育系，它被许多微效基因所修饰，因而育性表现不稳定，其花粉中仅有 48.9% 是可育的，而且 MB 的育性还受到环境条件的影响，这样不仅会影响到自身的繁殖，也势必会影响到 MA 种子的单产水平，从而提高杂交棉种子生产成本。这可能是由于 MB 来自于 MA 散粉不育株，从而其可育性受到不育基因的影响。刘金兰等（1994）以 MA 不育系和洞 A 不育系为材料，采用石蜡切片扫描电镜观察技术，研究了两个材料的花粉在不同发育时期的败育表现。观察到花粉母细胞的胼胝质沉积过多，溶解较慢。单核期败育的花粉细胞质完全溶解，但核留下不同程度的残体，核膜仍清晰可见。败育花粉壁发育不完全，壁上刺状突起小而稀，无萌发孔。同时观察到洞 A 核雄性不育株花粉在发育的全过程中都会发生败育，败育的主要表现是细胞质高度液泡化及出现"胞质穿壁"现象。

为克服利用核雄性不育系制种时需要拔除 50% 可育株，造成田间缺苗断垄现象严重，影响到制种产量的问题。育种家们开展了标记不育系的研究。鉴于完全核雄性不育系（ms_2）不育性和叶片部分畸形同时发生，Quiseaberry 等（1968）认为 ms_2 不育性和叶片畸形性状不是紧密连接就是一因多效的结果。冯福贞（1988）育成了带芽黄标志性状的陆地棉81A核雄性不育系。经遗传学鉴定，这一不育系中的不育性和芽黄性状都是由一对隐性基因控制的，并且两性状还表现为紧密连接或完全连接。当81A兄妹交后代幼苗长到三四片真叶时，表现出芽黄和绿色两类植株。凡苗期表现芽黄的植株，开花时表现出雄性不育；苗期表现出绿色的植株，开花时为可育株。通过观察植株叶色，在苗期就可将可育株拔除，留下的均为雄性不育株，从而可节省人力、物力，提高制种效率。利用81A制种时，只要父母本比例配制适当，可以免去人工去雄这一工序，而利用昆虫传粉或人工授粉。因绿色对芽黄呈显性，凡F_1群体植株表现为绿色，则为真杂种，黄色叶的则为假杂种，在苗期间苗或移栽时即可将假杂种剔除。许多研究证明，棉花的杂种优势不仅表现在F_1，而且有些组合在F_2仍有一定的杂种优势可利用。用81A不育系制种，既可用F_1，又可用F_2（当然要有利用价值，否则不宜用），因用81A配制的F_2群体中，尽管会分离出1/4不育株，但由于这些不育株在苗期叶片呈黄色，因此可在苗期拔除，留下的全是雄性可育株，大面积用F_2易为生产部门所接受，因F_1自交产生F_2种子，种子生产成本可大幅度下降。张天真等（1989）认为芽黄性状和雄性不育可能都是由一对隐性基因所控制，且两者表现出紧密连接或完全连接或一因多效。潘家驹等（1998）对陆地棉芽黄基因在杂种棉上的应用进行了可行性研究，认为可用于克服核雄性不育系等到开花期才能鉴别出不育株和可育株的缺陷，提高制种产量与效率。不育株虽可免去手工去雄，但仍需进行手工授粉杂交。一般可采用自然昆虫、人工放养蜜蜂传粉及人工辅助授粉进行制种。棉花是虫媒花作物，蜜蜂是其良好的传粉媒介，多年来人们寄希望利用不育系，采用蜜蜂代替人工进行传粉，节省成本，提高制种效率。据此20世纪后期曾有不少关于利用昆虫传粉棉花杂交制种的试验报道。但是由于棉花易遭虫害，制种期间喷施农药，严重影响蜜蜂生存与活动，造成制种产量明显降低，所以一直也没有一个较理想的解决办法。抗虫不育系的问世，较好地解决了昆虫传粉和喷施农药的问题。张相琼（2003）研究发现，意蜂传粉效果优于中蜂，父母本种植比例1：4～1：6为宜，每hm^2放养意蜂2.2万头左右即可满足传粉需要。邢朝柱等（2005）利用抗虫不育系（$ms_5 ms_5 ms_6 ms_6$）和转Bt基因抗虫棉品系（Rg3）作为杂交制种亲本，制种期间在田间放养蜜蜂作为传粉媒介，初步研究结果表明：父母本种植比例以1：4制种效果较为理想，蜜蜂是较理想的传粉媒介，父母本混合种植方式和相间种植方式传粉效果差异不明显，天气变化对蜜蜂传粉影响较大，直接影响制种产量。

（二）双隐性核不育系

$ms_5 ms_6$双隐性核不育系具有丰产、抗风暴铃型、无蜜腺等多种优点。而且，双隐性不育系和单隐性不育系一样，可以用一系两用方法制种。通过选育基因型为$Ms_5 ms_5 ms_6 ms_6$或$ms_5 ms_5 Ms_6 ms_6$的可育株作为保持系与不育系$ms_5 ms_5 ms_6 ms_6$杂交，后代仍会出现1：1的雄性可育株和不育株。制种田拔掉可育株，留下不育株用于杂交制种。邢朝柱等（1999）用丰产、优质、抗病常规棉品种中棉所12与美国$ms_5 ms_6$不育系杂交，培育出双隐性核雄性不育系，并且在此基础上，将抗虫Bt基因转育到此不育系上，在我国首次培育出同质异核和异质同核的$ms_5 ms_6$抗虫双隐性核不育系中抗A。该不育系的生育期属中熟偏早，生育期125～130d，株高90～100cm，株型呈塔型，果枝较松散，叶片中等色浓绿，缺刻深，茎秆硬抗倒伏结铃性强，铃壳薄，吐絮畅且集中，铃卵圆型重5.0g，衣分39.5%，前期发育稍慢，现蕾后生长加快。田间群体调查，不育株和可育株分离比例为1：1，整个生育期不育株的不育性稳定，不育度达100%。用联苯胺-a萘酚对不育株花粉生活力测定花粉完全无生活力，彻底败育，群体分离的可育株中，有部分花粉在不同气候环境下出现少粉现象，但育性正常。田间抗虫性调查结果，顶尖和蕾铃为害率分别比对照（常规棉）降低35.2和46.6个百分点。室内生测结果，幼虫死亡率80.4%，表明中抗A具有较强的抗虫性。该不育系恢复系广泛存在，而且具有较高的产量配合力，用它与抗虫和非抗虫优良品种（系）杂交配制杂交组合，经小区试验，有 95% 的杂交组合 F_1 具有竞争优势，30% F_2 具有一定的竞争优势，而且抗虫性突出，纤维品质较优，说明利用该材料较易筛选到高优势杂交杂交棉（表 5 – 59）。

表 5 – 59　双隐不育系配制的部分高优势抗虫杂交棉 F_1 的产量和纤维品质

组合	代别	皮棉产量（kg/hm²）	增产（%）	铃重（g）	衣分（%）	比强（cN/tex）	2.5% 跨距长度（mm）	整齐度	马克隆值
中抗 A × 中 R_1	F_1	1 231.3	23.5	6.8	41.3	24.0	31.5	49.1	4.2
中抗 A × 中 R_2	F_1	1 182.0	21.1	6.5	41.8	20.0	30.7	51.1	4.6
中抗 A × 抗 3	F_1	1 209.3	25.5	6.1	38.9	21.2	31.3	49.3	4.8

　　为探明双隐性核不育系在转基因抗虫杂交选育中的应用价值，杨伯祥等（2005）以感虫的 ms_5ms_6 核不育系绵 A_1 和经转育而成的转基因抗虫不育系绵 A_3 作母本，以绵 10341 鲁棉 16、鲁棉 17、鲁 1138、鲁 99R08、33B、石 321 – 4、GK12、中棉所 41 等 9 个转基因抗虫棉品种（系）作父本，配制 18 个组合对照常规棉品种川棉 56，研究以双隐性核不育系配制的转基因抗虫杂交棉 F_1 的杂种优势表现。结果指出，抗 × 抗的组合籽棉、皮棉产量均高于感 × 抗，其中皮棉产量达显著水平。单株铃数、铃重、衣分三个产量构成因素中，单株铃数和衣分抗 × 抗优于前者。纤维品质性状，除马克隆值高于感 × 抗且达显著水平外，其余性状均优于前者，其中纤维长度和整齐度分别达极显著和显著差异（表 5 – 60）。由此看出，转基因抗虫杂交棉组合方式不同，其后代主要经济性状存在明显差异。抗 × 抗的组合 F_1 主要经济性状绝大部分优于感 × 抗。F_1 杂种竞争优势，由表 5 – 61 可知，籽棉产量达显著水平的组合 1 个，达极显著的组合 7 个；皮棉产量达显著的组合 2 个，5 个组合达极显著水平；抗虫不育系绵 A_3 组合籽棉产量所有组合均达极显著水平；皮棉产量达显著的组合 1 个，其余组合均达极显著水平。表明抗 × 抗 F_1 籽棉、皮棉产量的竞争优势明显优于感 × 抗。单株铃数，绵 A_1 有 2 个组合与对照的铃数差异达显著水平，1 个达极显著水平；绵 A_3 所配组合与对照的铃数差异均不显著。表明核不育抗虫杂交棉结铃数的竞争优势不明显。单铃重，绵 A_1 有 1 个组合的竞争优势达显著水平，3 个组合达极显著水平；绵 A_3 有 3 个组合的竞争优势达显著水平，2 个组合达极显著水平。表明核不育抗虫杂交棉铃重的优势显著。衣分，绵 A_1 有 2 个组合与对照的衣分差异显著水准，3 个达极显著水准；绵 A_3 有 3 个达极显著水平。由此看出，核不育抗虫杂交棉 F_1 在衣分上也不存在明显的竞争优势。产量构成因素，由双隐性核不育所组配的抗虫杂交棉 F_1 的竞争优势主要表现为单铃重的增加，单株结铃数和衣分的竞争优势不明显，感 × 抗和抗 × 抗的组合 F_1 的表现趋于一致。在表 5 – 62 中，纤维长度的竞争优势绵 A_3 略优于绵 A_1，纤维比强度的竞争优势较为明显，绵 A_1 所配组合 F_1 马克隆值优于绵 A_3。纤维整齐度和伸长率，绵 A_1 和绵 A_3 所配各组合均不同程度具有竞争优势。纤维品质的分析表明，核不育抗虫杂交棉 F_1 纤维各性状均不同程度具有竞争优势，F_1 纤维品质优于对照。其中纤维长度、比强度、整齐度和伸长率，感 × 抗和抗 × 抗 F_1 的表现趋势一致，马克隆值的表现前者优于后者。

　　综上所述，棉花 ms_5ms_6 双隐性核不育系的杂种优势利用初步研究表明：①棉花双隐性核不育系所配制的 F_1 籽棉和皮棉产量竞争优势均十分显著，具有配制产量强优势杂交组合的良好基础，是一个比较良好的雄性不育系；②纤维品质主要指标超过或相当于常规棉推广品种，说明双隐性雄性不育系不带对纤维品质不利的因子。

表 5 −60　不育系间 F_1 主要经济性状比较

	籽棉产量 （kg/hm²）	皮棉产量 （kg/hm²）	单株铃数 （个）	铃重 （g）	衣分 （%）	纤维长度 （mm）	整齐度 （%）	比强度 （cN/tex）	伸长率 （%）	马克隆值
绵 A_1	3 558.45	1 472.32	19.51	6.87	42.87	30.74	84.63	28.73	6.47	4.6
绵 A_3	3 671.25	1 548.07	20.79	6.77	43.33	31.51	85.82	29.37	6.52	4.9
差值	− 112.78	− 75.75*	− 1.28	0.10	− 0.46	− 0.77**	− 1.19*	− 0.64	− 0.05	− 0.39*

注：*、** 分别表示达 5% 和 1% 差异显著水平。表 5 −61 同

表 5 −61　产量及构成因素竞争优势

恢复系	感虫不育系 A_1					抗虫不育系绵 A_3				
	籽棉 产量	皮棉 产量	单株 铃数	单铃重	衣分	籽棉 产量	皮棉 产量	单株 铃数	单铃重	衣分
10341	13.02	6.96	− 5.65	1.85	− 5.31*	22.89**	18.81**	− 3.51	− 1.38	0.72
鲁棉 16	30.56**	25.53**	− 7.59	4.77	− 1.50	39.86**	33.13**	− 1.33	6.15*	− 1.72
鲁棉 17	21.29**	17.34*	− 0.85	4.00	− 4.26*	27.38**	21.58**	− 1.76	2.46	− 2.58
鲁 1138	28.38**	21.75**	− 9.49*	0.31	− 2.71	19.85**	15.13*	− 1.52	9.08**	− 1.03
鲁 99R08	30.03**	23.74**	− 1.57	6.31*	− 1.77	28.10**	22.36**	− 6.12	10.46**	− 3.07
33B	38.54**	26.06**	− 11.82*	8.77**	− 5.71**	43.09**	30.48**	5.98	5.54*	− 6.43**
321 − 4	35.77**	15.47*	3.32	6.92**	− 8.80**	31.08**	21.21**	− 2.71	2.62	− 5.71**
GK12	14.95*	4.70	− 28.10**	14.15**	− 5.71**	31.90**	25.64**	1.57	− 3.69	− 4.75**
中棉所 41	28.41**	22.27**	− 2.33	4.46	− 0.09	34.98**	30.23**	− 2.37	6.46*	− 1.95
平均	26.99	18.20	− 7.12	5.73	− 3.98	31.01	24.28	− 1.31	4.19	− 2.95

表 5 −62　纤维品质的竞争优势

恢复系	不育系绵 A_1					抗虫不育系绵 A_3				
	纤维长度	整齐度	比强度	伸长率	马克隆值	纤维长度	整齐度	比强度	伸长率	马克隆值
10341	0.66	2.66	4.40	3.17	− 8.33	4.61	3.27	9.89	9.52	− 2.08
鲁棉 16	0.6	4.24	0.37	3.17	2.08	2.63	3.03	1.83	4.76	− 4.17
鲁棉 17	− 0.33	4.36	1.47	12.70	2.08	− 0.33	3.87	− 0.37	− 3.17	0.00
鲁 1138	1.32	1.57	13.19	3.17	− 16.67	2.30	3.39	8.79	1.59	0.00
鲁 99R08	− 1.64	0.61	0.37	− 4.76	2.08	3.62	3.51	7.33	0.00	6.25
33B	6.25	2.18	14.29	4.76	− 12.50	8.55	5.93	14.65	11.11	2.08
321 − 4	2.30	2.06	6.23	− 3.17	− 2.80	3.95	4.00	12.45	3.17	4.17
GK12	0.99	2.18	12.82	6.35	− 4.17	5.59	4.24	8.06	3.17	8.33
中棉所 41	0.00	2.30	− 5.86	− 1.59	0.00	1.97	3.87	5.49	4.76	4.17
平均	1.13	2.46	5.25	2.64	− 4.17	3.65	3.90	7.57	3.53	2.08

（三）核质互作雄性不育系

由细胞质基因和核基因互作控制的不育类型，简称质核型，或称为细胞质雄性不育（CMS）。这种类型可以实现雄性不育系、雄性不育保持系和雄性不育恢复系的"三系"配套生产杂交棉种子，故这种制种方法称为"三系法"。在这不育系中，细胞质存在不育基因 S，而核内则有相对应的一对或一对以上的隐性基因 rfrf。一般而言，其不育系为 S（rfrf），保持系为 N（rfrf），恢复系为 S（RfRf）或 N（RfRf），由于这种类型同核不育类型比较起来，它免去了在繁种和制种过程当中须拔除可育株的麻烦，节省了劳力，降低了成本，提高了种子纯度，因而它普遍受到了育种家的青睐。

棉花 CMS 研究始于美国，20 世纪 60 年代 Meyer 通过远缘杂交育成具有亚洲棉（Gossypiumar boreum L）、异常棉（G. anomalum W awr. &peyr）和哈克尼西棉（G. harknessii Brand）细胞质的陆地棉（G. hirsutum L）核背景下的 3 种细胞质雄性不育系，随后又用野生的二倍体棉种哈克尼西棉作母本，用陆地棉的加倍单倍体 M_8 作父本，获得三倍体棉种，对其杂交种进行多次回交，培育出了 HAMS277、DES-HAMSl6 两个质核不育系，并成功培育出了其恢复系 DES-HAF – 16 核 DES-HAF277，实现了三系配套。我国于 1979 年开始对棉花 CMS 进行研究。首先是中国农业科学院棉花研究所从美国引进了两套具有哈克尼西棉胞质的不育系和恢复系。研究结果表明，恢复系携带的育性恢复基因为不完全显性，对不育系育性恢复能力较差，一般只能恢复 60% ~ 80%。此外，该不育细胞质对棉花产量有较大不良影响。其 F_1 产量一般比对照品种减少 5% ~ 10%。现在，我国主要有 4 种类型的细胞质雄性不育系：湘远 A、104 – 7A、晋 A 和来源于美国的哈克尼西棉胞质。靖深蓉等（1986）把来自海岛棉的一个显性无腺体基因（$G_2^°$）导入该"三系"中，经过多次回交和人工选择，新的"三系"育性和农艺性状比原"三系"明显改进。韦贞国等（1989）以恢复系 HAF277 与属间杂种 F_4 选育杂交与测交筛选，育成了育性恢复能力完全的恢复系，并且部分测交组合表现出较强的产量优势。贾占昌（1990）年报道，从石短 5 号与军海棉杂交后代 F_3 中发现雄性不育株，经改良定名为 104 – 7A，其雄性不育性遗传稳定，不育度和不育株率均为 100%，实验进一步表明，该不育系的恢保关系和哈克尼西棉 CMS 相似。袁钧（1996）等在陆地棉 × 中棉 × 瑟伯氏棉远缘杂交后代中选育出一雄性不育系，定名为晋 A，通过手捻、镜检、自交、测交和网罩试验，结果表明该不育系不育性能完全而稳定；与其他不育类型相比，表现出早熟、丰产、适应性广等优势。

虽然我国在棉花三系杂交棉选育研究工作起步较迟，但进展较快。2002 年，王学德等在世界上首次利用转基因技术成功育成了一个具有强恢复力的恢复系"浙大强恢"，并初步筛选出一个强优势组合"浙杂166"，该组合比对照泗棉 3 号增产 10.6%。2005 年，郭三堆等选育出三系杂交抗虫杂交棉银棉 2 号（2002 年国家审定），比常规抗虫棉对照增产26.4%，并建成转抗虫基因三系杂交棉常规育种与分子育种相结合的技术新体系。随后选育出高产、多抗型转基因三系抗虫杂交棉新品种银棉 8 号（2008 年国家审定），皮棉产较对照鲁棉研 15 增产7.8%。此外，GK_Z11（2005 年河北省审定）、邯杂 429（2006 年河北省审定，2007 年国家审定）和邯杂 301（2009 年国家审定）、中棉所 38（2011 年山西省审定）等 4 个转基因抗虫杂交棉。此外，育成并通过省（区）审定的常规杂交棉有：豫棉杂 1 号（2005 年河南省审定）、浙杂 2 号（2005 年浙江省审定）、新杂棉 2 号（2006 年新疆审定）和冀 FRH3018（2010 年河北省审定）。尽管已成功选育出多个棉花细胞质雄性不育三系配套的优良品系，但细胞质对产量不利的影响仍未得到有效的解决。为克服这一技术难题，进一步深入研究棉花核质互作不育的遗传方式、细胞学、生理生化特征以及分子机理等基础性研究，势在必行。

棉花核质互作不育性的遗传研究认为，其不育性由胞质不育基因 S 及相应的核 1 对或 1 对以上隐性基因 rfrf 共同决定。分析表明，基因型为 N（rfrf 的品种（或品系）与其杂交可使其不育性得到保持，基因型为 N（RfRf）或 S（RfRf）的品种（或品系）与其杂交可使其育性恢复。据 Meyer（1975）的最早报道，哈克尼西棉核质互作不育系的育性恢复是受两个独立遗传的基因控制，其中一个是显性基因（F），另一个是隐性基因（S）。在哈克尼西棉细胞质中，当核内有一个显性 F 基因或一对纯合隐性基因 ss 时表现可育。不育系与恢复系杂种 F_1 代可育，F_2 代呈 13∶3 的分离规律；并且指出，分离世代中可育株个体之间的育性程度呈连续性的分布，从而估计哈克尼西棉 CMS 恢复系的细胞核内除了主基因外，还有一些修饰基因影响育性的恢复程度。Weaver（1977）和 Sheetz（1980）的研究表明，哈克尼西棉的育性恢复受 1 对不完全显性基因所控制，并且可能有一些修饰基因与其连接，影响着可育株的生长和发育。用海岛棉或一些海陆杂种做父本与哈克尼西棉恢复系杂交，能显著增强其恢复能力。精细的遗传学研究结果表明，海岛棉中有一育性强化因子 E，当它与恢复基因 Rf 结合在一起时，能完全恢复哈克尼西棉核质互作不育系的育性。Weaver（1980）已选育出了带有育性强化基因的恢复系。袁钧等（1998）用晋 A 材料对其恢复系做了育性测交试验，结果表明，自交世代高、花器大、花粉量多的恢复材料其恢复株率可达 100%，恢复度可达 90% 以上，而自交世代低的恢复材料恢复能力较弱并且花粉的育性呈连续性的分布，从而人为的将其分为 0、1、2、3、4 五个等级进行研究。为比较我国育成的一系列棉花 CMS 与哈克尼西棉核质互作不育系的异同，王学德等（1997）以引自美国哈克尼西棉细胞质雄性不育系 DES-HAM-SZ77 及其恢复系 DES-HAM277 为对照，对我国 5 个棉花细胞质雄性不育系（包括 104-7A、湘远远 4-A、NM-3A、中 12A，它们都是具有哈克尼西棉细胞质的雄性不育系）进行了育性恢复的遗传学研究。结果表明：育性的恢复受两对独立遗传的显性基因控制，即 Rf_1 和 $Rf_2 Rf_2$，Rf_1 为完全显性，Rf_2 为部分显性，Rf_1 的基因效应大于 Rf_2。其可育基因型为 S（$Rf_1 Rf_2$）、S（$Rf_1 Rf_2 Rf_2$）和 S（$rf_1 rf_1 Rf_2 Rf_2$）；不育基因型为 S（$rf_1 rf_1 Rf_2 Rf_2$）和 S（$rf_1 rf_1 Rf_2 Rf_2$）。并通过不育基因的等位性测验，首次将我国不育系分为两类：第一类以湘远 4-A，中 12A 和显无 A 为代表的不育系，在两个不育基因位点 $rf_2 rf_2$ 上，与美国不育系 DES-HAMS 227 等位且性质相同；第二类以 104-7A、NM-1A、NM-2A 和 NM-3A 为代表的不育系，它们虽在 $rf_1 rf_2$ 位点上等位，但在 Rf_1 位点上有一性质不同的等位基因 $Rf_1 m$，杂合状 $rf_1 rf_1 m$ 的不育效应大于纯合状的 $rf_1 rf_1$ 或 $rf_1 mrf_1 m$，$rf_1 rf_1 m$ 对 Rf_2 起隐性上位作用。1975 年，Meyel 首次报道哈克尼西棉核质互作不育系的育性恢复受 2 对独立遗传的基因控制，其中 1 个是显性基因（F），另 1 个是隐性基因（s），其三系的基因型分别为：不育系 S（ffSS）、保持系 N（ffSS）和恢复系 S（FFss）或 N（FFss）。Kohel 等（1984）和 Weaver 等（1977）的研究则认为哈克尼西棉 CMS 育性恢复仅受 1 对基因 Rf 控制。Zhang 等（2001）研究发现，三裂棉不育系既能够被三裂棉恢复系 D8R（恢复基因 Rf_2）所恢复，又能被哈克尼西棉恢复系 D2R（恢复基因 Rf_1）恢复，但哈克尼西棉胞质不育系的育性不能被 D8R 恢复。遗传连接分析表明，恢复基因 Rf_1 和 Rf_2 是非等位的，两者紧密连接，其平均遗传距离为 0.93cM。Rf_1 作用于恢复孢子不育，而 Rf_2 作用于恢复配子不育。李朋波等（2007）以 BC_1 和 F_2 群体为试材对晋 A 恢复系进行遗传分析，证实晋 A 恢复系受 1 对显性基因控制。

有关棉花核质互作不育系细胞学的研究，早在 1974 年 Murthi 等曾对哈克尼西棉核质互作不育系作了分析。认为其雄性败育发生在造孢细胞增殖为小孢子细胞形成时期。Thomber 等（1979）报道，他们发现的一个陆地棉胞质的不育系，其大部分药室中没有花粉母细胞的发育，个别药室尽管有花粉母细胞，但都在减数分裂前解体。姚长兵等（1994）研究了具有哈克尼西棉细胞质的显性无腺体细胞质雄性不育系小孢子母细胞发育过程，发现在减数分裂前期不育系绒毡层解体，小孢子母细胞因液泡化而退化，减数分裂不能进行；推测棉花细胞质雄性不育系小孢子母细胞败育可能与作为营养源的绒毡层提前解体有关。综合王学德（1998）、宋宪亮（2001）、黄晋玲（2001）、李悦有（2002）和候磊（2002）细胞学观察结果，棉花雄性不育系的小孢子败育过程中主要出现以下几个异常现像：①造孢组织解体，如哈克西棉细胞质、阆A等。②细胞质异常，如晋A不育系在造孢细胞增殖时期，细胞质大量液泡化，留下网状残体。线粒体结构迅速膨胀双层膜破裂，内嵴紊乱。③细胞核异常，核仁穿壁频繁，出现2~4个微核多核细胞，如不育系DES-HAMS227A、中棉所12A和NM-1A。④细胞形状异常，小孢子母细胞成半月形和网状形，小孢子母细胞连成巨型团块。⑤染色体异常，出现染色体倍数异常小孢子，在后期Ⅰ和末期Ⅰ出现落后染色单体。⑥细胞壁解体，或小孢子外壁不能正常发育，长出刺外突。⑦绒毡层细胞富含线粒体，液化严重。绒毡层提前或推迟解体。一般认为，绒毡层适时解体将为小孢子进一步发育提供营养。哈克尼西棉不育系在减数分裂前后绒毡层开始解体。

总之，国内外棉花细胞质雄性不育细胞学研究表明，棉花花粉的败育主要发生在造孢组织期、小孢子母细胞时期、减数分裂各时期和小孢子形成时期，这些大都与绒毡层的发展快慢和解体迟早有关。这些研究不仅揭示了细胞质雄性不育花粉败育的方式和过程，也为育种家今后从分子生物学的角度去研究细胞质雄性不育和育性恢复的机理提供了理论依据和研究方向。

Servella等（1968）最早对棉花核质互作不育系的生理生化特性进行了研究，结果发现亚洲棉不育花药中酸性氨基酸含量较低，而叶片中天门冬氨酸和精氨酸含量较高。邱竟等（1989）发现，哈克尼西棉的子叶、真叶中过氧化物同工酶显著多于保持系及恢复系，而进入小孢子单核期的花药则较少。王学德（1994）对104-7A，湘远A及哈克尼西棉核质互作不育系同核异质系以及保持系中棉所12B的生理生化研究表明，核质互作不育系不育花药内淀粉粒很少分布，淀粉酶同工酶缺少特征带以及酶活性降低，减数分裂过程中不育花粉蛋白质合成受阻，并且组成蛋白质的四种氨基酸（脯氨酸、半胱氨酸、天冬氨酸和谷氨酸）的含量异常，引起了新陈代谢的紊乱，是导致雄性败育的重要原因。

宋宪亮等（2004）的研究结果表明，在主要败育时期之前：①不育花药IAA含量明显低于可育花药，且变化趋势大，可育花药IAA含量变化趋势呈倒"V"字形，而不育花药变化趋势呈"V"字形。②GA_3含量的趋势在可育与不育花药中相似，但各期都是不育花药变化趋势低于可育花药。GA_3偏低可以促进IAA氧化酶或过氧化酶（POD）活性，抑制色氨酸向IAA转化以及降低IAA活性，从而降低IAA水平。③可育花药ABA含量始终维持在较低的水平，而不育花药在花粉母细胞减数分裂时期，ABA含量明显偏高，之后明显下降并维持在一定水平，但各个时期含量都明显高于可育花药。表明IAA，ABA，GA_3含量异常是花药败育的重要原因之一。Sing等（1992）在总结前人相关研究时指出，生长素含量的增加、乙烯的过度产生、ABA水平的提高以及赤霉素和细胞分裂素含量的降低将导致多数植物产生雄性不育等。

根据黄晋玲等（2002）、王学德等（1998）、宋完亮等（2003）的研究结果表明：①不育系与保持系的过氧化物酶同工酶和细胞色素氧化酶同工酶的差异主要存在于棉花的生殖器官中。②晋A不育系与可育系的过氧化物酶同工酶和细胞色素氧化酶同工酶的差异表现时期与细胞学观察结果一样。③二者的差异是细胞质基因控制的，细胞质基因的阻遏功能导致不育系的过氧化物酶同工酶和细胞色素氧化酶同工酶带数少于保持系的现象。④不育系过氧化物酶活性在主要败育时期就明显高于可育株，其活性偏高将加速IAA的分解，降低IAA的活性，导致生长素浓度偏低，对营养物质的竞争不利，导致败育。⑤叶片、不同发育时期的花蕾，不育系的超氧化物歧化酶活性比保持系明显要低。⑥不育系的琥珀酸肋氢酶活性比保持系低。解海岩等（2006）利用酶联免疫检测（ELISA）技术，研究了棉花细胞质雄性不育系、保持系、恢复系和杂种一代花药在造孢细胞增殖期、花粉母细胞减数分裂期、四分体至小孢子释放期、花粉发育期和花粉成熟期内源吲哚乙酸（IAA）、赤霉素（GA_3）、玉米素核苷（ZR）和脱落酸（ABA）含量的动态变化，结果表明，在保持系、恢复系和杂种一代可育花药间内源激素含量差异不明显，但在可育与不育花药间差异显著。2004年，黄晋玲对晋A细胞质雄性不育系及其保持系的过氧化物酶同工酶和细胞色素氧化酶同工酶酶谱进行了分析，结果表明晋 A 细胞质雄性不育系与其保持系的两种同工酶有着明显的差异，这种差异产生的时期与其细胞形态学观察到的小孢子败育时期一致，说明雄性不育基因调控了这两种同工酶的形成和差异。

国内外研究学者普遍认为在高等开花植物中细胞质雄性不育花粉败育的特征是由线粒体基因组决定的，并且受到核育性恢复基因（*Rf*）的抑制或互作。线粒体的功能是依赖于核基因组和线粒体基因组共同作用的，Christine（2007）认为现在至少有 14 个线粒体基因与细胞质不育有关，并有一个共同的特征就是基因的开放阅读框是由来源于线粒体基因的编码序列、基因的侧翼序列和来自未知区域的序列共同组成。线粒体基因组的重排、突变以及线粒体基因的剪切、编辑都可能引起细胞质雄性不育。现在对于线粒体基因引起细胞质雄性不育的假说有两种：①CMS 基因破坏了线粒体的正常功能，不能够满足使花粉正常发育所需的能量，即能量假说。②由于花粉特异因子（比如代谢物或基因的产物）与线粒体 CMS 基因的产物相互作用引起了线粒体功能紊乱从而导致细胞质雄性不育的产生，即毒蛋白假说。刘少林等（1996）应用 RAPD 技术检测、比较了棉花细胞质雄性不育系三系，不育系×恢复系 F₁ 和陆地棉标准系的线粒体基因组和叶绿体基因组的差异，认为棉花细胞质雄性不育性主要与 mtDNA 异常有关，在育性恢复过程中，核基因引起 mtDNA 顺序结构较大程度的改变。Chunda Fen 等（2000）采用 RFLP 方法，比较研究了哈克尼西棉细胞质雄性不育胞质、正常可育的陆地棉胞质和其恢复系的胞质的线粒体基因组。研究结果表明，不育胞质和陆地棉正常可育胞质的 mtDNA 具有明显的不同。而不育胞质和恢复系胞质的 mtDNA 却没有表现不同，说明 CMS-D2 恢复基因的存在不影响 mtDNA 的结构。王学德（2000）以哈克尼西棉胞质不育系和保持系的花药及黄化苗为材料，分别对线粒体蛋白质和 DNA 进行了 SDS-PAGE、RAPD 和 RFLP 分析，发现在蛋白质水平不育系花药线粒体内缺少一种约 31 ku 的多肽，在 DNA 水平缺少一个分子量为 1.9Kb 的与细胞色素氧化酶基因（*cox*Ⅱ）具有同源序列的片段，推测 *cox*Ⅱ 基因的变异引起线粒体功能的失调，从而导致雄性不育的产生。黄晋玲（2003、2008）用合成的线粒体基因组探针（*atpA*、*atp*6、*atp*9、*cox*Ⅰ、*cox*Ⅱ和*cob*）对晋 A 细胞质雄性不育系和保持系线粒体 DNA 进行 RFLP 分析，发现晋 A 不育系与保持系相比，其 *atp*6 和 *cox*Ⅱ 基因分别缺少 5.7 和 4.2kb 的强杂交带，推测条带的缺失与线粒体 DNA 分子内或分子间的重排有关。后续的文库测序结果证实，晋 A 不育系与其保持系在 *orf*B、*cox*Ⅰ和 *nad*4L 基因全序列上无差异。Wang 等（2010）利用 RFLP 技术对细胞质雄性不育系 CMS-D2 和 CMS-D8 的线粒体基因组进行分析发现，CMS-D2 中有一条 4.5kb 的特异条带，而 CMS 中有一条 5.5kb 的特异条带。

线粒体基因恢复育性依赖于核基因，核基因干扰了与核质互作不育系相关线粒体基因的功能。核基因组中存在核质互作不育系育性恢复基因，可显性抑制核质互作不育系的表现。当核基因组缺乏抑制其表型的恢复基因时，植株表现为雄性不育；反之，若存在恢复基因则雄性可育，也就是说细胞质与核基因的互作决定花粉育性（Jenny 等，2008；Eckardt，2006）。目前恢复基因对线粒体不育基因的调控互作方式主要有：①恢复基因的存在直接影响或干扰了 CMS 不育基因转录本，改变了 CMS 不育基因转录模式，从而影响了花粉的育性；②恢复基因影响 CMS 不育基因的转录加工，核育性恢复基因通过对 CMS 不育基因转录进行修饰、加工或剪切，导致 CMS 不育基因转录的改变，减少了 CM5 不育基因蛋白质的积累，最终导致育性恢复；③恢复基因影响了 CMS 基因 RNA 的编辑，恢复基因通过 RNA 编辑降低核质互作不育系不育基因的转录丰度和稳定性；④恢复基因对核质互作不育系不育基因的蛋白翻译后调节。现在关于棉花核质互作不育系不育基因和恢复基因是怎样通过线粒体-核基因互作影响育性的研究还处于初步探索阶段，随着核育性恢复基因和核质互作不育系不育相关基因的克隆以及功能分析，将为育种家清楚地认识和了解这一复杂的分子机理提供直接或间接的理论依据。

随着分子生物学的发展，棉花细胞质雄性不育系统中有关恢复基因的分子标记开发取得了很大的进展。现在用于棉花的主要有 RAPD、STS、SSR，AFLP 和 EST-SSR 分子标记技术。这些分子标记的开发，一方面可以应用于棉花分子辅助育种，从而选育优良的新型恢复系；另一方面可以进行染色体步移以便找到与恢复基因更近的分子标记。郭旺珍等（1997）筛选到一个与恢复基因紧密连接的 RAPD 标记 $OPV-l5_{300}$，重组率为（13.0 ± 2.568）%。随后 LaD 等（1999）在研究不育系 DELCOT277 和恢复系 HAF277 构建的近等基因系时，发现 1 个 RAPD 标记 UBC6592 与 Rf 连接，该标记被克隆测序后定位到 RFLP 高密度图谱上。

　　Liu 等（2003）利用 BSA 和 GRA 结合的方法对陆地棉细胞质不育系和恢复系杂交 F_1 代自交后的 F_2 代群体进行 RAPD 和 SSR 筛选，结果找到 3 个 SSR 标记，2 个 RAPD 标记与 Rf_1 紧密连接，但与恢复基因 Rf_1 没有共分离；并利用非整倍体将 Rf_1 基因定位在第 4 条染色体的长臂上。Zhang 等（2001）利用 RAPD 标记和 BSA 分析 CMS-D8 恢复系找到了与 Rf_2，紧密连接的标记 $UBClll_{3000}$ 和 $UBCl88_{500}$，遗传连接分析表明 $UBCl88_{500}$ 与 Rf_2 的平均遗传距离为 2.9cM；并同另外两个标记 $UBCl69_{700}$ 和 $UBC659_{1500}$ 共同转化为 STS 标记。

　　Feng 等（2005）以 BC_1 群体为基础材料，采用 BSA 法共鉴定到 4 个与 Rf_1 连接的 RAPD 标记，其中 3 个标记 $UBCl47_{1400}$、$UBC607_{500}$、$UBC679_{700}$ 与 Rf_1 共分离，另 1 个标记 $UBCl69_{800}$ 与 $UBCl69_{700}$ 共分离，并将 $UBCl47_{1400}$、$UBC607_{500}$ 与 $UBCl69_{700}$、$UBC679_{1500}$ 转化为 STS 标记。Yin 等（2006）筛选了 2250 对 SSR 引物，找到 5 个新的与 Rf_1 紧密连接的标记，构建了包含 13 个与 Rf_1 紧密连接分子标记的遗传图谱。杨路明（2006）利用 2803 对 EST-SSR 引物对不育系 104 - 7A 和恢复系 0 - 613 - 2R 及 22 株小群体进行筛选，共得到 6 个与 Rf_1 基因紧密连接的分子标记，构建了包含 18 个标记（2 个 RAPD、3 个 STS 和 13 个 SSR）的遗传图谱，总遗传距离为 0.65cM。Wang 等（2007）利用 RAPD、AFLP、STS、CAPS 和 SSR 标记技术分析了（D8 × SG747）× SG747 群体，发现了 3 个新的 RAPD 标记 $UBC352_{900}$、$UBC683_{500}$、$UBC722_{750}$ 和一个 SSR 标记 $CIRl79_{250}$，并将 $UBC722_{750}$ 转化为 CAPS 标记，利用 PPR 基序设计的保守引物与 AFLP 组合测试回交群体得到一个与恢复基因 Rf_2 连接的 PPR-AFLP 标记，并结合 9 个与 Rf_2 紧密连接的分子标记构建了与 Rf_2 紧密连接的遗传图谱；由于 $CIRl79_{250}$ 与 Rf_2 紧密连接，同时又与 Rf_1 紧密连接，推测 Rf_1 和 Rf_2 都定位与 D 亚染色体组的 LGD08 连接群上（现命名为 D5 染色体）。李朋波等（2007）对晋 A 衍生的不育系和恢复系组配的分离群体进行遗传和定位分析，表明晋 A 的恢复基因在 F_2 和 BC_1 的分离比例分别符合 3:1 和 1:1，证明恢复基因由 1 对显性基因控制，用 9 个 SSK 标记和 4 个 STS 标记构建了长度为 83.1cM 的遗传图谱，推测恢复基因 Rf_1 定位于第 19 染色体上（LGD08）与已标记 CM042 和 CIRl79 分别相距 5.4cM 和 10.3cM。

　　现在，对棉花细胞质雄性不育（CMS）育性恢复基因的克隆尚处在探索阶段，尽管 Yin 等（2006）将恢复基因 Rf_1 定位在 100 kb 的物理图谱上，但恢复基因的克隆工作并未做后续的报道。Zhang 等（2008）利用差显技术分析 CMS-D8 保持系及其相应恢复系在花药组织中的表达差异，鉴定到约 100 条表达差异条带，随后将 38 个 cDNA 片段（包括 12 个花药特异表达的 cDNA 片段）进行克隆测序和反向 Northern 分析。结果表明，其中，4 个基因在恢复系中上调表达，22 个基因在恢复系中下调表达，并认为下调表达的淀粉合成酶基因和膦酸核糖膦胺苯甲酸转移酶（PAT）基因可能与 CMS-D8 中的 Rf_2 基因有关。吴巧雯等（2008）利用 SSH（抑制性差减杂交）的方法比较了棉花 Yl8R（恢复系）× P30A（不育系）杂种 F_2 代群体 3～5d 花蕾的 mRNA 差异表达，发现陆地棉恢复系 Yl9R 中一个新基因 GHl8-Rorf 92，编码 392 个氨基酸的蛋白质，该基因的 5′端是一个全新的序列，3′端含有 26S rRNA 序列。该基因可能对研究棉花育性相关功能有所帮助。周焘等（2009）也构建了恢复系 18R 的 BAC 文库，该文库插入 DNA 片段为 50～200kb，覆盖 6.3 倍基因组。杨路明（2009）利用 6 个与 Rf_1 紧密连接的 EST-SSR 标记对 0 - 613 - 2R 恢复系 BAC 文库进行 PCR 筛选，结合比较基因组学分析，对目标 BAC 序列进行了基因预测，共获得 24 个 ORF。其中 4 个编码

PPR 蛋白并含有线粒体定位信号，随后通过 4 个 ORF 的序列比对及对恢复系和不育系的测序比较，推断 ORF3 为基因 Rf_1 的候选 ORF。

总的来说，棉花细胞质雄性不育和育性恢复系统的研究仍在探索阶段。尽管有些研究结果已将恢复基因 Rf_1 定位于 LOD08 连接群（第 19 条染色体），并推测恢复基因 Rf_2 也位于 LOD08 连接群（第 19 条染色体）上，但不同群体的设置、遗传背景、群体数量的大小都会影响分子标记与目的基因连接的遗传距离。采用图位克隆方法对已知功能表型的未知基因克隆已成为一种成熟的技术和手段，但这种方法费时费力。与图位克隆法相比，利用差异表达分析方法研究棉花雄性不育系、保持系和恢复系可以快速直接地提供 CMS/Rf 系统生殖器官某一时期的基因表达差异性信息，有助于进一步理解核-质互作的分子机理，但也可能存在假阳性。另外，利用原位杂交的方法可方便地将分子标记序列定位于染色体上，从而直接分离与恢复基因相连接的染色体。棉花育性恢复基因遗传图谱的精细定位现在还处于初步阶段。目前棉花分子标记数据库的建立对棉花分子标记的研究提供了一个很好的研究平台，这些共有的资源为今后棉花重要经济性状的 QTL 定位以及恢复基因遗传图谱的精细定位提供了方便快捷的工具和有利的支持。棉花恢复基因 Rf_1 和 Rf_2 高分辨率的分子标记遗传图谱成功构建，棉花线粒体提取方法的改进以及线粒体 BAC 文库的构建都为今后克隆细胞质雄性不育相关基因和恢复基因打下坚实的基础。随着棉花基因组全测序计划的启动，棉花细胞质雄性不育基因和育性恢复基因的克隆指日可待，棉花核质互作雄性不育及其恢复的调控机理必将进一步明朗，进而促进棉花三系杂种优势的利用研究迈上一个新的台阶。

三、标志性状的利用

棉花标志性状是因基因突变而产生的异于正常性状的突变体。如棉花正常叶色为绿色，由于基因突变而产生黄色叶片的棉株，就是一种叶色突变体，称为芽黄。在转基因抗虫棉种子生产过程中，利用具有隐性（或显性）标志性状的品种（系）作母本（或父本），以具有相对显性（或隐性）性状的品种（系）作父本（或母本），不去雄，人工辅助授粉或天然授粉，根据 F_1 标志性状的有无剔除假杂种，即可获得真杂种，从而提高了制种效率，降低了制种成本。迄今为止，棉花已鉴定出 160 多个基因突变体，但成功用于转基因抗虫杂交棉培育并通过国家或省审定的标志性状只有光子、无腺体和鸡脚叶。

成熟的棉花种子表皮都有纤维和短绒两部分。纤维是从开花授粉后 24h 的内胚珠上的表皮细胞伸长发育而产生的。而短绒则是开花后 5～10d 从胚珠上的第二组表皮细胞伸长发育而成的，长度短于 5mm，紧贴种皮，轧花时一般不能把短绒轧下。根据棉花种子表皮上短绒的多少，可分为三种类型：①光子——种子上全无短绒；②端毛子——种子的一端或两端略有短绒；③毛子——整个种子表皮披有短绒。研究表明，种子上短绒的有无，受显性光子基因（N_1）和隐性光子基因（n_2）控制。N_1 的表现较为极端而且一致，n_2 具复等位基因，并受修饰基因的作用。

1987 年，Weaver 提出以光子作为标志性状生产杂交棉种子，并利用 F_2 杂种优势。其原理是，把正常的毛子品种（系）与显性光子品种（系）间隔种植，当年仅采收正常毛子品种（系）行上的种子。由于光子表现受母株基因型影响的遗传特点，采收下的种子均为毛子，但这些种子的遗传组成却有两种类型：一类是毛子品种（系）自交产生的种子，其基因型为 n_1n_1；另一类则是毛子品种（系）与光子品种（系）杂交产生的种子，它们的基因型为 N_1n_1。翌年从这些 F_1 种子长出的植株中，基因型为 n_1n_1 的植株仍然产生毛子种子，而基因型为 N_1n_1 的植株中，则分离出 50% 的基因型仍为 N_1n_1 的光子杂种种子。通过机械方法，把光子与毛子分开，光子杂种种子用于翌年播种。同样道理，隐性光籽棉品种（系）也可用于杂交棉制种。采用隐性光籽棉品种（系）制种时，要以它作母本，与作为父本的毛子品种（系）隔行种植，从光籽棉品种（系）行上采收种子用于翌年播种。当年采下的种子均为光子，但 F_2 群体中会分离出毛子与光子两种类型的种子。其中，光子是母本种子，毛子才是杂种种子，再用机械的方法，把毛子分离出来用于翌年种植。1987 年，Weaver 通过回交把显性光子性状转育到柯字棉 315、岱字棉 70 品种的遗传背景上，然后用这两个光籽棉品系与陆地棉品种（系）进行天然杂交制种，从中筛选出（5 – 219 × 岱 90）组合。该组合在美国乔治亚州的阿森斯、米特维尔两地试验中，皮棉产量都超过亲本柯字棉 315 和对照种斯字棉 825。雷继清等于 1984 年，从抗病品系 80 – 72 中发现的光子突变株而育成显性光籽棉新品系——光子 1 号。1989 年，他们用光籽棉 1 号与 5 个正常的毛籽棉品种进行人工去雄授粉、不去雄人工辅助授粉和天然授粉三种方法各配制 5 个组合。试验结果表明，所有参试 F_1 组合均比对照晋棉 7 号增产，增产幅度为 0.90% ~ 33.60%，平均 13.00%。不同授粉方法生产的 F_1 杂种优势表现不一。人工去雄授粉的杂交棉产量最高，参试组合平均比晋棉 7 号增产 23.80%。依次为不去雄人工辅助授粉和天然授粉，其杂交棉产量分别比晋棉 7 号平均增产 20.50% 和 13.00%。壮壮棉 4 号（红杂 111）由河北天和种业有限公司育成，是具有光子标记性状的转基因抗虫杂交棉。其母本为光子转基因抗虫棉品系光籽 – 21，父本为红叶棉品系红选 90。2007 年通过河北省审定。该杂交棉生育期 130d，植株筒形，株高 87.3cm，单株果枝数 12.2 个，第一果枝节位 6.8，单株成铃 14.5 个，铃重 5.6g，衣分 41.4%，籽指 9.9g，霜前花率 93.2%。抗棉铃虫、红铃虫等鳞翅目害虫；红色茎叶，对部分棉田害虫有驱避效果。纤维长度 30.6mm，整齐度指数 86.6，马克隆值 4.8，比强度 28.1cN/tex，伸长率 6.6%，反射率 75.7%，黄度 7.8，纺纱均匀指数 149。2004 年枯萎病病指为 15.6，黄萎病相对病指 29.0，2005 年枯萎病病指为 5.4，黄萎病相对病指 34.9。2004—2005 年，冀中南春播组区域试验结果，平均每 hm^2 产皮棉分别为 1 213.5kg、1 405.5kg，比对照 Bt 棉 DP99B 分别增产 6.5%、6.4%。霜前皮棉分别为 1 140.0kg、1 306.5kg，比对照 DP99B 分别增产 13%、9.6%。

棉花植株上除花粉、种皮及木质部外，其余器官均有腺体分布。腺体一般呈球形或卵圆形，直径为 100 ~ 400μm。内溶物是多种色素物质的混合物，属于萜烯类化合物。腺体曾被称为油铃、油腺、油点、黑腺、树脂腺，20 世纪 70 年代后，逐渐称之为色素腺体。无腺体是相对于有腺体而言的一种基因突变体。1954 年，McMichael 首先从 HopiM 棉中发现胚轴、茎秆、叶柄和棉铃无腺体，但子叶、真叶仍有腺体的植株。遗传分析表明，该性状为一对隐性基因所控制，其基因符号为 gl_1。自此之后，又陆续发现并鉴定出 5 个隐性无腺体基因 gl_2gl_3、gl_4、gl_5、gl_6，以及 gl_1 的复等位基因 gly_1，Gl_2 的复等位基因 Ggl_2。但 Lee（1966）认为，在上述 6 个位点基因中起决定作用的是 $gl_2 gl_3$，其他基因仅起修饰作用。现在，国内外无腺体育种中主要是利用 $gl_2 gl_3$。以隐性基因控制的无腺体品种作母本，有腺体品种作父本，进行不去雄人工辅助授粉或天然授粉，采收母本行上的种子，根据 F_1 幼苗上腺体的有无，可以鉴别真假杂种。凡有腺体的，为真杂种，反之是假杂种，间苗或移栽时剔除。1977 年，浙江农业大学报道，（隐性无腺体品系 62—1 × 派马斯特 111A）F_1 每 hm^2 产皮棉 1 303.4kg，比对照岱字棉 15 增产 29.40%。鲁棉研 39 号由山东棉花研究中心育成，是具有无腺体标记性状的转基因抗虫杂交棉。2009 年通过国家审定。2010 年通过山东省审定。其母本 DR43 是以无腺体棉鲁 57 为轮回亲本、GK35 为 Bt 抗虫基因供体亲本，连续回交选择育成。鲁棉研 39 号为中熟品种，黄河流域棉区春播生育期 121d。出苗较快，中前期长势较强，整齐度好，后期长势一般。棉株各部位均表现为少腺体。株高 100.6cm，株型紧凑、果枝较长、夹角较大，茎秆粗壮、茸毛较密，叶片较大、深绿色，子叶大。第一果枝节位 6.9 节，单株结铃 16.6 个，铃卵圆形，铃尖明显，棉铃表面光滑，苞叶大，铃重 6.4g，吐絮畅，衣分 40.8%，籽指 10.4g，霜前花率 93.9%。在 2005—2006 年山东省棉花中熟品种区域试验中，2 年平均籽棉、霜前籽棉、皮棉和霜前皮棉产量分别为每 hm^2 4 210.5kg、3 958.5kg、1 687.5kg 和 1 591.5kg，分别比对照转基因抗虫杂交棉鲁棉研 15 增产 4.9%、4.3%、4.7% 和 4.3%；2008 年山东省棉花中熟品种生产试验中，籽棉、霜前籽棉、皮棉和霜前皮棉平均产量分别为每 hm^2 4 132.5kg、3 859.5kg、1 672.5kg 和 1 564.5

kg，分别比对照鲁棉研 15 增产 7.2%、7.3%、7.9% 和 7.9%。2006—2007 年参加黄河流域棉区中熟杂交品种区域试验，2 年平均籽棉、皮棉和霜前皮棉产量分别为每 hm^2 3 655.5kg，192.5kg 和 1 401kg，分别比对照鲁棉研 15 增产 6.0%、6.0% 和 5.2%。2008 年黄河流域棉区中熟杂交品种生产试验，籽棉、皮棉和霜前皮棉产量分别为每 hm^2 3 436.5kg、1 456.5kg 和 1 354.5kg，分别比对照鲁棉研 15 增产 9.4%、11.6% 和 l0.7%。2005—2006 年山东省棉花中熟品种区域试验鉴定结果为，抗枯萎病，耐黄萎病，高抗棉铃虫。2006—2007 年黄河流域棉区中熟杂交品种区域试验 2 年平均结果为：枯萎病指 11.25、黄萎病指 28.65、属耐枯萎病，耐黄萎病；毒蛋白表达量为 574.4ng/g，属抗棉铃虫品种。2005—2006 年山东省棉花中熟品种区试中，纤维长度 30.3mm，比强度 30.2cN/tex，马克隆值 4.8，整齐度 85.6%，纺纱均匀性指数 151.5。2006—2007 年黄河流域区试中，纤维长度 30.4mm，断裂比强度 29.9cN/tex，马克隆值 4.7，断裂伸长率 6.3%，反射率 75.8%，黄色深度 8.0，整齐度指数 85.6%，纺纱均匀性指数 151。

1965 年，埃及 Bahtim 试验站 Afifi 等通过 P^{32} 诱变，获得一个无腺体突变体，定名为 Bahtim110 加以发放。1984 年，Kohel 对它作了遗传研究，认为其无腺体性状由位于 Gl_2 位点上的部分显性突变基因所控制，定名为 Gle_2。这是国际上首例由显性基因控制的棉花无腺体种质。由显性基因控制的无腺体品种（系），在转基因抗虫杂交棉育种利用中的途径主要有两条：①作为标志性状，在苗期鉴别真假杂种。在此，应以有腺体品种（系）作母本，显性无腺体品种（系）作父本；通过不去雄人工辅助授粉或天然授粉，仅收取母本行上的种子，F_1 苗期凡有腺体的为假杂种，无腺体的为真杂种。②培育无腺体杂交棉，把转基因抗虫杂交棉育种与低酚棉育种结合起来。由于显性无腺体性状通过回交，可以较容易地转育到任何有腺体品种和不育系遗传背景上。因此，不论采用何种途径，转基因抗虫杂交棉育种都可利用显性无腺体基因，获得无腺体杂交棉。在"两系法"制种中，因不育系中混有 50% 的可育株，很可能因可育株拔除不彻底或不及时，而导致假杂种的产生。若恢复系为显性无腺体品种（系），则在 F_1 苗期就可较容易地把假杂种（有腺体植株）拔除。显性无腺体基因的发现与深入研究，将为转基因抗虫杂交棉育种提供新的材料与途径。

由王忠义等育成的标杂 A1 是具有鸡脚叶标记性状的转基因抗虫杂交棉。2001 年、2002 年、2003 年先后分别在河南、山东和河北省审定，2004 年同时在山西省、陕西省审定。1982 年，王忠义、赵敬霞在田间发现一株有腺体超鸡脚叶棉株，结铃 3 个，铃重 3.2g，衣分 32.5%，绒长 25mm，生长势弱，后经用高衣分的无腺体 181 品系两次回交，经多次选择、自交纯合 20 余代，选育出了含有标记基因 l_2^s 和 $g\, l_2\, g\, l_3$ 的超鸡脚叶棉花自交系 Y_{2-2}，其农艺性状有很大改进，用它作父本，共配制 117 个杂交组合，筛选出以"中棉所 12 × Y_{2-2}"的鸡脚叶型高优势组合，并开始在生产上示范应用。1995 年，与河南省农业科学院植保研究所罗景隆研究员合作，用罗景隆提供的棉花品系 YMR 作母本，用 Y2-2 作父本，配制了标杂 A_1。标杂 A_1 2004 年在新疆博乐市新疆生产建设兵团农五师八十九团每 hm^2 产皮棉单产达 3 255kg/hm^2，创北疆皮棉单产历史之最；2002 年在河北阜城与西瓜间套作种植，皮棉产量 3 465kg/hm^2；2003 年在廊坊皮棉产量 3 250.8kg/hm^2；2004 年在新疆 105 团试种，密度 2.25 万~4.00 万株 hm^2，每 hm^2 总铃数 115.5 万多个，铃重 6.19g，比当地推广品种 98-2 铃重 5.23g 多 0.96g，衣分 43.29%，比 98-2 衣分 40.61% 高 2.68%，皮棉产量 3 095.0kg/hm^2。在辽宁喀左皮棉产量超过 2 700kg/hm^2，为历史最高单产纪录。马奇祥等（2005）于 1998 年从标杂 A_1 后代选株 98J，1999 年用 463 无酚鸡脚叶、Y2、辽无等无酚材料进行花粉聚合杂交，2000 年选育而成鸡脚叶品系，2002 年，确定株系 02J。以 02J 为亲本而育成的标杂 A3 转基因抗虫杂交棉于 2010 年，在河南通过审定。标杂 A3 植株塔形、株高中等、较松散、亚鸡脚叶，中等大小，叶色草绿；茎秆茸毛较少；铃卵圆中等偏大，结铃性较强，吐絮畅，纤维色泽洁白；生育期 125d，铃重 6.2g，衣分 43.5%，籽指 10.3g；株高 97.4cm；第 1 果枝节位 6.2，单株结铃 22.5 个，霜前花率 93.4%。2007 年，河南省杂交春棉区域试验，平均每 hm^2 皮棉 1 433.7kg、霜前皮棉 1 340.78kg、籽棉 3 307.95kg，分别比对照豫杂

35 增产 5.44%、7.02%、5.40%；2008 年河南省杂交春棉区试，每 hm² 平均皮棉 1 134.0kg、霜前皮棉 1 342.5kg、籽棉 3 348.0kg，分别比对照豫杂 35 增产 20.3%、15.8%、18.1%。2009 年河南省杂交棉生产试验，平均每 hm² 籽棉、皮棉和霜前皮棉产量分别为 3 390kg、1 407kg 和 1 320kg，分别比对照豫杂 35 增产 12.3%、12.8% 和 13.8%。2007 年，纤维长度 29.38 mm，比强度 28.86cN/tex，马克隆值 4.94，整齐度指数 85.82%，伸长率 6.26%，反射率 73.84%，黄度 7.34，纺纱均匀性指数 143.00。2008 年，纤维长度 29.85mm，比强度 29.35 cN/tex，马克隆值 4.87，整齐度指数 85.55%，伸长率 6.43%，反射率 72.53%，黄度 7.18，纺纱均匀性指数 113.75。2007 年，枯萎病指 9.8，黄萎病指 30.8，抗枯萎耐黄萎病；2008 年枯萎病指 5.2，黄萎病指 34.2，抗枯萎耐黄萎病。2007 年抗虫株率 100%，抗棉铃虫。

比克氏棉（*Gossypium bickii*）是原产澳洲的野生二倍体棉种，属 Gl 染色体组（2n = 2x = 26，Gl），花瓣粉红色，具大基斑，且具有许多独特的优良农艺性状，如抗旱、抗黄萎病、抗棉蚜及红蜘蛛等。20 世纪 80 年代，中国科学院遗传所牵头的棉花远缘杂交协作组，用陆地棉与比克氏棉进行远缘杂交，选育出 10 个红花纯合株行，花瓣与花丝粉红色，基部有大的紫红基斑，定名为 "HB（Hirsutum-Bickii）红花系"（梁正兰等，1996）。赵军胜等（2011）利用该材料转育成功了一批综合性状良好的陆地棉 HB 近等基因系。通过对回交转育的 HB 红花近等基因系的系统评价，发现 HB 红花基因转入陆地棉后对产量、产量构成性状、纤维品质等方面未带来不良影响，而且 HB 红花基因的转入使抗苗病能力普遍得到提高。以 HB 红花作为标记性状而育成的转基因抗虫杂交棉不仅可以在田间直接对 F₁ 代进行纯度鉴定，有效控制杂交制种和大田生产种子质量，同时还能有效地进行品种保护。由山东棉花研究中心与创世纪转基因技术有限公司共同育成的转基因抗虫杂交棉 "鲁 HB 标杂 - 1" 具有红花标记性状。该杂交棉于 2010 年通过国家审定。在黄河流域区试中，春播生育期 124d；出苗好，苗壮，全生育期长势强，整齐度好，吐絮畅；株高 102.5cm，株型较松散，茎秆茸毛较少，叶片中等大小、色深绿，铃卵圆形、中等大小，花冠粉红色，基部有紫红斑；第一果枝节位 7.4 节，单株结铃 17.3 个，铃重 6.4g，衣分 41.9%，籽指 10.5g，霜前花率 88.3%；耐枯萎病和黄萎病；抗棉铃虫；纤维长度 29.6mm，比强度 289cN/tex，马克隆值 4.8，伸长率 6.3%，反射率 77.0%，黄色深度 7.7，整齐度指数 85.3%，纺纱均匀性指数 144。2007—2008 年，黄河流域棉区中熟杂交品种区域试验，两年平均每公顷籽棉、皮棉和霜前皮棉产量分别为 3 643.5 kg、1 525.5kg；和 1 347.0kg，分别比对照鲁棉研 15 增产 7.3%、9.2% 和 4.6%。2009 年生产试验，每 hm² 籽棉、皮棉和霜前皮棉产量分别为 3 757.5kg、1 570.5kg 和 1 059.0kg，分别比对照瑞杂 816 增产 4.6%、62% 和 6.1%。

2012 年，由山东棉花研究中心育成，并具有红花标记性状的转基因抗虫杂交棉 "鲁 HB 标志 - 5" 通过山东省审定。该杂交棉的父本 HBR26 品系是以野生种比克氏棉转育而来的陆地棉红花大基斑纯合系 B8 为母本，以 Bt 棉鲁棉研 29 为父本和轮回亲本连续回交选育而成。该品系株型稍紧，纤维品质优。鲁 HB 标杂 - 5 属中早熟品种，全生育期 128d；出苗好，苗壮，长势强，全生育期长势稳健、植株塔形，叶功能好，叶片中等大小；花冠粉红色，基部有紫红斑，铃卵圆形、较大，吐絮畅；高抗枯萎病，耐黄萎病，抗棉铃虫；铃重 6.8g，霜前衣分 40.2%，籽指 11.6g，霜前花率 93.5%；纤维长度 31.0mm，比强度 33.0cN/tex，马克隆值 4.5，整齐度 86.2%，纺纱均匀性指数 163.8，适纺高支纱。在 2009—2010 年山东省棉花中熟杂交品种区域试验中，2009 年，平均 hm² 籽棉、霜前籽棉、皮棉、霜前皮棉产量分别为 4 426.5kg、4 279.0kg、1 795.5kg 和 1 701.0kg，分别比对照鲁棉研 15 增产 11.9%、12.4%、11.0% 和 11.7%；2010 年平均 hm² 籽棉、霜前籽棉、皮棉、霜前皮棉产量分别为 3 829.5kg、3 552.0kg、1 503.0kg 和 1 407.0kg，分别比对照鲁棉研 28 增产 14.4%、16.4%、13.7% 和 15.6%。2011 年，生产试验平均 hm² 籽棉、霜前籽棉、皮棉、霜前皮棉产量分别为 3 856.5kg、3 597.0kg、1 591.5kg 和 1 492.5kg，分别比对照鲁棉研 28 增产 10.4%、14.6%、8.6% 和 12.3%。

第六章　田间试验技术

田间试验是转基因抗虫棉育种过程中不可或缺的一项技术工作，而田间试验是在一定的环境中进行的。环境因素的严格控制，是获得精确试验信息的重要前提和关键。对于一个试验，如果许多环境因素都有较大的随机波动，就不可能提供精确的试验结果。转基因抗虫棉育种试验的背景和材料是变异性丰富的土壤、天气、田间管理和棉花的生长发育。加之，做一个转基因抗虫棉育种试验要经过 8~9 个月时间，在这一过程中，任何一次偶然的疏忽或意外事件，都可能使环境失控，造成试验误差。所以，在棉花育种试验中，有效地控制试验误差，既有难度（与物理、化学、工程方面的试验相比较），又有特别重要的意义。棉花育种家既需要充分了解控制试验误差的基本原理和方法，又要时时事事谨慎小心，防患于未然，才能得到比较可靠的试验结果。

第一节　试验误差的概念

试验误差（$\triangle$）＝观察值（x）－真值（μ）。

试验结果都具有误差，误差自始至终存在于一切科学试验的过程中。农业试验，尤其是田间试验中的试验误差远远超过控制条件较好的试验，如实验室中的试验等；而大株作物的棉花、玉米田间试验误差，一般说来大于小株作物如水稻、小麦等的田间试验误差。

误差对试验结果的影响：

处理 A：$X_A = \mu_A + \triangle_A$

处理 B：$X_B = \mu_B + \triangle_B$

处理 A 与处理 B 之间的差异比较：

$(X_A - X_B)$：$(\mu_A - \mu_B) + (\triangle_A - \triangle_B)$

将上式简写为：$d = D + \triangle$

由上式可知：

（1）若 $\triangle = 0$，则 $d = D$，这种情况，在田间试验中几乎不存在；

（2）若 $|\triangle| < |D|$，则由 d 推断 D，虽不能正确无误（或偏大，或偏小），但不会造成优劣颠倒的结果；

（3）若 $|\triangle| > |D|$，则由 d 推断 D，不仅大为偏颇，甚至可能优劣颠倒（误好为坏，或误坏为好）。

以上例子说明，试验误差的存在，对于客观地评价处理效应（试验结果）会有严重的干扰。在田间试验中，每个试验都应力求属于上述第（2）种情况，并尽量减小由 d 估计 D 的偏差，而避免第（3）种情况。这就要求：

一是必须努力控制环境因素的一致性（减小 $\triangle$ 值）；

二是处理间的差异尽可能大一些（使 D 值较大）。

但是，试验是探测未知的问题，D 的大小往往事先难以预见或不能改变。因此，确保试验结果可靠性的关键，在于降低试验误差。试验误差的大小，直接关系试验的成败。

　　了解试验误差的性质及其来源，才能"对症下药"，采取措施。按照误差的性质，误差可分为系统误差和随机误差两类。

　　第一类，系统误差。这类误差的大小、方向和符号，在同一试验中是保持不变的。它直接影响到试验结果的准确性。准确性是指试验观察值与真值（μ）之间的偏差。在田间试验中，产生这类误差的主要原因是，土壤肥力梯度；田间操作的习惯性（或顺序性）；测量器具未校正到标准程度等。

　　第二类，随机误差。这类误差的大小、方向、符号不定。是由许多微小的可加性效应所至，具有 $\mu = 0$ σ^2，呈正态分布。它直接影响到试验结果的精确性。精确性是指每个观察值之间的偏差。在田间试验中，产生这类误差的主要原因是，土壤肥力的不均匀分布；土壤中枯、黄萎病病原菌的不均匀分布；虫害袭击的随机性；试材的不均匀性（异质性）；鸟兽等危害的差异；风雨袭击的偶然性；人、畜践踏的差异以及其他一些原因不明的干扰因素。

第二节　试验地选择

　　试验地是田间试验的基本环境。选择合适的试验地是控制试验误差的首要前提。作为试验地，必须具备均匀性和代表性两个基本条件。

一、均匀性

　　试验地应力求均匀。这主要指整个田块的土壤层次、肥力、排水、利用历史和前作等，都应该比较一致。平坦也是均匀的一个条件。了解土壤均匀性的简便方法，就是观察前作物的长势是否一致。

　　关于试验地均匀性的具体标准，一般地说，全田的土壤变异系数在10%左右，或至少是重复内的土壤变异系数在10%左右的田块，才适宜于做试验地。如果土壤变异系数更低，则试验将更为灵敏，更能测出处理间的更小差异。土壤变异系数大于20%的田块，一般是不能作试验地的。试验是一种严谨而精细的科学研究工作。误差很大的试验，只能得到混乱而无效的信息，实在还不如不做。测定土壤变异系数的方法是：地里种上同一种作物，在收获时按试验将要应用的小区面积分收其产量（试验地四周 1～2m 的作物不计入），算出产量的变异系数。这一方法也称作空白试验。

二、代表性

　　试验地的土壤类型与试验的目的相符。一般应在本地区的主体土壤类型中，选择肥力一致而前茬又符合本地区情况的农田作试验地。试验地应离开建筑物和树林，最好是四周都是类似的农田，而且种植与试验相同的作物。

　　如果没有合适的试验地，则应对一些符合代表性的农田，进行有计划的培养工作，使之逐步转化为均匀田块，以供试验之用。培养的方法称为匀地播种，即根据土壤变异的大小，连续种植一季、两季或三季、四季生长比较茂密的作物，如麦、稻、大豆、绿肥等；同时采用一致的耕作和管理。在复种指数较低的地区，冬耕休闲也能调匀土壤肥力。

第三节　田间试验设计

　　合理的田间试验设计是控制试验误差的必要保障。田间试验设计的主要作用是减少试验误差，提高试验的精确度，使人们能从试验结果中获得无偏的处理平均值以及试验误差的估计量，从而能进行正确、有效的比较。

一、田间试验设计的3个基本原则

（一）重复

试验中同一处理种植的小区数即为重复次数。重复的主要作用是：①估计试验误差。试验中实际存在的误差，只有通过同样处理的重复间差异，才能得以估计；如果每一个处理只有一个观察值，就无法估计误差变异。②降低试验误差。数理统计学业已证明，平均数的误差（即标准误，$S_{\bar{x}}$）是与重复次数（n）的平方根成反比的，即 $S_{\bar{x}} = S/\sqrt{n}$。故重复次数多，则试验误差小。

（二）随机

随机是指一个重复中的每一个处理都有同等的机会设置在任何一个试验小区上。其目的在于获得无偏的试验误差估计值，也就是误差估计值不夸大和不偏低。因此，用随机排列与重复结合，试验就能提供无偏的试验误差估计值。随机的方法，可用抽签法、随机数字表和计算器上的随机数字生成功能等。

（三）局部控制

局部控制就是将整个试验环境分成若干个相对较为一致的小环境，再在小环境内实行随机和重复。由于小环境间的变异可通过方差分析剔除，因而局部控制就能起到最大程度地降低误差的作用。在田间试验上习惯用"区组"一词来表达，即一个区组相当一个小环境。

目前，常用的田间试验设计主要包括：①对比试验设计；②间比试验设计；③完全随机试验设计；④拉丁方试验设计；⑤裂区试验设计。这些设计，①～③仅应用了上述三原则中的两个，④～⑤则是全面贯彻三原则的试验设计。

对随机完全区组设计的试验结果作方差分析时，有人认为区组间 F 测验显著，试验地土壤肥力不均匀。其实区组间 F 测验显著，这正是随机完全区组设计的局部控制的效果，从而降低试验误差，提高试验精确度。

二、适当的小区技术

所谓小区技术，就是根据田间试验设计的基本原则，对试验小区进行科学的设计和布置。

（一）小区的面积

在田间试验中，安排一个处理的小块地段称为试验小区，简称小区。小区面积的大小对于减少土壤差异的影响和提高试验精确度十分重要。一般而言，在一定范围内，小区面积增加，试验误差减少；但减少不是同比例的。小区面积太小，由于土壤差异，会造成较大误差。因为较小的试验小区更有可能恰巧占有或大部分占有较瘦或较肥部分，尤其有斑状土壤差异时，会使试验误差增大。土壤差异大，小区面积应相应大些；土壤差异较小，小区可相应小些。但试验精确度的提高，往往落后于小区面积的增大程度。小区面积增大到一定程度后，试验误差的降低就不明显。总的来说，增加重复次数可以预期能比增大小区面积更有效地降低试验误差，从而提高精确度。

（二）小区的形状

适当的小区形状对控制土壤差异，提高试验精确度方面也有相当的作用。在通常情况下，长方形尤其是狭长形小区，其试验误差常比方形小区为小。一般长宽比可为 3～5∶1。

（三）重复次数

设置重复不仅是为了估计试验误差，更重要的是为了减少试验误差。重复次数越多，试验误差越小。在实际操作时，并不是重复越多越好。重复对于减少试验误差的效率是随着重复次数的增多而逐渐下降的：在重复 1 ~ 10 次范围内，增加重复次数对于减少试验误差是最有效的；在重复 10 ~ 30 次范围内，增加重复次数的效率明显下降；在重复 30 次以上时，再增加重复次数，误差的减少相当有限。如果条件许可，将重复增加到 6 ~ 8 次，对于改进田间试验的精确度将是有好处的；它们的试验误差将比重复 3 ~ 4 次的减少 30% 左右。

（四）区组设置

区组设置是局部控制原则的具体化，其基本要求是：区组内各小区的环境差异（主要是土壤差异）应尽可能小，而区组间的环境差异应尽可能大。因为区组间的差异是可以在方差分析时分离出来的，而区组内的差异则是试验误差的主要来源。

如果试验地是有定向变异趋势的（如地势或土壤肥力从一个方向到另一个方向由高变低或由低变高），必须使区组的方向与试验地趋势变异的方向彼此垂直。也就是说，小区的方向必须是使长的一边与肥力变化最大的方向平行。

（五）小区的排列

小区在各重复内的排列方式，一般可分为顺序排列或随机排列。随机排列是指，各小区在各重复内的位置完全随机决定。这一排列方式可避免顺序排列时产生的系统误差，提高试验的准确度；还能提供无偏的误差估计。

（六）保护行的设置

为了防止试验地四周的小区受到空旷的巨大影响和其他偶然性影响，在试验地四周应以同样的方式种植与试验相同的作物，作为保护行，将试验保护起来。

（七）对照区的设置

有比较才能鉴别。田间试验应设置对照区（以 CK 表示），作为与处理的比较标准。

三、适用于大量育种材料作比较试验的试验设计

棉花育种是在人工创造的或自然的异质群体中不断地进行选优汰劣。因而，必须要有与之相适应的各种试验设计，以合理安排各种当选材料（选系、品系）作出正确比较。一般地说，在一个育种周期的开始，往往选系很多，而每一选系的种子较少，难以进行重复试验；以后，随着育种工作的进展，选系数目因逐年淘汰而逐步地由多变少，每一选系的种子数量则因逐年繁殖而逐步地由少变多，因而可以进行重复试验，甚至多地点的重复试验。因此，育种试验及其设计可大体分为以下三类。

第一类，大量选系的无重复试验。试验的选系很多，可能有几百个至几千个，但每一选系的种子量少，在试验中仅种植一个小区。目前常用的是间比法设计，即对照品种按照一定的小区间隔均匀分布在试验地，供试选系采用顺序排列，相邻对照小区的均值或加权均值作为供试选系所在小区的肥力指数，以调整供试选系。这种方法的优点在于：①田间排列简便，易于观察比较；②对明显差的选系可在田间直接淘汰，而不影响全试验的总体分析。缺点在于：①供试选系间比较的准确度不高，尤其当试验地存在明显肥力梯度或斑块状肥力差异时；②对照占用了较多的试验地。针对间

比法存在的问题，有学者提出了增广设计、修饰增广设计和行列增广设计。

第二类，较多选系的重复试验。试验的选系已有所减少，但仍然较多，例如数十个、数百个；但每一选系的种子数量已允许种植两次或两次以上重复。由于供试选系较多，随机完全区组设计和拉丁方设计常常不能满足要求。为此，学者提出种格子设计和格子方设计。

第三类，较少选系的重复试验。这类试验包括育种单位的品种比较试验和国家（省、区、市）的品种区域化试验，选系一般在 10~20 个，且种子数量充足，可以在一个或多个地点进行重复试验。这类试验通常应用随机完全区组设计。

（一）增广设计

各种常规的试验设计（其基本特征是各处理具有相等的重复次数），如随机完全区组、拉丁方、裂区、格子方等，可统称为标准设计。所谓增广设计，乃是指在标准设计的区组中增多试验小区数目的一类设计（任何一种标准设计均可形成其相应的增广设计）。在这类设计中，若干个作为对照或需要比较的品种仍采用标准设计，而"增广"的小区则用以安排选系。这一设计最初由 Federer（1956）提出，其好处：一是可正确处理重复试验和单区试验的关系，将品种测验和选系测验结合起来；二是可对试验误差作出无偏估计；三是可在品种间、选系间以及品种和选系间进行有效的比较。

设有 $v=v+v_1$，个材料（v 个品种和 v_1 个选系）在 b 个区组中试验。增广随机区组设计应使 v 个品种的每一个在每一区组中均有一个小区，而 v_1 个选系的每一个则仅在某一区组中有一个小区。设第 j（$j=1,2\cdots b$）区组的小区数为 N_p，选系数为 n_p，则该设计满足：

$$\left.\begin{array}{l}N_j = v + n_j \\ \sum_1^b N_j = bv + \sum_1^b n_j = bv + v_1\end{array}\right\}$$

增广随机区组设计是非常灵活的，它可以根据不同的 v、v_1 和 b 值以及区组的实际大小而方便地进行调整。但需注意以下两点：

1. 由于选系数多、区组较大，本设计（以及其他增广设计）的区组效应一般是作为非随机效应考虑的。因而，在田间区划上，应使区组内的环境变异尽可能小，而区组间的环境变异尽可能大（不同的区组可以分布在不同田块上）。每区组所能包含的小区数目则可根据相对均匀地段的面积大小而变动。但若试验面积充裕，则每区组的小区数宜尽量接近或相等。

2. 本设计的误差自由度为 $(b-1)(v-1)$，为了较准确的估计试验误差，在设计时应使之 >10。

（二）修饰增广设计

这一设计最初由 Lin（1983）等提出。其基本结构是裂区设计，即试验分主区（整区）和副区（裂区）。主区可以应用任何一种标准设计，通常宜用能够消除行、列两个方向的环境差异的设计，如拉丁方设计、尧敦方设计等。但每一主区均须布置成 $3\times3=9$ 个副区，并使每一副区呈方形或尽可能近于方形，以保证 8 个边缘副区与中心副区最为靠近，中心副区称为对照小区，用于安排对照品种；其余 8 个边缘副区则称为测验小区，均可用于安排选系。但为了估计副区的试验误差和矫正试验结果，一般每一品种又在两个主区的各一个边缘副区中重复安排该品种（该小区称为对照副区）。

修饰增广设计主要在两个方面"修饰"了增广设计：①对照品种的随机排列被"修饰"为规则排列（固定在中心副区上）；②行、列区组的不规则形状亦被"修饰"为规则的，且在某些行、列的 9 个副区中出现了两个同一品种的副区。Lin 等认为，对照品种的随机排列固然有利于试验误差的无偏估计，但在矫正田间环境的差异上不及规则排列有效。在育种工作的前期，田间试验的主要目的是比较产量等农艺性状，粗略地估计供试材料的基因型值，而不是对系间差异作严格测验（那是需要重复试验的）。选系观察值的有效矫正往往比误差的无偏估计更为重要。

（三）行列增广设计

行列增广设计由 Fedcrcr 等（1975）首先提出。它有几种类别，其中主要的一类是由尧敦方变形而来，类似于拉丁方设计。

尧敦方是一种特殊的平衡不完全区组设计。设有 t 处理排列于 b 个不完全区组中，每一区组含 k 个小区，每一处理有 r 次重复，但 $k<t$、$r<b$，则当 $r=b$、$k=r$，且任何两个处理出现于同一区组的次数均为 $\lambda = r(k-1)/(t-1)$ 时，即成尧敦方设计。在田间排列上，尧敦方是一种 k 行 b 列的矩形布置，每一处理均出现于每一行和 r 个列中，但在每行和 r 个列的每列均仅出现 1 次。例如表 6-1 是 $t=b=7$、$k=r=3$ 和 $\lambda = 3(3-1)/(7-1) = 1$ 的尧敦方。在该方中，$t=7$ 个处理（1，2…7），排成 $k=3$ 行（A，B，C）和 $b=7$ 列（1，2…7）。每一列是含有 $k=3$ 个小区的不完全区组，排入 3 个处理（如第 1 列排入处理 1，2，4）；每一处理均重复 $r=3$ 次（如处理 1 出现于不完全区组 1，5，7）；而任何两个处理均在 $\lambda = 1$ 个区组中相遇（如处理 1，在区组 1 和处理 2、4 相遇，在区组 5 和处理 5、6 相遇，在区组 7 和处理 3、7 相遇）。

行列增广设计通过将尧敦方设计的行号和处理号互换而构成。以表 6-1 的设计为例，将处理号看作行号，就增广成 $b \times b = 7 \times 7$ 方；再将行号 A、B、C 看作处理填入 7×7 方的相应位置，即得表 6-2。表 6-2 就是行列增广设计，它的每行、每列均有 $\nu = k = 3$ 个（A、B、C）对照品种，并可再安排 $\nu_l = b(b-\nu) = 7(7-3) = 28$ 个选系。这一设计的误差自由度为 $dfe = (b-1)(\nu-2)$，这里是 $dfe = (7-1)(3-2) = 6$。

表 6-1　$t=b=7$、$k=r=3$ 和 $\lambda=1$ 的尧敦方设计

行	列						
	1	2	3	4	5	6	7
A	1	2	3	4	5	6	7
B	2	3	4	5	6	7	1
C	4	5	6	7	1	2	3

表 6-2　1 个 7×7 行列增广设计

行	列						
	1	2	3	4	5	6	7
1	A				C		B
2	B	A				C	
3		B	A				C
4	C		B	A			
5		C		B	A		
6			C		B	A	
7				C		B	A

在实践上，根据行号和处理号互换原则将 $k \times b$ 尧敦方变为 b^2 行列增广设计后，还要对行、列、品种和选系进行随机化。经随机变换后，该设计仍然保持每一对照品种（这里是 A，B，C）在每行、每列都出现一次，且仅出现一次的特性。因而，品种与行、列都是正交的。但行与列的效应是混杂的。

（四）几种格子设计

格子设计最初由 Yates（1936）提出，用于植物育种中较多选系的重复试验，其基本原理是应用较小的区组（便于控制同质性）来提高试验精确度。平方格子设计要求供试选系（含品种）数必须是自然数 k 的平方，如 25，36，49，64，81，100 等（可通过增添或减少选系、品种数进行调节），而每一区组所含的小区数则为 k，排入 k 选系（因 $k < k^2$，故这种区组称为不完全区组）。它可再分为下列诸种设计：

简单格子设计：这是重复次数 $r = 2$ 的设计，试验共 $2k$ 个区组，$2k^2$ 个小区。

三重格子设计：$r = 3$ 的设计，试验共 $3k$ 个区组，$3k^2$ 个小区。

四重格子设计：$r = 4$，试验共 $4k$ 个区组，$4k^2$ 个小区。

五重格子设计：$r = 5$，试验共 $5k$ 个区组，$5k^2$ 个小区。

平衡格子设计：$r = k + 1$，试验共 $k(k+1)$ 个区组，$k^2(k+1$ 个小区。

在育种试验中，较常应用的还是简单格子设计和三重格子设计，或者以之为基本设计再重复 2~3 次（如 XXYY 为重复 4 次的简单格子设计，XXXYYY 和 XXYYZZ 则分别为重复 6 次的简单格子设计和三重格子设计）。以上设计在实施时均还需进行随机化，其步骤为：

①随机确定每一重复中的区组次序；

②随机确定每一区组中的编码次序；

③将供试品系随机编号，排入相应小区。

这样就能保证每一选系都有同等机会被分配到每一重复中的任何一个小区。

矩形格子设计一般要求供试选系数为 $k(k+1)$ 个，如 20，30，42，56，72，90，110 等。将之安排于容量为 k 个小区的 $k+1$ 个不完全区组中，即构成一个重复。由于其处理（选系）数在 k^2 和 $(k+1)2$ 之间，因而可作为平方格子设计的一种补充。该设计有一个重要特征值得注意：即对于任一重复的任一指定区组，均可在其他的每一个重复中找到一个、且仅能找到一个与之没有选系相同的区组。这些区组互称为搭配区组。通常应用的矩形格子设计是两次重复（X 和 Y）的简单矩形格子和 3 次重复（X、Y 和 Z）的三重矩形格子。在必要时也可重复设计，如重复简单矩形格子设计 XXYY，XXXYYY 或重复三重矩形格子设计 XXYYZZ 等。矩形格子设计在实施时亦必须随机化，其步骤与平方格子设计相同。

立方格子设计是一种可以容纳大量选系的设计。其供试选系数为 k^3，如 64，125，216，343，512，729，1000 等。但区组容量仍为 k（每一重复有 k^2 个区组），因而仍能对环境变异进行严格的控制。在设计立方格子时，首先将选系编码为 k^3 个三联数 uvw，且每一数均从 1 到 k。例如 $k^3 = 64$ 个选系可编码为：

选系	u	v	w	选系	u	v	w	选系	u	v	w	选系	u	v	w
1	1	1	1	4	4	1	1	7	3	2	1	10	2	3	1
2	2	1	1	5	1	2	1	8	4	2	1	11	3	3	1
3	3	1	1	6	2	2	1	9	1	3	1	12	4	3	1

（续表）

选系	u	v	w	选系	u	v	w	选系	u	v	w	选系	u	v	w
13	1	4	1	26	2	3	2	39	3	2	3	52	4	1	4
14	2	4	1	27	3	3	2	40	4	2	3	53	1	2	4
15	3	4	1	28	4	3	2	41	1	3	3	54	2	2	4
16	4	4	1	29	1	4	2	42	2	3	3	55	3	2	4
17	1	1	2	30	2	4	2	43	3	3	3	56	4	2	4
18	2	1	2	31	3	4	2	44	4	3	3	57	1	3	4
19	3	1	2	32	4	4	2	45	1	4	3	58	2	3	4
20	4	1	2	33	1	1	3	46	2	4	3	59	3	3	4
21	1	2	2	34	2	1	3	47	3	4	3	60	4	3	4
22	2	2	2	35	3	1	3	48	4	4	3	61	1	4	4
23	3	2	2	36	4	1	3	49	1	1	4	62	2	4	4
24	4	2	2	37	1	2	3	50	2	1	4	63	3	4	4
25	1	3	2	38	2	2	3	51	3	1	4	64	4	4	4

　　然后，以 vw 相同构成重复 X 的 16 个不完全区组（如 111、211、311、411 为一个区组），以 uw 相同构成重复 Y 的 16 个不完全区组（如 111、121、131、141 为一个区组），以 uv 相同构成重复 Z 的 16 个不完全区组（如 111、112、113、114 为一个区组）。在应用时，立方格子设计的重复次数必须是 3（XYZ），或者是 3 的倍数（如 XXYYZZ 为重复 6 次）。一般地说，在选系数大于 20 而小于 100 时，宜用平方格子设计或矩形格子设计；大于 100 时应考虑用立方格子设计；大于 200 时必须用立方格子设计，否则，应分成几个平方格子设计或矩形格子设计。与平方格子设计、矩形格子设计一样，立方格子设计在实施时也必须进行随机化，其步骤同平方格子设计。

（五）格子方设计

　　在平方格子设计中，每一重复的 k^2 个选系都被排成 k 个区组。如果将这 k^2 个选系按照一定的规则排成 k 行 k 列，即 $k \times k$ 方，使行、列方向皆成区组，就成为格子方设计。格子方设计要求试验地方整，其田间排列不像格子设计那样灵活。但是它有两个较为突出的优点：①由于行和列均成为区组，因而能够控制两个方向的环境变异；而格子设计仅能控制一个方向的环境变异。②达到平衡所需的重复次数较少。在平方格子设计中，要使任何两个选系都有一次、且仅有一次出现于同一区组，需有 $k+1$ 个重复。而格子方设计，由于双向区组，达到以上目的仅需 $(k+1)/2$ 个重复（对于奇数的 k）；只有在 $k=4$ 和 8 时仍需 $k+1$ 个重复（但这时是任两个选系出现于同一行和同一列各一次）。所以，k 为奇数的平衡格子方应用较多。

　　实施格子方设计（不论平衡或部分平衡）的随机化步骤为：

　　（1）将每个方（重复）都看作是一个 $k \times k$ 的标准方，随机变换行和列；

　　（2）将供试选系编为随机号码（1）～（k^2），排入相应位置。

第四节 统计方法的应用

采用相应的统计方法是控制试验误差的有效手段。这些方法需与试验设计相应，能够将一部份环境（土壤）差异从试验误差中分离出来，从而获得无偏而最小的误差估计，进而能够较精确地评定处理效应。

统计学是研究随机变数规律性的科学，它所涉及的中心问题是：如何收集、整理、分析和解释带有随机误差的数量资料。这些内容皆属于方法论的范畴，所以通常又称为统计方法。田间试验上所得的数据，几乎都带有误差。例如，相同处理的不同小区，产量不会完全一样；同一小区的各个植株的株高也不会一样等。因此，统计方法就成为田间试验的一个不可缺少的工具。

从应用角度说，统计方法在田间试验上的主要作用有 7 个方面。

一、提供试验数据的特征数

试验数据通常都是有变异性状（如株高、铃重、产量等）测量的结果。因此，在统计上，将一个性状的数据叫作一个变数。而变数的每一个具体值则叫作变量或观察值。例如，测定某试验 100 个植株的株高，这 100 个数据就称为株高变数，而每一个数据则称为株高变量。这里是一个变数，含 100 个变量。在一个试验中，变数的个数往往不太多，但变量却是很多的。如果我们将所有变量都一一罗列出来，不仅十分冗长，而且往往不能说明任何问题。因此，统计处理的第一个步骤就是要化繁为简，应用科学的统计归纳法，将大量变量综合成少数几个特征数或简单的图、表。这些特征数或图表，应当意义明白而又概括了变数所包含的真实信息，从而便于比较和分析。这类统计处理称为描述统计，是任何一个试验都需要的。

二、测验特征数间的差异显著性

由于存在试验误差，同一性状的特征数间的差异未必是处理间的真实差异。例如，假定从试验得到某处理 A 的特征数平均 hm^2 产量比另一处理 B 高 30kg，有过田间试验实践经验的都知道，这个"高 30kg"完全可能由误差造成，不能说明 A 确实优于 B。当重复试验时，A 也许会与 B 持平或低于 B。但是，如果 A 比 B 高 300kg 或 1 500kg，又能否说明 A 确实优于 B 呢？为了正确地回答这类问题，显然需要科学地确定区别事物质量（这里是处理优劣）的一个数量界限。在统计上，这个界限是根据于实际的试验误差大小，并保证由误差造成的概率为一小值（一般取 5% 或 1%）的一个尺度。两个特征数的差数绝对值，若大于这个尺度，就可认为两个处理是确有不同的（由误差造成这种差数的概率小于 5% 或 1%）；如果相反，则不能认为两个处理有本质不同。这类统计处理称为假设测验或显著性测验，其中最为广泛应用的是 t 测验法和 F 测验法。试验通常都有着较大的误差，因而一些重要的特征数（如产量等），都应经过这种统计处理。

"显著"一词是在统计概率意义上的一个学术名词。它所表达的各处理间差异的结论，只是在一定概率的显著水准上所作出的推断。决不能在"显著"与实用价值（如推广应用等）之间划等号。因为实用价值是一个生产概念，牵涉的因素很多，需要作具体分析。而且，一个显著的统计数仅表示它有别于误差造成的随机现象，并不一定是有实际利用价值的。5% 差异显著水准，只意味着在做 100 次试验中，有 95 次结论是对的，还有 5% 的结论是错的。事实上，特征数间差异所达显著性水准之高低在很大程度上与样本容量（n）有着密切的关系。举一个相关性的例子，研究 X、Y 两性状间的相关程度，若 $n = 102$，$r = 0.254$ 即可达 1% 显著水准；而当 $n = 10$，$r = 0.735$ 才能达 1% 显著水准。

三、分析试验数据的变异

试验数据的变异是有不同的来源的。最简单的是有两种来源：一是处理不同；二是试验误差。如果试验进行了局部控制或包含多个处理因素，则还有区组不同、因素不同等来源。就处理来源和误差来源这两种变异来说，处理的作用显然必须由前者的变异显著大于后者来证实。如果处理间的变异并不显著大于误差变异，则只能说明不同处理并未造成本质上的差异。就不同处理因素的变异来说，变异最大的处理因素显然具有最大的选择潜力。统计学提供了相应于各种试验设计的分析变异的方法，它能够把各种变异来源的变异一一分解开来。因而就可以帮助试验者评定试验的精确度和发现起主导作用的变异来源，从而有利于抓住主要矛盾或关键措施。这类分析变异的统计方法统称为方差分析法。它在试验研究上的应用极为广泛。

四、分析试验数据间的相关关系

田间试验上需要研究相关关系的场合大体上有两类：一是研究处理的水平和反应之间的相关关系。例如一个施 N 量试验，N 素施用量有 5kg、10kg、15kg、20kg、25kg、30kg 等处理，希望找出施 N 量和反应（如产量）之间的一个数学方程式，以描述产量是如何随施 N 量的变化而变化的；二是研究各个反应变数之间的相关关系。例如，一个包括 15 个品种的比较试验，对每一品种都测定了 10 个不同的性状变数，希望知道这些变数间的相关密切程度如何，或者在这些性状中对于产量起主导作用的性状有哪些，以说明产量这一综合性状发生变化的制约性状。解决这类问题的统计方法，统称为相关分析和回归分析。

五、由样本结果推断总体特征

所谓总体，是指由性质相同（同一处理或同一品种等）的个体所组成的整个集团。例如，泗棉 3 号的株高总体，是指该品种在多年、多点种植时所有株高变量的集合。描述总体的特征数称为参数，它是常数。样本则是总体的一个部分（通常只是一个很小的部分），它的特征数叫作统计数。统计数是对相应参数的一个估计，它是随样本的不同而不同的。试验中的处理通常都仅是一个样本，因而得到的都是统计数。但是试验的目的却总是希望由小及大，即认识总体的表现和规律。这就产生了如何由样本推论总体，也就是由统计数推断参数的问题。举例说，在一试验中得到棉花品种 A 比 B 的开花期平均早 5d，这个 5d 就是一个统计数；如果重复试验，也可能得到平均早 3d 或 6d 的结果，这些也都是统计数。因此，品种 A 总体比 B 总体的开花期到底至少能早多少天或至多能早多少天，就是试验者关心的问题。统计学研究清楚了样本和总体数量关系的若干规律，因而提供了解决这类总体的统计方法。其基本内容是：给出一个数量区间，保证该区间有一个大的概率（通常用 95% 或 99%）包含了总体参数。这类统计方法称为总体参数的区间估计，简称区间估计。它与显著性测验构成推断统计学的两个基本内容。

六、评价和改进试验的设计和抽样

一种试验设计或抽样方法的可靠性如何，亦即对于减少试验和抽样误差的效率如何，需通过相应的统计方法来评价。前面提到的试验设计的效率以及有关小区面积、形状等小区技术，实际上都是经过了广泛统计研究的结果。因为经过统计分析，可以了解一种设计或抽样方法的误差大小；而根据误差大小，就可以选择较理想的方法。这类试验信息的一个进一步利用是从相反的方面来考虑问题，即：如果要求某一试验或抽样的误差不超过某一定值，那么应如何设计试验或进行抽样？譬如应重复多少次等。这些结果，对于抽样观察是有重要指导意义的。

七、控制试验误差的统计方法

棉花育种田间试验误差是难以避免的，但可通过田间试验设计，降低误差，并运用统计分析方法对误差大小、影响程度作出合理的估计。一个理想的田间试验，试验误差应等价于随机误差。然而，多数研究结果表明，田间试验误差中，程度不同地混有系统误差。多数学者认为，反应面分析方法是控制田间试验中系统误差的一种有效的统计方法。

反应面分析的基本原理：在一个有 p 行，q 列的试验中，其第 i 行 j 列（$i=1$，2…p；$j=1$，2……q）小区的观察值为 Y_{ij}，剩余值为 Y_{ij}^l（即 Y_{ij} 减去总平均数和处理效应）。若 Y_{ij}^l 含有系统误差，而变化形式为未知，则可以用以行（R_i）、列（C_j）编码值为自变数的一个二元多项式回归方程式来逼近，即：

$$Y_{ij}^1 = RS_{ij} + \varepsilon_{ij} = a + \sum_{l=1}^{p-2} \beta_p \cdot R_i^l + \sum_{m=1}^{q-2} \beta \cdot_m G_j^m + \sum_{l=1}^{p-2} \sum_{m=1}^{q-2} \beta_{lm} R_i^l C_j^m + \varepsilon_{ij}$$

式中：Y_{ij}^1 = 剩余值，RS_{ij} = 系统误差效应，a = 常数项，$\sum_{l=1}^{p-2} \beta_l \cdot R_i^l$ = 第 i 行系统误差的多项式效应，$\sum_{m=1}^{q-2} \beta \cdot_m G_j^i$ = 第 j 列系统误差的多项式效应，$\sum_{l=1}^{p-2} \sum_{m=1}^{q-2} \beta_{lm} R_i^l C_j^m$ = 第 i 行 j 列系统误差交互作用的多项式效应，ε_{ij} = 随机误差〔为独立并服从 N（0，σ^2）分布〕。在实际应用时，通过逐步回归，将不显著的 β 项逐一剔除，只保留显著的（若所有的 β 都不显著，则表明该试验中不存在系统误差）。由于 $\sum_1^p \sum_1^q RS_{ij} = 0$，故任一小区在消除误差后，可对其原则观察值进行校正，校正值 $Y_{ij}^* = Y_{ij} - RS_{ij}$，从而消除系统误差对试验结果的影响。

承泓良等（1993）采用反应面方法，分析了1990年盐城市棉花品种中间试验的射阳、大丰、东台和盐城市郊区4个试点和1990年江苏省麦后棉联鉴南京、南通、盐城、泗阳和徐州5个试点皮棉产量的系统误差，结果列于表6-3、表6-4和表6-5。

从表6-3至表6-5可以看出：

（1）除1个试点达5%显著水平外，其余试点的系统误差均达1%显著水平。这意味着在棉花田间试验中存在系统误差的影响。系统误差平方和占剩余平方和的比率，最高达94.5%（南京点），最低为67.1%（盐城点），一般在70%左右。由此可见，要提高棉花田间试验结果的可信度，控制系统误差是一个值得注意的问题。

（2）由反应面分析所得的误差均方都明显小于常规方差分析的误差均方。按照公式〔（常规方差分析的误差均方 - 反应面分析的误差均方）÷常规方差分析的均方〕× 100%计算，射阳、大丰、东台、盐城市郊区、南京、南通、盐城、泗阳和徐州等9个试点反应面分析比之常规方差分析可降低误差均方的百分数分别为80.7%、73.2%、69.9%、66.0%、78.0%、42.5%、51.9%、56.4%和56.6%。这表明，常规方差分析的误差项中包含有系统误差成分，难于获得无偏的随机误差，这就在不同程度上损害了方差分析所依赖的基础。

（3）反应面分析比常规方差分析灵敏，有利于揭示处理间的真实差异。由于反应面分析可消除系统误差的试验结果的影响、降低试验误差，表9-3、表9-4中经矫正的品种间 F 值均达1%显著水平，并大于常规方差分析的品种间 F 值，甚至可使常规方差分析品种间 F 值不显著的（射阳和南京两试点），经反应面分析后达1%显著水平，这样有助于充分利用试验信息。

表 6 - 3　1990 年盐城市棉花品种中间试验皮棉产量常规方差分析与反应面分析的比较

试点	常规方差分析					反应面分析				
	变异来源	df	SS	MS	F	变异来源	df	SS	MS	F
射阳	品种	4	4.869 1	1.217 2	1.205	品种	4	5.073 0	1.268 2	6.540*
	区组	2	0.965 3	0.482 6	0.478	系统	3	7.683 0	2.561 0	13.207**
	误差	8	8.075 3	1.009 4		误差	7	1.357 6	0.193 9	
大丰	品种	4	2.334 2	0.583 5	4.627 2*	品种	4	2.085 1	0.521 2	15.465**
	区组	2	0.225 5	0.112 7	0.893 7	系统	2	0.965 5	0.482 7	14.323**
	误差	8	1.009 3	0.126 1		误差	8	0.269 3	0.033 7	
东台	品种	4	1.846 5	0.461 6	5.601*	品种	4	1.830 8	0.457 7	18.455**
	区组	2	0.049 2	0.024 6	0.298	系统	2	0.510 1	0.255 0	10.282**
	误差	8	0.659 5	0.082 4		误差	8	0.198 6	0.024 8	
盐城市郊区	品种	4	3.687 8	0.921 9	6.267*	品种	4	3.080 0	0.862 7	17.288**
	区组	2	0.027 7	0.013 8	0.093	系统	3	0.853 6	0.284 5	5.701*
	误差	8	1.175 2	0.146 9		误差	7	0.349 3	0.049 9	

注：*、** 分别表示达 5% 和 1% 差异显著水平，反应面分析中品种间变异平方和为用矫正值 Y_{ij}^* 算得的

表 6 - 4　1990 年江苏省麦后棉联鉴皮棉产量常规方差分析与反应面分析的比较

试点	变异来源	df	SS	MS	F	变异来源	df	SS	MS	F
南京	品种	10	5.409 1	0.540 9	1.906	品种	10	6.538 1	0.653 8	10.477**
	区组	3	1.753 2	0.584 4	2.056	系统	8	8.704 8	1.088 1	17.437**
	误差	30	8.511 3	0.283 7		误差	25	1.559 7	0.062 4	
南通	品种	10	8.356 6	0.835 6	4.311**	品种	10	7.854 3	0.785 4	7.053**
	区组	3	4.317 0	1.439 0	7.425**	系统	3	6.789 9	2.263 3	20.316**
	误差	30	5.815 3	0.193 8		误差	30	3.342 4	0.111 4	
盐城	品种	10	7.901 5	0.790 1	3.166**	品种	10	8.236 5	0.823 6	6.863**
	区组	3	3.081 0	1.027 0	4.116*	系统	4	7.085 0	1.771 2	14.760**
	误差	30	7.485 2	0.249 5		误差	29	3.451 2	0.120 0	
泗阳	品种	10	11.380 1	1.138 0	3.259**	品种	10	10.281 1	1.028 1	6.754**
	区组	3	4.576 9	1.525 6	4.370*	系统	4	10.634 9	2.658 7	17.468**
	误差	30	10.473 0	0.349 1		误差	29	4.415 0	0.152 2	
徐州	品种	10	7.836 5	0.783 6	2.386*	品种	10	7.543 1	0.754 3	5.300**
	区组	3	6.490 0	2.163 3	6.589**	系统	5	12.355 0	2.471 0	17.364**
	误差	30	9.851 0	0.328 3		误差	28	3.986 0	0.142 3	

注：*、** 分别表示达 5% 和 1% 显著水平

表 6 – 5 系统误差平方和占剩余（系统误差 + 误差）平方和比率

试点	射阳	大丰	东台	盐城市郊区	南京	南通	盐城	泗阳	徐州
系统平方和/ 剩余平方和（%）	84.9	78.1	71.9	70.9	94.5	67.0	67.1	70.7	75.6

（4）反应面分析的效率高于常规方差分析。射阳、大丰、东台、盐城市郊区、南京、南通、盐城和徐州等 9 个试点反应面分析对常规方差分析的相对效率依次为 5.09、3.74、3.32、2.87、4.49、1.73、2.07、2.28 和 2.29。这说明，利用反应面分析时，一个重复的作用，可相当于常规方差分析时的 5.09、3.74、3.32、2.87、4.49、1.73、2.07、2.28 和 2.29 个重复的作用。

第七章　良种繁育

转基因抗虫棉的良种繁育包括转基因抗虫常规棉品种和转基因抗虫杂交棉亲本的品种（系）的原种种子生产。

第一节　品种在棉花生产系统中的地位

"系统"一词，在人们日常生活中随处可见，系统思想源远流长。把"系统"作为一门科学，则是 20 世纪 20 年代的事。1925 年美籍奥地利人、理论生物学家 Bertalanffy 发表的"抗体系统论"一文中，提出了系统论的思想。1937 年他提出了一般系统论原理，奠定了这门科学的理论基础。

一般系统论通常把系统定义为：由若干要素以一定结构形式联结构成的具有某种功能的有机整体。在这个定义中包括了系统、要素、结构、功能四个概念，表明了要素与要素、要素与系统、系统与环境三方面的关系。有人概括地指出，系统必须具备以下四个条件。

1. 系统必须由两个以上要素构成

如农业系统由农、林、牧、副、渔、工等部门组成，每一个部门相当于一个要素。

2. 系统各要素之间既相互作用又有分工

在农业系统中，若没有农业，就谈不上牧业、副业和加工业；同样，若没有牧业，则农业和加工业等也搞不上去，而农、林、牧、副、渔和工又各有其自身的作用与任务。

3. 杂统作为整体，必须具有目的性

农业系统的根本目的在于满足人类对吃、穿和某些工业原料的需求。

4. 各要素不是静止的而是流动的

或者称之为动态性质的，即随着时间的变化各要素也在发生变化。农业系统中各要素的动态性质是不言而喻的。

在上述四个条件中，只要缺少其中的一个，在一般系统论中就不能成为一个"系统"。

棉花生产是一个由"天气—土壤（地）—棉花（苗）—人类耕作活动（人）"交织构成的复杂系统。棉花生产系统的结构如图 7 - 1 所示。分析这一系统的特点，将有助于拓宽人们的思路，从系统的角度去考察和研究整个棉花生产中的问题。

从图 7 - 1 可以看出：

（1）棉花生产系统是一个开放性系统，即棉花与环境发生物质和能量的交换。棉花生长在土壤上和大气中，从大气中吸收二氧化碳，从土壤中摄取水分和养料，经过光合作用将太阳能转化为化学能，变无机物为有机物。

（2）这是一个目标点统系统。系统的总目标是以最少的投入换取最大的产出，实现高产、优质、无公害、高效益，即通常所说的经济效益、社会效益和生态效益。

（3）结构决定功能是一切事物的规律。要提高棉花生产系统的总功能，就要使结构合理，并且在决策某项技术措施时，都要求它能与环境相融洽，农业生产上最强调因地制宜，"看天、看地、看苗"就是这个道理。

（4）系统总功能不等于各子系统功能之和。根据棉花生产系统结构，通过正确选用品种，采用合理的调控技术，使整个系统中各子系统之间的协调发展，不仅有子系统的增益效应，而且还有各系统之间相互作用的增益效应，这样整个系统的总功能才能增强。英国农业研究评议会首席官员库克曾深刻地指出："在高度发达的农业中，继续大幅度地增加产量潜力，将主要来自某因素相互作用的影响"。

（5）栽培技术措施是棉花生产系统中的一个重要组成部分，其主要任务是研究生产者怎样通过技术措施的调节与控制，使棉花的生长发育与环境条件相协调，达到高产、优质、低耗和生态平衡的总体目标。

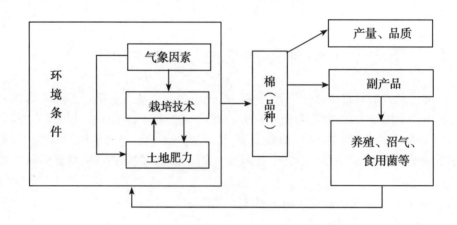

图7-1 棉花生产系统的结构

（6）品种是这一系统结构中的核心，所有环境条件均作用于品种才能起作用，也就说品种是"内因"，环境条件是"外因"，外因只有通过内因才能起作用。由于棉花遗传基础复杂，又是天然常异花授粉作物，加之棉花种植生产加工环节又多，常常容易发生混杂、退化，优良的品种特性易于丧失。因此，保证新育成品种的纯度和种子的质量，延长良种的使用年限，充分发挥优良品种的增产效益和经济效益，必须十分重视和加强棉花良种繁育工作，否则将对棉花生产和育种工作带来巨大的损失。据1972年黄河流域五省棉花品种纯度考查结果，54个县品种田间纯度平均只有72.7%，绒长27.9mm，整齐度71.7%，衣分35%。仅因棉花品种混杂退化一项原因，据估计河北、河南、山东、山西等四省每年损失皮棉约875万kg。生产实践业已表明，转基因抗虫杂交棉亲本品种（系）纯度会直接影响转基因抗虫杂交棉田的产量、抗病性和纤维品质。由于 Npt-II 标记基因与目标抗虫基因紧密连接，陈旭升等（2004）研究了11个 Npt-II 基因纯度不同的转基因抗虫常规棉与抗虫性之间的相关性。结果表明，这两者之间呈高度正相关关系（$r = 0.9227$，$P < 0.01$）（表7-1）。说明，转基因抗虫棉纯度越高，则抗虫性越强。因此，搞好转基因抗虫棉良种繁育工作对棉花生产较之其他作物具有更为重要的意义。

表7-1 转基因抗常规棉标记基因纯度与生物学抗虫性的相关性

品种（系）	生物学抗虫性指数	抗虫标记基因纯度（%）
TK9988	3.3	100.00
SGK31	3.0	100.00
盐抗1号	2.7	74.64
KC236	2.1	16.28

（续表）

品种（系）	生物学抗虫性指数	抗虫标记基因纯度（%）
KC30	3.2	100.00
泗抗 1 号	3.3	100.00
新 718	2.0	26.95
盐抗 1107	2.7	98.26

注：抗虫性指数值小于等于 1.5 为不抗，大于 1.5 并小于 2.5 为低抗，大于等于 2.5 并小于 3.0 为中抗，大于等于 3.0 并小于 3.5 为接近高抗，大于等于 3.5 为高抗

第二节　良种繁育的意义和任务

新选育的棉花品种经过区域化鉴定并确定推广地区后，便要做好良种繁育工作，直至该品种被更换为止。良种繁育是品种事业中的一个重要环节，是棉花品种选育的继续和品种推广的准备。通过良种繁育，大量生产新品种种子，可迅速扩大其种植面积。正确地进行良种繁育，保持品种的纯度和生产性能，可使优良品种较长时期地用于生产。试验证明，同一品种的更新种子比旧种子有时可提高产量 10% 以上。若不重视良种繁育工作，优良品种更换速度慢，已经推广的品种，又会迅速退化、变劣，就不可能发挥育种成就的应用作用。

棉花良种繁育的任务主要有：

（1）迅速繁殖新品种种子　良种繁育的首要任务就是迅速地大量繁殖被确定推广的优良品种种子，以满足棉花生产对良种种子数量的需要，从而保证优良品种得以按计划迅速推广，很快地在棉花生产中发挥其增产作用。

（2）保持品种的纯度和种性　优良品种在大量繁殖和栽培过程中，往往由于种、收、运、脱、藏等方面的不当而造成机械混杂，或由于天然杂交而造成生物学混杂，也会由于环境条件的影响而发生变异等，以致降低纯度和种性。因此，良种繁育的又一个重要任务是，防止品种混杂、退化，保持品种的纯度和种性，经常供应生产上所需要的优良品种的优良种子。

为了获得优良品种的优良种子，在棉花良种繁育过程中，要进行品种鉴定和种子检验，以便正确地判断和评定品种的品质和播种品质。

第三节　棉花品种退化的现象与原因

种子是重要的生产资料之一。尤其是棉花，作为纺织工业的主要原料，不仅要提高产量，而且要给纺织工业提供品质优良、纤维强力、长度、细度、整齐度高的纤维原料。这就既要求棉花品种遗传性状好，又要纯度高，并且能长期保持品种的优良特性。但由于棉花是常异交作物，遗传组成比较复杂，加之生产环节多（多次收花轧花等），比之自花授粉作物更容易造成品种混杂退化。

一、品种退化的表现

品种退化的直接表现是纯度下降，群体中出现各种不符合品种典型性的个体。具体表现在以下几方面。

（一）株型

正常棉株常呈品种原有的塔形、筒形等自然株型，枝叶分布紧凑或疏朗，长势旺而不疯，而退

化棉株或高大松散，或矮小细弱，结铃少而小，脱落率常比正常棉株为高。

（二）铃形
退化棉株铃一般都变小，单铃重下降，铃形常由卵圆变长，铃嘴变尖，铃壳变厚，吐絮不畅。

（三）籽形
退化棉株常出现异形种籽，一般常见的有光籽、绿籽、稀毛绿籽、多毛大白籽等。

（四）衣分
衣分下降是棉花品种退化的一个显著特征。一个衣分为40%左右的品种，可降到35%左右甚至更低。因而衣分下降常常是皮棉产量降低的主要原因。

（五）绒长
退化棉株的绒长普遍变短，1~2mm 为多见。纤维整齐度变差，往往比其他性状的退化出现得更早，可以看作品种退化的信号。

（六）生育期
品种退化在生育期上的表现，常常是霜前花比例减小，僵瓣花增加，也有一些植株生长量小、表现早熟。

以上棉花品种退化的种种表现，应该与环境条件引起的个体差异加以区别，品种退化是遗传型的改变，是不可逆的，而环境引起的差异，只要所处的条件基本恢复原样，后代的性状又可以呈现出典型性，所以不能把这两种概念混为一谈。

二、品种退化的特点

长期以来，人们逐渐注意到，棉花品种退化具有几方面显著的特点，分析和讨论这些特点，可以从中取得许多有益的启示，将有助于正确认识棉种退化的基本原因。

（一）具有普遍性
世界植棉业的历史告诉我们，除了一些长期种植的农家品种以外，几乎所有的棉花优良品种都会发生品种退化现象，任何地区都难以避免。生产上经常出现这样的一种情况，当一个推广品种被另一个新品种所替代的时候，常常不是因为新品种具有更多的优点，而是因为原来推广的品种丧失了本来具有的优良种性，达不到预期的增产效果。

（二）退化的速度快，对产量和品质的影响严重
一个优良的棉花品种，在不加选择的条件下，一般只有3~5年的青春时期。

（三）多品种共存使退化加剧，一地一种退化仍然发生
不同的品种在同一地区插花种植，会发生严重的机械混杂和生物学混杂，使纯度迅速下降。所以人们常将品种的"多""乱""杂"三者连在一起。但是，一地一种不能完全控制棉花品种退化的发生。

（四）棉株经济性状的退化大都呈连续性数量变异，难以准确地鉴别和选择
棉花品种退化首先是群体中个体间差异加大，并且不同程度地偏离了原来的品种典型性，由于

数量性状的连续性变异，所以很难辨明杂株的类型和产生杂株的直接原因。棉花的许多性状对环境很敏感，棉花的个体差异，难以判断是遗传原因还是环境原因。因而在退化群体中进行再选择，要比稻、麦、大豆等自花授粉作物困难得多。

（五）棉花经济性状的退化与性状遗传率的高低密切相关

根据对棉花数量性状的长期研究，一般认为株高、生育期等性状的遗传率较高，多数属加性基因作用控制，单株果枝数、衣分、绒长、籽指等性状的遗传率次之。基因作用除了加性成分以外，常有部分显性存在。单铃籽棉重、单株结铃数等性状的遗传率较低，这里除了部分显性的基因作用影响之外，更多的还是由于基因数目的增多以及对环境因素较高的敏感性。一般而言，凡遗传率愈低的性状，常呈现较快的退化速度，退化的程度也往往较为严重。

三、品种退化的原因

品种退化是一个比较复杂的问题。我国对棉花品种退化原因的认识，曾经历过两个阶段：第一阶段从 20 世纪 50 年代初期到 20 世纪 60 年代中期，基本上沿用前苏联的"生活力学说"；第二阶段从 20 世纪 60 年代中期到 20 世纪 80 年代初期，变异和混杂的理论占主导地位。

（一）自然变异和自然选释

这种理论认为，生物的遗传是相对的，变异是绝对的，所以各种生物都会经常发生性状变异。而且，其中多数的变异都是不利的，所以在不加选择的情况下，优良品种会发生退化。人们对棉花产量和品质的要求与棉花自身对环境的适应常常是矛盾的，因此，自然选择会使棉花的经济性状变劣，退化现象更加严重。后来，由于基因学说的影响，自然变异又归因于基因突变，从而将品种退化同遗传物质联系了起来。

自然变异的发生和自然选择的作用，都是比较缓慢的，而棉种退化却是相当迅速，一般棉花品种的原种，在繁殖了三四代以后，即出现明显的退化现象。自然变异学说不能对此作出圆满的解释。不仅如此，所谓变异的绝对性还使很多人产生了两种模糊认识，一是忽略了遗传在生物进化过程中的主导作用，二是将环境因素造成的个体间生长发育的差异，和真正的遗传变异混淆起来。这种认识至今还不同程度地对良种繁育工作产生着不良影响。

（二）机械混杂和生物学混杂

棉花是常异花授粉作物，一般天然异交率在 10% 左右。在多个品种插花种植的情况下，很容易发生生物学混杂。混杂的后代会出现分离，连续不断地产生各种变异类型。留种过程中的机械混杂更是屡见不鲜。机械混杂的产生又进一步促成生物学混杂，不利影响更为严重。而且棉株中很多的变异类型不易辨别，田间去杂去劣比稻、麦等作物更为困难，纯度的下降更为迅速。机械混杂与生物学混杂是棉种退化的重要原因，这个观点已经被人们普遍接受。

（三）品种的剩余遗传变异

从 20 世纪 80 年代初期开始，人们根据棉花品种退化的表现，提出了两个问题：一是在一地一种的区域化栽培条件下，为何棉种仍会很快退化；二是用单株选择和分系比较生产的原种为何又会迅速衰退，以致 3 代左右就失去应用价值。显然，单纯用混杂和变异的理论是不能圆满解释以上两个问题的。由此可以想到，棉种退化可能还有更为重要的原因。陆作楣等从 1979 年开始，经过近十余年的试验研究后认为，棉花品种退化，主要是由于基因型纯合度不高，而造成的分离重组现象，即品种的剩余遗传变异。自然变异和混杂会进一步加剧个体的杂合性和后代的分离，所以助长了棉花退化的发生。有时严重的混杂可能居于棉种退化的主导因素，但在不发生混杂的时候，棉花仍会因原有的杂合性而发生退化。以往采用单株选择和分系比较的办法生产原种，往往杂合性强的个体或株行反而占有选择优势，所以在"提纯复壮"的同时，又增强了造成退化的内在因素，以致原种后代很快发生一代不如一代的衰退现象。他们提出的这一论点，有其理论依据和实验依据。

1. 理论依据

遗传学的基础知识表明，呈杂合状态的一对等位基因 $a_1 a_2$，在自交繁殖的过程中会发生分离和重组，产生 $1/4\, a_1 a_1 + 1/2\, a_1 a_2 + 1/4\, a_2 a_2$ 的后代，其中，杂合体比例减少了一半，自交繁殖 n 代以后，杂合体比例只占 $(1/2)^n$，群体中纯合体的比例为 $\left(1 - \dfrac{1}{2^n}\right)$，当杂合体基因对数为 r 对时，则纯合基因型的比例为 $\left(1 - \dfrac{1}{2^n}\right)^r$。以 10 对基因差别的自交 6 代群体而言，纯合基因型的比例为 $\left(1 - \dfrac{1}{2^6}\right)^{10} = 0.85$，换句话说，群体中还有 15% 的个体是杂合基因型，分别存在着 1~10 对等位基因的差别，这就是所谓的剩余遗传变异。Kohel（1979）的研究，岱字棉 14 品种经过 16 代严格的自交和选择，其主要的经济性状才基本稳定，到自交选择 22 代以后，才几乎看不到性状的分离。

棉花的主要栽培种陆地棉，是异源四倍体，有 26 对染色体，遗传基础丰富，产量性状和质量性状又很复杂，所以容易保留较多的剩余遗传变异，加之棉花常异花授粉的繁殖方式，对自交纯合产生严重的拮抗作用，从而大大增加了棉花品种的剩余遗传变异。例如在一个 $a_1 a_1$，$a_1 a_2$，$a_2 a_2$ 各占 1/3 的群体里，自交繁殖的后代比例发生如下变化：

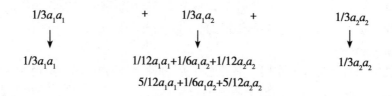

当自交过程中，又出现了部分异交，例如，10% 的 $a_1 a_1$ 和 10% $a_2 a_2$ 分别接受了 $a_1 a_2$ 的花粉，则 1/38 $a_1 a_1$ 中有 $1/3 \times 10\% \times 1/2 = 1/60$ 的杂合体。1/3 $a_2 a_2$ 中亦是如此，这样繁殖一代的群体中杂合基因型总共为 $1/6 + 2/60 = 1/5$ 即杂合体比完全自交时有所上升，这就是所谓部分异交对自交纯合的拮抗作用。

由于棉花育种过程中都是开放授粉的，在很多家系同植一处的情况下，部分的异交是每年都会发生的。结果很多接近纯合的个体又会因此而增加杂合的程度，一个基因位点从纯合变成杂合，只需一个世代的杂交，而杂合位点要在后代中转为纯合，却需要很多的自交代数，所以棉花新品种选育的高世代家系，很难得到像稻、麦那样纯合度很高的"纯系"，而只能是一个由不同纯合度的个体组成的异质群体，其表现虽然大同小异。但遗传上却处于一种不稳定的状态。

2. 实验依据

棉花品种普遍存在剩余遗传变异，即相当一部分个体是杂合基因型，其后代必然会发生分离重组，但是这种分离不容易直接察觉到。例如，一个单株后代的个体之间，存在着或多或少的差异。究竟是遗传上的分离现象，还是环境不一致造成的，很难加以区分。从 1979 年开始，陆作楣等采用杂交试验的方法，获得了棉花个体杂合性的实验依据。他们用徐州 142 为母本（P_1），宁棉 12 为父本（P_2），杂交获得了 F_1，F_1 自交获得了 F_2。然后将同年采收的 P_1、P_2、F_1、F_2 种子，种植于相同环境下，再以单株为单位调查产量和品质有关的经济性状并计算各性状的表现型方差。一般而言，如果杂交亲本是纯合的，F_1 个体的基因型也是一致的。所以，P_1、P_2 和 F_1 的表现型方差是由环境条件造成的。但是，F₂ 个体间的差异包括了两部分，一部分是同 P₁、P₂ 和 F₁ 相似的环境变异，另一部分是由于分离重组而产生的遗传变异。因此，从理论上说，F₂ 各性状的表现型方差，应该大于 P₁、P₂ 和 F₁ 的表现型方差，可是，实际试验的结果，却并非如此（表 7 - 2）。分离世代 F₂ 各性状的表现型方差，几乎全部介于几个不分离世代的表现型方差之间。

表 7 - 2　徐州 142 × 宁棉 12 各世代主要经济性状的表现型方差（陆作楣等，1990）

性状	试验年份	P_1	P_2	F_1	F_2
株高（cm）	1981	83.5	96.9	71.5	85.5
	1987	73.0	98.4	82.5	98.4
单株结铃数（个/株）	1981	46.7	10.2	23.2	20.4
	1987	17.1	20.8	16.5	17.2
单铃籽棉重（g）	1981	0.8	0.5	0.6	0.4
	1987	0.8	0.6	0.9	0.8
单株籽棉重（g）	1981	340.5	41.8	157.0	191.1
	1987	267.8	311.3	287.1	193.7
衣分率（%）	1981	3.9	3.5	1.4	2.9
	1987	3.7	2.9	4.6	3.1
绒长（mm）	1981	3.1	5.5	3.8	4.6
	1987	2.5	2.6	3.0	2.5

以上试验结果表明，所谓不分离世代的表现型方差，实际上也含有一定程度的遗传变异，这种遗传变异的来源就是亲本基因型的杂合性。

为了进一步验证上述结论的可靠性，他们对徐州 142 和宁棉 12 通过田间和冬季温室分别连续进行 9 代和 10 代自交，然后再作相同的杂交试验。结果真如预期的那样，F₂ 代的表现型方差，全部超过了 P₁、P₂ 和 F₁ 的表现型方差，也就是亲本的基因型已经基本纯合，原来的杂合性基因消除了（表 7 - 3）。

表 7 - 3　连续自交后的徐州 142 × 宁棉 12 各世代主要经济性状的表现型方差（陆作楣等，1990）

性状	试验年份	P_1	P_2	F_1	F_2
株高（cm）	1986	61.6	56.4	85.1	211.6
	1987	59.0	61.4	78.5	236.2
单株结铃数（个/株）	1986	10.7	12.0	14.1	15.5
	1987	9.9	13.7	14.4	16.8
单铃籽棉重（g）	1986	0.2	0.2	0.3	0.3
	1987	0.2	0.2	0.2	0.3
单株籽棉重（g）	1986	246.7	270.1	292.9	437.5
	1987	237.8	256.1	266.4	416.4
衣分率（%）	1986	1.0	1.3	1.2	4.3
	1987	2.6	2.2	3.6	9.6
绒长（mm）	1986	0.7	0.6	1.2	5.5
	1987	1.7	2.1	2.1	9.9

　　根据棉花品种退化与品种的剩余遗传变异有关的论点及其实验结果，陆作楣等（1990）提出棉花原种生产的"自交混繁法"。戚永奎等（2003）从1999年起，对3个转基因抗虫常规棉品系 Yc1107、Yc1109、Yc5077 分别按照自交混繁法和三圃制原种生产程序生产种子，以常规棉泗棉3号为对照，于2002年在原种田进行抗虫性比较和鉴定。结果表明，用自交混繁方法生产的原种在室内喂养棉铃虫的校正死率（表7-4）、棉铃虫存活幼虫各龄期发育比例（表7-5）、叶片受害等级比较（表7-6）和不治虫田间3代棉铃虫各龄期存活幼虫（表7-7）、不治虫3代棉铃虫田间减少数量（表7-8）均优于三圃制方法生产的原种。这种差异主要由原种纯度造成的，因用三圃制方法生产的原种在田间可看到有明显的不抗虫植株。这也说明自交在转基因抗虫棉原种生产中的重要作用。这一原种生产方法已被列入 GB/T3242—2012 国家标准"棉花原种生产技术操作规程"。

表7-4　苗期室内喂养棉铃虫的校正死亡率　（%）

	6月25日接虫3d			6月27日接虫5d		
	自交混繁	三圃制	差值	自交混繁	三圃制	差值
Yc1107	83.34	78.13	5.21	96.67	88.89	7.78
Yc1009	79.17	68.75	10.42	92.22	76.67	15.55
Yc5077	92.71	80.21	12.50	100.00	91.11	8.89
泗棉3号	—	—	—	—	—	—

表7-5　苗期室内喂养棉铃虫存活幼虫各龄期发育比例　（%）

	处理	6月25日接虫3d				6月27日接虫3d			
		1龄	2龄	3龄	4龄	1龄	2龄	3龄	4龄
Yc1107	自交混繁原种	0	8.33	5.00	0	0	1.67	0.83	0
	三圃制原种	0	10.83	6.67	0	0	4.17	3.33	0.83
Yc1009	自交混繁原种	0	10.00	6.67	0	0	4.17	1.67	0
	三圃制原种	0	7.50	13.33	0	0	5.00	5.83	6.67
Yc5077	自交混繁原种	0	4.17	1.66	0	0	0	0	0
	三圃制原种	0	4.17	12.50	0	0	5.00	1.67	0
泗棉3号		0	10.83	69.17	0	0	0	11.67	63.33

表7-6　苗期室内喂养棉铃虫叶片受害等级比较

	6月25日接虫3d			6月27日接虫5d		
	自交混繁	三圃制	差值	自交混繁	三圃制	差值
Yc1107	0.75	1.08	0.33	0.83	1.25	0.42
Yc1009	1.75	1.83	-0.08	1.83	2.42	0.59
Yc5077	1.00	1.50	0.50	1.08	1.58	0.50
平均	1.17	1.47	0.30	1.25	1.75	0.50
泗棉3号		3.92			4.00	

表7-7　不治虫田间3代棉铃虫各龄期存活幼虫

处理		7月25日					8月4日				
		1龄	2龄	3龄	4龄	综合龄期	1龄	2龄	3龄	4龄	综合龄期
Yc1107	自交混繁原种	18	8	0	0	34	3	0	3	0	12
	三圃制原种	14	13	0	0	40	4	2	5	2	35
Yc1009	自交混繁原种	7	6	0	0	19	5	0	2	0	11
	三圃制原种	11	18	1	0	50	8	2	13	2	59
Yc5077	自交混繁原种	7	1	1	1	12	0	0	4	0	12
	三圃制原种	9	8	2	0	29	0	4	7	1	33
泗棉3号		50	22	4	0	106	0	5	16	24	154

表7-8　不治虫3代棉铃虫田间减少数量

	自交混繁原种			三圃制原种		
	虫害减少率（%）		虫害减少指数	虫害减少率（%）		虫害减少指数
	7月28日	8月4日		7月28日	8月4日	
Yc1107	65.79	86.67	4.12	51.32	71.11	1.66
Yc1009	82.89	87.44	2.51	60.53	44.44	1.23
Yc5077	88.16	91.11	1.45	75.00	73.33	1.28
平均	79.39	87.41	2.69	62.28	62.96	1.39
泗棉3号	—	—	—	—	—	—

　　原种是棉花良种繁育的基础，是每一轮繁殖种子群体生命的起点。原种生产是周期性的，通常每年提供一次新原种种子，从而开始新的一次波浪式的繁殖（图7-2）。故世界各产棉国均十分重视原种生产。美国加利福尼亚州1948年便以法规的形式宣布该州为"一地一种"地区。1965年美国颁布了农业法以保证新育成的优良品种的顺利推广和提供给生产者以合乎标准的高质量的种子。为了防止品种在推广过程中失去原品种的典型性，将准备推广的新品种的原原种（称育种者种子）约5 000kg储存于低温种子库中，以后每年由选育单位从中取450kg种子，繁殖20hm²地，作为基础种子，由种子公司或种子分配协会交特约种子农场，扩大繁殖80hm²，称"登记种子"。下一年种12 000hm²，生产出的种子称"检验种子"。再经州专职种子检验员在田间和实验室检验纯度、种子质量等，合格者发种子证书。经硫酸脱绒、分级精选、药剂拌种、装袋密封后再出售。埃及从1958年起宣布了两项种子保纯法，实行"一地一种"和"一厂一种"。准备推广的新品种种子由农业部所属农场繁殖纯种，统一安排特约繁殖生产"注册种子"和"检定种子"。生产上每个阶段都要接受指定推广区官方技术人员的周密监督，对种子特性和衣分进行严格检查。这些措施有力地保证了生产上应用最高质量的种子。

　　我国20世纪50年代在江苏省10多个原种场，以单株选择，分系比较，混系繁殖为基本内容的"三圃制"原种生产法，生产岱字棉15，成绩可观，使岱字棉15在生产上保持20余年，对棉花产量的提高和品质的改进起了很大作用。这是我国棉花原种生产的常用方法。

　　2012年12月31日中华人民共和国国家质量监督检验检疫总局和中国家标准化管理委员发布了《棉花原种生产技术操作规程》国家标准GB/T 32422—2012，代替1982年国家发布的 GB/T 3242—1982。与 GB/T 3242—1982 国家标准相比，GB/T 3242—2012 国家标准进一步完善了"三圃制"原种生产方法，增加了"自交混繁法"原种生产方法。GB/T 3242—2014 的具体内容如下。

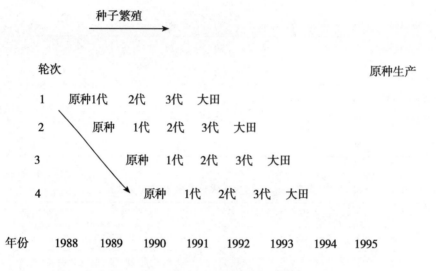

图 7 - 2　原种生产与繁殖示意图（孙善康，1990）

1　范围

本标准规定了棉花原种（包括杂交棉亲本种子，下同）的生产技术要求。

本标准适用于棉花原种生产。

2　规范性引用文件

下列文件对于本文件的应用是必不可少的。凡是注日期的引用文件，仅注日期的版本适用于本文件。凡是不注日期的引用文件，其最新版本（包括所有的修改单）适用于本文件。

GB/T 3543.1—3543.7 农作物种子检验规程

GB 4407.1 经济作物种子 第 1 部分：纤维类

3　术语和定义

下列术语和定义适用于本文件。

3.1　育种家种子

育种家育成的、遗传性状稳定、纯度达 100% 的最初一批种子。

3.2　原种

用育种家种子直接繁殖的或按原种生产技术操作规程生产的达到原种质量标准的种子。

4　原种生产

4.1　原种生产基地的选择

选择地势平坦、土地肥沃、排灌方便的地块，隔离距离 300m 以上。

4.2　原种生产方法

原种生产采取三圃法或自交混繁法。

4.3　三圃法

采取单株选择、株行鉴定、株系比较、混系繁殖的方法，即株行圃、株系圃、原种圃的三圃制。田间记载项目和室内考种标准见附录 A。

4.3.1　单株选择

4.3.1.1　单株选择的材料

单株选择在原种圃、决选的株系圃中进行，也可专门设置选择圃。

4.3.1.2　单株选择的重点

株型、叶型、铃型、生育期、抗逆性等主要特征、特性，以及丰产性、抗病性、抗虫性、纤维感官品质等。

4.3.1.3　单株选择的时间

第一次在结铃盛期，着重观察叶型、株型、铃型等形态特征，做好标记；第二次在吐絮后、收花前，着重观察结铃和吐絮情况。

4.3.1.4　单株选择的数量

单株选择的数量应根据下一年株行圃计划面积确定。一般每 666.7 m^2 株行圃约需 80 个 ~ 100 个单株；田间选择时，每 666.7 m^2 株行一般要选 200 个以上单株；以备考种淘汰。

4.3.1.5　收花

单株收花，每株一袋，霜后花不作种用。当选单株时，每株统一收中部正常吐絮铃 5 个（海岛棉 8 个）以上，一株一袋，晒干贮存供室内考种。

4.3.1.6　单株室内考种决选

单株材料的考种包括六个项目：单铃籽棉重、纤维分梳长度及其异子差（异籽差单面不应超过 4mm）、衣分、籽指、异型异色籽。考察纤维分梳长度，每单株随机取 5 瓣籽棉，每瓣各取中部籽棉 1 粒，用分梳法测定；单株所收籽棉轧花后，计算衣分率；在轧出的棉籽中任意取 100 粒（除去虫子和破籽）测籽指、异型异色籽，异型异色子率要求不超 2%。单株最后决选率为 50%。

4.3.2　株行圃

4.3.2.1　田间设计

将上一年当选的单株种子，分行种于株行圃，根据种子量多少，行长一般 5 ~ 10m，顺序排列，留苗密度比大田稍稀，每隔 9 个株行设一对照行（本品种的原种）。每区段的行长、行数要一致，区段间要留出观察道 1.0 ~ 1.2m，四周种本品种的原种 4 ~ 6 行作保护行。播种前绘好由间种植图，按图播种，避免差错。

4.3.2.2　田间观察鉴定

4.3.2.2.1　记载本

应置备田间观察记载本，分成正本、副本；副本带往田间，正本留存室内，每次观察记载后及时抄入正本。历年记载本要妥善保存，建立系统档案，以便查考。有条件的单位可录入计算机，建立相应的数据库。

4.3.2.2.2　观察记载的时间和内容

目测记载出苗、开花、吐絮的日期。

4.3.2.2.2.1　苗蕾期

观察整齐度、生长势、抗病性、抗虫性等。经移苗补苗后，缺苗 20% 以上者初步淘汰。

4.3.2.2.2.2　花铃期

着重观察各株行的典型性、一致性和抗病性、抗虫性。

4.3.2.2.2.3　吐絮期

根据生长势、结铃性、吐絮的集中程度，着重鉴定其丰产性、早熟性等。

4.3.2.2.3　田间纯度

田间纯度的鉴定分两次进行。第一次在盛蕾初花期，着重考察株型和叶型；第二次在花铃期，着重考察株型、铃型、叶型、茎色、茸毛、腺体、花药颜色等，特别是铃型。为使品种典型性得以充分表达，株行圃化调以轻控为宜。

4.3.2.2.4　田间选择

根据田间观察和纯度鉴定，进行选择淘汰。当一个株行内有一棵杂株时即全行淘汰，形态符合原品种典型性，但出苗、结铃性、早熟性、抗逆性等方面显著不同于邻近对照的株行也应淘汰。田间当选的株行分行收花计产，进行室内考种后决选。

4.3.2.3　株行圃室内考种决选

田间当选株行及对照行，收花前，每株行采摘中部果枝第 1~2 节位吐絮完好的内围铃 20 个作为考察样品。考种项目：单铃籽棉重、纤维分梳长度（20 粒）、纤维整齐度、衣分、籽指、异型异色籽率。株行考种决选标准应达到下列要求：单铃子重、纤维分梳长度、衣分和籽指与原品种标准相同，纤维整齐度 90% 以上，异型异色籽不超 3%，株行圃最后决选，当选率一般为 60%。

4.3.2.4　株行圃收花加工

先收淘汰行，后收当选行；霜后花不作种用，但需先分收计产；落地籽棉作杂花处理，不计产量。一般先轧留种花，后轧淘汰花和霜花后。

4.3.3　株系圃

4.3.3.1　播种

将上一年当选的株行种子，分别种植成株系圃和株系鉴定圃。株系圃每株系播种的面积根据种子量而定，密度稍低于大田；株系鉴定圃，2 行区至 4 行区，行长 10m，按照间比法排列（每隔 4 株系设一对照区），以本品种原种为对照。田间观察、取样、测产及考种均在株系鉴定圃内进行，并结合观察株系圃。

4.3.3.2　田间观察鉴定

同 4.3.2.2。

4.3.3.3　田间选择

决选时要根据记载、测产和考种资料进行综合评定，一系中当杂株率达 0.5%，则全系淘汰；如杂株率在 0.5% 以内，其他性状符合要求，拔除杂株后可以入选。

4.3.3.4　株系圃室内考种和决选

每个株系和对照各采收中部果枝上第 1~2 节位吐絮完好的内围铃 50 个作为考种样品。考种项目：单铃籽棉重、纤维分梳长度（50 粒）、纤维整齐度、衣分、籽指、异型异色籽率。株系圃考种决选标准应达到下列要求：单铃籽棉重、纤维分梳长度、衣分和籽指与原品种标准相同，纤维整齐度 90% 以上，异型异色籽不超过 3%，株系圃最后决选率一般为 80%。

4.3.3.5　株系圃收花加工

先收淘汰系，后收当选系；霜后花不作种用，但需先分收计产；落地籽棉作杂花处理，不计产量。一般先轧当选系留种花，后轧淘汰花和霜后花。

4.3.4　原种圃

4.3.4.1　播种、观察和去杂

当选株系的种子，混系种植成原种圃。种植密度可比一般大田略稀，可采取育苗移栽或定穴点播，以扩大繁殖系数，在盛蕾初花期、花铃期和吐絮期进行三次观察鉴定。要调查田间纯度，严格拔除杂株，以霜前籽棉留种，此即为原种。

4.3.4.2　原种圃室内考种

根据植株生长情况，划片随机取样，每一样品采收中部 100 个正常吐絮铃，共取 4 个 ~5 个样品，逐样进行考察，逐项考察单铃籽棉重、纤维分梳长度（50 粒）、纤维整齐度、衣分、籽指、异型异色籽率。每一考察项目求平均值。

4.3.4.3　原种圃收花加工

霜前花作种用。霜后花、落地籽棉作杂花处理，不计产量。

4.4　自交混繁法

自交混繁法是通过建立自交系保持品种纯度、混系繁殖扩大种子量的原种生产方法。该方法设置保种圃、基础种子田、原种生产田，在营养钵育苗移栽的条件下，三者比例为1∶20∶500。保种圃为自交系种植圃，基础种子田即混系繁殖田。

4.4.1　保种圃

4.4.1.1　自交系的建立

4.4.1.1.1　材料来源

从育种家种子田中选择单株自交。选择株型、铃型、叶型等主要性状符合原品种特征特性的单株，并综合考察丰产性、纤维品质和抗病性、抗虫性等。

选择单株时间第一次在盛蕾初花期，着重观察形态特征，中选株做好标记；第二次在结铃期，着重观察结铃情况，决选单株挂牌编号。

4.4.1.1.2　自交时间与数量

田间选择400个单株，于第五果枝开花时进行自交，一般选第一至第三果节花自交，全株自交15～20朵，并做好标记。按编号分株采收自交铃，每株收5个以上正常吐絮的自交铃，随袋记录株号及铃数，经室内考种，决选200个单株备用。

4.4.1.2　自交系鉴定

4.4.1.2.1　田间设计

将上年决选的单株自交种子按编号顺序分行种植成自交系，每系不少于25株，周围种植同品种原种作保护区。

4.4.1.2.2　田间观察鉴定

同4.3.2.2.1、4.3.2.2.2、4.3.2.2.3。

4.4.1.2.3　选择与自交

在初花期选择符合品种特征特性、形态整齐、生长正常的自交系做好标记，于第5果枝开花时自交，每系的自交花量不低于300朵，分布于全系2/3左右的植株。

4.4.1.2.4　收花与室内考种

田间决选的自交系按系采收吐絮正常的自交铃，经室内考种后，决选自交系不少于100个（另选5～8个作预备系）。室内考种项目同4.3.2.3。

4.4.1.3　保种圃的建立

4.4.1.3.1　田间设计

将上年中选的自交系按编号分别种植，每系株数根据原种生产计划面积按比例安排。行距安排便于田间操作，区段前面设观察道，四周用本品种原种作保护区。

4.4.1.3.2　保种圃的保持与更新

保种圃各系通过自交独立繁衍，每系自交花数要保证下年种植株数，自交以中部内围花为主，如发现某系与原品种特征特性不符则淘汰或用预备系更换。

4.4.1.3.3　收花与提供核心种

按系收摘正常吐絮自交铃，并随袋标明系号，作为下一年保种圃用种。各系自然授粉的正常吐絮铃分别收摘，经考种后混合留种，此种称核心种，供下年基础种子田用种。

4.4.2　基础种子田

4.4.2.1　种植

基础种子田要集中种植、隔离繁殖，四周为原种生产田，由此产生的种子称作基础种子。

4.4.2.2　去杂去劣

在蕾期、花期要进行普查，并观察其生长状况，如发现杂株、劣株，要及时拔除。

4.4.2.3 收获与加工

基础种子田单收、单轧，下年作原种生产田用种。

4.4.3 原种生产田

4.4.3.1 种植

原种生产田要集中种植，注意去杂去劣。

4.4.3.2 收获与加工

收获霜前花留种即为原种。加工与储存过程中注意防止机械和人为混杂。

4.4.4 考种项目

同4.3.2.3。

5 种子储藏

人库种子水分应在12%以下。种子仓库应具备隔热、防潮、防鼠条件。

6 种子质量检验

生产单位应做好种子质量自检，必要时委托种子检验部门根据 GB/T 3543.1—3543.7 进行复检，对符合 GB 4407.1 规定的种子妥善保管；对不合格的种子，提出处理意见。

第四节 转基因抗虫杂交棉不同制种方法的效益比较

人工去雄授粉和利用核雄性不育系是转基因抗虫杂交棉制种的两种主要方法。为比较这两种制种方法的效益，朱协飞等（2009）以南农6号（利用核雄性不育系制种）和南农8号（人工雄授粉方法制种）为试验材料，研究了这两种方法的制种效益。结果表明（表7-9），这两个杂交棉的母本实际株数差异1.8%，不显著。之所以产生这样的差异，主要是由于南农6号的母本纯度引起的，因为在繁种、加工过程中，纯度很难达到100%，即可育株与不育株之比要大于1∶1，可育株要比不育株略多。母本穴数，南农6号为1 523穴，南农8号为1 937穴，两者相差28%，即南农6号母本有437穴是空缺的，同样有不超过437穴是双株。制种人工数，南农6号为29个，其中除去可育株的用工4个；从7月11日开始至8月9日每天用工0.5个（个别天为1个），计25个（扣除雨天）。南农8号用工105个，其中7月11日至7月25日用工2个，7月26日至8月19日用工3个（个别天为4个）。南农8号的用工数是南农6号的3.6倍。毛子产量，南农6号为1 012.5kg/ hm²，而南农8号为1 330.5kg/hm²，两者相差31.4%。原因主要是南农6号母本缺苗断垄引起。同样，皮棉产量，南农8号也比南农6号高32.5%。制种毛利，南农6号为4.2万元/ hm²，南农8号为3.0万元/ hm²。南农8号要比南农5号少1.2万元/hm²，达28.7%。其原因是南农8号的用工是南农6号的3倍多。

表7-9 两类杂交棉制种产量及效益比较

	母本理论株数（株）	母本实际株数（株）	母本穴数（穴）	制种人工（个）	制种人工（元）	毛子产量（kg）	毛子产值（元）	皮棉产值（kg）	皮棉产量（元）	制种毛利（元）
南农6号	1 950	1 903	1 513	29	725	67.5	2 700	49.5	792	2 767
南农8号	1 950	1 937	1 937	105	2 625	88.7	3 548	65.6	1 050	1 973
差值	0	34	424	76	1 900	21.2	848	16.1	258	-794
差值百分比（%）	0.0	1.8	28.0	262.1	262.1	31.4	31.4	32.5	32.6	-28.7

注：制种人工按25元/日计；毛子价格按40元/kg 计；皮棉按16 元/kg 计；亲本种子成本因所占成本比例极

少，忽略不计

根据试验研究结果及多年来的制种实践，朱协飞等（2009）总结出了这两种制种方法中的技术关键：

棉花是常异花授粉作物，花朵大，便于去雄。利用人工去雄手段生产种子要经过徒手去雄、挂线标记、授粉、取下标记线等工序。完成这几道工序有几个难题需要克服：盛花期配备工人不少于45名/hm²，需要组织大量的劳动力；去雄务必干净，操作必须小心，需要一定的技术；去雄、授粉期间是一年中温度最高的季节，一般在7月10日至8月20日，劳动强度大；技术人员必须每天逐行逐株检查是否有漏去雄的花，下雨天不能去雄，必须摘除全部花朵，即整个制种阶段，原则上制种田里不能有1朵花，否则就会有自交铃，影响纯度。为提高制种效率，有两个方面值得重视：

（1）授粉方法。在开花数既定的前提下，铃重决定了制种产量。而在制种过程中，总有部分铃由于授粉不足，形成2瓣铃和3瓣铃，铃内种子数减少，种子还不饱满，影响发芽率及制种产量。应采用小瓶法授粉。该法授粉由于柱头被套入花粉堆，授粉量足，很少有2瓣铃和3瓣铃。该法尤其适应目前以老人、学生为主要制种力量，也适宜其他制种新手。

（2）去雄时间适当推迟。下午迟一点下田，温度稍低，提高人的舒适度，从而提高效率。更重要的是下午时间愈迟，花的成熟度愈高，容易去雄，且能有效减少花药残留，提高纯度。上午不允许去雄，由于成熟度不够，去雄时很难去除完整花冠，且影响柱头活力（隔夜花去雄则容易形成自交铃）。

对于利用核雄性不育系制种的转基因抗虫杂交棉，下午无需去雄，上午授粉时见花授粉，漏授粉的花会脱落（严格隔离的条件下），因此效率大为提高。一般每天上午1个人就能够授粉667m²的制种田。但为了进一步提高制种效率，应引起重视的是：

（1）播期提前，苗床搬钵。提前3~5d播种，如果移栽后管理措施得力，可使棉苗提前现蕾，从而及早鉴别育性。移栽前1周苗床搬钵，目的是切断主根，移栽后缩短缓苗期，是促进生育期提前的有效措施。

（2）尽早去杂。即使母本现蕾株数不是很多，也要尽早去杂。因为去杂后同穴的棉苗由于生长空间发生了改变，以后的生长就会大不一样。

（3）手感鉴别育性方法。当蕾锥体长到0.9~1cm时，蕾尖而软为不育株，平而硬为可育株，加以拔除。一旦连续几株鉴定为不育株，同穴尚难鉴别的棉株即予拔除。另外，估计制种时尚难现蕾或只能现小蕾的弱小株一并拔除。

第八章　转基因抗虫棉对靶标害虫的影响

第一节　转基因抗虫棉对棉田昆虫群落结构的影响

随着转基因抗虫棉种植面积的不断扩大，棉田昆虫群落结构也发生了新的变化。研究这一新的变化不仅是评价转基因抗虫棉生物安全的重要的内容，而且可以为综合治理转基因抗虫棉棉田的害虫提供科学依据，目前已成为国内外的研究热点。

昆虫群落结构的多样性、均匀性和优势集中性是评价生物群落的三个重要指标。多样性反映昆虫群落结构的丰度，均匀性反映昆虫群落结构的合理性，而优势集中性反映昆虫群落结构的不对称性。一般而言，多样性指数和均匀度值较高而优势集中性较低的群落，说明群落结构最稳定。崔金杰等（2000）研究了我国黄河流域棉区 Bt 棉对棉田昆虫群落结构的影响。研究结果（表 8 - 1）指出，就昆虫群落而言，多样性指数为对照田（常规棉品种中棉 16，全生育期不用任何农药）＞综防田（Bt 棉 93 - 6，根据虫害发生情况，适时用农药）＞自控田（Bt 棉 93 - 6，全生育期不用任何农药），均匀度指数为综防田＞对照田＞自控田，优势集中性为自控田＞对照田＞综防田，说明对照田昆虫群落最稳定，其次为综防田，自控田稳定性最差。三种处理棉田害虫亚群落的多样性指数为综防田＞对照田＞自控田，均匀度指数为综防田＞对照田＞自控田，优势集中性为自控田＞对照田＞综防田，说明综防田害虫亚群落最稳定，其次为对照田，自控田稳定性最差，某种害虫大发生的可能性较大。三种处理天敌亚群落的多样性指数为对照田＞自控田＞综防田，均匀度指数为对照田＞自控田＞综防田，优势集中性为综防田＞自控田＞对照田，均匀度指数为对照田＞自控田＞综防田，优势集中性为综防田＞自控田＞对照田，说明对照田天敌亚群落最稳定，其次为自控田，综防田稳定性最差。此外，昆虫多样性、均匀性和优势集中性动态变化的研究结果表明，在棉花生长前期（6 月初至 7 月下旬）是棉田昆虫群落的逐步发展阶段，随着棉株的逐渐长大，昆虫种类数逐渐增多，个体数量也增多，昆虫群落从初步建立到逐渐强盛。此期对照田优势害虫种类为红蜘蛛和棉铃虫，优势捕食性天敌为龟纹瓢虫，优势寄生性天敌为棉蚜茧蜂、齿唇姬蜂，蜘蛛优势种为草间小黑蛛；综防田和自控田的转基因棉田优势害虫均为红蜘蛛，优势捕食性天敌为龟纹瓢虫，优势寄生性天敌为棉蚜茧蜂，优势蜘蛛类为草间小黑蛛。此期转基因抗虫棉田害虫的防治应以生态调控为主，宜用选择性农药防治麦穗蚜和红蜘蛛，避免对天敌的杀伤；麦田及时灭茬，消灭棉铃虫蛹；棉田种植玉米诱集带，以保护、增殖天敌。在棉花生长中期（7 月底至 8 月底），由于气温升高，棉田温度增加，部分天敌和害虫因不适应高温高湿的环境条件而迁出棉田或种群数量受到抑制，致使昆虫和数量下降。此期对照田优势害虫类为白粉虱和棉蓟马，优势捕食性天敌为龟纹瓢虫，优势寄生性天敌为侧沟绿茧蜂，优势蜘蛛类为草间小黑蛛；综防田和自控田转基因棉田优势害虫均为棉蚜和棉蓟马，优势捕食性天敌为龟纹瓢虫，优势寄生性天敌为棉蚜茧蜂，优势蜘蛛类为草间小黑蛛。此期转基因抗虫棉田自然天敌的种类和数量均明显减少，故害虫的防治应以化学防治为主，以生物生态调控为辅，协调好生防防治和化学防治的矛盾。此外应加强农业防治，如及时中耕灌水，结合农事操作消灭虫卵。到棉花生长后期（9 月以后）是昆虫群落逐渐衰落阶段，随着棉花的衰老，物种数和个体数逐渐减少，昆虫群落由强盛走向衰败。此期对照田优势害虫为棉蓟马和叶甲类，优势捕食性天敌为龟纹瓢虫，优势寄生性天敌为侧沟绿茧蜂，优势蜘蛛类为草间小黑蛛；综防田优势害虫为叶甲类，自控田优势害虫为棉蓟马，这两个处理转基因抗虫棉田优势捕食性天敌均为龟纹瓢虫，优势寄生性天敌的优势度极低，优势蜘蛛类为草间小黑蛛。后期转 Bt 基因棉田自然天敌的种类和数量均有所回升，故害虫的防治应以生物生态调控为主，化学防治为辅，尽量减少化学农药的施用，保护天敌；或用 NPV 防治棉铃虫，发挥其后效作用，收花后及时拔除棉秆，冬耕冬灌，消灭越冬蛹。

表 8-1　三种处理棉田昆虫群落及其亚群落的参数值

处理	群落类型	多样性	均匀度	优势集中性
对照田 （常规棉品种中棉所 16， 全生育期不用任何农药）	昆虫群落	2.511 4	0.547 7	0.172 0
	害虫亚群落	1.924 0	0.494 4	0.278 7
	天敌亚群落	2.078 6	0.534 1	0.188 6
综防田 （Bt 棉 R93-6， 全生育期不用任何农药）	昆虫群落	2.484 6	0.575 5	0.124 9
	害虫亚群落	1.985 9	0.568 0	0.190 6
	天敌亚群落	1.780 8	0.476 4	0.247 7
自控田 （Bt 棉 R93-6，根据害虫发生情况， 适时用农药）	昆虫群落	1.818 1	0.408 2	0.336 3
	害虫亚群落	1.337 1	0.353 3	0.451 7
	天敌亚群落	1.831 3	0.490 0	0.225 5

　　背负式机动吸虫器是国际上通用的取样方法。这种吸虫器能克服传统方法的不足，它能吸取棉株上大部分昆虫，包括棉株上不易被发现及易活动的昆虫，同时这种方法也能保护体小和软的昆虫不易被击碎。另外，这种方法取样量大，保证了取样的科学性和准确性。郦卫弟等（2003）于 2000—2001 年采用背负式机动吸虫器取样法在河北省廊坊研究了 Bt+CpTI 双价棉 SGK321、Bt 棉 GK12 和其受体常规棉泗棉 3 号棉田的节肢动物总群落、害虫亚群落、天敌亚群落和中性昆虫亚群落的多样性。结果表明：①从害虫群落组成上看，转基因抗虫棉田平均查得 15 科 19 种，从常规棉不施药和施药对照田平均分别查得 14 科 17.5 种和 13.5 科 17.5 种，转基因抗虫棉和常规棉上的害虫种数没有明显差异。②转基因抗虫棉田的主要种类数量多于常规棉不施药和施药对照田，常规棉施药田主要优势种类为烟粉虱（Bemisia tabaci）和棉蚜（Aphis gossypii）2 种；转基因抗虫棉田的绿盲蝽（Lygus lucorum）高于常规棉不施药和施药对照田，棉铃虫是常规棉不施药对照田的常见种，转基因抗虫棉田则无（表 8-2、表 8-3）。从天敌群落组成上来看，从转基因抗虫棉田共查得 24.3 科 39.3 种，从常规棉不施药和施药对照田平均分别查得 24 科 43.5 种和 25 科 38 种；微小花蝽、姬小蜂（Chrysonotomyia）和异须盲蝽（Cumpyloma diversicomis）为转基因抗虫棉和常规棉不施药对照的优势种，蜘蛛（Araneida）的优势度有所上升并成为丰盛种；而在常规棉施药处理田中，棉短瘤蚜茧蜂（Trioxys rietscheli）和龟纹瓢虫（Propylaea japonica）为优势种，寄生蚜虫跳小蜂（Aphidencyrtus shikokiana）、棉短瘤蚜茧蜂（Trioxys rietscheli）和黄足蚜小蜂（Aphelinus flavipes）数量有所上升，成为丰盛种。相比而言，转基因抗虫棉田害虫和天敌的主要种类数量都明显多于常规棉施药田，表明转基因抗虫棉有利于保护棉田的生物多样性和棉田生态系统的管理（表 8-4、表 8-5）。③转基因抗虫棉的害虫多样性和天敌亚群落多样性与常规棉施药和不施药处理没有显著差异，但由于在棉花生长中、后期转基因抗虫棉处理的中性昆虫多样性显著高于常规棉施药处理，导致同期转基因抗虫棉的节肢动物总群落多样性明显高于常规棉的施药防治棉铃虫处理。表明转基因

抗虫棉由于减少棉铃虫防治用药量，而显著提高了棉田中、后期生态系统节肢物的群落多样性，有利于生态系统的稳定和害虫的综合治理（表8-6至表8-10，图8-1至图8-3）。

表8-2　2000年不同处理棉田的主要害虫优势度

种类	处理		
	Bt棉GK12	常规棉泗棉3号	泗棉3号+杀虫剂
烟粉虱 *Bemisia gabaci* Gennadius	0.927 8	0.933 0	0.534 3
棉蚜 *Aphis Gossypii* Glover	0.026 0	0.025 2	0.458 8
小绿叶蝉 *Empoasca flavescens* Fabricius	0.002 7	0.000 5	0.000 1
绿盲蝽 *Lygus lucorum* Meyer-Dur	0.001 7	0.000 7	0.000 1
花蓟马 *Frankliniella formosae* Monlton	0.008 3	0.005 5	0.001 0
斑潜蝇科 Agromyzidae	0.029 2aA*	0.023 8aA	0.002 4bB

注：*小写字母表示差异达5%的显著水平，大写字母表示差异达1%的极显著水平。表8-3、表8-4和表8-5同

表8-3　2001年不同处理棉田的主要害虫优势度

种类	处理		
	（Bt+CpTI）双价棉 SGK312	常规棉 石远321	石远 321+杀虫剂
烟粉虱 *Bemisia gabaci* Gennadius	0.791 1	0.843 3	0.715 4
棉蚜 *Aphis Gossypii* Glover	0.171 4	0.081 5	0.264 6
棉铃虫 *Helicoverpa armigera*（Hubner）	0.001 8b	0.012 1a	0.006 7ab
绿盲蝽 *Lygus lucorum* Meyer-Dur	0.006 5	0.005 1	0.002 2
缘蝽科 Coreidae	0.002 4	0.000 0	0.000 1
斑潜蝇 Agromyzidae	0.003 1	0.003 6	0.000 6
花蓟马 *Frankliniella formosae* Monlton	0.002 5	0.008 7	0.002 7
小绿叶蝉 *Empoasca flavescens* Fabricius	0.016 0ab	0.038 0a	0.006 5b

表8-4　2000年不同处理棉田的主要天敌优势度

种类	处理		
	（Bt+CpTI）双价棉 SGK312	常规棉 石远321	石远 321+杀虫剂
龟纹瓢虫 *Prpylaea japonica*（Thunberg）	0.081 2b	0.075 8b	0.159 4a
中华草蛉 *Chrysopa sinica* Tjeder	0.008 1	0.025 9	0.020 5
丽草蛉 *Chrysopa Formosa* Brauer	0.017 9	0.011 5	0.016 1
异须盲蝽 *Cumpylomma diversicornis* Reut	0.105 5	0.111 2	0.099 5
横纹蓟马 *Aeolothrips fasciatus*（Linneaus）	0.013 6	0.015 0	0.016 7
蚂蚁科 Formicidae	0.113 8	0.092 7	0.034 7
黄丝蚂蚁 *Tetramorium* sp.	0.036 6	0.052 6	0.037 0

（续表）

种类	处理		
	（Bt + CpTI）双价棉 SGK312	常规棉石远 321	石远321 + 杀虫剂
稻苞虫金小蜂 *Eupteromalus pamarae* Gahan	0.034 8	0.002 0	0.001 9
金小蜂科 Pteraomalidae	0.004 5	0.026 4	0.029 0
姬小蜂科 Eulophidae	0.006 0b	0.005 4b	0.021 0a
美丽新姬小蜂 *Chrysonotomyia formosa*	0.011 8	0.010 8	0.008 9
棉叶蝉柄翅小蜂 *Anagrus* sp.	0.022 9	0.024 1	0.017 3
蚜虫跳小蜂 *Aphidencyrtus shikokiana* Yaginum	0.035 6	0.089 3	0.082 0
黄足蚜小蜂 *Aphelinus flavipes* Kardjumov	0.010 8b	0.020 4ab	0.040 2a
拟澳洲赤眼蜂 *Trichoguamma confuisum* Viggiani	0.004 4	0.019 3	0.004 0
环腹瘿蜂科 sp2　Figitidae sp2	0.001 3	0.016 4	0.008 4
黑卵蜂亚科 Telenomeinae	0.018 3	0.008 7	0.007 4
棉短瘤蚜茧蜂 *Trioxys rietscheli* Mackauer	0.050 4	0.035 0	0.073 6
蚤蝇 sp1　Phoridae sp1	0.009 8	0.012 1	0.019 0
蚤蝇 sp2　Phoridae sp2	0.018 0	0.017 1	0.009 3
食蚜瘿蚊 *Aphidoletes abietis*（Kidffer）	0.010 6	0.021 8	0.015 3
食螨瘿蚊 *Acaroletes* sp.	0.019 3	0.015 2	0.002 0
小花蝽 *Orius similis* Zheng	0.245 5a	0.193 1ab	0.157 8b
蜘蛛目种类 Araneida	0.050 8	0.033 5	0.026 0

表 8 – 5　2001 年不同处理棉田的主要天敌优势度

种类	处理		
	（Bt + CpTI）双价棉 SGK312	常规棉泗棉 3 号	泗棉3 号 + 杀虫剂
异须盲蝽 *Cumpylomma diversicornis* Reut	0.384 0	0.424 0	0.248 7
微小花蝽 *Orius simils* Zheng	0.141 6	0.108 4	0.084 4
中华草蛉 *Chrysopa sinica* Tjeder	0.011 9	0.013 8	0.011 6
大草蛉 *Chrysopa septempunctata* Wesmael	0.000 4	0.010 5	0.002 1
龟纹瓢虫 *Prpylaea japonica*（Thunberg）	0.047 4bB	0.043 6bB	0.088 3aA
横纹蓟马 *Aeolothrips fasciatus*（Linneaus）	0.010 2	0.000 0	0.000 6
豆六点蓟马 *Soolothrips takahashii* Priesner	0.013 5bB	0.067 0aA	0.028 6bB
棉叶蝉柄翅小蜂 *Anagrus* sp.	0.011 2	0.011 7	0.006 1
美丽新姬小蜂 *Chrysonotomyia formosa*	0.016 2b	0.116 9a	0.061 7ab
异角短胸姬小蜂 *Hemiptarsenus varcornis*	0.039 3a	0.035 1ab	0.001 3b
点腹新金姬小蜂 *Chrysonotomyia pumctiventris*	0.109 8	0.000 0	0.000 0

（续表）

种类	处理		
	（Bt + CpTI） 双价棉 SGK312	常规棉 泗棉 3 号	泗棉 3 号 + 杀虫剂
黄足蚜小蜂 *Aphelinus flavipes* Kardjumov	0.009 4b	0.036 1ab	0.084 7a
蚜虫跳小蜂 *Aphidencyrtus shikokiana* Yaginum	0.002 9	0.001 1	0.024 6
金小蜂科 Pteraomalidae	0.004 0	0.002 1	0.031 6
棉短瘤蚜茧蜂 *Trioxys rietscheli* Mackauer	0.012 0	0.002 1	0.199 6
棉铃虫侧沟茧蜂 *Micropletis* sp.	0.002 6	0.002 3	0.014 9
缘腹细蜂科一种 *Scelionidae* sp.	0.002 6	0.000 0	0.011 5
红蚂蚁 *Tetramorium* sp.	0.038 9	0.027 6	0.016 1
黄丝蚂蚁 *Tetramorium* sp.	0.037 1	0.021 3	0.000 6
蚤蝇科一种（黄褐色） Phoridae sp.	0.037 7	0.022 3	0.023 6
蜘蛛目种类 Araneida	0.027 5	0.024 4	0.013 7

表 8 – 6 2000 年不同处理棉田动物群落多样性

处理	日期（月 – 日）						
	06 – 23	07 – 03	07 – 13	07 – 23	08 – 03	08 – 13	08 – 23
Bt 棉 GK12	2.858 2	1.434 8aA	1.439 3	0.417 7	2.515 0	2.775 9aA	3.447 6
常规棉泗棉 3 号	3.206 1	0.621 7bB	0.919 8	0.610 9	2.668 9	1.476 6bB	1.921 0
泗棉 3 号 + 杀虫剂	2.462 4	0.489 8bB	0.628 2	0.496 8	0.866 0	1.529 4bB	2.309 2

注：F 测验显著，表中字母大写表示 1% 显著水平，小写表示 5% 显著水平

表 8 – 7 2001 年不同处理棉田动物群落多样性

处理	日期（月 – 日）							
	06 – 26	07 – 04	07 – 08	07 – 13	07 – 18	07 – 28	08 – 08	08 – 18	08 – 28
双价棉 SGK321	1.369 7	2.179 5	2.431 2	3.633 4	2.946 7aA	2.205 4	1.614 3	0.845 7	2.099 6
常规棉石远 321	1.400 6	2.237 3	2.570 9	3.401 6	2.530 5aA	2.270 5	2.568 2	1.154 0	2.892 8
石远 321 + 杀虫剂	1.053 6	3.269 4	2.743 4	3.696 1	1.391 8b	1.908 8	1.398 7	0.670 9	1.641 7

注：F 测验显著，表中字母大写表示 1% 显著水平，小写表示 5% 显著水平

表 8 – 8 2000 年不同处理对害虫亚群落多样性的影响

处理	日期（月 – 日）						
	06 – 23	07 – 03	07 – 13	07 – 23	08 – 03	08 – 13	08 – 23
Bt 棉 GK12	1.048 1	0.307 4	0.385 1	0.188 8	0.977 4	0.695 4	1.242 4
常规棉泗棉 3 号	1.398 5	0.171 7	0.343 6	0.370 2	1.151 4	0.342 5	0.309 0
泗棉 3 号 + 杀虫剂	0.879 4	0.246 3	0.089 0	0.349 6	0.516 2	0.664 3	0.415 0

表 8 – 9　2000 年不同处理对害虫亚群落多样性的影响

处理	日期（月 – 日）								
	06 – 26	07 – 04	07 – 08	07 – 13	07 – 18	07 – 28	08 – 08	08 – 18	08 – 28
双价棉 SGK321	0.531 3	0.116 8	0.786 2	1.520 3	0.795 1	0.404 3	0.624 3	0.297 5	0.803 5
常规棉石远 321	0.345 2	0.130 5	0.959 6	1.224 7	0.833 4	0.957 6	1.426 1	0.410 8	1.281 2
石远 321 + 杀虫剂	0.481 4	0.992 8	1.083 4	1.468 9	0.571 2	1.079 1	0.821 0	0.391 2	0.528 4

表 8 – 10　2000 年不同处理对天敌亚群落多样性的影响

处理	日期（月 – 日）						
	06 – 23	07 – 03	07 – 13	07 – 23	08 – 03	08 – 13	08 – 23
Bt 棉 GK12	1 920	2 034	4 810	7 304	8 466	3 136	2.487 3
常规棉泗棉 3 号	2.704 0	2.458 7	1.565 6	2.952 8	3.054 1	2.606 8	2.023 6
泗棉 3 号 + 杀虫剂	1.938 7	1.946 2	2.401 1	2.495 8	2.584 7	2.789 6	2.724 6

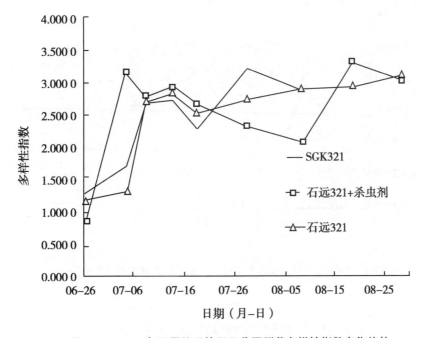

图 8 – 1　2001 年不同处理棉田天敌亚群落多样性指数变化趋势

随着转基因抗虫棉种植面积的不断增加，棉田的生物群落及生态环境均发生一定的变化，特别是棉蚜和盲蝽等一些非靶标害虫已经上升成为为害新疆棉花的主要害虫（吴文岳等，2006）。新疆地区棉田害虫和栽培模式不同于内地，昆虫群落特征受干旱气候和栽培模式等因素的影响。研究西北内陆棉区转基因抗虫棉对昆虫群落的影响对转基因生物安全监测和维持荒漠绿洲生态农业系统安全具有重要意义。王晶等（2008）于 2002 年和 2003 年通过对新疆库尔勒垦区主栽 Bt 棉（抗 9）和常规棉（20 – 1 – 4）的定点、定株调查，分析转基因抗虫棉对棉田主要害虫和天敌的种群数量影响。结果表明，两类棉田主要害虫发生期、发生量存在显著差异性，但发生趋势基本一致。靶标害虫棉铃虫卵期发生量在两类棉田无差异性（$P > 0.05$）；在幼虫的发生量上，常规棉田显著大于 Bt 棉田（$P < 0.05$）。非靶标害虫棉蚜、棉叶螨、牧草盲蝽象的发生量 Bt 棉田显著高于常规棉田

（$P < 0.05$）（表 8 - 11，图 8 - 4、图 8 - 5）。两类棉田中主要天敌瓢虫、草蛉、食蚜蝇、食虫蝽、蜘蛛在发生期内发生量均无显著差异性（$P > 0.05$）（表 8 - 12）。

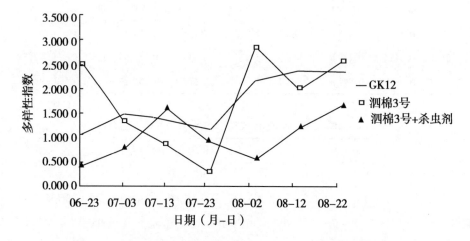

图 8 - 2　2000 年不同处理棉田天敌亚群落多样性指数变化趋势

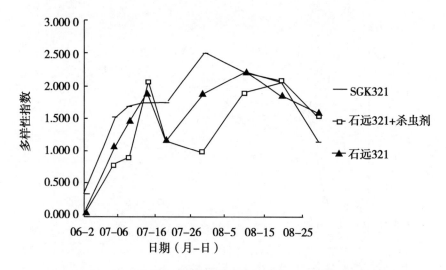

图 8 - 3　2001 年不同处理棉田中性昆虫亚群落多样性指数变化趋势

表 8 - 11　Bt 棉田和常规棉田主要害虫种类数量比较

| 年份 | 棉田类型 | 棉铃虫 | | 棉蚜 | 棉叶螨 | 牧草盲蝽象 |
		粒/百株卵	头/百株虫	（头/单株三叶）	（头/单株三叶）	（头/百株）
2002	Bt 棉田	0.2	0	63.32	39.63	1.34
	常规棉田	0.3	1.18	59.71	23	0.64
2003	Bt 棉田	0.25	0.31	140.9	34.14	6.06
	常规棉田	0.13	1.6	19.04	21.5	3.12

注：种群数量为发生期间调查虫数的平均数

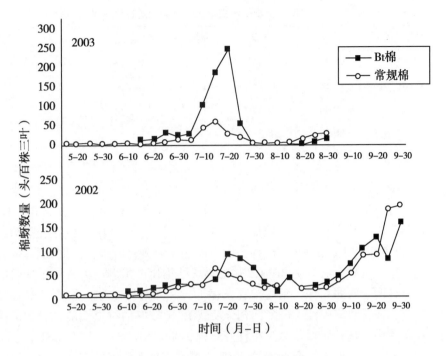

图 8-4　Bt 棉田和常规棉田棉蚜种群动态

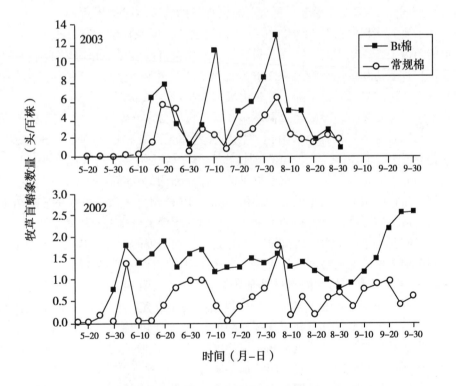

图 8-5　Bt 棉田和常规棉田牧草盲蝽象种群动态

表 8 - 12 Bt 棉田和常规棉田主要天敌种类数量比较（头/百株）

年份	种田类型	瓢虫	草蛉	食蚜蝇	食虫蝽	蜘蛛	标准天敌
2002	Bt 棉田	20.05	1.44	15.63	1.69	9.23	15.52
	常规棉田	13.18	0.68	12.78	3.32	9.99	12.45
2003	Bt 棉田	62.06	0.55	12.15	0.56	3.86	38.58
	常规棉田	78.08	1.23	6.7	0.96	7.69	38.95

注：种群数量为发生期间百株虫数的平均数

在我国长江中游棉区，杨国定等（2005）研究结果指出（表 8 - 13），整体上来说，棉田昆虫群落结构，常规棉鄂杂棉 1 号（对照）群体中昆虫群落、天敌亚群落和害虫亚群落的多样性最高，均匀性较好，优势集中性最小，说明常规棉鄂杂棉 1 号（对照）群体中昆虫群落结构最稳定。相反，3 个 Bt 棉田 DP 99B、20B 和 1560BG 棉田昆虫群落、天敌亚群落、害虫亚群落的多样性较低，均匀性较差，优势集中性较大。说明 Bt 棉田昆虫群落结构比较脆弱，失去稳定的可能性较大。从害虫亚群落来看，与两个对照品种（常规棉鄂杂棉 1 号和湘杂棉 2 号）相比，Bt 棉品种的多样性很小，均匀性较低，而优势集中性大得多，充分反映 Bt 棉较好的抗虫性能，导致群体中害虫种类较少，而相对比较集中。比较而言，对照品种湘杂棉 2 号棉田的昆虫群落结构稳定性更差；就 Bt 棉来说，20B、DP99B 的昆虫群落多样性较高，但主要是害虫亚群落较多的缘故，说明这两种抗虫性能较差，群体中害虫种类较多；优势集中性以 1506BG 最大，主要是害虫亚群落较集中，说明 1506BG 群体中昆虫群落结构更不稳定，更有可能出现新的为害较重的害虫种类。因此，Bt 棉的大面积应用中，除了要关注棉铃虫对 Bt 棉产生抗性的问题外，还应特别注意其他非靶标害虫可能上升为主要害虫的防治工作，如棉蚜、叶蝉、粉虱等。从昆虫群落多样性和均匀性的动态变化看，昆虫群落多样性从 8 月上旬起缓慢下降（除 20B 和湘杂棉 2 号外），至 8 月下旬初降为低谷，而后缓慢上升，到 9 月中旬达到高峰后再下降。这是由天气和棉花生长状况共同决定的。进入 8 月以来，持续高温干旱不利于昆虫繁衍，导致昆虫群落多样性下降；随着天气的好转，昆虫种类开始增加，至 9 月中旬达到高峰后，随着棉株生长衰退，各种害虫和天敌开始迁出棉田，使得多样性迅速下降。各品种间差异不大，其中 Bt 棉 1560BG 的昆虫群落多样性始终维持较高水平，昆虫均匀性的变化趋势相同，但品种间差异更小。害虫亚群落的多样性和均匀性随时间的变化趋势与昆虫群落变化趋势基本一致，品种间差异不大，但对照棉田略高于 Bt 棉田。天敌亚群落的多样性自 8 月初缓慢上升，到上旬末后缓慢下降，至下旬初降至谷底，而后缓慢上升至 9 月中旬后再快速下降，但对照品种湘杂棉 2 号的变化幅度更大，而且呈现 3 峰曲线。均匀度的变化趋势与多样性相似，但要平缓一些，不过湘杂棉 2 号的变化幅度还是较大。多样性和均匀性的品种间差异除个别时段外，都不大。可见 Bt 棉田的多样性和均匀性均比对照棉田变化平缓，表明 Bt 棉田的天敌种群比较稳定，而常规棉田的天敌种群容易受到各种因素的影响，群落结构不稳定。总之，Bt 棉不仅能很好的抑制棉铃虫及其他鳞翅目害虫种群，且有利于发挥天敌的作用。但 Bt 棉在后期对棉铃虫抗性减弱，可能是棉株本身产生的毒蛋白量减少，也可能是棉铃虫产生了一定的耐受性，还可能是上述两种情况同时存在。所以在制定综合防治措施时，应特别重视对第 4 代棉铃虫的防治。在防治策略上，前期以农业防治，调节生态环境为主；后期采用化学防治，结合生态调控，协调好生物防治和化学防治的关系。

表 8 – 13　棉田昆虫群落及亚群落稳定性的参数值

品种	多样性			均匀性			优势集中性		
	昆虫群落	天敌亚群落	害虫亚群落	昆虫群落	天敌亚群落	害虫亚群落	昆虫群落	天敌亚群落	害虫亚群落
Bt 棉 20B	2.129 6	1.649 8	1.706 6	0.620 3	0.716 5	0.569 7	0.190 4	0.274 0	0.208 1
Bt 棉 1560BG	1.956 2	1.821 3	1.606 3	0.554 7	0.710 1	0.545 5	0.214 5	0.227 5	0.257 7
Bt 棉 DP 99B	2.104 3	1.734 7	1.687 3	0.596 7	0.698 1	0.563 2	0.181 7	0.286 0	0.237 3
常规棉鄂杂棉 1 号	2.231 0	1.836 0	1.883 2	0.609 0	0.715 8	0.592 6	0.153 7	0.226 3	0.192 0
常规棉湘杂棉 2 号	1.737 6	1.731 0	1.826 3	0.481 2	0.721 9	0.582 5	0.171 2	0.249 1	0.205 1

　　棉花害虫发生和棉花品种适应性具有区域性特点，在长江下游棉区，张龙姬等（2005）共查到棉田节肢动物 69 种，分别隶属于 3 纲 13 目 43 科。其中，植食性害虫 32 种，隶属于 7 目 19 科；天敌类 33 种，隶属于 9 目 22 科；其他蚊蝇类 4 种。Bt 棉田与常规棉田节肢动物群落在物种组成上的差异主要体现在害虫亚群落，常规棉田物种数量要高于 Bt 棉田。常规棉田有害虫 28 种，而 Bt 棉苏抗 103 只有 20 种。两类棉田天敌类数基本接近，节肢动物益害比（物种比）以常规棉泗棉 3 号为最小，即常规棉田害虫种类比 Bt 棉田多，并且常规棉田害虫数量也大于 Bt 棉田。对比 Bt 棉田与常规棉田害虫均以棉蚜为优势种，其相对多度远高于其他种类。另外，棉粉虱、棉叶螨、棉叶蝉等在 Bt 棉与常规棉两类棉田均为相对多度较大的害虫种类。两类棉田最大的差异在于常规棉田棉大卷叶螟占有较高比例，其相对多度仅次于棉蚜。另外，绿盲蝽和中黑盲蝽也是一类在长江下游棉区为害较重的害虫种类。比较 Bt 棉田与常规棉田主要天敌种相对多度，两类棉田天敌均以草蛉、龟纹瓢虫、三突花蛛为天敌优势种。此外，棉田害虫的时序动态随棉花生育期而呈现阶段性，常规棉田和 Bt 棉田害虫具有类似的阶段性特点。棉大卷叶螟的发生动态，在常规棉田发生严重，在棉花生育中后期表现尤其明显，最高峰出现在 8 月中旬以后（最高达到百株 1 000 头左右，棉田卷叶率达到 80% 以上），而 Bt 棉田对棉大卷叶螟则表现出明显的抑制作用。2002 年棉铃虫发生较轻，Bt 棉田发生量低于常规棉田。与此类似的金刚钻发生量仍以常规棉田高于 Bt 棉。而刺吸类害虫棉蚜、棉叶螨、棉粉虱、棉盲蝽在 Bt 棉和常规棉田发生数量和时序变化类似，无明显差异。其中，棉蚜、棉叶螨发生程度与气候因素关系较大，主要在前期为害棉花；棉粉虱类、叶蝉类害虫主要在花铃期（7 月中旬）以后发生量较大，但对产量影响不大，主要对棉花纤维品质造成影响。另一类重要刺吸类害虫为棉盲蝽，在棉花现蕾以后一直到吐絮期均发生危害，并且数量波动不大，花铃期数量略高于前期，主要危害顶尖新叶、棉蕾和幼铃，造成棉花异常生长和蕾铃脱落，尤其在长江下游棉区对棉花生产影响较大。对 Bt 棉田与常规棉田害虫按照鳞翅目类和刺吸类划分，对其数量动态进行比较，结果显示：常规棉田鳞翅目等靶标害虫数量显著高于 Bt 棉田，而不同 Bt 棉品种之间无显著差异。常规棉田和 Bt 棉田刺吸类害虫数量没有显著差异。

　　张龙娃等（2005）按照营养关系和分类地位将棉田节肢动物群落以棉花为中心划分为 4 个营养层、6 个功能集团和 26 个类群，计算其相对多度，并列出各类群代表物种、关键物种（表 8 – 14）。

　　从表 8 – 14 可以看出，4 个营养层（植食性类群、捕食性类群、寄生性类群、腐生性类群）中，Bt 棉田与常规棉田均以植食性类群占绝对优势，其次是捕食性天敌类群，而寄生性天敌较少。两类棉田植食性种类均以刺吸类害虫为优势功能集团，而钻蛀类和食叶类仅在常规棉田占有一定比例，在 Bt 棉田相对多度很低。两类棉田刺吸类害虫功能集团均以棉蚜为优势类群，其次为粉虱类、叶螨类、叶蝉类，还包括一些棉盲蝽和其他蝽类。瓢虫类、蜘蛛类和草蛉类为两类棉田的捕食性优势类群。常规棉田寄生性类群略高于转 Bt 棉田。而两类棉田的腐生性昆虫主要是蚊蝇类和蚂蚁类，此类昆虫在棉田也占有相当数量，其在棉田中所起的作用尚不清楚。常规棉田和 Bt 棉田在天敌类群发生上呈现相似的动态。棉田早期天敌以瓢虫为主，瓢虫类在棉田早期随棉蚜等害虫发生而出现，此后保持在一定种群水平，到 8 月中旬以后逐渐减少。草蛉类主要在棉花蕾期（7 月初）开始出现，花铃期为高峰期。蜘蛛类从开始出现一直到棉田后期都保持较高种群密度。捕食性螨类出现高峰期在蕾盛期和吐絮期。寄生性类群主要是蚜茧蜂，尤其棉蚜发生盛期表现出较高的寄生率。对常规棉田和 Bt 棉田天敌类群按照捕食性和寄生性划分，对其数量动态进行方差分析，结果显示：常规棉和 Bt 棉以及不同转基因抗虫棉品种间主要捕食性天敌和寄生性天敌在时间动态上无显著差异。

表 8－14　不同棉田节肢动物群落营养层结构及主要类群相对多度

类型	常规棉 苏抗 103	Bt 棉 GK22	（Bt＋CpTI） 双价棉 SGK321	常规棉 泗棉 3 号	代表物种	关键物种
1. 植食性类群	0.665 2	0.731 0	0.718 7	0.727 4		
（1）刺吸类	0.644 2	0.684 7	0.644 6	0.600 1		棉蚜、棉叶螨、棉盲蝽
蚜虫类	0.498 6	0.459 2	0.479 3	0.471 4	棉蚜	
叶螨类	0.031 4	0.054 8	0.007 1	0.020 7	棉叶螨	
叶蝉类	0.035 7	0.036 2	0.040 0	0.033 2	棉叶蝉	
粉虱类	0.069 7	0.106 9	0.089 2	0.063 5	棉粉虱	
棉盲蝽类	0.006 3	0.018 1	0.017 1	0.009 6	绿盲蝽、中黑盲蝽	
其他害蝽类	0.002 5	0.009 5	0.011 8	0.001 8	斑须蝽	
（2）钻蛀类	0.003 0	0.001 9	0.000 9	0.010 1		棉铃虫、金刚钻、红铃虫
棉铃虫	0.002 3	0.000 8	0.000 7	0.002 7	棉铃虫	
金刚钻	0.000 5	0.001 1	0.000 2	0.005 6	鼎点金刚	
红铃虫	0.000 3	0.000 0	0.000 0	0.001 8	红铃虫	
（3）食叶类	0.018 0	0.044 4	0.073 2	0.117 2		棉大卷叶螟
棉大卷叶螟	0.011 2	0.004 8	0.000 2	0.102 0	棉大卷叶螟	
其他鳞翅类	0.001 8	0.001 5	0.000 7	0.003 6	棉小造桥虫、斜纹夜蛾	
直翅类	0.003 3	0.003 3	0.002 2	0.002 9	蝗虫	
甲虫类	0.001 8	0.034 8	0.070 1	0.008 7		
2. 捕食性类群	0.152 3	0.111 7	0.172 8	0.119 6		龟纹瓢虫、异色瓢虫、小花蝽、中华草蛉、三突花蛛
瓢虫类	0.053 7	0.023 8	0.023 6	0.029 6	龟纹瓢虫、异色瓢虫	
捕食蝽	0.006 9	0.007 8	0.018 0	0.006 7	大眼蝉长蝽、小花蝽	
草蛉类	0.041 9	0.015 1	0.058 9	0.027 0	大草蛉、中华草蛉	

（续表）

类型	常规棉 苏抗 103	Bt 棉 GK22	（Bt + CpTI）双价棉 SGK321	常规棉 泗棉 3 号	代表物种	关键物种
蜘蛛类	0.043 8	0.059 2	0.063 8	0.050 4	三突花蛛、黄褐新圆蛛	
隐翅虫类	0.003 9	0.002 7	0.005 3	0.004 0	蚁形隐翅虫	
捕食性蜂类	0.000 3	0.001 0	0.000 7	0.000 4		
食蚜蝇类	0.001 5	0.000 5	0.000 9	0.000 9	食蚜蝇	
螳螂类	0.000 0	0.001 2	0.000 4	0.000 4		
蜻蜓类	0.000 0	0.000 0	0.001 1	0.000 2		
捕食螨	0.000 3	0.000 4	0.000 0	0.000 2		
3. 寄生性蜂类	0.003 8	0.000 2	0.000 0	0.005 0	蚜茧蜂	蚜茧蜂
4. 腐生性昆虫	0.178 6	0.157 1	0.108 5	0.148 0		
蚊蝇类	0.004 1	0.001 2	0.004 7	0.002 3		
蚂蚁类	0.174 5	0.155 9	0.103 9	0.145 7		

经过遗传改造后作物在生理特性（例如次生性物质等）上不同于其亲本（Wigley，1994；Wilson 等，1992；张永军等，2000；阎凤鸣等，2002）。Bt 棉的大规模种植以后，棉花次生性物质改变除了影响 Bt 抗性水平外，还可能通过生态系统的信息传递间接对生态系统产生影响。就害虫而言，在植食性昆虫寻找寄主和产卵行为的几个阶段中，寄主植物的化学信息物质都发挥着重要作用。那么，害虫发生的数量、类型可能随植物次生性信息物质改变而改变。即作物次生信息化学物质在浓度或成分上的任何改变，都可能影响到植食性昆虫及其天敌的群落组成和种群数量，从而对生物多样性造成影响（阎凤鸣等，2002）。

大量的研究和农业生产实践证明，作物（品种）布局的长期单一化可导致生物多样性和生态平衡的破坏，病虫草鼠害频发且逐年加重，而利用不同作物种类和不同品种的合理搭配和混合间栽，可有效控制病虫草害的发生，提高作物的产量（卢宝荣，2003；师光禄等，2006）。我国针对棉花生产的多项研究也表明，组建合理的作物布局可达到增益减害的目的。例如，在北方棉区，利用小麦与棉田间作有利于棉田天敌增加的观点已被广为接受（张广学等，1990）；采用麦套棉（特别是麦套春棉）方法，节肢动物群落的结构较平作棉稳定（夏敬源等，1998）；在新疆棉区，通过棉麦邻作可明显提高早期棉田的天敌数量；有计划种植一定比例的正播玉米，并提倡麦套玉米，可减轻第二代棉铃虫对棉田的危害；冬麦套玉米，可明显降低第三代棉铃虫对棉田的为害（王利国等，2000；棉花重大病虫害综合防治技术研究与示范习题组，1999）；种植玉米诱集带对棉田天敌有保护和增殖作用（王绍贵等，1995）；邻作玉米棉田节肢动物群落的多样性指数和均匀度均较高；棉田间作或邻作苜蓿，有利于调整棉田捕食性节肢动物天敌并进行害虫生物防治（林荣华等，2003）。戈峰等（1997）研究表明，华北棉区多样化的套间作系统内，苗蚜和 2 代棉铃虫发生轻，但伏蚜和 3 代棉铃虫发生重；天敌和害虫群落的生产力均增加，但天敌控害效能较差。可见，不同作物布局方式对于棉田节肢动物群落的结构和多样性均具有较大影响，这主要是由于生态系统结构和功能的变化。为有效控制棉田害虫，增加棉田节肢动物群落稳定性，各地应通过科学研究以确定适合的棉田邻作植物和合理的种植结构。郭建英等（2007）比较了不同作物布局下转基因抗虫棉田节肢动物的群落结构。结果表明，与单作棉田相比，蔬菜—棉花、果树—棉花及花生—棉花布局的棉田节肢动物群落、植食性害虫亚群落和天敌亚群落的物种数均增加，中性节肢动物的数量均有增加；蔬菜—棉花和花生—棉花布局的棉田植食性害虫个体数量增加；蔬菜—棉花和果树—棉花布局的棉田天敌个体数量增加。花生—棉花和果树—棉花布局棉田的节肢动物群落相似性最大；而单作棉田与蔬菜—棉花布局棉田的节肢动物群落相似性最小。Renyi 多样性指数表明，与单作棉田相比，蔬菜—棉花布局棉田节肢动物群落多样性较低，害虫亚群落多样性较低；果树—棉花布局棉田节肢动物群落多样性较高，天敌亚群落多样性较高；花生—棉花布局棉田节肢动物群落多样性较高，害虫亚群落多样性较高，果树—棉花布局是值得推广的转基因抗虫棉田布局方式。

群落多样性是群落稳定性的一个重要尺度，是生物群落的重要特征。群落的多样性参数值越大，其反馈系统越大，对于环境的变化或来自群落内部种群波动的缓冲作用越强。从群落能量学的观点看，多样性高的群落，食物链和食物网更加趋于复杂，群落内能流途径更多，如果某一条能流途径受到干扰被填塞不通，就可能由其他的线路予补偿（崔金杰等，2000；孙儒泳等，2001）。棉花上的昆虫种类很多，有一些非鳞翅目昆虫也是棉花害虫治理的对象，同时棉田是一个生态系统，任何控制害虫的措施都会对这个系统产生影响（Wilson 等，1992；Riggin 等，1997；Picker 等，1997；Van 等，1998）。转基因抗虫棉花对棉田非靶生物及其整个群落的影响是显而易见的，它可通过消除农药对棉田节肢动物的作用而带来正面的影响，使整个生物群落多样性增强（Fitt 等，1994）。总之，转基因抗虫棉无论对节肢动物总群落、害虫亚群落、天敌亚群落还是中性昆虫亚群落都无明显的负面影响。Bt 棉的种植可减少棉铃虫的防治用药，显著提高棉花生长中后期生态系统的稳定性，有利于棉田害虫的可持续控制。

转（Bt + CpTI）双价基因抗虫棉是继转 Bt 基因抗虫棉应用于棉花生产之后的又一抗虫棉，研究（Bt + CpTI）双价棉棉田昆虫群落多样性可为转基因抗虫棉生物安全性评价和组建（Bt + CpTI）双价棉田害虫综合防治技术体系提供科学依据，崔金杰等（2005）的研究结果（表 8 - 15）表明，棉田昆虫群落以（Bt + CpTI）双价棉田和 Bt 棉田昆虫群落多样性指数最高，其次为常规品种中棉所 23 不施药棉田，常规品种中棉所 23 施药棉田昆虫群落多样性指数最低；（Bt + CpTI）双价棉田和 Bt 棉田害虫亚群落多样性指数最高，其次为常规施药田，常规棉田害虫亚群落多样性指数最低；（Bt + CpTI）双价棉田天敌亚群落多样性指数最高，其次为常规棉田和常规施药田，Bt 棉田天敌群落多样性指数最低。说明种植（Bt + CpTI）双价棉对昆虫群落、害虫亚群落、天敌亚群落的多样性不仅没有不良影响，反而能增加群落的多样性。从表 8 - 15 中 4 种处理棉田昆虫群落多样性的动态变化来看，整个棉花生长期间昆虫群落的多样性波动幅度较大。5 月，随着棉株的长大，昆虫种类和丰盛度增加，棉田昆虫群落逐渐发展起来，昆虫群落的多样性指数逐渐增加，其中（Bt + CpTI）双价棉田、Bt 棉田和常规棉田的多样性指数均高于常规施药棉田；常规施药棉田由于施用化学农药，多样性指数最低；（Bt + CpTI）双价棉田、Bt 棉田和常规棉田之间的差异不明显（$P < 0.05$）。6 月，（Bt + CpTI）双价棉田和 Bt 棉田的抗虫性最强，由于棉田棉铃虫、棉小造桥虫等鳞翅目害虫被转基因抗虫棉大量毒杀，以其为捕食猎物的优势天敌减少，而以其为寄生对象的寄生性天敌种群明显受到抑制，因此昆虫群落的多样性指数下降到最低点；常规棉田由于不施用任何农药，棉田棉铃虫等害虫发生严重，棉蕾大量被食脱落，棉叶被取食得千疮百孔，在一定程度上抑制了食叶性害虫的种群数量，致使多样性指数也明显下降；常规施药棉田由于化学农药的施用，大量杀死了棉花害虫及其天敌，昆虫种类和数量下降，所以多样性指数下降。7 ~ 8 月，（Bt + CpTI）双价棉田和 Bt 棉田的抗性下降，棉田昆虫种类和数量又逐渐增加，多样性指数有所上升；常规棉田则由于棉花较强的补偿能力，害虫和天敌的种类和数量也有所增加，因此多样性指数亦呈上升趋势；常规施药棉田由于化学农药的施用，害虫和天敌的数量减少，所以多样性最低。8 月以后，随着棉株的衰老，棉田害虫数量有所减少，但大量的天敌迁回棉田准备越冬，因此棉田多样性指数有所增加。4 种处理棉田害虫亚群落的多样性指数变化趋势基本一致，（Bt + CpTI）双价棉田变化幅

度较小，而 Bt 棉田和常规棉田变化幅度较大，5—6 月常规棉和 Bt 棉田的多样性指数高于（Bt + Cp-TI）双价棉田，7 月以后常规棉田的多样性指数高于（Bt + CpTI）双价棉田和 Bt 棉田，整个棉花生长期，常规施药棉田害虫亚群落的多样性指数为最低。双价棉田、Bt 棉田和常规棉田天敌亚群落多样性指数变化趋势基本一致，（Bt + CpTI）双价棉田和 Bt 棉田的多样性指数低于常规棉田，差异不显著（$P < 0.05$），但均高于常规施药棉田。说明棉田大量施用化学农药对天敌亚群落的破坏较大，多样性指数下降明显，而种植（Bt + CpTI）双价棉和 Bt 棉对天敌亚群落的影响较小。总而言之，（Bt + CpTI）双价棉改变了棉田昆虫群落的演替规律。然而这种改变是对昆虫群落的双向调节，既有效控制了害虫，又保护了天敌，维持了生态系统的良性循环。

表 8 – 15　不同处理棉田昆虫群落的多样性指数变化

处理	昆虫群落	害虫亚群落	天敌亚群落
（Bt + CpTI）双价棉田	1.215 7 ±01.193 3aA	0.764 6 ±0.146 8aA	2.063 7 ±0.092 5aA
Bt 棉田	1.242 2 ±0.344 3aA	0.740 0 ±0.273 2aA	1.741 8 ±0.538 1aA
常规棉田 （常规品种，不施农药）	1.118 5 ±0.153 3aA	0.634 7 ±0.008 7aA	2.050 0 ±0.085 6aA
常规施药棉田 （常规品种，施农药）	0.930 0 ±0.192 0aA	0.700 1 ±0.160 3aA	1.945 8 ±0.072 7aA

注：小写英文字母表示在 5% 水平上差异显著；大写英文字母表示在 1% 水平上差异显著

第二节　Bt 棉对靶标害虫幼虫的毒杀效果

为了控制棉铃虫的危害，应用转基因抗虫棉是一种不影响害虫天敌、不污染环境，且对棉铃虫具有一定杀虫活性的生物措施，在生产上已收到了很大效益。但在实际应用中发现，推广应用的 Bt 棉均存在着对棉铃虫杀虫活性的时空波动，随棉株器官、棉花生育期的变化而变化，棉株营养器官的抗虫性较强，花、蕾等生殖器官的抗虫性较弱，棉花生育前的抗虫性较生育后期强，这已成为影响 Bt 棉田间杀虫效果和棉铃虫对 Bt 棉抗性发展的关键因素。因此，有必要对 Bt 棉对靶标害虫杀虫活性的时空变化进行研究并综合评价，为积极稳妥地发展和推广应用 Bt 棉提供科学依据。

一、对棉铃虫幼虫的杀虫活性

目前，用于检测 Bt 棉对棉铃虫幼虫杀虫活性方法主要是生物测定法，包括室内棉铃虫测定法和田间棉铃虫为害调查法；用于检测 Bt 棉中 Bt 毒蛋白含量的方法主要是免疫化学测定方法，包括酶联免疫测定法 ELISA、SDS-PACE 凝胶电泳、Western blot 和试纸条法等。Benedict 等在 1993 年测定了 Bt 棉对烟芽夜蛾和美洲棉铃虫两种害虫的控制程度，在烟芽夜蛾存在的 Bt 棉田内，蕾和铃的被害率为 0%，而对照组蕾和铃的被害率为 64% 和 74%；美洲棉铃虫的 Bt 棉田内，花蕾和铃的被害率为 2% 和 6%，而对照组蕾和铃的被害率为 54% 和 55%，整个生长季节中，Bt 棉的顶部生长点、花、蕾和铃所受的损失比对照品种的棉花要低很多。夏敬源等（1995）通过田间小区试验证明，Bt 棉上第 2、第 3、第 4 代棉铃虫的百株幼虫量比常规棉（中棉所 12）分别减少 55.7%，80.0%，80.2%。1996 年 Halcomb 等用 Monsanto 公司研制的 Bt 棉蕾对烟草夜蛾（*Heliothis virescens*）和美洲棉铃虫（*Helicoverpa zea*）各龄期的幼虫的死亡率进行测定，其中 1 ~ 4 龄幼虫连续取食后的死亡率接近或达到 100%。

赵建周等分别报道了 1998 年和 2000 年室内生物测定棉铃虫幼虫从不同龄期开始连续取食 Bt

棉叶片的生物测定结果。1998 年结果表明（表 8 – 16），幼虫的死亡率随着龄期的增大而趋于降低，其中处理 3d 只对 1 龄幼虫有较高效果（校正死亡率 > 50%），对 2 ~ 5 龄幼虫的致死率很低；处理 6d 后对 1 ~ 4 龄的效果明显提高，且使其均不能化蛹；5 龄幼虫取食 Bt 棉叶片后能正常化蛹，其化蛹率与取食对照常规棉叶片无显著差异。对 5 龄幼虫化的蛹进一步观察发现，Bt 棉和对照处理蛹的羽化率分别为 92.9% 和 84.5%，两者差异不显著。Bt 棉及对照处理 3 龄幼虫 6d 后的死亡率均偏高原因是病毒感染导致幼虫的自然死亡率提高。2000 年结果（表 8 – 17），Bt 棉叶对 1 ~ 5 龄幼虫均有很高的杀虫活性，处理 6d 幼虫校正死亡率为 73.3% ~ 100.0%，经 HSD 测验均显著高于取食对照常规棉的处理，Bt 棉叶的杀虫活性随着幼虫龄期增大而明显降低；Bt 棉的蕾处理 6d 后 1 ~ 5 龄幼虫的死亡率均明显低于取食 Bt 棉的叶处理；Bt 棉铃对 1、2 龄幼虫的杀虫活性较强，对 3 ~ 5 龄幼虫的杀虫活性较低；Bt 棉的花仅对 1 龄幼虫有显著的杀虫活性，对 2 ~ 4 龄幼虫的杀虫活性较弱。综合比较 Bt 棉的各器官对各龄幼虫的杀虫活性，其作用顺序为：叶 > 蕾 > 铃 > 花。沈平等（2010）指出，在 2 代棉铃虫发生高峰期，Bt 棉不同品种对棉铃虫的抗性表现不一致（表 8 – 18），抗虫效果最好的是 Bt 棉 DP99B，3d 和 6d 的校正死亡率分别为 80.57% 和 90.76%；抗虫效果最差的是 Bt 棉 Hanza 154，3d 和 6d 的校正死亡率分别为 39.65% 和 78.37%。在 3 代棉铃虫发生高峰期抗虫性最好的是 DP 99B，3d 和 6d 的校正死亡率分别为 63.94% 和 90.36%。在 4 代棉铃虫发生高峰期抗虫性最好的仍是 DP 99B，6d 的校正死亡率达到 86.56%，最差的是 DP 410B，6d 的校正死亡率为 71.98%。将 2、3、4 代棉铃虫发生高峰期的校正死亡率进行平均，平均后 6 个品种间 3d 校正死亡率差异均不显著，6d 的校正死亡率除 DP 99B 与 Hanza 154 外，其他品种间差异均不显著。抗虫效果最好的是 DP 99B，6d 的校正死亡率达到 89.23%，最差的是 Hanza 154，但 6d 的校正死亡率也达到了 75.91%。

表 8 –16　Bt 棉对棉铃虫不同龄期幼虫的杀虫活性（1998）

幼虫龄期	处理	幼虫死亡率（%）±SEM		化蛹率（%）±SEM
		3d	6d	
1	Bt 棉	51.1 ± 7.3**	92.9 ± 1.9**	0**
	对照（常规棉）	0	10.0 ± 5.8	80.0 ± 10.0
2	Bt 棉	23.6 ± 6.7*	76.6 ± 8.8**	0**
	对照（常规棉）	6.7 ± 2.6	6.7 ± 2.5	80.0 ± 5.8
3	Bt 棉	3.3 ± 3.3	96.7 ± 3.3**	0**
	对照（常规棉）	10.0 ± 10.0	26.7 ± 3.3	23.3 ± 3.3
4	Bt 棉	0	30.0 ± 5.8*	0**
	对照（常规棉）	3.3 ± 3.3	6.7 ± 6.7	90.0 ± 10.0
5	Bt 棉	0	0	93.5 ± 3.3
	对照（常规棉）	0	6.7 ± 2.6	86.7 ± 3.3

注：* 和 ** 分别表示本龄期 Bt 棉与对照间差异显著和极显著（$P < 0.05$ 和 $P < 0.01$，t 测验）

表 8 – 17　Bt 棉不同器官对棉铃虫不同龄期幼虫的杀虫活性（2000）

器官	处理不同龄期幼虫 6d 校正死亡率（%）				
	1 龄	2 龄	3 龄	4 龄	5 龄
叶	100.0	95.9	89.3	80.7	73.3
蕾	73.9	65.4	50.0	35.0	21.1
花	31.6	18.2	22.2	0.0	—
铃	86.4	44.4	25.0	13.0	5.3

表 8 – 18　Bt 棉不同品种倒 2 叶室内抗棉铃虫生物测定结果

品种	平均校正死亡率（%）	
	3d	6d
DP35B	56.69 ± 1.19a	81.44 ± 1.28ab
DP37B	60.87 ± 2.42a	85.35 ± 0.95ab
DP99B	68.69 ± 5.98a	89.23 ± 1.34a
DP410B	58.22 ± 4.04a	79.53 ± 3.82ab
NC20B	57.87 ± 0.54a	83.02 ± 2.30ab
Hanza154	53.68 ± 7.36a	75.91 ± 4.53b
中棉所 12（常规棉对照）	17.24 ± 1.26b	18.69 ± 0.12c

注：数据为 2～4 代棉铃虫发生高峰期各品种的校正死亡率平均值 ± 标准误；同列中具有相同字母的表示在 5% 水平差异不显著

　　束春娥等（2000）采用田间罩笼于 2、3、4 代棉铃虫发生期间，对 Bt 棉苏抗 210 接不同密度棉铃虫蛾，以观察不同棉铃虫虫口压力下 Bt 棉的承受能力。试验结果表明，不论是 Bt 棉还是常规棉泗棉 3 号，接蛾数量与棉株落卵量相关性极显著，在同一级蛾量处理下，Bt 棉、泗棉 3 号落卵数量比较相近，说明抗虫棉没有避卵作用（表 8 – 19）。Bt 棉和泗棉 3 号一样，卵量与残虫量、残虫量与蕾铃被害率呈显著的正相关关系（表 8 – 19、表 8 – 20）。但是：①在各级虫量压力下，Bt 棉从卵到 3 龄幼虫过程中，大量幼虫因取食 Bt 棉而消亡，残虫数比泗棉 3 号减少 81.74%～100%。第 8d 的残存幼虫量，Bt 棉残存幼虫中，3 龄以上大龄幼虫只占 23%，而泗棉 3 号组 3 龄以上大龄幼虫占 60% 以上。这一现象同样证实，Bt 棉上棉铃虫幼虫在取食过程中 1～2 龄幼虫大量消亡。②由于各级处理中，Bt 棉残虫量比泗棉 3 号减少 80% 以上，所以蕾铃被害率亦相应低 62%～99%。从棉株顶芽被害情况看，Bt 棉顶芽被害率比泗棉 3 号低 72%～100%（表 8 – 21）。为了提前做好化学防治的准备工作，根据 Bt 棉蛾量、卵量和残存虫量的研究结果初步提出 Bt 棉承受棉铃虫卵形量压力指标为 2 代最高日卵量 1690 粒/百株，3、4 代分别为 156 粒/百株、720 粒/百株，以供大田防治时参考。

表 8 - 19　各处理罩笼内二代棉铃虫卵量

罩笼接蛾量（对）	品种	卵粒数（粒/株）				全代累计卵量（粒/株）
		第 2d	第 4d	第 6d	第 8d	
50	Bt 棉	12. 2	16. 9	9. 2	1. 2	79. 0
	泗棉 3 号（常规棉）	12. 4	16. 5	8. 1	0. 5	75. 0
38	Bt 棉	6. 6	10. 2	4. 2	0. 4	42. 8
	泗棉 3 号（常规棉）	7. 0	12. 2	4. 5	0. 8	49. 0
26	Bt 棉	3. 4	7. 8	3. 0	0. 2	28. 8
	泗棉 3 号（常规棉）	3. 2	8. 8	3. 6	0. 4	32. 0
7	Bt 棉	1. 0	0. 9	0. 8	0. 1	5. 6
	泗棉 3 号（常规棉）	1. 2	1. 3	1. 0	0. 1	7. 2
0	Bt 棉	0	0	0	0	0
	泗棉 3 号（常规棉）	0	0	0	0	0
蛾卵相关系数	Bt 棉	0. 959	0. 987	0. 946	0. 874	0. 984
	泗棉 3 号（常规棉）	0. 957	0. 998	0. 978	0. 856	0. 993

表 8 - 20　卵量与残虫量、残虫量与蕾铃被害率的关系

品种	卵量与残虫量的相关系数		残虫量与蕾铃被害率的相关系数		
	2 代	3 代	2 代	3 代	
				第 5d	第 10d
Bt 棉	0. 956	0. 872	0. 933	0. 922	0. 844
泗棉 3 号	0. 828	0. 944	0. 885	0. 767	0. 925

表 8 - 21　各处理棉铃虫残存量与蕾铃被害率

代别	罩笼接蛾量（对）	品种	高峰日卵量（粒/株）	残虫量 第 5d 虫量（头/百株）	残虫量 第 5d 幼虫下降（%）	残虫量 第 10d 虫量（头/百株）	残虫量 第 10d 幼虫下降（%）	对照幼虫防治指量 是否需防治	蕾铃被害率（%）第 5d 被害率	蕾铃被害率（%）第 5d 防治效果	蕾铃被害率（%）第 10d 被害率	蕾铃被害率（%）第 10d 防治效果	顶芽被害率（%）被害率	顶芽被害率（%）比泗棉 3 号低
2 代	50	Bt 棉	16. 9			8. 2	91. 91	否			6. 55	62. 27	10. 95	79. 47
		泗棉 3 号	16. 5			101. 41		是			20. 32		53. 33	
	38	Bt 棉	10. 8			4. 2	89. 20	否			5. 61	65. 64	9. 09	72. 73
		泗棉 3 号	12. 2			38. 90		是			16. 33		33. 33	
	26	Bt 棉	7. 8			2. 8	91. 04	否			3. 65	76. 22	5. 33	73. 35
		泗棉 3 号	8. 8			34. 77		是			15. 35		20. 00	
	7	Bt 棉	0. 9			1. 43	93. 76	否			3. 34	68. 49	0	100
		泗棉 3 号	1. 3			22. 93		是			10. 60		1. 33	

（续表）

代别	罩笼接蛾量（对）	品种	高峰日卵量（粒/株）	残虫量 第5d 虫量（头/百株）	残虫量 第5d 幼虫下降（%）	残虫量 第10d 虫量（头/百株）	残虫量 第10d 幼虫下降（%）	对照幼虫防治指量 是否需防治	蕾铃被害率（%）第5d 被害率	蕾铃被害率（%）第5d 防治效果	蕾铃被害率（%）第10d 被害率	蕾铃被害率（%）第10d 防治效果	顶芽被害率（%）被害率	顶芽被害率（%）比泗棉3号低
3代	50	Bt棉	16.1	25.6	93.07	100	85.02	是	6.51	69.92	11.69	77.79		
		泗棉3号	18.9	369.57		667.66		是	21.64		52.63			
	38	Bt棉	9.0	4.7	96.75	17.03	93.80	是	3.31	83.49	8.1	79.26		
		泗棉3号	12.8	112.17		275		是	19.03		39.06			
	26	Bt棉	6.8	5.77	93.03	16.53	91.56	是	2.55	79.52	3.41	99.87		
		泗棉3号	7.0	82.73		195.83		是	12.45		26.0			
	7	Bt棉	1.6	4.2	92.03	13.87	82.59	是	1.02	82.35	3.25	67.77		
		泗棉3号	1.9	52.67		79.69		是	5.78		10.08			
2代	50	Bt棉	—	—		—			—		—			
		泗棉3号	—	—		—			—		—			
	38	Bt棉	8.5	2.6	88.34	15.10	81.74	是	0.83	83.75	2.87	74.60		
		泗棉3号	11.5	22.3		82.7		是	5.12		11.30			
	26	Bt棉	7.2	1.3	93.08	7.80	89.48	否	0.24	93.68	2.46	77.05		
		泗棉3号	8.0	18.8		74.20		是	3.80		10.72			
	7	Bt棉	1.2	0	100	4	92.58	否	0	100	0.69	87.92		
		泗棉3号	1.5	9.4		53.90		是	2.06		5.71			

注：50对蛾处理组3代接蛾后，80%以上蕾铃被害脱落，第4代时未再接蛾

　　网室内排除了其他棉花害虫和自然天敌对棉铃虫控制影响的情况下，王武刚等（1997）对每一Bt棉株系棉株受棉铃虫为害的蕾、铃被害率、顶尖被害率和存活幼虫的情况作详细调查发现，Bt棉自身保护蕾、铃和顶尖效果显著，控害能力强（表8－22）。Bt棉株系平均蕾铃被害率控制在2%以下，其中，3号、20号、25号株系的蕾、铃被害率为0；50%以上的株系顶尖生长点完全不被害，其余株系的被害率也低于10%，百株幼虫数均能控制在防治指标以下；而常规棉（CK）株系的蕾、铃被害率分别为12.9%和14.1%，百株幼虫数存量也显著比Bt棉株系多。表明Bt棉株系有较好的控制为害和压低棉铃虫种群密度的能力。

表8－22　Bt棉花株系网室内对棉铃虫为害的控制效果

株系代号	蕾铃被害率（%）	顶尖被害率（%）	百株幼虫数
Bt棉3	0	0	0
Bt棉26	0.9	10	0
Bt棉36	0.6	0	5
常规棉（CK）	14.1	45	50
Bt棉20	0	0	0

（续表）

株系代号	蕾铃被害率（%）	顶尖被害率（%）	百株幼虫数
Bt 棉 23	1.1	0	0
Bt 棉 25	0	10	0
常规棉（CK）	12.9	30	25

  Bt 棉田间控制棉铃虫为害的效果明显。王武刚等（1997）于棉花现蕾期在未开展田间防治棉铃虫前对棉株控制棉铃虫为害的效果进行调查。结果表明，Bt 棉田的棉株控制棉铃虫为害能力增强，幼虫存量显著降低，蕾铃被害率比常规棉对照品种显著降低（表 8-23）。Bt 棉的嫩叶室内饲喂 1 龄幼虫死亡率与田间调查的蕾铃被害率相关系数为 0.895 9，达到显著水平，表明用 Bt 棉叶饲喂低龄幼虫死亡率高，其田间蕾铃被害率低，控制棉铃虫为害的效果好。越建国等（2000）棉田调查结果指出，在大田种植中，Bt 棉 GK-12、GK-2 和新棉 33B 均表现出了对棉铃虫较高的杀虫效果，各次调查中在 GK-12 和 GK-2 棉田中均未发现棉铃虫幼虫，顶尖和棉蕾也未发现有受害现象，在新棉 33B 棉田中发现了少量的棉铃虫低龄幼虫，在残花中发现有极少量的 3~4 龄幼虫，经室内用 Bt 棉组织喂养后，未能进一步发育至蛹期。对照田（常规棉）的顶尖受害率和棉蕾受害率分别为 43.3% 和 86.7%。

表 8-23 Bt 棉田对棉铃虫的抗性表现

Bt 棉株系代号	幼虫取食棉叶死亡率（%）	田间蕾铃被害率（%）
126	65.6	0
147	62.5	0.62
111	52.5	0.71
21	51.2	0.5
2	43.6	0.64
146	41.7	0.62
56	39.8	0.80
108	28.6	2.60
CK（常规棉）	11.1	29.30

  Bt 棉田中，棉铃虫落卵量与常规棉相比无显著差异（表 8-24 至表 8-26，图 8-6 至图 8-8）。但棉铃虫幼虫存活量与常规棉相比明显减少，尤其对 1、2 代棉铃虫影响更为明显，2 代棉铃虫的田间幼虫存活量可以控制在棉田的防治指标下，能够完全不喷药进行防治，而 3、4 代棉铃虫幼虫取食 Bt 棉后，其死亡率降低，田间幼虫存活量增大，Bt 棉的抗虫效果明显减弱（表 8-27 至表 8-29，图 8-9 至图 8-11）。

表 8-24 各代棉铃虫田间百株卵量（陈德华等，1997）

棉田类型	2 代	3 代	4 代	合计（粒/百株）
常规棉中棉所 12（单作春棉）	181	291	1 276	2 748
Bt 棉（春棉）	365	346	1 641	2 352

（续表）

棉田类型	2 代	3 代	4 代	合计（粒/百株）
常规棉中棉所 12（麦套春棉）	409	369	1 467	2 245
Bt 棉（春棉）	232	305	1 467	2 013

表 8 – 25　各代棉铃虫百株卵量（张惠珍等，2000）

品种	2 代	3 代	4 代	合计（粒/百株）
Bt 棉（33B 原种）	966	262	999	2 227
33B 大田用种	930	448	186	1 564
Bt 棉（108）	998	318	1 121	2 437
常规棉（CK）	714	326	1 048	2 088

表 8 – 26　各代棉铃虫百株卵量（王凤延等，2003）

品种	2 代累计卵量（粒/百株）	2 代虫量（头/百株）			3 代累计卵量（粒/百株）	3 代虫量（头/百株）			4 代累计卵量（粒/百株）	4 代虫量（头/百株）		合计卵量（粒/百株）	合计虫量（头/百株）
测定时间（月.日）		6.26	6.30	7.6		7.26	8.1	8.7		8.24	8.29		
Bt 棉 33B	1 560	2	2	8	490	0	2	4	340	6	8	2 390	38
常规棉种 19	1 584	86	64	30	476	24	68	90	372	20	40	2 432	422

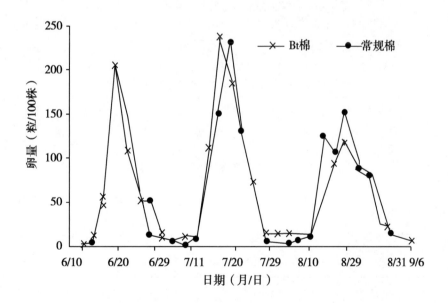

图 8 – 6　棉铃虫卵量消长情况（王武刚等，1999）

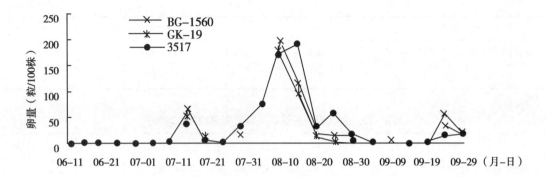

图8-7　棉铃虫卵量消长情况（黄民松等，2002）
注：BG-1560 和 GK-19 为 Bt 棉，3517 为常规棉

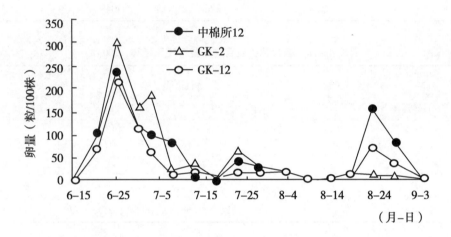

图8-8　棉铃虫卵量消长情况（吴孔明等，2002）
注：中棉所12 为常规棉，GK-2 和 GK-12 为 Bt 棉

表8-27　各代棉铃虫百株幼虫量（陈德华等，1997）

棉田类型	2代		小计	3代		小计	4代		小计	合计（头/百株）
	1~3龄	4~6龄		1~3龄	4~6龄		1~3龄	4~6龄		
常规棉中棉12（单作春棉）	79	61	140	123	46	169	96	32	128	437
Bt棉（春棉）	12	3	15	18	8	26	15	12	27	68
常规棉中棉所12（麦套春棉）	102	21	123	97	36	133	100	69	169	435
Bt棉（春棉）	10	3	13	9	7	16	18	3	21	50

表8-28　各代棉铃虫百株幼虫量（张惠珍等，2000）

品种	2代	3代	4代	合计（头/百株）
Bt棉（33B原种）	20	50	173	243

（续表）

品种	2代	3代	4代	合计（头/百株）
33B 大田用种	22	74	34	130
Bt 棉（108）	30	68	281	379
常规棉（CK）	154	136	293	583

表 8－29　各代棉铃虫百株幼虫量（王风延等，2003）

品种	2代	3代	4代	合计（头/百株）
Bt 棉（33B）	12	6	14	32
常规棉种 19	180	182	60	422

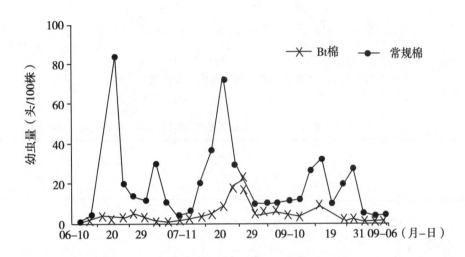

图 8－9　棉铃虫幼虫消长情况（王武刚等，1999）

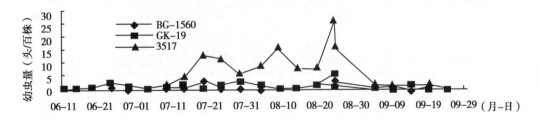

图 8－10　棉铃虫幼虫量消长情况（黄民松等，2002）

注：GB－1560 和 GK－19 为 Bt 棉，3517 为常规棉

二、对棉铃虫幼虫生长发育的影响

Bt 棉除了对棉铃虫有直接的毒杀作用外，其对棉铃虫的生长发育也有很强的抑制作用。棉铃虫初孵幼虫从 Bt 棉的花上开始取食，6d 后幼虫校正死亡率仅为 30.8%，此后将存活幼虫接于 Bt 棉幼铃上，其化蛹率为 19.7%，与对照（化蛹率 70.0%）相比，其相对化蛹率为 28.1%，蛹的羽化率为 87.5%，与对照差异不显著（表 8－30）。由于初孵幼虫在 Bt 棉的花和铃上能够生长、化蛹和羽化，致使 Bt 棉可在田间对棉铃虫起到抗性汰选作用，这也是棉铃虫可在第三、四代期对 Bt 棉

造成危害的重要原因之一。Bt 棉处理 3、4 龄幼虫 3d 后体重与初始体重之比分别为 0.94 和 1.00，而对照的相应比值分别为 5.84 和 2.74，Bt 棉处理后其体重显著低于对照；Bt 棉处理 3 龄和 4 龄幼虫 6d 后其体重分别比初始体重降低 47% 和 11%，对幼虫生长发育的抑制作用更加明显。Bt 棉处理 5 龄幼虫 3d 和 6d（均已化蛹）后其体重均略低于对照，但两处理间差异不显著（表 8 - 31）；处理 3d 时体重下降可能是由于一直取食人工饲料的试虫再用棉叶饲养时对食料不够适应，使幼虫提前进入预蛹期所致，这是昆虫对不良食料条件的适应反应之一。

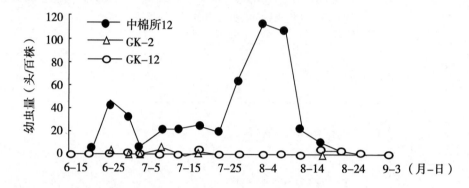

图 8 - 11　棉铃虫幼虫量消长情况（吴孔明等，2002）

注：中棉所 12 为常规棉，GK - 2 和 GK - 12 为 Bt 棉

表 8 - 30　Bt 棉的花对棉铃虫初孵幼虫存活和发育的影响（赵建周等，1998）

指标	处理	
	对照 CK（常规棉）	Bt 棉
处理 6d 死亡率	22.0 ± 3.7b	46.0 ± 5.1a
存活幼虫平均体重	51.0 ± 4.5a	18.9 ± 1.2b
幼虫历期	14.6 ± 0.1b	18.4 ± 0.3a
总化蛹率	70.0 ± 10a	19.7 ± 2.5b
蛹羽化率	82.5 ± 2.5a	87.5 ± 2.5a

注：每行中数字后字母相同表示差异不显著（$P < 5\%$）

表 8 - 31　Bt 棉对棉铃虫不同龄期幼虫生长发育的抑制作用（赵建周等，1998）

龄期	处理	初始体重（mg/头）	处理 3d		处理 6d	
			（mg/头）± SEM	体重（初始体重，mg/头）	（mg/头）± SEM	体重（初始体重，mg/头）
3	Bt 棉	16.2 ± 0.7	15.3 ± 1.2**	0.94	7.7 ± 0.0**	0.50
	对照（常规棉）	14.7 ± 0.6	80.5 ± 8.9	5.48	280 ± 20.4	19.1
4	Bt 棉	80.9 ± 3.5	80.0 ± 4.7**	0.99	68.9 ± 5.8**	0.85
	对照（常规棉）	71.9 ± 2.5	193 ± 3.1	2.68	343 ± 21.9	4.77
5	Bt 棉	324 ± 9.6	226 ± 8.0	0.70	207 ± 11.3	0.64
	对照（常规棉）	328 ± 8.2	246 ± 8.6	0.75	230 ± 6.4	0.70

注：5 龄幼虫处理 6d 后均已化蛹，** 表示达 1% 差异显著水平

　　用不同发育期的 Bt 棉嫩叶饲喂棉铃虫，对棉铃虫生存、发育都有很大影响，除了表现在幼虫

最终存活率相当低外，还表现在存活的老熟幼虫重量、蛹重量及羽化率均比对照下降 30% ~ 50%（表 8 - 32），这对 Bt 棉种植区棉铃虫种群抑制有很大作用。

表 8 - 32　取食 Bt 棉的棉铃虫幼虫生存率（束春娥等，1998）

处理	棉株发育阶段	幼虫存活率（%）	饲喂总天数（d）	始蛹	老熟幼虫比对照下降（%）	蛹比对照下降（%）	羽化率下降（%）
CK（常规棉）	营养生长期	94.7	15	13	—	—	—
310（Bt 棉）		0	13	—			
CK（常规棉）	营养、生殖期	90.2	14	13	39.16	50.99	17.77
310（Bt 棉）		1.2	28	17			
CK（常规棉）	生殖旺盛期	88.89	15	12	51.41	43.43	19.63
310（Bt 棉）		7.57	27	18			
CK（常规棉）	成熟衰老期	90	13	14	—	—	—
310（Bt 棉）		24	36	—			

　　Bt 棉不同器官对棉铃虫幼虫存活率、幼虫体重、化蛹率、蛹羽化率和幼虫历期等方面均有显著抑制作用。不同器官抑制的顺序，总的趋势是：叶 > 蕾 > 铃 > 花。Bt 棉对铃虫初孵幼虫 3d 存活率 35.0% ~ 77.5%，而对照（常规棉）则为 48.3% ~ 100.0%；6d 存活率 1.7% ~ 71.3%，而对照为 38.3% ~ 97.5%。食 Bt 棉初孵幼虫重为 0.50 ~ 22.50mg，对照则为 6.00 ~ 251.70mg；对不同龄期幼虫 6d 的体重抑制率为 14.1% ~ 100%，与对照（常规棉）相比，差异显著（$P < 0.05$）（表 8 - 33）。取食常规棉中棉所 35 的棉铃虫 3、4、5、6 龄幼虫体重分别为 32.9mg、67.0mg、176.7mg 和 298.4mg，取食 Bt 棉国抗 62 的棉铃虫 3、4、5、6 龄幼虫体重分别为 24.4mg、57.9mg、125.5mg 和 238.8mg。这表明取食 Bt 棉国抗 62 可使幼虫体重减轻，4、5、6 龄均达极显著水平（徐遥等，2008）。Bt 棉不同器官处理棉铃虫不同龄期幼虫后的化蛹及羽化情况表明（表 8 - 34、表 8 - 35），1 ~ 4 龄幼虫连续取食 Bt 棉叶后均不能化蛹，5 龄幼虫能部分化蛹及羽化，但其化蛹率显著低于取食常规棉的处理。2 ~ 5 龄幼虫取食 Bt 棉蕾 6d 后，在存活的幼虫中只有 5 龄幼虫能发育至蛹期并羽化为成虫。Bt 棉的化处理 1 ~ 4 龄幼虫以及 Bt 棉铃处理 2 ~ 4 龄幼虫后，均能使其部分化蛹，化蛹率随幼虫龄期的增大而增加。各龄期幼虫取食不同器官化蛹后除 4 龄幼虫取食棉蕾外，Bt 棉和对照（常规棉）处理的蛹化率差异均不显著。在黄裕民等（2002）试验中（表 8 - 36），7 月，用 Bt 棉各组织喂养的棉铃虫均不能正常化蛹，抑制率为 100%。8 月取食 Bt 棉 GK - 19 的铃，和取食 Bt 棉 BG - 1560 的花和铃的棉铃虫幼虫能正常化蛹，但蛹重仅为 0.179 9g、0.119 0g 和 0.188 9g，与常规棉对照相比，GK - 19 的铃和取食 Bt 棉 BG - 1560 的花和铃的棉铃虫幼虫能正常化蛹，但蛹重仅为 0.179 9g、0.119 0g 和 0.188 9g，与常规棉对照相比，GK - 19 的铃对棉铃虫幼虫生长的抑制率为 46.81%，幼虫历期延长 4d；BG - 1560 的花和铃对棉铃虫幼虫生长的抑制率分别为 63.55% 和 44.15%，幼虫历期分别延长 4d 和 3d。9 月，取食 GK - 19 各组织器官的棉铃虫均出现化蛹个体，但化蛹率以取食叶和花的处理较低，为 33.3%，蛹重也以取食花处理最低，为 0.279 1g，抑制率为 15.32%，幼虫历期延长 4d；在取食 BG - 1560 各器官的棉铃虫幼虫中，以取食蕾的棉铃虫幼虫化蛹后蛹重最轻，为 0.255 0g，抑制率为 27.86%，幼虫历期延长 3d。徐遥等（2008）报道，棉铃虫幼虫食用 Bt 棉嫩幼叶后，幼虫发育明显缓慢，幼虫 1 ~ 6 龄龄期分别延长了 1.0d、7.8d、8.2d、17.8d、20.3d 和 21.3d。取食常规棉的幼虫到 8 月 30 日全部化蛹，而取食 Bt

棉的幼虫一直到 9 月 30 日仍没有化蛹, 且多数未发育到 6 龄, 发育呈停止状态, 最后陆续死亡。周冬生等 (2003) 对 3 龄幼虫的抗性测定结果表明, Bt 棉对 3 龄幼虫有一定抗性, 表现在对幼虫生长的抑制作用上。现蕾期、花铃盛期、花铃末期 Bt 棉 GK-1 嫩叶喂饲 3d 后, 体重比分别比常规棉减退 70.16%、43.39%、41.81%。现蕾期、花铃盛期、花铃末期 Bt 棉 32B 嫩叶喂饲 3d 后, 体重比分别比常规棉对照减退 74.54%、63.00%、53.85%。用幼蕾处理的表现一致趋势, 可见, Bt 棉对 3 龄幼虫的抑制生长作用表现出时间动态特征, 即相应生长期嫩叶抗性大于幼蕾, 与杀虫活性趋势一致。

表 8-33　Bt 棉棉株不同器官对棉铃虫初孵幼虫的抗生性 (董双林等, 1997)

棉株组织	棉花品种 (系)	3d 存活率 (%)	6d 存活率 (%)	6d 幼虫重 (mg/头)	6d 幼虫龄期 (龄)
			第 1 次测定		
嫩叶	R	77.5 ± 5.3A	71.3 ± 6.1A	16.88 ± 3.50 A	3.41 ± 0.11 A
	S	100.0 ± 0.0	97.5 ± 1.6	251.70 ± 18.00	4.79 ± 0.03
嫩尖	R	43.8 ± 11.0a	28.8 ± 8.1 A	7.37 ± 2.60 A	2.66 ± 0.15 A
	S	80.0 ± 7.8	76.0 ± 8.6	54.40 ± 12.00	3.48 ± 0.13
成熟叶	R	41.3 ± 14.9A	28.8 ± 7.4 A	2.12 ± 0.69 A	2.37 ± 0.17 A
	S	93.7 ± 3.2	88.7 ± 4.0	173.40 ± 14.00	3.96 ± 0.12
幼铃	R	45.0 ± 7.90a	28.3 ± 5.0 A	5.20 ± 2.50 A	2.43 ± 2.00 A
	S	71.7 ± 7.00	60.0 ± 6.7	175.30 ± 28.00	3.98 ± 0.08
			第 2 次测定		
嫩叶	R	40.0 ± 8.6A	25.0 ± 7.2 A	1.00 ± 0.43 A	1.70 ± 0.18 A
	S	95.0 ± 5.1	86.7 ± 6.1	119.70 ± 27.00	3.21 ± 0.10
苞叶	R	41.1 ± 8.1A	17.1 ± 4.2 A	1.09 ± 0.82 A	1.72 ± 0.19 A
	S	83.3 ± 6.7	70.0 ± 7.3	56.00 ± 13.00	3.04 ± 0.10
蕾	R	35.0 ± 3.4a	1.7 ± 1.7a	0.50 ± 0.50b	1.95 ± 0.05a
	S	48.3 ± 4.8	20.0 ± 6.8	4.03 ± 1.90	2.70 ± 0.18
花瓣	R	43.3 ± 6.7A	20.0 ± 7.7b	1.17 ± 0.64b	1.51 ± 0.11a
	S	75.0 ± 3.4	38.3 ± 7.0	6.00 ± 2.71	2.06 ± 0.06
花蕊	R	70.0 ± 5.8A	53.3 ± 8.0b	22.50 ± 2.60b	2.62 ± 0.12 A
	S	93.3 ± 3.3	58.3 ± 1.0	77.80 ± 23.00	3.29 ± 0.11

　　注: 棉花品种 (系) R 为 Bt 棉, S 为常规棉; 第 1 次测定中, 第一项指标为 4d 后的结果, 其他 3 项为 7d 后的结果, 数据后跟有字母 A、a、b 分别表示测验差异极显著、显著和不显著

表 8-34　不同器官对不同龄期幼虫的抑制生长作用 (赵奎军等, 2000)

器官	处理不同龄期幼虫 6d 的体重抑制率 (%)			
	2 龄	3 龄	4 龄	5 龄
叶	10.00 **	94.1 *	50.0 *	40.5 *
蕾	81.3 *	56.4 *	67.6 *	19.8 *

（续表）

器官	处理不同龄期幼虫 6d 的体重抑制率（%）			
	2 龄	3 龄	4 龄	5 龄
花	47.9*	2.8	5.2	—
铃	61.7*	49.7*	14.1*	17.1*

注：* 表示 Bt 棉与常规棉对照处理间的存活幼虫体重差异显著（$P < 0.05$）

表 8-35　Bt 棉不同器官对棉铃虫不同龄期幼虫化蛹及羽化的影响（赵奎军等，2000）

器官	幼虫龄期	不同处理总化蛹率（±SE）（%）		蛹羽化率（±SE）（%）	
		Bt 棉 GK95-1	常规棉中棉所 12（CK）	Bt 棉 GK95-1	常规棉中棉所 12（CK）
叶	2	0.0 ± 0.0b	56.0 ± 7.5a	(0)	73.3 ± 11.3
	3	0.0 ± 0.0b	83.3 ± 8.0a	(0)	93.3 ± 4.2
	4	0.0 ± 0.0b	80.0 ± 7.3a	(0)	96.7 ± 3.3
	5	16.7 ± 3.3b	93.3 ± 4.2a	70.0 ± 20.0a	89.2 ± 4.9a
蕾	2	0.0 ± 0.0b	57.6 ± 3.7a	(0)	69.3 ± 8.4
	3	0.0 ± 0.0b	82.5 ± 5.0a	(0)	78.8 ± 4.6
	4	6.7 ± 2.4b	64.8 ± 5.6a	0.0 ± 0.0b	86.4 ± 5.0a
	5	75.0 ± 5.0a	72.5 ± 9.5a	67.5 ± 9.5a	87.5 ± 12.5a
花	1	25.0 ± 5.0b	77.5 ± 2.5a	77.5 ± 7.5a	82.5 ± 2.5a
	2	32.5 ± 2.5b	70.0 ± 5.7a	75.0 ± 5.0a	85.0 ± 5.0a
	3	60.0 ± 0.0a	82.5 ± 2.5a	71.0 ± 4.0a	87.5 ± 2.5a
	4	75.0 ± 15.0a	80.0 ± 0.0a	71.5 ± 4.0a	77.5 ± 2.5a
铃	1	0.0 ± 0.0b	56.3 ± 3.7a	(0)	—
	2	12.5 ± 2.5b	58.3 ± 1.7a	65.0 ± 5.0a	86.0 ± 1.0a
	3	37.5 ± 2.5b	62.5 ± 2.5a	72.5 ± 2.5a	87.5 ± 12.5a
	4	55.0 ± 5.0a	82.5 ± 2.5a	82.5 ± 2.5a	92.5 ± 7.5a

注：(0) 表示由于化蛹率为零导致羽化率为零。同一龄期内，平均数后英文字母不同的处理间差异显著（$P < 0.05$）

表 8-36　Bt 棉各组织对棉铃虫幼虫生长抑制作用（黄裕民等，2002）

器官	月份	Bt 棉 GK-19			Bt 棉 BG-1560			常规棉 3517		
		化蛹率（%）	蛹重（g）	幼虫历期（d）	化蛹率（%）	蛹重（g）	幼虫历期（d）	化蛹率（%）	蛹重（g）	幼虫历期（d）
叶	7	0b	0b	—	0b	0b	—	93.67a	0.328 6a	16.6 ± 1.0
	8	0b	0b	—	0b	0b	—	74.50a	0.3219a	16.5 ± 1.0
	9	33.3b	0.289 0b	19.3 ± 1.2a	30b	0.323 0a	20.3 ± 1.2a	66.67a	0.328 5a	16.6 ± 1.1b
蕾	7	0b	0b	—	0b	0b	—	93.02a	0.352 1a	15.3 ± 1.2
	8	0b	0b	—	0b	0b	—	58.92a	0.341 7a	15.0 ± 0.7
	9	0b	0b	—	6.67b	0.255 0b	17.6 ± 0.6a	66.67a	0.353 5a	15.0 ± 0.7b

（续表）

器官	月份	Bt 棉 GK – 19			Bt 棉 BG – 1560			常规棉 3517		
		化蛹率 (%)	蛹重 (g)	幼虫历期 (d)	化蛹率 (%)	蛹重 (g)	幼虫历期 (d)	化蛹率 (%)	蛹重 (g)	幼虫历期 (d)
花	7	0b	0b	—	0b	0b	—	80.95a	0.331 4a	15.3 ± 1.2
	8	0b	0b	—	5b	0.119 0b	18a	73.06a	0.326 5a	14.6 ± 1.0b
	9	33.3b	0.289 1b	19.3 ± 1.0a	30b	0.263 0b	19 ± 1.0a	76.67a	0.329 6a	14.6 ± 1.0b
铃	7	0b	0b	—	0b	0b	—	87.18a	0.358 0a	13.6 ± 1.1
	8	10b	0.179 9b	18.0 ± 0.7a	10b	0.188 9b	17a	84.32a	0.338 2a	14.0 ± 1.3b
	9	46.67b	0.298 6b	15.6 ± 1.2a	36.67b	0.305 8ab	15.6 ± 1.2a	73.33a	0.343 6a	12.3 ± 0.6b

注：每行中数字后字母相同表示差异不显著（$P > 0.05$）

Bt 棉不同花器对棉铃虫初孵幼虫的杀虫活性也不一样。用 Bt 棉的不同花器处理棉铃虫初孵幼虫 6d，其杀虫活性以花瓣最高，花药最低，两者差异显著，苞叶、子房和柱头之间均差异不显著（表 8 – 37）。在室内和田间的观察中发现，棉铃虫幼虫在 Bt 棉的花内最喜欢取食的部位也是花药，可能与花药中 Bt 杀虫蛋白含量较低有关。

表 8 – 37　Bt 棉不同花器对棉铃虫初孵幼虫的杀虫活性比较（赵建周等，1998）

花器	常规棉对照 死亡率（%）	Bt 棉处理（%）	
		死亡率	校正死亡率
柱头	16.7 ± 5.3	73.3 ± 6.7	66.6ab
花药	20.0 ± 6.2	70.1 ± 8.2	62.6b
花瓣	26.7 ± 4.1	90.0 ± 10.0	86.4a
子房	23.3 ± 4.1	75.3 ± 5.3	67.8ab
苞叶	26.7 ± 6.7	83.3 ± 0.0	77.2ab

注：数字后面小写英文字母表示达 5% 差异显著水平

据研究，Bt 棉对棉铃虫幼虫生长发育的抑制作用，与棉铃虫幼虫在 Bt 棉株上活动方式的改变、对 Bt 棉株不同组织的取食行为与取食选择和 Bt 棉对棉铃虫幼虫的营养效应有一定关系。

（1）棉铃虫幼虫在 Bt 棉上活动方式的改变。据崔金杰等（1998）研究，棉铃虫低龄幼虫在 Bt 棉上的取食时间比在常规上明显减少，初孵、2、3 龄棉铃虫幼虫分别减少 64.32%、66.59%、57.55%；吐丝下垂的时间延长，初孵、2、3 龄棉铃虫幼虫分别延长 157.44%、91.02% 和 369.05%；爬行的时间延长，初孵、2、3 龄棉铃虫幼虫分别延长 2.97%、14.43% 和 22.36%；静息的时间延长，初孵和 2 龄棉铃虫幼虫分别延长 51.6% 和 20.97%，3 龄幼虫静息时间延长 3.96%。董双林等（1997）的研究结果是，与常规棉（对照）相比，Bt 棉株上棉铃虫 3 龄幼虫的取食时间比例降低了 31.91%，爬行、静息及吐丝下垂的时间比例分别增加了 96.91%、69.17% 和 16.93%。

（2）棉铃虫幼虫对 Bt 棉株不同组织的取食行为和取食选择性。不同龄期棉铃虫幼虫在 Bt 棉上取食行为有明显差异。取食时间 3 龄 > 初孵 > 2 龄；爬行时间 2 龄 > 初孵 > 3 龄，吐丝下垂时间 3 龄 > 初孵 > 2 龄；静息的时间 2 龄 > 初孵 > 3 龄（崔金杰等，1998）。此外，3 龄幼虫对 Bt 棉和常规棉棉花器官的选择食取顺序与接虫初期较一致，但在后期，幼虫对 Bt 棉的取食选择顺序为花蕊、花瓣、幼铃、蕾 > 苞叶、嫩叶，而常规棉为嫩叶 > 蕾、苞叶 > 花瓣、幼铃（董双林等，1997）。

（3）Bt 棉对棉铃幼虫的营养效应。食物利用试验结果（表 8 - 38）表明，Bt 棉极大地降低了棉铃虫对营养的利用。以 Bt 棉叶片饲养棉铃虫 6 龄幼虫所得的相对取食速率、相对生长速率、近似消化率以及粗生长效率均较常规棉（对照）明显降低，而相对代谢速率则明显增高。与嫩叶相比，幼铃饲养对各项指标的影响明显较小。除相对生长速率显著高于对照外，其他 3 项指标无显著区别。可见，对于大龄铃虫而言 Bt 棉棉铃的抗性远低于棉叶的抗性，与对初孵幼虫的抗性表现不同。说明 Bt 棉的抗虫性不仅在棉株组织间存在差异，而且还与害虫的发育龄期有关。

表 8 - 38　Bt 棉对棉铃虫幼虫食物利用的影响

棉组织	品种（系）	相对取食速率（mg/mg·天）	相对生长速率（mg/mg·天）	相对代谢速率（mg/mg·天）	近似消化率（%）	粗生长效率（%）
嫩叶	R	0.461 ± 0.084A	- 0.040 ± 0.024A	0.265 ± 0.062A	3.0 ± 3.2b	- 11.4 ± 12.0A
	S	1.320 ± 0.052	0.348 ± 0.016	0.005 ± 0.030	26.9 ± 1.9	27.2 ± 1.4
幼铃	R	2.340 ± 0.290a	0.316 ± 0.028A	0.311 ± 0.160b	20.8 ± 4.5b	14.9 ± 0.9b
	S	3.070 ± 0.200	0.415 ± 0.018	0.218 ± 0.052	20.6 ± 1.5	14.2 ± 0.7

注：R（代表 Bt 棉），数据跟有字母 A、a、b 分别表示 t 测验与 S（常规棉对照）间差异极显著、显著和不显著

综上所述，棉铃虫幼虫在 Bt 棉上取食时间减少，减轻了棉株受害程度，同时由于棉铃虫幼虫取食量的降低，使得棉铃虫幼虫生长发育延迟，体重明显减轻甚至死亡；吐丝下垂时间延长减少了棉株上的幼虫数量，增加了被天敌捕食和逆境致死的概率；爬行和静息时间的延长，增加了害虫在棉株表面的暴露时间，有利于自然天敌的寄生和捕食。

三、对棉铃虫杀虫活性的时空变化

Bt 棉抗虫性变化的时空性包括两个方面：一是指棉花不同生育期对棉铃虫的抗性不同，以及对棉铃虫不同龄期幼虫杀虫活性的不同，称为时间效应；二是指棉花植株不同部位、不同器官的抗虫能力不同，称为空间效应。

抗虫性的时间效应。沈平等（2010）对不同生育时期棉株顶部平展倒 2 叶室内抗虫性测定结果（表 8 - 39）表明，Bt 棉不同品种在不同发育阶段，其棉叶均有阻止棉铃虫取食的作用，表达了明显的抗性，但其抗性强弱存在明显差异，且在不同发育阶段抗性表现也有差异。除 Bt 棉 NC20B 外，各品种对棉铃虫初孵幼虫的校正死亡率在蕾期最高；校正死亡率最低的时期因品种而异，其中Bt 棉邯杂 154 在盛花期最低，Bt 棉 NC 20B 在花铃期最低，而其他品种均是在铃期最低。除了 NC 20B 和邯杂 154 外，所有品种均是在前中期抗性表现比较平稳，到后期则波动幅度较大。不同品种对棉铃虫的抗性在时间上呈现动态变化，以棉花发育阶段划分，表现为蕾期 > 盛花期 > 花铃期 > 铃期。

表 8 - 39　Bt 棉不同品种各生育期棉株倒 2 叶抗棉铃虫生物测定结果

	品种	平均校正死亡率（%）			
		蕾期	盛花期	花铃期	铃期
1	DP 35B	86.21 ± 3.24ab	84.14 ± 3.74ab	84.01 ± 2.84ab	77.40 ± 4.43ab
2	DP 37B	88.15 ± 3.26ab	85.62 ± 3.06ab	86.83 ± 2.75ab	81.30 ± 2.60a
3	DP 99B	90.91 ± 2.78a	90.76 ± 2.34a	90.36 ± 2.18a	84.68 ± 2.78a

（续表）

品种		平均校正死亡率（%）			
		蕾期	盛花期	花铃期	铃期
4	DP 410B	85.24 ± 3.11ab	84.25 ± 2.98ab	82.37 ± 3.24ab	68.05 ± 5.25b
5	NC 20B	80.11 ± 4.62b	78.43 ± 5.15b	78.36 ± 3.60b	82.86 ± 3.02a
6	邯杂 154	87.05 ± 3.62c	67.13 ± 4.43c	85.65 ± 2.65ab	79.74 ± 4.29a
7	中棉所 12	16.22 ± 5.10d	18.87 ± 4.36d	18.52 ± 4.31c	18.98 ± 2.60c

注：品种 1~6 为 Bt 抗虫棉，品种 7 为对照常规棉；数字后面的小写英文字母表示在 5% 水平上差异显著

赵建周等（1998）报道（图 8 - 12），棉铃虫幼虫的校正死亡率从 6、7、8 月分别为 100%、25% 和 39.4%（用棉花顶部第 3 展叶饲喂幼虫），以及 76.9%、57.7% 和 29.7%（用蕾饲喂幼虫）。周冬生等（2000）对 2 龄幼虫的抗性测定结果表明，Bt 棉 GK - 1 和 32B 对棉铃虫幼虫的杀虫活性均表现出时间动态特征，随着棉花生长期的推进杀虫活性下降。GK - 1 嫩叶处理 6d 后，现蕾期、花铃盛期、花铃末期校正死亡率分别为 100%、40.9%、21.94%；处理 10d 后，现蕾期、花铃盛期、花铃末期校正死亡率分别为 100.00%、83.22%、37.76%；花铃末期幼虫校正死亡率明显低于花铃盛期，花铃盛期明显低于现蕾期。嫩蕾处理表现出一致的趋势。对于这一现象，董双林等（1997）认为，2 代棉铃发生期，棉株正处于现蕾期，幼虫取食的主要组织是嫩叶和嫩尖，以营养器官为主；3 代发生期棉株处于蕾花期，棉铃虫的主要取食器官除嫩叶和嫩尖外，蕾、花大量出现，营养器官和繁殖器官参半；4 代发生期棉株处于花铃期，幼虫的取食以蕾、花和铃等器官组织为主。因此，随着棉花生育期的进展，抗性较弱的繁殖器官的数量越来越多，占幼虫食物总量的比例亦越来越大，导致 Bt 棉的抗性表现呈下降趋势。

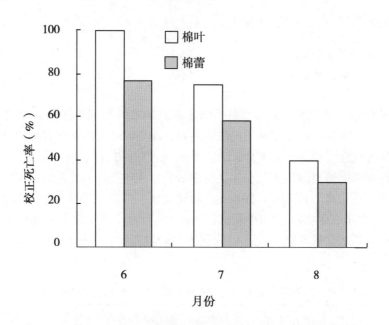

图 8 - 12 Bt 棉不同时期对棉铃虫幼虫杀虫活性的动态变化

棉铃虫不同龄期幼虫取食 Bt 棉嫩叶其死亡率差异显著（表 8 - 40）。在同一株植株中初孵和 1 龄幼虫死亡率高，2 龄以上幼虫的死亡率明显降低。初孵幼虫在对照品种上饲养常出现较高的死亡率而影响试验结果的分析，孵化后在人工饲料上饲养 1~2d 的 1 龄幼虫再接到对照品种上取食则能

稳定存活。在这种情况下，不同株系对幼虫的毒杀效果差异明显，高的可达 90% 以上，一般在 50% 左右，有些杀虫效果则不甚明显。因而可以把对棉铃虫低龄幼虫毒杀作用的强弱作为 Bt 棉植株对棉铃虫抗性水平高低的重要指标。据周冬生等（2001）测定，不同龄期棉铃虫连续取食 Bt 棉嫩叶 6d 后，1～5 龄幼虫死亡率分别为：100%、73.33%、61.25%、55.17% 和 35.00%。且 1～4 龄幼虫最终全部死亡，5 铃幼虫可部分化蛹，化蛹率为 37.5%。王留明等（2001）用 Bt 棉饲喂不同龄期棉铃虫幼虫试验结果表明，喂养 3d，初孵幼虫死亡率 93.3%，2 龄幼虫死亡率 97.5%，3 龄幼虫死亡率为 85%，4 龄幼虫死亡率下降为 59.5%，表现对 3 龄前幼虫的杀虫活力显著高于大龄幼虫。曹桂艳等（2001）以 4830、4877、4768 和 33B 4 个 Bt 棉品种为材料饲喂不同龄期棉铃虫幼虫。结果表明，1 龄幼虫的校正死亡率为 70%～86%，表现出较好的抗性。2 龄幼虫的校正死亡率为 52.0%～62.5%，3 龄幼虫校正死亡率为 43%～48%，抗虫效果明显下降（图 8-13）。

表 8-40　不同龄期棉铃虫幼虫取食 Bt 棉的死亡率比较（赵建周等，1997） （%）

株系代号	初孵		1 龄		2 龄		3 龄	
	死亡率	校正死亡率	死亡率	校正死亡率	死亡率	校正死亡率	死亡率	校正死亡率
Bt 棉 213	91.6	87.7	91.6	90.5	65	65	34.9	34.9
Bt 棉 33	58.3	38.9	66.6	62.5	42.8	42.8	21.6	21.6
Bt 棉 11	66.6	51.3	66.6	62.5	37.5	37.5	8.3	8.3
Bt 棉 215	58.3	38.9	58.3	53.2	25	25	0	0
Bt 棉 1053	58.3	38.9	58.3	53.2	21.5	21.5	0	0
CK（HG-BR-8，常规棉）	31.7	—	10.8	—	0	—	0	—

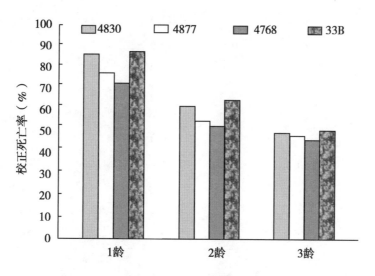

图 8-13　Bt 棉对不同龄期棉铃幼虫的抗性比较

抗虫性的空间效应。孟凤霞等（2003）用 Bt 棉 R19-137 棉株主茎第 2～10 叶，喂饲初孵幼虫 5d 平均死亡率为 97.0%～100%，对叶片的为害级别为 ≤1.1 级，仅第 9、10 叶有极少数 1～2 龄幼虫存活，Bt 棉抗虫效果极好；喂饲第 11～16 叶后，初孵幼虫的平均死亡率为 35.6%～67.6%，存活幼虫以 2 龄为主，少数出现 3 龄，对叶片为害级别为 1.4～2.1 级，抗虫效果明显下降，但与常规棉苏棉 12（初孵幼虫平均死亡率为 7.5%～30.0%，存活幼虫以 3、4 龄占绝大部分，对叶片为害级别为 2.8% ~4.0%。）相比仍有较高的抗虫性。7 月 22 日（大田棉铃虫发生第 3 代）和 8 月 22 日（大田棉铃虫发生第 4 代）分别采摘 R19 -137 的侧枝顶部倒数第 3 叶，测定幼虫取食 5d 后的抗性。结果表明，同一时期不同空间位置侧枝叶片的抗虫性差异不显著。7 月 22 日初孵幼虫取食侧枝叶片 5d 后，平均死亡率为 30.9% ~44.9%，存活幼虫以 2 龄为主，有少数 3 龄，对叶片为害级别在 2.4 ~2.9 级，而 8 月底的平均死亡率为 10.0% ~30.0%，对叶片为害程度为 2.8 ~3.0 级，存活幼虫以 2 龄为主，有 3 龄幼虫出现；与常规棉苏棉 12 相比，死亡率及对叶片为害程度差异不显著，但幼虫发育推迟一个龄期。表明在大田，叶片在 7 月底到 8 月底的抗虫性逐渐下降，此时需要结合其他措施进行棉铃虫的防治才能取得较佳效果。棉花生长前期，不同器官铃虫初孵幼虫的抗生表现为：棉蕾 > 棉苞叶 > 花瓣 > 棉叶 > 花蕊；8 月，不同器官的抗性表现为：棉苞叶 > 棉蕾 > 花瓣 > 花蕊 > 棉叶；9 月以后，不同器官的抗性表现为：棉蕾、棉苞叶 > 棉桃 > 棉叶 > 花瓣 > 花蕊。可见 Bt 棉在棉花生长的某一阶段，其不同器官对棉铃虫初孵幼虫的抗性有较大的差异。总体而言，Bt 棉的营养器官的抗性高于生殖器官（崔金杰等，1999）。棉株不同部位、不同器官的抗虫能力，也可从棉铃虫幼虫虫量在 Bt 棉不同器官上分布的百分率中看出（表 8 -41），棉铃虫幼虫在接虫前期（6h 以内）在 Bt 棉与常规棉上的分布部位基本相似，均为棉叶 > 棉蕾 > 花、棉桃 > 嫩尖、茎秆，但在后期（24 ~72h），幼虫在常规棉上的分布部位为：棉蕾 > 棉桃 > 棉叶 > 花 > 嫩尖、茎秆；在 Bt 棉上的分布部位为：棉桃 > 棉蕾、花 > 棉叶 > 茎秆 > 嫩尖。可见，棉铃虫幼虫在接虫 24h 后在 Bt 棉生殖器官上的分布数量较多。

表 8 -41　棉铃虫幼虫在 Bt 棉株上的分布部位（崔金杰等，1999）

品种	接虫时间（小时）	幼虫百分率（%）					
		棉叶	嫩尖	棉蕾	花	棉桃	茎秆
Bt 棉	1	82.5	3.9	6.8	1.9	2.9	1.9
	3	84.7	3.5	2.4	1.2	7.1	1.2
	6	58.4	1.3	18.2	9.4	10.4	1.3
	24	18.8	0.0	40.6	11.6	29.0	0.0
	48	10.9	0.0	34.4	18.8	32.8	3.1
	72	14.8	0.0	22.2	16.7	42.6	3.7
常规棉	1	90.9	3.0	1.0	4.0	1.0	0.0
	3	76.6	2.6	10.4	6.5	0.0	3.9
	6	50.0	1.2	25.6	14.6	6.1	2.4
	24	12.7	2.5	46.8	3.8	32.9	1.3
	48	5.6	1.4	34.7	27.8	29.2	1.4
	72	10.2	1.7	44.1	11.9	30.5	1.7

黄明松等（2002）7 月 20 日的测试表明（表 8 -42），Bt 棉 GK -19 叶、蕾、花、铃处理棉铃虫后第 5d 的校正死亡率分别为 69.09%、64.42%、70.70%、66.13%；而 Bt 棉 BG -1560 的叶、蕾、花、铃对棉铃虫的第 5d 校正死亡率为 60.30%、56.43%、65.21%、59.17%。这表明不同器官的杀虫活性为：花 > 叶 > 铃 > 蕾。8 月 2 日，CK -19 叶、蕾、花、铃对棉铃虫的校正死亡率为 61.16%、33.75%、63.84%、36.65%，不同器官的杀虫活性顺序仍为：花 > 叶 > 铃 > 蕾；此时，BG -1560 叶、蕾、花、铃的校正死亡率分别变为 36.50%、62.00%、57.86%、42.01%，各器官

的抗性顺序变为：蕾＞花＞铃＞叶；9月8日，GK－19叶、蕾、花、铃的校正死亡率分别为3.33%、42.13%、40.65%、28.52%，BG－1560的校正死亡率为18.24%、46.29%、36.94%、28.52%，这两个 Bt 棉品种的抗虫性顺序：蕾＞花＞铃＞叶。这一结果显示，不同的 Bt 棉品种，其对棉铃虫的抗性程度不同。赵建周等（1998）在棉铃虫第三、四代期的8月上、中旬测定 Bt 棉不同器官的杀虫活性。根据不同器官处理棉铃虫1龄幼虫3d的校正死亡率，其杀虫活性顺序为：铃＞叶＞蕾＞花（表8－43）；但用各类器官分别处理2~5龄幼虫是，其杀虫活性顺序为：叶＞蕾＞铃，与处理1龄幼虫的顺序略有差异，可能与1龄幼虫钻蛀棉铃较困难，而2龄以上幼虫蛀入棉铃后可取食幼嫩纤维有关。对处理3d后的存活幼虫继续用 Bt 棉的不同器官分别饲养，证明只有用花饲养才能存活至化蛹。

表8－42　Bt 棉不同器官在不同时期对棉铃虫的杀虫活性比较

品种	器官	不同时期的校正死亡率（%）		
		7月	8月	9月
Bt 棉 GK－19	叶	69.09	61.16	3.33
	蕾	64.42	33.75	42.13
	花	70.70	63.84	40.65
	铃	66.13	36.65	28.52
Bt 棉 BC－1560	叶	60.30	36.50	18.24
	蕾	56.43	62.00	46.29
	花	65.21	57.86	36.94
	铃	59.17	42.01	28.52

表8－43　Bt 棉不同器官对棉铃虫1龄幼虫的杀虫活性比较

器官	对照死亡率（%）	Bt 棉	
		死亡率（%）	校正死亡率（%）
叶	12.0±3.7	46.7±9.7	39.4b
蕾	10.0±4.1	36.7±3.3	29.7bc
花	22.0±2.0	38.0±4.9	20.5c
铃	23.3±3.3	80.0±5.2	73.9a

注：数字后字母相同表示差异不显著（$P<5\%$）

　　Bt 棉对棉铃虫具有很好的抗虫效果，特别是幼叶的抗虫性最好，棉铃虫取食后基本不能存活。但不同器官的抗虫性有明显差异，幼嫩器官抗虫性强、老器官抗虫性差，生殖器官抗虫性低于顶心（表8－44）。曹桂艳等（2001）报道，取食各种 Bt 棉品种（系）功能叶的棉铃虫幼虫校正死亡率为75%~80%，嫩顶的幼虫校正死亡率为67.5%~79.2%，取食蕾的幼虫校正死亡率为63.2%~73.4%，取食花的幼虫校正死亡率为39.4%~56.8%。花的抗性较差，可能是子房和花蕊抗虫性较差造成的。这说明 Bt 棉对棉铃虫具有较高的抗性，但其不同的器官对棉铃的抗性不同，即 Bt 基因的表达在棉株体内具有空间性。其抗性顺序为功能叶＞嫩顶叶＞蕾＞花（图8－14）。现蕾期 Bt

棉 GK-1 嫩叶处理 3d 后，幼虫校正死亡率为 89.29%，幼蕾处理为 77.39%，6d 后两者死亡率都达 100%。不同棉株器官的抗虫性有差异，嫩叶杀虫活性大于嫩蕾（周冬生等，2000）。

表 8-44 不同 Bt 棉器官饲喂棉铃虫的死亡率（王凤延等，2003）

品种	器官	虫量	饲喂后 2d		饲喂后 3d		饲喂后 4d	
			活虫	死亡率（%）	活虫	死亡率（%）	活虫	死亡率（%）
Bt 棉	幼叶	20	8	60	0	100	0	100
	成叶	20	11	45	4	80	1	95
	蕾	20	12	30	7	65	4	80
	花	20	17	15	12	30	9	55
常规棉	幼叶	20	20	0	17	15	12	30

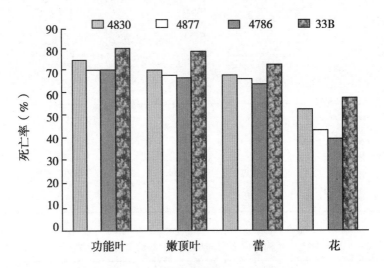

图 8-14 Bt 棉各器官抗虫性室内测定结果

注：4830、4887、4786 和 33B 均为 Bt 棉

Bt 棉在不同生育期，各部位器官均有阻止棉铃虫取食的作用，表达了较高的抗虫效果。但不同器官在同一生育期，同一器官在不同生育期杀虫活性表达强弱均存在差异。束春娥等（1998）研究结果指出（表 8-45），以棉株器官分为子叶、真叶、展开顶叶、果枝边叶、外围中小蕾 > 内侧大蕾 > 主叶 > 嫩铃 > 硬青铃，主叶栏（包括常规棉 CK）幼虫死亡率均表现较高，原因可能是主叶叶片厚、老、营养差，不适宜幼虫取食，在强迫条件下取食，自然死亡率增高（CK 死亡率达12% ~70%）。Bt 棉 310 嫩叶、顶叶毒性表达较高，有利于杀灭集中在嫩叶、嫩芽上取食的初孵幼虫，残存少数 2 龄幼虫通过取食小中蕾、嫩铃达到继续消灭的目的。但 Bt 棉 310 杀虫活性是通过幼虫取食其含毒器官而表达的，这些器官不具备拒避棉铃虫产卵的功能。以植株生育期分为同一器官以营养生长期表达的毒性 > 营养、生殖并存时期 > 生殖旺盛期 > 成熟衰老期。

表 8 – 45　Bt 棉杀虫活性表达时空动态变化

棉花生育期	处理		试验虫数（条）	蛹数（个）	蛹重（g）	蛹重下降（%）	校正死亡（%）
子叶期	子叶	CK	18	18	—	—	100
		310	19	0	—		
真叶期	真叶	CK	20	19	—	—	100
		310	15	0	—		
生长、生殖并存期	顶叶	CK	24	24	0.260	53.85	92.59
		310	27	2	0.120		
	边叶	CK	29	28	0.226	8.75	92.32
		310	27	2	0.206		
	主叶	CK	23	15	0.238	50	94.89
		310	30	1	0.119		
	蕾	CK	24	22	0.181	33.15	95.54
		310	25	1	0.121		
	铃	CK	32	28	0.231	14.29	48.77
		310	29	13	0.198		
生殖旺盛期	顶叶	CK	16	15	0.218	48.6	92.89
		310	30	2	0.112		
	上边叶	CK	16	16	0.243	48.99	93.75
		310	32	2	0.124		
	下边叶	CK	18	16	0.232	38.8	90.63
		310	24	2	0.142		
	上主叶	CK	17	15	0.230	33.9	87.41
		310	18	2	0.152		
	下主叶	CK	15	9	0.230	46.96	90.20
		310	17	1	0.122		
	上边蕾	CK	20	20	0.223	39.01	95.65
		310	23	1	0.136		
	下内蕾	CK	18	18	0.181	32.59	79.17
		310	16	3	0.122		

（续表）

棉花生育期	处理		试验虫数 （条）	蛹数 （个）	蛹重 （g）	蛹重下降 （%）	校正死亡 （%）
成熟、 衰老期	下边蕾	CK	18	16	0.202		
		310	18	0	0	—	100
	上嫩铃	CK	20	17	0.220		
		310	20	9	0.131	40.45	46.56
	上边叶	CK	18	16	0.201		
		310	15	3	0.152	24.38	77.5
	下边叶	CK	16	15	0.193		
		310	26	5	0.142	26.42	79.52
	上主叶	CK	14	5	0.172		
		310	18	1	—	—	84.43
	下主叶	CK	24	6	0.223		
		310	18	1	0.168	24.66	77.76
	上边蕾	CK	24	16	0.241		
		310	24	6	0.165	31.54	62.5
	下边蕾	CK	18	18	0.215		
		310	26	10	0.142	33.95	61.54
	上外铃	CK	24	22	0.245		
		310	25	7	0.175	28.57	70.54
	下外铃	CK	24	18	0.283		
		310	26	6	0.184	34.98	69.23
	上内铃	CK	18	12	0.200		
		310	16	7	0.150	25.00	34.38
	下内铃	CK	28	20	0.192		
		310	28	9	0.153	21.87	43.38

注：试验虫数栏数略有不同，主要是在试验过程中有小部分幼虫逃跑或病毒致死

用 Bt 棉植株的嫩叶、顶尖和蕾分别饲喂棉铃虫幼虫，以幼虫死亡率比较 Bt 棉植株的不同器官对棉铃虫的抗性表现。表 8 - 46 的结果显示，在网室内抗虫性鉴定试验中控制棉铃虫为害效果表现好的株系如 3、36、20 号等，用其植株叶片饲喂棉铃虫幼虫，也表现有较高的致死率。同一株系不同器官间对幼虫的毒杀效果也有一定差异，取食嫩叶的棉铃虫幼虫死亡率略高于取食嫩顶和棉蕾。幼虫取食叶片死亡率高的株系，取食嫩顶和棉蕾的死亡率也相应高。存活的幼虫取食少，生长发育明显受阻，以取食 Bt 棉植株不同器官的棉铃虫幼虫第 6d 的体重比较，取食 Bt 棉叶的幼虫比取食常规棉（对照）品种的幼虫体重减轻 4 ~ 10mg，取食 Bt 棉嫩顶和棉蕾的幼虫体重比取食常规棉（对照）的也分别减轻 3 ~ 6mg。Bt 棉对棉铃虫的抗性主要表现在对低龄幼虫有较高的毒杀作用和对部分存活幼虫的生长发育有明显的抑制作用。

表8-46　Bt棉不同器官饲养棉铃虫幼虫对存活和生长发育的影响（王武刚等，1997）

株系代号	幼虫取食叶片		幼虫取食棉蕾		幼虫取食嫩顶	
	死亡率（%）	存活幼虫体重（mg/头）	死亡率（%）	存活幼虫体重（mg/头）	死亡率（%）	存活幼虫体重（mg/头）
Bt棉20	75.0	0.75±0.49	73.3	0.50±0.34	60.0	0.73±0.38
Bt棉23	80.0	0.85±0.50	70.0	0.91±0.60	70.0	0.47±0.33
Bt棉25	80.0	0.78±0.51	73.3	1.81±2.26	60.5	0.67±0.56
CK（常规棉）	20.0	10.64±4.75	20.0	4.70±2.26	26.7	5.32±4.78
Bt棉3	85.0	0.87±0.67	73.3	0.93±0.39	53.3	1.11±0.46
Bt棉26	75.0	1.25±0.75	53.4	1.37±1.15	50.0	0.83±0.63
Bt棉36	85.0	0.95±0.81	73.3	1.80±0.58	73.3	0.88±0.37
CK	20.0	11.70±0.64	36.1	4.42±3.21	26.7	5.70±3.80
Bt棉T1125	20.0	2.65±0.67	53.3	4.19±2.97	40.0	3.32±2.50
CK（常规棉）	13.3	6.78±2.49	16.7	8.00±5.25	33.3	4.45±3.22

四、Bt棉Bt毒蛋白表达量的时空变化

对Bt杀虫蛋白表达量的研究，是转Bt基因抗虫作物研究领域一个重要的组成部分。许多学者应用免疫学和生物学的方法，对Bt棉植株不同生育期和不同部位各器官中Bt杀虫蛋白的含量进行测定，发现Bt杀虫蛋白随棉花的生长发育呈现出一定的时空动态。

Bt棉Bt毒蛋白含量表达的总体趋势是随棉花生育期的推进逐渐下降，即时间效应（表8-47，图8-15）。表8-47是以Bt棉苗期（出苗后33d）、蕾期（出苗后60d）和花铃期（出苗后95d）的顶3到顶6全展开叶中Bt毒蛋白含量平均值表示的。结果表明，Bt毒蛋白含量如果以每g鲜重计，苗期叶片最高，蕾期叶片中Bt毒蛋白含量明显降低，二者差异显著。花铃期叶片中Bt毒蛋白的含量较苗期和蕾期显著降低。叶片中可溶性蛋白含量的变化是苗期最高，蕾期明显下降，结铃期最低。随生育期的向前推进叶片可溶性蛋白含量变化呈显著降低的趋势。Bt毒蛋白含量以叶片中每克蛋白计，蕾期较苗期有降低，但不显著，花铃期则较蕾期和苗期显著增加。

表8-47　Bt棉主要生育期功能叶片中Bt毒蛋白的含量（陈松等，2000）

生育期	Bt毒蛋白含量（ng/gFW）	可溶性蛋白含量（mg/gFW）	Bt毒蛋白含量（μg/g蛋白）
苗期	794.04±217.30A	19.03±3.94a	43.78±16.77a
蕾期	438.40±194.60B	14.15±8.03b	40.55±21.72a
花铃期	219.22±90.34C	3.95±1.61c	64.50±38.46b

注：小写字母不同表示差异达0.05显著水平；大写字母不同表示差异达0.01显著水平

图8-15显示，随着棉花生长发育的推进，叶片中Bt毒蛋白含量（以鲜重计）明显降低。不同发育阶段其Bt毒蛋白含量变化较大，不同品种在同一时期的Bt毒蛋白含量不同。除Bt棉DP35B外，其余Bt棉品种的Bt毒蛋白含量均在7叶期达到最高，花铃期最低。以上6个Bt棉品种的Bt毒蛋白含量呈现时间动态变化，即7叶期>3叶期>蕾期>铃期>花铃期，这与它们的抗性呈时间动态变化规律基本吻合。

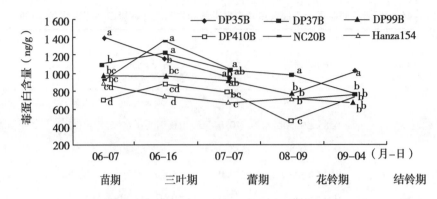

图 8-15　三叶期 Bt 棉不同品种 Bt 毒蛋白含量的节性表达（沈平等，2010）
注：DP35B、DP37B、DP99B、DP410B、NC20B 和 Hanza154 均为转 Bt 棉

王冬梅等（2012）以 4 个 Bt 棉品种（CCRI43、KG12、GK19、SGK321）为材料，经过 2009 年和 2010 年两年研究后认为，以子叶期的子叶中的 Bt 毒蛋白含量最高，子叶期、3 叶期和 7 叶期的顶叶中的 Bt 毒蛋白含量明显高于现蕾期、开花期、结铃期和吐絮期的顶叶、蕾、花瓣和幼铃（图 8-16 至图 8-18）。

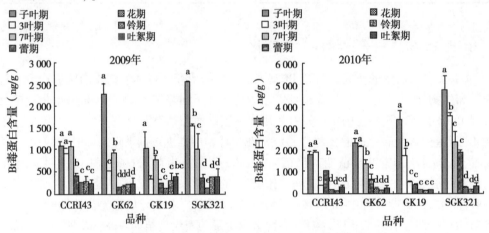

图 8-16　不同生育期的顶叶中 Bt 毒蛋白含量比较
注：小写字母表示同一品种不同时期在 0.05 水平上的差异显著

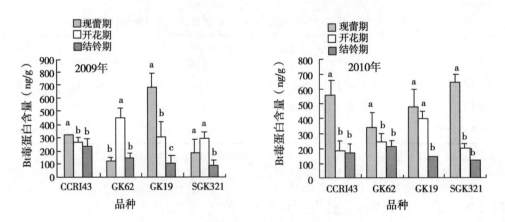

图 8-17　不同生育期的棉蕾中 Bt 毒蛋白含量比较
注：小写字母表示同一品种不同时期在 0.05 水平上的差异显著

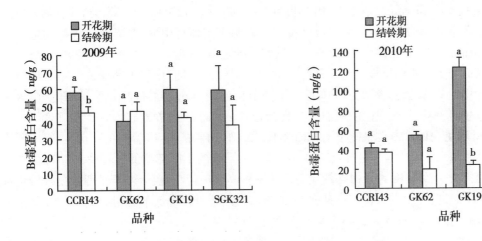

图 8－18 不同生育期的花瓣中 Bt 毒蛋白含量比较
注：小写字母表示同一品种不同时期在 0.05 水平上的差异显著

Bt 棉的 Bt 毒蛋白含量表达还随器官年龄的增大而呈下降的趋势（图 8－19、图 8－20）。Bt 棉主茎叶片（7 月 19 日标记）Bt 毒蛋白含量变化规律如图 8－20 所示，标记后 3～11d，主茎叶中的 Bt 毒蛋白含量增长缓慢，变化范围为 440.1～551.4ng/g；11～28d，Bt 毒蛋白含量增长迅速，变化范围为 1 300.2～1 940.1ng/g；28～48d，Bt 毒蛋白含量维持在比较稳定的状态，变化范围为 1 940.2～1 868.5ng/g。果枝叶片中 Bt 毒蛋白含量在标记后 5～15d 增长缓慢，在 464.2～523.9ng/g；15～25d 增长迅速，从 523.9 增加到 1 300.6ng/g；25～45d 变化幅度较小（图 8－20）。果枝叶毒蛋白变化趋势与主茎叶相似。铃壳中毒蛋白含量的绝对值随时间变化不变，但在花后第 20d 时有一个含量最低点（图 8－21）。种子中 Bt 毒蛋白的变化与铃壳中的变化趋势基本一致，在开花后第 20d Bt 毒蛋白的含量最低（图 8－22）。

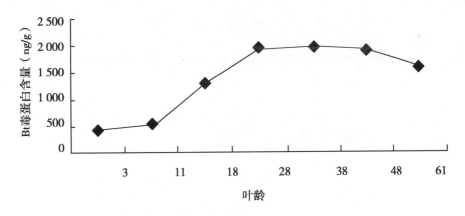

图 8－19 主茎叶 Bt 毒蛋白含量变化趋势（王保民等，2002）

Bt 棉 Bt 毒蛋白表达量随不同器官而不同，即空间效应。苗期功能叶中 Bt 毒蛋白含量最高平均达到（908.24±280.34）ng/g·FW，新展开叶（顶 1 叶）、主茎、根及叶柄中的 Bt 含量依次为（226.23±37.38）、（180.49±13.30）、（140.64±16.73）、（129.46±66.04）ng/g·FW，均显著低于功能叶（图 8－23）。子叶与真叶相比，子叶中的 Bt 毒蛋白含量明显高于苗期真叶中的含量，且差异显著；各真叶之间差异不显著（图 8－24）。苗期主茎叶片中 Bt 毒蛋白的含量与叶片的叶位密切相关（图 8－25）。叶位越低。叶片中 Bt 毒蛋白含量越高。主茎叶含量变化趋势为下部叶片＞中部叶片＞上部叶片。1－1 果枝叶 Bt 毒蛋白含量为 1 548.15ng/g；2－1 果枝叶 Bt 毒蛋白含量为

1 432.8ng/g。果枝叶中 Bt 毒蛋白含量与相同叶龄的主茎叶中 Bt 毒蛋白的含量相当且有随叶龄增大而增大的趋势。蕾中 Bt 毒蛋白含量为 3 788.8ng/g，表明生殖器官中 Bt 毒蛋白的含量远远小于功能叶中 Bt 毒蛋白的含量。初花期（图 8 – 26），从倒 1 叶至倒 13 叶，各主茎叶片的 Bt 毒蛋白含量大致随叶位升高而降低。不同果枝节位果枝叶中的 Bt 毒蛋白含量变化与主茎相同，随着果枝节位的升高而果枝叶中的 Bt 毒蛋白含量逐渐降低。不同节位的蕾、花（去苞叶）中 Bt 毒蛋白含量为 237.3 ~ 308.7ng/g 且差异较小，生殖器官中 Bt 毒蛋白含量远小于营养器官。花铃期（图 8 – 27），花铃期主茎叶 Bt 毒蛋白的含量也呈叶位上升而降低。2 – 1、4 – 1、6 – 1、8 – 1、10 –1等不同果枝的相同部位的叶片以入 4 – 1、4 – 2、4 – 3、4 – 4 等同一果枝的不同部位的叶片中，Bt 毒蛋白含量也随叶龄增加而上升。铃中 Bt 毒蛋白含量比蕾、花中稍高，但蕾、花、铃中 Bt 毒蛋白含量仍远远小于功能叶中 Bt 毒蛋白的含量。在花器官中 Bt 毒蛋白的表达量普遍低于苗期功能叶。10 日龄左右的幼蕾 Bt 毒蛋白含量仅为 22.52ng/g·FW ±13.28ng/g·FW；当日花的子房 Bt 毒蛋白含量较高，为 241.55ng/g·FW ±167.04ng/g·FW，雌雄蕊中 Bt 毒蛋白含量为 36.09ng/g·FW ±13.87ng/g·FW，而花瓣和苞叶中 Bt 毒蛋白含量最低几乎测不出（图 8 – 28）。

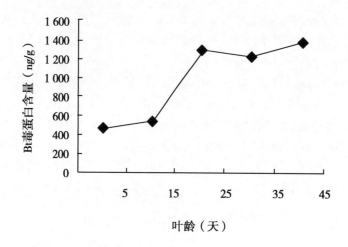

图 8 – 20　果枝叶 Bt 毒蛋白含量变化趋势（王保民等，2002）

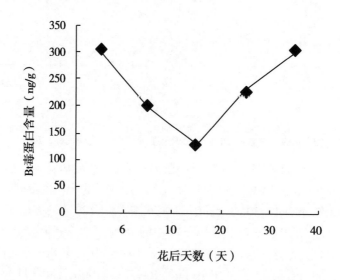

图 8 – 21　花铃期铃壳 Bt 毒蛋白含量变化趋势（王保民等，2002）

Bt 棉不同品种对棉铃虫的抗性强弱并不一定完全相同。除棉株外部形态性状差异和内源次生代谢物质含量可能不同外，对棉铃虫的抗性主要取决于棉株不同发育时期各器官的 Bt 毒蛋白合成量，即 Bt 基因的表达效率。沈平等（2010）用 ELISA 技术测定 6 个 Bt 棉品种（NC20B、DP35B、DP37B、DP99B）叶、蕾、花和铃中的 Bt 毒蛋白含量的结果表明（表 8 - 48），由高到低的不同器官 Bt 毒蛋白表达量顺序是叶 > 蕾 > 花 > 铃。

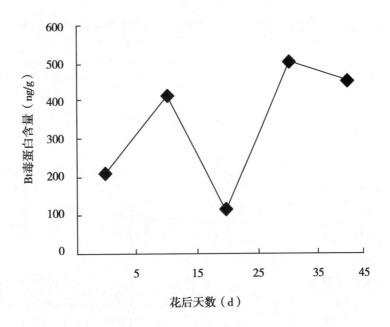

图 8 - 22 花铃期种子 Bt 毒蛋白含量变化趋势（王保民等，2002）

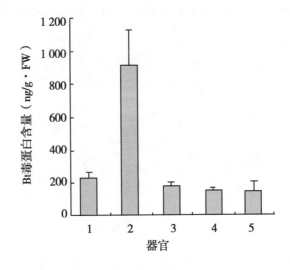

图 8 - 23 Bt 毒蛋白含量在苗期棉株上的分布（陈松等，2000）
1. 新展叶；2. 功能叶；3. 主茎；4. 叶柄；5. 根

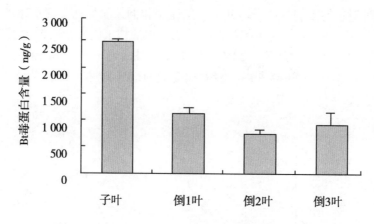

图 8-24　苗期 Bt 毒蛋白含量（王保民等，2002）

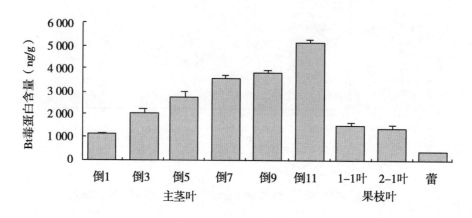

图 8-25　苗期各器官 Bt 毒蛋白含量（王保民等，2002）

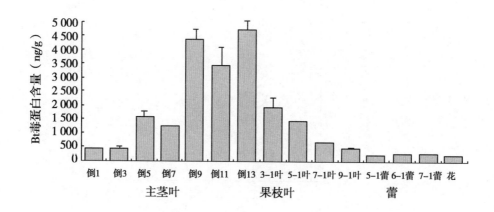

图 8-26　初花期各部位 Bt 毒蛋白含量（王保民等，2002）

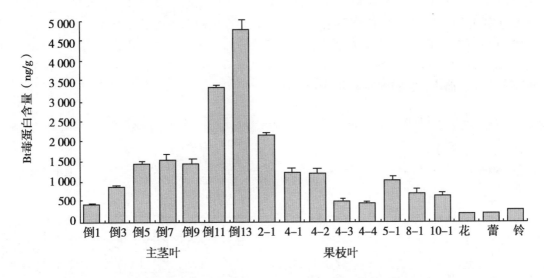

图 8-27　花铃期各部位 Bt 毒蛋白含量（王保民等，2002）

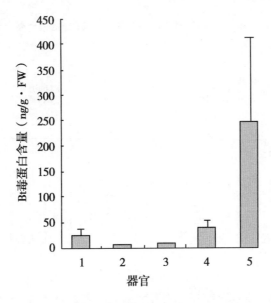

图 8-28　Bt 毒蛋白在花器官上的分布（陈松等，2000）

1. 幼蕾；2. 苞叶；3. 花瓣；4. 雌雄蕊；5. 子房

表 8-48　Bt 棉不同品种不同器官 Bt 毒蛋白表达量

Bt 棉品种	不同器官毒蛋白含量（ng/g）			
	叶	蕾	花	铃
DP35B	1 057.02 ± 25.52a	662.32 ± 48.02abc	870.68 ± 99.9a	444.89 ± 75.76a
DP37B	1 014.71 ± 46.52a	795.91 ± 72.34ab	719.73 ± 8.95ab	395.45 ± 31.53a
DP99B	860.14 ± 5.47b	648.83 ± 204.79 abc	719.21 ± 33.14ab	273.74 ± 40.17ab
DP410B	722.37 ± 17.87c	444.73 ± 33.19bc	359.62 ± 40.13c	147.38 ± 29.51b
NC20B	1 003.81 ± 43.87a	889.91 ± 45.3a	821.15 ± 34.6a	416.13 ± 20.48a
Hanza154	734.26 ± 13.94c	381.66 ± 52.66c	510.81 ± 118.71bc	312.86 ± 114.25ab

注：数字后面的小写英文字母表示在5%水平上差异显著

王冬梅等（2012）以 4 个 Bt 棉品种（CCRI43、GK62、GK19、SGK321）为材料，通过 2009 年和 2010 年两年研究后指出，在现蕾期，顶叶中的 Bt 毒蛋白高于棉蕾（图 8 – 29）；在开花期，棉蕾中的 Bt 毒蛋白含量高于顶叶，后者又高于花瓣（图 8 – 30）；在结铃期，嫩叶与棉蕾中的 Bt 毒蛋白含量高于花瓣与幼龄（图 8 – 31）。研究结果说明 Bt 棉 Bt 毒蛋白的表达水平受棉花器官种类、棉花生育期、棉花品种和种植年份的影响。

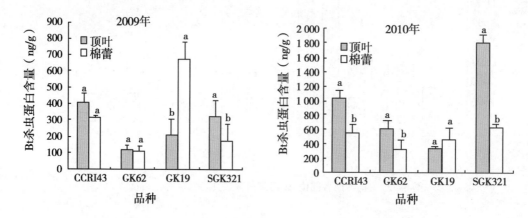

图 8 – 29　不同品种现蕾期顶叶和棉蕾 Bt 毒蛋白含量比较
注：小写字母表示同一品种不同器官在 0.05 水平上的差异显著

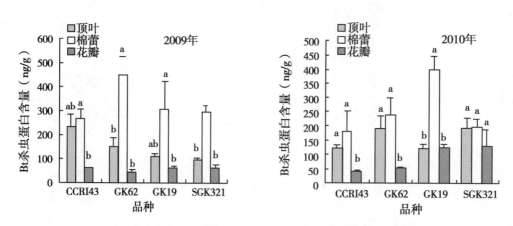

图 8 – 30　不同品种在开花期顶叶、棉蕾和花瓣 Bt 毒蛋白含量比较
注：小写字母表示同一品种不同器官在 0.05 水平上的差异显著

Bt 棉之所以对棉铃虫等鳞翅目昆虫表现出抗性，这与 Bt 基因在植物体内表达出高效杀虫蛋白——Bt 毒蛋白密切相关，为了验证这一点，同时也为了验证 Bt 毒蛋白检测（酶联免疫学测定方法，ELISA）结果的可靠性，张永军等（2001）在室内测定了 Bt 棉 2 个品种（新棉 33B 和 GK2）对棉铃虫毒杀效果与 Bt 毒蛋白含量测定结果之间的关系。结果表明（表 8 – 49）。①新棉 33B 和 GK2 在不同的生育期和不同器官绝大多数都能检测到 Bt 毒蛋白，但不同器官在同一生育期，同一器官在不同生育期 Bt 毒蛋白的表达量均存在差异。总的趋势是苗期和蕾期 Bt 毒蛋白表达量比较高，花期表达量呈下降趋势，花铃期下降最为明显，特别是有些器官如苞叶检测不到 Bt 毒蛋白的含量，而到了铃期和吐絮期在有些器官中 Bt 毒蛋白的含量略有些回升，但其含量明显低于苗期。新棉 33B Bt 毒蛋白的表达量以三叶期顶叶为最高，GK2 在七叶期顶叶中含量最高。在花期，新棉 33B 顶叶中 Bt 毒蛋白表达量最高，达 715.154ng/g，以下依次为花心、花瓣、蕾和苞叶；而 GK2 以花心中 Bt 毒蛋白含量最高，为 248.616ng/g，以下依次为蕾、顶叶、花瓣和苞叶。②在苗期和蕾期新棉 33B 和 GK2 对棉铃虫幼虫均表现了较高的毒杀效果，尤其是叶片抗虫效果突出，较正死亡率在 80% 以上。在花期，Bt 棉对棉铃虫幼虫的控制效果呈下降趋势；而在花铃期这种下降趋势很明显，特别是苞叶对棉铃虫幼虫的毒杀效果只有 20% 左右。到吐絮期，Bt 棉对棉铃幼虫的控制效果又有所回升，校正死亡率在 60% 以上。花期，新棉 33B 以顶叶对棉铃虫幼虫的毒杀作用最高，以下依次为花心、花瓣、蕾、苞叶；GK2 以花心对棉铃虫幼虫的毒杀作用较高，以下依次为蕾、苞叶、顶叶、花瓣。花铃期，新棉 33B 和 GK2 均以铃对棉铃虫幼虫的毒杀作用最高。铃期，新棉 33B 以花心对棉铃虫幼虫的毒杀作用最高，而 GK2 以顶叶对棉铃虫幼虫的毒杀作用最高。在吐絮期这两个 Bt 棉品种的顶叶和铃对棉铃虫幼虫的毒杀作用都比较高。相关分析发现，棉铃虫幼虫取食不同生育期新棉 33B 不同器官的校正死亡率与该品种器官中 Bt 蛋白含量之间的相关系数 $r = 0.8705$，达到极显著水平（$r_{0.01} = 0.526$）。同样棉铃虫幼虫取食不同生育期 GK2 不同器官的校正死亡率与该品种器官中 Bt 毒蛋白含量之间的相关系数 $r = 0.8078$，也达到极显著水平（$r_{0.01} = 0.526$）。可见，在整个生育期内 Bt 棉的抗虫效果与 Bt 杀虫蛋白的表达量基本一致。即 Bt 毒蛋白在棉株内呈时空变化，引起抗虫性的时空变化。

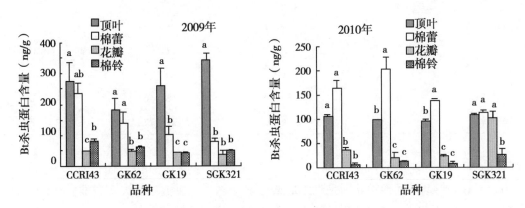

图 8-31　不同品种在结铃期顶叶、棉蕾、花瓣和幼铃中 Bt 毒蛋白含量比较

注：小写字母表示同一品种不同器官在 0.05 水平上的差异显著

表 8-49　棉铃虫幼虫室内生物测定结果与 Bt 毒蛋白含量测定结果比较

生育期及器官	生物测定（校正死亡率%）		Bt 毒蛋白含量（ng/g·鲜重）	
	新棉 33B	GK2	新棉 33B	GK2
子叶期子叶	92.88	89.31	584.016	710.540
三叶期顶叶	88.19	88.37	1 083.231	733.615
七叶期顶叶	81.79	80.12	825.923	1 083.231
蕾期顶叶	83.54	85.06	630.923	619.385
蕾期蕾	65.03	57.55	252.462	177.462
花期顶叶	85.37	43.45	715.154	135.727
花期蕾	43.45	52.82	131.307	208.391
花期花瓣	58.81	36.15	21.092 3	131.834
花期花心	60.17	55.75	324.000	248.616
花期苞叶	36.81	43.60	112.846	101.990

（续表）

生育期及器官	生物测定（校正死亡率%）		Bt 毒蛋白含量（ng/g·鲜重）	
	新棉 33B	GK2	新棉 33B	GK2
花铃期顶叶	40.13	33.00	80.170	78.367
花铃期蕾	55.75	38.17	128.591	64.523
花铃期花瓣	40.08	31.15	105.601	76.865
花铃期花心	33.33	32.54	93.878	50.896
花铃期苞叶	13.72	23.38	—	—
花铃期玲	68.09	45.25	425.580	180.355
铃期顶叶	40.04	45.38	75.395	74.079
铃期蕾	44.16	45.23	203.026	218.816
铃期花瓣	43.82	35.15	149.079	172.763
铃期花心	56.17	43.82	221.447	195.330
铃期苞叶	36.81	43.37	74.079	66.184
铃期铃	35.45	30.37	108.289	72.763
吐絮期顶叶	66.67	76.67	169.464	104.584
吐始期铃	68.81	63.07	279.758	207.094

已报道的 Bt 棉大都使用了 CaMV35S 启动子（Perlak 等，1990、1991；谢道昕等，1991；郭三堆等，1998），这个启动子通常被认为是强组成型启动子之一，在植物的大多数器官中均能持续高效表达（Benfey 等，1989）。然而有报道认为，CaMV35S 启动子控制下的基因在不同作物或同一作物不同发育阶段的器官中的表达强度有较大的差异（Pauk 等，1995；Narvaze 等，1992；Williamson 等，1989；Mazier 等，1989）。Bt 毒蛋白含量与棉花生长时期存在着一定的联系，即旺盛生长时期有利于 Bt 基因表达。蕾期至花铃期是棉花旺盛生长时期，此时棉株体内代谢活跃，Bt 基因较易表达，毒蛋白含量较高；而苗期生长较缓慢，吐絮期棉花生长衰弱，这两个阶段受到体内代谢影响，Bt 基因表达毒蛋白含量降低。

Bt 毒蛋白表达量时空波动的内在机制是由于转录水平上、还是转录后水平或者是转译水平上的基因表达调控引起的？研究表明，DNA 甲基化在高等生物生长发育中起重要的基因表达调控作用（朱玉贤，1996），那么 DNA 甲基化是否参与了 Bt 毒蛋白的表达调控？夏兰芹等（2005）在这方面的研究结果指出：①由于棉花发育前期 Bt 杀虫基因表达量过高，导致转录后水平的基因表达降低，是一种发育调控的体细胞转基因沉默现象。从图 8－32 可以看出，Bt 杀虫基因 mRNA 因在转基因抗虫棉中的表达同样具有时空特异性。但与 Bt 毒蛋白含量变化比较，两者并不成比例，例如，Bt 杀虫基因 mRNA 在 7 月 18 日含量较高，而 Bt 毒蛋白含量却不如 6 月 17 日含量高，Bt 毒蛋白虽然与 Bt 杀虫基因 mRNA 直接相关，但二者并不成比例，说明调控发生在转录后水平或转译水平上。再从 Northern 分析结果结合 RNA 斑点杂交结果来看，6 月 17 日的 Bt 杀虫基因 mRNA 表达量虽不比 7 月 18 日的高，但完整性较好。7 月 18 日的 mRNA 虽然量比较大，但存在大量的非正常转录本，直到 8 月 6 日，几乎检测不到完整的转录本存在。这说明 Bt 毒蛋白含量的降低是由全长 Bt 杀虫基因 mRNA 降低引起，并非是由于转录本水平或转译水平的调控造成 Bt 毒蛋白含量下降，而是由于转录后水平的调控引起了 Bt 毒蛋白在生长发育期中的动态化，导致 Bt 毒蛋白在整个生长季呈下降趋势。究其原因可能是 Bt 棉生长前期，杀虫基因 mRNA 表达量过高，使 mRNA 的量超过一定的阈值，导致棉株自身调节，类似生化反应中的反馈抑制现象，产生大量非正常的转录本，引起 Bt 杀虫基因特异性全长 mRNA 的降解。这应该是一种发育调控的共抑制现象，并且能够遗传到下一代，从而使每代抗虫棉均表现出"前期抗虫性强，后期抗虫性弱"的现象。②Bt 杀虫基因在转基因抗虫棉生长发育后期的表达变化与 35S 启动子的甲基化程度提高有关。甲基化和专甲基化在高等生物的生长发育过程中起着重要的基因表达调控作用。从图 8-34 可以看出，利用 Bt 基因 *Pst*I 酶切片段作探针，不同发育时期抗虫材料基因组 DNA 经 Southem 杂交后，均出现了大小相同的一条谱带，这说明 Bt 杀虫基因编码区不存在明显的甲基化状态变化现象。但是 Bt 杀虫基因启动子区中的所试酶切位点在不同的生长发育期（6—9 月）的甲基化状态有变化。Southem 杂交谱带表明，从 7 月开始 35S 启动子区的部分 CCGG 位点出现了甲基化程度提高的现象，而且 *Hpa*Ⅱ 和 *Msp*I 酶切图谱较一致，说明部分酶切位点可能存在 ${}^mC^mGGG$ 甲基化现象。另外，从阳性对照看，*Hpa*Ⅱ 和 *Msp*I 酶切结果并不很一致，表明在原核生物中可能存在部分 C^mGGG 现象。Bt 杀虫基因启动子的甲基化状态变化表明，Bt 杀虫基因在转基因抗虫棉生长发育后期的表达变化与 35S 启动子的甲基化程度提高有关，甲基化作用参与了 Bt 杀虫基因的表达调控，而且表现出精确的发育调控模式。从图 8-35 可以看出，虽然 8 月与 9 月样品的 Southem 杂交图谱相似，即条带数目相同，但位置有所变化，也许这与 8 月底抗性有所回升有关。

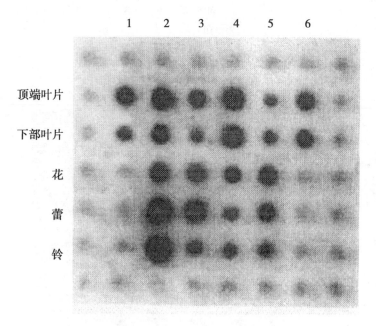

图 8-32　Bt 棉不同器官在不同生长发育阶段的 RNA 斑点杂交分析

注：1 为 6 月 17 日，2 为 7 月 18 日，3 为 8 月 6 日，4 为 8 月 19 日，
5 为 8 月 27 日，6 为 9 月 17 日

　　Kilby（1992）研究表明，DNA 甲基化造成的外源基因沉默主要发生在基因 5′端的启动子区域，甲基化过程是从启动子区域 CG 和 CXG（X 为任意碱基）位点的胞嘧啶残基上开始的。甲基化 CpG 的密度和启动子强度之间的平衡决定了该启动子是否具有转录活性。对于弱启动子来说，稀少的甲基化位点就能使其完全失去转录活性。而对强启动子（尤其是带有双增强子的强启动子）来讲，部分位点甲基化只影响其转录活性，而不是使之关闭（Meyer，1994）。DNA 甲基化引起的外源基因失活是不稳定的，去甲基化试剂可以恢复外源基因的活性（Van 等，1995）。

　　从理论上讲，35S 启动子是一个组成型启动子，但有许多报道表明并非如此。在转基因植物中，它启动的基因表达大多具有时空性（Ganesan，2002）。同时，由含有双增强子的35S启动子所启动的转基因在生长发育过程中表现出转基因沉默现象在转基因烟草中已有报道。夏兰芹等(2005)认为,由含双强子的35S启动子所启动的转基因植物表现出发育调控的转基因沉默现象,

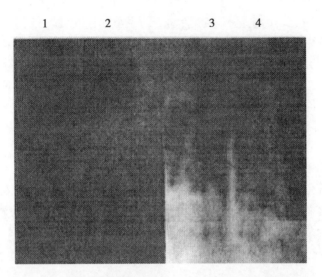

图8-33　不同发育时期 Bt 棉总 RNA 的 Northern 杂交分析

注：1 为 6 月 19 日，顶端叶片，2 为 6 月 19 日，顶端叶片，3 为 7 月，顶端叶片，4 为 8 月 6 日，顶端叶片

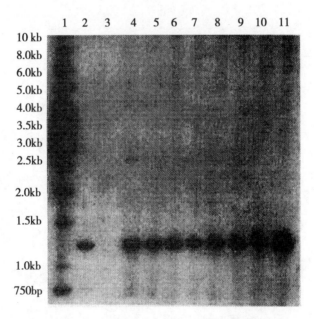

图8-34　*Hpa* II 和 *Msp* I 分别酶切 Bt 棉不同发育时期基因组 DNA 后的
Southern 杂交分析（以 Bt *Pst* I 酶切片段作探针）

注：1 为 1kb 梯度，2 为用 *Hpa* II 设计的 pGBI121S4ABC，3 为用 *Hpa* 设计的常规棉中棉所 19 的 DNA，4、5 为 6 月 15 日 *Hpa* II 和 *Msp* II 设计的转基因抗虫棉的 DNA，6、7 为 7 月 15 日用 *Hpa* II 和 *Msp* I 转基因抗虫棉的 DNA，8、9 为 8 月 8 日用 *Hpa* II 和 *Msp* I 设计的转基因抗虫棉的 DNA，10、11 为 9 月 5 日转基因抗虫棉的 DNA

可能是由于带有双增强子的启动子转录活性太高，致使转录本过量，引起共抑制造成的。

这方面的研究，也有不同的结果出现，Sach 等（1998）用 ELISA 测定 Bt 棉顶尖嫩叶，证明 Bt 毒蛋白在蕾期和花铃期的含量较高，而苗期、初花期、吐絮期含量较低，呈 M 型。李松岗等（2001）在 Bt 棉同一生长期用 ELISA 和虫测法分别测得的结果却并不完全相同，2 种结果的不一致的地方在于花，ELISA 测得叶和花瓣的杀虫蛋白含量最高，铃和蕾次之。而同一时期的生测结果显示各器官的杀虫活性顺序为叶 > 蕾和铃 > 花，推断这是由棉铃虫幼虫的不均一食性所造成的。各研究者对 Bt 棉抗虫性及 Bt 毒蛋白含量的时空变化的测定结果有着一定的差异，这些差异可能是由于他们在实验中所采用的供试棉花品种（系）和采样的时间及部位的不同而造成的，另外，棉花生长环境及管理条件等一些外界条件的不同也会有一定的影响。Bt 毒蛋白含量的时空变化是内因，Bt 棉抗虫性的时空变化是外在结果，但两者可能因为一些因素的干扰而表现出部分差别。

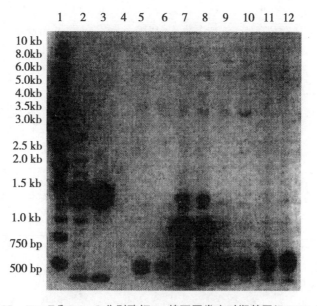

图 8 - 35　*Hpa* Ⅱ 和 *Msp* Ⅰ 分别酶切 Bt 棉不同发育时期基因组 DNA 后的
Southern 杂交分析（以 35S 启动子作探针）

注：1 为 1kb 梯度，2、3 为用 *Hpa* Ⅱ 和 *Msp* Ⅰ 设计的 pGBI121S4ABC，4 为用 *Hpa* Ⅱ 设计的常规棉中棉所 19 的 DNA，5、6 为 6 月 15 日 *Hpa* Ⅱ 和 *Msp* Ⅰ 设计的转基因抗虫棉的 DNA，7、8 为 7 月 15 日用 *Hpa* Ⅱ 和 *Msp* Ⅰ 设计的转基因抗虫棉的 DNA，9、10 为 8 月 8 日 *Hpa* Ⅱ 和 *Msp* Ⅰ 设计的转基因抗虫棉的 DNA，11、12 为 9 月 5 日用 *Hpa* Ⅱ 和 *Msp* Ⅰ 设计的转基因抗虫棉的 DNA

第三节　（Bt + CpTI）双价对靶标害虫幼虫的毒杀效果

Bt 棉在国内外均获得成功，并在生产中发挥了积极作用。但据有关研究，Bt 棉种植 8 ~ 10 年后，棉铃虫将可能对其产生抗（耐）性，如不及早预防，将可能对棉花生物技术和世界植棉业产生重大影响和冲击。为了延缓棉铃虫 Bt 棉产生抗性，延长 Bt 棉的使用寿命，充分发挥 Bt 棉的作用，开展不同毒性机理的基因工程抗虫棉研究是必要的。1987 年，Hilder 等首先报道了将 CpTI 基因导入烟草，获得了对烟芽夜蛾有显著抗性的转基因烟草植株。这种与 Bt 毒蛋白杀虫机理不同的杀虫基因与 Bt 杀虫基因在作物中的同时表达，从理论上讲，可大辐度减缓棉铃虫对 Bt 棉产生抗性的速度（崔洪志等，1998）。郭三堆等（1999）构建了携带人工合成的 GFM CrylA 杀虫基因和经过修饰的 CpTI 基因的高效双价杀虫基因植物表达载休 pGBI121S4ABC，采用花粉管通道法，将 pC-

BI121S4ABC 转入常规棉石远 321、中棉所 19、3517 和 541 品种中，首次获得了（Bt + CpTI）双价转基因抗虫棉株系。叶片室内抗虫生物学鉴定表明，抗性好的株系棉铃虫幼虫校正死亡率大于 96%；经分子检测，证实了（Bt + CpTI）双价杀虫基因在棉花基因组中的整合与表达。

一、对棉铃虫幼虫的杀虫活性

（Bt + CpTI）双价棉的不同器官均对棉铃虫低龄幼虫有较强的抗虫性，但随着棉铃虫龄期的增大，抗虫性均明显下降（表 8 - 50）。棉叶对 1~3 龄棉铃虫幼虫的抗虫性均在 90% 以上，对 5、6 龄高龄幼虫的抗虫性低于 50%；（Bt + CpTI）双价棉棉蕾对棉铃虫低龄幼虫的抗虫性均在 85% 以上，对高龄幼虫的抗虫性不理想；（Bt + CpTI）双价棉花蕊对 1~4 龄棉铃虫幼虫的抗虫性均在 80% 以上，但对 5、6 龄高龄幼虫的抗虫性低于 50%；（Bt + CpTI）双价棉花瓣对 1~3 龄棉铃虫幼虫的抗虫性均在 90% 以上，对 4~5 龄高龄幼虫的抗虫性低于 60%，（Bt + CpTI）双价棉苞叶对棉铃虫 1~3 龄幼虫的抗虫性均在 85% 以上，对 4~6 龄高龄幼虫的抗虫效果不理想；（Bt + CpTI）双价棉棉铃对 1 龄幼虫的抗虫性达 96.7%，抗虫效果较好，但对 2 龄以上幼虫的抗虫性不理想。总之，（Bt + CpTI）双价棉的不同器官连续饲养不同龄期的棉铃虫，1~3 龄棉铃虫幼虫取食（Bt + CpTI）双价棉的任何器官最终均不能存活；4 龄棉铃虫有部分存活，存活率为 5%~12%；用棉蕾和花瓣饲养的 5 龄棉铃虫幼虫最终不能存活，用其他器官饲养的存活率为 53.1%~76.7%；6 龄棉铃虫幼虫的存活率为 76.8%~87.0%。（Bt + CpTI）双价棉不同器官对不同龄期棉铃虫幼虫的抗性有明显差异，总的趋势为：棉苞叶 > 棉叶 > 棉蕾 > 花瓣、花蕊 > 棉铃。

表 8 - 50　（Bt + CpTI）双价棉对不同龄期棉铃虫第 6d 的抗虫效果（崔金杰等，2002）

器官	品种	不同龄期棉铃虫的死亡率（%）					
		1 龄	2 龄	3 龄	4 龄	5 龄	6 龄
棉叶	S	100 ± 0.0A	99.6 ± 0.6A	94.4 ± 9.6A	90.3 ± 0.5A	67.8 ± 2.6A	15.6 ± 7.6A
	CK	28.0 ± 5.3B	30.0 ± 3.3B	7.8 ± 3.8B	15.5 ± 3.8B	5.5 ± 3.9B	5.5 ± 3.8B
	RS	100 ± 0.0	99.4 ± 0.4	93.9 ± 9.6	88.5 ± 0.6	65.9 ± 12.6	10.7 ± 7.7
棉蕾	S	94.7 ± 1.7A	93.3 ± 1.2A	60.0 ± 3.3A	43.3 ± 6.6A	27.1 ± 1.9A	21.7 ± 5.8A
	CK	44.0 ± 5.3B	6.7 ± 3.4B	28.4 ± 8.8B	18.9 ± 11.7B	4.4 ± 5.1B	16.7 ± 6.6B
	RS	90.5 ± 1.8	92.8 ± 1.2	44.1 ± 3.3	30.1 ± 6.7	23.7 ± 1.9	6.0 ± 5.8
花蕊	S	83.1 ± 4.3A	85.6 ± 3.5A	60.0 ± 3.3A	43.3 ± 3.3B	25.6 ± 8.4A	12.8 ± 1.9A
	CK	40.0 ± 20.2B	39.4 ± 1.9B	23.3 ± 10.0B	20.0 ± 8.8C	5.6 ± 5.1B	5.6 ± 1.9B
	RS	71.8 ± 4.3	76.2 ± 3.5	47.8 ± 3.3	29.1 ± 3.3	21.2 ± 8.4	7.6 ± 1.9
花瓣	S	89.8 ± 3.4A	97.8 ± 2.5A	73.4 ± 11.5A	70.0 ± 11.5A	40.0 ± 9.9A	33.3 ± 3.4A
	CK	45.0 ± 5.7B	38.3 ± 8.6B	21.1 ± 5.1B	23.3 ± 6.7B	7.8 ± 5.1B	0.0 ± 0.0B
	RS	81.5 ± 3.4	96.4 ± 2.5	66.3 ± 11.5	60.9 ± 11.5	34.9 ± 15.3	33.3 ± 3.4
苞叶	S	88.0 ± 1.3B	74.4 ± 6.7B	74.4 ± 10.2A	58.9 ± 15.8A	55.6 ± 9.8A	21.1 ± 3.8A
	CK	28.9 ± 3.5C	18.9 ± 10.2C	17.8 ± 3.8B	15.5 ± 2.5B	17.8 ± 1.9B	4.5 ± 3.9B
	RS	83.1 ± 1.3	68.4 ± 6.7	68.9 ± 3.8	51.4 ± 15.8	45.7 ± 10.2	17.4 ± 3.8
棉铃	S	92.9 ± 2.3A	57.8 ± 0.9A	38.9 ± 8.4B	40.0 ± 3.3A	17.8 ± 8.4a	14.4 ± 2.0a
	CK	67.3 ± 4.1B	25.5 ± 6.9B	27.8 ± 5.1B	13.3 ± 6.7B	4.5 ± 3.8	1.1 ± 1.9b
	RS	78.3 ± 2.3	43.4 ± 0.9	15.4 ± 8.4	30.8 ± 3.3	13.9 ± 8.4	13.4 ± 2.0

注：S 表示对棉铃虫幼虫的死亡率，RS 表示对棉铃虫幼虫的校正死亡率；CK 为常规棉的死亡率。数据后标有相同字母者表示差异不显著；反之差异显著（小写字母）或极显著（大写字母）

为探索（Bt + CpTI）双价棉的杀虫效果，特别是为了了解已存在一定 Bt 抗性的害虫对（Bt + CpTI）双价棉的反应特点，芮昌辉等（2001）于 1996 年 6 月下旬采自河北省和山东省 6 个县（市）的棉铃虫成虫，在室内分别饲养两代后，将其混合饲养，再将混合种群分为对照种群和抗性种群，对照种群用人工饲料常规饲养，抗性种群用 Bt 烟草对其幼虫汰选 18 代后，再用 20% MVP 水剂（美国 Mycogen 公司产品，含单一 Bt ICP CrylAc）汰选 5 代，对 CrylAc 抗性指数为 16 倍。对这两种棉铃虫种群的幼虫毒杀效果测定表明（表 8 - 51），对对照种群棉铃虫，（Bt + CpTI）双价棉和 Bt 棉对 1、2 龄幼虫的杀虫活性差异不显著。但（Bt + CpTI）双价棉对 3、4 龄幼虫 6d 的杀虫活性显著高于 Bt 棉，当 Bt 棉对 4 龄幼虫杀虫效果只有 24.5% 时，（Bt + CpTI）双价棉达 71.1%，显示（Bt + CpTI）双价棉对大龄幼虫的杀虫活性明显提高。对抗性种群棉铃虫，Bt 棉对 1 ~ 4 龄幼虫 6d 的校正死亡率仅为 58.5% ~ 12.1%，而（Bt + CpTI）双价棉达 53.5% ~ 85.2%，显著高于前者。虽然两种抗虫棉的杀虫活性均随幼虫龄期增大而下降，但（Bt + CpTI）双价棉下降幅度明显低于 Bt 棉，对抗性种群更为突出。范贤林等（2001）报道，在 7 ~ 8 月，用 Bt 棉和（Bt + CpTI）双价棉的棉蕾分别饲养不同抗、感棉铃虫种群 3d 后，（Bt + CpTI）双价棉对抗性种群和对照种群的校正死亡率差异不显著。在同一时间用 Bt 棉蕾处理的抗性种群校正死亡率显著低于对照种群（表 8 - 52）。这表明（Bt + CpTI）双价棉棉蕾对抗性种群的杀虫活性也明显高于 Bt 棉。

表 8 - 51 Bt 棉与（Bt + CpTI）双价棉对不同龄期幼虫的杀虫效果

种群	龄期	6d 校正死亡率（%）	
		Bt 棉	（Bt + CpTI）双价棉
对照	1	88.4 ± 7.4	98.2 ± 1.1
	2	88.1 ± 4.8	94.0 ± 4.8
	3	63.5 ± 4.2	100 ± 0*
	4	24.5 ± 10.4	71.7 ± 8.7*
	5	7.4 ± 1.9	16.7 ± 5.6
抗性	1	58.5 ± 4.3	85.2 ± 6.7*
	2	50.6 ± 6.4	79.4 ± 3.7*
	3	14.1 ± 6.3	74.0 ± 4.2*
	4	12.1 ± 2.9	53.5 ± 9.6*
	5	2.3 ± 1.2	10.7 ± 8.2

注：* 表示同一种群中不同转基因棉处理的校正死亡率差异显著（$P < 0.05$，HSD 测验）

表 8 - 52 转基因抗虫棉棉蕾对棉铃虫的毒杀效果（校正死亡率,%）

测定时间（日/月）	（Bt + CpTI）双价棉		Bt 棉	
	对照种群	抗性种群	对照种群	抗性种群
20/7	80.1 ± 5.4	63.3 ± 1.9	74.5 ± 8.0	43.3 ± 3.4*
18/8	69.8 ± 11.5	54.1 ± 4.8	60.0 ± 11.1	31.0 ± 5.7*

注：* 与对照种群相比，差异显著（$P < 0.05$，HSD 测验）

豇豆胰蛋白酶抑制基因（CpTI）具有广谱抗虫特性，对大部分鳞翅目和部分分鞘翅目害虫具有抑制作用。（Bt + CpTI）双价棉 SGK321 成功转入 CpTI 与 Bt 基因后，室内实验结果表明其棉叶、蕾对棉铃虫的抗性强于 Bt 棉（芮昌辉等，2001），但周洪旭等（2005）田间调查结果表明（表 8 -

53 至表 8 - 56），第 2、3 代和 4 代棉铃虫发生期间（Bt + CpTI）双价棉 SGK321 与 Bt 棉 GK15、33B 棉铃虫发生数量及叶、蕾、铃被害率差异均不显著，（Bt + CpTI）双价棉 SGK321 对棉铃虫的抗性并未明显提高。袁小玲等（2000）和李广付等（2001）也有过类似的报道。这可能是外源基因整合的位置效应造成的，即外源基因插入的位点不同，对其表达会产生影响；或者 Bt 基因与 CpTI（豇豆胰蛋白酶抑制剂）基因的相互拮抗作用，而使 Bt 杀虫晶体蛋白的毒性降低；也可能是由于豇豆胰蛋白酶抑制基因的作用导致棉铃虫食用更少叶片，从而使其体内含有相对较低的 Bt 毒蛋白所致。CpTI 基因与 Bt 基因在田间受环境因素的综合作用，使（Bt + CpTI）双价棉对棉铃虫的抗性与室内测定结果有所不同，其原因尚待进一步研究。

表 8 - 53 转基因抗虫棉各代棉铃虫平均落卵量、幼虫数量比较

棉铃虫世代	棉花品种	卵量（粒/株）	幼虫数量（头/株）
第 2 代	泗棉 3 号	1.50 ± 0.54a	0.26 ± 0.08a
	CK 12	2.06 ± 1.24a	0.03 ± 0.01b
	石远 321	1.83 ± 1.09a	0.13 ± 0.04ab
	SGK 321	2.50 ± 1.39a	0.07 ± 0.06b
	33 B	1.58 ± 0.93a	0.03 ± 0.03b
第 3 代	泗棉 3 号	0.08 ± 0.05a	0.06 ± 0.03a
	CK 12	0.16 ± 0.09a	0.00 ± 0.00b
	石远 321	0.08 ± 0.05a	0.04 ± 0.02ab
	SGK 321	0.33 ± 0.19a	0.01 ± 0.01b
	33 B	0.16 ± 0.10a	0.00 ± 0.00b
第 4 代	泗棉 3 号	0.46 ± 0.19a	0.24 ± 0.07a
	CK 12	0.51 ± 0.23a	0.04 ± 0.01b
	石远 321	0.43 ± 0.20a	0.28 ± 0.08a
	SGK 321	0.51 ± 0.27a	0.02 ± 0.01b
	33 B	0.28 ± 0.14a	0.03 ± 0.01b

注：不同字母表示差异显著（$P < 0.05$）；泗棉 3 号、石远 321 为常规棉，GK12 和 33B 为 Bt 棉，SGK321 为（Bt + CpTI）双价棉

表 8 - 54 第 2 代棉铃虫发生期间转基因抗虫棉被害率及被害指数比较

品种	叶片被害率（%）	叶片被害指数	蕾被害率（%）
泗棉 3 号	20.4 ± 2.3a	8.1 ± 0.5a	7.5 ± 1.7a
CK 12	4.0 ± 0.8b	1.1 ± 0.2b	1.7 ± 0.7b
石远 321	10.9 ± 2.6c	3.5 ± 0.8c	5.4 ± 1.1a
SGK 321	1.0 ± 0.7b	0.2 ± 0.1b	1.1 ± 0.8b
33 B	3.4 ± 0.8b	0.8 ± 0.2b	0.9 ± 0.4b

注：同表 8 - 53

表 8 - 55　第 3 代棉铃虫发生期间转基因抗虫棉被害率比较

品种	被害率（%）		
	蕾	花	铃
泗棉 3 号	8.3 ± 1.5a	17.9 ± 7.1a	6.3 ± 2.2a
CK 12	0.5 ± 0.2b	0.0 ± 0.0b	0.3 ± 0.3b
石远 321	6.3 ± 1.8a	6.0 ± 5.0b	2.3 ± 1.4b
SGK 321	0.3 ± 0.2b	0.0 ± 0.0b	1.4 ± 0.8b
33 B	0.0 ± 0.0b	0.0 ± 0.0b	0.8 ± 0.6b

注：同表 8 - 53

表 8 - 56　第 4 代棉铃虫发生期间转基因抗虫棉被害率比较

品种	被害率（%）		
	蕾	花	铃
泗棉 3 号	8.6 ± 1.8ac	8.8 ± 2.8a	6.6 ± 1.3a
CK 12	0.0 ± 0.0b	0.9 ± 0.5b	0.9 ± 0.5b
石远 321	13.9 ± 6.1a	8.9 ± 2.2a	9.3 ± 0.3a
SGK 321	1.2 ± 0.8bc	1.2 ± 0.9b	1.7 ± 0.4b
33 B	0.0 ± 0.0b	1.0 ± 0.6b	1.8 ± 0.9b

注：同表 8 - 53

二、对棉铃虫幼虫生长发育的影响

（Bt + CpTI）双价棉对棉铃虫幼虫的生长发育有较大的影响，表现为幼虫和蛹体重减轻，历期延长，成虫寿命缩短，化蛹率的羽化率明显降低。表 8 - 57 表明，和常规棉相比，用（Bt + CpTI）双价棉棉叶、棉蕾、花蕊、花瓣、苞叶和棉铃饲养的棉铃虫 6 龄幼虫体重分别减轻 30.0%、37.6%、21.2%、21.7%、36.9% 和 29.7%，差异均达显著水平；蛹重分别减轻 34.3%、30.5%、22.2%、11.7%、38.0% 和 19.2%，差异均达显著水平；幼虫历期除花瓣和苞叶外，分别延长 1.1d、0.9d 和 0.7d，差异达显著水平；用棉叶饲养的棉铃虫蛹历期延长 2.5d，差异显著，用其他棉花器官饲养的棉铃虫蛹历期差异不显著；仅用棉叶饲养的棉铃虫寿命缩短 3.5d，用其他器官饲养的差异不显著；化蛹率分别降低 70.6%、46.0%、31.5%、33.4%、66.3% 及 34.6%；羽化率除棉铃外，分别降低 68.9%、49.2%、55.8%、59.1% 及 91.2%，差异达极显著水平。

表 8 - 57　（Bt + CpTI）双价棉对棉铃虫 6 龄幼虫生长发育的影响（崔金杰等，2002）

类别	品种	棉叶	棉蕾	花蕊	花瓣	苞叶	棉铃
虫重（mg）	S	170.2 ± 6.3b	268.8 ± 15.9a	206.9 ± 3.0b	159.9 ± 10.0b	209.2 ± 10.0b	308.6 ± 10.0b
	CK	373.5 ± 16.2c	290.1 ± 32.5c	319.7 ± 23.1c	312.7 ± 15.2c	284.5 ± 6.4c	338.9 ± 45.6c
幼虫历期（d）	S	2.8 ± 0.5a	4.3 ± 0.3a	5.8 ± 1.1a	5.9 ± 0.1b	4.4 ± 0.3b	5.2 ± 0.3a
	CK	2.1 ± 0.1b	3.6 ± 0.5b	3.3 ± 0.6b	4.2 ± 0.3a	5.1 ± 0.1a	3.3 ± 0.6b

（续表）

类别	品种	棉叶	棉蕾	花蕊	花瓣	苞叶	棉铃
化蛹率（%）	S	41.1±5.1A	61.1±13.5A	23.3±8.8A	5.5±3.9B	66.7±3.4B	67.8±3.9A
	CK	87.2±6.1B	82.2±8.4B	77.8±5.1B	83.3±3.2C	75.6±2.0B	90.0±3.4B
蛹重（mg）	S	139.9±5.4b	192.1±2.7b	117.2±6.2b	130.6±39.8b	178.9±13.6b	230.3±24.3b
	CK	220.4±27.6c	242.3±34.0c	262.0±8.5c	205.7±3.0c	211.8±12.8c	257.3±7.1c
蛹历期（d）	S	10.5±1.0a	9.4±0.9a	8.8±0.5b	蛹死亡	9.4±0.5a	8.3±3.4b
	CK	9.0±0.1b	10.2±0.3a	10.0±0.0a	90.±0.0a	10.0±0.0a	9.7±1.2a
羽化率（%）	S	30.0±5.8A	54.4±15.0A	12.2±3.9A	0.0±0.0B	61.1±1.9B	53.3±3.4a
	CK	82.2±6.9B	72.2±3.9B	62.9±8.4B	78.9±2.0C	63.3±11.6B	61.1±5.1a
成虫寿命（d）	S	5.8±0.9a	7.7±0.6a	8.3±1.5a	0.0±0.0b	7.7±0.9a	9.7±1.5a
	CK	8.8±1.0b	7.8±0.8a	10.0±0.0a	10.0±1.0a	8.7±1.2a	10.3±0.6a

注：S 为（Bt + CpTI）双价棉，CK 为常规棉。数字后面的大写英文字母表示达 1% 差异显著水平，小写英文字母表示达 5% 差异显著水平

Bt 棉和（Bt + CpTI）双价棉对棉铃虫的生长发育均有显著的抑制作用。在 7 月中旬，（Bt + CpTI）双价棉棉叶对棉铃虫生长的抑制作用显著高于 Bt 棉棉叶。在 8 月中旬，棉铃虫取食棉叶时，两种转基因抗虫棉对棉铃虫生长的抑制作用差异不显著；取食花瓣时，双价棉铃虫生长的抑制作用显著高于 Bt 棉（表 8 - 58）。

表 8 -58　7 月中旬和 8 月中旬转基因抗虫棉不同器官对棉铃虫 4 龄幼虫存活和生长的影响（张继红等，2004）

月份	转基因抗虫棉	器官	死亡率（%）($\bar{\chi}$±SE)	体重（g）($\bar{\chi}$±SE)	常规棉	器官	死亡率（%）($\bar{\chi}$±SE)	体重（g）($\bar{\chi}$±SE)
7	（Bt + CpTI）双价棉	叶	91.67±1.67	0.030±0.002	石远321	叶	6.67±1.67	0.111±0.003
		蕾	71.85±1.85	0.038±0.004		蕾	5.00±5.00	0.098±0.007
		花瓣	95.00±0.00	0.028±0.002		花瓣	24.50±6.22	0.043±0.002
	Bt 棉	叶	56.67±21.86	0.082±0.011	中棉所16	叶	0.00±0.00	0.137±0.009
8	（Bt + CpTI）双价棉	叶	45.33±10.32	0.013±0.002	石远321	叶	0.00±0.00	0.056±0.006
		花瓣	53.60±6.91	0.008±0.000		花瓣	10.13±6.31	0.029±0.002
		铃心	26.13±3.07	0.022±0.004		铃心	3.90±2.01	0.068±0.003
	Bt 棉	叶	20.70±6.95	0.011±0.003	中棉所16	叶	4.30±2.51	0.046±0.010
		花瓣	17.60±4.16	0.014±0.000		花瓣	19.63±4.22	0.023±0.000

为探明转（Bt + CpTI）双价转基因抗虫棉对转 Bt 基因抗虫棉已产生抗性的铃虫幼虫生长发育的抑制作用，芮品辉等（2001）进行了研究。研究结果表明，对照种群 1 ~ 4 龄幼虫连续取食两种转基因抗虫棉均不能化蛹和羽化，5 龄幼虫可部分化蛹和羽化，表明两种抗虫棉花间差异不显著。而抗性棉铃虫取食 Bt 棉，除 1 龄幼虫外，2 ~ 5 龄均可部分化蛹和羽化，并随着幼虫龄期的增大，化蛹率和羽化率也逐渐增加。但（Bt + CpTI）双价棉处理抗性和对照种群棉铃虫，均只有 5 龄幼虫才可部分化蛹和羽化，而 5 龄以下幼虫均不能化蛹和羽化。说明（Bt + CpTI）双价棉对抗性棉铃虫

的抑制作用比 Bt 棉更为突出（表 8 - 59）。不同转基因抗虫棉对棉铃虫体重的抑制能力均随幼虫期增大而降低（表 8 - 60）。2 ～ 4 龄抗性和对照种群棉铃虫分别取食 Bt 棉、（Bt + CpTI）双价棉和常规棉后，其体重增长值均存在显著差异，又以取食（Bt + CpTI）双价棉的体重抑制作用最大。用 5 龄幼虫测定，对照种群棉铃虫取食（Bt + CpTI）双价棉和 Bt 棉之间体重增长差异不显著，但与取食常规棉的差异显著。抗性棉铃虫 5 龄幼虫只有取食（Bt + CpTI）双价棉时体重增长才明显受抑制。抗性棉铃虫取食（Bt + CpTI）双价棉的体重增长比值与取食常规棉的相比较，2、3、4 龄的差异分别达 18.0、9.3 和 4.2 倍，而取食 Bt 棉的与常规棉比较，差异分别只有 12.0 倍、5.8 倍和 1.7 倍，说明（Bt + CpTI）双价棉对棉铃虫抗性种群有很强的体重抑制作用，（Bt + CpTI）双价棉处理的抗性种群 2 ～ 4 龄幼虫，6d 后体重显著低于 Bt 棉。此外，（Bt + CpTI）双价棉处理抗性棉铃虫 5 龄幼虫 6d 后的蛹重与常规棉和 Bt 棉处理的比较，差异显著。

表 8 - 59　转基因抗虫棉花对棉铃虫化蛹和羽化率的影响

种群	龄期	化蛹率（%）			羽化率（%）		
		常规棉	Bt 棉	（Bt + CpTI）双价棉	常规棉	Bt 棉	（Bt + CpTI）双价棉
对照	1	43.3 ± 3.3a	0 ± 0b	0 ± 0b	36.7 ± 3.3a	0 ± 0b	0 ± 0b
	2	60.0 ± 5.8a	0 ± 0b	0 ± 0b	50.0 ± 5.8a	0 ± 0b	0 ± 0b
	3	63.3 ± 3.3a	0 ± 0b	0 ± 0b	52.5 ± 7.5a	0 ± 0b	0 ± 0b
	4	70.0 ± 7.1a	0 ± 0b	0 ± 0b	60.0 ± 4.1a	0 ± 0b	0 ± 0b
	5	86.0 ± 5.1a	68.0 ± 8.6ab	55.0 ± 6.5b	80.0 ± 6.3a	50.0 ± 7.1b	50.0 ± 4.1b
抗性	1	44.0 ± 7.5a	0 ± 0b	0 ± 0b	40.0 ± 4.5a	0 ± 0b	0 ± 0b
	2	53.3 ± 12.0a	10.0 ± 0.0	0 ± 0b	43.3 ± 13.3a	7.5 ± 2.5b	0 ± 0b
	3	56.7 ± 3.3a	16.7 ± 3.3b	1.1 ± 1.1c	42.5 ± 2.5a	13.3 ± 3.3b	0 ± 0c
	4	83.3 ± 6.7a	20.0 ± 2.9b	0 ± 0c	76.6 ± 6.7a	16.7 ± 3.3b	0 ± 0c
	5	88.0 ± 4.9a	77.5 ± 4.7b	67.5 ± 6.3b	86.7 ± 3.3a	61.7 ± 7.9b	43.3 ± 7.1b

注：同一龄期不同转基因棉处理的（化蛹/羽化）率后字母不同表示差异显著（$P < 0.05$，HSD 测验）

表 8 - 60　转基因抗虫棉花对棉铃虫不同龄期幼虫体重的影响（崔金杰等，2002）

龄期	处理	每头初始体重（mg）	第头 6d 后体重（mg）		6d 体重/初始化比值	
			对照种群	抗性种群	对照种群	抗性种群
2	常规棉	3.39 ± 0.13a	65.3 ± 8.25a	73.3 ± 8.2a	19.2	20.9
	Bt 棉	3.39 ± 0.10a	23.2 ± 3.03b	30.2 ± 2.2b	6.8	8.9
	（Bt + CpTI）双价棉	3.20 ± 0.13a	9.2 ± 1.01c	9.5 ± 1.9c	2.9	2.9
3	常规棉	11.11 ± 0.39a	119.4 ± 8.61a	122.1 ± 4.44a	10.8	10.9
	Bt 棉	11.8 ± 0.62a	39.2 ± 1.42b	60.2 ± 5.19b	3.3	5.1
	（Bt + CpTI）双价棉	11.0 ± 0.34a	17.9 ± 1.72c	16.8 ± 1.6c	1.5	1.6

（续表）

龄期	处理	每头初始 体重（mg）	第头6d后体重（mg）		6d体重/初始化比值	
			对照种群	抗性种群	对照种群	抗性种群
4	常规棉	35.7±2.75a	237.1±14.7a	205.0±19.6a	6.6	5.4
	Bt棉	41.3±4.27a	122.9±10.9b	128.8±9.1b	3.0	3.7
	（Bt+CpTI） 双价棉	38.9±4.17a	59.0±7.17c	50.5±4.8c	1.5	1.2
5	常规棉	203.2±4.02a	220.9±9.5*a	222.0±7.5*a	1.1	1.1
	Bt棉	187.7±4.05a	152.4±6.3*b	197.1±6.6*a	0.8	1.0
	双价棉	198.7±6.5a	143.9±7.8*b	132.0±4.8*b	0.7	0.7

注：字母不同表示差异显著（$P<0.05$，HSD测验）；*表示蛹重

探讨（Bt+CpTI）双价棉对害虫的营养效应，有助于揭示（Bt+CpTI）双价棉抗虫性的营养学机制。研究发现（表8-61），取食（Bt+CpTI）双价棉以后，导致棉铃虫幼虫的取食速率和近似消化率降低，增加了幼虫的代谢负担，使相对代谢速率值升高。能量的摄入低于消耗，必然使相对生长速率和粗生长率明显降低，导致害虫死亡。另一项营养指标的测定结果显示（表8-62），棉铃虫对（Bt+CpTI）双价棉的相对取食量均显著低于常规棉石远321。双价棉的近似消化率显著低于石远321，推测棉花器官中表达的CpTI在起作用，它可使棉铃虫中肠蛋白酶活性降低，影响棉铃虫对食物的消化作用。而（Bt+CpTI）双价棉的食物利用率显著高于石远321，说明棉铃虫对CpTI引发的食物消化水平的下降具有一定的适应性，可以补偿性地增强消化食物的利用水平。

表8-61　（Bt+CpTI）双价棉不同器官对棉铃幼虫营养效应的影响（崔金杰等，2002）

器官	品种	相对取食率 （mg/mg·d）	相对生长率 （mg/mg·d）	相对代谢率 （mg/mg·d）	近似消化率 （%）	粗生长效率 （%）
棉叶	CK	0.445±0.06a	0.327±0.02a	0.097±0.06a	95.4±3.05a	68.08±15.2a
	S	0.178±0.01b	0.072±0.03b	0.139±0.12b	66.95±6.60b	22.50±0.04b
棉蕾	CK	0.870±0.06a	0.140±0.06a	0.451±0.12a	86.30±9.46a	19.04±7.07a
	S	0.314±0.03b	0.112±0.06a	0.353±0.07a	69.58±1.93a	10.18±6.98b
花蕊	CK	0.606±0.302a	0.100±0.07a	0.103±0.05a	70.39±23.32a	23.15±10.8a
	S	0.258±0.01a	0.059±0.01b	0.051±0.01b	25.05±0.05b	16.52±6.20a
花瓣	CK	0.243±0.07a	0.081±0.02a	0.049±0.04a	80.11±5.66a	33.61±2.13a
	S	0.153±0.06b	0.060±0.03a	0.073±0.07a	51.00±4.99a	25.38±3.07a
苞叶	CK	0.643±0.24a	0.146±0.06a	0.088±0.07a	72.76±9.76a	49.30±0.97A
	S	0.062±0.01B	0.119±0.02a	0.161±0.13a	52.06±9.21a	32.25±0.32A
棉铃	CK	0.812±0.15a	0.194±0.02a	0.147±0.05A	77.04±5.51a	24.35±4.47a
	S	0.550±0.15b	0.170±0.13a	0.153±0.07A	59.15±4.3b	16.22±7.7a

注：数字后面的大、小写英文字母分别表示1%和5%差异显著。S＝（Bt+CpTI）双价棉，CK＝常规棉石远321

表 8 – 62　棉铃虫 5 龄幼虫取食（Bt + CpTI）双价棉和常规棉石远 321 棉铃后的营养指标（张继红等，2004）

棉花品种	相对生长率	相对取食量	近似消化率（%）	食物利用率（%）
（Bt + CpTI）双价棉	0.98 ± 0.06b	2.32 ± 0.23b	27.78 ± 6.37b	46.09 ± 3.84a
常规棉石远 321	1.30 ± 0.04a	5.37 ± 0.44a	52.54 ± 4.88a	26.79 ± 2.45b

注：表中数据为平均值 ± 标准差，同一栏内数据后不同字母表示经 LSD 检验相互间差异显著（$P < 0.05$）

三、对棉铃虫幼虫杀虫活性的时空变化

（Bt + CpTI）双价棉不同器官对棉铃虫初孵幼虫的抗虫性呈明显的时空动态，即同一器官在不同的棉花生育阶段抗虫性不同，在棉花某一生育阶段不同的器官抗虫性有明显差异。

（Bt + CpTI）双价棉抗虫性时间上的变化呈现前高后低的下降趋势。表 8 – 63 显示，（Bt + Cp-TI）双价棉棉叶的抗虫性由 5 月、6 月的 100% 和 98.2% 下降到 7 月、8 月的 64.3% 和 65.7%，然后下降到 9 月的 35.2%，抗虫性下降的趋势十分明显；棉蕾的抗性由 6 月、7 月的 98.9% 和 94.1%，下降到 8 月的 87.6%，然后 9 月抗虫性又回升到 97.1%；花瓣的抗虫性较为稳定，从 7 ~ 9 月呈上升的趋势；花蕊的抗虫性最差，但抗虫性较稳定；棉苞叶的抗虫性前期较为稳定，9 月明显下降；棉铃的抗虫性由 7 月的 94.3% 下降到 8 ~ 9 月的 88.4% 和 86.0%。总体而言，除棉叶的抗虫性呈明显的下降趋势外，其余各器官的抗性较为稳定。棉叶抗性下降可能与外源基因导入导致棉花叶片内次生物质和多种酶类含量下降，造成棉花早衰有关。在表 8 – 64 中，是用主茎叶测定（Bt + CpTI）双价棉双抗 – 1 及对照常规棉苏棉 12 号对棉铃虫初孵幼虫抗生的结果。棉铃虫初孵幼虫在双抗 – 1 的 4 ~ 21 叶位主茎叶上饲喂 5d 后都没有存活 3 龄虫出现，且叶片被为害级别在 2.0 以下；棉铃虫的死亡率 11 叶前为 60% 以上，12 叶后下降到 60% 以下，仅在 18 叶上棉铃虫的死亡率为 68.0%。对照苏棉 12 号各叶位棉铃虫的死亡率都在 30% 以下，4 ~ 21 叶位上均有棉铃虫初孵幼虫发育成 3 龄虫，叶片被为害级别在 2.0 以上。这表明，与苏棉 12 号相比，双抗 – 1 的叶片在 4 ~ 21 叶期对棉铃虫均有显著抗性，且抗性为前期高后期低。无论是棉铃虫抗性种群，还是感性种群（对照种群），（Bt + CpTI）双价棉和 Bt 棉对这两种种群时间抗性上的变化均呈前高后低的下降趋势（表 8 – 65、表 8 – 66）。但（Bt + CpTI）双价棉随着棉花生育进程由前期到后期的发展，仍可保持"高抗"和"特高抗"的杀虫等级，杀虫效果明显高于 Bt 棉，特别是对抗性种群也可保持"高抗"以上等级。

表 8 – 63　（Bt + CpTI）双价棉对棉铃虫初孵幼虫的校正死亡率（崔金杰等，2002）

月份	不同棉花器官对棉铃虫幼虫的校正死亡率（%）					
	棉叶	棉蕾	花瓣	花蕊	苞叶	棉铃
5	100 ± 0.0	—	—	—	—	—
6	96.9 ± 0.38	100 ± 0.0	—	—	100.0 ± 0.00	—
7	67.6 ± 9.99	94.7 ± 1.76	89.8 ± 3.44	63.1 ± 4.33	96.4 ± 1.03	92.9 ± 2.34
8	45.3 ± 2.31	99.1 ± 0.38	96.9 ± 0.75	75.1 ± 5.98	98.9 ± 0.35	90.4 ± 1.93
9	52.5 ± 7.58	98.7 ± 0.67	94.0 ± 1.76	77.5 ± 8.01	99.3 ± 0.65	78.4 ± 3.01

表 8 – 64　（Bt + CpTI）双价棉双抗 – 1 抗虫性的空间变化（袁小玲等，2000）

叶位	双抗 – 1			苏棉 12 号		
	死亡率（%）	3 龄虫（%）	叶片被为害级别	死亡率（%）	3 龄虫（%）	叶片被为害级别
4	80.0 ± 16.7	0	1.4 ± 0.7	26.0 ± 23.5	88.5 ± 27.0	3.7 ± 0.5
5	84.7 ± 15.0	0	1.2 ± 0.6	20.0 ± 23.2	81.4 ± 32.0	3.8 ± 0.7
6	63.8 ± 30.3	0	1.4 ± 0.7	9.41 ± 2.5	69.9 ± 29.2	3.2 ± 0.6
7	81.2 ± 18.0	0	1.3 ± 0.6	25.0 ± 17.9	52.6 ± 25.1	3.4 ± 0.6
8	81.4 ± 22.8	0	1.1 ± 0.7	17.2 ± 15.4	60.0 ± 21.6	3.2 ± 0.7
9	85.0 ± 15.1	0	1.5 ± 0.7	22.0 ± 25.5	55.8 ± 26.7	3.0 ± 0.5
10	67.5 ± 22.9	0	1.8 ± 0.4	18.2 ± 16.6	48.3 ± 31.5	2.7 ± 0.5
11	81.3 ± 26.7	0	1.9 ± 0.3	21.6 ± 20.0	49.2 ± 23.5	2.8 ± 0.7
12	51.4 ± 29.1	0	1.9 ± 0.3	26.0 ± 23.2	61.8 ± 33.9	2.9 ± 0.7
13	47.7 ± 15.4	0	2.0 ± 0	18.5 ± 19.7	72.5 ± 37.8	2.5 ± 0.5
14	58.7 ± 27.7	0	1.8 ± 0.3	32.0 ± 25.6	73.3 ± 44.6	2.3 ± 0.5
15	56.0 ± 20.7	0	1.8 ± 0.4	23.1 ± 20.8	66.9 ± 26.5	2.4 ± 0.6
16	38.7 ± 19.2	0	2.0 ± 0	18.0 ± 23.9	58.5 ± 37.0	2.4 ± 0.5
17	36.0 ± 20.7	0	2.1 ± 0.3	21.5 ± 18.2	54.4 ± 31.2	2.5 ± 0.7
18	68.0 ± 16.6	0	2.0 ± 0	11.1 ± 10.5	47.2 ± 31.4	2.9 ± 0.3
19	44.6 ± 20.3	0	2.0 ± 0	26.5 ± 18.6	40.0 ± 27.5	2.6 ± 0.5
20	40.0 ± 27.3	0	2.0 ± 0	30.0 ± 23.6	44.5 ± 23.0	2.8 ± 0.6
21	40.0 ± 17.1	0	2.0 ± 0	32.5 ± 28.1	56.0 ± 33.8	2.5 ± 0.5

表 8 – 65　两种转基因抗虫棉棉叶对棉铃虫幼虫的杀虫活性（范贤林等，2001）

处理	测定时间（月/日）	1 日龄幼虫校正死亡率（%）		抗虫等级	
		抗性种群	对照种群	抗性种群	对照种群
（Bt + CpTI）双价棉	6/19	—	80.0 ± 3.2	—	特高抗
	6/30	97.7 ± 2.3	96.2 ± 1.0	特高抗	特高抗
	7/29	75.5 ± 5.8	90.2 ± 4.9	特高抗	特高抗
	8/20	46.6 ± 6.7	57.9 ± 7.8	高抗	高抗
	9/10	—	47.3 ± 10.4	—	高抗
Bt 棉	6/19	—	77.5 ± 3.0	—	特高抗
	6/30	94.7 ± 2.3	93.9 ± 3.8	特高抗	特高抗
	7/29	47.9 ± 4.6	59.1 ± 8.8	高抗	高抗
	8/20	7.8 ± 2.0	36.1 ± 6.3	高抗	抗
	9/10	—	33.4 ± 7.3	—	抗

表 8-66 不同转基因抗虫棉器官对棉铃虫幼虫杀虫活性的时空变化（芮昌辉等，2000）

棉铃虫种群	棉花品种	6d 内校正死亡率（%）			
		6 月	7 月	8 月	9 月
		棉叶			
对照（CK）	常规棉 492	20.0±8.2	0b	3.3±3.3	16.7±6.1
	(Bt+CpTI) 双价棉 SGK321	90.6±4.8	95.0±2.3	93.1±4.4	68.0±4.0
	Bt 棉 GK12	88.1±2.5	93.3±3.3	42.1±7.7	32.0±4.6
	Bt 棉 33B	90.0±5.0	93.3±2.1	63.8±5.2	23.0±4.0
抗性	常规棉 492	5.0±5.0	3.3±3.3	13.3±4.2	16.7±6.7
	(Bt+CpTI) 双价棉 SGK321	76.3±7.5	71.0±4.9	57.7±3.8	44.0±4.0
	Bt 棉 GK12	71.1±4.8	55.2±7.3	23.1±7.7	23.3±6.1
	Bt 棉 33B	72.1±2.5	44.2±8.4	26.9±9.2	20.0±7.3
		棉蕾			
对照（CK）	常规棉 492	25.0±5.0	13.8±8.4	26.7±4.0	26.7±3.3
	(Bt+CpTI) 双价棉 SGK321	90.0±1.7	100	100	100
	Bt 棉 GK12	87.2±4.8	93.3±4.2	68.8±8.1	81.8±4.6
	Bt 棉 33B	82.5±2.5	94.2±3.4	89.6±5.2	79.4±4.0
抗性	常规棉 492	5.0±5.0	10.0±5.8	23.3±6.1	23.3±3.3
	(Bt+CpTI) 双价棉 SGK321	97.4±2.5	85.2±9.3	91.3±8.7	50.4±2.6
	Bt 棉 GK12	87.4±3.7	55.5±3.7	30.5±4.3	40.0±5.2
	Bt 棉 33B	90.0±2.5	61.1±4.3	52.2±4.4	34.8±8.5
		花			
对照（CK）	常规棉 492		28.6±6.7	26.7±4.2	30.0±5.8
	(Bt+CpTI) 双价棉 SGK321		90.0±2.1	86.4±7.9	74.5±5.1
	Bt 棉 GK12		75.6±4.1	45.4±6.8	45.7±6.2
	Bt 棉 33B		83.8±3.7	40.9±6.5	38.8±5.3
抗性	常规棉 492		3.3±2.1	20.0±5.2	10.0±5.8
	(Bt+CpTI) 双价棉 SGK321		71.7±4.8	67.5±7.5	53.4±9.0
	Bt 棉 GK12		57.1±3.7	31.3±2.8	13.6±6.2
	Bt 棉 33B		55.3±7.0	45.0±8.5	10.5±3.1

（续表）

棉铃虫种群	棉花品种	6d 内校正死亡率（%）			
		6 月	7 月	8 月	9 月
		铃			
对照（CK）	常规棉 492		23.3 ±3.3	23.3 ±8.0	33.3 ±3.3
	（Bt + CpTI）双价棉 SGK321		91.6 ±3.3	88.1 ±5.2	100
	Bt 棉 GK12		80.3 ±6.5	78.1 ±2.5	93.1 ±2.2
	Bt 棉 33B		84.4 ±2.5	82.9 ±11.5	94.9 ±3.0
抗性	常规棉 492		26.3 ±8.5	26.7 ±4.9	13.3 ±6.7
	（Bt + CpTI）双价棉 SGK321		88.7 ±2.3	75.0 ±5.0	61.1 ±11.0
	Bt 棉 GK12		67.5 ±3.3	55.0 ±8.7	19.4 ±6.7
	Bt 棉 33B		66.7 ±5.6	45.0 ±5.0	9.4 ±5.2

（Bt + CpTI）双价棉不同器官的杀虫活性，随棉花的生育期不同及棉铃虫抗性水平的不同而变化。7 月不同棉花器官的抗虫性顺序为：棉苞叶、棉铃 > 棉蕾 > 花瓣 > 花蕊 > 棉叶；8 月抗虫性顺序为：棉苞叶 > 花瓣 > 棉铃 > 棉蕾、花瓣 > 棉叶；9 月抗虫性顺序为：棉蕾、花瓣 > 棉苞叶、棉铃 > 花蕊 > 棉叶。总体上，（Bt + CpTI）双价棉不同器官对棉铃虫初孵幼虫的抗虫性表现为繁殖器官高于营养器官。（Bt + CpTI）双价棉的蕾和铃对敏感棉铃虫的杀虫活性在 7 ~ 9 月比较稳定，抗性棉铃虫，在 7 ~ 8 月较稳定，在 9 月蕾的杀虫活性下降较明显。棉花不同器官对棉铃虫敏感品系在 6 月、7 月和 8 月的杀虫活性顺序为蕾 ≥ 叶 > 铃 > 花，9 月为铃 ≥ 蕾 > 花 > 叶；而棉铃虫抗性品系，6 月、7 月和 8 月的杀虫活性顺序为蕾 ≥ 铃 > 叶 ≥ 花。

理论和实践均证明，转双或多基因抗虫植物具有延缓害虫抗性的作用（Roush，1998；Zhao 等，1999）。范昌辉等（2002）结果也证明（Bt + CpTI）双价棉对抗性棉铃虫的杀虫活性在时空动态上均比 Bt 棉更理想，因此，可望在今后的棉铃虫抗性治理中发挥作用。

（Bt + CpTI）双价棉对棉铃虫幼虫抗性的时空变化与 Bt 毒蛋白表达量有关。范贤林等（2001）研究结果表明（表 8 - 67），随着 Bt 毒蛋白表达量的由多到少，杀虫活性也由高变低，但（Bt + CpTI）双价棉杀虫活性变化幅度比 Bt 棉小。从表 8 - 68 还可看出，在同一个月份，（Bt + CpTI）双价棉和 Bt 棉的 Bt 毒蛋白表达量没有显著差异，且都随着棉花生长期的推进呈相似的下降趋势。杀虫活性在 6 月、7 月和 8 月，棉铃虫抗性种群连续取食（Bt + CpTI）双价棉 6d 的校正死亡率与对照种群的校正死亡率没有显著差异。但取食 Bt 棉的抗性种群在 7 月和 8 月的校正死亡率显著低于种群的相应值。张俊等（2002）报道的（Bt + CpTI）双价棉对棉铃虫抗性时间变化的顺序为：蕾期 > 花铃期 > 盛蕾期 > 铃期 > 苗期、吐絮期；空间变化的顺序为：倒 4 叶 > 倒 6 叶、倒 8 叶 > 幼龄 > 幼蕾、花蕊。范贤林等（2001）用 BAEE 法测定（Bt + CpTI）双价棉中豇豆胰蛋白酶抑制剂（CpTI）含量，在苗期每 g 鲜叶的含量达 111.8ng，并且随着棉花生长发育时间的推延有逐渐升高的趋势，而常规棉和 Bt 棉中几乎没有 CpTI 蛋白表达。这表明生物测定（Bt + CpTI）双价棉对抗性品系杀虫活性显著高于 Bt 棉的结果，与双价基因共同发挥作用密切相关。

表 8 - 67　转基因抗虫棉叶片 Bt 毒蛋白表达量及其杀虫活性

测定时间（月 - 日）	Bt 毒蛋白表达量（ng/g 鲜叶）		校正死亡率（%）			
	(Bt + CpTI) 双价棉	Bt 棉	(Bt + CpTI) 双价棉		Bt 棉	
			对照品系	抗性品系	对照品系	抗性品系
6 - 29	—	982. 1 ± 20. 9	100	100	100	95. 6 ± 4. 2
7 - 15	379. 1 ± 6. 8	410. 3 ± 10. 7	96. 7 ± 3. 3	88. 0 ± 6. 8	76. 9 ± 4. 6	58. 3 ± 4. 2
8 - 20	332. 7 ± 43. 3	314. 2 ± 18. 1	66. 1 ± 6. 9	56. 7 ± 8. 1	39. 1 ± 5. 0	18. 8 ± 2. 0
9 - 7	40. 0 ± 43. 7	32. 1 ± 21. 4	53. 3 ± 5. 9	—	36. 8 ± 5. 6	—

表 8 - 68　(Bt + CpTI) 双价棉双抗 - 1 分期播种抗棉铃虫性的测定

播种日期（月 - 日）	双抗 - 1			苏棉 12 号（常规棉）		
	死亡率（%）	3 龄虫（%）	危害级别	死亡率（%）	3 龄虫（%）	危害级别
4 - 11	36. 7 ± 29. 4	0	2. 0 ± 0	14. 0 ± 21. 2	31. 2 ± 29. 4	2. 1 ± 0. 4
5 - 1	50. 0 ± 27. 6	0	2. 0 ± 0	25. 0 ± 17. 1	25. 4 ± 25. 1	3. 3 ± 0. 5
5 - 21	55. 0 ± 25. 6	0	1. 9 ± 0. 4	28. 0 ± 22. 8	10. 0 ± 13. 7	2. 2 ± 0. 4
6 - 21	55. 0 ± 28. 4	0	2. 1 ± 0. 3	16. 0 ± 18. 8	19. 0 ± 26. 0	2. 7 ± 0. 5
7 - 11	95. 0 ± 9. 3	0	1. 1 ± 1. 0	22. 9 ± 21. 4	58. 6 ± 29. 0	3. 1 ± 0. 7
8 - 1	98. 0 ± 5. 8	0	0. 3 ± 0. 7	14. 0 ± 13. 5	35. 7 ± 26. 8	2. 9 ± 0. 3
8 - 21	67. 5 ± 33. 7	0	2. 0 ± 0	11. 4 ± 15. 7	65. 6 ± 18. 8	3. 3 ± 0. 7
9 - 10	100 ± 0	0	0. 7 ± 0. 5	35. 0 ± 21. 1	29. 1 ± 2. 3	3. 4 ± 0. 5

2005 年兰芹等报道了 (Bt + CpTI) 双价棉不同器官和不同生育期中 Bt 毒蛋白表达的测定结果（图 8 - 36）；不同器官在整个生长期中 Bt 毒蛋白含量均呈动态下降趋势，其中上部叶片（顶尖倒数第 3 片叶）除了表现出动态下降趋势外，在 7 月底 8 月初，Bt 毒蛋白表达量最低，8 月底又有所回升，随后随着棉株衰老，又表现出下降现象。下部成熟叶片中 Bt 毒蛋白的表达规律同上部叶片，但变化比较平缓，而且从 7 月 18 日起，其 Bt 毒蛋白含量比上部叶片高一些。Bt 毒蛋白的含量在不同器官中含量不同，而且随着生长期的变化而有所变化。表现出 6 月 19 日，上部叶片 > 下部叶片；7 月 8 日，上部叶片 > 下部叶片 > 花 > 蕾；7 月 18 日；下部叶片 > 上部叶片 > 花 > 蕾；7 月 29 日，下部叶片 > 铃 > 蕾 > 上部叶片；8 月 13 日，铃 > 下部叶片 > 蕾 > 花 > 上部叶片；8 月 28 日，下部叶片 > 上部叶片 > 铃 > 蕾 > 花；9 月 17 日，下部叶片 > 上部叶片。从这些结果可以看出，花中的 Bt 毒蛋白含量较低，蕾次之，这也许就是 3、4 代棉铃虫幼虫能在花中出现的原因。

(Bt + CpTI) 双价棉对棉铃虫抗性的时空变化，可能是由于 CaMV35S 启动子或棉株本身的生长发育特性等引起的，例如：老化器官 Bt 基因表达量降低；后期植株生长量的加大使单位重量器官中的蛋白表达量降低；棉株由营养生长发育到生殖生长后，生长中心由营养器官转到生殖器官，叶片中的 Bt 蛋白含量降低；棉株中的次生化合物丹宁、花青素和类萜烯等也可能是 Bt 毒蛋白下降的背景因素，如丹宁可使 Bt 的杀虫性下降而花青素苷和类萜烯可使 Bt 的杀虫性提高（董双林等，1998；李付广等，2000；王淑民，2000；崔金杰等，1999）；此外，环境因子也可能影响棉株的抗虫性，随季节变化环境因子也发生变化，因而不能排除环境因子对抗虫性的影响。袁小玲等（2000），利用分期播种的同一时间测定不同主茎叶位的抗虫性，排除了环境因子的影响。（Bt + CpTI）双价棉的抗虫性也表现出与在不同时间测定主茎叶相同的趋势，说明（Bt + CpTI）双价棉的抗虫性随棉株生育期进展而下降主要是由棉株本身生长发育所决定的（表 8 - 68）。

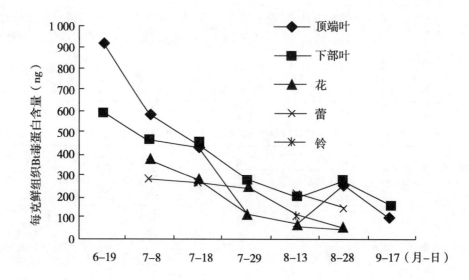

图 8 - 36　（Bt + CpTI）双价棉不同器官在不同生长发育期 Bt 毒蛋白含量的时空变化

第四节　影响转基因抗虫棉对棉铃虫幼虫杀虫活性的因素

转基因抗虫棉中杀虫基因能否稳定表达是影响转基因抗虫棉应用前景和商品化生产的重要因素。虽然影响转基因抗虫棉抗虫性的因素较多，但归纳起来有两大类：一是外界环境条件的影响，二是棉花内部发育的调控。了解影响转基因抗虫棉中 Bt 杀虫基因表达的因素，将有助于采用相应措施，提高转基因抗虫棉的稳产性能，从而推动转基因抗虫棉的商品化进程。

一、外界环境条件

外界环境条件主要包括温度、光照、水分、气象等因素和施肥等栽培技术措施。在同一生态棉区，尽管年度之间温、光、水等气象因素的变化趋势基本一致，但也不尽相同，波动变化难免，这些变化对转基因抗虫棉抗虫性的表现会产生一定影响。王冬梅等（2012）研究报告指出（表 8 - 69），2009 年和 2010 年两年中同一生育期同种器官，Bt 毒蛋白的含量在品种间一般都有显著差异。例如，子叶期子叶中的 Bt 毒蛋白含量，在 2009 年 Bt 棉 GK62 和（Bt + CpTI）双价棉 SGK321 明显高于常规棉中棉所 43 和 Bt 棉 GK19，在 2010 年（Bt + CpTI）SGK321 明显高于其他 3 个品种；蕾期顶叶中的 Bt 毒蛋白含量，在 2009 年中棉所 43 明显高于 GK62，在 2010 年 SGK321 明显高于其他 3 个品种，中棉所 43 明显高于 GK19。同一生育期同种器官中的 Bt 毒蛋白含量在年度之间也不相同，许多情况下达到差异显著水平。2010 年中棉所 43、GK19 和 SGK321 在子叶期子叶中的 Bt 毒蛋白含量均明显高于 2009 年；4 个品种在 3 叶期顶叶中的 Bt 毒蛋白含量均表现为 2010 年明显高于 2009 年；SGK321 在蕾期棉蕾中的 Bt 毒蛋白含量也表现为 2010 年明显高于 2009 年。

表 8 – 69　转基因抗虫棉花各生育期不同器官中 Bt 杀虫蛋白含量测定（ng/g）

生育期	器官	年份	棉花品种			
			常规棉中棉所43	Bt 棉 GK62	Bt 棉 GK19	（Bt + CpTI）双价棉 SGK321
子叶期	子叶	2009	1 067. 25 ± 111. 31Bb	2 259. 25 ± 236. 16Aa	1 010. 69 ± 381. 86Bb	2 532. 83 ± 22. 58Ba
		2010	1 770. 18 ± 139. 07Ac	2 279. 72 ± 87. 46Abc	3 319. 334 ± 17. 70Ab	4 696. 36 ± 670. 61Aa
3 叶期	顶叶	2009	898. 17 ± 129. 73Bb	506. 87 ± 52. 80Bc	325. 03 ± 75. 34Bc	1 506. 69 ± 42. 92Ba
		2010	1 888. 52 ± 48. 98Ab	2 111. 50 ± 43. 33Ab	1 686. 07 ± 331. 50Ab	3 506. 13 ± 142. 14Aa
7 叶期	顶叶	2009	1 079. 69 ± 102. 82Aa	898. 17 ± 79. 10Aa	746. 75 ± 105. 49Aa	984. 22 ± 367. 83Aa
		2010	338. 39 ± 5. 44Bb	1 293. 89 ± 84. 07Aab	484. 11 ± 3 444. 24Ab	2 283. 63 ± 463. 73Aa
现蕾期	顶叶	2009	407. 59 ± 56. 28Ba	124. 02 ± 24. 81Ab	213. 69 ± 97. 72Aab	329. 19 ± 97. 72Bab
		2010	1 016. 14 ± 17. 13Ab	601. 47 ± 219. 66Abc	340. 67 ± 35. 72Ac	1 813. 21 ± 108. 57Aa
	棉蕾	2009	315. 27 ± 9. 37Aab	115. 81 ± 30. 87Ab	678. 54 ± 208. 62Aa	181. 44 ± 101. 04Bb
		2010	551. 89 ± 104. 31Aa	333. 89 ± 126. 05Aab	473. 51 ± 156. 72Aa	633. 19 ± 61. 21Aa
开花期	顶叶	2009	228. 87 ± 55. 01Aa	146. 05 ± 37. 80Ab	105. 71 ± 1. 73Ab	89. 01 ± 8. 18Bb
		2010	123. 04 ± 7. 82Ba	191. 12 ± 43. 11Aa	119. 07 ± 11. 83Aa	189. 88 ± 37. 52Aa
	棉蕾	2009	264. 31 ± 38. 64Aa	446. 48 ± 75. 96Aa	302. 10 ± 116. 62Aa	292. 55 ± 41. 72Aa
		2010	179. 56 ± 174. 39Aa	238. 39 ± 58. 93Ab	394. 73 ± 48. 28Ac	193. 15 ± 29. 86Aa
	花瓣	2009	57. 73 ± 3. 24Aa	39. 98 ± 9. 93Ba	58. 85 ± 8. 75Ba	57. 93 ± 13. 98Ba
		2010	40. 69 ± 5. 11Ba	52. 72 ± 3. 22Aa	121. 63 ± 9. 73Aa	123. 65 ± 59. 24Aa
结铃期	顶叶	2009	275. 33 ± 121. 69Aa	182. 84 ± 36. 89Aa	262. 69 ± 183. 74Aa	344. 08 ± 21. 16Aa
		2010	105. 65 ± 3. 67Aa	97. 20 ± 3. 25Ab	94. 22 ± 1. 24Ab	108. 14 ± 1. 62Ba
	棉蕾	2009	233. 95 ± 54. 18Aa	138. 01 ± 38. 70Aa	101. 83 ± 56. 64Aa	79. 53 ± 41. 68Aa
		2010	162. 01 ± 66. 48Aa	200. 76 ± 47. 78Aa	136. 23 ± 5. 82Ab	111. 48 ± 5. 52Aab
	花瓣	2009	45. 85 ± 2. 12Aa	46. 54 ± 5. 21Aa	41. 64 ± 3. 42Aa	36. 47 ± 11. 84Ba
		2010	35. 24 ± 4. 07Ab	18. 62 ± 10. 94Ac	21. 94 ± 3. 82Bc	101. 48 ± 14. 29Aa
	棉铃	2009	79. 01 ± 6. 81Aa	62. 19 ± 4. 06Ab	42. 06 ± 4. 51Ac	50. 43 ± 2. 71Ac
		2010	5. 98 ± 2. 19Ba	11. 72 ± 1. 79Ba	7. 12 ± 3. 76Ba	24. 23 ± 11. 69Aa
吐絮期	顶叶	2009	228. 34 ± 77. 24Aa	210. 76 ± 125. 47Aa	346. 55 ± 86. 84Aa	361. 61 ± 181. 87Aa
		2010	274. 84 ± 66. 37Aa	210. 9 ± 91. 24Aa	116. 58 ± 18. 90Aa	262. 67 ± 119. 57Aa

注：数据为平均值 ± 标准差；数据后的字母不同表示差异显著（$P < 0.05$），其中大写字母为某一品种某一生育期同一种器官年度间的差异，小写字母为某一生育期同一种器官品种间的差异

柏立新等（2007）以在江苏省南京、盐城、南通 3 地参加长江流域棉花品种区试的转基因抗虫棉品种为材料，采用室内棉叶接虫方法，检测不同生态区域间品种抗棉铃虫水平的波动程度。结果表明（表 8 – 70）：17 个品种在不同试点间的总平均抗级吻合度为 82.35%；转基因抗虫棉品种在不同试验点的棉铃虫校正死亡率、叶片受害指数、活虫发育指数与活虫发育指数减退率等抗虫性检测指标出现达到差异显著或极显著的波动反应，波动度介于 16.67% ~ 100.00%；其波动度的大

小与该品种的抗虫水平值呈极显著相关，特抗或特感的品种，即平均抗虫性水平值高于3.6或低于1.5，其试点间抗虫性指标波动度为0，而介于二者之间的品种，其生态区域间抗虫性水平就会出现不同程度的波动。品种抗虫性程度越高，其中不同试点间的抗虫水平波动则越低，这对于转基因抗虫棉品种的引进与推广具有一定的指导意义。因此，在引进、推广转基因抗虫棉新品种时，应选用适于当地种植的高抗虫品种，这既可使品种抗虫性水平波动降低的风险性减小，也符合国内外有关学者提出的应用 Bt 棉中 Bt 毒蛋白的高剂量表达这一害虫抗性治理对策（Mensah，2002；Dlesen 等，2000；Carriere 等，2001；Zhao 等，2000）。另外，Sachs 等（1998）研究发现，在不同地点而处于同一生育期的同一品种，由于管理条件的不同，Bt 基因的表达量有较大差异。1996—1997 年，澳大利亚的某些地区生长季节早期 Bt 棉抗性下降被认为与低温有关（Jagger，1997）。1996 年，美国局部地区 Bt 棉对美洲棉铃虫效果下降，据分析可能与气温反常有关（Kaiser，1996）。

表 8-70   不同试点转基因抗虫棉叶片室内接虫后 5d 的抗虫性测定指标值、波动度和平均抗虫性水平值

品种	幼虫校正死亡率（%）			叶片受害指数			活虫发育指数			活虫发育指数减退率（%）			波动度（%）	平均抗虫水平值	抗级
	南京点	盐城点	南通点	南京点	盐城点	南通点	南京点	盐城点	南通点	南京点	盐城点	南通点			
中杂04-1	88.2abc	14.9BC	63.5AB	1.7B	2.6B	3.2AB	8B	47B	29BC	94.4	38.6	62.0	100.0	2.50	LR（低抗）
湘S-26	83.4ab	92.6A	96.0A	1.5B	0.4B	0.9C	14B	3C	3C	90.1	95.6	96.5	0	3.89	HR（高抗）
泗抗1号	100.0a	89.8A	90.3A	0.8B	0.8B	0.9C	0B	5C	5C	100.0	93.0	92.9	0	3.94	HR
鲁棉研16号	100.0a	66.9A	61.9AB	1.0B	1.1B	1.6C	0B	13C	17BC	100.0	82.5	77.0	16.67	3.56	HR
楚杂408	86.0ab	97.5A	91.4A	1.4B	0.4B	0.9C	24B	1C	11C	83.1	98.3	85.0	0	3.94	HR
欣杂3号	64.7a	95.6A	91.8A	1.6B	0.5B	0.6C	52B	3C	7C	63.4	96.5	91.2	33.33	3.61	HR
DPH37B	100.0a	97.3A	100.0A	0.9B	0.5B	0.4C	0B	1C	0C	100.0	98.3	100.0	0	3.94	HR
南抗9号	100.0a	85.0A	83.3AB	0.9B	1.2B	2.3BC	0B	10C	9C	100.0	86.8	88.5	66.67	3.56	HR
湘杂棉2号（对照）	0bc	0C	0C	2.8A	3.7A	4.0A	142A	76A	75A	0	0	0	16.67	1.22	S（不抗）
JZHR9999	90.0a	75.5A	93.5A	1.2B	0.9B	1.2C	13B	12C	5C	90.9	84.2	93.8	16.67	3.60	HR
C19	-28.9bc	10.9BC	36.5BC	3.7A	3.9A	4.0A	215A	82A	46B	-51.4	-7.9	38.9	33.33	1.22	S
鲁1138	94.2a	71.7A	74.1BC	1.3B	1.1B	1.5C	4B	12C	17BC	97.2	84.2	77.0	16.67	3.56	HR
泗杂3号	81.4a	87.4A	79.7AB	1.9B	0.5B	1.7BC	17B	6C	16BC	88.0	92.1	78.8	16.67	3.56	HR
苏优603	91.5ab	97.3A	86.9AB	1.1B	0.8B	1.7BC	11B	2C	16BC	92.3	97.4	78.8	16.67	3.60	HR
宛98	100.0a	66.6AB	83.0AB	1.2B	1.1B	1.7BC	0B	15C	13C	100.0	80.7	83.2	33.3	3.50	HR
亚华棉3号	100.0a	100.0A	95.4A	1.1B	0B	0.7C	0B	0C	5C	100.0	100.0	93.8	0	4.00	HR
中001	100.0a	96.7A	83.7AB	0.7B	0.4B	1.1C	0B	1C	10C	100.0	98.3	86.7	0	3.94	HR
抗级吻合度（3点平均）		88.24			64.71			94.12						82.35	

注：数字后面的大、小写英文字母分别表示差异显著达1%和5%水平

Benedict 等（1996）和 Sachs 等（1998）都认为温度、土壤湿度及肥料等因素可影响 Bt 棉植株中 Bt 毒蛋白的表达量，同时也影响棉株中可溶性蛋白的含量；当6月、7月降水量较少时造成

土壤含水量降低，土壤水分压力会降低植株中总可溶性蛋白和 Bt 毒蛋白的含量。温度对棉铃虫幼虫的杀虫活性和生长发育均有影响。用温度分别在 23℃ 和 25℃ 的条件下培养的 Bt 棉新棉 33B，5叶期第 3 位叶片测定对棉铃虫的抗虫性（SUS2 敏感品系，取食常规棉苗期叶片的死亡率为100%），喂食 3d 后的平均死亡率分别为 71.9% 和 94.3%，二者差异显著。表明温度对 Bt 棉叶片的抗虫性有较大影响，在 25℃ 时生长的叶片抗虫性比在 23℃ 时生长的抗虫性更强（孟凤霞等，2003）。周冬生等（2001）认为，环境温度对 Bt 棉抗虫性的影响可分为两个层次，即温度对 Bt 棉外源抗虫基因表达的影响和对已表达于棉株中的 Bt 毒蛋白抗虫活性的影响。由表 8－71 可知，28℃ 处理 Bt 棉 GK－1 幼虫校正死亡率高于 18℃ 处理和 38℃ 处理。由此可见，高温和低温均不利于Bt 棉外源抗虫基因的表达。同一试验条件下，18℃ 处理 Bt 棉 GK－1 幼虫校正死亡率低于 38℃ 处理。低温可造成 Bt 棉抗虫表达活性的显著下降，而高温对 Bt 棉抗虫表达活性的影响则相对较小。温度对离体的 Bt 棉器官抗虫活性的影响，反映了温度对已表达于 Bt 棉中 Bt 毒蛋白抗虫活性的影响（表 8－72）。处理 4d 和 6d 后，随温度的升高，Bt 棉 GK－1 幼虫校正死亡率升高。可见，随温度升高，Bt 棉离体器官对低龄棉铃虫幼虫的杀虫活性增强；低温（16℃）可明显降低 Bt 棉离体器官的抗虫活性。10d 后，24℃ 和 28℃ 处理幼虫校正死亡率明显高于 16℃ 和 36℃ 处理，低温和高温处理幼虫校正死亡率较低。随处理时间的延长，高温（36℃）处理幼虫累计校正死亡率反而明显低于室温（24℃ 和 28℃）处理，与低温处理相差无几。这是由于高温下棉铃虫幼虫生长发育加快，前期存活并迅速生长至高龄的棉铃虫幼虫适应性较强，强迫取食 Bt 棉仍能较好地存活。

表 8－71　不同温度处理对 Bt 棉抗性表达的影响（%）

温度（℃）	品种	3d 后		4d 后	
		死亡率	校正死亡率	死亡率	校正死亡率
18	Bt 棉 GK－1	31.43	31.43	45.71	45.71
	常规棉 SI－3	0	—	0	—
28	Bt 棉 GK－1	51.11	51.11	77.78	77.28
	常规棉 SI－3	0	—	2.22	—
38	Bt 棉 GK－1	46.67	46.67	64.44	63.63
	常规棉 SI－3	0	—	2.22	—

表 8－72　不同温度处理 Bt 棉离体器官的抗虫活性（%）

温度（℃）	品种	4d 后		6d 后		10d 后	
		死亡率	校正死亡率	死亡率	校正死亡率	死亡率	校正死亡率
16	Bt 棉 GK－1	4.20	4.20	34.61	29.58	50.00	45.65
	常规棉 SI－3	0	—	7.14	—	8.00	—
24	Bt 棉 GK－1	37.50	29.69	40.00	37.78	75.00	71.88
	常规棉 SI－3	11.11	—	11.11	—	11.11	—
28	Bt 棉 GK－1	40.00	37.69	45.82	41.11	—	78.18
	常规棉 SI－3	3.70	—	8.00	—	8.33	—
36	Bt 棉 GK－1	50.19	44.61	55.17	50.19	57.69	52.62
	常规棉 SI－3	10.00	—	10.71	—	10.71	—

高温胁迫对 Bt 棉叶片中 Bt 毒蛋白含量有一定的影响。高温（37℃）胁迫24h 对3个主要生育期 Bt 棉中 Bt 毒蛋白含量影响不一样（表8－73）。6月23日（盛蕾期）影响不大，处理和对照含量基本一致。至7月19日（盛花期）处理和对照间稍有差异。8月13日结铃盛期受胁迫时，处理和对照具有明显差异。2002年，进一步试验盛花期和结铃盛期的高温胁迫持续时间对叶片 Bt 毒蛋白含量的影响。结果表明（表8－74），7月15日高温胁迫持续48h，叶片 Bt 毒蛋白含量在 $0 \sim 24h$ 内稍有波动，24h 后变化不大，说明 $24 \sim 48h$ 高温胁迫对 Bt 棉盛花期 Bt 毒蛋白含量影响较大。8月8日高温胁迫48h 后，Bt 棉叶片 Bt 毒蛋白含量随胁迫时间的延长呈下降趋势。说明叶片中 Bt 毒蛋白含量在盛花前期受高温影响较小，结铃盛期影响较大，而且高温胁迫时间越长影响越大。

**表8－73 不同生育期24h 高温胁迫对叶片单位鲜重 Bt 毒蛋白含量的
影响（2001）（ng/g）（陈德华等，2003）**

品种	处理	生育期（月－日）		
		06－23	07－19	08－13
Bt 棉科棉1号	胁迫24h	320.26	166.02	263.86
	对照（未胁迫）	326.01	203.66	396.69

**表8－74 高温胁迫持续时间对盛花期和结铃盛期叶片单位鲜重 Bt 毒蛋白
含量的影响（2002）（ng/g）（陈德华等，2003）**

品种	胁迫时间（小时）									
	7月15日					8月8日				
	0	12	24	36	48	0	12	24	36	48
Bt 棉科棉1号	197.47	195.63	178.79	178.19	178.04	288.82	190.78	120.78	88.55	77.83

注：7月15日为盛花期，8月8日为结铃盛期

温度与湿度威胁会降低 Bt 棉的 Bt 毒蛋白表达量。王永慧等（2012）以 Bt 棉泗杂3号为试验材料，在人工气候室内设置4种温度和湿度组合（高温高湿度、高温低湿度、低温高湿度和低温低湿度），研究了不同生育期温湿度胁迫及胁迫解除后 Bt 棉中 Bt 毒蛋白表达量的变化。结果表明，温湿度胁迫显著抑制 Bt 毒蛋白的表达。同一生育期，高温高湿度下 Bt 毒蛋白含量降幅最小，胁迫解除后恢复能力最强；低温低湿度下 Bt 毒蛋白含量降幅最大，恢复能力最弱。不同时期温湿度胁迫下 Bt 毒蛋白含量降低幅度表现为盛铃期＞盛花期＞盛蕾期，胁迫解除后 Bt 蛋白的恢复水平表现出相反的趋势。此外，温湿度胁迫及胁迫解除后 Bt 蛋白表达量的恢复与胁迫类型、棉花生育期密切相关（图8－37、图8－38、图8－39）。张明伟等（2012）研究结果表明，Bt 棉在盛蕾期、盛花期、结铃盛期，低温高湿胁迫48h 后 Bt 毒蛋白含量统一下降（表8－75），说明 Bt 棉在整个生育过程中都会受到低温高湿的影响。Bt 棉叶片蛋白下降幅度因胁迫的程度和时期而异。与盛蕾期和盛花期相比，结铃期 Bt 毒蛋白含量大幅下降时间来得早，下降得更快，说明 Bt 毒蛋白在结铃盛期最容易受低温高湿的影响。低温高湿胁迫48h 使得 GPT（图8－40）、可溶性蛋白（表8－76）呈现明显的下降趋势，在整个生育过程中，又以结铃盛期的幅度最大。说明了低温高湿会引起棉叶蛋白质合成受阻。另外不同生育期低温高湿胁迫后，棉叶内游离氨基酸含量总的趋势为下降（表8－77）。进一步说明了，胁迫会使氮素同化能力减弱，氨基酸合成下降，蛋白质含量降低，导致 Bt 棉 Bt 毒蛋白表达量下降。

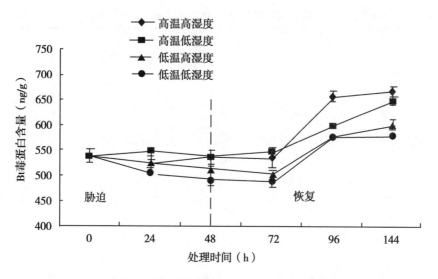

图 8-37 盛蕾期温湿度胁迫及其恢复对叶片中 Bt 毒蛋白含量的影响

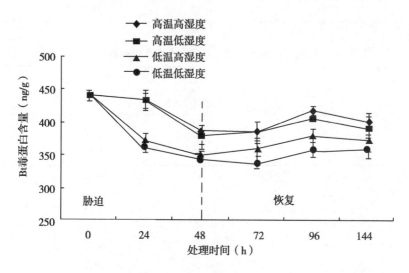

图 8-38 盛花期温湿度胁迫及其恢复对叶片中 Bt 毒蛋白含量的影响

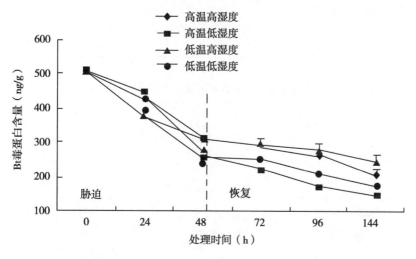

图 8-39 盛铃期温湿度胁迫及其恢复对叶片中 Bt 毒蛋白含量的影响

表 8 – 75　不同生育期 48h 低温高湿胁迫对叶片 Bt 毒蛋白含量的影响（ng/g·FW）

品种	胁迫时间	生育期		
		盛蕾期	盛花期	结铃期
Bt 常规棉泗抗 1 号	12h	482.3	357.4	323.4
	24h	481.6	278.4	320.3
	36h	427.1	267.9	301.4
	48h	404.5	237.5	291.7
	对照	488.9	395.1	465.4
Bt 杂交棉泗杂 3 号	12h	533.8	399.6	387.7
	24h	526.4	353.7	372.4
	36h	485.2	326.9	351.2
	48h	460.9	295.1	326.8
	对照	534.8	441.2	513.5

表 8 – 76　低温高温胁迫对棉叶可溶性蛋白含量的影响（mg/g）

品种	胁迫时间	生育期		
		盛蕾期	盛花期	结铃期
Bt 常规棉泗抗 1 号	12h	13.49	9.21	9.13
	24h	13.58	9.53	5.81
	36h	13.01	6.59	4.16
	48h	13.02	6.46	3.76
	对照	14.09	9.25	12.4
Bt 杂交棉泗杂 3 号	12h	18.31	10.57	10.2
	24h	18.04	9.87	6.67
	36h	17.06	7.64	5.93
	48h	17.12	7.51	5.54
	对照	18.68	10.6	13.4

表 8 – 77　低温高湿胁迫对棉叶游离氨基酸含量的影响（μmol/g·FW）

品种	胁迫时间	生育期		
		盛蕾期	盛花期	结铃期
Bt 常规棉泗抗 1 号	12h	38.65	38.31	107.14
	24h	28.15	27.68	126.34
	36h	18.24	19.67	62.84
	48h	14.97	18.49	64.84
	对照	50.16	27.61	49.38

（续表）

品种	胁迫时间	生育期		
		盛蕾期	盛花期	结铃期
Bt 杂交棉泗杂 3 号	12h	45.38	46.46	134.71
	24h	32.21	31.05	139.1
	36h	24.25	29.01	80.96
	48h	24.18	28.85	81.23
	对照	61.53	29.05	54.41

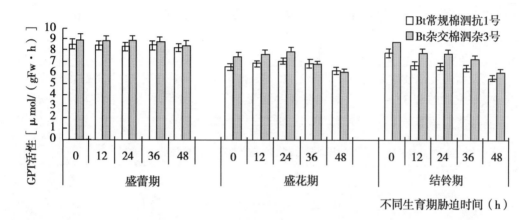

图 8 - 40　不同生育期低温高湿胁迫叶片 GPT 酶活力变化

土壤水分的不足和过多均可直接影响到棉株的生长发育和组织代谢，同时影响到 Bt 棉的抗性表达，造成抗虫活性的下降。王家宝等（2000）的研究结果指出，7 月 13 日至 7 月 16 日积水处理小区连续保持积水状态，70% 叶片已开始发黄，至 7 月 29 日取样时，中上部叶片均已恢复正常绿色。Bt 棉鲁棉研 15 号、新棉 33B 和鲁 S6177 积水前的棉株功能主茎叶 Bt 毒蛋白含量分别为 16.99μg/g、16.78μg/g 和 16.48μg/g，积水后分解降低为 12.48μg/g、12.65μg/g 和 11.21μg/g，平均降低 27.7%。对照区棉株主茎老叶本身由于生命活动衰退，Bt 毒蛋白含量较低，积水后的含量也有所降低，但幅度较小，平均只降低了 6.6%。与棉叶相比，幼蕾中 Bt 毒蛋白的表达效率最高，鲁棉研 15 号、新棉 33B 和鲁 S6177 积水前棉幼蕾的 Bt 毒蛋白含量分别为 21.08μg/g、20.98μg/g 和 20.43μg/g，分别比主茎功能叶中的 Bt 毒蛋白含量高 24.1%、25.0% 和 24.0%；积水后幼蕾中 Bt 毒蛋白含量降低极为显著，3 个品种分别降低了 30.0%、22.0% 和 38.0%，平均降低 29.9%。说明越是棉株生长发育的中心器官（生命活动越旺盛），积水对该器官 Bt 毒蛋白的表达影响越大。周冬生等（2001）也有相类似的报道（表 8 - 78）。

表 8 - 78　渍涝对 Bt 棉抗虫性表现的影响（%）

处理	品种	器官	2d 后		3d 后		4d 后	
			死亡率	校正死亡率	死亡率	校正死亡率	死亡率	校正死亡率
对照	Bt 棉 GK - 1	嫩叶	44.44	44.44	77.11	76.59	84.44	84.09
	Bt 棉 GK - 1	幼蕾	35.56	35.56	66.67	66.67	77.78	77.28
	常规棉 SI - 3	嫩叶	0	—	2.22	—	2.22	
	常规棉 SI - 3	幼蕾	0	—	0		2.22	—

（续表）

处理	品种	器官	2d 后		3d 后		4d 后	
			死亡率	校正死亡率	死亡率	校正死亡率	死亡率	校正死亡率
涝渍	Bt 棉 GK-1	嫩叶	11.11	9.09	31.11	31.04	44.44	40.48
	Bt 棉 GK-1	幼蕾	11.11	11.11	26.76	35.01	42.22	39.54
	常规棉 SI-3	嫩叶	22.22	—	6.66	—	6.66	—
	常规棉 SI-3	幼蕾	0.00	—	2.22	—	4.44	—

由于棉花为直根系作物，根系深，并具有无限生长习性，就短期干旱后对产量稳定性的影响而言，是比较耐旱的作物。但干旱严重抑制棉花的生长发育，也必然抑制各器官 Bt 毒蛋白的合成速率。王家宝等（2001）对 Bt 棉新棉 33B 不同器官 Bt 毒蛋白含量的测定结果表明，经采取遮雨措施因土壤水分减少而使叶片发生萎蔫时，幼蕾、主茎功能叶和主茎老叶的 Bt 毒蛋白含量比对照分别降低了 37.0%、30.0% 和 52.9%，尤以主茎老叶受影响最大，其顺序为：主茎老叶 > 幼蕾 > 主茎功能叶。表 8-79 的结果与王家宝等（2000）的结论相一致。

表 8-79 干旱对 Bt 棉抗虫性表达的影响（周冬生等，2001） （%）

处理	品种	器官	2d 后		3d 后		4d 后	
			死亡率	校正死亡率	死亡率	校正死亡率	死亡率	校正死亡率
干旱	Bt 棉 GK-1	嫩叶	33.33	33.28	64.44	62.79	77.78	76.19
	Bt 棉 GK-1	幼蕾	26.67	25.01	57.78	55.82	73.33	72.09
	常规棉 SI-3	嫩叶	4.44	—	4.44	—	6.66	—
	常规棉 SI-3	幼蕾	2.22	—	4.44	—	4.44	—
对照	Bt 棉 GK-1	嫩叶	11.11	9.09	31.11	31.04	44.44	40.48
	Bt 棉 GK-1	幼蕾	11.11	11.11	26.67	35.01	42.22	39.54
	常规棉 SI-3	嫩叶	2.22	—	6.66	—	6.66	—
	常规棉 SI-3	幼蕾	0.00	—	2.22	—	4.44	—

综合上述，田间渍涝或土壤水分过多，与土壤缺水干旱对 Bt 毒蛋白表达量的影响相比，干旱对 Bt 毒蛋白合成的抑制作用更强。因此，为充分发挥 Bt 棉的抗虫效果，棉铃虫各代发生高峰期应尽量避免棉花缺水干旱。

合理施肥是棉花栽培管理的关键。施肥量的增加，直接促进棉株根系对氮素等养分的吸收，进而影响棉株体内蛋白质的合成。周冬生等（2000）试验结果表明，随着氮量的增加，Bt 棉抗虫性增强（表 8-80）；低肥时 Bt 棉对棉铃虫低龄幼虫的毒杀作用和对高龄幼虫的抑制生长作用皆明显降低（表 8-81）。此外，干旱和积水后追施 N 肥可显著提高主茎老叶的 Bt 毒蛋白含量，主茎功能叶与幼蕾的 Bt 毒蛋白含量有所提高，但不显著（表 8-82）。总之，对于 Bt 棉花开花结铃期田间严重积水或干旱都将显著影响 Bt 基因的表达效率，在造成棉株其他生理性为害的同时，也减弱了对棉铃虫的抗性活力，追肥有利于保持或提高棉花的抗虫水平。在大田条件下，张顺等（2011）研究了施氮量（高氮 450kg/hm²、中氮 225kg/hm² 和 CK 0）对 Bt 棉 Bt 毒蛋白表达和降解的影响。结果表明，施氮量对叶片和棉铃中 Bt 毒蛋白的表达与降解有一定的影响。在叶片展开期、功能期和衰老期，Bt 毒蛋白表达量表现为中氮处理 > 高氮处理 > CK，至脱落期，其残留量也表现为相同的趋势（表8-83）。其中，在展开期、功能期、衰老期和脱落期，CK叶片中的Bt毒蛋白含量分别比中氮处理下降了71.22%，79.26%和72.49%，59.08%。在棉铃膨大期和充实期，铃壳、棉纤维和棉籽中Bt毒蛋白表达量均呈现高氮处理＞中氮处理＞CK的趋势，至开裂期，棉铃各器官中残留的Bt蛋白也与前、中期表现一致（表8-84）。随着施氮量的增加，叶片中的游离氨基酸（表8-85）、可溶性蛋白（表8-86）和全氮总体呈上升趋势（图8-41）。

表8-80　不同施肥量处理Bt棉对棉铃虫的杀虫效果

肥料	棉花	3d后		6d后		10d后	
		死亡率（%）	校正死亡率（%）	死亡率（%）	校正死亡率（%）	死亡率（%）	校正死亡率（%）
高肥	Bt棉GK-1	40.00	35.14	45.82	40.90	84.62	83.22
	Bt棉32B	50.00	45.35	60.00	56.37	96.67	96.37
	常规棉SI-3	7.50	—	8.33	—	8.33	—
中肥	Bt棉GK-1	16.67	13.83	23.33	16.67	73.33	71.01
	Bt棉32B	23.33	20.71	56.67	52.90	90.00	89.13
	常规棉SI-3	3.30	—	8.00	—	8.00	—
低肥	Bt棉GK-1	7.00	0.00	20.00	0.00	65.38	51.19
	Bt棉32B	7.50	0.00	40.74	16.45	81.48	73.89
	常规棉SI-3	7.04	—	29.07	—	29.07	—

表8-81　不同施肥量处理Bt棉对棉铃虫生长的抑制作用

肥料	品系	取食量（mg/头）	取食量减退率（%）	体重比	体重比减退率（%）	相对生长速率（PGR）	PGR减退率（%）	粗生长效率（ECI）	ECI减经（%）
高肥	Bt棉GK-1	242.1	31.26	2.57	43.99	0.29	32.56	17.72	40.00
	Bt棉32B	128.6	63.51	1.68	63.00	0.17	60.47	14.00	52.96
	常规棉SI-3	352.2	—	4.54	—	0.43	—	29.67	—
中肥	Bt棉GK-1	194.1	22.39	3.14	28.63	0.34	19.05	23.75	25.08
	Bt棉32B	151.4	39.58	2.02	54.09	0.23	45.24	18.35	42.11
	常规棉SI-3	250.1	—	4.40	—	0.42	—	31.70	—
低肥	Bt棉GK-1	197.8	7.79	2.52	4.90	0.29	3.33	20.07	3.46
	Bt棉32B	184.0	14.22	2.36	10.90	0.26	13.33	20.70	0.00
	常规棉SI-3	214.5	—	2.65	—	0.30	—	20.79	—

表8-82　积水与干旱对Bt棉Bt毒蛋白表达量的影响（王家宝等，2000）

处理	器官	鲁棉研15号	新棉33B	鲁S6177
追肥	功能主茎叶	16.72±0.31	16.93±0.22	17.47±0.26
	幼蕾	21.97±0.20	20.88±0.17	21.17±0.18
	主茎老叶	13.76±0.29	14.89±0.18	13.29±0.26

（续表）

处理	器官	鲁棉研 15 号	新棉 33B	鲁 S6177
积水	功能主茎叶	12. 48 ± 0. 26	12. 65 ± 0. 20	11. 21 ± 0. 30
	幼蕾	14. 75 ± 0. 38	16. 38 ± 0. 20	12. 67 ± 0. 41
	主茎老叶	10 ± 0. 26	10. 31 ± 0. 26	10. 08 ± 0. 36
对照	功能主茎叶	16. 99 ± 0. 3	16. 78 ± 0. 16	16. 48 ± 0. 18
	幼蕾	21. 08 ± 0. 35	20. 98 ± 0. 25	20. 43 ± 0. 27
	主茎老叶	11. 04 ± 0. 20	11. 08 ± 0. 46	10. 22 ± 0. 34
干旱	功能主茎叶			11. 67 ± 0. 27
	幼蕾			13. 22 ± 0. 26
	主茎老叶			5. 22 ± 0. 37

注：鲁棉研 15 号、新棉 33B 和鲁 S6177 均为 Bt 棉

表 8 - 83　施氮量对 Bt 棉叶片 Bt 毒蛋白含量的影响（ng/g）

处理	展开期	功能期	衰老期	脱落期
高氮	170. 03 ± 1. 91bB	346. 32 ± 3. 71bB	339. 41 ± 6. 76bB	211. 17 ± 6. 70bB
中氮	282. 95 ± 5. 19aA	691. 08 ± 12. 03aA	775. 47 ± 8. 93aA	409. 68 ± 7. 23aA
对照 CK	81. 44 ± 3. 70cC	143. 30 ± 6. 00cC	213. 30 ± 3. 95cC	167. 63 ± 6. 70cC

注：表中数据由平均数和标准误差组成；同列数值后不同小、大写字母分别表示在 0. 05 和 0. 01 水平上差异显著。表 2 - 105、表 2 - 106、表 2 - 107 同

表 8 - 84　施氮量对 Bt 棉棉铃 Bt 毒蛋白含量的影响（ng/g）

处理	彭大期			充实期			吐絮期		
	铃壳	棉纤维	棉籽	铃壳	棉纤维	棉籽	铃壳	棉纤维	棉籽
高氮	268. 53 ± 4. 49aA	212. 67 ± 6. 79aA	43. 39 ± 2. 68aA	217. 45 ± 5. 19aA	91. 05 ± 3. 57aA	194. 39 ± 3. 08aA	5. 68 ± 0. 36aA	5. 12 ± 0. 32aA	459. 25 ± 7. 57aA
中氮	219. 28 ± 7. 37bB	206. 67 ± 5. 36aA	46. 03 ± 1. 63aA	202. 31 ± 4. 05bB	73. 03 ± 4. 57bB	85. 31 ± 2. 75bB	3. 76 ± 0. 37bB	3. 74 ± 0. 06bB	442. 37 ± 10. 06aA
对照 CK	101. 86 ± 2. 91cC	109. 56 ± 2. 90bB	26. 69 ± 0. 38bB	154. 41 ± 4. 41cC	54. 17 ± 2. 20cC	63. 78 ± 2. 05cC	4. 81 ± 0. 09aA	4. 81 ± 0. 09aA	303. 88 ± 4. 59bB

表 8 - 85　施氮量对 Bt 棉叶片游离氨基酸含量的影响（μg/g）

处理	展开期	功能期	衰老期	脱落期
高氮	373. 22 ± 6. 84aA	245. 50 ± 6. 99aA	224. 38 ± 5. 17aA	243. 21 ± 9. 31aA
中氮	272. 11 ± 5. 71bB	212. 91 ± 4. 31bB	190. 45 ± 0. 46bB	197. 08 ± 7. 82bB
对照 CK	260. 92 ± 4. 19bB	201. 64 ± 4. 48bB	133. 51 ± 4. 45cC	148. 39 ± 8. 68cC

表8-86 施氮量对 Bt 棉叶片可溶性蛋白质含量的影响（mg/g）

处理	展开期	功能期	衰老期	脱落期
高氮	4.67±0.09aA	9.31±0.21aA	5.05±0.11aA	3.26±0.02aA
中氮	4.48±0.18aAB	8.20±0.11aA	4.69±0.11bA	2.73±0.10bB
对照 CK	4.02±0.12bB	6.80±0.10bB	4.09±0.09cB	1.45±0.08cC

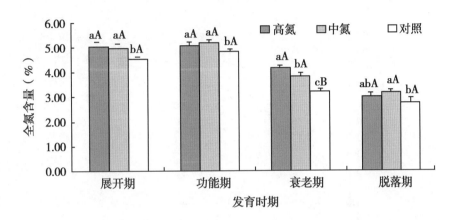

图8-41 施氮量对 Bt 棉叶片全氮含量的影响

研究表明，作物对不同逆境的适应形式有着不同的方式，因此不同逆境可引起作物的外部形态和内部生理性状发生不同的变化。李秀菊等（2001）选择叶片数和株高一致的（Bt+CpTI）双价棉 SGK36，分别进行干旱（断水）、浸水（浸入水中）和寡照（90%的遮阳篷下）逆境处理，6d 后用于试验。结果表明，初孵幼虫，采食寡照处理叶片6d 后的死亡率最高，高达98.1%；其次为采食干旱处理叶片初孵幼虫，死亡率为94.2%；采食浸水处理叶片的初孵幼虫，死亡率反而低于对照，但仍有85.3%（图8-42）。棉铃虫幼虫3龄后与初孵幼虫采食转基因抗虫棉后表现相似，都出现了大量的死亡，不同的是3龄幼虫需要采食较多转基因抗虫棉的叶片后才出现大量的死亡。即3龄幼虫在采食4d 转基因抗虫棉叶片后，仅有采食寡照和干旱处理的3龄幼虫死亡率超过30%。出现这种情况是因为3龄幼虫虫体较大，需要较长时间和采食较多转基因抗虫棉花叶片才会出现死亡。3龄幼虫采食不同逆境下快速生长的棉花叶片后的死亡情况与初孵幼虫也相似，对3龄幼虫的致死情况为：寡照处理＞干旱处理＞对照＞浸水处理（图8-43）。对采食6d 转基因抗虫棉叶片后存活下来的3龄棉铃虫，相对生长速率最少也下降了69.6%，说明转基因抗虫棉对棉铃虫3龄幼虫生长发育有显著的抑制作用（图8-44）。体重的变化幅度不同也再次说明不同逆境对转基因抗虫棉的抗虫性有影响，3龄幼虫采食不同逆境下快速生长的叶片对3龄幼虫的存活体生长情况为：寡照处理＞对照＞干旱处理＞浸水处理（图8-45）。动物呼出 CO_2 的速率常常用来反映动物的生理状况。由图8-46可知，棉铃虫3龄幼虫采食转基因抗虫棉叶片4d 后的呼吸强度显著低于采食常规棉叶片，呼吸强度相差4.7倍。而且，3龄幼虫采食不同逆境下快速生长的叶片4d 后的呼吸强度也存在明显的差异，这一结果再次验证采食不同逆境下快速生长的叶片对棉铃虫的影响大小不同，分别为：寡照处理＞对照＞干旱处理＞浸水处理。总之，对（Bt+CpTI）双价棉 SGK36，寡照环境有助于抗虫性的表达，干旱环境对抗虫性影响不大，浸水环境不利于抗虫性的表达。由此可以推测，影响转基因抗虫棉抗虫性表达的主要因素是由于逆境引起转基因抗虫棉生长发育出现差异，造成生理形态如含水量、不同的生长时期等变化。其具体表现在棉铃虫对（Bt+CpTI）双价棉的采食量多寡，这一推论能够解释试验结果。生产中，在棉花发育前期，植株处于快速生长的时期，但由于一、二代棉铃虫群体基数小，此段时间出现棉铃虫失控的可能性极小。在棉花生长后期，由于棉花叶片多数完成了发育，不利环境对 Bt 毒蛋白形成的影响较小，以及寡照和浸水同时发生导致对抗虫性影响的相互削弱，即使三、四代棉铃虫的群体大，出现棉铃虫失控的可能性也较小。再加上干旱导致空气湿度的减小和下雨对叶片的冲刷等，同样也会影响棉铃虫的发育。因此，在棉花种植季节里，虽然遇到不利环境影响的可能性很大，却不会对（Bt + CpTI）双价棉的抗虫性造成很大的影响。另外，为了获得高产，在棉田遇到连阴雨及水涝时会采取一些排涝措施，对稳定转基因抗虫棉抗虫性也会起到积极的作用。

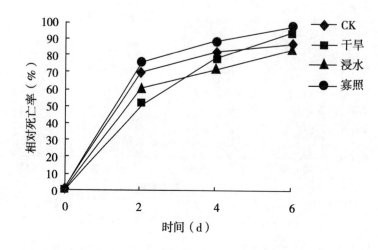

图 8 - 42　对棉铃虫初孵幼虫相对死亡率的影响

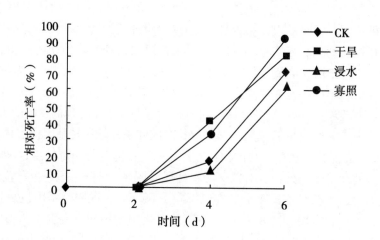

图 8 - 43　对棉铃虫 3 龄幼虫相对死亡率的影响

二、棉花自身发育的调控

研究结果表明，氨基酸是形成蛋白质（包括 Bt 毒蛋白）的主要物质，而且 Bt 棉花叶片中氨基酸含量、可溶性蛋白含量与 Bt 毒蛋白含量具有高度的相关性（表 8 - 87），棉铃虫幼虫死亡率与氨基酸含量、可溶性蛋白含量之间也存在相关性（表 8 - 88）。因此，氨基酸含量的变化会影响 Bt 毒蛋白的合成。

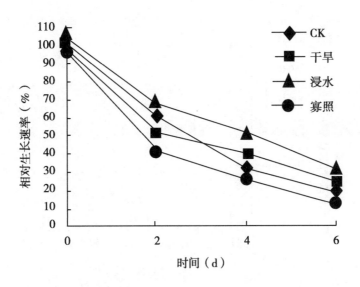

图 8-44　对棉铃虫 3 龄幼虫相对生长速率的影响

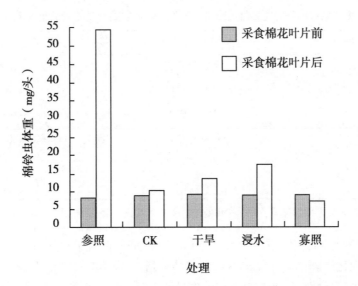

图 8-45　棉铃虫 3 龄幼虫采食不同处理棉花叶片前后体重的变化

表 8-87　氨基酸含量和可溶性蛋白含量的相关系数（r）

氨基酸含量		可溶性蛋白含量		数据来源
-0.794 5 **		0.732 1 **		陈德华等，2003
-0.991 9 **	-0.922 3 **	0.946 8 **	0.996 9 *	
（7 月 20 日测）	（8 月 5 日测）	（7 月 20 日测）	（8 月 8 日测）	周桂生等，2003

注：*、** 分别表示达 5%、1% 差异显著水平

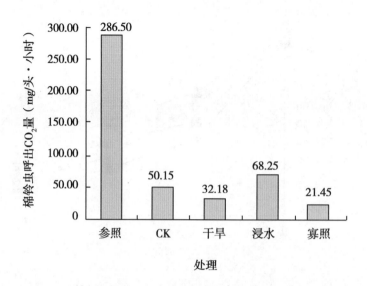

图 8 - 46 不同处理对棉铃虫 3 龄幼虫呼吸强度的影响

表 8 - 88 棉铃虫幼虫死亡率和可溶性蛋白、游离氨基酸、Bt 毒蛋白含量之间的相关系数（周桂生等，2009）

饲喂后时间（h）	测定项目	相关系数（r）
72	可溶性蛋白	0.595 5*
	游离氨基酸	- 0.813 7**
	Bt 毒蛋白	0.607 8*
144	可溶性蛋白	0.540 7
	游离氨基酸	- 0.552 1
	Bt 毒蛋白	0.486 0

注：* 表示在 0.05 水平上差异显著，** 表示在 0.1 水平上差异显著

陈德华等（2003）和周桂生等（2003）分别研究了 35℃ 高温胁迫后 Bt 棉叶片中氨基酸含量和可溶性蛋白含量的变化。陈德华等（2003）研究结果指出（表 8 - 89），高温胁迫后叶片中氨基酸含量一直呈增加趋势，且胁迫后 12h 内增加速度最快。从不同生育期看，盛花期含量较低，胁迫后增加量较小，而结铃盛期含量和增加量均较大，这意味着结铃盛期高温胁迫对氨基酸含量的影响较盛花期大。高温胁迫后叶片中可溶性蛋白质含量一直呈下降趋势，尤以胁迫后 24h 内含量下降速度最快，24h 以后下降缓慢，与氨基酸变化趋势相反。从不同生育期看，盛花期含量比较低，胁迫后下降幅度较小，结铃盛期含量和下降幅度均较大，表明结铃盛期可溶性蛋白的含量高温胁迫的影响较盛花期大。此外，周桂生等（2009）设计 20℃、25℃、35℃ 和 40℃ 四个温度梯度，研究温度胁迫对 Bt 棉叶片氨基酸和可溶性蛋白含量的影响。温度胁迫后叶片中氨基酸含量呈增加趋势，胁迫后 12h 内增量最大，12h 后的增量比较平稳。从胁迫温度看，高温胁迫对氨基酸含量的影响比低温胁迫大；且胁迫温度与日平均气温差异越大，对氨基酸含量的影响也越大。从不同生育期看，盛花期胁迫前含量较高，胁迫后增量较小，结铃盛期胁迫前含量较低，胁迫后增量较大，说明结铃盛期温度胁迫对氨基酸含量的影响更为明显（表 8 - 90）。温度胁迫后叶片中可溶性蛋白质含量一直呈下降趋势，绝大多数处理胁迫后 12h 内下降最快，在 12 ~ 24h 内仍然保持较快的下降速度，24h 后下降的速度比较平稳。与低温相比，高温胁迫对可溶性蛋白的影响较大。从不同生育期看，盛花期

含量较高，胁迫后降幅较大，而结铃盛期含量较低，胁迫后降幅较小（表 8 - 91）。在胁迫进行的各个阶段均能检测到 Bt 毒蛋白的存在，但无论是高温胁迫还是低温胁迫均对 Bt 毒蛋白表达量有明显的抑制作用，Bt 毒蛋白含量的下降主要出现在胁迫后 24h 内，尤以 12h 内的下降最为明显，24h 后的下降较小，表明温度胁迫对 Bt 毒蛋白表达具有快速效应。盛花期和结铃盛期的抑制效应基本一致。从胁迫温度看，40℃ 和 20℃ 两个处理 12h 内 Bt 毒蛋白的降幅大于 35℃ 和 25℃ 两个处理（表 8 - 92）。18℃ 低温持续时间对叶片中氨基酸蛋白含量的影响（图 8 - 47）表明，盛蕾期、盛花期和盛铃期 3 个生育期，低温胁迫使 Bt 棉泗抗 1 号和泗抗 2 号 2 个品种叶片中氨基酸含量呈逐渐下降趋势。如盛蕾期，低温胁迫 48h 后，泗抗 1 号和泗抗 3 号氨基酸含量分别下降了 103.9μg/g 和 114.7μg/g。但低温胁迫 48h 后，2 个品种均以盛铃期氨基酸含量下降幅度最大，泗抗 1 号、泗抗 3 号分别下降 50.1%、37.4%。图 8 - 48 显示，不同低温持续时间 Bt 棉叶片中 Bt 毒蛋白含量均显著下降，但各生育期下降幅度不同，其中，盛蕾期 18℃ 胁迫 48h 后，2 个品种下降幅度均最小，泗抗 1 号 Bt 毒蛋白质含量由 439.6μg/g 下降至 288.3μg/g，泗抗 3 号由 410.7μg/g 下降至 293.1μg/g，分别比对照下降 35.1% 和 28.6%；而盛铃期 18℃ 胁迫 48h 后，下降幅度最大，泗抗 1 号、泗抗 3 号分别比对照下降 52.9% 和 47.6%。

表 8 - 89　高温胁迫持续时间对 Bt 棉盛花期和结铃盛期叶片氨基酸含量和可溶性蛋白含量影响（mg/g）

项目	数据来源	胁迫时间（h）									
		盛花期					结铃盛期				
		0	12	24	36	48	0	12	24	36	48
氨基酸	陈德华等，2003	0.299	0.495	0.637	0.750	0.805	0.345	0.674	0.760	1.153	1.377
	周桂生等，2003	6.59	10.88	14.22	16.50	18.01	7.85	14.82	16.72	25.17	30.31
可溶性蛋白	陈德华等，2003	14.29	11.61	10.39	11.44	11.51	25.60	23.37	23.20	12.96	11.36
	周桂生等，2003	22.64	17.93	12.66	12.58	11.56	28.16	20.21	14.52	12.64	11.22

注：陈德华等测定单位为 mg/g，周桂生等测定单位为（DW）/mg/g

表 8 - 90　温度胁迫后叶片中氨基酸含量变化

日期（月/日）	温度（℃）	胁迫后含量（mg/g）				
		0	12h	24h	36h	48h
07/23	40	6.86 ± 0.15a	18.10 ± 0.15a	19.11 ± 0.08a	20.01 ± 0.06a	20.98 ± 0.16a
	35	6.86 ± 0.15a	11.27 ± 0.15b	15.01 ± 0.13b	17.36 ± 0.24b	19.87 ± 0.14b
	25	6.86 ± 0.15a	9.16 ± 0.21d	13.14 ± 0.07d	14.62 ± 0.14c	16.44 ± 0.17d
	20	6.86 ± 0.15a	10.28 ± 0.13c	14.12 ± 0.13c	16.76 ± 0.19b	17.22 ± 0.18c
08/05	40	5.46 ± 0.10a	16.76 ± 0.15a	19.21 ± 0.12a	21.01 ± 0.50a	23.08 ± 0.18a
	35	5.46 ± 0.10a	11.35 ± 0.36b	14.89 ± 0.09b	16.96 ± 0.26b	21.54 ± 0.17b
	25	5.46 ± 0.10a	10.12 ± 0.18c	13.54 ± 0.26c	14.78 ± 0.16c	17.89 ± 0.23c
	20	5.46 ± 0.10a	9.89 ± 0.19c	13.88 ± 0.23c	16.29 ± 0.25b	17.05 ± 0.13c

注：不同小写字母表示 0.05 水平上差异显著，表 8 - 92、表 8 - 93 相同

表 8-91　温度胁迫后叶片中可溶性蛋白质含量（干重）

日期 （月-日）	温度 （℃）	胁迫后含量（mg/g）				
		0	12h	24h	36h	48h
07-23	40	27.19±0.72a	17.09±0.20b	5.41±0.09c	4.38±0.15c	4.16±0.09c
	35	27.19±0.72a	18.46±0.42a	13.17±0.14a	13.01±0.20a	12.06±0.46a
	25	27.19±0.72a	16.41±0.15b	13.10±0.31a	12.99±0.11a	11.00±0.39ab
	20	27.19±0.72a	14.32±0.27c	11.09±0.27b	10.74±0.37b	10.23±0.20c
08-05	40	23.17±0.68a	15.43±0.18bc	5.32±0.19c	4.26±0.13c	3.78±0.11b
	35	23.17±0.68a	18.76±0.11a	12.17±0.53ab	11.57±0.11a	10.36±0.52a
	25	23.17±0.68a	16.25±0.31b	13.54±0.23a	10.26±0.21b	9.19±0.13a
	20	23.17±0.68a	14.53±0.27c	11.52±0.48b	10.35±0.33b	9.45±0.03a

表 8-92　温度胁迫后 Bt 毒蛋白含量的表达量（干重）

日期 （月-日）	温度 （℃）	胁迫后含量（mg/g）				
		0	12h	24h	36h	48h
07-23	40	3.12±0.09a	1.91±0.06b	1.64±0.06b	1.57±0.14b	1.40±0.02c
	35	3.12±0.09a	2.63±0.08a	2.49±0.25a	2.36±0.20a	2.28±0.08a
	25	3.12±0.09a	2.31±0.14ab	2.16±0.08ab	1.90±0.05ab	1.76±0.06b
	20	3.12±0.09a	2.01±0.07b	1.76±0.13b	1.60±0.13b	1.51±0.04c
08-05	40	2.89±0.07a	2.01±0.12b	1.67±0.12b	1.47±0.13b	1.39±0.10b
	35	2.89±0.07a	2.47±0.06a	2.16±0.08a	1.95±0.05a	1.80±0.05a
	25	2.89±0.07a	2.15±0.11ab	1.72±0.08b	1.54±0.08b	1.36±0.04b
	20	2.89±0.07a	2.08±0.08ab	1.68±0.11b	1.47±0.05b	1.45±0.04b

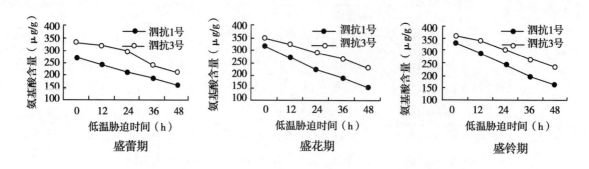

图 8-47　不同生育期 18℃胁迫 12~48h 后不同 Bt 棉品种叶片中氨基酸含量变化（张祥等，2012）

丙酮酸转氨酶（GPT）活性，是棉株体内氮代谢关键酶活性。GPT 活性的变化会影响棉株体内氮代谢的调节。35℃高温胁迫会影响 Bt 棉花叶片氮代谢的调节（图 8-49）。图 8-49 显示，在 12h 内，Bt 棉科棉 1 号与常规棉新洋 822 两个品种叶片 GPT 活性都呈上升趋势，12~36h 内呈下降趋势，36h 后又呈上升趋势。这可能说明在盛花期高温胁迫前 12h 温度升高，植株代谢加快，合成氨基酸能力加强；12h 后，高温抑制了棉株代谢，GPT 活力下降；36h 后，GPT 活力反而上升。图

8－50表明，前12h的GPT活力变化与盛花期基本一致，呈上升趋势，但在胁迫12h后一直呈下降趋势。以新洋822下降较快，胁迫前，新洋822活力高，至48h，新洋822GPT活性低。以上结果说明了，高温胁迫持续12h后即对Bt棉结铃盛期棉叶中氨基酸合成酶产生影响，不利于氨基酸的合成。图8－51表明，18℃低温持续时间对Bt棉泗抗1号与泗抗3号2个品种叶片中GPT活性影响相似，均呈逐渐下降趋势。但3个时期下降幅度不同，其中盛铃期GPT活性下降幅度最大。此外，在3个时期低温胁迫36～48h内下降幅度不同，如盛蕾期，泗抗1号胁迫24～36hGPT活性下降14.3%，36～48h下降7.1%；而盛花分别下降16.1%和14.9%；盛铃期分别下降17.6%和26.8%。

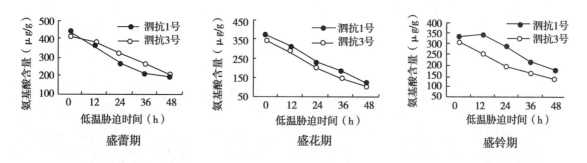

图8－48　不同生育期18℃胁迫12～48h后不同Bt棉品种叶片中Bt蛋白含量变化（张祥等，2012）

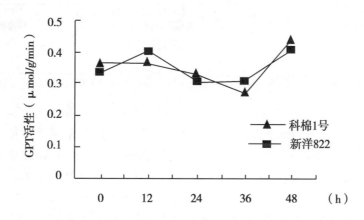

图8－49　盛花期高温胁迫对叶片单位鲜重GPT活性的影响（陈德华等，2003）

注：科棉1号为Bt棉，新洋822为常规棉。同图8－45

　　以上结果表明，盛蕾期、盛花期低温胁迫下，GPT活性会有一定调节性，受低温影响较小。但在棉铃发育期，低温胁迫12h后，GPT活性会呈不可逆下降、且下降迅速，从而导致氨基酸合成能力的下降。

　　陈德华等（2000）认为在蕾期、开花期，棉株氮素营养优先供应给营养器官生长发育，其氮素营养充足，生殖器官与营养器官对氮素的竞争较小，这也正是盛蕾期、盛花期低温胁迫后，Bt棉叶片氮代谢强度下降较低的原因之一。但在铃期，由于营养器官与生殖器官对氮素营养的竞争，导致叶片氮素营养供应不足，这也导致了在铃期，低温胁迫后叶片氮代谢强度降低程度大，并且无法恢复的重要原因（Sadras，1995）。张祥等（2012）报道的盛铃期低温胁迫24h后，GPT和蛋白酶活性迅速下降，进一步验证了这一观点。以上结果与叶片氨基酸和可溶性蛋白含量显著下降相一致。

　　转基因抗虫棉正常的生长发育本身调控了Bt杀虫基因的时空表达，Bt杀虫基因前期表达量高，

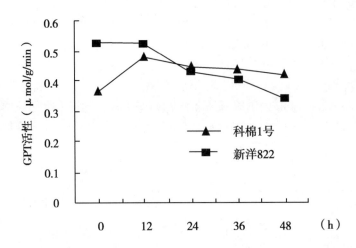

图 8-50　盛铃期高温胁迫对叶片单位鲜重 GPT 活性的影响（陈德华等，2003）

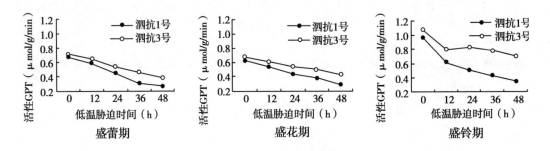

图 8-51　不同生育期 18℃低温胁迫 12~48h 后不同 Bt 棉品种叶片 GPT 活性变化（张祥等，2012）

导致 mRNA 易超过一定值，引起特异 Bt 杀虫基因 mRNA 的降解，是 Bt 杀虫基因表达活性逐渐下降的主要原因，而且这种调节本身是发生在某一生长发育阶段。夏兰芹等（2004）将转基因抗虫棉 139-20 R5 代材料，种植在人工智能箱中，并设计了 3 组试验：处理Ⅰ是 28℃培养 63d 然后 37℃培养；处理Ⅱ是 28℃培养 63d 后，37℃培养 10d 再 28℃培养；处理Ⅲ是 28℃恒温培养。所有处理的光强相同，光照时间为：暗为 14h：10h，每隔 10d 左右浇水 1 次。每组随机取 2 株进行测定与分析。结果表明，不同温度处理对 Bt 毒蛋白含量变化的影响不同。从图 8-52 和图 8-53 可以看出，在种植后 53~106d，温度是影响 Bt 毒蛋白表达的重要因素之一。温度升高使 Bt 毒蛋白含量急剧增加，然后又大幅度下降。而 28℃处理样品则上升较为缓慢，但上升到一定程度后也表现下降趋势，降幅较以上 2 种处理缓慢。这表明：①温度影响 Bt 毒蛋白表达；②温度的影响是在特定的生长发育期发生的；③棉花本身具有调控基因表达的功能，当某一基因表达量过高时，会引起其表达抑制；④温度过高，使 Bt 毒蛋白表达降低的时间提前。另外，从图 8-53 可以看出，温度处理前，不同棉株中 Bt 毒蛋白表达基本一致。结合 2001 年夏兰芹等所作的 R5 代材料的拷贝数分析，Bt 杀虫基因的表达与拷贝数多少并无多少关系。也许在所有拷贝中，只有 1 个或几个共有的拷贝能够稳定遗传和表达。为了进一步探讨温度影响 Bt 杀虫基因表达的机制，对 Bt 杀虫基因 mRNA 进行了 RNAdot blot 分析；为更准确地进行定量比较，合成了 RNA 内标。从不同温度处理棉株在不同时间的 RNA 斑点结果看（图 8-54），随着植株的生长及湿度处理的影响，Bt 杀虫基因 mRNA 的量增加。处理一段时间后，开始表现为下降趋势，14 号和 12 号单株表现出：低（2 月 19 日）→最高（3 月 9 日）→次之（3 月 20 日）→最低（4 月 12 日）；8 号和 1 号单株表现出：低（2 月 19日）→最高（3 月 9 日）→很低（3 月 20 日）→低（4 月 12 日）；2 号和 5 号单株表现为：低（2

月 19 日）→高（3 月 9 日）→高（3 月 20 日）→低（4 月 12 日）。再从 3 组处理对比看，温度升高虽然可使 mRNA 量急剧升高，但 Bt 杀虫基因 mRNA 的变化与生长发育期相关，3 组处理变化趋势相似，并且温度过高可使 mRNA 量及 Bt 毒蛋白含量急剧升高，随后迅速下降，下降以后的 mRNA 含量虽然减少，但比处理前要高出许多，Bt 毒蛋白量却几乎降致零。温度处理结果进一步证明了，由 Bt 杀虫基因 mRNA 过高引起的共抑制作用参与了 Bt 杀虫基因的表达调控。这种调控是在转录后水平上发生的，并且发生在特定的生长发育期。同时也说明温度只是对基因沉默的发生时间起作用，高温是基因沉默发生的时间提前。

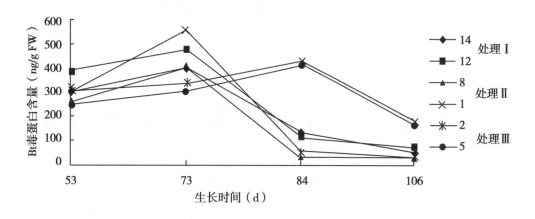

图 8 – 52　同一单株温度处理不同时间 Bt 毒蛋白含量的动态变化

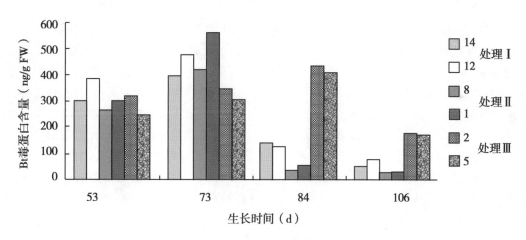

图 8 – 53　同期不同单株 Bt 毒蛋白含量变化比较

　　目前对棉花抗虫性的研究和利用主要有两方面内容：一是研究利用棉花自身的抗虫防御体系，二是应用现代生物技术培育转基因抗虫棉花。已有的研究发现，棉花缩合单宁是棉花自身重要的抗虫抗病次生代谢物质（顾本康等，1990；Haslam，1998）。它不但能抑制棉铃虫等鳞翅目害虫取食和生长发育，而且对许多刺吸性害虫如棉蚜、棉红蜘蛛和棉粉虱有明显的抗虫效果。20 世纪 80 年代后期，利用生物技术将 Bt 基因成功转入棉花，开辟了崭新的抗虫领域。为了协调利用外源抗虫资源和棉花内源抗虫系统，就必须弄清棉花缩合单宁和 Bt 毒蛋白之间的交互关系。Gibsion（1995）研究认为，单宁类化合物可导致昆虫中肠细胞破损，丧失再生能力，直至中肠死亡，Bt 毒蛋白与单宁合用可提高毒效。但 Navon（1993）进行饲料剂量反应试验中，得出缩合单宁与 Bt 毒蛋白之间有拮抗作用，并推测 Bt 制剂或 Bt 棉可能与高含量的缩合单宁不相容。更为重要的是外源 Bt 毒蛋白表达对植物原有抗虫物质特别是对缩合单宁的代谢积累有无影响和有什么影响还不清楚，这不利于正确选择抗虫基因材料和有效利用 Bt 棉的抗虫优势。

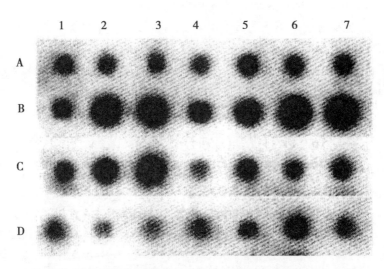

图 8 - 54　不同温度处理不同时间后 Bt 棉的 RNA 斑点杂交分析
注：1：RNA 内标；2，3：2、5 号转基因抗虫棉植株 28℃ 处理 63d 后，28℃ 一直处理，即 28℃ ~28℃、－28℃、－28℃；4，5：1、8 号转基因抗虫棉植株 28℃ 处理 63d 后，37℃ 处理 10d 后，即 28℃、－37℃、－28℃、－28℃；6，7：12、14 号转基因抗虫棉植株经 28℃ 处理 63d 后，37℃ 一直处理，即 28℃、－ 37℃、－ 37℃、－37℃。

张永军等（2000）通过有机溶剂提取、柱色谱分离和花色素反应鉴定得到棉花缩合单宁。将不同浓度的棉花缩合单宁和 Bt 毒蛋白拌入人工饲料对棉铃虫幼虫进行剂量反应试验，发现棉花缩合单宁和 Bt 毒蛋白之间有一定的拮抗作用。原因可能有以下几方面：①缩合单宁鞣化饲料中的营养蛋白，饲料质量下降，棉铃虫不嗜取食。②缩合单宁鞣化饲料中 Bt 杀虫蛋白，使 Bt 毒蛋白活力有所下降。③缩合单宁破坏棉铃虫消化道中的消化酶，使 Bt 毒蛋白不能被有效激活。④缩合单宁与 Bt 毒蛋白的受体蛋白结合，使 Bt 毒蛋白不能有效破坏昆虫消化道细胞。此外，采用高效液相色谱法测定 Bt 棉缩合单宁的的变化，结果（表 8 - 93）表明，3 叶期到花铃期 Bt 棉的缩合单宁含量显著低于常规棉品种，在一些器官中缩合单宁含量减少达 30%，说明 Bt 毒蛋白表达会影响到棉花中缩合单宁的合成。从棉花三叶期到花铃期，正是棉叶螨等刺吸性害虫为害时期，由于 Bt 棉的花中缩合单宁的显著减少，导致这个时期棉叶螨等害虫的为害加重，使非主要害虫发生猖獗。Bt 棉的花中 Bt 毒蛋白的表达量随着生长季节呈现逐渐下降，到花铃期后表达量就很低。因此，花铃期前外源 Bt 毒蛋白的表达可能影响了棉花中缩合单宁的合成代谢，使缩合单宁的含量显著降低。这种变化对棉花与其他有害生物的关系乃至整个棉田生态系统将产生重要影响。推广应用 Bt 棉时，一定注意田间虫情调查，在有效控制棉铃虫等鳞翅目害虫的同时搞好花铃期前棉叶螨等刺吸性害虫的适时监测防治。

表 8 - 93　Bt 棉及其对照常规棉缩合单宁含量（mg/g DW）

时期	GK2*	泗棉 3 号**	中棉所 30*	中棉所 16**
种子	2.942	3.233	3.154	2.766
3 叶期顶叶	9.581	9.675	8.868	11.237
7 叶期顶叶	10.657	12.200	5.953	11.429

（续表）

时期	GK2[*]	泗棉 3 号[**]	中棉所 30[*]	中棉所 16[**]
幼蕾期顶叶	11.585	13.953	5.659	10.692
幼蕾期蕾	13.11	13.196	14.433	12.713
蕾期苞叶	10.498	10.33	9.582	9.882
蕾期蕾	26.502	25.693	21.081	23.235
蕾期顶叶	13.474	14.233	10.564	10.862
花期花瓣	13.841	14.937	14.146	14.445 6
花期花萼	7.977	10.242	7.324	8.597
花期花柱	17.512	19.319	16.833	15.589
花期苞叶	10.740	13.072	9.281	9.988
花期顶叶	11.358	15.745	9.010	11.455
花期蕾	14.775	25.451	19.554	23.372
花铃期苞叶	10.074	11.374	10.613	8.366
花铃期顶叶	9.317	11.391	8.142	10.080
花铃期花柱	15.544	17.218	7.793	16.983
花铃期花瓣	14.439	17.575	9.993	9.521
花铃期花萼	11.600	10.520	4.097	6.831
花铃期蕾	19.526	21.756	12.293	12.507
铃期顶叶	9.616	9.182	9.978	8.081
铃期苞叶	10.808	8.846	9.831	10.501
铃期花萼	8.124	8.063	9.675 6	7.908
铃期花柱	14.738	15.178	13.492	15.734
铃期蕾	18.280	20.116	14.598	19.278
铃期花瓣	14.533	14.175	10.996	13.819
铃期铃皮	9.917	10.807	11.567	12.178
铃期铃心	16.26	15.833	11.600	17.292
吐絮期铃皮	11.476	11.350	12.114	11.805
吐絮期铃心	10.750	20.408	13.590	12.914
吐絮期顶叶	11.358	10.729	9.555	10.554

注：[*] 为 Bt 棉；[**] 为常规棉（对照）

　　棉花抗虫萜烯类化合物（包括棉酚、半棉酚酮、杀实夜蛾素 H_1、H_2、H_3、H_4 以及甲氧基半棉酚酮等）广泛存在于棉花各种器官中的色素腺内，是棉花中除缩合单宁-黄酮类化合物之外又一类重要的抗虫性次生物质。国内外自 20 世纪 60 年代起，就开始了棉花抗虫萜烯类化合物种类和抗虫性能的研究。棉酚等对烟芽夜蛾、棉铃虫和红蛉虫以及红蜘蛛具有毒性（Bottger 等，1964；张金发等，1993；Meisner，1978；Mitchell 等，1990；王琛柱等，1997），能够抑制昆虫幼虫生长，导致幼虫死亡。杀实夜蛾素和半棉酚酮对烟芽夜蛾等棉花害虫具有不同程度的抗性作用（Stipanovic

等，1977、1978）。为了协调利用 Bt 毒蛋白和棉花抗虫萜烯类化合物，充分发挥 Bt 棉萜烯类化合物的抗虫潜力，张永军等（2001）利用高效液相色谱（HPLC）技术对 Bt 棉抗虫萜烯类化合物种类、含量以及时空动态进行了初步研究。结果指出，Bt 棉 33B、中棉所 30 和 GK2 三个棉品种抗虫萜烯类化合物在不同品种、不同器官间含量差异较大，叶片中杀实夜蛾素（包括 H_1、H_2、H_3、H_4）含量较高，花及蕾中棉酚含量的比例明显高于叶片，33B 棉株顶端嫩叶中总杀实夜蛾素平均占总抗虫萜烯类化合物量的 30.82%，棉酚仅占 3.14%，其他抗虫萜烯类化合物（包括半棉酚酮、甲氧基半棉酚酮等）占 66.04%；中棉所 30 棉株顶端嫩叶中总杀实夜蛾素平均占总抗虫萜烯类化合物量的 54.94%，无棉酚检出，其他抗虫萜烯类化合物占 45.06%；GK2 棉株顶端嫩叶中总杀实夜蛾素平均占总抗虫萜烯类量的 34.01%，棉酚仅占 0.268% 其他抗虫萜烯类化合物占 65.72%。从图 8 - 55 可以看出，在花铃期被研究的 3 个 Bt 棉品种器官中，33B 总杀实夜蛾素的含量以铃中最

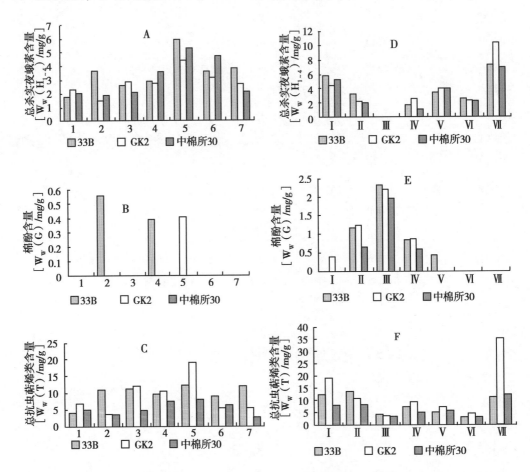

图 8 - 55　Bt 不同生育期顶叶及花铃期各器官中总杀实夜蛾素、棉酚及总抗虫萜烯类的含量

注：1. 3 叶期；2. 7 叶期；3. 蕾期；4. 花期；5. 花铃期；6. 铃期；7. 吐絮期。A、B、C 为各生育期顶端嫩叶；Ⅰ. 顶叶；Ⅱ. 蕾；Ⅲ. 花瓣；Ⅳ. 花柱；Ⅴ. 花萼；Ⅵ. 苞叶；Ⅶ. 棉铃；D、E、F 为花铃期各器官

高，顶叶、花萼、蕾和花柱次之，花瓣中杀实夜蛾素检测不到；同样 GK2 和中棉所 30 也以铃中最高，顶叶、花萼、蕾、苞叶和花柱次之，同样花瓣中不存在杀实夜蛾素。棉酚的含量 3 个品种均以花瓣中最高，蕾和花柱次之，其余器官含量较少，甚至有些器官中检测不到棉酚，总抗虫萜烯类（包括棉酚、半棉酚酮、杀实夜蛾素 H_1、H_2、H_3、H_4 以及甲氧基半棉酚酮等）均以铃、顶叶含量最高，蕾、花柱等器官次之。这些结果说明在棉花不同品种、同一品种不同器官中是不同的萜烯类

化合物在起抗虫作用。在时空动态方面，Bt 棉品种不同生育期顶端嫩叶中棉酚表达量较低，仅在个别品种的个别时期可以检测到，如 33B 在 7 叶期和花期顶端嫩叶中能够发现，而且量比较少；GK2 仅在花期顶端嫩叶中能够测定到；而中棉所 30 在整个生育期顶端嫩叶中均未能够检测到棉酚（图 8-56）。3 个棉花品种顶端嫩叶中总杀实夜蛾素含量均是从 3 叶期开始上升，到花铃期达到高峰，铃期和吐絮期有所降低但比营养期仍高些。33B 不同生长期顶端嫩叶中总抗虫萜烯类化合物含量从 3 叶期开始增加，到 7 叶期后保持一个相对比较稳定的量；GK2 和中棉所 30 从 3 叶期开始增加，到花铃期达到一个高峰后逐渐降低。

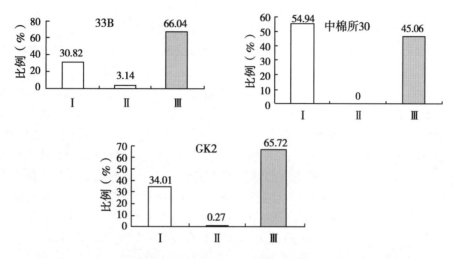

图 8-56　3 个 Bt 棉顶端嫩叶中总杀实夜蛾素、棉酚占总抗虫萜烯类的比例

注：Ⅰ：总杀实夜蛾素；Ⅱ：棉酚；Ⅲ：其他萜烯类

　　Bt 棉生长期内，生殖生长期的抗虫萜烯类化合物的含量比营养生长期普遍较高。在协同进化过程中，棉铃虫对某些器官产生特殊适应。当棉铃虫初始进入棉田，即为害顶尖，时值棉花营养生长期，抗虫萜烯类化合物的含量较后期低，与其他部位相比，此时顶尖是相对最适部位。当棉花现蕾后，随着顶尖次生物质的增高，幼虫开始向棉蕾、花柱转移取食，因为棉蕾和花柱的次生物质含量很低更适宜生长。再之，Bt 棉花从蕾期、花期开始，Bt 毒蛋白表达量逐渐减少，花铃期显著降低。这两种趋势可能造成了 Bt 棉后期抗虫性能下降。Sachs 等（1996）研究报道指出，抗虫萜烯类物质含量高的 Bt 棉品种，对烟芽夜蛾的抗虫性能明显高于不含或抗虫萜烯类物质含量低的 Bt 棉品种。Gary 等（1997）发现抗虫萜烯类化合物能够增加 Bt 毒蛋白的功效。培育富含抗虫萜烯类化合物的 Bt 棉花品种或者通过诱导措施提高 Bt 棉抗虫萜烯类化合物的含量，协调利用 Bt 毒蛋白和棉花抗虫萜烯类化合物，对于持续保持 Bt 棉花抗虫优势，延缓棉铃虫对 Bt 棉的抗性具有一定的实践意义。

第九章 转基因抗虫棉对非靶标昆虫的影响

尽管转基因抗虫棉在棉花害虫的综合防治中获得了前所未有的成功，但由于在进化过程中，棉花已经形成了一套有利于自身发育的基因系统，当人为导入外源基因后，必将打破棉花自身固有的连接群，从而会对棉花本身各种性状和生理代谢产生影响，并进一步影响棉花与有害生物之间的关系（丰嵘等，1996）。自 Losey 等（1999）在英国著名的《自然》杂志上报道转 crylAb 玉米（Bt-11）花粉能对帝王斑蝶造成伤害后，在美国乃至世界立即掀起了一场有关 Bt 玉米是否伤及帝王斑蝶的争论。值得注意的是，该研究在试验设计、方法和数据统计上均存在许多问题，为此受到同行的强烈谴责（Hodgson，1999）。比如，Losey 等撒在马利筋草叶片上的花粉量非常大，与田间条件不相吻合。其次，没有研究玉米花粉脱落高峰期与帝王斑蝶产卵、孵化及生长期的吻合程度。再者，CrylAb 毒素在 Bt-11 玉米中的含量非常低，每克花粉中仅含 0.9μg 的 CrylAb 毒素，为当时正在推广种植的另一 Bt 玉米（Event l76）花粉中 CrylAb 含量的 1/8。虽然该研究在试验设计上存在一些漏洞，但其意义在于开创了 Bt 作物对非靶标昆虫影响研究的先河。转基因抗虫棉也是如此，研究内容主要集中在对非靶标害虫，害虫天敌昆虫和经济昆虫等的影响方面。

第一节 对非靶标害虫的影响

转基因抗虫棉大面积种植后，化学农药用量的减少可使自然天敌昆虫的种类和数量增加，加强对部分害虫自然控制作用的同时，又可使天敌控制作用较差的害虫数量上升，因而转基因抗虫棉的生物安全性受到了国内外的广泛关注。自 1992 年开始，美国已着手研究 Bt 棉在不同地区对棉田害虫及天敌昆虫种群动态的影响。澳大利亚也于 1994 年开始研究 Bt 棉田靶标和非靶标害虫的发生规律。结果表明，Bt 棉生长的中后期抗性水平有较大的变异性，棉田昆虫群落受到较大影响，但对当地的物种多样性无不良影响，普通棉田的盲蝽蟓（Lygus lineolaris Palisot deBeauvois）有可能上升为 Bt 棉田的主要害虫（Gould，1998；Greene 等，1999；Layton，1999；Pray 等，2001；）。Perlak（1990、1991）先后在田间或室内鉴定了转 Bt 基因抗虫棉对主要害虫斜纹夜蛾（Spodoptera litura Fabricius）、美国棉铃虫（Helicoverpa zea Boddie）、甜菜夜蛾、棉叶穿孔潜夜蛾（Bucculatri xthurberi-ella Busck）和红蛉虫等的抗性，表明转基因抗虫棉对鳞翅目害虫有良好的抗性。虽然转基因抗虫棉对非鳞翅目害虫没有直接的影响，但可以通过对鳞翅目害虫及其天敌而间接地对非鳞翅目害虫产生影响。Wilson（1991、1992）的研究表明，转基因抗虫棉由于对鳞翅目害虫的抗性减轻了棉叶的受害，间接地促进了甘薯白粉虱的种群增长。许多研究表明，随着转 Bt 基因抗虫棉种植面积的扩大，一些对 Bt 毒蛋白不敏感的非靶标害虫已成为转 Bt 基因抗虫棉田中的主要害虫，如棉蚜、棉叶螨、斜纹夜蛾、棉盲蝽等，而且其种群的数量呈明显增加的趋势，其为害越来越重。

一、对棉蚜的影响

棉蚜（Aphis gossypii Clover）是一种世界性害虫，寄主植物多达近 300 种（Ferrandiz 等，1986）。蚜虫在多数植物上营孤雌胎生，具有生长快、世代重叠的特性，因此它们在一个生长季节内能大量暴发，造成棉叶卷缩成团、棉苗发育延迟、根系发育不良，引起棉铃脱落等。棉蚜除成、若虫直接刺吸棉株汁液导致被害棉株生长衰弱外，其分泌的蜜露还能影响棉花正常的光合作用和生理作用，污染棉花纤维和诱发霉菌寄生，可严重影响棉花的产量和品质（陆宴辉等，2004）。在棉蚜的综合防治技术体系中，对棉花抗蚜性的研究和利用，已日益受到重视。

（一）对棉蚜种群消长动态的影响

有关转基因抗虫棉对棉蚜种群消长动态影响的研究结果不尽一致。有认为转基因抗虫棉田中棉蚜种群数量与常规棉田没有显著差异，也有认为转基因抗虫棉对棉蚜没有控制作用，发生量高于常规棉田。但是，有研究结果指出，与常规棉相比，转（CpTI + Bt）双价基因抗虫棉对棉蚜有明显的控制作用。

Bt棉与常规棉田中棉蚜发生无显差异的研究结果列于图9-1、图9-2、图9-3和表9-1。潘启明等（2002）报道，我国山西棉区1997—1999年，苗期棉蚜属中度发生年，2000—2001年伏期棉蚜为轻度发生年。1997—1999年常规棉田苗蚜始见期分别为4月30日、4月30日和5月5日，高峰日分别为5月30日、5月20日和5月20日，为害盛期均为20天。2000—2001年伏蚜始见期均为7月5日，高峰日分别为7月20日和7月25日，为害盛期分别为20天和35d。Bt棉棉田在发生及为害时间上，除2000年伏蚜高峰日推后5d，为害盛期减少5d外，其余均和常规棉田一样。常规棉田高峰日苗期百株蚜量3年分别为2.82万头、2.23万头、0.92万头，伏期百株3叶蚜量两年分别为1 545头和3 138头。Bt棉棉田苗期蚜量1997、1998两年比常规棉田高2.7%、14.7%，但1999年又低1.2%，伏期蚜量2000年高3.9%，2001年低15%。为害盛期内常规棉田苗蚜平均百株蚜量分别为1.09万、1.52万、0.63万头，伏蚜平均百株3叶蚜量分别为986头、1 041头。Bt棉棉田苗蚜1997年比常规棉田高4.1%，1998年、1999年又低0.4%和10.0%，伏蚜两年分别高5.8%和13.3%。卷叶株常规棉田苗蚜3年分别为44%、100%、21%，伏蚜两年均未卷叶，Bt棉棉田苗蚜1997年比常规棉田低2%，1999年高1%，1998年与常规棉田一样，伏蚜两年与常规棉田一样，均未发生卷叶。这表明，Bt棉棉田棉蚜发生和为害基本同常规棉田，发生量、为害程度虽与常规棉田有高有低，但差别不大。Velders等（2002）证明Bt棉对苗期棉蚜种群数量没有明显影响，种群数量与对照棉田无显著差异。万鹏等（2003）调查了Bt棉GK19、BG1560和常规棉泗棉3号不施农药在棉花不同生育期内的有蚜株率、蚜害指数及卷叶率。结果表明，蚜株率在GK19、GB1560和泗棉3号三个品种间无显著性差异，蚜害指数和卷叶率也是如此；但Bt棉在8月25日的有蚜株率、蚜害指数均显著低于泗棉3号施药田（表9-2）。由于小麦的屏障作用，夏播棉田苗蚜发生较轻。崔金杰等（1998）报道，夏播棉对照田（常规棉，不施药）、综防田（常规棉，施药）、自控田（Bt棉，不施药）中的百株苗蚜数量分别为22头、16头和30头，均显著低于百株2 000头的防治指标。夏播棉田棉伏蚜有2个明显的发生高峰，第1个高峰在7月中旬，第2个高峰在8月上旬。对照田、综防田、自控田平均百株单叶蚜量分别为148.5头、111.3头和197.6头，综防田和自控田分别比对照田减少25.1%和增加33.1%；综防田比自控田减少43.7%，差异不显著。表明转基因抗虫棉田棉伏蚜发生数量和常规相比无明显差异。

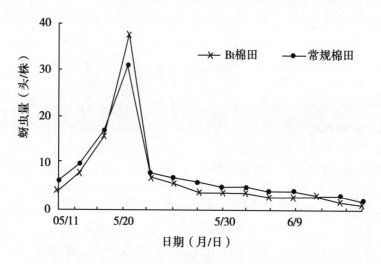

图 9 - 1　Bt 棉和常规棉苗期棉株棉苗蚜虫发生情况（王武刚等，1999）

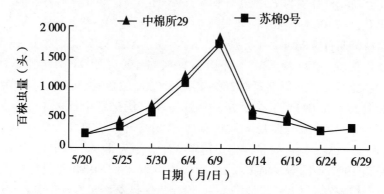

图 9 - 2　系统调查田苗蕾期棉蚜的百株虫量消长（徐文华，2003）

注：中棉所 29 为 Bt 棉，苏棉 9 号为常规棉

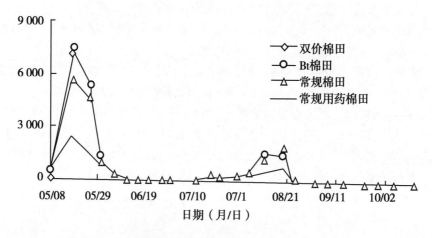

图 9 - 3　不同类型棉田棉蚜种群消长（崔金杰等，2004）

表 9 – 1　Bt 棉和常规棉田棉蚜的种群动态（万鹏等，2003）

年份	日期（月 – 日）	百株 3 叶蚜量			
		GK19（Bt 棉，不施药）	BG1560（Bt 棉，不施药）	泗棉 3 号（常规棉，不施药）	泗棉 3 号（施药，常规棉）
2001	6 – 4	183. 3 ± 177. 33a	183. 7 ± 183. 67a	625. 0 ± 621. 00a	208. 0 ± 59. 15a
	6 – 29	3 568. 0 ± 2 262. 17a	2 022. 0 ± 1 012. 07a	1 899. 3 ± 1 188. 00a	2 763. 3 ± 761. 49a
	7 – 29	274. 7 ± 132. 27a	154. 7 ± 71. 60a	65. 3 ± 39. 35a	100. 7 ± 10. 97a
	8 – 24	291. 7 ± 188. 47b	91. 7 ± 46. 40b	8. 3 ± 8. 33b	5 100. 0 ± 414. 10a
	9 – 14	0a	0a	13. 3 ± 13. 33a	6. 7 ± 6. 67a
2002	6 – 5	208. 0 ± 107. 37a	123. 7 ± 60. 38a	95. 7 ± 73. 99a	272. 0 ± 158. 34a
	6 – 20	3 798. 7 ± 475. 85a	3 979. 7 ± 771. 60a	3 483. 3 ± 295. 12a	3 835. 0 ± 1 145. 06a
	7 – 30	56. 0 ± 14. 05a	38. 7 ± 13. 13a	28. 0 ± 6. 11a	40. 0 ± 12. 22a
	8 – 25	200. 0 ± 31. 07b	174. 7 ± 35. 88b	188. 0 ± 42. 02b	6 021. 3 ± 1 834. 37a
	9 – 15	23. 0 ± 9. 71a	5. 7 ± 2. 96a	3. 7 ± 1. 86a	9. 3 ± 5. 81a

注：数字后小写字母表示纵向显著（$P < 0.05$），表 9 – 2 同

表 9 – 2　不同处理棉田蚜虫为害情况

日期（月 – 日）	蚜害参数（D）	品种			
		GK19（不施药）	BG15600（不施药）	泗棉 3 号（不施药）	泗棉 3 号（施药）
6 – 5	有蚜株率	17. 0a	14. 3a	14. 0a	19. 7a
	蚜害指数	6. 4a	4. 8a	4. 0a	6. 6a
	卷叶株率	0a	0a	0a	0a
6 – 20	有蚜株率	59. 7a	59. 0a	66. 0a	59. 3a
	蚜害指数	22. 9a	22. 8a	22. 9a	23. 2a
	卷叶株率	17. 3a	16. 2a	17. 3a	17. 5a
7 – 15	有蚜株率	90. 7a	82. 0a	85. 3a	92. 0a
	蚜害指数	30. 2a	27. 3a	28. 4a	30. 7a
	卷叶株率	0a	0a	0a	0a
8 – 25	有蚜株率	54. 7b	56. 0b	42. 7b	94. 7a
	蚜害指数	18. 2b	18. 7b	14. 2b	158. 7a
	卷叶株率	0a	0a	0a	0a
9 – 15	有蚜株率	0a	2. 7a	0a	4. 0a
	蚜害指数	0a	0. 9a	0a	1. 3a
	卷叶株率	0a	0a	0a	0a

　　转（$rylAc + Cry2Ab$）双价基因抗虫棉是中国农业科学院棉花研究所育成的一个新材料，对棉铃虫和斜纹夜蛾等害虫具有良好的抗性。雒珺瑜等（2012）研究了这一新材料对棉蚜种群消长的影响，结果指出：①苗蚜。2010 和 2011 年双价棉与常规棉苗蚜发生均在 5 月下旬达到高峰期。

2010 年，双价棉和常规棉田平均百株棉苗蚜的数量分别为 1 637.91 头和 1 836.00 头，双价棉田比常规棉田降低 10.79%，但差异未达显著水平（$t_{0.05} = 1.699$，$t = 0.809\,6$，$t_{0.05} > t$）；2011 年，双价棉和常规棉田平均百株棉苗蚜的数量分别为 2 904.58 头和 2 845.63 头，双价棉田比常规棉田高 2.03%，差异未达显著水平（$t_{0.05} = 1.699\,1$，$t = -0.144\,3$，$t_{0.05} > |t|$）。②伏蚜。2010 年，伏蚜发生较轻，而且持续时间较短；2011 年，伏蚜发生较重，持续时间较长。2010 年，双价棉和常规棉田平均百株棉伏蚜的数量分别为 50.89 头和 81.02 头，双价棉田比常规棉田降低 37.18%，但差异未达显著水平（$t_{0.05} = 1.674\,1$，$t = 1.610\,9$，$t_{0.05} > t$）；2011 年棉伏蚜在 7 月下旬至 8 月上旬达到高峰期，双价棉和常规棉田平均百株棉伏蚜的数量分别为 4 049.65 头和 5 564.52 头，双价棉田比常规棉田降低 37.41%，但差异未达显著水平（$t_{0.05} = 1.674\,1$，$t = 1.087\,2$，$t_{0.05} > t$）。③秋蚜。秋蚜发生期棉田蚜虫发生量较小。2010 年，双价棉和常规棉田平均百株棉秋蚜的数量分别为 233.76 头和 283.30 头，双价棉田比常规棉田减少 17.49%，但差异未达显著水平（$t_{0.05} = 1.739\,6$，$t = 0.554\,8$，$t_{0.05} > t$）。2011 年，双价棉和常规棉田平均百株棉秋蚜的数量分别为 125.11 头和 347.78 头，双价棉田比常规棉田减少 64.03%，但差异未达显著水平（$t_{0.05} = 1.739\,6$，$t = 1.733\,9$，$t_{0.05} > t$）。综上所述，双价棉田和常规棉田在苗蚜、伏蚜和秋蚜发生数量无明显差异。

在 Bt 棉田中，棉蚜种群发生数量呈明显上升趋势的研究结果列于表 9 - 3。表 9 - 3 结果表明，2000 年，棉蚜发生的总计值，化防田（Bt 棉，施农药）和自控田（Bt 棉，不施农药）分别比常规对照田（常规棉，施农药）增加 37.9% 和 71.4%，2001 年，则分别增加 92.5% 和 134.9%，差异明显。考虑到以一个世代的棉蚜种群增长情况来考察棉蚜对不同棉花品种的适应性难免带有随机性和局限性，杨益众等（2006）研究了棉蚜在同一个棉花品种上连续 3 个世代的自然种群增长趋势。结果表明（表 9 - 4），3 个 Bt 棉花品种（GK22、苏抗 103、中抗 310）田棉蚜连续 3 个世代的种群累积增长趋势指数（I_{123}）均高于相应的对照常规棉泗棉 3 号和苏棉 12 号。GK22、苏抗 103、中抗 310 和泗棉 3 号和苏棉 12 号等 5 个棉花品种田间棉蚜第 1 代、第 2 代的种群趋势指数均大于 1，第 3 代的棉蚜种群趋势指数均小于 1。这说明在棉花的苗期，棉蚜种群数量处于上升趋势。第 1 代，GK22 上棉蚜的种群趋势指数为 5.146 6，比泗棉 3 号上的棉蚜种群趋势指数高 14.47%，苏抗 103 和中抗 310 上的棉蚜种群趋势指数分别为 6.980 6 和 7.618 6，比苏棉 12 号上的棉蚜种群趋势指数分别高 79.19% 和 95.56%；第 2 代，GK22 上的棉蚜种群趋势指数比泗棉 3 号上的高 55.09%，苏抗 103 和中抗 310 上的棉蚜种群趋势指数比苏棉 12 号上的分别高 2.31% 和 6.20%；第 3 代，3 个 Bt 棉上的棉蚜种群趋势指数均略低于其对照。在此，比较 5 个棉花品种田棉蚜连续 3 个世代的种群累积趋势指数，发现 GK22 上棉蚜 3 个连续世代的种群累积趋势指数为 5.401 8，比泗棉 3 号上的高 41.21%，苏抗 103 和中抗 310 上棉蚜 3 个世代的种群累积趋势指数较苏棉 12 号分别增加 49.54% 和 65.79%。丁莉等（2004）室内实验的棉蚜种群趋势指数（I），常规棉（对照）较转（Bt + GANmm）双价抗虫棉 H - 1 和 H - 2 为高；对照在各代中均为 I > 1，但 H - 1 和 H - 2 都在 < 1，即下代种群数量将减少。李进步等（2007）研究了 Bt 棉和常规棉不同棉花品种上棉蚜的自然种群动态。结果显示，不同类型棉花品种上棉蚜种群数量存在着明显差异（表 9 - 5），且达到显著水平（$P < 0.05$），以 Bt 棉（中棉所 32、GK12、棉辽棉 19 号和鲁棉研 18 号）上棉蚜数量最高，双价棉（SGK321 和中棉所 41）次之，常规棉泗棉 3 号上最低。棉蚜的种群数量随着棉花的生长在持续增加，但不同棉花品种上棉蚜的种群数量增长幅度不同。在常规棉泗棉 3 号、石远 321 上棉蚜的种群数量一直保持在较低数量的状态下增加；Bt 棉和双价棉尽管在 3 叶期与其他棉花品种上的单株蚜量没有明显差别，但随着时间的推移，单株蚜量迅速增长，在棉花处于 7 叶期时，转基因抗虫棉单株蚜量均已达到 200 头以上，特别是在棉花现蕾后期 Bt 棉 GK12 号、中棉所 32 分别高达 445.25 头和 482.50 头，导致棉花叶片畸形、卷曲和叶色褪绿，对棉花的正常生长发育造成影响。

表9-3 三种处理棉田的棉蚜种群数量（邓曙东等，2003） （头/百株）

年份	处理	高峰值	总计值
2000	化防田	1 680	7 080
	自控田	1 840	8 801
	对照田	1 140	5 134
2001	化防田	1 010	7 858
	自控田	1 268	9 588
	对照田	865	4 082

表9-4 不同品种棉田棉蚜自然种群趋势指数

种群趋势指数	泗棉3号（对照）	GK22	苏棉12（对照）	苏抗103	中抗310
第1代（I_1）	4.496 0	5.146 6	3.895 7	6.980 6	7.618 6
第2代（I_2）	2.082 3	3.229 5	3.289 0	3.365 0	3.492 9
第3代（I_3）	0.408 6	0.325 0	0.700 4	0.571 3	0.559 1
3世代累积种群趋势指数（I_{123}）	3.825 3	5.401 8	8.974 0	13.419 7	14.878 0

注：* $I_{123} = I_1 \times I_2 \times I_3$

表9-5 田间棉花品种上棉蚜的种群动态 （头/株）

棉花品种	3叶期	5叶期	7叶期	现蕾中期	现蕾后期	平均值
双价棉SGK321	7.25c	65.75c	215.50b	276.252b	320.75b	221.38±25.14b
双价棉中棉所41	6.75c	80.25b	225.50b	285.50b	350.00b	237.00±27.50b
常规棉泗棉3号	7.50b	32.75e	43.50e	88.50e	137.25e	76.88±15.84f
常规棉石远321	9.25a	37.00e	54.50e	96.50e	178.50d	91.94±14.27e
Bt棉辽棉19号	9.50a	45.00d	92.50d	134.25d	212.25c	116.13±17.36d
Bt棉鲁棉所18号	5.50e	50.25d	165.75c	225.50c	230.50c	169.38±28.15c
Bt棉GK12	8.25b	89.50a	275.05a	318.50a	445.25a	284.14±32.18a
Bt棉中棉所32	6.50d	95.25a	268.25a	338.75a	482.50a	297.81±29.27a

注：数字后面小写字母表示纵向0.05差异显著

　　研究结果表明，（Bt+CpTI）双价棉在棉花生长中后期（8~9月）的Bt基因杀虫活性明显高于Bt棉，且活性表现更稳定（芮昌辉等，2002）。孙长贵等2003报道（图9-4），Bt棉田内的棉蚜数量最多，其次是常规棉田（对照棉），发生数量最少的是双价棉田。Bt棉田内棉蚜数量比常规棉田内增加29.4%，但差异不显著（$P > 0.05$）。双价棉田和Bt棉田相比，棉蚜发生量减少33.0%，差异极显著（$P < 0.01$）。这表明，双价棉对棉蚜的发生有明显的抑制作用。周洪旭等（2005）于5月23日至9月16日的24次田间调查中发现，双价棉SGK321棉田中棉蚜总数量比常规棉石远321棉田降低64.5%（图9-5）。

　　影响棉蚜种群增长的作用因子较多，杨益众等（2006）将各作用因子转化为种群控制指数（IPC）进行分析，发现除了第1代中Bt棉GK22和第3代中Bt棉中抗310上捕食性天敌的控制作用指数与常规棉差异较大外，其他各处理上的捕食作用控制指数与其常规棉之间差异不明显。这说明捕食性天敌在棉田活动性大，其种群数量与不同棉花品种关系不大。但比较不同棉花品种田间棉蚜3个世代寄生性天敌的控制作用指数，除了第3代中苏抗103上的种群控制指数略高于常规棉外，其余各Bt棉处理上种群控制指数均低于对照常规品种。至于雨水冲刷和病菌的作用，3个Bt棉花品种各处理上的种群控制指数与常规棉之间差异虽然不太大，但可以发现这两个因子对棉蚜种群有着很强的控制作用，特别是在第3代棉蚜发生期间。此外，自然死亡和其他因子的控制作用指数在不同棉花品种间差异不明显。

有关转基因抗虫棉对蚜虫种群消长动态研究结论的不一致可能与研究者所用的棉花品种、棉花中导入的基因类型、基因的导入方式、不同气候条件等各种因子有关。因此，生产上应继续加强对转基因抗虫棉田棉蚜种群动态的监测工作。

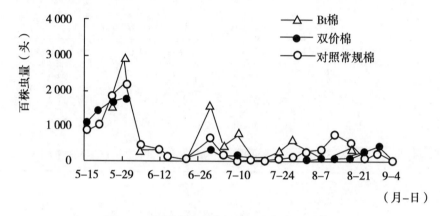

图9-4 不同棉花品种上棉蚜种群消长动态

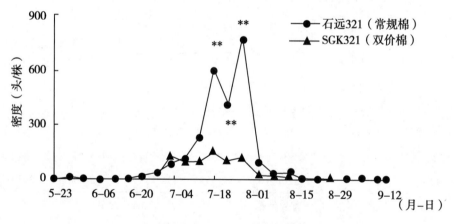

图9-5 棉蚜在双价棉和常规棉田的种群动态

（二）对棉蚜繁殖的影响

多数研究认为，转基因抗虫棉对棉蚜的繁殖无显著影响，但因试验材料（品种）、试验设计、试验地点的不同，以及判断对棉蚜繁殖是否有影响的技术参数不同，导致研究结论不尽一致。蒋丽等（2001）用双价棉 SGK321 和常规棉石远321分别饲养棉蚜，其寿命为双价棉（24.19 ± 0.85）d > 常规棉（21.95 ± 0.41）d；产蚜数为常规棉（56.31 ± 1.89）头 > 双价棉（55.09 ± 1.52）头，但经统计分析各处理在 0.05 水平上均无显著差异。说明与常规棉相比，双价棉上棉蚜寿命延长，产蚜数减少，但差异不显著（$P < 0.05$）。郭慧芳等（2003）在试验设计上除第1代和第2代棉蚜在室内变温条件（20~25℃）下外，其余各代棉蚜均在室内恒温恒光条件（27 ±1）℃，

L：D＝14：10）下，分别用常规棉泗棉 3 号、Bt 棉 GK22 和 32B 三个品种 1 叶 1 心期的棉苗饲养。试验前每株棉苗接 5 头左右成蚜，待在同一天产足 5 头以上仔蚜时，剔除成蚜，每苗留 5～10 头仔蚜，并记数作为起始蚜量，此后每天检查棉蚜存活数和产仔数，同时剔除所产仔蚜。在产仔高峰时将成蚜挑至另 1 株无虫苗上，经 1d 产仔后再将成蚜转移至原来苗上，所产仔蚜作为下一代的起始虫量，数量仍保持 5～10 头。如此进行蚜虫的继代饲养，获得不同世代。每世代不同棉株处理重复 10 次，以保证各处理实测蚜虫数量均在 50 头以上。而后利用生命表数据计算棉蚜的净增殖率（表 9－6）。由表 9－6 可见，在棉蚜 17 代的连续饲养中调查了第 1 代，第 4 至第 5 代、第 7 代至第 12 代以及第 17 代共 10 个代次的净增殖率，仅第 11 代 GK22 上棉蚜净增殖率显著低于泗棉 3 号，而 32B 上棉蚜净增殖率与泗棉 3 号无显著差异，其余各代次，Bt 棉上棉蚜净增殖率与泗棉 3 号上的均无显著差异。第 1 代棉蚜净增殖率远远高于其余各代。这主要是由于第 1 代棉蚜是在相对较低的室内自然变温条件（20～25℃）下饲养的，以后各代则在 27℃恒温条件下饲养，前者更适于棉蚜的生长。所以 Bt 棉未稳定地表现出对棉蚜净增殖率有利或不利的影响。万鹏等（2003）报道，Bt 棉 GK19 和 BG1506、常规棉泗棉 3 号蚜虫净增殖率分别为 36.18%、34.14% 和 38.68%，这三者之间差异不显著。张炬红等（2008）和蒋丽等（2011）研究结果也表明，转基因抗虫棉与常规棉棉蚜的净增殖率无显著差异。但也有报道认为转基因抗虫棉与常规棉之间在棉蚜净增殖上有差异。李进步等（2007）研究结果，双价棉 SGK321 和中棉所 41、常规棉泗棉 3 号和石远 321、Bt 杂交棉辽棉 19 号和鲁棉研 18 号、Bt 棉 GK12 和中棉所 32 的棉蚜净增殖率分别为 23.75%、22.84%、34.43%、36.49%、36.71%、34.68%、29.17% 和 30.22%。在 5% 差异显著水平，泗棉 3 号、石远 321、辽棉 19 号和鲁棉研 18 号之间差异不显著，但这 4 个品种与 SGK321、中棉所 41、GK12 和中棉所 32 之间达 5% 差异显著水平。雒珺瑜等（2012）的结果表明，双价棉与常规棉之间棉蚜增殖率达 1% 差异极显著水平。张炬红等（2006）和李海强等（2011）研究结果也认为，常规棉（对照）与转基因抗虫棉上棉蚜产若蚜数量未达到统计上的 5% 差异显著水平，说明转基因抗虫棉对棉蚜的产若蚜数量无显著影响（图 9－6、图 9－7）。

表 9－6　转基因抗虫棉上不同代次棉蚜的净增殖率

代次	棉花品种		
	常规棉泗棉 3 号（对照）	Bt 棉 GK22	Bt 棉 32B
	净增殖率		
1	78.91 ± 14.60a	88.14 ± 16.01a	78.75 ± 12.57a
4	30.14 ± 15.17a	34.31 ± 7.83a	29.96 ± 13.37a
5	27.69 ± 8.39a	45.93 ± 5.17a	30.50 ± 13.27a
7	27.03 ± 3.01a	30.43 ± 3.54a	33.40 ± 6.37a
8	28.42 ± 5.33a	27.98 ± 5.37a	30.40 ± 6.36a
9	39.50 ± 11.75a	51.61 ± 24.90a	32.07 ± 11.15a
10	34.46 ± 9.03a	43.72 ± 8.85a	35.22 ± 11.70a
11	56.11 ± 8.69a	32.85 ± 8.74b	43.88 ± 20.17ab
12	29.87 ± 8.50a	49.51 ± 16.21a	40.30 ± 3.52a
17	35.15 ± 2.90a	35.85 ± 11.95a	23.42 ± 1.13a

注：同一横行中不同小写字母表示差异达 0.05 显著水平

由于净增殖率表示每一雌性个体经过 1 个世代后所产生的后代，而内禀增长率则包括了种群生长发育、繁殖以及存活等方面。它代表每一雌性个体的瞬时增长率，可衡量当时或未来种群消长趋势（吴文岳等，2006）。不同的品种的棉株上具有较大内禀增长率值的棉蚜，后代繁殖快，种群数量大，危害重，该棉株具有较弱的抗蚜性。因此从转基因抗虫棉对棉蚜的生态风险评估的角度，内禀增长率更适合作为衡量棉蚜种群增长的指标。转基因抗虫棉和常规棉上的棉蚜内禀增长率的差异不同于净增殖率。郭慧芳等（2003）报道，第8代棉蚜 Bt 棉 32B 上的蚜虫内禀增长率极显著高于常规棉泗棉3号（$P<0.01$），Bt 棉 GK22 上的蚜虫内禀增长率与泗棉3号无差异（表9-7），而此代次两个转基因抗虫棉品种上棉蚜的净增殖率与常规棉均无明显差异；第11代，GK22 号上棉蚜净增殖率显著低于泗棉3号（$P<0.05$），但它们的内禀增长率却无明显差异；其余各代次，两个转基因抗虫棉上棉蚜的内禀增长率与泗棉3号均无显著差异。可见转基因抗虫棉对棉蚜内禀增长率亦

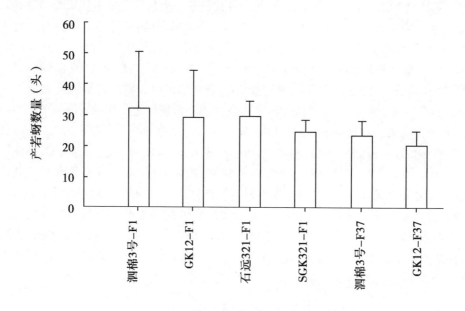

图9-6　转基因抗虫棉对棉蚜蚜繁殖的影响（张炬红等，2006）

注：常规棉泗棉3号为 Bt 棉 GK12 的受体亲本，石远321 为双价棉 SGK321 的受体亲本；F_1 和 F_{37} 分别表示棉蚜在棉花上饲养取食1代和37代

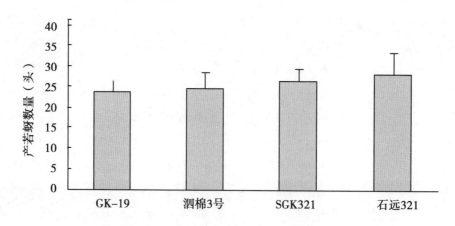

图9-7　转基因抗虫棉对棉蚜繁殖的影响（李海强等，2011）

注：常规棉泗棉3号为 Bt 棉 GK19 的受体亲本，石远321 为双价棉 SGK321 的受体亲本

未表现出明显的影响。万鹏等（2003）、张炬红等（2008）、蒋丽等（2011）和雒珺瑜等（2012）的研究结果也证明转基因抗虫棉对棉蚜内禀增长率无不利影响（表9-8）。但也有认为转基因抗虫棉与常规棉之间在棉蚜内禀增长率上有明显差异。万莉等（2004）无论是在室内人工气候箱内饲养，还是在田间罩笼，两个转（Bt+GNAmm）双价抗虫棉 H-1 和 H-2 的平均内禀增长率分别为0.217 3 和 0.216 2，室内为 0.122 6 和 0.136 3 均低于常规棉（对照）0.255 4 和 0.178 3。表明棉蚜种群在双价棉株上生长繁殖受到抑制作用，在常规棉上繁殖率高。双价棉 H-2 和 H-1 之间差异不明显。李进步等（2007）指出，内禀增长率大小排列顺序，依次为 Bt 棉（GK12 和中棉所 32）>Bt 杂交棉（辽棉 19 号和鲁棉研 18 号）>常规棉（泗棉 3 号和石远 321）>双价棉（SGK321 和中棉所 41）。此外，在判断转基因抗虫棉对棉蚜种群数量动态是否有影响的其他参数指标，如种群周限增长率、种群加倍时间等方面，与常规棉相比，研究结果表明，无显著差异（2012 年雒珺瑜等报道的种群加倍时间除外）（表9-9）。也有研究结果指出，这两个指标在不同棉花品种之间有显著差异（表9-10）。

表9-7　转基因抗虫棉上不同代次棉蚜的内禀增长率

代次	棉花品种		
	常规棉泗棉 3 号（对照）	Bt 棉 GK22	Bt 棉 32B
1	0.31 ± 0.02aA	0.32 ± 0.03 aA	0.30 ± 0.02 aA
4	0.46 ± 0.07 aA	0.49 ± 0.07 aA	0.45 ± 0.02 aA
5	0.40 ± 0.04 aA	0.39 ± 0.09 aA	0.46 ± 0.03 aA
7	0.47 ± 0.06 aA	0.46 ± 0.06 aA	0.54 ± 0.05 aA
8	0.29 ± 0.06bB	0.29 ± 0.02AB	0.37 ± 0.04 aA
9	0.29 ± 0.04 aA	0.29 ± 0.02 aA	0.34 ± 0.12 aA
10	0.44 ± 0.05 aA	0.38 ± 0.05 aA	0.44 ± 0.03 aA
11	0.40 ± 0.03 aA	0.38 ± 0.05 aA	0.42 ± 0.07 aA
12	0.48 ± 0.03 aA	0.44 ± 0.02 aA	0.45 ± 0.03 aA
17	0.37 ± 0.02 aA	0.38 ± 0.04 aA	0.34 ± 0.02 aA

注：同一横行不同大、小写字母分别表示差异达 0.01 和 0.05 显著水平

表9-8　不同研究者对棉蚜内禀增长率的研究结果

棉花品种	世代	内禀增长率	资料来源
Bt 棉 GK19		0.369 0	
Bt 棉 BG1560		0.370 5	万鹏等，2003
常规棉泗棉 3 号		0.372 2	
常规棉泗棉 3 号	F_1	0.97a	
Bt 棉 GK12	F_1	0.69a	
常规棉石远 321	F_1	0.92a	
双价棉 SGK321	F_1	0.70a	张炬红等，2008
常规棉泗棉 3 号	F_{37}	0.25a	
Bt 棉 GK12	F_{37}	0.20a	

（续表）

棉花品种	世代	内禀增长率	资料来源
双价棉 SGK321		0.33a	蒋丽等，2011
常规棉石远 321		0.34a	
常规棉		0.20a	雒珺瑜等，2012
双价棉		0.07a	

注：数字后面相同小写英文字母表示在 0.05 水平上差异不显著；F_1 和 F_{37} 分别表示棉蚜在棉花上饲养 1 代和 37 代

表 9 - 9　不同研究者对棉蚜种群周限增长率和种群加倍时间的研究结果

棉花品种	世代	种群周限增长率	种群加倍时间（d）	资料来源
Bt 棉 GK19		1.446 3	1.878 4	万鹏等，2003
Bt 棉 BG1560		1.448 5	1.870 8	
常规棉泗棉 3 号		1.450 9	1.862 3	
常规棉泗棉 3 号	F_1	3.1a	1.1a	张炬红等，2008
Bt 棉 GK12	F_1	2.3a	1.3a	
常规棉石远 321	F_1	2.6a	0.9a	
双价棉 SGK321	F_1	2.1a	1.1a	
常规棉泗棉 3 号	F_{37}	2.8a	1.3a	
Bt 棉 GK12	F_{37}	2.7a	1.3a	
常规棉石远 321		1.34a	2.06a	蒋丽等，2011
双价棉 SGK321		1.39a	2.12a	
常规棉		1.07a	8.60a	雒珺瑜等，2012
双价棉		1.07a	21.86b	

注：F_1 和 F_{37} 分别表示棉蚜在棉花饲养 1 代和 37 代；数字后面不同小写英文字母表示 0.05 差异显著，相同字母表示差异不显著

表 9 - 10　室内不同棉花品种上棉蚜的种群周限增长率和种群加倍时间（李进步等，2007）

棉花品种	种群周限增长率	种群加倍时间（d）
双价棉 SGK321	1.411 4b	2.011 7a
双价棉中棉所 41	1.403 3b	2.045 6a
常规棉泗棉 3 号	1.400 3b	2.058 9a
常规棉石远 321	1.420 2b	1.976 0a
Bt 杂交棉辽棉 19 号	1.439 7a	1.902 0b
Bt 杂交棉鲁棉所 18 号	1.432 2ab	1.929 5b
Bt 棉 GK12	1.442 2 a	1.893 0 c
Bt 棉中棉 32	1.447 1a	1.875 9c

注：数字后面小写英文字母表示达 0.05 差异显著水平

棉花上棉蚜种群增长速度是衡量转基因抗虫棉对棉蚜繁殖影响的技术参数之一。7 月 15～31 日，田间和室内调查结果显示在整个时段内，大田罩笼对照常规棉品种 9904 棉蚜种群增加了 213.3 倍，转双价（Bt + GNAmm）基因抗虫棉 H－1 和 H－2 棉蚜种群分别增加 95.9 倍，93.7 倍，对照较 H－1 和 H－2 分别增加了 2.22 和 2.28 倍。在人工气候箱内饲养显示，一头成蚜在 28d 生长繁殖后，对照棉蚜种群可达 395.7 头，双价棉 H－1 为 68 头，双价棉 H－2 仅为 46 头；对照较 H－1 和 H－2 分别增加 5.82 倍和 8.6 倍，表明对照品种棉蚜种群繁殖力强，增长速度快，适合棉蚜种群生长，繁殖，抗性差。双价棉对棉蚜生长繁殖有明显的抑制作用，繁殖量低，繁殖力弱，不适合棉蚜种群生长，抗性最强（表 9－11，表 9－12）。

表 9－11　大田罩笼不同棉花品种棉蚜种群数量动态（丁莉等，2004）　　　　　　　（头）

天	常规棉 9904（对照）	双价棉 H－1	双价棉 H－2
1	3.0	3.0	3.0
4	13.6	15.3	5.3
7	40.6	25.6	28.6
10	80.6	36.0	52.0
13	128.0	57.6	79.3
16	303.3	99.6	164.6
19	388.3	171.3	248.3
22	640.0	287.8	281.0
增长倍数	213.3	95.9	93.7

表 9－12　室内饲养棉蚜种群数量动态（丁莉等，2004）　　　　　　　（头）

时间（月－日）	常规棉 9904（对照）	双价棉 H－1	双价棉 H－2	时间（月－日）	常规棉 9904（对照）	双价棉 H－1	双价棉 H－2
7－10	5.0	10.7	3.0	7－21	65.3	28.3	11.6
7－11	7.67	10.3	3.0	7－22	78.0	38.3	17.0
7－12	12.3	25.3	3.0	7－23	95.7	43.7	10.3
7－13	19.3	37.3	2.6	7－24	79.0	42.7	17.0
7－14	24.0	51.7	2.6	7－25	96.3	55.3	15.0
7－15	34.7	66.7	4.6	7－26	138.7	53.3	20.1
7－16	43.0	68.0	6.0	7－27	199.7	62.0	15.0
7－17	36.7	70.7	8.0	7－28	276.3	76.7	19.0
7－18	36.7	48.7	9.3	7－29	352.7	86.0	30.0
7－19	52.0	34.3	10.0	7－30	395.7	68.0	46.0
7－20	55.7	27.0	14.0				

产仔率和产仔高峰持续时间反映的是棉蚜在棉花上的扩展和繁殖趋势，是棉蚜对棉花不同品种的结构特性和营养特性的综合体现。棉蚜在不同棉花品种上的平均日产蚜量、高峰日产蚜量和累计产蚜量见表 9－13。由表 9－13 可见，棉蚜在供试的不同棉花品种上以 Bt 杂交棉辽棉 19 号和鲁棉

研 18 号上产蚜量较多，其中辽棉 19 上平均每雌产蚜 44.48 ± 4.27 头，常规棉泗棉 3 号和石远 321 上其次，接着为 Bt 棉 GK12 和中棉所 32，双价棉 SGK321 和中棉所 41 上最少，其中 SGK321 上平均每雌产蚜 33.51 头。方差分析表明，双价棉上产蚜量分别与常规棉、Bt 棉及 Bt 杂交棉差异均显著（$P < 0.05$）；Bt 棉与常规棉及 Bt 杂交棉差异均显著（$P < 0.05$），但常规棉与杂交棉不显著。万鹏等（2003）研究结果是，棉蚜平均日产蚜量、高峰期日产蚜量和累计产蚜量这三个繁殖参数在转基因抗虫棉和常规棉之间差异不显著（表 9 – 14）。在产仔时间上，与常规棉相比，双价棉上棉蚜的产仔开始时间和产仔高峰开始时间分别延长 50.00% 和 130.33%，前者差异不显著（$t_{0.05} = 2.302\ 7$，$t = -1.312\ 1$，$|t| < t_{0.01}$），后者差异达极显著水平（$t_{0.01} = 4.302\ 7$，$t = -4.605\ 6$，$|t| > t_{0.01}$）；产仔高峰持续时间减少 63.57%，差异达显著水平（$t_{0.05} = 4.313\ 7$，$t_{0.01} = 12.706\ 2$，$t = 4.333\ 3$，$t_{0.01} > t > t_{0.01}$）（表 9 – 15）。

表 9 – 13 取食不同棉花品种棉蚜的繁殖参数（李进步等，2007）

棉花品种	平均日产蚜量	高峰期日产蚜量	累计产蚜量
双价棉 SGK321	1.96 ± 0.29c	6.82 ± 0.41b	33.51 ± 2.14c
双价棉中棉所 41	1.89 ± 0.31c	6.79 ± 0.31b	35.46 ± 2.33c
常规棉泗棉 3 号	2.91 ± 0.22a	7.26 ± 0.21ab	42.41 ± 3.20a
常规棉石远 321	2.89 ± 0.36a	7.41 ± 0.41a	43.66 ± 3.19a
Bt 杂交棉辽棉 19 号	2.92 ± 0.34a	6.98 ± 0.38b	44.48 ± 4.27a
Bt 杂交棉鲁棉研 18 号	2.96 ± 0.25a	7.50 ± 0.35a	43.87 ± 3.23a
Bt 棉 GK12	2.52 ± 0.40b	7.76 ± 0.26a	41.38 ± 4.71b
Bt 棉中棉所 32	2.49 ± 0.21b	7.73 ± 0.19a	40.24 ± 3.82b

注：数字后面小写英文字母表示达 0.05 差异显著水平

表 9 – 14 取食 Bt 棉与常规 Bt 棉蚜虫的繁殖参数

品种	繁殖参数		
	平均日产蚜量	高峰期日产蚜量	累计产蚜量
Bt 棉 GK19	3.2 ± 0.22a	7.8 ± 0.49a	45.3 ± 2.93a
Bt 棉 BG1560	2.8 ± 0.24a	6.0 ± 0.57a	39.8 ± 2.36a
常规棉泗棉 3 号	3.2 ± 0.29a	7.0 ± 0.46a	44.1 ± 3.42a

表 9 – 15 不同棉花品种对棉蚜繁殖力的影响（雒珺瑜等，2012）

棉花品种	开始产仔时间 （性成熟时间）	产仔高峰时间	产仔高峰持续时间
常规棉	2.00 ± 0.12aA	3.33 ± 0.58aA	7.33 ± 2.08aA
双价棉	3.00 ± 0.25aA	7.67 ± 1.53bB	2.67 ± 1.53bA

注：表中数据为平均数 ± 标准误；每列数据后标注不同小写和大写字母分别表示在 0.05 和 0.01 水平上差异显著（t 测验）

取食不同转基因抗虫棉及其受体常规棉品种的棉蚜各龄若虫存活率无显著差异（表 9 – 16 和图 9 – 8）。从表 9 – 16 可见，棉蚜在不同棉花品种上的存活率依次为：常规棉 > Bt 棉 > Bt 杂交棉 > 双价棉。无论取食 Bt 棉、Bt 杂交棉及常规棉的 1 ~ 4 龄棉蚜若虫各龄存活率均在 90% 以上，整个若虫期的存活率也均达 80% 以上，并且彼此间无显著差异；双价棉对棉蚜的存活率有一定的影响，且主要作用于 1 龄若蚜。棉蚜存活率在双价棉 SGK321 与双价棉中棉所 41、常规棉、Bt 杂交棉及 Bt 棉品种间差异显著（$P < 0.05$）。图 9 - 8 显示，无论取食 Bt 棉 GKl2 还是双价棉 SGK321，各龄若蚜存活率均在 90% 以上，整个若虫期的存活率也均达 80% 以上，并且与在其受体常规棉上饲养的棉蚜无显著差异。即使在 GKl2 上连续饲养 37 代，各龄若蚜的存活率也与受体常规棉泗棉 3 号上饲养 37 代的棉蚜无明显差异；并与在 GKl2 上饲养 1 代的各龄若蚜的存活率也无显著差异。此外，在 GKl2 和 SGK321 上分别饲养 1 代，各龄若蚜的死亡率也无显著差异。这表明，转基因抗虫棉对棉蚜未产生直接毒害作用。万鹏等（2003）研究结果（表 9 - 17）表明，Bt 棉和常规棉上棉蚜 1 ~ 4 龄若虫和成蚜的存活率无显著差异。

表 9 - 16　室内不同棉花品种上棉蚜的存活率（李进步等，2007）　　　（%）

棉花品种	1 龄	2 龄	3 龄	4 龄	若蚜期
双价棉 SGK321	86.12 ± 1.20b	93.78 ± 1.43a	97.89 ± 1.75a	96.72 ± 1.82a	76.46 ± 4.17c
双价棉中棉所 41	89.87 ± 1.18b	94.62 ± 1.18a	98.72 ± 1.53a	97.25 ± 1.38a	81.63 ± 5.22b
常规棉泗棉 3 号	92.57 ± 1.14ab	96.43 ± 1.31a	98.45 ± 1.34a	98.75 ± 1.27a	86.78 ± 7.11a
常规棉石远 321	92.22 ± 1.29ab	97.15 ± 1.56a	98.42 ± 1.45a	98.14 ± 1.67a	86.53 ± 6.49a
Bt 杂交棉辽棉 19 号	95.27 ± 1.23a	93.78 ± 1.35a	96.86 ± 1.42a	95.89 ± 1.31a	82.98 ± 5.12b
Bt 杂交棉鲁棉研 18 号	95.87 ± 1.16a	94.43 ± 1.46a	97.45 ± 1.39a	93.92 ± 1.41a	82.85 ± 5.23b
Bt 棉 GK12	93.37 ± 1.36a	96.66 ± 1.82a	98.28 ± 1.66a	98.98 ± 1.89a	87.79 ± 5.15a
Bt 棉中棉所 32	94.55 ± 1.57a	96.68 ± 1.37a	98.75 ± 1.45a	97.72 ± 1.33a	88.21 ± 6.14a

注：数字后面小写英文字母表示达 0.05 差异显著水平

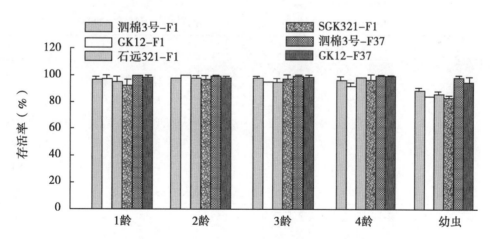

图 9 - 8　转基因抗虫棉对棉蚜各龄若蚜存活率的影响（张炬红等，2008）

　　注：常规棉泗棉 3 号为 Bt 棉 GK12 的受体亲本，常规棉石远 321 为双价棉 SGK32 的受体亲本；F_1 和 F_{37} 分别表示棉蚜在棉花上饲养取食 1 代和 37 代

表 9 - 17　Bt 棉和常规棉上棉蚜的存活率　　　　　　　　　　（％）

虫龄及虫态	Bt 棉 GK19	Bt 棉 GB1506	常规棉泗棉 3 号
1	96.88a	93.5a	93.94a
2	90.63a	87.50a	90.91a
3	90.63a	87.50a	90.91a
4	90.63a	87.50a	90.91a
成蚜	90.63a	87.50a	90.91a

注：数字后面小写英文字母相同者表示差异不显著（$P > 0.05$）

（三）对棉蚜生长发育的影响

多数研究结果表明，棉蚜各虫态（包括若虫和成虫）历期在转基因抗虫棉和常规棉上差异不显著，表明转基因抗虫棉对棉蚜发育无不利影响。张炬红等（2008）为了观察转基因抗虫棉对棉蚜的长期作用，在 Bt 棉 GKl2 上的棉蚜继续饲养了 37 代。取食转基因棉不同世代棉蚜的各虫态历期。结果表明，在 Bt 棉 GKl2 和双价棉 SGK321 上饲养 1 代的棉蚜，和在 GKl2 上连续饲养 37 代的棉蚜，其各虫态的历期均与其受体常规棉品种的处理无显著差异（图 9 - 9）。整体而言，取食不同棉花品种和不同世代的棉蚜，其 1 ~ 4 龄各龄历期均小于 1.5d，幼虫期 5d 左右，成虫期 10 天左右。取食 GK12 的棉蚜各龄历期均略低于取食 SGK321 的棉蚜，但差异不显著。另一方面，在 CK12 上取食 1 代的棉蚜，其各龄发育历期略短于取食 37 代的棉蚜，但差异不显著。由此可见，GKl2 和 SGK321 对棉蚜各虫态的历期均无显著不利影响。万鹏等（2003）报道，Bt 棉 GK19、BG1560 与常规棉泗棉 3 号棉蚜各虫态平均历期分别为 9.76d、9.57d 和 9.82d，差异不显著。王海燕等（2011）和李海强等（2011）的研究结果也是如此（表 9 - 18、表 9 - 19、表 9 - 20）。

表 9 - 18　Bt 棉和常规棉对棉蚜各虫态历期的影响（万鹏等，2003）

虫龄及虫态	Bt 棉		常规棉泗棉 3 号
	GK19	BG1560	
1	1.31 ± 0.76a	1.42 ± 0.83a	1.53 ± 0.80a
2	0.93 ± 0.42a	1.13 ± 0.63a	1.32 ± 0.69a
3	1.14 ± 0.55a	1.24 ± 0.95a	1.18 ± 0.99a
4	1.17 ± 0.63a	1.16 ± 0.70a	1.13 ± 0.84a
成蚜	12.95 ± 2.82a	12.30 ± 1.99a	13.90 ± 1.92a

注：数字后面相同小写英文字母表示差异不显著（$P > 0.05$）

表 9 - 19　棉蚜的生长历期统计表（王海燕等，2011）

棉花品种	1 ~ 4 龄若虫总历期（d）				蜕皮率（％）	成蚜繁殖数（头）
	1 龄	2 龄	3 龄	4 龄		
益农二号（Bt 棉）	1.2 ± 0.5	1.0 ± 0.1	1.1 ± 0.3	1.3 ± 0.2	91.3	88.3 ± 15
新陆早 33 号（常规棉）	1.3 ± 0.4	1.4 ± 0.5	1.2 ± 0.6	1.5 ± 0.3	89.1	84.6 ± 8.6

表9-20　Bt棉与常规棉对棉蚜各龄发育历期的影响（李海强等，2011）

品种	龄期（d）			
	1龄	2龄	3龄	4龄
Bt棉GK-19	1.38±0.04a	1.32±0.04a	1.50±0.05a	1.12±0.06a
常规棉泗棉3号	1.30±0.03a	1.25±0.06a	1.42±0.02a	1.15±0.03a
双价棉SGK321	1.37±0.11a	1.42±0.15a	1.48±0.03a	1.08±0.03a
常规棉石远321	1.48±0.07a	1.57±0.07a	1.53±0.06a	1.03±0.01a

注：数字后面相同小写英文字母表示差异不显著（$P>0.05$）

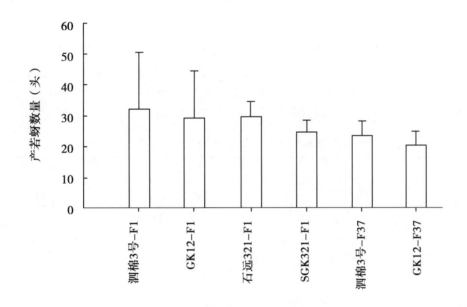

图9-9　转基因抗虫棉对棉蚜各虫态历期的影响

注：F_1和F_{37}分别代表在棉花上取食1代和37代的棉蚜；泗棉3号和石远为常规棉，GK12为Bt棉，SGK321为双价棉

或许由于试验设计和试验地点的不同，有研究结果认为转基因抗虫棉对棉蚜各虫态历期有一定影响（表9-21）。由表9-21可看出，不同棉花品种上棉蚜各发育阶段的发育历期总体上存在显著差异（$P<0.05$），且影响的程度随棉蚜的发育阶段而异。总体看来，棉蚜在棉花品种上的发育历期为：常规棉（泗棉3号和石远321）＞Bt杂交棉（辽棉19号和鲁棉研18号）＞Bt棉（GK12和中棉所32）＞双价棉（SGK321和中棉所41），其中在石远321上的发育历期最长，平均为6.46d，与泗棉3号、辽棉19号差异不显著，但与GK12、中棉所32、SGK321和中棉所41差异显著（$P<0.05$）；棉蚜发育历期在双价棉中棉所41上发育最短，平均为5.75d，与所有常规棉、Bt杂交棉及Bt棉差异显著（$P<0.05$）。

表9-21　室内不同棉花品种上棉蚜的发育历期（d）（李进步等，2007）

棉花品种	1龄	2龄	3龄	4龄	产仔前期	发育历期
双价棉SGK321	1.32±0.21c	1.34±0.18c	1.28±0.20c	1.38±0.21c	0.55±0.11c	5.87±0.59d
双价棉中棉所41	1.31±0.22c	1.32±0.29c	1.29±0.21c	1.31±0.30d	0.52±0.19c	5.75±0.47e

（续表）

棉花品种	1 龄	2 龄	3 龄	4 龄	产仔前期	发育历期
常规棉泗棉 3 号	1.48 ±0.13a	1.43 ±0.12ab	1.42 ±0.24a	1.49 ±0.23b	0.63 ±0.12a	6.45 ±0.76a
常规棉石远 321	1.42 ±0.15ab	1.48 ±0.23a	1.43 ±0.21a	1.55 ±0.24a	0.58 ±0.23bc	6.46 ±0.64a
Bt 杂交棉辽棉 19 号	1.45 ±0.11a	1.44 ±0.23ab	1.39 ±0.14b	1.53 ±0.17a	0.62 ±0.11ab	6.43 ±0.65a
Bt 杂交棉鲁棉研 18 号	1.44 ±0.17ab	1.42 ±0.14b	1.39 ±0.16b	1.51 ±0.15ab	0.61 ±0.14ab	6.37 ±0.64b
Bt 棉 GK12	1.40 ±0.20b	1.36 ±0.27bc	1.38 ±0.19b	1.45 ±0.28b	0.55 ±0.17c	6.14 ±0.58c
Bt 棉中棉所 32	1.46 ±0.19a	1.38 ±0.26b	1.41 ±0.17ab	1.46 ±0.11b	0.59 ±0.22b	6.30 ±0.67b

注：表中数据为平均值 ± 标准差；同列数据后有相同字母表示在 0.05 水平上差异不显著（$P > 0.05$，新复极差检验）

比较各代次不同棉花品种上棉蚜的寿命（表 9 – 22）可以看出，仅在第 8 代，不同棉花品种上棉蚜的寿命存在差异，Bt 棉 32B 和 GK22 上的棉蚜寿命均显著短于常规棉泗棉 3 号（$P < 0.05$），但在其他代次，3 个品种间棉蚜的寿命无显著差异。所以，两个 Bt 棉品种未影响棉蚜寿命。李海强等（2011）认为转基因抗虫棉对棉蚜的直接毒害作用很低或无（图 9 – 10）。

表 9 –22 转基因抗虫棉上不同代次棉蚜的寿命（郭慧芳等，2003）

代次	棉花品种		
	常规棉泗棉 3 号（对照）	Bt 棉 GK22	Bt 棉 32B
	棉蚜寿命（d）		
1	14.15 ±1.11a	14.36 ±1.08a	13.96 ±0.82a
4	7.46 ±1.58a	7.30 ±1.13a	7.45 ±0.81a
5	8.47 ±0.82a	10.01 ±2.95a	7.38 ±0.72a
7	7.38 ±0.63a	7.62 ±1.14a	6.52 ±0.28a
8	12.18 ±2.42a	9.86 ±1.40b	9.48 ±1.28b
9	12.75 ±1.90a	13.33 ±2.25a	10.86 ±3.17a
10	8.16 ±1.15a	10.09 ±1.43a	7.97 ±0.41a
11	10.30 ±0.76a	9.16 ±0.69a	9.05 ±1.94a
12	7.09 ±0.30a	8.81 ±1.02a	8.26 ±0.63a
17	9.69 ±0.71a	8.12 ±0.47a	9.37 ±0.95a

注：同一横行中不同小写字母者表示差异达 0.05 显著水平

取食不同棉花品种和取食不同世代对棉蚜成虫的体重无显著不利影响（图 9 – 11，图 9 – 12）。此外，关于棉蚜的体型大小，郭慧芳等（2003）研究结果表明（表 9 – 23），转基因抗虫棉与常规棉上棉蚜个体头宽、体宽和体长大小无差异，但腹管长度差异显著，其中 Bt 棉上棉蚜的腹管显著短于常规棉上的棉蚜，而双价棉上的棉蚜则显著长于常规棉上的棉蚜。腹管是棉蚜分泌蜜露的器官，转基因抗虫棉导致棉蚜腹管的差异是否能作引起腹管本身功能的变异，以及是否能作为转基因抗虫棉对棉蚜潜在影响的前导信号还有待于深入研究。刘向东等（2002）通过比较研究发现，与棉蚜取食常规棉相比，棉蚜取食 Bt 棉后，其触角的第三节、腹管及后足胫节长度存在不对称性，在转接 7 代后其 FA 值表现出取食双价棉 > 取食 Bt 棉 > 取食常规棉趋势，这表明转基因抗虫棉对棉蚜具有较强的选择压力。

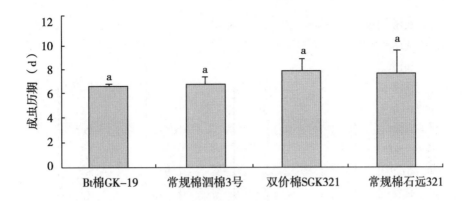

图 9-10　转基因抗虫棉对棉蚜成虫寿命的影响

注：小写英文字母表示在5%水平上差异不显著

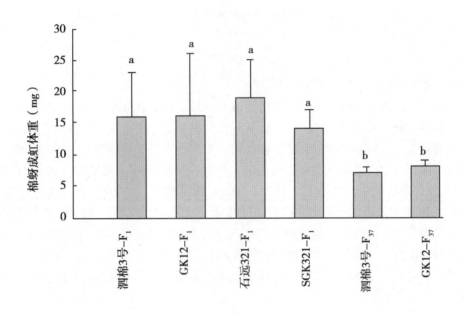

图 9-11　取食转基因抗虫棉对棉蚜成蚜体重的影响（张炬红等，2008）

注：常规棉泗棉 3 号为 Bt 棉 GK12 的受体亲本，常规棉石远 321 为双价棉
SGK321 的受体亲本；F_1 和 F_{37} 分别代表棉蚜在棉花上饲养代数

表 9-23　第 14 代棉蚜在 Bt 棉和常规棉上的形态指标比较

棉花品种	体长（μm）	体宽（μm）	头宽（μm）	腹管长（μm）
常规棉泗棉 3 号（对照）	1 262.1 ±89.3aA	578.6 ±44.4 aA	277.3 ±25.8 aA	213.3 ±32.0bAB
Bt 棉 GK22 号	1 307.4 ±126.7 aA	613.7 ±73.8 aA	248.0 ±27.1 aA	251.5 ±48.9 aA
Bt 棉 32B	1 297.7 ±89.3 aA	587.1 ±51.6 aA	274.2 ±25.3 aA	172.0 ±49.8cB

注：同一列中不同大、小写字母者分别表示差异达 0.01 和 0.05 显著水平

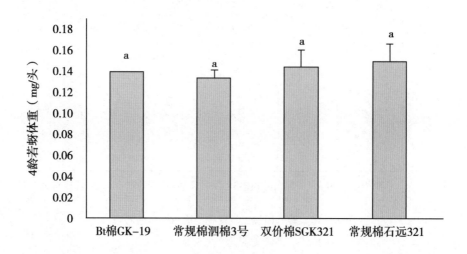

图 9 – 12　转 Bt 基因抗虫棉对棉蚜体重的影响（李海强等，2011）

注：相同小写英文字母表示在 0.05 水平上差异不显著

（四）对棉蚜体内主要代谢物质含量的影响

早期的研究发现，在进化过程中，棉花已形成了一套有利于自身发育的基因系统，当人为导入外源基因后，必将打破其自身固有的连接群，从而会对棉花本身各种性状和生理代谢产生意想不到的影响，并可能会进一步影响植物与有害生物之间的关系（丰嵘等，1996）。外源 Bt 基因的插入可导致转基因抗虫棉花体内的代谢发生一系列变化，如次生抗虫物质（如单宁）含量的减少（张永军等，2000），氮代谢的变化（Chen 等，2004、2005；田晓莉等，2000），激素含量的变化（郭香墨等，1996）及糖类和氨基酸物质含量的变化（杨益众等，2005）等，这些变化均可能影响取食 Bt 棉昆虫的生理及代谢，同时昆虫也可通过改变自身的生理代谢来适应 Bt 棉生化特性的变化。因此，分析和比较转基因抗虫棉与受体常规棉品种之间代谢物质含量的差异，对认识 Bt 基因导入棉花后棉田生态系统将会产生哪些后效应具有科学意义，并将有利于防范转基因抗虫棉田非靶标有害生物的暴发。

能摄取到棉花组织中的 Bt 毒蛋白是转 Bt 基因抗虫棉对棉蚜产生影响的前提。昆虫的生长发育、变态和生殖都涉及蛋白质、脂类和糖类的合成、分解和转化，所以棉蚜体内这三大代谢物质含量的变化是判断棉蚜是否受到转基因抗虫棉影响的重要指标（李云端等，2003）。蒋丽等（2011）在实验室内，棉蚜分别用双价棉 SGK321 及其受体常规棉石远 321 饲养 40 代以上，而后检测棉蚜体内的酯类、蛋白质和糖含量。结果表明（表 9 – 24），双价棉上的棉蚜体内总蛋白含量、三油酸甘油酯含量增加，总糖含量减少，但与受体常规棉相比差异不显著。这说明从长期效应看，SGK321 对棉蚜的主要代谢物质含量均无显著影响。

表 9 – 24　转基因棉对棉蚜体内总糖、脂肪及蛋白质含量的影响

棉花品种	蛋白质（ng/头）	三油酸甘油酯（μg/头）	总糖（μg/头）
常规棉石远 321	2.57 ± 0.12a	6.70 ± 0.68a	4.49 ± 0.38a
双价棉 SGK321	2.95 ± 0.16a	8.02 ± 0.71a	4.09 ± 0.46a

注：数字后面相同小写英文字母表示在 5% 水平上显著不显著

昆虫肠道（中肠）是消化吸收食物的重要场所，是 Bt 毒蛋白的作用部位，也是 Bt 杀虫机理研

究所涉及的重要组织。科学家们长期致力于研究 Btδ-内毒素作用的组织病理学和分子作用方式及对害虫可能产生的表观影响（Olsen 等，2000；Mohan 等，2003；Lee 等，2006）。张炬红等（2008）用酶标仪在室内测定了取食 Bt 棉 GKl2 不同世代棉蚜中肠消化酶系的活力和比活力，包括蛋白酶、蔗糖酶、海藻糖酶和淀粉酶，并与取食受体常规棉泗棉 3 号的棉蚜比较，以研究 Bt 棉对棉蚜中肠消化酶的短期影响和长期效应。结果发现，取食 Bt 棉 1 代、2 代、3 代和 60 代以上的棉蚜，与取食常规棉棉蚜的这 4 种消化酶的活力和比活力之间均无显著差异，在 Bt 棉上取食不同世代棉蚜的消化酶活力也无显著差异。表明无论从短期影响还是长期效应来看，Bt 棉对棉蚜的中肠消化酶系均无显著影响（表 9 – 25 至表 9 – 28）。昆虫肠道蛋白酶是一类能够催化蛋白质肽键断裂形成氨基酸的系列水解酶，可降解 Bt 伴胞晶体在中肠碱性环境中溶解形成原毒素为激活的毒性肽，与专性受体结合产生病理效应。Bt 棉对非靶标害虫蛋白酶（比）活力的影响，一方面取决于 Bt 毒蛋白本身的结构和性质，另一方面取决于 Bt 棉生理生化产生的变化。Bt 棉表达的 Bt 毒蛋白和 Bt 原毒素蛋白的杀虫作用机制存在很多差异，转基因抗虫植物体内表达的 Bt 毒蛋白已处于激活的小分子状态，不需要昆虫中肠蛋白酶的水解和激活是其中重要的一点（Hilbek，2001），即棉蚜取食了 Bt 棉后不需要蛋白酶对 Bt 蛋白进行催化水解，这可能是 Bt 棉未对棉蚜蛋白酶产生影响的主要原因。海藻糖酶在昆虫的能量供应中具有十分重要的作用，其活力可以作为它们对碳水化合物能量转化的指标。蔗糖酶在蚜虫体内的主要功能是将蚜虫吸食的蔗糖水解成单糖、葡萄糖和果糖，用于呼吸的底物和海藻糖、多羟基化合物和甘露醇的合成（Rhodes 等，1997；Hendrix 等，1998；Ashford 等，2000）。淀粉酶是昆虫体内涉及食物消化和碳水化合物的重要酶系之一。可见，短期和长期取食 Bt 棉，均对棉蚜的主要消化酶系未产生显著影响。综上所述，无论从短期影响还是长期效应来看，Bt 棉对棉蚜中肠总的蛋白酶和消化酶系均无显著影响。

表 9 – 25　取食 Bt 棉对棉蚜蛋白酶活力的影响

棉花品种	世代	蛋白酶活力 [nmol/ (ml·min)]	蛋白酶比活力 [nmol/ (ml·min)]
常规棉泗棉 3 号	多代	0.322 8 ±0.035 9a	0.005 7 ±0.000 7a
Bt 棉 GK12	1 代	0.301 0 ±0.029 5a	0.005 0 ±0.000 6a
Bt 棉 GK12	2 代	0.287 6 ±0.023 3a	0.004 1 ±0.000 4a
Bt 棉 GK12	3 代	0.256 8 ±0.013 4a	0.004 8 ±0.000 6a
Bt 棉 GK12	多代	0.323 1 ±0.027 1a	0.004 6 ±0.000 5a

注：同列数字后相同的小写字母表示差异不显著（$P > 0.05$），表 3 – 26 至表 3 – 28 同

表 9 – 26　取食 Bt 棉对棉蚜淀粉酶活力的影响

棉花品种	世代	淀粉酶活力 [nmol/ (ml·min)]	淀粉酶比活力 [nmol/ (ml·min)]
泗棉 3 号	多代	0.433 4 ±0.014 7a	0.003 7 ±0.000 7a
GK12	1 代	0.442 8 ±0.014 4a	0.003 4 ±0.001 6a
GK12	2 代	0.409 2 ±0.012 6a	0.002 1 ±0.000 3a
GK12	3 代	0.443 1 ±0.011 5a	0.004 3 ±0.000 8a
GK12	多代	0.420 5 ±0.013 3a	0.003 1 ±0.000 3a

表 9 - 27 取食 Bt 棉对棉蚜海藻糖酶活力的影响

棉花品种	世代	海藻糖酶活力 [nmol/ (ml·min)]	海藻糖酶比活力 [nmol/ (ml·min)]
泗棉 3 号	多代	1.766 9 ± 0.090 9a	0.003 3 ± 0.000 3a
GK12	1 代	1.930 9 ± 0.121 6a	0.005 2 ± 0.001 3a
GK12	2 代	1.685 6 ± 0.123 1a	0.003 6 ± 0.000 6a
GK12	3 代	1.804 3 ± 0.095 8a	0.004 1 ± 0.000 7a
GK12	多代	1.980 9 ± 0.131 0a	0.004 8 ± 0.000 5a

表 9 - 28 取食 Bt 棉对棉蚜蔗糖活力的影响

棉花品种	世代	蔗糖酶活力 [nmol/ (ml·min)]	蔗糖酶比活力 [nmol/ (ml·min)]
泗棉 3 号	多代	0.066 7 ± 0.002 7a	0.000 7 ± 0.000 1a
GK12	1 代	0.064 9 ± 0.002 8a	0.001 1 ± 0.000 3a
GK12	2 代	0.061 4 ± 0.004 1a	0.000 7 ± 0.000 1a
GK12	3 代	0.061 6 ± 0.002 9a	0.000 8 ± 0.000 1a
GK12	多代	0.058 3 ± 0.002 9a	0.000 8 ± 0.000 1a

蜜露是棉蚜代谢的最终产物，分泌量大，棉蚜成若虫阶段取食营养总量的 70% 之多要以蜜露形式排出，其一生的泌蜜量达 2220μg（张克斌等，1985）。这些蜜露会严重影响棉花正常的光合呼吸作用、污染棉花纤维及诱发霉菌寄生，是棉花生产上的一大障碍。另据研究，棉蚜蜜露的分泌具有明显的昼夜节律和发育阶段的差异，而且受气候、寄主营养等一些外界因子的影响（张克斌等，1982；孟玲等，1991、1996、1998）。这表明棉蚜蜜露的分泌具有重要的生态学和生理学意义。因此，通过分析棉蚜取食转基因抗虫棉后的泌蜜量及其营养成分的变化，可探讨转基因抗虫棉花中代谢物质含量的变化对棉蚜正常生理活动的影响，将有助于从寄主植物营养的角度阐述转基因抗虫棉田非靶标害虫棉蚜种群数量波动的原因，为制订转基因抗虫棉田害虫综合治理策略提供理论依据。杨益众等（2005）以 3 个 Bt 棉和 2 个常规棉花品种为研究材料，分别测定了棉花植株体内主要糖分与游离氨基酸含量；同时，分别用这 5 个棉花品种的叶片饲养棉蚜并测定其蜜露分泌量及其主要营养成分。结果表明，Bt 棉 GK22 叶片中葡萄糖、蔗糖、麦芽糖的平均含量及可溶性糖总量分别比常规棉泗棉 3 号减少 61.76%、89.05%、77.86% 和 23.61%，Bt 棉苏抗 103 和中抗 310 叶片中葡萄糖、蔗糖、麦芽糖的平均含量及可溶性糖总量分别比常规棉苏棉 12 号下降 14.15%、32.80%、92.22%、11.46% 和 46.81%、93.19%、61.11%、43.91%，游离氨基酸总量及各种氨基酸、果糖、鼠李糖、海藻糖的含量在不同 Bt 棉与常规棉花品种间也存在很大差异，其中一些处理间的差异达显著或极显著水平。这表明外源基因的导入已经影响到了 Bt 棉花品种中主要糖分与游离氨基酸的合成。棉蚜取食 Bt 棉花 GK22 后，蜜露的日平均分泌量比取食对泗棉 3 号减少 40.54%，取食其他两个 Bt 棉苏抗 103 和中抗 310 后蜜露的分泌量也比取食对常规棉苏棉 12 号降低 22.67% 和 30.09%，但棉蚜取食 Bt 棉花后蜜露中游离氨基酸的总量均高于常规棉品种，蜜露中可溶性总糖、蔗糖和各种氨基酸含量在取食 Bt 棉和常规棉花品种间存在一定差异（表 9 - 29 至表 9 - 33）。蜜露是蚜蚁共栖的主要中介物质，同时蜜露也是许多姬蜂、茧蜂、瓢虫、小花蝽和食蚜蝇等天敌昆虫的补充营养（张广学等，1983），而且一些天敌还利用蜜露作为接触性利他素搜寻寄主（Carter 等，1984；Budenberg，1990）。取食转基因抗虫棉花后棉蚜蜜露的分泌量及其主要成分发生变化后，是

否会引起棉田生态系统中棉蚜—天敌关系及其他害虫—天敌之间的相互关系并产生连接反应有待于进一步研究。

表 9 - 29　不同棉花品种间糖类化合物的含量比较　　　　　（mg/100mg）

糖类化合物	常规棉泗棉 3 号	Bt 棉 GK22	常规棉苏棉 12	Bt 棉苏抗 103	Bt 棉中抗 310
鼠李糖	0.569 7 ± 0.127 3	0.993 7 ± 0.223 5*	0.866 2 ± 0.375 3	0.842 7 ± 0.238 9	0.445 1 ± 0.109 5
果糖	2.179 5 ± 0.540 1	2.754 2 ± 0.700 0	1.512 4 ± 0.465 3	1.574 6 ± 0.638 6	1.090 5 ± 0.397 1
葡萄糖	3.949 6 ± 1.182 8	1.512 4 ± 0.430 0*	2.801 3 ± 0.598 8	2.405 0 ± 0.344 7	1.490 0 ± 0.235 3*
蔗糖	0.127 9 ± 0.044 9	0.014 0 ± 0.010 1*	0.136 6 ± 0.036 0	0.091 8 ± 0.035 7	0.009 3 ± 0.003 9**
麦芽糖	0.205 5 ± 0.025 6	0.045 5 ± 0.015 6**	0.213 4 ± 0.044 9	0.016 6 ± 0.007 4**	0.083 0 ± 0.032 6*
海藻糖	0.012 4 ± 0.003 8	0.061 9 ± 0.027 0*	0.047 1 ± 0.021 7	0.007 4 ± 0.003 4*	0.010 3 ± 0.004 8*
总量	7.044 6 ± 1.016 4	5.381 7 ± 0.892 9	5.577 0 ± 1.169 5	4.938 1 ± 2.403 4	3.128 2 ± 0.964 5*

注：表中数据为平均值±标准误，* 表示在 0.05 水平上差异显著，** 表示在 0.01 水平上差异显著，表 9 - 29 至表 9 - 32。

表 9 - 30　不同棉花品种间各种游离氨基酸的含量　　　　　（mg/100mg）

氨基酸	泗棉 3 号	GK22	苏棉 12	苏抗 103	中抗 310
天门冬氨酸（Asp）	0.039 2 ± 0.012 1	0.107 5 ± 0.040 8*	0.091 7 ± 0.053 9	0.081 7 ± 0.034 3	0.108 4 ± 0.025 0
苏氨酸（Thr）	0.024 0 ± 0.004 6	0.110 5 ± 0.019 8**	0.100 2 ± 0.010 3	0.82 7 ± 0.035 1	0.106 3 ± 0.047 0
丝氨酸（Ser）	0.053 1 ± 0.025 1	0.099 4 ± 0.029 2	0.096 1 ± 0.032 6	0.081 9 ± 0.020 2	0.094 3 ± 0.040 0
谷氨酸（Glu）	0.130 1 ± 0.043 3	0.203 8 ± 0.081 0	0.187 5 ± 0.057 1	0.171 7 ± 0.075 9	0.247 4 ± 0.038 2
脯氨酸（Pro）	—	0.038 7 ± 0.010 1	—	0.033 6 ± 0.013 9	—
甘氨酸（Gly）	0.008 8 ± 0.003 3	—	0.020 4 ± 0.010 4	0.016 7 ± 0.007 3	0.017 2 ± 0.006 2
丙氨酸（Ala）	0.105 9 ± 0.032 7	0.210 4 ± 0.050 0	0.115 5 ± 0.041 3	0.145 4 ± 0.032 0	0.142 8 ± 0.019 8
胱氨酸（Cys）	0.010 6 ± 0.003 9	0.010 6 ± 0.002 5	0.010 0 ± 0.002 6	0.011 6 ± 0.003 9	0.017 6 ± 0.002 3*
缬氨酸（Val）	0.017 9 ± 0.004 5	0.021 2 ± 0.003 5	0.017 1 ± 0.006 0	0.021 0 ± 0.002 6	0.016 2 ± 0.002 8
蛋氨酸（Met）	0.008 3 ± 0.003 2	0.005 1 ± 0.002 4	0.005 6 ± 0.001 8	0.009 1 ± 0.004 0	0.005 5 ± 0.002 9
异亮氨酸（Ile）	—	0.007 1 ± 0.002 6	0.014 1 ± 0.006 6	—	—
亮氨酸（Leu）	0.005 6 ± 0.002 5	—	—	0.004 3 ± 0.001 9	0.003 6 ± 0.001 6
酪氨酸（Tyr）	0.014 4 ± 0.005 9	0.014 4 ± 0.002 6	—	—	0.009 8 ± 0.004 1
苯丙氨酸（Phe）	0.032 8 ± 0.017 0	0.077 4 ± 0.008 9*	0.025 3 ± 0.006 9	0.035 1 ± 0.008 9	0.032 2 ± 0.001 0
赖氨酸（Lys）	0.034 1 ± 0.016 3	—	—	—	—
组氨酸（His）	—	0.009 6 ± 0.003 3	0.016 6 ± 0.003 9	—	—
精氨酸（Arg）	—	0.102 7 ± 0.049 4	0.125 5 ± 0.031 0	0.014 4 ± 0.002 0**	0.022 4 ± 0.009 5**
色氨酸（Trp）	—	—	—	—	—
总量	0.484 8 ± 0.142 9	1.018 3 ± 0.237 4*	0.825 6 ± 0.118 3	0.709 2 ± 0.322 9	0.823 7 ± 0.284 0

表 9 – 31　不同棉花品种棉蚜 4 龄若蚜的蜜露分泌量　　　　　　　　　（mg/d）

棉花品种	日平均分泌量	显著水平（P）
常规棉泗棉 3 号	0. 432 ± 0. 113	
Bt 棉 GK22	0. 256 ± 0. 051	<0. 001 **
常规棉苏棉 12 号	0. 300 ± 0. 105	
Bt 棉苏抗 103	0. 232 ± 0. 065	0. 099
常规棉苏棉 12 号	0. 300 ± 0. 105	
Bt 棉中抗 310	0. 210 ± 0. 060	0. 047 *

表 9 – 32　不同棉花品种上棉蚜蜜露中的可溶性糖和蔗糖含量　　　　（mg/100mg）

棉花品种	可溶性总糖		蔗糖	
	含量	显著水平（P）	含量	显著水平（P）
泗棉 3 号	30. 913 ± 3. 315		9. 211 ± 2. 673	
GK22	18. 331 ± 2. 986	0. 044 *	8. 948 ± 0. 707	0. 877
苏棉 12 号	24. 642 ± 3. 315		6. 414 ± 1. 148	
苏抗 103	30. 293 ± 3. 985	0. 126	11. 333 ± 2. 313	0. 303 *
苏棉 12 号	24. 642 ± 3. 315		6. 414 1 ± 1. 148	
中抗 310	31. 643 ± 2. 142	0. 080	13. 025 ± 4. 120	0. 058

表 9 – 33　不同棉花品种上棉蚜蜜露中的游离氨基酸含量

氨基酸	泗棉 3 号	GK22	苏棉 12	苏抗 103	中抗 310
天门冬氨酸（Asp）	0. 033 1 ± 0. 008 8	0. 031 7 ± 0. 014 0	0. 042 9 ± 0. 016 97	0. 057 7 ± 0. 012 3	0. 078 6 ± 0. 031 8
苏氨酸（Thr）	0. 024 7 ± 0. 011 1	0. 132 6 ± 0. 042 4	—	0. 018 3 ± 0. 006 0	0. 019 5 ± 0. 003 2
丝氨酸（Ser）	0. 036 3 ± 0. 017 0	0. 041 3 ± 0. 018 3	0. 057 9 ± 0. 026 0	0. 136 9 ± 0. 023 9 *	0. 137 6 ± 0. 030 6 *
谷氨酸（Glu）	0. 087 6 ± 0. 032 4	0. 037 8 ± 0. 016 0	0. 004 5 ± 0. 000 8	0. 018 8 ± 0. 005 9 *	0. 017 3 ± 0. 005 4 *
脯氨酸（Pro）	0. 018 9 ± 0. 003 9	0. 069 8 ± 0. 013 6 **	0. 109 6 ± 0. 024 2	0. 184 6 ± 0. 006 7	0. 041 0 ± 0. 008 9 **
甘氨酸（Gly）	0. 010 9 ± 0. 004 2	0. 008 2 ± 0. 003 4	0. 003 6 ± 0. 000 8	0. 013 4 ± 0. 001 5 **	0. 012 7 ± 0. 002 6 **
丙氨酸（Ala）	0. 009 0 ± 0. 003 6	0. 006 8 ± 0. 001 6	—	0. 012 4 ± 0. 004 7	0. 014 6 ± 0. 004 1
胱氨酸（Cys）	0. 012 5 ± 0. 003 9	0. 005 5 ± 0. 002 1			0. 020 6 ± 0. 010 2
缬氨酸（Val）	0. 049 4 ± 0. 022 3	0. 072 0 ± 0. 020 1	0. 050 2 ± 0. 010 6	0. 054 7 ± 0. 014 8	0. 083 6 ± 0. 008 7 *
蛋氨酸（Met）	0. 002 4 ± 0. 001 0	0. 013 3 ± 0. 003 1 **	0. 008 9 ± 0. 002 1	0. 036 8 ± 0. 009 4 **	0. 044 5 ± 0. 001 8 *
异亮氨酸（Ile）	0. 043 7 ± 0. 016 4	0. 074 9 ± 0. 025 2	0. 073 2 ± 0. 024 9	0. 047 0 ± 0. 018 6	0. 084 7 ± 0. 030 6
亮氨酸（Leu）	0. 015 2 ± 0. 007 1	0. 008 7 ± 0. 002 7	0. 021 4 ± 0. 009 2	0. 018 3 ± 0. 002 6	—
酪氨酸（Tyr）	—	—	—	0. 015 3 ± 0. 000 7	
苯丙氨酸（Phe）	0. 047 8 ± 0. 015 0	0. 041 2 ± 0. 010 4	0. 067 7 ± 0. 012 3	0. 011 9 ± 0. 004 0 **	0. 010 9 ± 0. 002 3 **
赖氨酸（Lys）	0. 007 4 ± 0. 003 5	0. 007 7 ± 0. 001 6	0. 015 0 ± 0. 005 2	0. 010 6 ± 0. 003 4	0. 019 3 ± 0. 005 9

（续表）

氨基酸	泗棉 3 号	GK22	苏棉 12	苏抗 103	中抗 310
组氨酸（His）	0.020 5 ± 0.005 2	0.024 9 ± 0.009 3	0.006 9 ± 0.002 5	0.008 5 ± 0.003 4	0.016 2 ± 0.004 4*
精氨酸（Arg）	—	—	0.013 2 ± 0.005 5	0.021 8 ± 0.005 6	0.009 1 ± 0.002 0
色氨酸（Trp）	—	—	—	—	—
总量	0.419 3 ± 0.071 6	0.791 6 ± 0.140 6*	0.474 8 ± 0.127 3	0.666 9 ± 0.208 9	0.610 2 ± 0.201 6

注：*、** 分别表示 0.05 和 0.01 差异显著水平

植食性昆虫与寄主植物之间存在协同进化的关系，一方面寄主植物产生次生代谢物防御昆虫的取食为害，另一方面昆虫又能通过改变自身的解毒酶和靶标酶的酶学特性等途径来适应寄主植物体内次生代谢产物的改变（谭维嘉等，1990；王健等，1996）。羧酸酯酶是昆虫体内一种重要的解毒酶系，是被研究最多的一种解毒酶，在外源化合物的代谢和抗性的形成中起着重要作用。解毒酶系的变异是昆虫取食适应性的最重要形式之一（谢佳燕等，2007）。有研究表明，转 Bt 基因杨树通过抑制解毒酶活性来干扰昆虫正常的生理代谢是毒杀昆虫的重要机制（丁双阳等，2001）。蒋丽等（2011）研究结果表明，在双价棉 SGK321 上取食 1 代的棉蚜种群羧酸酯酶比活力显著高于在受体常规棉石远 321 棉上取食 1、2、3 代的棉蚜种群，但在不同棉花品种上长期饲养的棉蚜之间羧酸酯酶比活力却无显著差异（表 9 - 34、表 9 - 35）。张炬红等（2006）研究结果表明在 Bt 棉与其受体常规棉泗棉 3 号饲养的棉蚜之间羧酸酯酶活力和羧酸酯酶差异不显著（表 9 - 36）。由此可见，棉蚜通过棉蚜解毒酶的调节作用对转基因抗虫棉产生了适应性。

表 9 - 34 取食双价棉对棉蚜羧酸酯酶比活力的短期影响

棉花品种	世代	蛋白含量（mg/ml）	羧酸酯酶比活力 [μmol/（min·mg）]
常规棉石远 321	1	0.085 ± 0.001d	7.116 ± 0.475b
	2	0.289 ± 0.034bc	5.771 ± 0.198b
	3	0.125 ± 0.004b	6.714 ± 0.286b
双价棉 SGK321	1	0.119 ± 0.011d	13.415 ± 0.654a
	2	0.171 ± 0.010a	6.769 ± 0.151b
	3	0.189 ± 0.012cd	6.433 ± 0.714b

表 9 - 35 取食双价棉对棉蚜羧酸酯酶活力的长期影响

棉花品种	世代	蛋白含量（mg/ml）	羧酸酯酶比活力 [μmol/（min·mg）]
石远 321	41	0.140 ± 0.014bc	7.752 ± 0.313a
	42	0.139 ± 0.004c	6.972 ± 0.173a
	43	0.145 ± 0.025bc	7.775 ± 0.181a
SGK321	41	0.225 ± 0.025a	6.888 ± 0.628a
	42	0.189 ± 0.025ab	7.753 ± 0.252a
	43	0.168 ± 0.011bc	6.877 ± 0.267a

表9－36　取食 Bt 棉对棉蚜羧酸酯酶活力的影响

棉花品种	取食代数	蛋白含量 （mg/ml）	羧酸酯酶比活力 ［μmol/（min·mg）］
常规棉泗棉3号	21	131.58±5.83a	0.003 8±0.001 2a
Bt 棉 GK12	1	148.22±5.50a	0.002 5±0.000 7a
Bt 棉 GK12	21	131.71±7.49a	0.002 7±0.000 8a

注：同列数字后面的相同小写英文字母表示差异不显著（$P>0.05$）

乙酰胆碱酯酶（Acetylcholinesterase，AChE）在昆虫体内神经兴奋的传递过程中起着非常重要的作用，它能通过水解突触间隙里的乙酰胆碱来终止神经兴奋的传导，而一旦乙酰胆碱酯酶被抑制，神经兴奋将被持续传递，进而使昆虫兴奋过度导致死亡。有研究表明，Bt 毒蛋白对乙酰胆碱酯酶有抑制作用（申继忠等，1994）。但张炬红等（2006）报道，在 Bt 棉上取食1代和21代的棉蚜种群与在常规棉上取食的棉蚜种群之间羧酸酯酶和乙酰胆碱酯酶比活力均无显著差异（表9－37）。蒋丽等（2011）研究结果表明（表9－38、表9－39），双价棉 SGK321 上饲养1、2、3代的棉蚜乙酰胆碱酯酶比活力均高于在受体常规棉石远321上饲养相同代数的棉蚜，且差异显著，而长期饲养的棉蚜乙酰胆碱酯酶比活力在2种棉蚜之间无显著差异。不同棉花品种饲养的棉蚜之间蛋白含量存在差异可能是个体之间大小的差异所致。

表9－37　取食 Bt 棉对棉蚜乙酰胆碱酯酶比活力的影响

棉花品种	取食代数	蛋白含量 （mg/ml）	酶比活力 ［μmol/（min·mg）］
常规棉泗棉3号	1	225.96±16.08a	0.015±0.005a
Bt 棉 GK12	1	172.26±10.85b	0.019±0.004a
常规棉泗棉3号	21	298.05±16.49c	0.015±0.008a
Bt 棉 GK12	21	264.10±18.26ac	0.013±0.003a

注：同列数字后面不同小写英文字母表示在0.05水平差异显著

表9－38　取食双价棉对棉蚜乙酰胆碱酯酶比活力的短期影响

棉花品种	世代	蛋白含量 （mg/ml）	乙酰胆碱酯酶比活力 ［μmol/（min·mg）］
常规棉石远321	1	1.042±0.014a	0.007±0b
	2	0.571±0.200b	0.005±0.004c
	3	0.375±0.180d	0.007±0.001b
双价棉 SGK321	1	1.068±0.018a	0.008±0a
	2	0.484±0.110c	0.006±0b
	3	0.365±0.250d	0.009±0a

注：同列数字后面不同小写英文字母表示在0.05水平差异显著

表9-39　取食双价棉对棉蚜乙酰胆碱酯酶比活力的长期影响

棉花品种	世代	蛋白含量 （mg/ml）	乙酰胆碱酯酶比活力 [μmol/（min·mg）]
石远321	41	0.379±0.041b	0.011±0.002a
	42	0.381±0.020 6v	0.010±0a
	43	0.522±0.009s	0.011±0.001a
SGK321	41	0.258±0.171b	0.011±0a
	42	0.356±0.017b	0.010±0.001a
	43	0.411±0.16b	0.009±0.001a

注：同列数字后面不同小写英文字母表示在0.05水平差异显著

昆虫通过改变自身的解毒酶或靶标酶的特性来适应寄主植物体内的次生代谢产物（李飞等，2002）。蒋丽等（2002）研究证实了双价棉SCK321短期内会对棉蚜的羧酸酯酶和乙酰胆碱酯酶比活力产生影响，但在长期饲养条件下，棉蚜通过自身的调节作用可对双价棉SGK321产生适应性。不同的抗虫基因或不同的棉花品种，本身的抗虫性存在较大差异（李付广等，2000；孙洪武等，1999），另外研究者的试验设计方法和试验环境等都会影响到试验结果。棉蚜可能会通过自身的调节来避免受到转基因抗虫棉的影响，这种影响也可能随着种植时间和外界环境的变化而发生改变。因此，要评价转基因抗虫棉对棉蚜的影响需要一个更为长期的研究过程，并在长期监测的基础上，遵循个案分析与综合评估相结合的原则，从多方面进行研究和验证。

（五）对棉蚜取食行为的影响

蚜虫在对寄主植物的选择过程中产生一系列的行为，如在寄主表面寻食、口针刺探、继续取食或重新选择寄主等（姜永幸，1996）。这些行为用肉眼难以观察或观察较为困难，而用电刺吸仪（DC-EPG）则可方便地记录蚜虫口针在寄主表面和组织内的各种活动，并以看得见的波谱形式表现出来。蚜虫取食的DC-EPG技术已应用于植物品种间的抗蚜性比较，如抗蚜因子在植株中可能存在部位的分析（陈巨莲等，1997；韩心丽等，1995），蚜虫传毒机制（Emesto等，1994），以及不同环境压力对蚜虫取食行为的影响等（Ponder等，2001）。而转基因抗虫作物上蚜虫的取食行为研究较少，Shieh等（1994）用DC-EPG法比较了转Bt基因马铃薯与常规马铃薯上桃蚜的取食行为，发现转Bt基因马铃薯对桃蚜的取食行为没有影响。在田间转基因抗虫作物上蚜虫的发生与非转基因作物基本一致，有时甚至有所偏高，Henan等（2000）认为偏高的原因是防治次数减少所致。用DC-EPG采集到的取食数据用与DC-EPG数据采集系统相配套的分析软件（STYLET2.5）进行DC-EPG取食波型分析，按Tjallingii等（1987）提出的标准区分np、C（A+B+C）、E、F和G等取食波型。各种波型生物意义如下：

np波：蚜虫未取食状态。

A波：棉蚜的口针最先与植株接触的瞬间，周期不超过5～10min。是蚜虫口针与植物表面接触导电性的反应。

B波：与蚜虫形成唾液鞘有关，口针多位于植株的薄壁组织内。

C波：通常B、C难以绝对分开，与蚜虫分泌唾液有关，口针多在韧皮部与表皮组织细胞膜内外穿刺。

E波：蚜虫取食的主要波型，持续时间长于10min后被认为是蚜虫开始被动取食。口针位于棉株韧皮部筛管细胞，E又分为E_1及E_2，E_1表示分泌水溶性唾液，E_2表示被动吸食。

F波：发生于植物组织任何部位，是由蚜虫口针在细胞膜外的机械运动而产生。

G 波：蚜虫主动吸食行为，口针位于木质部，主要吸食棉株中的水分及无机盐类。

1996 年，姜永幸等运用 DC-EPG 技术对棉蚜在不同常规棉花品种上的取食行为进行了测定，记录了棉蚜的取食行为基本波型。棉花的多毛、红叶性状及抗、感水平对棉蚜的取食都有显著的影响，与对照品种非洲 E_{40} 相比，多毛可以显著降低棉蚜的取食周期 E_2，并可显著延长第 1 非取食周期和增加蚜虫口针的刺探频率。棉蚜在多毛品种上的取食周期占总时间的 6.0%，仅为对照品种的 1/2。棉蚜在红叶棉上取食周期 E_2 占总时间的百分率（10%）显著低于黄叶棉品种（15%）（$P < 0.01$）。而棉蚜在抗、感品间的取食周期 E_2 及取食前期波型 C 的周期差异也达到了极显著水平（$P < 0.01$）。用同位素液闪技术测定了棉蚜在抗、感品种上的相对取食量，结果显示棉蚜在抗蚜品种上相对取食量也明显低于感蚜品种，并且随着取食周期的增长，抗、感品种之间比值差异更大。2002 年，刘向东等用 DC-EPG 技术研究了蚜虫在转基因抗虫棉上的取食行为。结果表明，棉蚜在 Bt 棉、双价棉和常规棉棉株上寻食的 np 波发生比率显示出 Bt 棉显著低于双价棉和常规棉；np 波发生的次数表现为双价棉显著多于常规棉，但与 Bt 棉无显著差异。而棉蚜口针在棉叶组织内刺探时产生的 C 波比率在 Bt 棉、双价棉和常规棉棉株上无显著差异，只是发生次数 Bt 棉显著少于双价棉。棉蚜口针在细胞膜外运动的 F 波的比率显示 Bt 棉显著低于双价棉，与常规棉无显著差异；但是 F 波发生的次数在 Bt 棉、双价棉和常规棉之间无显著差异（表 9 - 40）。从棉蚜口针在棉株筛管内取食行为参数可知（表 9 - 41），棉蚜在棉株筛管内分泌唾液（El 波）及被动吸取植物养分（E2 波）的总时间双价棉明显短于 Bt 棉。El 波的总时间双价棉显著短于常规棉，而 Bt 棉与常规棉无显著差异。最长一次 E 波持续的时间也表现出双价棉明显短于 Bt 棉，但与常规棉无显著差异。从棉蚜在棉株木质部主动吸取水分的 G 波可看出（表 9 - 42），棉蚜在 Bt 棉与双价棉上 C 波的持续时间及其在整个记录时间中所占的比例明显大于常规棉。Bt 棉上出现 G 波的次数也明显多于双价棉与常规棉，但双价棉与常规棉间无显著差异。这表明棉蚜对 Bt 棉和常规棉的喜好性高于双价棉，而前两者无差异。用 DC-EPG 技术测定棉蚜在 Bt 棉、双价棉以及常规棉上的取食行为，可直接显示出棉蚜对不同棉花品种的喜好程度。从反映蚜虫被动也即主要取食行为的 E 波来看，连续 4h 的取食行为记录过程中，在 Bt 棉 32B 上 E 波时程最长，显著高于常规棉泗棉 3 号上，而在双价棉 SGK321 上则与常规棉上无差异（郭慧芳等，2004）。再从 E 波的平均周期来看，根据 Kimmins（1985）和 Spiller 等（1987）报道，蚜虫在取食过程中出现 E 波时，大多数时候蚜虫口针顶端位于韧皮部的筛管内，吸取筛管的汁液，且只有在 E 波时程长于 8min 时，蚜虫口针才真正吸取到汁液，而在短于 8min 时，口针可能未到达韧皮部，或者即使到达韧皮部，也未吸取到汁液。郭慧芳等（2004）试验表明，虽然棉蚜在 Bt 棉 33B、GK22 和常规棉泗棉 3 号 3 个棉花品种上 E 波的平均周期均达到了 8min 以上，但双价棉和常规棉上 E 波平均周期显著短于在 Bt 棉上，说明棉蚜在 Bt 棉上实际吸食汁液时间最长，而在双价棉上最短。无论是已在转基因抗虫棉上连续生了 10 代的棉蚜，还是生活 1 代的棉蚜，都表现出上述特性。因此该项研究表明，棉蚜对 Bt 棉 32B 的喜好性明显高于常规棉泗棉 3 号和双价棉 SGK321，而后两者之间无差异，这种喜好性的差异在饲养 10 代后仍无变化。这当中棉蚜对 Bt 棉的喜好性高于双价棉与刘向东等的研究结果一致，但刘向东等（2002）认为 Bt 棉与常规棉之间无差异，而郭慧芳等（2004）研究结果是双价棉与常规棉无差异，此差异可能是由于品种不同所致。

表 9 - 40　棉蚜在不同棉花品种棉株上的寻食刺探波型出现的比例与次数

棉花品种	np 波		C 波		F 波	
	发生比率（%）	次数	发生比率（%）	次数	发生比率（%）	次数
Bt 棉 32B	8.529 ±6.75b	9.800 ±7.400ab	48.244 ±11.081a	7.546 ±4.719b	4.931 ±3.968b	1.083 ±0.793a

（续表）

棉花品种	np 波		C 波		F 波	
	发生比率（%）	次数	发生比率（%）	次数	发生比率（%）	次数
双价棉 SGK321	24.857 ± 9.961a	15.667 ± 7.916a	51.775 ± 9.819a	16.750 ± 9.751a	10.344 ± 6.802a	1.250 ± 1.165a
常规棉 泗棉 3 号	24.038 ± 21.382a	3.400 ± 2.302b	56.727 ± 14.619a	10.333 ± 6.154ab	2.478 ± 0.694b	1.500 ± 0.548a

注：数字后的小写字母表示纵向5%差异显著，表9-41，表9-42同

表 9-41　棉蚜口针在棉株韧皮部的取食行为参数　　　　　　　　　（min）

棉花品种	E_1 波总时间	E_2 波总时间	首次 E_1 波出现时间	最长一次 E 波持续时间
Bt 棉 32B	27.715 ± 15.012a	79.112 ± 60.209a	206.938 ± 88.431a	73.128 ± 31.126a
双价棉 SGK321	9.398 ± 8.385b	22.666 ± 10.136b	114.192 ± 60.704ab	28.634 ± 14.200b
常规棉泗棉 3 号	31.603 ± 17.025a	30.370 ± 18.812ab	110.165 ± 44.791b	38.310 ± 16.936ab

表 9-42　棉蚜口针在棉株木质部的取食行为参数

棉花品种	G 波总时间（min）	G 波发生比例（%）	G 波发生次数
Bt 棉 32B	115.174 ± 52.779a	32.745 ± 15.164a	2.273 ± 1.679a
双价棉 SGK321	104.298 ± 39.397a	32.044 ± 13.426a	0.778 ± 0.833b
常规棉泗棉 3 号	29.080 ± 24.766b	8.078 ± 6.881b	0.857 ± 1.069b

　　棉蚜主要以刺吸式口器取食棉株的韧皮部汁液，韧皮部汁液内是否含有 Bt 毒蛋白与棉蚜在取食过程中是否吸食到 Bt 毒蛋白有很大联系。Raps 等（2001）通过 ELISA 方法在用微毛细管方法收集到的转基因抗虫玉米韧皮部汁液中没有检测到 Bt 毒蛋白，说明在转基因抗虫植株的韧皮部汁液内没有 Bt 毒蛋白的运输。在棉花的韧皮部汁液内可能没有 Bt 毒蛋白或其含量很低，蚜虫在取食过程中未吸食到 Bt 毒蛋白或吸食到少量的 Bt 毒蛋白，因而对棉蚜没有直接毒性或毒性很低。张桂芬等（2004）、蒋丽等（2011）和李海燕等（2011）研究结果表明，寄生在转基因抗虫棉上的棉蚜体内 Bt 毒蛋白含量很少（表9-43），不足以导致棉蚜的生长和发育的改变。Bt 毒蛋白被棉蚜取食后可能发生以下几种情况：①Bt 毒蛋白在棉蚜中肠内未被溶解，而直接排出体外；②Bt 毒蛋白被溶解，但在中肠有少量被消化吸收，大部分被排出体外；③Bt 毒蛋白被棉蚜吸收，但通过自身解毒酶的作用，将其降解，因此 Bt 毒蛋白对棉蚜的毒性很弱。

　　综观已有的研究结果，转基因抗虫棉对棉蚜产生不同影响的原因可能有 3 个方面：①使用的转基因抗虫棉品种不同。研究表明，将同一抗虫基因转入不同品种棉花，产生的抗虫性不同；不同棉花品种内的化学成分不同，其本身的抗虫性也存在差异；此外，不同生长期和生长势的棉株体内抗虫蛋白表达不同，并导致抗虫性不同。因此不同的转基因抗虫棉试验材料对棉蚜的抗性可能存在较大差异；②田间调查所在的生态区域不同，试验区的气候条件和作物不相同，因此棉蚜的种群发展态势不同。而且，多数田间调查都以整个节肢动物群落或害虫亚群落的变化为研究对象，蚜虫仅是其中的一类，很少专门调查棉蚜的种群动态变化；③试验设计和试验方法存在差异。有的研究采用离体棉花叶片饲养棉蚜，有的则采用活体棉株饲养并建立棉蚜试验种群生命表。棉花植株内 Bt 毒蛋白的表达与植物的生长势有关，生长势好的植株抗性强，棉叶离体后可能影响叶片中 Bt 毒蛋白的表达，并对试验结果产生影响。总之，转基因抗虫棉对棉蚜的影响是多种因素综合作用的结果，

棉蚜可能通过生理调节和适应最终未影响其生长发育和繁殖，也可能会随着种植时间和外界环境的变化而变化。

表 9 –43　寄生在转基因抗虫棉上的棉蚜体内 Bt 毒蛋白含量

棉花品种	Bt 毒蛋白含量（ng/g）	资料来源
常规棉石远 321 上的棉蚜	0.00	
双价棉 SGK321 上的棉蚜	4.68	蒋丽等，2011
常规棉石远 321 棉叶内	135.81	
转（GryIAb + CryIAc）双价棉上的蚜虫	6.0（6 月 11 日） 3.5（6 月 16 日） 2.8（7 月 1 日） 3.5（7 月 26 日） 3.7（8 月 11 日）	李海燕等，2011
Bt 棉 GK12 上的棉蚜	6.0（6 月上旬）	
Bt 棉 33B 上的棉蚜	2.5（6 月上旬）	
常规棉泗棉 3 号上的棉蚜	0.0（6 月上旬）	张桂芳，2004
GK12 嫩叶	50.0（6 月上旬）	
33B 嫩叶	138.3（6 月上旬）	
泗棉 3 号嫩叶	0.0（6 月上旬）	

二、对棉叶螨的影响

棉叶螨通常被称为棉红蜘蛛，是发生在全球棉花生产上 4 类重大的致灾性害虫之一。我国为害棉花的叶螨主要有朱砂叶螨（*Tetranychus cinnabarinus* Boisduval）、截形叶螨（*Tetranychus truncates* Ehara）、二斑叶螨（*Tetranydrus urticae* Koch）、土耳其斯坦叶螨（*Tetrany chus turkestani* Ugarov et Nikoskil）和敦煌叶螨（*Tetrany chus dunhaungen* sis Wang）等，均属蛛形纲、蜱螨目、叶螨科。棉叶螨分布于我国各大棉区，除了土耳其斯坦叶螨分布在新疆棉区、敦煌叶螨分布于甘肃外，朱砂叶螨和截形叶螨在我国南北方均有分布。多数棉区是由毛砂叶螨、截形叶螨和二斑叶螨组成的复合种群，以朱砂叶螨为优势种群。棉叶螨的寄主种类十分广泛。据文献记载，我国已经有 32 科、113 种寄主植物，其主要寄主有棉花、玉米、高粱、小麦、苘了、豆类、芝麻、茄科作物等，棉叶螨的杂草寄主有益母草、马鞭草、野芝麻、蛇莓、婆婆纳、佛座、小旋花、车前草、小蓟、芥菜等。棉花从幼苗到蕾铃期都能受到叶螨的为害，其成、若、幼螨均取食棉花叶片。叶螨常群集在棉花叶背，用口针刺吸叶片内部栅状和海绵细胞的汁液，破坏细胞中的叶绿体。受害叶片正面初现黄斑色，后变红。叶螨多时，叶背有细丝网，网下群聚虫体。前期为害严重时，常导致受害叶大量焦枯脱落，棉株枯死；中后期发生时，能引起中下部叶片、花蕾和幼铃脱落，对棉花的产量和品质威胁很大。20 世纪 90 年代中期以来随着转基因抗虫棉推广普及，以棉铃虫为主的靶标害虫逐步得到有效抑制，但棉叶螨、棉盲蝽、棉蚜、烟粉虱等非靶标害虫猖獗发生，为害加重。加之棉叶螨食性杂、寄主分布广、繁殖系数高、抗药性强，少数受害严重的棉田甚至绝收。为摸清棉叶螨的灾变规律，以采取科学有效的综合治理措施，有必要研究转基因抗虫棉对棉叶螨的影响及其机理。

据报道，无论是棉田调查，还是温室中盆栽试验，转基因抗虫棉上的棉叶螨发生量及其为害程度均重于常规棉。崔金杰等1998年和2004年的研究结果均显示转基因抗虫棉田棉叶螨为害重于常规棉田（图9-13，图9-14）。从图9-13可知，黄河流域区棉区麦套夏棉田棉叶螨在7月中旬有

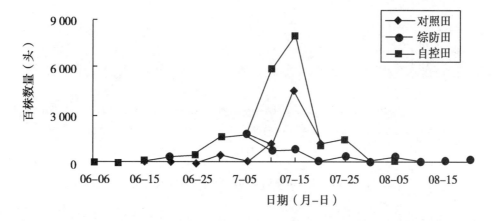

图9-13　三种类型夏棉棉叶螨种群消长（1998）

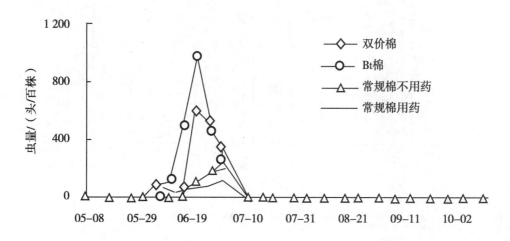

图9-14　不同类型棉田棉叶螨种群动态（2004）

一个明显的发生高峰，对照田（常规棉，不施药）、综防田（Bt棉，施药）、自控田（Bt棉，不施药）平均百株棉叶螨数量分别为549.3、447.8和1312.4头，综防田和自控田分别比对照田减少18.5%和增加138.9%，后者差异达显著水平（$t = 2.141 > t_{0.05} = 2.131$）；综防田比自控田减少65.9%。可见，转基因抗虫棉田红蜘蛛为害加重。图9-14显示，整个棉叶螨发生期，双价棉、Bt棉、常规棉不用药田和常规棉用药田平均百株棉叶螨数量分别为62、94、24和16头，双价棉比Bt棉减少34.0%，但分别比常规棉不用药田和常规棉用药田增加158.3%和287.5%，与Bt棉间差异显著（$t = 2.379\ 2 > t_{0.05} = 2.068\ 7$），与常规棉不用药田和常规棉用药田差异极显著（$t_1 = 3.540\ 9 > t_{0.01} = 2.797\ 0$，$t_2 = 4.588\ 9 > t_{0.01} = 2.797\ 0$）。Bt棉分别比常规棉不用药田和常规棉用药田增加291.7%和487.5%，差异达极显著水平（$t_1 = 3.813\ 2 > t_{0.01} = 2.797\ 0$，$t_2 = 3.415\ 6 > t_{0.01} = 2.797\ 0$）。双价棉和Bt棉田棉叶螨种群数量上升，为害加重，但双价棉田棉叶螨发生为害轻于Bt棉。在江苏沿海棉区棉红叶螨常年5~8月有两个转移和危害高峰，分别在麦子和玉米成熟离田时。徐文华等（2004）系统调查江苏沿海棉区Bt棉中棉所29和常规棉苏棉9号两个品种的虫株率消长变化结果指出，中棉所29和苏棉9号的平均有虫株率分别为5.94%和4.24%，前者比后者高出40.09%（图9-15）。棉红叶螨为害高峰日（7月19日）平均有虫株率分别为20.20%和14.60%，

中棉所 29 比苏棉 9 号高出 38.36% （图 9 – 16）。2007 和 2008 年两年的系统调查结果表明（表 9 –

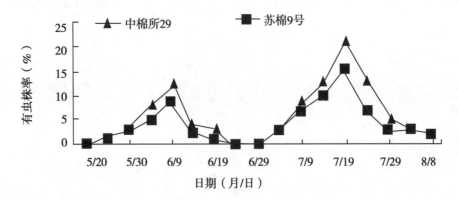

图 9 – 15　系统调查棉田棉红叶螨有虫株率比较

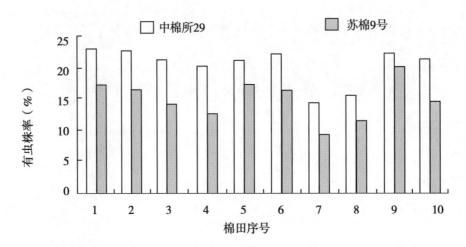

图 9 – 16　棉红叶螨为害高峰日虫株率比较

44），Bt 棉田棉叶螨的有螨株、红叶株、红叶数、有螨叶和成若螨数量指标与常规棉比较，各项指标的累计数量始终高于常规棉。方诗龙等（2004）研究认为（表 9 – 45），在安徽淮北棉区，棉叶螨的发生期分别在苗期、蕾花期和花铃期 3 个阶段。这 3 个发生阶段的起止日期依次为 5 月 3 日至 6 月 15 日、6 月 16 日至 7 月 15 日、7 月 16 日至消失，3 个阶段的为害逐渐加重，造成的为害损失以花铃期和蕾花期叶螨为主，苗期叶螨为害较轻。由表 9 – 45 还可看出，Bt 棉田苗期和蕾花期叶螨的发生危害始期较常规棉田提前 4 ~ 5d，蕾花期和花铃期的发生为害末期推迟 5d 和 10d，3 个阶段的为害高峰期却与常规棉田相近，前后相差 3d 以内；每个阶段的发生为害天数 Bt 棉田均比常规棉田长 5d 或 10d，全年长 25d。Bt 棉田棉叶螨 3 个发生阶段高峰日的发生量均高于常规棉田。苗期、蕾花期、花铃期叶螨的最高有螨株率，Bt 棉田分别比常规棉田高 2%、36%、14%，最高百株螨量是常规棉田的 1.6 倍、2.9 倍、1.9 倍，最高螨害级数比常规棉田高 0.07 级、0.55 级、0.42 级。Bt 棉田各阶段叶螨造成的棉花产量损失率也都高于常规棉田，棉花产量损失率（26.65%）是常规棉田（11.15%）的 2.4 倍。3 个阶段棉叶螨的发生程度，这两类棉田只有苗期一致，同为中等偏重发生；蕾花期和花铃期叶螨，Bt 棉田分别为大发生和中等发生，常规棉田为中等发生和中等偏轻发生；Bt 棉田棉叶螨的年发生程度为中等偏重，比常规棉田的中等发生重一个级别。马惠等（2012）田间调查与温室盆栽试验结果均表明，棉叶螨在常规棉中棉所 12 上的发生最轻，在 3 个 Bt 棉（中棉所 21B、28B，99B）和 1 个双价棉（SGK321）上棉叶螨发生重（图 9 – 17、图 9 –

18）。此外，有研究表明，在相同的越冬虫源环境中，朱砂叶螨在 Bt 棉上的发生时间与常规棉相同，零星发生后在 Bt 棉上的种群发展速度比在常规棉上快（图 9 - 19，表 9 - 46）。

表 9 - 44 棉叶螨在两类棉田的累计螨量与被害的差异比较（徐文华，2011）

年度	品种	有螨株（株）	红叶株（株）	红叶数（叶/百株）	有螨叶（叶/百株）	成若螨（头）
2007	Bt 棉鲁棉研 23	45 700	14 400	37 300	66 200	343 500
	常规棉苏棉 22 号（CK）	33 000	11 200	29 100	48 600	282 000
	比 CK 增（%）	3 848	2 857	2 818	3 621	2 181
2008	Bt 棉鲁棉研 23	20 600	9 200	13 800	28 300	104 900
	常规棉苏棉 22 号（CK）	14 600	7 100	10 600	22 100	82 300
	比 CK 增（%）	4 110	2 958	3 019	2 805	2 746

表 9 - 45 不同类型棉田棉叶螨发生情况比较

棉田类型	发生阶段	始期	高峰期	末期	发生为害天数（d）	螨株率（%）	百株螨量（头）	螨害级数（级）	棉花产量损失率（%）	发生程度级
转基因抗虫棉田	苗期	05 - 20	06 - 05	06 - 15	27	30	170	0.23	2.08	4
	蕾花期	06 - 16	06 - 28	07 - 15	30	70	840	0.79	11.29	5
	花铃期	07 - 20	08 - 03	08 - 15	27	76	498	0.93	13.28	3
	全生育期				84				26.65	4
常规棉田	苗期	05 - 25	06 - 08	06 - 15	22	28	108	0.16	0.37	4
	蕾花期	06 - 20	06 - 25	07 - 10	20	34	288	0.24	3.47	3
	花铃期	07 - 20	08 - 03	08 - 05	17	62	266	0.51	7.31	2
	全生育期				59				11.15	3

表 9 - 46 三种处理棉田棉叶螨的种群数量（邓曙东等，2003） （头/百株）

年份	处理	高峰值	总计值	总计值比常规棉增加（%）
2000	Bt 棉，施药	2 680	5 532	181.1
	Bt 棉，不施药	1 640	7 838	298.3
	常规棉，施药	1 130	1 968	
2001	Bt 棉，施药	506	2 896	69.9
	Bt 棉，不施药	764	3 496	105.0
	常规棉，施药	386	1 705	

潘启明等（2002）在棉田系统调查和大田普查结果认为，Bt 棉棉田棉叶螨在发生期、发生量、为害期和为害程度上同常规棉田稍有差别，但不明显。2000 年轻发生，2001 年度为中度发生。系统调查中，常规棉田棉叶螨始见期两年分别为 5 月 25 日、5 月 15 日。高峰日 2001 年苗期为 6 月 20 日，蕾铃期 8 月 10 日。为害盛期天数苗期两年分别为 40 天和 50 天，蕾铃期分别为 50 天和

55d。Bt 棉棉叶螨田除 2001 年始见期比常规棉田晚 5d，苗期和蕾铃期为害期各少 5d 外，其余均和常规棉田相同。常规棉田两年苗期高峰日百株螨量分别为 10 头、8 头，蕾铃期高峰期百株 3 叶螨量分别为 322 头、570 头。两年盛期内苗期平均百株螨量分别为 5.0 头、33.3 头，蕾铃期百株 3 叶螨量平均为 93.4 头和 206.0 头。转 Bt 棉田高峰期螨量苗期分别比常规棉田低 2.0% 和 8.8%，蕾铃期 2000 年比常规棉田低 2.0%，2001 年则高 13.3%，盛期内平均螨量分别低 2.0% 和 6.0%，蕾铃期 2000 年低 0.4%，2001 年高 7.3%。为害盛期棉田普查，常规棉田两年苗期发生地块率分别为 6.7% 和 100%，但均无红叶株，蕾铃期分别为 60% 和 100%。2001 年红叶株率达 19.3%。Bt 棉棉田除 2001 年红叶株率比常规棉田低 1 个百分点外，其余均和常规棉田一样。

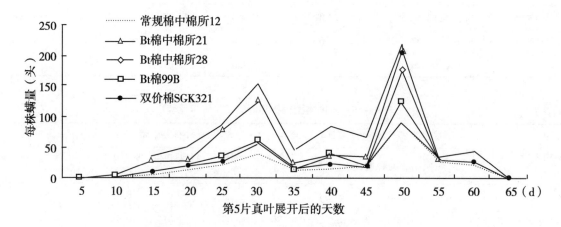

图 9 - 17   不同棉花品种的田间棉叶螨消长趋势

注：从第 5 片真叶展开时（以 "0" 表示）开始调查，5，10，15 等为第 5 片真叶展开后的天数；误差线代表 ±SD

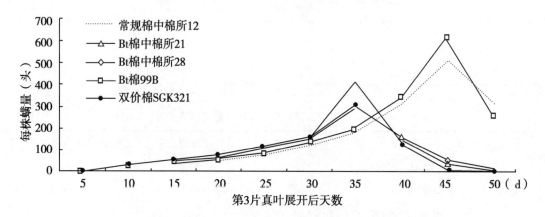

图 9 - 18   温室中不同品种棉花上棉叶螨的消长趋势

注：从第 3 片真叶展开时（以 "0" 表示）开始调查，5，10，15 等为第 3 片真叶展开后的天数；误差线代表 ±SD

生态位（niche）是传统生态学中的一个基本概念，又称格乌斯原理。由 Grinnel（1917，1924，1928）提出，最初是用于研究生物物种间竞争关系而产生的，该原理的主要内容指在生物群落或生态系统中，每一个物种都拥有自己的角色和地位，即占据一定的空间，发挥一定的功能。自然生态系统中的物种或种群首先只有生活在适宜的微环境中才能得以延续，随着有机体的发育，它们能改变生态位。生态位现象对所有生命现象都具有普适性，不仅适用于生物界（包括动物、植物、微生物），也适用于人（包括人组成的集团、社会、国家）。邱晓红等（2006）运用这一基本概念探讨转基因抗虫棉棉田中棉叶螨发生为害重于常规棉田的机理，研究结果（表9－47）指出，由于Bt棉的推广种植，有效地控制了靶标害虫的为害，其空余出来的生态位必然会被其他害虫所占据。Bt棉田朱砂叶螨的时间生态位和空间生态位宽度均大于常规棉田，特别是在棉株上部，原因可能正是由于缺少了鳞翅目害虫的种间竞争，使得朱砂叶螨改变了常规棉田主要分布在棉株中下部的方式，转而为害棉株中上部，且种群趋向于均匀分布。在常规棉田，朱砂叶螨的分布以中、下部为主，分占其种群的33.94%和39.73%，在Bt棉田庄朱砂叶螨在棉株中、下部的数量较少，而上部的布达39.16%，明显高于常规棉田。这种在棉株上趋向均匀分布的态势表明，Bt棉田朱砂叶螨的为害已转向棉株上部，且为害时间长，较常规棉田更为复杂，从而也给防治带来更大的困难。

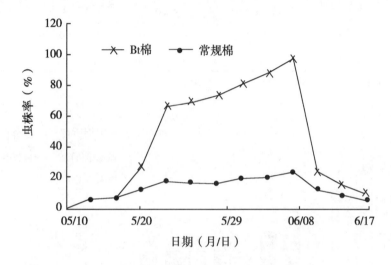

图9－19　Bt棉和常规棉苗期红蜘蛛发生情况（王武刚等，1999）

表9－47　两类棉田朱砂叶螨的时空生态位宽度

品种	时间生态位宽度指数（B）	空间生态位宽度指数（B）	在棉株上的分布（%）		
			上部	中部	下部
Bt棉	0.984 7	0.757 0	39.16	29.65	31.18
常规棉	0.973 5	0.725 9	26.33	33.94	39.73

注：生态位宽度指数 $B = 1/s \sum_{i=1}^{s} Pi$，（$1/S < B < 1$）；S为资源序列的等级数；$Pi$为物种在第 i 级资源的数量占总资源数量的比例

　　碳代谢和氮代谢是植物体内最基本的两大代谢，分别与碳水化合物和蛋白质的合成有关。棉酚和单宁是棉株体内碳代谢的产物，而Bt毒蛋白的表达是氮素合成Bt毒蛋白的氮代谢过程（杨长琴等，2005）。Bt基因的插入使得Bt棉的氮代谢增强以促进Bt毒蛋白表达；在Bt棉品种选育过程中，氮代谢还会因不断选择而进一步增强。氮代谢的增强势必对碳代谢造成影响，从而削弱棉株中缩合单宁的合成（张永军等，2000）。Bt棉总酚和单宁的含量明显较常规棉减少（Olsen等，1998），而缩合单宁是棉花抗棉叶螨的重要次生物质（武予清等，1998）。棉酚也有重要的抗虫作用（Luo等，2008）。马惠等（2012）试验中，常规棉中棉所12的棉酚和单宁含量均比3个Bt棉品种（鲁棉所21B、28B、99B）和双价棉品种（SGK321）高，而取食中棉所12的棉叶螨发育历期均比取食4个Bt棉品种长（表9－47）。SGK321的棉酚含量显著低于其他3个Bt棉品种，单宁含量也低于其余3个Bt棉品种（图9－20、图9－21）。这可能是由于双价基因的导入对棉株体内碳代谢的影响更大，使得SGK321的氮代谢更旺、碳代谢更弱（张祥等，2006），进一步降低了棉

酚和单宁的合成。取食 SGK321 的棉叶螨的发育历期也均显著短于其他 3 个 Bt 棉品种（表 9 – 48），进一步说明外源基因的插入对棉花本身的次生代谢产生了重要影响，使得棉花次生代谢产物棉酚和单宁含量降低，进而导致棉叶螨的发生加重。

表 9 – 48 不同棉花品种上棉叶螨的发育历期

品种	卵期（d）	幼螨（d）	若螨（d）	产卵前期（d）	世代（d）
常规棉中棉所 12	5.2 ± 0.2b	2.9 ± 0.3b	6.0 ± 0.2a	1.60 ± 0.20a	15.7 ± 0.3a
Bt 棉鲁棉研 12	6.2 ± 0.3a	2.3 ± 0.3c	5.3 ± 0.4b	1.00 ± 0.10b	14.8 ± 0.4b
Bt 棉鲁棉研 28	5.2 ± 0.3b	3.4 ± 0.3a	5.4 ± 0.3ab	0.83 ± 0.13b	14.8 ± 0.4b
Bt 棉 99B	6.4 ± 0.7a	2.9 ± 0.4b	4.9 ± 0.8b	0.85 ± 0.12b	15.1 ± 0.7b
双价棉 SGK321	5.2 ± 0.4b	2.6 ± 0.3bc	4.9 ± 0.4b	1.00 ± 0.20b	13.7 ± 0.4c

注：同列数据后标注不同字母表示差异显著（$P < 0.05$）

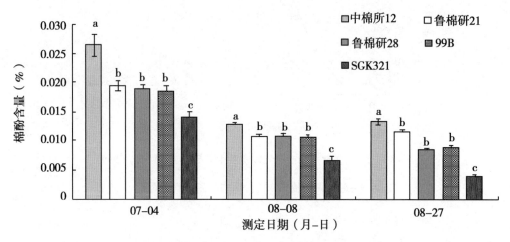

图 9 – 20 不同棉花品种在不同时期的棉酚含量

注：同一测定时期的数据标注不同字母表示差异显著（$P < 0.05$）。中棉所 12 为常规棉，鲁棉研 21、28 和 99B 为 Bt 棉，SGK321 为双价棉。图 9 – 21 同

昆虫解毒酶系统的类型可能与其特定的取食习性有关（Lindroth，1991）。羧酸酯酶（CarE）是昆虫体内重要的解毒酶系之一，在对外源化合物的解毒代谢和对杀虫剂的抗性形成中起着重要作用。其高亲和性—低能解毒作用的活力增强是昆虫对有机磷和氨基甲酸酯类杀虫剂产生抗性的重要机制（冷欣大等，1996）。马惠等（2012）研究结果表明，取食常规棉中棉所 12 的棉叶螨的羧酸酯酶活力最低，显著低于其他 4 个转基因抗虫棉品种，即取食中棉所 12 的棉叶螨的羧酸酯酶的解毒功能最低，这也是中棉所 12 上的棉叶螨发生量少的原因之一（图 9 – 22）。Bt 棉本身棉酚和单宁的减少导致了棉叶螨体内羧酸酯酶活力的降低，这和 Waller（1987）的研究结果一致，但是否涉及羧酸酯酶的质变还需要深入研究。

综上所述，Bt 棉推广后化学农药的使用减少，降低了对棉叶螨的兼治作用，棉铃虫的减少又为棉叶螨提供了更加丰富的食料，这是 Bt 棉棉叶螨发生重的原因之一。Bt 棉本身棉酚和单宁含量的减少对棉叶螨的生长发育产生了影响，同时引起了取食 Bt 棉的棉叶螨本身的羧酸酯酶比活力的变化，使得棉叶螨的发生日趋严重。因此，Bt 棉次生代谢物质的变化可能是造成棉叶螨发生的重要原因。Bt 棉次生代谢物质的变化是否引起了棉叶螨其他消化酶或解毒酶的变化还有待于进一步研究。

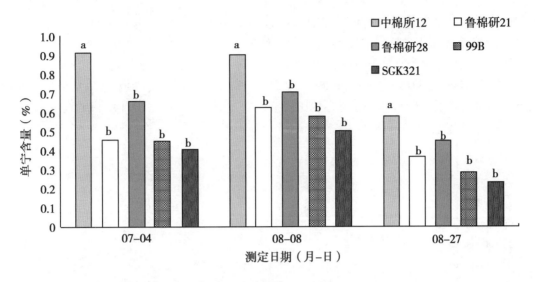

图 9 – 21　不同棉花品种在不同时期的单宁含量

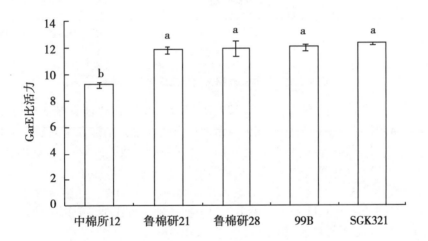

图 9 – 22　取食不同棉花品种叶片的棉叶螨的羧酸酯酶比活

注：数据标注不同字母表示差异显著（$P < 0.05$）

三、对烟粉虱的影响

烟粉虱（*Bemisia tabaci* Gennadius）广泛分布于世界各地，其寄主植物多达71科420余种，主要为害棉花、大豆和蔬菜等农作物。20世纪80年代以后，烟粉虱在世界各地为害趋于严重，仅1991年美国西南部烟粉虱的为害就导致经济损失5亿美元，已成为美国、印度、巴基斯坦、苏丹和以色列等国家农业生产的重要害虫（Borwn，1995；Gerling等，1980）。我国烟粉虱的发生始记载于1949年，20世纪80年代先后有为害棉花等作物的报道，但种群数量低，发生较轻，不需防治（罗志文等，1989）。自20世纪90年代中期推广转基因抗虫棉以来，棉花主产区先后暴发烟粉虱，为害严重时棉花减产20%～50%（赵莉等，2000；徐静等，2003；吴孔明等，2001；周福才等，2005）。并且烟粉虱通过刺吸叶片维管束汁液而传播植物病毒和分泌蜜露引起煤污病，使棉花纤维品质受到严重影响（Bellows等，1988；Gerling等，1980；Grethesd等，1986；Heweberry等，1995）。此外，烟粉虱寄主范围广，世代重叠严重、成虫体小、体被蜡质、活动迅速、易随风飘散等特点给防治造成了一定困难。

多数研究结果表明，转基因抗虫棉田烟粉虱的发生量及为害程度重于常规棉田。但也有试验结果与相反，认为转基因抗虫棉对烟粉虱具有一定的抑制作用。吴孔明等（20010）报道，1997—1999 年棉田烟粉虱数量较低，6 月上中旬在棉田始见成虫，7 月中旬后成虫数量逐渐降低。如 1999 年，不同棉花品种分别于 6 月 15 日和 20 日始见烟粉虱成虫，Bt 棉 GK - 12 棉田 6 月 15 日百株成虫 2 头，7 月 3 日成虫种群增至百株 142 头，7 月 8 日降至百株 20 头，7 月 13 日后消失。Bt 棉和常规棉上无明显的差别。2000 年烟粉虱在棉田严重发生（图 9 - 23）。6 月 19 日调查，Bt 棉 GK12 和

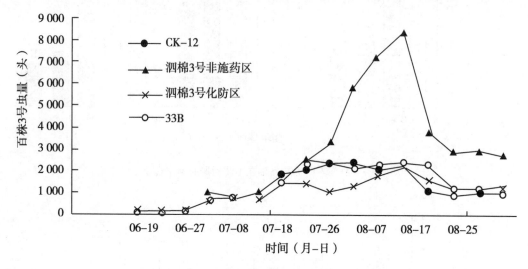

图 9 - 23　不同处理棉田烟粉虱成虫种群动态

33B、常规棉泗棉 3 号百株 3 叶有成虫 86 ~ 129 头。7 月 18 日各处理百株 3 叶累积成虫数量达 1 465 ~ 1 784 头。常规棉泗棉 3 号化防处理因大量使用农药（氯氰菊酯和辛硫磷）防治棉铃虫，烟粉虱成虫种群数量增长缓慢，至 8 月 12 日达百株 3 叶累积成虫数 2 236 头。常规棉泗棉 3 号非化防处理由于棉铃虫危害导致大量蕾铃脱落，棉花营养生长过旺适宜烟粉虱的生长发育，烟粉虱成虫种群数量呈指数曲线增长，8 月 12 日百株 3 叶累积成虫数量达 8 310 头，此后缓慢降至 2778 头（8 月 29 日）。和上述 2 个处理相比，Bt 棉 33B 和 GK - 12 烟粉虱数量居中，7 月 22 至 8 月 12 日为种群高峰期，百株 3 叶累积成虫数量 2 000 ~ 2 500 头，8 月 29 日分别降为 939 和 1 353 头。邓曙东等（2003）试验结果，烟粉虱连续两年（2000—2001）在转基因抗虫棉田中都有较大的种群数量。其中，自控田（Bt 棉，不施药）的种群数量高于化防田（Bt 棉，施药），而常规棉（对照）棉田的发生量则一直处于较低的水平（图 9 - 24、图 9 - 25）。可见在 Bt 棉田中，次要害虫烟粉虱种群的发生数量上升，有成为主要害虫的潜在趋势。徐静等（2003）的田间调查结果，2000 年常规棉对照田、Bt 棉化防田、Bt 棉自控田（不施药）全年烟粉虱每百株发生量分别为 246 头，652 头、1 582 头，Bt 棉自控田、Bt 棉化防田分别比对照增长 6.43 倍、2.65 倍。2001 年对照田常规棉、Bt 棉化防田、Bt 棉自控田棉花全生育期每百株发生量分别为 68 头、1 084 头、1 210 头，Bt 棉自控田、Bt 棉化防田分别比对照常规棉田增长 16.79 倍、14.94 倍。从两年的调查结果可以看出，与常规棉相比，Bt 棉有利于烟粉虱的发生。孙长贵等（2003）报道，与 Bt 棉田相比，双价棉田内的烟粉虱虫量下降 22.7%，但这两者比常规棉田内的烟粉虱量分别增加 68.9% 和 30.5%。崔金杰等（2004）指出，整个棉粉虱发生期，双价棉、Bt 棉、常规棉不用药田和常规用药田百株平均棉棉粉虱数量分别为 20 头、24 头、23 头和 15 头，双价棉分别比 Bt 棉和常规棉不用药田减少 16.7% 和 13.0%，比常规棉用药田增加 33.3%。Bt 棉分别比常规棉不用药田和常规棉用药田增加 4.3% 和 60.0%。可见，和常规棉相比，双价棉田棉粉虱种群数量下降，但 Bt 棉田棉粉虱种群数量增加，发生危害有加重的趋势。周洪旭等（2004）认为，双价棉（SGK321）上烟粉虱种群数量比常规棉

石远 321 减少 15.6% （总数量）和 29.5% （峰值）。但姜涛等 （2009）的研究结果与周洪旭等 （2004）的相反，双价棉 SGK321 棉田烟粉虱成虫种群数量几乎一直高于其受体常规棉石远 321 棉田种群 （图 9 - 26）。

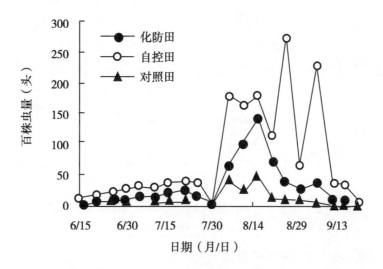

图 9 - 24　2000 年三种处理棉田烟粉虱的种群动态

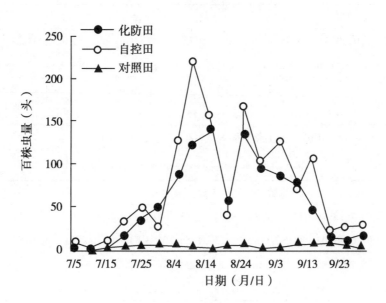

图 9 - 25　2001 年三种处理棉田烟粉虱的种群动态

　　在转基因抗虫棉上烟粉虱种群上升的重要原因之一是有更快的发育速率、更高的存活率、更多的产卵量、更长的雌虫寿命和高的内禀增长率等。周福才等 （2006）在实验室恒温和大田自然条件下，通过对 Bt 棉 KG22 及其受体常规棉泗棉 3 号的对比试验结果表明，28℃恒温条件下，在棉花花铃期，GK22 上的 B 型烟粉虱发育历期 （从卵到成虫羽化）比泗棉 3 号短 17.79%、存活率高 4.5%、产卵量多 39.62%、雌虫寿命长 12.14%、内禀增长率高 20.18%；在棉花苗期，GK22 上的 8 型烟粉虱发育历期比泗棉 3 号短 14.14%、雌虫寿命长 17.46%、内禀增长率大 1.47%，存活率和产卵量差异不显著 （表 9 - 49 至表 9 - 52）。在大田自然变温条件下，GK22 上烟粉虱发育历期比泗棉 3 号短 13.6% （表 9 - 53）。在同一品种棉花上，饲养在苗期棉花上烟粉虱的发育历期较花铃期棉花长 （表 9 - 52）。以上结果显示，花铃期棉花比苗期棉花更有利于烟粉虱的生长发育和繁殖；

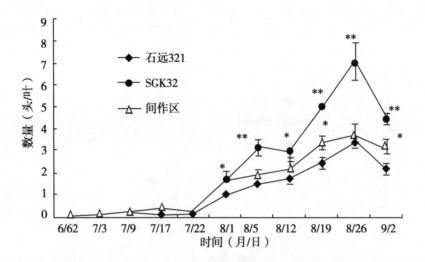

图 9 - 26　SGK321 与石远 321 以及间作棉区烟粉虱成虫种群动态

注：间作区为 SGK321 与石远 321 间隔种植

与常规棉相比，Bt 棉上烟粉虱的种群扩增速率更快。

表 9 - 49　两种棉花上烟粉虱的发育历期　（d）

生育期	品种	卵	1 龄	2 龄	3 龄	4 龄	蛹	卵-蛹期
苗期	GK22	5.0 ± 0.09	3.4 ± 0.16	3.3 ± 0.13	1.4 ± 0.07	1.5 ± 0.12	2.4 ± 0.08	17.0 ± 0.27
	泗棉 3 号	5.0 ± 0.096	3.9 ± 0.15*	4.1 ± 0.16*	2.3 ± 0.12*	1.8 ± 0.11	2.7 ± 0.13*	19.8 ± 0.32*
花铃期	GK22	4.6 ± 0.07	30. ± 0.15	3.0 ± 0.11	1.4 ± 0.07	1.6 ± 0.09	2.4 ± 0.07	15.9 ± 0.28
	泗棉 3 号	4.9 ± 0.08	3.5 ± 0.14*	3.6 ± 0.13*	2.1 ± 0.11*	2.0 ± 0.11*	2.8 ± 0.12*	18.7 ± 0.24*

注：" * "表示经 t 检验在 0.05 水平上差异显著。表 9 - 50、表 9 - 51 同

表 9 - 50　两种棉花上烟粉虱的存活率　（%）

生育期	品种	卵	1 龄	2 龄	3 龄	4 龄	蛹	卵-蛹期
苗期	GK22	93.7 ± 2.16	93.6 ± 2.81	96.1 ± 1.93	100.0 ± 0.00	98.5 ± 1.51	100.0 ± 0.00	82.5 ± 2.89
	泗棉 3 号	91.0 ± 2.95	93.5 ± 1.89	97.5 ± 1.54	97.3 ± 1.64	100.0 ± 0.00	100.0 ± 0.00	81.1 ± 1.83
花铃期	GK22	98.7 ± 0.82	95.9 ± 1.48*	97.8 ± 2.25*	98.2 ± 1.14	98.2 ± 1.13	100.0 ± 0.00	89.0 ± 1.35*
	泗棉 3 号	98.1 ± 0.87	92.3 ± 2.71	94.9 ± 3.68	100.0 ± 0.00	100.0 ± 0.00	99.2 ± 0.83	85.2 ± 4.39

表 9 - 51　两种棉花上烟粉虱的产卵量和雌虫寿命

生育期	品种	产卵量	雌虫寿命（d）
苗期	GK22	77.6 ± 10.72	25.2 ± 3.64*
	泗棉 3 号	76.9 ± 18.46	20.8 ± 3.51
花铃期	GK22	116.3 ± 14.0*	27.7 ± 1.73*
	泗棉 3 号	83.3 ± 12.14	24.7 ± 2.20

表 9 – 52　烟粉虱的实验种群生命表参数

生育期	品种	内禀增长率	净增长率	平均周期时间	周限增长率
苗期	GK22	0.160 7	56.597 1	25.106 8	1.174 4
	泗棉 3 号	0.141 4	53.647 7	28.163 3	1.151 9
花铃期	GK22	0.182 2	84.895 6	24.376 2	1.199 8
	泗棉 3 号	0.151 6	64.604 1	27.496 3	1.163 7

表 9 – 53　大田棉花上烟粉虱的发育历期　(d)

品种	卵	1 龄	2 龄	3 龄	4 龄	蛹	卵-蛹期
GK22	4.1	4.9	3.1	3.8	3.2	3.0	20.0
泗棉 3 号	3.8	5.4	4.6	3.9	4.5	2.7	25.0

外源基因导入对植物产生的影响是多方面的，不同基因的导入对植物产生的效应也不完全相同（郭三堆等，1999；姜涛等，2009）。顾爱祥等（2012）研究发现，导入（Bt + CpTI）双价基因的 SGK321 棉花品种对烟粉虱的存活率、产卵量的影响不明显，而仅导入一个 Bt 基因的 GKl2、33B 两个品种的棉花对烟粉虱的存活率、产卵量影响明显。在 GKl2、33B、SGK321 棉花上，烟粉虱从卵发育到成虫羽化的历期分别为 15.56d、15.35d 和 15.25d，较受体常规棉泗棉 3 号（19.38d）、33（20.81d）、石远 321（18.76d）分别短 24.55%、26.23%、18.71%；GKl2 和 33B 棉花上烟粉虱的存活率（69.16%）分别较泗棉 3 号（54.76%）和 33（64.91%）高 26.29% 和 12.81%，而 SGK321（63.21%）上烟粉虱的存活率与石远 321（62.61%）之间差异不显著；烟粉虱在 GKl2（84.00%）和 33B（77.25%）上的产卵量分别较泗棉 3 号（62.25）和 33（70.00）高 34.93% 和 10.35%，但 SGK321 和石远 321 之间差异不显著；在 GKl2、33B、SGK321 上，烟粉虱的雌雄性比分别比常规棉高 26.71%、46.23% 和 19.17%（表 9 – 54 至表 9 – 56）。这表明，外源基因导入后，有助于烟粉虱的发育，提高了烟粉虱的产卵量和雌雄性比，从而促进了烟粉虱种群的上升。

表 9 – 54　不同品种棉花上烟粉虱的发育历期　(d)

品种	卵	1 龄	2 龄	3 龄	4 龄	蛹	卵-蛹期
Bt 棉 GK12	4.12 ±0.58	2.69 ±0.25	3.00 ±0.40	1.75 ±0.25	1.50 ±0.28	2.50 ±0.28	15.56 ±1.19
常规棉泗棉 3 号	4.75 ±0.25	3.50 ±0.28*	3.88 ±0.40	2.50 ±0.28	2.00 ±0.40*	2.75 ±0.25	19.38 ±0.28*
Bt 棉 33B	4.50 ±0.28	2.75 ±0.47	3.10 ±0.40	1.50 ±0.28	1.50 ±0.28	2.00 ±0.40	15.35 ±1.65
常规棉 33	5.24 ±0.25*	4.74 ±0.47*	4.08 ±0.40	2.25 ±0.47	2.00 ±0.40*	2.50 ±0.27*	20.81 ±0.47*
双价棉 SGK321	4.00 ±0.40	2.64 ±0.47	3.11 ±0.40	2.00 ±0.40	1.25 ±0.25	2.25 ±0.25	15.25 ±1.18
常规棉石远 321	4.76 ±0.47*	3.25 ±0.47*	4.25 ±0.47	2.25 ±0.47*	1.75 ±0.25	2.50 ±0.28	18.76 ±0.85*

注：表中数据为平均值 ±SE；* 表示转基因抗虫棉与受体常规棉之间经 t 测验差异显著（$P < 0.05$）。表 9 – 53、表 9 – 54 同

表 9 – 55　不同品种棉花上烟粉虱的存活率　(%)

品种	卵	1 龄	2 龄	3 龄	4 龄	蛹	卵-蛹期
Bt 棉 GK12	90.16 ±5.77*	85.00 ±5.22*	95.00 ±5.01*	95.00 ±5.00	100.00 ±0.00*	100.00 ±0.00	69.16 ±6.97*

（续表）

品种	卵	1龄	2龄	3龄	4龄	蛹	卵-蛹期
常规棉泗棉3号	85.34±5.00	75.00±9.57	90.01±5.77	100.00±0.00	95.00±6.43	100.00±0.00	54.76±11.49
Bt棉33B	90.64±5.27	92.00±5.77	94.32±8.43	96.00±5.00	98.65±10.45*	100.00±0.00	73.23±9.12*
常规棉33	89.32±5.47	90.00±5.77	90.14±4.78	95.00±5.00	96.14±8.93	100.00±0.00	64.91±10.21
双价棉SGK321	92.03±5.34	88.97±6.46	90.32±7.66	90.00±2.43*	95.00±6.43	100.00±0.00	63.21±8.60
常规棉石远321	90.22±6.98	91.12±8.77	95.32±11.23	85.00±5.00	94.00±5.99	100.00±0.00	62.61±14.42

表9-56　不同品种棉花对烟粉虱种群的产卵效应

品种	产卵量（粒）	产卵产品	雌雄性比（♀/♂）
Bt棉GK12	84.00±7.49*	19.13	1.428
常规棉泗棉3号	62.25±10.85	15.21	1.127
Bt棉33B	77.25±4.30*	17.93	1.512
常规棉33	70.00±5.70	14.38	1.034
双价棉SGK321	65.25±4.36	18.15	1.349
常规棉石远321	60.75±3.14	16.51	1.132

研究发现，几丁质酶（chitinase）、β-1,3-葡聚糖酶（β-1,3-glucanase）等病程相关蛋白（pathogenesis-related proteins，PR蛋白）参与了植物对烟粉虱为害的防御反应（Mayer等，2002；Antony等，2006），这对于烟粉虱的种群增长具有重要影响。番茄（Lycopersicon esculentum Miller）和木薯（Manihot esculenta Crsntz）在受到烟粉虱取食危害后体内几丁质酶和β-1,3-葡聚糖酶等PR蛋白活性上升（Mayer等，2002；Antony等，2006），而蛋白质含量没有明显的变化（周秋菊等，2004）。姜涛等（2009）试验中，烟粉虱取食后的双价棉SGK321植株上、下部叶片及受体常规棉石远321上部叶片中几丁质酶活性呈下降—上升—下降—上升的趋势，石远321下部叶片为先下降后上升趋势（表9-57）；SGK321叶片β-1,3-葡聚糖酶活性变化也呈下降—上升—下降—上升趋势，而石远321上部、下部叶片中β-1,3-葡聚糖酶活性基本上均呈先下降后上升的趋势（表9-58）；石远321与SGK321上部叶片中蛋白质相对含量均呈先上升后逐渐下降趋势，下部叶片蛋白质相对含量变化动态与上部叶片相似，但略有不同（表9-59）。褚栋等（2004）和Mayer等（2002）研究认为，烟粉虱取食诱导寄主植物产生的PR蛋白可能会减少同种植物昆虫竞争者的取食，而烟粉虱没有受到植物防御体系的影响。β-1,3-葡聚糖酶的上升是否与SGK321和石远321田中烟粉虱种群数量差异有关，有待进一步研究。此外，被烟粉虱取食后的SGK321植株上部叶片蛋白含量在第10天时明显上升，而几丁质酶、β-1,3-葡聚糖酶相对下降，有可能还有其他防御酶的参与。

表9-57　棉花不同生育期石远321与SGK321处理植株叶片几丁质酶活性

叶位	品种	不同处理时间后几丁质酶的活性（nmol/min·mg蛋白质）				
		0d	10d	20d	30d	40d
上部叶片	石远321	3.796±0.394aA	2.721±0.064 aA	1.545±0.362 aA	0.617±0.097 aA	1.269±0.102 aA
	SGK321	6.301±0.579bA	1.517±0.083bB	1.504±0.027 aA	0.986±0.207 aA	1.206±0.131 aA

（续表）

叶位	品种	不同处理时间后几丁质酶的活性（nmol/min·mg 蛋白质）				
		0d	10d	20d	30d	40d
下部叶片	石远 321	4.543 ± 0.687 aA	3.018 ± 0.380 aA	1.636 ± 0.077 aA	1.829 ± 0.019 aA	2.326 ± 0.376 aA
	SGK321	6.246 ± 0.706 aA	3.021 ± 0.341 aA	0.578 ± 0.056 aA	1.069 ± 0.045 bB	1.631 ± 0.172 aA

注：表中数据为平均植 ± 标准误，同一检测时间同一叶位酶比活力平均值后不同大、小写字母分别表示差异极显著（$P > 0.01$，t-测验）和差异显著（$P < 0.05$，t-测验）。表 9 – 58，表 9 – 59 同

表 9 – 58　棉花不同生育期石远 321 与 SGK321 处理植株叶片 β – 1，3-葡聚糖酶活性

叶位	品种	不同处理时间后 β – 1，3-葡聚糖酶（mmol/min·mg 蛋白质）				
		0d	10d	20d	30d	40d
上部叶片	石远 321	0.170 ± 0.017 aA	0.076 ± 0.004 aA	0.186 ± 0.051 aA	0.096 ± 0.011 aA	0.275 ± 0.014 aA
	SGK321	0.274 ± 0.005 bB	0.058 ± 0.003 aA	0.246 ± 0.045 bA	0.168 ± 0.030 bA	0.277 ± 0.011 aA
下部叶片	石远 321	0.109 ± 0.002 aA	0.105 ± 0.017 aA	0.218 ± 0.008 aA	0.144 ± 0.016 aA	0.468 ± 0.014 aA
	SGK321	0.213 ± 0.035 bA	0.125 ± 0.015 aA	0.196 ± 0.023 aA	0.310 ± 0.015 bB	0.384 ± 0.012 aA

表 9 – 59　棉花不同生育期石远 321 与 SGK321 处理植株蛋白含量

叶位	品种	蛋白含量（mg/g）				
		0d	10d	20d	30d	40d
上部叶片	石远 321	8.712 ± 0.146 aA	9.808 ± 0.231 aA	11.654 ± 0.929 aA	15.278 ± 1.508 aA	10.981 ± 1.211 aA
	SGK321	4.900 ± 0.046 bB	14.481 ± 0.599 bB	13.248 ± 0.558 aA	13.068 ± 0.314 aA	12.984 ± 0.485 aA
下部叶片	石远 321	5.318 ± 0.806 aA	7.841 ± 0.893 aA	9.349 ± 0.950 aA	13.382 ± 0.798 aA	9.710 ± 0.528 aA
	SGK321	4.266 ± 0.180 aA	7.036 ± 0.886 aA	11.997 ± 0.613 aA	9.184 ± 0.169 bB	10.071 ± 0.618 aA

昆虫生长发育与其摄入的营养物质、抗生物质和有毒物质的种类、数量有关。烟粉虱、稻飞虱等刺吸式口器害虫利用其口针插入植物的筛管吸食汁液获取营养（Gerling 等，1991；刘光杰等，1995），因此，寄主植物筛管汁液成分及其含量直接影响这些害虫的生长发育和繁殖。但由于寄主植物筛管汁液的获取比较困难，在寄主植物与刺吸式口器害虫关系的研究中，目前主要应用寄主植物全叶片（谢永寿等，1987）、寄主植物叶片茎部伤流液（刘光杰等，1995）等为分析研究对象，也有的以人工饲料饲养法进行研究（孟玲等，1998；陆宴辉等，2005），这些间接取样的分析方法造成了较大的试验误差。为此，周福才等（2008）采用压力法直接获取棉花叶片维管束汁液，以 Bt 棉 GK22 和受体常规棉泗棉 3 号为研究对象，分析、比较 Bt 棉与常规棉之间维管束汁液中营养物质与抗生物质的差异，及其对烟粉虱种群增殖的影响。研究结果表明，与泗棉 3 号相比，GK22 叶片维管束汁液中可溶性糖含量较低（表 9 – 60）；单宁浓度苗期较低，但花铃期两个品种无明显差异（表 9 – 60）；花铃期游离氨基酸总量无明显差异，但谷氨酸、脯氨酸、丙氨酸含量均明显高于泗棉 3 号（表 9 – 61）；在苗期和花铃期两品种棉花叶片维管束汁液中均未检测到棉酚（表 9 – 60）。这些结果表明，外源 Bt 基因的导入影响转基因棉花中可溶性糖、游离氨基酸和其他抗生物质的合成，从而影响烟粉虱的种群发展。

表 9-60 不同品种棉花叶片维管束汁液可溶性糖与抗生物质的含量 （mg/ml）

指标	苗期		花铃期	
	GK22	泗棉 3 号	GK22	泗棉 3 号
可溶性糖	103.93	281.83**	345.30	470.34**
单宁	0.04	0.19**	1.42	1.40
棉酚	0.00	0.00	0.00	0.00
Bt 毒蛋白	0.016	0.00	0.008	0.00

注：＊和＊＊分别表示达 0.05 和 0.01 差异显著水平。表 9-59 同

表 9-61 不同品种棉花叶片维管束汁液氨基酸含量 （mg/ml）

氨基酸	苗期		花铃期	
	GK22	泗棉 3 号	GK22	泗棉 3 号
天门冬氨酸 Asp	2.59	13.04**	5.67	8.09**
谷氨酸 Glu	3.46	4.84**	12.47	7.05**
丝氨酸 Ser	2.48	2.73**	4.16	5.02**
组氨酸 His	1.45	0.85**	1.30	1.63*
甘氨酸 Gly	1.39	1.41	1.75	2.33**
苏氨酸 Thr	3.36	1.46**	2.24	3.14**
丙氨酸 Ala	1.70	1.62	3.99	2.59**
精氨酸 Arg	1.13	0.58**	0.92	1.33**
酪氨酸 Try	1.16	0.69**	1.34	1.76**
胱氨酸 Cys	0.72	0.21**	0.31	0.54**
缬氨酸 Val	3.47	2.79**	3.28	3.76**
蛋氨酸 Met	1.05	0.64*	3.18	0.98**
色氨酸 Try	0.56	0.20**	0.49	0.82**
苯丙氨酸 Phe	1.69	1.05**	2.10	2.39*
异亮氨酸 Ile	1.15	0.52**	0.98	1.54**
亮氨酸 Leu	1.88	0.89**	1.98	2.76**
赖氨酸 Lys	0.58	0.49*	1.04	1.28*
脯氨酸 Pre	1.54	0.70**	3.40	2.46**
总量	31.34	34.71**	50.59	49.47

四、对斜纹夜蛾的影响

斜纹夜蛾（*Prodenia litlua*（Fabricius））又名莲纹夜蛾，属鳞翅目夜蛾科，为世界性分布的多食性害虫，在我国各地均有分布，尤以长江流域受害较重。受害农作物主要有棉花、烟草、薯类、豆类、桑、瓜类、蔬菜等 99 科 290 多种植物。斜纹夜蛾具群集性、隐蔽性、暴食性、假死性、多食性与暴发性等特点。在棉田虽以第 3、4 代为主害代，发生盛期在 8~9 月，但世代重叠现象明

显，从 6 月下旬到 10 月上旬棉田均有不同龄期的幼虫出现。一头斜纹夜蛾幼虫一生能吃掉 3.61 片棉叶、0.97 个棉蕾、0.37 朵花、啃坏 0.27 个棉铃（秦厚国等，2000，2001）。斜纹夜蛾幼虫一共 6 龄，初孵幼虫常数十头群集在卵块周围取食，2 龄后分散为害，3 龄前幼虫仅啃食棉花叶肉和下表皮，剩下上表皮和叶脉，成窗纱状，3 龄后有明显假死性，4 龄进入暴食期，棉叶被害后形成缺刻或孔洞，并可为害嫩茎、蕾、花及幼铃。

随着 20 世纪 90 年代中期转基因抗虫棉的扩大种植和蔬菜作物设施栽培的推广，斜纹夜蛾等原先在蔬菜作物上常发性的害虫开始向棉田转移，常造成棉花叶片的百孔千疮，严重影响了棉花的产量与品质。邓曙东等（2003）在田间调查中发现，无论是化防田（Bt 棉，施药）还是自控田（Bt 棉，不施药），百株斜纹夜蛾虫量始终高于对照田（常规棉，施药）（图 9 - 27）。施文等（2004）田间调查斜纹夜蛾发现双价棉中棉所 41 和 Bt 棉 33B、1560、南抗 3 号发生量明显重于常规棉鸡爪棉、苏棉 8 号和皖杂 40（表 9 - 62）。杨益众等（2005）报道（表 9 - 63），无论是常规棉还是 Bt 棉，叶片的被害率均随棉花生育期呈逐渐上升趋势，在 9 月初为害达到高峰。花的被害率呈 "V" 字形，8 月初、8 月下旬和 9 月上旬被害率较高，在 8 月中旬相对较低。蕾的被害率和百株虫量呈现出与花的被害率基本相同的趋势。与常规棉相比，斜纹夜蛾对 Bt 棉科棉 1 号叶片、花、蕾的为害率均大于常规棉渝棉 1 号，虫量也明显高于渝棉 1 号，百株虫量是渝棉 1 号的近 4 倍。这是由于斜纹夜蛾低龄幼虫在 Bt 棉田高度聚集引起的。

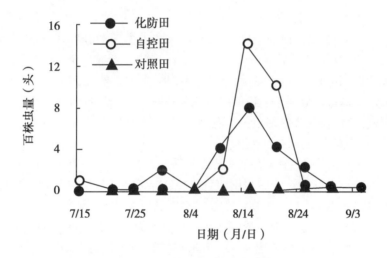

图 9 - 27　3 种处理棉田斜纹夜蛾的种群动态

表 9 - 62　斜纹夜蛾在不同棉花品种上的平均虫量

品种	平均虫量（头/百株）
Bt 棉 32B	64.1 aA
Bt 棉 1560	61.1 abA
双价棉中棉所 41	55.4 bA
常规棉鸡爪棉	34.1 cB
Bt 杂交棉南抗 3 号	33.1 cB
常规棉苏棉 8 号	28.4 cdB
常规杂交棉皖杂 40	22.7 dB

注：数字后面大、小写英文字母分别表示达 0.01 和 0.05 差异显著水平

表9-63 不同棉花品种棉田斜纹夜蛾发生情况

日期（月-日）	叶片的被害率（%）		花的被害率（%）		蕾的被害率（%）		百株虫量（头）	
	Bt棉科棉1号	常规棉渝棉1号	Bt棉科棉1号	常规棉渝棉1号	Bt棉科棉1号	常规棉渝棉1号	Bt棉科棉1号	常规棉渝棉1号
08-07	20.99	23.53	81.69	74.42	36.61	22.23	928	173
08-12	24.52	25.13	30.44	8.33	17.93	13.19	63	13
08-17	24.77	25.22	20.7	3.13	3.39	1.96	43	3
08-22	30.31	26.27	30.36	19.57	19.05	9.86	695	153
08-27	46.45	30.63	46.67	27.59	59.68	19.15	613	192
09-01	45.43	27.73	41.67	37.93	52.27	35.90	410	180
平均值	32.08	26.43	41.85	28.49	31.49	17.05	458.67	119.00

与常规棉相比，转基因抗虫棉对斜纹夜蛾生长发育无抑制作用。具体表现在以下三方面。

（1）斜纹夜蛾幼虫存活率在Bt棉与常规棉之间差异不显著。赵建军等（2003）试验结果指出（表9-64），取食常规棉各部位的斜纹夜蛾幼虫，10d内取食蕾和花的存活率一直显著低于取食中上部展开叶片（倒3叶和倒6叶）的，取食铃、顶部新叶（倒1叶）和下部成熟叶片（倒14叶）的存活率界于其间。取食Bt棉各部位的斜纹夜蛾幼虫，10d内取食花、下部成熟叶片（倒14叶）和铃的存活率一直显著低于取食顶部新叶（倒1叶）和中上部展开叶片（倒3叶和倒6叶）的，取食蕾8d后的存活率也显著低于后者。经差异显著性检验，除取食倒14叶后4d、6d、8d、10d，取食花后2d、4d、10d和取食铃后4d的结果，Bt棉与常规棉之间差异均不显著。余月书等（2004）和黄东林等（2006）分别作了相似的报道（表9-65，表9-66）。杨进等（2008）研究结果指出，取食Bt棉叶片后斜纹夜蛾幼虫的总存活率与常规棉对照品种间差异不明显，取食常规棉泗棉3号与Bt棉GK22的幼虫总存活率为57.8%～58.0%，但低龄幼虫存活率总的表现为取食GK22叶片后要明显高于其对照品种。取食GK22与泗棉3号的1～3龄幼虫存活率分别是72.5%和68.0%。实验室斜纹夜蛾种群的存活率与田间自然种群存活率虽然略有差异，但基本趋势是一致的（图9-28至图9-30）。图9-28、图9-29是实验室斜纹夜蛾种群的存活率，从图中可见，斜纹夜蛾取食转基因抗虫棉与取食常规棉各龄期存活率差异不大，斜纹夜蛾在卵期的存活率均为99%；在2～5龄期存活率均达到100%。由图9-28看出，第1代斜纹夜蛾1龄存活率最低，且整体趋势是取食转基因抗虫棉的存活率略低于其受体常规棉。从图9-29可以看出，第2代斜纹夜蛾1龄存活率均明显高于第1代，取食两个转基因抗虫棉的6龄幼虫存活率分别为85.26%和97.85%，均高于其受体常规棉品种的72.53%和86.96%，而蛹期却相反，转基因抗虫棉的分别为83.95%和94.51%，受体分别为90.91%和98.75%。总体而言，在室内饲养条件下，转基因抗虫棉对第1代斜纹夜蛾抗性效果不显著，而对第2代斜纹夜蛾完全没有抗虫效果。图9-30是斜纹夜蛾田间自然种群存活率。从图9-30可见，四个品种棉田斜纹夜蛾均在1～2龄幼虫期存活率最低（1.9%～2.6%），其次是3龄幼虫期（46.3%～56.4%），以卵期存活率最高（90.5%～92.8%），这说明影响斜纹夜蛾自然种群消长的关键虫期是1～3龄幼虫期。斜纹夜蛾5龄幼虫在转基因抗虫棉田的存活率分别为84.00%和89.08%，6龄幼虫在转基因抗虫棉田的存活率分别为82.17%和80.29%，均高于其受体品种棉田的82.94%和79.57%、72.88%和66.55%，说明在自然情况下，转基因抗虫棉比其受体常规棉品种更有利于斜纹夜蛾高龄幼虫的生长发育。

表9-64　斜纹夜蛾幼虫取食不同品种棉花不同部位后的存活率　　　　　（％）

植株部位	棉花品种	2d	4d	6d	8d	10d
倒1叶	常规棉	91.0±5.2a	87.0±8.2a	87.0±8.2a	85.0±11.0a	85.0±11.0a
	Bt棉	94.6±7.4a	94.6±7.4a	94.6±7.4a	91.8±12.6a	91.8±12.6a
倒3叶	常规棉	97.5±3.9a	97.5±3.9a	96.1±6.8a	96.1±6.8a	96.1±6.8a
	Bt棉	93.6±3.2a	92.2±5.3a	90.9±6.1a	89.6±8.2a	89.6±8.2a
倒6叶	常规棉	97.0±4.7a	95.3±5.2a	95.30±5.2a	95.3±5.2a	95.3±5.2a
	Bt棉	93.5±7.5a	90.8±11.1a	90.4±11.7a	88.8±13.0a	88.3±13.7a
倒14叶	常规棉	91.3±4.9a	89.1±7.9a	89.1±7.9a	89.1±7.9a	89.1±7.9a
	Bt棉	80.3±6.2a	73.1±4.1b	69.5±4.0b	65.7±4.8b	62.2±8.0b
花	常规棉	87.4±4.5a	80.4±0.8a	72.9±1.8a	66.3±3.8a	62.7±6.4a
	Bt棉	78.5±5.6b	68.3±9.3b	64.9±9.9a	59.5±9.9a	55.9±11.9a
蕾	常规棉	86.0±12.2a	79.7±20.4a	74.7±26.1a	72.3±24.6a	72.3±24.6a
	Bt棉	87.6±3.4a	81.8±9.6a	80.0±12.3a	70.3±15.0a	68.3±12.1a
铃	常规棉	92.0±8.1a	88.9±7.6a	83.8±13.1a	80.2±18.2a	80.2±18.2a
	Bt棉	85.0±7.7a	77.9±7.2b	72.8±9.3a	68.0±14.5a	68.0±14.5a

注：表中存活率数据为平均数±标准误；不同小写字母表示差异显著（$P<0.05$）

表9-65　斜纹夜蛾幼虫取食不同棉花品种的存活率　　　　　（％）

品种	1龄	2龄	3龄	4龄	5龄	6龄
Bt棉科棉1号	78.2	87.2	96.2	97.0	94.0	91.3
常规棉渝棉1号	81.4	86.7	94.1	96.4	94.1	94.4

表9-66　双价棉对斜纹夜蛾幼虫存活的影响（黄东林等，2006）

不同发育阶段	品种	校正减退率（％）
1龄幼虫	中棉所45	9.56a
	中棉所41	10.74a
	中棉所23	26.55a
2龄幼虫	中棉所45	12.27aA
	中棉所41	21.35aA
	中棉所23	31.62bB
3龄幼虫	中棉所45	13.19a
	中棉所41	18.35a
	中棉所23	35.46a
4龄幼虫	中棉所45	4.08a
	中棉所41	4.45a
	中棉所23	45.86a

（续表）

不同发育阶段	品种	校正减退率（%）
5 龄幼虫	中棉所 45	7.67a
	中棉所 41	2.51a
	中棉所 23	46.94a
6 龄幼虫	中棉所 45	7.67a
	中棉所 41	10.06a
	中棉所 23	46.94a

注：中棉所 41 与 45 为双价棉，中棉所 23 为常规棉；数字后面大小写英文字母分别表示达 1% 和 5% 差异显著水平

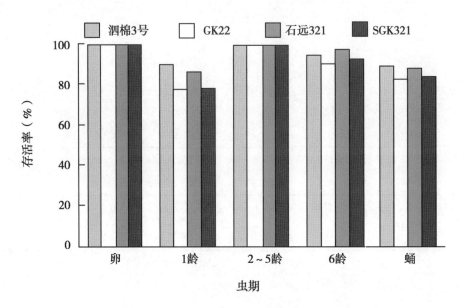

图 9 - 28　第 1 代斜纹夜蛾试验种群各虫期存活率（杨进等，2010）

注：常规棉泗棉 3 号为 Bt 棉 GK22 的受体品种，常规棉石远 321 为双价棉 SGK321 的受体品种。图 9 - 29，表 9 - 30 同

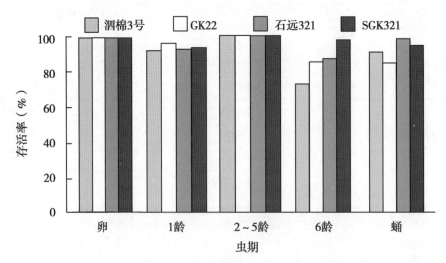

图 9 - 29　第 2 代斜纹夜蛾试验种群各虫期存活率（杨进等，2010）

（2）转基抗虫棉对斜纹夜蛾的发育历期、蛹历期、成虫寿命及蛹重没有明显影响。表 9 - 67

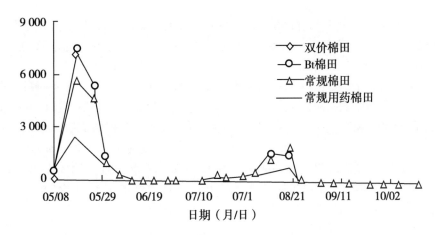

图 9 – 30 斜纹夜蛾自然种群各虫期存活率（杨进等，2010）

结果表明，取食转基因抗虫棉叶片后，斜纹夜蛾的蛹重要明显高于其受体常规棉品种。取食 Bt 棉 GK22 和其受体常规棉泗棉 3 号的斜纹夜蛾，其蛹重分别为 317.5mg 和 286.6mg，差异达显著水平；取食转双价棉 SGK321 的蛹重（309.7mg）也比取食其受体常规棉石远 321 的蛹重（304.8mg）要高，但差异不显著。表 9 – 68 结果表明，与常规棉相比较，取食双价棉叶片对斜纹夜蛾幼虫的发育历期、蛹历期和蛹重没有明显影响。

表 9 – 67 不同棉花品种斜纹夜蛾发育历期及蛹重（杨益众等，2005）

	幼虫历期（d）	蛹历期（d）	成虫寿命（d）	平均蛹重（g）
Bt 棉科棉 1 号	17.96 ± 1.07	10.18 ± 0.56	10.04 ± 0.69	0.37 ± 0.05
受体常规棉	17.77 ± 0.94	9.63 ± 0.65	10.16 ± 0.49	0.36 ± 0.06

表 9 – 68 双价棉对斜纹夜蛾幼虫历期、蛹历期及蛹重的影响（黄东林等，2006）

品种	幼虫期（d）							蛹期（d）	蛹重（mg）
	1 龄	2 龄	3 龄	4 龄	5 龄	6 龄	预蛹		
双价棉中棉所 45	2.27abA	3.36a	2.85a	3.93bA	5.08abA	6.88a	1.89a	14.05a	278.29bA
双价棉中棉所 41	2.48aA	3.61a	2.93a	3.96bA	4.45bA	5.76a	1.94a	13.74a	281.63bA
常规棉中棉所 23	2.19bA	3.32a	3.30a	5.10aA	5.37aA	6.40a	1.98a	14.45a	301.04aA

注：数字后面相同大小写英文字母分别表示在 1% 和 5% 水平差异上显著

（3）转基因抗虫棉对斜纹夜蛾的营养状况基本没有影响。杨进等（2008）比较了转基因抗虫棉与常规棉对斜纹夜蛾的营养效应。结果表明，当幼虫取食不同棉花品种叶片后，其相对生长率、相对取食量、食物利用率、食物转化率、近似消化率均不相同。取食双价棉 SGK321 叶片的斜纹夜蛾幼虫相对取食量和近似消化率都略高于取食受体常规棉石远 321 的幼虫，但差异不显著；而其食物转化率（30.46%）却明显低于石远 321（35.92%），差异达显著水平；而其相对生长率与石远 321 基本无差异。取食 Bt 棉 GK22 斜纹夜蛾幼虫的相对取食量、近似消化率、食物利用率和食物转化率都高于取食受体常规棉泗棉 3 号的幼虫，其中食物利用率（16.47%）和食物转化率（35.50%）显著高于泗棉 3 号（12.82%，28.21%），因而其相对生长率（0.46）极显著高于泗棉 3 号（0.35）。

综上所述，转基因抗虫棉对斜纹夜蛾的生长发育基本没有影响，也就是说转基因抗虫棉对斜纹夜蛾抗性不明显。

Bt 毒蛋白的毒力与害虫中肠的酸碱度的大小关系密切（晓岚，1891），目前有研究表明，昆虫对 Bt 毒蛋白抗性的主要机制是昆虫中肠刷状缘膜小泡（BBMV）毒素结合位点的丧失或与毒素亲和性减退（Ferre 等，2002）。鳞翅目昆虫中肠 Bt 毒蛋白受体目前已明确的有两类：氨肽酶 N（简称 APN）和 E 型钙依赖粘结蛋白（简称钙粘素，E-cadherin），另外还可能有一种多配体蛋白聚糖（Valaitis 等，2001）。转基因抗虫棉对斜纹夜蛾的抗虫性不明显，是斜纹夜蛾幼虫中肠酸碱度的影响，或是中肠毒素结合位点的多少，或是酶的解毒作用，均有待深入研究。此外，α-NA 羧酸酯酶是害虫体内重要的解毒酶，在对外源化合物的解毒代谢和杀虫剂的抗性机制中起着重要作用。已有研究表明，寄主植物所含的次生物质对植食性昆虫体内的解毒酶具有诱导作用（Terriere，1984；Riskallah 等，1986），而解毒酶活性的提高是害虫产生代谢抗性的重要因素。已有研究表明，由于寄主植物不同，虎凤蝶（Papilio glaucus）（Lindroth，1989）、棉蚜（Aphis gossypii）（高希武，1992；姜永幸等，1996）、小菜蛾（Pllutella xylostella）（高希武等，1996；李云寿等，1996）、烟蚜（Myzus persicae）（宋春满等，2006）体内的羧酸酯酶活性也不同。杨进等（2008）研究结果表明，取食 Bt 棉 GK22、双价棉 SGK321 与取食对照常规棉泗棉 3 号石远 321 的斜纹夜蛾幼虫之间体内 α-NA 羧酸酯酶活性差异不明显，表明转基因抗虫棉对斜纹夜蛾 α-NA 羧酸酯酶活性未产生明显影响。也就是说，转基因抗虫棉没有诱导斜纹夜蛾体内 α-NA 羧酸酯酶发生明显变化。至于这些棉花品种对斜纹夜蛾幼虫的其他解毒酶系有何影响还有待于进一步探讨。

五、对甜菜夜蛾的影响

甜菜夜蛾（Spodoptera exigua Hubner）（异名 Laphygma exigua Hubner）又名贪夜蛾，菜褐夜蛾，玉米夜蛾，属鳞翅目 Lepidoptera 夜蛾科 Noctuidae，是世界性的重要农业害虫之一。该虫属多食性昆虫，据报道可取食 35 科 108 属 138 种植物，其中大田作物 28 种，蔬菜 32 种。甜菜夜蛾源于南亚地区，常年发生于亚热带地区，并经常在温带地区大发生。在印度及其周边国家最常见，危害麻和烟草，在埃及、北非、中东地区各国危害棉花、蚕豆。在 1880 年左右迁入美国的夏威夷，以后相继在美国各州发现，从 1880 年起不到 50 年的时间内扩散到了从俄勒冈到佛罗里达的整个美国，并向南从墨西哥扩展到中美洲，进入加勒比海诸国。英国 CAB（1972）描述了甜菜夜蛾的世界分布图，经过 20 多年的广泛调查和甜菜夜蛾的扩散，其分布范围又进一步扩大，已覆盖了欧洲、亚洲和北美的北纬 57°以南广大地区和整个非洲、澳大利亚，仅在南美的报道很少。目前甜菜夜蛾的危害尤以在北纬 20°～35°危害最重，但在各地主要危害的作物不尽相同。20 世纪 80 年代以前，甜菜夜蛾在我国仅是一种偶发性害虫，很少造成危害，但自 1986 年以来，甜菜夜蛾在我国发生危害范围逐渐扩大，目前已遍及全国 20 多个省市，且有不断扩大的趋势，成灾频率高，危害日趋严重。20 世纪 90 年代中期以来，随着我国转基因抗虫棉的逐步扩大，甜菜夜蛾在转基因抗虫棉田的发生为害呈加重趋势。据河北省植保总站报道，1999 年转基因抗虫棉田甜菜夜蛾发生为害十分严重，有些田块百株虫量高达 100 余头，叶片被啃食成花叶。江苏姜堰市自从 1992 年在棉花上发现甜菜夜蛾后，发生量逐年增加，1995 年、1996 年连续两年大发生，第 3、4 代百株棉花有虫超过 100 头，严重的田块达 1 000 头，对棉花产量的影响一般减产 2～3 成，严重田块减产 5 成以上（王元生等，1998）。2001 年甜菜夜蛾在安徽滁州地区转基因抗虫棉花上暴发流行。其中遭受危害的抗虫棉品种为 Bt 棉 GK1 和保铃棉，发生面积达 460hm² 多。据全椒县棉种场 7 月中旬观测，3 代暴发期受害株率达 100%，百株卵量 2～5 块，百株虫量 200～400 头，最高达 600 头，单株最高有虫 96 头（王万群等，2002）。

（一）对甜菜夜蛾的抗性

据研究，转基因抗虫棉对甜菜夜蛾有一定的抗性，但抗性不够理想。Bt 棉、双价棉和常规棉对甜菜夜蛾低龄幼虫的死亡率分别为93.3%、81.7%和35.0%，而对高龄幼虫的死亡率则分别为41.7%、65.0%和11.9%。这表明Bt棉对甜菜夜蛾低龄幼虫的抗性优于双价棉，而双价棉对高龄幼虫的抗性优于Bt棉，但这两种转基因棉对高龄幼虫的控制作用均不太理想（夏敬源等，2002）。李瑞琦等（2005）以我国育成和国外引进的52个转基因抗虫棉花品种（系）为材料，采用室内饲喂96h观察死亡率的生物鉴定方法评估转基因抗虫棉对甜菜夜蛾的抗性。结果表明，达高抗级别（校正死亡率80%~90%）的仅1个品种，占1.8%，达中抗级别（校正死亡率60%~79%）的有4个，占7.7%，其余均为低抗（校正死亡率小于59%）或感虫级别（表9-69）。黄东林等（2007）用双价棉SGK321和Bt棉科棉3号饲喂甜菜夜蛾的幼虫，幼虫校正死亡率：1龄分别为7.38%、3.64%；2龄分别为10.48%、17.14%；3龄分别为38.47%、46.15；4龄分别为64.08%、60.19%；5龄分别为78.72%、63.74%。均属于中抗级别以下。

表9-69 供试品种（系）基于单项指标对甜菜夜蛾的抗性排序

序号	Ⅰ次甜菜夜蛾校正死亡率		Ⅱ次甜菜夜蛾校正死亡率	
1	33B	81.7%	DP99B	75.0%
2	32B	45.0%	GK-22	68.3%
3	邯MH-2	43.3%	33B	66.7%
4	衡276	40.0%	W-9633	61.7%
5	中棉所32	40.0%	中棉所31	55.0%
6	邯优778	40.0%	SGK321-4	53.3%
7	SGK321-5	35.0%	SGK321-3	50.0%
8	国抗97-1	33.3%	邯抗53	48.3%
9	W-9633	31.7%	中棉所30	46.7%
10	1560BG	31.7%	98-6	45.0%
11	邯杂98-1	30.0%	冀2088	45.0%
12	SGK3	28.3%	SGK321-5	41.7%
13	GMX2-96	25.0%	SGK321-6	41.7%
14	SGK321-3	20.0%	32B	41.7%
15	冀2088	20.0%	DP428B	40.0%
16	邯抗53	20.0%	南98	31.7%
17	南98	18.3%	DPX680	31.7%
18	邢98-8	11.2%	冀优326	28.3%
19	GK-12	11.2%	DP20B	26.7%
20	DP215	10.0%	GK19	21.7%

（二）对甜菜夜蛾生长发育的影响

随着Bt毒蛋白浓度的升高，甜菜夜蛾低龄幼虫取食含有Bt毒蛋白的人工饲料后幼虫死亡率增加，幼虫发育历期延长，蛹的发育历期缩短，蛹重变轻，化蛹率降低。而高龄幼虫取食不同浓度的Bt毒蛋白人工饲料后，幼虫死亡率、化蛹率、蛹的羽化率均无明显差异，但幼虫发育历期延长，蛹历期缩短，蛹重减轻（表9-70至表9-73）。取食Bt棉33B的甜菜夜蛾幼虫虫龄从5龄增至7龄，幼虫历期延长7d，单雌产卵量降低，幼虫存活率、蛹重、化蛹率、成虫羽化率和寿命略有下降（表9-74、表9-75）。黄东林等（2007）研究结果认为，转基因抗虫棉对甜菜夜蛾成虫繁殖有一定差异，但差异不显著（表9-76）。夏敬源等（2002）研究发现，Bt棉中棉所30对甜菜夜蛾低龄幼虫的抗性优于双价棉ZGK9712，而双价棉对高龄幼虫的抗性优于Bt棉，但是这两种转基因棉花对高龄幼虫的控制作用都不太理想（表9-77、表9-78）。但是孟山都公司研发的双价棉Bollgard Ⅱ（*Cryl Ac* + *Cry2 Ab*）对甜菜夜蛾有显著的抗性（Adamczyk等，2001）。即使用混有冻干的双价棉（*CrylAc* + *Cry2Ab*）组织的饲料饲喂甜菜夜蛾幼虫，其抗虫性也高于Bt棉（*CrylAc*）（Srewart等，2001）。

表9-70 二龄甜菜夜蛾幼虫取食含不同浓度Bt毒蛋白人工饲料后的校正死亡率（钟勇等，2009）

Bt毒蛋白浓度 (μg/g)	校正死亡率（%）	
	第3d	第6d
0.5	0.00 ± 0.00a	1.75 ± 1.75a
1.0	0.00 ± 0.00a	3.89 ± 1.66a
2.0	3.42 ± 1.71a	5.63 ± 5.63ab
4.0	7.14 ± 4.34a	5.67 ± 5.07ab
8.0	12.2 ± 7.60a	21.44 ± 7.66b

注：同一列数据后不同字母表示不同浓度间差异显著（*P* < 0.05），表9-68至表9-70同

表9-71 二龄甜菜夜蛾幼虫取食含不同浓度Bt毒蛋白人工饲料对其生长发育的影响（钟勇等，2009）

Bt毒蛋白浓度 (μg/g)	历期（d）		蛹重（mg）	化蛹率（%）	羽化率（%）
	幼虫	蛹			
0	7.1 ± 0.3a	8.6 ± 0.1a	92.0 ± 1.9b	85.00 ± 2.89a	92.14 ± 1.96a
0.5	7.5 ± 0.3a	8.5 ± 0.1a	101.8 ± 2.2d	80.00 ± 2.89ab	88.46 ± 0.22a
1.0	8.2 ± 0.4ab	8.3 ± 0.1ab	99.9 ± 2.3cd	80.00 ± 2.89ab	88.57 ± 1.43a
2.0	9.0 ± 0.6bc	8.3 ± 0.1ab	93.4 ± 1.7bc	66.67 ± 9.28b	85.95 ± 5.54a
4.0	9.7 ± 0.4c	8.0 ± 0.1b	91.2 ± 3.4ab	68.33 ± 1.67b	83.71 ± 5.58a
8.0	13.2 ± 0.7d	7.7 ± 0.2c	84.5 ± 3.0a	43.89 ± 2.00c	69.05 ± 7.65b

表9-72 四龄甜菜夜蛾幼虫取食含不同浓度Bt毒蛋白人工饲料后的校正死亡率（钟勇等，2009）

Bt毒蛋白浓度 (μg/g)	校正死亡率（%）	
	第3d	第6d
2.0	1.67 ± 1.67a	1.67 ± 1.67a
4.0	3.33 ± 1.67a	1.67 ± 1.67a
8.0	3.33 ± 1.67a	1.67 ± 1.67a
16.0	3.33 ± 1.67a	2.02 ± 1.52a

表9-73 四龄甜菜夜蛾幼虫取食含不同浓度 Bt 毒蛋白人工饲料对其生长发育的影响（钟勇等，2009）

Bt 毒蛋白浓度 (μg/g)	历期（d）		蛹重（mg）	化蛹率（%）	羽化率（%）
	幼虫	蛹			
0	4.0 ± 0.1a	8.3 ± 0.2a	98.0 ± 1.7a	88.89 ± 2.22a	94.87 ± 2.56a
2.0	4.2 ± 0.1ab	8.2 ± 0.1a	92.9 ± 2.0ab	86.67 ± 7.70a	83.68 ± 8.93a
4.0	4.3 ± 0.1ab	8.2 ± 0.1a	95.4 ± 2.0a	86.67 ± 3.85a	81.43 ± 2.18a
8.0	4.4 ± 0.2bc	8.1 ± 0.1a	95.7 ± 1.7a	82.22 ± 2.22a	81.78 ± 3.40a
16.0	4.7 ± 0.1c	7.2 ± 0.1b	87.5 ± 2.4b	82.22 ± 5.88a	81.75 ± 2.24a

表9-74 甜菜夜蛾幼虫取食 Bt 棉与常规棉对其生长发育及繁殖力的影响（薛明等，2002）

品种	幼虫龄数	幼虫历期（d）	蛹期（d）	蛹重（mg）		单雌产卵力
				雌	雄	
Bt 棉	7	26.9 ± 2.2	9.4 ± 0.7	77.0 ± 12.7	72.5 ± 11.5	514 ± 102
常规棉	5	17.2 ± 1.7	9.4 ± 0.7	81.2 ± 14.7	77.6 ± 11.2	678 ± 123

表9-75 甜菜夜蛾幼虫取食 Bt 棉和常规棉对其存活率及成虫寿命的影响（薛明等，2002）

寄主植物	幼虫存活率（%）	化蛹率（%）	羽化率（%）	累计存活率（%）	成虫寿命（d）
Bt 棉	70.1	91.3	93.3	59.7	8.3 ± 0.6
常规棉	78.3	92.6	95.8	69.5	9.4 ± 0.2

表9-76 转基因抗虫棉对甜菜夜蛾成虫繁殖特征的影响

品种	性比♀:♂	产卵前期（d）	产卵期（d）	产卵量（粒）	雌成虫寿命（d）
双价棉 SGK321	1:2.00	1.00 ± 0.00a	2.33 ± 0.00b	249.67 ± 0.00a	5.67 ± 0.00a
Bt 棉科棉 3 号	1:1.25	1.96 ± 0.41a	3.38 ± 0.53ab	288.54 ± 8.78a	5.44 ± 1.50a
常规棉泗棉 3 号	1:1.12	2.03 ± 0.54a	4.08 ± 0.50a	309.85 ± 35.05a	7.12 ± 0.60a

注：表中数据是平均值 ± 标准差，同列数据后不同小写字母表示差异显著（P < 0.05）

表9-77 转基因抗虫棉对甜菜夜蛾低龄幼虫的抗性

品种	幼虫重（mg）	化蛹率（%）	蛹重（mg）	羽化率（%）	蛹历期（d）
Bt 棉	25.3 ± 3.9a	0.0 ± 0.0A	—	—	—
双价棉	12.4 ± 3.9b	6.7 ± 7.6B	61.3 ± 3.7a	3.3 ± 2.9A	7.6 ± 0.0a
常规棉（CK）	26.5 ± 4.2a	70.0 ± 10.C	61.8 ± 10.5a	65.3 ± 17.3B	6.7 ± 0.6a

注：表中数据有相同字母者表示差异不显著，反之则显著；小写和大写字母分别表示 0.05 和 0.01 差异显著水平。表9-78 同

表 9 - 78　转基因抗虫棉对甜菜夜蛾高龄幼虫的抗性

品种	幼虫重（mg）	化蛹率（%）	蛹重（mg）	羽化率（%）	蛹历期（d）
Bt 棉	95.2 ± 40.0a	56.7 ± 18.9a	48.0 ± 4.4a	13.3 ± 7.6a	5.8 ± 0.7A
双价棉	82.4 ± 15.3a	61.7 ± 17.6a	52.1 ± 5.5b	25.0 ± 17.3a	9.0 ± 1.0B
常规棉（CK）	97.4 ± 180.0a	75.5 ± 5.0a	57.2 ± 3.2bc	76.5 ± 15.3b	5.3 ± 0.6A

Bt 棉 GKl2 和 GK22、或双价棉 SGK321 对第 1 代甜菜夜蛾成虫的产卵量和蛹重有影响，但是随着饲养代数（3 代）的增加，幼虫存活率、蛹重和产卵量与对照间的差异逐渐缩小，甚至出现取食转基因抗虫棉的成虫产卵量和蛹重高于受体常规棉本对照的现象（表 9 - 79）。无论是取食转基因抗虫棉还是常规棉，甜菜夜蛾的种群趋势指数都大于 1，随着取食时间的延长，甜菜夜蛾的种群数量不断扩大。尤其是取食转基因抗虫棉后，第 3 代甜菜夜蛾幼虫的存活率和成虫的生殖力比第 1 代显著增强（张小丽等，2007；黄东林等，2007）。由此推断转基因抗虫棉对甜菜夜蛾的生长发育抑制作用不明显，效果偏低。

表 9 - 79　饲喂不同品种棉花叶片后甜菜夜蛾的蛹重与成虫产卵量（张小丽等，2007）

世代	食料	性比（♀∶♂）	蛹重（mg）	差异显著性	平均产卵量（粒/♀）	差异显著性
1	泗棉 3 号	1.35∶1	59.83 ± 3.88	a	78.90 ± 3.70	aA
	GK22	0.76∶1	52.89 ± 2.56	a	59.00 ± 1.10	bB
	石远 321	0.92∶1	60.19 ± 3.85	aA	103.60 ± 5.00	aA
	SCK321	1.56∶1	52.80 ± 1.38	bA	43.00 ± 5.50	bB
2	泗棉 3 号	1.30∶1	72.84 ± 10.99	a	180.00 ± 12.10	bA
	GK22	0.81∶1	67.65 ± 1.51	a	230.00 ± 22.00	aA
	石远 321	0.64∶1	63.21 ± 3.15	a	225.40 ± 23.80	a
	SCK321	0.85∶1	67.24 ± 3.67	a	217.50 ± 10.50	a
3	泗棉 3 号	1.17∶1	53.95 ± 4.64	a	220.00 ± 19.00	a
	GK22	0.80∶1	63.62 ± 4.38	a	261.20 ± 27.72	a
	石远 321	0.62∶1	62.71 ± 5.71	a	298.44 ± 10.84	a
	SCK321	1.05∶1	54.88 ± 0.97	a	280.00 ± 20.60	a

注：表中数据为平均数 ± 标准误。同一列中字母相同表示差异不显著，不同小写字母表示差异显著（$P = 0.05$），不同大写字母表示差异极显著（$P = 0.01$）。常规棉泗棉 3 号为 Bt 棉 GK22 的受体亲本，石远 321 为双价棉 SGK321 的受体亲本

（三）Bt 毒蛋白对甜菜夜蛾取食行为的影响

食料对甜菜夜蛾的取食行为有重要的影响。甜菜夜蛾初孵幼虫和 3 龄幼虫对用 Bt 毒素处理的饲料有明显的回避行为。即使抗性种群在选择性试验中也更倾向于选择取食未经 Bt 毒素处理的饲料。用含 Bt 毒素的饲料饲喂抗性甜菜夜蛾 3 龄幼虫比用不含 Bt 毒素的饲料饲喂，结果表现出幼虫要用更长的时间取食被 Bt 毒素处理过的饲料（Berdegue 等，1996）。用表面涂有 Bt 制剂 MVP（含有 Bt 库斯塔克亚种内毒素）的饲料和混有 Bt 制剂 MVP 的饲料对甜菜夜蛾 3 龄幼虫进行选择试验，无论 MVP 的浓度如何，更多的幼虫选择取食前者；但是用含有 10% MVP 的饲料和 20% MVP 的饲

料对 3 龄幼虫进行选择性试验，取食两者的幼虫数没有显著差异。取食用 MVP 处理过的棉花叶片的幼虫比例显著低于对照，而且在 MVP 处理过的棉花叶片背面的幼虫数也显著低于对照叶片背面的幼虫数。同样，3 龄幼虫在转基因抗虫棉 Cl076 上也表现出规避行为。需要说明的是，并不是所有的 Bt 制剂和转基因抗虫棉叶片都能导致甜菜夜蛾幼虫做出规避行为反应。原因可能是某些转基因抗虫棉中 Bt 毒蛋白的表达量低，不足以引起甜菜夜蛾幼虫的行为反应（Stapel 等，1998）。这种假设在烟芽夜蛾（*Heliothis virescens*）对转基因抗虫棉的选择行为研究中得到验证，即只有提高转基因抗虫棉体内 Bt 毒蛋白的表达量，才能观察到害虫显著的行为变化（Benedict 等，1992、1993）。

黄东林等（2007）研究了甜菜夜蛾幼虫对转基因抗虫棉的趋性。结果表明，观察 30、45、60min 时，2 龄、5 龄幼虫的趋性强弱顺序为：Bt 棉科棉 3 号 > 常规棉泗棉 3 号 > 双价棉 SGK321，且对前两者的趋性显著强于后者；3 龄、4 龄幼虫的趋性强弱顺序为：泗棉 3 号 > 科棉 3 号 > SGK321，其中 3 龄对泗棉 3 号趋性显著强于 SGK321，4 龄对泗棉 3 号趋性显著强于 SGK321、科棉 3 号。观察 15、30min 特别是 15min 时有部分幼虫未做出选择或未能定位，45、60min 时基本定位，但也有极少数幼虫进行了重新选择（表 9 - 80）。可见，甜菜夜蛾幼虫对 SGK321 有一定的忌避作用。

表 9 - 80　甜菜夜蛾幼虫对转基因抗虫棉的趋性

龄期	品种	处理时间（min）			
		15	30	45	60
2 龄	双价棉 SGK321	0.60 ± 0.58c	1.00 ± 0.71b	1.00 ± 0.71b	1.00 ± 0.71b
	Bt 棉科棉 3 号	5.20 ± 1.48a	4.80 ± 1.48a	5.00 ± 1.22a	5.00 ± 1.22a
	常规棉泗棉 3 号	3.00 ± 1.58b	3.60 ± 1.52a	4.00 ± 1.58a	4.00 ± 1.58a
3 龄	双价棉 SGK321	1.60 ± 0.89b	2.00 ± 0.71b	2.20 ± 0.84b	2.00 ± 1.00b
	Bt 棉科棉 3 号	2.80 ± 1.10ab	3.20 ± 1.10ab	3.40 ± 1.14ab	3.40 ± 1.14ab
	常规棉泗棉 3 号	3.60 ± 1.14a	4.20 ± 0.84a	4.40 ± 0.55a	4.60 ± 0.89a
4 龄	双价棉 SGK321	2.00 ± 1.22b	1.80 ± 1.30b	2.60 ± 1.14b	2.60 ± 1.14b
	Bt 棉科棉 3 号	2.20 ± 1.64ab	2.20 ± 1.64b	2.60 ± 1.95b	2.60 ± 1.95b
	常规棉泗棉 3 号	4.20 ± 1.64a	4.60 ± 2.07a	4.80 ± 1.48a	4.80 ± 1.48a
5 龄	双价棉 SGK321	1.40 ± 0.89b	1.40 ± 0.89b	1.60 ± 0.55b	1.60 ± 0.55b
	Bt 棉科棉 3 号	3.40 ± 1.14a	4.00 ± 1.00a	4.40 ± 0.89a	4.40 ± 0.89a
	常规棉泗棉 3 号	4.00 ± 1.22a	4.00 ± 1.22a	4.00 ± 1.22a	4.00 ± 1.22a

注：数字后面的小写英文字母表示达 0.05 差异显著水平

（四）对甜菜夜蛾体内酶活性的影响

伴孢晶体包括 Cry 以及 Cyt 蛋白，也称为 δ-内毒素。Cry 毒蛋白作用于昆虫的中肠肠膜细胞，其作用机理包括一系列连续步骤（Schnepf 等，1998；Knowles 等，1993；Gill 等，1995；Ferre 等，2002；Rajamohan 等，1998）。昆虫摄入伴孢晶体，原毒素通过中肠蛋白水解酶溶解并水解成一个活化毒素形式；活化的 Cry 蛋白穿过围食膜，结合到中肠上皮细胞刷状缘膜（BBMV）的受体蛋白；发生分子构型变化并插入肠膜，形成非特异性的孔洞；昆虫因肠膜细胞渗透压的变化，吸水肿胀，肠膜遭破坏而死亡。因中肠蛋白酶活性的下降而导致伴孢晶体的溶解和原毒素的活化速度减慢，或者因蛋白酶活性的增强导致原毒素和活化毒素的快速降解，是鳞翅目昆虫对 Bt 抗性主要的机制之一（Oppert 等，1994、1996、1997；Forcada 等，1996、1997、1999；Li 等，2004）。

鳞翅目昆虫中肠丝氨酸蛋白酶类在活化和降解 Bt 毒素过程中起着重要作用，胰蛋白酶和胰凝乳蛋白酶是两类主要的丝氨酸蛋白酶（Oppert，1999；Rukmini 等，2000）。甜菜夜蛾中肠液蛋白酶的活性与棉铃虫相比没有显著差异，但是其中肠刷状缘膜囊泡（BBMV）对 CrylAc 原毒素的活化速度和降解毒素的速度都显著慢于棉铃虫，此外棉铃虫用 10min 能将原毒素完全活化成毒素，而甜菜夜蛾需要 1h（苏建亚等，2009）。取食 Bt 棉的甜菜夜蛾幼虫体内乙酰胆碱酯酶和羧酸酯酶的比活力比取食普通棉花和其他植物的明显高（薛明等，2002）。而郭建英等（2009）研究发现，分别用常规棉泗棉 3 号和 Bt 棉 GKl2 饲喂甜菜夜蛾 4 龄幼虫，不同取食时间里，与取食常规棉的对照相比，取食转基因抗虫棉的甜菜夜蛾幼虫体内营养物质含量、消化酶、保护酶和解毒酶活力差异显著。取食转基因抗虫棉 1h、4h、6h 和 24h 后，幼虫体内胰蛋白酶和总超氧化物歧化酶的活力显著提高，脂肪酶、羧酸酯酶、乙酰胆碱酯酶活力则显著降低。这表明，Bt 毒蛋白的连续选择压力可引起甜菜夜蛾体内解毒酶活力的变化，可使其在转基因抗虫棉花上存活，进而导致甜菜夜蛾逐渐对 Bt 毒素产生抗性和适应性。还有研究表明，棉花品种和甜菜夜蛾为害时间的交互作用可显著影响脂肪酶、胰蛋白酶、乙酰胆碱酯酶和总超氧化物歧化酶的活力，但对羧酸酯酶没有影响（Shao 等，1998；Forcada 等，1999；Rukmini 等，2000；Mohan 等，2003；Li 等，2004；郭文英等，2005；宋萍等，2005）。

甜菜夜蛾对不同的 Bt 毒素的敏感性不同。目前已获得的对甜菜夜蛾有效的 Bt 菌株主要有肯尼亚亚种、达姆斯塔特亚种、鲇泽亚种、蜡螟亚种以及库斯塔克亚种等。它们对甜菜夜蛾都具有毒杀性，但杀虫效果并不理想（杨宝山等，2006；程林友等，2005）。我国种植的 Bt 棉的有效杀虫成分为 CrylAc、CrylAb、CrylA（即 CrylAc 和 CrylAb 融合蛋白）以及双价的 Bt + CpTI，靶标害虫为棉铃虫和红铃虫等，而对甜菜夜蛾虽有一定的抗性，但是抗性不强。Hernandez-Martinezh 等（2008）用 FRA、HOL 和 MUR 三个甜菜夜蛾实验室品系测定 9 个 Cry 蛋白对甜菜夜蛾的毒性。死亡率测定的结果显示：CrylCa，CrylDa 和 CrylFa 对三个品系的毒性最强；CrylAb 对 HOL 品系有效，而对其他两个品系杀虫效果不大；CrylAa 和 CrylAc 对三个品系只有微小的作用；而 CrylBa、Cry2Aa 和 Cry2Ab 没有任何毒性。但是，9 个 Cry 蛋白对 FRA 品系生长抑制试验结果却与死亡率测定的结果有差异。综观 Stewart 等（2001）、Herrero 等（2004）和 Hernandez-Martinezh 等（2008）的研究结果：Cry1A2、Cry1Ab、Cry1Ac、Cry1Ca、Cry1Da 和 Cry1Fa 对幼虫的生长抑制作用相似，Cry2Aa 有较弱的抑制作用。而 Cry1Ba 和 Cry2Ab 没有任何抑制作用。

用 CrylCa 筛选甜菜夜蛾种群，其对 CrylCa 的抗性倍数达到 850 倍，同时对 CrylAb、Cry2Aa 和 Cry9Ca 也产生了交互抗性。相对于孢子—晶体混合物来讲，甜菜夜蛾对单价的毒蛋白更容易产生抗性，而且抗性一旦产生，甜菜夜蛾容易对其他的 Cry 毒蛋白产生抗性（Moar 等，1995）。从甜菜夜蛾体内克隆出 4 种氨肽酶 N 蛋白（APN）（APNl ~ APN4），经过 Northern blot 分析发现，在 CrylCa 抗性品系的甜菜夜蛾体内 APNl 没有表达，而其他 3 种 APN 在抗感品系体内的表达量相似。APNl 的缺失可能是甜菜夜蛾对 CrylCa 产生抗性的原因（Herrero 等，2005）。

另外，用封闭式呼吸气体系统研究 CrylC 毒素对 Cry1C 抗性和敏感甜菜夜蛾代谢速率的影响，发现甜菜夜蛾对 Bt 毒素产生抗性可能与能量消耗有关。与敏感甜菜夜蛾相比，抗性品系的代谢速率增加。用含有浓度为 $320\mu g/g$ CrylC 毒素的饲料持续饲喂甜菜夜蛾抗性品系 3 龄幼虫，结果所消耗的氧气和产生的二氧化碳体积都显著高于先用 CrylC 毒素饲料饲喂 5d 然后再用无毒素处理饲料饲养的抗性品系、完全不含毒素饲料饲养的抗性品系 3 龄幼虫以及不含毒素饲料饲养的敏感品系等 3 个处理；对于 5 龄幼虫，以上 4 个处理的幼虫在氧气消耗和二氧化碳产生方面没有显著差异（Dingha 等，2004）。

六、对玉米螟的影响

玉米螟为多食性害虫，寄主植物有 100 余种。以幼虫钻蛀为害玉米、高粱、谷子、棉花、麻类等作物。以玉米最为其嗜好。棉田玉米螟为害损失一般在 10% ~ 20%，严重者可以达 30% 以上，并可造成棉花品级下降。在我国，全国均有分布，除新疆棉区为欧洲玉米螟外，其余棉区为亚洲玉米螟。

Bt 棉苏抗 103 与 GK - 22 对亚洲玉米螟抗性的研究结果（黄东林等，2003、2005）显示：①用苏抗 103 嫩叶、铃、花、蕾饲喂第三代亚洲玉米螟幼虫，最终幼虫校正死亡率分别达 100%、95.83 %、83.33% 与 100%。校正化蛹下降率分别达 100%、92.31%、50.07% 与 100%，校正幼虫成蛾减退率分别达 100%、90.92%、0% 与 100%。②人工饲料中加入 5 个不同浓度苏抗 103 嫩叶饲喂第二代幼虫，除 0.4% 浓度，幼虫校正死亡率成蛹下降率均为 100%。0.4% 浓度的幼虫期延长 20.68%，蛹重下降 18.24%，蛹期延长 19.79%。③人工饲料中加入 5 个浓度（0.4%、0.6%、0.8%、1.0% 和 1.2%）的苏抗 103 或 GK22 嫩叶分别饲喂第三代幼虫，苏抗 103 上幼虫校正死亡率较第二代有所下降，分别为 3.04%、16.68%、28.2%、33.33% 和 75.00%。GK22 上幼虫校正死亡率分别为 3.13%、26.89%、45.69%、70.86% 和 68.09%。其幼虫校正死亡率及幼虫期、蛹期、成虫校正减退率均有随浓度增加而上升的趋势。较受体常规棉，对蛹重、雌成虫寿命、单雌产卵量、卵孵化率也有一定程度的影响。④GK22 和苏抗 103 与其受体常规棉比较对亚洲玉米螟都具较高的抗性，且 GK22 抗性高于苏抗 103，GK22 和苏抗 103 不同生育阶段抗姓顺序为苗期至蕾期 > 花期 > 铃期，对亚洲玉米螟抗性表现为 1 龄的抗姓高于 3 龄。上述研究结果表明，苏抗 103 和 GK22 影响棉田亚洲玉米螟幼虫与蛹的存活与生命力，进而影响其成虫繁殖力而表现出抗性。

双价棉中棉所 45 对亚洲玉米螟幼虫具有较高的抗性。研究结果（黄东林等，2007）显示：

（1）在第一代亚洲玉米螟，中棉所 45 顶端第 2 叶饲喂 1 龄、3 龄幼虫的校正死亡率分别于第 6d、第 9d 达 100%。常规棉中棉所 23 饲喂 1 龄幼虫第 6d 的死亡率为 50.00%，其化蛹率、幼虫成蛾率均为 5.00%；饲喂 3 龄幼虫第 9d 的死亡率为 40%，饲喂至第 30d 才全部死亡。

（2）在第二代玉米螟，中棉所 45 顶端第 2 叶、蕾、花、铃饲喂 1 龄、3 龄幼虫，第 2d、4d 和 6d 死亡率均极显著高于中棉所 23（表 9 - 78）。中棉所 45 不同器官饲喂 1 龄幼虫第 2d 的校正死亡率的顺序为蕾 > 铃 > 2 叶 > 花，第 4d 为蕾 > 第 2 叶、花 > 铃，第 6d 为蕾、铃 > 2 叶、花。这表明，蕾的抗性显著（2d）或极显著（4d）高于花。上述器官饲喂的幼虫校正死亡率分别于第 7d、4d、7d 和 6d 达 100%。而中棉所 23 顶端第 2 叶饲喂的幼虫死亡率于 35d 达 100%，蕾、花和铃饲喂的化蛹率分别为 2.50%、7.50% 和 15%。花和铃饲喂的幼虫成蛾率为 5% 和 10%。饲喂 3 龄幼虫的校正死亡率第 2d 的差异很小；第 4d、6d 为 2 叶 > 蕾 > 花 > 铃。这表明，第 4d 第 2 叶的抗性显著高于花、铃，第 6d 第 2 叶、蕾抗性极显著高于花、铃，花显著高于铃。前 3 种器官饲喂 3 龄幼虫的校正死亡率分别于第 10d、9d 和 20d 达到 100%，铃饲喂的化蛹率、幼虫成蛾率分别为 32.50%、17.50%。中棉所 23 蕾饲喂的幼虫死亡率于第 7d 达到 100%，顶端第 2 叶、花饲喂的化蛹率为 2.50%、5.00%，幼虫成蛾率均为 2.50%；铃饲喂的化蛹率、幼虫成蛾率分别为 57.50%、50.00%。

（3）在第三代玉米螟，中棉所 45 顶茎第 2 叶、蕾、花、铃饲喂 1 龄、3 龄幼虫第 2d、4d、6d 死亡率极显著高于中棉所 23（表 9 - 81）。中棉所 45 各器官饲喂 1 龄幼虫第 2d、4d 的校正死亡率顺序为铃＞蕾＞2叶＞花，第6d为铃＞2叶＞蕾＞花，校正死亡率达100%的天数分别为第11d、9d、13d和8d，中棉所23蕾饲喂的幼虫第14全部死亡，顶端第2叶、花饲喂的滞育率分别为5.00%和2.50%，铃饲喂的化蛹率为17.50%，幼虫成蛾率为12.50%。中棉所45各器官饲喂的3龄幼虫校正死亡率第2d相差不大，第4d、6d为第2叶＞蕾＞铃＞花，前三种器官饲喂的校正死亡率分别于第6d、7d、18d达到100%；铃饲喂的幼虫滞育率为2.50%、化蛹率为5.00%，幼虫成蛾率为5.00%。中棉所23顶端第2叶饲喂的滞育率为5.00%，蕾饲喂的化蛹率为2.50%，花饲喂的滞育率7.50%、化蛹率为2.50%，铃饲喂的化蛹率为17.50%，蕾、铃饲喂的幼虫成蛾率分别为2.50%和17.50%。综合上述结果，中棉所45不同器官饲喂三个代次玉米螟幼虫的死亡率都极显著或显著高于中棉所23，且一代＞二代＞三代，1龄＞3龄。不难看出中棉所45对玉米螟表现出极高的抗性。

（4）中棉所45对玉米螟田间罩笼幼虫存活的影响。中棉所45棉株上未发现玉米螟及被害状。中棉所23第二代单株茎秆蛀孔数、被害蕾数、被害铃数分别为9.60个、1.00个、5.40个，单株幼虫数为5.60头，即幼虫存活率为16.00%；第三代单株茎秆蛀孔数为1.60个，被害铃数为2.00个，单株幼虫数为4.00头，即幼虫存活率为11.43%。中棉所45棉株上玉米螟幼虫存活率、单株茎秆蛀孔数、被害蕾铃数均极显著或显著低于中棉所23，即表现出较高抗性。

（5）在中棉所45田间自然状况下亚洲玉米螟幼虫的发生为害情况。中棉所45棉株上未发现亚洲玉米螟及被害状，中棉所23的单株幼虫数为0.4头、被害（蛀秆）株率为40.00%。由于试验田靠近大片春夏玉米地，中棉所23为害并不重，但也能看出中棉所45对亚洲玉米螟为害时的控制作用。

（6）中棉所45对亚洲玉米螟幼虫生长的抑制作用。表9-82表明，中棉所45饲喂亚洲玉米螟3龄幼虫，第一代3d、第二、三代4d的校正虫重减退率分别为57.58%、49.58%、31.65%，即一代＞二代＞三代。各器官饲喂的校正虫重减退率次序第二代为花＞2叶＞铃＞蕾；第三代为铃＞蕾＞2叶＞花。三个代次幼虫的体重增加倍数均极显著低于对照常规棉。可见中棉所45对亚洲玉米螟幼虫的生长抑制效应明显。

表9-81　中棉所45不同器官处理对第二、第三代亚洲玉米螟幼虫存活率的影响

代次	龄期	品种	器官	死亡率（%）					
				2d		4d		6d	
二代	1龄	中棉所45	2叶	(42.50±15.00) abA		(90.00±11.55) abAB		(97.50±5.00) a	
			蕾	(65.00±20.82) aA	48.13aA	(100±0) aA	90.00aA	(100±0) a	98.13aA
			铃	(35.00±5.77) bA		(80.00±8.16) bB		(95.00±5.77) a	
			花	(50.00±14.14) abA		(90.00±8.16) abAB		(100±0) a	
		中棉所23	2叶	7.50±15.00		12.50±12.58		15.00±10.00	
			蕾	10.00±11.55	13.13bB	20.00±18.26	21.13bB	22.50±15.00	39.38bB
			铃	25.00±12.91		45.00±12.91		52.50±15.00	
			花	10.00±8.15		35.00±10.00		67.50±17.08	

（续表）

代次	龄期	品种	器官	死亡率（%）					
				2d		4d		6d	
二代	3龄	中棉所45	2叶	(5.00±5.77) a		(55.00±20.82) aA		(90.00±14.14) aA	
			蕾	(7.50±9.57) a		(37.50±9.57) abA		(85.00±12.91) aA	
			铃	(5.00±5.77) a	6.88aA	(32.50±9.57) bA	38.13aA	(57.50±12.58) bB	67.50aA
			花	(10.00±8.16) a		(27.50±9.57) bA		(37.50±9.57) cB	
		中棉所23	2叶	0±0		0±0		5.00±5.77	
			蕾	0±0		2.50±5.00		20.00±8.16	
			铃	0±0	0.63bB	7.50±9.57	4.38bB	27.50±12.50	17.50bB
			花	2.50±5.00		7.50±5.00		17.50±9.57	
三代	一龄	中棉所45	2叶	(40.00±11.55) aA		(80.00±8.16) aAB		(90.00±8.16) abAB	
			蕾	(42.50±17.08) aA		(87.50±12.58) aA		(92.50±15.00) aAB	
			铃	(15.00±5.77) bA	35.00aA	(60.00±14.14) bB	77.50aA	(72.50±5.00) bB	89.38aA
			花	(42.50±15.00) aA		(82.50±9.57) aAB		(97.50±5.00) aA	
		中棉所23	2叶	5.00±5.77		7.50±5.00		12.50±5.00	
			蕾	2.50±5.00		32.50±9.57		32.50±9.57	
			铃	2.50±5.00	3.75bB	17.50±9.57	16.88bB	32.50±9.57	30.00bB
			花	5.00±5.77		10.00±14.14		42.50±17.08	
	3龄	中棉所45	2叶	(7.50±5.00) a		(62.50±17.08) aA		(100±0)	
			蕾	(5.00±5.77) a		(57.50±12.58) abAB		(95.00±5.77) aA	
			铃	(7.50±5.00) a	6.88aA	(42.50±9.57) bcAB	48.75aA	(70.00±14.14) aA	80aA
			花	(7.50±9.57) a		(32.50±9.57) cB		(55.00±5.77) bB	
		中棉所23	2叶	0±0		15.00±17.32		25.00±5.77cB	
			蕾	0±0		42.50±9.57		80.00±8.16	
			铃	0±0	0bB	27.50±12.50	25bB	42.50±9.57	41.88bB
			花	0±0		15.00±12.91		20.00±8.16	

注：每天死亡率栏中前一列为每一品种各器官的平均值，后一列为每一品种的平均值

表9-82　中棉所45不同器官处理对亚洲玉米螟3龄幼虫体重的影响

代次	品种	器官	平均虫重增加倍数	平均校正虫重减退率（%）
一代	中棉所45	2叶	(0.59±0.09) aA	57.58±17.41
	中棉所23	2叶	(1.68±0.88) bB	

（续表）

代次	品种	器官	平均虫重增加倍数		平均校正虫重减退率（%）	
二代	中棉所45	2叶	（1.18±0.19）aA		45.69±9.71	
		蕾	（1.07±0.19）aA	1.52aA	39.96±9.65	49.58
		铃	（1.02±0.23）aA		67.68±12.03	
		花	（2.82±0.60）bB		42.00±13.74	
	中棉所23	2叶	（2.21±0.35）aA			
		蕾	（1.79±0.24）aA	3.09bB		
		铃	（3.26±0.63）aAB			
		花	（5.11±1.78）bB			
三代	中棉所45	2叶	（1.05±0.07）aA		24.49±8.90	
		蕾	（1.10±0.28）aA	1.41aA	26.28±14.38	31.65
		铃	（1.23±0.16）aA		12.89±9.27	
		花	（2.26±0.43）bB		62.84±6.46	
	中棉所23	2叶	（1.41±0.22）aA			
		蕾	（1.49±0.11）aA	2.60bB		
		铃	（1.41±0.05）aA			
		花	（6.08±0.41）bB			

注：二、三代虫重增加倍数和校正虫重减退率栏中，前一列为每一品种各器官平均值，后一列为每一品种的平均值

虽然转基因抗虫棉对亚洲玉米螟有较好的抗性，但抗性高低因品种而异。黄东林等（2007）采集寄主棉株的不同器官，饲喂一、二、三代亚洲玉米螟的初孵幼虫，测定双价棉中棉所41、Bt棉鲁棉研15和科棉1号3个转基因抗虫棉品种对亚洲玉米螟幼虫存活的影响，并与对照品种常规棉泗锦3号进行比较。结果表明，中棉所41、鲁棉研15、科棉1号饲喂亚洲玉米螟初孵幼虫与泗棉3号相比，均表现出显著或极显著高的抗性，但在不同品种、不同代次、不同寄主器官和不同饲喂天数间存在着差异（表9-83、表9-84）。根据幼虫存活综合指数（指数越低抗性越高，反之则越低）测定（表9-85），其抗性差异的总体趋势：3个转基因抗虫棉品种的抗性由大到小依次为一代、二代、三代，中棉所41二代与一代抗性相近，三代抗性下降幅度大；鲁棉研15和科棉1号二代抗性递减速度较快，三代与二代抗性相近；中棉所41抗性略高于鲁棉研15，两者抗性明显高于科棉1号。

表9-83 转基因抗虫棉不同器官对一代玉米螟初孵幼虫存活的影响

器官	品种	不同时间校正死亡率（%）		
		第2d	第4d	第6d
第2叶	中棉所41	62.36A	100A	
	鲁棉研15	50.7AB	96.67A	
	科棉1号	23.52BC	64.58B	85.48A
	泗棉3号（CK）	5.00C	6.67C	15.00B

（续表）

器官	品种	不同时间校正死亡率（%）		
		第2d	第4d	第6d
第4叶	中棉所41	73.14A		
	鲁棉研15	64.82A		
	科棉1号	12.03B	53.24a	51.59
	泗棉3号（CK）	20.00B	35.00b	46.67

注：同列同一器官相比不同小写字母数值间差异显著（$P < 0.05$），不同大写字母数值间差异极显著（$P < 0.01$）

表9-84 转基因抗虫棉不同器官对二、三代玉米螟初孵幼虫存活的影响

品种	器官	校正死亡率（%）			
		二代		三代	
		第2d	第6d	第2d	第6d
中棉所41	嫩头	48.26abAB	100	—	—
	第2叶	64.96 abAB	100	42.82	71.13b
	第4叶	67.41 aAB	100	57.45	89.29ab
	嫩茎	46.56 aAB	100	—	—
	蕾	21.30 bB	100	88.75	100a
	花	57.87 abAB	100	50.00	94.29a
	铃	85.83aA	96.67	41.83	72.22ab
鲁棉研15	嫩头	39.39	100aA	—	—
	第2叶	50.56	81.19bB	43.50bA	74.60
	第4叶	36.67	77.87bB	66.30abA	84.52
	嫩茎	41.06	91.67aAB	—	—
	蕾	33.52	100aA	83.75aA	97.92
	花	36.24	77.50abAB	59.26abA	66.87
	铃	27.36	50.83bAB	46.11abA	59.45
科棉1号	嫩头	13.99ab	100aA	—	—
	第2叶	0.83b	33.33cB	21.61	45.71bB
	第4叶	25.19ab	49.17cB	14.03	48.90bAB
	嫩茎	7.17a	8.33abAB	—	—
	蕾	5.19ab	54.72abcAB	57.92	80.56aA
	花	0.53ab	40.04abcAB	6.25	74.45abAB
	铃	16.95ab	0.83bcAB	19.68	57.22abAB

（续表）

品种	器官	校正死亡率（%）			
		二代		三代	
		第2d	第6d	第2d	第6d
	嫩头	31.67	90.00	—	—
	第2叶	13.33	51.67	20.00	35.00bB
	第4叶	3.67	18.33	18.33	36.70bAB
泗棉3号（CK）	嫩茎	41.67	91.67	—	—
	蕾	13.33	81.67	18.33	90.00aAB
	花	21.67	53.33	26.67	50.00abAB
	铃	16.67	60.00	31.67	66.67aA

注：同列同一器官相比不同小写字母数值间差异显著（$P < 0.05$），不同大写字母数值间差异极显著（$P < 0.01$）

表9-85　转基因抗虫棉不同品种、器官饲喂对亚洲玉米螟幼虫存活综合指数影响的测定结果

试验代次	饲喂器官	中棉所41	鲁棉研15	科棉1号	泗棉3号（CK）
一代	第2叶	1.62	2.22	10.20	61.22
	第4叶	1.28	1.45	10.80	57.80
二代	嫩头	1.32	1.70	3.47	5.28
	第2叶	1.42	6.18	21.85	56.00
	第4叶	1.37	8.95	47.07	114.27
	嫩茎	1.45	1.76	7.12	7.22
	蕾	2.00	1.88	10.88	21.50
	花	1.30	3.23	17.20	31.27
	铃	0.57	5.03	18.37	58.27
三代	第2叶	7.90	7.42	15.33	47.78
	第4叶	5.67	6.80	19.25	87.57
	蕾	1.28	1.45	4.63	14.02
	花	1.28	3.16	4.43	17.47
	铃	3.67	5.13	3.77	16.97

七、对棉大卷叶螟的影响

棉大卷叶螟又称棉卷叶野螟、棉卷叶虫，属鳞翅目螟蛾科，在亚洲、非洲、大洋洲都有分布。我国除新疆维吾尔自治区、青海、宁夏回族自治区及甘肃西部没有发现该虫的报道外，其他各地均有发现，并曾是我国植棉史上的重要害虫之一。

有报道称，自20世纪90年代后期起，棉大卷叶螟在一些棉田的种群数量呈上升趋势，为害日渐严重，甚至造成整株叶片卷曲或被食光，棉株仅留下枝、茎，严重影响现蕾开花及最后产量，已

成为我国棉花生产上较为重要的食叶性害虫（崔金杰等，1999；邓曙东等，2003）。

　　田间调查结果显示，转基因抗虫棉对棉卷叶螟有很好的抗性。Bt 棉 33B 的虫株率较常规棉中棉所 12 低 69.2%，虫株减退率 96.6%。百株虫量 33B 为 5.5～275.9 头，平均 133.2 头，较中棉所 12 少 693.6 头，百株虫口减退率为 88.4%（王厚振等，2002）。棉大卷叶螟一般于 7 月中下旬始见，但此时虫量很低，8 月中旬后虫量开始增加，8 月 20 日前后剧增，4～9 月上旬百株虫量达到高峰。据田间调查，常规棉泗棉 3 号棉田百株虫量最高为 2572 头。之后发生量开始下降。Bt 棉 GKl2 棉田和泗棉 3 号棉田棉大卷叶螟幼虫数量百株平均为 555 头和 634 头，差异不显著（$t = 1.181 < t_{0.05} = 2.120$）；Bt 棉 33B 棉田和常规棉 33 棉田大卷叶螟幼虫量分别为 88 头和 488 头，差异显著（$t = 2.867 > t_{0.05} = 2.120$）；双价棉 SGK321 棉田和常规棉石远 321 棉田大卷叶螟虫量分别为 48 头和 364 头，差异显著（$t = 2.708 > t_{0.05} = 2.120$）。可见，33B 和 SGK321 能显著降低棉大卷叶螟的种群发生量（武二忠等，2005）。黄东林等（2005）对棉大卷叶螟第二代、第三代发生期间田间调查结果：双价棉中棉所 45、中棉所 41 和 Bt 棉鲁棉研 15 均无被害症状。而常规棉中棉所 23 第二代单株平均卷叶数 8.20 个，单株平均卷叶率 21.85%，单株平均幼虫数 14.50 头；第三代单株平均卷叶数 12.10 个，单株平均卷叶率 36.69%，单株平均幼虫数 16.90 头。这表明，中棉所 45、中棉所 41 和鲁棉研 15 对棉大卷叶螟表现出极强的抗性；对照中棉所 23 则受害严重，且棉大卷叶螟第三代发生期比第二代发生期单株卷叶数增加 47.56%，单株卷叶率增加 67.92%，单株幼虫数增加 16.55%，即第三代为害重于第二代。另据同年 8 月底田间调查结果显示，中棉所 23 叶片被害率超过 80%，而中棉所 45、中棉所 41 和鲁棉研 15 叶片几乎未发现被害症状。

　　刘芳等（2005）调查了田间棉株被害率、叶片被害率和百株虫量。结果表明（表 9 - 86），Bt 棉 GK22 的棉株被害率、叶片被害率和百株虫量显著低于常规棉泗棉 3 号。

表 9 - 86　不同棉花品种上棉大卷叶螟发生为害情况

调查日期（月 - 日）	植株被害率（%）		叶片被害率（%）		百株虫量（头）		t 测验结果		
	泗棉 3 号	GK22	泗棉 3 号	GK22	泗棉 3 号	GK22	P_1	P_2	P_3
8 - 20	83.78	26.47	3.57	2.36	240	110	—	0.129	0.082
8 - 24	61.29	26.32	12.30	7.54	780	840	—	0.038*	0.453
8 - 28	75.00	23.53	15.73	7.70	2 250	150	—	<0.001*	0.001**
9 - 01	93.10	22.22	19.80	14.31	2 230	1 300	—	0.042*	0.012*
9 - 05	86.01	31.43	35.11	4.39	3 960	1 020	—	0.001**	0.004**
9 - 09	91.12	28.57	61.75	20.19	2 830	310	—	0.015*	<0.001**
9 - 13	90.48	20.00	48.29	8.97	2 250	600	—	0.007**	0.001**
平均值	82.97	25.51	28.08	9.35	2 077.1	618.5	<0.001**	0.011**	0.008**

　　注：P_1、P_2、P_3 分别表示不同棉花品种之间植株为害率、叶片为害率及百株虫量 t 测验结果的显著水平

　　用双价棉中棉所 45、中棉所 41 和 Bt 棉鲁棉研 15 棉叶对棉大卷叶螟作室内抗性测定。结果表明，3 种转基因抗虫棉与常规棉中棉所 23 相比，均表现出极显著抗性，其中中棉所 45 抗性与中棉所 41 相当，两者都略高于鲁棉研 15。3 种转基因抗虫对棉大叶螟第二代的抗性均高于第三代（表 9 - 87、表 9 - 88）。

表9-87 3种转基因抗虫棉饲喂棉大卷叶螟第二、第三代1龄幼虫后的死亡率（刘芳等，2005）

（%）

害虫代次	供食棉花品种	饲喂天数		
		1d	3d	5d
二代	中棉所45	55.00aA	100.00aA	100.00aA
	中棉所41	57.50 aA	100.00 aA	100.00aA
	鲁棉研15	25.00bB	81.25bB	100.00aA
	中棉所23	2.50cC	2.50cC	5.00bB
三代	中棉所45	46.25 aA	88.75 aA	100.00aA
	中棉所41	40.00 aA	92.50 aA	100.00aA
	鲁棉研15	20.00bB	58.75bB	91.25bB
	中棉所23	3.75cC	7.50cC	11.25cC

注：同一害虫代次内竖向不同大、小写字母分别表示差异达0.01和0.05显著水平

表9-88 3种转基因抗虫棉不同部位叶片饲喂棉大卷叶螟第二、
第三1龄幼虫后的死亡率（刘芳等，2005）

（%）

害虫代次	供食棉花品种	饲喂棉叶	饲喂天数		
			1d	3d	5d
二代	中棉所45	第4叶	57.50±9.57a	100.00±0a	100.00±0a
		果节叶	52.50±9.57a	100.00±0a	100.00±0a
	中棉所41	第4叶	67.50±9.57aA	100.00±0a	100.00±0a
		果节叶	47.50±8.57bA	100.00±0a	100.00±0a
	鲁棉研15	第4叶	30.00±8.16a	80.00±8.16a	100.00±0a
		果节叶	20.00±8.16a	82.50±5.00a	100.00±0a
	中棉所23	第4叶	2.50±5.00	2.50±5.00	7.50±5.00
		果节叶	2.50±5.00	2.50±5.00	5.00±3.77
三代	中棉所45	第4叶	45.00±12.91a	87.50±9.57a	100.00±0a
		果节叶	47.50±9.57a	90.00±8.16a	100.00±0a
	中棉所41	第4叶	47.50±9.57a	100.00±0aA	100.00±0a
		果节叶	32.50±9.57a	85.00±5.77bB	100.00±0a
	鲁棉研15	第4叶	20.00±8.16a	67.50±9.57aA	95.00±5.77a
		果节叶	20.00±8.16a	50.00±8.16bA	87.50±9.57a
	中棉所23	第4叶	5.00±5.77	10.00±0	15.00±5.77
		果节叶	2.50±5.00	5.00±5.77	7.50±5.00

注：饲喂棉叶栏中，第4叶指棉株顶端第4叶；果节叶指棉株顶端第8枝顶端第1果节叶；竖栏中各害虫代次每个棉花品种内不同大、小写字母分别表示差异达到0.01和0.05显著水平

研究还发现，转基因抗虫棉对棉大卷叶螟的生长发育（表9-89）和产卵选择性（表9-90）有影响。表9-89结果表明，常规棉泗棉3号上棉大卷叶螟种群在室内饲养后呈增长趋势（种群趋

势指数 I =25.27），而 Bt 棉 GK22 上的种群数量却呈现明显的下降趋势（I =0.08）。另外，泗棉3 号上棉大卷叶螟的各虫龄存活率、化蛹率、蛹重以及成虫平均产卵量和卵孵化率要明显高于GK22，只是成虫性比差异不大。这再次证明 GK22 对棉大卷叶螟有一定的抗性效果。从表 9 - 90 可看出，棉大卷叶螟成虫喜欢选择泗棉 3 号产卵，与 GK22 相比，两者间的落卵量差异显著（P <0.01）。在 GK22 罩笼的一侧，棉大卷叶螟将相当一部分卵产在笼罩上而不落入棉株上。这表明GK22 对棉大卷叶螟成虫也许存在一定的排斥效应。

表 9 - 89　不同棉花品种上棉大卷叶螟各虫态存活及增殖情况比较（刘芳等，2005）

龄期	泗棉 3 号			GK22		
	起始虫量（头）	死亡虫量（头）	存活概率	起始虫量（头）	死亡虫量（头）	存活概率
1	1 000	249	0.75	3 500	2 926	0.16
2	751	103	0.86	574	422	0.26
3	648	62	0.90	152	112	0.26
4	586	47	0.92	40	19	0.53
5	539	84	0.84	21	6	0.71
6	455	103	0.77	15	5	0.67
蛹	352			10		
羽化概率	0.82			0.66		
雌性成虫比率	0.48			0.50		
单雌平均产卵量（头）	194			127		
卵孵化率	0.94			0.73		
蛹重（g）	0.076			0.069		
种群趋势指数（I）	25.27			0.08		

表 9 - 90　棉大卷叶螟成虫的产卵选择性试验结果（刘芳等，2005）

重复	棉株上卵量（粒）		T 测验
	泗棉 3 号	GK22	显著水平（P）
1	128	44	
2	261	75	
3	119	26	< 0.001
4	130	38	
平均值	159.5	45.8	

八、对小地老虎的影响

小地老虎（Agrotis ypsilon）是农业生产中重要而较难防治的夜蛾科（Noctuidae）地下害虫。其分布很广，遍及全国各地，食性杂，可为害 36 科 100 多种植物。小地老虎 1 年发生 3 ~4 代，成虫昼伏夜出，白天隐伏于土缝、枯草下，夜间外出活动，尤其 19：00～22：00 活动最猖獗。1、2 龄幼虫群居于杂草和幼苗顶心嫩叶上，昼夜为害。3 龄后分散，黎明前露水多时为害剧烈，把咬断的幼苗嫩茎拖入土中备食。幼苗木质化后取食嫩叶和叶片。特别在 9～10 月，为害尤其严重。

转基因抗虫棉对小地老虎幼虫均有一定的抗性，Bt 棉对低龄幼虫的抗性好于双价棉，而双价棉对高龄幼虫的抗性好于 Bt 棉，但两种转基因抗虫棉对小地老虎幼虫的控制作用均不理想。董双亦等（1996）对小地虎的抗生性测定结果（表 9－91）表明，在 Bt 棉上，对小地老虎幼虫死亡率为 56%，而常规棉为 78.00%，两者显著差异；在成蛹率、幼虫历期、蛹重和蛹历期，Bt 棉与常规棉之间差异不显著。郭小奇等（1999）在室内用 Bt 棉 33B、GK12 和常规棉品种春矮早的叶片分别喂饲小地老虎。结果发现，33B 对小地老虎生存和发育有不良影响，表现为小地老虎生存数量减少，发育时间延长；而 GKl2 对小地老虎的生存和发育没有明显的影响（表 9－92）。潘启明等（2002）报道，2000、2001 两年小地老虎分别为轻度和中度发生。常规棉田两年始见期均为 5 月 5日，百株幼虫分别为 0.42、0.92 头，被害株率分别为 0.92%、3.4%。Bt 棉田百株虫数分别比常规棉田减少 0.15、0.04 头，被害株率分别降低 0.1 和 0.52 个百分点。为害盛期在田间普查，Bt 棉田百株幼虫数分别比常规棉田少 0.2 和 0.1 头，被害株率减少 0.25、0.43 个百分点。这些结果表明，Bt 棉田小地老虎发生及为害轻于常规棉田，但远不能达到无需防治的程度。

表 9－91　Bt 棉对小地老虎存活和生长发育的影响

棉花品种	死亡率（%）	成蛹率（%）	幼虫历期（d）	蛹重（mg）	蛹历期（d）
Bt 棉	56.0±9.8b	56.0±9.8b	20.6±0.5A	445.1±13.0a	14.1±0.5b
常规棉	78.0±7.6b	78.0±7.6b	17.9±0.2A	472.5±9.4a	13.5±0.2b

注：竖向数字间大、小写字母相同分别表示差异在 0.01 和 0.05 水平不显著

表 9－92　Bt 棉对小地老虎存活和生长发育的影响

棉花品种	存活率（%）			平均龄期（d）	
	6 月 22 日	6 月 25 日	6 月 29 日	6 月 25 日	6 月 29 日
Bt 棉 33B	96.67	55.56	35.50	3.5	3.8
Bt 棉 GK12	96.67	81.11	61.11	3.9	4.5
常规棉春矮早	97.78	83.33	73.33	3.7	4.5

崔金杰等（2002）室内测定了 Bt 棉和双价棉对小地老虎的存活、生长发育，繁殖及营养效应的影响。结果表明：

（1）转基因抗虫棉对小地老虎初孵幼虫有一定的抗性。随着小地老虎龄期的增加，死亡率明显下降，转基因抗虫棉对小地老虎高龄幼虫几乎没有控制作用（表 9－93）。

表 9－93　转基因抗虫棉对小地老虎不同龄期幼虫的抗性　　　　　　　　（死亡率,%）

幼虫龄期	初孵幼虫		3 龄幼虫		4 龄幼虫		5 龄幼虫	
接种后天数（d）	6d	15d	6d	15d	6d	15d	6d	15d
Bt 棉	5.00±1.67aA	34.44±8.30a	2.00±2.98a	37.11±25.70ab	0.0a	3.33±5.77a	5.0±5.0aA	6.67±2.89a
双价棉	4.44±0.96aA	29.43±13.58ab	2.22±3.85a	46.24±23.39b	1.67±2.8a	8.33±5.77a	0.0±0.0aA	6.67±2.89a

（续表）

幼虫龄期	初孵幼虫		3 龄幼虫		4 龄幼虫		5 龄幼虫	
常规棉	0.56 ± 0.96bA	14.45 ± 2.00b	0.56 ± 0.96a	26.30 ± 2.31a	0.0a	5.00 ± 0.00a	3.0 ± 5.0 aA	6.67 ± 2.89a

注：标有相同字母者表示差异不显著，反之差异显著；小写和大写字母分别代表 0.05 和 0.01 水平。表 9 – 91、表 9 – 92 同

（2）转基因抗虫棉对小地老虎生长发育有较大影响，不仅影响小地老虎幼虫的发育历期、虫重、化蛹率、蛹重、蛹的历期、羽化率和成虫寿命，还影响成虫的产卵量和卵孵化率。双价棉对小地老虎生长发育和繁殖的影响较大，即其后效作用优于单价棉（表 9 – 94）。

表 9 – 94　转基因抗虫棉对小地老虎不同龄期幼虫生长发育和繁殖的影响

品种	龄期	接虫后天数（d）		
		6d 虫重（g）	11d 虫重（g）	15d 虫重（g）
Bt 棉		0.001 6 ±0.000 1aA	0.016 4 ±0.000 7a	0.069 4 ±0.007 6a
双价棉	初孵幼虫	0.003 1 ±0.000 4 bA	0.021 6 ±0.009 6a	0.079 9 ±0.001 4a
常规棉		0.004 0 ±0.001 0cA	0.046 3 ±0.019 8a	0.088 8 ±0.011 0a
Bt 棉		0.016 9 ±0.003 5a	—	0.299 5 ±0.072 4ab
双价棉	3 龄	0.014 7 ±0.006 9a	—	0.274 2 ±0.045 4b
常规棉		0.027 6 ±0.013 7a	—	0.512 6 ±0.135 9a
Bt 棉		0.179 9 ±0.013 8a	—	0.708 4 ±0.102 2a
双价棉	4 龄	0.169 9 ±0.049 0a	—	0.687 0 ±0.051 6a
常规棉		0.257 3 ±0.043 5a	—	0.798 4 ±0.116 2a
Bt 棉		0.265 5 ±0.026 4A	—	0.654 6 ±0.014 3a
双价棉	5 龄	0.380 2 ±0.027 6A	—	0.703 8 ±0.049 3a
常规棉		0.264 2 ±0.026 7A	—	0.676 6 ±0.085 8a
		幼虫历期（d）	化蛹率（%）	蛹重（g）
Bt 棉		30.0 ±1.25aA	32.2 ±18.4 aA	0.315 7 ±0.036 9 aA
双价棉	3 龄	30.7 ±2.08aAB	30.0 ±3.3 aA	0.322 4 ±0.045 4 aA
常规棉		28.4 ±1.11bB	37.0 ±5.0bA	0.404 0 ±0.044 5bA
Bt 棉		23.9 ±0.8aA	95.0 ±5.0 aA	0.275 0 ±0.043 4a
双价棉	4 龄	19.9 ±1.0bA	81.7 ±7.6 aA	0.282 1 ±0.012 1a
常规棉		16.3 ±0.6cA	85.0 ±5.0bA	0.318 2 ±0.023 3a
Bt 棉		20.7 ±1.5aA	71.7 ±7.6a	0.302 6 ±0.048 1a
双价棉	5 龄	17.1 ±1.0bA	81.7 ±5.8a	0.347 9 ±0.014 9a
常规棉		20.1 ±1.0aA	78.3 ±2.9a	0.305 0 ±0.018 6a

（续表）

品种	龄期	接虫后天数（d）		
		6d 虫重（g）	11d 虫重（g）	15d 虫重（g）
		蛹历期（d）	羽化率（%）	成虫寿命（d）
Bt 棉		11.57 ± 0.38 aA	23.33 ± 12.02 aA	
双价棉	3 龄	13.1 ± 0.31bA	25.56 ± 5.09 aA	
常规棉		11.3 ± 0.10aB	75.0 ± 0.00bB	
Bt 棉		11.7 ± 0.4 aA	90.0 ± 0.0 aA	8.6 ± 1.5a
双价棉	4 龄	13.7 ± 0.1bB	76.7 ± 2.9bB	8.9 ± 1.5a
常规棉		10.9 ± 1.3 aA	85.0 ± 5.0 aA	9.9 ± 1.7a
Bt 棉		12.0 ± 0.3a	58.3 ± 5.8aA	9.9 ± 1.7a
双价棉	5 龄	11.6 ± 1.2a	75.0 ± 5.0bA	6.9 ± 1.7a
常规棉		12.2 ± 0.2a	73.3 ± 7.6bA	8.1 ± 2.2a
		产卵数量（粒）	卵孵化率（%）	
Bt 棉				
双价棉	3 龄			
常规棉				
Bt 棉		722.3 ± 217.5a	30.0 aA	
双价棉	4 龄	595.8 ± 239.7a	16.7 aA	
常规棉		625.0 ± 168.1a	93.3bA	
Bt 棉		686.7 ± 232.6a	91.7 aA	
双价棉	5 龄	648.0 ± 146.6a	91.7 aA	
常规棉		739.5 ± 174.3a	98.3bA	

（3）转基因抗虫棉对小地老虎的营养效应影响较大，特别是双价棉。相对代谢速率的增加，增加了幼虫的代谢负担（表9-95）。

表9-95 转基因抗虫棉对小地老虎5龄幼虫营养效应的影响

类别	Bt 棉	双价棉	常规棉
相对生长率（mg/mg·d）	0.028 0 ± 0.019 2aA	0.001 1 ± 0.079 1 aA	0.122 2 ± 0.065 0bA
相对取食量（mg/mg·d）	0.156 6 ± 0.028 8 aA	0.190 2 ± 0.030 7bA	0.232 4 ± 0.052 3cA
近似消化率（%）	45.69 ± 6.78 aA	68.34 ± 10.71bB	68.18 ± 6.97cB
食物转化率（%）	44.30 ± 4.03 aA	5.02 ± 0.83 aA	75.89 ± 38.23 cB
食物利用率（%）	18.67 ± 13.78 aA	- 4.85 ± 0.72bA	51.34 ± 24.35 cB
相对代谢速率（mg/mg·d）	0.044 6 ± 0.025 1a	0.129 2 ± 0.143 5a	0.038 8 ± 0.018 0a

小地老虎属夜蛾科，对 Bt 毒蛋白不太敏感。杨建全等（2000）研究 Bt 对小地老虎 1～3 龄幼虫的致死率与亚致死效应。结果指出，菌株 Bt94 起始质量浓度对小地老虎 1 龄幼虫的致死率为

43. 30%，而菌株 Bt95 处理的致死率仅为 26. 70%。Bt 毒蛋白对小地老虎 1～3 龄幼虫的毒杀效果随幼虫龄期的上升呈显著下降（表 9 - 96）。菌株 Bt94 对 1 龄幼虫的校正死亡率为 66. 70%，对 2 龄幼虫仅为 31. 5%；菌株 Bt96 对 1 龄幼虫和 2 龄幼虫的校正死亡率分别为 58. 62% 和 20. 00%；菌株 Bt95 处理的分别为 53. 30% 和 13. 04%；Bt94、Bt95、Bt96 等 3 株菌株对小地老虎 3 龄幼虫的致死率仅在 0～5. 00%，均与对照无显著差异，说明小地老虎的龄期与 Bt 的致死率呈明显的负相关。此外，据观察，小边老虎幼虫对带菌叶片有明显的拒食观象。小地老虎 3 龄幼虫取食质量浓度为 10g/L 的带菌叶片后第 2d 的取食量明显减少，Bt 毒蛋白对 3 龄幼虫体重的影响从表 9 - 97 可见，3 龄幼虫经 Bt 毒蛋白处理 3d 后，体重与初始体重之比为 0. 95，而对照组的相应比值为 5. 34，Bt 毒蛋白处理后幼虫体重明显低于对照，Bt 毒蛋白处理 6d 后其体重比初始体重降低 50%。

表 9 - 96　不同质量浓度的 Bt 菌苔对小地老虎 1～3 龄幼虫的致死率

菌株	处理后48h的校正死亡率（%）					
	菌苔（10g/L）			菌苔（5g/L）		
	1 龄	2 龄	3 龄	1 龄	2 龄	3 龄
Bt94	66. 70	34. 50	4. 92	42. 75	19. 23	2. 35
Bt96	58. 62	20. 00	2. 80	37. 15	10. 34	1. 03
Bt95	53. 30	13. 04	1. 75	26. 18	10. 00	0
CK	2. 12	0	0	1. 68	0	0

表 9 - 97　Bt 毒蛋白对小地老虎 3 龄幼虫生长的抑制作用

处理	初始体重（mg/头）	处理3d后		处理6d后	
		体重（mg/头）	处理后体重与初始体重之比值	体重（mg/头）	处理后体重与初始体重之比
Bt	5. 28 ± 0. 43	5. 02 ± 0. 28	0. 95	2. 96 ± 0. 12	0. 56
对照	4. 97 ± 0. 58	26. 53 ± 2. 81	5. 34	87. 34 ± 5. 23	18. 40

九、对其他非靶标害虫的影响

为害棉花的棉盲蝽主要有绿盲蝽、苜蓿盲蝽、中黑盲蝽、牧草盲蝽与三点盲蝽，均为刺吸式口器害虫，棉花一生都可受其害。以成若虫为害棉花的顶芽、边心、花蕾及幼铃等，可造成棉叶穿孔的伤痕、"破叶疯"、无头苗、多头苗及蕾铃的脱落与僵果。自 20 世纪 90 年代中期推广种植转基因抗虫棉以来，原为棉田次要害虫的绿盲蝽（*Lygus lucorum* Mayr）已上升为主要害虫，且危害越来越严重，已成为影响棉花生产的突出问题。崔金杰等（1998）报道，棉盲蝽发生高峰期，对照田（常规棉，施药）、综防田（Bt 棉，施药）和自控田（Bt 棉，不施药）百株棉盲蝽数量分别为 42 头、50 头和 163 头，分别比对照田（常规棉，施药）增加 16. 0% 和 74. 2%，差异达显著水平。张长贵等（2003）调查结果指出，绿盲蝽的发生高峰期是 7 月底到 8 月，Bt 棉田和双价棉田的绿盲蝽数量比常规棉田分别增加 81. 7% 和 112. 5%，差异都极显著（$P < 0.01$）。在江苏沿海棉区，以整个绿盲蝽发生期百株累计虫量计算，Bt 棉中棉所 29 为 37 头，比常规棉苏棉 9 号高出 23. 33%。绿盲蝽危害高峰日（6 月 9 日）中棉所 29 百株平均虫量为 6. 9 头，比苏棉 9 号的 6. 6 头高出 4. 55%。在河北棉区，Bt 棉 GK - 12 叶片被害率及叶片被害指数显著高于其受体常规棉泗棉 3 号，而双价棉 SGK321 叶片被害率及叶片被害指数与其受体亲本常规棉石远 321 间无显著差异（表

9 - 98、表 9 - 99)。

表 9 -98 二代绿盲蝽对不同品种棉花叶片的累计被害指数（周洪等，2003）

品种	累计叶片被害指数		
	上部	下部	上部与下部
Bt 棉 GK - 12	0.120 9 ± 0.008b	0.039 7 ± 0.000 62b	0.085 7 ± 0.005 4b
常规棉泗棉 3 号	0.082 7 ± 0.011 2a	0.012 7 ± 0.001 7ac	0.050 2 ± 0.006 2ac
双价棉 SGK321	0.058 4 ± 0.010 3ac	0.009 7 ± 0.005 7a	0.037 6 ± 0.006 6c
常规棉石远 321	0.051 9 ± 0.006 2c	0.007 6 ± 0.003 0a	0.033 0 ± 0.003 6c

注：表中不同字母表示 $P < 0.05$ 水平差异显著

表 9 -99 二代绿盲蝽对不同品种棉花叶片的累计被害率（周洪等，2003）

品种	叶片被害率		
	上部	中部	下部
Bt 棉 GK - 12	26.76 ± 2.04ab	10.52 ± 1.49b	19.25 ± 2.14b
常规棉泗棉 3 号	21.37 ± 1.63ac	4.16 ± 0.83ac	13.18 ± 1.12ac
双价棉 SGK321	15.81 ± 2.14c	3.53 ± 0.96a	9.41 ± 1.47c
常规棉石远 321	15.36 ± 1.85c	3.74 ± 0.74a	10.39 ± 1.54c

注：表中不同字母表示 $P < 0.05$ 水平差异显著

为害棉花的棉蓟马种类有花蓟马、烟蓟马和黄蓟马。蓟马成若虫均以口器刺吸为害棉花幼苗子叶、顶心及幼嫩真叶汁液造成子叶肥大、无头或枝叶丛生多头苗。其寄主植物种类多，一年可发生10 多代。由于试验所研究的棉区不同和棉田种植方式的不同，转基因抗虫棉田中棉蓟马发生量和为害程度不尽一致。崔金杰等（1998、2004）两次报道认为，转基因抗虫棉棉田棉蓟马发生量与为害程度重于常规棉田。1998 年的结果是，在 8 月中下旬棉蓟马发生第二个高峰，对照田（常规棉，施药）、综防田（Bt 棉，用药）和自控田（Bt 棉，不用药）平均百株棉蓟马数量分别为47.2、196.0 和 210.5 头，综防田和自控田分别比对照田增加 315.3% 和 346.0%，前者差异达显著水平（$t = 2.531 > t_{0.05} = 2.069$），后者差异极显著（$t = 3.023 > t_{0.01} = 2.807$）；综防田比自控田减少6.9%。可见，转基因抗虫棉田棉蓟马为害加重。2004 年的结果是，整个棉蓟马发生期，双价棉、Bt 棉、常规棉和常规用药田百株平均棉蓟马数量分别为16、17、13 和 10 头，双价棉比 Bt 棉减少5.9%，差异不显著（$t = 0.249 7 > t_{0.05} = 2.048 4$）；但分别比常规棉和常规棉用药田增加23.1%和60.0%，差异均达显著水平（$t_1 = 2.581 3 > t_{0.05} = 2.048 4$，$t_2 = 2.701 1 > t_{0.05} = 2.048 4$）。Bt棉分别比常规棉和常规用药田增 30.8% 和 70.0%，前者差异显著，后者差异极显著（$t_1 = 2.723 > t_{0.05} = 2.048 4$，$t_2 = 3.140 7 > t_{0.01} = 2.763$）。和常规棉相比，双价棉和 Bt 棉田棉蓟马种群数量增加。孙长贵等（2003）根据田间调查结果认为，棉蓟马主要发生在 7 月中旬以前，双价棉田内的虫量远远高于 Bt 棉和常规棉田内的虫量。棉蓟马的发生数在 Bt 棉田比在常规棉田增加了 32.1%，但差异不显著（$P > 0.05$）；双价棉田内的虫量分别比 Bt 棉田和常规棉田内的虫量增加了 208.9%和 135.1%，差异都极显著（$P < 0.01$）。这表明双价棉可能更易造成棉蓟马的猖獗为害。但也有试验结果认为转基因抗虫棉田棉蓟马发生量为害程度与常规棉田相比，或轻于常规棉田。潘启明等（2002）通过 1997—1999 年三年调查结果认为，Bt 棉棉蓟马在发生时间、为害时间上基本和常规棉田相似，发生量及为害程度与常规棉田比差别不显著。1997 年和 1999 年为中度偏轻发生年，

1998 年为轻发生年。常规棉田 1997—1999 年棉蓟马始见日均为 5 月 5 日，高峰日分别为 5 月 30 日、5 月 25 日、5 月 20 日，为害盛期天数分别为 15d、10d、25d。Bt 棉除 1997 年高峰日提前 5d 外，其余均和常规棉田一样。常规棉田高峰日百株虫数分别为 305 头、51 头、220 头，盛期内百株平均虫数分别为 199 头、49 头、134 头。多头棉株率分别为 21%、0%、31%。Bt 棉棉田高峰日虫数分别比常规棉田低 3.9%、17.6%、4.5%，盛期内虫数 1997 年和常规棉田一样，1998 年低 18.4%，1999 年又高 3.0%。多头棉株率 1997 年比常规棉田高 1 个百分点，1998 年相同，1999 年低 5 个百分点。邓曙东等（2003）在湖北棉区观察到的结果是，2000 年化防田（Bt 棉，用药）和自控田（Bt 棉，不用药）棉蓟马百株总发生量分别为 16 619 头和 14 623 头，比对照田（常规棉，用药）20 872 头减少 20.4% 和 29.9%。2001 年化防田和自控田棉蓟马百株总发生量分别为 8 092 头和 9 902 头，比对照田 18 862 头减少 57.1% 和 47.5%。转基因抗虫棉田棉蓟马发生量会因棉田种植方式不同而不同。崔金杰等（1997）报道了单作棉田与套作棉田棉蓟马发生情况的不同。前期单作 Bt 棉田和常规棉田平均百株棉蓟马数量分别为 6.4 头和 10.6 头，Bt 棉田减少 39.62%；麦套 Bt 棉田和麦套常规棉田平均百株棉蓟马数量分别为 2.3 头和 11.2 头，Bt 棉田减少 79.46%；麦套 Bt 棉田比单作 Bt 棉田减少 64.06%。后期单作 Bt 棉田和常规棉田平均百株棉蓟马数量分别为 149.8 头和 116.4 头，Bt 棉田增加 22.30%；麦套 Bt 棉田和麦套常规棉田平均百株棉蓟马数量分别为 131.0 头和 175.9 头，Bt 棉田减少 25.53%；麦套 Bt 棉田比单作 Bt 棉田减少 12.55%。

棉造桥虫是棉花蕾铃期害虫。在棉田里都以幼虫蛀食棉花叶片，从叶片边缘向内啃食，有时也吃果实的苞叶与嫩枝，偶尔也吃蕾铃。研究结果表明，转基因抗虫棉对棉造桥虫有明显的控制作用。在黄河流域棉区，8 ~ 9 月是棉田造桥虫的发生盛期，单作 Bt 棉田和常规棉田百株棉造桥虫数量分别为 8.4 头和 61.8 头，Bt 棉田减少 86.41%；麦套 Bt 棉田比麦套常规棉田百株棉造桥虫数量减少 25.37%；麦套 Bt 棉田比单作 Bt 棉田减少 40.48%（崔金杰等，1997）。在夏棉棉田，麦套夏棉棉田棉造桥虫有 2 个发生高峰，第 1 个高峰期在 9 月上旬，第 2 个高峰期在 9 月下旬。对照田（常规棉，不用药）、综防田（Bt 棉，用药）、自控田（Bt 棉，不用药）平均百株幼虫数量分别为 23.6 头、1.4 头、2.2 头，综防田棉田和自控田分别比对照田减少 94.1% 和 90.7%。表明转基因抗虫棉对棉造桥虫有明显的控制作用（崔金杰等，1998）。潘启明等（2002）研究结果指出，Bt 棉棉田虽然落卵量同常规棉田相比有高有低，但差别不大。由于 Bt 棉对幼虫有较强抗性，幼虫数量明显减少，为害明显下降。1997 年、1998 两年属中度发生，1999 年为轻度发生。常规棉田在全年为害最重的第三代小造桥虫全代百株累计落卵量 3 年分别为 231 粒、147 粒、48 粒，百株幼虫分别为 112 头、87 头、5 头。被害株率分别为 90%、75%、5%，被害叶片率分别为 87.4%、80.1%、1.0%。Bt 棉棉田三代落卵量 1998 年比常规棉田减少 8.1%，1997、1999 两年则增加 1.7% 和 6.2%，百株幼虫 3 年分别减少 90.1%、92.0%、100%，被害株率减少 91.1%、93.3%、100%，被害叶片率分别减少 81.5%、86.2%、100%。

棉叶蝉属半翅目（Hemipteral）叶蝉科（Cicadellidae），是分布广、为害大、寄主多的一种重要棉花害虫。被害虫的棉叶边缘由黄变红，向下卷缩，焦枯脱落。自推广种植转基因抗虫棉以来，棉田棉叶蝉的为害是呈逐渐加重的趋势。多数研究指出，转基因抗虫棉田棉叶蝉的为害重于常规棉田。在黄河流域棉区，8、9 月是棉田棉叶蝉发生的盛期。单作 Bt 棉田和常规棉田平均百株棉叶蝉数量分别为 34.9 头和 16.2 头，Bt 棉田增加了 53.58%；麦套 Bt 棉田和麦套常规棉田平均百株棉叶蝉数量分别为 33.4 头和 13.9 头，Bt 棉田增加 58.38%；麦套 Bt 棉田比单作 Bt 棉田减少 42.24%（崔金杰等，1997）。在夏棉棉田棉叶蝉发生高峰期，对照田（常规棉，用药）、综防田（Bt 棉，用药）、自控田（Bt 棉，不用药）百株棉叶蝉数量分别为 35 头、50 头和 55 头，综防田和自控田分别比对照田增加 30.0% 和 36.4%，综防田比自控田减少 9.1%。可见，转基因抗虫棉田棉叶蝉为害加重（崔金杰等，1998）。在湖北棉区，2001 年棉叶蝉有较大的种群数量，化防田（Bt 棉，用药）中总计值为 266 头，高峰值为 42 头；自控田（Bt 棉，不用药）中总计值为 290 头，高峰值为 48 头；对照田（常规棉，用药）中总计值为 98 头，高峰值为 30 头。化防田和自控田棉叶蝉总计值分别是对照田的 1.71 倍和 1.95 倍（邓曙东等，2003）。孙长贵等（2003）报道，Bt 棉田内棉叶蝉的发生量比常规棉田内的多 173.2%。价棉田内的棉叶蝉数量比常规棉田内的多 34.9%。双价棉田与 Bt 棉田相比，棉叶蝉的发生数量减少了 50.6%。

十、转基因抗虫棉推广应用与非靶标害虫为害的关系

转基因抗虫棉的推广与应用给我国棉花生产带来了巨大的经济效益。长期以来，棉铃虫给我国的棉花生产带来严重的危害和损失，由于多年来大量使用有机磷、菊酯等常用农药，导致了 20 世纪 90 年代棉铃虫耐药性的爆发，不仅给农户带来了严重的经济损失和健康危害，由此带来的环境污染更是难以估量。1997 年，我国开始大面积种植 Bt 棉，有关研究表明，Bt 棉的采用有效地减少了农药施用量，从而一方面大幅度节约了生产成本，另一方面也有利于农户健康和生态环境保护（Huang 等，2002，2005；Hossain 等，2004；Pray 等，2001；Qaim 等，2003）。但是，Bt 棉的应用在取得成功的同时，也带来了一些与之相关的新问题，讨论较多的是"负外部性"问题，即所谓的"非靶标害虫问题"。从纯技术角度来分析，Bt 棉对于控制棉铃虫等鳞翅目害虫非常有效，但对于非靶标害虫并不起作用。由于我国棉花生产上施用的农药对于大多数常见害虫都能起到杀灭作用，所以，Bt 棉在大幅度减少防治棉铃虫用药的同时，也为非靶标害虫提供了相对有利的生存环境，这些非靶标害虫数量的增加可能会给棉花带来新的危害，从而有可能抵消种植 Bt 棉产生的效益，使转基因生物技术带来的生产力提高"不可持续"。研究发现，我国棉花生产上用于防治非靶标害虫的农药施用量出现了上升趋势，其中最严重的是防治盲蝽用药量的明显上升（Wu 等，2002、2004）。来自中国科学院农业政策研究中心的实证研究发现，在引入 Bt 棉从而使棉铃虫危害得到有效控制以后，非靶标害虫成为农户的主要防治对象，2004—2007 年，用于防治非靶标害虫的农药施用量占总量的比重平均为 69%，其中用于防治棉盲蝽的农药施用量又占用于防治非靶标害虫的农药施用量的 40%（米建伟等，2009）。在我国棉盲蝽造成危害比较严重的时期是 20 世纪 50 年代（朱弘复等，1958；丁岩钦等，1957），而在农药用量异常高的 80 年代至 90 年代，包括 90 年代中后期（Bt 棉在我国的早期推广时期），无论是农户还是农技推广人员都很少提及棉盲蝽的危害。因此，当 Bt 棉在我国大规模推广应用以后，棉盲蝽的危害也出现了明显上升，人们很自然地将这种时间的吻合外推到二者之间存在因果联系，并认为非靶标害虫的危害会抵消 Bt 棉所带来的收益。尽管存在以上的研究结果，仍有一些学者认为非靶标害虫的危害上升可能是由于其他一些外生的原因造成的。Wu 等（2002）以及 Wang 等（2009）的研究指出，棉盲蝽数量上升的重要原因可能是气候变化，棉花生长季节的气温以及降雨量对于盲蝽象的繁衍以及生长都可能造成影响，从而引起虫害的爆发。所以，关于非靶标害虫为害的上升与 Bt 棉采用之间的关系尽管存在争论，然而进一步的实证研究却非常缺乏。

为研究我国棉花生产上用于防治次要害虫的农药施用量的长期动态变化，尤其是棉铃虫用药量与次要害虫用药量之间的关系，朱建伟等（2011）利用所收集的一套独特的长期农户调查数据（1998—2007 年，河南、安徽、江苏和湖北四省共 525 个农户的 3 576 个地块观测值，这四省棉田面积超过全国的 65%），首先进行描述性分析，然后建立计量模型对非靶标害虫用药量进行决定因素分析，并检验防治棉铃虫用药量与非靶标害虫用药量的关系，以研究并解答多年来围绕次要害虫问题的一些争论。因为棉盲蝽用药量上升最明显，因此对次要害虫的分析主要集中在棉盲蝽上。研究结果表明，1998—2007 年，棉花生产上用于控制非靶标害虫的农药施用量确实在增加；但是，非靶标害虫用药量的增加主要原因并不是由于采用 Bt 棉防治棉铃虫所致，气候因素是非靶标害虫用药量上升的重要原因。该项研究将代表气候因素的 10 个变量对棉盲蝽用药量影响的贡献率进行

了分解，以考察气候因素的影响大小（表9-100）。表9-100结果表明，多年来棉盲蝽用药量的变化相当大一部分可以由气候变化给予解释，2001—2004年棉盲蝽用药量变化的80%可以由气候因素来解释，2001—2006年气候因素的贡献率将近105%，而2001—2007年，气候因素的贡献率为72.5%，因此，气候的变化可能是棉盲蝽为害变化的关键因素。朱建伟等（2011）还指出，尽管防治棉铃虫用药量与棉盲蝽用药量之间没有显著的因果关系，但这并不意味着农药施用对于农业生产不再重要。作为病虫害防治的主要投入，农药对于棉花生产的重要性仍然长期存在。利用同一套调查数据，使用损失控制生产函数法估计了农药施用量对棉花亩产的影响，结果表明，农药施用对棉花亩产具有显著的正向影响。

表9-100　防治棉盲蝽用药量变化的分解结果

年份	棉盲蝽用药量变化（A）	生长季节温度变化带来的影响（B）	生长季节降雨量变化带来的影响（C）	生长季节温度和降雨量变化带来的影响（C = B + C）	温度和降雨量变化带来的影响对棉盲蝽用药量变化的贡献率（E = D/A × 100）
2001—2004	6.8	4.1	1.4	5.5	80.0
2001—2006	6.1	5.6	0.9	6.5	104.9
2001—2007	4.6	1.3	2.1	3.4	72.5

综上所述，无论转基因抗虫棉对非靶标害虫是否会产生影响，没有更多的研究证明转基因抗虫棉对棉田其他害虫的发生有直接的促进作用（邓曙东等，2003）。Smis（1995）发现Bt棉中Bt毒蛋白对棉花刺吸式口器害虫无明显的毒副作用，因此认为Bt蛋白在转基因抗虫棉中表达时对非鳞翅目害虫的危险性可以忽略。Head等（1999）通过研究推测，刺吸式口器害虫可能具有过滤Bt毒素蛋白或具有分解、利用Bt蛋白的能力。邓曙东等（2003）认为，Bt棉田中由于棉铃虫危害减轻，棉花长势得到改善，同时田间化学防治频次下降，给其他植食性昆虫提供了更好的营养条件和更为宽松的生存环境，是使朱砂叶螨、棉蚜、烟粉虱等刺吸式口器害虫种群数量上升的主要原因。众多的研究也表明，由于转基因抗虫棉对鳞翅目害虫的抗性，减轻了棉叶的受害，这为棉叶螨、棉蚜、棉蓟马、烟粉虱等害虫提供了丰富的食料，间接地促进了其种群数量的上升（Wilson等，1992；崔金杰等，1998、1999、2000）。

外源Bt基因导入棉花后，可以引起棉花代谢途径的改变，而这种改变更有利于刺吸式口器害虫的生长发育和繁殖（周福才，2004）。虽然外源Bt杀虫蛋白的表达不影响棉花原有的棉酚合成代谢，但是导入Bt基因后棉花体内的总酚含量要显著低于常规棉（王武刚等，1999；张永军等，2001），而这些物质是棉花抗朱砂叶螨的重要次生物质。另外，外源Bt基因导入棉花后，引起的棉花重要营养物质含量的变化也可能会直接影响棉花害虫种群的数量，并对整个棉田生态系统产生某些不确定的影响（周福才等，2005）。同时，外源Bt基因导入棉花后导致棉花叶片形态结构的变化也可能为棉蚜、烟粉虱等刺吸式口器害虫的取食危害提供了方便（韩俊杰等，1999）。

第二节　对天敌昆虫的影响

转基因抗虫棉在其整个生育期都能表达Bt毒蛋白，且所表达的Bt毒蛋白经过一定的修饰改造，已不同于苏云金芽孢杆菌所产生的原始Bt毒蛋白。因此，取食转基因抗虫棉而存活下来的靶标及非靶标害虫的组织和器官内会不同程度地含有Bt毒蛋白，当昆虫天敌捕食或寄生这些存活的靶标或非靶标昆虫时，有可能会不同程度地受到Bt毒蛋白的影响。转基因抗虫棉主要通过两种途径影响天敌昆虫。一是天敌通过直接取食转基因抗虫棉组织（如叶、蕾等）或取食寄主害虫时摄入 Bt 毒蛋白对天敌所造成的直接毒性；二是通过对害虫生长发育的影响，使天敌寄主发生变化（如营养质量改变）从而间接影响天敌，如改变天敌寄主搜寻、寄主识别和寄主接受行为等。

一、对天敌种群的影响

棉田天敌昆虫及害虫种类很多，随着植棉技术的变革，如种植品种和栽培制度的改变，其主要害虫种类及棉田昆虫群落在不同时期均发生明显变化。我国 20 世纪初从美国大量引入脱字棉、爱字棉和金字棉等陆地棉品种后导致 20 世纪 30～40 年代棉花红铃虫成为重要害虫；20 世纪 50 年代棉花苗期蚜虫成为主要害虫；20 世纪 60 年代采用 3911 等农药拌种、结合麦棉套种技术，控制了棉花苗蚜的危害，但棉田使用化学杀虫剂对生态环境的破坏引起伏蚜再猖獗；20 世纪 80 年代后由于棉花水肥及管理水平的提高和杀虫剂的不合理使用，导致棉铃虫成为我国棉花生产的主要害虫。因此，和我国棉花种植技术的重大变革一样，转抗虫基因棉花的大面积种植也改变了我国棉花害虫的种群动态。在普通棉田，化学农药是防治棉铃虫的主要手段，大量用药间接地改变了其他害虫的种群数量。转抗虫基因棉大面积种植后化学农药用量的减少，一方面增加了天敌昆虫的种类和数量，加强了部分害虫的自然控制作用，另一方面又可能使天敌控制作用较差的害虫上升为重要为害。

在不同棉区，因生态自然条件和棉田耕作制度的不同，棉田天敌昆虫种群种类不尽相同。万方浩等（2002）在河北棉区棉田共查到棉铃虫天敌昆虫 9 目 28 科 63 种，其中瓢虫类 7 种，食虫蝽类 8 种，蜘蛛 33 种。Bt 棉田天敌昆虫为 7 目 25 科 57 种，比常规棉综防棉田和化防棉田分别增加 16.3% 和 54.1%，后者分别为 7 目 25 科 49 种和 7 目 23 科 37 种。主要天敌有：龟纹瓢虫（*Propylaea japonica* Thungberg）、红蚂蚁（*Tetramorium* sp）、叶色草蛉（*Chrysopa phyllochroma* Wesmael）、中华草蛉（*C. sinica* Tjeder）、大草蛉（*C. septempunctata* Wesmael）、隐翅甲（*Paederus sp.*）、姬猎蝽（*Nabis sp.*）、微小花蝽（*Orius minutus* Linnaeus）、异须盲蝽（*Campyloma diversicornis* Reuter）、狼蛛（*Pardosa tinsignita* Boes. et Str.）、草间小黑蛛（*Erigonnidium graminicolum* Sundevall）、卷叶蛛（*Dictyna sp.*）、侧纹蟹蛛（*Xysticus lateralis atrimaculatus* Boer. et Str.）、三突花蛛（*Misumenops tricuspidata* Fahricius）、蚁型狼蟹蛛（*Thanatus formicinus* Clerck）、温室希蛛（*Achaearanea tepidariorum* Koch）、黑亮腹蛛（*Singa hamata* Clerck）、螟黄赤眼蜂（*Trichogramma confusum* Viggian）、侧沟茧蜂（*Microplitis mediatar* Halidag）、齿唇姬蜂（*Campoletis chlorideae* Uchida）、多胚跳小蜂（*Litomastix sp.*）等。在湖北棉区，棉田中天敌的优势种均为捕食性天敌，如蜘蛛类（田间优势种主要为草间小黑蛛（*Erigonidium graminicolum* Sundervall）和 T-纹豹蛛（*Paradosa T-insignita* Boes. et Str.）、龟纹瓢虫（*Propylaea japonica* Coeze）及大眼蝉长蝽（*Geocoris pallidipennis* Costa）等，七星瓢虫（*Coccinella septempunctata* L.）也有一定的种群数量。其他的一些捕食性天敌种类如草蛉（*Chrysopa septempunctata* Wesmael）、小花蝽（*Orius mimutus* Linnaeus）、异色瓢虫（*Leis axyridis* Pallas）、捕食螨、塔六点蓟马（*Scolothrips takahashii* Priesner）、青翅隐翅虫（*Paederus fusicper* Curtis）等以及寄生性的天敌种类发生量都很小，在常规棉田中只是偶尔能看到（邓曙东等，2003）。2000—2001 年郦卫弟等（2003）采用背负式机动吸虫器取样法研究了转基因抗虫棉（双价 SGK321 和 Bt 棉 GKl2）棉田的害虫和天敌群落结构。结果表明，不同棉田的天敌种类组成上，2000 年从 GK12 田上共查得 25 科 41 种，从常规棉不施药与施药对照田上分别共查得 20 科 40 种和 23 科 34 种。2001 年从 SGK321 田上共查得 26 科 44 种，从常规棉不施药与施药对照田上分别共查得 28 科 47 种和 27 科 49 种。转基因抗虫棉和常规棉上的天敌种类数没有明显差异。在天敌优势种和丰盛种方面，微小花蝽、姬小蜂（*Chrysonotomyia*）和异须盲蝽（*Cumpylomma diversicomis*）为转基因抗虫棉和常规棉不施药对照的优势种，蜘蛛（*Araneida*）的优势度有所上升并成为丰盛种；而在常规棉施药处理田

中，棉短瘤蚜茧蜂（*Trioxys rietscheli*）和龟纹瓢虫（*Propylaea japonica*）为优势种，寄生蚜虫跳小蜂（*Aphidencyrtus shikokiana*）、棉短瘤蚜茧蜂（*Trioxys rietscheli*）和黄足蚜小蜂（*Aphelinus japonica*）数量有所上升，成为丰盛种（表9-101，表9-102）。相比而言，转基因抗虫棉田天敌的主要种类数量都明显多于常规棉施药田，表明转抗虫基因棉有利于保护棉田的生物多样性。此外，在长江中游棉在长江中游棉区，棉田朱砂叶螨的捕食性天敌有各类蜘蛛、瓢虫、草蛉及捕食螨类等，其中草间小黑蛛（*Erigonidium graminicola*）、三突花蛛（*Misumenops tricuspidatus*）、八斑球腹蛛（*Theridium octomaculatum*）、龟纹瓢虫（*Propylaea japonica*）、异色瓢虫（*Harmonia axyridis*）、塔六点蓟马（*Scolothrips takahashii*）和食卵赤螨（*Abrolophus* sp.）占整个棉田捕食性天敌群落总量的90%左右，其他如中华草蛉（*Chrysopa sinica*）、大眼蝉长蝽（*Geocoris pallidipennis*）等10种天敌仅占10%（邱晓红等，2006）。

表9-101　2000年不同棉田的主要天敌优势度

种类	双价棉 SGK321	处理	
		常规棉石远321	石远321+杀虫剂
龟纹瓢虫 *Propylaea japonica*（Thunberg）	0.008 12b	0.075 8b	0.159 4a
中华草蛉 *Chrysopa sinica* Tjeder	0.008 1	0.022 9	0.020 5
丽草蛉 *Chrysopa Formosa* Brauer	0.017 9	0.011 5	0.016 1
异须盲蝽 *Cumpylomma diversicornis* Reut	0.105 5	0.111 2	0.099 5
横纹蚂蚁 *Aeolothrips fasciatus*（Linneaus）	0.013 6	0.015 0	0.016 7
蚂蚁科 *Formicidae*	0.113 8	0.092 7	0.034 7
黄丝蚂蚁 *Tetramorium sp.*	0.036 6	0.052 6	0.037 0
稻苞虫金小蜂 *Eupteromalus parnarae* Gahan	0.034 8	0.002 0	0.001 9
金小蜂科 *Pteraomalidae*	0.004 5	0.026 4	0.029 0
姬小蜂科 *Eulophidae*	0.006 0b	0.005 4b	0.021 0a
美丽新姬小蜂 *Chrysonotomyia formosa*	0.011 8	0.010 8	0.008 9
棉叶蝉柄翅小蜂 *Anagrus sp.*	0.022 9	0.024 1	0.017 3
蚜虫跳小蜂 *Aphidencyrtus shikokiana* Yaginum	0.035 6	0.089 3	0.082 0
黄足蚜小蜂 *Aphelinus flavipes* Kardjumov	0.010 8b	0.020 4ab	0.040 2a
拟澳洲赤眼蜂 *Trichoguamma confuisum* Viggiani	0.004 4	0.019 3	0.004 0
环腹瘿蜂科 sp2 *Figitidae* sp2	0.001 3	0.016 4	0.008 4
黑卵蜂亚科 *Telenomeinae*	0.018 3	0.008 7	0.007 4
棉短瘤蚜茧蜂 *Trioxys rietscheli* Mackauer	0.050 4	0.035 0	0.073 6
蚤蝇 sp1 *Phoridae* sp1	0.009 8	0.012 1	0.019 0
蚤蝇 sp2 *Phoridae* sp2	0.018 0	0.017 1	0.009 3
食蚜瘿纹 *Aphidoletes abietis*（Kidffer）	0.010 6	0.021 8	0.015 3
食螨瘿纹 *Acaroletes sp.*	0.019 3	0.015 2	0.002 0
小花蝽 *Orius similis* Zheng	0.245 5a	0.019 31ab	0.157 8b
蜘蛛目种类 *Araneida*	0.050 8	0.033 5	0.026 0

表 9 – 102　2001 年不同棉田的主要天敌优势度

种类	Bt 棉 GK12	处理	
		常规棉泗棉 3 号	泗棉 3 号 + 杀虫剂
异须盲蝽 Cumpylomma diversicornis Reut	0.384 0	0.424 0	0.248 7
微小花蝽 Orius simils Zheng	0.141 6	0.108 4	0.084 4
中华草蛉 Chrysopa sinica Tjeder	0.011 9	0.013 8	0.011 6
大草蛉 Chrysopa septempunctata Wesmael	0.000 4	0.010 5	0.002 1
龟纹瓢虫 Propylaea japonica（Thunberg）	0.047 4bB	0.043 6bB	0.088 3aA
横纹蓟马 Aeolothrips fasciatus（Linneaus）	0.010 2	0.000 0	0.000 6
豆六点蓟马 Soolothrips takahashii Priesner	0.013 5bB	0.067 0aA	0.028 6bB
棉叶蝉柄翅小蜂 Anagrus sp.	0.011 2	0.011 7	0.006 1
美丽新姬小蜂 Chrysonotomyia formosa	0.016 2b	0.116 9a	0.061 7ab
异角短胸姬小蜂 Hemiptarsenus varcornis	0.039 3a	0.035 1ab	0.001 3b
点腹新金姬小蜂 Chrysonotomyia punctiventris	0.109 8	0.000 0	0.000 0
黄足蚜小蜂 Aphelinus flavipes Kardjumov	0.009 4b	0.036 1ab	0.084 7a2
蚜虫跳小蜂 Aphidencyrtus shikokiana Yaginum	0.002 9	0.001 1	0.024 6
金小蜂科 Pteraomalidae	0.004 0	0.002 1	0.031 6
棉短瘤蚜茧蜂 Trioxys rietscheli Mackauer	0.012 0	0.002 1	0.199 6
棉铃虫侧沟茧蜂 Micropletis sp.	0.002 6	0.002 3	0.014 9
缘腹细蜂科一种 Scelionidae sp.	0.002 6	0.000 0	0.011 5
红蚂蚁 Tetramorium sp.	0.038 9	0.027 6	0.016 1
黄丝蚂蚁 Tetramorium sp.	0.037 1	0.021 3	0.000 6
蚤蝇科一种（黄褐色）Scelionidae sp.	0.037 7	0.022 3	0.023 6
蜘蛛目种类 Araneida	0.027 5	0.024 4	0.013 7

　　据多数研究认为，Bt 棉田的捕食性天敌总量均较相应的常规棉对照明显增加，说明种植 Bt 棉能有效地保护和增殖捕食性天敌。王春义等（1997）报道，捕食性天敌草间小黑蛛（Eringonidium graminicola（Sundevall））、龟纹瓢虫（Propylaea japonica（Thunberg））、小花蝽（Orius sp.）、草蛉（Chrysopa sp.）和大眼长蝽（Geocoris pallidipennis（Costa））、丁纹豹蛛（Pardosa astrigera）是主要在棉田地面活动的天敌种类，有时到棉株上游猎取食。草间小黑蛛、龟纹瓢虫和小花蝽在棉花全生育期田间均可查到，而大眼长蝽在棉铃虫二、三代期较多，草蛉在四代期较多，捕食性天敌棉铃虫三代期的发生量比二、四代低，主要是天敌对气温的反应，三代期气温较高，部分天敌活动较少。由于 1996 年雨水多，棉田棉蚜，棉叶螨发生轻，捕食性天敌捕食对象的种类和数量少，使得对棉铃虫的控制效果十分显著。虽然 Bt 棉田棉铃虫幼虫少，但有棉铃虫卵、棉蚜、棉叶螨、叶蝉等可供取食，因此不影响捕食性天敌的发育和繁殖，天敌量不少于常规棉田（表 9 – 103）。这表明 Bt 棉田对天敌有很好的安全性。崔金杰等（1998）认为，棉田主要捕食性天敌种群的数量除龟纹瓢虫明显增加外，与常规棉田相比无明显的差异。对照田（常规棉，不施药）、综防田（Bt 棉，施药）、自控田（Bt 棉，不施药）百株平均龟纹瓢虫数量分别为 60 头、110 头和 68 头，综防田和自

控田分别比对照田增加45.5%和11.8%，前者差异显著（$t=3.597>t_{0.05}=2.06$），综防田比自控田增加38.2%，差异极显著（$t=3.597>t_{0.05}=2.787$）。可见，转基因抗虫棉田龟纹瓢虫种群的数量有所增加，特别是Bt棉综合防治田龟纹瓢虫数量显著增加。对照田、综防田、自控田百株平均草间小黑蛛数量分别为56头、53头和52头，综防田和自控田分别比对照田减少3.6%和3.6%，差异不显著；综防田比自控田增加2.0%，差异不显著。对照田、综防田、自控田百株平均草蛉数量分别为10头、36头、8头，综防田和自控田分别比对照田增加38.7%和减少22.2%，差异不显著；综防田比自控田增加105.2%，差异不显著。对照田、综防田、自控田百株平均小花蝽数量分别为31头、29头、22头，综防田和自控田分别比对照田减少9.0%和30.4%，综防田比自控田增加23.5%，差异显著（$t=2.534>t_{0.05}=2.179$）。可见，转基因抗虫棉田小花蝽的种群数量有所减少，但减少数量不明显。束春娥等（2000）在南京试点棉田全生育期15次调查平均，在Bt棉GK22田百株累计查到捕食性天敌1 497.17头，比常规棉对照田的11 606.8头减少6.82%；盐城试点棉田19次调查平均，GK22田百株累计查到捕食性天敌1 228头，比常规棉对照田的1 198头增加2.5%，t测验差异均不显著，说明GK22的种植对捕食性天敌没有明显的不良影响。徐文华等（2003）报道，在江苏沿海棉区Bt棉田内龟蚊瓢虫、七星瓢虫和异色瓢虫为优势种群，其中龟纹瓢虫占种群比例的95%以上；Bt棉与常规棉棉田内三种瓢虫各占瓢虫总虫量的分布比例相近，差异不显著；与常规棉田比较，Bt棉田的龟蚊瓢虫、七星瓢虫和瓢虫总量分别比常规棉田增加63.76%、12.50%和66.35%，经t检验，差异达极显著水平；异色瓢虫比常规棉田减少15.38%，t检验的差异不显著。

表9-103　4种类型棉田不治虫情况下主要捕食性天敌发生量

棉田类型	百株主要捕食性天敌量（头）			
	二代	三代	四代	合计
常规棉中棉所12单作春棉	1 683	947	1 542	4 172
Bt棉单作春棉	1 401	978	1 511	3 890
常规棉中棉所12麦套春棉	942	948	1881	3 771
Bt棉麦套春棉	1 122	1 058	1 629	3 809

注：草间小黑蛛、龟纹瓢虫、小花蝽、草蛉和大眼长蝽的幼虫（若虫）和成虫每3d调查一次累计量

万方浩等（2002）报道，Bt棉田捕食性天敌数量百株累计2 757头，比常规棉综防田和化防棉田分别增加52.8%和176.3%。从数量发生动态来看6月下旬至8月中旬Bt棉田捕食性天敌总量一直上升。7月上旬、7月底至8月初综防棉田的天敌数量出现"低谷"，是由于施药所致；施药后5d和10d，数量分别恢复至百株29头和73头，分别为同期Bt棉田的27.6%和57.5%；7月中旬天敌数量恢复至接近于Bt棉田。7月下旬综防棉田平均百株捕食性天敌为118头，施药后4d仅4头，10d后恢复至20头，远低于同期Bt棉田天敌数量（分别为1.9%和10.6%）。与前期对比可看出，中期综防棉田捕食性天敌不易恢复或重建。化防棉田由于施药频繁，天敌群落尤为脆弱，7月下旬平均百株捕食性天敌数量为7头。棉田后期这3类棉田天敌数量差异相对较小，Bt棉田平均百株天敌数量分别为综防棉田和化防棉田的1.2倍和1.9倍。

邓曙东等（2003）系统调查湖北棉区棉天敌的结果（表9-104）指出，化防田（Bt棉，不施药）和自控田（Bt棉，不施药）棉田中的几种主要天敌发生的总计值和高峰值都要高于常规棉对照棉田。2000年蜘蛛类发生的总计值，化防田和自控田分别比常规对照田增加66.3%和112.1%，2001年则分别增加95.1%和111.7%，差异明显；2000年龟纹瓢虫发生的总计值，化防田和自控田分别比常规对照田增加140.8%和135.4%，2001年则分别增加67.2%和109.5%，差异明显；

2000 年在两块转 Bt 基因抗虫棉田中种群数量较大的大眼蝉长蝽在常规棉田的调查过程中没有发现，2001 年在常规棉田中也仅记录到 1 头，可见常规棉田中频繁施用农药对大眼蝉长蝽的种群发生数量影响极大。在两年的系统调查过程中发现，采用综合防治措施的常规棉田中的天敌无论是在种类还是数量上都明显少于 Bt 棉田。在黄河流域夏播棉田中，对照田（常规棉，施药）、综防田（Bt 棉，施药）、自控田（Bt 棉，不施药）平均百株龟纹瓢虫数量分别为 60 头、110 头和 68 头，综防田和自控田分别比对照田增加 45.5% 和 11.8%，前者差异达显著水平，综防田比自控田增加38.2%，差异显著；平均百株草间小黑蛛数量分别为 55.53 头和 53 头，综防田和自控田分别比对照田减少 3.6% 和 3.6%，差异不显著；平均百株草蛉数量分别为 9.5 头、15.5 头、7.6 头，综防田分别比对照田和自控田增加 38.7% 和 51.0%，差异显著；平均百株小花蝽数量分别为 31.3、28.5、21.8 头，综防田和自控田分别比对照田减少 9.0% 和 30.4%，综防田比自控田增加 23.5%，差异显著。可见，转基因抗虫棉对捕食性天敌影响不显著（崔金杰等，2004）。

表 9 - 104　三种处理棉田中主要天敌（头/百株）

年份	处理	蜘蛛类		龟纹瓢虫		大眼蝉长蝽	
		高峰值	总计值	高峰值	总计值	高峰值	总计值
2001	化防田（常规棉，施药）	220	2 050	542	1 428	10	39
	自控田（Bt 棉，不施药）	264	2 615	460	1 396	34	124
	对照田（Bt 棉，施药）	156	1 233	166	593	0	0
2001	化防田（常规棉，施药）	142	1 670	231	826	19	41
	自控田（Bt 棉，不施药）	217	1 812	265	1 035	25	92
	对照田（Bt 棉，施药）	107	856	84	494	1	1

有研究表明，双价棉田捕食性天敌的数量明显多于常规棉，说明双价棉对捕食性天敌无不利影响。崔金杰等（2004）报道，双价棉和常规棉平均百株草间小黑蛛数量分别为 23 和 21 头、双价棉比常规棉增加 9.5%，差异均达显著水平（$t_1 = 2.2551 > t_{0.05} = 2.0518$）。说明双价棉对草间小黑蛛没有影响。整个龟纹瓢虫发生期间，双价棉和常规棉平均百株龟纹瓢虫数量分别为 49 和 45 头，双价棉比常规棉增加 8.9%，差异达显著水平（$t_1 = 2.2551 > t_{0.05} = 2.0518$）。表明双价棉对龟纹瓢虫无不利影响。在整个小花蝽发生期，双价棉和常规棉平均百株小花蝽数量分别为 10 头和 11头，双价棉比常规棉减少 9.1%，差异达显著水平（$t_1 = 2.1294 > t_{0.05} = 2.0518$）。说明双价棉对小花蝽的影响较小。周洪旭等（2004）调查结果，双价棉 SCK321 棉田龟纹瓢虫和中华草蛉的种群总数量分别比常规棉石远 321 棉田增高 34.0% 和 9.1%，但异色瓢虫、小花蝽、异须盲蝽和蜘蛛类的种群数量分别降低 28.6%、6.5%、43.1% 和 14.0%。

多数研究认为转基因抗虫棉对捕食性天敌无不良影响，田间种群数量减少不明显。但从孙长贵等（2003）研究的结果来看，和常规棉相比，转基因抗虫棉（包括 Bt 棉和双价棉）捕食性天敌（包括天敌卵）的数量均低于常规棉田。Bt 棉、双价棉田的草蛉卵分别比常规棉田的减少 32.1% 和 45.1%，但差异都不显著（$P > 0.05$）。双价棉田内的草蛉卵比 Bt 棉田内的减少 20.0%，差异不显著（$P > 0.05$）。Bt 棉田、双价棉田和常规棉田百株草蛉幼虫数为 74、94 和 167 头，前两者比常规棉田分别减少了 55.7% 和 43.7%，差异均极显著（$P < 0.01$）。双价棉田内的草蛉数量和 Bt 棉田内数量相比增加了 27.0%，差异达显著水平（$P < 0.05$）。Bt 棉田、双价棉田和常规棉田内的百株累积龟纹瓢虫数量分别为 329、229 头和 355 头。其中，Bt 棉田内发生量比常规棉田内的减少7.3%，差异不显著（$P > 0.05$）；双价棉田比常规棉田减少 35.5%，差异显著（$P < 0.05$）；而双

价棉田和 Bt 棉田相比，瓢虫数量减少了 30.4%，差异显著（$P < 0.05$）。棉田蜘蛛优势种群是三突花蛛（*Misumenops tricuspidata* Fahricius），其次是 T 纹豹蛛（*Pardosa T-insignita* Boes. et Str.）和八斑球腹蛛（*Theridion octomaculatun* Boes. el Str.）。Bt 棉田、双价棉田和常规棉田内百株蜘蛛数量分别为 1 207 头、876 头和 1 780 头。与常规棉相比，Bt 棉田蜘蛛数量减少了 32.2%，差异显著（$P < 0.05$）；双价棉减少了 50.8%，差异极显著（$P < 0.01$）。双价棉和 Bt 棉相比，蜘蛛数量减少了 27.4%，差异不显著（$P > 0.05$）。Bt 棉田、双价棉田和常规棉田百株小花蝽数量分别是 336、366 和 593 头。Bt 棉、双价棉田内的小花蝽虫量分别比常规棉田的减少了 43.3% 和 38.3%，前者差异极显著（$P < 0.01$），后者差异显著（$P < 0.05$）。双价棉田小花蝽比 Bt 棉田增加 8.9%，差异不显著（$P > 0.05$）。转基因抗虫棉田捕食性天敌数量减少的原因可能是转基因抗虫棉对多种靶标鳞翅目害虫有强致死作用，使得常规棉田无论是物种数还是个体数量都比 Bt 棉、双价棉棉田内多，从而也吸引了较多的害虫天敌。

由于寄主的不同，转基因抗虫棉对寄生性天敌的影响也有差异。以棉蚜为寄主的寄生性天敌在棉田的发生有明显的跟随现象，当寄主较多时天敌也明显较多；以靶标害虫为寄主的天敌数量受转基因抗虫棉的影响较大，在 Bt 棉和双价棉棉田很少发现被寄生的幼虫和蜂茧。孙长贵等（2003）报道，棉蚜茧蜂在 Bt 棉田中的累计数量（196 头/百株）比常规田内的数量（194 头/百株）略有增加（$P > 0.05$），但双价棉田内的累计蜂量（112 头/百株）比 Bt 棉田减少 42.8%，差异显著（$P < 0.05$）；双价棉田和常规棉田相比，虽然累计蜂量减少 39.1%，但差异不显著（$P > 0.05$）。卵形异绒螨是棉蚜的一种外寄生性天敌，在 Bt 棉、双价棉和常规棉三种棉田的发生量和棉蚜茧蜂相似，即都以 Bt 棉田数量最多，方差分析结果是，Bt 棉田和常规棉田相比，螨量增加 25.4%，差异不显著；双价棉田内的螨量比 Bt 棉田减少 46.8%，差异显著（$P < 0.05$）；双价棉田和常规棉田相比，差异不显著（$P < 0.05$）。这两种棉蚜寄生性天敌在田间发生有明显的跟随效应，在 Bt 棉、双价棉和常规棉三种棉田的发生数量都以 Bt 棉田最多，这可能和 Bt 棉田棉蚜发生最重有关。

崔金杰等（1999、2004）研究结果表明，双价棉、Bt 棉和常规棉田全生育期平均百株棉蚜茧蜂数量分别为 1.5 头、1.4 头和 2.1 头，双价棉比 Bt 棉增加 7.1%，差异不显著（$t = 0.372\ 1 < t_{0.05} = 2.051\ 8$）；但比常规棉减少 28.6%，差异不显著（$t = 1.313\ 5 < t_{0.05} = 2.051\ 8$）。Bt 棉比常规棉田减少 33.3%，差异显著（$t = 2.137\ 3 > t_{0.05} = 2.051\ 8$）。可见，双价棉和 Bt 棉对棉蚜茧蜂有一定的影响。双价棉、Bt 棉和常规棉全生育期平均百株侧沟茧蜂数量分别为 0.1 头、0.1 头和 0.6 头，双价棉与 Bt 棉相同，但比常规棉田减少 83.3%，差异达极显著水平（$t = 2.862\ 8 > t_{0.05} = 2.467\ 1$）。Bt 棉比常规棉田减少 83.3%，差异不显著（$t = 0.000\ 0 < t_{0.05} = 2.051\ 8$）。可见，和常规棉相比，双价棉和 Bt 棉田侧沟茧蜂的种群数量明显减少，说明双价棉和 Bt 棉对侧沟茧蜂的影响较大。齿唇姬蜂发生高峰期对照田（常规棉，不施药）、综防田（Bt 棉，施药）、自控田（Bt 棉，不施药）百株数量分别为 24 头、3 头、5 头，综防田和自控田分别比对照田减少 87.5% 和 79.2%，差异均达极显著水平（$t = 3.489、3.196 > t_{0.01} = 2.878$）。可见，转基因抗虫棉田齿唇姬蜂的数量明显减少。田间侧沟绿茧蜂发生高峰期对照田、综防田、自控田百株数量分别为 54 头、5 头、6 头，综防田和自控田分别比对照田减少 90.7% 和 88.9%，差异极显著（$t = 3.43、3.272 < t_{0.01} = 3.012$）。可见，转基因抗虫棉田储沟茧蜂的数量明显减少。转基因抗虫棉对棉铃虫寄生性天敌的影响较大，一方面由于转基因抗虫棉田棉铃虫幼虫的数量较少，直接影响了其寄生性天敌的种群数量；另一方面由于转基因抗虫棉对棉铃虫寄生蜂的羽化和质量有较大的影响，直接影响了棉田寄生性天敌的种群数量。

在黄河流域棉区，麦套夏播棉田主要寄生性天敌有齿唇姬蜂（*Campoletis chlorideae*）、侧沟绿茧蜂（*Microplitis sp.*）、棉蚜茧蜂（*Lysiphlebis japonica*）。齿唇姬蜂发生高峰期，对照田（常规棉，不施药）、综防田（Bt 棉，施药）、自控田（Bt 棉，不施药）百株数量分别为 24 头、3 头、5 头，综防田和自控田分别比对照田减少 87.5% 和 79.2%，差异达显著水平；侧沟绿茧蜂发生高峰期，3 种类型棉田百株数量分别为 54 头、5 头、6 头，综防田和自控田分别比对照田减少 90.7% 和 88.9%，差异极显著；棉蚜茧蜂发生高峰期，3 种类型棉田百株数量分别为 23 头、235 头、154 头，综防田和自控田分别比对照增加 90.2% 和 85.1%，综防田比自控田增加 34.5%，差异显著。可见，Bt 棉对寄生性天敌影响较大（崔金杰等，1998）。

二、对捕食性天敌的影响

Bt 棉田棉铃虫捕食性天敌种类主要为瓢虫草蛉、捕食性蝽、蜘蛛三大类，分别占捕食性天敌总量的 44.8%、14.9% 和 40.09%，其他类仅占 0.32%（表 3 - 102）。优势天敌中龟纹瓢虫（*Propylaeu japonica* Thungberg）占瓢虫草蛉类数量的 95.7%；捕食性蝽类中，异须盲蝽（*Campylomma diverstcorms* Reuter）占 71.6%，小花蝽（*Orius minutus* Linnaeus）占 23.5%，姬猎蝽（*Nabis sp.*）占 4.93%；蜘蛛类中，温室希蛛（*Achaearanea tepidariorum* Koch）最多，占 76.0%，其次为草间小黑蛛（*Erigonnidium graminicolum* Sundevall）和卷叶蛛（*Dictyna sp.*），百株累计数量分别为 256 和 175 头。刘万学等（2000）从时间、空间和数量三方面研究了这三大类天敌昆虫对棉铃虫的控制作用。研究结果指出，从三大类天敌的数量动态来看（图 9 - 31），前期主要为瓢虫、草蛉类，中期三大类天敌数量较均匀，后期主要为蜘蛛。不同时期的优势天敌种群及天敌数量的分析结果表明（表 9 - 105），二代棉铃虫发生期，三大类天敌百株累计 2 333 头，瓢虫草蛉类累计占 86.8%，分别为捕食性蝽类和蜘蛛类的 11.0 和 19.3 倍；三代棉铃虫发生期，瓢虫草蛉、捕食性蝽、蜘蛛三大类百株累计 1 964 头，所占比例分别为 40.0%、31.2% 和 28.7%，数量差异较小；四代棉铃虫发生期，三大类天敌百株累计 2 600 头，主要为蜘蛛，占 80.6%，是瓢虫草蛉类和捕食性蝽类的 7.8 和 8.9 倍。在棉铃虫不同世代，优势天敌的种类和数量不同。在棉铃虫二代发生期，瓢虫草蛉类中，龟纹瓢虫占 98.1%；小花蝽占捕食性蝽类的 54.3%，姬猎蝽和异须盲蝽分别占 21.0% 和 22.7%；草间小黑蛛和卷叶蛛分别占蜘蛛类的 42.4% 和 21.7%。棉铃虫三代发生期，瓢虫草蛉类中，龟纹瓢虫占 94.1%；异须盲蝽占捕食性蝽类的比例上升（为 86.8%），而小花蝽所占比例则下降为 13.2%；蜘蛛类以温室希蛛数量剧增，数量比例达 60.1%，其次为草间小黑蛛和卷叶蛛分别占 16.8% 和 11.5%。棉铃虫四代发生期，龟纹瓢虫占瓢虫草蛉类的 80.6%；捕食性蝽类中，异须盲蝽占 72.0%，小花蝽占 27.1%；蜘蛛类中，温室希蛛占 83.8%，而草间小黑蛛占 5.5%。在捕食性天敌的空间动态方面，不同类型捕食性天敌，空间生态位有差异。天敌与棉铃虫卵的生态位重叠度指数值的大小可反映天敌对棉铃虫卵和初孵幼虫控制作用的大小，指数值越大，说明天敌与害虫的空间分布域越相似，从而增加了捕食的机会，减少了搜索时间，控制潜力也越大。从表 9 - 106 可看出，瓢虫草蛉类、捕食性蝽类与棉铃虫卵的生态位重叠度指数值较大，平均分别为 0.690 和 0.801。而蜘蛛与棉铃虫卵的生态位重叠度指数值变化大，平均为 0.423，最大为蟹蛛类，可达 0.634 ~ 0.706，最低为温室希蛛，指数值才 0.148。由此可以认为，仅从空间分布上来看，瓢虫草蛉类、捕食性蝽类、蟹蛛类对棉铃虫卵和初孵幼虫有较大的控制潜力。由于捕食性天敌多为多食性动物，无论天敌的数量多少，都必须在时间上与害虫发生同步，空间上与害虫发生同域，才可发挥其最佳控制效能。综合上述捕食性天敌的数量、时间和空间三方面研究结果表明，在棉田棉铃虫发生期，控制棉铃虫卵和初孵幼虫的天敌作用的大小依次为：瓢虫草蛉类 > 捕食性蝽类 > 蜘蛛类。从优势天敌控制作用的动态来看，变化更显复杂，在整个棉铃虫发生期，控制作用的大小依次为：龟纹瓢虫 > 异须盲蝽 > 小花蝽 > 草间小黑蛛 > 草蛉 > 姬猎蝽 > 温室希蛛。二代棉铃虫优势天敌依次为：龟纹瓢虫 > 小花蝽 > 异须盲蝽 > 草间小黑蛛 > 姬猎蝽 > 草蛉，其中主要是龟纹瓢虫，其他天敌控制作用相对较小。三代棉铃虫起主要控制作用的依次为：龟纹瓢虫、异须盲蝽和蜘蛛。四代棉铃虫主要为异须盲蝽、蜘蛛和瓢虫。

表 9 – 105　棉田棉铃虫捕食性天敌种群及优势天敌累计数量（刘万学等，2000）（头/百株）

棉铃虫世代	天敌种群			优势天敌								三大类天敌数量总和	其他类捕食性天敌总和
	瓢虫草蛉	捕食性螨	蜘蛛类	龟纹瓢虫	小花蝽	姬猎蝽	异须盲蝽	草间小黑蛛	蟹蛛	卷叶蛛	温室希蛛		
发生期	3 097	1 034	2 766	2 955	243	51	740	256	89	175	2 102	6 897	22
二代	2 041	186	106	2 009	101	39	46	48	11	23	10	2 333	9
三代	788	612	564	740	78	10	524	92	42	58	336	1 964	5
四代	268	236	2096	218	64	2	170	116	36	94	1 756	2 600	8

表 9 – 106　优势捕食性天敌与棉铃虫卵的平均生态位重叠度指数

	龟纹瓢虫	草蛉	小花蝽	姬猎蝽	异须盲蝽	狼蛛	血蛛	蟹蛛	蚊形狼蟹蛛	卷叶蛛	波浪蜘蛛	温室希蛛	其他蜘蛛
平均	0.729	0.651	0.713	0.735	0.956	0.287	0.386	0.634	0.706	0.326	0.297	0.148	0.601
标准差	0.208	0.427	0.296	0.419	0.138	0.337	0.286	0.438	0.522	0.254	0.811	0.265	0.306

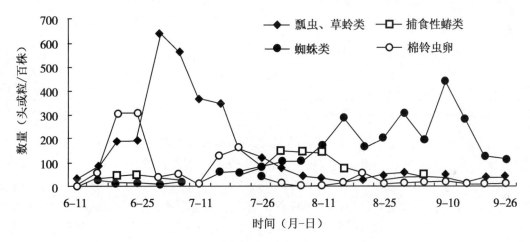

图 9 – 31　棉田捕食性天敌种群数量动态

在捕食性天敌中，通常成虫兼性或专性取食植物（Jervis 等，1996），如草蛉科中某些属的成虫既捕食其他昆虫，又取食植物花粉或花蜜，另一些属的成虫则完全以植物为食。捕食性瓢虫在猎物稀少时，通常取食植物花粉或花蜜以及昆虫蜜露；食蚜蝇雌成虫的卵成熟必需的植物蛋白质主要来自植物花粉或花蜜（Bellows 等，1996）；捕食性螨则直接刺吸植物叶肉细胞，以获得营养和水分作为取食猎物的补充（Coll 等，1998）。因此，捕食性天敌可能间接或直接受到转基因抗虫作物的影响（李保平等，2000）。大量的广谱性捕食性天敌的室内毒性测定结果表明，转 Bt 基因抗虫作物花粉和汁液对捕食性天敌没有直接毒性。多数研究也未发现取食 Bt 棉的植食性昆虫猎物对捕食性昆虫的个体生长发育、生殖、捕食行为等有不良影响，相反，有些甚至还提高捕食效果。

龟纹瓢虫对棉蚜（Aphis gossypii）、玉米蚜（Rhopalosiphun maidis）、豆蚜（A. craccivora）、枸杞蚜（Aphis sp）、麦二叉蚜（Macrosiphum granarium）、烟蚜（Myzus persicae）、烟粉虱（Bemisia tabaci）等的攻击能力、搜索能力和搜寻效应均较强，是重要的天敌资源。据任志刚等（2009）室内饲养观察，1 头龟纹瓢虫幼虫日平均取食棉铃虫卵 28 粒，捕食棉铃虫幼虫 4 头，捕食棉蚜 32 头。龟纹瓢虫发生盛期（6 月中旬至 8 月中旬）正是伏蚜、2 ~ 4 代棉铃虫为害期，龟纹瓢虫峰日（6 月

28 日）是二代棉铃虫落卵峰日，当日百株龟纹瓢虫 82 头，百株棉铃虫卵 100 粒，到 7 月 2 日百株棉铃虫卵仅为 2 粒，百株棉铃虫幼虫 0 头；8 月 10 日百株棉蚜 2 884 头，百株龟纹瓢虫 17 头，8 月 l7 日龟纹瓢虫增加到 28 头，到 8 月 23 日，百株棉蚜下降到 83 头。可见，龟纹瓢虫对棉蚜、棉铃虫有明显的控害作用。郭建英等（2004）研究结果表明（表 9-107），取食不同棉花品种上的棉粉虱对龟纹瓢虫幼虫期、蛹期和未成熟期长短和成虫体重没有显著影响。作为对照，取食常规棉上棉粉虱的龟纹瓢虫，幼虫期死亡率高达 86.7%。而取食 Bt 棉 GKl2、33B 上的棉粉虱，龟纹瓢虫幼虫期的死亡率分别为 53.3% 和 26.7%，均显著低于对照，且取食 33B 上棉粉虱的幼虫死亡率显著低于取食 GKl2 上棉粉虱的处理；整个未成熟期的死亡率亦如是。幼虫期、蛹期和成虫体重，两处理间差异不显著，与对照也无显著差异。用 33B 上的棉粉虱饲养，羽化出的成虫以雄性居多。由此推断，常规棉上的棉粉虱不适合饲养龟纹瓢虫幼虫，导致幼虫期很高的死亡率，但用 Bt 棉 GKl2 或 33B 上的棉粉虱饲养，幼虫期的死亡率较低；33B 上的棉粉虱影响雌性龟纹瓢虫幼虫的发育，可能导致部分雌性个体在未成熟期的死亡。

表 9-107　取食不同品种棉花上的棉粉虱对龟纹瓢虫幼虫存活和发育的影响

棉花品种	死亡率（%）			发育历期（d）			成虫体重（mg）	成虫性比（♀：♂）
	幼虫期	茧期	未成熟期	幼虫期	蛹期	未成熟期		
常规棉	86.7 ± 5.8a	16.7 ± 28.9a	90.0 ± 0.0a	9.7 ± 0.6a	4.0 ± 0.0a	13.7 ± 0.6a	4.7 ± 0.3a	1：0
Bt 棉 GK12	53.3 ± 5.8b	15.0 ± 13.2a	60.0 ± 0.0b	11.3 ± 1.9a	4.3 ± 0.5a	15.5 ± 2.1a	4.0 ± 0.7a	1：0.7
Bt 棉 33B	26.7 ± 5.8c	4.2 ± 7.2a	30.0 ± 0.0c	9.8 ± 1.6a	4.1 ± 0.4a	13.9 ± 1.8a	4.2 ± 0.8a	0.4：1

注：数字后面小写英文字母表示在 0.05 水平上差异显著

自推广转基因抗虫棉以来，烟粉虱（Bemisia tabaci）在转基因抗虫棉棉田种群数量上升，与伏蚜成为棉田中后期的重要害虫。虽然龟纹瓢虫为多食性天敌，但存在嗜好差异，一般表现为嗜好取食蚜虫。但野外捕食作用的定性、定量检测和室内研究表明，龟纹瓢虫对棉田烟粉虱也具有较好的捕食效应。由于烟粉虱和棉蚜在转基因抗虫棉棉田常混合交替发生，因此，刘万学等（2008）比较研究了龟纹瓢虫对棉蚜和烟粉虱的取食偏好和生长发育的营养需求适合度。结果显示，龟纹瓢虫不同虫态对（取食 Bt 棉的）烟粉虱若虫和棉蚜均具有较好的捕食作用（表 9-108）；在棉蚜和烟粉虱若虫不同比例共存的情况下，龟纹瓢虫成虫均显著地偏好取食棉蚜（表 9-109）；空间增大和蚜虫数量不足有助于增加龟纹瓢虫成虫对烟粉虱若虫的控制效应（表 9-109）。取食烟粉虱若虫和棉蚜若虫的龟纹瓢虫幼虫均能完成生长发育，对后代成虫性比亦无影响；但取食烟粉虱若虫的龟纹瓢虫幼虫期延长 3d，死亡率升高 5.45 倍，幼虫和成虫体重明显减轻（表 9-110，表 9-111）；成虫取食烟粉虱若虫不能满足其产卵的营养需求。棉田具有一定数量（经济阈值以下）的棉蚜，有利于增加龟纹瓢虫对烟粉虱的控制效应。

表 9-108　不同日龄龟纹瓢虫对棉蚜和烟粉虱若虫的日取食量　　　　　　（头）

猎物	龟纹瓢虫幼虫				初羽化成虫
	1 龄末	2 龄末	3 龄末	4 龄末	
棉蚜	25.9 ± 5.2a	47.1 ± 3.9a	69.0 ± 8.6a	84.2 ± 13.4a	122.3 ± 18.3a
烟粉虱若虫	17.3 ± 2.5b	28.2 ± 4.4b	34.5 ± 5.6b	38.8 ± 10.5b	49.1 ± 13.3b

注：同一列不同字母代表具有显著性差异（$P < 0.05$），表 9-109 至表 9-111 同

表 9 – 109　龟纹瓢虫成虫对烟粉虱和棉蚜共存下的选择取食量　　　　（头）

处理方法	取食猎物	数量比（棉蚜：烟粉虱若虫）						
		200：200	200：100	200：50	50：200	100：200	100：100	50：50
培养皿	棉蚜	127.2±19.7	139.0±19.5	165.6±16.1	45.6±5.5	88.6±8.7	89.9±10.1	47.2±2.3
	烟粉虱若虫	7.8±2.3	6.2±3.8	3.4±3.0	26.4±6.1	14.7±5.8	12.6±5.2	18.6±5.8
笼罩法	棉蚜	77.8±15.3	95.9±13.2	119.2±17.3	34.2±6.3	47.9±6.1	50.2±8.8	38.6±8.3
	烟粉虱若虫	21.1±5.2	14.6±3.9	8.2±2.7	35.4±8.7	30.5±6.5	25.8±6.1	37.6±9.6

表 9 – 110　取食棉蚜和烟粉虱若虫的龟纹瓢虫的发育历期、成虫获得率和性比

猎物	1 龄（d）	2 龄（d）	3 龄（d）	4 龄（d）	幼虫期（d）	蛹期（d）	成虫获得率（%）	成虫性比（♀：♂）
棉蚜	1.61±0.22a	1.17±0.43a	1.17±0.25a	1.78±0.26a	2.72±0.36a	3.50±0.35a	90.0a	1：0.93a
烟粉虱若虫	2.20±0.26	1.55±0.44b	1.80±0.54b	3.15±0.47b	8.70±0.86b	2.70±0.59b	45.5b	1：1.07a

表 9 – 111　取食棉蚜和烟粉虱若虫的龟纹瓢虫的不同发育阶段的体重　　　　（mg）

猎物	龟纹瓢虫幼虫					初羽化成虫
	1 龄初	1 龄末	2 龄末	3 龄末	4 龄末	
棉蚜	0.113±0.028a	0.746±0.189a	1.937±0.324a	3.256±0.543a	4.698±0.677a	6.234±0.702a
烟粉虱若虫	0.122±0.023a	0.338±0.064b	0.839±0.234b	1.936±0.645b	3.313±1.139b	4.016±0.827b

　　龟纹瓢虫对来自 Bt 棉和双价棉棉田蚜虫的捕食量大多高于常规棉田，且捕食量随猎物密度的增加而增大（表 9 – 112 至表 9 – 114）。在 1、2 龄幼虫期，龟纹瓢虫取食双价棉田蚜虫的数量多高于取食 Bt 棉田的蚜虫数量，但是在 3 龄、4 龄幼虫时，龟纹瓢虫取食双价棉田蚜虫的数量低于取食 Bt 棉田的蚜虫数量（表 9 – 113 至表 9 – 115）。龟纹瓢虫对来自转基因抗虫棉田棉蚜的捕食功能反应符合 Holling Ⅱ 模型。龟纹瓢虫幼虫取食 Bt 棉和双价棉棉田蚜虫的最大日捕食量大于对照常规棉，处理时间短于对照常规棉（表 9 – 116、表 9 – 117）。高孝华等（2001）报道，龟纹瓢虫对棉蚜日最大捕食量为 226 头，最佳寻找密度在 1：115 ~ 1：130 头。产生上述结果的主要原因是棉铃虫取食双价棉和 Bt 棉后，生长延迟，体重明显减轻，因此捕食性天敌对其捕食量明显增加（崔金杰等，1997）。龟纹瓢虫对双价棉田和 Bt 棉田棉蚜的捕食量高于常规棉田，这可能与取食双价棉或 Bt 棉后营养物质含量下降有关，需要进一步研究。可见，双价棉和 Bt 棉对捕食性天敌龟纹瓢虫提高捕食效率和增加捕食量有一定的促进作用，使棉田捕食性天敌的控害作用得到加强。

表 9 – 112　龟纹瓢虫对不同棉田棉蚜的捕食量（崔金杰等，2005）

棉花品种	猎物密度（头/皿）				
	20	40	60	80	100
双价棉中棉所 41	20.0±0.0a	26.5±12.8a	46.5±12.4aA	55.3±14.3a	77.0±8.2ab
Bt 棉中棉所 32	17.7±3.2a	26.7±10.5a	53.0±4.6 aA	65.3±8.2a	68.0±14.9b

（续表）

棉花品种	猎物密度（头/皿）				
	20	40	60	80	100
常规棉中棉所23	19.0±1.0a	28.5±5.8a	39.0±10.6bB	45.0±9.6a	61.5±19.6a

注：表中同列数据后标有不同小写字母表示在0.05水平上差异显著。表9-110至表9-113同

表9-113　龟纹瓢虫1、2龄幼虫对棉蚜的捕食量（谢修庆等，2012）　（头/h）

虫期	棉花品种	猎物密度（头/皿）				
		10	20	30	40	50
1龄幼虫	常规棉泗棉3号	4.0±0.0a	4.7±0.36b	5.0±1.2a	6.3±0.9a	7.0±0.0a
	Bt棉GK12	3.3±0.3a	5.7±0.3ab	6.7±0.9a	7.3±1.9a	8.3±1.2a
	常规棉33	3.0±0.0a	5.3±0.3ab	6.7±1.5a	7.7±1.2a	10.7±1.9a
	Bt棉33B	3.7±0.3a	6.7±1.2ab	8.7±0.7a	9.3±1.2a	10.0±1.5a
	常规棉石远321	4.7±0.3a	5.7±0.9ab	7.7±1.2a	8.0±1.5a	9.3±1.2a
	双价棉SGK321	4.7±0.7a	8.0±0.6a	10.0±1.2a	11.0±2.3a	12.7±1.5a
2龄幼虫	常规棉泗棉3号	6.7±1.7a	9.0±0.0a	11.3±3.2a	15.7±1.2a	19.0±2.1a
	Bt棉GK12	7.3±0.3a	10.0±1.5a	12.0±0.6a	15.0±0.0a	19.3±1.5a
	常规棉33	8.3±0.9a	9.0±1.5a	11.7±1.7a	15.3±2.1a	17.7±3.3a
	Bt棉33B	7.7±0.3a	13.7±0.7a	14.3±2.3a	16.0±1.5a	19.0±0.0a
	常规棉石远321	6.7±0.9a	8.7±1.9a	12.7±1.9a	15.3±1.3a	20.0±2.3a
	双价棉SGK321	8.3±0.7a	12.3±2.4a	14.3±2.6a	17.7±1.2a	20.3±3.7a

表9-114　龟纹瓢虫3龄幼虫对蚜虫的捕食量（谢修庆等，2012）　（头/h）

棉花品种	猎物密度（头/皿）				
	30	50	70	90	110
常规棉泗棉3号	19.0±2.1a	23.0±1.5b	32.0±0.0a	34.7±3.5a	43.3±3.3b
Bt棉GK12	21.7±1.8a	28.3±3.4ab	32.3±2.2a	35.7±5.7a	48.3±4.4ab
常规棉33	20.3±2.9a	24.0±1.2ab	33.0±1.5a	36.3±1.7a	49.7±2.9ab
Bt棉33B	25.7±2.9a	35.0±2.1a	39.3±2.3a	45.0±1.0a	66.3±3.2a
常规棉石远321	18.7±1.3a	27.7±2.7ab	31.7±5.7a	35.3±4.4a	65.7±6.4a
双价棉SGK321	19.0±2.3a	29.3±2.3ab	35.7±0.7a	44.7±6.1a	61.3±2.7ab

表9-115　龟纹瓢虫4龄幼虫对蚜虫的捕食量（谢修庆等，2012）　（头/h）

棉花品种	猎物密度（头/皿）				
	50	100	150	200	250
常规棉泗棉3号	50.0±0.0a	74.7±3.4ab	90.0±2.0a	122.0±17.2a	147.0±10.1a
Bt棉GK12	50.0±0.0a	86.0±9.7b	97.0±1.0a	136.0±6.1a	155.0±15.3a

（续表）

棉花品种	猎物密度（头/皿）				
	50	100	150	200	250
常规棉 33	50.0 ± 0.0a	80.7 ± 2.8ab	85.0 ± 8.2a	146.0 ± 12.1a	153.7 ± 6.8a
Bt 棉 33B	50.0 ± 0.0a	94.7 ± 2.9ab	101.7 ± 4.4a	115.7 ± 5.8a	158.0 ± 6.1b
常规棉石远 321	46.3 ± 3.2a	84.7 ± 5.3ab	85.0 ± 5.5a	97.7 ± 6.2a	126.0 ± 23.5a
双价棉 SGK321	46.7 ± 3.3a	81.0 ± 2.9a	97.0 ± 6.8a	99.7 ± 9.8a	144.7 ± 10.7a

表 9 – 116　龟纹瓢虫对不同棉田棉蚜的捕食反应功能（崔金杰等，2005）

棉花品种	相关系数（r）	日最大捕食量（Na）	处理时间（T_h）	功能系数（a）
双价棉中棉所 41	0.962 0	125.1	0.008 0	1.121 3
Bt 棉中棉所 32	0.983 9	129.9	0.007 7	0.965 2
常规棉中棉所 23	0.992 4	88.9	0.011 3	1.177 4

表 9 – 117　龟纹瓢虫捕食功能反应（谢修庆等，2012）

天敌虫龄	棉花品种	相关系数（r）	日最大捕食量（Na）	处理时间（T_h）	功能系数（a）
1 龄	常规棉泗棉 3 号	0.913 7	7.3	0.137 6	0.885 1
	Bt 棉 GK12	0.995 6	13.4	0.074 4	0.448 8
	常规棉 33	0.995 8	20.5	0.048 7	0.350 6
	Bt 棉 33B	0.994 9	20.2	0.049 4	0.461 3
	常规棉石远 321	0.961 9	10.9	0.091 8	0.783 0
	双价棉 SGK321	0.998 7	21.8	0.045 9	0.603 9
2 龄	常规棉泗棉 3 号	0.961 5	24.6	0.040 6	0.871 0
	Bt 棉 GK12	0.970 0	23.4	0.042 8	1.016 5
	常规棉 33	0.878 4	18.7	0.053 4	1.309 9
	Bt 棉 33B	0.984 9	28.1	0.035 6	1.088 2
	常规棉石远 321	0.959 8	26.7	0.037 4	0.841 4
	双价棉 SGK321	0.991 8	27.5	0.036 4	1.168 2
3 龄	常规棉泗棉 3 号	0.969 7	67.1	0.014 9	0.838 5
	Bt 棉 GK12	0.969	63.3	0.015 8	1.066 8
	常规棉 33	0.952 8	72.5	0.013 8	0.879 5
	Bt 棉 33B	0.963 3	92.6	0.010 8	1.152 9
	常规棉石远 321	0.992 0	75.8	0.013 2	0.831 7
	双价棉 SGK321	0.994 1	175.4	0.005 7	0.703 2
4 龄	常规棉泗棉 3 号	0.998 3	212.8	0.004 7	1.268 4
	Bt 棉 GK12	0.992 0	277.8	0.003 6	1.215 8
	常规棉 33	0.967 6	243.9	0.004 1	1.225 8
	Bt 棉 33B	0.985 2	263.2	0.003 8	1.256 3
	常规棉石远 321	0.978 1	181.8	0.005 5	1.267 2
	双价棉 SGK321	0.987 4	217.4	0.004 6	1.193 7

研究结果表明，龟纹瓢虫对转基因抗虫棉饲喂的棉铃虫幼虫的捕食量明显高于对照常规棉（表9-118）。而且处理1头棉铃虫所用时间短于常规棉，功能系数即瞬间攻击率也高于常规棉。据高孝华等（2005）测定，龟纹瓢虫昼夜最大捕食棉铃虫数量为21粒，最佳寻找密度在1：50～1：70粒。说明转基因抗虫棉的种植间接促进了龟纹瓢虫对棉铃虫的捕食作用。

表9-118　龟纹瓢虫对棉铃虫的捕食量

棉花品种	猎物密度（头/皿）						资料来源
	10	20	30	40	50	60	
双价棉中棉所41	8.9	16.2	24.4	31.7	36.4	37.9	
Bt棉中棉所32	8.0	17.5	22.8	28.0	33.0	34.1	崔金杰等，2005
常规棉中棉所23	6.4	9.8	14.8	16.5	24.3	30.7	
Bt棉GK22	6.0	13.3	16.7	25.3	32.3	—	
常规棉泗棉3号	4.7	6.3	11.3	18.8	24.3	—	束春娥等，2002
Bt棉	8.0	17.5	22.8	28.0	33.0	34.1	
常规棉	6.4	9.8	14.8	16.5	24.3	30.7	崔金杰等，2005

七星瓢虫对棉蚜有较强的控制能力。卢延等（2011）在室内用生物测定方法评价了七星瓢虫的5个虫态对取食双价棉SGK321和常规棉石远321棉蚜在不同密度下捕食功能的影响。结果表明（表9-119至表9-121），捕食功能反应符合Holling-II方程模型。由模型得出在一定范围内捕食量随猎物密度的增大而增大；其寻找效应均随棉蚜密度的增加而降低。捕食量除在成虫期猎物密度（头/皿）$N=80$、240和二龄期$N=80$三个密度差异显著小于常规棉外，其他密度都与常规棉无显著差异。与常规棉相比，1、3龄和成虫期的瓢虫对双价棉上生长的蚜虫控制能力和最大捕食量要强于常规棉。双价棉处理的棉蚜对七星瓢虫总体的捕食功能反应影响不大。此外，崔金杰等（1997）报道，七星瓢虫对用Bt棉饲喂的棉铃虫捕食量大于对照常规棉，在10～60头/皿6种猎物密度下，七星瓢虫捕食量分别比对照常规棉增加14.9%、25.0%、22.2%、12.9%、13.7%和13.0%，而且处理一头棉铃虫所用时间短于对照常规棉，功能系数即瞬间攻击力也高于对照常规棉。2005年崔金杰等比较七星瓢虫用Bt棉和双价棉饲喂棉铃虫初孵幼虫的捕食量，均高于对照常规棉，但Bt棉的捕食量小于双价棉（表9-122）。

表9-119　七星瓢虫对棉蚜的捕食量

棉花品种	1龄		2龄		3龄		4龄		成虫	
	N	Na	N	Na	N	Na	N	Na	N	Na
SGK321	8	6.8±0.7a	16	12.0±4.0a	32	19.0±0.4a	48	27.6±1.5a	80	73.8±0.4a
石远321	8	7.6±0.2a	16	12.0±0.3a	32	19.0±0.6a	48	27.4±1.5a	80	79.4±0.4b
SGK321	16	9.0±0.8a	32	18.2±1.3a	48	24.6±0.9a	64	32.6±0.8a	120	95.0±1.7a
石远321	16	10.0±0.4a	32	18.0±0.9a	48	25.2±1.1a	64	30.4±0.7a	120	92.4±4.3a
SGK321	24	15.0±1.1a	48	27.2±1.1a	64	28.8±2.8a	80	40.8±0.4a	160	114.4±1.7a
石远321	24	13.8±1.1a	48	27.8±0.6a	64	32.4±0.7a	80	40.4±1.6a	160	113.9±3.8a
SGK321	32	15.4±1.9a	64	33.0±0.9a	80	35.8±2.2a	96	45.0±2.2a	200	127.2±1.6a

（续表）

棉花品种	1 龄		2 龄		3 龄		4 龄		成虫	
	N	Na	N	Na	N	Na	N	Na	N	Na
石远321	32	15.6±1.1a	64	33.0±1.7a	80	32.2±2.7a	96	49.2±0.6a	200	130.8±0.8a
SGK321	48	20.8±1.4a	80	42.0±0.9a	96	49.0±1.2a	112	56.6±1.4a	240	191.4±1.0a
石远321	48	17.8±2.0a	80	45.0±0.7b	96	50.0±3.2a	112	53.0±3.9a	240	199.6±3.2b

注：同一列数据中平均数后字母不同表示在 $P<0.05$ 水平差异；N：猎物密度，Na：日最大捕食量；常规棉石远321为双价棉SGK321的受体亲本；表9-117、9-118同

表9-120　七星瓢虫对棉蚜的捕食功能反应参数

天敌虫龄	棉花品种	相关系数（r）	日最大捕食量（Na）	处理时间 T_h（d）	功能系数（a）	瞬时攻击率（a）与处理时间（T_h）之比
1 龄	SGK321	0.935 0	29.239 8	0.034 2	1.054 0	30.817 6
	石远321	0.963 0	22.883 3	0.043 7	1.365 5	31.248 5
2 龄	SGK321	0.977 8	80.000 0	0.012 5	0.855 4	68.434 6
	石远321	0.970 4	86.956 5	0.011 5	0.840 9	73.121 9
3 龄	SGK321	0.952 7	109.890 1	0.009 1	0.692 9	109.890 1
	石远321	0.941 2	108.695 7	0.009 2	0.706 0	108.695 7
4 龄	SGK321	0.973 3	181.818 2	0.005 5	0.658 7	119.759 0
	石远321	0.943 4	204.081 6	0.004 9	0.628 9	128.337 1
5 龄	SGK321	0.938 5	384.615 4	0.002 6	1.107 5	425.977 8
	石远321	0.879 4	333.333 3	0.003 0	1.216 5	405.515 0

表9-121　七星瓢虫对棉蚜寻找效应与猎物密度的关系

棉花品种	1 龄		2 龄		3 龄		4 龄		成虫	
	N	S	N	S	N	S	N	S	N	S
SGK321	8	0.818 1	16	0.730 5	32	0.576 6	48	0.561 1	80	0.900 2
石远321	8	0.924 3	16	0.728 2	32	0.584 6	48	0.547 8	80	0.941 6
SGK321	16	0.668 4	32	0.637 3	48	0.531 9	64	0.534 7	120	0.823 1
石远321	16	0.698 6	32	0.642 2	48	0.538 2	64	0.525 3	120	0.846 0
SGK321	24	0.565 1	48	0.565 3	64	0.493 7	80	0.510 7	160	0.758 2
石远321	24	0.561 5	48	0.574 3	64	0.498 7	80	0.504 5	160	0.768 0
SGK321	32	0.489 4	64	0.507 9	80	0.460 6	96	0.488 7	200	0.702 8
石远321	32	0.469 3	64	0.519 4	80	0.464 6	96	0.485 3	200	0.703 2
SGK321	48	0.386 0	80	0.461 0	96	0.431 6	112	0.468 6	240	0.654 9
石远321	48	0.353 4	80	0.474 1	96	0.434 8	112	0.467 2	240	0.648 5

注：N：猎物密度；S：寻找效应

表 9 – 122　七星瓢虫对棉铃虫的捕食量

棉花品种	猎物密度（头/皿）					
	10	20	30	40	50	60
双价棉中棉所 41	7.6	16.5	21.3	27.7	32.8	34.7
Bt 棉中棉所 32	8.7	16.0	27.0	31.0	35.1	39.3
常规棉中棉所 23	7.4	12.0	21.0	27.0	30.3	34.2

　　狼蛛科（*Lvcosidae*）　蜘蛛是全球温带地区农田中常见的多食性捕食性天敌。蜘蛛的多食性特性使其在农田生态系统中具有重要作用，是农田重要的天敌类群。在田间，由于蜘蛛对猎物的大小、氨基酸成分和质量都有一定的要求，其食物来源常常受到限制。狼蛛科蜘蛛尤其是其幼蛛的存活和发育对食物类型和质量高度敏感，因此适于作为研究多食性捕食性天敌的模式生物，检测转基因植物对天敌的影响。

　　粉舞蛛（*Alopecosa pulverulenta* Clerck）属狼蛛科，是游猎型捕食性天敌，食性广泛，在自然界主要捕食双翅目昆虫（占猎物来源的 70%），也捕食蚜虫等其他节肢动物。粉舞蛛广泛分布于欧洲和亚洲，发生于草场、花园和 2 000m 以下的林地等，在中欧地区每年发生 1 代，8~9 月为活跃期。郭英英等（2006）以粉舞蛛作为模式生物，研究捕食双价棉上的植食性害虫棉蚜对狼蛛的影响。研究表明，粉舞蛛可以猎食棉蚜，但棉蚜并不适宜粉舞蛛的发育。单独捕食棉蚜不足以长期维持粉舞蛛若蛛的生存和发育。与果蝇混合饲养，能显著提高若蛛存活率和体重。在猎物过量或数量不足的情况下，单独捕食双价棉或常规棉上的棉蚜，若蛛的生存和体重差异不显著。在猎物过量的条件下，用双价棉上的棉蚜与果蝇混合饲养，若蛛的存活率显著高于用常规棉上的棉蚜与果蝇混合的处理；但这两种处理下，若蛛的体重差异不显著。在猎物数量不足的情况下，用双价棉或常规棉上的棉蚜与果蝇混合饲养，若蛛的存活率和体重差异都不显著。可见，双价 SGK321 上的棉蚜对粉舞蛛的存活和发育没有显著的不利影响。

　　Bt 棉上的棉蚜中可检测到 Bt 毒蛋白（Zhang 等，2006）。粉舞蛛对猎物中的 Bt 毒蛋白不敏感，至少对棉蚜中的 Bt 毒蛋白不敏感，转基因抗虫棉上的棉蚜对粉舞蛛若蛛存活和发育没有显著不利影响。可见，Bt 棉中的 Bt 毒蛋白经过非靶标害虫如棉蚜的取食，通过食物链的营养流，在短期内对狼蛛科天敌均未产生显著不利影响。转基因抗虫棉对蜘蛛类影响的长期效应，有待进一步评价研究。

　　蜘蛛是棉田的一类重要的捕食性天敌，种类多，数量大，食性广，分布广，对害虫有很好的控制作用。室内饲养实验结果表明草间钻头蛛、八斑鞘腹蛛取食 Bt 棉叶处理的棉铃虫幼虫与取食常规棉叶处理的棉铃虫幼虫的发育历期、成蛛体重都没有显著差异（表 9 – 123）；捕食量方面也没有显著差异（表 9 – 124）。捕食功能反应实验结果表明草间钻头蛛对棉铃虫幼虫的捕食功能反应符合 HollingⅡ型圆盘方程，两组不同猎物饲养成熟的草间钻头蛛对同种处理的棉铃虫幼虫的捕食行为没有显著差异（表 9 – 125）。

表 9 – 123　两组草间钻头蛛和八斑鞘腹蛛幼蛛发育历期（d）、成蛛体重（mg）（刘杰等，2006）

幼蛛发育历期与成珠体重	草间钻头蛛			八斑鞘腹蛛		
	处理组	对照组	P 值	处理组	对照组	P 值
二龄龄期	12.21 ±0.64	13.85 ±0.68	0.09	13.09 ±0.92	11.93 ±0.49	0.25
三龄龄期	9.50 ±1.04	7.75 ±0.45	0.12	11.10 ±1.47	11.95 ±1.55	0.69

（续表）

幼蛛发育历期与成蛛体重	草间钻头蛛			八斑鞘腹蛛		
	处理组	对照组	P 值	处理组	对照组	P 值
四龄龄期	7.54 ± 0.64	7.20 ± 0.93	0.77	9.50 ± 1.56	13.58 ± 1.38	0.06
五龄龄期	4.77 ± 0.38	5.86 ± 0.63	0.20			
幼蛛总历期	34.54 ± 1.62	34.86 ± 1.69	0.73	29.00 ± 1.75	31.25 ± 1.04	0.28
雌蛛体重	2.30 ± 0.19	2.30 ± 0.34	0.92	0.99 ± 0.038	1.00 ± 0.065	0.43
雄蛛体重	1.00 ± 0.083	0.92 ± 0.057	0.45	0.52 ± 0.032	0.57 ± 0.048	0.51

注：P 值为差异显著性检测值，表 9 - 121、表 9 - 122 同

表 9 - 124　两个组的草间钻头蛛对 Bt 棉叶棉铃虫幼虫和常规棉叶棉铃虫幼虫的捕食量（刘杰等，2006）

猎物密度（头/瓶）	捕食量（头/蜘蛛·d）					
	Bt 棉叶棉铃虫幼虫			常规棉叶棉铃虫幼虫		
	处理组草间钻头蛛	对照组草间钻头蛛	P 值	处理组草间钻头蛛	对照组草间钻头蛛	P 值
10	8.50 ± 0.18	8.38 ± 0.18	0.64	7.75 ± 0.18	7.75 ± 0.18	0.97
20	16.88 ± 0.34	16.50 ± 0.34	0.57	14.63 ± 0.34	14.88 ± 0.34	0.28
30	23.50 ± 0.55	24.50 ± 0.55	0.36	20.5 ± 0.55	21.13 ± 0.55	0.10
40	30.63 ± 0.46	31.38 ± 0.46	0.35	24.38 ± 0.46	24.88 ± 0.46	0.31
50	35.75 ± 0.52	35.50 ± 0.52	0.78	29.00 ± 0.52	29.50 ± 0.52	0.42
60	42.50 ± 0.53	42.34 ± 0.53	0.89	32.87 ± 0.53	32.88 ± 0.53	0.95

表 9 - 125　两个组的草间钻头蛛对 Bt 棉叶棉铃虫幼虫和常规棉叶棉铃虫幼虫的捕食功能反应参数（刘杰等，2006）

	Bt 棉叶棉铃虫幼虫			常规棉叶棉铃虫幼虫		
	处理组草间钻头蛛	对照组草间钻头蛛	P	处理组草间钻头蛛	对照组草间钻头蛛	P
瞬时攻击率（a）	0.037 ± 0.001	0.036 ± 0.001a	0.60	0.035 ± 0.001	0.035 ± 0.001a	0.93
处理时间（T_h）	0.11 ± 0.025	0.036 ± 0.001a	0.52	0.25 ± 0.025	0.23 ± 0.025b	0.61

草间小黑蛛 Bt 棉和双价棉饲喂的棉蚜和棉铃虫初孵幼虫的捕食量，除棉蚜每皿 40 头处理外，总的趋势是均高于常规棉处理（表 9 - 126）。草间小黑珠对用双价棉和 Bt 棉处理的棉铃虫的日最大捕食量均大于常规棉处理（表 9 - 126）；处理一头棉铃虫捕食所用的时间均短于常规棉处理；功能系数即瞬间攻击率除用双价棉处理的棉铃虫的攻击率低于常规棉处理之外，均高于常规棉处理（表 9 - 127）。这表明，棉铃虫取食 Bt 棉叶后对蜘蛛的生长发育以及捕食特性没有显著的不良影响。其原因可能有二：第一，蜘蛛对 Bt 毒蛋白不敏感，其中肠上皮细胞的刷状缘微绒毛膜上缺乏必要的 Bt 毒蛋白受体或缺乏必要的生化反应过程。张光美等（2001）曾报道已经分离到的 100 多种 Bt 毒蛋白的杀虫谱，还没有一种 Bt 毒蛋白对蛛形纲有毒杀作用；第二，棉铃虫幼虫体内 Bt 毒蛋白浓度太低而不能对蜘蛛产生毒杀作用。若要验证这两个原因，就需要检查纯 Bt 毒蛋白对蜘蛛生长发育有无直接影响，另一方面检测 Bt 毒蛋白在蜘蛛和棉铃虫幼虫肠道的累计情况，并须探明

蜘蛛肠道中是否有能与 Bt 毒蛋白结合的受体。若无，Bt 毒蛋白就不可能对蜘蛛产生直接的作用。但是，需要指出的是在田间情况下，蜘蛛不可能仅以棉铃虫为猎物，其他 Bt 毒蛋白的非靶标害虫也可能成为它的猎物。除此之外，棉株的空间复杂性也会对蜘蛛的捕食行为产生影响。因此，室内实验结果与田间实际情况可能有一定的差异，这方面还有待通过室内模拟和田间实地考查作进一步评价。

表 9-126　草间小黑蛛对不同棉田棉蚜和棉铃虫的捕食量（崔金杰等，2005）

害虫	棉花品种	猎物密度（头/皿）				
		20	40	60	80	120
棉蚜	双价棉中棉所 41	11.7	15.7	23.6	28.7	34.3
	Bt 棉中棉所 32	12.3	15.7	28.3	36.7	42.3
	常规棉中棉所 23	7.5	16.0	21.3	24.7	39.7
棉铃虫	双价棉中棉所 41	8.0	14.7	18.4	24.8	38.9
	Bt 棉中棉所 32	8.7	16.8	23.4	29.6	35.7
	常规棉中棉所 23	6.0	14.8	17.8	26.0	32.5

表 9-127　草间小黑蛛对棉铃虫的捕食功能反应（崔金杰等，2005）

棉花品种	相关系数（r）	日最大捕食量（Na）	处理时间（T_h）	功能系数
双价棉中棉所 41	0.992 3	136.2	0.007 3	0.836 6
Bt 棉中棉所 32	0.999 8	149.3	0.006 7	0.924 3
常规棉中棉所 23	0.991 5	85.5	0.011 7	0.914 2

　　中华草蛉（*Chrysopa sinica* Tjeder）作为主要捕食性天敌之一，对控制棉蚜的发生与为害起到一定作用。董亮等（2003）以 Bt 棉 GK12、99B 和常规棉泗棉 3 号上的棉蚜饲喂中华草蛉，试验研究 Bt 毒蛋白对捕食性天敌的影响。结果表明，不同处理间中华草蛉幼虫和茧的死亡率以及成虫获得率无显著差异，用混合棉蚜饲喂的中华草蛉幼虫与饲喂泗棉 3 号和 GK-12 的相比，发育历期显著缩短（$P < 0.011$），与用 99B 饲喂的相比，其发育历期也明显缩短（$P < 0.05$），而分别以泗棉 3 号、GK-12 和 99B 上的棉蚜单独饲喂的幼虫发育历期无显著差异（表 9-128）。不同处理间中华草蛉茧期、茧重和成虫性比差异不显著，成虫产卵前期和产卵期也无明显差异。而饲喂 99B 的单雌产卵量高于饲喂泗棉 3 号和 GK-12，且成虫寿命延长。幼虫期饲喂泗棉 3 号、GK-12 和 99B 上的蚜虫成虫产卵的孵化率无显著差异，而饲喂混合棉蚜时其后代卵的孵化率明显降低（表 9-129）。进而表明 Bt 棉对中华草蛉的生长发育和繁殖无不良影响。但也有不同研究结果，郭建英等（2004）研究结果指出，不同棉花品种对中华草蛉幼虫期、蛹期和未成熟期长短有显著影响，但对茧重和成虫体重没有显著影响。与取食常规棉上棉粉虱的对照相比，取食 Bt 棉 GK12 上的棉粉虱，对中华草蛉幼虫期、茧期的死亡率没有显著影响，整个未成熟期的死亡率为 409%（对照为 45%）；茧期显著延长 1.3d，但幼虫历期和未成熟期没有显著变化；草铃茧和成虫略重，但与对照差异不显著；羽化的成虫性比接近 1∶1（表 9-130）。取食 Bt 棉 33B 上的棉粉虱，中华草蛉幼虫期、茧期和未成熟期的死亡率均显著高于对照，也显著高于取食 Bt 棉 GK12 上棉粉虱的处理。因为未成熟期的死亡率高达 85%，40 头供试幼虫仅 6 头发育至成虫，且幼虫和茧的发育历期较对照和取食 GK12 上棉粉虱的处理均显著延长，整个未成熟期较之分别延长 3.7d 和 3.0d（表 9-130）。幼

虫取食 Bt 棉 33B 上的棉粉虱，其茧和成虫的重量显著高于对照，茧重也高于取食 CKl2 上棉粉虱的处理（表 9 - 130）。如果仅比较雌性个体体重，取食常规棉、GKl2 和 33B 上棉粉虱的幼虫，其雌性茧重分别为（7.1 ± 0.7）mg，（7.2 ± 1.1）mg 和（8.0 ± 0.9）mg，差异不显著（$P = 0.215$）；羽化出的雌成虫体重分别为（5.8 ± 0.7）mg，（6.3 ± 1.1）mg 和（6.3 ± 0.9）mg，差异也不显著（$P = 0.407$）。可见，取食 33B 上的棉粉虱，不影响中华草蛉雌虫的体重。中华草蛉幼虫取食 33B 上的棉粉虱，羽化出的全部是雌成虫（表 9 - 130），表明 Bt 棉 33B 上的棉粉虱不利于中华草蛉雄性幼虫的发育，导致雄性个体在非成熟期的大量死亡。由此可见，两个 Bt 棉品种中，GKl2 上的棉粉虱对中华草蛉幼虫存活和发育没有显著影响，而 33B 上的棉粉虱则显著降低中华草蛉幼虫期和蛹期的存活率，延长其发育历期，并导致成虫性比不平衡，但对雌虫体重没有显著影响。GKl2 和 33B 上的棉粉虱对中华草蛉幼虫存活和发育的影响差异显著，这很可能就是由于这两个 Bt 棉的受体亲本不同（33B 的受体亲本为 DP5415，而 GK12 的受体亲本为泗棉 3 号），故 Bt 棉的植物特性也不同，从而导致烟粉虱的营养差别，进而对天敌产生不同影响。

表 9 - 128　Bt 棉对中华草蛉生长发育的影响

品种	死亡率（%）		成虫获得率（%）	发育历期（d）		茧重（mg）	成虫性比（♀ : ♂）
	幼虫	茧		幼虫	茧		
常规棉泗棉 3 号	13.89a	29.03a	61.11a	8.1 ± 0.1A	7.9 ± 0.2a	6.81 ± 0.14a	1 : 1.44
Bt 棉 GK1 - 12	5.00a	50.00a	47.50a	8.2 ± 0.1A	7.9 ± 0.1a	7.07 ± 0.13a	1 : 0.90
Bt 棉 99B	13.16a	27.27a	63.16a	8.3 ± 0.1AB	7.5 ± 0.1a	6.54 ± 0.13a	1 : 1.18
混合棉蚜	13.51a	37.50a	54.05a	7.7 ± 0.1B	7.5 ± 0.2a	8.49 ± 1.86a	1 : 1.33

注：表中不同小写字母表示 $P < 0.05$ 水平差异显著，不同大写字母表示 $P < 0.01$ 水平差异显著

表 9 - 129　Bt 棉对中华草蛉繁殖力的影响

品种	产卵前期（d）	产卵期（d）	雌成虫寿命（d）	雌虫产卵量（粒）	孵华率（%）
常规棉泗棉 3 号	3.8 ± 0.2a	28.2 ± 2.3a	45.4 ± 1.6ab	547.2 ± 53.6a	43.12ab
Bt 棉 GK1 - 12	4.2 ± 0.3a	24.7 ± 2.5a	35.5 ± 3.7a	474.2 ± 54.5a	46.18a
Bt 棉新棉 99B	4.3 ± 0.3a	33.6 ± 2.9a	52.6 ± 6.7b	848.4 ± 88.4b	46.03a
混合棉蚜	4.0 ± 0.5a	26.6 ± 3.5a	34.5 ± 5.3a	670.8 ± 59.2b	37.49b

注：表中不同小写字母表示 $P < 0.05$ 水平差异显著

表 9 - 130　取食不同棉花品种上的棉粉虱对中华草蛉幼虫存活和发育的影响

棉花品种	死亡率（%）			发育历期（d）			体重（mg）		成虫性比（♀ : ♂）
	幼虫期	茧期	未成熟期	幼虫期	茧期	未成熟期	茧期	成虫	
常规棉泗棉 3 号	15.0 ± 12.9a	40.8 ± 9.1a	45.0 ± 5.8a	12.0 ± 1.0a	8.5 ± 1.7a	20.6 ± 2.0a	6.9 ± 0.7a	5.5 ± 0.7a	1 : 1
Bt 棉 GK12	15.2 ± 12.9a	28.4 ± 12.5a	40.0 ± 8.2a	11.4 ± 1.0a	9.8 ± 0.5b	21.3 ± 1.1a	7.1 ± 1.1a	5.9 ± 1.0ab	1 : 0.84
Bt 棉 33B	42.5 ± 20.6b	73.1 ± 22.1b	85.0 ± 12.9b	13.3 ± 0.6b	11.1 ± 0.6c	24.3 ± 1.2b	8.0 ± 0.9b	6.3 ± 0.9b	1 : 0

注：同一组数据后不同的小写字母表示差异显著（$P < 0.05$）

丽草蛉（*Chrysopa formosa* Brauer）是棉田主要捕食性天敌之一，与棉蚜的发生期相吻合，是抑

制其种群数量的重要自然力量。郭建英等（2005）比较了 Bt 棉 GK-l2、99B 和常规棉泗棉 3 号上的棉蚜对丽草蛉发育和繁殖的影响。结果表明（表 9 - 131 至表 9 - 134）：①与取食对照常规棉泗棉 3 号上棉蚜的对照相比，取食 Bt 棉 GK-12 上棉蚜的第 1 代和第 2 代丽草蛉，其幼虫期和茧期的死亡率、幼虫和茧的发育历期、茧重及成虫性比等均与对照无显著差异；但第 1 代成虫的产卵量减少了 288.0 粒，与对照差异显著（$P < 0.01$）；第 2 代成虫所产卵的孵化率为 64.0%，显著低于对照的 77.7%（$P < 0.01$）。②2 个 Bt 棉对丽草蛉发育和繁殖的影响也略有差异。与取食 GK - 12 上蚜虫的个体相比，取食 99B 上蚜虫的第 1 代丽草蛉，其幼虫发育历期缩短了 0.6d（$P < 0.01$），茧期缩短了 0.7d（$P < 0.01$），茧重降低了 1.2mg（$P < 0.01$），幼虫期和茧期的死亡率、茧重以及成虫性比等则无显著差异；雌成虫产卵前期、产卵期、产卵量和寿命等繁殖学特性也无显著差异，但其成虫所产卵的孵化率为 65.0%，显著低于取食 GK - 12 上棉蚜的处理（72.7%，$P < 0.01$）。分别取食 2 种 Bt 棉上的棉蚜对第 2 代丽草蛉的发育和繁殖的影响差异则较小。

已有大量报道表明植物特性能对食物链中处于较高层次的营养级产生间接的、3 级或多级营养层次上的影响（Burgess 等，2002；Price 等，1980）。Dutton 等（2002）测定了取食 Bt 玉米的 3 种植食性昆虫体内 Bt 蛋白的含量，结果表明 Bt 毒蛋白在棉叶螨中含量较高，在海灰翅夜蛾中次之，在粟缢管蚜中含量极低，但 Bt 毒蛋白的含量多少与这 3 种昆虫对普通草蛉存活和发育影响的大小并不吻合。因此，研究转 Bt 基因抗虫作物对天敌的影响，除测定植食性昆虫体内 Bt 毒蛋白含量，以期与对天敌的影响相对应，还需要从转基因抗虫植物自身生化物质组成和含量变化引起植食性昆虫化学信息物质及营养变化来探讨其对天敌的影响。

表 9 - 131　取食不同棉花品种上的棉蚜对第 1 代丽草蛉发育的影响

棉花品种	死亡率（%）			发育历期（d）		茧重	性比
	幼虫期	茧期	未成熟期	幼虫期	茧期	（mg）	（雌：雄）
常规棉泗棉 3 号	4.8a	10.0a	14.3a	6.8 ± 0.1A	6.5 ± 0.2A	11.3 ± 0.5A	1 : 0.9a
Bt 棉 GK12	4.8a	10.0a	14.3a	6.7 ± 0.1A	6.4 ± 0.2A	10.8 ± 0.5A	1 : 0.9a
Bt 棉 33B	7.3a	10.5a	17.1a	6.1 ± 0.1B	5.7 ± 0.2B	9.6 ± 0.3B	1 : 0.8a

注：同列数字后不同的小写字母表示差异显著（$P < 0.05$），大写字母表示差异显著（$P < 0.01$）。表 9 - 129 至表 9 - 131 同

表 9 - 132　取食不同棉花品种上的棉蚜对第 1 代丽草蛉繁殖的影响

品种	产卵前期（d）	产卵期（d）	雌成虫寿命（d）	产卵量（粒/雌）	孵化率（%）
常规棉泗棉 3 号	7.6 ± 0.2a	53.2 ± 2.7A	60.9 ± 2.7a	763.9 ± 68.8A	76.1A
Bt 棉 GK12	8.1 ± 0.4ab	41.6 ± 4.4AB	53.0 ± 5.3ab	475.9 ± 61.9B	72.7A
Bt 棉 33B	8.8 ± 0.3b	41.6 ± 3.4B	52.7 ± 4.1ab	419.2 ± 31.2B	65.0B

表 9 - 133　取食不同棉花品种上的棉蚜对第 2 代丽草蛉发育的影响

棉花品种	死亡率（%）			发育历期（d）		茧重	性比
	幼虫期	茧期	未成熟期	幼虫期	茧期	（mg）	（雌：雄）
常规棉泗棉 3 号	7.7a	22.2a	28.2a	6.9 ± 0.1a	7.1 ± 0.1A	11.3 ± 1.9a	1 : 1.3a
Bt 棉 GK12	7.5a	24.3a	30.0a	6.8 ± 0.1a	6.8 ± 0.2AB	11.8 ± 1.6a	1 : 1.8a
Bt 棉 33B	7.7a	27.8a	33.3a	6.9 ± 0.1a	6.5 ± 0.2B	10.8 ± 1.8a	1 : 1.6a

表 9 – 134 取食不同棉花品种上的棉蚜对第 2 代丽草蛉繁殖的影响

品种	产卵前期（d）	产卵期（d）	雌成虫寿命（d）	产卵量（粒/雌）	孵化率（%）
常规棉泗棉 3 号	7.6 ± 0.2a	37.9 ± 1.1a	50.4 ± 2.2a	646.7 ± 9.4a	77.7A
Bt 棉 GK12	7.9 ± 0.4a	39.6 ± 1.9a	52.3 ± 1.4a	616.9 ± 23.6a	64.0B
Bt 棉 33B	7.9 ± 0.3a	38.6 ± 2.1a	51.7 ± 1.8a	635.3 ± 17.0a	65.0B

三、对寄生性天敌的影响

天敌昆虫不仅对优势害虫（包括靶标害虫）种群数量具有抑制作用，而且是若干非靶标害虫维持较低水平的重要压力。所以，种植转基因抗虫作物不仅要求对靶标害虫具有良好的控制作用，还应该与天敌的控害作用协调共存（Kennedy，2008；Gatehouse 等，1990）。转基因抗虫作物以鳞翅目害虫为靶标，而寄生性天敌对鳞翅目害虫具有很强的控制作用（Hawkins，1990）。因此，研究转基因抗虫作物对寄生性天敌昆虫影响可为全面评价转基因抗虫作物生物安全提供参考。王锦达等（2010）将转基因抗虫作物可能对寄生性天敌生长发育和行为的影响概括为直接影响和间接影响两个方面（图 9 – 32）。直接影响可能通过两种方式产生：

（1）大部分寄生性天敌的幼虫依赖寄主害虫的营养而完成生长发育，某些寄生性昆虫的成虫也可以直接取食寄主（Jarvis 等，1996），而且多数寄生性昆虫在成虫期具有补充糖类营养的习性，其中植物花蜜是主要来源（Coll，1998）。

（2）寄生蜂主要依赖于植物受到寄主昆虫取食为害后释放的信息素来搜寻寄主（阎凤鸣等，2002；Vet 等，1992），如果转基因植物释放的信息素发生了变化，可能会影响寄生蜂的寄主搜寻行为。转基因抗虫作物可能因外源基因插入而导致其体内化学组分，特别是挥发性物质组成的变化，从而影响寄生蜂的搜寻行为。

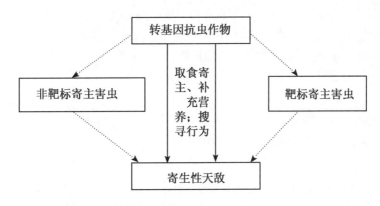

图 9 – 32 转基因抗虫作物对寄生性天敌的直接（实线箭头）和间接（虚线箭头）影响

间接影响主要表现在以下几方面。

（1）转基因抗虫作物由于降低了靶标或非靶标害虫作为寄主的营养质量，从而影响寄生蜂幼虫发育以及某些成虫阶段具有吸食寄主习性的寄生蜂的寿命和生殖力（Jervis 等，1986），甚至伴随寄主的中毒死亡而不能完成生长发育。

（2）取食转基因抗虫作物的寄主由于营养质量降低而体型变小，根据"寄主体型大小—质量"模型预测，寄生蜂可能产更多的雄性后代（Grodfray，1994），从而影响后代寄生蜂种群的性比。

（3）取食转基因抗虫作物的寄主体型变小，会影响寄生蜂的寄生功能反应，寄主体型大小可能与寄生蜂的功能反应存在关联（Fellowes 等，2005）。

（一）对寄生性天敌的直接影响

转基因抗虫棉通过花蜜影响寄生性天敌的研究较少。Sims 等（1995）在研究的饲料中掺入纯晶体蛋白，以模拟转 Bt 基因抗虫棉所表达的毒素。研究结果表示 Bt 棉对丽蝇蛹金小蜂（*Nasonnia vitiripennis*）没有不良影响。赤眼蜂（*Trichogr015ma*）是生物防治中广泛用来防治鳞翅目害虫的一类卵寄生蜂。人工繁殖释放赤眼蜂及赤眼蜂的自然控制作用可有效控制或减轻棉铃虫的为害，成为棉铃虫综合治理体系的重要组成部分。食物的可利用性和质量很大程度上决定了以寄生蜂为作用物的生防效能，花粉、花蜜、昆虫分泌的蜜露和寄主卵液是其成虫在田间潜在的食物源。拟澳洲赤眼蜂（*Trichogramma confusum*）是棉田主要释放蜂种和田间自然优势蜂种。为探明转基因抗虫棉花粉对拟澳洲赤眼蜂寿命、存活和繁殖的影响，耿金虎等（2005）设计 7 个饲喂处理，即不饲喂（UNFED）、水（W）、水 + 常规棉花粉（W + P）、水 + 双价棉花粉（W + BtP），10% 蜂蜜水（H）、10% 蜂蜜水 + 常规棉花粉（H + P）和 10% 蜂蜜水 + Bt 棉花粉（H + BtP）。在室内评价了常规棉石远 321 花粉和双价棉 SKG321 花粉通过不同处理方式作为食物源对拟澳洲赤眼蜂寿命、寄生卵数、子代羽化数和性比等繁殖和存活特征的影响。结果显示，在提供或不提供米蛾（*Corcyra cephalonica*）卵条件下，经 W + P 或 W + BtP 饲喂的雌蜂寿命与 W 或 UNFED 间无显著差异，但均显著短于 H 和 H + P 或 H + BtP 饲喂的雌蜂，而经 H + P 或 H + BtP 饲喂的雌蜂寿命又均显著长于经 H 饲喂的雌蜂（$P < 0.05$）。具体来说，就是在不供卵条件下，W + P 和 W + BtP 处理的雌蜂平均寿命分别为（1.50 ± 0.08）d 和（1.35 ± 0.08）d，两处理间无显著差异，且分别与 UNFED 处理（1.55 ± 0.08）d 和 W 处理（1.48 ± 0.08）d 间也无显著差异。以上各处理均显著短于 H 处理（3.98 ± 0.32）d、H + P 处理（6.74 ± 0.47）d 和 H + BtP 处理（6.92 ± 0.55）d。其中 H + P 处理和 H + BtP 处理间差异不显著，但均与 H 处理差异显著。在供卵条件下，W + P 和 W + BtP 处理的雌蜂平均寿命分别为（1.75 ± 0.13）d 和 1.70 ± 0.11d，两处理间无显著差异，且分别与 UNFED 处理（1.87 ± 0.09）d 和 W 处理（1.86 ± 0.10）d 间也无显著差异。上述两处理寿命均显著短于 H 处理（7.02 ± 0.69）d、H + P 处理（11.68 ± 0.76）d 和 H + BtP 处理（11.63 ± 0.79）d。其中 H + P 处理和 H + BtP 处理间差异不显著，并且均与 H 处理差异显著。比较每雌寄生卵数和子代羽化数来看，各处理明显分为 3 类，即 UNFED，W、W + P 和 W + BtP 为最低，H 为居中，H + P 和 H + BtP 为最高。比较每雌子代性比来看，各处理也明显分为 3 类，即 H、H + P 和 H + BtP 为最低，W + P 和 W + BtP 为居中，UNFED 和 W 为最高。饲喂 W + P 和 W + BtP 的雌蜂寿命、寄生卵粒数，子代羽化数和性比分别与 W + BtP 和 H + BtP 饲喂间无显著差异（$P < 0.05$）（表 9 - 135）。因而，棉花花粉需与蜂蜜组合才能成为拟澳洲赤眼蜂实现其最大存活和繁殖力的食物；双价棉花粉又对拟澳洲赤眼蜂无影响。

表 9 - 135　不同饲喂条件下拟澳洲赤眼蜂的寄生卵数、子代羽化数和子代性比

饲喂处理	寄生卵数（粒）	子代羽化数（头）	性比（雌：雄）
UNFED	40.95 ± 1.82a	37.00 ± 1.78a	3.78 ± 0.43a
W	44.00 ± 2.23a	41.86 ± 2.13a	3.49 ± 0.34a
W + P	37.67 ± 2.10a	36.20 ± 2.13a	2.22 ± 0.26bc
W + BtP	40.41 ± 2.15a	35.68 ± 2.13a	2.75 ± 0.30ab
H	93.74 ± 9.14b	86.32 ± 8.39b	1.54 ± 0.17c
H + P	141.09 ± 8.58c	127.74 ± 7.76c	1.06 ± 0.15d
H + BtP	154.53 ± 10.32c	138.97 ± 9.26c	1.64 ± 0.33d

注：表中数据为平均值±标准误，同列数字后字母为 Duncan's 新复极差比较的结果，字母相同表示差异不显著，字母不同表示差异显著（$P < 0.05$）

寄生蜂能否成功地搜寻到寄主并寄生，关键是要寻找到寄主的栖息地。而在这一过程中，它所依赖的是植物挥发出的次生代谢物。由于转基因抗虫棉被导入了对棉铃虫及其他害虫有毒杀作用的 Bt 和 CpTI 基因，这就引起棉花品种整个生理代谢的变化。阎凤鸣等（2002）运用 GC-MS 方法测定了 Bt 棉 GKl2 与常规棉泗棉 3 号的挥发性化学物质，发现在棉花 7~8 片真叶期，外来 Bt 基因的插入，并没有显著影响棉花挥发性次生物质的组成和含量，但 Bt 棉的 α-蒎烯和 β-蒎烯的相对含量比常规棉高出许多，倍半萜烯 C 和一个含量很低的挥发性化合物（该化合物对棉铃虫有电生理活性）是常规棉所没有的（表 9-136、表 9-137）。由此说明，Bt 棉挥发的化学物质已经发生了变化。当然，这些变化对棉铃虫及其寄生性天敌的行为有无影响，Bt 棉和常规棉在某些成分和某些化合物含量上的差异，是植株之间的正常变异造成的，还是 Bt 基因的插入对生理和代谢的影响造成的，需要更多的实验加以证实。

表 9-136　Bt 棉 GK-12 和常规棉泗棉 3 号 7~8 片真叶期的挥发性化学物质组成

化学物质	Bt 棉	常规棉
α-蒎烯（α-pinene）	√	√
β-蒎烯（β-pinene）	√	√
β-月桂烯（β-myrcene）	√	√
β-水芹烯（β-phellandrene）	√	√
β-罗勒烯（β-ocimene）	√	√
4, 8-dimethyl-1, 3 (E) 7-nonatriene	√	√
Z-3, 6 乙酸酯（Z-3, 6Ac）	√	√
(Z) 3-已烯乙酸酯 [(Z) 3-hexenyl acetate]	√	√
苯甲醛（benzaldehyde）	√	√
倍半萜烯 A（sesquiterpene A）	√	√
β-石竹烯（β-caryophyllene）	√	√
倍半萜烯 B（sesquiterpene B）	√	√
α-石竹烯（α-caryophyllene）	√	√
未知化合物 1	√	√
倍半萜烯 C（sesquiterpene C）	√	—
倍半萜烯 D（sesquiterpene D）	√	—
未知化合物 2	√	√
法尼烯（farnesene）	√	√

注：标"√"的表示化合物存在，标"—"的表示缺乏

表 9-137　对棉铃虫有活性的 Bt 棉和常规棉的挥发性化学物质及其相对含量

序号	化合物	活性化合物相对含量（%）*	
		Bt 棉	常规棉
1	α-蒎烯（α-pinene）	100	18
2	β-蒎烯（β-pinene）	40	14
3	β-月桂烯（β-myrcene）	92	100

（续表）

序号	化合物	活性化合物相对含量（%）*	
		Bt 棉	常规棉
4	β-罗勒烯（β-ocimene）	5	10
5	4，8-dimethyl－1，3（E）7-nonatriene	19	10
6	（Z）3-已烯乙酸酯［（Z）3-hexenyl acetate］	15	22
7	未知化合物 1	?	—
8	苯甲醛（benzaldehyde）	1	2
9	未知化合物 2	?	?

注：＊最高含量的化合物 α-蒎烯的比值定为 100，其余化合物的比值是相对于 α-蒎烯含量的百分比

棉铃虫幼虫寄生蜂种类很多，但不同棉区寄生蜂的优势种也不同。中红侧沟茧蜂在黄河流域棉区是棉铃虫幼虫的优势寄生蜂，对棉铃虫有着良好的控制作用。余月书等（2003）以 Bt 棉苏抗103、中抗 310 和 GK22，以及苏抗 103 和中抗 310 的受体亲本苏棉 12 号、GK22 的受体亲本泗棉 3号为材料，利用"Y"型嗅觉探测仪测定了棉铃虫幼虫寄生蜂中红侧沟茧蜂对不同气味源的嗅觉行为。结果显示，无论是棉花蕾期还是铃期，与被害常规棉相比，被棉铃虫为害的转基因抗虫棉对中红侧沟茧蜂有较强的忌避性，而且这种忌避性在含有棉铃虫幼虫的被害转基因抗虫棉中依然明显（表 9 - 138、表 9 - 139）。由此可见，转基因抗虫棉对棉铃虫寄生性天敌有排斥反应。这就从室内试验中进一步验证了杨益众等（2000）的大田试验结果。但由于转基因抗虫棉品种（系）较多，加之棉田棉铃虫的寄生性天敌种类也很多，转基因抗虫棉对中红侧沟茧蜂等寄生性天敌是否都具有忌避效应，还需作进一步定性、定量研究。

表 9 - 138　被棉铃虫为害过的棉花对中红侧沟茧蜂趋味行为的影响

气味源组别	棉花品种	寄生蜂数（头）		P 值	
		蕾期	铃期	蕾期	铃期
I	常规棉苏棉 12（对照）	48	52	0.013 1	0.008 2
	Bt 棉苏抗 103	8*	8**		
II	常规棉苏棉 12（对照）	54	56	0.018 8	0.004 1
	Bt 棉苏抗 103	4*	2**		
III	常规棉苏棉 12（对照）	48	46	0.044 4	0.138 3
	Bt 棉苏抗 103	10*	12		

注：＊表示与对照相比差异显著（P<0.05）；＊＊表示与对照相比差异极显著（P<0.01）

表 9 - 139　含有棉铃虫幼虫的被害棉对中红侧沟茧蜂趋味行为的影响

气味源组别	棉花品种	寄生蜂数（头）		P 值	
		蕾期	铃期	蕾期	铃期
I	常规棉苏棉 12（对照）	38	48	0.037 7	0.011 0
	Bt 棉苏抗 103	8*	6*		

（续表）

气味源组别	棉花品种	寄生蜂数（头）		P 值	
		蕾期	铃期	蕾期	铃期
Ⅱ	常规棉苏棉 12（对照）	42	50	0.026 3	0.044 5
	Bt 棉苏抗 103	10*	8*		
Ⅲ	常规棉苏棉 12（对照）	42	40	0.002 1	0.120 1
	Bt 棉苏抗 103	12**	16		

注：＊表示与对照相比差异显著（$P < 0.05$）；＊＊表示与对照相比差异极显著（$P < 0.01$）

（二）对寄生性天敌的间接影响

研究表明，寄主害虫取食转基因抗虫棉后对其体内的寄生蜂幼虫发育甚至存活产生影响。中红侧沟茧蜂（*Microplitis mediator* Haliday）是一种寄主广泛的内寄生蜂，它的寄主涉及到鳞翅目夜蛾科和尺蛾科 40 多种昆虫，其中包括棉铃虫（*Helicoverpa armigera* Hübner）、黏虫（*Mythimna separata*）、甘蓝夜蛾（*Barathra brassicae*）等农业上的重大害虫。王德安等（1984）从 1979—1982 年的田间调查表明，中红侧沟茧蜂对棉铃虫的平均寄生率为 22.9%，有些年份的寄生率可达到 43.3%。余月书等（2004）试验结果表明，无论是第 2 代还是第 3、4 代棉铃虫，产卵期间，泗棉 3 号常规棉田棉铃虫卵的寄生率是 Bt 棉 GK22 和苏抗 103 以及双价棉中抗 310 棉田寄生率的数倍。室内观察发现，被寄生的卵所育出的寄生蜂均为拟澳洲赤眼蜂（*Tricogramma confisum*）（表 9 - 140）；在棉铃虫不同代次之间或者是同一代次的不同龄期之间，泗棉 3 号棉田棉铃虫幼虫的寄生率均显著高于 GK22、苏抗 103 和中抗 310 棉田。室内饲养观察结果表明，被寄生的棉铃虫幼虫育出的寄生蜂中，棉铃虫齿唇姬蜂（*Compoletis chlorideae*）136 头，占总数的 75.56%，斑痣悬茧蜂（*Meteorus pulchriconis*）44 头，占总数的 24.44%（表 9 - 141）。刘小侠等（2004）以棉铃虫室内敏感品系（SS）和田间品系（FS）为寄主，研究了亚致死浓度的 Bt 杀虫蛋白对中红侧沟茧蜂生长发育的影响。结果表明，当寄主一直取食，或者在被寄生前 12h 开始取食含 Bt 毒蛋白浓度为 0μg/g、0.5μg/g、1.0μg/g、2.0μg/g、4.0μg/g、8.0μg/g 的饲料时，与对照相比，中红侧沟茧蜂的卵—幼虫历期延长，茧重和成虫体重降低，成虫寿命缩短，但对茧期没有明显影响（表 9 - 142）。任璐等（2004）不仅研究了双价棉中抗 310 对中红侧沟茧蜂生长发育的影响，而且还探讨了双价棉间接影响中红侧沟茧蜂生长发育的机理。中红侧沟茧蜂寄生了取食双价棉饲料的棉铃虫后，出茧率下降了 26.1 个百分点，畸形茧率增加了一倍，致使只有 6.3% 的蜂茧能够正常出蜂。中红侧沟茧蜂生活于寄主血腔中，寄主血淋巴蛋白是其食物的主要来源，取食不同食料的寄主血淋巴蛋白含量和组分的变化将直接影响到中红侧沟茧蜂的生长发育。棉铃虫幼虫血淋巴总蛋白含量和血淋巴蛋白 SDS-PAGE 电泳分析表明，取食双价棉饲料后，棉铃虫血淋巴总蛋白含量低于相应的对照常规棉，推测寄主血淋巴蛋白含量降低是导致中红侧沟茧蜂生长缓慢、发育不正常的一个重要原因。

表 9 – 140　不同棉花品种棉铃虫卵的被寄生率

棉铃虫世代	棉花品种	回收卵量（粒）	被寄生卵量（粒）	平均寄生率（%）
2	常规棉苏棉 16 号（CK）	139	20	14.39
	Bt 棉苏抗 103	149	0	0.00**
	Bt 棉中抗 310	143	4	2.80**
	常规棉泗棉 3 号（CK）	183	34	18.57
	Bt 棉 GK22	159	3	1.89*
3	苏棉 16 号（CK）	234	19	8.12
	苏抗 103	460	16	3.48**
	中抗 310	247	3	1.21*
	泗棉 3 号（CK）	125	19	15.20
	GK22	156	0	0.00**
4	苏棉 16 号（CK）	332	100	30.12
	苏抗 103	262	14	5.34**
	中抗 310	219	8	3.65**
	泗棉 3 号（CK）	186	31	16.67
	GK22	150	0	0.00*

注：* 与对照棉品种相比，差异显著（$P<0.05$）；** 与对照棉品种相比，差异极显著（$P<0.01$）。表 9 – 138 同

表 9 – 141　不同棉花品种棉铃虫幼虫的被寄生率

棉铃虫世代	棉花品种	回收幼虫数（头）	被寄生幼虫数（头）	平均寄生率（%）
2	常规棉苏棉 16 号（CK）	97	51	52.58
	Bt 棉苏抗 103	104	4	3.85**
	Bt 棉中抗 310	138	12	8.70*
	常规棉泗棉 3 号（CK）	97	28	28.87
	GK22	62	4	6.45*
3	苏棉 16 号（CK）	101	17	20.98
	苏抗 103	87	7	8.05*
	中抗 310	127	12	9.45*
	泗棉 3 号（CK）	81	20	24.69
	GK22	0	0	0.00**
4	苏棉 16 号（CK）	85	9	10.59
	苏抗 103	68	0	0.00**
	中抗 310	105	0	0.00**
	泗棉 3 号（CK）	59	10	16.95
	GK22	0	0	0.00**

表 9 – 142 取食含不同浓度 Bt 毒蛋白的人工饲料的棉铃虫幼虫对中红侧沟茧蜂生长发育的影响（26℃）

棉铃虫品系	Bt 毒蛋白浓度（μg/g）					
	0.5	1.0	2.0	4.0	8.0	0（CK）
卵–幼虫历期（d）						
SS	9.40 ± 0.08bc	9.22 ± 0.08b	9.24 ± 0.07b	9.71 ± 0.12c	10.65 ± 0.13d	8.59 ± 0.09a
FS	9.09 ± 0.10ab	9.28 ± 0.12b	9.14 ± 0.08ab	9.93 ± 0.20c	11.04 ± 0.35d	8.75 ± 0.11a
茧重（mg）						
SS	3.93 ± 0.08b	3.97 ± 0.07b	3.92 ± 0.8b	3.40 ± 0.07c	2.79 ± 0.10d	4.30 ± 0.09a
FS	4.04 ± 0.09ab	4.04 ± 0.09ab	3.89 ± 0.08b	3.49 ± 0.12c	2.73 ± 0.11d	4.30 ± 0.09a
雄蜂成虫体重（mg）						
SS	1.60 ± 0.06ab	1.58 ± 0.05b	1.54 ± 0.04b	1.35 ± 0.06c	0.99 ± 0.08d	1.75 ± 0.06a
FS	1.59 ± 0.07b	1.44 ± 0.06bc	1.43 ± 0.06bc	1.40 ± 0.06c	1.03 ± 0.11d	1.75 ± 0.07a
雌蜂成虫体重（mg）						
SS	1.51 ± 0.06b	1.59 ± 0.04ab	1.61 ± 0.06c	1.24 ± 0.07c	1.14 ± 0.09c	1.70 ± 0.05a
FS	1.51 ± 0.08ab	1.51 ± 0.09ab	1.51 ± 0.09ab	1.36 ± 0.05bc	1.10 ± 0.15c	1.72 ± 0.1a
雄蜂寿命（d）						
SS	10.31 ± 0.62bc	12.21 ± 0.96ab	11.48 ± 0.90bc	8.68 ± 0.77c	6.33 ± 1.12d	11.77 ± 1.08a
FS	12.00 ± 1.2ab	12.36 ± 1.76ab	11.80 ± 1.38ab	9.27 ± 0.97b	8.67 ± 0.89b	14.08 ± 0.92a
雌蜂寿命（d）						
SS	17.00 ± 1.75a	16.81 ± 1.26a	16.50 ± 1.05a	12.13 ± 0.99b	8.19 ± 0.99b	19.91 ± 1.47a
FS	22.80 ± 1.78a	18.69 ± 1.69a	15.36 ± 1.81a	16.47 ± 2.19ab	11.83 ± 1.92b	21.83 ± 2.01a

注：棉铃虫幼虫取食含 Bt 毒蛋白浓度为 0、0.5μg/g、1.0μg/g、2.0μg/g 及 4.0μg/g 的人工饲料时，在 6 日龄时被寄主；取食含 Bt 毒蛋白浓度为 8.0μg/g 的人工饲料时，在 7 日时被寄生。表中数据为平均值 ± 标准误，同行数据后有不同字母表示差异显著（$P < 0.05$）

　　棉铃虫齿唇姬蜂（*Campoletis chlorideae* Uchida）是棉田棉铃虫的重要寄生蜂。据原北京农业大学（现中国农业大学）植保系棉花害虫综合防治研究组（1985）报道，棉铃虫齿唇姬蜂对棉铃虫二、三、四代平均自然寄生率分别是 18.36%、12.33% 和 21.07%，在 1980 年对二代棉铃虫幼虫的寄生率竟高达 46.4%。崔金杰等（1999）报道，用 Bt 棉饲养的棉铃虫，被齿唇姬蜂寄生率和出蜂率分别为 6.9% 和 62.5%，均显著低于对照常规棉（80.6% 和 100%）。用 Bt 棉饲养的棉铃虫其寄生蜂茧重和蜂重分别为 0.004 0g 和 0.000 9g，分别比对照常规棉减轻 54.0% 和 11.1%。说明用 Bt 棉饲养的棉铃虫其寄主蜂质量很差。在亚致死浓度下，研究 Bt 对棉铃虫齿唇姬蜂寄生率和生长发育影响的结果表明：①寄主体重对棉铃虫齿唇姬蜂的产卵成功率有显著的影响。当寄主体重在 2 ~ 8mg 时是齿唇姬蜂寄生的最适合寄生范围，在此区间被寄生的幼虫占总寄生幼虫数 66.7%；寄主体重在 8 ~ 10mg 和 10 ~ 12mg 被寄生的幼虫占总寄生数的 7.9% 和 6.1%，是齿唇姬蜂产卵的次适合寄生区。寄生体重小于 18mg 的幼虫占总寄生数的 96.7%。因此，可以把棉铃虫幼虫体重 18mg 作为幼虫适合被寄生的界限。②在亚致死浓度下，Bt 虽然不会导致棉铃虫的死亡，但会明显抑制棉铃虫幼虫的生长，使棉铃虫体重增加缓慢，从而显著增加可被齿唇姬蜂寄生的机会。棉铃虫在不含 Bt（对照）的人工饲料上生长的适合齿唇姬蜂寄生的时段为 5.71d，在含 Bt 浓度分别为 0.5、1

和 2μg/g 饲料上饲喂时适合寄生时段分别为 7.58d、8.06d 和 9.43d，和对照相比，适合寄生时段分别增加了 32.7%、41.2% 和 65.2%。③Bt 对近似蜂幼虫体重、卵和幼虫历期、茧重、茧期、成虫体重和成虫寿命有显著的影响。和对照相比，0.5μg/g 和 1μg/g 的亚致死浓度时的近似蜂幼虫体重分别减少了 40.2% 和 49.2%，差异显著；2μg/g 的浓度下，近似蜂幼虫体重比对照减少了 70.6%，差异极显著。当 Bt 浓度是 0.5μg/g 和 1μg/g 时，齿唇姬蜂的卵和幼虫期比对照分别延长 0.4d 和 0.7d，但差异不显著；当 Bt 浓度是 2μg/g 时，齿唇姬蜂卵和幼虫期比对照延长 1.1d，差异极显著。Bt 在亚致死浓度下对棉铃虫齿唇姬蜂茧重有一定的影响，但并没有一致的趋势。1μg/g 时的平均茧重和对照值比较接近，只比对照减少了 6.4%，而 0.5μg/g 和 2μg/g 的平均茧重分别比对照减少了 34.9% 和 35.8%，差异极显著。Bt 在 0.5μg/g、1、2μg/g 浓度时，齿唇姬蜂茧期分别比对照缩短了 1.1d、0.8d 和 1d。在 0.05 的显著水平下，3 种 Bt 亚致死浓度作用下的齿唇姬蜂茧期和对照相比差异都显著。Bt 亚致死浓度对蜂成虫体重有显著的影响，0.5μg/g、1μg/g 和 2μg/g 时齿唇姬蜂成虫体重分别比对照下降了 13.3%、20.0% 和 36.7%，在 0.05 的显著水平下，3 种 Bt 亚致死浓度和对照相比都有显著差异。而且，随着 Bt 浓度的增加，蜂成虫体重有减少的趋势。Bt 亚致死浓度对齿唇姬蜂成虫寿命的影响随着 Bt 浓度的增加而缩短，Bt 浓度是 0.5μg/g、1、2μg/g 时的蜂成虫寿命分别是 14.7d、11.9d 和 10.1d，分别比对照（15.6d）缩短了 0.9d、3.7d 和 5.5d。其中，Bt 浓度为 0.5μg/g 时，成虫寿命和对照相比没有显著差异，而浓度为 1 和 2μg/g 时和对照相比差异都显著。崔金杰等（2005）研究结果显示，齿唇姬蜂对用双价棉和 Bt 棉处理的棉铃虫幼虫的寄生率分别为 43.3% 和 16.9%，分别比常规棉处理降低 46.3% 和 79.0%，前者差异显著，后者差异极显著，双价棉处理比 Bt 棉处理增加 156.2%，差异显著；羽化率分别为 73.6% 和 64.5%，分别比常规棉降低 26.4% 和 35.5%，差异均达极显著水平，双价棉处理比 Bt 棉处理增加 14.1%，差异显著；茧重分别比常规棉处理降低 23.0% 和 44.8%，差异极显著，双价棉处理比 Bt 棉处理增加 39.6%，差异显著；蜂重均比常规棉处理降低 11.1%，差异显著，双价棉处理和 Bt 棉处理差异不显著。可见，双价棉和 Bt 棉均严重影响齿唇姬蜂的寄生率、羽化率、茧重和蜂重，这是双价棉田和 Bt 棉田齿唇姬蜂种群数量明显下降的主要原因。但由于棉铃虫取食转双价棉后体重重于取食 Bt 棉的棉铃虫，营养条件好，所以双价棉对齿唇姬蜂的影响小于 Bt 棉。Sharma 等（2008）研究发现，棉铃虫幼虫在被寄生前分别取食 Cry1Ab 和 Cry1Ac 浓度为 LC50 和 ED50 的人工饲料，结果寄生棉铃虫幼虫的齿唇姬蜂的结茧率和羽化率显著下降，卵—幼虫历期延长 2d；在寄生取食 Cry1Ab 和 Cry1Ac 人工饲料的棉铃虫齿唇姬蜂幼虫、茧和成虫体内，均未检测到 Bt 毒蛋白。因而研究者认为，这种影响可能是由于在齿唇姬蜂完成发育之前，寄主棉铃虫幼虫死亡造成的，这种影响是间接作用。

内寄生蜂棉铃虫齿唇姬蜂生活于寄主血腔中，寄主血淋巴蛋白是其食物的主要来源，取食不同食料的寄主血淋巴蛋白含量和组分的变化，将直接影响到幼蜂的生长发育。任璐等（2004）从这个角度入手，分析双价棉中抗 310 通过寄主抑制齿唇姬蜂生长发育的机理。结果指出，无论是否被寄生，取食了转基因抗虫棉饲料后，棉铃虫血淋巴总蛋白含量都呈下降的趋势。表现较为明显的是受棉铃虫齿唇姬蜂寄生的棉铃虫，在寄生的第 6、第 7d，分别从取食常规饲料的 20.63mg/mL 和 24.82mg/mL 下降到取食转基因抗虫棉饲料的 13.34mg/mL 和 16.08mg/mL，减幅非常大。由此推测，取食转基因抗虫棉饲料后，棉铃虫血淋巴总蛋白含量的急剧下降可能是导致中红侧沟茧蜂茧和棉铃虫齿唇姬蜂幼蜂发育缓慢或不正常，出茧率降低，茧重偏轻的一个重要原因。虽然受到棉铃虫齿唇姬蜂寄生，在寄生的后期（寄生后第 6、第 7d）棉铃虫血淋巴总蛋白含量大大高于相应的未被寄生的对照，说明棉铃虫齿唇姬蜂可以根据自身生长发育的需求，调整寄主的生理状况，这是内寄生蜂同寄主长期协同进化的结果。寄主血淋巴蛋白的 SDS-PAGE 分析结果表明，虽然取食双价棉饲料后，棉铃虫血淋巴总蛋白的含量变化很大，但在电泳的蛋白质加样量相同的情况下，同相应的取食常规棉饲料的相比，谱带的数量和强度改变却不大，说明蛋白质的种类变化不大在取食双价棉饲料棉铃虫体内发育的齿唇姬蜂生长发育受到抑制，更有可能来自于寄主血腔中营养物质的减少（血淋巴总蛋白含量降低）。

侧沟绿茧蜂（*Microplitis* SP）属膜翅目，姬蜂科，是棉铃虫幼虫的优势寄生性天敌之一。据室内测定，每头雌蜂平均可寄生 28 或 29 头寄主，最多达 40 头以上。在黄河流域棉区常年棉铃虫幼虫寄生率可达 1.9% ~ 25.0%。用 Bt 棉饲养的棉铃虫其被寄生率和出蜂率分别为 14.0% 和 0%，均显著低于常规棉对照（32.6% 和 100%）。用 Bt 棉和常规棉饲养的棉铃虫被侧沟绿茧蜂寄生后茧重分别为 0.002 9g 和 0.005 2g，前者比后者重减轻 44.2%。可见，Bt 棉严重影响侧沟绿茧蜂的寄生率、羽化率和茧重（崔金杰等，1999）。

侧沟茧蜂（*Microplitis* SP）属膜翅目，马蜂科，一头寄主可出蜂 20 余头，是黄河流域棉区棉铃虫幼虫的优势寄生性天敌，常年对棉铃虫幼虫的寄生率可达 2.2% ~ 36.2%。侧沟茧蜂对用双价棉和 Bt 棉处理的棉铃虫幼虫的寄生率分别为 21.6% 和 17.4%，分别比常规棉处理的降低 33.7% 和 46.6%，前者差异显著，后者差异极显著，双价棉处理比 Bt 棉处理增加 24.1%，差异显著；羽化率分别为 47.7% 和 30.0%，分别比常规棉降低 52.7% 和 70.0%，差异均达极显著水平，双价棉处理比 Bt 棉处理增加 9.8%，差异显著；茧重分别比常规棉处理降低 25.5% 和 39.2%，差异极显著，双价棉处理比 Bt 棉处理增加 22.6%，差异显著；蜂重均比常规棉处理降低 14.3%，差异显著，双价棉处理和 Bt 棉处理差异不显著。可见，双价棉和 Bt 棉均严重影响侧沟茧蜂的寄生率、羽化率、茧重和蜂重，这是双价棉田和 Bt 棉田侧沟茧蜂种群数量明显下降的主要原因。但由于棉铃虫取食双价棉后体重重于取食 Bt 棉的棉铃虫，营养条件好，所以双价棉对侧沟茧蜂的影响比 Bt 棉小（崔金杰等，2005）。

棉蚜茧蜂（*Lysiphlebia japowica* Ashmead）属膜翅目，蚜茧蜂科，其寄主有棉蚜、豆蚜、洋槐蚜、桃蚜、麦二叉蚜和高粱蚜。崔金杰等（2005）研究了双价棉对棉田主要寄生性天敌棉蚜茧蜂生长发育的影响。结果表明，从双价棉田、Bt 棉田和常规棉田采集的棉蚜僵蚜的羽化率三者间均无明显差异，双价棉田和 Bt 棉田棉蚜茧蜂的蜂重差异达显著水平，与常规棉田相比均无明显差异（表 9 - 143）；常规棉田的棉蚜茧蜂寄生取食转双价棉、Bt 棉和常规棉的棉蚜后的蜂羽化率、出蜂时间及蜂重均没有明显差异，在寄生数量上除 Bt 棉与常规棉处理差异达显著水平外，其他处理间差异不明显（表 9 - 144）；双价棉田的棉蚜茧蜂对取食双价棉的棉蚜的寄生率有所下降，但棉蚜茧蜂的羽化率却明显提高，说明双价棉对棉蚜茧蜂的寄生力影响不大（表 9 - 145）。

表 9 - 143　转基因抗虫棉对棉田棉蚜茧蜂羽化率及蜂重的影响

类型	羽化率（%）	单头蜂重（mg）
双价棉	94.0 ± 1.0 aA	0.079 9 ± 0.008 aA
Bt 棉	90.0 ± 5.3 aA	0.065 9 ± 0.008 bA
常规棉	90.0 ± 6.9 aA	0.068 6 ± 0.014 bA

注：数据后不同大、小写字母者表示差异显著或极显著。表 9 - 144、表 9 - 145 同

表 9 - 144　棉蚜茧蜂对不同处理棉蚜的寄生力

处理	单雌寄生量（头）	成虫羽化率（%）	出蜂时间（d）	单头蜂重（mg）
双价棉	9.50 ± 3.45 abA	59.39 ± 26.69 aA	6.14 ± 0.72 aA	0.079 5 aA
Bt 棉	9.06 ± 2.66 aA	63.35 ± 32.96 aA	5.93 ± 0.84 aA	0.108 0 aA
常规棉	11.85 ± 2.84 bA	38.28 ± 33.39 aA	5.80 ± 0.65 aA	0.068 6 aA

表 9 – 145　转基因抗虫棉对棉蚜茧蜂寄生的影响

处理	寄生率（%）	羽化率（%）
CK/CK	43.9 ± 10.6 aA	13.9 ± 1.9 bB
Bt/CK	37.2 ± 14.5 abA	18.9 ± 5.9 abAB
Bt/Bt	33.9 ± 7.9 abA	16.1 ± 5.4 bAB
CpTI/CK	32.8 ± 11.4 abA	17.2 ± 8.2 bAB
CpTI/CpTI	30.0 ± 7.6 bA	23.3 ± 1.7 aA

注：CK 为常规棉，Bt 为 Bt 棉，CpTI 为双价棉；处理 CK/CK、Bt/CK、Bt/Bt、CpTI/CK、CPTI/CPTI，前者表示棉蚜茧蜂的来源，后者表示棉蚜茧蜂寄生对象棉蚜的来源

棉卷叶螟绒茧蜂（*Apanteles opacus* Ashmead）寄生取食转基因抗虫棉的棉大卷叶螟后，对卷叶螟绒茧蜂的一些生物学特征（如卵—幼虫历期、茧重、蜂重等）有一定影响，但这些影响因转基因抗虫棉品种、取食时间的选择等不同而有差异。为此，武二忠等（2012）选择生长天数相同、大小基本一致的 2 龄期棉大卷叶螟幼虫，做如下处理：①棉大卷叶螟 2 龄幼虫被卷叶螟绒茧蜂寄生后，用转基因抗虫棉叶饲喂 24h 后转移至常规棉叶饲养；②先用转基因抗虫棉叶饲喂 24h，然后让卷叶螟绒茧蜂寄生，被寄生后再用常规棉叶饲养；③先用转基因抗虫棉叶饲喂 12h，然后以卷叶螟绒茧蜂寄生，被寄生后用转基因抗虫棉叶再饲喂 12h 后转移至常规棉叶饲喂。其对照棉大卷叶螟一直用对应的常规棉棉叶饲养。试验研究 Bt 棉 GK22 和 33B，以及双价棉 SGK321 对棉大卷叶螟的天敌卷叶螟茧蜂生长发育的影响。研究结果表明（表 9 – 146），棉卷叶螟绒茧蜂寄生取食不同转基因抗虫棉叶的棉大卷叶螟 24h 后，其卵—幼虫历期、茧历期、茧畸形率、茧重、羽化率、蜂重以及成蜂寿命等生物学指标在不同棉花品种间有显著差异：①Bt 棉 GK12。处理Ⅰ的结果显示，卷叶螟绒茧蜂卵—幼虫历期、茧重、茧畸形率、茧历期、蜂重、寿命及羽化率受到一定影响，但与常规棉对照差异都不显著；处理Ⅱ的结果表明，除茧畸形率达 30%、与常规棉对照差异达极显著外，其他如卵—幼虫历期、茧重、蜂重、羽化率、蜂寿命等与常规棉对照差异均不显著处；理Ⅲ的结果表明，卷叶螟绒茧蜂的茧重下降，茧畸形率提高，蜂成虫寿命缩短，但与常规棉对照差异均不显著，且卵—幼虫历期、茧历期、羽化率和蜂重也没有受到不良影响。②Bt 棉 33B。处理Ⅰ的结果表明，卷叶螟绒茧蜂卵—幼虫历期延长 10.1%，蜂重下降 11.8%，寿命缩短 21.9%，与常规棉对照差异显著，但茧重、畸形率及羽化率与常规棉对照差异均不显著；处理Ⅱ的结果显示，除绒茧蜂寿命缩短、与常规棉对照差异显著外，其他各项指标与常规棉对照差异均不显著。处理Ⅲ的结果表明，卷叶螟绒茧蜂卵—幼虫历期延长，羽化率下降，寿命缩短，与常规棉对照差异显著，但蜂重、茧重、茧畸形率与常规棉对照差异均不显著。③SGK321。处理Ⅰ和处理Ⅱ结果显示，绒茧蜂卵—幼虫历期延长，蜂寿命缩短，与常规棉对照差异显著，其余差异均不显著，且茧畸形率反而下降；处理Ⅲ结果显示，卷叶螟绒茧蜂卵幼虫历期延长 6.3%，与常规棉对照差异显著；茧重、茧历期、羽化率及蜂寿命与常规棉对照差异均不显著。

表 9 – 146　转基因抗虫棉对卷叶螟绒茧蜂生长发育的影响

处理	卵—幼虫历期（d）	茧重（mg）	茧畸形率（%）	茧历期（d）	羽化率（%）	蜂重（mg）	蜂寿命（d）
常规棉泗棉 3 号	7.9 ± 0.3aA	4.48 ± 0.19 aA	0bB	4.9 ± 0.1 abA	76.67 ± 3.33 aA	2.30 ± 0.22 aA	10.5 ± 0.9 aA
Bt 棉 GK12 Ⅰ	8.0 ± 0.2 aA	4.27 ± 0.29 aA	13.33 ± 8.82abAB	5.2 ± 0.3 aA	81.90 ± 1.90 aA	2.39 ± 0.23 aA	11.0 ± 0.5 aA

（续表）

处理	卵-幼虫历期（d）	茧重（mg）	茧畸形率（%）	茧历期（d）	羽化率（%）	蜂重（mg）	蜂寿命（d）
Bt 棉 GK12 Ⅱ	8.0 ± 0.3 aA	4.09 ± 0.07 aA	30.00 ± 5.77 aA	4.9 ± 0.0 abA	90.47 ± 9.53 aA	2.17 ± 0.15 aA	11.7 ± 1.0 aA
Bt 棉 GK12 Ⅲ	7.9 ± 0.2 aA	4.32 ± 0.17 aA	16.67 ± 6.67 abAB	4.7 ± 0.1 bA	80.42 ± 6.94 aA	2.33 ± 0.069 aA	10.3 ± 0.7 aA
常规棉 33	7.9 ± 0.1 aA	4.22 ± 0.09 aA	13.33 ± 3.33 aA	4.8 ± 0.0 aA	92.96 ± 3.53 aA	2.46 ± 0.12 aA	12.8 ± 0.4 aA
Bt 棉 33B Ⅰ	8.7 ± 0.3 aA	4.31 ± 0.05 aA	6.67 ± 3.33 aA	4.5 ± 0.1 bA	85.93 ± 2.96 abA	2.17 ± 0.06 bA	10.0 ± 0.5 bA
Bt 棉 33B Ⅱ	8.0 ± 0.0 bA	4.20 ± 0.10 aA	6.67 ± 3.33 aA	4.6 ± 0.0 abA	81.85 ± 7.60 abA	2.28 ± 0.08 abA	11.6 ± 0.4 bA
Bt 棉 33B Ⅲ	8.6 ± 0.2 aA	4.03 ± 0.15 aA	16.67 ± 3.33 aA	4.7 ± 0.1 abA	72.14 ± 1.49 bA	2.40 ± 0.06 aA	10.6 ± 1.0 bA
常规棉石远 321	7.9 ± 0.1 bB	4.44 ± 0.22 aA	20.00 ± 10.00 aA	5.0 ± 0.2 aA	81.48 ± 9.80 aA	2.31 ± 0.24 aA	12.7 ± 0.8 aA
双价棉 SGK321 Ⅰ	8.6 ± 0.1 aA	4.62 ± 0.26 aA	3.33 ± 3.33 aA	5.1 ± 0.1 aA	75.93 ± 8.71 aA	2.21 ± 0.02 aA	10.0 ± 0.3 bA
双价棉 SGK321 Ⅱ	8.6 ± 0.2 aA	4.51 ± 0.09 aA	3.33 ± 3.33 aA	5.1 ± 0.1 aA	75.56 ± 7.29 aA	2.38 ± 0.11 aA	10.0 ± 0.3 bA
双价棉 SGK321 Ⅲ	8.4 ± 0.1 aAB	4.17 ± 0.17 aA	20.00 ± 5.77 aA	5.1 ± 0.1 aA	77.38 ± 12.43 aA	2.38 ± 0.04 aA	10.9 ± 0.5 abA

注：数据为平均数 ± 标准误，同列数据后不同大、小写字母分别表示在 0.01 和 0.05 水平上差异显著；品种后的 Ⅰ、Ⅱ、Ⅲ 分别表示不同的处理

斜纹夜蛾（Spodoptera litura Fabricius）和甜菜夜蛾（S. exigua Hubner）为转基因抗虫棉的非靶标害虫，在部分地区的转基因抗虫棉田严重为害棉花。斑痣悬茧蜂（Meteorus pulchricornis Wesmael）寄生多种大型鳞翅目幼虫，不仅是棉铃虫、而且是斜纹夜蛾和甜菜夜蛾幼虫的重要寄生性天敌。对斜纹夜蛾幼虫和甜菜夜蛾幼虫的选择性试验表明，斑痣悬茧蜂未表现出对取食 Bt 棉寄主幼虫的偏好。在大罩笼中进行的寄生选择试验表明，斑痣悬茧蜂未表现出对以 Bt 棉叶为食的斜纹夜蛾幼虫的显著偏好，寄生率为（32.51 ± 3.53）%，仅比对取食常规棉叶幼虫的寄生率高 4.61%（图 9 - 33）。甜菜夜蛾独立塑料盒的非选择试验，斑痣悬茧蜂在相同时间内对相同寄主数的取食不同食料的甜菜夜蛾寄生选择数量同样没有表现出差异，但是表现出寄生取食 Bt 棉叶的甜菜夜蛾的数量比寄生取食常规棉叶的寄主幼虫多了 2.46%（图 9 - 34）。斑痣悬茧蜂子代的历期、存活以及羽化成蜂的体型大小等发育适应度特征，不受寄主幼虫所取食的食料植物的影响。在取食 Bt 棉叶的斜纹夜蛾幼虫体内发育的斑痣悬茧蜂子代，在发育时间、茧重、羽化蜂体型大小（后足胫节长度）等发育适合度相关特征方面，与寄生取食常规棉叶的寄主子代蜂没有显著差异（表 9 - 147），子代蜂的存活时间也未表现出差异（图 9 - 35）。虽然取食两种不同棉叶的甜菜夜蛾体重不尽相同，

但是斑痣悬茧蜂在取食两种不同棉叶寄主中发育出的子代蜂的后足胫节长度经过独立样本 t 测验比较发现差异不显著，其他相关的子代蜂发育适合度参数也表现出不明显的差异（表 9 - 148）。结茧率和羽化率也未在寄生斜纹夜蛾和甜菜夜蛾的子代蜂表现出显著差异，例如，在以 Bt 棉叶为食的斜纹夜蛾体内完成幼期发育的幼虫，结茧率为（61.88 ± 36.56）%，羽化率为（63.10 ± 37.37）%；而在以常规棉为食的斜纹夜蛾体内完成幼期发育的结茧率为（74.11 ± 21.45）%，羽化率为（69.23 ± 36.58）%（图 9 - 36）。

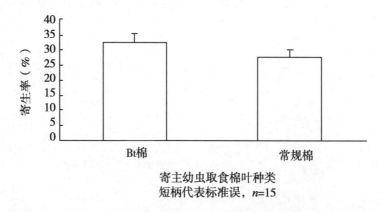

寄主幼虫取食棉叶种类
短柄代表标准误，*n*=15

图 9 - 33　斑痣悬茧蜂对取食不同棉叶斜纹夜蛾幼虫的寄生率（王锦达等，2011）

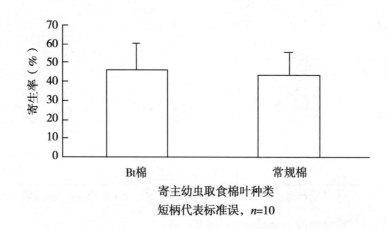

寄主幼虫取食棉叶种类
短柄代表标准误，*n*=10

图 9 - 34　斑痣悬茧蜂对取食不同棉叶甜菜夜蛾幼虫的寄生率（王锦达等，2011）

表 9 - 147　在取食 Bt 棉和常规棉的斜纹夜蛾幼虫体内的子代蜂发育表现（王锦达等，2011）

寄主种类	发育时间（d）			茧重（mg）	后足胫节长度（mm）
	卵—结茧	结茧—羽化	发育总历期		
取食 Bt 棉幼虫	8.11 ± 0.14	6.13 ± 0.23	14.07 ± 0.29	7.61 ± 0.19	1.50 ± 0.02
取食常规棉幼虫	8.07 ± 0.18	6.67 ± 0.14	14.67 ± 0.21	7.41 ± 0.18	1.51 ± 0.02

表 9 - 148　寄生取食不同棉叶甜菜夜蛾幼虫的斑痣悬茧蜂子代生长发育表现（王锦达等，2011）

寄主种类	发育时间（d）			茧重（mg）	后足胫节长度（mm）
	卵—结茧	结茧—羽化	发育总历期		
取食 Bt 棉幼虫	8.80 ± 0.79	4.00 ± 0.82	12.90 ± 1.32	3.39 ± 0.12	1.27 ± 0.15
取食常规棉幼虫	9.30 ± 0.48	4.10 ± 0.99	13.33 ± 1.22	4.87 ± 1.22	1.28 ± 0.19

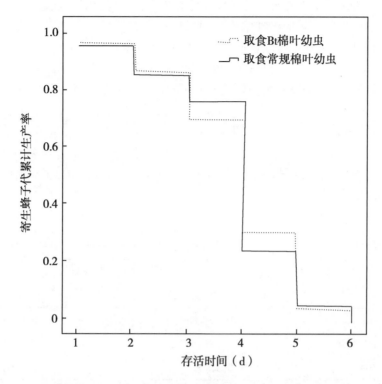

图 9-35　在取食 Bt 棉和常规棉的斜纹夜蛾幼虫体内发育的子代蜂的 Kaplan-Meier
存活曲线（王锦达等，2011）

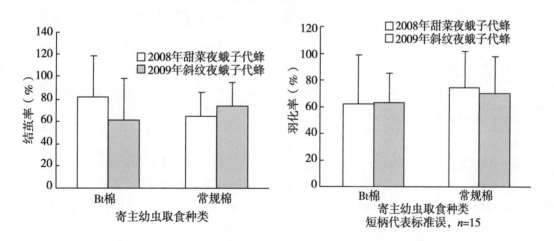

图 9-36　取食 Bt 棉和常规棉的斜纹夜蛾和甜菜夜蛾幼虫体内发育的子代蜂结茧和羽化表现（王锦达等，2011）

四、对寄生性天敌种群和群落的影响

转基因抗虫作物对寄生性天敌个体的影响必然影响其种群数量动态，但对昆虫群落的影响结果则难以预测（李丽莉等，2004；Wu 等，2008）。由于寄主中毒而使寄主质量和数量降低，如果没有适宜替代寄主存在，则寄生性天敌种群数量必然减少（李保平等，2002）；转基因抗虫作物的栽培使得农药的施用量显著减少，对天敌的影响明显降低，有利于寄生性天敌种群的生长和存活。

研究认为，转基因抗虫棉棉田寄生性天敌数量明显减少。根据 Shanna 等（2007）的大田调查的结果发现 Bt 棉对棉铃虫的寄生性天敌的发育和种群变化有不利影响。崔金杰等（1999）对 Bt 棉田调查，整个棉花生育期单作 Bt 棉田和常规棉田平均百株寄生性天敌数量分别为 31.9 头和 72.7 头，Bt 棉田减少了 56.12%，差异达显著水平；麦套 Bt 棉田和麦套常规棉田平均百株寄生性天敌数量分别为 32.9 头和 45.4 头，Bt 棉田减少了 27.53%；麦套 Bt 棉田比单作 Bt 棉田增加了 3.04%。

螟蛉绒茧蜂（*Apanteles ruficrus*）是一种重要的田间寄生性天敌，寄生于夜蛾科和螟蛾科等多种幼虫；棉大卷叶螟（*Sylepta derogata*）幼虫是温湿地区棉田的主要害虫之一，也是螟蛉绒茧蜂的主要田间寄主之一。据田间调查，棉花全育期间，Bt 棉苏抗 310 田间螟蛉绒茧蜂成虫和虫蛹数量均明显低于常规机制泗棉 3 号，成虫数量的差异程度小于虫蛹数量的差异（表 9 – 149）。说明，苏抗 310 田间螟蛉绒茧蜂在成蛹前受到明显的不良影响。棉花初铃期苏抗 310 田间棉大卷叶螟幼虫发生高峰期高龄幼虫被寄生率低于对照泗棉 3 号（表 9 – 150）。说明，螟蛉绒茧蜂在苏抗 310 田间的寄生行为可能受到一定的不良影响。

表 9 – 149　Bt 棉苏抗 310 对螟蛉绒茧蜂成虫及虫蛹数量的影响（张晖等，2003）

	螟蛉绒茧蜂	
	百株成虫数（头）	百株虫蛹数（个）
Bt 棉苏抗 310	0.3 ± 0.21	0.1 ± 0.14
常规机制泗棉 3 号（对照）	1.3 ± 0.51	19.3 ± 7.39
显著性检验 P 值	0.048 8[*]	< 0.000 1[**]

注：＊$P < 0.05$ 差异显著，＊＊$P < 0.01$ 差异显著，表 9 – 150 同

表 9 – 150　Bt 棉苏抗 310 对螟蛉绒茧蜂寄生率的影响（张晖等，2003）

	寄生率（%）	
	2002 年 9 月 1 日	2002 年 9 月 8 日
Bt 棉苏抗 310	0	16.7
常规棉泗棉 3 号（对照）	6.2	45.0
显著性检验 P 值	0.208 2	0.026 7[*]

江苏沿海棉区棉铃虫的卵寄生蜂主要为拟澳洲赤眼蜂，棉铃虫幼虫寄生蜂主要为棉铃虫齿唇姬蜂与斑痣悬茧蜂。徐文华等（2008）系统调查结果显示，Bt 棉中棉所 44 在各代棉铃虫幼虫期均未查到被寄生的幼虫，而常规棉中棉所 17 三、四代幼虫期的寄生率分别为 4.17% 和 6.11%。采集田间二、三、四代棉铃虫幼虫转入室内饲养观察，中棉所 44 室内寄生率分别为 6.67%、3.57% 和 0；中棉所 17 室内寄生率分别为 13.33%、10.00% 和 0。据滨海、阜宁、大丰等地田间调查统计，二代棉铃虫发生期间中棉所 44 棉田未查到棉铃虫的寄生卵，三、四代发生期该品种的卵寄生率依次为 2.63% 和 1.22%，分别比常规棉降低 14.05% 和 11.59%。表明在 Bt 棉田内主要寄生性天敌的种群数量低于或者显著低于常规棉。

根据理论推测，转基因抗虫棉可能通过直接方式对寄生性天敌昆虫造成不良影响，但已有研究未发现转基因抗虫棉对寄生蜂的生长发育、寄主搜寻、选择和寄生行为造成明显直接的不良影响。迄今，大多数研究集中在转基因抗虫棉如何通过影响靶标害虫而间接影响寄生蜂的个体生长发育，研究结论一致，转基因抗虫棉明显降低靶标害虫的寄生蜂适应度表现，而对非靶标害虫的寄生蜂没有明显不良影响。转基因抗虫棉对靶标害虫的寄生蜂个体的间接不良影响，未必导致转基因抗虫棉田中寄生蜂种群数量的降低，因为转基因抗虫棉田与常规棉田相比施用农药减少，而减小了对寄生

性天敌的伤害。目前，迫切需要大面积、长期跟踪研究转基因抗虫棉对寄生性天敌昆虫种群和群落的影响。

第三节　对经济昆虫的影响

有些转基因作物是需要蜂类传粉的显花植物，有些则可作为蜂类的食物来源。抗性转基因作物有可能对蜂类昆虫产生直接和间接的影响。转基因作物的花粉或者花蜜可能对蜂类产生直接影响。蜜蜂等具有摄食花粉习性的蜂类昆虫在取食了转抗虫基因作物的花粉后，有机会接触到杀虫蛋白，从而可能受到潜在的影响。这种影响可能打破农田系统昆虫种群的生态平衡，对物种多样性造成长远的影响。蜜蜂等有益昆虫一方面直接取食转抗虫基因作物的花粉，另一方面花粉还在自然界漂移扩散大大增大了它们的接触机会，增加了接触到杀虫蛋白的风险。因此，有必要了解转基因作物对蜂类昆虫的生物安全性。

迄今为止的有关报道绝大部分是在实验室层次和半大田层次上进行的研究，主要集中在直接接触转基因作物或 Bt 毒蛋白对蜜蜂存活率的影响等方面，尚缺乏最具有可靠性、最接近真实环境的条件下进行的大田层次的研究。但是，由于大田条件的复杂多变和不容易控制，其研究结果往往难以很好重复。另外，由于研究过程中的不可控因素过多，试验结果的解释也相对困难。关于在大田层次上进行的转基因作物对蜂类昆虫的生物安全性研究至今没有见到正式报道。转基因抗虫棉对蜂类昆虫生物安全性研究情况也是如此。

目前全球 5 大转基因植物中的油菜、棉花、玉米均是主要的蜜源植物，在养蜂生产中占有重要地位，并且可能有越来越多蜜蜂采粉的转基因植物即将在田间应用和推广。蜜蜂一方面直接取食转基因抗虫作物的花粉、花蜜，另一方面花粉在自然界漂移扩散也增加了蜜蜂接触到杀虫蛋白的风险。转基因抗虫作物对蜜蜂类可能产生直接和间接的影响。如果转基因作物的花粉、花蜜中存在转基因蛋白，蜜蜂若摄取那些转基因编码的蛋白质，将会受到直接影响。若作物体内转入的基因不经意地改变了花的表现型（如花的形状和颜色），从而可能间接影响花对蜜蜂的吸引力或营养价值（Sims，1995）。因此，研究这些转基因抗虫作物对蜜蜂潜在的生态风险，对于科学评估转基因生物安全性非常必要。田岩等（2006）试验的结果表明，取食 Bt 棉花粉的意大利蜜蜂和取食常规棉棉花粉的意大利蜜蜂 4 日龄、5 日龄和 6 日龄的体重没有明显差别（表 9 – 151），初步说明 Bt 棉花粉对蜜蜂幼虫的体重增重基本没有影响。取食 Bt 棉花粉的蜜蜂和取食常规棉棉花花粉的蜜蜂幼虫和蛹的发育历期差异没有达到显著水平（表 9 – 149），说明 Bt 棉花粉对蜜蜂幼虫和蛹的发育历期无明显负面影响。Sims（1995）用纯化的 Cry1Ac 毒素蛋白饲喂蜜蜂所得结果基本一致。Anon（2001）研究结果指出，当以相当于转基因抗虫棉的花粉和花蜜中 Cry1Ac 杀虫蛋白表达水平的 1 700 倍或者 10 000 倍的该毒蛋白饲喂蜜蜂的幼虫和成虫时，没有发现受试蜜蜂出现中毒症状。可见，不管是花粉中表达的 Bt 毒蛋白还是直接提纯的毒蛋白对意大利蜜蜂的生长发育基本没有不良影响。

表 9 – 151　蜜蜂取食 Bt 棉花粉和常规棉花粉后幼虫和蛹的发育历期

虫期	发育历期（d）	
	Bt 棉	常规棉（CK）
幼虫	6.3 ± 0.1a	6.2 ± 0.1a
蛹	13.4 ± 0.1a	13.3 ± 0.1a

注：同行数据后有相同字母表示差异不显著（$P < 0.05$）。表 9 – 152、表 9 – 153 同

表 9-152　蜜蜂取食 Bt 棉花粉和常规棉花粉后体重变化

日龄（d）	平均体重（m/mg）	
	Bt 棉	常规棉（CK）
4	84 ± 0.9a	84 ± 0.8a
5	133 ± 0.9a	134 ± 0.8a
6	143 ± 0.9a	145 ± 0.7a

田岩等（2006）试验结果（表 9-153、表 9-154）还表明，取食 Bt 棉花粉的意大利蜜蜂 6 日龄幼虫体内的谷胱甘肽-S-转移酶、总蛋白酶活力与常规棉（CK）相比，没有显著差异。取食 Bt 棉花粉的意大利蜜蜂幼虫体内的 α-乙酸萘酯酶、乙酰胆碱酯酶活力极显著高于 CK，强碱性、弱碱性类胰蛋白酶活力极显著低于 CK，类胰凝乳蛋白酶活力显著低于 CK。Bt 棉花粉对蜜蜂幼虫体内的一些代谢解毒酶和中肠蛋白酶活性有一定的影响，说明蜜蜂体内代谢解毒酶和消化酶系统与 Bt 毒蛋白相互作用的过程中，可以引起某些代谢酶和消化酶活性的变化，但以上酶活性的变化还不足以显著影响蜜蜂的生长发育。另外，取食 Bt 棉花粉的蜜蜂 6 日龄幼虫体内能够检测到 Cry1Ac 毒蛋白，表明毒蛋白可能在蜜蜂体内残留并累积。

不同亚种的苏云金杆菌 Bacillus thuringiensis 可特异性地杀死特定种类的目的昆虫。例如，Cry1 蛋白对鳞翅目昆虫有杀虫活性，Cry2 蛋白则可杀死鳞翅目和双翅目昆虫，蛋白的特异杀虫谱与昆虫中肠组织有无杀虫蛋白识别结合受体有非常直接的关系（Travis 等，2000）。属于膜翅目的蜜蜂中肠组织与鳞翅目、双翅目的昆虫在生理结构上有很大区别，Bt 毒素受体蛋白可能没有，或者很少，因此 Bt 毒蛋白对蜜蜂造成的危害可能是很小的（梁革梅等，2003）。虽然取食 Bt 棉花粉的蜜蜂体内某些酶的活性发生变化，但其生长发育并未受到明显影响。

表 9-153　取食 Bt 棉花粉和常规棉花粉 6 日龄蜜蜂主要代谢解毒酶活性比较酶活性（A/mmol/L·mg·min）

α-乙酸奈酯酶		乙酰胆碱酯酶		谷胱甘肽-S-转移酶	
Bt 棉	常规棉（CK）	Bt 棉	常规棉（CK）	Bt 棉	常规棉（CK）
0.03 ± 0.000 2Bb	0.02 ± 0.000 2Aa	0.04 ± 0.000 4Bb	0.03 ± 0.000 2Aa	0.01 ± 0.000 3Aa	0.01 ± 0.000 4Aa

注：仅在同一种酶 Bt 棉和 CK 之间进行差异显著性比较，同一行中不同大写字母表示在 0.01 水平上差异显著，不同小写字母表示在 0.05 水平差异显著。表 9-154 同

表 9-154　蜜蜂取食 Bt 棉花粉和常规棉花粉的中肠蛋白酶活性比较酶活性（A/mmol/L·mg·min）

总蛋白酶		强碱性类胰蛋白酶		弱碱性类胰蛋白酶		类胰凝乳蛋白酶	
Bt 棉	常规棉（CK）	Bt 棉	常规棉（CK）	Bt 棉	常规棉	Bt 棉	常规棉（CK）
0.01 ± 0.000 6 Aa	0.01 ± 0.001 6 Aa	0.01 ± 0.000 9 Bb	0.02 ± 0.000 3 Aa	0.47 ± 0.052 5 Bb	0.84 ± 0.011 2 Aa	0.16 ± 0.012 0 Ab	0.22 ± 0.016 6 Aa

昆虫肠道是众多微生物的良好生活环境，在长期的进化过程中，肠道微生物与其宿主形成了共生关系，肠道微生物对其宿主的生长发育起着非常重要的作用。共生菌有利于昆虫的繁殖、消化、营养物质的摄取和信息素的合成等。已有研究发现转基因作物被取食后，外源基因能够在肠道或组织器官中残留；而这些残留的 DNA 是否会与肠道微生物相互作用，继而对害虫、天敌以及非靶标昆虫产生不利影响。尚有待研究证实。姜玮瑜等（2010）研究了在自然条件和人为高选择压力下，双价棉 SGK321 对蜜蜂肠道细菌群落的影响，人为设计了高浓度的外源 DNA，包括质粒 DNA 及线

性的 DNA 片段，旨在提供一个有可能发生基因转移的条件，通过变性梯度凝胶电泳（DGGE）图谱直观地比较了不同处理组的群落组成，从各个处理组的条带数目、Shnnon's 指数和相似性系数三方面进一步分析 DGGE 图谱。结果显示，各个处理组 DGGE 图谱中的条带数目在 11.3～15.0，Shannon's 指数在 0.87～1.05，相似系数为 68.3%～84.7%，不同处理组细菌群群落没有很明显的差别；而且用 PCR 方法也没有检测到外源 DNA 整合到肠道微生物的基因组中，从这 3 个表征群落多样性的参数和 PCR 检测结果来看，不同处理对蜜蜂肠道细菌群落并无显著影响。因此初步判定双价棉 SGK321 短期内对蜜蜂细菌群落尚无不利影响。出现这样的情况可能有以下三方面的原因：首先，外源基因在消化道中被一些酶或是微生物代谢产物降解；其次，蜜蜂肠道环境不适合外源基因通过接合或转化等方式转移到微生物基因组中；最后，外源基因有可能在消化道存活并发生了基因转移，但含转基因的细菌只占极小部分，无法被检测出。

　　综上所述，转基因抗虫棉花粉基本对蜜蜂生长发育没有显著负面影响，对蜜蜂是安全的。但转基因抗虫棉花粉对蜜蜂某些解毒酶和中肠蛋白酶的活性确实产生了一定的影响，因此转基因抗虫棉花粉对蜜蜂的潜在影响需要更全面的依据。

　　蚕桑业是我国重要的传统支柱产业和出口创汇产业，研究转基因抗虫作物花粉对家蚕生长发育是否有影响具有十分重要的经济意义。随着转基因抗虫棉和其他转基因抗虫作物的进一步推广应用，虽然已知它们的花粉中的 Bt 毒蛋白表达量较低，但考虑到 Bt 毒蛋白和蛋白酶抑制剂对鳞翅目昆虫均有毒杀作用，加之目前 Bt 棉和 Bt 玉米所用的启动子如 Ubiquitin 和 CaMV35S 均能使 Bt 蛋白和蛋白酶抑制剂全株表达，慎重考虑这些作物的花粉漂移至桑叶上是否会影响家蚕的生长发育与结茧等颇有必要。已有研究表明，与常规棉以及无花粉对照相比，转基因抗虫棉花粉对家蚕各龄期的死亡率（表 9-155）、蛹重、茧重、茧层重、化蛹率、羽化率和产卵量（图 9-37、图 9-38）均无多大影响，且无明显的剂量效应。虽然取食转基因抗虫花粉后家蚕一龄历期有所延长，但与常规棉的花粉处理相比，则无显著差异；同样，家蚕三龄眠蚕体重虽与无花粉对照相比表现出较大差异，但其体重均大于对照（图 9-39）。可见，转基因抗虫棉花粉对家蚕的历期和体重亦无多大影响。总之，转基因抗虫棉花粉对家蚕的生长发育不会产生明显的负面影响。

表 9 - 155　不同棉花花粉处理家蚕幼虫的死亡率（李文东等，2002）

龄期	处理	死亡率（%）			显著性 P 值
		D1	D2	D3	
一龄期	常规棉石远 321	8.0±4.9	10.0±3.2	0	0.130 8
	Bt 棉 33B	14.0±7.5	6.2±2.5	12.0±5.8	0.905 6
	双价棉 SGK321	14.0±6.8	20.0±8.9	5.0±2.6	0.894 8
	无花粉（对照）	8.0±3.7	8.0±3.7	8.0±3.7	—
	显著性 P 值	0.885 9	0.858 2	0.173 6	—
五龄期	常规棉石远 321	13.3±7.4	0	10.5±3.2	0.068 3
	Bt 棉 33B	4.2±2.6	4.4±2.7	9.1±6.5	0.937 1
	双价棉 SGK321	6.0±4.0	2.9±2.9	4.2±3.7	0.760 8
	无花粉（对照）	3.3±3.2	3.3±3.3	4.2±3.7	—
	显著性 P 值	0.772 0	0.607 7	0.372 6	—

　　注：表中 D1、D2、D3 表示棉花花粉浓度分别为：1mg/ml、10mg/ml、100mg/ml

　　柞蚕是我国华北和东北地区大面积人工野外饲养的重要经济昆虫，人工饲养已有 2000 年的历史，现每年放养面积 50～80hm²。以天然柞林形成的蚕场与棉花和玉米等农作物常处于同一生态系统中。为了评估转基因抗虫棉的生态风险，李文东等（2003）用转基因抗虫棉花粉处理（花粉密度约 1 000粒/cm² 和 10 000粒/cm²）的辽东栎（*Quercus liaotungensis*）叶片分别饲养蚁蚕至 3 龄末，以研究转基因抗虫棉花粉对柞蚕生长发育的影响。结果显示（表 9 – 156 至表 9 – 159），与常规棉花粉处理相比，1～3 龄期柞蚕的死亡率、发育历期、以及食物利用率、食物转化率、相对代谢速率、相对取食量和近似消化率等营养指标均无显著差别。表明两种供试转基因抗虫棉的种植不会对柞蚕的生长发育带来显著不利影响。

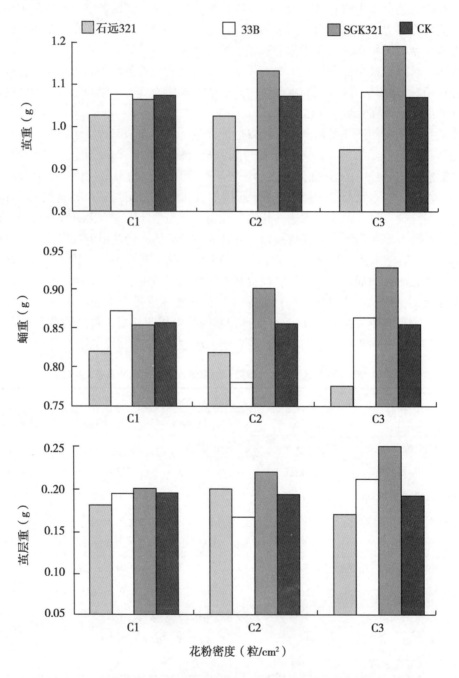

图 9 – 37　不同棉花花粉处理家蚕的茧重、蛹重和茧层重（李文东等，2002）
注：石远 321 和 33 为常规棉，SGK321 为双价棉，CK 为未饲喂花粉对照。图 9 – 38、图 9 – 39 同

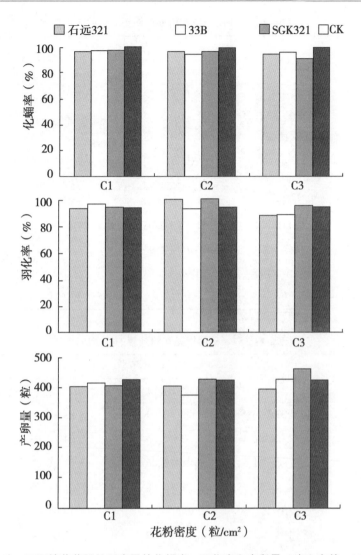

图 9 - 38　不同棉花花粉处理家蚕的化蛹率、羽化率和产卵量（李文东等，2002）

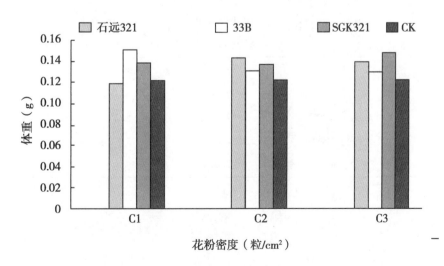

图 9 - 39　不同棉花花粉处理家蚕三龄眠蚕的体重（李文东等，2002）

表 9 - 156　不同棉花花粉处理柞蚕幼虫的死亡率

龄期	处理	死亡率（%）		P 值
		1 000 粒花粉/ m²	10 000 粒花粉/ m²	
1 龄期	Bt 棉 33B	24. 00 ± 8. 72	10. 00 ± 2. 50	0. 226 9
	双价棉 SGK321	18. 00 ± 3. 74	12. 00 ± 3. 74	0. 207 2
	常规棉石远 321	10. 00 ± 5. 48	20. 00 ± 4. 00	0. 323 0
	无花粉（对照）	10. 00 ± 3. 16	10. 00 ± 3. 16	
	P 值	0. 373 5	0. 178 6	
2 龄期	Bt 棉 33B	16. 22 ± 11. 20	19. 11 ± 4. 35	0. 459 6
	双价棉 SGK321	12. 94 ± 6. 03	23. 67 ± 7. 21	0. 200 4
	常规棉石远 321	24. 60 ± 1. 95	22. 86 ± 14. 71	0. 270 2
	无花粉（对照）	24. 28 ± 4. 03	24. 28 ± 4. 03	
	P 值	0. 274 7	0. 941 9	

表 9 - 157　不同棉花花粉处理的柞蚕历期

龄期	处理	历期（d）		P 值
		1 000 粒花粉/ m²	10 000 粒花粉/ m²	
1 龄期	Bt 棉 33B	5. 29 ± 0. 09	5. 83 ± 0. 10	0. 012 0
	双价棉 SGK321	5. 13 ± 0. 05	5. 24 ± 0. 08	0. 447 5
	常规棉石远 321	5. 48 ± 0. 06	5. 57 ± 0. 29	0. 386 2
	无花粉（对照）	5. 21 ± 0. 08	5. 21 ± 0. 08	
	P 值	0. 115 3	0. 007 4	
2 龄期	Bt 棉 33B	4. 55 ± 0. 09	4. 67 ± 0. 06	0. 493 0
	双价棉 SGK321	4. 40 ± 0. 03	4. 54 ± 0. 09	0. 265 8
	常规棉石远 321	4. 39 ± 0. 06	4. 34 ± 0. 27	0. 695 4
	无花粉（对照）	4. 19 ± 0. 12	4. 19 ± 0. 12	
	P 值	0. 119 8	0. 042 6	
3 龄期	Bt 棉 33B	5. 35 ± 0. 08	5. 65 ± 0. 10	0. 385 3
	双价棉 SGK321	5. 35 ± 0. 36	4. 88 ± 0. 26	0. 569 9
	常规棉石远 321	4. 57 ± 0. 18	5. 25 ± 0. 29	0. 312 3
	无花粉（对照）	5. 34 ± 0. 17	5. 34 ± 0. 17	
	P 值	0. 446 1	0. 579 8	

表 9 – 158　柞蚕幼虫取食发育的相对取食量和相对代谢速率

发育天数 (d)	处理	相对取食量 (mg/mg·天)		P 值	相对代谢速率 (mg/mg·天)		P 值
		1 000 粒花粉/ m²	10 000 粒花粉/ m²		1 000 粒花粉/ m²	10 000 粒花粉/ m²	
8	Bt 棉 33B	0.425 9 ± 0.020 3	0.408 6 ± 0.018 4	0.540 0	0.162 4 ± 0.024 9	0.142 9 ± 0.013 5	0.510 0
	双价棉 SGK321	0.459 4 ± 0.008 8	0.478 6 ± 0.054 4	0.737 3	0.191 7 ± 0.011 4	0.206 1 ± 0.054 0	0.800 8
	无花粉（对照）	0.430 7 ± 0.016 0	0.430 7 ± 0.016 0		0.156 4 ± 0.011 6		
	P 值	0.301 2	0.378 9	0.334 3	0.388 3		
10	Bt 棉 33B	0.378 4 ± 0.028 0	0.358 3 ± 0.014 4	0.581 6	0.153 0 ± 0.033 9	0.123 5 ± 0.009 0	0.412 6
	双价棉 SGK321	0.395 8 ± 0.020 4	0.403 1 ± 0.046 2	0.117 2	0.159 3 ± 0.017 0	0.170 3 ± 0.043 8	0.822 9
	无花粉（对照）	0.317 3 ± 0.032 0	0.317 3 ± 0.032 0		0.103 0 ± 0.019 9		
	P 值	0.142 3	0.253 4	0.252 2	0.284 9		
13	Bt 棉 33B	0.258 4 ± 0.011 2	0.366 5 ± 0.012 8	0.667 0	0.082 5 ± 0.011 9	0.085 1 ± 0.009 8	0.926 4
	双价棉 SGK321	0.242 2 ± 0.024 0	0.265 6 ± 0.016 7	0.447 1	0.060 8 ± 0.013 7	0.079 7 ± 0.015 8	0.420 6
	无花粉（对照）	0.247 0 ± 0.025 0	0.247 0 ± 0.025 0		0.071 7 ± 0.014 1		
	P 值	0.856 8	0.739 1	0.496 5	0.883 4		

表 9 – 159　柞蚕幼虫的食物利用率、食物转化率和近似消化率

发育天数 (d)	处理	食物利用率 (%)		P 值	食物化率 (%)		P 值	近似消化率 (%)		P 值
		1 000 粒花粉/ m²	10 000 粒花粉/ m²		1 000 粒花粉/ m²	10 000 粒花粉/ m²		1 000 粒花粉/ m²	10 000 粒花粉/ m²	
8	Bt 棉 33B	28.58 ± 1.53	29.57 ± 1.39	0.641 1	44.00 ± 4.14	46.09 ± 2.38	0.647 1	65.94 ± 2.84	64.22 ± 0.40	0.548 4
	双价棉 SGK321	26.05 ± 0.50	26.16 ± 2.34	0.985 9	38.61 ± 1.41	39.83 ± 4.60	0.855 2	67.65 ± 1.24	66.99 ± 3.01	0.878 0
	无花粉（对照）	28.19 ± 1.02	28.19 ± 1.02		43.86 ± 1.79	43.86 ± 1.79		64.33 ± 0.53		
	P 值	0.256 6	0.386 2		0.319 1	0.379 4	0.466 2	0.468 2		

（续表）

发育天数(d)	处理	食物利用率(%)		P值	食物化率(%)		P值	近似消化率(%)		P值
		1 000 粒花粉/m²	10 000 粒花粉/m²		1 000 粒花粉/m²	10 000 粒花粉/m²		1 000 粒花粉/m²	10 000 粒花粉/m²	
10	Bt 棉 33B	26.27 ± 1.69	26.45 ± 1.13	0.648 2	41.21 ± 4.30	44.29 ± 1.78	0.450 8	65.20 ± 3.53	60.28 ± 1.07	0.277 9
	双价棉 SGK321	24.73 ± 1.29	25.24 ± 2.44	0.899 1	38.51 ± 2.46	39.48 ± 4.89	0.126 2	64.48 ± 1.29	65.26 ± 2.99	0.937 1
	无花粉（对照）	32.49 ± 4.19	32.49 ± 4.19		51.35 ± 6.27	51.35 ± 6.27		63.33 ± 0.51		
	P 值	0.136 5	0.247 7		0.184 7	0.680 5	0.814 2	0.265 6		
13	Bt 棉 33B	29.78 ± 1.37	28.46 ± 1.44	0.667 7	49.12 ± 3.53	48.02 ± 3.01	0.987 4	61.39 ± 3.52	58.81 ± 1.10	0.545 1
	双价棉 SGK321	32.73 ± 3.14	29.15 ± 1.60	0.352 1	57.71 ± 5.25	50.52 ± 3.96	0.299 9	56.66 ± 0.70	58.32 ± 2.18	0.486 2
	无花粉（对照）	32.65 ± 4.35	32.65 ± 4.35		53.93 ± 6.27	53.93 ± 6.27		60.22 ± 1.19		
	P 值	0.775 2	0.626 7		0.520 5	0.770 5	0.338 9	0.705 7		

　　总之，通过大量的室内和田间试验研究，越来越多的结果证明，转基因抗虫棉对非靶标昆虫的数量和功能的不利影响较小，尤其是比施用常规杀虫剂要安全得多。但值得注意的是，这些研究大部分是建立在室内观察或短期的田间试验小区调查基础上，长期系统的观测结果较少。评价指标和对象也较单一，很少从种群、群落、食物网等生态系统的角度综合评价。随着转基因抗虫棉种植面积的进一步扩大，其对非靶标昆虫的长期生态效应将是转基因抗虫棉大面积推广过程中亟待明确的一项重要研究课题。

第十章　转基因抗虫棉对土壤生态系统的影响

　　土壤是生态系统中物质循环和能量转化过程的重要场所。包括转基因抗虫棉在内的转基因作物的外源基因可通过根系分泌物或作物残茬进入土壤生态系统，土壤的特异生物功能类群以及土壤生物多样性都有可能因此而改变（Angle，1994）。遗传改良可能影响到作物分解速率和 C、N 水平，进而影响土壤生物、生态过程和肥力（Donegan 等，1997）。Jepson 等（1994）提出了转基因作物环境释放需要评价的土壤微生物、动物类群和土壤生态过程。Trevors 等（1994）建议采用功能类群的多样性评价土壤生物群落的变化。Angle（1994）强调风险评价的重点是土壤微生物，原生动物是监测土壤生物种群变化的最敏感指标。2000 年，美国 EPA 将转基因作物对土壤生态系统的影响列为风险评价的重要组成部分；欧盟也将 Bt 作物对土壤肥力和土壤生物多样性的影响作为间接环境影响长期监测的重要内容。转基因作物对土壤生态系统的影响是继转基因作物与近源物种基因流、靶标害虫抗性问题和对非靶标生物影响之后的又一个热点问题。

第一节　Bt 毒蛋白在土壤中的活性

　　Bt 毒蛋白在转基因抗虫棉根、茎、叶等主要器官中均存在，由转基因抗虫棉的根系、残渣或花粉渗出的 Bt 毒蛋白，进入土壤生态系统后能否保持活性是其对土壤生态系统产生影响的先决条件。研究表明，纯化 Bt 毒蛋白可被黏土矿物、腐殖酸和有机矿物聚合体等土壤表面活性颗粒快速吸附，并与之紧密结合，结合态的 Bt 毒蛋白在很长一段时间内仍保持杀虫活性，而且不易被土壤微生物分解（Grecchio 等，2001；Tapp 等，1995；Koskefla 等，1997）。不仅纯化的 Bt 毒蛋白能对土壤环境产生影响，转基因抗虫棉的根系分泌物和残茬也可以向土壤释放 Bt 毒蛋白。Donegan 等（1995）发现 Bt 棉花叶片和茎秆在沙壤土和黏壤土中分解释放毒素的高活性状态可分别持续 28d 和 40d。Sims 等（1997）的研究表明，棉花秸秆室内或田间分解 40d 后的杀虫活性一致。Palm 等（1996）将 Bt 棉的叶枝埋入 5 种不同微生态系统土壤中，发现 140d 后在 3 种土壤中仍能检测到 Bt 毒蛋白，其含量分别为起始浓度的 3%、16% 和 35%。James（1997）认为 Bt 毒蛋白土壤黏粒结合，毒性难以降解，可持续 2~3 个月。Rui 等（2005）发现 Bt 棉根系分泌的 Bt 毒蛋白的高活性可持续 2 个月。Flores 等（2005）发现 Bt 棉残茬在土壤中的降解量比常规棉少，而改用微生物悬浮液处理残茬时也得到同样的结果。

　　据芮玉奎（2005）研究（图 10-1），常规棉与转基因抗虫棉根际土壤中的 Bt 毒蛋白含量在整个生育期的变化动态模式基本一致，说明土壤中固有的苏云金芽孢杆菌随着根系的长势有相应的增减。各棉花品种在 6 月底（盛蕾期）到 8 月底（结铃期）最高，常规棉最高达到 400ng/g；转基因抗虫棉则在 7 月底、8 月初达到 700 ng/g 左右，在刚刚播种前和收获以后土壤中 Bt 毒蛋白的含量降低到 100ng/g 以下；转基因抗虫棉根际土壤中 Bt 毒蛋白的含量在棉花整个生育期都远远高于常规棉，达到极显著水平，特别是在 6 月底到 9 月底，转基因抗虫棉高出常规棉 1 倍左右；在棉花收获以后，常规棉与转基因抗虫棉土壤 Bt 毒蛋白含量接近一致，并稳定在 50 ng/g 以下。不同转基因抗虫棉根际土壤 Bt 毒蛋白变化趋势存在差异，其中 Bt 棉 99B 根际土壤 Bt 毒蛋白的含量始终高于双价棉 SCK321。张美俊等（2008）测定结果与芮玉奎的相一致。不同生育期棉株根际土壤 Bt 毒蛋白的测定结果表明，Bt 棉新彩 1 根际土壤可以检测到 Bt 毒蛋白的存在，而对照新彩 1 根际土壤却检测不到（图 10-2）。Bt 棉新彩 1 根际土壤 Bt 毒蛋白含量由苗期到花期逐渐增加，花期达到峰值 56.14ng/g，然后逐渐减少；收花结束期 Bt 毒蛋白降到最低，仅为 16.12ng/g。这和棉株生长密切相关，前期 Bt 棉新彩 1 生长代谢旺盛，棉株根系分泌的 Bt 毒蛋白较多，后期根系进入衰退期，分泌进入根际土壤的 Bt 毒蛋白减少，同时随着微生物的利用与降解使 Bt 毒蛋白含量下降。此外，盆栽试验结果也表明，转基因抗虫棉生育期间，根际土壤中 Bt 毒蛋白含量显著高于常规棉，Bt 毒蛋白含量动态变化也是呈苗、蕾期低、花铃期达高峰，之后逐渐下降。孙彩霞等（2004）试验结果指出（图 10-3），Bt 棉根际土壤中的 Bt 毒蛋白含量均比常规棉高，且不同 Bt 棉品种在不同生育期释放到土壤中的 Bt 毒蛋白含量有所不同。在生育前期（苗期、盛蕾期），Bt 棉中抗 30 释放到土壤中的 Bt 毒蛋白含量低于 Bt 棉 GK12；在生育中后期（盛花期、盛铃期、盛絮期），Bt 棉中抗 30 释放到土壤中的 Bt 毒蛋白含量则明显高于 GK12。中抗 30 释放后，土壤中的 Bt 毒蛋白浓度分别在苗期和盛铃一期达到高值；而 GK12 释放后，土壤中的 Bt 毒蛋白浓度只有在盛蕾期最高。土壤中 Bt 毒蛋白的累积主要是由于 Bt 棉释放后通过根系分泌物导入的，而上述变化则可能与不同 Bt 棉植株中杀虫晶体蛋白的时间表达特性有关。张丽莉等（2006）报道（表 10-1），Bt 棉中棉 30、双价棉中棉所 41 和 SGK321 盆栽土壤中 Bt 毒蛋白的检测量均显著高于对照常规棉，而 CpTI 毒蛋白的检测量则仅在 SGK321 的盆栽土壤中显著高于常规棉石远 321。另外，SGK321 与中棉所 41 相比，向土壤中导入 Bt 毒蛋白和 CpTI 蛋白的能力均显著增强。说明转基因抗虫棉花在生长发育的过程中可以向土壤中释放 Bt 毒蛋白，而且 Bt 毒蛋白向土壤中的导入量与作物的种类和 Bt 毒蛋白的种类有关。

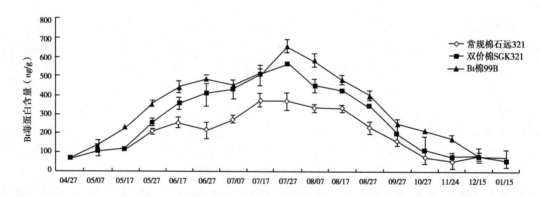

图 10-1　常规棉与转基因抗虫棉根际土壤中 Bt 毒蛋白的动态变化（芮玉奎，2005）

表 10-1　转基因抗虫棉与常规棉种植后土壤中杀虫晶体蛋白 Bt 和 CpTI 的存在度

试验组	Bt 杀虫蛋白含量（ng/g）		CpTI 杀虫蛋白含量（ng/g）	
	转基因抗虫棉	对照常规棉	转基因抗虫棉	对照常规棉
Bt 棉中棉所 30	3.15 ± 0.88*	2.97 ± 0.43	2.65 ± 0.24	2.76 ± 0.45
双价棉中棉所 41	4.78 ± 0.82*	2.56 ± 0.35	3.78 ± 1.23	2.46 ± 1.31
双价棉 SGK321	10.10 ± 0.52**	1.64 ± 0.55	6.05 ± 1.68*	2.18 ± 1.05

注：* 显著，** 极显著

在新疆、河北、河南、山东和湖北等不同棉区的不同种植年限的 Bt 棉田块土壤样品中均能够检出 Bt 毒蛋白，但含量都低于 1ng/g（表 10-2）。在连续 3 年（含）以上种植 Bt 棉的田块土壤试样中，编

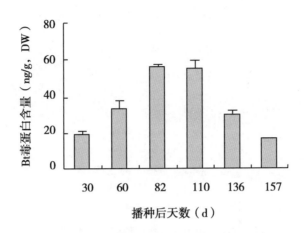

图 10 - 2　Bt 棉新彩 1 根际土壤 Bt 毒蛋白含量

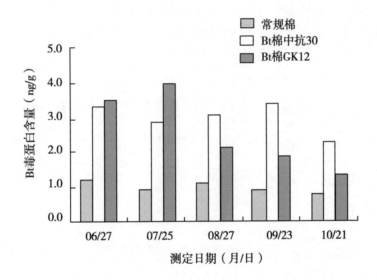

图 10 - 3　不同 Bt 棉盆栽种植后土壤中 Bt 毒蛋白含量的变化

号 16 样品的 Bt 毒蛋白含量显著高于其他样品外，编号为 1、6、7、8、9 和 13 试样中 Bt 毒蛋白的残留量差异不显著。2005 年当年种植 Bt 棉，之前种植常规棉的田块土壤样品编号分别为 3、5、10、11、14 和 15 的 Bt 毒蛋白含量差异没有达到显著水平。另外，2005 年当年种植常规棉，之前种植 Bt 棉编号为 2 和 12，土壤试样中 Bt 毒蛋白残留量也没有显著差异。同一省（区）的土壤样品中 Bt 毒蛋白的残留量差异不显著，如新疆维吾尔自治区（以下简称新疆）、河南、山东和河北省。但不同省（区）间的土壤样品，如编号为 4 的样品与编号为 6、7、9、10、14、15 和 16 的样品 Bt 毒蛋白的残留量有一定的差异。由此可见，连续种植 Bt 棉可以造成土壤中 Bt 毒蛋白低剂量残留，但不会导致 Bt 毒蛋白累积。

表 10 - 2　土壤试样 Bt 毒蛋白含量（沈平等，2008）

样品编号	采样地点	备注	Bt 毒蛋白含量（ng/g）
1	新疆库尔勒普惠农场	2005 年种植中棉所 41（双价棉），1999—2002 年种植 Bt 棉高抗 5 号，2003—2004 年种植 Bt 棉 20B	0.49 ± 0.01 abc

（续表）

样品编号	采样地点	备注	Bt 毒蛋白含量（ng/g）
2	新疆库尔勒包头湖农场	2005 年种植常规棉中棉所 42，2002—2004 年种植双价棉中棉所 41	0.48 ± 0.09bc
3	新疆喀什农场	2005 年种植双价棉 SGK321，2005 年以前种植常规棉花	0.59 ± 0.15bc
4	新疆喀什农场	2005 年种植常规棉中棉所 35，2003—2004 年种植双价棉中棉所 41	0.46 ± 0.06ab
5	河南省新乡七里营新植原种场	2005 年种植 Bt 棉新植 1 号，2005 年以前种植常规棉	0.49 ± 0.12abc
6	河南省新乡七里营新植原种场	2002—2005 年种植 Bt 棉 5 号	0.40 ± 0.02c
7	河南省新乡七里营新植原种场	2000—2005 年种植 Bt 棉高抗 5 号	0.38 ± 0.02c
8	山东省夏津县农业局实验田	2000—2005 年种植 Bt 棉鲁棉研 18	0.51 ± 0.13abc
9	山东省夏津县农业局实验田	2000—2005 年种植双价棉中棉所 45	0.38 ± 0.03c
10	山东省夏津县农业局实验田	2005 年种植 Bt 棉中抗 6 号，2005 年以前种植常规棉	0.38 ± 0.02c
11	中国农业科学院廊坊中试基地	2005 年种植双价棉 SGK321，2005 年以前种植常规棉	0.47 ± 0.07abc
12	中国农业科学院廊坊中试基地	2005 年种植常规棉中棉所 12，2004 年种植双价棉 SGK321	0.47 ± 0.01abc
13	中国农业科学院廊坊中试基地	2005 年种植 Bt 棉晋棉 26 号，2003—2004 年种植 Bt 棉 33B	0.45 ± 0.02bc
14	中国农业科学院廊坊中试基地	2005 年种植 Bt 棉 GK12，2005 年以前种植常规棉花	0.38 ± 0.04c
15	中国农业科学院廊坊中试基地	2005 年种植 Bt 棉 33B，2005 年以前种植常规棉	0.37 ± 0.06c
16	湖北天门市试验基地	2005 年种植 Bt 棉 DP420B，2003—2004 种植 Bt 棉 DP1560B	0.64 ± 0.24a

注：表中数据为平均值 ± 标准误，同列数据后有相同字母表示差异不显著（$P > 0.05$，新复极差法）

目前，商业化种植的多种转基因作物所携带的外源基因（如抗虫、抗除草剂以及筛选标记基因等）均源于微生物，经过人工改造后通过表达载体导入作物受体。转基因作物在生长过程中向土壤释放重组 DNA，其丰富了土壤 DNA 库的种类（Ceceherini 等，2003；Vries 等，2003）。土壤中的 DNA 酶能够降解重组 DNA，但是当重组 DNA 吸附到土壤矿物质、腐殖质和有机矿物复合物上后能够免受降解（Ceceherini 等，2005；James 等，2011）。Finkel 等（2001）研究认为转基因作物向土壤释放的重组 DNA 对于土壤微生物不仅是营养物质，而且是新的遗传物质。由于重组 DNA 与微生物所携带的基因具有近缘关系，一旦发生同源重组，微生物很可能获得新的遗传性状，这将对土壤生态环境造成影响，因此急需开展此方面的研究（Levy-Booth 等，2008）。李刚等（2013）通过研究发现，采用根据 Bt 基因和 npt II 基因序列设计引物进行 PCR，在种植转基因抗虫棉花和受体亲本常规棉的土壤中均能够扩增得到相应的片段，通过克隆测序和序列比对，所获得的片段分别与苏云金芽孢杆菌杀虫蛋白基因和新霉素磷酸转移酶基因具有同源性，说明土壤环境中存在含有 Bt 基因和 npt II 基因的土著微生物。为避免假阳性产生，根据转基因抗虫棉 35S 启动子与 $Cry1A$（c）基因以及 35S 启动子与 npt II 基因之间的构建特异性序列分别设计引物和探针，建立荧光定量 PCR 检测方法，并对采集于 3 个生长时期（播种后 40d、50d 和 60d）的不同根区（根表、根际和非根际）

土壤中 35S-*Cry1A* 和 35S-*npt*Ⅱ 片段进行定量分析。结果表明，所建立的荧光定量 PCR 方法最低能够检测到 10 个拷贝数的外源重组 DNA 片段，定量标准曲线相关系数均达到 0.998 以上，具有很好的重复性。实时定量 PCR 分析表明，同一生长时期不同根区土壤中 35S-*Cry1A* 和 35S-*npt*Ⅱ 片段拷贝数变化情况均为根表土 > 非根际土 > 非根际上，即转基因抗虫棉重组 DNA 片段主要分布于根表土壤中，其次为根际土壤和非根际土壤。在 60d 生长期内，土壤中 35S-*Cry1A* 和 35S-*npt*Ⅱ 片段的拷贝数随生长时期的推进均呈现上升趋势，其分布范围逐渐扩大。土壤中 95S-*npt*Ⅱ 片段拷贝数均高于同一生长时期相应根区中 35S-*Cry1A* 片段的拷贝数。表明转基因抗虫棉对环境可能存在潜在影响。

　　Bt 毒蛋白在土壤中的环境化学行为因土壤类型而异。为此，付庆灵等（2011）以华中地区广泛种植 Bt 棉的 3 种土壤（黄褐土、黄棕壤和红壤）为材料，通过盆栽试验，采用 ELISA 测定种植 Bt 棉和常规棉后根际及非根际土壤中 Bt 毒蛋白的含量，并分析其在不同生育期的变化特征。试验结果显示，种植 Bt 棉和常规棉的 3 种土壤均可检测到 Bt 毒蛋白的存在，但 Bt 棉根际土中 Bt 毒蛋白含量显著高于常规棉，且根际土中 Bt 毒蛋白含量显著高于其非根际土。常规棉根际和非根际土中均存在 Bt 毒蛋白，但两者之间含量差异不显著，表明土壤环境中本来就存在 Bt 毒蛋白，但 Bt 棉的种植可显著增加土壤中 Bt 毒蛋白的含量。种植常规棉和 Bt 棉的土壤中 Bt 毒蛋白含量随生育期推移具有相同的变化趋势。在初蕾期 Bt 棉根际土中的 Bt 毒蛋白含量为黄褐土 > 黄棕壤 > 红壤，分别为常规棉根际土的 144%、121% 和 238%；而在盛花期为黄棕壤 > 黄褐土 > 红壤，分别为常规棉根际土的 156%、116% 和 197%。无论种植 Bt 棉还是常规棉，供试土壤的根际和非根际土中 Bt 毒蛋白含量都随棉花生育期的推进先增加后减少，在盛花期达最大值，整个生育期内，Bt 棉根际土中的 Bt 毒蛋白含量大于其非根际土；种植 Bt 棉土壤中 Bt 毒蛋白含量高于常规棉，说明 Bt 棉的 Bt 毒蛋白可释放到根际土壤中。这与孙彩霞等（2005）"Bt 毒蛋白随着棉株的生长发育、成熟衰老而呈下降趋势"的研究结论一致。说明土壤中 Bt 毒蛋白含量与植株的生长发育有关，营养生长旺盛时可表达更多的 Bt 毒蛋白，而转为生殖生长时 Bt 毒蛋白的分泌量逐渐减少。张小四等（2000）研究也表明，蕾期棉花植株的 Bt 毒蛋白含量随时间延长而升高，进入盛蕾期后，其表达量降低。

　　蛋白质的基本生物学特性决定了其一旦被分泌至土壤环境中，极易被微生物或非生物途径降解。李云河等（2005）采用 ELISA 方法研究了 Bt 棉叶片中 Bt 毒蛋白在不同环境条件空气介质中和土壤介质中的降解规律。结果表明，不同环境下 Bt 毒蛋白降解趋势有明显差异，不同温湿度及光照条件的空气介质中，Bt 毒蛋白的降解速度一般在初期较快，经过短暂的缓慢降解阶段后进入相对稳定状态（含量 50ng/g 左右）。高温低湿条件下，Bt 毒蛋白降解较快，达到稳定水平的时间短。Bt 毒蛋白在光照和非光照环境下的降解动态没有显著性差异。自然条件下 Bt 毒蛋白在土壤介质中初始阶段降解迅速，30d 后降解了 85% 左右。随着冬季的到来，Bt 毒蛋白降解趋于缓慢。次年春天后，Bt 毒蛋白的降解加快，至 4 月下旬检测不到 Bt 毒蛋白。在大田实际情况下，一些研究在转基因抗虫棉根际未能检出 Bt 毒蛋白，也证实了 Bt 毒蛋白在土壤环境中的快速降解特性。

　　Graham 等（2002）报道，在连续种植了 3~6 年的 Bt 棉田中，用 ELISA 法和生物测定法未检测到这种毒蛋白，认为种植了 Bt 棉后残留在田中的植株残体等通过耕作方式向土壤释放的 Bt 毒蛋白的量很低，生物活性也不足以达到能检测到的水平。Saxena 等（2004）及 Stotzky 等（2004）在 Bt 棉根际也未能检出 Bt 毒蛋白。雒珺瑜等（2011）以 Bt 棉 GK12 和双价棉中棉所 41 为试验材料，以其受体亲本泗棉 3 号和中棉所 23 为常规棉对照，采用 ELISA 测定方法，研究了转基因抗虫棉外源 Bt 毒虫蛋白在土壤中的降解动态。结果表明：在土壤掩埋条件下，Bt 棉和双价棉叶片中 Bt 毒蛋白的降解动态基本一致，降解周期达 6 个月；叶片掩埋后 1~3 个月，Bt 毒蛋白降解最迅速，4~6 个月降解缓慢，第 7 个月已检测不到（表 10-3）。不同生育期两者根系中 Bt 毒蛋白含量变化趋势基本一致，6 月最高，7~9 月迅速下降，10 月至次年 3 月逐渐下降，至次年 4 月已检测不到（表 10-4）。土壤中 Bt 毒蛋白的降解动态基本一致，两类转基因抗虫棉播种前土壤中均检测不到 Bt 毒蛋白，苗期开始 Bt 毒蛋白的含量逐渐增加，至花期均达到最高峰，铃期以后逐渐下降。棉花收获后 6 个月内，两类转基因抗虫棉田土壤中 Bt 毒蛋白含量迅速降低，到次年 4 月已检测不到（表 10-5）。然而，分泌至土壤中的 Bt 毒蛋白一旦与土壤黏粒结合则难以降解，其活性持续时间与黏粒含量呈正比，而与土壤 pH 值呈反比（樊龙江等，2000）。中性土壤中 Bt 毒蛋白的活性降低较快（Saxena 等，2002）。有研究认为与黏粒结合的 Bt 毒蛋白自土壤中洗脱后将迅速被微生物降解（Sanvido 等，2007）。

表 10-3　Bt 棉 GK12 和双价棉中棉所 41 掩埋叶片中外源 Bt 毒蛋白检测结果

日期（月-日）	Bt 毒蛋白含量（ng/g）	
	GK12	中棉所 41
09-12（埋进前）	49.02 ± 8.01 aA	41.13 ± 7.39 aA
06-15	20.78 ± 3.79 aA	28.19 ± 7.77 aA
11-12	15.94 ± 3.23 aA	15.65 ± 2.78 aA
12-15	7.73 ± 2.15 aA	10.03 ± 1.35 aA
01-15（次年）	3.86 ± 0.47 aA	7.65 ± 1.02 bB
02-15（次年）	3.26 ± 0.71 aA	5.58 ± 0.95 bB
03-15（次年）	1.54 ± 0.65 aA	5.02 ± 0.78 bB
04-15（次年）	Nd	Nd

注：Nd 表示外源 Bt 毒蛋白含量低于检测限（<0.5 ng/g）；数据后大小写字母分别代表横向比较 0.01 和 0.05 水平，表 10-4、表 10-5 同

表 10-4　Bt 棉 GK12 和双价棉中棉所 41 根系中外源 Bt 毒蛋白检测结果

日期（月-日）	Bt 毒蛋白含量（ng/g）	
	GK12	中棉所 41
06-15	538.70 ± 28.87 aA	323.09 ± 27.86 aA
07-15	288.23 ± 31.50 aA	218.23 ± 17.85 bA
08-15	81.82 ± 9.32 aA	54.88 ± 4.92 aA
09-15	45.63 ± 4.09 aA	42.33 ± 2.20 aA
10-15	22.44 ± 2.19 aA	31.02 ± 1.88 aA
11-15	17.78 ± 1.83 aA	16.58 ± 2.36 aA
12-15	9.61 ± 0.46 aA	9.61 ± 0.46 aA
01-15（次年）	4.09 ± 0.35 aA	8.04 ± 0.42 bB
02-15（次年）	2.64 ± 0.47 aA	5.14 ± 0.11 bA
03-15（次年）	1.51 ± 0.27 aA	2.50 ± 0.47 bA
04-15（次年）	Nd	Nd

表 10 – 5　根际土中外源 **Bt** 毒蛋白检测结果

日期（月 – 日）	Bt 毒蛋白含量（ng/g）	
	GK12	中棉所 41
04 – 25	Nd	Nd
05 – 25	111. 01 ± 7. 69 aA	111. 28 ± 8. 92 aA
06 – 25	229. 32 ± 10. 46 aA	254. 39 ± 28. 98 aA
07 – 25	324. 06 ± 19. 36 aA	355. 50 ± 20. 17 bB
08 – 25	248. 01 ± 2. 23 aA	222. 20 ± 20. 75 aA
09 – 25	145. 45 ± 18. 39 aA	133. 72 ± 12. 19 aA
10 – 25	100. 13 ± 5. 68 aA	96. 44 ± 2. 58 aA
11 – 25	50. 25 ± 3. 05 aA	65. 76 ± 4. 16 bB
12 – 25	40. 85 ± 6. 06 aA	57. 45 ± 2. 53 bA
01 – 15（次年）	25. 41 ± 4. 82 aA	29. 36 ± 4. 41 aA
02 – 15（次年）	12. 05 ± 1. 68 aA	22. 61 ± 6. 7 aA
03 – 15（次年）	9. 81 ± 1. 09 aA	9. 72 ± 1. 33 aA
04 – 15（次年）	Nd	Nd

第二节　对土壤养分和酶活性的影响

一、土壤养分

　　土壤养分和酶是土壤生态系统的重要成分。土壤养分是评价土壤自然肥力的重要因素之一。土壤酶活性与土壤生物学性质密切相关，由于其容易测定及其能够快速并灵敏地反映土壤管理和环境因素的变化，因此常被作为衡量土壤质量的有效指标。

　　土壤有机物质改善了土壤结构、持水性和通气性，是土壤微生物和细菌的重要营养来源。由于其具有高度特殊的表面和离子交换能力，是作物营养素、重金属和有机化合物的重要吸附剂。有机质对土壤酶具有稳定作用，酶通过与腐殖质以氢键、离子键或共价键形式结合保持其催化活性，表明土壤有机质能吸附并保护不同蛋白免受降解。张美俊等（2008）、俞元春等（2011）和刘红梅等（2012）研究结果表明，与常规棉相比，转基因抗虫棉棉株根际土壤有机质含量，在同一生育期两者差异不显著，不同生育期间差异显著（表 10 – 6），说明转基因抗虫棉对根际土壤有机质含量的影响很小。但芮玉奎（2007）用丘林法和 NIRS 法两种方法测定结果认为，转基因抗虫棉与常规棉根际土壤间有机质食量差异显著，前者显著高于后者（表 10 – 7），而非根际土壤间有机质差异不显著（表 10 – 8）。

表 10 – 6　转基因抗虫棉与常规棉根际土壤有机质含量（g/kg）

处理	苗期	蕾期	花铃期	吐絮期	资料来源
Bt 棉	17. 49 ± 0. 42		16. 66 ± 0. 99		
常规棉	17. 75 ± 0. 84		16. 85 ± 0. 82		张俊美等，2008

（续表）

处理	苗期	蕾期	花铃期	吐絮期	资料来源
转基因抗虫棉种植 5 年	15.16 ± 0.92b		15.88 ± 0.71a	17.42 ± 0.59a	
转基因抗虫棉种植 10 年	16.07 ± 0.50b		15.54 ± 0.15a	17.21 ± 0.95a	俞元春等，2011
常规棉	15.66 ± 0.68b		15.18 ± 0.97a	18.22 ± 1.27a	
双价棉	10.42 ± 0.20b	10.40 ± 0.12b	9.74 ± 0.17a	9.76 ± 0.18a	
常规棉	10.66 ± 0.19b	10.78 ± 0.10b	9.62 ± 0.18a	9.86 ± 0.05a	刘红梅等，2012

注：数字后面相同小写字母表示在 5% 水平上差异不显著

表 10 - 7   根际土壤有机质含量（%）

品种	丘林法	NIRS 法	偏差（%）
常规棉石远 321	1.03 ± 0.04a	0.98 ± 0.03a	4.85
双价棉 SGK321	1.12 ± 0.06b	1.08 ± 0.08b	3.57
常规棉中棉所 16	0.9 ± 0.07a	0.96 ± 0.04a	3.00
Bt 棉中棉所 30	1.09 ± 0.11b	1.07 ± 0.08b	1.83

表 10 - 8   非根际土壤有机质含量（%）

品种	丘林法	NIRS 法	偏差（%）
常规棉石远 321	1.01 ± 0.05a	1.03 ± 0.07a	1.98
双价棉 SGK321	1.04 ± 0.04a	1.00 ± 0.08a	3.85
常规棉中棉所 16	0.98 ± 0.07a	0.99 ± 0.04a	1.02
Bt 棉中棉所 30	1.04 ± 0.07a	0.99 ± 0.03a	4.81

　　氮是植物营养三要素之一，是决定作物生长、发育、产量和品质的最关键元素。土壤氮素是土壤肥力中最活跃的因素，也是农业生产中最重要的限制因子之一。研究结果显示，转基因抗虫棉和常规棉品种根际土壤全氮含量在苗期、花铃期、吐絮期同一生育期无显著差异，不同生育期间差异明显；根际土壤全氮含量变化趋势一致，即都表现为苗期到花铃期根际土壤全氮含量逐步下降，吐絮期根际土壤全氮含量升高（表 10 - 9）。这表明影响棉花根际土壤全氮含量的主要因素是棉花生育期，而棉花品种类型的影响是较小的。但也有研究结果指出，转基因抗虫棉根际上土壤中全氮含量显著高于常规棉（表 10 - 10）。

表 10 - 9   不同生育期棉株根际土壤全氮含量（g/kg）

处理	苗期	蕾期	花铃期	吐絮期	资料来源
Bt 棉	0.86 ± 0.02		0.83 ± 0.02		
常规棉	0.87 ± 0.01		0.85 ± 0.01		张俊美等，2008
常规棉种	0.85 ± 0.01a		0.83 ± 0.02a	0.72 ± 0.00b	
转基因抗虫棉种植 5 年	0.90 ± 0.02a		0.88 ± 0.04a	0.73 ± 0.04b	俞元春等，2011
转基因抗虫棉种植 10 年	0.93 ± 0.06a		0.80 ± 0.05a	0.81 ± 0.03a	

（续表）

处理	苗期	蕾期	花铃期	吐絮期	资料来源
双价棉	1. 18 ± 0. 02e	0. 88 ± 0. 01c	0. 73 ± 0. 02a	0. 96 ± 0. 01d	刘红梅等，2012
常规棉	1. 17 ± 0. 02e	0. 84 ± 0. 03c	0. 70 ± 0. 02a	0. 94 ± 0. 01d	

注：数字后面相同小写字母表示在5%水平差异不显著。表10－10同

表 10－10　根际土壤全氮含量（芮玉奎，2007）　　　　（%）

品种	凯式定氮法	NIRS 法	偏差（%）
常规棉石远 321	0. 068 ± 0. 005a	0. 064 ± 0. 001a	5. 88
双价棉 SGK321	0. 073 ± 0. 006b	0. 075 ± 0. 005b	2. 74
常规棉中棉所 16	0. 067 ± 0. 002a	0. 069 ± 0. 003a	2. 99
Bt 棉中棉所 30	0. 077 ± 0. 002b	0. 076 ± 0. 004b	1. 30

　　土壤中的速效氮、速效钾和速效磷可直接被作物吸收利用，它们的变化能够影响到土壤氮循环中的氨化和硝化作用以及磷元素的代谢，其含量是评价土壤供肥能力的主要指标，对土壤生态系统有重要的代表意义。张美俊等（2008）、俞元春等（2011）和刘红梅等（2012）研究结果表明，转基因抗虫棉与常规棉相比，根际土壤速效养分含在同一生育期均无显著差异（除个别例外情况），不同生育期差异明显（表 10－11）。但因供试棉花品种不同，而出现不同的试验结果。风春等（2013）研究表明（表 10－12），双价棉 SGK321 棉与常规棉石远 321 根际土壤速效磷和铵态氮含量均无显著差异。双 Bt 抗虫棉速效磷含量显著低于石远 321，抗虫抗除草剂棉含量显著高于石远 321。双 Bt 抗虫棉和抗虫抗除草剂棉土壤铵态氮含量均显著低于石远 321。对土壤硝态氮含量，SGK321 棉显著高于石远 321；双 Bt 抗虫棉根际土壤硝态氮含量与石远 321 没有差异，但抗虫抗除草剂棉根际土壤硝态氮含量却显著高于石远 321。说明 SGK321 棉与石远 321 相比，对土壤养分（硝态氮除外）含量无显著影响，但双 Bt 抗虫棉和抗虫抗除草剂棉与石远 321 有一定差异。

表 10－11　不同生育期棉花根际速效养分含量

速效养分含量	棉花品种类型	苗期	蕾期	花铃期	吐絮期	资料来源
速效磷	Bt 棉（mg/kg）	95. 04 ± 3. 81		68. 18 ± 2. 91**		张俊美等，2008
	常规棉（mg/kg）	96. 28 ± 2. 97		86. 15 ± 4. 91		
	双价棉（g/kg）	94. 35 ± 3. 22d	84. 01 ± 0. 66c	73. 60 ± 3. 97b	55. 61 ± 0. 61a	刘红梅等，2012
	常规棉（g/kg）	93. 67 ± 1. 86d	85. 61 ± 1. 18c	71. 43 ± 2. 94b	53. 06 ± 2. 41a	
有效磷	常规棉（mg/kg）	21. 60 ± 4. 90a		33. 81 ± 1. 72a	35. 32 ± 6. 05a	俞元春等，2011
	转基因抗虫棉（种植 5 年，mg/kg）	25. 36 ± 0. 99a		38. 37 ± 4. 55a	25. 23 ± 5. 25b	
	转基因抗虫棉（种植 10 年，mg/kg）	29. 97 ± 6. 18a		32. 13 ± 2. 38a	33. 02 ± 3. 53ab	

（续表）

速效养分含量	棉花品种类型	苗期	蕾期	花铃期	吐絮期	资料来源
速效钾	Bt 棉（mg/kg）	202.03 ± 2.84		173.53 ± 2.81		张俊美等，2008
	常规棉（mg/kg）	198.30 ± 2.00		172.13 ± 3.09		
	常规棉（mg/kg）	195.77 ± 40.27a		169.48 ± 123.12a	89.35 ± 32.95a	俞元春等，2011
	转基因抗虫棉（种植5年，mg/kg）	236.80 ± 1.18a		142.12 ± 131.93a	68.62 ± 1.09a	
	转基因抗虫棉（种植10年，mg/kg）	262.70 ± 62.14a		167.40 ± 41.04a	111.42 ± 35.35a	
碱解氮	Bt 棉（mg/kg）	84.20 ± 3.56		64.86 ± 3.59		张俊美等，2008
	常规棉（mg/kg）	84.57 ± 3.63		65.87 ± 3.85		
水解氮	常规棉（mg/kg）	57.87 ± 0.51a		85.09 ± 11.49a	73.12 ± 8.65a	俞元春等，2011
	转基因抗虫棉（种植5年，mg/kg）	56.30 ± 4.39a		87.22 ± 11.98a	57.19 ± 28.90a	
	转基因抗虫棉（种植10年，mg/kg）	63.71 ± 10.71a		77.53 ± 10.25a	77.81 ± 1.32a	

注：数字后面相同小写英文字母表示在5%水平差异不显著；** 表示在1%水平差异显著

表 10 - 12 不同棉花品种土壤速效养分含量的变化

棉花品种	速效磷（mg/kg）	硝态氮（mg/kg）	铵态氮（mg/kg）
常规棉石远321	21.75 ± 0.52b	7.26 ± 0.16c	1.97 ± 0.09a
双价棉 SGK321	20.73 ± 0.22b	8.17 ± 0.09b	2.16 ± 0.08a
双 Bt 抗虫棉	19.20 ± 0.37c	7.28 ± 0.33c	1.42 ± 0.23b
抗虫抗除草剂棉	27.50 ± 0.30a	11.27 ± 0.07a	1.43 ± 0.06b

注：同一列不同字母表示差异显著水平（$P < 0.05$）

目前，研究转基因抗虫棉对土壤养分含量变化的影响，大多采用大田种植或普通盆栽试验进行，而大田试验中气候、土壤、水分、光照等条件复杂多变且难以控制；同时，大田试验和普通盆栽试验对根际和非根际土壤取样的界定比较模糊。鉴于此，娜布其等（2011）采用三室根箱装置将棉花根区土壤分成根表土壤（S1）、根际土壤（S2）和非根际土壤（S3）3 个不同区域，在明确界定了根系土壤范围的基础上，以双价棉 SGK321 和其受体亲本常规棉石远321 为试材，研究双价棉对土壤养分含量的影响。该项研究使用的三室根箱由不透光有机玻璃制成，箱内通过两张孔径为 $30\mu m$ 的尼龙筛网分隔为三室，中室为植物生长室，宽 3cm，棉花生长在此区域；中室两侧为土壤室，宽度均为 5cm（图 10 - 4）。此设计可以防止植物生长室内的根系穿过植物生长室到达土壤室，而水分、养分及根系分泌物等却可以在根箱的各室间自由运移。此装置可以方便地分开棉花根系与根系土壤，便于采样。采集土样时小心地拆除根箱周围的有机玻璃板，取植物生长室土壤作为根表土壤（用 S1 表示）；尼龙网紧贴植物生长室的表面覆满了根。因此，可将左右两土壤室紧贴尼龙网一侧 4mm 范围内的土壤定义为根际土壤（用 S2 表示）；4mm 之外的土样混合，作为非根际土壤（用 S3 表示）。研究结果表明（表 10 - 13 至表 10 - 15），在棉花生长的 3 个时期内，双价棉各根区土壤硝态氮、铵态氮和速效磷含量变化趋势与其常规棉基本一致，但各养分的具体变化规律有所不同。与常规棉相比，双价棉种植对 S1 根区硝态氮含量无显著影响，而随着生长时期的推进显著降低了 S2，S3 根区土壤硝态氮含量，这可能是双价棉根系分泌物促进了根系对硝态氮的吸收引起的；双价棉 S1、S2 和 S3 根区土壤铵态氮含量（除 S2 根区 50d 外）与常规棉无显著差异；双价棉和常规棉 S2 根区土壤速效磷含量随生长时期的推进逐渐上升，且各生长时期内双价棉均显著高于常规棉，增幅分别为 14.6%、6.6% 和 6.9%，说明双价棉的种植促进了 S2 根区土壤磷素向速态转化。双价棉 S1 根区土壤速效磷含量与常规棉无显著差异，而双价棉 S3 根区土壤速效磷含量没有明显的变化规律。从土壤速效养分角度看，土壤速效养分的变化随棉花根系空间分布和生长时期的不同而有所不同，双价棉种植对土壤硝态氮和速效磷有一定的抑制或刺激作用。这与孙磊等（2007）报道，在麦棉套作条件下 Bt 棉花根系分泌物能增加土壤中速效磷的含量，降低土壤中速效氮（硝态氮、铵态氮）含量的研究结果相似。

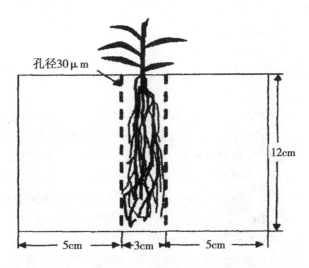

图 10-4 根箱装置示意图

表 10-13 双价棉对土壤硝态氮含量的影响

| 根区 | 播种后 40d | | 播种后 50d | | 播种后 60d | |
	双价棉	常规棉	双价棉	常规棉	双价棉	常规棉
硝态氮（mg/kg） S1	345.29±28.49a	315.55±26.31ab	261.94±7.60c	287.43±10.90bc	155.15±6.55d	192.63±4.22d
S2	270.07±9.19a	186.17±9.84bc	194.55±9.25b	211.23±13.09bc	117.34±6.17d	178.23±11.09c
S3	270.67±7.10a	268.86±6.48a	233.43±5.88b	266.82±18.24a	153.68±8.04d	207.35±5.87c

注：同行不同字母表示差异显著（$P<0.05$），表 10-15、表 10-16 同

表 10-14 双价棉对土壤铵态氮含量的影响

| 根区 | 播种后 40d | | 播种后 50d | | 播种后 60d | |
	双价棉	常规棉	双价棉	常规棉	双价棉	常规棉
铵态氮（mg/kg） S1	14.28±1.40a	13.85±1.13a	10.60±0.95b	10.18±0.95b	11.63±0.58ab	11.53±0.76ab
S2	11.53±0.67a	11.68±0.97a	11.00±0.91a	8.65±0.68b	10.25±0.41ab	11.20±0.54a
S3	12.00±0.83ab	12.38±0.73a	10.40±0.93abc	9.25±0.69c	10.15±0.80abc	9.93±1.12bc

表 10 – 15　双价棉对土壤速效磷含量的影响

根区		播种后 40d		播种后 50d		播种后 60d	
		双价棉	常规棉	双价棉	常规棉	双价棉	常规棉
速效磷 （mg/kg）	S1	49.56 ± 0.40c	51.42 ± 1.01c	73.54 ± 1.84a	74.03 ± 0.64a	58.82 ± 1.89b	55.78 ± 1.54b
	S2	69.03 ± 1.97e	60.23 ± 2.47f	79.64 ± 0.68c	74.71 ± 1.00d	91.35 ± 1.72a	85.43 ± 1.88b
	S3	72.23 ± 0.89a	73.56 ± 1.11a	65.99 ± 1.60b	72.26 ± 0.52a	70.77 ± 1.02a	61.51 ± 1.64c

二、酶活性

　　土壤生态系统是物质循环和能量转化过程的重要场所，而其中碳、氮、硫、磷等各类元素的物质循环都需要土壤酶的参与。土壤酶主要来自微生物细胞，也可来自动植物组织，它同活细胞一同推动着土壤生态系统中物质的循环和能量的流动。土壤酶活性已被证实可作为衡量土壤生物学活性及肥力的重要指标。

　　研究表明，转基因抗虫棉种植对其根际土壤氮素转化相关酶活性的影响依棉花品种、生育期、土壤酶种类不同而略有不同，但种植转基因抗棉花在花铃期对根际土壤硝酸还原酶表现出显著抑制作用（图 10 – 5），对亚硝酸还原酶活性影响不显著（图 10 – 6）；在花铃期显著抑制氨化作用与硝化作用（表 10 – 16）。从表 10 – 16 可知，双价棉花品种根际土壤硝化作用和氨化作用随棉花生育期变化而变化，即先降低再升高再降低，其中花铃期土壤硝化作用和氨化作用最弱。双价棉中棉所41 在花铃期对根际土壤硝化作用和氨化作用表现出显著抑制作用。图 10 – 5 和图 10 – 6 结果显示，两个双价棉棉花品种根际土壤硝酸还原酶活性随生育进程的推进发生显著的变化，双价棉对根际土壤硝酸还原酶活性的影响因棉花生育期的不同而不同，均以花铃期和衰老期的根际土壤硝酸还原酶活性最低。SGK321 和中棉所41 在花铃期的根际土壤硝酸还原酶活性显著低于常规棉中棉所23 和石远321 根际土壤硝酸还原酶活性。随生育进程的推进，两个双价棉品种的根际土壤亚硝酸还原酶活性的差异不显著。在不同生育期根际土壤亚硝酸还原酶活性变化不大；在相同生育期，两个双价棉品种种植对土壤亚硝酸还原酶活性影响也不显著。由此可见，转基因抗虫棉种植对根际与氮素转化相关的土壤酶活性有一定的影响，主要表现在花铃期的显著抑制作用，这种抑制作用是造成花铃期转基因抗虫棉根际土壤氨化作用显著低于常规棉的主要原因。

表 10 – 16　双价棉对根际土壤硝化作用和氨化作用的影响（刘立雄，2010）

生育期	品种	硝化作用	氨化作用
苗期	常规棉中棉所 23	1.68b	2.61a
	双价棉中棉所 41	1.65b	2.46a
	常规棉石远 321	1.73ab	2.93a
	双价棉 SGK321	1.79a	2.86a
蕾期	常规棉中棉所 23	1.71b	2.65a
	双价棉中棉所 41	1.66b	3.25a
	常规棉石远 321	1.82a	3.12a
	双价棉 SGK321	1.79a	2.78a

（续表）

生育期	品种	硝化作用	氨化作用
花铃期	常规棉中棉所 23	2.89a	5.25b
	双价棉中棉所 41	2.74b	4.62c
	常规棉石远 321	2.91a	6.28a
	双价棉 SGK321	2.79b	5.79b
吐絮期	常规棉中棉所 23	1.76ab	3.32a
	双价棉中棉所 41	1.65c	3.29a
	常规棉石远 321	1.82a	3.67a
	双价棉 SGK321	1.73b	3.28a
衰老期	常规棉中棉所 23	1.65b	1.69a
	双价棉中棉所 41	1.59b	1.58a
	常规棉石远 321	1.74a	1.64a
	双价棉 SGK321	1.77a	1.72a

注：不同处理间标有相同字母表示无显著差异；标有不同字母则表示差异显著，$P < 0.05$

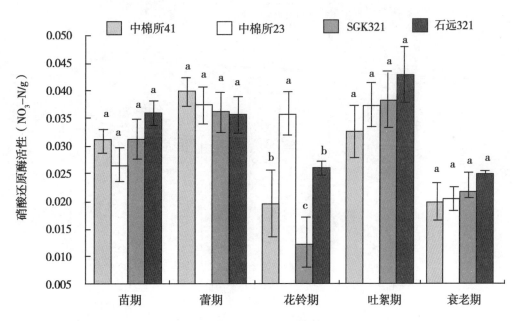

图 10 - 5　转基因抗虫棉种植对土壤硝酸还原酶活性的影响（刘立雄，2010）

　　一般认为，土壤蛋白酶、蔗糖酶、脲酶、磷酸酶等水解酶活性能够表明土壤碳、氮、磷等养分的循环状况（Visser，1992；Mersi 等，1991；孙磊等，2007）。

　　土壤蛋白酶活性的高低直接关系到植物所利用的有效氮源的多少。转基因抗虫棉对土壤蛋白酶活性的影响，有的研究结果显示转基因抗虫棉根际土壤蛋白酶活性高于常规棉，但经方差分析，两者差异不显著（图 10 - 7、图 10 - 8，表 10 - 17）；也有研究表明，随着生育期的推进，Bt 棉 GK12 和双价棉 SGK321 棉花土壤脲酶活性变化趋势总体一致，即土壤蛋白酶活性从苗期到蕾期降低，从蕾期到花铃期上升，花铃期土壤蛋白酶活性最高。花铃期双价棉和 Bt 棉对土壤蛋白酶活性表现出极显著的抑制作用（图 10 - 9）。

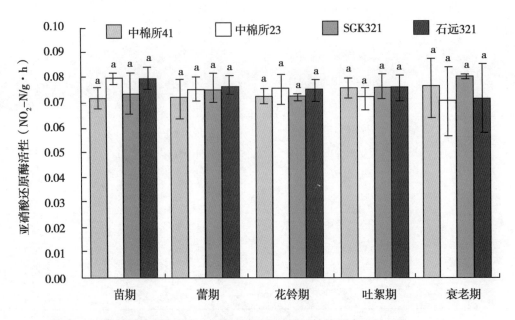

图 10 - 6　转基因抗虫棉种植对土壤亚硝酸还原酶活性的影响（刘立雄，2010）

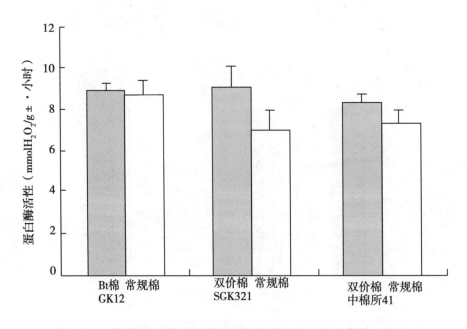

图 10 - 7　转基因抗虫棉对土壤蛋白酶活性的影响（张丽莉等，2006）

表 10 - 17　不同生育期棉株根际土壤蛋白酶活性　　　　　　　　　　（μg/g·h）

棉花品种	苗期	蕾期	花铃期	盛铃期	吐絮期
Bt 棉新彩 1	4.71 ± 0.233	7.24 ± 0.062	12.42 ± 0.357	10.45 ± 0.295	7.24 ± 0.320
常规棉新彩 1	4.79 ± 0.193	7.36 ± 0.204	12.31 ± 0.323	10.30 ± 0.440	7.39 ± 0.236

　　土壤蔗糖酶能水解蔗糖生成葡萄糖和果糖，直接参与土壤 C 素循环，反映了土壤有机质分解

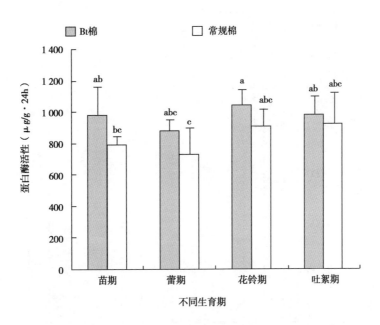

图 10 – 8 不同生育期根际土壤蛋白酶活性（万小羽等，2007）

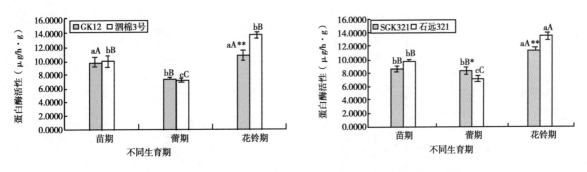

图 10 – 9 转基因抗虫棉对土壤蛋白酶活性影响（张丽颖等，2009）

代谢的强弱。由图 10 – 10 可见，Bt 棉与常规棉的根际土壤蔗糖酶活性变化特点基本一致；随着生长发育呈降低趋势，且降低幅度逐渐变小。Bt 棉根际土壤蔗糖酶活性在各个生育期内均不同程度地高于对照常规棉，但只在苗期差异达显著水平。孙磊等（2007）也有类似的报道（图 10 – 11）说明种植 Bt 棉提高了土壤蔗糖酶的活性，促进了碳水化合物的转化，为棉花和土壤微生物提供了更多的营养源。但是，张俊美等（2008）试验结果认为，在棉花整个生育期内，Bt 棉根际土壤中蔗糖酶活性均低于常规棉，仅在花期差异显著，其余生育阶段差异不显著（表 10 – 18）。

表 10 – 18 不同生育期棉株根际土壤蔗糖酶活性　　　　　　　　（μg/g·h）

棉花品种	苗期	蕾期	花期	盛铃期	吐絮期
Bt 棉	1.16 ± 0.036	1.11 ± 0.104	0.62 ± 0.020*	0.71 ± 0.080	1.12 ± 0.111
常规棉	1.42 ± 0.157	1.17 ± 0.040	0.97 ± 0.084	0.74 ± 0.040	1.24 ± 0.186

注：* 表示在 5% 水平上差异显著

脲酶广泛存在于土壤中，是评价土壤肥力状况的重要指标，其高低在一定程度上反映了土壤的供

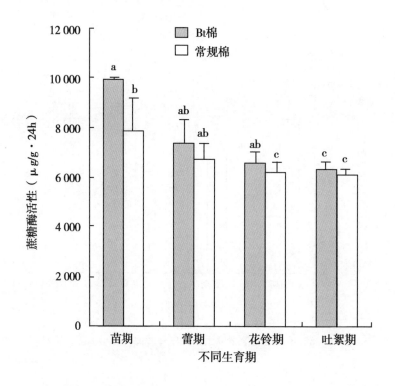

图 10 – 10　不同生育期根际土壤蔗糖酶活性（万小羽等，2007）

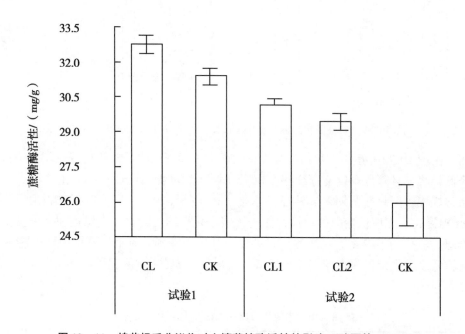

图 10 – 11　棉花根系分泌物对土壤蔗糖酶活性的影响（孙磊等，2007）
　　注：CK 为常规，CL、CL1、CL2 均为 Bt 棉；CL 为用等量的根花根系分泌物处理土壤，CL1 和 CL2 分别表示用 12ml 根系分泌物和 6ml pH 值为 6.5 的去离子水 + 12ml 根系分泌物处理土壤

氮水平。已有研究表明，与常规棉相比，转基因抗虫棉对根际土壤脲酶活性的影响没有明显的规律。张丽莉等（2006）研究显示（图 10 – 12），在苗期，Bt 棉中棉所 30 与其受体亲本常规棉中棉所 16 相

比，脲酶活性上升26.5%；而双价棉与其相应受体亲本常规棉对照相比，活性下降，双价棉中棉所41和SGK321分别比其亲本对照下降8.95%和0.7696。表明不同类型的转基因抗虫棉对土壤脲酶具有不同的影响。叶飞等（2008）报道，随生育进程的推进，两个双价棉品种（SGK321和中棉所41）棉花根际土壤脲酶活性的变化趋势总体一致，即先降低再升高再降低，衰老期土壤脲酶活性最低。与各自受体亲本常规棉（石远321和中棉所23）比较可以看出，SGK321在苗期和花铃期对根际土壤脲酶活性表现出显著抑制作用，中棉所41在花铃期对根际土壤脲酶活性表现出显著抑制作用（图10-13）。马丽颖等（2008）研究表明（图10-14），随着生育期的推进，两个转基因抗虫棉品种土壤脲酶活性变化趋势总体一致，即从苗期到蕾期迅速上升，至花铃期又有所下降，苗期土壤脲酶活性最低；与各自受体亲本常规棉相比，种植转基因抗虫棉降低了土壤脲酶活性，降幅分别达到23.06%和45.36%；SGK321在不同生育期对土壤脲酶活性都表现出极显著的抑制作用。风春等（2013）试验结果（图10-15）表明，双价棉SGK321和抗虫抗除草剂棉与常规棉石远321相比，土壤脲酶活性均无显著差异（$P > 0.05$），但是双Bt抗虫棉脲酶活性显著低于石远321（$P > 0.05$）。万小羽等（2007）（图10-16）、张美俊等（2008）（表10-19）、谢明等（2011）（图10-17）和刘红梅等（2012）（表10-19）研究结果认为，与常规棉相比较，除苗期和花铃期转基因抗虫棉根际土壤脲酶活性表现出显著抑制作用外，其余生育期两者间差异不显著。娜其布等（2011）研究结果认为，与常规棉相比，双价棉SGK321对根际土壤脲酶活性无显著影响。

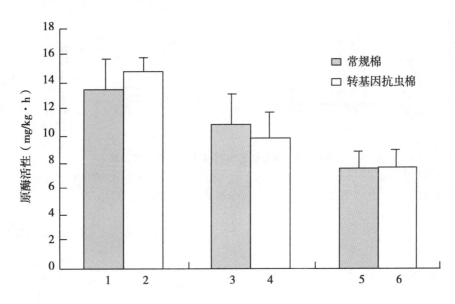

图10-12　不同棉花品种根际脲酶活性

注：1为Bt棉中棉所30，2为常规棉中棉所16，3为双价棉SGK321，4为常规棉石远321，5为双价棉中棉所41，6为常规棉中棉所23

表10-19　不同生育期棉株根际土壤脲酶活性

棉花品种	苗期	蕾期	花期	花铃期	盛铃期	吐絮期	资料来源
Bt棉	86.42±2.779	96.20±0.397	97.99±1.312		81.96±1.878	76.20±2.381	张美俊等，2008
常规棉	89.26±4.614	96.46±1.408	100.10±0.098		82.89±1.840	79.36±0.676	
双价棉	3.15±0.02a	5.22±0.08c		6.51±0.01e		4.52±0.02c	刘红梅等，2012
常规棉	3.30±0.03b	5.16±0.04c		6.91±0.02f		4.59±0.01c	

注：同列不用字母表示同一生育期处理间差异显著（$P < 0.05$）

磷酸酶是土壤中广泛存在的一种水解酶，能够催化磷酸酯的水解反应。据研究（图10-18），

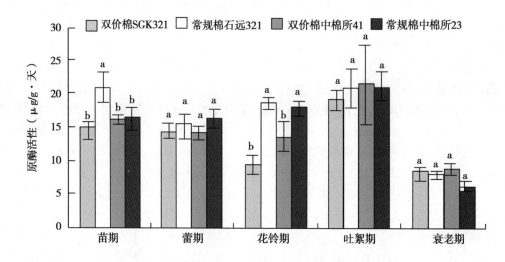

图 10 – 13　转基因抗虫棉种植对土壤脲酶活性的影响

注：直方柱上标相同字母表示处理间差异不显著（$P > 0.05$）

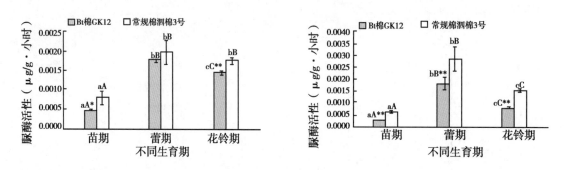

图 10 – 14　转基因抗虫棉对土壤脲酶活性影响

注：字母为各品种不同生育期之间比较，小写和大写字母分别代表 0.05 和 0.01 水平；星号为各品种与常规棉比较，＊表示在 0.05 水平上差异显著，＊＊表示在 0.01 水平上差异显著

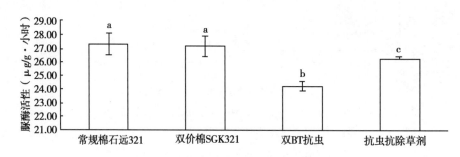

图 10 – 15　双价棉对土壤脲酶活性的影响

受体亲本常规棉泗棉 3 号（SM – 3）根际土壤磷酸酶活性在蕾期显著低于其他生育期。在整个生育期，Bt 棉 GK – 12 和常规棉泗棉 3 号根际土壤脲酶活性无显著差异（$P > 0.05$）。GK-12 在蕾期根际 5cm 和 15cm 的土壤磷酸酶活性显著高于常规棉泗棉 3 号（$P < 0.05$），而对根际 25 cm 的土壤磷酸酶活性无显著影响（$P > 0.05$）。在棉花其他生育期，GK – 12 根际 5cm、15cm 和 25cm 土壤磷酸酶活性与泗棉 3 号无显著差异（$P > 0.05$）。

碱性磷酸酶可以促进有机磷的矿化，提高土壤磷素的有效性，其活性是评价土壤磷素转化方向

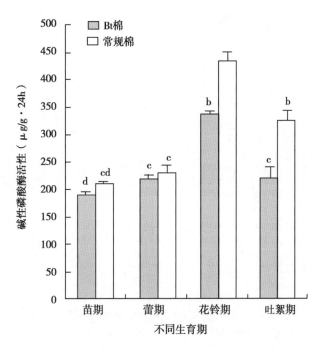

图 10-16　不同生育期根际土壤碱性磷酸酶活性

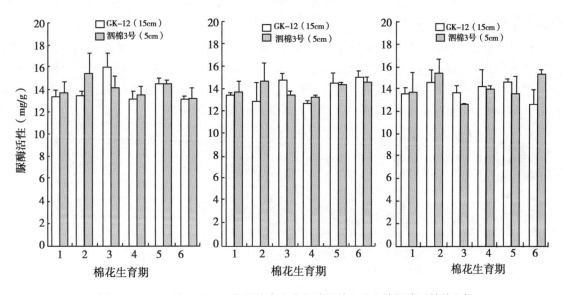

图 10-17　Bt 棉 GK-12 与受体亲本常规棉泗棉 3 号土壤脲酶活性的比较

注：1. 苗期；2. 蕾期；3. 盛花期；4. 结铃期；5. 吐絮前期；6. 枯死期。对同一生育期内 Bt 棉 GK-12 与受体亲本常规棉泗棉 3 号之间土壤酶活性进行方差分析，∗ 表示差异显著（$P < 0.05$），无标注表示差异不显著。5cm、10cm 和 15cm 分别表示取土壤位点距棉花主根距离

与强度的指标。刘红梅等（2012）和张美俊等（2008）研究表明，在棉花整个生育期内，转基因抗虫棉的根际土壤碱性磷酸酶活性较对照常规棉均有不同程度的降低（表 10-20）。然而有研究结果表明，转基因抗虫棉对根际土壤碱性磷酸酶的影响因棉花品种而异。马丽颖等（2008）研究结果（图 10-19）指出，随着生育期的推进，转基因抗虫棉根际土壤碱性磷酸酶活性从蕾期到蕾期上升，差异达极显著。Bt 棉 GK12 在花铃期土壤碱性磷酸酶活性略有上升，而双价棉 SGK321 至花铃期土壤碱性磷酸酶活性又有所下降，苗期酶活性最低。与其受体亲本常规棉相比，转基因抗虫棉

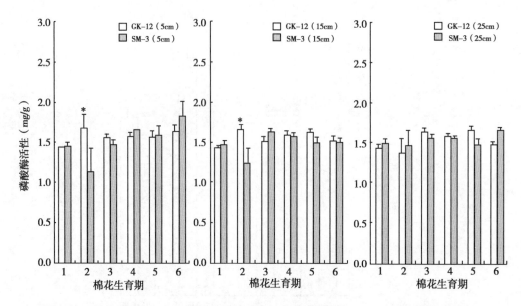

图 10 – 18　Bt 棉 GK – 12 与常规棉泗棉 3 号土壤磷酸酶活性的比较（谢明等，2011）

注：1. 苗期；2. 蕾期；3. 盛花期；4. 结铃期；5. 吐絮前期；6. 枯死期。对同一生育期内 Bt 棉 GK – 12 与常规棉泗棉 3 号（SM – 3）之间土壤酶活性进行方差分析，＊表示差异显著（$P <$ 0.05），无标注表示差异不显著。5cm、10cm 和 15cm 分别表示取土壤位点距棉花主根距离

的种植对土壤碱性磷酸酶活性没有显著影响。风春等（2013）研究表明（图 10 – 20），与常规棉石远 321 相比，双价棉 SGK321 棉和双 Bt 抗虫棉对土壤碱性磷酸酶活性均没有显著影响（$P > 0.05$），而抗虫抗除草剂棉活性显著上升 18.2%（$P < 0.05$）。刘红梅等（2012）认为，与受体常规棉相比，双价棉在苗期对根际土壤碱性磷酸酶活性表现出显著抑制作用，在蕾期对根际土壤碱性磷酸酶活性表现出显著促进作用，在花铃期、吐絮期无显著差异（表 10 – 20）。

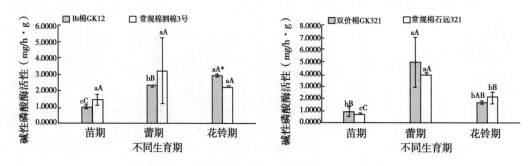

图 10 – 19　转基因抗虫棉对土壤碱性磷酸酶活性影响

表 10 – 20　不同生育期棉株根际土壤碱性磷酸酶活性

棉花品种	苗期	蕾期	花期	花铃期	盛铃期	吐絮期	资料来源
Bt 棉	30.43 ± 0.624	41.91 ± 1.976＊	37.41 ± 1.015＊		30.72 ± 0.938＊＊	22.26 ± 0.788＊	张美俊等，2008
常规棉	32.10 ± 1.556	54.86 ± 1.723	41.95 ± 1.997		41.71 ± 0.263	24.95 ± 1.288	
双价棉	2.08 ± 0.04d	1.73 ± 0.07c		1.43 ± 0.50a		1.67 ± 0.01bc	刘红梅等，2012
常规棉	2.25 ± 0.06e	1.60 ± 0.09b		1.42 ± 0.01a		1.73 ± 0.14c	

注：＊和＊＊分别表示在 1% 和 5% 水平差异显著。同列不同字母表示同一生育期处理间差异显著（$P < 0.05$）

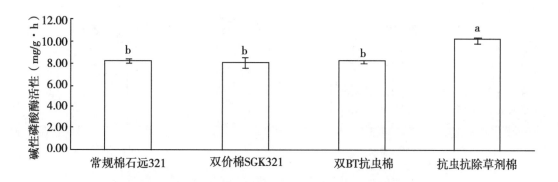

图 10 - 20　转双价基因棉对土壤碱性磷酸酶活性的影响

注：直方柱上标不同字母表示差异显著水平（$P < 0.05$）

转基因抗虫棉与常规棉根际土壤中酸性磷酸酶的变化趋势基本相同。随着生育期的推进，棉花根际土壤中酸性磷酸酶活性从苗期到蕾期上升，至花铃期又迅速下降，波动幅度较大，苗期土壤酸性磷酸酶活性最低（图 10 - 21、图 10 - 22）。在整个生育过程中，常规棉根际土壤中的酸性磷酸酶活性呈现出比 Bt 棉高的趋势，而 Bt 棉中抗 310 根际土壤中的酸性磷酸酶活性呈现出比 Bt 棉 GK12 低的趋势（图 10 - 21）。在图 10 - 22 中，种植 Bt 棉 GK12 和双价棉 GK321 后，棉花不同生育期土壤酸性磷酸酶活性均下降，降幅分别为 10.89% 和 34.91%，SGK321 与受体亲本常规棉石远 321 相比，对土壤酸性磷酸酶活性的抑制作用达极显著。

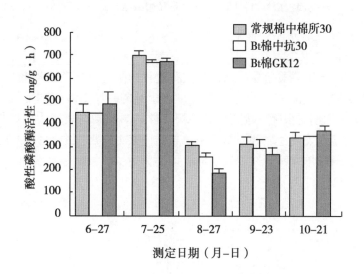

图 10 - 21　不同 Bt 棉品种盆栽种植后土壤中酸性
磷酸酶活性的变化（孙彩霞等，2004）

转基因抗虫棉土壤中中性磷酸酶活性从苗期到蕾期下降，蕾期几乎检测不到，至花铃期土壤中性磷酸酶活性又开始上升，花铃期土壤中性磷酸酶活性最高。双价棉 SGK321 在苗期对土壤中性磷酸酶的影响极显著，随生育期的推进，影响逐渐减小。Bt 棉 GK12 在苗期和蕾期也都极显著地降低了土壤中性磷酸酶活性（图 10 - 23）。

磷酸单酯酶是多种酶蛋白的总称，属于水解酶类的磷酸酶类。据研究，转基因抗虫棉对根际土壤磷酸单酯酶活性的影响因棉花生育期、品种不同而不同。由图 10 - 24 可知，与常规棉相比，Bt 棉对根际土壤磷酸单酯酶活性基本不变。而两个双价棉品种根际磷酸单酯酶活性表现了不同的变化趋势。双价棉 B（中棉所 41）与其受体亲本常规棉对照相比，土壤磷酸单酯酶活性上升了 2.92%，

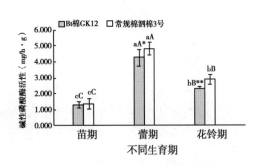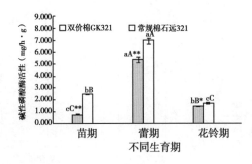

图 10 - 22　转基因抗虫棉对根际土壤中酸性磷酸
酶活性的影响（马丽颖等，2008）

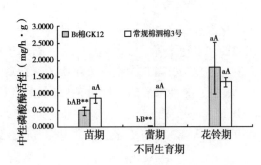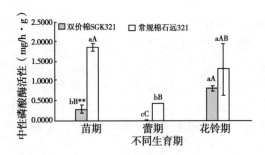

图 10 - 23　转基因抗虫棉对根际土壤中中性磷酸酶活性影响（马丽颖等，2008）

但方差分析表明并未达到显著水平；而双价棉 A（SGK321）则较其受体亲本常规棉对照下降了 7.61%，并达到显著下降的水平（P < 0.05）。叶飞等（2008）研究结果表明，两个双价棉品种 SGK321 和中棉所41 根际土壤磷酸单酯酶活性随生育进程的推进呈先升后降再升高的变化趋势，均以吐絮期的根际土壤磷酸单酯酶活性最低，蕾期的活性最高。与受体亲本常规棉品种石远321 比较，SGK321 从苗期至吐絮期对根际土壤磷酸单酯酶活性的影响始终表现为促进作用，花铃期达到显著程度，在植株衰老期则表现为显著抑制作用；与受体亲本常规棉中棉所23 相比，中棉所41 在苗期和花铃期根际土壤磷酸单酯酶活性表现出显著促进作用，吐絮期和衰老期则抑制作用显著，蕾期影响不显著（图 10 - 25）。

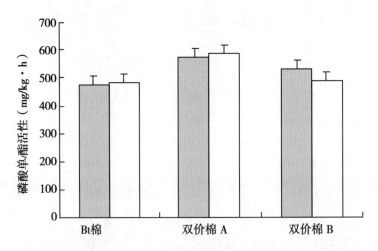

图 10 - 24　转基因抗虫棉对根际土壤磷酸单酯酶活性的影响（张丽莉等，2006）

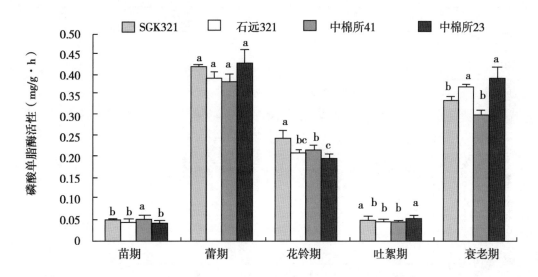

图 10 - 25　转基因棉种植对土壤磷酸单酯酶活性的影响

土壤过氧化氢酶是参与土壤中物质和能量转化的一种重要氧化还原酶，在一定程度上可以表征土壤生物氧化过程，它的活度与土壤呼吸强度及微生物活动有关，可以反映土壤微生物过程的强度，是土壤肥力的重要指标。据研究，种植 10 年的转基因抗虫棉田的土壤过氧化氢酶的活性显著地高于常规棉田和种植 5 年的转基因抗虫棉田，种植 5 年的转基因抗虫棉田的土壤过氧化氢酶活性与常规棉田没有显著差异，但有下降的趋势（表 10 - 21）。双价棉与常规棉根际土壤过氧化氢酶活性的变化趋势总体一致，即先升高再降低，吐絮期土壤过氧化氢酶活性最低（表 10 - 22）。与受体亲本常规棉石远 321 相比，SGK321 棉和双 Bt 抗虫棉的过氧化氢酶活性均无显著差异（$P > 0.05$），而抗虫抗除草剂棉活性显著下降 57.6%（$P > 0.05$）（图 10 - 26）。娜布其等（2011）研究结果表明，与常规棉相比，双价棉对根际土壤过氧化氢酶无显著影响。

表 10 - 21　不同处理土壤酶活性的变化（俞元春等，2011）

采样时间	处理	脱氢酶 （μg/g · h）	过氧化氢酶 （mol/mL · g）
棉花采集后期	常规棉田	21.52 ± 2.08b	1.92 ± 0.22b
	种植 5 年转基因抗虫棉田	36.76 ± 1.34a	1.24 ± 0.19c
	种植 10 年转基因抗虫棉田	19.10 ± 1.93b	2.57 ± 0.10a
棉苗栽培前期	常规棉田	23.44 ± 4.26b	1.81 ± 0.39b
	种植 5 年转基因抗虫棉田	34.59 ± 2.05a	1.73 ± 0.36b
	种植 10 年转基因抗虫棉田	25.14 ± 3.30ab	2.70 ± 0.05a
棉花开花期	常规棉田	20.25 ± 2.37b	2.11 ± 0.25b
	种植 5 年转基因抗虫棉田	33.85 ± 1.21a	1.79 ± 0.05b
	种植 10 年转基因抗虫棉田	20.57 ± 2.71b	2.85 ± 0.04a
棉花大量采集期	常规棉田	18.18 ± 2.32b	1.77 ± 0.62b
	种植 5 年转基因抗虫棉田	35.35 ± 2.23a	1.59 ± 0.22b
	种植 10 年转基因抗虫棉田	22.86 ± 2.25b	2.74 ± 0.07a

注：数字后面小写英文字母表示在 0.05 水平差异显著

表 10 - 22　不同生育期双价棉与常规棉根际土壤中过氧化氢酶活性（刘红梅等，2012）　（ml/g）

处理	苗期	蕾期	花铃期	吐絮期
双价棉	1.35 ± 0.06c	1.50 ± 0.04d	2.48 ± 0.85f	1.13 ± 0.02a
常规棉	1.24 ± 0.05b	1.69 ± 0.10e	2.41 ± 0.04f	1.19 ± 0.04ab

注：同列不同字母表示同一生育期处理间差异显著（P < 0.05）

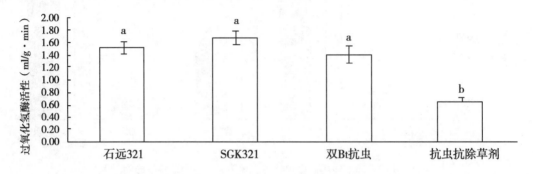

图 10 - 26　转双价基因棉对土壤过氧化氢酶活性的影响（风春等，2013）

注：直方柱上标不同字母表示差异显著水平（P < 0.05）

土壤脱氢酶能酶促碳水化合物、有机酸等有机物质脱氢，起着氢的中间传递体作用。其活性高低标志着土壤微生物分解代谢的强弱，反映了微生物总活性，其活性是土壤微生物种群及其活性的重要敏感性指标。据研究，与常规棉相比，Bt 棉根际土壤脱氢酶的活性均高于对照常规棉，且在花铃期达到显著水平。在整个生育期内，Bt 棉与常规棉对根际土壤脱氢酶活性的影响趋势是一致的。在蕾期，脱氢酶活性有所降低；花铃期，脱氢酶活性显著提高并达到最大值；在棉花的生长后期，脱氢酶的活性又逐渐降低。可见，在棉花生长最旺盛的花期，土壤微生物的活性有显著的提高（表 10 - 23、图 10 - 27）。种植 5 年转基因抗虫棉田土壤脱氢酶活性显著地高于常规棉田和种植 10 年转基因抗虫棉田，而常规棉田与种植 10 年转基因抗虫棉田之间的土壤脱氢酶活性没有显著差异（表 10 - 21）。Bt 棉 GK-12 和受体亲本常规棉泗棉 3 号（SM - 3）根际土壤脱氢酶活性在整个生育期呈先升高后降低再升高的变化趋势，均以吐絮期的土壤脱氢酶活性最低。但是两者土壤脱氢酶活性最高点的出现时期不同：GK-12 盛花期酶活性最高，而 SM - 3 酶活性最高值则出现在蕾期（图 10 - 28）。GK-12 盛花期和枯死期根区 5cm 的土壤脱氢酶活性显著高于 SM - 3（P < 0.05）（图 10 - 28），而 GK - 12 根际 15cm 和 25cm 的土壤脱氢酶活性在盛花期显著高于 SM - 3（P < 0.05）（图 10 - 28）。在棉花其他生育期，GK - 12 根际 5cm、15cm 和 25cm 土壤脱氢酶活性与 SM - 3 无显著差异（P > 0.05）（图 10 - 28）。

表 10 - 23　不同生育期棉株根际土壤中脱氢酶活性（张美俊等，2008）　（μg/g·h）

棉花品种	苗期	蕾期	花期	盛铃期	吐絮期
Bt 棉	0.3 ± 0.041	0.73 ± 0.022*	1.36 ± 0.059*	0.74 ± 0.036*	0.42 ± 0.027
常规棉	0.29 ± 0.015	0.59 ± 0.021	0.87 ± 0.047	0.57 ± 0.015	0.41 ± 0.026

注：*表示在 5% 水平上差异显著

多酚氧化酶能降解有害又难降解的土壤酚类有机物，纤维素酶降解土壤中的植物残骸，土壤毒素对土壤微生物及作物生长发育都存在毒害作用。刘苏兰等（2008）用 Bt 棉秸秆和常规棉秸秆分别处理同种土壤，在不同时期分析土壤多酚氧化酶、纤维素酶活性及土壤毒素的变化。结果表明，

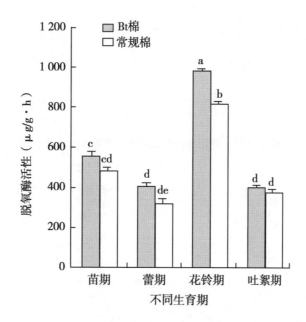

图 10 - 27　不同生育期根际土壤脱氢酶活性（万小羽等，2007）

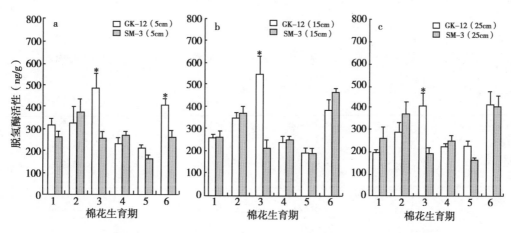

图 10 - 28　Bt 棉 GK - 12 与亲本常规棉 SM - 3 土壤脱氢酶活性的比较（谢明等，2011）

注：1. 苗期；2. 蕾期；3. 盛花期；4. 结铃期；5. 吐絮前期；6. 枯死期。对同一生育期内
GK - 12 与 SM - 3 之间土壤酶活性进行方差分析，＊表示差异显著（$P < 0.05$），无标注表示差异
不显著。5cm、10cm 和 15cm 分别表示致取土壤位点距主根距离

两个棉花秸秆处理之间及其与对照之间的土壤多酚氧化酶没有差异（表 10 - 24）；两个棉花处理均
可明显提高土壤纤维素酶活性，而以常规棉秸秆处理的酶活性略高一些，但两者差异不显著（表
10 - 25）；与对照相比，以常规棉花秸秆处理的土壤毒素略强一些，而 Bt 棉秸秆处理与对照相差不
大（表 10 - 26），说明转 Bt 基因抗虫棉秸秆不会增加土壤的毒素。因此，Bt 棉残留物对土壤多酚
氧化酶、纤维素酶活性及毒素没有明显影响。马丽颖等（2008）研究结果认为，与常规棉相比，
种植转基因抗虫棉后土壤多酚氧化酶的活性没有显著变化，两者差异不显著（图 10 - 29）。

表 10 - 24　不同处理对土壤多酚氧化酶活性的影响

处理	5 月 28 日	6 月 7 日	6 月 17 日	6 月 27 日	7 月 7 日	7 月 17 日
Bt 棉秆	0.077 8a	0.378 0a	0.938 1a	1.321 9a	1.291 2a	1.192 0a

（续表）

处理	5月28日	6月7日	6月17日	6月27日	7月7日	7月17日
常规棉秸秆	0.083 0a	0.400 1a	0.924 3a	1.249 4a	1.275 6a	1.330 5a
对照	0.073 8a	0.290 3a	1.079 8a	1.538 3a	1.264 3a	1.407 4a

注：同列字母表示5%水平上的差异显著性。表10-25、表10-26同

表10-25　不同处理对土壤纤维素酶活性的影响

处理	5月28日	6月7日	6月17日	6月27日	7月7日	7月17日
Bt棉秆	2.868 3a	4.375 3a	5.198 8ab	5.580 0ab	1.863 8a	3.163 8a
常规棉秸秆	2.333 5a	4.542 0a	6.457 9a	6.301 4a	3.005 9a	4.565 8a
对照	1.339 8a	3.973 7a	2.796 3b	1.993 2b	2.258 6a	2.279 0a

表10-26　不同处理土壤产生的毒素对萝卜生长发育的影响

处理	日期（月/日）	发芽率（%）	根长（cm）	苗长（cm）
Bt棉秆	5/28	66%a	3.09a	1.72a
	6/7	50%a	2.13a	1.55a
	6/17	32%a	0.98a	1.30a
	6/27	30%a	1.19a	1.32a
	7/7	65%a	3.08a	1.74a
	7/17	59%a	1.83a	1.65a
常规棉秸秆	5/28	55%a	3.00a	1.73a
	6/7	48%a	2.11a	1.66a
	6/17	26%a	0.98a	1.29a
	6/27	30%a	1.26a	1.33a
	7/7	55%a	3.00a	1.71a
	7/17	48%a	1.89a	1.50a
对照	5/28	78%a	3.27a	1.87a
	6/7	39%a	2.04a	1.53a
	6/17	33%a	0.63a	1.19a
	6/27	38%a	1.20a	1.29a
	7/7	64%a	3.36a	1.87a
	7/17	58%a	2.01a	1.54a

　　土壤既是转基因抗虫棉外源基因及其表达产物储存的重要场所又是生物圈的中心环节，是微生物的最后栖息地，土壤环境质量状况还与棉花产品的质量安全问题息息相关，因此，开展外源基因的土壤生态学过程的研究将是转基因抗虫棉花生物安全评价工作的必由之路。目前，国内外针对转基因抗虫棉释放对土壤生态系统的影响已开展了一系列研究，但并未得到统一结论，主要归因于杀虫蛋白类型、转基因抗虫棉品种、试验方法、土壤类型和环境因素等众多因素的差异。另外，转基因抗虫棉释放对土壤生态系统功能的影响是一个长期而复杂的过程，有必要在不同生态条件与土壤类型棉区转基因抗虫棉棉田土壤生态系统进行系统的长期监测研究，并与室内试验相结合，才有可能探明其机理，并对转基因抗虫棉是否影响土壤养分和酶活性做出全面、科学和公正的评价。

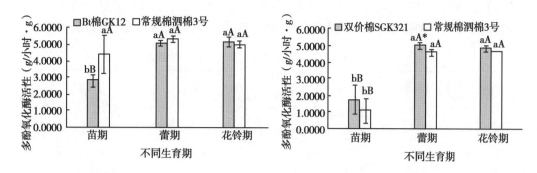

图 10 - 29 转基因抗虫棉对土壤多酚氧化酶活性影响

第三节 对土壤微生物群落的影响

土壤是一个固、液、气三相组成的高度异质环境，生存着丰富的微生物群落（主要有细菌、放线菌、真菌三大类），它们参与土壤的生物化学过程，有机物的分解转化、菌根的形成与植物互利共生以及对生物多样性和生态系统功能的影响等，在生态系统中起着举足轻重的作用。已有研究结果表明（表 10 - 27），不同棉田每克干土中土壤微生物数量平均为 11 162 万个，其中细菌数为 9 370 万个，占总数 83.95%，在总菌数中占绝对的优势，说明细菌是棉田土壤微生物的主体；放线菌次之，占 14.44%；真菌最少，占 1.62%。不同类型棉田在棉花生长的 3 个不同时期土壤中的细菌、真菌和放线菌的变化规律基本一致，分别在种植 4 年转基因棉花的棉田达到高峰值。张金国等（2006）试验也支持上述结果。认为种植转基因抗虫棉 1 年后，土壤中细菌、放线菌、真菌数量将有所增加，连续 4 年达到高峰，然后数量开始下降，连续种植 7 年后，棉田微生物数量接近于种植 1 年的棉田；种植 1 年后又种植常规棉的棉田，土壤微生物数量低于种植 1 年转基因抗虫棉的棉田，与种植常规棉的数量无明显差异。可见，种植转基因抗虫棉对土壤微生物数量有一定的影响，且种植时间的长短对其有不同的影响。

表 10 - 27 不同棉田土壤主要微生物数量（崔金杰等，2005） ［万个/干土（g）］

棉田类型*	细菌	真菌	放线菌	总菌量
A	5 280	168	1 163	6 611
B	10 620	220	2 219	13 059
C	14 420	243	2 921	17 584
D	9 340	110	1 598	11 048
E	7 190	162	158	7 510
平均	9 370.0	180.6	1 611.8	11 162.4

注：A 为连续 7 年种植常规棉；B 为种植 1 年转基因抗虫棉；C 为连续 4 年种植转基因抗虫棉；D 为连续 7 年种植转基因抗虫棉；E 为 1997—2003 年种植转基因抗虫棉，2004 年种植常规棉

从已有报道来看，国内外关于转基因抗虫棉对土壤微生物影响研究已取得了一些科学试验数据，但已有数据一致性较差。有认为对土壤微生物有影响的，也有认为无影响的。Yudina 等（1997）发现 4 种不同 Bt 棉促使了土壤中细菌和真菌数量发生短暂性的显著增加。Watrud 等（1998）报道，Bt 棉可以提高土壤中细菌和真菌的数量。在棉花生育期的进程中，转基因抗虫棉和常规棉根际细菌、放线菌和真菌的数量（表 10 - 28）变化趋势一致，表现为苗期根际微生物的数量少，蕾期开始上升，到花铃期根际微生物的数量达到高峰，吐絮期下降。尽管不同年份转基因抗虫棉与常规棉品种根际细

菌、放线菌和真菌的数量有变化，但是，棉花生育进程根际微生物数量变化趋势一致。总体趋势，转基因抗虫棉对根际土壤细菌和真菌的生长与繁殖有促进作用，对放线菌没有显著影响。

表 10-28　不同生育期棉花根际土壤微生物数量

微生物	年份	棉花品种	苗期	蕾期	花期	花铃期	盛铃期	吐絮期	单位	资料来源
细菌	2001	1	53.9a	186.7c		1575.1C		189.3ab	×10⁶cfu/g	沈法富等，2004
		2	45.7a	141.3b		1262.8B		160.5a	×10⁶cfu/g	
	2002	1	48.9a	116.7a		1241.2B		146.2b	×10⁶cfu/g	
		2	50.3a	101.2a		916.7A		180.7ab	×10⁶cfu/g	
	2001	1	93.30±2.63b	418.60±3.77a	1078.63±9.70b		749.28±4.77b	356.20±7.11b	×10⁶cfu/g	张美俊等，2008
		2	92.77±4.54b	237.87±8.24b	678.10±9.46d		466.50±7.34d	251.10±8.55c	×10⁶cfu/g	
	2002	1	116.10±7.08a	433.62±6.76a	1209.73±8.04a		884.27±6.34a	457.73±5.51a	×10⁶cfu/g	
		2	114.57±7.78a	219.70±9.37c	828.20±7.59c		528.18±6.26c	237.77±6.09c	×10⁶cfu/g	
放线菌	2001	1	1.51a	8.64a		10.05a		2.34a	×10⁶cfu/g	沈法富等，2004
		2	1.24a	9.75a		9.83a		2.17a	×10⁶cfu/g	
	2002	1	1.37a	8.63a		9.37a		3.15a	×10⁶cfu/g	
		2	1.48a	8.24a		8.76a		2.47a	×10⁶cfu/g	
	2001	1	20.83±4.57	28.34±9.17	34.39±2.51		31.14±4.97	19.90±2.04	×10⁵cfu/g	张美俊等，2008
		2	24.26±2.14	26.36±2.33	35.41±4.04		32.46±5.63	18.90±3.21	×10⁵cfu/g	
	2002	1	21.27±5.11	22.81±5.28	34.94±9.19		32.85±5.47	21.30±1.15	×10⁵cfu/g	
		2	25.72±3.14	26.19±1.17	35.04±3.68		31.87±6.68	20.81±2.69	×10⁵cfu/g	
真菌	2001	1	0.068a	0.874B		0.948A		0.375a	×10⁶cfu/g	沈法富等，2004
		2	0.076a	0.485bA		1.477B		0.346a	×10⁶cfu/g	
	2002	1	0.074a	0.286a		1.567B		0.748b	×10⁶cfu/g	
		2	0.093a	0.332ab		1.031A		0.780b	×10⁶cfu/g	
	2001	1	4.32±0.48	11.57±1.15ab	28.50±1.97a		15.25±1.23a	7.24±0.42b	×10³cfu/g	张美俊等，2008
		2	4.23±0.56	10.77±1.01bc	18.76±1.10c		9.17±0.20b	6.86±0.79ab	×10³cfu/g	
	2002	1	4.21±0.49	13.15±1.46a	25.74±1.90b		16.42±1.16a	9.58±1.00a	×10³cfu/g	
		2	4.14±0.42	9.24±1.01c	16.53±1.16c		10.27±0.32b	6.18±0.87b	×10³cfu/g	

（续表）

微生物	年份	棉花品种	苗期	蕾期	花期	花铃期	盛铃期	吐絮期	单位	资料来源
	2006	1	3.00a	5.50A	7.30a			4.40A	$\times 10^3$ cfu/g	
		3	3.70a	11.00B	5.70a			7.30B	$\times 10^3$ cfu/g	
		1	3.80a	6.60a	9.50a			6.70a	$\times 10^3$ cfu/g	段杉等，2008
		2	3.70a	6.40a	5.30b			5.90a	$\times 10^3$ cfu/g	
	2007	1	2.17a	0.75a	0.83a			2.95a	$\times 10^3$ cfu/g	
		3	1.96a	0.72a	1.60a			2.77a	$\times 10^3$ cfu/g	
		1	2.47a	1.27A	1.03a			5.68a	$\times 10^3$ cfu/g	
		2	2.21a	4.75B	1.00a			6.56a	$\times 10^3$ cfu/g	

注：字母相同的表示差异不显著，字母不同的表示差异，大、小写字母不同分别表示极显著差异和显著差异。
1. Bt 棉；2. 常规棉；3. 双价棉

转基因抗虫棉对土壤微生物群落的影响情况比较复杂，土壤温度、水分、棉花根系分泌物、棉株凋零物和棉花品种等因素的变化，均可导致棉田土壤微生物的变化。朱荷琴等（2009）于2006—2007年，采用 4 个转 CpTI 基因棉及其受体亲本常规棉，于棉花不同生育期取根际土壤，研究转 CpTI 基因对棉花根际细菌、放线菌及真菌数量的影响。结果表明（表 10 – 29），转 CpTI 基因棉及其受体亲本常规棉根际土壤中细菌、放线菌和真菌的数量均随着棉花的生长发育变化，细菌在棉花的花铃期达到高峰，放线菌和真菌在蕾期至花铃期达到高峰，之后随着棉花的衰老均减少。转 CPTI 基因对棉花根际土壤中细菌、放线菌和真菌的数量有显著影响，细菌和放线菌的数量均比对应受体亲本常规棉显著增加，而真菌的数量显著减少；从棉花的不同生育时期看，细菌的数量在苗期和花铃期显著高于受体亲本常规棉，放线菌在不同时期均显著高于受体亲本常规棉，尤以苗期和花铃期更明显，而真菌的数量在吐絮期显著低于受体亲本常规棉。李永山等（2007）（表 10 – 30）和范巧兰等（2010）（表 10 – 31）研究结果认为，转基因抗虫棉花对土壤微生物有明显的影响，但在各个生育期各种微生物种类及其生理群表现不太一致。对细菌和真菌的影响，与其他研究结果相一致，而对放线菌的结果不相一致，认为有影响。从表 10 – 31 可知，Bt 棉花晋棉 26 号与受体亲本常规棉晋棉 7 号相比，苗期土壤放线菌数量降低 31.27%，差异达到显著水平；收获期仅降低 2.69%，差异未达到显著水平；而在蕾期、花期和吐絮期分别比对照提高 80.46%，100.69% 和 38.56%，差异达到显著水平。

表 10 – 29　CpTI 棉及其受体亲本常规棉根际土壤中细菌、真菌和放线菌的变化　（$\times 10^7$ cfu/g）

微生物	棉花名称	2006 年					2007 年				
		苗期	蕾期	花铃期	吐絮期	平均	苗期	蕾期	花铃期	吐絮期	平均
细菌	转基因 A	2.86	3.82	5.50	1.75	3.48**	1.11	1.69	3.00	2.09	1.97*
	受体 A	2.47	3.25	4.68	1.04	2.86	0.94	1.37	2.34	1.55	1.55
	转基因 B	1.76	2.58	2.94	2.50	2.45*	1.42	1.89	2.85	2.26	2.10**
	受体 B	1.59	2.18	2.81	2.07	2.16	1.12	1.46	2.42	1.75	1.69
	转基因 C	1.45	2.21	2.68	1.33	1.92**	1.51	2.56	2.42	2.07	2.14*
	受体 C	1.08	1.99	2.51	1.01	1.65	1.01	1.90	2.26	1.77	1.73
	转基因 D	1.44	2.69	2.93	1.32	2.10	1.57	2.20	2.76	2.02	2.14*
	受体 D	1.24	2.16	2.67	1.20	1.82	1.24	1.77	2.63	1.62	1.82
	转基因材料平均	1.88*	2.83*	3.51	1.73	2.49**	1.40*	2.09	2.76	2.11*	2.09**
	受体材料平均	1.60	2.40	3.17	1.33	2.12	1.08	1.63	2.41	1.67	1.70

（续表）

微生物	棉花名称	2006 年					2007 年				
		苗期	蕾期	花铃期	吐絮期	平均	苗期	蕾期	花铃期	吐絮期	平均
放线菌	转基因 A	1.20	4.84	2.53	2.05	2.66*	3.98	6.14	5.85	4.86	5.21**
	受体 A	1.11	4.52	2.23	1.84	2.43	3.40	5.18	4.81	4.02	4.35
	转基因 B	2.94	6.25	4.72	1.98	3.97**	3.90	6.92	6.38	4.19	5.35*
	受体 B	2.77	5.97	4.54	1.75	3.76	3.56	5.90	5.56	3.69	4.68
	转基因 C	2.47	4.64	4.61	2.39	3.53	4.18	6.50	6.14	5.43	5.56*
	受体 C	2.32	4.21	4.52	2.21	3.32	4.04	5.73	5.52	4.72	5.00
	转基因 D	2.00	2.50	4.37	1.84	2.68*	4.25	5.84	6.36	3.83	5.07*
	受体 D	1.84	2.41	4.26	1.79	2.58	4.00	5.70	5.79	3.53	4.75
	转基因材料平均	2.15**	4.56*	4.06*	2.07	3.21**	4.08*	6.35*	6.18**	4.58*	5.30**
	受体材料平均	2.01	4.28	3.89	1.90	3.02	3.75	5.63	5.42	3.99	4.70
真菌	转基因 A	2.8	4.7	5.8	3.8	4.3	6.9	9.4	10.3	8.9	8.9**
	受体 A	3.4	5.8	6.0	4.0	4.8	7.2	9.8	10.7	9.1	9.2
	转基因 B	6.8	7.4	8.5	6.1	7.2*	7.4	8.5	9.3	8.8	8.5*
	受体 B	7.2	8.7	9.3	6.5	7.9	7.7	9.8	10.1	9.9	9.4
	转基因 C	3.1	5.0	7.4	6.0	5.4**	7.7	8.9	10.1	8.1	8.7**
	受体 C	3.6	5.4	7.6	6.4	5.8	8.5	9.5	10.7	8.6	9.3
	转基因 D	4.2	7.9	7.6	4.4	6.0	8.5	8.7	10.6	9.2	9.2
	受体 D	5.5	8.2	7.9	5.2	6.7	8.7	9.2	12.1	10.1	10.0
	转基因材料平均	4.2*	6.3	7.3	5.1*	5.7**	7.6	8.9*	10.1*	8.8*	8.8**
	受体材料平均	4.9	7.0	7.7	5.5	6.3	8.0	9.9	10.9	9.4	9.5

注："*"表示 t 测验差异显著，"**"表示 t 测验差异极显著。受体亲本常规棉：受体 A（05B1）、受体 B（中 1525）、受体 C（中 287）、受体 D（中 36），对应转 CpTI 基因抗虫棉：转基因 A（转 CpTI 基因 05B1）、转基因 B（转 CpTI 基因中 1525）、转基因 C（转 CpTI 基因中 287）、转基因 D（转 CpTI 基因中 36）

表 10 – 30　Bt 棉对土壤细菌、真菌和放线菌的影响

微生物	处理	苗期 ($\times 10^5/g$)	蕾期 ($\times 10^5/g$)	花铃期 ($\times 10^5/g$)	吐絮期 ($\times 10^5/g$)
细菌	空白	226.08 bB	170.9 bB	50.5 cC	170.1 aA
	晋棉 7	485.12 aA	218.7 aA	163.1 aA	174.8 aA
	晋棉 26	181.26 bB	235.9 aA	132.1 bB	130.0 bB
	晋棉 7	—	115.4 bA	61.7 a	117.9 a
	晋棉 26	—	179.3 aA	55.5 a	140.9 a

杭州（盆栽）

运城（大田）

（续表）

微生物	处理		苗期 （×10⁵/g）	蕾期 （×10⁵/g）	花铃期 （×10⁵/g）	吐絮期 （×10⁵/g）
真菌	杭州（盆栽）	空白	93.59 cC	68.3 bB	81.3 bB	46.5 bB
		晋棉7	150.75 aA	218.7 aA	125.7 aA	47.6 bB
		晋棉26	112.36 bB	80.5 bB	95.3 bB	77.4 aA
	运城（大田）	晋棉7	—	18.5 a	33.4 bB	73.8 a
		晋棉26	—	19.8 a	46.4 aA	83.6 a
放线菌	杭州（盆栽）	空白	121.95 cC	127.2 bA	67.2 a	134.0 aA
		晋棉7	179.74 aA	177.5 aA	72.8 a	113.7 bA
		晋棉26	138.19 bB	159.1 aA	71.5 a	107.4 bA
	运城（大田）	晋棉7	—	69.3 aA	105.0 abA	100.5 a
		晋棉26	—	91.5 aA	90.4 bA	106.9 a

注：同一列中不同小写字母或大写字母表示差异显著或极显著、$P<0.05$ 差异显著、$P<0.01$ 差异极显著

表 10-31　Bt 棉花同生育期对土壤细菌、真菌和放线菌的影响

微生物	棉花品种	苗期	蕾期	花期	吐絮期	收获期
细菌 （×10⁵cfu/g）	晋棉7号	126.4	124.6	159.3	119.3	118.5
	晋棉26号	139.6	144.1	172.3	116.5	174.9
真菌 （×10³cfu/g）	晋棉7号	32.9	27.5	41.8	84.4	40.0
	晋棉26号	61.6	35.0	62.6	33.6	50.5
放线菌 （×10⁵cfu/g）	晋棉7号	12.0	28.2	34.7	39.3	60.6
	晋棉26号	8.2	50.8	69.7	54.4	58.9

注：晋棉7号为常规棉，晋棉26号为 Bt 棉

　　虫生真菌是引起昆虫病害流行的主要病原物，是调控田间害虫种群的重要天然因子，虫生真菌的种群数量改变将直接影响地下害虫和地上害虫的数量变化。1986 年 Zimmermann 将虫诱法引入土壤虫生真菌的检测，此方法也用于土壤虫生真菌（高松等，1995；Meyling 等，2006；Sun 等，2008）和土壤线虫病原真菌的分离与筛选（Chandler 等，1997）。谢明等（2012）在前人研究的基础上，加大诱集时的大蜡螟幼虫数，设置多次重复，对 Bt 棉 GK-12 及其受体亲本常规棉泗棉3号（SM-3）土壤虫生真菌进行了为期 1 年的连续监测。研究结果表明，GK-12 根区土壤虫生真菌种类与 SM-3 无差异（表 10-32）。在土壤虫生真菌数量方面，棉花开花初期、盛花期、吐絮期等生育期存在一定的差异。在棉花开花初期和盛花期，距 GK-12 主根 5cm 土壤中虫生真菌的相对数量显著低于 SM-3（$P<0.05$）。在棉花其余的生育期，距 GK-12 主根 5cm 土壤中虫生真菌的相对数量与 SM-3 无显著差异（$P<0.05$）（图 10-30）。在棉花盛花期、结铃期和吐絮前期，距 GK-12 主根 15cm 土壤中虫生真菌的相对数量显著低于 SM-3（$P<0.05$）。在棉花其余的生育期，距 GK-12 主根 15cm 土壤中虫生真菌的相对数量与 SM-3 无显著差异（$P>0.05$）（图 10-31）。在棉花开花初期，距 GK-12 主根 25cm 土壤中虫生真菌的相对数量显著高于 SM-3（$P<0.05$）；而在棉花吐絮前期，距 GK-12 主根 25cm 土壤中虫生真菌的相对数量显著低于 SM-3（$P<0.05$）。在棉花其余的生育期，距 GK-12 主根 25cm 土壤中虫生真菌的相对数量与 SM-3 无显著差异（$P>0.05$）（图 10-32）。这些结果表

明，3 个距离的土壤样品间，虫生真菌种类和数量无显著差异。

表 10 - 32　棉 GK - 12 和受体亲本常规棉泗棉 3 号（SM - 3）不同生育期和根系区域土壤虫生真菌的种类及频率

生育期	品种	僵虫数占总僵虫数的比率（%）					
		距主根 5cm		距主根 15cm		距主根 25cm	
		球孢白僵菌	金龟子绿僵菌	球孢白僵菌	金龟子绿僵菌	球孢白僵菌	金龟子绿僵菌
苗期	CK - 12	100.0	0	100.0	0	100.0	0
	SM - 3	100.0	0	100.0	0	100.0	0
蕾期	CK - 12	33.3	66.7	50.0	50.0	23.1	76.9
	SM - 3	50.0	50.0	50.0	50.0	100.0	0
开花初期	CK - 12	75.9	24.1	60.0	40.0	81.0	19.0
	SM - 3	67.6	32.4	93.9	6.1	100.0	0
盛花期	CK - 12	100.0	0	100.0	0	100.0	0
	SM - 3	100.0	0	100.0	0	100.0	0
结铃期	CK - 12	100.0	0	96.7	3.3	100.0	0
	SM - 3	100.0	0	100.0	0	100.0	0
吐絮前期	CK - 12	100.0	0	100.0	0	100.0	0
	SM - 3	100.0	0	100.0	0	100.0	0
吐絮中期	CK - 12	96.1	3.9	95.6	4.4	97.7	2.3
	SM - 3	100.0	0	94.1	5.9	100.0	0
吐絮后期	CK - 12	100.0	0	92.9	7.1	92.3	7.7
	SM - 3	100.0	0	64.3	35.7	100.0	0
枯死期	CK - 12	97.9	2.1	96.2	3.8	95.0	5.0
	SM - 3	97.9	2.1	92.4	7.6	99.3	0.7

　　作物的残枝败叶落入土壤以及收获后秸秆还田，使作物残体较长时间存留于土壤中，可使转 Bt 基因抗虫作物转基因产物 Bt 毒蛋白释放到农业生态系统中，这无疑增加了转 Bt 基因产物在环境中的释放量。同时，凋落物以及残茬在土壤中存留相对延长了土壤生物群体与植株组织内存在的转 Bt 基因产物的接触时间，可能引起土壤微生物种群数量和活性以及土壤酶活性的变化，进而影响到土壤有机质和矿质元素的转化。据研究（图 10 - 33、图 10 - 34、图 10 - 35），在棉花蕾期和吐絮期 Bt 棉新彩 1 和常规棉新彩 1 粉碎叶还土后土壤三大类微生物种群数量变化趋势基本一致，土壤细菌数量随腐解过程在第 55d 达到高峰后有所下降，而放线菌和真菌数量随腐解过程出现两个高峰期。原因可能是这些微生物在利用有机碳源过程中的群落演替现象，一开始易于分解的小分子有机化合物首先被这些能利用小分子有机物的微生物同化利用，微生物数量快速增加，随着这些有机物的减少微生物数量下降，能够分解大分子有机物的微生物开始利用这些物质繁殖，微生物数量又出现一个快速增加阶段。这表明土壤微生物数量主要受棉花自身主要腐解物质影响，但在腐解过程中处理间土壤微生物数量也存在一定差异。Bt 棉新彩 1 粉碎叶还土土壤细菌和真菌数量大于常规棉新彩 1 粉碎叶处理，且在腐解的第 40d 差异最大，蕾期粉碎叶和吐絮期粉碎叶处理的细菌增幅分别为 57.52% 和 60.72%，真菌增幅可分别达 102.97% 和 108.39%。土壤细菌和真菌数量在粉碎叶

腐解的第 10d 和 70d 各处理间均无显著差异，第 25d 到 40d 各处理间均存在显著差异。土壤放线菌数量在整个腐解过程中各处理间均无显著差异。

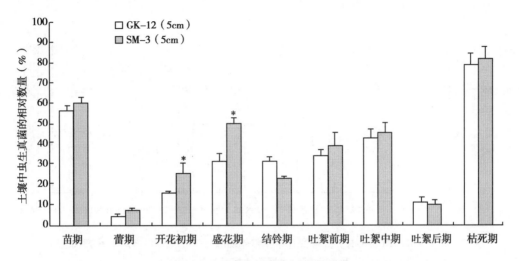

图 10 - 30　Bt 棉 GK - 12 与受体亲本常规棉泗棉 3 号（SM - 3）根系 5cm
区域土壤虫生真菌的相对数量比较

注：＊表示差异显著，$P < 0.05$。图 4 - 30、图 4 - 31 同

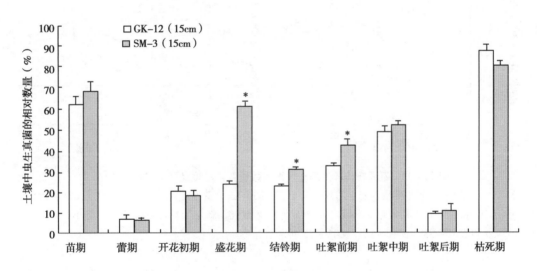

图 10 - 31　Bt 棉 GK - 12 与受体亲本常规棉泗棉 3 号（SM - 3）根系 15cm
区域土壤虫生真菌的相对数量比较

土壤微生物生物量是土壤养分的储库，其变化是微生物对土壤中养分固持和释放的表现形式，反映土壤的同化和矿化能力。土壤微生物生物量碳占土壤有机碳比例通常仅为 1% ~5%，但它们是土壤有机碳中最活跃的部分和植物养分重要的"源"和"库"。土壤微生物生物量碳不仅是研究土壤有机碳循环及其转化过程的重要指标，而且是综合评价土壤质量和肥力状况的指标之一。Bt 棉 Bt 新彩 1 粉碎叶还土后，可在腐解中期显著提高土壤微生物生物量碳（表 10 - 33）。吐絮期 Bt 新彩 1 粉碎叶处理土壤微生物生物量碳在此腐解期显著高于蕾期 Bt 棉新彩 1 处理，蕾期 Bt 棉新彩 1 粉碎叶 Bt 毒蛋白含量（6 389.56ng/g）高于吐絮期 Bt 棉新彩 1 粉碎叶 Bt 毒蛋白含量（1 845.43 ng/g），因此，粉碎叶还土后土壤微生物生物量碳的显著增加是由于释放后的 Bt 毒蛋白的促进作用还是由于粉碎叶其他物质含量差异所致，或者是两者互作效应的结果有待进一步研究探讨。

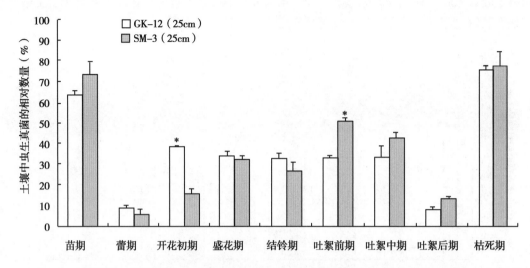

图 10 - 32　Bt 棉 GK - 12 与受体亲本常规棉泗棉 3 号（SM - 3）根系 25cm
区域土壤虫生真菌的相对数量比较

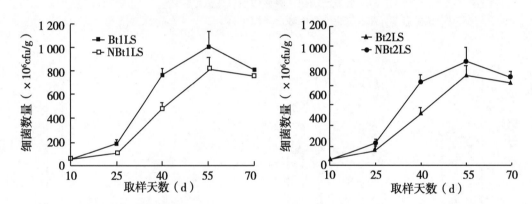

图 10 - 33　不同粉碎叶处理土壤细菌数量变化趋势（张美俊等，2013）

　　注：Bt1LS 为蕾期 Bt 棉新彩 1 粉碎叶 + 土壤、NBt1LS 为蕾期常规棉新彩 1 粉碎 + 土壤、Bt2LS
为吐絮期 Bt 棉新彩 1 粉碎叶 + 土壤、NBt2LS 为吐絮常规棉新彩 1 粉碎叶 + 土壤。图 10 - 34、图
10 - 35 和表 10 - 33、表 10 - 34、表 10 - 35 同

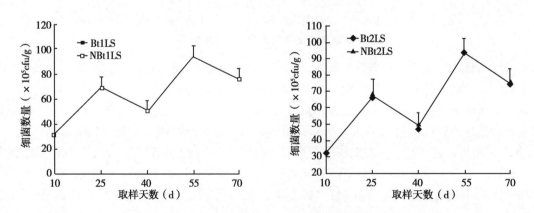

图 10 - 34　不同粉碎叶处理土壤数放线菌量变化趋势（张美俊等，2013）

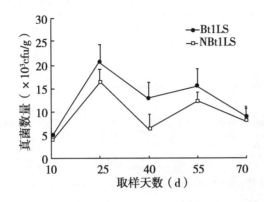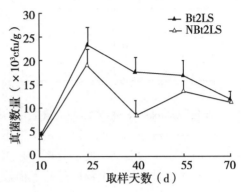

图 10 - 35　不同粉碎叶处理土壤真菌数量变化趋势（张美俊等，2013）

表 10 - 33　不同粉碎叶处理土壤微生物生物量碳（张美俊等，2013）　　　（mg/kg）

取样天数（d）	Bt1LS	NBt1LS	Bt2LS	NBt2LS
10	353.76 ± 11.080c	356.89 ± 12.670c	364.58 ± 8.965a	360.29 ± 11.135ab
25	432.18 ± 11.595b	422.19 ± 11.045c	452.31 ± 11.835a	424.97 ± 10.695c
40	486.86 ± 11.805b	457.12 ± 9.956c	506.55 ± 11.885a	458.54 ± 11.551c
55	512.20 ± 12.814b	489.75 ± 11.995c	531.28 ± 10.086a	594.13 ± 12.543c
70	473.24 ± 11.623c	476.87 ± 11.431c	484.66 ± 7.455a	488.98 ± 8.990ab

注：字母不同表示同一取样时间处理间差异达5%显著水平。表3 - 34、表3 - 35同

　　土壤微生物活动是土壤基础呼吸的来源。土壤基础呼吸代表了土壤碳素的周转速率及微生物的总体活性，测定基础呼吸作用强度是衡量土壤微生物总的活性指标，也可作为评价土壤肥力的指标。代谢商（qCO_2）是土壤基础呼吸强度与微生物生物量碳的比值，指一定量的微生物在一定时间内呼吸代谢所释放的 CO_2，它的值越低，表明土壤微生物利用土壤有机物质越经济，即主要用于繁殖而不是主要用来维持自身代谢的需要。代谢商将微生物生物量的大小与微生物的活性和功能有机地联系起来，反映了微生物群落生理上的特征，揭示了土壤环境胁迫。由表 10 - 34 可以看出，Bt 棉新彩1 粉碎叶处理和各自对照常规棉新彩1 处理土壤基础呼吸均在腐解的第40d、第55d 差异显著，基础呼吸显著降低。由表 10 - 35 第40d、第55d 代谢商结果可以看出，Bt 棉新彩1 处理土壤代谢商的显著降低，暗示 Bt 棉新彩1 处理土壤微生物生物量的增加主要是由于微生物消耗有机物质用于自身的繁殖发育的结果，也即微生物对能源碳的利用效率提高了。

表 10 - 34　不同粉碎叶处理土壤微生物基础呼吸（张美俊等，2013）

（$CO_2 - C$ mg/kg·d）

取样天数（d）	Bt1LS	NBt1LS	Bt2LS	NBt2LS
10	43.65 ± 1.200a	44.15 ± 0.855a	41.86 ± 1.275b	42.32 ± 1.330b
25	50.64 ± 1.312a	49.87 ± 1.130a	46.76 ± 1.775b	47.65 ± 0.580b
40	61.61 ± 0.713d	79.87 ± 1.445b	71.69 ± 1.167c	83.96 ± 0.075a
55	71.54 ± 0.996d	88.46 ± 2.760b	79.44 ± 1.502c	94.75 ± 1.105a
70	77.87 ± 0.771a	78.43 ± 0.684a	76.88 ± 1.114a	76.17 ± 0.792a

表 10 - 35　不同粉碎叶处理土壤微生物代谢商 qCO_2（基础呼吸/微生物生物量碳）（张美俊等，2013）

取样天数（d）	Bt1LS	NBt1LS	Bt2LS	NBt2LS
40	0.127c	0.175a	0.142b	0.183a
55	0.140d	0.181a	0.150c	0.160b

　　目前，研究转基因抗虫棉对土壤中微生物的影响大多采用传统的微生物的培养方法，这些传统方法培养的微生物只占总数的 0.1% ~10%，不能全面反映土壤微生物多样性信息。磷脂脂肪酸（Phospholipid fatty acid，PLFA）图谱分析，是 20 世纪后期发展起来的一种研究土壤微生物群落结构的新方法，它可定量分析微生物群落的生物量和群落结构，能不通过微生物的纯培养，在属的水平上鉴别微生物种类，是一种快速、可靠的检测方法。因此，李永山等（2009）和范巧兰等（2012）采用磷脂脂肪酸图谱研究 Bt 棉对土壤微生物多样性的影响。李永山等（2009）试验结果表明，Bt 棉降低了棉田土壤格兰氏阳性细菌的比例，提高棉田土壤的真核生物、真菌和放线菌的比例；Bt 棉在蕾期提高了土壤原生动物比例，在吐絮期比例反而降低；Bt 棉在蕾期提高了棉田土壤格兰氏阴性细菌的比例，吐絮期则降低了格兰氏阴性细菌的比例。主成分分析和聚类分析表明，Bt 棉对土壤微生物群落结构变化有明显影响。范巧兰等（2012）利用磷脂脂肪酸图谱分析法对转基因抗虫棉及其受体亲本常规棉花品种不同生物量对土壤微生物群落结构的影响研究得出，随着棉花生物量的增加，土壤微生物总量显著增加（图 10 - 36），而且土壤微生物群落结构发生明显变化，细菌和放线菌所占比例明显减少，真菌比例显著增加（表 10 - 36）。

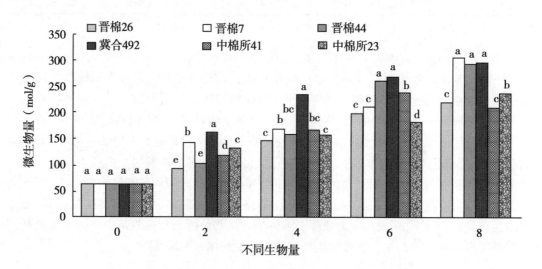

图 10 - 36　转基因抗虫棉不同生物量对土壤微生物生物量的影响

　　注：不同生物量系指每个棉花品种分别称取粉碎棉花秸秆 2g、4g、6g、8g 与 200g 未种植过棉花的风干土壤混匀，装在 250ml 的纸杯中。以不加棉花秸秆的土壤作空白（0）对照。Bt 棉晋棉26、晋棉44、双价棉中棉所41 的相应受体亲本常规棉分别为晋棉 7 号、冀合 42 和中棉所23。表10 - 36 同

表 10 - 36   不同生物量对土壤细菌、真菌和放线菌比例的影响   （%）

微生物	品种（品系）	生物量（g）				
		0	2	4	6	8
细菌	中棉所 41	38.49	37.11a	38.07a	37.25a	40.69a
	中棉所 23	38.49	36.99a	35.88b	39.03a	32.41d
	晋棉 26 号	38.49	38.00a	38.43a	36.83a	38.10b
	晋棉 7 号	38.49	36.92a	36.79a	36.04a	32.48d
	晋棉 44 号	38.49	37.82a	33.67b	36.58a	35.92c
	冀合 492	38.49	34.10b	38.21a	37.11a	36.05bc
真菌	中棉所 41	4.86	7.50c	10.05c	13.38a	19.42a
	中棉所 23	4.86	7.57c	10.26c	11.50b	14.05b
	晋棉 26 号	4.86	8.27bc	7.86d	9.29c	11.96c
	晋棉 7 号	4.86	8.77bc	10.68bc	11.11b	13.95b
	晋棉 44 号	4.86	10.20a	11.60ab	12.32ab	12.69c
	冀合 492	4.86	9.62ab	11.91a	12.03b	12.48c
放线菌	中棉所 41	12.89	8.94a	9.59a	6.90d	8.59a
	中棉所 23	12.89	8.68a	8.10b	7.96b	6.98c
	晋棉 26 号	12.89	9.34a	8.30b	8.81a	7.92b
	晋棉 7 号	12.89	8.53a	8.43b	7.69bc	6.62c
	晋棉 44 号	12.89	8.51a	7.31c	6.70d	6.73c
	冀合 492	12.89	7.42b	7.07c	7.25cd	6.86c

注：同一列中 a，b，c，表示处理间在 0.05 水平上的差异显著性

　　不同研究者从不同角度研究结果表明，转基因抗虫棉和常规棉田土壤微生物数量都随棉花生育期具有增加的趋势，表现在苗期和盛花期较少，花铃前期开始增加，花铃中期和后期达最大，但吐絮期有所下降。然而，转基因抗虫棉与其受体亲本常规棉微生物数量在总体上无显著差异（图 10 - 37、图 10 - 38、图 10 - 39、图 10 - 40）。

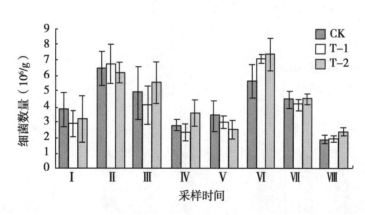

图 10 - 37   不同采样时间各类型棉田土壤中细菌数量（李孝刚等，2011）

　　注：细菌数量以 cfu 计。CK 为常规棉棉田，T - 1、T - 2 分别为种植 7、10 年 Bt 棉田。Ⅰ、Ⅱ、Ⅲ和Ⅳ分别为 2007 年棉花苗期、蕾期、花铃期和吐絮期，Ⅴ、Ⅵ、Ⅶ和Ⅷ分别为 2008 年棉花苗期、蕾期、花铃期和吐絮期。图 10 - 38 同

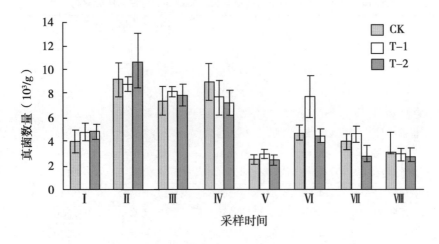

图 10 – 38 不同采样时间各类型棉田土壤中真菌数量（李孝刚等，2011）

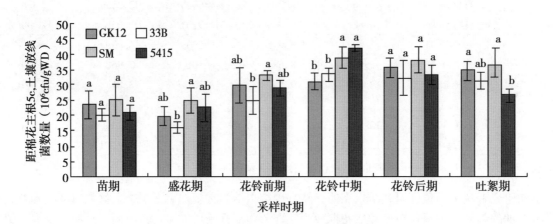

图 10 – 39 Bt 棉对棉田土壤细菌数量的影响（陈俊辉等，2012）

注：图中所示为同一时期不同品种的比较，直方柱上相同字母表示处理间差异不显著，LSD：P > 0.05。GK12 和 33B 为 Bt 棉，SM 与 5415 为常规棉。图 10 – 40 同

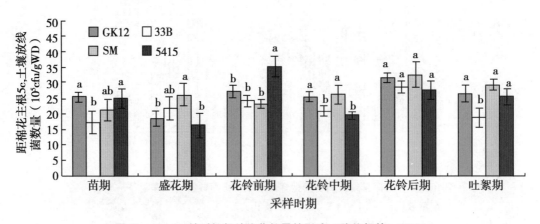

图 10 – 40 Bt 棉对根部放线菌数量的影响（陈俊辉等，2012）

海南省是我国的天然温室，具有得天独厚的气候条件和光温资源，以三亚、乐东等地为核心区域形成的南繁育种基地是我国重要的育种基地，被誉为植物种质资源的"摇篮"。随着转基因作物研究与应用的飞速发展，20 世纪后期以来南繁的转基因农作物材料、种类和数量不断增多，因此需开展南繁转基因生态安全性研究。王昊等（2011）于 2009—2010 年两年在海南三亚研究双价棉 SGK321 对棉株根际土壤微生物的影响。研究结果显示，2009 年 12 月 9 日至 2010 年 5 月 28 日 SGK321 和受体亲本常规棉石远 321 根际土壤细菌、真菌、放线菌数量的动态变化趋势大致相同（图 10 - 41 至图 10 - 46）。SGK321 根际土壤的微生物群落数量略少于其受体亲本常规棉石远 321。2010 年 6 月 8 日至 2010 年 11 月 15 日根际土壤微生物群落数量变化趋势与 2009—2010 年相似。两年内 SGK321 和石远 321 根际可培养土壤微生物细菌、真菌和放线菌的种属数量分别为 4 个、8 个和 1 个。假单胞菌属、拟盘多毛孢属和小单孢菌属仅在 SGK321 棉花土样中检出（表 10 - 37）。综合两年棉花根际土壤微生物数量变化及种属构成的结果，可认为种植 SGK321 对根际土壤微生物群落数量和组成的影响不显著。石远 321 根际土壤的细菌、真菌和放线菌种类略为丰富。

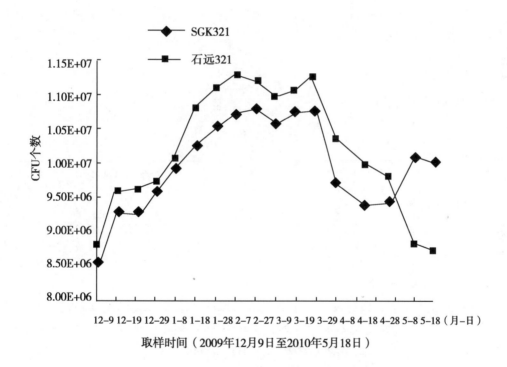

图 10 - 41　2009 年棉花根际土壤细菌群落数量动态

注：SGK321 根际土壤细菌与石远 321 根际土壤细菌数量差异不显著（$P > 0.05$）

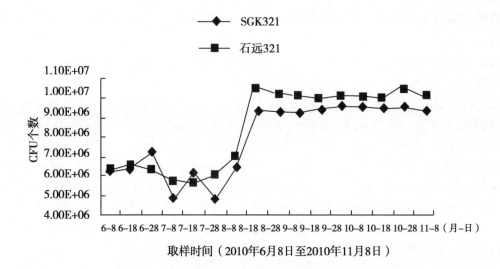

图 10 - 42　2010 年棉花根际土壤细菌群落数量动态

注：SGK321 根际土壤细菌与石远 321 根际土壤细菌数量差异不显著（$P > 0.05$）

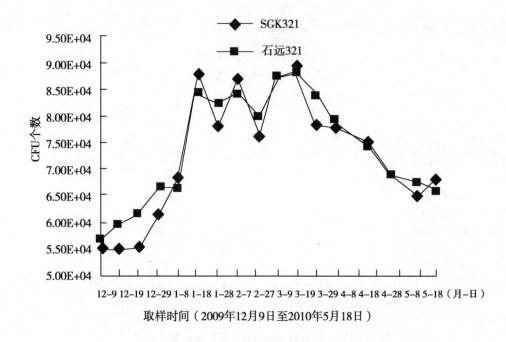

图 10 - 43　2009 年棉花根际土壤真菌群落数量动态

注：SGK321 根际土壤真菌与石远 321 根际土壤真菌数量差异不显著

（$P > 0.05$）

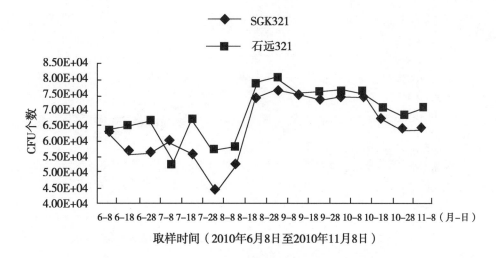

图 10 - 44　2010 年棉花根际土壤真菌群落数量动态

注：SGK321 根际土壤真菌与石远 321 根际土壤真菌数量差异不显著（$P > 0.05$）

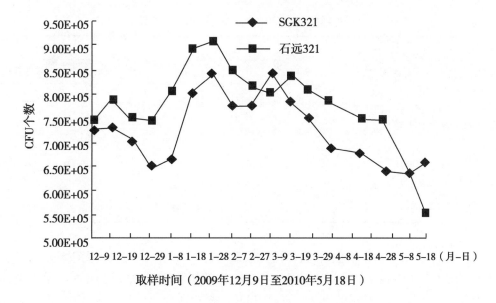

图 10 - 45　2009 年棉花根际土壤放线菌群落数量动态

注：SGK321 根际土壤放线菌与石远 321 根际土壤放线菌数量差异不显著（$P > 0.05$）

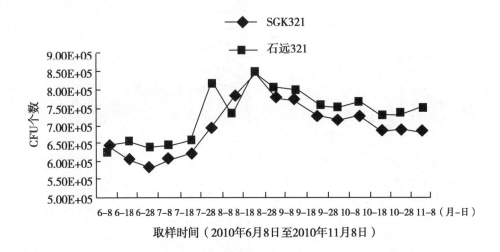

图 10 - 46　2010 年棉花根际土壤放线菌群落数量动态

注：SGK321 根际土壤放线菌与石远 321 根际土壤放线菌数量差异不显著（$P >$ 0.05）

表 10 - 37　根际可培养土壤微生物鉴定结果

细菌		真菌		放线菌	
SGK321	石远 321	SGK321	石远 321	SGK321	石远 321
（两者共有）芽胞杆菌属、节杆菌属、产碱杆菌属、芽胞杆菌属		（两者共有）曲霉属、子囊菌属、青霉属、木霉属、柱孢属、小盘菌属、黑孢菌属、弯孢属		（两者共有）链霉菌属	
假单胞菌属	蜡样芽胞杆菌 棉花早疫霉菌	拟盘多毛孢属	胶膜菌属 多节孢属 圆顶壳属	小单孢菌属	诺卡氏菌属

　　传统的利用培养方式对微生物进行检测的方法最大的缺陷是无法准确地揭示环境中微生物群落的真实情况。随着分子生物学的发展，对微生物多样性的研究逐渐深入到 DNA 分子水平，主要是利用了基于分子杂交和 PCR 技术的方法。Pei（2001）采用对原核生物核糖体小亚基 16S rDNA 全序列分析的方法，研究转基因抗虫棉根际工壤微生物的多样性，没有发现转基因抗虫棉田与常规棉田间有显著的差异。唐黎等（2007）在棉花苗期，蕾期，花铃期，吐絮期分别采集 Bt 棉 GKl2 和受体亲本常规棉泗棉 3 号根际土壤，以及未种植棉花的背景土壤，利用末端标记限制性片段长度多态性（T-RFLP）分析技术，分析三种土壤中细菌和古菌的 16S rRNA 基因片段多态性，结合克隆文库建立和测序，研究了土壤中细菌和古菌群落结构的变化。结果表明：三种土壤中细菌群落结构随时间的变化也存在变化。对未种植棉花的背景土壤，在种植前、苗期和蕾期，T-RF 为 67bp、72bp、81bp、91bp、131bp、140bp、150bp、161bp、171bp、195bp、221bp、265bp、290bp、398bp、435bp、446bp、453bp 的各种细菌在土壤中基本都存在；而在花铃期，被检测到的只有 T-RF 为 140bp、171bp、195bp、265bp 的细菌；在吐絮期，能被检测到的只有 T-RF 为 72bp、140bp 和 171 bp 的细菌，T-RF 为 446bp 的细菌只出现在种植前的土壤中（图 10 - 47）。背景土壤细菌群落的香侬指数表明（表 10 - 38），随着时间的推移，背景土壤细菌群落多样性明显下降，从种植前

的 2.78 下降到花铃期的 1.60 和吐絮期的 1.63。在一个种植季中，随着土壤温度、湿度的变化，背景土壤细菌也相应发生改变。而对受体亲本常规棉泗棉 3 号和 Bt 棉 GK12，各种细菌的相对丰度也有一定的变化，但较背景土壤细菌群落结构变化小（图 10 - 48）。同样地，三种土壤中细菌群落结构也存在明显的差异。总体上，GK12 和泗棉 3 号的种植，在苗期抑制了 T-RF 为 67bp、131bp、171bp 的细菌（其相对丰度低于背景土壤中相应细菌的相对丰度），而激活了其他细菌；在蕾期，T-RF 为 67bp、81bp、131bp、150bp、171bp、195bp、221bp、265bp 的细菌受到了抑制；在花铃期，除了 T-RF 为 140bp、171bp、265bp 的细菌受到抑制以外，其余细菌都得到了明显的激活；而在吐絮期，与背景土壤相比，受到抑制的细菌主要为 T-RF 为 72bp、140bp、171bp 的细菌。与泗棉 3 号相比，GK12 在蕾期明显富集了 T-RF 为 290 bp 和 91bp 的细菌。此外，根据细菌克隆文库中特征 T-RF 所对应克隆的序列，分析其与 Genbank 中已知微生物 l6SrDNA 序列的相似性（表 10 - 39）

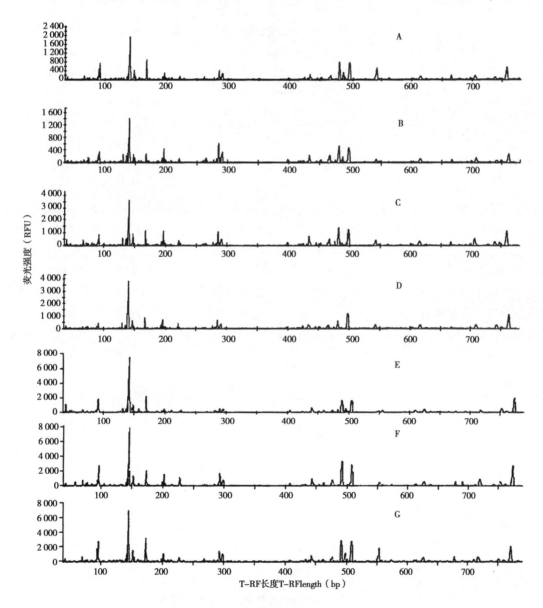

图 10 - 47　土壤细菌群落 T-RFLP 图谱

注：A. GK12，苗期；B. GK12，花铃期；D. GK12，吐絮期；E. 背景土壤，苗期；F. 泗棉 3 号，苗期；G. GK12，苗期

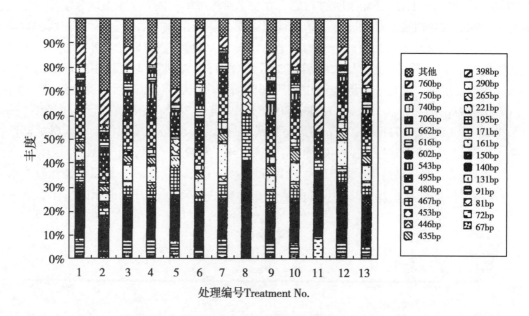

图 10 - 48　三种土壤中细菌群落典型 T-RF 的相对丰度

注：1. 背景土壤，种植前；2. 背景土壤，苗期；3. 泗棉 3 号，苗期；4. GK12，苗期；5. 背景土壤，蕾期；6. 泗棉 3 号，蕾期；7. GK12，蕾期；8. 背景土壤，花铃期；9. 泗棉 3 号，花铃期；10. GK12，花铃期；11. 背景土壤，吐絮期；12. 泗棉 3 号，吐絮期；13. GK12，吐絮期

可以看出，在三种土壤中，细菌主要属于 *Acidobacteriales*、*Proteobacteria*、*Methylobacteriaceae*、*Planctomycete*。表 10 - 39 土壤中细菌所得到的克隆都与未培养微生物比较接近，其中 T-RF 为 108bp、137bp、149bp、662bp 的细菌与已知未培养微生物的相似性仅为 94% 左右，说明这些微生物都属于新的未培养的物种，属于利用培养方法无法解析和认知的物种。这些结果表明，Bt 棉对根际土壤微生物的影响不明显，棉花根际土壤微生物区系差异主要受生育期影响。段杉等（2008）根据电泳条带的数量，质量及迁移率采用 Bandleader 及 SPSS 软件对 DGGE 图谱进行聚类分析。从聚类图（图 10 - 49）可以看出，在蕾期，SGK321 与石远 321 间根区土壤真菌相似度高于 GK12 与泗棉 3 号

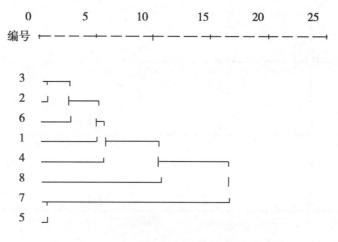

图 10 - 49　18S rDNA 的 DGGE 图谱相似性树

间的相似度，这一点与前面平板涂布的结果相吻合。在花期，SGK321 与石远 321 间的相似度也高于 GK12 与泗棉 3 号间的相似度。另外，这两个转基因抗虫棉品种与亲本间在蕾期的相似度均高于

在花期的相似度。说明转基因抗虫棉的种植在蕾期和花期均对根区真菌有一定的影响，且在蕾期的影响比花期小。陈俊辉等（2012）以 Bt 棉 GK12.33B 及其受体亲本常规棉对照（SM、5415）为材料，利用基于 rRNA 基因 PCH 扩增的变性梯度凝胶电泳（DGCE）技术研究了棉田土壤中细菌数量和群落结构的动态变化。结果表明：棉田土壤细菌数量随棉花生育期逐渐增加，于花铃中期达到最大值，受体亲本常规棉转基因棉与其之间细菌数量差异不显著。DGGE 结果显示，Bt 棉和受体亲本常规棉都存在丰富且相似的条带，聚类分析表明大多数 Bt 棉和亲本间条带相似性达 80% 以上，根据不同的生理期分成 2 个簇（图 10-50）；主成分分析表明 Bt 棉和受体亲本常规棉细菌群落结构没有显著差异，但在不同生育期存在一定差异（图 10-51），表明生育期是影响细菌群落结构的主要因素，与聚类分析结果相吻合。说明 Bt 棉对棉田土壤细菌数量和群落结构没有显著影响。

表 10-38　三种土壤各个时期细菌群落香侬指数

土壤类型	种植前	苗期	蕾期	花铃期	吐絮期
背景土壤	2.78	2.53	2.47	1.60	1.68
泗棉 3 号	N/A	2.85	2.67	2.84	2.72
GK12	N/A	2.81	2.82	2.93	2.87

表 10-39　GK12 苗期根际土壤中细菌 16S rRNA 基因相似性分析

T-RF 长度（bp）	对应克隆	最接近的结果（检索号）	相似度（%）
108 bp	B8-49	未培养的浮霉状菌克隆 AKYG1711（AY921874）	92
137 bp	B7-5	未培养的细菌克隆 LR-102（DQ302435）	93
137 bp	B8-30	未培养的细菌克隆 25BSU19（AJ863223）	96
		未培养的变形菌克隆 EB1080（AY395399）	93
149 bp	B7-27	未培养的细菌克隆 AKIW1111（DQ129636）	97
	B7-27	未培养的酸杆菌门细菌克隆 AKYG742（AY922059）	95
149 bp	B8-45	未培养的甲基杆菌科细菌克隆 M10Ba32（AY360622）	98
195 bp	B8-37	未培养的酸杆菌门细菌克隆 18（AY942992） *Chelatococcus asaccharovorans* 培养基 CP141b（AI871433）	97
197 bp	B7-32	未培养的酸杆菌目细菌克隆 GR20（AY150900）	98
221 bp	B9-15	未培养的 β-变形菌纲细菌克隆 AKYH490（AY921821）	96
201 bp	B8-33	未培养的细菌 ALT23（AY703462）	97
446 bp	B9-18	未培养的 α-变形菌纲细菌克隆 AKYH119（AY921758）	97
662 bp	B7-2	未培养的细菌克隆 E15（AJ966590）	94

　　李长林等（2008）应用 PCR、T/A 克隆、RFLP 等分子生物学研究方法分析了两种大田栽培的双价棉 SCK321 和中棉所 41 苗期、花铃期、衰老期根际土壤微生物特异性 DNA 序列变化，探讨转基因抗虫棉种植对根际土壤微生物区系组成多样性的影响。16SrDNA 和 5.8ITS PCR 扩增产物经TIA 克隆分别得到 1 066.563 个阳性克隆，根据酶切图谱进行聚类分析。结果表明，相同生育期的棉花根际土壤微生物区系组成的相似性最高，转基因抗虫棉根际土壤微生物区系组成的相似性最小（图 10-52、图 10-53）。这表明双价棉花对根际土壤微生物的影响不显著。

　　古菌是生命的第三种形式。由于最初的研究认为古菌主要生活在极端环境中，如热泉、盐湖

等，因此多被归为极端微生物。由于在许多环境都发现了古菌的存在（包括海洋环境、陆地泥土

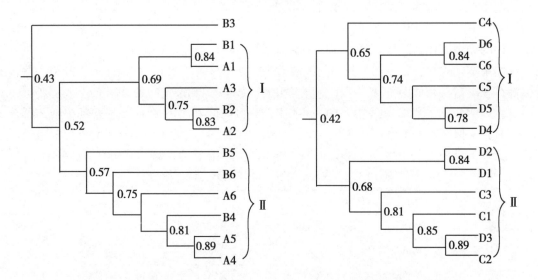

图 10-50　Bt 棉和受体亲本常规棉根际土壤细菌 DGGE 指纹图谱的聚类分析

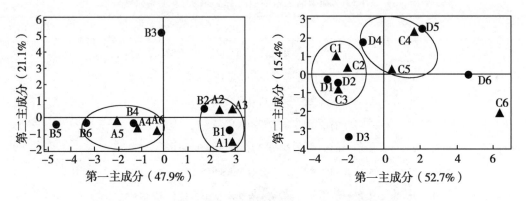

图 10-51　Bt 棉和受体亲本常规棉田土壤细菌 DGGE 指纹图谱的主成分分析

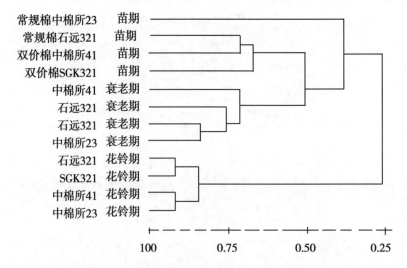

图 10-52　根际土壤细菌 16SrDNA　PCR-RFLP 图谱相似性聚类

和湖泊沉积物中），其在生态环境中所起的作用也日益受到人们的重视，尤其是产甲烷古菌对于农田甲烷释放机理的研究具有重要意义。但是在转基因抗虫作物对环境微生物的影响研究中，对于古菌这一大类群的微生物，目前的研究尚少。据研究，在提取种植 Bt 棉 CK12 及其受体亲本常规棉泗棉 3 号和未种植棉花的三种土壤中微生物群落 DNA，扩增古菌的小亚基（SSU）rRNA 基因（l6S rDNA），并通过 T-RFLP 分析，得到三种土壤不同种植期古菌群落的 T-RFLP 图谱，对各特征末端片段（T-RF）所代表峰面积进行计算，分析各特征 T-RF 在整个土壤古菌群落中的相对丰度，以及各种古菌的变化如图 10－54 和图 10－55 所示。从这两图中可以看出，经过一个生长季三种土壤古菌群落结构随种植时间的不同存在显著的变化。其中，泗棉 3 号根系古菌群落中，苗期各种古菌的相对种群大小比较均一：T-RF 为 75bp、80bp、91bp、175bp、185bp、190bp、225bp、255bp、282bp、306bp、329bp 的各种古菌在整个古菌群落中所占比例为 4% ～13%；而在蕾期，古菌群落结构发生了变化，其中苗期和蕾期优势菌群的代表（T-RF 为 75bp、80bp、255bp、282bp、306bp）在整个古菌群落中相对比例明显下降，而 T-RF 为 175bp、190bp、255bp、329bp 的各种古菌在整个古菌群落中所占比例上升，T-RF 为 91bp 和 185bp 的古菌在整个古菌群落中所占比例没有明显变化；在花铃期，苗期和蕾期的优势菌群持续下降，而 T-RF 为 75bp、80bp、81bp、185bp 和 282bp 的古菌相对上升，在吐絮期，T-RF 为 75bp 和 80bp 古菌的相对丰度增加，其余古菌的变化较小。对于 GK12，根系古菌群落结构在一个生长季也存在明显的变化，例如在苗期占优势古菌的 T-RF 为 80bp、91bp、292bp 和 30bp；在蕾期占优势古菌的 T-RF 为 91bp、175bp、190bp、225bp、329bp；在花铃期占优势古菌的 T-RF 为 80bp、91bp、185bp；在吐絮期占优势古菌的 T-RF 为 80bp、91bp、185bp。而且 GK12 根系古菌群落中各种古菌的相对大小存在明显的差异，例如，吐絮期 T-RF 为 185bp 的古菌相对丰度最大，为 22%，而在花铃期和吐絮期，T-RF 为 329bp 的古菌则在 T-RFLP 图谱中消失，变得不可检测。在未种植棉花的背景土壤中古菌种类比较单一，主要为 T-RF 为 91bp 和 185bp 所代表的微生物，而且 T-RF 为 18Sbp 的古菌为主要古菌，占总古菌群落的 60% ～70%。随着时间的变化，T-RF 为 91bp 的古菌逐渐增加，由 9% 增加到 23%，此外，T-RF 为 255bp、282bp、306bp 的古菌在不同时期出现，但是在另外的时期不可检测。另外，比较种植 GK12、泗棉 3 号和未种植棉花的背景土壤中古菌群落结构可以发现，三种土壤古菌群落也存在明显的差异。与没有种植棉花的背景土壤相比，泗棉 3 号和 GK12 的种植明显增加了土壤中古菌的种类和各种古菌种群大小的均一性。种植了泗棉 3 号和 GK12 的根系土壤中，古菌群落也存在显著的

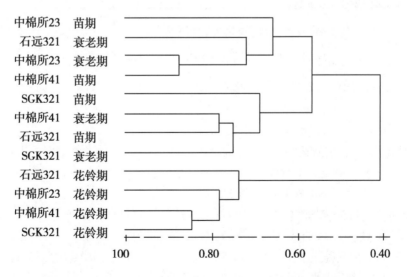

图 10－53 根际土壤真菌 5.8ITS PCR-RFLP 图谱相似性聚类

不同。GK12 的种植在苗期显著地刺激了 T-RF 为 282bp 和 306bp 古菌，在吐絮期显著地刺激了 T-RF 为 90bp 古菌的增长；而对大多数其他古菌则影响不大，或者具有一定的抑制作用，使它们的种群变小。这一结果表明，Bt 棉的种植对根系土壤中古菌群落结构产生了明显的影响。

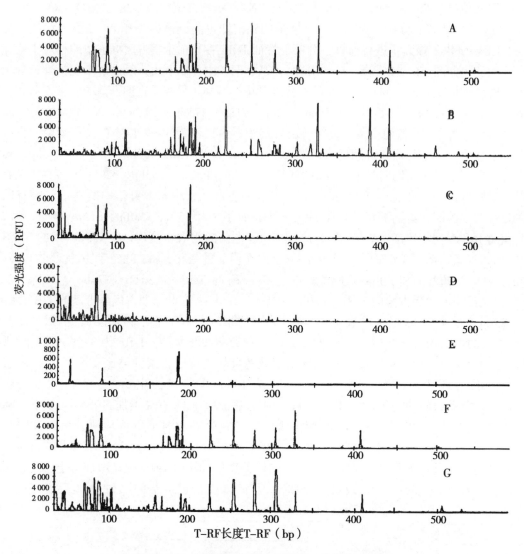

图 10 - 54　古菌群落 T-RFLP 图谱（唐黎等，2007）

　　根据 T-RFLP 图谱中 T-RF 的数量和相对丰度计算各土壤古菌群落香侬指数（Shannon-Wiener Index）列于表 10 - 40。背景土中古菌多样性指数基本稳定，香侬指数在棉花种植的蕾期为 1.2，在其余时期基本在 0.8 左右。棉花的种植提高了土壤中古菌群落生物多样性，香侬指数为 1.7 ~ 2.5。棉花种植土壤中古菌群落生物多样性随种植时间的推移而呈降低趋势，其中苗期和蕾期的香侬指数（2.19 ~ 2.49）明显高于花铃期和吐絮期（1.72 ~ 1.76）。在古菌多样性指数较高的苗期和蕾期，转基因抗虫棉根际古菌多样性指数略低于常规棉根际多样性指数，而在古菌多样性指数急剧下降的花铃期和吐絮期，转基因抗虫棉根际古菌多样性指数与常规棉非常接近。此外，根据克隆文库中特征 T-RF 所对应克隆的序列，分析其与 Genbank 中已知微生物 16SrDNA 序列的相似性（表 10 - 41）可知，在三种土壤中古菌主要属于 *Crenarchaeote* 中的微生物，而属于 euryarchaeote 的古菌很少，在所有的克隆中没有发现属于甲烷古菌的克隆。从表 10 - 41 中可看出，土壤中古菌所得到的克隆都与未培养微生物比较接近，其中 T-RF 为 284bp 的古菌与已知未培养微生物的相似性

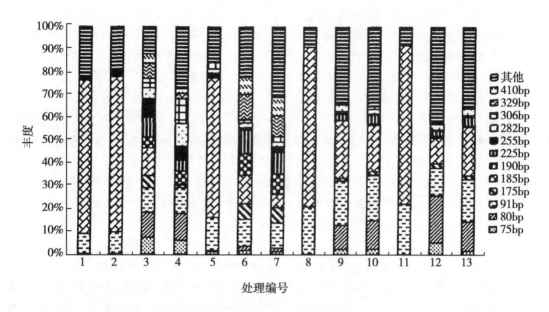

图 10 – 55　三种土壤中古菌群落典型 T-RF 的相对丰度（唐黎等，2007）
注：同图 10 – 48

仅为 94% 左右，说明这些微生物都属于新的未培养的物种，Bt 棉种植对古菌影响的原因、环境危害和生态风险目前尚不清楚。

表 10 – 40　三种土壤各个时期古菌群落香侬指数（唐黎等，2007）

土壤类型	种植前	苗期	蕾期	花铃期	吐絮期
背景土壤	0.87	0.90	1.21	0.79	0.78
泗棉 3 号	N/A	2.49	2.27	1.72	1.74
GK12	N/A	2.22	2.19	1.73	1.76

注：Shannon-Wiener 多样性指数公式：$H' = \sum_{i=1}^{s} pi \ln pi$，其中 H' 为多样性指数，Pi 为 i 个 T-RF 的相对峰面积，S 为该样品所有有效峰数量

表 10 – 41　Bt 棉 GK12 苗期根际土壤中细菌和古菌 16SrRNA 基因相似性分析

T-RF 长度（bp）	对应克隆	最接近的结果（检索号）	相似度（%）
泉古菌 *Crenarchaeote*			
92 bp	A11 – 4	未培养的古菌克隆 DRW-SSA016（AY923103）	99
187 bp，184 bp	A11 – 1，A5 – 1，A5 – 3，A5 – 7	未培养的泉古菌克隆 54D9（AY278106）	99
187 bp	A11 – 5	未培养的古菌克隆 660mArC10（AY367315）	98
187 bp	A11 – 6	未培养的泉古菌 MRR31（AY125706）	99
284 bp	A11 – 35	未培养的古菌克隆 MRR31（AY125706）	94
184 bp	A5 – 2	未培养的古菌克隆 HTA-B6（AF418928）	99
广古菌 *Euryarchaeote*			
184 bp	A5 – 6	未培养的广克隆（AY217535）	95

土壤微生物生理功能菌群在生物物质循环过程中完成对有机物质的分解，体现出代谢的多样性，对于维持土壤肥力，改善土壤质量具有很大的作用，对生理菌群的分析可以反映出不同条件下土壤的质量状况，同样也可判断种植转基因抗虫棉后对土壤微生物生理功能菌群的影响。纵观多项研究结果表明，Bt 棉对土壤生理功能细菌的影响与细菌的功能类群种类及 Bt 棉生长发育时间有关，表现出正、负和零三效应，或兼而有之（表 10 - 42、表 10 - 43、表 10 - 44）。从表 10 - 42 中可以看出在花铃期，虽然 Bt 棉根际细菌的总数比常规棉增加，但是，这两个品种根际细菌生理群的变化却不相同；Bt 棉根际好气性纤维分解菌、氨化细菌、硝化细菌、反硝化细菌、硫化细菌和硅酸盐菌的数量比常规棉增加，差异达极显著水平；Bt 棉根际厌氧纤维素分解菌、有机磷分解菌和反硫化细菌的数量比常规棉增加，差异达显著水平；Bt 棉根际好气固氮菌的数量比常规棉减少，差异达到极显著水平；两个品种根际亚硝酸菌和无机磷分解菌的差异不显著。在吐絮期，尽管 Bt 棉根际细菌的总数与常规棉差异不显著，但是它们根际细菌生理群的差异却比较大。Bt 棉根际好气纤维分解菌、厌气纤维分解菌、氨化细菌、反硝化细菌、硫化细菌、有机磷分解菌和硅酸盐菌的数量比常规棉增加，差异达到极显著水平；Bt 棉根际好气性自生固氮菌和有机磷分解菌的数量比常规棉下降，差异达到极显著水平；两个品种根际亚硝酸菌和反硫化细菌差异不显著。表 10 - 43 结果显示，花期随棉株地上、地下部生物量的增大及地温的升高，各功能细菌类群数量均较苗期高，各功能细菌类群数量 Bt 棉与常规棉之间差异有所不一。与各自对照受体亲本常规棉相比，苗期和花期 Bt 棉新彩 1 和冀 668 对好气固氮菌和钾细菌数量均没有显著影响，均表现显著提高氨化细菌数量，Bt 棉新彩 1 增长最大幅度为 83.77%，Bt 棉冀 668 增长最大幅度为 76.19%；均表现显著降低无机溶磷菌数量，Bt 棉新彩 1 降低最大幅度为 42.12%，Bt 棉冀 668 降低最大幅度为 39.56%。苗期和花期 Bt 棉冀 668 均显著提高了好气纤维分解菌数量，而 Bt 棉新彩 1 仅在花期表现显著提高，Bt 棉冀 668 增长最大幅度为 97.70%，Bt 棉新彩 1 增长幅度为 66.48%。花期 Bt 棉新彩 1 和 Bt 棉冀 668 均表现显著降低有机溶磷菌数量，降低幅度分别为 66.49% 和 58.73%。表 10 - 44 结果表明，Bt 棉晋棉 26 号在蕾期、吐絮期、收获期土壤氨化细菌数量比受体亲本常规棉晋棉 7 号分别增加 144.75%、14.79% 和 27.96%，且差异均达到显著水平；而在苗期和花期比晋棉 7 号分别降低 18.29% 和 6.30%。晋棉 26 号在苗期、花期、吐絮期、收获期的土壤固氮菌数量分别比晋棉 7 号增加 12.9%、100%、76.0% 和 14.3%，而在蕾期却降低 26.4%，差异均达到显著水平。晋棉 26 号在苗期、花期和收获期的土壤纤维菌数量比晋棉 7 号分别增加 75.87%，134.32% 和 2.37%，而在蕾期和吐絮期比晋棉 7 号降低 9.34% 和 74.06%。李孝刚等（2011）于 2007—2008 年设置常规棉田（CK）、种植 Bt 棉 3 年（T - 1）、7 年（T - 2）3 种类型棉田，以此研究 Bt 棉对土壤中固氮菌、反硝化细菌和亚硝化细菌的影响（图 10 - 56、图 10 - 57、图 10 - 58）。由图 10 - 56 可知，同一年度棉花不同生长时期 3 种类型棉田土壤固氮菌数量变化趋势基本一致。2007 年，3 种类型棉田土壤固氮菌数量从棉花苗期到花铃期逐渐上升，花铃期到吐絮期则下降。2008 年，虽然 3 种类型棉田土壤固氮菌数量随季节而变化的趋势与 2007 年有所不同，但各处理土壤固氮菌数量变化趋势一致，从棉花苗期到蕾期小幅上升，蕾期到吐絮期逐渐下降。2008 年棉花蕾期，T - 1 棉田土壤固氮菌数量显著高于 CK，而在其他 7 次采样中 3 种类型棉田之间土壤固氮菌数量都无显著差异（$P > 0.05$）。由图 10 - 57、图 10 - 58 可知，同一年度不同生长时期，3 种类型棉田土壤反硝化细菌、亚硝化细菌数量变化趋势基本一致：2007 年，呈现低—高—低—高的变化趋势；2008 年，表现为从棉花苗期到蕾期大幅上升，蕾期到吐絮期逐渐下降。在两年的 8 次采样中，3 种类型棉田之间土壤反硝化细菌和亚硝化细菌数量都无显著差异（$P > 0.05$）。

表 10 – 42　Bt 棉根际生理功能细菌类群数量（×10⁶cuf/g）（沈法富等，2004）

生理功能细菌群	花铃期		吐絮期	
	Bt 棉	常规棉	Bt 棉	常规棉
好气纤维分解菌	2.76B	0.84A	1.91B	0.57A
厌气纤维分解菌	0.13b	0.08a	0.17B	0.05A
氨化细菌	10.55B	2.75A	5.24B	1.53A
好气固氮菌	0.02A	0.32B	0.01A	0.20B
亚硝酸细菌	0.001 8 a	0.001 5a	0.000 8a	0.001 1a
硝化细菌	2.53B	0.67A	1.27B	0.54A
反硝化细菌	1.27B	0.01A	0.66B	0.07A
硫化细菌	0.23B	0.014A	0.14B	0.011A
反硫化细菌	0.046b	0.012a	0.012a	0.010a
有机磷分解菌	1.97b	1.25a	1.69B	0.74A
无机磷分解菌	0.83a	1.17a	0.36a	0.79b
硅酸盐菌	2.46B	0.68A	1.03B	0.46A
总计	22.798	7.728	12.673	4.909

注：数字后面大、小写英文字母分别表示达 1% 和 5% 差异水平。表 10 – 43 同

表 10 – 43　不同生育期棉株根际土壤生理功能细菌类群数量（×10⁵cuf/g⁻¹）（张美俊等，2008）

生育期	棉花品种	好气固氮菌	氨化细菌	好气纤维分解菌	有机溶磷菌	无机溶磷菌	钾细菌
苗期	Bt 棉新彩 1	0.16 ± 0.02	42.17 ± 2.89b	14.10 ± 1.72ab	0.99 ± 0.10	10.58 ± 1.16b	14.74 ± 0.79ab
	常规棉新彩 1	0.15 ± 0.02	30.37 ± 0.74c	12.31 ± 1.19b	1.08 ± 0.09	16.92 ± 2.68a	13.29 ± 2.10a
	Bt 棉冀 668	0.14 ± 0.03	57.27 ± 3.67a	14.55 ± 1.18a	1.12 ± 0.12	12.25 ± 1.50b	17.53 ± 1.03a
	常规棉冀 668	0.15 ± 0.01	45.30 ± 2.62b	8.74 ± 0.37c	1.16 ± 0.20	18.78 ± 2.46a	16.70 ± 1.95ab
花期	Bt 棉新彩 1	0.70 ± 0.17	95.43 ± 7.67b	35.81 ± 1.78b	2.51 ± 0.57d	16.34 ± 3.09c	31.49 ± 0.97
	常规棉新彩 1	0.81 ± 0.14	51.93 ± 2.38d	25.25 ± 2.22c	7.49 ± 0.59b	28.23 ± 2.00b	32.75 ± 2.08
	Bt 棉冀 668	0.75 ± 0.14	111.53 ± 3.47a	46.42 ± 2.29a	3.50 ± 0.58c	21.65 ± 2.53c	33.47 ± 2.09
	常规棉冀 668	0.87 ± 0.09	63.30 ± 4.13c	23.48 ± 1.61c	8.48 ± 0.54a	35.82 ± 2.29a	32.99 ± 2.26

表 10 – 44　Bt 棉不同生育期对土壤氨化细菌固氮菌和纤维菌的影响（范巧兰等，2010）

生理功能细菌	品种	苗期	蕾期	花期	吐絮期	收获期
氨化细菌（×10⁵cuf/g）	常规棉晋棉 7 号	144.9	136.2	146.4	85.6	106.2
	Bt 棉晋棉 26 号	118.4	197.1	137.2	98.2	135.9
固氮菌（×10³cuf/g）	常规棉晋棉 7 号	2 187.7	3 113.6	2 382.7	1 518.5	3 155.5
	Bt 棉晋棉 26 号	2 470.6	2 291.6	4 764.7	2 672.4	3 605.2
纤维菌（×10³cuf/g）	常规棉晋棉 7 号	5.8	9.8	2.9	14.1	7.1
	Bt 棉晋棉 26 号	10.2	8.8	6.8	3.7	7.3

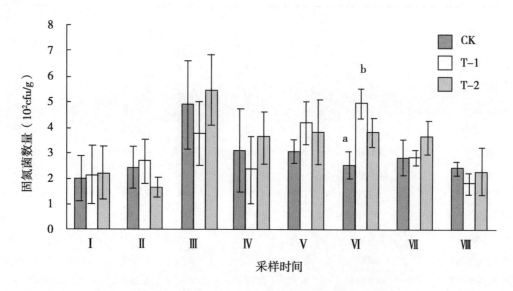

图 10 - 56　不同采样时间各类型棉田土壤中固氮菌数量

注：CK 为种植常规棉棉田，T-1、T-2 分别为种植 7、10 年转基因抗虫棉棉田。Ⅰ、Ⅱ、Ⅲ和Ⅳ分别为 2007 年棉苗期、蕾期、花铃期和吐絮期，Ⅴ、Ⅵ、Ⅶ和Ⅷ分别为 2008 年棉苗期、蕾期、花铃期和吐絮期。英文小写字母不同表示不同处理间土壤固氮菌数量差异显著（$P < 0.05$）图10 -57、图 10 -58 同

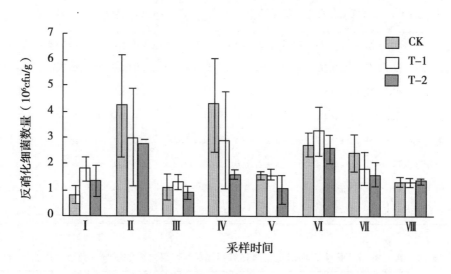

图 10 -57　不同采样时间各类型棉田土壤中反硝化细菌数量

土壤真菌是指土壤中具有真核细胞的单细胞或多细胞分枝线状体或单细胞个体，属真核生物。土壤真菌参与动、植物残体的分解，成为土壤中氮、碳循环不可缺少的动力，特别是在植物有机体分解的早期阶段，真菌比细菌和放线菌更为活跃。由表 10 -45 和表 10 -46 可知，2006 年蕾期、花期及吐絮期，双价棉 SGK321 和 Bt 棉 GK12 及相应受体亲本常规棉石远 321 和泗棉 3 号的根际土壤真菌优势类群为镰刀菌；在蕾期和花期，SGK12 与泗棉 3 号毛霉菌数量差异显著；在吐絮期，SGK321 与石远 321 镰刀菌数量差异极显著，此时期 SGK321 镰刀菌占真菌总数的 28.7%，石远 321 镰刀菌仅占 2.18%。2007 年蕾期，GK12 与泗棉 3 号青霉菌数量差异极显著，这点与前面真菌总数的试验结果一致。试验结果显示，转基因抗虫棉的种植对根际土壤真菌主要类群的数量会产生

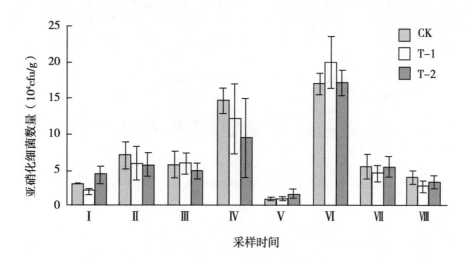

图 10 – 58　不同采样时间各类型棉田土壤中亚硝化细菌数量

一定的影响，且种植时间长短也会对真菌主要类群数量产生不同的影响。

表 10 – 45　2006 年转基因抗虫棉对根际土壤真菌主要类群数量的影响（段杉等，2008）

生理功能真菌类群	处理	蕾期	花期	吐絮期
毛霉 Mucor	石远 321	0.10a	0.23a	0.30a
	SGK321	0a	0a	0.20a
	泗棉 3 号	0.33a	0.50A	0.43a
	GK12	1.20a	1.20B	0.93a
根霉 Rhizopus	石远 321	0.03a	0.50a	0.55a
	SGK321	0.15a	0.80a	0.73a
	泗棉 3 号	0.36a	0.50a	0.40a
	GK12	0.20a	0.30a	0.80a
镰刀菌 Fusarium	石远 321	2.30a（41.8）	2.70a（36.9）	0.96A（2.18）
	SGK321	2.00a（18.1）	2.10a（36.8）	2.10B（28.7）
	泗棉 3 号	2.80a（42.4）	2.90a（30.5）	1.45a（21.6）
	GK12	2.10a（32.8）	1.80a（33.9）	1.40a（23.7）
青霉 Penicillium	石远 321	0a	0.03a	0.03a
	SGK321	0a	0.06a	0.03a
	泗棉 3 号	0.03a	0.03a	0.70a
	GK12	0a	0a	0.03a
其他	石远 321	3.06	3.83	2.55
	SGK321	8.85	2.73	4.23
	泗棉 3 号	3.07	5.56	3.72
	GK12	2.90	2.00	2.73

注：转基因抗虫棉与受体亲本常规棉间字母相同的表示差异不显著，小写字母不同的表示差异显著，大写字母不同的表示差异极显著，括号内的数字表示所占比例。（LSD：$P < 0.05$，$n = 9$，单位：10^3cfu/g 干土），表 10 – 46 同

表 4 - 46　2007 年转基因抗虫棉对根际土壤真菌主要类群数量的影响（段杉等，2008）

生理功能真菌类群	处理	苗期	蕾期	花期	吐絮期
毛霉 *Mucor*	石远 321	0.34a	0.26a	0.06a	0.38a
	SGK321	0.50a	0.18a	0.15a	0.20a
	泗棉 3 号	0.35a	0.14a	0.02a	0a
	GK12	0.15a	0.23a	0.03a	0a
根霉 *Rhizopus*	石远 321	0a	0a	0a	0a
	SGK321	0a	0a	0a	0a
	泗棉 3 号	0a	0a	0a	0.04a
	GK12	0.12a	0a	0a	0.08a
镰刀菌 *Fusarium*	石远 321	0.14a	0.01a	0.13a	0.22a
	SGK321	0.12a	0.02a	0.23a	1.40a
	泗棉 3 号	0.02a	0.01a	0.14a	1.62a
	GK12	0.02a	0.22a	0.18a	1.75a
曲霉 *Aspergillus*	石远 321	0.12a	0.02a	0a	0.05a
	SGK321	0.04a	0.03a	0a	0.02a
	泗棉 3 号	0.01a	0.08a	0a	0.06a
	GK12	0.02a	0.08a	0a	0.10a
青霉 *Penicillium*	石远 321	0.37a	0.01a	0.60a	0.13a
	SGK321	0.54a	0.12a	0.66a	0.75a
	泗棉 3 号	0.84a	0.22A (17.4)	0.05a	0.26a
	GK12	0.18a	0.83B (17.5)	0.68a	0.67a
链格孢 *Alternaria*	石远 321	0.02a	0a	0a	0a
	SGK321	0.12a	0a	0a	0a
	泗棉 3 号	0a	0a	0.01	0.31a
	GK12	0a	0a	0.05	0.35a
其他	石远 321	1.07	0.44	0.03	2.15
	SGK321	0.62	0.35	0.55	0.39
	泗棉 3 号	1.23	0.80	0.79	3.36
	GK12	0.70	3.37	0.04	3.61

　　土壤微生物群落结构也称之为微生物多样性，它能较早预测土壤养分及环境质量的变化过程，是表征土壤生态系统群落结构和稳定性的主要参数之一。群落多样性、均匀度和优势集中性是从不同角度衡量群落结构和稳定性的重要尺度。群落多样性参数值与均匀度越大，优势集中性越小，则群落的结构就越复杂，其反馈系统也就越强大，对于环境的变化或来自群落内部种群波动的缓冲作用越强，群落也就越为稳定（柏立新等，2003）。沈法富等（2004）、张美俊等（2008）和李孝刚等（2011）分别尝试从多度、群落多样性、均匀度和优势集中性等群落特征参数方面比较了 Bt 棉

与常规棉根际土壤主要功能类群多样性差异，有助于从群落理论的角度科学评价 Bt 棉种植对土壤微生物群落的影响。结果表明，根据各细菌生理群数量等级的划分，在花铃期和吐絮期，Bt 棉和常规棉根际细菌生理群共同的优势类群（表 10-47）为氨化细菌和好气性纤维分解菌，共同的稀有类群为亚硝酸菌和反硫化细菌；Bt 棉和常规棉根际其他细菌生理群则存在较大差异。如：好气性自生固氮菌在常规棉根际为较常见类型，而在 Bt 棉根际则为稀有类群，反硝化细菌在常规棉根际为稀有类群，而在 Bt 棉根际为较常见类群，硫化细菌由常规棉根际稀有类群变化为 Bt 棉根际的较常见类群，有机磷分解菌由常规棉根际优势类群变为 Bt 棉根际的较常见类群。其他细菌生理群数量等级的变化在花铃期和吐絮期不同。上述结果说明，Bt 棉和常规棉不仅在细菌的数量上发生变化而且还在细菌生理群的数量等级上也发生变化。棉花不同发育时期，Bt 棉和常规棉根标细菌生理群数量等级的变化有些一致，有些不一致。对 Bt 棉和常规棉根际细菌生理群的多样性变化分析结果（表 10-48）表明：Bt 棉根际细菌生理功能群的 Simpson 指数、Shannon-Wiener 指数和细菌生理功能群分布的均匀度比常规棉下降，且在花铃期和吐絮期表现一致，这表明尽管 Bt 棉根际细菌的数量比常规棉高，然而它根际细菌生理群的多样性比常规棉下降。张美俊等（2008）研究结果指出（表 10-49），好气纤维分解菌苗期和有机溶磷菌花期在常规棉冀 668 根际土壤均为常见类群，而在 Bt 棉冀 668 根际土壤中分别成为优势类群和较常见类群，有机溶磷菌花期在常规棉新彩 1 根际土壤为优势类群，而在 Bt 棉新彩 1 根际土壤中成为常见类群。其他功能类群多度在 Bt 棉与常规棉间表现一致，可见根际土壤某些功能类群在 Bt 棉与常规棉间不仅数量上有差异而且多度也发生了变化。尽管 Bt 棉新彩 1 和 Bt 棉冀 668 根际土壤功能类群总量均高于常规棉，但群落多样性和均匀度却有所降低，优势集中性表现明显，且花期各参数变化幅度大于苗期，如群落多样性指数值，Bt 棉新彩 1 与常规棉新彩 1 相比苗期下降幅度为 7.59%，花期为 13.08%，优势集中性 Bt 棉冀 668 与常规棉冀 668 相比苗期提高幅度为 11.34%，花期为 33.07%。总之，与对照常规棉相比，Bt 棉根际土壤好气纤维分解菌、有机溶磷菌和无机溶磷菌多度发生了变化。尽管 Bt 棉根际土壤主要功能类群总数高于常规棉，但群落多样性和均匀度都有所降低，优势集中性表现明显，这表明 Bt 棉根际土壤主要功能类群结构稳定性较差。常规棉田、种植 Bt 棉 7 年、10 年 3 种类型棉田土壤微生物 Shannon-Wiener 多样性指数和 Simpson 优势度指数在整个棉花生长期内变化一致，各指数均表现出从苗期到蕾期上升，蕾期到花铃期下降，花铃期到吐絮期上升的趋势（图 10-59、图 10-60）。广义线性混合模型分析结果（表 10-50）显示，不同采样时间之间同一类型棉田土壤微生物 Shannon-Wiener 多样性指数和 Simpson 优势度指数存在极显著差异（$P < 0.01$）；而在同一采样时间，3 种类型棉田之间土壤微生物 Shannon-Wiener 多样性指数和 Simpson 优势度指数均无显著差异（$P > 0.05$）。总之，3 种类型棉田土壤微生物多样性指数在整个棉花生长期内变化一致。随着棉花生长期的不同，微生物多样性呈明显季节变化，但种植转基因抗虫棉对土壤微生物群落多样性无显著影响。

表 10-47　Bt 棉根际细菌生理功能群数量等级的变化（沈法富等，2004）

细菌生理功能群	花铃期		吐絮期	
	Bt 棉	常规棉	Bt 棉	常规棉
好气纤维分解菌	＋＋＋＋	＋＋＋＋	＋＋＋＋	＋＋＋＋
厌气纤维分解菌	＋	＋＋	＋＋	＋＋
氨化细菌	＋＋＋＋	＋＋＋＋	＋＋＋＋	＋＋＋＋
好气固氮菌	＋	＋＋	＋	＋＋
亚硝酸细菌	＋	＋	＋	＋

（续表）

细菌生理功能群	花铃期		吐絮期	
	Bt 棉	常规棉	Bt 棉	常规棉
硝化细菌	+ + + +	+ + +	+ + + +	+ + + +
反硝化细菌	+ + +	+	+ + +	+
硫化细菌	+ +	+	+ +	+
反硫化细菌	+	+	+	+
有机磷分解菌	+ + +	+ + + +	+ + + +	+ + + +
无机磷分解菌	+ +	+ + + +	+ +	+ + + +
硅酸盐菌	+ + + +	+ + +	+ + +	+ + + +

注：+ + + + 优势类群；+ + + 常见类群；+ + 较常见类群；+ 稀有类群

表 10 – 48　Bt 棉根际细菌生理群的多样性指数变化（沈法富等，2004）

生育期	品种	多样性指数		
		D	H'	R
花铃期	常规棉	0.811	1.825	0.734
	Bt 棉	0.735	1.684	0.678
吐絮期	常规棉	0.818	1.872	0.753
	Bt 棉	0.756	1.727	0.695

表 10 – 49　不同生育期棉株根际土壤生理功能类群多样性特征参数

特征参数	生理功能类群	苗期				花期			
		Bt 棉 新彩 1	常规棉 新彩 1	Bt 棉 冀 668	常规棉 冀 668	Bt 棉 新彩 1	常规棉 新彩 1	Bt 棉 冀 668	常规棉 冀 668
多度（Pi）	好气固氮菌	0.002	0.002	0.001	0.002	0.004	0.006	0.003	0.006
	氨化细菌	0.510	0.410	0.557	0.499	0.523	0.355	0.513	0.383
	好气纤维分解菌	0.170	0.166	0.142	0.095	0.131	0.172	0.213	0.143
	有机溶磷菌	0.012	0.015	0.011	0.013	0.080	0.051	0.016	0.051
	无机溶磷菌	0.128	0.228	0.119	0.207	0.090	0.193	0.101	0.217
	钾细菌	0.178	0.179	0.170	0.184	0.173	0.224	0.154	0.200
总数量（N）		84.74	74.11	102.86	90.83	182.29	146.47	217.33	164.93
群落多样性（H）		1.279	1.384	1.164	1.277	1.309	1.506	1.274	1.483
均匀度（J）		0.714	0.772	0.650	0.713	0.730	0.840	0.711	0.828
优势集中性（C）		0.337	0.280	0.373	0.335	0.335	0.246	0.342	0.257

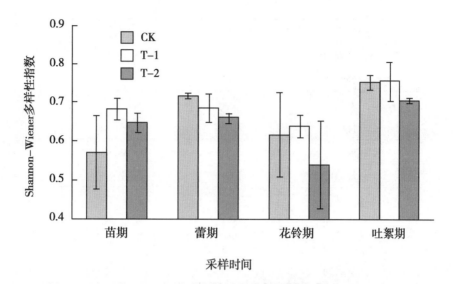

图 10 - 59　不同采样时间各类型棉田土壤中土壤微生物
Shannon-Wiener 多样性指数（李孝刚等，2011）

注：CK 为常规棉，T - 1、T - 2 分别为种植 7 年、10 年 Bt 棉。图 4 - 60 同。

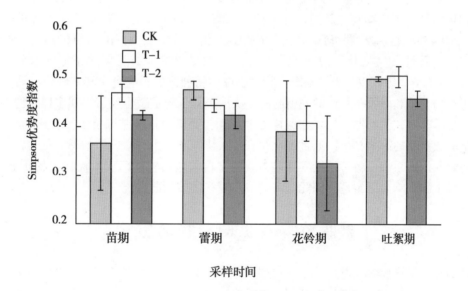

图 10 - 60　不同采样时间各类型棉田土壤中土壤微生物
Simpson 优势度指数（李孝刚等，2011）

表 10 - 50　土壤微生物数量和多样性的总体效应的广义线性混合模型分析结果（李孝刚等，2011）

指标	差异来源	df	F 值	P 值
细菌数量	处理	2，14	0.754	0.372
	采样时间	7，14	21.385	<0.001
真菌数量	处理	2，14	3.283	0.398
	采样时间	7，14	28.675	<0.001

（续表）

指标	差异来源	df	F 值	P 值
固氮菌数量	处理	2, 14	2.290	0.500
	采样时间	7, 14	1.210	0.003
反硝化细菌数量	处理	2, 14	1.006	0.088
	采样时间	7, 14	10.389	0.001
亚硝化细菌数量	处理	2, 14	0.530	0.522
	采样时间	7, 14	4.039	<0.001
Shannon-Wiener 指数	处理	2, 14	0.284	0.149
	采样时间	7, 14	14.880	0.005
Simpson 指数	处理	2, 14	0.207	0.116
	采样时间	7, 14	15.557	0.007

目前，转 Bt 基因抗虫作物对根际土壤微生物影响解释主要倾向于两个方面：一是经根系分泌进入土壤的 Bt 毒蛋白可能引起的直接或间接的激活或抑制作用；二是 Bt 外源基因的导入可能引起受体作物一系列生理生化代谢过程的改变，进而引起根系分泌物数量或化学组成发生转变。据研究报道，Bt 棉可溶性过氧化物酶显著高于常规棉，脂酶活性和酶谱也存在差异（丁志勇等，2001）。Donegan 等（1995）通过微生物群落物质利用和 DNA 指纹分析认为，Bt 棉可能由于遗传修饰后的植株生理、生化特性发生变化而对土壤微生物产生影响，并非外源基因表达产物的直接影响。MacGregor 等（2000）研究也认为转基因作物对土壤生物种群的影响是由转基因作物的生理、生化特性和表达产物化学和生物学特性共同引起的。众所周知，土壤微生物活性和多样性的保持对养分循环、有机物质分解和土壤结构的良好保持必不可少，明确包括转基因抗虫棉在内的转 Bt 基因抗虫作物对土壤微生物的影响，可以通过最优化管理来协调土壤生态系统中物理、化学和生物因素变异，从而使农业生态系统保持可持续发展能力。鉴于目前包括转基因抗虫棉在内的转 Bt 基因抗虫作物对土壤微生物影响尚无定论，因此仍需进一步深入细致的研究。

第四节　对土壤动物的影响

土壤动物在土壤物质转化及养分释放过程中具有重要作用，土壤动物还可以作为土壤污染或生态系统恢复的生态指标。转基因作物释放到环境后，可能通过基因向土壤微生物的水平转移、根系活性分泌物和残体中生化成分的改变来影响土壤动物的组成和结构，进而影响整个土壤生态系统的功能，因此评价包括转基因抗虫棉在内的转基因作物对土壤动物群落的影响具有重要的生态意义。迄今，国内外关于转基因抗虫作物对土壤动物影响的研究尚少，有关转基因抗虫棉的更为鲜见，由于检测的转基因作物种类和土壤动物类群（如线虫、线蚓、弹尾目）均不一致，因此尚未形成一致的结论，针对土壤动物群落的整体评价则更少。Yu 等（1997）的研究表明 Bt 棉的杀虫蛋白对土壤中一种弹尾虫（*Folsomia candida*）和一种奥甲螨（*Oppia nitens*）没有产生负面影响。Saxenau 等（2001）将蚯蚓在被 Bt 毒蛋白污染的土壤中培养45d，其肠道物和粪便中均含有 Bt 毒蛋白，但蚯蚓实验种群的数量和生长状况正常，将蚯蚓转移到新鲜无污染土壤中 2~3d 后，肠道物中的 Bt 毒蛋白消失，说明结合态 Bt 毒蛋白只是经过了蚯蚓的消化系统，并没有被其消化系统的酶降解，也不影响其正常生长。林社裕等（2004）运用群落生态学的方法，研究了 Bt 棉苏抗310对土壤无脊椎动物的影响。结果指出，Bt 棉对棉田土壤中小型无脊椎动物群落稳定性产生了影响（表 10 - 51）。纵观多祥性指数、均匀性指数、优势集中性 3 个指标，在多祥性指数、均匀性指数方面均是苏抗 310 < 常规棉泗棉 3 号，在江苏阜宁县是空白（未种任何作物并及时锄草，其他管理同常规棉田与 Bt 棉田 < 苏抗 310 < 泗棉 3 号，而在优势集中性方面是苏抗 310 > 泗棉 3 号，在江苏阜宁县是空白 > 苏抗 310 > 泗棉 3 号。因此，这 3 个指标共同说明了 Bt 棉苏抗 310 与常规棉泗棉 3 号比较，它降低棉田土壤中小型无脊椎动物的多祥性，进一步说明部分无脊椎动物占了较大的优势，降低了群落的稳定性。而江苏阜宁的结果还说明由于空白没有种植棉花，这样土壤里缺少根系分泌的有机物致使土壤中小型无脊推动物数量的减少，进而降低了群落稳定性。

表 10 - 51　中小型土壤无脊椎动物多样性指数、均匀性指数和优势集中性

指标	供试品种	江苏如东点取样时间（月/日）					江苏阜宁点取样时间（月/日）				
		7/18	8/5	8/24	9/14	10/1	7/12	7/28	8/18	8/30	9/25
多样性指数	苏抗 310	1.295 6	1.156 9	1.518 6	1.324 7	1.336 3	0.790 9	1.567 7	1.595 7	1.748	1.654 7
	泗棉 3 号	1.651 8	1.534 5	1.634 8	1.840 6	1.360 5	0.921 9	1.666 0	1.690 3	1.876 5	1.802 0
	空白	—	—	—	—	—	0.655 3	1.126 2	1.276 4	1.269 8	1.431 7
均匀性指数	苏抗 310	0.723 1	0.645 7	0.730 3	0.575 3	0.686 7	0.380 1	0.713 5	0.665 5	0.759 1	0.753 1
	泗棉 3 号	0.787 4	0.666 4	0.710 0	0.697 4	0.654 3	0.384 4	0.723 5	0.769 3	0.782 6	0.782 6
	空白	—	—	—	—	—	0.298 2	0.628 5	0.655 9	0.551 5	0.688 5
优势集中性	苏抗 310	0.319 6	0.444 0	0.276 5	0.424 6	0.346 4	0.621 0	0.297 3	0.294 1	0.221 4	0.243 5
	泗棉 3 号	0.232 8	0.321 3	0.289 0	0.178 4	0.266 4	0.569 2	0.230 3	0.234 5	0.187 9	0.215 3
	空白	—	—	—	—	—	0.660 6	0.439 7	0.402 5	0.478 3	0.341 8

　　转基因抗虫棉对土壤无脊椎动物影响的研究结果因试验地点生态条件、供试棉花品种和试验设计等因素的不同，而导致试验结果不尽一致。郭建英等（2010）采用干、湿漏斗分离法，在山东省陵县采集了试验田的 Bt 棉 33B 和常规棉中棉所 12 及大田条件下 Bt 棉 33B 的 0 ~ 15cm 土层中的土壤无脊椎动物，并对其群落结构进行了分析。结果表明，线虫和螨类是 3 种类型棉田的优势土壤动物类群，其频度分别为 60% ~ 85% 和 9% ~ 27%（表 10 - 52）。试验田的常规棉和 Bt 棉相比，33B 棉田土壤动物的类群较多，线虫、鞘翅目、双翅目数量和土壤动物总数均较高（表 10 - 53），但各土层土壤动物的多样性指数 H' 和均匀度指数 J 值均较低（表 10 - 54）。试验田和大田的 33B 相比，其土壤动物的类群数相近（表 10 - 55），但大田 33B 的轮虫和线蚓数量较高，线虫、蟠蛾、鞘翅目数量和土壤动物总数均较低（表 10 - 53），各上层土壤动物的多样性和均匀度均较高（表 10 - 54），Renyi 多样性指数曲线也表明，试验田 33B 棉田的土壤动物多样性高于中棉所 12，大田 33B 的土壤动物多样性高于 33B 试验田（图 10 - 61），6 ~ 11 月，各土层土壤动物的数量动态在不同类型棉田趋势基本相同，7 月是中棉所 12 棉田土壤动物数量的高峰期，9 月是试验田和大田 33B 的高峰期，试验田的中棉所 12 和 33B 棉田，6 ~ 8 月土壤动物的多样性指数和均匀度指数变化趋势较为一致；9 ~ 10 月，33B 棉田土壤动物的多样性和均匀度较高，6 ~ 11 月，大田 33B 土壤动物的多样性和均匀度均显著高于试验田 33B（图 10 - 62）。可见，棉花品种和实验地点等因素均可显著影响土壤动物的群落结构，Bt 棉 33B 棉田的土壤动物多样性高于常规棉中棉所 12；大田 33B 的土壤动物多样性高于 33B 试验田。舒洪岚（2012）选择连续种植常规棉、5 年连续种植转基因抗虫棉和 10 年连续种植转基因抗虫棉的棉田为研究对象，调查了土壤 0 ~ 20 cm 的小型无脊椎动物的群落组成和多样性变化。结果表明在棉田土壤所收集的土壤动物种类隶属于 2 门 6 纲 8 个类群（表 10 -

56）。三类棉田之间的3个优势种弹尾目、后孔寡毛目和蜱螨目平均数量没有显著差异。但是，常规棉田的优势种有双翅目，而转基因抗虫棉棉田没有。说明转基因抗虫棉对土壤无脊椎动物的种类和数量的影响没有达到显著差异，但对土壤小型无脊椎动物的优势种群有所影响（表10－57）。从图10－63种群数曲线中可以看出三类棉田间的总种数变化趋势一致，下降后都趋于平稳。其中在棉花采集后期（11月13日），种植5年转基因抗虫棉田的总种数最多，为9；在棉花大量采集期（10月16日），常规棉田的总种数最多，为6。Simpson指数曲线、Shannon-Wiener多样性指数曲线和Pielou均匀度指数曲线（图10－63）表明，种植10年转基因抗虫棉田和常规棉田的指数曲线几乎完全吻合，种植5年转基因抗虫棉田的3个指数比它们略低，但三类棉田的指数变化趋势几乎一致。说明短期种植转基因抗虫棉会降低土壤无脊椎动物多样性指数和均匀度指数，其原因可能是土壤无脊椎动物对种植转基因抗虫棉需要一定的适应过程。

表10－52　不同类型棉田0～15cm土层土壤无脊椎动物类群的频度和恒有度

类群	频度（%）			恒有度（%）		
	常规棉中棉所12	Bt棉33B	Bt棉33B大田	常规棉中棉所12	Bt棉33B	Bt棉33B大田
变形虫	0.00	0.02	0.00	0.0	6.7	0.0
轮虫	0.00	0.00	1.75	0.0	0.0	13.3
线虫	70.67	84.94	60.64	100.0	100.0	100.0
线蚓科	1.00	0.66	3.75	53.3	73.3	53.3
正蚓目	0.00	0.06	0.00	0.0	6.7	0.0
蜘蛛目	0.00	0.04	0.02	0.0	20.0	6.7
伪蝎目	0.00	0.06	0.00	0.0	6.7	0.0
真螨目	20.16	9.13	26.51	100.0	100.0	100.0
蜈蚣目	0.00	0.00	0.01	0.0	0.0	3.3
蠋蛾目	0.43	0.11	0.02	40.0	16.7	6.7
原尾目	0.00	0.00	0.01	0.0	0.1	3.3
弹尾目	4.93	1.55	4.13	93.3	80.0	80.0
双尾目	0.23	0.11	0.09	36.7	36.7	16.7
半翅目	0.04	0.03	0.01	10.0	13.3	3.3
同翅目	0.03	0.05	0.14	6.7	23.3	26.7
啮虫目	0.05	0.09	0.10	13.3	33.3	26.7
缨翅目	0.05	0.07	0.11	13.3	16.7	30.0
鞘翅目	0.45	0.49	0.61	60.0	70.0	53.3
鳞翅目	0.12	0.03	0.00	26.7	13.3	0.0
双翅目	1.55	1.26	1.97	63.3	83.3	73.3
膜翅目	0.27	1.30	0.11	36.7	46.7	20.0

表 10 - 53　不同类型棉田 0～15cm 土层土壤无脊椎动物类群的数量（头/样地）

类群	常规棉中棉所 12	Bt 棉 33B	Bt 棉 33B 大田	F	P
变形虫	0	0.6 ± 0.4	0	2.542	0.120
轮虫	0a	0a	31.0 ± 22.5b	6.140	0.015
线虫	1 041.0 ± 222.2a	2 531.6 ± 234.4b	1 071.4 ± 176.4a	15.317	< 0.001
线蚓科	14.8 ± 1.4a	19.8 ± 5.9a	66.2 ± 7.5b	24.657	< 0.001
正蚓目	0	1.8 ± 1.4	0	2.312	0.141
蜘蛛目	0	1.2 ± 0.6	0.4 ± 0.2	2.743	0.104
伪蝎目	0	1.8 ± 1.4	0	2.312	0.141
真螨目	2 297.0 ± 28.5	272.0 ± 29.0	468.4 ± 98.6	2.520	0.122
蜈蚣目	0	0	0.2 ± 0.2	1.000	0.397
蠋蛾目	6.4 ± 1.1a	3.2 ± 1.1a	0.4 ± 0.2b	17.125	< 0.001
原尾目	0	0	0.2 ± 0.2	1.000	0.397
弹尾目	72.6 ± 12.5	46.2 ± 8.6	73.0 ± 13.2	2.002	0.178
双尾目	3.4 ± 0.4	3.4 ± 0.4	1.6 ± 0.5	4.517	0.034
半翅目	0.6 ± 0.2	0.8 ± 0.2	0.2 ± 0.2	2.000	0.178
同翅目	0.4 ± 0.2a	1.6 ± 0.6b	2.4 ± 0.5b	7.688	0.007
啮虫目	0.8 ± 0.2	2.8 ± 0.7	1.8 ± 0.5	2.910	0.093
缨翅目	0.8 ± 0.2	2.0 ± 0.3	2.0 ± 0.5	4.263	0.072
鞘翅目	6.6 ± 0.9a	14.6 ± 0.9b	10.8 ± 0.7c	23.585	< 0.001
鳞翅目	1.8 ± 0.6a	0.8 ± 0.2b	0	7.488	0.008
双翅目	22.8 ± 2.3a	37.6 ± 2.2b	34.8 ± 5.0ab	6.089	0.015
膜翅目	4.0 ± 1.9	38.8 ± 20.6	2.0 ± 0.3	3.094	0.082
合计	1 473.0	2 980.6	1 766.8		

注：同行数据后不同的小写字母表示差异显著（$P < 0.05$），表 10 - 54 同

表 10 - 54　不同类型棉田 0～15cm 土层土壤无脊椎动物群落结构

指标	棉田类型	土层（cm）			
		0～5	5～10	10～15	0～15
类群数	常规棉中棉所 12	13	12	13	14
	Bt 棉 33B	14	17	14	18
	Bt 棉 33B 大田	13	10	14	17
多样性指数（H）	常规棉中棉所 12	0.735	1.117	1.045	0.927
	Bt 棉 33B	0.583	0.550	0.927	0.642
	Bt 棉 33B 大田	1.288	0.906	0.998	1.134
均匀度（J）	常规棉中棉所 12	0.287	0.450	0.408	0.351
	Bt 棉 33B	0.221	0.194	0.351	0.222
	Bt 棉 33B 大田	0.502	0.393	0.378	0.400

（续表）

指标	棉田类型	土层（cm）			
		0～5	5～10	10～15	0～15
个体平均数	常规棉中棉所12	765.2±158.1a	393.6±28.4a	314.2±43.5a	1 473.0±215.2a
	Bt棉33B	1 659.4±190.4b	908.4±116.2b	412.8±67.2a	2 980.6±251.6b
	Bt棉33B大田	734.6±59.2a	543.6±89.2a	488.6±90.0a	1 766.8±220.6a
	F	13.125	10.569	1.665	11.939
	P	0.001	0.002	0.230	0.001

表10-55 不同类型棉田0～15cm土层土壤无脊椎动物群落结构的相似性系数

棉田类型	土层	33B				33B大田			
		0～5	5～10	10～15	0～15	0～5	5～10	10～15	0～15
常规棉中棉所12	0～5	0.629				0.680			
	5～10		0.481				0.784		
	10～15			0.778				0.755	
	0～15				0.637				0.902
Bt棉33B	0～5					0.482			
	5～10						0.641		
	10～15							0.863	
	0～15								0.617

表10-56 调查棉田的土壤动物类群

门	总纲	纲	目
环节动物门		寡毛纲	后孔寡毛目
节肢动物门	螯肢总纲	蛛形纲	蜘蛛目
			蜱螨目
	多足总纲	综合纲	
	六足总纲	弹尾纲	弹尾目
		双尾纲	双尾目
		昆虫纲	等翅目
			革翅目
			双翅目

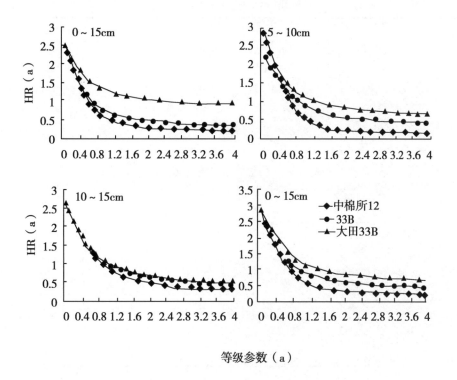

等级参数（a）

图 10 - 61　不同类型棉田 0 ~ 15cm 土层土壤无脊椎动物的多样性

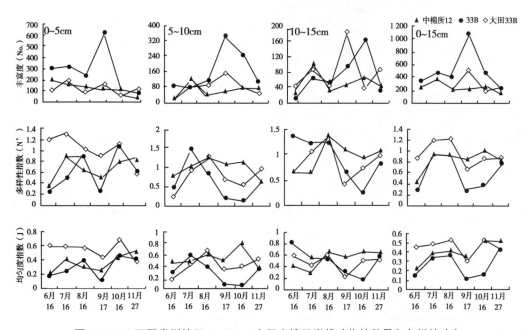

图 10 - 62　不同类型棉田 0 ~ 15cm 土层土壤无脊椎动物的数量和多样性动态

表 10 - 57　土壤无脊动物组成

土壤动物	处理	数量 2005 - 11 - 13	2006 - 04 - 03	2006 - 07 - 17	2006 - 10 - 16	平均 ($\bar{x} \pm SD$)	Pi
后孔寡毛目	A	5	1	9	3	4.5 ± 3.4a	12.08
	B	6	2	7	7	5.5 ± 2.4a	23.16
	C	5	3	7	4	4.8 ± 1.7a	19.19
弹尾目	A	54	3	4	18	19.8 ± 23.8a	53.02
	B	13	3	4	15	8.8 ± 6.1a	36.84
	C	10	4	7	14	8.8 ± 4.3a	35.35
蜱螨目	A	20	3	1	8	8.0 ± 8.5a	21.48
	B	10	4	1	6	5.3 ± 3.8a	22.11
	C	14	3	1	5	5.8 ± 5.7a	23.23
双翅目	A	9	2	0	1	3.0 ± 4.1a	8.05
	B	3	3	0	1	1.8 ± 1.5a	7.37
	C	4	6	0	1	2.8 ± 2.8a	11.11
革翅目	A	2	1	0	0	0.8 ± 1.0a	2.01
	B	1	1	1	1	1.0 ± 0.0a	4.21
	C	2	1	1	0	1.0 ± 0.8a	4.04
蜘蛛目	A	1	0	0	0	0.3 ± 0.5a	0.67
	B	2	0	1	0	0.8 ± 1.0a	3.16
	C	1	0	1	1	0.8 ± 0.5a	3.03
综合纲	A	1	0	0	0	0.3 ± 0.5a	0.67
	B	1	0	0	0	0.3 ± 0.5a	1.05
	C	0	0	0	0	0.0 ± 0.0a	0
双尾目	A	1	0	1	0	0.5 ± 0.6a	1.34
	B	0	0	1	0	0.3 ± 0.5a	1.05
	C	1	0	2	1	1.0 ± 0.8a	4.04
等翅目	A	1	0	0	0	0.3 ± 0.5a	0.67
	B	1	0	0	0	0.3 ± 0.5a	1.05
	C	0	0	0	0	0.0 ± 0.0a	0

注：2005 - 11 - 13，2006 - 04 - 03，2006 - 07 - 17，2006 - 10 - 16 分别表示采样时间；动物数量为单位面积 500g 土样中个体数，平均值后小写字母表示差异显著水平。A、B 分别表示种植 5 年、10 年转基因抗虫棉田、C 为种植常规棉田。图 10 - 63 同

　　土壤节肢动物在土壤的物质能量转化及有机物质降解等方面发挥着重要作用，也是土壤食物链稳定的重要媒介。此外，土壤健康与否与土壤节肢动物的数量和多样性也有着直接的联系。因此，转基因抗虫棉对土壤节肢动物的影响是其生物安全性研究的重要内容之一。李孝刚等（2011）于 2007—2008 年，分别在 1999 年、2002 年和 2006 年种植 Bt 棉的苗期、蕾期、花铃期和吐絮期的棉

田中采集土壤样品，采用改良的 Tullgren 法收集土壤中的中小型节肢动物，以监测长期种植转基因抗虫棉对土壤节肢动物群落的影响。2 年 8 次采样共获得 12 类中小型节肢动物，隶属于节肢动物门中的 7 纲 10 目，其中优势类群为弹尾目（42.11%）、蜱螨目（22.74%）、蜘蛛目（16.62%），这 3 种土壤节肢动物共占总个体数量的 81.47%，说明这些类群为当地区棉田中小型节肢动物主要组成成分；常见类群为综合纲（4.02%）、双翅目（3.72%）、半翅目（2.76%）、双尾目（2.58%）、鞘翅目（2.40%）和同翅目（1.20%）；其他 3 类土壤节肢动物分别占个体总数的 1.00%以下，属稀有类群（表 10－58）。广义线性混合模型分析结果表明（表 10－59），随着转基因抗虫棉种植年限的增加，各转基因抗虫棉田中的土壤主要类群中小型节肢动物的个体密度和多样性指数没有产生显著性差异；但是随着采样时期的不同，各棉田土壤主要中小型节肢动物的个体密度和群落多样性指数均呈显著性季节变化（图 10－64、图 10－65）。总之，两年大田调查结果表明，随着采样时期的不同，各处理棉田土壤主要中小型节肢动物的密度和群落多样性呈显著性季节变化；但是随着转基因抗虫棉种植年限增加，其对土壤中小型节肢动物密度和群落多样性无显著不利影响。由于土壤中小型节肢动物群落常受到多种环境因素的综合影响，例如农田干旱、气候变化、杀虫剂的应用、作物的轮作、翻耕及有机和无机化肥的施用等。因此，在今后转基因抗虫棉生物安性研究中，不仅要考虑外源基因以及其表达产物所带来的影响，还应考虑转基因抗虫棉的应用所引起农业实践变化（如化肥和杀虫剂用量的改变，以及耕作制度的改变）对土壤生物产生的间接影响，以及在科、属、种等层次监测转基因抗虫棉对土壤动物的影响。

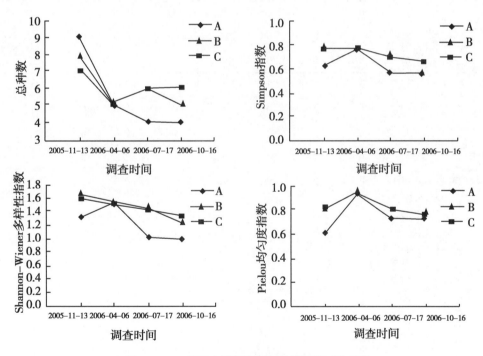

图 10－63　棉田土壤无脊椎动物群落组成和变化

表 10-58　两年 8 次采样中不同处理棉田的土壤中小型节肢动物组成的数量　[×500 头/干土（g）]

种类	处理	2007 年				2008 年				总和	多度（%）
		苗期	蕾期	花铃期	吐絮期	苗期	蕾期	花铃期	吐絮期		
弹尾目	T-1	5	47a	16a	7	91	46	15	7	234	
	T-2	4	47a	28b	11	110	44	15	11	270	42.11
	T-3	6	20b	17a	3	82	50	17	3	198	
蜱螨目	T-1	3	0	2	81a	35	12a	2	40	175	
	T-2	1	0	2	35b	25	13a	2	35	113	22.74
	T-3	0	0	4	26b	25	6b	4	26	91	
蜘蛛目	T-1	1	12	15	22a	9	2	13	23a	97	
	T-2	3	12	13	26a	15	2	12	26a	109	16.62
	T-3	6	8	8	12b	11	6	8	12b	71	
鞘翅目	T-1	3	0	1	2	3	0	1	2	12	
	T-2	2	0	1	3	1	0	1	3	11	2.40
	T-3	7	1	1	0	7	0	1	0	17	
双翅目	T-1	1	0	0	0	5a	1	0	0	7	
	T-2	0	0	0	0	28b	4	0	0	32	3.72
	T-3	0	0	0	0	21b	2	0	0	23	
半翅目	T-1	4	6	2	3	0	0	0	0	15	
	T-2	3	6	2	0	0	0	0	0	11	2.76
	T-3	11	6	3	0	0	0	0	0	20	
双尾目	T-1	6	0	2	0	18a	0	2	0	28	
	T-2	0	0	0	0	1b	2	0	0	3	2.58
	T-3	1	1	0	0	10a	0	0	0	12	
等翅目	T-1	0	0	0	0	0	0	1	0	1	
	T-2	1	0	0	0	1	0	0	0	2	0.30
	T-3	0	0	0	1	0	0	0	1	2	
唇足纲	T-1	0	0	2	0	0	0	2	0	4	
	T-2	0	0	2	1	0	0	2	1	6	0.60
	T-3	0	0	0	0	0	0	0	0	0	
同翅目	T-1	1	0	0	0	3	0	1	0	5	
	T-2	1	0	2	0	0	0	2	0	5	1.20
	T-3	1	0	0	0	9	0	0	0	10	
缨翅目	T-1	0	0	0	1	1	0	0	0	2	
	T-2	1	0	1	4	0	0	1	0	7	0.96
	T-3	3	1	0	3	0	0	0	0	7	

（续表）

种类	处理	2007 年				2008 年				总和	多度（%）
		苗期	蕾期	花铃期	吐絮期	苗期	蕾期	花铃期	吐絮期		
综合纲	T-1	0	12a	2	0	0	1	1	1	17	
	T-2	0	12a	1	0	1	1	1	4	20	4.02
	T-3	0	2b	7	2	8	0	8	3	30	

注：同列不同小写字母表示 3 个棉田之间差异显著（$P>0.05$）。T-1、T-2、T-3 分别表示 Bt 棉种植时间始于 2006 年、2002 年和 1999 年。图 10-64、图 10-65 同

表 10-59　土壤中小型节肢动物总体效应的广义线性混合模型分析结果

效应		自由度（df）	F 值	P 值
弹尾目	处理	2；14	3.038	0.080
	采样时间	7；14	51.89	<0.001
蜱螨目	处理	2；14	2.255	0.142
	采样时间	7；14	9.391	<0.001
蜘蛛目	处理	2；14	3.130	0.075
	采样时间	7；14	8.101	0.001
动物总量	处理	2；14	2.160	0.152
	采样时间	7；14	25.78	<0.001
Shannon-Wiener 多样性指数	处理	2；14	0.406	0.674
	采样时间	7；14	9.313	<0.001
Simpson 优势度指数	处理	2；14	0.705	0.531
	采样时间	7；14	14.42	0.004

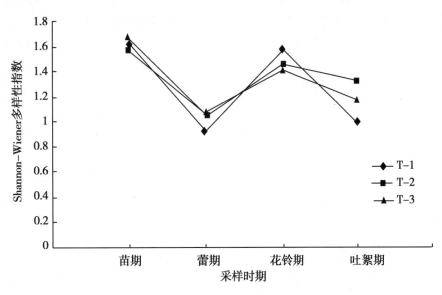

图 10-64　不同采样时间各棉田土壤中小型节肢动物的 Shannon-Wiener 多样性指数

土壤中的生物体通过捕食、竞争、对抗或共生相互影响，敏感生物的快速反应达到一定程度

后，会引起其他生物的连接反应，从而影响整个土壤生态系统（Angle，1994）。外源基因的导入可能改变受体作物的生理生态特性（丁志勇等，2001），影响作物的分解速率和 C、N 水平，尤其是外源基因通过根系分泌物或残茬分解进入土壤生态系统，可能影响土壤生物多样性和土壤肥力，这些变化又会影响作物生长。

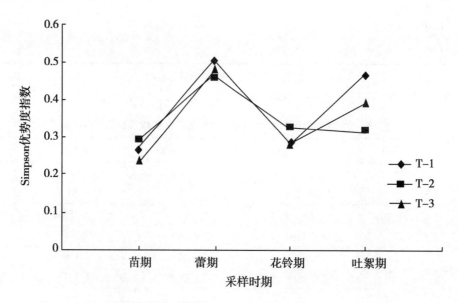

图 10 – 65　不同采样时间各棉田土壤中小型节肢动物的 Simpson 优势度指数

　　转基因抗虫棉对土壤生态系统的影响与导入的外源基因的特性相关，研究转基因抗虫棉对土壤生态系统的影响具有重要的生态学意义。加强转基因抗虫棉对不同土壤生态类型影响的研究，特别要监测敏感物种的改变，尤其最可能接触到转基因抗虫棉的靶标生物和非靶标生物，重点研究对环境较敏感的土壤生物和土壤酶。如氨氧化细菌中的亚硝化单细胞菌属、需氧芽胞杆菌、原生动物（鞭毛虫、变形虫、纤毛虫）、线虫、小型节肢动物以及土壤尿酶、脱氢酶、磷酸酶等。由于土壤微生物在土壤过程中的重要性及其复杂性，研究转基因抗虫棉对土壤微生物和过程影响时，在实验设计、研究方法、结果解释方面都存在一定难度。因此，要完善研究方法，尤其是要加强分子生物学方法（如 DGGE，T-RFLP 等）的应用，以便获得更精确的评价研究结果。

第十一章 转基因抗虫棉的应用概况与发展展望

第一节 应用概况

全球人口快速增长使可耕土地愈来愈少，化学农药过度滥用引起生态系统严重破坏，无机化肥不适当地大量使用带来土壤肥力退化，不可降解塑料的白色污染已成为全球一大公害，自然环境破坏引起的气候变暖正在进一步加剧，水土流失、土地沙漠化、盐碱化在进一步扩大，人类面临的粮食安全、消除贫困、环境治理和农业可持续发展等问题将更加突出，依靠传统的农业技术已不可能有效地解决以上问题。发展农业生物技术，已成为现代农业生产乃至人类生存的战略途径。国际上许多发达国家制订发展计划，投入巨资、人力和物力，开展转基因作物的研究与产业化。

自1996年研发的Bt棉33B和35B两个转基因抗虫棉品种在美国被批准商业化推广以来，其种植面积就呈现出逐年迅猛增长的势头。据Naranjo（2010）报道，2009年全球有11个国家种植转基因抗虫棉，面积由1996年的75万hm^2增加到1 550万hm^2，增加了20倍，占全球棉花种植面积的49.52%。由于转基因抗虫棉的利用有效地控制了棉花重要害虫的发生，大大降低了化学农药的使用量。据Barfoot等（2010）统计，1996—2008年，转基因抗虫棉的种植减少了1.4亿kg化学农药活性成分的施用。

棉花是美国第五大作物，种植面积仅少于小麦，主要种植在南部和西部。美国主要种植两种转基因抗虫棉，一种是孟都公司研发的Bt棉Bollgard ® Ⅰ；另一种是复合性状的转基因棉花。1996年，美国开始商业化种植转基因抗虫棉，其中Bt棉种植面积73万hm^2；到2001年，达到200万hm^2。与2009年相比，在2010年转基因抗虫棉的种植面积已经从320万hm^2增加到390万hm^2，其中Bt棉占15%，而（HT + Bt）棉占58%，耐除草剂棉（HT）占20%；而2011年，Bt棉占17%，HT棉占15%，（HT + Bt）棉的种植面积与2010年相比没有变化。澳大利亚是世界第三大原棉出口国，棉花主要种植在南部的新南威尔士州和北部的昆士兰州。澳大利亚于1996年开始种植Bt棉Bollgard ® Ⅰ，种植面积达3万hm^2，以后种植面积逐年递增，至2000年已达16.5万hm^2，而2001年，种植面积略有所下降（14.6万hm^2）。在2002年和2003年两年期间，Bt棉Bollgard ® Ⅰ已经基本被双价抗虫棉Bollgard ® Ⅱ（Cry1Ac/Cry2Ab）替代。2007年，由于干旱使澳大利亚转基因抗虫棉的种植面积大大降低。在2010年，大约91%的种植面积是复合性状（HT + Bt）的转基因棉花，而双价抗虫棉Bollgard ® Ⅱ只占1%，转基因耐除草剂棉花（HT）占7%左右。位于南亚中部的巴基斯坦是一个以农业为主的国家，棉花是该国的主要经济作物，棉花生产位居世界第四。在2010年，巴基斯坦开始商业化种植Bt棉（8个常规品种和1个杂交品种），种植面积达240万hm^2，占棉花总种植面积的75%。农业在印度的国民经济中占有较大的比重，是其支柱产业。2010年，印度的棉花种植面积达到1 100万hm^2，是世界上植棉面积最大的国家之一。Bt棉在印度的商业化种植始于2002年，种植面积大约5万hm^2。2003年，种植面积翻了一番，在随后的几年中，种植面积不断扩大；2010年，Bt棉的种植面积为940万hm^2，占总植棉面积的86%。在印度，首先商业化种植的是Bt棉Bollgard ® Ⅰ。2006年，双价抗虫棉Bollgard ® Ⅱ（CrylAc/Cry2Ab）开始种植，种植面积不断扩大；而从2007年起，Bt棉的种植面积在逐年减少。2010年，双价棉的种植面积是660万hm^2，而Bt棉的种植面积减少到280万hm^2。据不完全统计，2011年，双价棉的种植面积将占转基因棉花的90%（James，2010）。

20 世纪 90 年代，我国科学家成功研制具有自主知识产权的 GFM Cry1A 融合 Bt 杀虫基因，并将其导入棉花，创造出具自主知识产权的转基因抗虫棉（倪万潮等，1996、1998；郭三雄等，1999），这标志着我国大规模应用转基因技术改造传统农业新时代的到来，逐步扭转了 20 世纪 90 年代由美国转基因抗虫棉垄断我国 95% 市场份额的局面。2002 年，国产转基因抗虫棉已占据 30% 的市场份额；2004 年，在约 320 万 hm^2 转基因抗虫棉市场中，国产转基因抗虫棉种植面积达 200 多万 hm^2，占市场份额的 62%。据 ISAAA 报告，2010 年我国转基因抗虫棉面积已达 352 万 hm^2，占全国棉田面积的 70% 左右，2014 年占全国棉田面积的 93%，基本上为国产转基因抗虫棉。我国国产转基因抗虫棉累计推广面积约 0.33 亿 hm^2。直接为棉农带来收益 600 亿元以上。我国转基因抗虫棉从无到有，由小到大，成为我国棉花生产的主流，达到了棉花生产持续高产稳产的目标，维护了我国棉花生产和供给及其产业链的安全，也促进了我国棉种产业的发展。转基因抗虫棉在我国普及以后，每年用于防止棉铃虫类害虫的化学农药的使用量减少 1 万~1.5 万 t，相当于我国化学杀虫剂年生产总量的 7.5% 左右；棉农的劳动强度和防治成本显著下降，棉农中毒事件降低了 70%~80%，棉农生命健康得到了有力的保障，促进了民生质量提高（Clive，2010）。由于棉田用药量大幅度下降，棉田昆虫种类数量增多，益虫/害虫动态平衡趋于协调，维护了棉田原生态的多样性，棉田生态环境得到明显改善。不仅如此，由于棉田棉铃虫虫口密度急剧下降，棉田可输出害虫数量也减少，减轻了大范围内玉米等其他作物的外来虫口数量，在更大的范围内使得农作物受益。据中国科学院农业政策研究中心 2002 年在河北和山东两省的一项专项调查结果表明，种植国产转基因抗虫棉每生长周期平均可减少农药喷施 13 次，平均减少农药用量 22.5kg/ hm^2。此外还显著减少了植棉用工投入。据统计，种植转基因抗虫棉增收节支约 2 100 元/ hm^2，至 2006 年国产转基因抗虫棉累计种植面积达到 1 134 万 hm^2，累计减少农药用量 25.5 万 t，为棉农增收节支超过 238 亿元。我国转基因抗虫棉技术成熟以后，品种选育工作进展非常迅速。通过国家项目的带动以及科研单位之间的合作，更由于市场的巨大需求，迅速形成了国内棉花育种单位转基因抗虫棉育种的大协作局面。从 1998 年到 2006 年，共有近 90 个科研单位和公司参与了转基因抗虫新品种的选育，在我国形成了一支强大的育种团队，涉及范围占我国版图的 2/3 强。通过省（区）和国家审定的转基因抗虫棉品种超过 100 个，其中通过国家审定的转基因抗虫棉品种达 41 个（表 11 -1）。

表 11 -1　通过国家审定的国产转基因抗虫棉品种（张锐等，2007）

序号	品种类型	安评名称	审定名称	国审时间（年份）	育种单位
1		GK30	鲁棉研 16	2005	山东棉花研究中心，中国农业科学院生物技术所
2		GK34	鲁棉研 21	2005	
3		GK33	鲁棉研 19	2005	
4		鲁 2015	鲁棉研 29	2006	
5		鲁 9154	鲁棉研 27	2006	
6	转 Bt 基因常规棉	GK45	邯郸 109	2005	邯郸市农业科学院，中国农业科学院生物技术所
7		邯 5158	邯 5158	2006	
8		邯郸 802	邯棉 802	2006	
9		GK44	中植棉 2	2006	中国农业科学院植物保护所，新乡县七里营新植原种场，中国农业科学院生物技术所
10		GK53	鑫秋 1	2006	山东金秋种业有限公司，中国农业科学院生物技术所
11		冀 1286	冀棉 958	2006	河北省农林科学院棉花所，中国农业科学院生物技术所
12		GK62	新陆棉 1	2006	新疆农业科学院经济作物所，中国农业科学院生物技术所

（续表）

序号	品种类型	安评名称	审定名称	国审时间（年份）	育种单位
13		GKz6	中棉所 38	1999	中国农业科学院棉花所，中国农业科学院生物技术所
14		GKz668	中棉所 52	2005	
15		GKz8	南抗 3	2005	南京农业大学，中国农业科学院生物技术所
16		GKz23	南农 3	2005	
17		GKz13	鲁 RH－1	2005	山东省棉花杂优利用协作组，中国农业科学院生物技术所
18		GKz33	鄂杂棉 10	2005	湖北惠民种业有限公司，中国农业科学院生物技术所
19		GKz17	湘杂棉 8	2005	湖南棉花科学研究所，中国农业科学院生物技术所
20	转 Bt 基因抗虫杂交棉	GKz18	慈抗杂 3	2005	浙江慈溪市农科所，中国农业科学院生物技术所，浙江大学农业与生物技术学院
21		GKz10	鲁研棉 15	2005	山东棉花研究中心，中国农业科学院生物技术所
22		GKz25	鲁研棉 24	2005	
23		GKz12	鲁研棉 20	2005	
24		GKz29	鲁研棉 25	2005	
25		GKz11	邯杂 98－1	2006	邯郸市农业科学院，中国农业科学院生物技术所
26		GKz21	国欣棉 6	2006	河间市国欣农村技术服务总站，中国农业科学院生物技术所，北京市国欣科创生物技术有限公司
27		97H1	冀杂 1	2006	河北省农林科学院棉花所，中国农业科学院生物技术所
28		JZHR99990	鄂杂棉 24	2006	荆州农业科学院，中国农业科学院生物技术所
29		SGK321	SGK321	2002	石家庄市农业科学研究院，中国农业科学院生物技术所
30		SGK9708	中棉所 41	2002	中国农业科学院棉花所，中国农业科学院生物技术所
31		SGK9822	中棉所 45	2003	
32	转（Bt＋GpTI）双价基因抗虫常规棉	SGK 中－BZ12	中棉所 51(棕色)	2005	
33		中 501	中棉所 58	2006	
34		SGK3	国欣棉 3	2006	河间市国欣农村技术服务总会，中国农业科学院生物技术所，北京市国欣科创生物技术有限公司
35		鲁 272	鲁棉研 28	2006	山东棉花研究中心，中国农业科学院生物技术所

（续表）

序号	品种类型	安评名称	审定名称	国审时间（年份）	育种单位
36		SGKz4	中棉所47	2004	中国农业科学院棉花所，中国农业科学院生物技术所
37		中杂302	中棉所57	2006	
38		SGKz8	银棉2	2005	中国农业科学院生物技术所，邯郸农业科学院，北京银土地公司
39	转（Bt + GpTI）双价基因抗虫杂交棉	SGKz9	苏杂3	2005	江苏农业科学院经作所，中国农业科学院生物技术所
40		SGKz21	豫杂35	2006	河南省农业科学院棉花油料作物所，中国农业科学院生物技术所
41		SGKz11（湘S-26）	湘杂棉11	2006	湖南省棉花科学所，北京中农种业有限责任公司，中国农业科学院生物技术所

转基因抗虫棉所取得的巨大经济社会效益引起了理论界广泛关注。Huang等（2002）基于农户调查对 Bt 棉与常规棉的成本收益进行了比较分析并指出，因农药施用量的大幅减少，新技术显著减少了对环境和农民身体健康所造成的危害。范存会（2002）和郭艳芹（2004）在移动曲线固定不变的假设下，运用经济剩余法对我国转基因抗虫棉所带来的经济收益进行了测算。张社梅等（2008）运用 DREAM 模型分品种、棉区对国产转基因抗虫棉的科研投资收益进行了计量分析。上述分析结果虽然在数值及比例上不尽一致，但一个较为普遍的看法是，无论消费者还是作为生产者的农民都从转基因抗虫棉大面积推广中获得巨大的经济剩余。然而上述对转基因抗虫棉给我国带来福利效应的研究存在一个共同的不足，即仅从封闭的"一国"出发。然而作为全球最大的棉花生产国、消费国和进口国，韩艳旗等（2010）认为必须从大国开放角度出发才能准确把握新技术给我国带来的福利效应。而且近年来我国大规模推广转基因抗虫棉的实践，也未对新技术能为农民带来巨大经济剩余这一结论提供有效支持。扣除劳动力、农资价格上涨因素，在大多数农户采用转基因抗虫棉新品种后我国农民种植每亩棉花的纯收益在大多数年份不仅没有增加反而有所下降。以 2006 年为例，该年每 hm^2 生产成本虽然较 1996 年上升 2 036.7 元，但单产却由 1996 年的 890kg/hm^2 增加到 1 288kg/hm^2，以 1996 年不变价格 1.724 88 美元/kg 计算，2006 年农户每 hm^2 棉花纯收益较 1996 年理论上应该增加 3 664.5 元，而实际不仅没有增加反而下降了 198 元。与 1996 年相比，1997—2008 年每 hm^2 棉花纯收益实际变化与以 1996 年不变价格计算的理论变化之间的差异如图 11-1 所示。因此，韩艳旗等（2010）对转基因抗虫棉能够增加农民收入这一观点的合理性提出质疑，转基因抗虫棉的收益是如何在生产者、消费者、研发者之间进行分配？出于以上考虑，将基于 Matin 等（2005）提出的开放条件下，农业研发的经济剩余模型对转基因抗虫棉研发福利效应进行测算。该模型以传统的完全市场化模型为基础，但在参数处理时考虑了产品贸易因素，并且将供给曲线的动态变动也纳入其中，因而非常适宜于评估开放条件下新技术给一国或地区带来的福利效应。测算结果显示（表 11-2），对中国、美国和世界其他地区的棉花生产者而言，除极少数年份外，其都因采用转基因新技术而在经济利益上遭受损失，并且采用率越高棉农的相对损失越严重，究其原因主要是采用转基因新技术导致世界棉花价格下降，使得技术进步所产生的"农业踏车效应"朝不利于农民福利的方向发展。所谓"农业踏车效应"理论分析技术进步对农民收入的影响，它由 Willard（1958）提出。该理论认为，技术进步引起的成本下降致使产品供给函数右移，这时经济总福利虽有所增加但其在生产者和消费者之间的分配却取决于产品的需求价格弹性和供给价格弹性。对于消费者而言只要假定在需求曲线向下倾斜时其就会从技术进步中获益，以更低的价

格消费更多的产品。对于生产者而言，如果单产增加以及（或）成本下降足够抵消产品价格下降带来的不利影响，其也能从技术进步中获益，但在需求价格弹性较低时产品价格下降幅度很大使得产品销售总收益的减少超过了成本的减少，这时就会导致生产者的净福利损失。

特别是以印度为代表的世界其他国家转基因抗虫棉单产相对增加更高，根据 Matin 等（2003）的研究印度转基因抗虫棉单产相对增加 34.3%，而中国和美国只有 6.11% 和 2.36%，加之自 1996 年以来世界其他国家棉花种植面积一直都占全球的 68% 以上，因而 2005 年以后随着世界其他国家转基因抗虫棉采用率的迅猛提高全球棉花生产者的损失也就更为严重。

而消费者无疑是该项新技术的最大获益者，并且从总体上看，随着一国转基因抗虫棉采用率的提高，棉花价格下降幅度相对较大，消费者从中也能获益更大。就研发者而言，在转基因抗虫棉被批准商业化推广的 13 年间也获得了可观的租金，中国、美国和世界其他国家技术使用费总额分别为 6.18 亿、31.4 亿和 17.25 亿美元。

就一国整体福利而言，虽然 2005 年之前美国整体能从采用新技术中获益，但数额较小，并且 2005 年之后就呈现出整体亏损的状态；相反，随着转基因抗虫棉采用率的逐步提高，中国和世界其他国家作为整体都获得越来越巨大的收益，可见对转基因抗虫棉新技术而言，以中国和印度为代表的发展中国家是该技术的真正最大获益者。

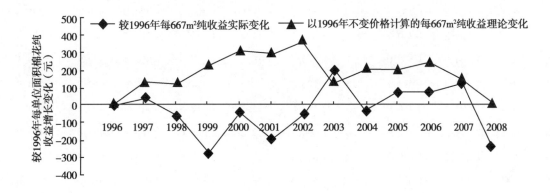

图 11-1　1997—2008 年较 1996 年我国棉花每 $667m^2$ 纯收益实际变化与
以不变价格计算的理论变化差异分析

注：数据来源：1996—2007 年成本收益资料数据《全国农产品成本收益资料汇编 1996—2007》；单产数据见美国农业部经济研究局（http://www.ers.usda.gov）；2008 年成本收益数据基于中国农业科学院棉花研究所和国家棉花产业技术体系的调研

表 11-2　1996—2008 年间各国及世界整体转基因棉花研究福利效应

年份	中国					美国				
	p（%）	$\triangle CS$	$\triangle PS$	$\triangle \pi R\&D$	$\triangle W$	p（%）	$\triangle CS$	$\triangle PS$	$\triangle \pi R\&D$	$\triangle W$
1996	0.00	23.7	-22.9	0.00	0.78	14.4	13.2	65.4	59.5	138.1
1997	0.75	44.5	-40.1	1.29	5.62	25.5	26.3	114.2	109.7	250.2
1998	5.85	243.1	-210.2	9.93	42.9	40	134.4	-24.6	137.1	246.9
1999	17.5	334.1	-116.5	18.95	236.7	45	158.6	-70.3	193.9	282.1
2000	30.0	585.5	-146.3	35.25	474.5	61	218.2	-128.2	255.5	345.6
2001	45.1	503.6	6.62	63.04	573.3	69	146.0	-74.1	306.2	378.0

（续表）

年份	中国					美国				
	p（%）	△CS	△PS	△πR&D	△W	p（%）	△CS	△PS	△πR&D	△W
2002	46.7	730.2	-143.7	53.43	639.9	71	174.9	-158.8	282.2	299.0
2003	52.8	946.5	11.3	71.24	1 029.0	73	182.9	-141.36	281.2	322.7
2004	62.7	1 403.3	-53.0	74.77	1 425.0	76	239.8	-330.7	318.4	227.5
2005	61.7	2 266.2	-358.7	67.56	1 975.1	79	288.8	-658.3	349.9	-19.6
2006	58.3	7 403.2	-3 262	65.61	4 206.4	83	697.6	-2 366.0	339.1	-1 329.3
2007	61.3	14 064	-7 100	74.68	7 037.9	87.0	1 175.7	-3 986.2	292.8	-2 517.6
2008	63.3	28 628	-14 260	82.11	14 449	86	2 303.9	-5 914.3	214.0	-3 396.5

年份	其他国家					世界整体				
	p（%）	△CS	△PS	△πR&D	△W	p（%）	△CS	△PS	△πR&D	△W
1996	0.00	67.4	-61.5	0.00	5.9	2.22	104.3	-19.1	59.5	144.8
1997	0.00	131.9	-121.7	0.00	10.3	4.20	202.7	-47.6	111.0	266.2
1998	2.11	726.6	-239.1	29.0	516.5	7.60	1 104.1	-473.9	176.1	806.3
1999	2.58	939.2	-340.7	34.2	632.7	11.4	1 431.9	-527.5	247.1	1 151.5
2000	3.80	1 500.2	-500.0	49.1	1 049.2	16.6	2 303.9	-774.4	339.8	1 869.3
2001	3.27	1 164.9	-474.7	43.5	733.7	20.2	1 814.4	-542.2	412.7	1 684.9
2002	5.31	1 507.4	-416.9	64.5	1 155.0	22.1	2 412.4	-719.4	400.9	2 093.9
2003	3.85	1 779.3	-733.8	48.6	1 094.1	22.3	2 908.6	-863.0	401.0	2 445.9
2004	5.23	2 335.5	-1 030.7	73.2	1 378.1	25.2	3 978.6	-1 414.4	466.4	3 030.6
2005	8.77	3 337.1	-1 037.8	119.0	2 418.3	28.2	5 892.1	-2 054.8	536.5	4 373.8
2006	23.9	10 425	-1 410.1	321.1	9 336.4	38.6	18 526	-7 038.2	725.8	12 213.5
2007	33.0	18 703	-2 017.2	428.7	17 115	45.2	33 943	-13 104	796.2	21 635.2
2008	40.6	37 439	-4 424.8	514.1	33 528	49.5	68 371	-24 600	810.2	44 581.6

注：福利变化以百万美元为单位。p、△CS、△PS、△πR&D、△W 分别为转基因抗虫棉采用率、消费者剩余变化、生产者剩余变化、研发者收益变化和一国总福利变化

第二节　发展展望

随着我国经济的飞带发展，农业生产环境发生了巨大变化，农业生产的增产增效成为广大农民的迫切要求，粮食安全成为保障经济社会稳定发展的基石，农业现代化进程对传统种植业也提出了更高的要求。因而，作为农业生物技术代表性成果的转基因抗虫棉广泛应用之后的棉花科技和生产也面临着日益严峻的挑战。第一，是棉花单产水平的提高遇到了技术瓶颈。转基因抗虫棉及其杂种优势的利用，改变了我国 20 世纪 90 年代初棉铃虫连年爆发、损失惨重的局面，恢复并提高了我国棉花生产的水平，使"十一五"棉花单产水平整体稳定在 1 100kg/hm² 以上。但是单产自 2006 年进入到一个平台期，提升缓慢。第二，是棉纤维品质与美国相比，仍有较大差距。表现在高、中、低档棉花比例不合理，纤维长度单一，纤维长度、细度和强度指标不够协调，品质一致性较差，尤

其缺乏适纺高支纱和低支纱的原棉。第三，与稻麦玉米等农作物相比较，除了棉花生产周期长以外，棉花生产是我国大宗农作物生产中现代化程度最低的作物之一。水稻收获机械化约 60%，小麦达到 80% 以上，而棉花仅在新疆有 2%~3% 的机械化收获且质量不稳，机损较大。其他大部分棉区从育苗移栽到收获的整个生产链上，机械化程度非常低。这直接导致了棉农劳动强度大，生产效率低，束缚了劳动力的转移和增加兼营业收入。这种生产体系极不符合农业现代化的要求，持续下去将会拖农业现代化的后腿。第四，粮食安全日益重要，在生产上的效应之一，就是迫使棉花生产不断地放弃传统良田，逐步地向中低产田乃至非宜农的盐碱地转移。棉花虽然是相对较耐盐碱的作物，但是这个转变来得太快，造成我国关于盐碱地植棉的品种和技术体系的储备尚不完善，不能够很快地弥补棉花稳产增产和产区转移的产量落差。第五，我国转基因抗虫棉基本普及之后，基本上解决了适产区的棉铃虫的为害。由于棉田昆虫生态平衡的改变，原来的次要害虫上升为主要害虫，如盲蝽类在局部棉区局部棉田高频发生。我国现有的转基因抗虫棉的遗传背景狭窄，主要来自 GK12、泗棉 3 号和"中棉"系列个别品种转化事件，在育种上利用过度、创新不足。这些都是转基因抗虫棉产业化之后出现的新问题，也为它本身的深化发展提供了新的科学方向。因此，倪万潮等（2012）思考并提出转基因抗虫棉后时代棉花科技新的突破方向：

（1）棉花生物技术研究从单一性状向多性状整合转变。在抗虫性的基础上，全面拓展对夜蛾类和刺吸式害虫，抗逆性特别是耐盐碱性和抗主流除草剂特性，以及生育期控制，适应于机械化耕作的个体及群体形态控制等领域，获得一大批自有知识产权的具备潜在重大价值的基因群，并在国家平台的层面，全面融合各性状，创制多样性的资源材料。

（2）棉花高产超高产是棉花科学技术永恒的主题。高产超高产是作物生产的永恒的追求，只有不断的高产超高产，才能满足人口和消费日益增长的需要，也是实现棉花生产高效益的基础。2010 年以来的实践表明，长江棉区千斤棉不但有理论基础，而且实践表明是完全可以实现的目标（田绍仁等，2010），新疆棉区同样有逼近"千公斤棉"的纪录（李雪源等，2010）。

（3）高产的同时获得稳产，是高效益的保障。棉花生产周期长，因而遭遇自然灾害，病虫害的机会多，严重地影响产量效益。因而，全面提高棉花本身抵御各种逆境的能力是今后棉花科技的重点突破方向之一。在转基因抗虫的基础上，应当大力发展棉花的耐盐碱特性，充分注重转基因抗除草剂棉花的研发，同地要提高杂交棉种制效率和种子质量的手段。

（4）植棉机械化是推进棉花生产现代化的重中之重。棉花生产从播种到收获到种子处理，环节达百项之多，多繁乱杂，劳动强度大。在棉花生产机械化系列技术中，尤以籽棉收获最为困难。我国棉花生产格局大部分是小农户生产，面积小，地块多，布局分散，是收获机械化的困难之一。长江流域棉区收获期常常多雨，并伴有棉花的二次生长等，将是机械化收获的最大难点。必须正视这些问题。

（5）栽培技术理论体系的思考。转基因抗虫棉促进了我国棉花杂种优势的利用，尤其是在长江流域棉区，基本实现了棉种杂交化，并且促进了产量水平的提高。"小群体大个体"的栽培技术理论使杂交棉大个体的优势得以发挥。但是这种情况下，要求的栽培技术细节多，因而劳动力和生产资料投入较多。另外，棉花产量构成以秋桃乃至晚秋桃为主，导致棉田晚秋桃比例甚至达到 60% 以上。这不但延长了生育期，形成了与下茬作物争时空的局面，也极易遭受晚秋低温多雨的袭击，棉纤维发育迟滞，产量和品质均无法得到保证。故未来的棉花生产一不与粮食争地，二不与工业争劳动力，"小群体大个体"的栽培模式值得探讨。

良种、良法、良田相结合，历来是农作物高产优质高效的三大因素，三者不可偏废。传统的作物改良技术多采用有性杂交技术，而现代技术则是采用分子标记或转基因技术，但是二者的本质都是通过改变其基因组结构和/或促使有益基因良性重组，达到提高其单产和抗病虫潜能的目标。有性杂交技术通过父母本全部基因组的所有基因进行交换改良品种，但这种方式不利连接多，获得有益基因重组的成功概率低。转基因则是把特定基因植入特定作物/特定基因组位点，从而获得理想的品种，目的明确。由此可见，随着我国农业增产、农民增收的要求越来越高，通过生物技术来提高我国农作物的产量是必然趋势。只要在转基因抗虫棉的基础上，明确新时期第二代转基因抗虫棉的主攻目标，即以生物技术创新为推动力，以超高产高品质为核心，以抗逆稳产为保障，以机械化为手段，就能够加速植棉现代化的进程，再创我国棉花生产与科技的新辉煌。

主要参考文献

保丹军，沈晋良，周威君，等.2001.应用单雌系 F2 代法检测棉铃虫对转 Bt 基因棉抗性等位基因的频率 [J].棉花学报，13（2）：65-66.

曹美莲，李朋波，刘惠民，等.2002.转 Bt 基因棉抗棉铃虫鉴定技术及抗性表示方法研究 [J].棉花学报，12（2）：87-90.

陈德华，杨长琴，陈源，等.2003.高温胁迫对 Bt 棉叶片杀虫蛋白表达量和氮代谢影响的研究 [J].棉花学报，15（5）：288-292.

陈海燕，杨亦桦，武淑文，等.2007.棉铃虫田间种群 Bt 毒素 Cry1Ac 抗性基因频率的估算 [J].昆虫学报，50（1）：25-30.

陈松，吴敬音，周宝良，等.2000.转 Bt 基因棉 Bt 毒蛋白表达量的时空变化 [J].棉花学报，12（4）：189-193.

陈旭升，狄佳春，宋锦花，等.2004.抗虫棉群体 *Npt*-Ⅱ标记基因纯度与其抗虫性强度的相关分析 [J].棉花学报，16（3）：137-141.

陈旭升，狄佳春，许乃银，等.2003.双抗虫亲本杂交棉的生物学抗虫性及有关经济性状分析 [J].棉花学报，15（5）：284-287.

陈旭升，钱大顺，狄佳春，等.2000.影响抗虫杂交棉皮棉产量性状分析 [J].中国棉花，27（8）：16-17.

陈于和，秦素平，张志雯，等.2009.转 Bt 抗虫棉与常规棉品种间配合力分析及杂种优势研究 [J].棉花学报，21（1）：77-80.

陈振华，孙彩霞，郝建军，等.2009.土壤酶活性对大田单季种植转 Bt 基因及转双价棉花的响应 [J].植物营养与肥料学报，15（5）：1 226-1 230.

崔金杰，雒珺瑜，李树红，等.2005.转基因抗虫棉对土壤微生物影响的初步研究 [J].河南农业大学学报，28（6）：73-75.

崔金杰，雒珺瑜，王春义，等.2004.转双价基因棉田主要害虫及其天敌的种群动态 [J].棉花学报，16（2）：94-101.

崔金杰，雒珺瑜，王春义，等.2005.转双价基因（Bt+CpTI）棉对棉田主要捕食性天敌捕食功能反应的影响 [J].南京农业大学学报，28（1）：48-51.

崔金杰，夏敬源，马丽华，等.2002.转双价基因（Cry1Ac+CpTI）抗虫棉（ZGK9712）对小地老虎抗虫性研究 [J].棉花学报，14（1）：3-7.

崔金杰，夏敬源.1997.转 Bt 基因棉对棉田主要害虫及其天敌种群消长的影响 [J].华南农业大学学报，31（4）：351-356.

崔金杰，夏敬源.1997.转 Bt 基因棉田主要捕食性天敌捕食功能的影响 [J].中国棉花，24（2）：19.

崔金杰，夏敬源.1998.麦套夏播转 Bt 基因棉田主要害虫及其天敌的发生规律 [J].棉花学报，10（5）：255-262.

崔金杰，夏敬源.1998.转 Bt 基因棉对棉铃虫低龄幼虫取食行为的影响 [J].河南职业技术师范学院学报，26（1）：9-11.

崔金杰，夏敬源.1999.转 Bt 基因棉对棉铃虫抗性的时空动态 [J].棉花学报，11（3）：141-146.

崔金杰，夏敬源.1999.转 Bt 基因棉对棉铃虫生长发育及繁殖的影响 [J].河南农业大学学报，33（1）：21-24.

崔金杰，夏敬源.1999.转 Bt 基因棉对天敌种群动态的影响 [J].棉花学报，11（2）：84-91.

崔金杰，夏敬源.2000.麦套夏播转 Bt 基因棉 R9326 对昆虫群落的影响 [J].昆虫学报，43（1）：43-51.

崔金杰，夏敬源.2000.一熟转 Bt 基因棉田主要害虫及天敌的发生规律 [J].植物保护学报，7：141-145.

崔金杰，夏敬源.2000.转 Bt 基因棉田昆虫群落多样性及其影响因素研究 [J].生态学报，20（5）：824-829.

崔金杰，夏敬源.2002.转双价基因棉对棉铃虫的抗虫性及时空动态 [J].棉花学报，14（6）：323-329.

崔瑞敏，阎芳教，王兆晓，等.2002.转基因杂交棉主要性状优势率分布研究 [J].棉花学报，14（3）：162-165.

崔瑞敏，阎茅教，王兆晓，等.2003.陆地棉亲本不同组配模式杂交后代差异分析 [J].华北农学报，18（院庆专辑）：133-135.

崔世杰，雒珺瑜，王春义，等.2005.转双价基因（Bt+CpTI）棉对棉田主要捕食性天敌捕食功能反应的影响 [J].南京农业大学学报，28（1）：3 748-3 751.

崔世杰，雒珺瑜，王春义，等.2005.转双价基因棉对棉田主要寄生性天敌生长发育的影响 [J].棉花学报，17（1）：37-41.

崔秀珍，李哲.2003.Bt 基因背景下抗虫棉几个主要经济性状的遗传相关分析 [J].河南职技师院学报，31（1）：14-16.

崔学芬，夏敬源.2003.对 Bt 毒蛋白不同抗性水平棉铃虫品系的生物学研究 [J].棉花学报，15（3）：163-165.

邓曙东，徐静，张青文，等.2003.转 Bt 基因棉对非靶标害虫及害虫天敌种群动态的影响 [J].昆虫学报，46（1）：1-5.

董亮，万方浩，张桂芬，等.2003.转基因棉对中华草蛉生长和发育的影响 [J].中国生态农业学报，11（3）：16-18.

董双林，马丽华，夏敬源，等.1997.棉铃虫幼虫对转 Bt 基因棉的行为学反应研究 [J].植物保护学报，24（4）：373-374.

董双林，马丽华.1996.转 Bt 基因棉对棉铃虫玉米螟及小地老虎的抗性测定 [J].中国棉花（12）：15-17.

董双林，文绍贵，王月恒.1997.转 Bt 基因棉对棉铃虫存活、生长及为害的影响 [J].棉花学报，23（4）：176-182.

范广华，李冬刚，李子双，等.2009.不同生境对抗虫棉绿盲蝽及其天敌发生动态的影响 [J].中国生态农业学报，17（4）：728-733.

范巧兰，陈耕，李永山，等.2010.转 Bt 基因棉花不同生育期对土壤微生物的影响 [J].山西农业科学，38（12）：34-36.

范巧兰，陈耕，李永山，等.2012.转基因棉花不同生物量对土壤微生物群落的影响 [J].棉花学报，24（1）：85－90.

范万发，李胄，景忆莲.2003.陆地棉 Bt 种质性状遗传力及配合力研究 ［J］.西北农业学报，12（1）：31－35.

范贤林，芮昌辉，许崇任，等.2001.转双价基因抗虫棉对棉铃虫的抗性 ［J］.昆虫学报，4（4）：582－586.

范贤林，赵建周，范云六，等.2000.转 Bt 基因植物对不同抗性棉铃虫的生长抑制作用 ［J］.植物保护，26（2）：3－5.

丰嵘，张宝红，郭香墨.1996.外源 Bt 基因对棉花产量、品质及抗虫性的影响 ［J］.棉花学报，8（1）：7－11.

丰嵘，张宝红，郭香墨.1996.外源 Bt 基因对棉花产量性状及抗虫性的影响 ［J］.棉花学报，8（1）：10－13.

风春，赵建宁，李刚，等.2013.转双价基因棉花对根际土壤酶活性和养分含量的影响 ［J］.棉花学报，25（2）：178－183.

高聪芬，沈晋良，须志平，等.2004.转双价基因棉对高抗 Bt 棉棉铃虫的抗虫性 ［J］.南京农业大学学报，27（4）：41－44.

高孝华，时爱菊，曲耀训，等.2001.龟纹瓢虫捕食棉蚜的功能反应与寻找效应研究 ［J］.山东农业大学学报（自然科学版）（1）：457－460.

高孝华，时爱菊.2005.龟纹瓢虫捕食棉铃虫卵的功能反应与寻找效应研究 ［J］.中国农学通报（7）：346－348.

耿金虎，沈佐锐，李正西，等.2007.常规棉花粉和 Cry1Ac＋CpTI 棉花粉对拟澳洲赤眼蜂繁殖和存活的影响 ［J］.生态学报（7）：1 575－1 582.

郭慧芳，孙洪武，朱述钧，等.2003.转基因棉花对非靶标害虫棉蚜适合度研究 ［J］.江苏农业学报，19（1）：9－12.

郭慧芳，朱述钧，孙洪武，等.2004.转基因棉花上非靶标害虫棉蚜取食行为的 EPG 研究 ［J］.西南农业大学学报（2）：155－158.

郭建英，Gabor L. Lovei，万方浩，等.2006.取食转基因抗虫棉上的棉蚜对粉舞蛛存活和发育的影响 ［J］.昆虫学报，49（5）：792－799.

郭建英，董亮，万方浩.2003.取食转 Bt 基因棉对斜纹夜蛾幼虫存活的影响 ［J］.中国生物防治（4）：145－148.

郭建英，万方浩，董亮.2004.取食 Bt 棉的棉粉虱对中华草蛉和龟纹瓢虫幼虫存活和发育的影响 ［J］.昆虫学报，20（3）：164－169.

郭金英，朱协飞，郭旺珍，等.2007.转 Bt＋ScK 基因双价抗虫棉的抗虫性及遗传分析 ［J］.棉花学报，19（2）：88－92.

郭立平，靖深蓉，邢朝柱，等.1999.抗×抗转 Bt 基因杂交棉的筛选结果初报 ［J］.中国棉花，4（1）：24.

郭香墨.1997.转 Bt 基因抗虫棉育种策略与效果 ［J］.棉花学报，9（5）：230－235.

韩艳琪，李然，王红玲.2010.大国开放条件下转基因棉花研发福利效应研究 ［J］.华中农业大学学报（社会科学版）（3）：19－23.

黄东林，刘汉勤，蒋思霞.2006.转双价基因抗虫棉对斜纹夜蛾实验种群的影响 ［J］.植物保护学报，33（1）：1－5.

黄栋林，柏立新，戴燕，等.2003.转 Bt 基因抗虫棉对亚洲玉米螟抗性的研究 ［J］.华东昆虫学报，12（2）：45－50.

黄栋林，刘汉勤.2005.三种转基因抗虫棉对棉大卷叶螟的抗性［J］.江苏农业学报（2）：98－101.

黄栋林，王凤，邹敏，等.2005.GK22、苏抗103及其受体亲本对对亚洲玉米螟的抗性比较［J］.植物保护学报，32（1）：7－12.

黄栋林，杨翠梅，史晓丽，等.2007.中棉所45对亚洲玉米螟存活和生长的影响［J］.棉花学报，19（1）：42－46.

黄晋玲，胡建斌，张锐，等.2008.棉花晋A细胞质雄性不育系及其保持系线粒体基因组文库的构建［J］.中国农业科学，41（6）：1 603－1 610.

黄晋玲，李炳林，安泽伟.2001.棉花晋A细胞质雄性不育系的细胞形态学观察［J］.植物遗传资源科学，2（3）：28－31.

黄晋玲，杨鹏，李炳林，等.2001.棉花晋A细胞质雄性不育系小孢子发生的显微和超微结构观察［J］.棉花学报，13（5）：259－263.

纪家华，王恩德，李朝晖，等.2002.陆地棉优异种质间的杂种优势和配合力分析［J］.棉花学报，14（2）：104－107.

姜涛，褚栋，姜德锋，等.2009.转Bt＋CpTI基因棉对烟粉虱种群动态影响及几丁质酶和β-1，3葡萄糖酶活性变化［J］.山东农业科学（9）：42－47.

姜永幸，郭予元.1996.不同棉花品种对棉蚜羧酸酯酶活性影响的研究［J］.棉花学报，8（4）：215－218.

姜永幸，郭予元.1996.棉蚜在不同棉花品种上的取食行为及相对取食量的研究［J］.植物保护学报，23（1）：1－7.

解海岩，蒋培东，王晓玲，等.2006.棉花细胞质雄性不育花药败育过程中内源激素的变化［J］.作物学报，32（1）：1 094－1 096.

金黎明，李力，文泽会，等.2010.转Bt基因抗虫杂交棉产量与重要性状的多元回归分析［J］.安徽农业科学，38（17）：8 894－8 896，8 899.

李长林，张欣，吴建波，等.2008.转基因棉花对根际土壤微生物多样性的影响［J］.农业环境科学学报，27（5）：1 857－1 860.

李长林，张欣，吴建波，等.2008.转基因棉花对根际土壤微生物多样性的影响［J］.农业环境科学学报，27（5）：185－189.

李芳，谌建春.2002.Bt对小地老虎呼吸作用的影响［J］.昆虫天敌（1）：15－19.

李付广，崔金杰，刘传亮，等.2000.双价基因抗虫棉及其抗虫性研究［J］.中国农业科学，33（1）：46－52.

李海强，王冬梅，徐遥，等.2011.转Bt基因抗虫棉对棉蚜个体生长发育和繁殖能力的影响［J］.新疆农业科学，48（2）：287－290.

李红，李哲，崔秀珍，等.2008.抗虫棉杂交种杂种优势及亲本相关分析［J］.吉林农业科学，33（1）：13－15，18.

李虎申，张岳华，李莉，等.2007.转基因抗虫棉纯度的幼苗鉴定方法研究［J］.中国种业，3（5）：38－39.

李进步，方丽平，张亚楠，等.2007.不同类型品种棉花上棉蚜适生性及种群动态［J］.昆虫学报，50（10）：1 027－1 033.

李俊兰，崔淑芳，金卫平，等.2004.转Bt基因抗虫棉株卡那霉素抗性与抗虫性的关系研究［J］.河北农业科学，8（3）：19－21.

李俊文，刘爱英，石玉真，等.2010.转基因抗虫陆地棉与优质品系杂交铃重、衣分的遗传及其

F₁ 杂种优势分析 [J].棉花学报，22（2）：163－168.

李明辉.2011.转基因抗虫杂交棉新品种——鲁 HB 标杂 1 [J].科技致富导向（1）：25.

李娜，孟玲，翟保平，吴孔明.2004.在转 Bt 基因棉压力下棉铃虫和异色瓢虫的波动性不对称
[J].昆虫学报，47（2）：198－205.

李朋波，曹美莲，刘慧民，等.2007.棉花晋 A 细胞质雄性不育恢复基因定位 [J].西北植物学
报，27（10）：1 937－1 942.

李朋波，曹美莲，杨六六，等.2003.转 Bt 基因棉抗卡那霉素与抗虫性比较分析 [J].山东农业
科学，31（2）：30－32.

李汝忠，沈法富，王宗文，等.2001.转 Bt 基因抗虫棉抗虫性遗传研究 [J].棉花学报，13
（5）：268－272.

李汝忠，沈法富，王宗文，等.2002.转 Bt 基因抗虫棉 Bt 基因表达的时空动态 [J].山东农业
科学，4：7－9.

李汝忠，王景会，王宗文，等.2000.转 Bt 基因抗虫杂交棉杂交后代的抗性表现与抗虫育种策
略 [J].山东农业科学，7（5）：7－10.

李瑞莲，刘爱玉，陈舍湘.2007.转基因抗虫杂交棉杂种后代及其亲本纤维品质比较研究 [J].
棉花学报，19（1）：38－41.

李文东，吴孔明，王小奇，等.2003.转 Cry1Ac 和 Cry1Ac＋CpTI 基因棉花粉对柞蚕生长发育影
响的评价 [J].农业生物技术学报，11（1）：489－493.

李文东，叶恭银，吴孔明，等.2002.转抗虫基因棉花和玉米花粉对家蚕生长发育影响的评价
[J].中国农业科学，35（11）：1 543－1 549.

李孝刚，刘标，曹伟，等.2011.不同种植年限转基因抗虫棉对土壤中小型节肢动物的影响
[J].土壤学报，48（3）：587－593.

李永山，范巧兰，陈耕，等.2007.转 Bt 基因棉花对土壤微生物的影响 [J].农业环境科学学
报，26（增刊）：533－536.

李永山，范巧兰，陈耕，等.2009.利用 PLFA 研究转 Bt 基因棉花对土壤微生物群落结构变化
的影响 [J].棉花学报，21（6）：503－507.

李云河，张永军，吴孔明，等.2005.转 Bt—Cry1Ac 基因棉花叶片中杀虫蛋白在环境中的降解
动态 [J].中国农业科学，38（4）：714－718.

李增书，赵丽芬.2003.棉花喷水杀雄技术初报 [J].河北农业大学学报，7（2）：33－35.

李哲，崔秀珍，常俊香，等.2007.半合子 Bt 基因抗虫杂交棉产量主要构成因素分析 [J].河南
农业科学，7（8）：46－49.

梁革梅，谭维嘉，郭予元.2000.棉铃虫对 Bt 的抗性筛选及交互抗性研究 [J].中国农业科学，
33（4）：46－53.

梁革梅，谭维嘉，郭予元.2001.棉铃虫取食转 Bt 基因棉花后中肠组织的病理变化 [J].棉花学
报，13（3）：138－141.

林社裕，梁建生，陈云，等.2004.转 Bt 基因棉对土壤无脊椎动物影响研究 [J].南通医学院学
报（4）：377－378.

刘方，王坤波，宋国立.2002.中国棉花转基因研究与应用 [J].棉花学报，14（4）：
249－253.

刘芳，杨益众，陆宴辉，等.2005.转 Bt 基因棉对棉大卷叶螟种群动态的影响 [J].昆虫知识，
42（3）：275－277.

刘海涛，郭香墨，夏敬源.2000.抗虫杂交棉 F₁ 代与亲本 Bt 蛋白表达量及抗虫差异性研究

[J].棉花学报, 12 (5): 261 - 263.

刘海涛, 郭香墨, 夏敬源.2000.转 Bt 基因抗虫棉与常规陆地棉种内杂种主要性状的基因效应分析 [J].棉花学报, 12 (3): 118 - 121.

刘红梅, 赵建宁, 黄永春, 等.2012.种植转双价基因 (Bt + CpTI) 棉对土壤主要养分和酶活性的影响 [J].棉花学报, 24 (2): 133 - 139.

刘杰, 陈建, 李明.2006.转 Bt 基因棉花对蜘蛛生长发育和捕食行为的影响 [J].生态学报 (3): 945 - 949.

刘立雄.2010.转基因棉花种植对根际土壤氮转化相关酶的影响 [J].作物杂志 (3): 69 - 71.

刘芦苇, 祝水金.2007.转基因抗虫棉产量性状的遗传效应及其杂种优势分析 [J].棉花学报, 19 (1): 33 - 37.

刘水东, 郝德荣, 何林池, 等.2007.典型相关分析在抗虫棉育种中的应用 [J].江西棉花, 29 (4): 7 - 9.

刘万学, 万方浩, 郭建英.2002.转 Bt 基因棉田节肢动物营养层及优势功能团的组成及变化 [J].生态学报, 22 (5): 729 - 735.

刘万学, 张毅波, 万方浩.2008.龟纹瓢虫对烟粉虱和棉蚜取食选择及适合度比较研究 [J].中国生物防治, (4): 293 - 297.

刘向东, 翟保平, 张孝羲, 等.2002.转基因棉对棉蚜繁殖与取食行为的影响 [J].南京农业大学学报, 25 (3): 27 - 30.

刘小侠, 张青文, 蔡青年, 等.2004.Bt 杀虫蛋白对不同品系棉铃虫和中红侧沟茧蜂生长发育的影响 [J].昆虫学报, 47 (4): 461 - 466.

刘志, 郭旺珍, 朱协飞, 等.2003.转 Bt + GNA 双价基因抗虫棉对棉铃虫抗性的遗传分析 [J].农业生物技术学报, 11 (4): 388 - 393.

卢美光, 芮昌辉.2002.抗性棉铃虫在转基因棉花上某些生命参数的研究 [J].棉花学报, 14 (2): 117 - 120.

卢美光, 赵建周, 范贤林, 等.2000.华北地区棉铃虫对 Bt 杀虫蛋白的抗性监测 [J].棉花学报, 12 (4): 180 - 183.

陆宴辉, 杨益众, 印毅, 等.2004.棉花抗蚜性及抗性遗传机制研究进展 [J].昆虫知识, 41 (4): 291 - 294.

陆作楣, 承泓良, 焦达仁, 等.1990.棉花自交的遗传效应及良种繁育技术研究 [J].中国农业科学, 23 (1): 69 - 75.

陆作楣, 承泓良, 焦达仁.1990.棉花 "自交混繁法" 原种生产技术研究 [J].南京农业大学学报, 3 (4): 7 514 - 7 520.

路红卫, 杜红, 宋广杰.2009.杂交棉花亲本自交保纯新方法 [J].种子科技, 5 (12): 34 - 35.

吕淑平, 谢德意.2008.棉花杂交授粉液的研制及其应用 [J].中国种业, 1 (6): 38 - 39.

雒珺瑜, 崔金杰, 张帅, 等.2011.抗虫棉外源 Cry1A 融合杀虫蛋白在土壤中的降解动态 [J].棉花学报, 23 (4): 364 - 368.

雒珺瑜, 崔金杰, 张帅, 等.2013.转 Cry1Ac + Cry2Ab 抗虫棉对 3 种害虫的存活、生长发育及中肠相关酶活性的影响 [J].棉花学报, 25 (1): 68 - 72.

马海清.2011.转 Bt 基因抗虫棉品种与普通优良品种间的配合力 [J].中国棉花 (1): 16 - 16.

马惠, 赵鸣, 夏晓明, 等.2012.Bt 棉对棉叶螨发生的影响及与次生物质的关系 [J].棉花学报, 24 (6): 481 - 487.

马丽华，宋晓轩.2003.转 Bt 基因抗虫棉抗虫性室内鉴定及评价方法 [J].中国棉花，30（1）：15－16.

马丽华，许红霞，胡育昌.2000.转 Bt 基因棉卡那霉素田间快速检测法 [J].中国棉花，27（12）：11－12.

马丽颖，崔金杰，陈海燕.2009.种植转基因棉对 4 种土壤酶活性的影响 [J].棉花学报，21（5）：383－387.

马奇祥，王振宇，郝俊杰，等.2010.新型抗虫杂交棉标杂 A₃ 的选育及栽培技术 [J].中国棉花，37（4）：29－30.

门兴元，戈峰，尹新明，等.2003.转 Bt 基因棉田与常规棉田节肢动物群落多样性的比较研究 [J].生态学杂志，22（5）：26－29.

孟凤霞，沈晋良，褚姝频.2003.Bt 棉叶对棉铃虫抗虫性的时空变化及气象因素的影响 [J].昆虫学报，46（3）：299－304.

娜布其，红雨，杨殿林，等.2011.利用根箱法解析转双价（Bt＋CpTI）基因棉花对土壤微生物数量及细菌多样性的影响 [J].棉花学报，23（2）：160－166.

娜布其，赵建宁，李刚，等.2011.种植对土壤速效养分和酶活性的影响 [J].农业环境科学学报（5）：930－937.

倪万潮，郭书巧，束红梅，等.2012.转基因抗虫棉后时代棉花科技问题思考 [J].生物技术通报（7）：1－6.

聂以春，张献龙，杨细燕，等.2005.抗虫杂交棉的光合及经济性状的优势及配合力分析 [J].华中农业大学学报，24（1）：5－9.

聂以春，周肖荣，张献龙.2002.转基因抗虫棉的产量、品质及抗虫性比较研究 [J].植物遗传资源科学，3（4）：8－12.

戚永奎，何勇，王怡，等.2003.转基因抗虫棉良种繁育方法研究 [J].安徽农业科学，31（4）：530－532.

秦丽，沈晓佳，陈进红，等.2009.转基因抗虫棉种子品质性状的遗传效应及相关分析 [J].棉花学报，21（6）：442－447.

邱晓红，黄民松，荣秀兰，等.2006.转 Bt 基因棉田朱砂叶螨及其天敌生态位研究 [J].湖北农业科学，（1）：331－334.

任璐，杨益众，李暄，等.2004.转基因抗虫棉对棉铃虫及其内寄生蜂的双重效应 [J].昆虫学报，47（1）：1－7.

芮昌辉，范贤林，董丰收，等.2002.不同转基因抗虫棉对棉铃虫抗虫性的时空动态 [J].昆虫学报，45（5）：567－570.

芮昌辉，范贤林，郭三堆，等.2001.双价基因（Bt＋CpTI）抗虫棉对棉铃虫的杀虫活性及抑制生长作用 [J].棉花学报，13（6）：337－341.

芮玉奎.2005.Bt 棉与常规棉根际土壤 Bt 毒蛋白和植物激素的变化动态 [J].生物技术通讯，16（5）：515－517.

沈法富，韩秀兰，范术丽.2004.转 Bt 基因抗虫棉根际微生物区系和细菌生理群多样性的变化 [J].生态学报，24（3）：432－437.

沈晋良，周威君，吴益东，等.1988.棉铃虫对 Bt 生物农药早期抗性及与转 Bt 基因棉抗虫性的关系 [J].昆虫学报，41（1）：8－14.

沈平，林克剑，张永军，等.2010.转 Bt 基因棉不同品种杀虫蛋白季节性表达及其对棉铃虫的控制作用 [J].棉花学报，22（5）：393－397.

沈平, 张永军, 陈洋, 等.2008.Bt棉不同种植年限土壤中Bt基因及其蛋白的残留测定 [J].
　棉花学报, 20 (1): 79 - 81.

沈晓佳, 孙玉强, 刘芦苇, 等.2009.转基因抗虫棉纤维品质性状的遗传分析 [J].棉花学报,
　21 (3): 163 - 167.

史加亮, 李凤瑞, 张东楼, 等.2014.抗虫棉品种（系）主要农艺性状配合力与遗传力分析
　[J].山东农业科学, 46 (1): 23 - 28.

束春娥, 柏立新, 孙洪武.2001.棉铃虫多代连续取食转基因开车门的抗性演变 [J].中国生物
　防治, 17 (1): 1 - 5.

束春娥, 柏立新, 张龙娃, 等.2002.转基因抗虫棉GK22对棉田天敌种群消长的影响 [J].江
　苏农业科学 (6): 41 - 43, 51.

束春娥, 刘贤金, 柏立新.1996.Bt转基因棉花抗棉铃虫毒性机理研究 [J].棉花学报, 8 (4):
　219 - 222.

束春娥, 孙洪武, 孙以文, 等.1998.转基因棉Bt毒性表达的时空动态及对棉铃虫生存、繁殖
　的影响 [J].棉花学报, 10 (3): 131 - 135.

束春娥, 孙以文, 孙洪武.2000.转基因抗虫棉承受棉铃虫风险压力研究初报 [J].江苏农业科
　学, 1 (4): 38 - 41.

宋宪亮, 孙学振, 刘英欣.2001.棉花 ms_5 ms_5 核雄性不育花药中碳水化合物和游离氨基酸的变
　化 [J].棉花学报, 13 (6): 334 - 336.

宋宪亮, 孙学振, 王洪刚, 等.2003.陆地棉双隐性不育系（ms_5 ms_5）花药发育过程中POD活
　性和内源激素动态变化初探 [J].中国农业科学, 36 (7): 861 - 863.

宋宪亮, 孙学振, 王洪刚, 等.2004.棉花洞A雄性不育系花药败育过程的生化变化 [J].西北
　植物学报, 24 (2): 243 - 247.

眭书祥, 赵国忠, 李爱国, 等.2010.转基因抗虫棉种质资源GK12性状与利用情况分析 [J].
　河北农业科学, 15 (5): 61 - 64.

孙彩霞, 陈利军, 武志杰.2014.Bt杀虫晶体蛋白的土壤残留及其对土壤磷酸酶活性的影响
　[J].土壤学报 (4): 761 - 766.

孙彩霞, 张玉兰, 缪璐, 等.2006.转Bt基因作物种植对土壤养分含量的影响 [J].应用生态学
　报, 17 (5): 943 - 946.

孙长贵, 徐静, 张青文, 等.2002.新疆棉区转Bt基因棉对棉田主要害虫及其天敌种群数量的
　影响 [J].中国生物防治, 18 (3): 106 - 111.

孙长贵, 张青文, 徐静, 等.2003.亚致死浓度Bt对棉铃虫齿唇姬蜂寄生几率及生长发育的影
　响 [J].中国生物防治, 19 (3): 106 - 110.

孙长贵, 张青文, 徐静, 等.2003.转Bt基因棉和转Bt + CpTI双价基因棉对棉田主要害虫及其
　天敌种群动态的影响 [J].昆虫学报 (6): 705 - 712.

孙君灵, 杜雄明, 周忠丽, 等.2003.转基因抗虫棉SGK9708与不同类型品种杂种的遗传及优
　势分析 [J].棉花学报, 15 (6): 323 - 327.

孙磊, 陈兵林, 周治国.2007.麦棉套作Bt棉花根系分泌物对土壤速效养分及微生物的影响
　[J].棉花学报, 19 (1): 18 - 22.

孙勤辛, 吴育昌.2003.抗虫棉田间去杂——卡那霉素喷雾法的跟踪观察验证 [J].中国棉花,
　30 (6): 31 - 32.

孙伟, 曹玉洪.2005.转Bt基因抗虫棉Bt毒蛋白表达量的时空变化 [J].安徽农业科学, 33
　(2): 202 - 203.

汤飞宇，程锦，黄文新，等.2008.高品质陆地棉与不同类型品种杂种的遗传及优势分析 [J].棉花学报，20（3）：170 – 173.

汤飞宇，王晓芳，莫旺成，等.2011.高品质棉与抗虫杂交种棉铃性状与铃重的关系分析 [C].中国棉花学会 2011 年年会论文汇编：187 – 189.

唐灿明，袁小玲，张天真.2002.转 Bt 基因抗虫棉近等基因系的研究 [J].棉花学报，14（5）：277 – 279.

唐灿明，张天真，朱协飞.1999.我国现有的 3 类转 Bt 基因抗虫棉品系棉铃虫抗性的遗传分析 [J].科学通报，44（14）：2 064 – 2 067.

唐灿明，朱协飞，张天真，等.1997.转 Bt 基因抗虫棉 R19 品系的棉铃虫抗性表现及抗虫性遗传研究 [J].农业生物技术学报，5（2）：194 – 200.

唐文武，黄英金，吴秀兰，等.2009.优异纤维品质陆地棉与转基因抗虫棉的配合力及遗传效应分析 [J].棉花学报，21（5）：415 – 419.

唐文武，吴秀兰，黄英金.2010.转基因抗虫杂交棉亲本间遗传距离与杂种优势的相关性研究 [J].江西农业大学学报，32（4）：689 – 0694.

唐文武，肖文俊，黄英金，等.2006.优异纤维品质陆地棉和转基因抗虫棉的杂种优势和亲子相关性 [J].棉花学报，18（2）：74 – 78.

万方浩，刘万学，郭建英.2002.不同类型棉田棉铃虫天敌功能团的组成及时空动态 [J].生态学报，2（6）：935 – 942.

万鹏，黄民松，吴孔明，等.2003.转 Cry1A 基因棉对棉蚜生长发育及种群动态的影响 [J].中国农业科学（12）：1 484 – 1 488.

万小羽，梁永超，李忠佩，等.2007.种植转 Bt 基因抗虫棉对土壤生物学活性的影响 [J].生态学报（12）：5 414 – 5 420.

王保民，李召虎，李斌，等.2002.转 Bt 抗虫棉各器官毒蛋白的含量及表达 [J].农业生物技术学报，10（3）：215 – 219.

王朝晖，李益锋，钟林光，等.2009.抗虫杂交棉纤维品质与产量性状关系的研究 [J].贵州农业科学，37（12）：35 – 39.

王琛柱，钦俊德.1996.棉铃虫幼虫中肠主要蛋白质酶活性的鉴定 [J].昆虫学报，39（1）：7 – 14.

王春义，夏敬源.1997.Bt 抗虫棉与常规棉棉铃虫及其主要天敌种群动态差异 [J].中国棉花，24（6）：13 – 15.

王冬梅，李海强，丁瑞平，等.2012.新疆北部地区转 Bt 基因棉外源杀虫蛋白表达时空动态研究 [J].棉花学报，24（1）：18 – 26.

王凤延，李瑞花，于细平，等.2003.转 Bt 基因抗虫棉田棉铃虫种群数量动态及综合防治研究 [J].山东农业大学学报，34（2）：157 – 162.

王昊，黄启星，孔祥义，等.2010.南繁条件下转基因棉花对根际土壤微生物及棉田虫害影响的初步研究 [J].热带作物学报，32（5）：874 – 880.

王厚振，肖云丽，郑成民，等.2002.转 Bt 基因抗虫棉对对棉大卷叶螟抗性的研究 [J].植保技术与推广，22（3）：21 – 22.

王家宝，高明伟，赵军胜，等.2011.腺体标记杂交棉鲁棉研 39 号的选育 [J].中国棉花，38（2）：24 – 25.

王家宝，高明伟，赵军胜，等.2013.优质抗虫红花标记杂交棉鲁 HB 标杂—5 的选育及栽培技术要点 [J].山东农业科学，45（4）：109 – 110.

王家宝,王留明,沈法富,等.2000.环境因素对转 Bt 基因棉 Bt 杀虫蛋白表达量的影响 [J].
山东农业科学,6 (4):4-6.

王锦达,王以一,刘沛涵,等.2011.Bt 棉对斑痣悬茧蜂寄生选择及其子代发育的影响 [J].植
物保护,37 (3):58-62.

王娟,刘丽,王旭文,等.2012.转基因抗虫棉筛选与抗性鉴定 [J].西南农业学报,25 (5):
1 950-1 952.

王留明,王家宝,沈法富,等.2001.渍涝与干旱对不同转 Bt 基因抗虫棉的影响 [J].棉花学
报,13 (2):87-90.

王仁祥,周仲华,陈金湘,等.2006.棉花正反交组合 F$_1$ 代性状的比较研究 [J].棉花学报,18
(1):32-36.

王胜利,唐薇,李振怀,等.2007.喷水杀雄和标记去杂在棉花杂种优势利用中的应用 [J].山
东农业科学,38 (4):14-18.

王武,聂以春,张献龙,等.2002.转基因抗虫组合在棉花杂种优势利用中增产原因剖析 [J].
华中农业大学学报,21 (6):419-426.

王武刚,姜永幸,杨雪梅,等.1997.转基因棉花对棉铃虫抗性鉴定及利用研究初报 [J].中国
农业科学,30 (1):7-12.

王武刚,吴孔明,梁革梅,等.1999.Bt 棉对主要棉虫发生的影响及防治策略 [J].植物保护,
25 (1):3-5.

王兴三.2008.红叶转基因抗虫杂交棉新品种——壮壮棉 4 号 [J].农业科技通讯,3
(3):123.

王学德,李悦有.2002.细胞质雄性不育棉花的转基因恢复系的选育 [J].中国农业科学,35
(2):137-141.

王学德.1999.棉花细胞质雄性不育的淀粉和碳水化合物 [J].棉花学报,11 (3):113-116.

王学德.2000.细胞质雄性不育棉花线粒体蛋白质和 DNA 的分析 [J].作物学报,26 (1):
35-39.

王延琴,杨伟华,许红霞,等.2006.卡那霉素鉴定抗虫棉抗虫性方法比较 [J].中国棉花,33
(9):11-19.

王永慧,陈建平,蔡立旺,等.2013.温湿度处理对 Bt 棉杀虫蛋白表达的影响 [J].棉花学报,
25 (1):63-67.

王志伟,胡根海,林丽婷,等.2010.外源抗虫基因对杂交棉正反交的影响 [J].湖北农业科
学,49 (5):1 048-1 049.

王志伟,王清连.2009.转基因抗虫杂交棉 的遗传效应分析 [J].贵州农业科学,37 (12):
21-24.

王忠华,叶庆富,舒庆尧,等.2002.转基因植物根系分泌物土壤微生态的影响 [J].应用生态
学报,13 (3):373-375.

王忠义.2005.标杂 A$_1$ 标记和杂交棉一号的选育体会 [J].中国棉花,32 (6):38-40.

魏园树,崔龙,张小梅,等.2001.转 Bt 基因棉田节肢动物群落结构研究 [J].应用生态学报,
2 (4):576-580.

乌兰图雅,李刚,赵建宁,等.2012.不同生育期转双价(Bt + CpTI)基因抗虫棉根际土壤酶
活性和养分含量变化 [J].生态学杂志,31 (7):1 733-1 737.

吴刚,Harris M K,郭建英,等.2009.甜菜夜蛾体内酶活性对三种棉酚含量棉花的响应 [J].
生命科学,39 (11):1-8.

吴家和，陈志贤，李淑君，等.1999.转 Bt 基因棉花各组织器官对棉铃虫抗性的研究 [J].棉花学报，11（4）：222-223.

吴孔明，郭予元，王武刚.2000.部分 GK 系列 Bt 棉对棉铃虫抗性的田间评价 [J].植物保护学报，27（4）：317-320.

吴巧雯，宋祥，张锐，等.2008.棉花恢复系中含有 26S rRNA 序列的 GH18Rorf392 基因克隆 [J].棉花学报，20（2）：323-329.

吴征彬，陈鹏，杨业华，等.2004.转基因抗虫棉对棉花纤维品质的影响 [J].农业生物技术学报，12（5）：509-514.

武予清，郭予元，曾庆龄，等.2000.转 Bt 基因棉单宁及总酚含量的初步测定 [J].华南农业大学学报，34（2）：134-136.

夏敬源，崔金杰，常蕊芹.2000.转 Bt 基因抗虫棉对斜纹夜蛾的抗性研究 [J].中国棉花，27（9）：10-11.

夏敬源，崔金杰，等.1999.转 Bt 基因抗虫棉害虫和天敌组成及优势类群时序动态 [J].棉花学报，11（2）：57-64.

夏兰芹，郭三堆.2004.高温对转基因抗虫棉中 Bt 杀虫基因表达的影响 [J].中国农业科学，37（11）：1733-1737.

夏兰芹，徐琼芳，郭三堆.2005.抗虫棉生长发育过程中 Bt 杀虫基因及其表达的变化 [J].作物学报，31（2）：197-202.

肖松华，狄佳春，刘剑光，等.2002.转基因抗虫棉 Bt 基因的连接遗传分析 [J].棉花学报，14（3）：134-137.

肖松华，刘剑光，狄佳春，等.2001.转基因抗虫棉抗虫性的遗传研究 [J].棉花学报，13（6）：351-355.

肖松华，刘剑光，狄佳春，等.2002.转基因抗虫棉 Bt 毒蛋白表达量的传递方式研究 [J].棉花学报，14（5）：295-299.

谢道昕.1991.苏云金芽孢杆菌杀虫蛋白基因导入棉花获得转基因植株 [J].中国科学（4）：367-373.

邢朝柱，郭立平，苗成朵，等.2005.棉花蜜蜂传粉杂交制种效果研究 [J].棉花学报，17（4）：207-210.

邢朝柱，郭立平，王海林，等.2004.回交次数对转 Bt 基因抗虫棉抗性及经济性状的影响 [J].棉花学报，16（1）：44-48.

邢朝柱，靖深蓉，崔学芬，等.2001.转 Bt 基因棉杀虫蛋白含量时空分布及对棉铃虫产生抗性的影响 [J].棉花学报，13（1）：11-15.

邢朝柱，靖深蓉，郭立平，等.1999.转 Bt 基因抗虫棉双隐性核雄性不育系——中抗 A [J].中国棉花，26（6）：27-27.

邢朝柱，靖深蓉，郭立平，等.2000.转 Bt 基因棉杂种优势及性状配合力研究 [J].棉花学报，12（1）：6-11.

邢朝柱，喻树迅，郭立平，等.2007.不同环境下抗虫陆地棉杂交种优势表现及经济性状分析 [J].棉花学报，19（1）：3-7.

邢朝柱，喻树迅，郭立平，等.2007.不同生态环境下陆地棉转基因抗虫杂交棉遗传效应及杂种优势分析 [J].中国农业科学，40（5）：1 056-1 063.

邢朝柱，喻树迅，赵云雷，等.2007.不同优势抗虫杂交棉组合不同生育期基因表达差异初探 [J].作物学报，33（3）：507-510.

徐文华，王瑞明，吉荣龙，等.2003.非靶标害虫在转 Bt 基因抗虫棉田的虫量消长动态与原因分析 [J].江苏农业科学（3）：36 - 38.

徐艳玲，王振营，何康来，等.2006.转 Bt 基因抗虫玉米对亚洲玉米螟幼虫几种主要酶系活性的影响 [J].昆虫学报，49（4）：562 - 567.

徐遥，丁瑞丰，李号宾，等.2008.转 Bt 基因棉花国抗 62 对棉铃虫生长发育的影响及田间抗虫效果 [J].昆虫学报，51（2）：222 - 226.

徐遥，吴孔明，李号宾，等.2004.转基因抗虫棉对新疆棉田主要害虫及天敌群落的影响 [J].新疆农业科学，41（5）：345 - 347.

许立瑞，李洪刚，徐春明，等.2002.转 Bt 基因抗虫棉田昆虫群落结构的研究 [J].山东农业科学（3）：13 - 17.

薛明，董杰，张成省.2002.取食转 Bt 基因棉等植物对甜菜夜蛾生长发育和药剂敏感性的影响 [J].植物保护学报，29（1）：13 - 18.

阎凤鸣，许崇任，Marie B，等.2002.转 Bt 基因棉挥发性气味的化学成分及其对棉铃虫的电生理活性 [J].昆虫学报，45（4）：452 - 459.

杨伯祥，王治斌.2006.双隐性不育抗虫棉杂种优势分析 [J].中国棉花，33（2）：18 - 19.

杨伯祥，周宣军，王治斌.1999.棉花双隐性核不育系的研究与利用 [J].中国棉花，26（3）：11 - 12.

杨长琴，徐立华，杨德银.2005.氮肥对抗虫棉 Bt 蛋白表达的影响及其氮代谢机理的研究 [J].棉花学报，17（4）：227 - 231.

杨进，杨益众，包杨滨.2008.转基因棉花对斜纹夜蛾生长发育、营养指标和 α-NA 羧酸酯酶活性的影响 [J].江苏农业学报，24（2）：210 - 212.

杨可胜，产焰坤，陈军，等.2002.棉花抗性鉴定技术的研究 [J].安徽农业科学，30（2）：193 - 194，204.

杨六六，李朋波，曹美莲，等.棉花主要性状的杂种优势分析 [C].中国棉花学会 2012 年暨第八次代表大会论文汇编：89 - 92.

杨雪梅，王武刚，郭予元，等.1997.转 Bt 基因棉抗棉铃虫性的鉴定技术及其应用 [J].植物保护（4）：3 - 5.

杨益众，陆宴辉，薛文杰，等.2005.转基因棉花中糖类和游离氨基酸含量的变化对棉蚜泌蜜量及蜜露主要成分的影响 [J].昆虫学报，48（4）：491 - 497.

杨益众，陆宴辉，薛文杰，等.2006.转基因棉田棉蚜种群动态及相关影响因子分析 [J].昆虫学报，49（1）：80 - 85.

杨益众，余月书，任璐，等.2001.转基因棉花对棉铃虫天敌寄生率的影响 [J].昆虫知识，38（6）：435 - 437.

叶飞，牛高华，刘惠芬，等.2008.转基因棉花种植对根际土壤酶活性的影响 [J].华北农学报，23（4）：201 - 203.

叶鹏盛，曾华兰，李琼芳，等.2003.利用卡那霉素简接鉴定转基因抗虫棉的研究 [J].四川农业大学学报，21（2）：129 - 131.

余月书，康晓霞，陆宴辉，等.2004.转 Bt 基因棉对斜纹夜蛾种群增长的影响 [J].江苏农业科学，20（3）：169 - 172.

余月书，杨益众，陆宴辉.2004.棉田棉铃虫寄生蜂对常规棉及转 Bt 棉品种的趋性反应 [J].生态学报，15（5）：845 - 848.

余月书，杨益众，任璐，等.2004.转基因棉对棉田寄生物非亲和效应的研究 [J].扬州大学学报（农业与生命科学版），25（2）：65－67.

余月书，杨益众，印毅，等.2003.Bt棉花对棉铃虫幼虫选择行为的影响［J］.昆虫知识，40（5）：423－425.

余月书，杨益众，印毅，等.2003.转基因抗虫棉对棉铃虫中红侧沟茧蜂选择行为的影响［J］.江苏农业学报，19（3）：174－177.

俞元春，冷春龙，舒洪岚，等.2011.转基因抗虫棉对土壤养分和酶活性的影响［J］.南京农业大学学报（自然科学版），35（5）：21－24.

袁小玲，唐灿明，张天真.2001.转Bt＋CpTI双价基因抗虫棉棉铃虫抗性的遗传分析［J］.棉花学报，13（6）：342－345.

曾斌，王庆亚，唐灿明.2008.三个转基因抗虫杂交棉杂种优势是解剖学分析［J］.作物学报，34（1）：496－505.

曾华兰，何烁，叶盛鹏，等.2009.四川棉区主要抗虫棉对棉田昆虫群落的影响［J］.西南农业学报，22（3）：632－635.

张宝红，郭腾龙，王清连.2000.转基因棉花的遗传研究［J］.生命科学研究，4（2）：136－142.

张超，毛正轩，牟方生，等.2006.几个棉花核不育抗虫杂交棉抗虫性及经济性状分析［J］.植物遗传资源学报，7（1）：31－34.

张桂芬，万方浩，郭建英，等.2004.Bt毒蛋白在转Bt基因棉中的表达及其在害虫—天敌间的转移［J］.昆虫学报，47（3）：334－341.

张桂寅，刘立峰，马峙英.2001.转Bt基因抗虫棉杂种优势利用研究［J］.棉花学报，13（5）：264－267.

张惠珍，王马的，戴慧平，等.2000.转Bt基因抗虫棉田棉铃虫消长规律及危害特点［J］.昆虫知识，37（3）：146－148.

张继红，王深柱，郭三堆.2004.转Bt＋CpTI双价基因棉和转Bt基因棉对棉铃虫幼虫存活、生长及营养利用的影响［J］.昆虫学报，47（2）：146－151.

张金国，刘翔，崔金杰，等.2006.转基因（Cry1Ac）抗虫棉对土壤微生物的影响［J］.中国生物工程杂志（5）：78－80.

张俊，郭香墨，马丽华.2002.不同转基因棉的抗虫性与Bt毒蛋白含量关系研究［J］.棉花学报，14（3）：158－161.

张丽莉，武志杰，陈利军，等.2006.转基因棉种植对土壤水解酶活性的影响［J］.生态学杂志，25（11）：1 348－1 351.

张丽莉，武志杰，陈利军，等.2007.转基因棉种植对土壤氧化还原酶活性的影响［J］.土壤通报，38（2）：277－280.

张龙娃，柏立新，韩召军，等.2005.转Bt基因棉田害虫和天敌组成及优势类群时序动态［J］.棉花学报，17（4）：222－226.

张美俊，杨武德，李燕娥.2008.不同生育期转Bt基因棉种植对土壤微生物的影响［J］.植物生态学报（1）：197－203.

张美俊，杨武德.2008.转Bt基因棉种植对根际土壤生物学特性和养分含量的影响［J］.植物营养与肥料学报（1）：197－203.

张美俊，殷云，杨武德，等.2013.转Bt基因棉粉碎叶还土对土壤微生物活性的影响［J］.山西农业大学学报（自然科学版）（3）：93－97.

张明伟，缪军，顾超，等.2012.低温高湿对转Bt基因抗虫棉杀虫蛋白表达及其氮代谢的影响

[J]. 中国农学通报, 28 (09): 218-221.

张锐, 王远, 孟志刚, 等. 2007. 国产转基因抗虫棉研究回顾与展望 [J]. 中国农业科技导报, 9 (4): 32-42.

张少燕, 李典谟, 谢宝瑜. 2004. Bt 毒蛋白对棉铃虫的生长发育及相关酶活性的影响 [J]. 昆虫知识, 41 (6): 536-540.

张顺, 陈刚, 房卫平, 等. 2011. 施氮量对抗虫棉 Bt 蛋白表达和降解的影响 [J]. 华北农学报, 26 (6): 148-153.

张香桂, 倪万潮, 林家彬, 等. 2011. 棉花简化高效制种技术研究——采粉和授粉技术的改进 [J]. 中国棉花, 38 (2): 16-18.

张祥, 刘晓飞, 吕春花, 等. 2012. 低温对转 Bt 基因棉杀虫蛋白表达及其氮代谢的影响 [J]. 棉花学报, 24 (2): 153-158.

张小丽, 陈萍, 陈翠芳, 等. 2007. 转 Bt 基因抗虫棉对斜纹夜蛾实验种群增长的影响 [J]. 植物保护学报, 1 (4): 391-396.

张永军, 王武刚, 郭予元. 2001. 转 Bt 基因棉花抗虫萜烯类化合物时空动态的 HPLC 分析 [J]. 应用与环境生物学报, 7 (1): 37-40.

张永军, 吴孔明, 郭予元. 2001. 转 Bt 基因棉花杀虫蛋白含量的时空表达及对棉铃虫的毒杀效果 [J]. 植物保护学报, 28 (1): 1-6.

张永山, 郭香墨, 褚丽, 等. 2002. 转基因抗虫棉产量构成因素的研究 [J]. 棉花学报, 14 (4): 223-226.

张永山, 吕友军, 郭红祥. 2004. 外源抗虫基因对棉花杂种优势的影响 [J]. 作物学报, 30 (3): 215-220.

张正圣, 李先碧, 刘大军, 等. 2002. 陆地棉高品质的杂种优势利用研究 [J]. 棉花学报, 14 (5): 264-268.

张正圣, 李先碧, 刘大军, 等. 2002. 陆地棉高强纤维品系和 Bt 基因抗虫棉的配合力与杂种优势研究 [J]. 中国农业科学, 35 (12): 1 450-1 455.

赵建周, 卢美光, 范贤林, 等. 1998. 转 Bt 基因棉花对棉铃虫不同龄期幼虫的杀虫活性和抑制生长作用 [J]. 昆虫学报, 41 (4): 354-358.

赵建周, 赵奎军, 范贤林, 等. 2000. Bt 棉不同品系对棉铃虫杀虫效果的研究 [J]. 中国农业科学, 33 (5): 100-102.

赵建周, 赵奎军, 卢美光, 等. 1998. 华北地区棉铃虫与转 Bt 杀虫蛋白基因棉花间的互作研究 [J]. 中国农业科学, 31 (5): 1-6.

赵建周. 1998. 棉铃虫对转 Bt 基因棉的抗性问题及其对策 [J]. 农业生物技术通讯, 2: 1-2.

赵军胜, 高明伟, 张兴居, 等. 2011. HB 红花性状对陆地棉杂种优势的影响 [J]. 山东农业科学, 41 (3): 11-14.

赵奎军, 赵建周, 范贤林, 等. 2000. 我国转 Bt 抗虫基因棉杀虫活性的时间与空间动态分析 [J]. 农业生物技术学报, 8 (1): 49-52.

赵奎军, 赵建周, 卢美光, 等. 2000. 转基因抗虫棉对棉铃虫生长发育影响的系统评价 [J]. 植物保护学报, 27 (3): 205-209.

钟勇, 陈国华, 刘小侠, 等. 2009. Bt 杀虫蛋白对甜菜夜蛾生长发育的影响 [J]. 云南农业大学学报: 自然科学版 (2): 195-198.

周冬生, 吴振廷, 王学林, 等. 2000. 施肥量和环境温度对转 Bt 基因棉抗虫性的影响 [J]. 安徽农业大学学报, 27 (4): 352-357.

周福才, 杜予州, 任顺祥.2005.转 Bt 基因棉花对刺吸式口器害虫种群的影响 [J].华东昆虫学报, 14 (2): 132 - 135.

周福才, 任顺祥, 陈德华, 等.2008.外源 Bt 基因导入对棉花叶片维管束汁液生化物质含量及烟粉虱种群增殖的影响 [J].中国生态农业学报 (6): 1 508 - 1 512.

周桂生, 张网定, 封超年, 等.2003.高温胁迫对 Bt 转基因棉叶片毒蛋白含量的影响 [J].扬州大学学报 (农业与生命科学版), 24 (4): 75 - 77.

周桂生, 周福才, 谢义明.2009.高温胁迫对转 Bt 基因抗虫棉毒蛋白的表达和棉铃虫死亡率的影响 [J].棉花学报, 21 (4): 302 - 306.

周洪旭, 郭建英, 万方浩.2004.转 Cry1Ac + CpTI 基因棉对棉田害虫及其天敌种群动态的影响 [J].昆虫学报, 47 (4): 538 - 542.

周洪旭, 万方浩, 刘万学, 等.2003.绿盲蝽在转 Bt 基因抗虫棉的发生动态及其为害研究 [J].中国生态农业学报, 11 (3): 13 - 15.

周玉, 王留明, 张学坤, 等.2000.转基因抗虫棉田间快速鉴定方法研究 [J].山东农业科学, 32 (1): 48 - 49.

朱加宝, 杨可胜, 产焰坤, 等.2003.转 Bt 基因抗虫棉室内鉴定技术研究 [J].中国农学通报, 19 (6): 69 - 70.

朱加宝, 杨可胜, 产焰坤, 等.2005.转 Bt 基因抗虫棉卡那霉素田间鉴定技术研究 [J].安徽农业大学学报, 32 (1): 19 - 21.

朱青竹, 赵国忠, 李爱国, 等.2004.不同抗源基因棉主要性状杂种优势及差异分析 [J].棉花学报, 16 (4): 202 - 205.

朱协飞.2009.两类杂交棉制种效益分析及操作技术探讨 [J].作物杂志, 3 (4): 111 - 113.

左开井, 张献龙, 聂以春, 等.2003.转基因抗虫棉抗虫性与农艺性状的关系 [J].福建农林大学学报, 32 (4): 1 - 5.

Adamczyk J J J, Adams L C, Hardee D D. 2001. Field efficacy and season expression profiles for terminal leaves of single and double Bacillus thuringiensis toxin cotton genotypes [J]. Journal of Economic Entomology, 94 (6): 1 589 - 1 592.

Adamezyk J J J, Gore J. 2004. Laboratory and field performance of cotton containing CrylAc, CrylF, and both CrylAc and CrylF against beet armyworm and fall armyworm larvae (Lepidoptera: Noctuidae) [J]. Florida Entomol, 87 (4): 427 - 432.

Adamezyk J J J, Hardee D D, Adams L C, et al.2001. Correlating differences in larval survival and development of bollworm (Lepidoptera: Noctuidae) and fall armyworm (Lepidoptera: noctuidae) to differential expression of CrylA⑥delta——endotoxin in various plant partsp among commereial cultivars of transgenic Bacillus thuringiensis cotton [J]. Journal of Economi Entomology, 94: 284 - 290.

Adamezyk J J J, Masearenhas V J, Church G E, et al.1998. Susceptibility of conventional and transgenic cotton bolls expressing the Baeillus thuringiensis CryIA (c) endotoxin to fall armyworm (Lepidoptera: Noetuidae) and beet armyworm (Lepidoptera: Noctuidae) injury [J]. Journal of Agricultural Entomology, 15 (3): 163 - 171.

Adamezyk J J J, Sumerford D V. 2001. Potential factors impacting season-long espression of Cry1Ac in 13 commercial varieties of Bollgard cotton [J]. Journal of Insect Science, 1: 13 - 19.

Adaris J. 1985. The definition and interpretation of guild structure in ecological communities [J]. Joumal of Animal Ecology, 54: 43 - 59.

AI-Deeb M A, Wilde G E, Higgins R A. 2001. No effect of Bacillus thuringiensis corn and Bacillus thuringiensis on the Predator Orius insidiosus (Hemiptera: Anthocoridae) [J]. Environmental Entomology, 30 (3): 625 – 629.

Allen G C, Hall H, et al. 1996. High-level transgene expression in plant cells: effects of a strong scaffold attachment region from tobacco [J]. Plant Cell, 8 (5): 899 – 913.

Al-Deeb M A, Wilde G E, Blair J M, et al. 2003. Effects of Bt corn for corn rootworm control on nontarget soil microarthropods and nematodes [J]. Environ, Entomol, 32: 859 – 865.

Andow D A, Hilbeck A. 2004. Science-based risk assessment for non-target effeets of transgenic crops [J]. Biosecience, 54: 637 – 649.

Andow D A. 1991. Vegetational diversity and arthropod popuIation response [J]. Annual Review of Entomology, 36: 561 – 586.

Andreadis T G, Dubois N R, Moore R E B, et al. 1983. Single applications of high concentration of Bacillus thuringiensis for control of gypsymoth (Lepidoptera: Lymantriidae) population and their impact on parasitism and disease [J]. Joumal of Econmic Entomology, 76: 1 417 – 1 422.

Angle J S. 1994. Release of transgenic plants: Biodiversity and population level consideration [J]. Mol. Ecol. , 3: 45 – 50.

Ashouri A, Ovemey S, Miehaud D, et al. 1998. Fitness and feeding are affeeted in the two-spotted stinkbug, Perillus bioculatus, by the eysteine proteinase inhibitor, oryzacystatinl [J]. Archives of Insect Biochemistry and Physiology, 38: 74 – 83.

Assaad F F, Tucker K L, Siger E R. 1993. Epigenetic repeat-induced gene silencing in Arabidopsis. Plant Molecular biology, 22: 1 067 – 1 085.

Atwood D W, Young S Y, Kring T J. 1997. Development of Cotesia marginiventris (Hymenoptera: Braconidae) in tobacco budworm (Lepidoptera: Noctuidae) larvae treated with Bacillus thuringiensis and thiodicarb [J]. J. Econ. Entomol. , 90 (3): 751 – 756.

Baur M E, Boethel D J. 2003. Effect of Bt-cotton expressing Cry1Ac on the survival and fecundity of two Hymenoptera parasitoids (Braconidae, Encyrtidae) in the laboratory [J]. Biological Control, 26: 325 – 332.

Bell H A, Down R E, Fitches E C, et al. 2003. Impact of genetically modified potato expressing plant derived insect resistance gene on the predatory bug Podisus maculiventris (Heteroptera: Pentatomidae) [J]. Biocontrol Science and Technology, 13: 729 – 741.

Bell H A, Fitches E C, Down R E, et al. 2001. Effect of dietary cowpea trypsin inhibitor (CPTI) on the growth and development of the tomato moth Laeanobia oleracea (Lepidoptera: Noctuidae) and on the success of the gregarious ectoparasitoid Eulophus pennicornis (Hymenoptera: Eulophidae) [J]. Pest Management Science, 57: 57 – 65.

Bell H A, Kirkbride-Smith A E, Marris G C, et al. 2004. Oral toxicity and impact on fecundity of three insecticidal proteins on the gregarious ectoparasitoid Eulophus pennicornis (Hymenoptera: Eulophidae) [J]. Agricultural and Forest Entomology, 6: 215 – 222.

Belzunces L P, Lenfant C, Di Pasquale S, et al. 1994. In vivo and in vitro effects of wheat germ agglutinin and Bowman-Birk soybean trypsin inhibitor, two potential transgene products, on midgut esterase and protease activities from Apis mellifera [J]. Comparative Biochemistry and Physiology, B109: 221 – 225.

Benedict J H, Sachs E S, Altman D W, et al. 1993. Impact of 6-endotoxin-producing transgenic cotton on insect-plant interactions with Heliothis virescence and Helicoverpa zea (Lepidoptera: Noetuidae) [J]. Environmental Entomology, 22 (1): 1 - 9.

Benedict J H. 1992. Behavior, growth, survival and plant injury for Heliothis virescence on transgenic Bt cottons [J]. J. Econ. Entomol. , 85: 589 - 593.

Bernal C C, Aguda R M, Cohen M B. 2002. Effect of rice lines transformed with Bacillus thuringiensis toxin genes on the brown planthopper and its predator Cyrtorhinus lividipennis [J]. Entomologia Experimentalis et Applicata, 102: 21 - 28.

Birch A N E, Geoghegan I E, Majerus M E N, et al. 1999. Tri-trophic interactions involving pest aphids, Predatory 2-spot ladybirds and transgenic potatoes expressing snowdrop leetin for aphis resistanee [J]. Molecular Breeding, 5 (1): 75 - 83.

Bitzer R J, Rice M E, Pilcher C D, et al. 2005. Biodiversity and community structure of epedaphic and euedaphic springtails (Collembola) in transgenic rootworm Bt corn. Environ [J]. Entomol. , 34 (5): 1 346 - 1 376.

Bouchard E, Cloutier C, Michaud D. 2003. Oryzacystatin I expressed in transgenic potato induces digestive compensation in an insect natural predator via its herbivorous prey feeding on the plant [J]. Molecular Ecology, 12: 2 439 - 2 446.

Breymeyer A, Jzwik J. 1975. Consumption of wandering spiders (Lycosidae, Araneae) estimated in laboratory conditions [J]. Bulletin de LAcademie Polonaise des Sciences, 2: 93 - 99.

Briggs S P, Koziel M. 1998. Engineering new plant strains for commercial markets [J]. Current Opinion in Biotechnology, 9: 233 - 235.

Brodsgaard H F, Brodsgaard C J, Hansen H, et al. Environmental risk assessment of transgene produets using honeybee (Apis mellifera) larvae [J]. Apidologie, 34: 139 - 145.

Brusetti L, Francia P, Bertolini C, et al. 2005. Bacterial communities associated with the rhizosphere of transgenic Bt 176 maize and its non transgenic counterpartal [J]. Plant and Soil, 266 (12): 11 - 21.

Burgess E P J, Lovei G L, Malone L A, et al. 2002. Prey-mediated effects of the protease inhibitor aprotinin on the predatory carabid beetle Nebria brevicollis [J]. Journal of Insect Physiology, 48: 1 093 - 1 101.

Burke J J. 2002. Moisture sensitivity of cotton pollen: an emasculation tool for hybrid production [J]. Agron J. , 94: 883 - 888.

Burke J J. 2003. Sprinkler-induced flower losses and yield reductions in cotton (Gossypium hirsutum L.) [J]. Agron. J. , 95: 709 - 714.

Candolfi M P, Brown K, Grimm C, et al. 2004. A faunistic approach to assess potential side-effects of genetically modified bt-corn on non-target arthropods under field conditions [J]. Biocontrol Science and Technology, 14 (2): 129 - 170.

Cannon R J C. 2000. Bt transgenic crops: Risk and benefits [J]. Intergrat Pest Manage Rev, 5: 151 - 173.

Cannon R J C. 2000. Bt transgenic crops: risks and benefits [J]. Integrated Pest Management Reviews, 5 (3): 151 - 73.

Chambers P A, Duggan P S, Forbes J M, et al. 2001. The fate of antibiotic marker genes in transgenic plant feed material fed to chickens [J]. Journal of Antimicrobial Chemotherapy, 49: 161 - 164.

Chen K, Meyer V G. 1979. Mutation in chloroplast DNA coding for the large subuit of fraction I protein correlated with male sterility on cotton [J]. J Hered, 70: 431 – 433.

Chen Zhenhua, Chen Lijun, Zhang Yulan, et al. 2011. Microbial properties, enzyme activities and the persistence of exogenous proteis in soil under consecutive cultivation of transgenic cotton (Gossypium hirsutum L.) [J]. Plant and Soil Environment, 57 (2): 67 – 74.

Chenot A B, Raffa K E. 1998. Effects of parasitoid strain and host instar on the interaction of Bacillus thuringiensis subsp. kurstarki with the Gypsy moth (Lepidoptera: Lymantriidae) larval parasitoid Cotesia melanoscela (Hymenoptera: Braconidae) [J]. Environmental Entomology, 27 (1): 137 – 147.

Chriseels M J, Raikhel N V. 1991. Lectins, lectin genes and their role in plant defense [J]. The plant cell, 3: 1 – 9.

Christine D C. 2007. Cytoplasimic male sterility: a window to the world of plant mitochondrial nuclear interactions [J]. Trends in Genetics, 23 (2): 81 – 90.

Conner A J, Glare T R, Nap J P. 2003. The release of genetically modified crops into the environment Part11. Overview of ecological risk assessment [J]. Plant Journal, 33: 19 – 46.

Corner A J, Jacobs M E. 1999. Genetic engineering of crops as potential source of genetic hazard in the human diet. Mutation Res Gene Toxic and Envir [J]. Mutag, 443 (1): 223 – 234.

Crawley M J, Brown S L, Hails R S, et al. 2001. Transgenic crops in natural habitats [J]. Nature, 409: 682 – 68.

Crecchio C, Stotzky G. 1998. Insecticidal activity and biodegradation of the toxin from Bacillus thuringiensis subsp. Kurstaki bound to humic acids from soil [J]. Soil Biology and Biochemistry, 30: 463 – 470.

Crecchio C, Stotzky G. 2001. Biodegradation and insecticidal activity of the toxin from Bacillus thuringiensis subsp. kurstaki bound on complexes of montmon rillonite-humic acids-Al hydroxypo lymers [J]. Soil Biol. Biochem, 33: 573 – 581.

David Q, Chapela I H. 2001. Transgenic DNA introgressed into traditional maize landraces in Oaxaca, Mexico [J]. Nature, 414: 541 – 543.

Deroles S C, Gardner R C. 1988. Analysis of the T-DNA structure in a large number of transgenic petunias generated by agrobacterium-mediated transformation [J]. Plant Molecular Biology, 11: 365 – 377.

Dively G P. 2005. Impact of VIP3A × Cry1Ab lepidopteran-resistant field corn on the nontarget arthropod community [J]. Environ. Entomol. , 34 (5): 1 267 – 1 291.

Donegan K K, Palm C J, Fieland V J, et al. 1995. Changes in levels, species and DNA fingerprints of soil microorganisms associated with cotton expressing the Bacillus thuringiensis var. kursmki endotoxin [J]. Applied Soil Ecology, 2: 111 – 124.

Donegan K K, Schaller D L, et al. 1996. Microbial populations, fungal species diversity and plant pathogen levels in field plots of potato plants expressing the Bt var. tenebrionis endotoxin [J]. Transgenic Research, 5: 25 – 35.

Donegan K K, Seidler R J, et al. 1997. Decomposition of genetically engineered tobacco under field conditions: Persistence of the proteinase inhibitor I product and effects on soil microbial respiration and protozoa, nematode and microarthropod populations [J]. J Appl Ecol. , 34: 767 – 777.

Eckardt N A. 2006. Cytoplasmic male sterility and fertility restoration [J]. The Plant Cell, 1: 515 – 517.

Feng C D, Stewart J M, Zhang J F. 2005. STS markers linked to the Rf1 fertility restorer gene of cotton [J]. Thero Appl Genet, 110 (2): 237 – 243.

Fitt G P, Hares C L. 1997. Field evaluation and potential ecological impact of transgenic cotton (Gossypuim hirsutum) in Australia [J]. Biocontrol Science and Technology, 4 (4): 535 – 548.

Flores S, Saxens D, Stotsky G. 2005. Transgenic Bt plants decompose less in soil than non-Bt plants [J]. Soil Biology and Biochemistry, 37: 1 073 – 1 082.

Fray R G, Wallace A, Fraser P D, et al. 1995. Constitutive expression of a fruit phytoene metabolites from the gibberellin pathway [J]. Plant J. , 8: 693 – 791.

Galau G A, Wilikins T A. 1989. Alloplasmic male sterility in AD allotetraploid Gossypium hirsutum upon replacement of its residents A cytoplasm with that of D species G. harknessii [J]. Theor Appl Genet, 1989, 78: 23 – 30.

Gao Y F, Zhu Z, Wang W, et al. 1998. Construction of plant expression vector carrying two insecticidal genes and obtain insect-resistant transgenic tobacco plants [J]. High Technology Letters, 4 (2): 95 – 99.

Gatehouse M R, Davision G M, Newell C A, et al. 1997. Plant chitinase genes [J]. Plant Mol. Bio. Rept. , 3: 1 – 15.

Germida J J, Siciliano S D, de Freitas J R, et al. 1998. Diversity of root-associated bacteria associated with field-grown canola (Brassica napus L.) and weat (Triticum aestivum L) [J]. FEMS Microbiology Ecology, 26 (1): 43 – 49.

Glandorf D C M, Bakker P A H M, Van Loon L C. 1997. Influence of the production of antibacterial and antifungal proteins by transgenic plants on the saprophytic soil microflora [J]. Acta Bot Neerlandica, 46 (1): 85 – 104.

Gore J, Leonard B R, Adamczyk J J. 2001. Bollworm (Lepidoptera: Noctuidae) survival on "Bollgard" and "Bollgard II" cotton flower bud and flower components [J]. Journal of Economic Entomology, 94 (6): 1 445 – 1 451.

Graham H, James B S, Jon A W, et al. 2002. No detection of Cry1Ac protein in soil after multiple years of transgenic Bt cotton (Bollgard) use [J]. Environ Entomol, 31 (1): 30 – 36.

Grayston S J, Wang S, Campbell C D, et al. 1998. Selective influence of plant species on microbial diversity in the rhizosphere [J]. Soil Bioliochem, 30: 369 – 378.

Greenplate J T, Mullins J W, Penn S R, et al. 2003. Partial characterization of cotton plants expressing two toxin proteins from *Bacillus thuringiensis*: relative toxin contribution, toxin interaction, and resistance management [J]. J. Appl. Entomol. , 127: 340 – 347.

Greenplate J T. 1999. Quantification of *Bacillus thuringiensis* insect control protein Cry1Ac overtime in Bollgard cotton fruit and terminals [J]. Journal of Economic Entomology, 92 (6): 1 377 – 1 383.

Grossi de Sa M F, Mirkov T E, Ishimoto M, et al. 1997. Molecular characterization of a bean alpha-amylase inhibitor that inhibits the alpha-amylase of the Mexican bean weevil Zabrotes subfasciatus [J]. Planta, 203 (3): 295 – 303.

Halfhill M D, Zhu B, Warwick S I, et al. 2004. Hybridization and back-crossing between transgenic oilseed rape and two related weed species under field conditions [J]. Environ Biosafety Res. , 3 (2): 73 – 81.

Hanso M R. 1991. Plant mitochondrial mutation and male sterility [J]. Annal Reviews of Genetics,

15: 988 – 991.

Hardee D D, Bryan W W. 1997. Influence of *Bacillus thuringiensis*-transgenic and nectariless cotton on insect populations with emphasis on the tarnished plant bug (Heterop tera: Miridae) [J]. Econ Entomol, 90: 663 – 668.

Hauser T P, Shaw R G, Ostergard H. 1998. Fitness of F_1 hybrids between weedy Brassica rapa and oilseed rape (B. napus) [J]. Heredity, 81: 429 – 435.

Head G, Brown C R, Groth M E. 1999. CrylAb protein levels in phytophagous insects feeding on transgenic corn: implications for secondary exposure risk assessment [J]. Entomol. Exp. , 99: 37 – 45.

Head G, Moar W, Eubanks M, et al A. 2005. Turnipseed S. A multiyear, large-scale comparison of arthropod populations on commercially managed Bt and non-Bt cotton fields. Environ [J]. Entomol, 34 (5): 1257 – 1266.

Heckle D G. 1994. The complex genetic basis of resistance to *Bacillus thuringiensis* toxin in insects [J]. Biocontrol Sci. Tech. , 4: 405 – 417.

Hilbeck A, Baumgartner M, Fried PM, et al. 1999. Effects of transgenic *Bacillus thuringiensis* corn-fed prey on mortality and development time of immature Chrysoperla carnae (Neuroptera: Chrysopidae) [J]. Environ. Entomol. Exp. App. , 91: 305 – 316.

Hilder V A, Boulter D. 1999. Genetic engineering of crop plants for insect resistance – critical review [J]. Crop Prot. , 18: 177 – 191.

Hilder V A, Gatehouse A M R, Sheerman S E, et al. 1987. A novel mechanism of insect resistance engineered into tobacco [J]. Nature, 33: 160 – 163.

Hobbs S L A, WarKentin T D, Delong C M O. 1993. Transgene copy number can be positively or negatively associated with transgene expression [J]. Plant Molecular Biology, 21: 17 – 26.

Holt H E. 1998. Season-long quantification of *Bacillus thuringiensis* insecticidal crystal protein in field grown transgenic cotton. In: Zalucki, M, Drew R. eds. Pest Management-Future Challenge [J]. Proceeding of the 6th Australian Applied Etomology Conference, Brisbane, 1: 215 – 222.

Hoy V W, Feldman J, Gould F, et al. 1998. Naturally occourring biological controls in genetically engineered crops. In: Barbosa P ed. Conservation Biological Control [M]. London: Academic Press.

Hsu-Yanglin, Lih-Ching Eh, Yang-Chih Shih. 2000. Detection of genetically modified soybeans and maize by the polymerase chain reactionmethod [J]. Journal of Food and DrugAanl ysis, 8 (3): 200 – 207.

Huang J, Rozelle S, Pray C, et al. 2002. Plant biotechnology in China Science, 295: 674 – 677.

James R R. 1997. Utilizing a social ethic toward the environment in assessing genetically engineered insect-resistance in trees [J]. Agric Human Values, 14: 237 – 249.

Jenkins J N. 1993. Growth and survival of Helilthis vi-resistance on transgenic cotton containing a truncated form of the delt-endotoxingene from *Bacillus thuringiensis* [J]. J. Econ. Entomol. , 86 (1): 181 – 185.

Jenny C, Matti L E, Joel, et al. 2008. Mitochondrial regulation of flower development [J]. Mitochondrion, 8: 74 – 86.

Jepson P C, Croft B A, Pratt G E. 1994. Test systems to determine the ecological risks posed by toxin release from Bacillus thuringiensis genes in crop plants [J]. Mol Ecol. , 3: 81 – 89.

Jervis M A, Kidd N A C. 1986. Host feeding strategies in hymenopteran parasitoids [J]. Biological Reviews, 61: 395 –434.

John J A, Omaththage P, William R M. 2009. Production of mRNA from the Cry1Ac transgene differs among Bollgard lines which correlates to the level of subsequent protein [J]. Transgenic Research, 18: 143 –149.

Johnson M T. 1997. Interactions of resistant plants and wasp parasitoids of tobacco budworm (Lepidoptera: Noctuidae) [J]. Environ. Entomol. , 26 (2): 207 –214.

Johnson R, Narvaez J, Ryan C A. 1989. Expression of proteinase inhibitors Ⅰ and Ⅱ in transgenic tobacco plants: effects on natural defense against Manduca sexta larvae [J]. Proc. Natl. Acad. Sci. USA, 86: 9 871 –9 875.

Jorge B T, John R, Ruberson. 2006. Interactions of Bt-cotton and the omnivorous big-eyed bug Geocoris punctips (Say), a key predator in cotton fields [J]. Biological Control, 39: 47 –57.

Kennedy, Smith. 1995. Soil microbial diversity and the sustainability of agricultural soils [J]. Plant and soil, 170: 75 –86.

Kohli A, Griffiths S, Palacios N, et al. 1999. Molecular characterization of transforming plasmid rearrangements in cotton [J]. Plant Journal, 17: 591 –601.

Koskefla J, Stotzky G. 1997. Microbial utilization of free and clay-bound insecticidal toxins from *Bacillus thuringiensis* and their retention of insecticidal activity after incubztion with micribes. Appl Environ [J]. Microbial, 63: 3 561 –3 568.

Kranthi K R, Naidu S, Dhawad C S, et al. 2005. Temporal and intra-plant variability of Cry1Ac expression in Bt-cotton and its influence on the survival of the cotton bollworm, Helicoverpa armigera (Hübner) (Noctuidae: Lepidoptera) [J]. Current Science, 89: 291 –298.

Lachnicht S L, Hendrix P F, Potter R L, et al. 2004. Winter decomposition of transgenic cotton residue in conventional-till and no-till systems [J]. Applied Soil Ecology. , 27: 135 –142.

Lan T, Cook C G, Paterson A H. 1999. Identification of a RAPD marker linked to a male fertility restoration gene in cotton (Gossypium hirsutum L.) [J]. J Agric Genomics, 4: 299.

Lemanceau P, Corberand T, Gardan L, et al. 1995. Effect of tow plant species, flax and tomato, on the diversity of soilborne populations of fluorescent Pseudomonads [J]. Applide and Environmental Microbiology, 61: 1 004 –1 012.

Li Xiao-gang, Liu Biao, Cui Jin-jie, et al. 2011. No evidence of persistent effects of continuously planted transgenic insect-resistant cotton on soil mocroorganisms [J]. Plant and Soil, 339: 247 –257.

Linder C R, Schmitt J. 1994. Assessing the risks of transgene escape through time and crop-wild hybrid persistence [J]. Mol Ecol. , 3: 23 –30.

Lindroth R L. 1989. Host plant alteration of detoxification enzyme in Papilio glaucus [J]. Entomol Exp Appl, 50: 29 –35.

Linn F, Heidmenn I, Saedler H, et al. 1990. Epigenetic changes in the expression of Maize Al gene in Petunia hybrids: role of numbers of integrated gene copies and state of methylation [J]. Molecular and General Genetics, 222: 329 –336.

Liu L, Guo W, Zhu X, et al. 2003. Inheritance and fine mapping of fertility restoration for cytoplasmic male sterility in Gossypium hirsutum L [J]. Theor. Appl. Genet. , 106: 461 –469.

Loiuse. 1999. Factors affecting the efficacy of Bt cotton [J]. The Australian Cotton Grower, 20 (3):

28 – 30.

Lopez M D, Prasifka J R, Bruck D J, et al. 2005. Utility of ground beetle species in field tests of potential non-target effects of Bt crops [J]. Environ. Entomol. , 34 (5): 1 317 – 1 324.

LukowT, Dunfield P F, Liesack W. 2000. Use of the T-RFLP technique to as-sess special and temporal changes in the bacterial community structure within an agricultural soil planted with transgenic and non-transgenic potato plants [J]. FEMS Microbiol Ecol. , 32: 241 – 247.

MacGregor A N, Turner M A. 2000. Soil effects of transgenic agriculture: biological processes and ecological consequences [J]. N Z Soil News, 48 (6): 166 – 169.

Marvier M, McCreedy C, Regetz J, et al. 2007. A meta-analysis of effects of Bt cotton and maize on non-target invertebrates [J]. Science, 316: 1 475 – 1 477.

Matsuoka T, KuribaraH, Takubo K, et al. 2002. Detection of recombinantDNA segments introduced to genetically modified maize [J]. Journal of Agricultural and Food Chemistry, 50: 2100 – 2109.

McGaughey W H. 1985. Insect resistance to the biological insecti-cideBacillus thuringiensis [J]. Science, 229: 193 – 195.

Men X Y, Ge F, Clive A E, et al. 2004. Influence of pesticide applications on pest and predatory arthropods associated with transgenic Bt cotton and non-transgenic cotton plants [J]. *Phytoparasitica*, 32 (3): 246 – 254.

Men X Y, Ge F, Liu X H, et al. 2003. Diversity of arthropod communities in transgenic Bt cotton and nontransgenic cotton agroecosystem [J]. Environ. Entomol. , 32 (2): 270 – 275.

Meng F, Shen J, Zhou W. 2005. Long-term selection for resistance to transgenic cotton expressing *Bacillus thuringiensis* toxin in Helicoverpa armigera (Hubner) (Lepidoptera: Noctuidae) [J]. Pest Management Science, 60: 167 – 172.

MERSI W, Schinner F. 1991. An improved and accurate method for determining the dehydrogenase activity of soils with iodonitrotetrazolium chloride [J]. Biology and Fertility of Soils, 11: 216 – 220.

Muller-Cohn J, Chaufaux J, Buisson C, et al. 1996. Spodoptera littoralis (Lepidoptera: Noctuidae) resistance to Cry1C and cross-resistance to other Bacillus thuringiensis crystal toxins [J]. Journal of Economic Entomology, 89: 791 – 797.

Muyzer G, de Wall E, Uitterlinden A. 1993. Profiling of complex microbial populations by DGGE of PCR-amplified genes coding for 16S rRNA [J]. Appl. Env. Microbiol, 59: 695 – 700.

Naranjo S E. 2005. Long-term assessment of the effects of transgenic Bt cotton on the function of the natural enemy community [J]. Environmental Entomology, 34: 1 211 – 1 223.

OgerP, Petit A, Dessaux Y. 1997. Genetically engineered plants producing opines alter their biological environment [J]. Nature Biotechnol, 15 (4): 369 – 372.

Ogram A. 2000. Soil molecular microbial ecology at age 20: methodological challenges for the future [J]. Soil Biol. Biochem, 32: 1499 – 1504.

Oka H I. 1983. Genetic control of regenerating success in seminatural conditions observed among lines derived from a cultivated wild soybean hybrid [J]. Appl Ecol. , 20: 937 – 949.

Palm C J, Schaller D L, Donegan K K, et al. 1996. Persistence in soil of transgenic plant-produced Bt ar. kurstaki δ-endotoxin [J]. Can J Microbiol. , 42: 1258 – 1262.

Perlak F J. 1990. Insect resistant cotton plants [J]. Bio/Technology, 8: 939 – 943.

Peumans W J, Van Damme E J M. 1995. Lectins as plant defence proteins [J]. Plant Physiol. , 109:

347 – 352.

Peumans W J, Van Damme E J M. 1998. Plant lectins, versatile proteins with important perspectives in biotechnology [J]. Biotechnology and Genetic Engineering Reviews, 15: 199 – 228.

Pilcher C D, Obrycki J J, Rice M E, et al. 1997. Premaginal development, survival, and field a-bundance of insect predator on transgenic *Bacillus thuringiensis* corn [J]. Environ. Entomol. , 26 (2): 446 – 454.

Pilcher C D, Rice M E, Obrycki J J. 2005. Impact of transgenic *Bacillus thuringiensis* corn and crop phenology on five nontartget arthropods [J]. Environ. Entomol. , 34 (5): 1 302 – 1 316.

Pleasants J M, Hellmich R L, Dively G P, et al. 2001. Corn pollen deposition on milkweeds in and near corn-fields [J]. Proc. Natl. Acad. Sci. USA, 98: 11 919 – 11 924.

Plerk F G. 1991. Modification of the coding sequence enhances plant expression of insect control pro-tein genes [J]. Proc. Natl. Acad. Sci. USA, 88: 3324 – 3328.

Ponsard S, Gutierrez A P, Mills N J. 2002. Effects of Bt-toxin in transgenic cotton on the adult lon-gevity of four heteropteran predators [J]. Environ. Entomol. , 31 (6): 1 197 – 1 205.

Protorious J C, Small J G C, Fagerstedt K V. 1998. The effect of soaking injury in seeds of Phaseolus vulgaris L. ongermination, respirationand adenylate energy charge [J]. Seed Science Res. , 8: 257 – 263.

Qian Y Q, Ma K P. 1998. Progress in the studies on genetically modified organisms, and the impact of its release on environment [J]. Acta Ecol Sin. , 18 (1): 1 – 9.

Qian Y Q, Tian Y, Sang W G, et al. 2001. Effect of transgenic crops on biodiversity [J]. Acta Ecol Sin. , 21 (3): 337 – 343.

Rao K V, Rathore K S, Hodges T K, et al. 1998. Expression of snowdrop lectin (GNA) in trans-genic rice plants confers resistance to rice brown planthopper [J]. The Plant Journal, 15 (4): 469 – 477.

Raymond J A, William J, Lisa J B. 2003. Resistance to the Cry1Ac endotoxin of *Bacillus thuringiensis* in the cotton bollworm, *Helicoverpa armigera* (*Lepidoptera*: *Noctuidae*) [J]. *Journal of Economic Entomology*, 96 (4): 1 290 – 1 299.

Rengel Z, Ross G, Hirsch P. 1998. Plant genotype and micronutrient status influence colonization of what roots by soil bacteria [J]. Journal of Plant Nutrition, 21: 99 – 113.

Richardson M, McDougall G J. 1977. A laccase-type polyphenol oxidase from lignifying xylem of to-bacco [J]. Phytochemistry, 16: 159.

Rifaldi R, Saviozzi A, Levi Minzi R, et al. 2002. Biochemieal properties of a mediterranean soil as affected by long-term crop management systems [J]. Soil Till Res. , 67: 109 – 114.

Romeis J, Battini M, Bigler F. 2003. Transgenic wheat with enhanced fungal resistance causes no effects on Folsomia candida (Collembola: Isotomidae) [J]. Pedobiologia, 47: 141 – 147.

Romeis J, Meissle M, Bigler F. 2006. Transgenic crops expressing *Bacillus thuringiensis* toxin and bi-ological control [J]. Nat. Biotechnol. , 24 (1): 63 – 71.

Roush R T. 1998. Two toxin strategies for management of insecticidal transgenic crops: can pyramiding succeed where pesticide mixtures have not? [J] Philosphical Transactions of the Royal Society of London, 35: 1 777 – 1 786.

Rui Y K, Yi G X, Zhou J, et al. 2005. Changes of Bt toxin in the rhizosphere of transgenic Bt cotton and its influence on soil functional bacteria [J]. World Journal of Microbiology &Biotechnology,

21: 1 279 – 1 284.

Ryan C A. 1989. Proteinase inhibitor gene families, strategies for transformation improve plant defense against herbivores [J]. Bioessays, 10 (1): 20 – 26.

Salama H S, El-Moursy A, Zaki F N, et al. 1991. Parasites and predator of the meal moth Plodia interpunctella Hbn. as affected by *Bacillus thuringiensis* [J]. J. Appl. Ent. , 112: 244 – 253.

Saxena D, Flores S, Stotzky G. 2002. Vertical movement in soil of Cry1Ab protein from *Bacillus thuringiensis* [J]. Soil Biol. Biochem. , 34: 11 – 120.

Saxena D, Stotzky G. 2000. Insecticidal toxin from Bt is released from roots of transgenic Bt corn in vitro and in situ [J]. FEMS Microbiol Ecol. , 33: 35 – 39.

Saxena D, Stotzky G. 2001. *Bacillus thuringiensis* (Bt) toxin released from root exudates and biomass of Bt corn has no apparent effect on earthworms, nematodes, protozoa, bacteria and fungi in soil [J]. Soil Biology and Biochemistry, 33: 1 225 – 1 230.

Saxena D, Stotzky G. 2003. Insecticidal toxin from *Bacillus thuringiensis* is released from roots of transgenic Bt corn in vitro and in situ [J]. FEMS Microbial Ecology. , 33: 35 – 39.

Schroeder H E, Gollasch S, Moore A, et al. 1995. Bean alpha-Amylase Inhibitor Confers Resistance to the Pea Weevil (Bruchus pisorum) in Transgenic Peas (Pisum sativum L.) [J]. Plant Physiol, 107: 1 233 – 1 239.

Schuler T H, Denholm I, Jouarin L, et al. 2001. Population-scale laboratory studies of the effect of transgenic plants on nontarget insects [J]. Molecular Ecology, 10: 1845 – 1853.

Schuler T H, Poppy G M, Kerry B R, et al. 1998. Insect-resistant transgenic plants [J]. Trends in Biotechnology, 16: 168 – 175.

Schuler T H, Pottting R P J, Denholm I. 1999. Poppy GM. Parasitoid behaviour and Bt plants [J]. Nature, 399: 825 – 826.

Sharon Downes, Rod Mahon, Karen Olsen. 2007. Monitoring and adaptive resistance management in Australia for Bt-cotton: Current status and future challenges [J]. Journal of Invertebrate Pathology, 95: 208 – 213.

Shen Refang, Cai Hong, Gong Wanhe. 2006. Transgenic Bt cotton has no apparent effect on enzymatic activities or functional diversity of microbial communities in rhizosphere soil [J]. Plant and Soil, 285 (12): 149 – 159.

Shi Yi, Wang M B, Gatehouse J A, et al. 1994. Use of rice sucrose synthase – 1 promoter to direct phloem-spificic expression of glucuronidase and snowdrop lectin genes in transgenic tobacco plants [J]. Expcrim Botany, 274: 623 – 631.

Shirsat A H, Wlford N, Croy R R D. 1989. Gene copy number and levels of expression in transgenic plants of a seed specific gene [J]. Plant Science, 61: 75 – 80.

Sims S R, Ream J E. 1997. Soil inactivation of the insecticidal protein within transgenic cotton tissue: Laboratory microcosms and field studies [J]. J Agron Food Chem. , 45: 1 502 – 1 505.

Sims S R. 1995. *Bacillus thuringiensis* var kurstaki (Cry1Ac) protein expressed in transgenic cotton: effects on beneficial and other nontarget insects [J]. Southwest Entomol. , 20: 493 – 500.

Singh S, Sawhney V K. 1992. Temperature effects on endogenousindole-acetieacid levels in leaves and stamens of the normal and male sterile "Stamenless – 2" mutant of tomato (Lycoperrsicon esculent Mill) [J]. Plant Cell & Environment, 15: 373 – 377.

Snow A A, and Palma P M. 1997. Commercialization of transgenic plants: potential ecological risks

[J]. BioScience, 47 (2): 86 –96.

Spielmann A, Simpson R B. 1986. T-DNA structure in transgenic tobacco plants with multiple independent integration sites [J]. Molecular and General Genetics, 205: 34 –41.

Stewart S D, Adamezyk J J Jr, Knighten K S, et al. 2001. Impact of Bt cotton expressing one or two insecticidal proteins of *Bacillus thuringiensis* Berliner on growth and survival of noctuid (Lepidoptera) lavae [J]. J. Entomol. 94 (3): 752 –760.

Stoger E, Williams S, Keen D, et al. 1999. Constitutive versus seed specific expression in transgenic wheat: temporal and spatial control [J]. Transgenic Research, 8: 371 –378.

Stotzky G. 2000. Persistence and biological activity in soil of insecticidal proteins from Bt and of bacterial DNA bound on clays and humic acids [J]. Environ Qual, 29: 691 –705.

Stotzky G. 2004. Persistence and biological activity in soil of the insecticidal proteins from Bt, especially from transgenic plants [J]. Plant Soil, 266: 77 –89.

Tabashnik B E, Gassmann A J, Crowder D W, et al. 2008. Insect resistance to Bt crops: evidence versus theory [J]. Nature Biotechnology, 26 (2): 199 –202.

Tapp H, Stotzky G. 1995. Dot blot enzyme-linked immumosorbent assay for monitoring the fate of insecticidal toxins from *Bacillus thuringiensis* in soil [J]. Apply Environ Microbiol, 61: 602 –609.

Tapp H, Stotzky G. 2003. Persistence of the insecticidal toxin from *Bacillus thuringiensis* subsp. *kurstaki* in soil [J]. Soil Biology and Biochemistry, 35: 1 103 –1 113.

Teresa A, Tabe L M. 1990. Agrobacterium – Mediated Transformation of Subterranean Clover (Trifolium subterraneum L.) [J]. Plant Physiol. , 93: 805 –810.

Tesfaye M, Dufault NS, Ddornbusch MR, et al. 2003. Influence of enhanced malate dehydrogenase expression by alfalfa on diversity of rhizobacteria and soil nutrient availability [J]. Soil Biology and Biochemistry, 35: 1 103 –1 113.

Thomas J C, Nessler C L, Brown J K, et al. 1995. Tryptophan decaebonxylase tryptamine, and reproduction of the whitefly [J]. Plant Physiology, 109: 717 –72.

Vaeck M R. 1987. Transgenic plants protected from insect attack [J]. Nature, 328: 33 –37.

Vaissiere B E, Moffet J O. 1984. Honey bees as pollinators for hybrid cotton seedproduction on the Texas high plains [J]. Agron J, 76: 1 005 –1 010.

Vanderkrol A R, et al. 1990. Flavonoid genes in petunia: addition of a limited number of gene copies may lead to a suppression of gene expression [J]. Plant Cell, 5: 291 –299.

Velders R M, Cui J J, Xia J Y. 2002. Effects of transgenic cotton in North of China on cotton aphid and its natural enemies [J]. Acta GOSSYPII Sin. , 14: 175 –179.

Visser S, Parkinson D. 1992. Soil biological criteria as indicators of soil quality [J]. Soil microorganisms, 7: 33 –37.

Wang F, Feng C, O Connel M A, et al. 2010. RFLP analysis of mitochondrial DNA in two cytoplasmic male sterility systems (CMS-D2 and CMS-D8) of cotton [J]. Euphytica, 172: 93 –99.

Wang F, Stewart J M, Zhang J. 2007. Molecular markers linked to the Rf2 fertility restorer gene in cotton [J]. Genome, 50 (9): 818 –824.

Warwick S I, Légère A, Simard M J, et al. 2008. Do escaped transgenes persist in nature? The case of an herbicide resistance transgene in a weedy Brassica rapa population [J]. Mol Ecol. , 17: 1387 –1395.

Weaver J B, Weaver Jr J B. 1997. Inheritance of pollen fertility restoration in cytoplasmic male sterile upland cotton [J]. Crop Sci. , 17: 497 – 499.

Wei W, Qian Y Q, Ma K P, et al. 1999. Monitoring the ecological risks of genetically modified or ganisms (GMOs) [J]. China Biodiver, 7 (4): 1 – 6.

Whitehouse M E A, Wilson I J, Fitt G P. 2005. A comparison of arthropod communities in transgenic Bt and conventional cotton in Australia [J]. Environ. Entomol. , 34 (5): 1 224 – 1 241.

Whitton J, Wolf D E, Arias D M, et al. 1997. The persistence of cultivar alleles in wild populations of sunflowers five generations after hybridization [J]. Theor Appl Genet, 95: 33 – 40.

Wilson F D. 1992. Resistance of cotton lines containing a *Bacillus thuringiensis* toxin to pink bollworm and other insects [J]. J. Econ Entomol. , 85 (4): 1 516 – 1 521.

Wolfenbarger L L, Phifer P R. 2000. The ecological risks and benefits of genetically engineered plants [J]. Science, 290: 2 088 – 2 093.

Yan F M, Xu C R, Marie B, et al. 2002. Volatile comparison of transgenic Bt cotton and their electrophysiological effect on cotton bollworm [J]. Acta Entomologica Simca, 45 (4): 425 – 429.

Yin J, Guo W, Yang L, et al. 2006. Physical mapping of the Rf1 fertility-restoring gene to a 100 kb region in cotton [J]. Theor Appl. Genet, 112 (7): 1 318 – 1 325.

Yu L, Berry R E, Croft B A. 1997. Effects of *Bacillus thuringiensis* toxins in transgenic cotton and potato on Folsomia candida (Collembola: Isotomidae) and Oppia nitens (Acari; Orbatidae) [J]. J. Econ. Entomol. , 90 (1): 113 – 118.

Zhang G F, Wan F H, Lovei G L, et al. 2006. Transmission of Bt toxin to the predator Propylaea japonica (Coleoptera = : Coccinellidae) through its aphid prey feeding on transgenic Bt cotton [J]. Environ. Entomol. , 35 (1): 143 – 150.

Zhang J F, Stewart J M. 2001. Inheritance oand genetic relationships of the D8 and D2 – 2 restorer gene s for cotton cytoplasmic male sterility [J]. Crop Sci. , 41: 289 – 291.

Zhang J F, Turley R B, Stewart J M. 2008. Comparative analysis of gene expression between CMS-D8 restored plants and normal non-restoring fertile plants in cotton by differential display [J]. Plant Cell Rep. , 27: 553 – 561.

Zhang J, Turley R B, Stewart J M. 2008. Indentification of molecular markers linked to the fertility restorer genes for CMS-D8 in cotton [J]. Plant Cell Rep. , 27: 553 – 561.